滇版精品出版工程专项资金资助项目

FLOWERING PLANTS OF HENGDUAN MOUNTAINS

横断山有花植物图鉴

牛 洋 孙 航 编著

Yang Niu & Hang Sun

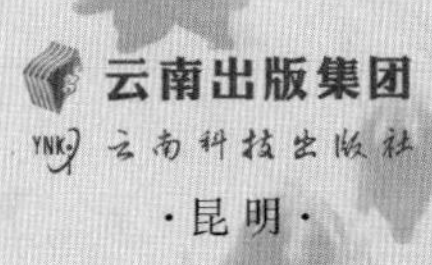

图书在版编目（CIP）数据

横断山有花植物图鉴 / 牛洋，孙航编著 . -- 昆明：云南科技出版社，2021.6（2021.12 重印）
ISBN 978-7-5587-3266-9

Ⅰ . ①横… Ⅱ . ①牛… ②孙… Ⅲ . ①种子植物－西南地区－图集 Ⅳ . ① Q949.408-64

中国版本图书馆 CIP 数据核字 (2021) 第 043274 号

横断山有花植物图鉴
HENGDUAN SHAN YOUHUA ZHIWU TUJIAN
牛 洋　孙 航　编著

出 版 人：杨旭恒
策 划 人：高 亢
责任编辑：叶佳林　马 莹　杨志芳
封面设计：牛 洋
封面摄影：杨 涛
责任校对：张舒园
责任印制：蒋丽芬

书　　号：ISBN 978-7-5587-3266-9
印　　刷：昆明亮彩印务有限公司
开　　本：889mm×1194mm　1/32
印　　张：29.625
字　　数：1382 千字
版　　次：2021 年 6 月第 1 版
印　　次：2021 年 12月第 2 次印刷
定　　价：298.00 元

出版发行：云南出版集团　云南科技出版社
地　　址：昆明市环城西路 609 号
电　　话：0871-64192752

参加编写人员

对本书编写做出重要贡献的人员有：周卓（毛茛科、豆科、葫芦科、苦苣苔科、车前科、玄参科、爵床科、忍冬科等）、陈洪梁（十字花科、石竹科、五味子科、木兰科等）、刘长秋（百合科、兰科、瑞香科等）、杨斌（报春花科、树萝卜属等）、马祥光（伞形科、壳斗科、菊科等）、任子珏（藜芦科、秋水仙科、百合科、兰科、姜科等）、陈哲（堇菜科、茄科、唇形科、菊科等）、丛义艳（凤仙花科）、张亚洲（列当科）、彭德力（唇形科等）、杨丽娥（茜草科等）、陈建国（龙胆科）、魏来（紫草科）、王志威（蔷薇科、槭属等）、陈永生（鼠李科、胡颓子科、使君子科、小檗科、柳叶菜科等）、李彦波（菊科、马兜铃科等）、杨莹莹（大戟科、冬青科、漆树科等）、张建文（菊科）、王洽（蓼科、五加科等）、钱栎屾（灯芯草科、莎草科、禾本科）、孙文光（菊科）、游旨价（小檗属）、李国栋（兔耳草属）、阳亿（石竹科、菊科）。

任子珏、郭泽敏、史鸿华、钱栎屾、周卓、马祥光、张亚洲、党万园等参与了稿件校对、修改。

Contributors

Contributors to this book include: Zhuo Zhou (Ranunculaceae, Leguminosae, Cucurbitaceae, Gesneriaceae, Plantaginaceae, Scrophulariaceae, Acanthaceae, Caprifoliaceae, etc.), Hong-Liang Chen (Brassicaceae, Caryophyllaceae, Schisandraceae, Magnoliaceae, etc.), Chang-Qiu Liu (Liliaceae, Orchidaceae, Thymelaeaceae, etc.), Bin Yang (Primulaceae, *Agapetes*, etc.) , Xiang-Guang Ma (Apiaceae, Fagaceae, Asteraceae, etc.), Zi-Jue Ren (Melanthiaceae, Colchicaceae, Liliaceae, Rrchidaceae, Zingiberaceae, etc.), Zhe Chen (Violaceae, Solanaceae, Lamiaceae, Asteraceae, etc), Yi-Yan Cong (Balsaminaceae), Ya-Zhou Zhang (Orobanchaceae), De-Li Peng (Lamiaceae, etc), Li 'E Yang (Rubiaceae, etc), Jian-Guo Chen (Gentianaceae), Lai Wei (Boraginaceae), Zhi-Wei Wang (Rosaceae, *Acer*, etc.), Yong-Sheng Chen (Rhamnaceae, Elaeagnaceae, Junculaceae, Berberaceae, Onagraceae, etc.), Yan-Bo Li (Asteraceae, Aristolochiaceae, etc), Ying-Ying Yang (Euphorbiaceae, Aquifoliaceae, Anacardiaceae, etc.), Jian-Wen Zhang (Asteraceae), Qia Wang (Polygonaceae, Araliaceae, etc.), Li-Shen Qian (Juncaceae, Cyperaceae, Poaceae), Wen-Guang Sun (Asteraceae), Chih-Chieh Yu (*Berberis*), Guo-Dong Li (*Lagotis*) and Yi Yang (Caryophyllaceae).

Contributors in proof-reading are Zi-Jue Ren, Ze-Min Guo, Hong-Hua Shi, Li-Shen Qian, Zhuo Zhou, Xiang-Guang Ma, Ya-Zhou Zhang and Wan-Yuan Dang.

编写说明

范围 - 本书参考李炳元（1987）对横断山范围的界定：北界大致在囊谦—色达—玛曲—九寨沟一线附近；西界位于类乌齐—察隅—腾冲一线附近；南界在龙陵—南涧—下关—丽江—盐源稍北；东界在文县—都江堰—泸定—盐源一线。行政区划上，包括云南省怒江州和迪庆州的全部，大理州、丽江市和保山市的部分，四川省阿坝州、甘孜州近全部、凉山州部分、雅安市部分，还有西藏自治区昌都市大部分以及青海省和甘肃省的少部分。

类群 - 本书包含的类群为本区和邻近区域有代表性和常见的有花植物。

系统 - 科、属按 APG Ⅳ 系统整理、排列。

名称 - 主要参考了 *Flora of China*；并参考了若干国际重要植物名称数据库（如 IPNI, Tropicos），包含了若干新近发表的名称。异名仅列曾出现于《横断山区维管植物（上、下）》的名称。

描述 - 中、英文描述主要参考《中国植物志》和 *Flora of China*，部分类群加入编著者自己的观察；较新的类群名称和描述直接参考原始文献。

本书先描述属的特征，在物种水平仅给出较重要的鉴别描述，略去与属描述重叠的内容，以方便使用者快速抓住特征。若读者需阅读详细描述，请查询更完整的资料。属和种一级的排列主要根据学名字母顺序确定。对于某些横断山区的大属，本书给出了初步的检索条目，按检索特征归类物种后再按学名字母顺序排列。注意，这些检索条目仅负责检索本书收录的物种。分布区排列顺序先列出横断山范围内的省区，其次是国内其他省区，最后是国外地区。

Instruction

Region-This book uses Bing-Yuan Li's (1987) definition on the range of Hengduan Mountains (HDM): the north boundary is in Nangqian-Sêrtar-Maqu-Jiuzhaigou; the west boundary is nearby Riwoq-Zayü-Tengchong; south boundary in Longling-Nanjian-Xiaguan-Lijiang-Yanyuan; east boundary in Wenxian-Dujiangyan-Luding-Yanyuan. In terms of administrative divisions, it includes all Nujiang and Diqing in Yunnan Province, part of Dali, Lijiang and Baoshan in Yunnan Province, nearly all Ngawa and Ganzê in Sichuan Province, part of Liangshan, part of Ya 'an, most of Qamdo in Xizang Province, and a small part of Qinghai and Gansu Province.

Taxa-The taxa included in this book are representative and common flowering plants from the HDM and adjacent areas.

Arrangement-Families and genera are arranged according to APG Ⅳ system.

Names-Mainly refers to *Flora of China*. Some important databases of plant names (such as IPNI and Tropicos) were checked, including some novel taxa that published in recent years. Synonyms appeared in *Vascular Plants of Hengduan Mountains* (*Volume Ⅰ and Volume Ⅱ*) were listed.

Descriptions-The descriptions in Chinese and English are mainly based on *Flora Reipublicae Popularis Sinicae* and *Flora of China*. Some plants are observed by the authors. Literatures were listed for some latest taxa names and descriptions.

This book first describes the characteristics of the genus, and then gives a brief description for the species. For a more detailed description, please consult for the original literature. The genus and species are mainly arranged alphabetically by scientific names. For some large genera in this region, this book gives a preliminary key, followed by an alphabetical arrangement for the species. Please note that the key works only for the species involved in this book. For distribution, the provinces within the range of HDM are listed first, followed by other provinces and regions in China, and the foreign regions are listed last.

使用指南 Quick Guide

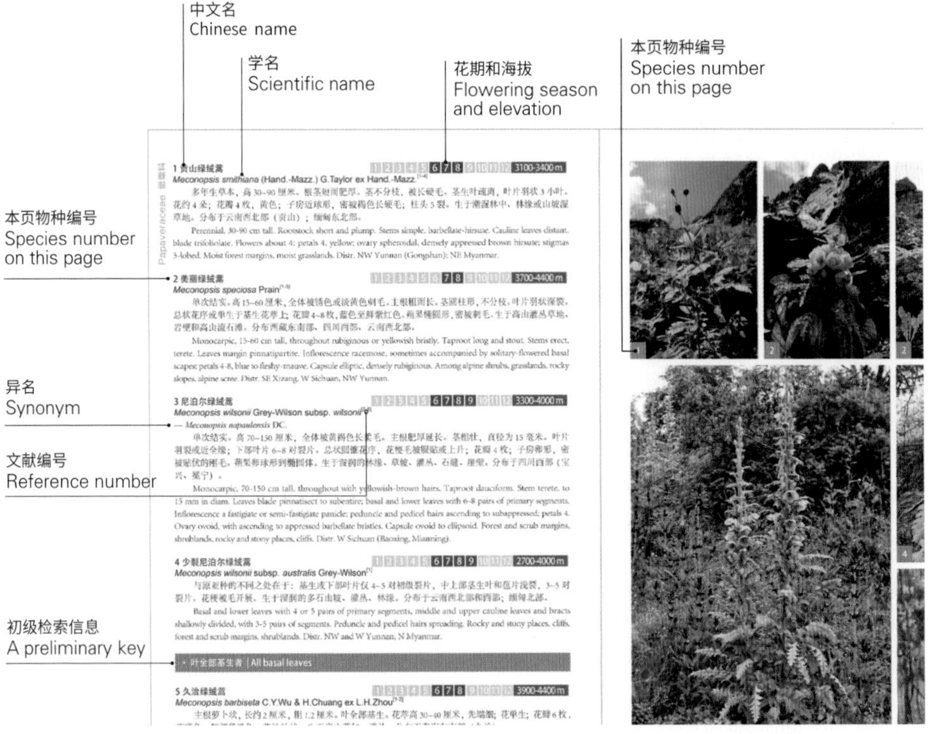

前言

横断山位于中国西南部，青藏高原的东南缘，是全球34个著名的生物多样性热点地区之一。横断山的形成过程是逐渐由近东西走向变为近南北走向的，它是中国最长、最宽和最典型的南北山系。横断山同时受印度洋季风和太平洋季风的影响，降雨丰富；区域内南北纬度上气候变化明显，且高山峡谷在区域内形成了较为完整的垂直梯度带，因而横断山区气候条件和生态环境复杂多样。南北走向的山系河流为生物类群的南北迁移提供了交流通道，各山系垂直的气候带使得生物在很短的距离内能上下交流扩散，加之东西各山系及河流的阻隔促进了种系的地理隔离及独立进化，这些有利条件使得生物类群在横断山区南北交流，东西隔离，并在生境多样的空间格局中快速分化适应。横断山也借此成为现今植物多样性的分布中心以及种系分化形成的多样化中心，也是全球生物多样性高度富集的热点地区。因此，横断山区植物多样性异常丰富，若涵盖部分周边地区的话，横断山拥有的有花植物物种超过12000种（约占中国总数的40%），隶属2264属（约占中国总数的74%），227科（约占70%，根据APG Ⅳ），这其中有3300个特有物种及90个特有属。此外，这里至少有16个物种数超过100种的大属，这些属以横断山为多样化中心，如杜鹃属（*Rhododendron*），全球近3/4的种类集中分布在本区域，形成了绚丽多彩的生态景观，因此该区域的植物区系也被誉为“杜鹃区系”。此外，还有马先蒿属（*Pedicularis*）、风毛菊属（*Saussurea*）、报春花属（*Primula*）、虎耳草属（*Saxifraga*）、龙胆属（*Gentiana*）、紫堇属（*Corydalis*）、乌头属（*Aconitum*）、翠雀属（*Delphinium*）等百种大属，以及众多在这里剧烈分化并形成分布中心的属，如垂头菊属（*Cremanthodium*）、绿绒蒿属

（*Meconopsis*）、党参属（*Codonopsis*）、柳属（*Salix*）、槭树属（*Acer*）等，同美丽的杜鹃一起构成横断山色彩斑斓、美不胜收的自然景观和天然花园，被博物学家威尔逊（E. H. Wilson，1876—1930）誉为“世界园林之母”。

在地质历史演化中，横断山脉的南北通道和东西阻隔特殊地貌，为冰期物种的避难提供了天然的条件。因此，这里既有古老的残遗类群，如芒苞草属（*Acanthochlamys*）、冬麻豆属（*Salweenia*），也有在高原隆升过程中形成的新的特有类群，如合头菊属（*Syncalathium*）、山莨菪属（*Anisodus*）等。许多类群新种系形成后，尚未来得及扩散出去，便在该区域富集，保存了完整的进化系。横断山区植物多样性的来源复杂，其西面通过青藏高原与中亚干旱的植物区系相联系，东面则与复杂古老的“水杉植物区系”（中国—日本植物区系）相连，北面通过亚洲北部的高山与北极植物区系相联系，南面则通过河谷同中南半岛及热带植物区系交流。因此，该区域植物多样性新老并存，保存了自第三纪初横断山形成以来较为完整的植物区系成分；既是植物多样性自然历史的“博物馆”，也是许多种系形成和繁衍的“摇篮”；既是研究植物多样性起源进化的天然实验室，也是植物多样性发掘利用的大自然基因库。

自19世纪后期，西方博物学家或传教士进入横断山区采集动植物标本，该区域丰富神秘的生物多样性便开始吸引众多的西方采集家或自然学家等。最早到本区域采集的应该是法国传教士，如谭卫道（Jean-Pierre-Armand David，1826—1900），他是第一个将大熊猫皮及许多西南地区的植物标本寄回欧洲的西方采集者，大家熟悉的华山松（*Pinus armandii*）及珙桐属（*Davidia*）便是以他的名字命名。西方在横断山区采集植物标本最为出色的要数法国传教士赖神甫（Père Jean Marie Delavay，1834—1895），他经谭卫道介绍，认识了法国自然历史博物馆的植物学家弗朗谢（A. Franchet），受弗朗谢的委托，赖神甫在云南的横断山区（大理—丽江一带）采集了大量的植物标本（约20万号，4000余种）。弗朗谢研究了这些标本，并以赖神甫命名了大量的物种，如滇牡丹（*Paeonia delavayi* Franch.），山玉兰［*Lirianthe delavayi*（Franch.）N.H.Xia et C.Y.Wu］。此外，苏利埃（J. A. Soulie）利用传教的机会在横断山腹地川西的康定（打箭炉）及贡嘎山一带也采集了大量的植物标本，弗朗谢也以他的名字命名了许多的物种，如黄三七属（*Souliea* Franch.）、白碗杜鹃（*Rhododendron souliei* Franch.）、缘毛紫菀（*Aster souliei* Franch.）。同期法国传教士在横断山区进行采集的代表人物还有蒙贝格（J. T. Monbeig）、麦尔（E. Maire）、杜克洛（F. Ducloux）等，本书中收集的许多物种也有以他们名字命名的植物，如沧江蝇子草（*Silene monbeigii* W.W.Sm.）、滇韭（*Allium mairei* Levl.）、美丽芍药（*Paeonia mairei* Levl.）、云南越橘［*Vaccinium duclouxii*（Levl.）Hand.-Mazz.］。除了法国的传教士外，其他西方采集家或自然学家对横断山区也进行了调查采集。如美国阿诺德树木园的威尔逊，他在四川西部采集了大量的植物标本，并提出“中国是世界园林之母”，本书中的川西火绒草（*Leontopodium wilsonii* Beauv.）便是为纪念他而命名的；傅礼士（G. Forrest，1873—1932）来自英国爱丁堡植物园，主要在横断山区集中采集，1904—1932年先后7次来华，采集了大量的植物标本和种苗，尤其是杜鹃、报春等，本书中的紫背杜鹃（*Rhododendron forrestii* Balf.f. ex Diels）、灰岩皱叶报春（*Primula forrestii* Balf.f.）等众多物种均以他的名字命名；金敦·沃德（F. Kingdon-Ward）是另一位英国著名的自然学家，主要在云南和西藏集中采集，收集了丰富的植物标本和种苗，著名的特有属独叶草属（*Kingdonia* Balf. f. & W.W.Sm.）以及冬麻豆（*Salweenia wardii* Baker.f.）等物种都是以他的名字命名的；美籍奥地利探险家约瑟夫·洛克（J. F. Rock，1884—1962）在横断山区也采集了大量的植物标本，直距耧斗菜（*Aquilegia rockii* Munz）、丽江山荆子（*Malus rockii* Rehd.）等便是为纪念他而命名的。

我国学者对横断山区的考察采集始于20世纪初，钟观光（Kuan-Kwang Tsoong，1868—1940）于1919年带其长子钟补勤来云南丽江等区域采集；而后蔡希陶1933年进入滇西北横断山区采集；随后王启无（1935）、俞德浚（1932，1933，1934，1937，1938）、秦仁昌（1938，1939，1940）、冯国楣（1938，1940）、刘慎谔（1940，1941，1945，1946）等也在横断山区进行了广泛采集，获得了大量的植物标本资料。20世纪中后叶，青藏高原综合科学考察，特别是1981年组织的横断山地区综合科学考察队，对该地区进行了较为系统和全面的考察，采集了21082号植物标本。在此基础上，王文采院士主编完成了《横断山区维管植物（上、下）》，该专著记载了横断山区维管植物8559种，隶属1467属，219科。

20世纪90年代以后，在美国国家科学基金会和中国国家自然科学基金委员会的支持下，中美双方联合对横断山进行了长达15年的考察采集，采集了30000号标本，以及对应的DNA材料和图片，每份标本均有详细的记录和GPS信息。组织该考察的美方学者有David Boufford博士（哈佛大学植物标本馆）等，中方负责人主要有孙航（中国科学院昆明植物研究所）；此外，刘尚武（中国科学院西北高原生物研究所）、印开蒲（中国科学院成都生物研究所）等也分别组织了青海和四川的联合采集考察。另一个中美联合考察则是由Peter Fritsch和Bruce Bartholomew博士（美国加州科学院）与李恒教授（中国科学院昆明植物研究所）合作对高黎贡山开展的调查，考察持续了近5年，采集了丰富的标本。这些标本数据可在http://hengduan.huh.harvard.edu/fieldnotes查询和下载。

到目前为止，对横断山植物多样性的各类采集和调查不计其数。近期有代表性的调查有孙航（中国科学院昆明植物研究所）主持的科技部基础性工作专项重点项目“青藏高原特殊生境下野生植物种质资源的调查与保存”，该项目对青藏高原（包括横断山区）进行了5年的调查采集，除了采集种子外，还采集了15000号标本；洪德元院士（中国科学院植物研究所）挂帅的《泛喜马拉雅植物志》的编写，也组织了多次的大型植物多样性调查采集。最近中国科学院组织的A类战略性先导科技专项“泛第三极环境变化与绿色丝绸之路建设”（孙航负责的冰缘带植物多样性调查）以及青藏高原第二次综合科学考察研究（孙航负责组织植物多样性的调查）。本书的许多作者均参与了对横断山及青藏高原植物多样性的深入调查和研究，收集了丰富的图片和标本材料。

所有上述的采集调查工作，获取了大量的标本及图片资料，为本书的编写提供了第一手资料，同时也推动了横断山区植物多样性起源、进化和适应机制等各方面的深入研究。但到目前为止，横断山地区植物多样性较完整的基础编目或植物志的编写工作仍然是有限的，除了上述20世纪90年代出版的《横断山区维管植物（上、下）》外，还缺乏较为系统且图文并茂的植物多样性的图谱。

《横断山有花植物图鉴》汇集了作者多年来对横断山地区各类调查所获得的图片资料，经过认真鉴定和查对，共收集了被子植物1857种，隶属于120科，涵盖了横断山区近1/4的物种和大部分的代表类群，其中不乏近些年发表的新类群。每个物种均有文献出处、简要的中英文描述、生境及分布等信息，其编排新颖，图片质量高。作者们具有多年的研究积累，对物种的鉴定较为准确，使得这部书具有名称准确、科学性强、通俗易懂、信息量大、科研和实用价值高的特点。希望该书的出版也能为横断山区生物多样性的保护提供基础资料，为守住青藏高原一方净土尽微薄之力。

孙航
中国科学院昆明植物研究所
2021年2月26日

Foreword

The Hengduan Mountains (HDM) are located in the southwest of China and the southeastern edge of the Qinghai-Tibetan Plateau (QTP), and are designated as one of the 34 famous biodiversity hotspots in the world. The formation of the HDM is a gradual change from a near east-west trend to a near north-south trend and is recognized as the longest, widest and most typical north-south mountain chain in China. The HDM are affected by both the Southwest Monsoon (Indian Ocean Monsoon) and the Southeast Monsoon (Pacific Ocean Monsoon), resulting in abundant rainfall. Due to the relatively complete vertical zone and the climate associated with the north-south latitudinal change, the climate conditions and ecological environments are complex and diverse. The north-south trending mountain chain and associated rivers provide the exchange channels for the north-south migration of biota, while the vertical climate zone of each mountain system limits the biota exchange and spread to short distances. The barrier of mountains and rivers between the east and the west promotes species isolation and independent evolution. The HDM is a biodiversity hotspot with some of the highest biodiversity in the world as a result of the north-south exchange, east-west isolation, and the rapid differentiation and adaptation in diverse habitats. Therefore, the plant diversity of the HDM is very rich, extending to surrounding areas, which has more than 12000 species of flowering plants (about 40% of the total number of China), belonging to 2264 genera (about 74% of the total number of China), 227 families (about 70% of the total families of China, mostly based on APG Ⅳ), including 3300 endemic species, and 90 endemic genera. In addition, there are at least 16 large genera (e.g. *Rhododendron*, *Pedicularis*, *Saussurea*, *Primula*, *Saxifraga*, *Gentiana*, *Corydalis*, *Aconitum* and *Delphinium*) each having more than 100 species forming diversity centers. For instance, nearly 3/4 of the recognized species of *Rhododendron* occur in this region, resulting in the flora of this region being known as "*Rhododendron* flora". In this unique flora, a vast number of plants come together to form the colorful and beautiful natural landscape or garden of the HDM, which was honored as the mother of the world garden by the naturalist E. H. Wilson.

Throughout the geological history of evolution, the north-south passage of the HDM and the special landforms blocked by the east and the west provided natural conditions for the refuge of ice age species. Therefore, there are not only relic taxa such as *Acanthochlamys* and *Salweenia*, but also new endemic taxa such as *Syncalathium* and *Anisodus* which formed during the process of plateau uplift. Many of these new taxa have not yet dispersed and accumulate in the region after their formation, therefore, the region has preserved their complete lineages. The origin of plant diversity in the HDM is complex. In the west, it is connected with the arid flora of Central Asia through the QTP; in the east, it interacts with the complex and ancient "*Metasequoia* flora" (Sino-Japanese flora); in the north, it is linked to the Arctic flora through the mountains in the north of Asia; in the south, it can interchange to the Indochina Peninsula and tropical flora through the river valley. Therefore, representatives of the new and old plant diversity coexist in this region, preserving relatively complete floristic elements since the formation of the HDM in the

Tertiary. It is not only the "museum" of the natural history of plant diversity, but also the "cradle" for the formation and evolution of many species and lineages, providing a natural laboratory for the study of the origin and evolution of plant diversity, but also the natural gene bank for the exploration and utilization of plant diversity.

Since the late 19th century, when western naturalists and missionaries came to the HDM to collect animal and plant specimens, the rich and mysterious biodiversity in this area has attracted many western collectors or naturalists. The first to collect plants in this area were the French missionaries such as Jean Pierre Armand David (1826-1900), who was the first western collector to send giant panda skins and many plant specimens from southwest China back to Europe, and as such, many plant species were named after him such as *Pinus armandii* and *Davidia*. In HDM, the most outstanding plant specimens collected by western collectors in China were made by the French missionary Père Jean Marie Delavay (1834-1895). Delavay met A. Franchet, a botanist of the French Museum of Natural History whom was introduced by J. P. A. David, and went on to collect a large number of plant specimens (about 200000, more than 4000 species) in HDM (Lijiang, Dali) of Yunnan. Franchet studied these specimens and named a large number of species after Delavay such as Paeonia delavayi Franchet and Magnolia delavayi Franchet. In addition, J. A. Soulie used the opportunity of missionary work to collect a large number of plant specimens in the Kangding (Tachienlu) and Gongga Mountains in western Sichuan, the hinterland of HDM. Franchet also named many species after him such as *Souliea* Franch., *Rhododendron souliei* Franch. and *Aster souliei* Franch.; meanwhile, additional French missionaries collected specimens in the Hengduan Mountains, including J. T. Monbeig (Montberg), E. Maire, and F. Ducloux. Many of the people who collected species that are included in this book have plants named after them, such as *Silene monbeigii* W.W.Sm., *Allium mairei* Levl., *Paeonia mairei* Levl. and *Vaccinium duclouxii* (Levl.) Hand.-Mazz. In addition to the French missionaries, other western collectors or naturalists also investigated and collected plants in the HDM, such as E. H. Wilson (1876-1930) of the Arnold Arboretum in the United States, who collected a large number of plant specimens in Western Sichuan, and proposed that "China is the mother of the world garden". The Edelweiss (*Leontopodium wilsonii* Beauv.) in this book, was named in memory of him. G. Forrest (1873-1932) who was from the Edinburgh Botanical Garden in Scotland collected plants in HDM from 1904 to 1932. He successively made seven trips to China and collected a large number of plants, especially *Rhododendron*, *Primula*, and many others. In this book, species *Primula forrestii* Balf.f. ex Diels, *Rhododendron forrestii* Balf.f. have been named after him. F. Kindgon-Ward was another famous British naturalist who mainly collected in Tibet and Yunnan, and collected abundant plant specimens and seedlings, including the famous endemic genus *Kingdonia* Balf.f. & W.W.Sm., and endemic *Salweenia wardii* Baker.f., which were named in his honor. The Austrian-American explorer J. F. Rock (1884-1962) also collected a large number of specimens in this region, with such species as *Aquilegia rockii* Munz and *Malus rockii* Rehd named in his honour.

Chinese botanists began to investigate and collect plants in the HDM at the beginning of the last century. In 1919, Kuan-Kwang Tsoong (1868-1940) brought his eldest son Pu-Chin Tsoong to Lijiang, Yunnan on a collecting trip; then Hse-Tao Tsai entered the HDM in northwest Yunnan in 1933, subsequently Chi-Wu Wang in 1935, Te-Tsun Yu (1932, 1933, 1934, 1937, 1938), Ren-Chang Ching (1938, 1939, 1940), Kuo-Mei Feng (1938, 1940), and Tchen-Ngo Liou (1940, 1941,1945,1946), all carrying out extensive collections in the HDM, and collecting a large number of plant specimens. After the middle of the last century, the comprehensive scientific investigation of the Qinghai-Tibet Plateau began in 1981, with the formation of a comprehensive scientific investigation team of the HDM to carry out a systematic and comprehensive investigation and to collect 21082 plant specimens. On this basis, academician Wen-Tsai Wang edited and completed the book *Vascular Plants in Hengduan Mountain* (*volume I and volume II*), which recorded 8559 species of vascular plants in the HDM, belonging to 1467 genera and 219 families.

After the 1990s, with the support of NSFC of United States and NSFC of China, botanists from China and the United States cooperated to conduct an investigation and collection of the HDM for nearly 15 years, collecting approximately 30000 specimens, including DNA material and pictures, each having a detailed record and GPS data. Dr. David Boufford from the Harvard University Herbarium and Dr. Hang Sun from the Kunming Institute of Botany, Chinese Academy of Sciences (CAS) organized these surveys. Additionally, Prof. Shang-Wu Liu (Northwest Plateau Institute of Biology, CAS) and Prof. Kai-Pu Yin (Chengdu Institute of Biology, CAS) also organized joint collections and investigations in Qinghai and Sichuan respectively. Another Sino-US joint investigation was carried out by Drs. Peter Fritsch and Bruce Bartholomew of the California Academy of Sciences and Prof. Heng Li (Kunming Institute of Botany, CAS) to collect rich specimens from Gaoligong Mountain in northwest Yunnan. Data for these specimens can be inquired and downloaded online at http://hengduan.huh.harvard.edu/fieldnotes.

So far, there have been countless numbers of collections and investigations of plant diversity in the HDM. Recently, Dr. Hang Sun, Kunming Institute of Botany CAS, presided over the investigation and conservation of wild plant germplasm resources in the special habitat of the QTP, a key project of the Ministry of Science and Technology of China(MST),

with the investigation and collection on the QTP (including HDM) carried out for 5 years. In addition to collecting seeds, about 15000 specimens were also collected; the compilation of *Pan-Himalayan Flora* by academician De-Yuan Hong has also organized several plant diversity surveys and collections involving the HDM. At present, the Strategic Priority Research Program of the Chinese Academy of Sciences "Pan-third pole environmental change and green silk road environmental research" supported by the CAS (Dr. Hang Sun is in charge of the investigation on plant diversity of alpine subnival) and the second comprehensive scientific investigation and research on the QTP supported by MTS (investigation on plant diversity in Hang Sun's charge), many authors of this book have participated in the in-depth investigation and research on the plant diversity of the HDM and QTP, and collected a wealth of pictures and specimens.

All the above-mentioned collections and studies have obtained a large number of specimens and pictures, providing first-hand information for the compilation of this book; at the same time, it also promotes the in-depth study on the origin, evolution and adaptation mechanism of plant diversity in the HDM. However, the work of basic cataloguing the flora and plant diversity in HDM is still limited. Besides the above-mentioned book *Vascular Plants in Hengduan Mountain* (*volume* Ⅰ *and volume* Ⅱ), there is a lack of illustrated works on plant diversity in the HDM up till now.

This book, *Flowering Plants of Hengduan Mountains*, has a plethora of pictures and materials from various investigations in the HDM over many years. After careful identification and confirmation by the authors, 1857 species of angiosperms have been collected in the book, belonging to 120 families, covering nearly 1/4 of the species and most of the representative groups in the HDM. Each species has a literature source, brief description, habitat and distribution both in Chinese and English and clear pictures. The authors have accumulated many years of research experience and careful identification of species, giving this book the characteristics of accurate names, easy to understand, large amount of information, high scientific research and practical value. It is hoped that the publication of the book will also provide basic information for the protection of biodiversity in HDM and make a contribution to the protection of the pure land of the QTP.

Hang Sun

Kunming Institute of Botany, Chinese Academy of Sciences

26 *February*, 2021

目录 Contents

五味子科 Schisandraceae | 八角属 *Illicium* L.

常绿，全株无毛。幼枝具油细胞及黏液细胞，有芳香气味。芽鳞覆瓦状排列，通常早落。花两性；红色或黄色，少数白色；心皮分离，单轮排列，侧向压扁。聚合果由数枚蓇葖组成星型，每枚含1粒种子。约40种；中国27种；横断山区约5种。

Evergreen, glabrous. Young twigs with oily or resinous cells, aromatic. Perules (vegetative bud scales) imbricate, usually caducous. Flowers bisexual; tepals red or yellow, rarely white; carpels, in 1 whorl, distinct. Fruit a star-shaped follicetum of single-seeded follicles. About 40 species; 27 in China; about five in HDM.

1 野八角

1 2 3 4 5 6 7 8 9 10 11 12 1700-3200 m

Illicium simonsii Maxim.[1-4]

灌木或乔木，高达9米。叶片披针形到椭圆形，长5~10厘米，宽1.5~3.5厘米，革质。花腋生或近顶生。果柄0.5~1.6厘米长，果实有8~13枚蓇葖；蓇葖长11~20毫米，宽6~9毫米，厚2~4毫米。生于灌丛、林中、开阔旷野或河边。分布于四川西南部、云南；贵州西部；印度东北部、缅甸北部。

Shrub or tree, to 9 m tall. Leaf blade lanceolate to elliptic, 5-10 cm long, 1.5-3.5 cm wide, leathery. Flowers axillary or subterminal. Fruit peduncle 0.5-1.6 cm. Fruit with 8-13 follicles; follicles 11-20 mm long, 6-9 mm wide, thickness 2-4 mm. Thickets, forests, open fields, along rivers. Distr. SW Sichuan, Yunnan; W Guizhou; NE India and N Myanmar.

五味子科 Schisandraceae | 五味子属 *Schisandra* Michx.

木质藤本，雌雄异株或同株。叶椭圆形。花单性，通常单生于苞腋内或叶腋；花被片5~20枚。果实由多心皮聚合而成；心皮成熟时红色，稀黑色，排列在一延长的花托上。种子通常2粒，光滑或有褶皱。22种；中国19种；横断山区约8种。

Vines, woody, dioecious or monoecious. Leaf blade elliptic. Flowers unisexual, axillary to bracts or leaves, generally solitary; tepals 5-20. Fruit aggregates of apocarps; apocarps ripening red or rarely blackish, arranged in an elongate receptacle. Seeds usually 2, smooth or rugulose. Twenty-two species; 19 in China; about eight in HDM.

2 滇藏五味子

1 2 3 4 5 6 7 8 9 10 11 12 1300-3600 m

Schisandra neglecta A.C.Sm.[1-5]

植株全株光滑。叶片卵圆形至卵形，纸质到稀近革质，不具白霜。花腋生于幼枝基部早落的苞片或叶上，单生；花被片6~10枚，白色、黄色、橙色或粉色。生于森林、灌丛，常靠近河流。分布于云南；尼泊尔、印度东北部、不丹、缅甸。

Plants glabrous throughout. Leaf blade elliptic to ovate, papery to rarely subleathery, not glaucous. Flowers axillary to fugacious bracts at base of young shoots or axillary to leaves, solitary; tepals 6-10, white, yellow, orange, or pink. Forests, thickets, often by rivers. Distr. Yunnan; Nepal, NE India, Bhutan, Myanmar.

3 红花五味子

1 2 3 4 5 6 7 8 9 10 11 12 1500-3600 m

Schisandra rubriflora Rehder & E.H.Wilson[1-3, 5]

植株全株光滑。叶片倒卵状椭圆形到椭圆形，纸质，不具白霜。花腋生于幼枝基部早落的苞片上，单生；花被片6~9枚，深紫红色到深红色。生于森林。分布于四川西部、云南北部；印度东北部、缅甸北部。

Plants glabrous throughout. Leaf blade obovate-elliptic to elliptic, papery, not glaucous. Flowers axillary to fugacious bracts at base of young shoots, solitary; tepals 6-9, deep purplish red to deep red. Forests. Distr. W Sichuan, N Yunnan; NE India, N Myanmar.

4 华中五味子

1 2 3 4 5 6 7 8 9 10 11 12 2000-5100 m

Schisandra sphenanthera Rehder & E.H.Wilson[1]

植株全株光滑。叶片椭圆形、卵形、稀倒卵形，纸质，不具白霜。花腋生于幼枝基部早落的苞片上，单生；花被片5~9枚，黄色、橙色或红色。生于森林、灌丛。分布于西南多省；西北、华中、华东。

Plants glabrous throughout. Leaf blade elliptic, ovate, or rarely obovate, papery, not glaucous. Flowers axillary to fugacious bracts at base of young shoots, solitary; tepals 5-9, yellow, orange, or red. Forests, thickets. Distr. SW China; SE, C and E China.

三白草科 Saururaceae | 蕺菜属 *Houttuynia* Thunb.

多年生草本。叶全缘；托叶膜质。花序顶生或与叶对生，穗状花序；基部有 4 枚（稀 6 枚或 8 枚）白色花瓣状的总苞片；花小，成熟时白色。蒴果近球形，顶端开裂。单种属。

Herbs perennial. Leaves entire; stipules membranous. Inflorescence a terminal or leaf-opposed spike, with 4 (rarely 6 or 8) white, petal-like involucral bracts at base; flowers white when mature, small. Capsule subglobose, dehiscent at apex. Monotypic genus.

1 蕺菜

1 2 3 **4 5 6 7 8 9** 10 11 12 <2500 m

Houttuynia cordata Thunb.[1-5]

描述同属。生于沟边、溪边或林下湿地上。分布于我国大部分省区；亚洲东部和东南部。

See description under the genus. Distr. throughout of China; E and SE Asia.

马兜铃科 Aristolochiaceae | 马兜铃属 *Aristolochia* L.

藤本或草本。常具块根。叶互生。花单生、簇生或排列成总状；花被筒直伸或弯曲，基部常肿大，檐部形态各异，色艳丽，常具腐肉味；雄蕊常单个或成对与合蕊柱裂片对生，花丝缺；子房下位，合蕊柱 3 或 6 裂。蒴果从先端或从基部开裂。超过 400 种；中国约 60 种；横断山区 6~7 种。

Shrubs or herbs. Roots often tuberous. Leaves alternate. Flowers solitary, fasciculate, or arranged in inflorescences; perianth tube rectilinear or curved, often enlarged at or near base to form a utricle, limb shape various, color clear, smells like rotten meat; stamens single or in pairs opposite to the gynostemium lobes, filaments absent; ovary inferior, gynostemium 3- or 6-lobed. Fruit dry capsules, dehiscing from the apex or from the base. More than 400 species; about 60 in China; 6-7 in HDM.

2 山草果

1 2 3 4 5 6 7 **8 9 10** 11 12 1600-1900 m

Aristolochia delavayi Franch.[2]

草本。茎近直立，浓烈辛辣味。叶卵形，基部心形而抱茎。花单生于叶腋，花被管伸直或稍弯曲，檐部单侧延伸成舌片。蒴果近球形，6 棱。种子卵状心形。生于石灰岩山坡灌木丛。分布于四川、云南（丽江）。

Herbs. Stems appears erect, pungently odorous. Leaf blade ovate, base cordate, amplexicaul. Flowers in axils of leafy shoots, solitary; perianth tube rectilinear or slightly curved, utricle globose, limb unilateral, ligulate. Capsule nearly globose, 6-angled. Seeds ovoid-cordiform. Thickets on limestone slopes. Distr. Sichuan, Yunnan (Lijiang).

3 优贵马兜铃

1 2 3 4 **5 6 7 8** 9 10 11 12 1200-2700 m

Aristolochia gentilis Franch.[1-4]

草质藤本。叶心状圆形或心状肾形、三角状心形或三角状卵形，基部浅心形或稍凹。花单生于叶腋；花被管伸直基部膨大呈球形，檐部单侧延伸成舌片，舌片基部淡黄绿色而有紫色纵脉和网纹。蒴果近球形。种子卵状心形。生于灌丛、草地、阴处。分布于四川、云南。

Herbs twining. Leaf blade rounded-cordate or cordate-reniform, base shallowly cordate or slightly concave. Flowers in axils of leafy shoots, solitary; perianth tube rectilinear, utricle globose, limb unilateral, ligulate, yellowish green, base have purple longitudinal and reticulate veins. Capsule subglobose. Seeds ovoid-cordiform. Thickets, grasslands, shady areas. Distr. Sichuan, Yunnan.

4 小花马兜铃

1 2 3 **4 5** 6 7 8 9 10 11 12 ≈3100 m

Aristolochia meionantha (Hand.-Mazz.) X.X.Zhu & J.S.Ma[6]

— *Aristolochia yunnanensis* var. *meionantha* Hand.-Mazz.

木质大藤本。茎圆柱形，密生红棕色长绒毛。叶心形至圆形，纸质，背面密被红棕色或白色长柔毛。花单生于叶腋；花被管深紫色且具黄色斑点，喉部血红色。蒴果长圆柱形。种子卵形，背面平凸状。生于杂木林中。分布于西藏、云南；不丹、印度东北部、缅甸、尼泊尔。

Shrubs climbing. Stems terete, densely reddish brown villous. Leaf blade cordate to orbicular, papery, abaxially densely red-brown or white villous. Flowers solitary; perianth dark purple with yellow spots on tube and limb, throat blood red. Capsule cylindric. Seeds ovoid, upper surface planoconvex. Mixed forests. Distr. Xizang, Yunnan; Bhutan, NE India, Myanmar, Nepal.

1
2
3
3
4
4
4

木兰科 Magnoliaceae | 厚朴属 *Houpoea* N.H.Xia & C.Y.Wu

落叶乔木或灌木。小枝具环形托叶痕。托叶膜质。叶螺旋状排列，叶片膜质或厚纸质。花顶生，单生，两性，大而芬芳；佛焰苞苞片 1 枚；花被片 9~12 枚，排列成 3~4 轮，通常白色，大小相近；雄蕊早落；雌蕊无雌蕊柄。成熟的果实通常圆筒状。9 种；中国 3 种；横断山区 1 种。

Trees or shrubs, deciduous. Twigs with annular stipular scar. Stipules membranous. Leaves spirally arranged, leaf blade membranous or thickly papery. Flowers terminal, solitary, bisexual, large, fragrant; spathaceous bract 1; tepals 9-12, in 3-4 whorls, usually white, subequal; stamens caducous; gynoecium without a gynophore. Fruit usually cylindric when mature. Nine species; three in China; one in HDM.

1 长喙厚朴

1 2 3 4 5 6 7 8 9 10 11 12 2100-3000 m

Houpoëa rostrata (W.W.Sm.) N.H.Xia & C.Y.Wu[1]

— *Magnolia rostrata* W.W.Sm.

乔木。树皮浅灰色。小枝幼时绿色，然后变成褐色，厚而强韧。花在叶后，芬芳。果实圆柱状，直立，基部宽圆形，先端逐渐变窄。生于阔叶林。分布于西藏、云南；缅甸东北部。

Trees. Bark pale gray. Twigs green at first then turning brown, strong and thick. Flowers appearing after leaves, fragrant. Fruit terete, erect, base broadly rounded, apex gradually narrowing. Broad-leaved forests. Distr. Xizang, Yunnan; NE Myanmar.

木兰科 Magnoliaceae | 长喙木兰属 *Lirianthe* Spach

常绿乔木或灌木。托叶膜质，贴生于叶柄，叶柄上有托叶痕。叶螺旋状排列，叶片厚纸质或革质，全缘。雄蕊早落；雌蕊无雌蕊柄。果实通常椭圆形，两端尖锐，先端具喙。约 12 种；中国 5 种；横断山区 1 种。

Trees or shrubs, evergreen. Stipules membranous, adnate to petiole and leaving a stipular scar on petiole. Leaf spirally arranged, leaf blade thickly papery or leathery, margin entire; stamens caducous; gynoecium without a gynophore. Fruit usually ellipsoid, both ends acute, apex beaked. About 12 species; five in China; one in HDM.

2 山玉兰

1 2 3 4 5 6 7 8 9 10 11 12 1500-2800 m

Lirianthe delavayi (Franch.) N.H.Xia & C.Y.Wu[1]

— *Magnolia delavayi* Franch.

乔木。树皮灰色到灰黑色，粗糙具裂隙。年老的小枝厚而强韧，具皮孔；幼嫩的小枝橄榄绿色，具淡黄棕色的短柔毛。花芬芳，杯状。果实卵球形椭球体。生于森林、石灰石地区、潮湿斜坡。分布于四川、云南；贵州。

Trees. Bark gray to grayish black, coarse and fissured. Old twigs thick and strong, dotted with lenticels; young twigs olive green, pale yellowish brown pubescent. Flowers fragrant, cupular. Fruit ovoid-ellipsoid. Forests, limestone areas, wet slopes. Distr. Sichuan, Yunnan; Guizhou.

木兰科 Magnoliaceae | 木莲属 *Manglietia* Blume

常绿乔木。花单生枝顶，两性。聚合果，成熟蓇葖近木质，或厚木质，宿存，沿背缝线开裂，或同时沿腹缝线开裂，通常顶端具喙。40 种；中国 29 种；横断山区约 2 种。

Evergreen trees. Flowers terminal, bisexual. Fruit apocarpous, mature carpels subwoody or thickly woody, persistent, dehiscing along dorsal suture or sometimes also along ventral suture, apex usually beaked. Forty species; 29 in China; about two in HDM.

3 川滇木莲

1 2 3 4 5 6 7 8 9 10 11 12 1350-2000 m

Manglietia duclouxii Finet & Gagnep.[1-2, 4]

乔木。小枝无毛。叶薄革质，倒披针形或倒卵状狭椭圆形，先端渐尖，基部楔形，两面无毛，上面深绿色，中脉凹入，下面灰绿色，网脉不明显。花被片 9 枚，肉质，外轮 3 片红色，背面具疣状凸起，内 2 轮倒卵形。生于常绿阔叶林中。分布于四川东南部、云南东北部；广西；越南北部。

Trees. Twigs glabrous. Leaf blade narrowly obovate to obovate-narrowly elliptic, apex acuminate, base cuneate, glabrous, adaxially deep green, midvein impressed and abaxially grayish green, reticulate veins inconspicuous. Tepals 9, fleshy, outer 3 tepals, red, abaxially tuberculate, tepals of inner 2 whorls obovate. Evergreen broad-leaved forests. Distr. SE Sichuan, NE Yunnan; Guangxi; N Vietnam.

1
1
2
2
2
3
3

1 红色木莲

1 2 3 4 5 6 7 8 9 10 11 12 900-1200 m

Manglietia insignis (Wallich) Blume[1-4]

乔木。小枝无毛或节部在幼时具铁锈色到黄棕色短柔毛。花芬芳。新鲜果实紫红色，卵球形椭圆体；成熟心皮具瘤，完全沿背缝开裂。生于常绿阔叶林。分布于西南、华中、华南。

Trees. Twigs glabrous or nodes ferruginous to yellowish brown pubescent when young. Flowers fragrant. Fruit purplish red when fresh, ovoid-ellipsoid; mature carpels tuberculate, completely dehiscing along dorsal sutures. Evergreen broad-leaved forests. Distr. SW, C and S China.

木兰科 Magnoliaceae | 含笑属 *Michelia* L.

常绿乔木或灌木。叶革质，全缘。花假叶腋于短枝。果实成熟时通常圆柱形，因部分蓇葖不发育形成稍弯曲的穗状聚合果。种子 2 至数颗，红色或褐色。约 70 种，我国近 40 种，横断山区 4 种。

Trees or shrubs, evergreen. Leaf blade leathery, margin entire. Flowers pseudoaxillary on a brachyblast. Fruit usually terete when mature, often curved because of partly abortive carpels. Seeds 2 to several per carpel, red or brown. About 70 species; about 40 in China; four in HDM.

2 绒叶含笑

1 2 3 4 5 6 7 8 9 10 11 12 600-2000 m

Michelia velutina DC.[1-5]

常绿乔木，高 15~20 米。幼枝、嫩芽、叶背、叶柄、花柄及雌蕊群均被灰色长绒毛。叶薄革质，狭椭圆形或椭圆形，先端具短凸尖头，基部宽楔形或圆钝。花腋生，花被片 10~14 枚，浅黄色。聚合果，蓇葖疏离，皮孔明显。生于河边或山坡林中。分布于西藏东南部、云南西北部；印度东北部、尼泊尔、不丹。

Evergreen trees, 15-20 m tall. Young shoots, buds, leaf blade abaxial, petiole, pedicel and pistil group with gray long tomentose. Leaf blade thinly leathery, narrowly elliptic or elliptic, apex with a short acumen, base broadly cuneate to obtuse. Flowers axillary near twig apex, tepals 10-14, pale yellow. Aggregate fruit, mature carpels sparse, lenticels obvious. Riverside or hillside forest. Distr. SE Xizang, NW Yunnan; NE India, Nepal and Bhutan.

3 峨眉含笑

1 2 3 4 5 6 7 8 9 10 11 12 600-2000 m

Michelia wilsonii Finet & Gagnep.[1-2, 4]

乔木。嫩枝绿色，被淡褐色稀疏短平伏毛，老枝节间较密。叶革质，倒卵形、狭倒卵形、倒披针形，上面无毛，有光泽，下面灰白色，疏被白色有光泽的平伏短毛。花黄色，芳香，花被片倒卵形或倒披针形。果托扭曲，聚合蓇葖果紫褐色，具灰黄色皮孔，顶端具弯曲短喙，成熟后 2 瓣开裂。生于林间。分布于四川中部、南部和西部、云南东北部和东南部；江西、湖北、湖南、重庆、贵州。

Trees. Young twigs green, pale brown or reddish brown sparsely appressed pubescent; old twigs densely noded. Leaves leathery, adaxially glabrous and glossy, abaxially glaucous and sparsely white glossy appressed pubescent. Flowers fragrant, yellow, tepals obovate, narrowly obovate, or oblanceolate. Fruit torus wrinkled, mature carpels purplish brown, with grayish yellow lenticels, 2-valved, apex with a curved short beak. Forests. Distr. C, S and W Sichuan, NE and SE Yunnan; Jiangxi, Hubei, Hunan, Chongqing, Guizhou.

4 云南含笑

1 2 3 4 5 6 7 8 9 10 11 12 1100-2300 m

Michelia yunnanensis Franch. ex Finet & Gagnep.[1-4]

灌木。嫩枝、芽、嫩叶上面及叶柄、花梗密被深红色平伏毛。叶倒卵形、狭倒卵形、狭倒卵状椭圆形，上面深绿色，下面常残留平伏毛。花梗有 1 枚苞片脱落痕；花白色，极芳香。聚合果通常仅 5~9 个蓇葖发育；成熟蓇葖扁球形，顶端具短尖。生于山地灌丛。分布于西藏东南部、四川、云南中部和南部；贵州。

Shrubs. Young twigs, buds, young leaf blade adaxial surfaces, petioles, and brachyblasts with dark red appressed trichomes. Leaf blade obovate to narrowly obovate-elliptic, adaxially deep green and glossy. Brachyblasts with 1 bract scar; flowers very fragrant, tepals white. Fruit usually with 5-9 mature carpels; mature carpels compressed globose, apex mucronate. Mountain thickets. Distr. SE Xizang, Sichuan, C and S Yunnan; Guizhou.

1
1
2
2
2
3
3
4
4

木兰科 Magnoliaceae | 天女花属 *Oyama* (Nakai) N.H.Xia & C.Y.Wu

落叶乔木或灌木。叶二列。花顶生，花梗细长。约 4 种，中国均产；横断山区 3 种。

Trees or shrubs, deciduous. Leaves distichously arranged. Flowers terminal, peduncle slender. About four species; all found in China; three in HDM.

1 圆叶天女花

1 2 3 4 **5** **6** 7 8 9 10 11 12 **1900-3000 m**

Oyama sinensis (Rehder & E.H.Wilson) N.H.Xia & C.Y.Wu[1]

— *Magnolia globosa* var. *sinensis* Rehder & E.H.Wilson

落叶灌木，高可达 6 米。当年生枝淡灰黄色。托叶痕约为叶柄长的 2/3；叶片倒卵形，侧脉每边 9~13 条。花与叶同时开放，纯白色；花梗长 3~5 厘米，初密被淡黄色平伏长柔毛，向下弯，悬挂着下垂的花朵。生于林间。分布于四川中部及北部。

Deciduous. Shrubs, to 6 m tall. Bark pale brown. Annual twigs pale grayish yellow. Stipular scar nearly 2/3 as long as petiole; leaf blade obovate, secondary veins 9-13 on each side of midvein. Flowers appearing at same time as leaves, white, pendulus; peduncle 3-5 cm, pale yellow appressed villous at first. Forests. Distr. C and N Sichuan.

木兰科 Magnoliaceae | 玉兰属 *Yulania* Spach

落叶乔木或灌木。花两性，单生于枝顶。花先叶而出或与叶同出；雄蕊早落，花药内向及侧向开裂。果实圆柱状，背缝开裂，于花托上宿存。约 25 种；中国 18 种；横断山区 3 种。

Trees or shrubs, deciduous. Flowers terminal on brachyblasts, solitary, bisexual, appearing before or at same time as leaves; stamens caducous, anthers dehiscing introrse-latrorsely or latrorsely. Fruit usually terete when mature, dehiscing along dorsal sutures, persistent on torus. About 25 species; 18 in China; three in HDM.

2 滇藏玉兰

1 2 **3** **4** **5** 6 7 8 9 10 11 12 **2500-3500 m**

Yulania campbellii (Hook.f. & Thomson) D.L.Fu[1, 4]

— *Magnolia campbellii* Hook.f. & Thomson

落叶大乔木，高可达 30 米。叶片纸质，椭圆形、长圆状卵形或宽倒卵形。花大，径 15~35 厘米；花被片深红色或粉红色，或有时白色，稍芳香。聚合果圆柱形。生于林中。分布于西藏东南部、云南西北部；不丹、尼泊尔、印度东北部、缅甸北部。

Deciduous trees, up to 30 meters tall. Leaf chartaceous, elliptic, oblong ovate, or broadly obovate. Flowers large, 15-35 cm in diam; perianth dark red or pink, or sometimes white, slightly fragrant. Aggregate fruit cylindrical. Forest. Distr. SE Xizang, NW Yunnan; Bhutan, Nepal, NE India and N Myranmar.

天南星科 Araceae | 磨芋属 *Amorphophallus* Blume

草本，雌雄同株异花。花叶不同时存在。肉穗花序与附属器分离，具短梗或否，有附属器。约 200 种；中国 16 种；横断山区 3 种。

Herbs, flowers unisexual, monoecious. Flowers and leaves emerge in different seasons. Spadix separated from spathe, sessile or shortly stipitate, with appendix. About 200 species; 16 in China; three in HDM.

3 花磨芋

1 2 3 **4** **5** 6 7 8 9 10 11 12 **300-3000 m**

Amorphophallus konjac K.Koch[1-2]

块茎棕色，扁球形，高可及 20 厘米，直径可及 30 厘米。花序梗长（稀短）。佛焰苞外面基部污褐色带墨绿色斑点，或污白色带灰色斑点。在雌花开花期具强烈腐肉气味；花柱长 1-5 毫米，通常先端分枝。生于林缘、灌丛、次生林。分布于云南，各地有栽培。

Tuber brown, depressed globose, to ca. 20 cm high, to ca. 30 cm in diam. Inflorescence long pedunculate (rarely short). Spathe outside base dirty pale brownish with blackish green spots, or dirty pale whitish grayish with dots. Spadix during female anthesis producing a strong smell of rotting meat; style purplish, 1-5 mm, often distinctly branched at apex. Forest margins and thickets, secondary forests. Distr. Yunnan, and cultivated widely.

1
1
2
2
3

1 滇磨芋 | 1 2 3 **4 5** 6 7 8 9 10 11 12 100-3300 m

Amorphophallus yunnanensis Engl.[1]

块茎扁球形，高可达 9 厘米，直径可达 13 厘米。花序梗长；佛焰苞外表白色或淡绿色白色，少为深绿色。肉穗花序乳白色或浅粉色，远短于佛焰苞；附属物卵形、锥形或三角状卵球形，很少近柱状，膨大或两侧压扁。生于林中阴湿处、灌丛、林缘。分布于云南；广西，贵州；老挝、泰国北部、越南北部。

Tuber depressed globose, to 9 cm high, to 13 cm in diam. Inflorescence long pedunculate. Spathe foutside white or pale greenish white, rarely dark green. Spadix creamy white or pale pinkish, much shorter than spathe; appendix ovoid, conic, or triangular-ovoid, rarely subcylindric, inflated or strongly laterally compressed. Shaded places in forests, or thickets, forest margins. Distr. Yunnan; Guangxi, Guizhou; Laos, N Thailand, N Vietnam.

天南星科 Araceae | 天南星属 *Arisaema* Mart.

草本，具块茎或根状茎。叶片 1~3 枚，叶柄长，通常具斑点；叶片 3 裂，掌裂、鸟足状或放射状全裂。佛焰苞下部管状，上部扩展为檐部，喉部通常向外开展，边缘有时具宽耳或纤毛。佛焰苞先端有时具一长尾。肉穗花序单性或两性。约 200 种；中国 82 种；横断山区 40 种以上。

Herbs with tuber or rhizome. Leaves 1-3, long petiolate, usually mottled; leaf blade 3-foliolate, palmate, pedate, or radiate. Spathe tubular proximally, expanded limb distally, throat of spathe tube often widely spreading outward, with or without an auricle on each side, margins of throat ciliate or not; spathe limb occasionally with a long tail at apex; spadix, unisexual or bisexual. About 200 species; 82 in China; more than 40 in HDM.

• 叶片掌状 3 或 5 裂 | Leaf blade 3 or 5 lobed

2 白苞南星 | 1 2 3 4 **5 6** 7 8 9 10 11 12 2200-3300 m

Arisaema candidissimum W.W.Sm.[1-4]

块茎扁球形，直径 3~5 厘米。花序先叶抽出；肉穗花序单性；佛焰苞淡绿色、白色，具绿色或紫色纵条纹；附属器直立或近直立，近圆筒状，裸秃，基部渐狭，近无柄到具柄。生于栎林或河谷灌丛中。分布于西藏东南部、四川西部、云南西北部。

Tuber depressed globose, 3-5 cm in diam. Inflorescence arising before leaves; spadix unisexual; spathe pale green or white with green or purple longitudinal lines; appendix suberect or erect, subcylindric, naked, base attenuate, subsessile to stipitate. *Quercus* forests, valley thickets. Distr. SE Xizang, W Sichuan and NW Yunnan.

3 象南星 | 1 2 3 4 **5 6** 7 8 9 10 11 12 1800-4000 m

Arisaema elephas Buchet[1-4]

块茎近球形。叶柄绿色，多少具疣状突起；叶片 3 全裂。肉穗花序单性；附属器“S”形，圆锥状，基部突然变狭，中部以上渐细成线形。生于松林、竹林、草地。分布于甘肃、西藏、四川、云南；重庆、贵州；不丹、缅甸。

Tuber subglobose. Petiole green, often verrucose; leaf blade 3-foliolate. Spadix unisexual; appendix sigmoid, cylindric, abruptly narrowed at base, distally narrowed into flagellum. Coniferous forests, bamboo forests, meadows. Distr. Gansu, Xizang, Sichuan, Yunnan; Chongqing, Guizhou; Bhutan, Myanmar.

4 象头花 | 1 2 3 4 **5 6 7** 8 9 10 11 12 900-3000 m

Arisaema franchetianum Engl.[1-4]

块茎扁球形，颈部生多数圆柱状肉质根，周围有多数直径 1~2 厘米的小球茎。佛焰苞污紫色、深紫色，具白色或绿白色宽条纹，先端线性延长；肉穗花序单性；雌花序圆柱形。生于林下、灌丛或草坡。分布于四川、云南；湖南、广西、贵州；缅甸北部。

Tuber depressed globose, bearing many tubercles around, 1-2 cm in diam. Spathe dirty purple or dark purple, with white or greenish white longitudinal lines; spadix unisexual; female zone cylindric. Forests, thickets, grasslands. Distr. Sichuan, Yunnan; Hunan, Guangxi, Guizhou; N Myanmar.

1
2
2
3
3
4
4

1 花南星

1 2 3 4 5 6 7 8 9 10 11 12 600-3300 m

Arisaema lobatum Engl.[1-4]

块茎近球形，直径 2~4 厘米。叶片 1 或 2 枚，3 全裂，中裂片具 1.5~5 厘米长的柄，长圆形或椭圆形，长 8~22 厘米，宽 4~10 厘米。肉穗花序单性；附属器长 4~5 厘米，直立，具长 6~8 毫米的细柄，基部截形，先端钝圆。生于林下、草坡或荒地。分布于甘肃、四川、云南；华中及东部各省。

Tuber globose, 2-4 cm in diam. Leaves 1 or 2, 3-foliolate, central leaflet with petiolule 1.5-5 cm, blade oblong or elliptic, 8-22 cm× 4-10 cm. Spadix unisexual; appendix 4~5 cm, erect, stipe 6-8 mm, base truncate, apex obtuse. Forests, thickets, grassy slopes. Distr. Gansu, Sichuan, Yunnan; C and E China.

2 猪笼南星

1 2 3 4 5 6 7 8 9 10 11 12 2700-3600m

Arisaema nepenthoides Mart.[1-4]

块茎扁球形，直径 6~7 厘米。叶片掌状 5（~7）裂，最外侧裂片基部常宽耳状。佛焰苞喉部有宽耳，宽达 2 厘米；肉穗花序单性；附属器圆柱形，基部具 5~7 毫米的细柄，中部微收，先端钝圆。生于铁杉林或高山栎林下、林缘和岸边。分布于西藏南部、云南；不丹、印度东北部、缅甸北部、尼泊尔。

Tuber depressed globose, 6-7 cm in diam. Leaf blade digitate, leaflets 5(-7), outermost leaflets distinctly auriculate semiovate at base. Spathe throat broadly auriculate, to 2 cm wide; spadix unisexual; appendix cylindric, base truncate with stipe 5-7 mm, middle part slightly constricted, apex obtuse. *Tsuga* or *Quercus* forests, forest banks and margins. Distr. S Xizang, Yunnan; Bhutan, NE India, N Myanmar, Nepal.

3 岩生南星

1 2 3 4 5 6 7 8 9 10 11 12 1800-2800 m

Arisaema saxatile Buchet[1-4]

落叶。叶 1~2 枚；叶柄绿色无斑点，下部成假茎；叶片 3 裂或鸟足状 5 分裂，裂片 5~7 枚，纸质，均全缘。佛焰苞黄绿色、绿白色或淡绿色；肉穗花序单性；雌花序圆锥形，子房绿白色，纺锤形。生于松林、草坡、高山草甸。分布于四川西南部、云南西北部、中部至东北部。

Plants dioecious. Leaves 1 or 2; petiole green without spots, proximally forming pseudostem; leaf blade 3-foliolate or pedately 5-foliolate, leaflets 5-7, papery, margin entire. Spathe green or pale green; spadix unisexual; female zone coniform, ovary yellowish green, fusiform. *Pinus* forests, grassy slopes, alpine grasslands. Distr. SW Sichuan, NW, C to NE Yunnan.

4 山珠南星

1 2 3 4 5 6 7 8 9 10 11 12 700-3200 m

Arisaema yunnanense Buchet[1-4]

叶片 3 全裂，中裂片长 10~19 厘米。附属器外弯或下弯，圆筒状，长 3.5~6 厘米，粗 2~2.5 毫米，向上渐细。生于松林、松栎混交林、高山草地、路边及灌丛中。分布于四川西部、云南；贵州西部；缅甸北部。

Leaf blade 3-foliolate, central leaflet 10-19 cm. Appendix recurved outward or downward, cylindric, narrowed distally, 3.5-6 cm, base 2-2.5 mm in diam. *Pinus* and *Pinus-Quercus* forests, grassy slopes, roadsides, thickets. Distr. W Sichuan, Yunnan; W Guizhou; N Myanmar.

· 叶片鸟足状、掌状或辐射分裂者 | Leaf blade pedate, palmate or radiate

5 长耳南星

1 2 3 4 5 6 7 8 9 10 11 12 1400-3100 m

Arisaema auriculatum Buchet[1-4]

块茎小，球形，直径 1~2 厘米。叶片鸟足状分裂，裂片 9~15 枚，全缘或啮齿状。佛焰苞长 7~12 厘米，喉部两侧具分离的长耳；肉穗花序单性；附属器无柄。生于箐沟杂木林、竹林、湿润的沟谷。分布于四川、云南西北部。

Tuber small, globose, 1-2 cm in diam. Leaf blade pedate, leaflets 9-15, margin entire or erose. Spathe 7-12 cm in total; lateral lobes spreading into auricles at tube throat; spadix unisexual; appendix sessile. Mixed evergreen forests, bamboo forests, wet places in valleys. Distr. Sichuan, NW Yunnan.

1
1 
2 
2 
3 
3 
4 
4 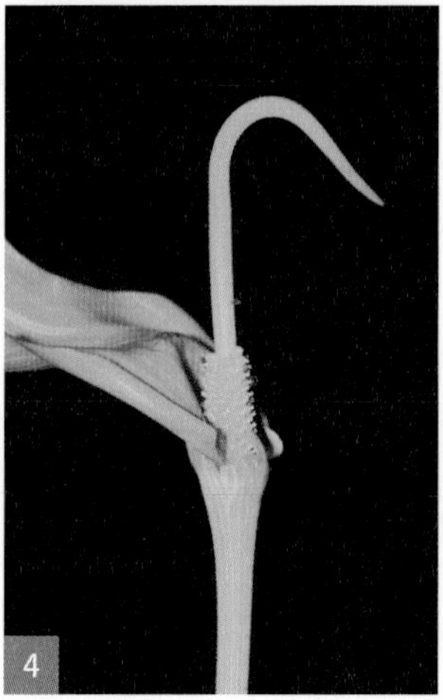
5

1 拟刺棒南星

1 2 3 4 5 6 7 8 9 10 11 12 2900-3300 m

Arisaema echinoides H.Li[1]

块茎近球形，匍匐茎。叶单生，辐射状，基部楔形。花密集，花梗短于叶柄；佛焰苞鞘状的筒部具许多纵向白色长条纹，檐部暗紫色并具白色的中脉；肉穗花序单性。生于阴凉处森林、灌丛。分布于云南西北部（丽江）。

Tuber subglobose, stoloniferous. Leaf solitary, leaf blade radiate; base cuneate. Flowers dense, peduncle shorter than petioles; spathe tube purple with numerous longitudinal white stripes, cylindric, limb dark purple with white midrib; spadix unisexual. Forests, thickets in shade. Distr. NW Yunnan (Lijiang).

2 一把伞南星

1 2 3 4 5 6 7 8 9 10 11 12 <3200 m

Arisaema erubescens (Wall.) Schott[1-4]

叶 1 枚，极稀 2 枚；叶片放射状分裂，裂片 18~23 枚。佛焰苞绿色，有白色条纹，檐部深绿色或有时外面边缘淡紫色，里面浅绿色；肉穗花序单性；附属器下部或有少数中性花。生于松林、混交林、灌丛、草坡。分布于我国东北、新疆以外大部分省区；不丹、越南、老挝、缅甸、尼泊尔、泰国北部、印度东北部。

Leaf solitary, occasionally 2; leaf blade radiate, leaflets 18-23. Spathe green, with indistinct whitish stripes or not; limb deep green sometimes with purple margin outside, pale green inside; spadix unisexual, appendix with some acute neuter flowers at base. *Pinus* forests, mixed forests, thickets, grassy slopes. Distr. Almost throughout China, except NE China and Xinjiang; Bhutan, Vietnam, Laos, Myanmar, Nepal, N Thailand, NE India.

3 黄苞南星

1 2 3 4 5 6 7 8 9 10 11 12 2200-4400 m

Arisaema flavum subsp. *tibeticum* J.Murata[2-3-4]

— *Arisaema flavum* (Forsk.) Schott

块茎近球形，直径 1.5~2.5 厘米。叶片鸟足状分裂，裂片 5~15 枚。佛焰苞在本属中为最小，黄绿色；附属器黄色或黄绿色，椭圆状，极短。生于碎石坡或灌丛中。分布于西藏南部至东南部、四川西部、云南西北部；不丹、印度西北部、尼泊尔。

Tuber subglobose, 1.5-2.5 cm in diam. Leaf blade pedate, leaflets 5-15. Spathe smallest in genus, tube yellowish green; appendix yellowish or yellow green, ellipsoid, short. Rocky slopes and thickets. Distr. S to SE Xizang, W Sichuan, NW Yunnan; Bhutan, NW India, Nepal.

4 天南星

1 2 3 4 5 6 7 8 9 10 11 12 <2700 m

Arisaema heterophyllum Blume[1-4]

叶常 1 枚，鸟足状分裂，裂片 11~19 枚，有时更少或更多。肉穗花序两性或雄花序单性；附属器“之”字形上升。生于林下、灌丛或草地。除西藏外的大部分省区都有分布；日本、朝鲜半岛。

Leaf usually solitary, leaf blade pedate, leaflets 11-19, more or less. Spadix bisexual or male; appendix ascending, sigmoid. Forests, thickets, grasslands. Almost throughout China, except Xizang; Japan, Korea.

5 中泰南星

1 2 3 4 5 6 7 8 9 10 11 12 1200-2500 m

Arisaema sukotaiense Gagnep.[1]

叶单生，小叶 12~14 枚。佛焰苞筒部外部被白霜，深紫色或淡橄榄绿色，带白色细纹，内侧深红色有白纹；肉穗花序单性；附属器无柄，圆柱形，从佛焰苞中略伸出。生于山地林中，或附生于树干苔藓中。分布于云南西部和南部；泰国北部。

Leaf solitary, leaflets 12-14. Spathe tube outside pruinose, dark purple or pale olive-green with thin white stripes, inside pale carmine with white stripes; spadix unisexual; appendix sessile, cylindric, slightly exserted from spathe tube. Mountain forests, mossy tree trunks. Distr. W and S Yunnan; N Thailand.

1
2
2
3
3
4
4
5

天南星科 Araceae | 崖角藤属 *Rhaphidophora* Hassk.

大型藤本。叶二列，具叶柄。花序顶生，或有时排成扇形聚伞状；佛焰苞初时管状，后期开展，多数早落；肉穗花序短梗或无梗。约 120 种；中国 12 种；横断山种约 7 种。

Lianas, large. Leaves distichous, petiolate. Inflorescences terminal on leafy shoots, solitary or sometimes in a fascicle (synflorescence); spathe initially inrolled and tubular, afterward spreading, mostly early caducous; stalk of spadix short or absent. About 120 species; 12 in China; about seven in HDM.

1 爬树龙

1 2 3 4 **5 6 7 8** 9 10 11 12 <2200 m

Rhaphidophora decursiva (Roxb.) Schott[1-4]

高大附生藤本，长达 20 米以上。花序腋生；佛焰苞蕾时席卷肉质，后期开展，两面黄色；肉穗花序无柄。浆果绿白色，基部白色或黄色，顶部具约 1 毫米的宿存花柱。生于季雨林和亚热带沟谷常绿阔叶林内，匍匐于地面、石上或攀附于树干上。分布于西藏东南部、四川、云南；中国东南部；东南亚。

Lianas, very large, to 20 m or more. Inflorescences axillary. Spathe initially involute, afterward spreading, yellow on both sides. Spadix sessile. Berry green-white, base white or yellow, apex with a persistent style. Monsoon rain forests, valley evergreen broad-leaved forests, creeping on ground, over rocks, or climbing against trees. Distr. SE Xizang, Sichuan, Yunnan; SE China; SE Asia.

天南星科 Araceae | 半夏属 *Pinellia* Ten.

叶和花序同时抽出，下部或上部的叶片基部常有珠芽。肉穗花序远长于佛焰苞，雌花序与佛焰苞合生，与雄花通过隔膜与短而离生的裸露花序轴相分隔（大多数种）；雄花序离生，圆柱形，短，附属器线状圆锥形，超出佛焰苞很长。9 种；我国均产；横断山区 1 种。

Inflorescence solitary, appearing with leaves, bulbils usually at proximal or distal part of petioles. Spadix much longer than spathe; female zone adnate to spathe, separated from male zone by spathe septum in most speies and by short, free, naked part of spadix axis; male zone free, cylindric, short; appendix long exserted from spathe, narrowly subulate. Nine species; all found in China; one in HDM.

2 半夏

1 2 3 4 **5 6 7** 8 9 10 11 12 <2500 m

Pinellia ternata (Thunb.) Makino[1-4]

块茎圆球形，直径 1~2 厘米。叶 2~5 枚；叶片 3 全裂，有时鸟足状 5 裂。生于草坡、荒地或疏林下。除西北外，全国广布；朝鲜半岛、日本。

Tuber globose, 1-2 cm in diam. Leaves 2-5; leaf blade 3-foliolate, sometimes pedate with 5 leaflets. Grasslands, wastelands, cultivated lands. Distr. Widely distributed in China, except NW China; Korea, Japan.

天南星科 Araceae | 斑龙芋属 *Sauromatum* Schott

季节性休眠草本。佛焰苞基部联合并强烈螺状旋卷，上部多少强烈收缩，先端张开并形成披针形至卵状三角形的檐部；肉穗花序的中性区域位于雌雄区之间，具退化雄蕊，或具槽而仅在基部具退化雄蕊。8 种；中国 7 种；横断山区 4 种。

Herbs, seasonally dormant. Spathe divided into a connate or strongly convolute basal part with a strong apical constriction and a spreading lanceolate to ovate-triangular limb; spadix: sterile zone between female and male zones fully covered with staminodes, or grooved and with staminodes only at base. Eight species; seven in China; four in HDM.

3 高原犁头尖

1 2 3 4 5 6 **7** 8 9 10 11 12 3300-3700 m

Sauromatum diversifolium (Wall. ex Schott) Cusimano & Hett.[1]

— *Typhonium diversifolium* Wall.

多年生矮小草本，高 10~15 厘米。叶片多变。佛焰苞外面绿色，内面深紫色，长 6~7 厘米；肉穗花序：雌花序长 5 毫米，粗 3 毫米；中性花序长 2 厘米；雄花序长 5 毫米。生于高山草地或沙石地。分布于西藏南部（吉隆）、四川西部、云南西北部；东喜马拉雅至中南半岛。

Perennial, 10-15 cm tall. Leaves variable. Outer of the spathe green, inner dark purple, 6-7 cm long; spadix: female 5 mm long and 3 mm thick; neutral 2 cm long; male inflorescence 5 mm long. Alpine grassland and sandy land. Distr. S Xizang (Gyirong), W Sichuan, NW Yunnan; E Hiamalya to Indochina Peninsula.

1
2
2
1
3

岩菖蒲科 Tofieldiaceae | 岩菖蒲属 *Tofieldia* Huds.

多年生草本。叶2列，两侧压扁，基部嵌叠，剑形。常具总状花序或罕穗状花序；花较小，腋生于苞片，在近花被基部还有1枚杯状小苞片。蒴果深裂，有时近蓇葖果状，不规则开裂。约20种；中国3种；横断山区约2种。

Herbs perennial. Leaves 2-ranked, basally equitant, sword-shaped, laterally flattened. Inflorescence raceme or rarely a spike; flowers small, arising from axils of bracts, often subtended by 1 cupular or bracteoles. Fruit a irregularly dehiscent, capsule, sometimes folliclelike due to very deep clefts. About 20 species; three in China; two in HDM.

1 叉柱岩菖蒲

1 2 3 4 5 **6 7 8** 9 10 11 12 1000-4300 m

Tofieldia divergens Bureau & Franch.[1-4]

叶长3~22厘米，宽2~4毫米。总状花序长2~10厘米；花白色，有时稍下垂。蒴果由于深裂而呈蓇葖果状。生于林下的岩缝中或岩石上、湿润草坡。分布于四川西南部、云南；贵州西部。

Leaves 3-22 cm× 2-4 mm. Raceme 2-10 cm; flower white, sometimes slightly nodding. Capsule folliclelike due to very deep clefts. Crevices on rocks in forests or cliffs, moist grassy slopes. Distr. SW Sichuan, Yunnan; W Guizhou.

水鳖科 Hydrocharitaceae | 水车前属 *Ottelia* Pers.

淡水草本。叶基生，有叶柄，沉水，偶浮水。花两性，若单性则雌雄异株；佛焰苞椭圆形或卵形，有2~6条翅，先端2或3裂。约21种；中国5种；横断山区1种。

Herbs, freshwater. Leaves all basal, petiolate, blades submerged or sometimes floating. Flowers bisexual or unisexual and plants dioecious; spathes elliptic or ovate, usually 2-6-winged, apex bifid or trifid. About 21 species; five in China; one in HDM.

2 海菜花

1 2 3 4 **5 6 7 8 9 10** 11 12 1000-4300 m

Ottelia acuminata (Gagnep.) Dandy[1-4]

沉水草本。叶形变化较大，全缘或有细锯齿。花单性，雌雄异株；佛焰苞具2~6条棱；雄佛焰苞内含40~190朵雄花，花瓣白色，基部黄色；雌佛焰苞内含2~9朵雌花。果为三棱状纺锤形，棱上有明显的肉刺和疣凸。生于湖泊、池塘及沟渠。分布于四川、云南；广东、广西、海南、贵州。

Herb submerged. Leaf blades varying greatly in shape and size, margin entire, or serrulate. Flowers unisexual, dioecious; spathe with 2-6 longitudinal ribs; male spathe with 40-190 male flowers; petals white with yellow base, Female spathe with 2-9 female flowers. Fruit triangular-cylindric to fusiform, obvious spines and warts on the ribs. Lakes, ponds, channels, rivers, streams. Distr. Sichuan, Yunnan; Guangdong, Guangxi, Hainan, Guizhou.

水麦冬科 Juncaginaceae | 水麦冬属 *Triglochin* L.

湿生草本。具根茎，密生须根。总状花序，生于无叶花莛上；花两性，花被片6枚；雄蕊6枚。蒴果，心皮合生。约15种；中国2种；横断山均产。

Herbs, of marshes. Rhizomes densely rooting at nodes. Flowers hermaphroditic, in racemes on leafless scapes; perianth segments 6; stamens 6. Fruit syncarpous, capsule. About 15 species; two in China; both found in HDM.

3 海韭菜

1 2 3 4 5 **6 7 8 9 10** 11 12 < 5200 m

Triglochin maritima L.[1-2]

多年生草本，植株稍粗壮。根茎短，着生多数须根，常有棕色叶鞘残留物。花葶直立，较粗壮，总状花序着生多数排列较紧密的花，无苞片；花被片绿色，圆形至卵形；心皮均可育。蒴果直立向上，不贴于花梗。生于湿沙地或海边盐滩上。分布于西南、西北、华中、华北各省区；广布于北半球温带及寒带。

Herbs, perennial, robust. Rhizome short, densely rooting at nodes, clothed with sheaths of old leaves. Scape erect, stout, racemes with densely arranged flowers, without bracts; perianth segments green, orbicular to ovate; carpels all fertile. Fruit ascending, not appressed to scape. Marshes. Distr. SW, NW, C and N China; temperate and cold zones of the northern hemisphere.

1

1

2

2

3

3

1 水麦冬 1 2 3 4 5 6 7 8 9 10 11 12 <5200 m

Triglochin palustris L.[1-2]

多年生湿生草本，弱小。总状花序，花排列较疏散。蒴果紧贴于花梗，棒状条形。生于咸湿地或浅水处。分布于东北、华北、西北、西南；广布于北美、欧洲及亚洲。

Herbs of marshes, perennial, slender. Racemes with laxly arranged flowers. Fruit closely appressed to scape, clavate. Marshes, streamsides, wet meadows. Distr. NE, N, NW and SW China; N America, Europe and Asia.

眼子菜科 Potamogetonaceae | 眼子菜属 *Potamogeton* L.

多年生或一年生淡水或微咸水生草本。穗状花序；花被片 4 枚；雄蕊 4 枚；雌蕊 1~5 枚，离生。果实核果状，外果皮肉质，内果皮骨质。本属约 75 种；中国 20 种；横断山区 10 种。

Herbs, perennial or annual, in fresh or brackish water. Inflorescence a pedunculate spike. Perianth 4-merous; stamens 4; carpels 1-5, free. Fruit drupaceous with fleshy exocarp and bony endocarp. About 75 species; 20 in China; ten in HDM.

2 眼子菜 1 2 3 4 5 6 7 8 9 10 11 12 2040-3700 m

Potamogeton distinctus A.Benn.[1-3]

多年生水生草本。沉水叶披针形至狭披针形，草质，具柄，常早落；浮水叶革质，披针形至卵状披针形，具柄；托叶膜质，呈鞘状抱茎。果实宽倒卵形，背部明显 3 条脊。生于池塘、水田和水沟等静水中。广布于我国南北大多数省区；俄罗斯、朝鲜半岛及日本。

Plants perennial, in fresh water. Submerged leaves petiolate, herbaceous, blade narrowly lanceolate to lanceolate; floating leaves petiolate, lanceolate to ovate-lanceolate, leathery; stipules membranous, amplexicaul. Fruit broadly obovoid, abaxial keels 3. Ponds, paddy fields, channels. Distr. most provinces in China; Russia, Korea and Japan.

沼金花科 Nartheciaceae | 粉条儿菜属 *Aletris* L.

多年生草本。叶通常基生，成簇，带形至条状披针形。总状花序顶生；花小，花梗短或极短，具 2 枚苞片；花被下部与子房合生；雄蕊 6 枚，花丝短，花药基着；子房半下位，柱头不明显 3 裂；每室胚珠多数。蒴果卵形包藏于宿存的花被内。21 种；中国 15 种；横断山区约 8 种。

Herbs perennial. Leaves basal, tufted, lanceolate to linear. Inflorescence a terminal raceme; flowers small, pedicel short or very short, 2 bracts; perianth tube proximally adnate to ovary; stamens 6; filaments short; anthers basifixed; ovary semi-inferior, stigma obscurely 3-lobed; ovules many per locule. Fruit a loculicidal capsule enveloped by persistent perianth. Twenty-one species; 15 in China; about eight in HDM.

3 高山粉条儿菜 1 2 3 4 5 6 7 8 9 10 11 12 800-3600 m

Aletris alpestris Diels[1-4]

叶近莲座状簇生，条状披针形。花葶纤细，疏生柔毛；总状花序长 1~4 厘米；苞片 2 枚，披针形，无毛；花被无毛，白色或粉白色，光滑或密被疣状突起。生于岩石上或林下石壁上。分布于四川、云南；贵州、陕西。

Leaves densely tufted, linear. Scape very slender, rachis puberulent; raceme 1-4 cm; bract 2, lanceolate, glabrous; perianth white or pinkish white, glabrous but often densely papillose. Cliffs, rocks in forests. Distr. Sichuan, Yunnan; Guizhou, Shaanxi.

4 星花粉条儿菜

Aletris gracilis Rendle[1-2] 1 2 3 4 5 6 7 8 9 10 11 12 1300-2850 m

— *Aletris stelliflora* Hand.-Mazz.

花葶高 13~30 厘米，无毛；总状花序长 2.5~15 厘米，疏生多数花；花被淡黄色，长 4.5~5 毫米。生于高山沼泽地、高山草地、竹林、灌丛边。分布于四川西部、云南西北部。

Scape 13-30 cm, glabrous; raceme 2.5-15 cm, laxly many-flowered; tepals yellowish, 4.5-5 mm. Alpine swamps, alpine grasslands, bamboo thickets, thicket margins. Distr. W Sichuan and NW Yunnan.

1
1
2
2
3
3
3
4
4

1 少花粉条儿菜

1 2 3 4 5 **6 7 8 9** 10 11 12 3500-4000 m

Aletris pauciflora (Klotzsch) Hand.-Mazz.[1, 3-4]

花葶高 8~20 厘米，密生柔毛；总状花序长 2.5~8 厘米，具较稀疏的花；苞片 2 枚，长 8~18 毫米，其中 1 枚超过花 2~3 倍，绿色；花被近钟形，暗红色、浅黄色或白色，长 3.5~6 毫米。生于高山草坡。分布于西藏（聂拉木）、四川、云南；不丹、印度、尼泊尔。

Scape 8-20 cm, densely pubescent; raceme 2.5-8 cm, with laxly arranged flowers; bracts 2, 8-18 mm, one of the bracts 2-3 times as long as the flower, green; perianth tube campanulate, dark red, pale red, pale yellow or white, 3.5-6 mm. Alpine grasslands. Distr. Xizang (Nielamu), Sichuan, Yunnan; Bhutan, India, Nepal.

翡若翠科 Velloziaceae | 芒苞草属 *Acanthochlamys* P.C.Kao

多年生草本，植株高 1.5~5 厘米，密丛生。叶基生，成簇，半圆柱状，具纵沟，近基部具鞘。花葶直立，单一，稍比叶短。每朵花有 8~18 枚苞片，苞片叶状，均具鞘。蒴果。仅 1 种。

Perennial herb. Plants tufted, 1.5-5 cm tall. Leaves basal, subterete, grooved, base sheathing. Flowering stems erect, simple, slightly shorter than leaves. Bracts 8-18 per flower, sheathing stem, leaflike. Fruiting a capsule. One species.

2 芒苞草

1 2 3 4 5 **6** 7 8 9 10 11 12 2700-3500 m

Acanthochlamys bracteata P.C.Kao[1-3]

描述同属。生于矮灌丛、草坡。分布于西藏东部、四川西部。

See description for the genus. Open scrub, grassy slopes. Distr. E Xizang, W Sichuan.

百部科 Stemonaceae | 百部属 *Stemona* Lour.

亚灌木或藤本。茎攀援或直立。叶通常轮生，较少对生或互生。花被片 4 枚；花药线形，顶端具附属物。约 27 种；中国 7 种；横断山区 1 种。

Subshrubs or vines. Stem erect or climbing. Leaves usually whorled, rarely opposite, or alternate. Perianth 4; anthers basifixed, linear, apex often adaxially appendaged. About 27 species; seven in China; one in HDM.

3 云南百部

1 2 3 **4 5 6** 7 8 9 10 11 12 <3200 m

Stemona mairei (H.Lév.) K.Krause[1-4]

块根肉质，长圆状卵形。叶对生或轮生，直立向上，狭卵形至线形，主脉 3~5 条。花单生于叶腋或叶片中脉基部；花被白色，有时带粉红色。蒴果卵形。生于山坡草地上或山地路边。分布于四川西南部、云南北部。

Roots fleshy, ovoid-oblong. Leaves opposite or whorled, ascending, leaf blade narrowly ovate to linear, veins 3-5. Inflorescences axillary or at base of leaf midvein; perianth segments white tinged with pink. Capsule globose-ovoid. Mountain slopes, dry grasslands, limestone rocks. Distr. SW Sichuan, N Yunnan.

藜芦科 Melanthiaceae | 重楼属 *Paris* L.

多年生草本。根状茎肉质。花于顶部单生；花被片离生，宿存，排成二轮；外轮花被片通常叶状，绿色；内轮花被片线形。蒴果或浆果状蒴果，室背开裂或不开裂，具几至多数枚种子。约 24 种；中国 22 种；横断山区约 9 种 5 变种。

Herbs perennial. Rhizome fleshy. Flowers solitary, terminal; tepals in 2 whorls, free; outer ones leaf-like, green, inner ones linear. Fruit a berry or a berrylike capsule, indehiscent or loculicidal, several to many seeded. About 24 species; 22 in China; nine species and five varieties in HDM.

4 毛重楼

1 2 3 4 **5 6 7** 8 9 10 11 12 2500-3300 m

Paris mairei H.Lév.[1-4]

植株高可达 1 米。叶 5~10 枚，长 5~14 厘米，宽 1~1.25 厘米。雄蕊长约 1~1.5 厘米；子房通常为紫红色。生于高山草丛或林下。分布于四川西南部、云南西北部。

Plants up to 1 m. Leaves 5-10, 5-14 cm × 1-1.25 cm. Stamens 1-1.5 cm; ovary usually purplish red. Forests, alpine grassy slopes. Distr. SW Sichuan, NW Yunnan.

1
1
2
2
3
3
3
4
4

1 多叶重楼

1 2 3 4 5 6 7 8 9 10 11 12 2500-3300 m

Paris polyphylla Sm.[1-4]

植株高可达1米。叶5~10枚，长5~14厘米，宽1~2.5厘米。雄蕊长约1~1.5厘米；子房通常为紫红色。生于高山草丛或林下。分布于四川西南部、云南西北部。

Plants up to 1 m. Leaves 5-10, 5-14 cm×1-1.25 cm. Stamens 1-1.5 cm; ovary usually purplish red. Forests, alpine grassy slopes. Distr. SW Sichuan, NW Yunnan.

藜芦科 Melanthiaceae | 延龄草属 *Trillium* L.

多年生草本。叶3枚，轮生于茎的顶端，无柄或短柄，菱形至卵形。花单生于花葶顶端；花被片6枚，离生，排成2轮；子房卵形至球形，3室，有多数胚珠。浆果绿色。约46种；中国4种；横断山区1种。

Herbs perennial. Leaves 3, in a terminal whorl, sessile or shortly petiolate, rhombic-orbicular to ovate. Flowers solitary, terminal, pedunculate; tepals 6, in 2 whorls, free; ovary ovoid to globose, 3-loculed. Fruit a berry, green. About 46 species; four in China; one in HDM.

2 延龄草

1 2 3 4 5 6 7 8 9 10 11 12 1600-3200 m

Trillium tschonoskii Maxim.[1-4]

外轮花被片狭卵形至卵状披针形，绿色，叶状；内轮花被片白色，少有淡紫色；雄蕊长约为花被的2/5；花药顶端有稍突出的药隔。浆果黑紫色，球形，有多数种子。生于林下、山谷阴湿处。分布于甘肃、西藏、四川、云南；浙江、安徽、福建、陕西、台湾；不丹、印度、缅甸、朝鲜半岛、日本。

Outer tepals green, narrowly ovate to ovate-lanceolate, herbaceous; inner ones white, rarely pale purple; stamens ca. 2/5 as long as tepals; anthers with slightly convex connective apically. Berry black-purple, globose, many seeded. Forests, moist places along ravines. Distr. Gansu, Xizang, Sichuan, Yunnan; Zhejiang, Anhui, Fujian, Shaanxi, Taiwan; Bhutan, India, Myanmar, Korea, Japan.

藜芦科 Melanthiaceae | 藜芦属 *Veratrum* L.

多年生草本，雄性花和两性花同株，极少仅为两性花的。茎直立，基部为叶鞘所包围，叶鞘枯死后许多成为棕褐色的纤维残留物。顶生圆锥花序多花。蒴果室间开裂，每室数枚种子，种子扁平，具狭翅。约40种；中国13种；横断山区5种。

Herbs perennial, andromonoecious or rarely hermaphroditic. Stems erect, usually enclosed basally by fibers formed from disintegrated sheaths. Inflorescence usually a terminal panicle, many flowered. Fruit a septicidal capsule; seeds several per valve, flattened, narrowly winged. About 40 species; 13 in China; five in HDM.

3 毛叶藜芦

1 2 3 4 5 6 7 8 9 10 11 12 2600-4000 m

Veratrum grandiflorum (Maxim. ex Miq.) O.Loes[1-4].

植株高大。叶基部抱茎，背面密生褐色或淡灰色短柔毛。花被片绿白色，边缘具啮蚀状牙齿，外花被片背面尤其中下部密生短柔毛；子房长圆锥状，密生短柔毛。生于山坡林下或湿生草丛中。分布于四川、云南；浙江、江西、湖北、湖南、台湾。

Plants stout. Leaves cauline, abaxially densely brown or gray pubescent. Tepals greenish white, margin erose-denticulate, outer tepals densely pubescent abaxially, particularly in proximal part; ovary subconical, densely pubescent. Capsule. Forested slopes, moist grassy places. Distr. Sichuan, Yunnan; Zhejiang, Jiangxi, Hubei, Hunan, Taiwan.

4 狭叶藜芦

1 2 3 4 5 6 7 8 9 10 11 12 2000-4000 m

Veratrum stenophyllum Diels[1-4]

叶无柄，基部收窄为鞘。圆锥花序多花，侧枝上为雄性花，顶端为两性花；花被片淡黄色或淡黄绿色，背面基部微被毛。蒴果直立，贴于花序轴。生于山坡草地上或林下阴处。分布于四川西部、云南西北部。

Leaves sessile, basally clasping, leaf base narrowed. Panicle densely many flowered, lateral branches slender, with male flowers, terminal raceme with bisexual flowers; tepals pale yellow or yellowish green, slightly pubescent at abaxial base. Capsule erect, appressed to rachis. Shaded places in forests, forest margins, grassy slopes. Distr. W Sichuan, NW Yunnan.

1
1
2
3
3
4
4

藜芦科 Melanthiaceae | 丫蕊花属 *Ypsilandra* Franch.

多年生草本。叶基生，莲座状。总状花序顶生，无苞片；雄蕊6枚，花药肾形，基着，药室汇合成一室。蒴果，具3条棱。种子多数，细梭状，两端有长尾。5种；我国均产；横断山4种。

Herbs perennial. Leaves basal, rosulate. Inflorescence a terminal raceme, bract absent; stamens 6, anthers usually reniform, basifixed, with confluent locules. Fruit a capsule, trigonous. Seeds numerous, narrowly fusiform, both ends caudate. Five species; all found in China; four in HDM.

1 丫蕊花

1 2 3 4 5 6 7 8 9 10 11 12 1300-2850 m

Ypsilandra thibetica Franch.[1-2, 4]

具根状茎。花葶通常比基生叶长；总状花序；花被片白色、淡红色至紫色，近匙状倒披针形；雄蕊至少有1/3伸出花被；子房上部3深裂，柱头头状，稍3裂。种子长4~5毫米。生于林下、路旁湿地或沟边。分布于四川；湖南南部、广西东北部。

Rhizome. Scape usually longer than basal leaves; raceme; tepals white, pink, or purple, spatulate-oblanceolate; stamens 1/3 obviously extending beyond tepals; ovary deeply 3-lobed apically, stigma capitate, slightly or scarcely 3-lobed. Seeds 4-5 mm. Forests, moist places on hillsides, shady slopes along valleys. Distr. Sichuan; S Hunan, NE Guangxi.

2 云南丫蕊花

1 2 3 4 5 6 7 8 9 10 11 12 3300-4000 m

Ypsilandra yunnanensis F.T.Wang & Tang[1-4]

植株根状茎短。花葶通常长于基生叶；总状花序较狭；花被片近匙形或倒披针形至椭圆形，长4~5毫米；雄蕊花期短于花被片，在果期可稍露出花被外；子房上部3浅裂，花柱短，柱头3深裂，裂片外弯。蒴果三棱状倒卵形，成熟时比花被片稍长。种子长约5毫米。生于草坡、杜鹃林下或灌丛边缘。分布于西藏（波密）、云南西北部（德钦、贡山）；不丹、缅甸、尼泊尔。

Rhizome rather short. Scape much longer than basal leaves; raceme rather narrow; tepals spatulate or oblanceolate to elliptic, 4-5 mm long; stamens not extending beyond tepals at anthesis or slightly so in fruit; ovary slightly 3-lobed apically; stigma deeply 3-lobed, recurved. Capsule broadly obovoid, slightly longer than persistent tepals. Seeds about 5 mm. grassy slopes, *Rhododendron* forests, thicket margins. Distr. Xizang (Bomi), NW Yunnan (Dêqên, Gongshan); Bhutan, Myanmar, Nepal.

秋水仙科 Colchicaceae | 万寿竹属 *Disporum* Salisb.

多年生直立草本。茎单一或上部有分枝。伞形花序有花1至数朵，无苞片；花被筒状钟形至平阔，通常多少俯垂；花被片离生，基部囊状或距状。浆果通常近球形，熟时蓝色到黑色。约20种；中国14种；横断山区约7种。

Herbs perennial. Stem simple or branched in distal part. Inflorescences umbellate or with flowers paired or solitary, bract absent; flowers tubular-campanulate to opening flat, often nodding; tepals free, often saccate or spurred at base. Fruit a berry, dark blue to black. About 20 species; 14 in China; about seven in HDM.

3 短蕊万寿竹

1 2 3 4 5 6 7 8 9 10 11 12 2800-3000 m

Disporum brachystemon Wang et Tang[2]

根状茎匍匐，质硬。茎常于上部分枝。叶椭圆形至卵状披针形，边缘和背面脉上粗糙。伞形花序顶生，有花2~6朵；花被片白色或黄绿色，稀紫色，倒卵形或矩圆形，基部有突起；雄蕊内藏或与花被片等长。浆果近球状，3~6枚种子。生于灌丛或林下。分布于西藏东南部、四川西南部、云南西北部；湖南、贵州南部。

Rhizome creeping, rather thick. Stem usually branched distally. Leaf blade elliptic to ovate-lanceolate, often scabrous at margin and on veins abaxially. Inflorescences terminal, umbellate, 2-6-flowered; tepals white or yellowish green, rarely purple, obovate-oblanceolate to elliptic-lanceolate, base gibbous-spurred; stamens included or equaling tepals. Berries subglobose, 3-6-seeded. Forests or thickets. Distr. SE Xizang, SW Sichuan, NW Yunnan; Hunan, S Guizhou.

1

2

2

3

3

1 长蕊万寿竹

1 2 3 4 5 6 7 8 9 10 11 12 400-800 m

Disporum longistylum (H.Léveillé & Vaniot) H.Hara[1, 4]

根状茎无匍匐枝。茎上部有分枝。叶披针形至椭圆形。伞形花序生于茎和分枝顶端；花被片绿色或黄绿色，稀紫色，匙状倒披针形至卵形，基部有突起。浆果黑色。生于林下、岩石上。分布于甘肃南部、西藏、四川、云南；湖北、贵州、陕西南部。

Rhizome without creeping stolon. Stem usually branched distally. Leaf blade lanceolate to elliptic. Inflorescences terminal, umbellate; tepals green or greenish yellow, rarely purplish, spatulate-oblanceolate to obovate, base gibbous-spurred. Berries black. Forests, rocky places. Distr. S Gansu, Xizang, Sichuan, Yunnan; Hubei, Guizhou, S Shaanxi.

2 大花万寿竹

1 2 3 4 5 6 7 8 9 10 11 12 1600-2500 m

Disporum megalanthum F.T.Wang & Tang[1-3]

根肉质，根状茎短。茎直立，上部有少数分枝。叶椭圆形或宽披针形，基部近圆形，常稍对折抱茎，边缘有乳头状突起。伞形花序顶生或假顶生，有花 2~8 朵；花梗有棱；花被片白色或奶黄色；柱头 3 裂，向外弯卷。生于林下、林缘或草坡上。分布于甘肃南部、四川；湖北、陕西南部。

Fleshy roots, rhizome short. Stem erect, often slightly branched distally. Leaf blade elliptic to broadly lanceolate, base subrounded and slightly conduplicate, margin papillose-scabrous. Inflorescences umbellate, terminal and pseudolateral, 2-8-flowered; peduncle often distinct; tepals white or cream; stigma 3 split, curved outward. Forests, forest margins, grassy slopes. Distr. S Gansu, Sichuan; Hubei, S Shaanxi.

菝葜科 Smilacaceae | 菝葜属 *Smilax* L.

木质攀援或直立小灌木，极少为草本。枝条常有刺。叶柄通常狭翅状，卷须有或无，或几乎不带叶柄。伞形花序常单生于叶腋，较少有若干个伞形花序排列为圆锥或穗状花序；花被片 6 枚，离生或极少合生；花小，单性异株；雄花常 6 枚雄蕊，极少为 3 枚或多达 18 枚；雌花常具 3 或 6 枚退化雄蕊，有时无退化雄蕊；子房 3 室，每室具 1~2 枚胚珠，花柱较短，柱头 3 裂。浆果。约 200 种；中国 79 种；横断山区 17 种。

Vines climbing or erect shrubs, woody, or rarely herbaceous. Stems usually prickly. Petiole usually narrowly winged, tendrils often present or petiole nearly absent. Inflorescence often borne in axil of leaf, of 1 umbel, or sometimes a panicle, raceme, or spike of umbels; tepals 6, free, or rarely connate; flowers small, unisexual and dioecious; male flowers: stamens 6, rarely 3 or up to18; female flowers: staminodes often 3 or 6, sometimes absent, ovary 3-loculed, ovules 1 or 2 per locule, style very short, stigmas 3. Fruit a berry. About 200 species; 79 in China; 17 in HDM.

3 乌饭叶菝葜

1 2 3 4 5 6 7 8 9 10 11 12 1600-3100 m

Smilax myrtillus A.DC.[1-4]

直立灌木。茎密集分枝，枝条有钝棱，疏生刺或无刺。叶薄纸质，菱状卵形或近卵形，叶柄基部两侧各具一鞘，无卷须，边缘通常撕裂成流苏状。伞形花序；雄花紫绿色。浆果熟时蓝黑色，球形。生于林下、灌丛中或林缘。分布于西藏东南部、云南；不丹、印度、缅甸。

Shrubs erect. Stem densely branched, sparsely prickly, branchlets usually with winglike edges. Leaf blade usually rhombic-ovate, thinly papery; petiole basally auriculate, auricles paired, tendrils absent, margin lacerate-fimbriate. Inflorescence umbel; male flowers: tepals purplish green. Berries blue-black, globose. Forest, forest margins, thickets. Distr. SE Xizang, Yunnan; Bhutan, India, Myanmar.

1

1

2

2

3

3

1 鞘柄菝葜

1 2 3 4 5 6 7 8 9 10 11 12 400-3200 m

Smilax stans Maxim.[1-4]

落叶灌木，高0.3~3米。茎和枝条无刺。叶柄长5~12毫米，无卷须。花序具1~3朵或更多花；花绿黄色，有时淡红色。生于林下、灌丛中或山坡阴处。分布于甘肃南部、四川西北部至东南部；华北、华中和华东诸省；日本。

Shrubs, deciduous, 0.3-3 m. Stems and braches without thorns. Petiole 5-12 mm, without tendrils. Inflorescences 1-3 or more-flowered; flowers yellowish green or sometimes pale red. Forests, thickets, shaded places on grassy slopes. Distr. S Gansu, NW to SE Sichuan; N, C and E China; Japan.

百合科 Liliaceae | 大百合属 *Cardiocrinum* (Endl.) Lindl.

多年生草本，具鳞茎。茎高大，粗壮，无毛。叶基生和茎生，具叶柄，通常卵状心形，叶脉网状。花序总状，顶生花数朵；花大，狭喇叭形；花被片6枚，离生，多少靠合。蒴果矩圆形。3种，我国2种，横断山区1种，2变种。

Herbs perennial, bulbiferous. Stem very tall, stout, glabrous. Leaves basal and cauline, petiolate, usually ovate-cordate, reticulate veined. Inflorescence a terminal raceme, several to many flowered; flowers tubular-funnelform, large; tepals 6, free, more or less connivent. Fruit a loculicidal capsule. Three species; two in China, one (two varieties) in HDM.

2 大百合

1 2 3 4 5 6 7 8 9 10 11 12 1450-2300 m

Cardiocrinum giganteum (Wallich) Makino[1-4]

茎直立，中空。叶纸质，网状脉；叶卵状心形。总状花序；花白色至浅绿色，里面具淡紫红色条纹，花被片条状倒披针形。蒴果近球形，顶端有1小尖突。种子呈扁钝三角形。生于林下、山坡。分布于甘肃、西藏南部、四川、云南；华中及华南地区；不丹、印度东北部、缅甸、尼泊尔。

Stem erect, hollow. Leaves papery, reticulate veins; leaf blade ovate-cordate. Raceme; tepals white or tinged with green, streaked with purple or purple-red adaxially, linear-oblanceolate. Capsule subglobose, apex beaked. Seeds ovate-deltoid. Forests, hillsides. Distr. Gansu, S Xizang, Sichuan, Yunnan; C and S China; Bhutan, NE India, Myanmar, Nepal.

3 云南大百合

1 2 3 4 5 6 7 8 9 10 11 12 1200-3600 m

Cardiocrinum giganteum var. *yunnanense* (Leichtlin ex Elwes) Stearn[1-2]

茎深绿色，高1~2米。花被片正面有紫红色条纹，背面白色。

Stem dark green, 1-2 m. Tepals adaxially streaked with purple-red, abaxially white.

百合科 Liliaceae | 七筋姑属 *Clintonia* Raf.

多年生草本，根状茎短。叶基生，全缘。花葶直立；花序总状或伞形，花通常几朵，稀为单花；花被片6枚，离生；雄蕊6枚，着生于花被片基部；花丝丝状；花药假背着。浆果。5种；中国1种；横断山区1种。

Herbs perennial, with a short rhizome. Leaves basal, entire. Scape erect; inflorescence terminal, umbellate or racemose, rarely 1-flowered; tepals 6, free; stamens 6, inserted at base of tepals; filaments filiform; anthers pseudobasifixed. Fruit a berry. Five species; one in China; one in HDM.

4 七筋姑

1 2 3 4 5 6 7 8 9 10 11 12 1600-4000 m

Clintonia udensis Trautv. & C.A.Mey.[1-4]

总状花序有花3~12朵；花白色至淡蓝色；花被片长7~12毫米。生于阴坡疏林或高山疏林下。分布于西藏南部、四川、云南；东北、华北、华中地区；西伯利亚、日本、朝鲜半岛、不丹、印度、缅甸。

Raceme 3-12-flowered; flowers white or pale blue; tepals 7-12 mm. Shady sparse forests, alpine sparse forests. Distr. S Xizang, Sichuan, Yunnan; NE, N and C China; Siberia, Japan, Korea, Bhutan, India, Myanmar.

1
1
2
3
2
4
4

百合科 Liliaceae | 贝母属 *Fritillaria* L.

多年生草本。鳞茎通常由2或3枚白粉质肉质鳞片组成，较少由多枚小鳞片组成。花通常钟形至碟形，俯垂，具叶状苞片；花被片6枚，内面近基部有蜜腺窝；雄蕊6枚，花药近基着或背着。蒴果直立，3室，具6条棱。种子扁平。约130种；中国24种；横断山区约10种和一些变种。

Herbs perennial. Bulbs with 2 or 3 fleshy, farinaceous scales, sometimes also with numerous small bulbels. Flowers usually nodding, campanulate to saucer-shaped, bracts (floral leaves) usually present; tepals 6, free, with a nectary near base adaxially; stamens 6; anthers basifixed, rarely dorsifixed. Fruit a capsule, erect, 3-loculed, 6-angled. Seeds flat. About 130 species; 24 in China; about ten species and several varieties in HDM.

1 川贝母

1 2 3 4 **5** **6** **7** 8 9 10 11 12 3200-4200 m

Fritillaria cirrhosa D.Don[1-4]

植株高15~50厘米。每花有3枚叶状苞片；花紫色至黄绿色，通常有小方格，少数仅具斑点或条纹；花被片长3~4厘米。生于林中、高山灌丛下、草地或河滩。分布于甘肃南部、青海、西藏南部至东部、四川西部、云南西北部；宁夏、陕西南部、山西南部；尼泊尔。

Plants 15-50 cm. Leaf-like bracts 3 per flower; flowers tepals yellow or yellowish green, usually tessellated, rarely only spotted striped; tepals 3-4 cm. Forests, alpine thickets, meadows, crevices in rocks. Distr. S Gansu, Qinghai, S to SE Xizang, W Sichuan, NW Yunnan; Ningxia, S Shaanxi, S Shanxi; Nepal.

2 粗茎贝母

1 2 3 4 **5** 6 7 8 9 10 11 12 3000-3400 m

Fritillaria crassicaulis S.C.Chen[1-4]

植株高30~60厘米。叶在最下面的2枚对生，向上为散生、对生或轮生，先端不卷曲。花单朵，黄绿色，有紫褐色斑点或小方格；花被片长4~5厘米。生于草坡或林下。分布于云南西北部。

Plants 30-60 cm. Basal 2 leaves usually opposite, middle and distal ones whorled, opposite, or alternate, apex acuminate. Flowers solitary, yellowish green, slightly tessellated with purple; tepals 4-5 cm. Forests, alpine grasslands. Distr. NW Yunnan.

3 米贝母

1 2 3 **4** 5 6 7 8 9 10 11 12 1800-2300 m

Fritillaria davidii Franch.[1-2]

鳞茎由3~10枚球状鳞片和周围许多小鳞片组成。基生叶1~4枚，细长，椭圆形或卵形；茎上无叶，有3~4枚苞片。花单朵，黄色，有紫色小方格，内面有许多小疣点。生于林下、河边草地、岩石缝中以及阴湿多岩石之地。分布于四川西部。

Bulb of 3-10 globose scales, surrounded by many small bulbels. Basal leaves 1-4, slender, leaf blade elliptic or ovate; stem leaves absent, bracts 3 or 4. Inflorescence 1-flowered, tepals yellow, tessellated with purple,suboblong-elliptic, papillose-tuberculate adaxially. Forests, grassy slopes, loose peaty soil with ferns, rocky moist places along streams, crevices of cliffs. Distr. W Sichuan.

4 梭砂贝母

1 2 3 4 5 **6** **7** 8 9 10 11 12 3800-4700 m

Fritillaria delavayi Franch.[1-4]

叶3~5枚（包括叶状苞片）。花单朵，浅黄色，具红褐色斑点或小方格；花被片长3.2~4.5厘米。生于沙石地或流沙岩石的缝隙中。分布于青海南部、西藏、四川西部、云南西北部。

Leaves 3-5 (including leaf-like bracts). Flower solitary, yellowish, spotted or tessellated with reddish brown; tepals 3.2-4.5 cm. Sandy and gravelly places, flood lands. Distr. S Qinghai, Xizang, W Sichuan, NW Yunnan.

5 暗紫贝母

1 2 3 4 5 **6** 7 8 9 10 11 12 3200-4500 m

Fritillaria unibracteata P.K.Hsiao & K.C.Hsia[1-3]

植株高15~23厘米。下面的1~2对叶片对生，上面的1~2对散生或对生。花单朵，深紫色，有黄褐色小方格；花被片长2.5~2.7厘米。生于草地上。分布于青海东南部、四川西北部。

Plants 15-23 cm. The basal 1-2 pairs of leaves opposite, upper 1-2 pairs of leaves alternate or opposite. Flowers solitary, blackish purple, tessellated with yellowish brown; tepals 2.5-2.7 cm. Grasslands. Distr. SE Qinghai, NW Sichuan.

1
1
2
3
4
5

百合科 Liliaceae | 百合属 *Lilium* L.

多年生草本，鳞茎卵形或近球形；鳞片多数，肉质。花顶生，单生或排成总状花序，少有近伞形或伞房状排列；苞片叶状；花常有鲜艳色彩，有时有香气；花被片常多少靠合而成喇叭形或钟形，较少强烈反卷，基部有蜜腺。蒴果矩圆形。约 115 种；中国 55 种；横断山区约 24 种。

Herbs perennial. Bulbs ovate or subglobose; scales many, fleshy. Inflorescence terminal, a raceme or solitary flower, very rarely an umbel or corymb; bracts leaflike; flowers often bright, sometimes fragrant; tepals usually connivent and trumpet-like or campanulate, sometimes strongly recurved or revolute, nectariferous near base adaxially. Fruit a loculicidal capsule. About 115 species; 55 in China; 24 in HDM.

• 花大，喇叭状者 | Flowers large, funnelform

1 野百合　1 2 3 4 **5** **6** 7 8 9 10 11 12 300-920 m

Lilium brownii F.E.Brown ex Miellez[1-4]

鳞茎球形，直径 2~4.5 厘米。茎高 0.7~2 米。叶散生。花单生或几朵排成近伞形，花喇叭形，有香气，乳白色，外面稍带紫色，无斑点，长 13~18 厘米。生于山坡、灌木林下、路边、溪旁或石缝中。分布于甘肃、四川、云南；长江以南诸省。

Bulb globose, 2-4.5 cm in diam. Stem 0.7-2 m. Leaves scattered. Flowers solitary or several in a subumbel, funnelform, fragrant, milk white, suffused purplish, unspotted, 13-18 cm long. Hillsides, thickets, roadsides, places near streams or crevices in rocks. Distr. Gansu, Sichuan, Yunnan; S of Yangtze River.

2 岷江百合　1 2 3 4 5 **6** **7** 8 9 10 11 12 800-2500 m

Lilium regale E.H.Wilson[1-4]

鳞茎宽卵圆形；鳞片披针形。茎有小乳头状突起。叶散生，狭条形，具 1 条脉，边缘和下面中脉具乳头状突起。花单生或几朵，喇叭形，很香；花被白色，喉部为黄色；蜜腺两边无乳头状突起；子房圆柱形。生于山坡岩石边上、河旁。分布于四川。

Bulb broadly ovoid; scales lanceolate. Stem papillose. Leaves scattered, narrowly linear, papillose on midvein abaxially and at margin, 1-veined. Flowers solitary or several, funnelform, very fragrant; tepals white, tinged yellow at base, nectaries not papillose; ovary cylindric. Rocky slopes, river banks. Distr. Sichuan.

3 通江百合　1 2 3 4 5 **6** **7** 8 9 10 11 12 500-2000 m

Lilium sargentiae E.H.Wilson[1-4]

叶散生。花喇叭形，白色；外轮花被片长 14~17 厘米；蜜腺黄绿色，无乳头状突起；花丝下部密被毛。生于山坡草丛中、灌木林旁。分布于四川。

Leaves scattered. Flowers funnelform; tepals white, 14-17 cm in length; nectaries yellowish green, not papillose; filaments densely pubescent proximally. Thicket margins, grassy slopes. Distr. Sichuan.

• 花被明显反卷者 | Tepals revolute

4 川百合　1 2 3 4 5 6 **7** **8** 9 10 11 12 850-3200 m

Lilium davidii Duchartre ex Elwes[1-4]

茎有的带紫色，密被小乳头状突起。叶多数，散生但在茎中部相对密集，线形，有明显的小乳头状突起。花橙黄色，向基部约 2/3 有紫黑色斑点；蜜腺两边有乳头状突起。生于山坡草地、林下潮湿处或林缘。分布于甘肃、四川、云南；华中各省。

Stem sometimes tinged purple, densely papillose. Leaves scattered, but relatively crowded at middle of stem, linear, conspicuously papillose. Tepals orange, with dark purple spots on proximal 2/3; nectaries papillose on both surfaces. Moist places in forests, forest margins, grassy slopes. Distr. Gansu, Sichuan, Yunnan; C China.

1
2
3
3
4
4

1 宝兴百合

1 2 3 4 5 6 7 8 9 10 11 12 1500-3800 m

Lilium duchartrei Franch.[1-4]

鳞茎卵圆形；鳞片卵形至披针形，白色。叶散生，披针形至矩圆状披针形，下面和边缘有乳头状突起，3~5条脉，叶腋有一簇白毛。花单生或数朵排成伞房花序，花下垂，有香味，白色或粉红色，有紫色斑点，花被边缘反卷；蜜腺两边有乳头状突起；花药窄矩圆形，黄色。蒴果椭圆形。种子扁平，具1~2毫米宽的翅。生于高山草地、林缘或灌木丛中。分布于甘肃、四川；湖北、陕西南部。

Bulb ovoid; scales white, ovate to lanceolate. Leaves scattered, lanceolate to oblong-lanceolate, papillose abaxially and at margin, 3-5-veined, axil with a cluster of white hairs. Flowers solitary or several in an umbel, nodding, fragrant, tepals white, with red-purple spots, margin revolute; nectaries papillose on both surfaces; anthers yellow, narrowly oblong. Capsule ellipsoid. Seeds with a 1-2 mm wide wing. Forest margins along valleys, grassy slopes, hillsides. Distr. Gansu, Sichuan; Hubei, S Shaanxi.

2 匍茎百合

1 2 3 4 5 6 7 8 9 10 11 12 1800-3200 m

Lilium lankongense Franch.[1-2]

鳞茎卵形或球形，直径2.5~4厘米。茎高40~150厘米。叶散生。花单生或数朵生于总状花序；花下垂，粉红色，有暗红色斑点，芳香，花被片反卷，长5~5.5厘米。生于高山草地。分布于西藏东南部、云南西北部。

Bulb ovoid-globose, 2.5-4 cm in diam. Stem 40-150 cm. Leaves scattered. Flowers solitary or several in a raceme; nodding, pink, with deep red spots, nodding, fragrant, margin revolute, tepals 5-5.5 cm. Alpine grasslands. Distr. SE Xizang, NW Yunnan.

3 川滇百合

1 2 3 4 5 6 7 8 9 10 11 12 ≈ 3900 m

Lilium primulinum var. *ochraceum* (Franch.) Stearn[1]

鳞茎近球形，直径约3.5厘米。茎高0.6~2米。叶散生。4~9朵花排成总状花序；花钟形，下垂，淡黄色或绿黄色，少数黄白色，基部具深色斑块；花被片翻卷，长3.5~6.5厘米，矩形至矩形状倒披针形。生于林地、草坡。分布于四川、云南西北部；贵州。

Bulb subglobose, about 3.5 cm in diam. Stem 0.6-2 m. Leaves scattered. Flowers 4-9 in a raceme; flowers campanulate, nodding, primrose yellow or greenish yellow, rarely yellowish white, sometimes with purple blotches at base; tepals revolute, 3.5-6.5 cm, oblong to oblong-oblanceolate. Forests, grassy slopes. Distr. Sichuan, NW Yunnan; Guizhou.

4 大理百合

1 2 3 4 5 6 7 8 9 10 11 12 2600-3600 m

Lilium taliense Franch.[1-4]

鳞茎卵形，高约3厘米，直径2.5厘米。茎高70~150厘米。叶散生。总状花序具花2~5朵，少有达13朵；花下垂，白色，有紫色斑点；花被片反卷，长约3厘米。生于山坡草地或林中。分布于西藏、四川、云南。

Bulb ovoid, about 3 cm long, 2.5 cm in diam. Stem 70-150 cm. Leaves scattered. Raceme with 2-5 flowers, rarely up to 13 ones; flowers nodding, white, with purple spots; tepals revolute, about 3 cm. Forests, grassy slopes. Distr. Xizang, Sichuan, Yunnan.

5 乡城百合

1 2 3 4 5 6 7 8 9 10 11 12 ≈ 3200 m

Lilium xanthellum F.T.Wang & Tang[1-3]

鳞茎近球形；鳞片披针形，黄色。茎高35~55厘米。叶散生，条形，边缘稍反卷并具乳头状突起。花1~2朵；花被片黄色，狭椭圆形或倒披针形，有或无紫色斑点；蜜腺两边有鸡冠状突起；花药线形。生于山坡阳处灌丛中。分布于四川西部（乡城）。

Bulb subglobose; scales yellow, lanceolate. Stem 35-55 cm tall. Leaves scattered, linear, margin slightly recurved, papillose. Flowers solitary or paired; tepals yellow, with or without purple spots, narrowly elliptic-oblanceolate; nectaries with cristate projections on both surfaces; anthers linear. Sunny shrubby slopes, rocky places along valleys. Distr. W Sichuan (Xiangcheng).

1

1

2

3

4

5

· 花钟形者 | Flowers campanulate

1 金黄花滇百合

1 2 3 4 5 6 **7** 8 9 10 11 12 2000-2400 m

Lilium bakerianum var. *aureum* Grove & Cotton[1-4]

茎有小乳头状突起。叶无毛，边缘及下面沿中脉有乳头状突起。花 1~3 朵，钟形；花被淡黄色、黄色或黄褐色，内具紫色斑点；蜜腺两边无乳头状突起。生于林下草坡或灌丛边缘。分布于四川西南部、云南西北部。

Stem papillose. Leaves glabrous, papillose at margin and on midvein abaxially. Flowers 1-3, campanulate; tepals pale yellow, yellow, brownish yellow, or purplish yellow, with purple or purple-red spots adaxially; nectaries not papillose. Thicket margins, grassy slopes. Distr. SW Sichuan, NW Yunnan.

2 尖被百合

1 2 3 4 5 **6** **7** 8 9 10 11 12 2700-4250 m

Lilium lophophorum (Bureau & Franch.) Franch[1-4]

鳞茎近卵形，高 4~4.5 厘米，直径 1.5~3.5 厘米。茎高 10~45 厘米。叶变化很大，由聚生至散生。花通常 1 朵，少有 2~3 朵，下垂；花黄色至淡黄绿色，具极稀疏的紫红色斑点或无斑点，花被片长 4.5~5.7 厘米。生于高山草地、林下或山坡灌丛中。分布于西藏东南部、四川西南部、云南西北部。

Bulb subovoid, 4-4.5 cm long, 1.5-3.5 cm in diam. Stem 10-45 cm. Leaves highly variable, clustered to scattered. Flower usually solitary, occasionally 2 or 3, nodding; tepals yellow to pale yellowish green, with purple-red spots or unspotted, 4.5-5.7 cm. Forests, bushy slopes, alpine grasslands. Distr. SE Xizang, SW Sichuan, NW Yunnan.

3 小百合

1 2 3 4 5 **6** 7 8 9 10 11 12 3500-4500 m

Lilium nanum Klotz. et Garcke var. *nanum*[3]

茎高 10~30 厘米。叶散生。花单生，钟形，下垂；花被淡紫色或紫红色，内有深紫色斑点。生于山坡草地、灌木林下或林缘。分布于西藏南部和东南部、四川西部、云南西北部；不丹、尼泊尔、印度。

Stem 10-30 cm. Leaves scattered. Flower solitary, nodding, campanulate; tepals pale purple, purplish red, usually with deep purple spots. Forest margins, thickets, grassy slopes. Distr. S and SE Xizang, W Sichuan, NW Yunnan; Bhutan, Nepal, India.

4 黄花小百合

1 2 3 4 5 **6** 7 8 9 10 11 12 3800-4300 m

Lilium nanum var. *flavidum* (Rendle) Sealy[1-3]

与原变种相似，但花为黄色。生于林缘、灌丛或高山草地。分布于西藏东南部、云南西北部；缅甸。

Similar to the original variety, only tepals yellow. Forest margins, thickets, grassy slopes, alpine grasslands. Distr. SE Xizang, NW Yunnan; Myanmar.

5 紫花百合

1 2 3 4 5 **6** **7** 8 9 10 11 12 1200-4000 m

Lilium souliei (Franch.) Sealy[1-4]

鳞茎近狭卵形，高 2.5~4 厘米，直径 1.3~1.8 厘米。茎高 10~30 厘米。叶散生，5~8 枚。花单生，钟形，下垂，紫红色，无斑点；花被片长 2.5~3.5 厘米。生于山坡草地或灌木林缘。分布于四川、云南。

Bulb narrowly ovoid, 2.5-4 cm long, 1.3-1.8 cm in diam. Stem 10-30 cm. Leaves 5-8, scattered. Flower solitary, nodding, campanulate, purple-red, without spots; tepals 2.5-3.5 cm. Thicket margins, grassy slopes. Distr. Sichuan, Yunnan.

6 亚坪百合

1 2 3 4 5 6 **7** 8 9 10 11 12 ≈ 3200 m

Lilium yapingense Y.D.Gao & X.J.He[7]

外观近似小百合，但鳞茎为橙色而非白色。花被基部为条纹，而非斑点；蜜腺具暗色凹槽。生于石灰岩基质的向阳草坡、灌丛。分布于云南西北部（福贡）。

Similar to *L. nanum* in appearance, but scales orange instead of white. Without spots on the tepal bases, instead of possessing symmetric stripes; nectaries with two dark grooves. Sunny grassy and bushy slopes on limestone soils. Distr. NW Yunnan (Fugong).

1
2
3
4
5
5
6
6

百合科 Liliaceae | 洼瓣花属 *Lloydia* Salisb.

多年生草本。鳞茎通常狭卵形，上端延长成圆筒状。茎不分枝。叶线状，1 至多枚基生。花序顶生；花被片 6 枚，近基部常有凹穴、毛或褶片；花丝直立，有时具毛；花药基着。约 20 种；中国 8 种；横断山区约 7 种。

Herbs perennial. Bulbs usually narrowly ovoid, with a elongated cylindrical top. Stem simple. Leaves usually filiform; basal leaves 1 to several, rather long. Inflorescence terminal; tepals 6, usually with a nectary, hairs, or lamellae near base; filaments erect, sometimes hairy; anthers basifixed. About 20 species; eight in China; about seven in HDM.

1 黄洼瓣花

1 2 3 4 5 6 **7** **8** 9 10 11 12 3300-3800 m

Lloydia delavayi Franch.[1-4]

植株高 15~25 厘米。基生叶 3~9 枚，茎生叶数枚。花序具 1~4 朵花；花被片黄色，具紫绿色脉；外轮花被片近长方形，内轮花被片倒卵形至椭圆形，无鸡冠状褶片；花被片具绒毛或罕正面近基部稍被毛。生于草坡或石坡上。分布于云南西北部。

Plants 15-25 cm. Basal leaves 3-9, cauline leaves several. Inflorescences 1-4-flowered; tepals yellow, purplish green veined; outer tepals suboblong, inner ones obovate-elliptic, not crested-lamellar; tepals villous or rarely slightly hairy at or near base adaxially. Rocky slopes, grasslands. Distr. NW Yunnan.

2 紫斑洼瓣花

1 2 3 4 5 **6** **7** 8 9 10 11 12 3000-4300 m

Lloydia ixiolirioides Baker ex Oliv.[1-3]

植株高 15~30 厘米。基生叶通常 4~8 枚；茎生叶 2~3 枚。花单朵或 2 朵；内外花被片相似，白色，中部至基部有紫红色斑。生于山坡或草地。分布于西藏、四川西南部、云南西北部。

Plants 15-30 cm. Basal leaves usually 4-8, cauline leaves 2-3. Flower solitary or paired; inner and outer tepals subequal, white, mottled with purple. Slopes, grasslands. Distr. Xizang, SW Sichuan, NW Yunnan.

3 尖果洼瓣花

1 2 3 4 **5** **6** **7** 8 9 10 11 12 3400-4800 m

Lloydia oxycarpa Franch.[1-4]

植株高 5~26 厘米。基生叶 3~7 枚，茎生叶狭条形。花通常单朵顶生；内外花被片相似黄色或绿黄色。生于山坡、草地或疏林下。分布于甘肃南部、西藏、四川西南部、云南西北部和中部。

Plants 5-26 cm. Basal leaves 3-7, cauline leaves narrowly linear. Flower terminal, usually solitary; inner and outer tepals subequal, yellow or yellowish green. Slopes, grasslands, open forests. Distr. S Gansu, Xizang, SW Sichuan, NW and C Yunnan.

4 洼瓣花

1 2 3 4 5 **6** **7** **8** 9 10 11 12 2400-4000 m

Lloydia serotina (L.) Rchb.[1-4]

植株高 10~20 厘米。基生叶通常 2 枚，很少仅 1 枚；茎生叶条形或更狭窄。花 1~2 朵；内外花被片近相似，白色而有紫斑。生于山坡、灌丛中或草地上。分布于西南、西北、华北和东北各省区；欧洲、亚洲和北美洲。

Plants 10-20 cm. Basal leaves usually 2, rarely 1; cauline leaves linear or narrowly so. Flowers 1-2; inner and outer tepals subequal, white, basally mottled with purple. Thickets, slopes, grasslands. Distr. SW, NW, N and NE China; Europe, Asia and North America.

5 西藏洼瓣花

1 2 3 4 **5** **6** **7** 8 9 10 11 12 2300-4100 m

Lloydia tibetica Baker ex Oliv.[1-4]

植株高 10~30 厘米。基生叶 3~10 枚，茎生叶 2~3 枚。花 1~5 朵；花被片长 13~20 毫米，黄色，有淡紫绿色脉；内轮花被下部或近基部有鸡冠状褶片。生于山坡或草地上。分布于甘肃南部、西藏南部和东南部、四川西部；山西、湖北、陕西；尼泊尔。

Plants 10-30 cm. Basal leaves 3-10, cauline leaves 2 or 3. 1-5 flowered; tepals 13-20 mm, yellow, purplish green veined; inner tepals crested-lamellar on the lower part or near base. Slopes, grasslands. Distr. S Gansu, S and SE Xizang, W Sichuan; Shanxi, Hubei, Shaanxi; Nepal.

1
1
2
3
3
4
5
5

百合科 Liliaceae | 豹子花属 *Nomocharis* Franch.

多年生草本。鳞茎卵形至卵状球形，由多枚肉质鳞片组成。茎直立。茎生叶互生或轮生。花顶生，单生或数朵排列成总状花序；花被片 6 枚，离生，张开；外轮的一般较狭，有细点或斑块；内轮的较宽大，有斑块或斑点，内面基部中心一短沟两端具蜜腺隆起；雄蕊 6 枚；花丝下部肉质，圆筒状膨大。8 种；均分布于横断山区。

Herbs perennial. Bulb ovoid or ovoid-globose; fleshy scales many. Stem erect. Cauline leaves alternate or whorled. Inflorescence a terminal, 1- to several-flowered raceme; tepals 6, free, spreading; outer ones usually narrow, with small spots or blotches; inner ones with spots or blotches and nectary processes on both sides of a short, median channel at base adaxially; stamens 6; filaments often swollen, fleshy and cylindric proximally. Eight species; all found in HDM.

1 开瓣豹子花

1 2 3 4 5 **6 7** 8 9 10 11 12 ≈ 3000 m

Nomocharis aperta (Franch.) W.W.Sm. & W.E.Evans[1-4]

— *Nomocharis forrestii* I.B.Balfour.

鳞茎卵形。叶散生，宽披针形至窄披针形。花 1~2 朵，少有 4 朵；花被片张开，红色、粉红色，基部具深红色或紫红色斑点，边缘全缘；外轮花被片狭椭圆状、卵形、披针形；内轮花被片宽椭圆形或宽卵形；花丝钻形。蒴果矩圆形，淡褐色。生于阔叶林下、矮竹林下、高山草坡。分布于西藏、四川西南部、云南西北部；缅甸北部。

Bulb ovoid. Leaves alternate, broadly lanceolate to linear-lanceolate. Flowers usually 1-2, rarely 4, tepals spreading, rose or pink, with a deep maroon or purplish crimson blotch at base, margin entire; outer tepals elliptic, ovate, or lanceolate; inner ones broadly elliptic or broadly ovate; filaments subulate. Capsule green-brown, oblong-ovoid. Broad-leaved forests, bamboo scrub, alpine grasslands. Distr. Xizang, SW Sichuan, NW Yunnan; N Myanmar.

2 美丽豹子花

1 2 3 4 5 **6 7 8** 9 10 11 12 3900-4300 m

Nomocharis basilissa Farrer ex W.E.Evans[1-4]

下部叶散生，上部叶轮生，线形至披针形。花 1~5 朵排列成疏松的总状花序，下垂；花红色或基部带紫黑色；外轮花被片卵状至椭圆状；内轮花被片宽椭圆形或宽椭圆形，基部具 2 个深紫色的蜜腺隆起，隆起薄的组织边缘呈扇形排列。生于高山矮竹林下或高山草地上。分布于云南西北部；缅甸北部。

Proximal leaves alternate, distal ones whorled, linear to lanceolate. Flowers 1-5, sparsely raceme, nodding; tepals red, sometimes flushed purple or blackish purple basally; outer ones ovate to elliptic; inner ones broadly elliptic or broadly ovate, nectary processes 2, of purplish black, thin flanges of tissue arranged in a fan shape. Alpine bamboo scrub, alpine grasslands. Distr. NW Yunnan; N Myanmar.

3 贡山豹子花

1 2 3 4 5 6 **7** 8 9 10 11 12 ≈ 3200 m

Nomocharis gongshanensis Y.D.Gao et X.J.He[8]

花浅黄色，内轮花被基部无突起物。生于石质山坡、草坡。分布于云南西北部（贡山）。

Perigone pale yellow and not swellings or flanges on either side at the base of inner tepals. Sunny grassy and bushy slopes on limestone soils. Distr. NW Yunnan (Gongshan).

4 豹子花

1 2 3 4 **5 6** 7 8 9 10 11 12 3000-3500 m

Nomocharis pardanthina Franch.[1-4]

鳞茎卵状球形，高 2.5~3.5 厘米，直径 2~3.5 厘米。茎高 25~90 厘米。叶在同一植株上兼具散生和轮生。花单生，少有数朵，红色或粉红色；外轮花被片长 2.5~3 厘米，几无斑点；内轮花被片具疏或密的紫红色斑点，边缘啮蚀状或撕裂状。生于草坡上。分布于云南西北部。

Bulb ovoid-globose, 2.5-3.5 cm long, 2-3.5 cm in diam. Stem 25-90 cm. Some leaves scattered and some whorled within plants. Flowers solitary or rarely several, pink or red; outer tepals 2.5-3 cm, nearly without spots; inner ones densely or laxly spotted or blotched purple-red, margin usually erose or lacerate. Grassy slopes. Distr. NW Yunnan.

1
1
2
3
4
4
4

1 滇西豹子花
1 2 3 4 5 6 7 8 9 10 11 12 ≈ 2800 m

Nomocharis farreri (W.E.Evans) Harrow[1, 3-4]

— *Nomocharis pardanthina* var. *farrei* W.E.Evans.

本种与豹子花的区别在于它的叶狭长，全为狭披针形，长 5~9 厘米，宽 0.6~1 厘米。生于山坡草丛中。分布于云南西部；缅甸北部。

The difference between this species and *N. pardanthina* is the linear to narrowly lanceolate leaf blade, with 5-9 cm in length and 0.6-1 cm in width. Distr. W Yunnan; N Myanmar.

2 云南豹子花
1 2 3 4 5 6 7 8 9 10 11 12 2800-4500 m

Nomocharis saluenensis Balf.f.[1-4]

叶散生，披针形。花 1~7 朵；花被张开，白色至粉红色，里面基部具紫色的细点，边缘全缘；外轮花被片椭圆形至窄椭圆形；内轮花被片椭圆形至宽卵形；蜜腺突起 2 个，肉质的垫状凸起，全缘；花丝钻形，基部加宽渐狭到先端丝状；花柱短于子房。蒴果矩圆形。生于山坡丛林中、林缘或草坡上。分布于西藏东南部、四川、云南西北部；缅甸北部。

Leaves alternate, usually lanceolate. Flowers 1-7; tepals spreading, white to pink, with a dark purple blotch at base, margin entire; outer tepals elliptic to narrowly so; inner ones elliptic to broadly ovate; nectary processes 2, of fleshy, cushionlike projections of tissue; filaments nearly subulate, tapering from slightly widened base to filiform apex; style usually shorter than ovary. Capsule oblong. Forest margins, shrubby and grassy slopes. Distr. SE Xizang, Sichuan, NW Yunnan; N Myanmar.

百合科 Liliaceae | 假百合属 *Notholirion* Wall. ex Voigt & Boiss.

多年生草本，鳞茎窄卵形或近圆筒形；须根较多，其上生有小鳞茎；小鳞茎卵形，几个至几十个，成熟后有稍硬的外壳。茎直立，无毛。叶基生和茎生，后者散生，无柄。花序总状，顶生，有花 2~24 朵；苞片条形；花钟形或漏斗形；花梗短；花被片 6 枚，离生；花柱细长，柱头 3 裂，裂片稍反卷。蒴果室背开裂。种子多数，扁平，有窄翅。5 种；中国 3 种；横断山区均产。

Herbs perennial. Bulb ovoid or cylindric; fibrous roots many, with small bulbs; small bulbs ovoid, several to dozens, with hard tunics when ripe. Stem erect, glabrous. Leaves basal and cauline, cauline ones scattered, sessile. Inflorescence a terminal raceme, 2- to 24-flowered; bracts linear; flowers campanulate to funnelform; pedicel rather short; tepals 6, free; style rather long, slender; stigma 3-lobed, lobes slightly recurved. Fruit a loculicidal capsule. Seeds many, flat, narrowly winged. Five species; three in China; all found in HDM.

3 假百合
1 2 3 4 5 6 7 8 9 10 11 12 2800-4500 m

Notholirion bulbuliferum (Lingelsh.) Stearn[1-4]

小鳞茎多数，卵形，直径 3~5 毫米。茎高 60~150 厘米。兼具基生叶和茎生叶。总状花序具 10~24 朵花；花淡紫色或蓝紫色；花被片长 2.5~3.8 厘米。生于高山草丛或灌木丛中。分布于甘肃、西藏、四川、云南；陕西；不丹、尼泊尔、印度。

Bulbels many, small, ovoid, 3-5 mm in diam. Stem 60-150 cm. Leaves basal and cauline within plants. Raceme 10-24-flowered; flower pale purple or violet; tepals 2.5-3.8 cm. Thickets, alpine grassy slopes. Distr. Gansu, Xizang, Sichuan, Yunnan; Shaanxi; Bhutan, Nepal, India.

4 钟花假百合
1 2 3 4 5 6 7 8 9 10 11 12 2800-4500 m

Notholirion campanulatum Cotton & Stearn[1-4]

基生叶多数，带形，膜质；茎生叶条状披针形。总状花序，疏生 10~16 朵花；苞片叶状，条状披针形；花梗稍弯；花钟形，下垂；花被片张开，红色、暗红色、粉红色至红紫色，倒卵状披针形，先端绿色；雄蕊稍短于花被片。生于草坡或杂木林缘。分布于四川、云南西北部；不丹、缅甸。

Basal leaves many, lorate, membranous; cauline leaves linear-lanceolate. Raceme laxly 10-16-flowered; bracts leaflike, linear-lanceolate; pedicel slightly curved; flowers nodding, campanulate; tepals usually spreading, red, dark red, pink, or sometimes red-purple, tinged with green apically, obovate-oblanceolate; stamens slightly shorter than tepals. Forest margins, grassy slopes. Distr. Sichuan, NW Yunnan; Bhutan, Myanmar.

1
1
2
3
3
4

1 大叶假百合

1 2 3 4 5 6 7 8 9 10 11 12 2800-3400 m

Notholirion macrophyllum (D.Don) Boiss.[1-2, 4]

茎高 18~35 厘米。茎生叶线形，长 6.5~15 厘米。花喇叭形，淡紫红色或紫色。生于草坡和栎树林间。分布于西藏、四川、云南西北部和东北部；不丹、尼泊尔、印度（锡金邦）。

Stem 18-35 cm. Cauline leaves linear, 6.5-15 cm. Flowers funnelform; tepals pale purple-red or purple. Rocky places in *Quercus* forests, grassy slopes. Distr. Xizang, Sichuan, NW and NE Yunnan; Bhutan, Nepal, India(Sikkim).

百合科 Liliaceae | 扭柄花属 *Streptopus* Michx.

多年生草本，根状茎横走。茎直立，单一或在上部分枝。叶互生，无柄，卵形至披针形，基部通常抱茎。花通常 1~2 朵，腋生；花钟状或近辐状；花被片 6 枚，离生；雄蕊 6 枚，贴生于花被片基部或中部以下；花丝基部扁平；花药近基着。浆果球形，熟时红色。约 10 种；中国 5 种；横断山区约 3 种。

Herbs perennial, with a creeping rhizome. Stem erect, simple or distally branched. Leaves alternate, sessile, ovate to lanceolate, base sometimes amplexicaul. Flowers usually 1 or 2 on an axillary; flowers campanulate or subrotate; tepals 6, free; stamens 6, inserted at or near base of tepals; filaments usually flat at base; anthers basifixed. Fruit a berry, globose, red. About ten species; five in China; three in HDM.

2 腋花扭柄花

1 2 3 4 5 6 7 8 9 10 11 12 2700-4000 m

Streptopus simplex D.Don[1-4]

植株高 20~50 厘米。花粉红色或白色，具紫色斑点；花被片长 8.5~10 毫米。生于林下、竹丛中或高山草地。分布于西藏、云南西北部；尼泊尔、缅甸、印度。

Plants 20-50 cm. Flower pink or white, spotted with purple; tepals 8.5-10 mm. Forests, bamboo thickets, alpine grasslands. Distr. Xizang, NW Yunnan; Nepal, Myanmar, India.

兰科 Orchidaceae | 无柱兰属 *Amitostigma* Schltr.

地生纤细草本。叶通常 1 枚，罕为 2~3 枚。花序顶生，总状，具 1~ 多花，花较小，多偏向一侧；萼片离生；花瓣离生，较宽于萼片；唇瓣开展，基部具距；蕊柱极短；具花粉团柄和粘盘，粘盘裸露；蕊喙较小；柱头位于腹侧，裂片聚合，大，平或多少隆起。约 30 种；中国 22 种；横断山区约 13 种。

Herbs, terrestrial, slender. Only 1- or occasionally 2-3-leaved. Inflorescence a terminal raceme, rachis 1- to several flowered, flowers often secund; sepals free; petals free, usually wider than sepals; lip spreading, spurred at base; column very short; caudicles and viscidia present, viscidia naked; rostellum rather small; stigma ventral, lobes confluent, relatively large, flat to somewhat raised. About 30 species; 22 in China; about 13 in HDM.

3 一花无柱兰

1 2 3 4 5 6 7 8 9 10 11 12 2800-4000 m

Amitostigma monanthum (Finet) Schltr.[1-4]

块茎卵球形或圆球形。1 枚叶。顶生 1 朵花；花淡紫色，粉色或白色，唇瓣上具紫色斑点。生于山谷溪边覆有土的岩石上或高山潮湿草地中。分布于甘肃东南部、西藏东南部、四川西部、云南西北部；陕西南部。

Tubers ovoid to subglobose. 1-leaved. Rachis 1-flowered; flower pale purple, pink, or pure white, with purple spots on lip. Rocks covered with soil along streams in valleys, moist alpine meadows. Distr. SE Gansu, SE Xizang, W Sichuan, NW Yunnan; S Shaanxi.

4 西藏无柱兰

1 2 3 4 5 6 7 8 9 10 11 12 3600-4400 m

Amitostigma monanthum Schltr.[1-4]

植株高 6~8 厘米。花苞片长 8~14 毫米，长于子房，先端稍尖；花单生，较大；唇瓣倒卵形至倒心形，3 裂至中部以下；距下垂，圆柱形，向前弯曲，长 8~9 毫米，约与子房等长或稍较长。生于高山潮湿草地中。分布于西藏东南部、云南西北部。

Plants 6-8 cm tall. Floral bract 8-14 mm, exceeding ovary, apex subacute. Flower solitary, rather large; lip obovate to obcordate, 3-lobed below middle; spur pendulous, cylindric, slightly incurved, 8-9 mm, about as long as to slightly exceeding ovary. Alpine meadows. Distr. SE Xizang, NW Yunnan.

1
2
2
3
3
4

兰科 Orchidaceae | 虾脊兰属 *Calanthe* R.Br.

地生草本。叶常席卷或在花期尚未全部展开。花葶出自叶腋或假鳞茎基部，直立，通常密被毛。总状花序顶生；花小至中等大；萼片近相似，离生；花瓣比萼片小；唇瓣基部与蕊柱翅合生而形成管，或仅与蕊柱基部合生，或贴生在蕊柱足末端而与蕊柱分离；蕊柱通常粗短，两侧具翅。约 150 种；中国 51 种；横断山区约有 16 种。

Herbs, terrestrial. Leaves sometimes not well developed or not completely spreading at anthesis. Scape arising from leaf axil or from base of pseudobulb, erect, usually densely puberulent. Inflorescence a terminal raceme; flowers small to medium-sized; sepals similar, free; petals often smaller than sepals; lip adnate to base of column wings and forming a tube, or adnate only to base of column, or to column foot and free from column itself; column often short and thick, winged. About 150 species; 51 in China; about 16 in HDM.

1 流苏虾脊兰

1 2 3 4 5 **6 7 8 9** 10 11 12 **650-1000 m**

Calanthe alpina Hook.f. ex Lindl.[1-2, 4]

假鳞茎短小，狭圆锥状。叶 3 枚。总状花序，疏生 3~10 余朵花；萼片和花瓣白色带绿色先端或浅紫堇色；唇瓣浅白色，后部黄色，前部具紫红色条纹；距浅黄色或浅紫堇色，劲直，长 1.5~3.5 厘米。生于山地林下和草坡上。分布于甘肃南部、西藏东南部和南部、四川、云南；陕西、台湾；印度、日本。

Pseudobulbs short, small, narrowly conic. 3-leaved. Raceme with 3-10 flowers sparsely arranged; sepals and petals white with green or pale mauve tips; lip pale white, yellow at the rear, with pink-purple striations; spur straight, yellow or pale violet, 1.5-3.5 cm. Forests, grassy slopes. Distr. S Gansu, S and SE Xizang, Sichuan, Yunnan; Shaanxi, Taiwan; India, Japan.

2 三棱虾脊兰

1 2 3 4 **5 6** 7 8 9 10 11 12 **1600-3500 m**

Calanthe tricarinata Lindl.[1-4]

假鳞茎圆球状。具 3~4 枚叶。总状花序，疏生少数至多数花；萼片和花瓣浅黄色；唇瓣红褐色，无距。生于山坡草地上或混交林下。分布于我国西南、西北、湖北、台湾等地；克什米尔地区、尼泊尔、不丹、印度东北部、日本。

Pseudobulbs globose. 3-4-leaved. Raceme with sparsely arranged several or many flowers; sepal and petal pale yellow; lip reddish brown, spurless. Grassy slopes, forests. Distr. SW and NW China, Hubei, Taiwan; Kashmir, Nepal, Bhutan, NE India, Japan.

兰科 Orchidaceae | 头蕊兰属 *Cephalanthera* Rich.

地生或腐生草本。总状花序顶生，通常具数朵花，少有单花；近花的苞片叶状且通常比花长，稍远的更短；花倒置；萼片离生，相似；花瓣常略短于萼片，有时与萼片多少靠合成筒状；唇瓣 3 裂，下部侧裂片直立围抱蕊柱，基部凹陷成囊状或有短距；蕊柱直立；蕊喙短小或无。约 15 种；中国 9 种；横断山区约 4 种。

Herbs, terrestrial or saprophytic. Inflorescence terminal, racemose, many or few flowered, rarely 1-flowered; proximal floral bracts foliaceous and usually longer than flowers, distal ones much shorter; flowers resupinate; sepals free, similar to each other; petals spalely shorter than sepals, ± connivent with sepals; lip 3-lobed, hypochile with erect lateral lobes embracing column, saccate or with a short spur at base; column erect; rostellum inconspicuous or absent. About 15 species; nine in China; about four in HDM.

3 头蕊兰

1 2 3 4 **5 6** 7 8 9 10 11 12 **1000-3300 m**

Cephalanthera longifolia (L.) Fritsch[1-4]

地生草本。具 4~7 枚叶。总状花序，具 2~13 朵花。花白色，稍开放或不开放。生于林下、灌丛、沟边或草丛中。分布于甘肃南部、西藏南部至东南部、四川西部、云南西北部；山西南部、河南西部、湖北西部、陕西南部；欧洲、南亚、北非至喜马拉雅地区。

Herbs, terrestrial. 4-7-leaved. Raceme 2-13-flowered; flower white, weakly spreading or not spreading. Forests, thickets, streamsides, open grasslands. Distr. S Gansu, S and SE Xizang, W Sichuan, NW Yunnan; S Shanxi, W Henan, W Hubei, S Shaanxi; Europe, S Asia, N Africa to Himalayan region.

1
1
2
2
3
3

兰科 Orchidaceae | 贝母兰属 *Coelogyne* Lindl.

附生草本。根状茎常延长，匍匐或多少悬垂。总状花序，通常具数朵花；花较大或中等大；萼片相似，通常凹陷；花瓣线形，白色或绿黄色；唇瓣常贴生于蕊柱基部；侧裂片直立并多少围抱蕊柱；唇盘上有 3~7 条纵褶片或脊；蕊柱较长，上端两侧常具翅，翅可围绕蕊柱顶端，无蕊柱足。约 200 种；中国 31 种；横断山区约 16 种。

Herbs, epiphytic. Rhizome long, creeping or ± pendulous. Raceme usually several flowered. Flowers large or medium-sized; sepals similar, often concave; petals linear, white or green yellow; lip often adnate to base of column; lateral lobes ± erect and embracing column; disk with 3-7 longitudinal lamellae; column rather long, winged on both sides and around top, without column foot. About 200 species; 31 in China; 16 in HDM.

1 眼斑贝母兰

1 2 3 4 **5** **6** **7** 8 9 10 11 12 1300-3100 m

Coelogyne corymbosa Lindl.[1-4]

根状茎较坚硬，密被褐色鳞片状鞘；假鳞茎较密集，顶端生 2 枚叶。总状花序具 2~4 朵花；花白色或稍带黄绿色，但唇瓣上有 4 个黄色、围以橙红色的眼斑。生于林缘树干上或湿润岩壁上。分布于西藏南部、云南西北部至东南部；尼泊尔、不丹、印度、缅甸。

Rhizome somewhat rigid, with dense, brown, scaly sheaths; pseudobulbs rather dense, with two terminal leaves. Raceme with 2-4 flowers; flower white or slightlytinged with yellowish green, with 4 yellow eyelike blotches surrounded by reddish orange on the lip. Trees at forest margins or on humid cliffs. Distr. S Xizang, NW and SE Yunnan; Nepal, Bhutan, India, Myanmar.

2 贡山贝母兰

1 2 3 4 **5** 6 7 8 9 10 11 12 2800-3200 m

Coelogyne gongshanensis H.Li ex S.C.Chen[1-2, 4]

根状茎粗短，密被残存的褐色鞘；假鳞茎较密集，顶端生 2 枚叶。总状花序具 2~4 朵花；花奶油黄色。生于冷杉林或灌丛中的灌木枝上。分布于云南西北部。

Rhizome short, stout, densely covered with broken brown sheaths; pseudobulbs dense, with 2 terminal leaves. Raceme with 2-4 flowers; flowers creamy yellow. Branches in thickets or *Picea* forests. Distr. NW Yunnan.

3 疣鞘贝母兰

1 2 3 4 5 6 **7** 8 9 10 11 12 ≈ 1700 m

Coelogyne schultesii S.K.Jain & S.Das[1-2, 4]

根状茎密被革质的鳞片状鞘；假鳞茎卵形至狭卵形，顶端生 2 枚叶。总状花序具 3~6 朵花；花暗绿黄色，唇瓣褐色。生于林中树上。分布于云南南部和西部；不丹、印度、缅甸、尼泊尔、泰国。

Rhizome with dense leathery scaly sheaths; pseudobulbs ovoid to narrowly ovoid, with 2 terminal leaves. Raceme usually with 3-6 flowers; flowers dark greenyellow, with brown lip. Trees in forests. Distr. S and W Yunnan; Bhutan, India, Myanmar, Nepal, Thailand.

兰科 Orchidaceae | 杜鹃兰属 *Cremastra* Lindl.

地生草本。叶 1~2 枚。总状花序具多朵花；花中等大；唇瓣下部或上部 3 裂，基部有爪并具浅囊；蕊柱较长，上端略扩大，无蕊柱足；花粉团 4 个，成 2 对，共同附着于粘盘上。2 种；中国 2 种；横断山区 1 种。

Herbs, terrestrial. Leaves 1-2. Inflorescence racemose; flowers moderate in size; lip 3-lobed above or below middle, base shallowly saccate; column elongate, slightly dilated toward apex, footless; pollinia 4, in 2 pairs, attached to a viscidium. Two species; two in China; one in HDM.

4 杜鹃兰

1 2 3 4 **5** **6** 7 8 9 10 11 12 500-2900 m

Cremastra appendiculata (D.Don) Makino[1-4]

叶通常 1 枚。总状花序具 5~22 朵花；花香，不完全开放，狭钟形，淡紫褐色。生于林下湿地或沟边。分布于甘肃南部、西藏、四川、云南；华南地区；尼泊尔、不丹、印度、越南、泰国、日本。

Usually 1-leaved. Raceme with 5-22 flowers; flowers fragrant, not opening widely, pale purplish brown, narrowly campanulate. Wet places in forests, along valleys. Distr. S Gansu, Xizang, Sichuan, Yunnan; S China; Nepal, Bhutan, India, Vietnam, Thailand, Japan.

1
2
2
3
3
4

兰科 Orchidaceae | 杓兰属 *Cypripedium* L.

地生草本。叶 1 至数枚，有时近铺地。花大，通常较美丽；唇瓣为深囊状，膨大，近球形或椭圆形；蕊柱短，具 2 枚侧生的能育雄蕊，1 枚位于上方的退化雄蕊和 1 个位于下方的柱头；花粉粉质或带黏性；退化雄蕊通常椭圆形至卵形或其他形状，有柄或无柄，极罕舌状或线形；柱头略有不明显的 3 裂，表面有乳突。蒴果。约 50 种；中国 36 种；横断山区约 18 种。

Terrestrial herbs. Leaves 1 to several, sometimes prostrate on substrate. Flowers usually large and showy; lip deeply pouched and inflated, subglobose or ellipsoid; column short, with 2 lateral fertile stamens, a terminal staminode above, and a stigma below; pollen powdery or glutinous; staminodes often elliptic to ovate, very rarely ligulate or linear, base stalked or not; stigma ± papillose, inconspicuously 3-lobed. Fruit a capsule. About 50 species; 36 in China; about 18 in HDM.

1 无苞杓兰

1 2 3 4 5 **6** **7** 8 9 10 11 12 **2300-3900 m**

Cypripedium bardolphianum W.W.Sm. & Farrer[1-4]

矮小。茎较短，无毛，顶端具 2 枚近对生的叶。花序顶生，具 1 朵花，花下无苞片；花较小；通常萼片与花瓣淡绿色而有密集的褐色条纹；唇瓣金黄色。生于山坡、林缘或疏林下腐殖质丰富、湿润、多苔藓之地。分布于甘肃南部、西藏东南部、四川西部、云南西北部。

Short. Stem relatively short, glabrous, with a subopposite leaf. Inflorescence terminal,with 1 flower, ebracteate; flower small; sepals and petals pale green or reddish with brown stripes; lip golden yellow. Humus-rich and rocky or moist and mossy places on woody and scrubby slopes, at forest margins, or in open forests. Distr. S Gansu, SE Xizang, W Sichuan, NW Yunnan.

2 黄花杓兰

1 2 3 4 5 **6** **7** **8** **9** 10 11 12 **1800-3450 m**

Cypripedium flavum P.F.Hunt & Summerh.[1-4]

根状茎粗短。通常具 3 枚叶，较少为 2 或 4 枚叶。花序顶生，具 1 朵花，罕有 2 花；花黄色，有时有红色晕，唇瓣上偶见栗色斑点。生于林下、林缘、灌丛中或草地上多石湿润之地。分布于甘肃南部、西藏东南部、四川西部和西北部、云南西北部；湖北西部。

Rhizome stout, usually rather short. Usually 3-leaved, occasionally 2- or 4-leaved. Inflorescence terminal, with 1 flower, occasionally 2 flowers; flower yellow, sometimes tinged or flushed with red, occasionally with maroon spots on lip. Forests, forest margins, thickets, or moist stony places on grasslands. Distr. S Gansu, SE Xizang, NW and W Sichuan, NW Yunnan; W Hubei.

3 毛瓣杓兰

1 2 3 4 **5** **6** **7** 8 9 10 11 12 **500-4000 m**

Cypripedium fargesii Franch.[1-3]

植株高 8~14 厘米。叶片上面有黑栗色斑点。花苞片不存在；花瓣向前弯曲，背面上侧密被长柔毛；唇瓣深囊状，囊的前方表面具小疣状突起；退化雄蕊卵形或长圆形，长约 1 厘米。生于灌丛下、疏林中或草坡上腐殖质丰富处。分布于甘肃南部、四川东北部和西部、云南北部；湖北西部、重庆北部。

Plants 8-14 cm tall. Leaf blade marked with blackish brown spots. Flower ebracteate; petals incurved forward, densely white villous on upper side of abaxial surface; lip deeply pouched, minutely papillose on front surface; staminode ovate or oblong, about 1 cm. Humus-rich soils in thickets, sparse woods, grassy slopes. Distr. S Gansu, NE and W Sichuan, N Yunnan; W Hubei, N Chongqing.

4 华西杓兰

1 2 3 4 5 **6** 7 8 9 10 11 12 **2600-3400 m**

Cypripedium farreri W.W.Sm.[1-2, 4]

植株高 20~30 厘米。叶常 2 枚。花苞片叶状；花梗和子房长约 2.5 厘米，稍被腺毛；花有香气；萼片与花瓣绿黄色并有较密集的栗色纵条纹；唇瓣蜡黄色，囊内有栗色斑点。生于疏林下多石草丛中或荫蔽岩壁上。分布于甘肃南部、四川西部、云南西北部；贵州。

Plants 20-30 cm tall. Often 2 leaves. Floral bracts foliaceous; pedicel and ovary about 2.5 cm, slightly glandular hairy; flower fragrant; sepals and petals greenish yellow, marked with maroon longitudinal stripes or also spots; lip waxy yellow, with maroon spots inside. Stony grasslands, shaded cliffs in open forests. Distr. S Gansu, W Sichuan, NW Yunnan; Guizhou.

1
1
2
2
3
4
4

1 紫点杓兰

1 2 3 4 **5** **6** **7** 8 9 10 11 12 500-4000 m

Cypripedium guttatum Sw.[1-4]

根状茎细长，横走。叶 2 枚，极罕 3 枚。花序顶生，具 1 朵花；花白色，具淡紫红色或淡褐红色斑。生于林下、灌丛中或草地上。分布于西藏、四川、云南西北部；华北地区；不丹、朝鲜半岛、西伯利亚、欧洲、北美西北部。

Rhizome slender, creeping. 2-leaved, rarely 3-leaved. Inflorescence terminal,with 1 flower; flower white, with purplish red or brownish red markings. Forests, thickets, grasslands. Distr. Xizang, Sichuan, NW Yunnan; N China; Bhutan, Korea, Siberia, Europe, NW America.

2 绿花杓兰

1 2 3 **4** **5** 6 7 8 9 10 11 12 800-2800 m

Cypripedium henryi Rolfe[1-4]

根状茎粗短。叶 4~5 枚。花序顶生，通常具 2~3 朵花；花绿色至黄绿色。生于疏林下、林缘、灌丛坡地上湿润和腐殖质丰富之地。分布于甘肃南部、四川、云南西北部；山西南部、湖北西部、贵州、陕西南部。

Rhizome stout, short. 4-5-leaved. Inflorescence terminal, usually with 2-3 flower; flower green to yellowish green. Humus-rich places in open forests, at forest margins, or onscrubby slopes. Distr. S Gansu, Sichuan, NW Yunnan; S Shanxi, W Hubei, Guizhou, S Shaanxi.

3 丽江杓兰

1 2 3 4 **5** **6** 7 8 9 10 11 12 2600-3500 m

Cypripedium lichiangense S.C.Chen & P.J.Cribb[1-2, 4]

植株高 7~14 厘米。叶近对生，苞片匍匐铺地；叶片暗绿色并具紫黑色斑点，有时还具紫色边缘。花苞片不存在；萼片和退化雄蕊有红肝色斑点；花瓣与唇瓣黄色而有栗色斑点。生于灌丛或开旷疏林中。分布于四川西南部、云南西北部。

Plants 7-14 cm tall. Leaves subopposite and bract prostrate on substrate; leaf blade dark green, marked with purplish black spots, margin sometimes purplish. Flower ebracteate; sepals and staminode liver-colored; petals and lip yellow spotted with maroon. Sparse thickets, open forests. Distr. SW Sichuan, NW Yunnan.

4 波密杓兰

1 2 3 4 5 **6** **7** 8 9 10 11 12 3200-3800 m

Cypripedium ludlowii P.J.Cribb[1-2]

具 3 枚叶片。花序顶生，具 1 朵花，较小；花黄色或紫褐色。生于林下湿润处。分布于西藏东南部（波密）、四川西部。

Three-leaved. Inflorescence terminal, with 1 flower, relatively small; flower yellow or purple brown. Moist places in forests. Distr. SE Xizang (Bomi), W Sichuan.

5 斑叶杓兰

1 2 3 4 **5** **6** **7** 8 9 10 11 12 2500-3600 m

Cypripedium margaritaceum Franch.[1-4]

植株高 7~11 厘米。叶片宽卵形至近圆形，暗绿色并有黑紫色斑点。花苞片不存在；花萼、花瓣和唇瓣黄色，有栗红色纵条纹和斑点；不育雄蕊深红色；花瓣背面脉上被短毛。生于草坡上或疏林下。分布于四川西南部、云南西北部。

Plants 7-11 cm tall. Leaf blade dark green with blackish purple spots, broadly ovate to orbicular. Flower ebracteate; flower yellow, marked with maroon longitudinal stripes on sepals and petals and spots on lip; staminode dark maroon; petals shortly hairy on abaxial veins. Grassy slopes, open forests. Distr. SW Sichuan, NW Yunnan.

1
1
2
2
3
4
4
5

1 巴郎山杓兰

1 2 3 4 5 6 7 8 9 10 11 12 2000-3600 m

Cypripedium palangshanense Tang & F.T.Wang[1-3]

植株高 8~13 厘米。叶对生或近对生，平展；叶片近圆形或近宽椭圆形，长 4~6 厘米，宽 4~5 厘米。花序顶生，近直立，具 1 朵花；花序柄纤细，被短柔毛；花苞片披针形；花俯垂，血红色或淡紫红色；唇瓣囊状，近球形，长约 1 厘米，具较宽阔的、近圆形的囊口；退化雄蕊卵状披针形，长约 3 毫米。生于林下或灌丛中。分布于四川西部至西南部。

Plants 8-13 cm tall. Leaves spreading horizontally, opposite or subopposite; blade orbicular or nearly broadly elliptic, 4-6 cm × 4-5 cm. Inflorescence terminal, suberect, with 1 flower; peduncle slender, pubescent; floral bracts lanceolate; flower pendulous, brown-purple to purplish red; lip pouched, subglobose, about 1 cm, with a rather broad, rounded mouth; staminode ovate-lanceolate, about 3 mm. Forests, thickets. Distr. W to SW Sichuan.

2 离萼杓兰

1 2 3 4 5 6 7 8 9 10 11 12 2000-3600 m

Cypripedium plectrochilum Franch.[1-2, 4]

根状茎粗壮而较短。通常具 3 枚叶，较少为 2 或 4 枚叶。花序顶生，具 1 朵花；萼片和花瓣栗褐色或淡绿褐色，并且花瓣有白色边缘；唇瓣和不育雄蕊白色，有粉红色晕。生于林下、林缘、灌丛中或草坡上多石之地。分布于西藏东南部、四川西部、云南中部至西北部；湖北西部；缅甸。

Rhizome stout, rather short. 3-leaved, occasionally 2- or 4-leaved. Inflorescence terminal, with 1 rather small flower; sepals and petals chocolate-brown or greenishbrown, petals usually with a white margin; lip and staminode white, tinged with pink. Forests, forest margins, thickets, stony and grassy slopes. Distr. SE Xizang, W Sichuan, C and NW Yunnan; W Hubei; Myanmar.

3 西藏杓兰

1 2 3 4 5 6 7 8 9 10 11 12 2300-4000 m

Cypripedium tibeticum King ex Rolfe[1-4]

根状茎粗短。3 枚叶，罕有 2 或 4 枚叶。花序顶生，具 1 朵花；花大，俯垂；花被片白色或黄色，带紫色或深红色的宽条纹。生于透光林下、林缘、灌木坡地、草坡或乱石地上。分布于甘肃南部、西藏东部和南部、四川西部、云南西部；贵州西部。

Rhizome stout, short. 3-leaved, occasionally 2- or 4-leaved. Inflorescence terminal, with 1 flower; flower large, nodding; sepals and petals white or yellow, boldly striped with purple to deep maroon. Sparse forests, forest margins, scrubby slopes, grassy slopes, stonyplaces. Distr. S Gansu, E and S Xizang, W Sichuan, W Yunnan; W Guizhou.

4 云南杓兰

1 2 3 4 5 6 7 8 9 10 11 12 2700-3800 m

Cypripedium yunnanense Franch.[1-4]

根状茎粗短。3~4 枚叶。花序顶生，具 1 朵花；花略小，粉红色、淡紫红色或偶见灰白色，有深色的脉纹。生于松林下、灌丛中或草坡上。分布于西藏东南部、四川西部和西南部、云南西北部。

Rhizome stout, short. 3-to 4-leaved. Inflorescence terminal,with 1 flower; flower spalely small, pink, purplish red, or occasionally off-white, with darker veins. *Pinus* forests, thickets, grassy slopes. Distr. SE Xizang, SW and W Sichuan, NW Yunnan.

5 宽口杓兰

1 2 3 4 5 6 7 8 9 10 11 12 2500-3500 m

Cypripedium wardii Rolfe[1-4]

花较小，白色，唇瓣囊内和囊口周围有紫色斑点；花瓣近卵状菱形或卵状长圆形，先端钝；唇瓣深囊状，近倒卵状球形，有较宽阔的囊口。生于密林下、石灰岩岩壁上或溪边岩石上。分布于西藏东南部（察隅）、四川西部（大渡河谷）、云南西北部（德钦）。

Flowers small, white or creamy white with purple spots on inside of lip and around its mouth; petals subovate-rhombic or ovate-oblong, apex obtuse; lip deeply pouched, subobovoid-globose, with a broad mouth. Dense forests, limestone cliffs, rocks by streams. Distr. SE Xizang (Zayü), W Sichuan (Dadu River Valley), NW Yunnan (Dêqên).

1
2
3
3
4
4
5

兰科 Orchidaceae | 石斛属 *Dendrobium* Sw.

附生草本。茎肉质或质地较硬，1 至多个节间在基部或近基部或沿整个茎膨大形成茎状的假鳞茎。具少数至多数叶。花序常总状，具 1 至多数花；侧萼片贴生于伸长的蕊柱足上；唇瓣基部与蕊柱足合生，有时收狭为爪，有时与侧萼片形成距，蕊柱粗短，蕊柱足长，顶端柱齿显著或无。约 1100 种；中国 78 种；横断山区约 18 种。

Herbs epiphytic. Stems tough or fleshy, 1 to several internodes swollen at or near base or along entire length to form canelike pseudobulbs. Leaves 1 to many. Inflorescences 1- to many flowered, usually racemose; lateral sepals adnate to elongated column foot, petals lip base joined to column foot, sometimes narrowly clawed at base, sometimes forming a closed spur with lateral sepals; column short, stout; foot long; apical stelidia obscure to distinct. About 1100 species; 78 in China; about 18 in HDM.

1 长距石斛

1 2 3 4 5 6 7 8 **9 10 11** 12 | 1200-1500 m

Dendrobium longicornu Lindl.[1-4]

茎丛生。叶薄革质，数枚。总状花序近顶生，具 1~3 朵花；花开展，除唇盘中央橘黄色外，其余为白色；萼囊狭长，劲直，具距。附生于山地林中树干上。分布于西藏东南部、云南东南部至西北部；广西南部；尼泊尔、不丹、印度东北部、缅甸、越南北部。

Stems clustered. Leaves several, leathery. Raceme subterminal, 1-3-flowered; flowers spreading, white, lip with central part of disk orange; mentum long and narrow, straight, forming spur. Epiphytic on tree trunks in mountain forests. Distr. SE Xizang, NW to SE Yunnan; S Guangxi; Nepal, Bhutan, NE India, Myanmar, N Vietnam.

2 细茎石斛

1 2 **3 4 5** 6 7 8 9 10 11 12 | 590-3000 m

Dendrobium moniliforme (L.) Sw.[1-4]

茎直立，细圆柱形。总状花序 1 至数个，通常具 1~3 朵花；花黄绿色，白色至白色带淡紫红色，芳香。生于阔叶林中树干上或山谷岩壁上。分布于西南、西北、华东、华南各省区；印度、韩国、日本。

Stems erect, cylindric. Raceme 1 to several, usually 1-3-flowered; flowers sometimes fragrant, yellowish green, creamy white, or white tinged with pale purplish red. Tree trunks in broad-leaved forests, lithophytic on rocks in forests and cliffs in valleys. Distr. SW, NW, E and S China; India, S Korea, Japan.

3 竹枝石斛

1 **2 3 4 5 6 7** 8 9 10 11 12 | 650-1000 m

Dendrobium salaccense (Blume) Lindl.[1-2, 4]

茎似竹枝，直立，圆柱形。叶 2 列，狭披针形。花序具 1~4 朵花；花小，黄褐色。生于林中树干上或疏林下岩石上。分布于西藏东南部、云南南部；海南；东南亚诸国。

Stem erect, bamboolike, cylindric. Leaves arranged in 2 rows, narrowly lanceolate. Inflorescence with 1-4 flowers; flower small, yellowish brown. Tree trunks in forests, lithophytic on rocks in open forests. Distr. SE Xizang, S Yunnan; Hainan; SE Asia.

兰科 Orchidaceae | 尖药兰属 *Diphylax* Hook.f.

地生草本。植株矮小。花序顶生，总状；花瓣和萼片近等长，唇瓣通常向内弯，基部具距，距向下膨大呈囊状、纺锤状或圆锥状；蕊柱极短；蕊喙极短小至伸长。3 种；横断山区均产。

Herbs, terrestrial, small. Inflorescence a terminal raceme; sepals and petals similar in size, lip usually decurved, base spurred, spur pendulous, urn-shaped, ellipsoid, or conic, contracted at neck; column very short; rostellum small to elongate. Three speies; all found in HDM.

4 尖药兰

1 2 3 4 5 6 7 **8** 9 10 11 12 | 1900-3800 m

Diphylax urceolata (C.B.Clarke) Hook.f.[1-4]

具几朵至 12 朵紧密排列的花；花小，绿白色、白色或粉红色；距壶状，长 2.5~3 毫米。生于山坡林下。分布于西藏东南部和南部、四川西部、云南西北部；尼泊尔、不丹、印度东北部、缅甸北部。

Raceme with several to 12 flowers densely arranged; flower small, white, greenish white, or pink; spur urn-shaped, 2.5-3 mm. Forests on slopes. Distr. S and SE Xizang, W Sichuan, NW Yunnan; Nepal, Bhutan, NE India, N Myanmar.

1
2
3
4
4

兰科 Orchidaceae | 火烧兰属 *Epipactis* Zinn

地生。总状花序顶生，花斜展或下垂，多少偏向一侧；唇瓣肉质，无距；上、下唇之间缢缩或由一个窄的关节相连。约 20 种；中国 10 种；横断山区约 3 种。

Herbs, terrestrial. Inflorescence terminal, racemose, flowers tilting or nodding, often secund; lip fleshy, not spurred, constricted near middle to form a distinct epichile and hypochile, and sometimes with a mesochile in between. About 20 species; ten in China; three in HDM.

1 火烧兰

1 2 3 4 5 6 **7** 8 9 10 11 12 250-3600 m

Epipactis helleborine (L.) Crantz[1-4]

根状茎粗短。具 4~7 枚叶。总状花序，通常具 3~40 朵花；花绿色或淡紫色，下垂，较小。生于山坡林下、草丛或沟边。分布于西南、西北、华中各省区；亚洲中南部、北非、欧洲。

Rhizome stout, short. 4-7-leaved. Raceme, usually 3-40-flowered; flower green or pale purple, nodding, small. Forests, grasslands, wooded slopes, streamsides. Distr. SW, NW and C China; C and S Aisia, N Africa, Europe.

2 大叶火烧兰

1 2 3 4 5 **6** **7** 8 9 10 11 12 1200-3000 m

Epipactis mairei Schltr.[1-4]

根状茎粗短，有时不明显。具 5~8 枚叶。总状花序，具 10~20 朵花，有时更多；花黄绿带紫色、紫褐色或黄褐色，下垂。生于山坡灌丛中、草丛中、河滩阶地或冲积扇。分布于甘肃、西藏、四川西部、云南西北部；湖北、湖南、贵州、陕西。

Rhizome stout, short, sometimes inconspicuous. 5-8-leaved. Raceme, 10-20-flowered, sometimes over 20 flowers; flower nodding, yellowish green, with some purple and/or brown places. Thickets, grasslands, riverbeds. Distr. Gansu, Xizang, W Sichuan, NW Yunnan; Hubei, Hunan, Guizhou, Shaanxi.

兰科 Orchidaceae | 盔花兰属 *Galearis* Raf.

地生草本。总状花序顶生，疏生 1 至多花，无毛；苞片显著，叶状；萼片离生，无毛；中萼片直立，常凹陷；侧萼片和花瓣贴附于中萼片而形成兜状；唇瓣不分裂或 3 裂，基部有距，罕无距；合蕊柱粗短。约 10 种；中国 5 种；横断山区 4 种。

Herbs, terrestrial. Inflorescence terminal, racemose, laxly 1- to several flowered, glabrous; floral bracts conspicuous, leaflike; sepals free, glabrous; dorsal sepal erect, often concave; lateral sepals and petals usually connivent with dorsal sepal and forming a hood; lip simple or obscurely 3-lobed, spurred at base or rarely spurless; column stout. About ten species; five in China; four in HDM.

3 二叶盔花兰

1 2 3 4 5 **6** **7** **8** 9 10 11 12 2300-4300 m

Galearis spathulata (Lindl.) P.F.Hunt[1-2]

具伸长、细、平展的根状茎。叶通常 2 枚，近对生，少 1 枚，极罕为 3 枚。花序具 1~5 朵花；花紫红色；距圆筒状，长约 2 毫米。生于山坡灌丛下或高山草地上。分布于甘肃东南部、青海东北部、西藏东部和南部、四川西部、云南西北部；陕西；印度北部。

Rhizome slender, spreading. Usually 2 leaves, subopposite, rarely only 1 leaf, very rarely 3 leaves. Inflorescence with 1-5 flowers; flower purplish red; spur cylindrical, about 2mm. Scrub on slopes, alpine meadows. Distr. SE Gansu, NE Qinghai, E and S Xizang, W Sichuan, NW Yunnan; Shaanxi; N India.

4 斑唇盔花兰

1 2 3 4 5 **6** **7** **8** 9 10 11 12 2400-4510 m

Galearis wardii (W.W.Sm.) P.F.Hunt[1-2]

具狭圆柱状、细长、平展的根状茎。叶 2 枚。花序具 5~10 朵花；花紫红色，具深紫色斑点；距长 7~10 毫米。生于山坡林下或高山草甸。分布于西藏东部、四川西部、云南西北部。

Rhizome cylindrical, slender, spreading. 2-leaved. Inflorescences with 5-10 flowers; flower purplish red with dark purple spots; spur 7-10 mm. Forests, alpine meadows. Distr. E Xizang, W Sichuan, NW Yunnan.

1
1
2
2
3
4

兰科 Orchidaceae | 山珊瑚属 *Galeola* Lour.

腐生直立草本或半灌木状。茎常较粗壮，直立或攀援，稍肉质。总状花序或圆锥花序顶生或侧生，花稍肉质；花序轴被短柔毛；唇瓣不裂，通常凹陷成杯状或囊状，多少围抱蕊柱；蕊柱一般较为粗短，上端扩大，向前弓曲，无蕊柱足，近顶生。果实为蒴果，干燥，开裂。约 10 种；中国 4 种；横断山区约 2 种。

Herbs, mycotrophic, erect, or subshrub-like. Stem stout, erect, or scrambling, slightly fleshy. Raceme or panicle terminal and lateral, with many slightly fleshy flowers; rachis pubescent; lip unlobed, usually concave, cup-shaped or saccate, ± embracing column; column often short and stout, dilated at apex, curved, without column foot, subterminal. Fruit a dry capsule, rather long, dehiscent. About ten species; four in China; about two in HDM.

1 毛萼山珊瑚

1 2 3 4 **5 6 7 8** 9 10 11 12 740-2200 m

Galeola lindleyana (Hook.f. & Thomson) Rchb.f.[1-4]

高大植物，半灌木状。茎直立，红褐色，基部多少木质化，高 1~3 米。圆锥花序由顶生与侧生总状花序组成；花黄色。生于林下、稀疏灌丛中、沟谷边腐殖质丰富、湿润、多石处。分布于西藏东南部、四川、云南西部至东南部；华中、华南；印度。

Herbs, tall, subshrub-like. Stem erect, reddish brown, base ± ligneous, 1-3 m tall. Panicle composed of terminal and lateral racemes; flower yellow. Sparse forests, sparse thickets, humus-rich and moist rocky places along valleys. Distr. SE Xizang, Sichuan, W to SE Yunnan; C and S China; India.

兰科 Orchidaceae | 斑叶兰属 *Goodyera* R.Br.

地生草本。叶上面常具白色或粉红色的中脉或网状脉。总状花序顶生，具少数至多数花；花瓣膜质，无毛；唇瓣与蕊柱基部合生，钟形，由凹囊状下唇与无柄或稀具短爪的上唇组成；蕊柱短，无附属物；蕊喙直立，三角形，深或浅的 2 裂；柱头裂片合生，位于蕊喙下方。约 100 种；中国 29 种；横断山区约 11 种。

Herbs, terrestrial. Leaves adaxially sometimes with a white or pink midvein or white or pink reticulate venation. Inflorescence terminal, racemose,1- to many flowered; petals membranous, glabrous; lip connate with column at base, cymbiform, composed of a concave-saccate hypochile and a sessile or rarely shortly clawed epichile; column short, without appendages; rostellum erect, deltoid, remnant shallowly or deeply bifid; stigma lobes connate, positioned below rostellum. About 100 species; 29 in China; about 11 in HDM.

2 大花斑叶兰

1 **2 3 4 5 6 7** 8 9 10 11 12 560-2200 m

Goodyera biflora (Lindl.) Hook.f.[1-4]

根状茎伸长，茎状，匍匐。具 4~5 枚叶。总状花序通常具 2 朵花，罕 3~6 朵花；花大，长管状，白色或带粉红色。生于林下阴湿处。分布于西南、西北、华东、华中、华南；尼泊尔、印度、韩国和日本。

Rhizome long, stem-shaped, creeping. 4-5-leaved. Raceme, usually with 2 flowers or rarely 3-6 flowers; flower large, long and tubular, white or pinkish. Damp places in forests. Distr. SW, NW, E, C and S China; Nepal, India, S Korea, Japan.

3 高斑叶兰

1 2 3 **4 5** 6 7 8 9 10 11 12 250-1550 m

Goodyera procera (Ker Gawl.) Hook.[1-4]

根状茎短而粗，具节。具 6~8 枚叶。总状花序具多数密生的小花；花小，白色带淡绿，芳香。生于林下。分布于西藏东南部、四川西部和南部、云南；华南地区；南亚、东南亚及日本。

Rhizome stout, nodded. 6-8-leaved. Raceme with many dense flowers; flower white tinged pale green, small, fragrant. Forests. Distr. SE Xizang, S and W Sichuan, Yunnan; S China; S and SE Asia, Japan.

1
1
2
2
3

兰科 Orchidaceae | 手参属 *Gymnadenia* R.Br.

地生草本。块茎掌状分裂。总状花序顶生；花小，常密生；萼片离生；中萼片凹陷呈舟状；侧萼片反折；花瓣直立，较萼片稍短，与中萼片多少靠合成盔状；蕊柱短。约 16 种；中国 5 种；横断山区 3 种。

Herbs, terrestrial. Tubers palmately lobed. Inflorescence terminal, racemose with many small dense flowers; sepals free; dorsal sepal concave; lateral sepals reflexed; petals connivent with dorsal sepal and forming a hood, straight, slightly shorter than sepals; column short. About 16 species; five in China; three in HDM.

1 西南手参

1 2 3 4 5 6 **7 8 9** 10 11 12 2800-4100 m

Gymnadenia orchidis Lindl.[1-4]

块茎卵状椭圆形。具 3~5 枚叶。总状花序具多数密生的花；花紫红色或粉红色，极罕为带白色；距细长，长 7~12 毫米。生于山坡林下、灌丛下和高山草地中。分布于甘肃东南部、青海南部、西藏东部和南部、四川西部、云南西北部；湖北西部、陕西南部；克什米尔地区、不丹、印度东北部。

Tube ovoid-ellipsoid. Leaves 3-5. Raceme with many flowers; flowers purplish red or pink, very rarely tinged with white; spur 7-12 mm in length. Forests, thickets, alpine grasslands. Distr. SE Gansu, S Qinghai, E and S Xizang, W Sichuan, NW Yunnan; W Hubei, S Shaanxi; Kashmir, Bhutan, NE India.

兰科 Orchidaceae | 玉凤花属 *Habenaria* Willd.

地生草本。总状花序顶生；唇瓣一般 3 裂，基部通常有距，有时为囊状或无距；蕊柱短，两侧通常有耳（退化雄蕊）；粘盘裸露，较小；柱头 2 个，分离，凸出或延长，多少棒状，位于蕊柱前方基部；蕊喙有臂，通常厚而大。约 600 种；中国 54 种；横断山区约 19 种。

Herbs, terrestrial. Racemose, terminal; lip often 3-lobed, base often spurred, sometimes saccate or spurless; column short, both sides often with auricles (staminodes); viscidium naked, relatively small; stigmas 2, separate, convex or elongate, ± clavate, at base of column; rostellum usually stout and large. About 600 species; 54 in China; 19 in HDM.

2 落地金钱

1 2 3 4 5 6 **7 8 9** 10 11 12 2100-4300 m

Habenaria fargesii Finet[1-2, 4]

块茎肉质，长圆形或椭圆形。基部具 2 枚近对生的叶。总状花序花密生；花较小，黄绿色或绿色；距长 6~9 毫米。生于山坡林下、灌丛下或草地上。分布于青海南部、西藏东南部和南部、四川西部、云南中部和西北部；贵州；阿富汗、克什米尔地区、不丹和印度东北部。

Tubers oblong or ellipsoid, fleshy. Nearly opposite leaves at base. Raceme with several to many flowers densely arranged; flower small, yellowish green or green; spur 6-9 mm. Forests on slopes, thickets, grasslands. Distr. S Qinghai, S and SE Xizang, W Sichuan, C and NW Yunnan; Guizhou; Afghanistan, Kashmir, Bhutan, NE India.

3 厚瓣玉凤花

1 2 3 4 5 6 **7 8** 9 10 11 12 2000-4300 m

Habenaria delavayi Finet[1-4]

块茎长圆形或卵形。叶片圆形或卵形。总状花序具 7~20 朵较疏生的花；花白色；中萼片直立，宽椭圆形；侧萼片反折，披针形；唇瓣有距，近基部 3 深裂，裂片狭窄。生于山坡林下、林间草地或灌丛草地。分布于四川西部、云南西北部至东南部；贵州。

Tubers oblong or ovoid. Leaf blade orbicular or ovate. Raceme loosely 7-20-flowered; flowers white; dorsal sepal erect, broadly elliptic; lateral sepals reflexed, lanceolate; lip spurred, deeply 3-lobed above base, lobes narrow. Forests, grassy places in forests, shrubby grasslands. Distr. W Sichuan, NW to SE Yunnan; Guizhou.

4 粉叶玉凤花

1 2 3 4 5 6 **7 8** 9 10 11 12 2000-4300 m

Habenaria glaucifolia Bureau & Franch.[1-4]

块茎肉质，长圆形或卵形。茎基部具 2 枚近对生的叶。总状花序具 3~10 朵花或更多；花较大，白色或白绿色；距长 2.5~3 厘米。生于山坡林下、灌丛下或草地上。分布于甘肃南部、青海东北部、西藏东南部、四川西部、云南西北部；陕西南部。

Tubers oblong or ovoid, fleshy. 2 nearly opposite leaves at base of the stem. Raceme with 3-10 flowers or more; flowers large, white or whitish green; spur 2.5-3 cm. Forests on slopes, thickets, grasslands. Distr. S Gansu, NE Qinghai, SE Xizang, W Sichuan, NW Yunnan; S Shaanxi.

1
2
2
3
3
4

兰科 Orchidaceae | 舌喙兰属 *Hemipilia* Lindl.

地生草本。蕊柱明显；蕊喙甚大，在药室之间突出，中裂片肉质，顶部内折；柱头裂片聚合，稍凹陷，位于蕊喙之下。约 10 种；中国 7 种；横断山区约 5 种，2 变种。

Herbs, terrestrial. Column stout; rostellum conspicuous, protruding between anther cells, lateral lobes fleshy, apically infolded; stigma lobes confluent, slightly concave, posterior to rostellum. About ten species; seven in China; five species and two varieties in HDM.

1 扇唇舌喙兰

1 2 3 4 5 **6 7 8** 9 10 11 12 **2000-3200 m**

Hemipilia flabellata Bureau & Franch.[1-4]

块茎狭椭圆状。具 1 枚叶。总状花序通常具 3~15 朵花；花颜色变化较大，从紫红色到近纯白色。距长 15~20 毫米。生于林下、林缘或石灰岩石缝中。分布于四川西南部、云南中部和西北部；贵州西北部。

Tubers narrowly ellipsoid. 1-leaved. Raceme usually with 3-15 flowers; flowers variable in color, from purplish red to nearly pure white; spur 15-20 mm. Forests, crevices on limestone cliffs. Distr. SW Sichuan, C and NW Yunnan; NW Guizhou.

兰科 Orchidaceae | 角盘兰属 *Herminium* Guett.

地生草本。花小，常为黄绿色；唇瓣贴生于蕊柱基部，基部多少凹陷或具短距；蕊柱极短；粘盘常卷成角状，裸露；蕊喙较小；柱头裂片 2 枚，隆起，棍棒状。约 25 种；中国 18 种；横断山区约 16 种。

Herbs, terrestrial. Flowers small, usually yellowish green; lip adnate to base of column, base shallowly concave or shortly spurred; column very short; viscidia often involute and hornlike, naked; rostellum small; stigma lobes 2, raised, clavate. About 25 species; 18 in China; about 16 in HDM.

2 角盘兰

1 2 3 4 5 **6 7 8** 9 10 11 12 **600-4500 m**

Herminium monorchis (L.) R.Br.[1-4]

块茎球形。具 2~3 枚叶。总状花序具多数花；花小，黄绿色。生于山坡阔叶林至针叶林下、灌丛下、山坡草地或河滩沼泽草地中。分布于全国大部分地区；欧洲、亚洲中部和西部、喜马拉雅地区、日本、朝鲜半岛、蒙古和西伯利亚。

Tubers globose. 2-3-leaved. Raceme with many flowers; flower small, yellowish green. Broad-leaved forests, coniferous forests, thickets, grasslands, grassy swamps, flood lands. Distr. throughout of China; Europe, C and W Asia, Himalayans, Japan, Korea, Mongolia, Siberia.

兰科 Orchidaceae | 鸟巢兰属 *Neottia* Guett.

地生小草本，自养或腐生。萼片离生，相似，展开；花瓣通常比萼片窄而短；唇瓣通常比萼片和花瓣大得多，有时基部具 1 对耳，无距但基部有时凹陷；合蕊柱近直立，直或弓曲；花药着生于药窝的基部边缘，直立或稍下垂；柱头近顶生，凹陷或凸起；蕊喙水平展开或直立，舌状或卵形，较大。约 70 种；中国 35 种；横断山区约 15 种。

Herbs, small, terrestrial, autotrophic or holomycotrophic. Sepals free, similar, spreading; petals often narrower and shorter than sepals; lip usually much larger than sepals and petals, sometimes with a pair of auricles at base, without a spur but sometimes shallowly concave at base; column suberect, straight or slightly arcuate; anther inserted at rear margin of clinandrium, erect or slightly nodding; stigma subterminal, concave or protruding; rostellum spreading horizontally or suberect, ligulate or ovate, large. About 70 species; 35 in China; about 15 in HDM.

3 尖唇鸟巢兰

1 2 3 4 5 **6 7 8** 9 10 11 12 **1500-4100 m**

Neottia acuminata Schltr.[1-4]

茎直立，中部以下具 3~5 枚鞘，无绿叶。总状花序顶生，通常具 20 余朵花；花小，黄褐色。生于林下或荫蔽草坡上。分布于甘肃、青海、西藏、四川、云南北部；华北和华中地区；俄罗斯远东地区、日本、朝鲜半岛、印度。

Stem erect, leafless, with 3-5 sheaths below the middle. Raceme terminal, usually with more than 20 flowers; flower small, yellowish brown. Forests, shaded grassy slopes. Distr. Gansu, Qinghai, Xizang, Sichuan, N Yunnan; N and C China; Russia (Far East), Japan, Korea, India.

1
1
2
2
3
3

1 高山鸟巢兰

1 2 3 4 5 6 7 8 9 10 11 12 1500-3900 m

Neottia listeroides Lindl.[1-4]

无绿叶。总状花序顶生，具 10~20 朵或更多的花；花小，淡绿色。生于林下或荫蔽草坡上。分布于甘肃中部、西藏东南部至南部、四川西部、云南西北部；山西北部；尼泊尔、不丹、印度、巴基斯坦。

Leafless. Raceme terminal, usually with 10-20 flowers or more; flower small, pale green. Forests, grassy slopes. Distr. C Gansu, SE to S Xizang, W Sichuan, NW Yunnan; N Shanxi; Nepal, Bhutan, India, Pakistan.

2 西藏对叶兰

1 2 3 4 5 6 7 8 9 10 11 12 2200-3600 m

Neottia pinetorum (Lindl.) Szlach.[1]

茎近基部处具 1 枚鞘，具 2 枚对生叶。总状花序具 2~14 朵花；花绿黄色。生于山坡密林下或云杉及冷杉林下。分布于西藏东南部和南部、云南西部；不丹、印度、尼泊尔。

Stem with 1 sheath toward base and 2 opposite leaves. Raceme with 2-14 flowers; flower yellowish green. Dense forests, *Picea* and *Abies* forests. Distr. SE and S Xizang, W Yunnan; Bhutan, India, Nepal.

兰科 Orchidaceae | 兜被兰属 *Neottianthe* Schltr.

地生草本。块茎不裂。叶 1 或 2 枚，基生或茎生。萼片近等大，彼此在 3/4 以上紧密靠合成兜；唇瓣向前伸展，基部有距；蕊柱直立；粘盘小，裸露；蕊喙小，隆起，三角形；柱头裂片联合，隆起，位于蕊喙之下。约 7 种；中国均产；横断山区约 4 种。

Herbs, terrestrial. Tubers unlobed. 1 or 2 leaves, basal or on the stem. Sepals subequal, connivent and forming a hood above 3/4; lip spreading, spurred at base; column erect, short; viscidia small, naked; rostellum small, raised, deltoid; stigma lobes confluent, raised, lying below rostellum. About seven species; all found in China; about four in HDM.

3 二叶兜被兰

1 2 3 4 5 6 7 8 9 10 11 12 400-4100 m

Neottianthe cucullata (L.) Schltr.[1-4]

块茎圆球形或卵形。具 2 枚叶。总状花序具几朵至 10 余朵花；花紫红色或粉红色；距细圆筒状圆锥形，长 4~5 毫米。生于山坡林下或草地。分布于全国大部分地区；朝鲜半岛、日本、西伯利亚地区至中亚、蒙古、西欧、尼泊尔。

Tubers subglobose to ovoid. 2-leaved. Raceme with several to more than 10 flowers; flower rose-pink to purplish red; spur cylindric-conic, 4-5 mm. Forests, grassy slopes. Distr. throughout of China; Korea, Japan, Siberia to C Asia, Mongolia, W Europe, Nepal.

兰科 Orchidaceae | 山兰属 *Oreorchis* Lindl.

地生草本。叶 1~2 枚，生于假鳞茎顶端。花序总状，具数花至多花；花小至中等大；2 枚侧萼片基部有时多少延伸成浅囊状；唇瓣基部有爪，无距；花粉团 4 个，近球形，蜡质，具 1 个共同的粘盘柄，贴生于球形的粘盘。约 16 种；中国 11 种；横断山区约 5 种。

Herbs, terrestrial. Leaves 1 or 2, arising from apex of pseudobulb. Inflorescence racemose, rachis several to many flowered; flowers small to medium-sized; lateral sepals sometimes shallowly saccate at base; lip clawed at base, without a spur; pollinia 4, subglobose, waxy, borne on a common stipe and attached to a globose viscidium. About 16 species; 11 in China; about five in HDM.

4 短梗山兰

1 2 3 4 5 6 7 8 9 10 11 12 2900-3600 m

Oreorchis erythrochrysea Hand.-Mazz.[1-2, 4]

叶 1 枚，长 7~14 厘米，宽 1~2.3 厘米。花黄色或黄绿色；唇瓣白色，有紫色或栗色斑，中部以下 3 裂；唇盘上在 2 枚侧裂片之间有 2 条很短的纵褶片；蕊柱稍弯。生于林下、灌丛中和高山草坡上。分布于西藏东南部、四川西南部、云南西北部及西南部。

Leaf solitary, 7-14 cm × 1-2.3 cm. Flowers yellow or greenish yellow; lip cream-colored and with purple or chestnut spots, 3-lobed below middle; disk with a pair of short lamellae between bases of lateral lobes; column slightly arcuate. Forests, thickets, grassy alpine slopes. Distr. SE Xizang, SW Sichuan, NW and SW Yunnan.

1
1
2
3
3
4

1 硬叶山兰

1 2 3 4 5 6 7 8 9 10 11 12 2500-4000 m

Oreorchis nana Schltr.[1-4]

叶 1 枚，卵形至狭椭圆形，长 2~4 厘米，宽 0.8~1.5 厘米。花白色，萼片与花瓣外面暗黄色或绿色，稀栗色；唇瓣黄色而有紫色斑。生于高山草地、灌丛中或岩石积土上。分布于四川西部、云南西北部；湖北西部。

Leaf solitary, ovate to narrowly elliptic, 2-4 cm × 0.8-1.5 cm. Flowers white, outer surfaces of sepals and petals orange-yellow or green, rarely flushed chestnut; lip yellow with purple spots. Alpine grasslands, forests, thickets, soil-covered rocks. Distr. W Sichuan, NW Yunnan; W Hubei.

兰科 Orchidaceae | 阔蕊兰属 *Peristylus* Blume

地生草本。块茎肉质，不裂。蕊柱短而直立；花药 2 室，药室并行或稍分开；粘盘小而裸露；蕊喙小，其臂很短或不甚明显；柱头明显 2 裂，基部联合，隆起而凸出；退化雄蕊 2 个，突出，位于花药基部两侧。约 70 种；中国 19 种；横断山区约 10 种。

Herbs, terrestrial. Tubers undivided, fleshy. Column erect, very short; anther with 2 parallel or slightly divergent locules; viscidia often small, naked; rostellum small, with short, inconspicuous arms; stigma lobes 2, basally connate but diverging widely, convex; auricles 2, prominent, placed laterally at base of anther. About 70 species; 19 in China; about ten in HDM.

2 凸孔阔蕊兰

1 2 3 4 5 6 7 8 9 10 11 12 2000-3900 m

Peristylus forceps Finet[1-4]

块茎卵球形。具 2~4 枚叶。花小，较密集，白色；距圆球状。生于山坡针阔叶混交林下、山坡灌丛下和高山草地。分布于西藏东部和东南部、四川西部、云南西北部和东北部；缅甸北部。

Tubers oblong-ovoid. 2-4-leaved. Flower small, dense, white; spur globose. Coniferous and broad-leaved mixed forests, thickets, alpine grasslands. Distr. E and SE Xizang, W Sichuan, NE and NW Yunnan; N Myanmar.

3 一掌参

1 2 3 4 5 6 7 8 9 10 11 12 1200-3400 m

Peristylus forceps Finet[1-4]

块茎卵圆形或长圆形。具 3~5 枚叶。具多数花。花小，绿色；距球形，长 0.7~1 毫米。生于山坡草地、山脚沟边或冷杉林、栎树林下。分布于甘肃东南部、西藏东南部、四川、云南；湖北西部、贵州。

Tubers ovoid-oblong. 3-5-leaved. Raceme with many flowers. Flower small, green; spur globose, 0.7-1 mm. *Abies* forests, *Quercus* forests along valleys, grassy slopes. Distr. SE Gansu, SE Xizang, Sichuan, Yunnan; W Hubei, Guizhou.

兰科 Orchidaceae | 石仙桃属 *Pholidota* Lindl.

附生或石生草本。萼片相似，凹陷或突出；唇瓣基部凹陷成浅囊状，全缘或 3~4 裂；蕊柱短，上端有翅，或兜状，无蕊柱足。全属约 30 种；中国 12 种；横断山区 6 种。

Herbs, epiphytic or lithophytic. Sepals similar, concave or convex; lip with a saccate basal hypochile and subentire or 3- or 4-lobed; column short, upper part winged or hooded, foot absent. About 30 species; 12 in China; six in HDM.

4 石仙桃

1 2 3 4 5 6 7 8 9 10 11 12 <2500 m

Pholidota chinensis Lindl.[1-4]

匍匐根状茎，相距 5~15 毫米或更短距离生假鳞茎；假鳞茎狭卵状长圆形。叶 2 枚，干后变为黑色。花葶生于幼嫩假鳞茎顶端，发出时其基部连同幼叶均为鞘所包；总状花序具数朵至 20 余朵花。生于林中或林缘树上、岩壁上或岩石上，分布于西藏东南部、云南西部至东南部；华东、华南；越南、缅甸。

Rhizome creeping; pseudobulbs borne 5-15 mm apart on rhizome, narrowly ovoid-oblong. Leaves 2, blade turning blackish when dried. Inflorescence arising with young pseudobulb and young leaves from base of last pseudobulb; raceme several to 20-flowered. Epiphytic on trees or lithophytic on rocks in forests or at forest margins, shaded places on cliffs. Distr. SE Xizang, W to SE Yunnan; E and S China; Vietnam, Myanmar.

1
1
2
2
3
3
4
4

兰科 Orchidaceae | 舌唇兰属 *Platanthera* Rich.

地生草本。花苞片草质，通常为披针形；唇瓣常为线形或舌状，肉质，不裂，向前伸展，下方具甚长的距，少数距较短；蕊柱粗短；柱头合生，凹陷，与蕊喙下部汇合，或位于蕊喙包围的凸起表面上，或2个，隆起，离生，位于距口的前方两侧。约200种；中国42种；横断山区约18种。

Herbs, terrestrial. Floral bracts usually lanceolate, herbaceous; lip fleshy, spreading, ligulate or filiform, entire, spurred at base, usually very long or rarely short; column short, stout; stigma lobes confluent, concave, lying below rostellum and fused with its lower part, or on a convex surface surrounded by rostellum, or sometimes of 2 separate, raised lobes placed in front of mouth of spur. About 200 species; 42 in China; about 18 in HDM.

1 二叶舌唇兰

1 2 3 4 5 **6 7 8** 9 10 11 12 400-3000 m

Platanthera chlorantha (Custer) Rchb.[1-4]

块茎卵状纺锤形。茎直立，近基部具2枚、近对生的大叶。总状花序具12~32朵花；花较大，绿白色或白色；距长25~36毫米。生于山坡林下或草丛中。分布于甘肃、青海、西藏、四川、云南；华北、东北；欧洲至亚洲广布。

Rootstock tuberous, ovoid-fusiform. Stem erect with 2 basal, subopposite leaves. Raceme with 12-32 flowers; flower large, greenish white or white; spur 25-36 mm. Forests on slopes, grasslands. Distr. Gansu, Qinghai, Xizang, Sichuan, Yunnan; N and NE China; widespread in Asia, Europe.

兰科 Orchidaceae | 独蒜兰属 *Pleione* D.Don

附生、石生或地生小草本。假鳞茎一年生，常较密集。花葶从老鳞茎基部发出，与叶同时或不同时出现；花序具1~2朵花；花大，较艳丽；唇瓣明显大于萼片，上部边缘啮蚀状或撕裂状；蕊柱细长，稍弯曲，具翅，翅在顶端扩大。约26种；中国23种；横断山区约15种。

Herbs epiphytic, lithophytic, or terrestrial. Pseudobulbs annual, often clustered. Inflorescences arising from base of an old pseudobulb, appearing either before or after leaves, 1- or 2-flowered; flowers large, usually showy; lip conspicuously larger than sepals, apical margin erose or lacerate; column slightly arcuate, slender, winged above, apex usually erose. About 26 species; 23 in China; about 15 in HDM.

2 白花独蒜兰

1 2 3 **4 5** 6 7 8 9 10 11 12 2400-3200 m

Pleione albiflora P.J.Cribb & C.Z.Tang[1-2, 4]

附生草本。假鳞茎卵状圆锥形，上端有长颈。具1枚叶。花单生，下垂，白色，芳香；唇瓣上有时有棕色斑。生于覆盖有苔藓的树干上或林下岩石上。分布于云南西北部；缅甸北部。

Herbs, epiphytic. Pseudobulb ovoid-conic, with an elongated neck. 1-leaved. Flower solitary, nodding, white, fragrant; lip sometimes with brownish stripes. Tree trunks or mossy rocks. Distr. NW Yunnan; N Myanmar.

3 独蒜兰

1 2 3 **4 5 6** 7 8 9 10 11 12 900-3600 m

Pleione bulbocodioides (Franch.) Rolfe[1-4]

假鳞茎卵形至卵状圆锥形。春季开花，花粉红色至淡紫色，唇瓣上有深色斑。生于腐殖质丰富的土壤上或苔藓覆盖的岩石上。分布于西南、西北，华东、华南地区。

Pseudobulb ovoid to ovoid-conic. Flowers in spring; pink to pale purple, with dark purple marks on lip. Humus-covered soil, on mossy rocks. Distr. SW, NW, E and S China.

4 云南独蒜兰

1 2 3 **4 5** 6 7 8 9 10 11 12 1100-3500 m

Pleione yunnanensis (Rolfe) Rolfe[2-4]

假鳞茎绿色卵形、狭卵形或圆锥形。1朵花，罕为2朵；唇瓣上具有紫色或深红色斑。生于多石林下、荫蔽的岩石上和杜鹃灌丛下。分布于西藏东南部、四川西南部、云南；贵州西部和北部；缅甸北部。

Pseudobulb green, ovoid, narrowly ovoid, or conic. Inflorescences 1- or rarely 2-flowered; with purple or deep red spots on lip. Mossy rocks in forests and at forest margins, shaded and rocky places on grassy slopes and under Ericaceous shrubs. Distr. SE Xizang, SW Sichuan, Yunnan; N and W Guizhou; N Myanmar.

1
1
2
2
3
4
4

兰科 Orchidaceae | 小红门兰属 *Ponerorchis* Rchb.f.

地生草本。块茎近球形，肉质。苞片披针状至卵形；花小到中型；子房扭转；萼片离生；中萼片直立而常凹陷状；侧萼片开展；花瓣常与中萼片靠合而呈兜状；唇瓣基部有距罕无距；距通常与子房一样长。合蕊柱粗短；蕊喙伸出而具两臂。约 20 种；中国 13 种；横断山区约 8 种。

Herbs, terrestrial. Tubers subglobose, fleshy. Floral bracts lanceolate to ovate; flowers small to medium-sized; ovary twisted; sepals free; dorsal sepal erect, often concave; lateral sepals spreading; petals often connivent with dorsal sepal and forming a hood; lip spurred at base or rarely spurless; spur usually as long as ovary; column stout; rostellum protruding, with 2 arms. About 20 species; 13 in China; about eight in HDM.

1 短距小红门兰

1 2 3 4 5 **6 7** 8 9 10 11 12 **1500-3400 m**

Ponerorchis brevicalcarata (Finet) Soó[1-2]

块茎椭圆形或卵球形。叶 1 枚，基生。花序具 1-3 朵花；花紫红色；距囊状，短，长约 1 毫米。生于山坡林下或草地。分布于四川西南部、云南西北部。

Tubers elliptic or ovoid. 1-leaved, basal. Inflorescence with 1-3 flowers; flower purplish red; spur saccate, short, about 1 mm. Open forests, grassy slopes. Distr. SW Sichuan, NW Yunnan.

2 广布小红门兰

1 2 3 4 5 **6 7 8** 9 10 11 12 **500-4500 m**

Ponerorchis chusua (D.Don) Soó[1-2]

块茎长圆形或圆球形。具 1~5 枚叶。花序具 1~20 余朵花；花紫红色或粉红色；距圆筒状或圆筒状锥形，通常长于子房。生于山坡林下、灌丛下、高山灌丛草地或高山草甸中。分布于西南、西北、华中等地；东亚、南亚。

Tubers oblong or globose. 1-5-leaved. Inflorescence with 1-20-flowers or more; flower purplish red or pink; spur cylindric to cylindric-conic, usually slightly longer than ovary. Forests on slopes, scrubs, alpine grasslands or meadows. Distr. SW, NW and C China; S and E Asia.

兰科 Orchidaceae | 鸟足兰属 *Satyrium* Sw.

地生草本。具块茎，肉质，通常近椭圆形，2 个。花苞片常叶状，较大，反折；花两性或罕有单性，不扭转；唇瓣位于上方，贴生于蕊柱基部，兜状，基部有 2 个距或囊状距；柱头裂片大，平展或伸出。约 90 种；中国 2 种；横断山区均产。

Herbs, terrestrial. Tubers paired, ellipsoid, fleshy. Floral bracts reflexed, usually foliaceous, large; flowers not resupinate, bisexual or rarely unisexual; lip superior, deeply hooded, adnate to column at base, with 2 elongate or saccate spurs at base; stigma lobes large, flat or concave. About 90 species; two in China; both found in HDM.

3 缘毛鸟足兰

1 2 3 4 5 6 7 **8 9 10** 11 12 **1800-4100 m**

Satyrium nepalense var. *ciliatum* (Lindl.) Hook.f.[1]

— *Satyritum ciliatum* Lindl.

块茎长椭圆形。具 1~2 枚叶。总状花序密生 20 余朵或更多的花；花粉红色，通常两性，较少雄蕊退化。生于草坡上、疏林下或高山松林下。分布于西藏南部和东南部、四川西部和西南部、云南西部和西北部；湖南西北部、贵州西南部；印度东北部、不丹、尼泊尔。

Tubers ellipsoid. 1-2-leaved. Raceme with more than 20 flowers, densely arranged; flower pink, usually hermaphroditic or rarely with stamen abortive. Alpine *Pinus* forests, open forests, grassy slopes. Distr. S and SE Xizang, SW and W Sichuan, NW and W Yunnan; NW Hunan, SW Guizhou; NE India, Bhutan, Nepal.

4 云南鸟足兰

1 2 3 4 5 6 7 **8 9 10 11** 12 **2000-3700 m**

Satyrium yunnanense Rolfe[1-4]

总状花序较粗短，具 10 到 20 余朵排列稍疏松的花；花黄色至近金黄色；两性。生于疏林下、草坡上或乱石岗上。分布于四川西南部、云南中部和西北部。

Peduncle stout, subdensely to densely 10- to more than 20-flowered; flowers yellow to golden yellow, hermaphroditic. Open forests, rocky places. Distr. SW Sichuan, C and NW Yunnan.

1
2
2
3
4
4

兰科 Orchidaceae | 绶草属 *Spiranthes* Rich.

地生草本。根簇生，指状，肉质。总状花序顶生，具多数密生的小花，似穗状，常多少呈螺旋状扭转；萼片离生。约 50 种；中国 3 种；横断山区 1 种。

Herbs, terrestrial. Roots fasciculate, fusiform, fleshy. Inflorescence terminal, racemose with many small flowers arranged spirally around rachis; sepals free. About 50 species; three in China; one in HDM.

1 绶草

1 2 3 4 5 6 **7** **8** 9 10 11 12 200-3400 m

Spiranthes sinensis (Pers.) Ames[1-4]

根数条，指状，肉质，无毛。具 2~5 枚叶。总状花序具多数密生的花；花小，紫红色、粉红色或白色，在花序轴上呈螺旋状排生。生于山坡林下、灌丛下、草地或河滩沼泽草甸中。分布于全国各地；东亚、南亚、东南亚、澳大利亚。

Roots fasciculate, fusiform, fleshy, glabrous. 2-5-leaved. Raceme with many densely arranged flowers; flower small, purplish red, pink or white, spirally arranged along the rachis. Open and moist areas in forests on hillsides, thickets, wet grasslands, meadows, marshes. Distr. almost throughout China; E, S and SE Asia, Australia.

仙茅科 Hypoxidaceae | 小金梅草属 *Hypoxis* L.

多年生草本。花茎纤细，短于叶，常有毛。蒴果。约 50~100 种；中国 1 种；横断山区 1 种。

Herbs perennial. Flowering stems shorter than leaves, slender, usually pilose. Fruit a capsule. About 50-100 species; one in China; one in HDM.

2 小金梅草

1 2 3 **4** **5** 6 7 8 9 10 11 12 <2600 m

Hypoxis aurea Lour.[1-4]

多年生矮小草本。叶基生，4~12 枚，狭线形，顶端长尖，基部膜质，有黄褐色疏长毛。花茎纤细；花序有花 1~2 朵，有淡褐色疏长毛；花黄色。生于林缘、潮湿草地。分布于云南；华东、华中地区；东南亚、日本。

Small perennial herb. Leaves 4-12, basal, narrowly, linear, base membranous, apex narrowly acute, yellowish brown pilose. Flowering stems slender; 1- or 2-flowered, pale brown pilose; perianth yellow. Forest margins, moist grassy slopes. Distr. Yunnan; E and C China; SE Asia, Japan.

鸢尾科 Iridaceae | 鸢尾属 *Iris* L.

多年生草本。叶多数基生。花序生于花茎顶端或仅花单生；花较大；雌蕊的花柱单一，上部 3 分枝，呈花瓣状 。蒴果。约 225 种；中国约 58 种；横断山区约 18 种、3 变种和 1 变型。

Herbs perennial. Leaves mostly basal. Inflorescence terminal in scape or flower solitary, flowers relatively large; style one, 3 petaloid branches. Capsule. About 225 species; 58 in China; 18 species, three varieties and one form in HDM.

3 西南鸢尾

1 2 3 4 5 **6** **7** 8 9 10 11 12 2300-3500 m

Iris bulleyana Dykes[1-4]

叶长 15~45 厘米，宽 0.5~1 厘米。花茎高 20~35 厘米；花天蓝色，直径 6.5~7.5 厘米；外轮花被片蓝紫色的斑点及条纹；花被管长 1~1.2 厘米。生于山坡草地或溪流旁的湿地上。分布于西藏、四川、云南。

Leaves 15-45 cm×0.5-1 cm; scape 20-35 cm; flowers blue, 6.5-7.5 cm in diam; outer segments with violet stripes and spots; perianth tube 1-1.2 cm. Damp hillsides, meadows, streamsides. Distr. Xizang, Sichuan, Yunnan.

4 金脉鸢尾

1 2 3 4 5 **6** **7** 8 9 10 11 12 1440-4400 m

Iris chrysographes Dykes[1-2, 4]

叶长 25~70 厘米，宽 0.5~1.2 厘米。花茎高 25~50 厘米；花深蓝紫色，直径 8~12 厘米；外花被裂片基部有金黄色的条纹。生于山坡草地或林缘。分布于西藏、四川、云南；贵州。

Leaves 25-70 cm×0.5-1.2 cm. Scape 25-50 cm; flowers dark violet, 8-12 cm in diam; outer segments with golden yellow stripes at base. Forest margins, meadows on hillsides. Distr. Xizang, Sichuan, Yunnan; Guizhou.

1 尼泊尔鸢尾

1 2 3 4 5 6 7 8 9 10 11 12 1500-3000 m

Iris decora Wall.[1-4]

花期叶长 10~28 厘米，宽 2~8 毫米，果期叶长可达 60 厘米，宽 6~8 毫米。花茎花期高 10~25 厘米，直径 2~3 毫米，果期花茎高达 35 厘米；花蓝紫色或浅蓝色，直径 2.5~6 厘米；花被管细长，长 2.5~3 厘米。生于荒山坡、草地、岩石缝隙及疏林下。分布于西藏、四川、云南；印度、不丹、尼泊尔。

Leaves 10-28 cm×2-8 mm at anthesis, up to 60 cm×6-8 mm in fruit. Scape 10-25 cm at anthesis, 2-3 mm in diam, up to 35 cm tall in fruit; flowers violet or pale blue, 2.5-6 cm in diam; perianth tube slender, 2.5-3 cm. Grassy hillsides, open stony pastures, cliffs. Distr. Xizang, Sichuan, Yunnan; India, Bhutan, Nepal.

2 云南鸢尾

1 2 3 4 5 6 7 8 9 10 11 12 2750-3600 m

Iris forrestii Dykes[1-4]

叶长 20~50 厘米，宽 4~7 毫米。花茎高 15~45 厘米；花黄色，直径 6.5~7 厘米；花被管漏斗形，长约 1.3 厘米；外花被裂片有紫褐色的条纹及斑点。生于水沟、溪流旁的湿地或山坡草丛中。分布于西藏、四川、云南；缅甸。

Leaves 20-50 cm×4-7 mm. Scape 15-45 cm; flowers yellow, 6.5-7 cm in diam; perianth funnel-form, about 1.3 cm; outer segments with purple-brown stripes and spots. Marshes, hillsides, meadows, streamsides. Distr. Xizang, Sichuan, Yunnan; Myanmar.

3 锐果鸢尾

1 2 3 4 5 6 7 8 9 10 11 12 3000-4000 m

Iris goniocarpa Baker[1-4]

叶长 10~25 厘米，宽 2~3 毫米。花茎高 10~25 厘米；花蓝紫色，直径 3.5~5 厘米；外花被裂片有深紫色的斑点；花被管长 1.5~2 厘米。生于高山草地、向阳山坡的草丛中以及林缘、疏林下。分布于西南、西北；印度、不丹、尼泊尔。

Leaves 10-25 cm×2-3 mm. Scape 10-25 cm; flowers violet, 3.5-5 cm in diam; outer perianth segments with dark purple spots; perianth tube about 1.5-2 cm. Alpine grasslands, meadows on sunny slopes, forest margins, open forests. Distr. SW and NW China; India, Bhutan, Nepal.

4 卷鞘鸢尾

1 2 3 4 5 6 7 8 9 10 11 12 3200-5000 m

Iris potaninii Maxim.[1-2]

花期叶长 4~16 厘米，宽 2~4 毫米，果期叶长约 20 厘米，宽 3~4 毫米。花茎位于地下；花黄色，深蓝紫色或紫蓝色，直径 3.5~5 厘米；花被管长 1.5~3.7 厘米。生于石质山坡。分布于甘肃、青海、西藏、四川；蒙古、俄罗斯。

Leaves 4-16 cm×2-4 mm at anthesis, about 20 cm×3-4 mm in fruit. Scape not emerging above ground; flowers yellow, dark violet, or purplish blue, 3.5-5 cm in diam; perianth tube 1.5-3.7 cm. Stony or dry hillsides. Distr. Gansu, Qinghai, Xizang, Sichuan; Mongolia, Russia.

5 紫苞鸢尾

1 2 3 4 5 6 7 8 9 10 11 12 1800-3600 m

Iris ruthenica Ker Gawl.[1-4]

— *Iris ruthenica* var. *nana* Maxim.

叶长 7~25 厘米，宽 1~3 毫米。花茎高 2~20 厘米；花蓝紫色，直径 3~5.5 厘米；外花被片具深色条纹及斑点；花被管长 1~1.5 厘米。生于松林、草地、山坡、向阳的沙质土地。分布于全国大部分地区；哈萨克斯坦、朝鲜半岛、蒙古、俄罗斯、东欧。

Leaves 7-25 cm×1-3 mm. Scape 2-20 cm; flowers violet, 3-5.5 cm in diam; outer segments with dark stripes and spots; perianth tube 1-1.5 cm. *Pinus* forests, grasslands, hillsides, sunny sandy places. Distr. throughout of China; Kazakstan, Korea, Mongolia, Russia, E Europe.

1
2
2
3
3
4
5

1 准噶尔鸢尾

1 2 3 4 5 6 7 8 9 10 11 12 1000-4300 m

Iris songarica Schrenk[1-3]

花期叶长15~23厘米，宽2~3毫米；果期叶长70~80厘米，宽7~10毫米。花茎高25~50厘米；花蓝色，直径8~9厘米；花被管长5~7毫米。生于向阳的高山草地、坡地及石质山坡。分布于西南、西北；中亚、阿富汗、巴基斯坦、俄罗斯、土耳其、伊朗。

Leaves 15-23 cm×2-3 mm at anthesis, 70-80 cm×7-10 mm in fruit. Scape 25-50 cm; flowers blue, 8-9 cm in diam; perianth tube 5-7 mm. Sunny alpine grasslands, stony hillsides. Distr. NW and SW China; C Asia, Afghanistan, Pakistan, Russia, Turkey, Iran.

2 库门鸢尾

1 2 3 4 5 6 7 8 9 10 11 12 3500-4200 m

Iris kemaonensis Wall. ex D.Don[1-4]

花茎甚短，不伸出地面，长2~3厘米；花深紫色或蓝紫色，有深色斑点，直径5~6厘米；花被具基部白色，端部黄色的须毛状附属物。生于高山草地中。分布于西藏、四川西南部；不丹、印度北部、尼泊尔。

Flowering stems very short, not emerging above ground, 2-3 cm; flowers pale purple to mauve-purple, blotched darker, 5-6 cm in diam; perianth with dense beard of white-based, yellow-tipped hairs. Alpine pastures. Distr. Xizang, SW Sichuan; Bhutan, N India, Nepal.

阿福花科 Asphodelaceae | 独尾草属 *Eremurus* M.Bieb.

多年生草本，有粗短的根状茎。根肉质，肥大。叶数枚，成簇基生，条形。总状花序稠密；具苞片；花被钟形，花被片离生；花丝通常基部稍扩大；花药背着基部2深裂，近基部处背着；花柱细长，丝状。蒴果近球形，室背开裂。约45种；中国4种；横断山区1种。

Herbs perennial, with a short, stout rhizome. Roots thickened, fleshy. Leaves several, all basal, tufted, linear. Inflorescence dense raceme, with bracts; perianth campanulate, free; filaments dilated toward base; anthers dorsifixed near base, base with 2 lobes; style slender, linear. Fruit a capsule, subglobose, loculicidal. About 45 species; four in China; one in HDM.

3 独尾草

1 2 3 4 5 6 7 8 9 10 11 12 2600-3000 m

Eremurus chinensis O.Fedtsch.[1-4]

根状茎不明显。根肥厚，近纺锤状或圆柱状，肉质。叶禾状，长8~30厘米，宽2~5毫米。花葶比叶长；花白色，带淡红色脉，排成总状花序或圆锥花序。生于草坡或河边。分布于四川西南部、云南西北部。

Rhizome inconspicuous. Roots thick, cylindric or subfusiform, fleshy. Leaves grasslike, 8-30 cm× 2-5 mm. Scape longer than leaves; raceme or paniculate; flower white, with pale red veins. Grassy slopes, river banks. Distr. SW Sichuan, NW Yunnan.

石蒜科 Amaryllidaceae | 葱属 *Allium* L.

多年生草本，有鳞茎，通常具特殊的葱蒜气味。伞形花序生于花葶的顶端，开放前为一闭合的总苞所包围。约660种；中国138种；横断山区约33种。

Herbs perennial, bulbiferous, usually with onionlike, leeklike, or garliclike odor. Inflorescence a terminal umbel, enclosed in a spathelike bract before anthesis. About 660 species; 138 in China; about 33 in HDM.

· 叶2枚对生者 | Leaves 2, opposite

4 短葶韭

1 2 3 4 5 6 7 8 9 10 11 12 3300-5200 m

Allium nanodes Airy Shaw[1-4]

鳞茎外皮灰褐色，网状。叶2枚，对生，带紫色。花葶高2~5厘米；花白色，外面带红色；花被片长5~8毫米。生于干旱山坡、草地或高山灌丛下。分布于四川西南部、云南西北部。

Tunic of bulbs grayish brown, reticulate. Leaves 2, opposite, tinged with purple. Scape 2-5 cm; flower white, tinged with red on the outer surface; tepals 5-8 mm. Dry slopes, scrubs or meadows in high mountains. Distr. SW Sichuan, NW Yunnan.

1

2

3

4

4

1 卵叶韭 | 1 2 3 4 5 6 7 8 9 10 11 12 1500-4000 m

Allium ovalifolium Hand.-Mazz.[1-4]

鳞茎外皮灰褐色至黑褐色，破裂成纤维状，网状。叶 2 枚，靠近或近对生状；叶柄明显，长 1 厘米以上。花葶高 30~60 厘米；花白色，稀淡红色。生于林下、阴湿山坡、湿地、沟边或林缘。分布于甘肃东南部、青海东部、四川、云南西北部；湖北西部、贵州东北部、陕西南部。

Tunic of bulbs grayish brown to blackish brown, broken and fibtous, reticulate. Leaves 2, close to each other or subopposite; petiole conspicuous, longer than 1 cm. Scape 30-60 cm; flower white or rarely redish. Forests, forest margins, damp places on slopes, wetlands, stream banks. Distr. SE Gansu, E Qinghai, Sichuan, NW Yunnan; W Hubei, NE Guizhou, S Shaanxi.

2 太白韭 | 1 2 3 4 5 6 7 8 9 10 11 12 2000-4900 m

Allium prattii C.H.Wright[1-4]

鳞茎外皮灰褐色至黑褐色，网状。叶 2 枚，近对生状，很少为 3 枚。花葶高 10~60 厘米；花紫红色至淡红色，稀白色。生于阴湿山坡、沟边、灌丛或林下。分布于甘肃、青海、西藏、四川、云南；安徽、河南、陕西；印度、尼泊尔、不丹。

Tunic of bulbs grayish brown to blackish brown, reticulate. Leaves 2, subopposite, rarely 3. Scape 10-60 cm; flower purple-red to pale red, rarely approaching white. Shady and damp forests, thickets, scrub, stream banks. Distr. Gansu, Qinghai, Xizang, Sichuan, Yunnan; Anhui, Henan, Shaanxi; India, Nepal, Bhutan.

· 叶数枚者 | Leaves several

3 藏葱 | 1 2 3 4 5 6 7 8 9 10 11 12 3500-5400 m

Allium atrosanguineum var. *tibeticum* (Regel) G.H.Zhu & Turland[1]

花被黄铜色至红铜色，有光泽，后来变成淡黄色，基部和先端带粉红色；裂片长圆形至倒卵形，长 10-16 毫米，先端圆形。生于草地、潮湿的地方。分布于甘肃、青海、西藏东部、四川西部、云南西北部。

Perianth brass yellow to copper red, lustrous, later becoming pale yellow with pinkish base and apex; segments oblong-obovate, 10-16 mm, apex rounded. Meadows, moist places. Distr. Gansu, Qinghai, E Xizang, W Sichuan, NW Yunnan.

4 镰叶韭 | 1 2 3 4 5 6 7 8 9 10 11 12 2500-5000 m

Allium carolinianum DC.[1-2]

叶宽条形，扁平，光滑，常呈镰状弯曲，短于花莛。伞形花序球状，具多而密集的花；花紫红色、淡紫色、淡红色至白色；花柱伸出花被外。生于砾石山坡。分布于甘肃西部、青海、西藏西部和北部；新疆；尼泊尔至中亚地区。

Leaves broadly linear, usually falcate, shorter than scape, flat, smooth. Umbel globose, densely many flowered; perianth pale red to purple-red or white; style exserted. Gravelly or stony slopes. Distr. W Gansu, Qinghai, N and W Xizang; Xinjiang; Nepal to C Asia.

5 川甘韭 | 1 2 3 4 5 6 7 8 9 10 11 12 2700-3600 m

Allium cyathophorum var. *farreri* (Stearn) Stearn[1-3]

叶线形，常短于花葶，中脉明显。花葶侧生，下部被叶鞘；总苞 1~3 裂，宿存；花紫红色至深紫色；花丝比花被片短，2/3~3/4 合生成管状；内轮花丝的基部三角形。生于山坡或草地。分布于甘肃东南部、四川西北部。

Leaves linear, usually shorter than scape, midvein distinct. Scape lateral, covered with leaf sheaths only at base; spathe 1-3-valved, persistent; perianth purple to dark purple; filaments shorter than perianth, connate into a tube for 2/3-3/4 their length; inner filaments triangular at base. Slopes, grassland. Distr. SE Gansu, NW Sichuan.

1
1
2
3
3
4
5
5

1 梭沙韭 1 2 3 4 5 6 7 **8 9 10** 11 12 **2700-4200 m**

Allium forrestii Diels[1-4]

花葶高 15~30 厘米；总苞单侧开裂，早落；花大，钟状，紫色至黑紫色；花被片长 8~13 毫米。生于碎石山坡或草坡上。分布于西藏东南部、四川西南部、云南西北部。

Scape 15-30 cm; spathe 1-valved, deciduous; flower large, campanulate, purple or purplish black; tepals 8-13 mm. Meadows, gravelly slopes. Distr. SE Xizang, SW Sichuan, NW Yunnan.

2 钟花韭 1 2 3 4 5 **6 7 8** 9 10 11 12 **4500-5000 m**

Allium kingdonii Stearn[1-2]

鳞茎外皮暗黄红色，薄革质，条裂。花葶高 10~30 厘米；总苞淡紫红色；花紫红色，钟状；花被片长 13~18 毫米。生于山坡湿地或灌丛下。分布于西藏东南部。

Tunic of bulbs dull yellowish red, thinly leathery, laciniate. Scape 10-30 cm; spathe pale purplish red; flowers purple-red, campanulate; tepals 13-18 mm. Scrub, moist places on slopes. Distr. SE Xizang.

3 大花韭 1 2 3 4 5 6 **7 8 9** 10 11 12 **2700-4200 m**

Allium macranthum Baker[1-2]

鳞茎外皮白色，膜质，不裂或很少破裂成纤维状。叶具明显的中脉。花葶具 2~3 条纵棱或窄翅，高 20~60 厘米；总苞 2~3 裂，早落；花钟状，俯垂，红紫色至紫色。生于草坡、河滩或草甸上。分布于甘肃西南部、西藏东南部、四川西南部、云南西北部；陕西南部；印度。

Tunic of bulbs white, membranous, entire, rarely fibrous. Leaves with midvein distinct. Scape 20-60 cm, 2- or 3-angled, sometimes narrowly winged; spathe 2- or 3-valved, deciduous; flower campanulate, nodding, red-purple to purple.Meadows, stream banks, damp places. Distr. SW Gansu, SE Xizang, SW Sichuan, NW Yunnan; S Shaanxi; India.

4 滇韭 1 2 3 4 5 6 7 **8 9 10** 11 12 **1200-4200 m**

Allium mairei H.Lév.[1-4]

鳞茎外皮黄褐色至灰褐色，纤维状，有时略成网状，有时略交错。花葶圆柱状，具 2 条纵棱，高 10~40 厘米。总苞单侧开裂，宿存。花喇叭状开展，淡红色至紫红色；花被片长 8~15 毫米。生于山坡、石缝、草地或林下。分布于西藏东南部、四川西南部、云南。

Tunic of bulbs yellowish brown to grayish brown, fibrous, sometimes slightly reticulate. Scape cylindric, 2-angled, 10-40 cm. Spathe 1-valved, persistent. Flower trumpet-like, reddish or purplish red; tepals 8-15 mm. Forests, slopes, meadows, rock crevices. Distr. SE Xizang, SW Sichuan, Yunnan.

5 青甘韭 1 2 3 4 5 **6 7 8 9** 10 11 12 **2000-4800 m**

Allium przewalskianum Regel[1-2, 4]

鳞茎外皮红色，较少为淡褐色，网状。花葶圆柱状，高 10~40 厘米；总苞单侧开裂；花淡红色至深紫红色；花被片长 3~6.5 毫米。生于干旱山坡、石缝、灌丛下或草坡。分布于甘肃、青海、西藏、四川、云南西北部；陕西、宁夏、新疆；印度、尼泊尔。

Tunic of bulbs red, rarely light brown, reticulate. Scape cylindric, 10-40 cm; spathe 1-valved; flower pale red to dark purple; tepals 3-6.5 mm. Scrub, dry slopes, grassy slopes, rock crevices. Distr. Gansu, Qinghai, Xizang, Sichuan, NW Yunnan; Shaanxi, Ningxia, Xinjiang; India, Nepal.

6 高山韭 1 2 3 4 5 6 **7 8 9** 10 11 12 **2400-5000 m**

Allium sikkimense Baker[1-3]

花葶高 15~40 厘米，有时矮至 5 厘米。总苞单侧开裂，早落；花钟状，天蓝色；花被片长 6-10 毫米。生于山坡、草地、林缘或灌丛下。分布于甘肃南部、青海东部和南部、西藏东南部、四川西部、云南西北部；宁夏南部、陕西西南部；不丹、印度、尼泊尔。

Scape 15-40 cm, sometimes just 5 cm. Spathe 1-valved, deciduous; flower campanulate, blue; tepals 6-10 mm. Forest margins, scrub, slopes, meadows. Distr. S Gansu, E and S Qinghai, SE Xizang, W Sichuan, NW Yunnan; S Ningxia, S Shaanxi; Bhutan, India, Nepal.

1
2
3
3
4
4
5
6
6

1 三柱韭

1 2 3 4 **5 6 7 8** 9 10 11 12 **3000-4000 m**

Allium trifurcatum (F.T.Wang & T.Tang) J.M.Xu[1]

— *Allium humile* var. *trifurcatum* F.T.Wang & T.Tang

鳞茎外皮灰黑色，薄革质，老时条裂，或呈纤维状。花葶圆柱状，具 2 条狭翅，高 14~80 厘米；花白色；花被片开展，长 4~8 毫米。生于阴湿山坡、溪边或树丛下。分布于四川西南部、云南西北部。

Tunic of bulbs grayish black, thinly leathery, laciniate or fibrous when ripe. Scape cylindric, narrowly 2-winged, 14-80 cm; flower white; tepals spreading, 4-8 mm. Forests, damp slopes, stream banks. Distr. SW Sichuan, NW Yunnan.

2 多星韭

1 2 3 4 5 6 **7 8 9** 10 11 12 **2300-4800 m**

Allium wallichii Kunth[1-4]

鳞茎外皮黄褐色，片状破裂或呈纤维状，有时近网状，叶中脉明显。花葶三棱状柱形，具 3 条纵棱，有时棱为狭翅状，高 10~100 厘米；总苞单侧开裂或 2 裂，早落；花淡红色、红色、紫色至黑紫色，星芒状开展；花被片长 5~9 毫米。生于湿润草坡、林缘、灌丛下或沟边。分布于西藏东南部、四川西南部、云南；湖南南部、广西北部、贵州；不丹、印度北部、尼泊尔。

Tunic of bulbs yellowish brown, laciniate or fibrous to subreticulate. Leaves with midvein distinct. Scape 10-100 cm, 3-angled, sometimes narrowly 3-winged; spathe 1- or 2-valved, deciduous; flowers pale red, red, or purple to blackish purple; tepals stellately spreading, 5-9 mm. Forest margins, scrub, meadows, stream banks. Distr. SE Xizang, SW Sichuan, Yunnan; S Hunan, N Guangxi, Guizhou; Bhutan, N India, Nepal.

3 齿被韭

1 2 3 4 5 6 7 8 **9** 10 11 12 **2600-3500 m**

Allium yuanum F.T.Wang & Tang[1-2]

叶条形，背面呈龙骨状隆起，枯后常扭卷。花葶圆柱状；花天蓝色；花被片 6 枚，卵形，向先端渐尖，边缘具不整齐小齿，或外轮的全缘；花丝约为花被片长度的一半，基部合生并与花被片贴生，锥形；内轮的基部扩大，无齿。生于草坡、林缘或林间草地。分布于四川西北部。

Leaves linear, usually twisted when dried, abaxially keeled. Scape cylindric; perianth blue; segments 6, ovate, margin irregularly denticulate or (on outer segments) entire, apex acuminate; filaments subulate, about 1/2 as long as perianth segments, connate at base and adnate to perianth segments; inner ones sometimes broadened at base, entire. Forest margins, meadows in forests, slopes. Distr. NW Sichuan.

天门冬科 Asparagaceae | 吊兰属 *Chlorophytum* Ker Gawl.

叶基生。花葶腋生，下端具数枚苞片状茎生叶；顶生总状花序或圆锥花序；花常白色；雄蕊 6 枚，着生于花被片基部；花丝丝状，中部常多少变宽。蒴果锐三棱形，室背开裂。约 100~150 种；中国 4 种；横断山区 2 种。

Leaves basal. Scape axillary, proximally with bractlike cauline leaves; inflorescence a terminal raceme or panicle; perianth usually white; stamens 6, inserted at base of tepals; filaments filiform, usually slightly widened near middle. Fruit a capsule, acutely 3-angled, loculicidal. About 100-150 species; four in China; two in HDM.

4 狭叶吊兰

1 2 3 4 5 **6 7 8** 9 10 11 12 **2600-3000 m**

Chlorophytum chinense Bureau & Franch.[1-4]

根状茎短，不明显。根肥厚，近纺锤状或圆柱状。叶禾状，簇生，无柄。花单生，白色，带淡红色脉，排成总状花序或圆锥花序；花梗 7~11 毫米，关节通常位于下部；雄蕊稍短于花被片；花药常多少黏合，长约为花丝的 2 倍多。生于林缘、草坡或河边。分布于四川西南部、云南西北部（丽江、香格里拉）。

Rhizome short, inconspicuous. Roots cylindric or subfusiform, fleshy. Leaves fasciculate, sessile, grasslike. Flowers solitary, white with pink veins; raceme sometimes few branched and paniculate, several to many flowered; pedicel 7-11 mm, usually articulate proximally; stamens slightly shorter than tepals; anthers usually connivent, 2 times as long as filaments. Forest margins, grassy slopes, river banks. Distr. SW Sichuan, NW Yunnan (Lijiang, Shangri-La).

天门冬科 Asparagaceae | 舞鹤草属 *Maianthemum* Desf.

多年生草本。根状茎短，直生或匍匐状。花小，两性或单性（落叶类群）。浆果球形。具1至多枚种子。约35种；中国19种；横断山区13种。

Herbs perennial. Rhizome short, erect or creeping. Flowers bisexual or sometimes unisexual (when plants dioceous), small. Fruit a berry, globose. Seeds 1-several. About 35 species; 19 in China; 13 in HDM.

1 独龙鹿药

1 2 3 4 5 6 **7** 8 9 10 11 12 3400-3600 m

Maianthemum dulongense H.Li[4]

根状茎圆形，合轴，茎节上的疤痕明显，节间短。叶无柄或近无柄。圆柱形总状花序，约24朵花，密被短柔毛；具宽三角形苞片；花被栗红色，杯状；花被片长圆形，先端尖；内轮的更长。生于河边潮湿的坡地草地。分布于云南西北部。

Rhizome a sympodium, stem scar on node conspicuous, orbicular, internodes very short. Leaf sessile or subsessile. Inflorescence cylindrical raceme with about 24 flowers, densely pubescent; bract triangular; perianth maroon, cupuliform; tepals oblong, cuspidate at apex; inner longer. Wet sloping meadows by rivers. Distr. NW Yunnan.

2 西南鹿药

1 2 3 **4** **5** 6 7 8 9 10 11 12 2000-2600 m

Maianthemum fuscum (Wall.) LaFrankie[1, 4]

根状茎匍匐块状或念珠状。茎无毛或远端被毛。具4~9枚叶；纸质，矩圆状披针形或卵状披针形。圆锥花序，花序轴迴折状或伸直，有时被开展的硬毛；花玫瑰红色；花被片几乎完全离生，近椭圆形；花丝近三角形扁平；花药小；花柱极短。浆果熟时红色。生于林下、灌丛。分布于西藏南部、云南西北部；不丹、缅甸、印度东北部、尼泊尔。

Rhizome creeping, tuberous-moniliform. Stem glabrous or distally pilose. Leaves 4-9; leaf blade papery, oblong to ovate-lanceolate. Inflorescence a panicle, rachis zigzagged or straight, sometimes with spreading, stiff hairs; perianth rose; segments nearly free, subelliptic; filaments subdeltoid, flat; anthers small; style very short. Berries red at maturity. Forests, thickets. Distr. S Xizang, NW Yunnan; Bhutan, Myanmar, NE India, Nepal.

3 管花鹿药

1 2 3 4 **5** **6** **7** 8 9 10 11 12 1300-4000 m

Maianthemum henryi (Baker) LaFrankie[1, 4]

植株高50~80厘米。花淡黄色或带紫褐色；花被高脚碟状，筒部长6-10毫米。生于林下、灌丛下、水旁湿地或林缘。分布于西南、西北、东北、华北、华中地区。

Plants 50-80 cm. Flowers pale yellow or tinged with purplish brown; flower salverform, with a perianth tube 6-10 mm. Forests, thickets, moist places along streams. Distr. SW, NW, NE, N and C China.

4 紫花鹿药

1 2 3 4 5 **6** **7** 8 9 10 11 12 3200-4000 m

Maianthemum purpureum (Wall.) LaFrankie[1]

— *Smilacina purpurea* Wall.

植株高25~60厘米。具5~9枚叶。通常为总状花序；花白色或花瓣内面绿色，外面紫色；花被片完全离生。生于灌丛下或林下。分布于西藏、云南；尼泊尔、印度。

Plants 25-60 cm. Leaves 5-9. Usually raceme; flowers white or sometimes tinged green on the inner surface or purplish on the outer surface; tepals free. Forests, thickets. Distr. Xizang, Yunnan; Nepal, India.

5 少叶鹿药

1 2 3 4 **5** **6** 7 8 9 10 11 12 2000-3000 m

Maianthemum stenolobum (Franch.) S.C.Chen & Kawano[1]

— *Smilacina paniculata* var. *stenoloba* (Franch.) F.T.Wang & Tang

根状茎细长。具3~5枚叶；叶卵形或卵状椭圆形。通常为总状花序，具3~11朵花，无毛；花单生，淡绿色；花被片基部合生，窄披针形；花丝扁平；花药很小。具1~5枚种子。生于林下、沟谷或草坡。分布于甘肃南部、四川东部、云南；湖北西部。

Rhizome, slender. Leaves 3-5; leaf blade ovate or ovate-elliptic. Inflorescence usually a raceme, 3-11-flowered, glabrous; flowers solitary, perianth green; segments connate at base, narrowly lanceolate; filaments flat; anthers small. Seeds 1-5. Forests, grassy slopes, hillsides along ravines. Distr. S Gansu, E Sichuan, Yunnan; W Hubei.

天门冬科 Asparagaceae | 竹根七属 *Disporopsis* Hance

本属因具副花冠而区别于黄精属。6 种；中国均产；横断山区有 1 种。

This genus differs from *Polygonatum* in having corona. Six species; all found in China; one in HDM.

1 散斑竹根七

1 2 3 4 **5** **6** 7 8 9 10 11 12 **1100-2900 m**

Disporopsis aspera (Hua) Engl. ex Diels[3]

茎高 10~40 厘米。花 1~2 朵生，黄绿色，多少具黑色斑点；花被 10~14 毫米。生于林下、荫蔽山谷或溪边。分布于四川东部和西南部、云南西北部和西部；湖北西部、湖南、广西东北部。

Plants 10-40 cm. Flowers solitary or paired, yellowish green, ± spotted with black; perianth 10-14 mm. Forests, shady places along valleys or streams. Distr. E and SW Sichuan, NW and W Yunnan; W Hubei, Hunan, NE Guangxi.

天门冬科 Asparagaceae | 黄精属 *Polygonatum* Mill.

具根状茎草本。茎不分枝，直立或弓曲，或有时多少攀援。叶互生、对生或轮生，全缘。花生于叶腋，通常集生似成伞形、伞房或总状花序。浆果球形。具几颗至 10 余颗种子。约 60 种；中国 39 种；横断山区约 14 种。

Herbs perennial, rhizomatous. Stem erect, arching, or sometimes ± scandent, simple. Leaves alternate, opposite, or whorled, entire. Inflorescences axillary, umbel-, corymb-, or racemelike. Fruit a berry, globose. Several to more than 10-seeded. About 60 species; 39 in China; about 14 in HDM.

2 卷叶黄精

1 2 3 4 **5** **6** **7** 8 9 10 11 12 **2000-4000 m**

Polygonatum cirrhifolium (Wall.) Royle[1-4]

茎高 20~80 厘米。叶先端拳卷或成钩状。花序轮生，通常具 2 朵花；花被淡紫色。生于林下、山坡或草地。分布于我国西南、西北地区；尼泊尔、印度北部。

Plants 20-80 cm. Leaves apex cirrose or hook-like. Inflorescences whorled, usually 2-flowered; tepals pale purple. Forests, grassy slopes. Distr. SW and NW China; Nepal, N India.

3 垂叶黄精

1 2 3 4 **5** **6** **7** 8 9 10 11 12 **2700-3900 m**

Polygonatum curvistylum Hua[1-4]

茎高 15~35 厘米。具很多轮叶；叶先上举，开花后向下俯垂。单花或 2 朵成花序；花被淡紫色。生于林下或草地。分布于四川西部、云南西北部。

Plants 15-35 cm. Leaves many, in whorls; ascending before anthesis, pendulous after anthesis. Inflorescences 1- or 2-flowered; tepals pale purple. Forests, grasslands. Distr. W Sichuan, NW Yunnan.

4 独花黄精

1 2 3 4 **5** **6** 7 8 9 10 11 12 **3200-4300 m**

Polygonatum hookeri Baker[1-4]

植株高不到 10 厘米。叶几枚至 10 余枚，常紧接在一起。通常全株仅生 1 朵花，稀具 2 朵花；花被紫色，15~25 毫米。生于林下、山坡草地或冲积扇上。分布于西南、西北地区；印度。

Plants less than 10 cm. Leaves several to more than 10, usually crowded. Flower 1 or rarely 2; tepals purple, 15-25 mm. Forests, grassy slopes, alluvial soil. Distr. SW, NW China; India.

5 康定玉竹

1 2 3 4 **5** **6** 7 8 9 10 11 12 **2500-3300 m**

Polygonatum prattii Baker[1-4]

茎高 8~30 厘米。叶 4~15 枚。花序通常具 2~3 朵花；花被淡紫色，6~8 毫米。生于林下、灌丛或山坡草地。分布于四川西部、云南西北部。

Plants 8-30 cm. Leaves 4-15. Inflorescences 2- or 3-flowered; tepals pale purple, 6-8 mm. Forests, thickets, grassy slopes. Distr. W Sichuan, NW Yunnan.

1
1
2
3
4
5

1 轮叶黄精 1 2 3 4 5 6 7 8 9 10 11 12 2100-4000 m

Polygonatum verticillatum (L.) All.[1-4]

茎高 20~80 厘米。花 2~4 朵成花序；花被淡黄色或淡紫色。生于林下或山坡草地。分布于西南、西北；欧洲至西南亚、尼泊尔、不丹。

Plants 20-80 cm. Inflorescences 2-4-flowered; tepals pale purple or pale yellow. Forests, grassy slopes. Distr. SW and NW China; Europe to SW Asia, Bhutan, Nepal.

鸭跖草科 Commelinaceae | 蓝耳草属 *Cyanotis* D.Don

直立或匍匐草本，一年生或多年生。蝎尾状聚伞花序无总梗，为佛焰苞状总苞片所托；苞片镰刀状弯曲，覆瓦状排列，成 2 列；花瓣中部联合成筒，两端分离；雄蕊 6 枚全育，同形；花丝被绒毛，极稀无毛。全属约 50 种；我国 5 种；横断山区 2 种。

Herbs annual or perennial, erect or creeping. Cincinni sessile, subtended by spathelike involucral bracts; bracts imbricate, 2-seriate, falcate-curved; petals connate and tubular in middle, free at both ends; stamens 6, all fertile, equal; filaments lanate, rarely glabrous. About 50 species; five in China; two in HDM.

2 蓝耳草 1 2 3 4 5 6 7 8 9 10 11 12 <3300 m

Cyanotis vaga (Lour.) Schult. & Schult.f.[1-4]

多年生草本，具鳞茎。鳞茎球状。叶全部茎生，线形至披针形，叶背光滑或稀疏被毛。蝎尾状聚伞花序顶生或腋生；萼片基部联合，长圆状披针形，外被白色长硬毛；花瓣蓝色或蓝紫色；花丝被蓝色绵毛。蒴果倒卵状三棱形，顶端被细长硬毛。种子灰褐色，具条纹和细网。生于疏林下或山坡草地。分布于西藏南部、四川南部、云南；华南；尼泊尔、中南半岛。

Herbs perennial, bulbiferous. Bulbs globose. Leaves all cauline; leaf blade linear to lanceolate, abaxially glabrous or sparsely pubescent. Cincinni solitary, rarely terminal and also with flowers in axillary heads; sepals connate at base, oblong-lanceolate, abaxially white hirsute; petals purple or blue-purple; filaments blue lanate. Capsule obovoid, trigonous, hirsutulous at apex. Seeds gray-brown, striate and finely reticulate. Forests or grassy slopes. Distr. S Xizang, S Sichuan, Yunnan; S China; Nepal, Indo-China Peninsula.

鸭跖草科 Commelinaceae | 水竹叶属 *Murdannia* Royle

多年生（少一年生）草本。许多种的根纺锤状加粗。茎匍匐或上升，有时花葶状。叶线形，互生，或在不育主茎上基生呈莲座状。蝎尾状聚伞花序单生或复出而组成圆锥花序，有时缩短为头状，有时退化为单花；萼片 3 枚，浅舟状；子房 3 室，每室有胚珠 1~7 颗。约 50 种；我国 20 种；横断山区 1 种。

Herbs perennial, sometimes annual. Roots often fusiform thickened. Stems creeping or ascending, sometimes scapiform. Leaves alternate and linear, or in a basal rosette on infertile main stems. Cincinni solitary or numerous, forming panicles, sometimes shortened into heads, sometimes reduced to solitary flowers. Sepals 3, boat-shaped; Petals 3, free, subequal; ovary 3-loculed, ovules 1-7 per locule. About 50 species; 20 in China; one in HDM.

3 紫背鹿衔草 1 2 3 4 5 6 7 8 9 10 11 12 1500-3400 m

Murdannia divergens (C.B.Clarke) Fruckn[1-4]

多年生草本，高 15~60 厘米，疏被毛。叶全部茎上着生，4 至 10 多枚，披针形至禾叶状，长 5~15 厘米，宽 1~2.5 厘米。蝎尾状聚伞花序多数，对生或轮生，组成顶生圆锥花序，无毛；花瓣紫色或紫红色，或紫蓝色，倒卵圆形，长近 1 厘米。蒴果倒卵状三棱形或椭圆状三棱形，顶端有突尖，长约 6.5~8 毫米（不包括突尖）。种子每室有 3~5 颗，灰黑色。生于林缘、湿润草地。分布于四川中部和西南部、云南；广西西北部；不丹、印度、缅甸。

Perennial, 15-60 cm tall, sparsely hairy. Leaves all cauline, 4-10 or more, lanceolate to gramineous, 5-15 cm long and 1-2.5 cm wide. Scorpion cymes are numerous, opposite or whorled, forming terminal panicles, glabrous; petals purple, purple-red, or purple-blue, obovate, nearly to 1 cm. Capsule obovoid or ellipsoid, trigonous, 6.5-8 mm excluding apiculate apex. Seeds 3-5 per valve, gray-black. Forests, forest margins, wet grasslands. Distr. C and SW Sichuan, Yunnan; NW Guangxi; Bhutan, India, Myanmar.

1
2
2
2
3

鸭跖草科 Commelinaceae | 竹叶子属 *Streptolirion* Edgew.

多年生攀援草本。侧枝穿鞘而出，每节都生花序，基部具叶鞘。聚伞花序多个，集成大圆锥花序；每一个聚伞花序基部都托有总苞片；雄蕊 6 枚，全育；花丝线状，密生念珠状长毛。单种属。

Herbs perennial, climbing. Lateral branches penetrating leaf sheaths. Inflorescences borne at each node, each a large panicle of numerous cincinni; cincinni each subtended by an involucral bract; stamens 6, all fertile; filaments densely torulose-hairy. One species.

1 竹叶子

1 2 3 4 5 6 **7** **8** 9 10 11 12 | <2000 m

Streptolirion volubile Edgew.[1-4]

多年生攀援草本。叶片心状圆形，有时心状卵形，先端有尾，上面多少被柔毛。蝎尾状聚伞花序有花 1 至数朵，集成圆锥状；圆锥花序下面的总苞片叶状，上部的小而卵状披针形；花无梗；萼片顶端急尖；花瓣白色、淡紫色而后变白色，线形，略比萼长。蒴果，顶端有芒状突尖。生于热带或亚热带森林、山地、亚高山地区。分布于甘肃、西藏东南部、四川、云南；华中、华东诸省。

Herbs mostly climbing. Leaf blade cordate-orbicular, less often cordate-ovate, adaxially ± pubescent, apex often caudate. Cincinni with 1 to several flowers, in panicles; proximal bracts leaflike; distal ones smaller and ovate-lanceolate; pedicels absent; sepals apex acute; petals white or pale purple first, then turning white, linear or rarely filiform, slightly longer than sepals. Capsule with awn-shaped beak. Tropical and subtropical forests, mountain slopes, subalpine areas. Distr. Gansu, SE Xizang, Sichuan, Yunnan; C and E China.

芭蕉科 Musaceae | 芭蕉属 *Musa* L.

多年生丛生草本，具根茎及匍匐茎。真茎在开花前短小。花序顶生，直立，下垂或半下垂；苞片绿、褐、红或暗紫色，绝少黄色，扁平或具槽，芽时旋转或多少覆瓦状排列，通常脱落；下部苞片内的花在功能上为雌花（具退化雄蕊），但偶有两性花；上部苞片内的花为雄花（具退化雌蕊）；有时所有花均功能性不育。浆果伸长，肉质，有多数种子。约 30 种；我国 11 种；横断山区 3 种。

Herbs perennial, tufted, rhizomatous, stoloniferous. Stems remaining short until flowering. Inflorescence terminal, erect, pendulous, or subpendulous; bracts green, brown, dull purple, or rarely yellow, flat or furrowed, convolute or imbricate in bud, usually deciduous; flowers in proximal bracts female (with reduced stamens) or bisexual; flowers in distal bracts male (with reduced gynoecium); sometimes all flowers functionally sterile. Berries elongate, fleshy, with numerous seeds. About 30 species; 11 in China; three in HDM.

2 小果野蕉

1 2 3 4 5 6 7 8 9 10 11 12 | <1200 m

Musa acuminata Colla[1-2, 4]

花序近水平或垂直反折；花梗常具绒毛或多毛；苞片亮红色到暗紫色；合生花被片白色，先端黄色。浆果成熟时圆柱形，长约 9 厘米，内弯，先端收缩而延成长 6~10 毫米的喙，基部弯，下延为短柄。种子多数，不规则多棱形。生于阴湿的沟谷及坡地上，有栽培。分布于云南东南部和西部；中国热带地区；中南半岛。

Inflorescence subhorizontal or vertically reflexed; peduncle usually downy or hairy; bracts bright red to dark violet; compound tepal white, lemon yellow at apex. Berries incurved, cylindric at maturity, about 9 cm, base curved and attenuate into a stalk, apex contracted into a rostrum 6-10 mm. Seeds numerous, irregularly angled. Shaded and moist ravines, slopes, also cultivated. Distr. W and SE Yunnan; tropical regions of China; Indo-China peninsula.

3 阿希蕉

1 2 3 4 5 6 7 8 9 10 11 12 | 1000-1300 m

Musa rubra Wall. ex Kurz[1-2, 4]

根茎块状。假茎暗紫色。花序直立，长 40 厘米，直径 2.5~4 厘米；序轴有褐色微柔毛；苞片披针形，粉色；离生花被片黄色，透明，较合生花被片短很多。生于阴湿沟谷底部及半沼泽地。分布于云南西部和西南部；缅甸、泰国。

Rhizome tuberous. Pseudostems dark purple. Inflorescence erect, about 40 cm × 2.5-4 cm; rachis brown villous; bracts pink, lanceolate; free tepal yellow, much shorter than compound tepal, membranous. Shaded and moist ravine bottoms or semimarshlands. Distr. W and SW Yunnan; Myanmar, Thailand.

芭蕉科 Musaceae | 地涌金莲属 *Musella* (Frach.) H.W.Li

花序顶生直立，或腋生于假茎近基部，密集如球穗状；苞片黄色或橘黄色，干膜质，宿存；每一苞片内有花 2 列，下部苞片内的花为两性花或雌花（具退化雄蕊），上部苞片内的花为雄花（具退化雌蕊）。浆果三棱状卵形，被极密硬毛。仅 1 种。

Inflorescence terminal, or axillary near base of pseudostem, erect, conical, dense; bracts yellow to yellow-orange, scarious, persistent; flowers in 2 rows per bract, flowers in proximal bracts female (with reduced stamens) or bisexual, flowers in distal bracts male (with reduced gynoecium). Berries trigonous ovoid, densely hirsute. One species.

1 地涌金莲

1 2 3 4 5 6 7 8 9 10 11 12 1500-2500 m

Musella lasiocarpa (Franch.) C.Y.Wu ex H.W.Li[1-2, 4]

描述同属。生于山间坡地或栽于庭园内。分布于云南中部和西部；贵州南部。

See description for the genus. Wild on slopes or cultivated in gardens. Distr. C and W Yunnan; S Guizhou.

姜科 Zingiberaceae | 距药姜属 *Cautleya* Hook.f.

花黄色或橙色，单生于每一苞片内，组成顶生的穗状花序；侧生退化雄蕊花瓣状；花药隔于基部延伸成 2 个弯曲、较药室为长的距；子房 3 室，中轴胎座。约 5 种；我国 3 种；横断山区 2 种。

Flowers yellow or orange. Inflorescence a terminal spike, 1-flowered per bract; lateral staminodes erect, petaloid; anther locules linear, contiguous; connective forming a basal, forked appendage; ovary 3-loculed; placentation axile. About five species; three in China; two in HDM.

2 红苞距药姜

1 2 3 4 5 6 7 8 9 10 11 12 1100-2600 m

Cautleya spicata (Sm.) Baker[1-4]

株高 30~60 厘米。叶有柄。苞片较萼为长，红色；花黄色。生于杂木林下或附生于树上。分布于西藏、云南、四川；贵州；不丹、印度北部及东北部、尼泊尔。

Pseudostems 30-60 cm. Leaves petiolate. Bracts red, longer than calyx; flowers yellow. Forest floors or epiphytic on trees. Distr. Xizang, Sichuan, Yunnan; Guizhou; Bhutan, N and NE India, Nepal.

姜科 Zingiberaceae | 姜花属 *Hedychium* J.Koenig

陆生或附生草本。花冠管纤细，极长；裂片线形，花时反折；侧生退化雄蕊花瓣状，比花瓣裂片大；花丝通常较长；花药背着，基部叉开，药隔无附属体；子房 3 室，中轴胎座。约 50 种，中国 28 种；横断山 9 种。

Herbs terrestrial or epiphytic. Corolla tube long, slender; lobes reflexed at anthesis, linear; lateral staminodes petaloid, larger than corolla lobes; filament usually long; anther dorsifixed, base divaricate, connective appendage absent; ovary 3-loculed; placentation axile. About 50 species, 28 in China; nine in HDM.

3 碧江姜花

1 2 3 4 5 6 7 8 9 10 11 12 2600-3200 m

Hedychium bijiangense T.L.Wu & S.J.Chen[1-4]

叶片无柄；叶片长圆状披针形，顶端具短尖头，基部渐狭，两面均无毛；叶舌椭圆形，膜质，无毛。穗状花序顶生；苞片披针形，边缘内卷，每一苞片内有花 1 或 2 朵；花黄色；侧生退化雄蕊披针形；唇瓣倒卵状楔形，顶端圆形、微凹或具 3 浅齿，基部渐狭成瓣柄；子房长圆形；柱头顶端具缘毛。生于林中。分布于云南西北部（碧江）。

Leaves sessile; leaf blade oblong-lanceolate, glabrous, base attenuate, apex acute; ligule elliptic, membranous, glabrous. Infloresence a spike, terminal; bracts lanceolate, 1 or 2-flowered, margin involute; flowers yellow; lateral staminodes lanceolate; labellum obovate-cuneate, base attenuate into a claw, apex rounded, emarginate, or minutely 3-toothed; ovary oblong; stigma ciliate. Forests. Distr. NW Yunnan (Bijiang).

1
2
2
3
3

1 红姜花

1 2 3 4 5 **6 7 8** 9 10 11 12 700-2900 m

Hedychium coccineum Buch.-Ham. ex Sm.[1-4]

花红色；花萼顶部具3齿，稀疏被毛；花冠管稍超过萼，裂片线形，反折；唇瓣近圆形，顶端深2裂；子房被绢毛。蒴果球形。种子红色。生于林中。分布于西藏东南部（墨脱）、云南南部；广西；西南邻国。

Flowers red; calyx sparsely pubescent especially at 3-toothed apex; corolla tube slightly longer than calyx, lobes linear, reflexed; labellum orbicular, apex deeply 2-cleft; ovary sericeous. Capsule globose. Seeds red. Forests. Distr. SE Xizang (M ê dog), S Yunnan; Guangxi; SW neighbouring countries.

2 无丝姜花

1 2 3 4 5 **6 7 8 9** 10 11 12 ≈ 1800 m

Hedychium efilamentosum Hand.-Mazz.[1-3]

苞片覆瓦状排列，密集，宽卵形，每一苞片内只有1朵花；花冠黄色，遍布腺点；花丝长1~2毫米。生于林下。分布于西藏、云南西北部。

Bracts imbricate, dense, broadly ovate, 1-flowered; corolla yellow, glandular punctate; filament 1-2 mm in length. Forests. Distr. Xizang, NW Yunnan.

3 圆瓣姜花

1 2 3 4 5 6 7 **8 9 10** 11 12 200-900 m

Hedychium forrestii Diels[1-2, 4]

苞片长圆形，边缘内卷，被疏柔毛，每一苞片内有花2~3朵；花白色或黄色，有香味；花萼管较苞片为短；裂片线形；侧生退化雄蕊长圆形；唇瓣圆形，顶端2裂。生于山谷密林或疏林、灌丛中。分布于四川、云南；广西、贵州。

Bracts oblong, margin incurved, pilose, 2- or 3-flowered; flowers white or yellow, fragrant; calyx shorter than bracts; lobes linear; lateral staminodes oblong; labellum orbicular, apex 2-cleft. Forests, thicket. Distr. Sichuan, Yunnan; Guangxi, Guizhou.

4 草果药

1 2 3 4 5 **6 7** 8 9 10 11 12 1200-2900 m

Hedychium spicatum Sm.[1-4]

高1米左右。苞片长圆形，内生单花；花芳香，浅黄色；花丝淡红色，较唇瓣为短。生于山地密林中。分布于西藏、四川、云南；贵州；不丹、印度东北部、缅甸、尼泊尔、泰国北部。

About 1 m tall. Bracts oblong, 1-flowered; flowers fragrant, pale yellowish; filament pale reddish, shorter than labellum. Forests. Distr. Xizang, Sichuan, Yunnan; Guizhou; Bhutan, NE India, Myanmar, Nepal, N Thailand.

姜科 Zingiberaceae | 象牙参属 *Roscoea* Sm.

低矮多年生草本。顶生的穗状花序；苞片宿存，每苞片内有花1朵；花萼长管状，一侧开裂；花冠管伸出花萼，细长；裂片3枚，后方的1枚直立，兜状；花药线性，隔于基部延伸成距状。约18种；我国13种；横断山区8种。

Herbs small, perennial. Inflorescence a spike, terminal; bracts persistent, 1-flowered; calyx tubular, split on 1 side; corolla tube usually exserted from calyx, slender; lobes 3, central lobe erect, usually cucullate; anther linear, connective extended at base into a spur. About 18 species; 13 in China; eight in HDM.

5 早花象牙参

1 2 3 4 5 6 **7** 8 9 10 11 12 1500-1900 m

Roscoea cautleoides Royle[1-4]

株高15~60厘米。花通常后叶而出。花序通常有花2~8朵，从叶鞘伸出；总花梗显著；花黄色、白色、紫色或浅粉色；唇瓣倒卵形，2深裂几达基部。生于山坡草地、灌丛或松林下。分布于四川、云南。

Plants 15-60 cm tall. Flowers often emerge after leaves develop. Inflorescence 2-8-flowered, shortly to long exserted from leaf sheaths; peduncle ridged; flowers purple, yellow, white, or rarely pale pink; labellum obovate, 2-lobed to base. *Pinus* forests, dwarf scrub, meadows, grasslands. Distr. Sichuan, Yunnan.

1
1
2
3
4
5
5

1 大花象牙参

1 2 3 4 **5** **6** 7 8 9 10 11 12 **2900-3800 m**

Roscoea humeana Balf.f. & W.W.Sm.[1-4]

先花后叶。穗状花序，花梗被叶鞘包围，有花 1 至数朵；同时开放；花白色、紫红、粉红或黄色；花萼狭管状，长达 10 厘米；花冠管略较萼长，后方的 1 枚花冠裂片宽卵形，长 3~4 厘米，宽 2.5~3 厘米；唇瓣长 2~2.5 厘米，宽约 3 厘米，边缘皱波状，2 裂至近基部处。生于松林下、高山草地和多石山坡上。分布于四川、云南。

Leaves appear after anthesis. Inflorescence a spike, with peduncle enclosed by leaf sheaths, flowers 1 to many opening together; flowers violet, purple, pink, white, or yellow; calyx tube narrow, to 10 cm; corolla tube slightly longer than calyx, central lobe broadly ovate, 3-4 cm × 2.5-3 cm; labellum 2-2.5 cm × about 3 cm, apically 2-cleft to near base, margin cristate. *Pinus* forests, alpine meadows and rocky hillsides. Distr. Sichuan, Yunnan.

2 昆明象牙参

1 2 3 **4** **5** **6** 7 8 9 10 11 12 **2200-2300 m**

Roscoea kunmingensis S.Q.Tong[1, 3]

高 8~12 厘米。叶片披针形或狭披针形，无毛。花冠管长 3.5~4 厘米；侧生退化雄蕊狭倒卵形楔形，约 1.4 厘米。唇瓣反折，爪上具白纹，倒卵状楔形，长 1.6~2.1 厘米，宽 1~1.5 厘米，先端深 2 裂。生于林下。分布于云南中部和西部。

Plants 8--12 cm tall. leaf blade lanceolate or narrowly so, glabrous. Corolla tube 3.5--4 cm. Lateral staminodes narrowly obovate-cuneate, ca. 1.4 cm. Labellum reflexed, with white lines on claw, obovate-cuneate, 1.6-2.1 × 1-1.5 cm, apex deeply 2-lobed. Forests. Distr. C and W Yunnan.

3 先花象牙参

1 2 3 **4** **5** **6** 7 8 9 10 11 12 **2200-2300 m**

Roscoea praecox K.Schum.[1-3]

植株 7~30 厘米高。花期通常无正常叶，有时具 1 或 2 短叶。花序伸出叶鞘；1~3 朵同时开放，紫色或白色；花冠筒几乎不伸出花萼；侧生退化雄蕊菱形，1.7~2.5 厘米，基部狭窄成爪；唇瓣反折，唇和爪连接处有白色条纹。生于山坡灌丛、草地。分布于云南中部和西部。

Plants 7-30 cm tall. Normal leaves absent at anthesis, sometimes 1 or 2 short. Inflorescence exserted from leaf sheaths. Flowers 1-3 opening together, purple, or white. Corolla tube scarcely exserted from calyx. Lateral staminodes rhombic, 1.7-2.5 cm, base narrowed into a claw. Labellum reflexed, white marked at junction of limb and claw. Slopes and thickets. Distr. C and W Yunnan.

4 无柄象牙参

1 2 3 4 5 6 **7** **8** 9 10 11 12 **2600-3500 m**

Roscoea schneideriana (Loes.) Cowley[1]

叶 2~6 枚，在假茎先端形成莲座丛；具叶舌。花序，花梗被叶鞘包围或稍从叶鞘外露；花紫色或白色，通常一次开 1 朵；唇瓣不反折，倒卵形，顶端 2 裂至 1/2 处；柱头漏斗状，具钩。生于混交林、多石山坡。分布于西藏、四川、云南。

Leaves 2-6, forming a rosette at apex of pseudostem; ligule. Inflorescence with peduncle enclosed by or shortly exserted from leaf sheaths; flowers purple or white, usually opening one at a time; labellum not reflexed, obovate, apically 2-cleft for about 1/2 its length; stigma funnelform, abruptly hooked. Mixed forests, moist stony hillsides. Distr. Xizang, Sichuan, Yunnan.

5 藏象牙参

1 2 3 4 5 **6** **7** 8 9 10 11 12 **2400-3800 m**

Roscoea tibetica Batalin[1-4]

叶 1~3 枚，成丛；叶舌不显著。花序包于叶鞘中；花紫红色或蓝紫色，略伸出叶丛；萼管具棕色斑点，顶部具 3 齿；侧生退化雄蕊长圆形；唇瓣倒卵形，与花冠裂片近等长，深裂超过 1/2；子房圆柱形。生于山坡、草地或松林下。分布于西藏、四川、云南；不丹、印度。

Leaves 1-3, forming a rosette; ligule obscure. Inflorescence enclosed by leaf sheaths; flowers purple or violet, held just above leaf rosette; calyx brown spotted, apex 3-toothed; lateral staminodes oblong; labellum obovate, nearly as long as corolla lobes, usually deeply lobed for more than 1/2 its length; ovary cylindric. *Pinus* forests, scrub, alpine meadows. Distr. Xizang, Sichuan, Yunnan; Bhutan, India.

1
2
3
4
4
5

灯芯草科 Juncaceae | 灯芯草属 *Juncus* L.

多年生或一年生草本。叶片边缘无毛，叶鞘开放，边缘稍膜质。花序下常具叶状总苞片；花雌蕊先熟；花被片 6 枚，2 轮，颖状，顶端尖或钝，边缘常膜质，外轮常有明显背脊；花丝丝状；花柱圆柱状或线形；柱头 3；胚珠多数。蒴果 1 室或 3 室，具多数种子。约 240 种；中国 76 种；横断山区 10 种。

Herbs perennial or annual. Leaf blade margin glabrous, leaf sheath open, margin slightly membranous. Often with a leaflike involucre under inflorescence; flower pistils premature; tepals 6, 2-whorled, glumes, apex pointed or obtuse, margin often membranous, outer wheels often with prominent spine; filaments filiform; style cylindrical or linear; styles 3; ovules numerous. Capsule 1-locular or 3-locular, with many seeds. About 240 species; 76 in China; ten in HDM.

1 翅茎灯芯草

1 2 3 **4 5 6 7** 8 9 10 11 12 **400-2300 m**

Juncus alatus Franch. & Sav.[1-4]

多年生草本。茎扁平，两侧有宽翅。叶有基生和茎生；叶耳小。花序顶生，由 7~27 个头状花序组成，每个有 3~7 朵花；花被片绿色至棕栗色。蒴果三棱形。生于水边、田边、湿草地和山坡林下阴湿处。分布于四川、云南；华北和长江以南各省；日本、朝鲜半岛。

Plants perennial. Stems flat, laterally broadly winged. Leaves basal and cauline, leaf sheath auricles small. Inflorescences terminal, heads 7-27, 3-7-flowered; perianth segments greenish to chestnut brown. Capsule trigonous. Forests on mountain slopes, fields, swampy meadows, riversides, moist to wet streamsides, ditches. Distr. Sichuan, Yunnan; N China and S region of Yangtze River; Japan, Korea.

2 葱状灯芯草

1 2 3 4 5 **6 7 8** 9 10 11 12 **1800-4700 m**

Juncus allioides Franch.[1-4]

多年生草本。基生叶和茎生叶常 2~3 枚；茎生叶叶耳显著。头状花序单一顶生；花丝上部紫黑色，基部红色。蒴果三棱形，顶端有尖头。种子两端有白色附属物。生于山坡、草地和林下潮湿处。分布于甘肃、青海、西藏、四川、云南；贵州、陕西、宁夏。

Plants perennial. Basal and cauline leaves 2 or 3; cauline leaves with sheath auricles well developed. Inflorescences terminal, head 1; filaments reddish at base, purple-black distally, Capsule trigonous, apex mucronate. Seeds appendages 2, white. Paths and wet places in forests, slopes, grasslands. Distr. Gansu, Qinghai, Xizang, Sichuan, Yunnan; Guizhou, Shaanxi, Ningxia.

3 走茎灯芯草

1 2 3 4 **5 6 7** 8 9 10 11 12 **1700-4900 m**

Juncus amplifolius A.Camus[1-4]

多年生草本。根状茎明显横走。叶基生和茎生；叶鞘边缘无明显叶耳。花序由 2~5 个头状花序组成；花被片红褐色至紫褐色，呈龙骨状突起。蒴果顶端具喙状短尖头，深褐色。种子红褐色，两端具白色锯屑状附属物。生于高山湿草地、林下石缝及河边。分布于甘肃、青海、西藏、四川、云南；陕西；不丹、缅甸、尼泊尔、印度（锡金邦）。

Plants perennial. Rhizome creeping. Leaves basal and cauline, leaf sheath auricles absent. Inflorescences with heads 2-5; perianth segments reddish brown to purplish brown, keeled. Capsule brown, apex beaked. Seeds reddish brown, both ends appendaged. Rock crevices in forests, scrub on turfy soils, wet grasslands in high mountains, river banks. Distr. Gansu, Qinghai, Xizang, Sichuan, Yunnan; Shaanxi; Bhutan, Myanmar, Nepal, India(Sikkim).

4 小灯芯草

1 2 3 4 **5 6 7** 8 9 10 11 12 **160-3200 m**

Juncus bufonius L.[1-4]

一年生草本，无根状茎。叶基生和茎生。花序生于茎顶，总苞叶状；内轮花被片顶端稍尖，长于蒴果。蒴果三棱状椭圆形，黄褐色。生于湿润地区。广泛分布于我国各地。

Herbs annual, without a rhizome. Leaves basal and cauline. Inflorescences terminal, involucral bract leaflike; inner perianth segments acute at apex, longer than capsule. Capsule trigonous ellipsoid, yellow-brown. Wet places. Distr. most places in China.

1
1
2
2
3
3
4
4

1 密花灯芯草

1 2 3 4 5 **6** **7** **8** 9 10 11 12 2800-3600 m

Juncus lanpinguensis D.Don[1]

多年生草本。根状茎棕栗色。基生叶 2 枚，茎生叶 1~2 枚；无叶耳。花序由 5~11 个头状花序组成，具叶状总苞片；花被片披针形，黄白色。果实黄色，光亮。种子两端有附属物。生于山坡草地。分布于云南西北部。

Plants perennial. Rhizome chestnut brown. Basal leaves 2, cauline leaves 1 or 2; leaf sheath auricles absent. Inflorescences with with heads 5-11, involucral bract leaflike; perianth segments yellowish white, lanceolate. Capsule yellowish, shiny. Seeds appendaged at both ends. Wet grasslands on slopes. Distr. NW Yunnan.

2 甘川灯芯草

1 2 3 4 5 **6** **7** 8 9 10 11 12 3000-4200 m

Juncus leucanthus Royle ex D.Don[1-4]

多年生草本。叶基生和茎生；叶耳明显。头状花序单一顶生；褐黄色苞片 3~5 枚，与花近等长或稍短；花被片深紫色、淡黄色或白色，内外轮近等长。棕栗色蒴果三棱状卵形，顶端有喙。种子两端具白色短附属物。生于高山草甸、湿地。分布于甘肃、青海、西藏、四川、云南；陕西；不丹、印度、尼泊尔。

Plants perennial. Leaves basal and cauline; leaf sheath auricles well developed. Inflorescences terminal, head solitary; bracts 3-5, brown, shorter than or subequaling flowers; perianth dark purple, yellowish, or whitish, subequal. Capsule dark chestnut brown, trigonous ovoid, apex beaked. Seeds both ends with white appendaged. Meadow, wet places. Distr. Gansu, Qinghai, Xizang, Sichuan, Yunnan; Shaanxi; Bhutan, India, Nepal.

3 多花灯芯草

1 2 3 4 5 **6** **7** **8** 9 10 11 12 1700-2900 m

Juncus modicus N.E.Br.[1-4]

多年生草本。基生叶 2~3 枚，茎生叶 1~2 枚；叶耳明显。头状花序单生茎顶；基部苞片 2~3 枚，与花序近等长或稍短；花被片乳白色或淡黄色。蒴果三棱状卵形，顶端具喙。种子两端具白色锯屑状附属物。生于湿地或阴湿石缝。分布于甘肃、西藏、四川；河南、湖北、贵州、陕西。

Plants perennial. Basal leaves 2 or 3, cauline leaves 1 or 2; leaf sheath auricles developed. Inflorescences terminal, head solitary; basal bracts 2-3, slightly shorter than or subequaling inflorescence; perianth segments milk white to yellowish. Capsule trigonous ovoid, apex beaked. Seeds both ends with white appendaged. Wet places, rock crevices. Distr. Gansu, Xizang, Sichuan; Henan, Hubei, Guizhou, Shaanxi.

4 锡金灯芯草

1 2 3 4 5 **6** **7** **8** 9 10 11 12 4000-4600 m

Juncus sikkimensis Hook.f.[1-4]

多年生草本。叶常 2~3 枚，全基生；叶片近圆柱形或稍压扁。花序假侧生，通常由 2 个头状花序组成；黑褐色叶状苞片 2~4 枚；花被片黑褐色至棕栗色。蒴果光亮，三棱状卵形，顶端有喙。种子两端具白色附属物。生于林下、沼泽、湿地。分布于横断山区各省。

Plants perennial. Leaves 2-3, basal; leaf blade subterete to slightly compressed. Inflorescences seemingly pseudolateral, heads usually 2; involucral bract 2-4, leaflike, black-brown; perianth segments blackish brown to chestnut brown. Capsule shiny, trigonous ovoid, apex beaked. Seeds both ends with white appendaged. Forests, bogs, wet places. Distr. widely in HDM.

5 展苞灯芯草

1 2 3 4 5 6 **7** **8** 9 10 11 12 2800-4300 m

Juncus thomsonii Buchenau[1-4]

多年生草本。叶全基生，常 2 枚；叶顶端有胼胝体；叶鞘红褐色。头状花序单一顶生；苞片 3~4 枚，短于花序，红褐色；花被片黄白色。蒴果三棱状椭圆形，顶端有喙。种子具 2 枚白色附属物。生于草甸、沼泽等潮湿处。分布于横断山区各省；陕西。

Plants perennial. Leaves all basal, usually 2; leaf sheath reddish brown; leaf apex with a callus. Inflorescences terminal, head solitary; bracts 3-4, red-brown, shorter than head; perianth segments yellowish white. Capsule trigonous ellipsoid, apex beaked. Seeds appendages 2, whitish. Wet places in swamps, meadows. Distr. widely in HDM; Shaanxi.

1
1
2
2
3
3
4
4
5

灯芯草科 Juncaceae | 地杨梅属 *Luzula* DC.

多年生草本。叶多数为基生；叶鞘闭合，无叶耳；叶片扁平，边缘常具白色丝状缘毛。花常单生，花下具 1 枚膜质苞片，基部具 2 枚小苞片；花被片 6 枚；雄蕊 6 枚；子房 1 室。蒴果 3 瓣裂。具 3 颗种子。约 75 种；中国 16 种；横断山区 6 种。

Herbs perennial. Leaves mostly basal; leaf sheath closed, auricles absent; leaf blade flat, margin long white ciliate. Flowers often solitary, subtended by a scarious bract and enclosed at base by 2 short bracteoles; perianth segments 6; stamens 6; ovary 1-loculed. Capsule 3-valved. Seeds 3. About 75 species; 16 in China; six in HDM.

1 西藏地杨梅

1 2 3 4 **5** **6** 7 8 9 10 11 12 **3400-3800 m**

Luzula jilongensis (Ehrh.) Lej.[1-2, 4]

多年生草本，高 15~30 厘米。叶基生和茎生；叶鞘闭合包茎，有长毛；叶片扁平，边缘具稀疏长柔毛。9~18 个头状花序排列成近伞形；每朵花下具 2 枚膜质小苞片；花被片棕褐色至红褐色。蒴果褐色。种子 3 枚。生于林下。分布于西藏、云南。

Perennial plants, 15-30 cm tall. Leaves basal and cauline; leaf sheath closed, pilose; leaf flat, margin pilose. Inflorescence subcorymbose, with 9-18 heads; pedicels with 2 bracts at base; perianth segments brown to reddish brown. Capsule brown. Seeds 3. In forest. Distr. Xizang, Yunnan.

莎草科 Cyperaceae | 薹草属 *Carex* L.

多年生草本，具地下根状茎。花单性，由 1 朵雌花或 1 朵雄花组成 1 个单性支小穗；雌性支小穗外面包以边缘完全合生的先出叶，即果囊；小穗由多数支小穗组成，通常雌雄同株，少数雌雄异株。约 2000 多种，我国约 527 种。

Herbs, perennial, rhizome usually stoloniferous. Flowers unisexual, 1 male flower or 1 female flower in a unisexual spikelet; female spikelet included by prophyll, prophyll wholly connate at margins into utricle; usually plants monoecious, rarely dioecious. More than 2000 species; about 527 in China.

2 甘肃薹草

1 2 3 4 5 6 **7** **8** **9** 10 11 12 **3400-4600 m**

Carex kansuensis Nelmes[1-4]

根状茎短。秆锐三棱形，坚硬。下部苞片短叶状，上部刚毛状，无鞘。小穗 4~6 个，顶生小穗雌雄同穗；雌花鳞片暗紫色，具狭白膜质边缘；果囊压扁，麦秆色，顶端喙口具 2 齿，小坚果疏松地包于果囊中，三棱形；柱头 3 个。生于高山草甸、灌丛、湖边、湿地。分布于横断山区各地；陕西。

Rhizome short. Culms acutely trigonous, firm. Lowest involucral bracts shortly bladed, sheathless, upper ones setaceous. Spikes 4-6, terminal spike gynaecandrous; female glumes dark purple, margins narrowly white hyaline; utricles stramineous, compressed, apex beak orifice 2-toothed, nutlets loosely enveloped, trigonous; stigmas 3. Alpine meadows in thickets, lakesides, wet grasslands. Distr. widely in HDM; Shaanxi.

3 云雾薹草

1 2 3 4 5 6 **7** **8** 9 10 11 12 **1300-3700 m**

Carex nubigena D.Don ex Tilloch & Taylor[1-4]

根状茎短。秆三棱形。下部苞片叶状，上部刚毛状。小穗雄雌同穗；穗状花序先端密集，下部离生；果囊淡绿色；柱头 2 个。生于水边、林缘或路旁。分布于甘肃、西藏、四川、云南；贵州、陕西、台湾。

Rhizome short. Culms trigonous. Lower involucral leaflike, upper ones setaceous. Spikes bisexual; spicate inflorescence dense at apex, lower ones distant; utricles pale green; stigmas 2. Streamsides, forest margins and roadsides. Distr. Gansu, Xizang, Sichuan, Yunnan; Guizhou, Shaanxi, Taiwan.

4 刺囊薹草

1 2 3 4 5 6 **7** **8** 9 10 11 12 **2700-4100 m**

Carex obscura var. *brachycarpa* C.B.Clarke[1-4]

根状茎短。秆丛生，锐三棱形。下部叶状苞片长于花序。小穗 3~6 个；顶生 1 个雌雄同穗；侧生小穗雌性，雌花鳞片暗紫红色；果囊上部边缘生小刺；柱头 3 个。小坚果三棱形。生于阴湿处。分布于西藏东南部、四川西部、云南西北部。

Rhizome short. Culms tufted, acutely trigonous. Basal involucral bracts longer than inflorescence. Spikes 3-6; terminal spike gynaecandrous; lateral spikes female, female glumes dark purple; utricles upper margin with spine; stigmas 3. Nutlets trigonous. Shady and wet places. Distr. SE Xizang, W Sichuan, NW Yunnan.

1

1

2

3

4

禾本科 Poaceae | 细柄草属 *Capillipedium* Stapf

一年生或多年生草本。叶舌膜质，具纤毛。圆锥花序，顶生，开阔，中心轴伸长，分枝细弱；总状花序由 1~5 个小穗对组成，通常减少为 3 枚同生小穗，其中 1 枚 无柄，另 2 枚有柄，小穗柄纤细；无柄小穗背腹压扁；第一颖向顶端脊状凸起；第二颖背具钝圆的脊；第一外稃无脉；第二外稃先端延伸成一膝曲的芒；无内稃。约 14 种；中国 5 种；横断山 3 种。

Perennial or annual. Leaf ligule membranous, margin ciliolate. Inflorescence a terminal open panicle with elongate central axis; branches capillary; racemes with 1-5 spikelet pairs, often reduced to triads of 1 sessile and 2 pedicelled spikelets; pedicels slender; sessile spikelet dorsally compressed; lower glume cartilaginous, keeled toward apex; upper glume dorsally keeled; lower lemma without nerve; upper lemma awned from apex, geniculate; palea absent. About 14 species; five in China; three in HDM.

1 细柄草

1 2 3 4 5 6 7 8 9 10 11 12 300-3000 m

Capillipedium parviflorum (R.Br.) Stapf[1-4]

秆高 120 厘米，少或不分枝；节上具髯毛。叶片长 15~30 厘米。无柄小穗长 3~3.8 毫米，外颖顶端钝。生于山坡草地、河边、灌丛中。分布于西藏，云南；华东、华中、西南地区。

Culms up to 120 cm, not or little branched; nodes bearded. Leaf blades 15-30 cm. Sessile spikelet 3-3.8 mm, lower glume obtuse. Distr. Xizang, Yunnan; E, C and SW China.

禾本科 Poaceae | 香茅属 *Cymbopogon* Spreng.

多年生。秆常高而粗壮。叶片具香味。佛焰花序复合成圆锥花序，佛焰苞舟形；总状花序成对着生；花序轴节间与小穗柄边缘具长柔毛；无柄小穗背腹压扁；外颖两侧脊状突起，常具翅；内颖舟形，无芒；第二外稃先端 2 裂至中部，齿间具膝曲芒。约 70 种；中国 24 种；横断山区 9 种。

Perennial. Culms often tall, robust. Leaf blades aromatic. Inflorescence a dense spathate compound panicle, spatheoles boat-shaped; raceme paired; rachis internodes and pedicels white-ciliate on margins; sessile spikelet dorsally compressed; lower glume keels lateral, often winged; upper glume boat-shaped, awnless; upper lemma usually 2-lobed to near middle, awned from sinus, awn geniculate. About 70 species; 24 in China; nine in HDM.

2 芸香草

1 2 3 4 5 6 7 8 9 10 11 12 2000-3500 m

Cymbopogon distans (Nees ex Steud.) W.Watson[1-4]

多年生。总状花序基部具有一对同性对小穗；花序分枝 1~3 回；第一颖 2 脊间具 2~4 条明显的脉；无柄小穗长近 7 毫米，具长 15~18 毫米膝曲的芒。生于干旱开旷草坡。分布于横断山区各地；贵州、陕西。

Perennial. Raceme base with homogamous pair; inflorescence branched 1-3 times; lower glumes 2-4 nerved between lateral keels; sessile spikelet 7 mm, awned, awn 15-18 mm, geniculate. Open grassy places. Distr. widely in HDM; Guizhou, Shaanxi.

禾本科 Poaceae | 黄茅属 *Heteropogon* Pers.

一年生或多年生草本。秆丛生。总状花序单一，顶生或腋生，疏松排列成圆锥花序；总状花序小穗覆瓦状排列，基部有一至数对同性小穗；外颖革质，钝；内颖无芒；第二外稃柄状，全缘，顶端具粗壮膝曲扭转的芒。6 种；中国 3 种；横断山区 1 种。

Perennial or annual. Culms tufted. Inflorescence of solitary racemes, terminal or axillary and loosely aggregated into a panicle; racemes spikelets imbricate, 1 to several pairs of homogamous spikelets at base of raceme; lower glume leathery, obtuse; upper glume awnless; upper lemma stipitiform, entire, passing into a stout geniculate awn. Six species; three in China; one in HDM.

3 黄茅

1 2 3 4 5 6 7 8 9 10 11 12 400-2300 m

Heteropogon contortus (L.) P.Beauv. ex Roem. & Schult.[1-4]

多年生。总状花序长 3~7 厘米 (除芒外)；基部具 3~12 对同性小穗对；外稃向上延伸成 2 回膝曲的芒，芒柱扭转被毛。生于干热草坡。分布于华北和南方各省区。

Perennial. Inflorescence 3-7 cm (excluding awn); 3-12 pairs of homogamous spikelets at base of raceme; upper lemma awned, awn stout geniculate, colum twisted and pilose. Dry grassy places. Distr. N China, S of Yangtze River.

1

1

2

3

3

禾本科 Poaceae | 狼尾草属 *Pennisetum* Rich.

一年生或多年生草本。圆锥花序紧缩呈穗状，小穗单生或聚生成簇，其下围以总苞状刚毛，成熟时随小穗一起脱落；第二颖较长于第一颖；第一外稃与小穗等长或稍短。约 80 种；中国 11 种；横断山区 6 种。

Annuals or perennials. Inflorescence a spikelike panicle, contracted into short clusters of one or more spikelets, subtended by an involucre of bristles, deciduous with the spikelets at maturity; upper glumes longer than lower glumes; lower lemma equaling spikelet or reduced. About 80 species; 11 in China; six in HDM.

1 长序狼尾草

1 2 3 4 5 6 **7** **8** **9** **10** 11 12 500-2000 m

Pennisetum longissimum S.L.Chen & Y.X.Jin[1-4]

多年生。花序长 20~30 厘米；总苞状的刚毛粗糙；明显长于小穗。生于开旷斜坡和山地。分布于甘肃、四川、云南；贵州、陕西。

Perennial. Inflorescence 20-30 cm. involucre bristles scabrous, longer than spikelets. Open hill slopes. Distr. Gansu, Sichuan, Yunnan; Guizhou, Shaanxi.

禾本科 Poaceae | 裂稃草属 *Schizachyrium* Nees

一年生或多年生无香味草本。花序单一或复合，小穗成对着生；无柄小穗常背部压扁；第一颖边缘明显呈 2 脊，常具狭翅；第一小花常退化仅剩 1 透明膜质的外稃；第二外稃端 2 裂，芒自裂齿间伸出，常膝曲。约 60 种；中国 4 种；横断山区 3 种。

Annual or perennial herb, not aromatic. Inflorescence simple or compound; racemes usually paired; sessile spikelet usually dorsally compressed; lower glume 2-keeled, sometimes narrowly winged; lower floret reduced to a hyaline lemma; upper lemma 2-lobed, awned from sinus, awn geniculate. About 60 species; four in China; three in HDM.

2 旱茅

1 2 3 4 5 **6** **7** **8** **9** **10** **11** 12 1200-3400 m

Schizachyrium delavayi (Hack.) Bor[1-2, 4]

多年生草本。叶片长 5~50 厘米。总状花序单生枝顶，长 1~4 厘米；无柄小穗披针状长圆形，长 3.6~6 毫米。生于干旱山地。分布于西藏、四川、云南；湖南、广西、贵州。

Perennial. Leaf blades 5-50 cm. Racemes 1-4 cm, terminal, solitary; sessile spikelet lanceolate-oblong, 3.6-6 mm. Dry mountainsides. Distr. Xizang, Sichuan, Yunnan; Hunan, Guangxi, Guizhou.

领春木科 Eupteleaceae | 领春木属 *Euptelea* Siebold & Zucc.

落叶灌木或乔木。有长枝、短枝之分。花先叶开放，6~12 朵聚生在叶状枝基部的苞片腋部；花小，两性；无花被；雄蕊 6~19 枚，1 轮；心皮 8~31 枚，离生，1 轮；子房 1 室，有 1~3 个倒生胚珠，子房柄明显。果实有梗，由多数具柄翅果组成。2 种；中国 1 种；横断山区 1 种。

Trees or shrubs, deciduous. Branches sympodial. Inflorescences appearing before leaves, composed of 6-12 clustered flowers borne in axils of bracts at base of a leafy shoot; flowers small, bisexual; perianth absent. Stamens 6-19, ± in one series; carpels 8-31, free, ± in one series; ovary 1-locular, with 1-3 ovules attached below ventral suture, stipitate. Fruit stalked, composed of several stipitate samaras. Two species; one in China; one in HDM.

3 领春木

1 2 3 **4** **5** 6 7 8 9 10 11 12 900-3600 m

Euptelea pleiosperma Hook.f. & Thomson[1-2]

乔木或灌木，2~15 米高。叶纸质，卵形到近圆形。翅果棕色。生于山谷的森林中。分布于甘肃南部，西藏东南部、四川、云南东部及北部；华中、华东地区。

Trees or shrubs, 2-15 m tall. Leaves papery, ovate to suborbicular. Samara brown. Forests in valleys. Distr. S Gansu, SE Xizang, Sichuan, N and E Yunnan; C and E China.

罂粟科 Papaveraceae | 紫堇属 *Corydalis* DC.

草本，无乳汁。总状花序；花冠两侧对称；上花瓣后部成距，极稀无距；雄蕊合生成 2 束；柱头各式。蒴果，花柱宿存。种子黑色，具白色的油脂体。约 465 种；中国 357 种；横断山区近 100 种。

Herbs. Inflorescence a simple bracteate raceme; corolla zygomorphic; upper petal spurred; stamens 2(filaments of each triplet completely fused); stigma variable. Fruit a usually many-seeded capsule with persistent style. Seeds black, with whitish elaiosomes. About 465 species; 357 in China; about 100 in HDM.

• 不具块茎，不具粗壮主根者 | Non-tuberous and non tap-rooted

1 鳞叶紫堇

1 2 3 4 5 **6** **7** **8** 9 10 11 12 4600-5100 m

Corydalis bulbifera C.Y.Wu[1-3, 5]

须根多数成簇。具鳞茎，肉质白色的鳞片。叶片暗绿色，两面具多数紫色小斑点。总状花序顶生，8~14 朵花；苞片宽倒三角形至倒卵形，长于花梗；花瓣淡蓝色，上花瓣长 1.6~1.8 厘米，背部具矮鸡冠状突起；距圆筒形，末端略下弯；柱头上端具 2 乳突。生于高山流石滩。分布于西藏东部。

Storage roots numerous, fascicled. Bulb very prominent, with fleshy pale ovate scales. Leaf dark green, with violet spots. Raceme capitate, 8-14-flowered; bracts broadly obtriangular to obovate, longer than pedicel; petals pale blue; upper petal 1.6-1.8 cm, shortly crested; spur slightly downcurved at apex, cylindric; stigma slightly emarginate with 2 conspicuous marginal apical papillae. Alpine scree (siliceous). Distr. E Xizang.

2 灰岩紫堇

1 2 3 4 **5** **6** **7** **8** 9 10 11 12 2900-4800 m

Corydalis calcicola W.W.Sm.[1-4]

须根多数成簇。叶片二回或三回羽状全裂。总状花序密集多花；苞片下部者扇状全裂，长于花梗；花瓣紫色；上花瓣长 2.2~3 厘米；距微钩状弯曲，圆锥状，先端钝。生于灌丛、高山草甸或流石滩。分布于四川西部和西南部、云南西北部。

Storage roots numerous, fascicled. Leaves blade bi- (tri-)-pinnate. Racemes dense flowered; lower bracts repeatedly palmatisect, longer than pedicel; corolla purple; upper petal 2.2-3 cm; spur usually gracefully downcurved, tapering to apex, obtuse. Alpine scree, shrubs and meadows. Distr. SW and W Sichuan, NW Yunnan.

3 斑花黄堇

1 2 3 4 5 6 **7** **8** 9 10 11 12 3800-5700 m

Corydalis conspersa Maxim.[1-2, 5]

簇生棒状肉质须根。基生叶多数，叶柄基部鞘状宽展。总状花序头状，花密集；花奶白色或黄色，具棕色斑点；上花瓣长 1.4~1.8 厘米，具浅鸡冠状突起；距圆筒形，钩状弯曲，有时带淡紫色；柱头近扁四方形，具 8 枚乳突。生于多石河岸和高山砾石地。分布于甘肃西南部、青海中部和南部、西藏中部和东部、四川西部；尼泊尔。

Rhizome vertical with long soft roots. Basal leaves many, petiole long vaginate at base. Raceme dense flowered; flowers creamy white to usually yellow, often with brown flecks; upper petals 1.4-1.8 cm, with short crest much overtopping apex; spur strongly curved in a tight semicircle, sometimes with purplish tinge; stigma slightly emarginate with 8 papillae. Stony riversides, wet scree. Distr. SW Gansu, C and S Qinghai, C and E Xizang, W Sichuan; Nepal.

4 具冠黄堇

1 2 3 4 5 6 **7** **8** 9 10 11 12 3600-4600 m

Corydalis cristata Maxim.[1-2]

须根纺锤状肉质增粗，具纤维状细根。茎生叶片一回奇数羽状全裂。苞片披针形至倒卵形，全缘或有些小齿；花瓣黄色，有明显的暗色纹路；上花瓣长 2.2~2.7 厘米，背部鸡冠状突起高 1.5~3 毫米；距圆筒形，末端稍下弯；下花瓣长 1.1~1.3 厘米，常反折。生于高山草地、砾石堆。分布于四川北部。

Storage roots spindle-shaped, not stalked. Cauline leaves blade imparipinnate. Bracts lanceolate to rhombic or obovate, entire or with a few narrow (curved) teeth. Corolla yellow, with distinct dark veins; upper petal 2.2-2.7 cm, abaxial crest 1.5-3 mm wide; spur slightly downcurved at apex, slightly sigmoid; lower petal 1.1-1.3 cm, limb often reflexed. Alpine meadows, stabilized limestone scree. Distr. N Sichuan.

1
1
2
2
3
3
4

1 高冠金雀花紫堇 1 2 3 4 5 6 7 8 9 10 11 12 3400-3900 m

Corydalis cytisiflora subsp. *altecristata* (C.Y.Wu & H.Chuang) Lidén[1]

— *Corydalis curviflora* Maxim.

花冠淡蓝色至紫蓝色；上花瓣长 13~15 毫米；两外花瓣具明显的冠，2~3 毫米，远超出先端。生于高山草原和草甸。分布于青海西南部、四川西部。

Corolla pale blue to purplish blue; upper petal 13-15 mm; crests of both outer petals conspicuous, 2-3 mm, extending far beyond apex. Alpine grasslands and meadows. Distr. SW Qinghai; W Sichuan.

2 粗距紫堇 1 2 3 4 5 6 7 8 9 10 11 12 3400-4600 m

Corydalis eugeniae Fedde[1-2]

须根数条，下部极狭的纺锤状增粗。茎生叶 2 枚，叶片一回奇数羽状全裂。总状花序多花，先密后疏；苞片下部者掌状浅裂，上部者全缘；花瓣黄色，具暗脉；背部鸡冠状突起高 1~1.5 毫米；距圆筒形，漏斗状弯曲；柱头方形。生于高山灌丛或草坡。分布于四川西部和西北部、云南西北部。

Storage fibrous roots several, slender, proximally narrowly fusiform thickened. Leaves 2, imparipinnate (or deeply pinnatifid) with 2 or 3 pairs of leaflets. Raceme many flowered, first dense and later loose; bracts entire, or lower ones usually with broader base with long lateral teeth; petals yellow, with distinct darker veins; crest 1-1.5 mm wide; spur slightly downcurved at tip, cylindric; stigma square. Alpine shrubs or meadows. Distr. NW and W Sichuan, NW Yunnan.

3 甘草叶紫堇 1 2 3 4 5 6 7 8 9 10 11 12 4200-5100 m

Corydalis glycyphyllos Fedde[1-3, 5]

须根多数成簇，棒状增粗。叶片肉质，二回羽状分裂。苞片边缘具软骨质缘毛；花梗短于苞片；花瓣淡粉色或淡紫色，稀白色；上花瓣长 2.2~2.6 厘米；距圆筒形，自中部向下直角弯曲；柱头绿色，具 8 个乳突。生于高山流石滩。分布于四川西部。

Storage roots many, fascicled, tapering to both ends. Leaf blade fleshy, pinnate. Bracts with coarse hairs marginally; pedicel shorter than bracts; corolla pale pink or pale purple, rarely white; upper petal 2.2-2.6 cm; spur cylindric, strongly downcurved from middle; stigma green, with 8 papillae. Alpine screes. Distr. W Sichuan.

4 狭距紫堇 1 2 3 4 5 6 7 8 9 10 11 12 3100-4700 m

Corydalis kokiana Hand.-Mazz[1-5]

须根 8~14 条成簇，棒状增粗。叶片三回三出全裂至浅裂。总状花序有 10~30 朵花；花梗纤细，长于苞片；花瓣蓝色、蓝紫色；上花瓣长 1.5~1.8 厘米；距圆筒形，末端圆，稍下弯；柱头方形。蒴果线状长圆形。生于林下、灌丛、草甸及流石滩。分布于西藏东部、四川西部、云南西北部。

Storage roots 8-14, fascicled, tapering to both ends. Leaf blade bi- to triternate. Racemes 10-30-flowered; pedicels usually longer than bracts, thin; petals pale blue to clear purplish blue; upper petal 1.5-1.8 cm; spur usually slightly downcurved at apex, cylindric; stigma square. Capsule linear-oblong. Forests, among shrubs, meadows, limestone cliffs, limestone gravel. Distr. E Xizang, W Sichuan, NW Yunnan.

5 细果紫堇 1 2 3 4 5 6 7 8 9 10 11 12 1200-2600 m

Corydalis leptocarpa Hook.f. & Thomson[1-2, 4]

铺散草本。茎柔弱，分枝。茎生叶多数。苞片最下部者 3 深裂，上部者全缘；花瓣常紫红色或白色；上花瓣长 2.3~2.8 厘米；距向先端渐狭；柱头方形，具 8 个乳突。蒴果长 1.9~3.8 厘米。生于常绿阔叶林林下或路边石缝。分布于云南西部和南部；不丹、印度、尼泊尔东部、缅甸北部、泰国北部。

Herbs, diffuse. Stems decumbent, weak, branched. Cauline leaves several. Bracts deeply 3-divided or coarsely dentate; upper ones entire; corolla purple or white; upper petal 2.3-2.8 cm; spur slightly tapering to apex; stigma square, with 8 papillae. Capsule 1.9-3.8 cm. Forest understories, roadsides stone crevices, evergreen broad-leaved forests in subtropics. Distr. S and W Yunnan; Bhutan, India, E Nepal, N Myanmar, N Thailand.

1
2
3
4
5

1 暗绿紫堇

1 2 3 4 5 6 7 8 9 10 11 12 3900-5500 m

Corydalis melanochlora Maxim.[1-2, 5]

根状茎明显。须根多数成簇，棒状肉质增粗。具鳞茎；鳞片长约 1.5 厘米。茎生叶 2 枚，叶片三回羽状全裂。总状花序长 2~3 厘米，有 4~8 朵花；花瓣天蓝色或仅端部天蓝色；上花瓣长 1.8~2.5 厘米，背部具 1~2 毫米的鸡冠状突起；距宽圆筒形，弯曲；柱头具 6 枚乳突。生于高山流石滩。分布于甘肃南部、青海东部、西藏东南部、四川西部、云南西北部。

Rhizome obvious. Storage roots fasciculate, tapering distally. Bulb prominent, scales about 1.5 cm. Stems usually with 2 leaves, leaf blade twice to often 3-ternatisect or subternate. Racemes 4-8-flowered, 2-3 cm; corolla blue or white with blue apical parts; upper petal 1.8-2.5 cm, crest 1-2 mm wide; spur arcuately downcurved, broadly cylindric; stigma with 6 papillae. Alpine scree. Distr. S Gansu, E Qinghai, SE Xizang, W Sichuan, NW Yunnan.

2 突尖紫堇

1 2 3 4 5 6 7 8 9 10 11 12 2000-4100 m

Corydalis mucronata Franch.[1-2]

根茎密被肉质鳞片。茎生叶具长柄；叶片二回羽状全裂。总状花序 5~10 厘米，有 10~20 朵花，相互疏离；萼片紫红色，具流苏状齿；花冠玫瑰色或紫红色，平展；上花瓣长 2.5~3 厘米，渐尖，具长的尖头，无鸡冠状突起；距近钻形，向上弯；柱头三角形，边缘常具 10 乳突。蒴果宽椭圆形至倒卵状，约长 1 厘米。生于林下或溪边。分布于四川西部和北部。

Rhizome densely set with fleshy scales, terminating in conspicuous bulblike bud. Leaf blade bipinnate; pinnae petiolulate. Racemes 10-20-flowered, sparsely, 5-10 cm; sepals purplish red, laciniate-dentate; corolla rose or amaranth; upper petal 2.5-3 cm, with long prominent mucro, without crest; spur slightly upturned from base, straight or sometimes upcurved; stigma rounded-deltoid with 10 marginal papillae. Capsule broadly elliptic to obovoid, about 1 cm in length. Forest understories, brook sides. Distr. N and W Sichuan.

3 尖瓣紫堇

1 2 3 4 5 6 7 8 9 10 11 12 2000-4100 m

Corydalis oxypetala Franch.[1-4]

须根多数成簇，纺锤状肉质增粗。茎生叶 1 枚；叶片 3 全裂，全裂片 1~2 裂。总状花序 5~20 朵花，稀疏；苞片卵形至披针形，全缘；花瓣蓝色；上花瓣长 1.1~1.7 厘米，背部具矮鸡冠状突起或不具突起；距近圆锥形，稍长于花瓣片；柱头双卵形。生于湿润的疏林下、灌丛草坡或草地。分布于云南西北部。

Storage roots fascicled, spindle-shaped. Stems with 1 leaf; leaf blade ternate, leaflets once to twice deeply and irregularly biternatisect. Raceme 5-20-flowered, sparsely; bracts ovate to lanceolate, entire; petals light to dark clear blue; upper petal 1.1-1.7 cm, narrowly crested or without crest; spur conical, slightly longer than petals; stigma didymous. Among shrubs, grasslands, often very wet places, forests at mountain summits. Distr. NW Yunnan.

4 浪穹紫堇

1 2 3 4 5 6 7 8 9 10 11 12 3500-5200 m

Corydalis pachycentra Franch.[1-2, 4]

须根多数成簇，中部纺锤状肉质增粗。茎生叶片掌状 5~11 深裂。总状花序 4~8 朵花；花瓣蓝色或蓝紫色；上花瓣长 1.3~1.5 厘米，先端向上反折；距圆筒形，向上弯曲；下花瓣下部呈浅囊状；柱头双卵形，具 8 个乳突。生于高山草地或石隙。分布于西藏东部、四川西部、云南西北部。

Storage roots fascicled, tapering to both ends. Cauline leaf blade palmately cut to base into 5-11 leaflets. Raceme 4-8-flowered; corolla blue or indigo; upper petal 1.3-1.5 cm, apex upwardly reflexed; spur upwardly reflexed, cylindric; lower petal claw indistinct, shallowly saccate; stigma didymous, with 8 papillae. Open stony slopes, wet alpine disturbed meadows, scree. Distr. E Xizang, W Sichuan, NW Yunnan.

1 波密紫堇

1 2 3 4 5 **6 7 8 9** 10 11 12 **3600-5000 m**

Corydalis pseudoadoxa C.Y.Wu & H.Chuang[1-2]

根茎 0.5~1 厘米，具鳞茎。基生叶二至三回三出分裂；茎生叶常 1 枚。总状花序长 2~5 厘米，有 5~15 朵花；苞片通常全缘；花瓣蓝色；上花瓣长 1.2~1.5 厘米。蒴果自果梗先端反折。生于高山草甸和流石滩。分布于西藏东南部、云南西北部。

Rhizome 0.5-1 cm, bulb prominent. Basal leaf blade bi- (tri-)-ternate; cauline leaf usually one. Raceme 2-5 cm, with 5-15 flowers; bracts often entire; corolla blue; upper petal 1.2-1.5 cm. Capsule reflexed from erect pedicel. Alpine meadows, often where snow has lingered, rock ledges. Distr. SE Xizang, NW Yunnan.

2 美花黄堇

1 2 3 4 5 **6 7 8 9** 10 11 12 **3600-5000 m**

Corydalis pseudocristata Fedde[1-3]

须根多数成簇，纺锤状肉质增粗。茎生叶一回奇数羽状全裂。总状花序长 4~6 厘米；萼片小；花瓣黄色，先端橘黄色；上花瓣长 2.7~3.2 厘米；距圆筒形，平伸或向下弯曲。生于疏林下或草坡。分布于四川西部。

Storage roots densely fascicled, spindle-shaped. Cauline leaves blade imparipinnate. Raceme 4-6 cm; sepals minute; corolla pale yellow, with orange-yellow apex; upper petal 2.7-3.2 cm; spur cylindric, downcurved to strongly incurved. Open forests and meadow. Distr. W Sichuan.

3 大花翅瓣黄堇

1 2 3 4 5 **6 7 8** 9 10 11 12 **2100-3400 m**

Corydalis pterygopetala var. *megalantha* (Diels) Lidén & Z.Y.Su[1]

茎粗壮，具分枝。叶片三回三出分裂。总状花序长 6~12 厘米，10~22 朵花；苞片披针形，与花梗近等长；花瓣黄色；上花瓣长 2~2.7 厘米，背部具高约 1.5 毫米的鸡冠状突起；距末端稍向上弧曲；柱头黑色，双卵形，上端具 4 或 6 个乳突。蒴果长圆形，长 7~13 毫米。生于林下、林缘、灌丛、草坡。分布于云南西北部（高黎贡山）。

Stems thick, much branched. Leaves triternate. Racemes 6-12 cm, 10-22-flowered; bracts lanceolate, as long as pedicel; corolla yellow; upper petal 2-2.7 cm, crest about 1.5 mm; spur upcurved, sometimes slightly upcurved at very apex; stigma often dark, didymous, apex with 4 or 6 short papillae. Capsule oblong, 7-13 mm. Forests, forest margins, among shrubs, grasslands, slopes, burned areas. Distr. NW Yunnan (Gaoligong Mountain).

4 粗糙黄堇

1 2 3 4 5 **6 7 8 9** 10 11 12 **4000-5600 m**

Corydalis scaberula Maxim. var. *scaberula*[1-3, 5]

须根棒状增粗。叶片二至三回羽裂。总状花序密集多花；苞片边缘具软骨质的糙毛；花瓣淡黄带紫色；上花瓣长 1.8~2.3 厘米；距圆筒形，先端钝；柱头近肾形。生于高山流石滩。分布于青海、西藏东北部、四川北部和西北部。

Storage roots fasciculate, tapering distally. Leaf blade bi-(tri-)pinnate. Raceme capitate; bracts with coarse hairs marginally; corolla pale to golden yellow, apex of inner petals contrasting dark purple; upper petal 1.8-2.3 cm; spur cylindric to slightly tapering to obtuse apex; stigma reniform. Alpine scree. Distr. Qinghai, NE Xizang, N and NW Sichuan.

5 金钩如意草

1 2 **3 4 5 6 7 8 9 10 11** 12 **1500-2300 m**

Corydalis taliensis Franch.[1-2, 4]

根茎匍匐。基生叶及茎生叶数枚。总状花序多花；苞片下部者 3~5 浅裂，上部者全缘；花瓣紫色或粉红色；上花瓣长 2~2.5 厘米；距圆筒形，略下弯；蜜腺体黄色，贯穿距的 2/5；柱头具 8 个乳突。蒴果线形，长 2~2.5 厘米。生于林下、灌丛下或草丛中、田间地头。分布于云南西部（大理至丽江）。

Rootstock long. Leaves several, crowded at base but many all along stem. Racemes many flowers; lower bracts slightly 3-5-divided, upper ones entire; corolla purple, purplish blue, or pink; upper petal 2-2.5 cm; spur straight to slightly downcurved, cylindric; nectary 2/5 as long as spur; stigma with 8 papillae. Capsule linear, 2-2.5 cm. Forest understories, among shrubs, near houses and farms. Distr. W Yunnan (Dali to Lijiang).

1

2

3

3

4

4

5

1 杂多紫堇

1 2 3 4 5 6 7 8 9 10 11 12 4200-5000 m

Corydalis zadoiensis L.H.Zhou[1-2]

须根多数成簇。根茎短，具小鳞茎。基生叶片二回三出全裂。总状花序密集，具6~12朵花；苞片全缘；萼片膜质，边缘撕裂状；花瓣紫红色或蓝色；柱头双卵形，先端具4个乳突。生于高山流石滩。分布于青海南部、西藏东部。

Fibrous roots numerous, fascicled. Rhizome short with small bulbs. Radical leaves several; biternate divided. Raceme, densely 6-12-flowered; bracts entire; sepals membranous, margin lacerate; petals purple-red or blue; stigma double oval, apical marginal papillae 4. Alpine scree. Distr. S Qinghai, E Xizang.

2 穆坪紫堇

1 2 3 4 5 6 7 8 9 10 11 12 1300-2700 m

Corydalis flexuosa Franch.[1-2]

须根多数；根茎匍匐。茎生叶片二至三回三出全裂。总状花序长4~8厘米，10~20朵花；萼片鳞片状，边缘为不规则的齿缺；花瓣天蓝色或蓝紫色，稀白色；距圆筒形；柱头双卵形。蒴果线形。生于山坡水边或岩石边。分布于四川西部。

Fibrous roots numerous; rhizome horizontal. Cauline leaves biternatisect to triternatisect. Raceme 4-8 cm, 10-20-flowered; sepals orbicular, dentate; petals pale blue to indigo, rarely white, spur cylindric; stigma square to rounded. Capsule linear. Forests, clearings, grassy slopes, riversides, wet rocks. Distr. W Sichuan.

• 不具块茎，具主根者 | Non-tuberous; tap-rooted

3 灰绿黄堇

1 2 3 4 5 6 7 8 9 10 11 12 4000-6000 m

Corydalis adunca Maxim[1-5]

灰绿色丛生草本，多少具白粉。叶片二回羽状全裂，一回羽片约4~5对。花黄色至橙黄色；距末端圆钝。蒴果长圆形。生于干旱山地、河滩地或石缝中。分布于甘肃、青海、西藏、四川西部、云南西北部；内蒙古、陕西、宁夏。

Gray-green clump-forming herbs, with white powder. Leaf blade bipinnate with 4 or 5 pairs of primary leaflets; flowers yellow to orange-yellow; spur rounded-obtuse. Capsule linear-oblong. Dry mountains, dry river sands, stone crevices. Distr. Gansu, Qinghai, Xizang, W Sichuan, NW Yunnan; Nei Mongol, Shaanxi, Ningxia.

4 囊距紫堇

1 2 3 4 5 6 7 8 9 10 11 12 4000-6000 m

Corydalis benecincta W.W.Sm.[1-4]

主根肉质，黄色。叶三出，具长柄，基部具鞘，小叶肉质，上面绿色或灰褐色。总状花序伞房状；花梗较粗，果期弧形下弯；花粉红色至淡紫红色，顶端具粉红色脉；距粗大，囊状；柱头近四方形，顶端具4短柱状乳突。生于页岩和石灰岩基质的高山流石滩。分布于西藏东南部、四川西南部、云南西北部。

Tuber elongate, with yellow flesh. Leaves trifoliolate, long petiolate, base often cuneate; leaflets fleshy, adaxially green or grayish brown. Inflorescence loosely corymbose; fruiting pedicel arcuately downcurved; flowers pale pink to pale amaranth, with pinkish veins; spur cystic, large; stigma nearly square, with 4 apical papillae. Alpine scree, on "shale" and on limestone. Distr. SE Xizang, SW Sichuan, NW Yunnan.

5 大金紫堇

1 2 3 4 5 6 7 8 9 10 11 12 3500-5000 m

Corydalis dajingensis C.Y.Wu & Z.Y.Su[1-3]

主根肉质。叶具长柄，三出或羽裂（小叶1~3对），稍肉质。总状花序伞房状，具3~10朵花。花蓝色至红紫色或白色；上花瓣长1.5~2.0厘米；距圆筒形，直或末端多少弯曲；柱头顶生4乳突。生于高山流石滩、石隙。分布于西藏东部、四川北部和西部。

Tuber fleshy. Leaves fleshy, long petiolate; blade ternate to pinnate with 1-3 pairs of leaflets. Raceme corymbose, 3-10-flowered; flowers bluish to reddish purple or white; Upper petal 1.5-2 cm; spur almost straight or often strongly downcurved, cylindric; stigma with 4 apical papillae. Alpine scree, stone crevices. Distr. E Xizang, N and W Sichuan.

1

2

2

3

3

4

4

5

1 迭裂黄堇

1 2 3 4 5 6 7 8 9 10 11 12 2700-5000 m

Corydalis dasyptera Maxim.[1-3, 5]

主根粗大。叶片一回羽状全裂，羽片密集，彼此叠压。总状花序多花、密集。花污黄色，外花瓣具高而全缘的鸡冠状突起。距圆筒形，末端稍下弯；柱头扁四方形。蒴果下垂，长圆形。生于高山草地、流石滩或疏林下。分布于甘肃南部至西南部、青海、西藏东部、四川北部。

Rhizome long. Leaf blade pinnate; pinnae closely set, lobes mutually overlapping. Racemes densely flowered. Corolla dark yellow; upper petal with high and entire crest extended; spur downcurved at apex, cylindric; stigma square. Capsule pendulous, oblong. Alpine grasslands, stony scree, sparse forests. Distr. S to SW Gansu, Qinghai, E Xizang, N Sichuan.

2 纤细黄堇

1 2 3 4 5 6 7 8 9 10 11 12 2500-4000 m

Corydalis gracillima C.Y.Wu ex Govaerts[1-5]

一年或二年生小草本。具主根。茎纤细。花梗长于苞片；内花瓣金黄色或白色，先端紫黑色；柱头2裂，上端具4个长乳突。蒴果狭倒卵状长圆形。生于亚高山针叶林下、草坡或石缝中。分布于西藏东南部、四川西部、云南；缅甸北部。

Herbs, annual or biennial, with simple taproot. Stems weak. pedicel longer than bracts. corolla golden yellow or white, apex of inner petals blackish purple; stigma 2-lobed, with 4 stipitate apical papillae. Fruit narrowly obovoid. Subalpine coniferous forest, grassy slopes, mossy cliffs. Distr. SE Xizang, W Sichuan, Yunnan; N Myanmar.

3 半荷包紫堇

1 2 3 4 5 6 7 8 9 10 11 12 3500-5300 m

Corydalis hemidicentra Hand.-Mazz.[1-4]

块茎长3~6厘米，圆柱形。茎潜生地下。叶三出，肉质；上面灰绿色或棕褐色。花序伞房状或近伞形；花梗粗而直立；花蓝白色、蓝色至蓝紫色；上花瓣多少弧形上弯；距长1.2~1.5厘米；柱头扁四方形。生于高山流石滩。分布于西藏东南部、云南西北部。

Tuber cylindric, 3-6 cm. Stems with long pale slender underground parts. Leaves trifoliolate; grayish blue-green, fleshy. Racemes corymbose or subumbellate. pedicel straight; flower blue white, blue to blue purple; upper petal ± arcuately upcurved; spur 1.2-1.5 cm; stigma nearly square. Alpine stony scree. Distr. SE Xizang, NW Yunnan.

4 尖突黄堇

1 2 3 4 5 6 7 8 9 10 11 12 4200-5300 m

Corydalis mucronifera Maxim.[1-2, 5]

垫状草本。具主根。叶片三出羽状分裂或掌状分裂，具芒状尖突。花序伞房状，5~10朵花；苞片扇形；花白色或奶油色，先端具黄色；上花瓣长约8毫米；距圆筒形，稍短于瓣片。生于高山流石滩。分布于甘肃西部、青海南部、西藏北部；新疆东部。

Herbs, forming small cushions, with long taproot. Leaves biternatisect or palmately divided, with awn spikes. Racemes corymbose, 5-10-flowered; bracts flabellate; flowers whitish or cream with yellow apex; upper petal about 8 mm; spur cylindric, slightly shorter than petals. Alpine scree. Distr. W Gansu, S Qinghai, N Xizang; E Xinjiang.

5 蛇果黄堇

1 2 3 4 5 6 7 8 9 10 11 12 1100-2700 m

Corydalis ophiocarpa Hook.f. & Thomson[1-5]

丛生灰绿色草本。具主根。叶片羽状全裂。总状花序长10~30厘米，20~40朵花；花淡黄色至苍白色；距短囊状，约占花瓣全长的1/3 ~ 1/4。蒴果蛇形弯曲。生于沟谷林缘。分布于甘肃、青海、西藏、四川、云南；华北、华中及台湾；印度（锡金邦）、不丹、日本。

Herbs tufted, taprooted, glaucous. Leaf blade bipinnate. Racemes 10-30 cm, 20-40-flowered; flowers pale yellow to whitish; spur broadly saccate, 1/3-1/4 as long as petals. Capsule reflexed, linear, strongly contorted. River valleys, forest margins. Distr. Gansu, Qinghai, Xizang, Sichuan, Yunnan; N and C China, Taiwan; India (Sikkim), Bhutan, Japan.

1
2
2
3
3
4
4
5

1 羽苞黄堇

1 2 3 4 5 6 7 8 9 10 11 12 3000-5400 m

Corydalis pinnatibracteata Y.W.Wang, Lidén, Q.R.Liu & M.L.Zhang[1]

主根粗壮，从基部分枝。根茎短，覆盖残叶。茎中空，5条棱。叶二回羽状，羽片对生。最下的苞片三角状卵形，二回羽状裂；下花瓣基部具囊。蒴果阔倒卵形。生于河岸、沙质和岩石山坡。分布于青海南部。

Taproot stong, branched from base. Thizome short, covered by old petiole remnants. Stem hollow, 5-ridged. Leaves bipinnate with opposite pinnae. Lowermost bracts triangular-ovate, bipinnately divided; lower petal with a basal pouch. Capsule broadly obovate. River bank, sandy and rocky slopes. Distr. S Qinghai.

· 具块茎者 | Tuberous

2 唐古特延胡索

1 2 3 4 5 6 7 8 9 10 11 12 2600-5800 m

Corydalis tangutica Pschkova subsp. *tangutica*[1-2]

块茎长圆形，长约1~1.5厘米。叶具长柄，基部鞘状宽展，三出。总状花序2~5朵花；花浅蓝色至浅紫色，平展；外花瓣近急尖，无鸡冠状突起或极不明显；距直或末端稍下弯，长8~10毫米；柱头小。蒴果俯垂。生于高山流石滩。分布于甘肃、青海、西藏东南部、四川北部、云南西北部；不丹、克什米尔地区。

Tuber oblong, 1-1.5 cm. Leaves long petiolate, vaginate at base, blade ternate. Racemes densely 2-5-flowered; flowers pale blue to pale purple; outer petals acute, without crest or rarely with narrow crest; spur straight or tip slightly downcurved, 8-10 mm; stigma small. Capsule cernuous. Alpine sandy scree. Distr. Gansu, Qinghai, SE Xizang, N Sichuan, NW Yunnan; Bhutan, Kashmir.

3 长轴唐古特延胡索

1 2 3 4 5 6 7 8 9 10 11 12 4000-5800 m

Corydalis tangutica subsp. *bullata* (Lidén) Z.Y.Su[1-2]

下花瓣基部通常明显具浅囊；柱头不具侧向双卵形乳突。生于高山灌丛或流石滩。分布于西藏东南部、云南西北部；不丹、克什米尔地区。

Lower petal with obvious sac; stigma without lateral didymous papillae. Among alpine shrubs, sandy scree. Distr. SE Xizang, NW Yunnan; Bhutan, Kashmir.

罂粟科 Papaveraceae | 紫金龙属 *Dactylicapnos* Wall.

草质藤本。茎攀援。叶多回羽状分裂，顶生小叶卷须状。总状花序或伞房状花序；花纵向两侧对称；花瓣浅黄色至橙色；雄蕊6枚，合成2束；柱头近四方形。蒴果线状长圆形，2瓣裂，或者长卵形，浆果状。12种；中国10种；横断山区4种。

Herbs, scandent. Leaf blade pinnately compound, apex of leaf transformed into a branched tendril. Inflorescences terminal or corymbose; flowers with 2 planes of symmetry; petals pale yellow to orange; stamens 6, synthesized into 2 bundles; stigma almost square. Capsule linear oblong, 2-valved, or long ovate, berrylike. Twelve species; ten in China; four in HDM.

4 丽江紫金龙

1 2 3 4 5 6 7 8 9 10 11 12 1700-3000 m

Dactylicapnos lichiangensis (Fedde) Hand.-Mazz.[1-5]

总状花序伞房状，具1~3朵花；苞片线状披针形，边缘具疏齿；花瓣淡黄色。蒴果绿色，线状长圆形，长3~6厘米。种子黑色，无光泽；外种皮密具小乳突。生于林缘、灌丛中和山坡草地。分布于西藏东南部、四川西南部、云南西北部至中部；印度（阿萨姆邦）。

Raceme corymbose, 1-3-flowered; bracts linear-lanceolate, irregularly lacerate; corolla pale yellow. Capsule green, linear-oblong, 3-6 cm long. Seeds black and dull, episperm with small papillae. Forest margins, shrubs, slopes. Distr. SE Xizang, SW Sichuan, NW to C Yunnan; India (Assam).

1

1

2

2

3

4

4

4

罂粟科 Papaveraceae | 秃疮花属 *Dicranostigma* Hook.f. & Thomson

草本，常具黄色液汁。叶常羽裂。花瓣 4 枚，辐射对称，黄色或橙黄色；雄蕊多数；子房 1 室，2 枚心皮，圆柱形或狭圆柱形，疏被短柔毛或具瘤状突起；花柱极短，柱头头状。蒴果圆柱形或线形，被短柔毛或无毛，2 瓣自顶端开裂至近基部。种子小，具网纹，无种阜。3 种，横断山区均产。

Herbs, yellow lactiferous. Leaves pinnate lobate. Petals 4, actinomorphic, yellow or orange; stamens many; ovary 1-loculed, 2-carpellate, terete or narrowly so, pubescent or tuberculate; styles very short; stigmas capitate. Capsule terete or linear, shortly pubescent or glabrous, 2-valvate, splitting from apex nearly to base. Seeds small, tessellate, not carunculate. Three species, all found in HDM.

1 苣叶秃疮花

1 2 3 4 5 **6 7 8** 9 10 11 12 **2900-4300 m**

Dicranostigma lactucoides Hook.f. et Thoms[1-2, 5]

草本，高 15~60 厘米，被短柔毛。茎 3~4 条。萼片淡黄色，被短柔毛，边缘膜质；子房狭卵圆形，被淡黄色短柔毛。蒴果圆柱形，两端渐尖，长 5~6 厘米，被短柔毛。生于石坡或岩屑坡。分布于西藏南部、四川西北部；印度北部、尼泊尔。

Herbs, 15-60 cm tall, shortly pubescent. Stems 3 or 4. Sepals pale yellow, shortly pubescent, margin membranous; ovary narrowly oval, shortly pubescent. Capsule cylindrical, slightly broader toward base, 5-6 cm, shortly pubescent. Stony slopes, rock crevices. Distr. S Xizang, NW Sichuan; N India, Nepal.

2 秃疮花

1 2 **3 4 5** 6 7 8 9 10 11 12 **400-3700 m**

Dicranostigma leptopodum (Maxim.) Fedde[1-2, 5]

草本，高 25~80 厘米，全体含淡黄色液汁，被短柔毛，稀无毛。萼片先端渐尖成距，距末明显扩大成匙形；子房狭圆柱形，密被疣状短毛。蒴果线形，长 4~7.5 厘米。生于草坡或路旁。分布于甘肃南部、青海东部、西藏北部、四川西部、云南西北部；河北西南部、山西南部、河南西北部、陕西。

Herbs, 25-80 cm tall, throughout yellow lactiferous, shortly pubescent, rarely glabrous. Sepals ovate, apically acuminate to spur, spur end obviously ampliate spatulate; ovary narrowly terete, densely verrucose-pubescent. Capsule linear, 4-7.5 cm long. Grassy slopes and roadsides. Distr. S Gansu, E Qinghai, N Xizang, W Sichuan, NW Yunnan; SW Hebei, S Shanxi, NW Henan, Shaanxi.

3 宽果秃疮花

1 2 3 4 5 6 7 **8 9** 10 11 12 **3300-4000 m**

Dicranostigma platycarpum C.Y.Wu & H.Chuang[1-5]

草本，高 1~2 米。茎无毛。茎生叶抱茎。萼片外面疏被短柔毛，边缘一侧薄膜质。蒴果圆柱形，长 6~8 毫米，无毛。生于高山草地或沟边岩石隙。分布于西藏东南部、云南西北部。

Herbs, 1-2 m tall. Stems glabrous. Cauline leaves almost amplexicaul. Sepals outside sparsely shortly pubescent, margin membranous on one side. Capsule cylindrical, 6-8 mm, glabrous. Alpine meadows, rock crevices at ditch sides. Distr. SE Xizang, NW Yunnan.

罂粟科 Papaveraceae | 角茴香属 *Hypecoum* L.

茎分枝直立至平卧。花两侧对称，花瓣 4 枚，大多黄色，外面 2 枚 3 浅裂或全缘，里面 2 枚 3 深裂。蒴果线形，大多具节，节内有横隔膜，成熟时在关节处分离成数小节，每节具 1 种子或者不具节而裂为 2 果瓣。18 种，中国 4 种；横断山区 1 种。

Stem branches erect to prostrate. Flowers bisymmetric; petals 4, mostly yellow; outer petals shallowly 3-lobed to entire; inner petals deeply 3-lobed. Fruit linear, dehiscing with 2 valves or breaking up into 1-seeded units. Eighteen species; four in China; one in HDM.

4 细果角茴香

1 2 3 4 5 **6 7 8 9** 10 11 12 **2700-5000 m**

Hypecoum leptocarpum Hook.f. & Thomson[1-5]

花瓣白色或淡紫色。蒴果直立，圆柱形，两侧压扁。生于向阳的山坡、河滩及沙质地。分布于甘肃、青海、西藏、四川西部、云南西北部；华北、西北地区；西部邻国。

Petals white or pale lavender. Capsule erect, cylindrical, compressed on both sides. Slopes, river sands, gravel slopes, sandstone. Distr. Gansu, Qinghai, Xizang, W Sichuan, NW Yunnan; N and NW China; W neighbouring countries.

1

1

2

2

3

3

4

4

罂粟科 Papaveraceae | 黄药属 *Ichtyoselmis* Lid é n & Fukuhara

多年生直立草本，无毛。2~4 枚叶互生于茎上部，小叶具粗齿。花序聚伞状，下垂；萼片狭长圆状披针形，全缘；花冠淡黄绿色或紫红色。单型属。

Herbs, perennial, erect, glabrous. Stems branched above, with 2-4 alternate leaves. Leaflets discrete, serrate. Inflorescences cymose, pendent; sepals lanceolate, entire. Corolla pale yellow or red-purple. One species.

1 黄药

1 2 3 **4 5 6** 7 8 9 10 11 12 **1500-2700 m**

chtyoselmis macrantha (Oliver) Lidén[1]

— *Dicentra macrantha* Oliv.

种描述参见上文。生于湿润林下或小瀑布边。分布于四川南部、云南东北部及西北部；湖北、贵州；缅甸北部。

Monotypical genus, see description above. Woods, glades, humid but well-drained soils. Distr. S Sichuan, NE and NW Yunnan; Hubei, Guizhou; N Myanmar.

罂粟科 Papaveraceae | 绿绒蒿属 *Meconopsis* Vig.

叶全部基生成莲座状或也生于茎上；叶片全缘至羽状全裂，无毛至具刺毛。花单生或总状、圆锥状排列；花大而美丽；雄蕊多数；子房近球形至狭圆柱形；花柱明显，上下等粗或基部扩大成盘而盖于子房上；柱头分离或连合，头状或棒状。蒴果近球形至狭圆柱形。种子无种阜。约 54 种；中国 43 种；横断山区 20 种以上。

Leaves cauline and basal or all basal and forming a rosette; leaves blade entire, serrate, or pinnatifid to pinnate, glabrous to bristly. Inflorescence a raceme, panicle, pseudoumbel, or solitary; flowers large; ovary nearly spherical to narrowly terete; styles distinct, regularly stout or basally expanding into a disk covering top of ovary; stigmas free or united, capitate or clavate. Capsule nearly spherical to cylindrical. Seeds without a caruncle. About 54 species; 43 in China; more than 20 species in HDM.

· 有茎生叶者 | With cauline leaves

2 巴郎山绿绒蒿

1 2 3 4 5 **6 7 8** 9 10 11 12 **3600-4000 m**

Meconopsis balangensis Tosh.Yoshida, H.Sun & D.E.Boufford var. *balangensis*[9]

叶片几近全缘。刺毛基部深色，先端易折断。花序轴长于花梗；花瓣蓝色或蓝紫色，稀粉色；内轮花丝膨大并向内卷曲，长于花柱。生于高山流石滩。分布于四川西部。

Leave blade mostly entire. Base of spine like hairs blackish, tips narrowly elongate and easily breaking. Rachis longer than the pedicels; petal blue or bluish purple, rarely pale pink; inner filaments inflated and inwardly curved, longer than stigma. Alpine screes. Distr. W Sichuan.

3 夹金山绿绒蒿

1 2 3 4 5 **6 7 8** 9 10 11 12 **3600-4100 m**

Meconopsis balangensis var. *atrata* Tosh.Yoshida, H.Sun & D.E.Boufford[9]

与原变种（上条）区别在于花瓣深紫或紫黑色，刺毛色浅，先端不易折断。生于高山流石滩。分布于四川西部。

Similar to *M. balangensis* var. *balangensis*, but petals dark purple or dark maroon; spine like hairs sometimes unicolored without blackish base, tips not easily breaking. Alpine screes. Distr. W Sichuan.

4 藿香叶绿绒蒿

1 2 3 4 5 **6 7 8** 9 10 11 12 **3000-4000 m**

Meconopsis betonicifolia Franch.[1-5]

根茎短而肥厚。茎直立，粗壮。叶片边缘宽缺刻状圆裂。花 3~6 朵，天蓝色或紫色，稀白色；花丝白色；花药橘红色或金黄色；子房椭圆状长圆形；花柱棒状。生于林下或草坡。分布于西藏东南部、云南西北部；缅甸北部。

Rootstock short and plump. Stems erect and stout. Leaves margin broadly incised-toothed. Flowers 3-6; petals blue or purple, rarely white. Filaments white; anthers orange or golden. Ovary elliptic-oblong; styles clavate. Forest understories, grassy slopes. Distr. SE Xizang, NW Yunnan; N Myanmar.

1
2
2
3
4
4

1 椭果绿绒蒿

1 2 3 4 **5** **6** **7** **8** 9 10 11 12 **1400-2700 m**

Meconopsis chelidoniifolia Bureau & Franch.[1-3]

多年生，高 50~150 厘米。庞大的纤维根系。茎直立，绿色带紫，具分枝。叶羽裂。花 1 ～ 2 朵组成聚伞状圆锥花序；花瓣 4 枚，黄色；花丝丝状；花药黄色；子房及蒴果无毛，椭圆形。生于林下阴处或溪边路旁。分布于四川西部至北部和云南西北部及东北部。

Perennial, 50-150 cm tall. Roots long, much branched, fibrous. Stems erect, greenish purple, branche. Leaves blade pinnate to pinnatipartite. Flowers 1 or 2, forming cymose panicles; petals 4, yellow; filaments filiform; anthers yellow; ovary and capsule elliptic, glabrous. Shade of forest understories, creek sides, roadsides. Distr. W to N Sichuan, NW and NE Yunnan.

2 全缘叶绿绒蒿

1 2 3 4 **5** **6** **7** 8 9 10 11 12 **2700-5100 m**

Meconopsis integrifolia (Maxim.) Franch.[1-5]

单次结实。全体被锈色和金黄色长柔毛。花瓣 6~8 枚，近圆形至倒卵形，黄色或稀白色；子房筒状，密被金黄色长硬毛，花柱极短。生于多石山坡、矮灌丛或林下。分布于甘肃西南部、青海东部至南部、西藏东部和南部、四川西北部和西部、云南西北部和东北部；缅甸东北部。

Monocarpic. Throughout with long, rufous or golden barbellate hairs. Petals 6-8, suborbicular to obovate, yellow, rarely white; ovary barrel-shaped, densely golden yellow bristles; stigmas sessile. Grassy and rocky slopes, forest understories, open shrublands. Distr. SW Gansu, E to S Qinghai, E and S Xizang, NW and W Sichuan, NW and NE Yunnan; NE Myanmar.

3 琴叶绿绒蒿

1 2 3 4 **5** **6** **7** **8** **9** 10 11 12 **3400-4800 m**

Meconopsis lyrata (H.A.Cummins & Prain) Fedde ex Prain[1-5]

单次结实。高 5~50 厘米。主根通常狭卵形。茎纤细，不分枝，被黄褐色柔毛，有时无毛。叶片边缘全缘、圆裂或羽裂。花 1~5 朵，生于上部茎生叶腋内；花瓣淡蓝色或稀粉红色、淡玫瑰色、白色；花丝丝状。蒴果狭长圆形或近圆柱形。生于草坡和高山草甸。分布于西藏南部、云南西北部；不丹、印度、尼泊尔。

Monocarpic, 5-50 cm tall. Taproot usually narrowly ovoid. Stems tenuous, curved or compressed yellow-brown pubescent, sometimes glabrous. Leaves blade margin entire, lobed, pinnatilobate or pinnatipartite. Flowers 1-5 in axils of upper cauline leaves; petals pale blue or rarely pink, pale rose, or white; filaments filiform. Capsule oblong to narrowly oblong. Grassy slopes, alpine meadows. Distr. S Xizang, NW Yunnan; Bhutan, India, Nepal.

4 横断山绿绒蒿

1 2 3 4 **5** **6** **7** 8 9 10 11 12 **2700-4200 m**

Meconopsis pseudointegrifolia Prain[1-2]

与全缘叶绿绒蒿相似，但花柱较长，3~11 毫米。生于林缘、高山草坡及杜鹃灌丛。分布于甘肃南部、西藏东部和东南部、四川西南部、云南西北部；缅甸东北部。

Similar to *M. integrifolia*, but styles distinct, 3-11 mm. Mountain moorlands, rhododendron, grassy slopes, rocky slopes, scree. Distr. S Gansu, E and SE Xizang, SW Sichuan, NW Yunnan; NE Myanmar.

5 总状绿绒蒿

1 2 3 4 **5** **6** **7** **8** 9 10 11 12 **3000-4900 m**

Meconopsis racemosa Maxim.[1-3]

单次结实。高 20~50 厘米，全体被黄褐色或黄色硬刺。主根圆柱形，向下渐狭。叶全缘，具刺毛。花序总状，或兼有自基部抽出的单生花莛。蒴果卵形或长卵形，密被刺毛。生于草坡、砾石堆，有时也生于林缘。分布于甘肃南部、青海南部和东部、西藏、四川西部和西北部、云南西北部。

Monocarpic, 20-50 cm tall, throughout with fulvous or yellowish, firm spines. Taproot terete, attenuate toward base. Leaves with spreading spines, margin enire. Inflorescence a simple raceme, sometimes with additional, solitary, scapose flowers in axils of basal leaves. Capsule ovoid or narrowly ovoid, with dense, spreading bristles. Grassy slopes, stony slopes, sometimes in forest understories. Distr. S Gansu, S and E Qinghai, Xizang, W and NW Sichuan, NW Yunnan.

1

1

2

2

3

4

4

5

5

1 贡山绿绒蒿

1 2 3 4 5 **6** **7** **8** 9 10 11 12 **3100-3400 m**

Meconopsis smithiana (Hand.-Mazz.) G.Taylor ex Hand.-Mazz.[1-4]

多年生草本，高 30~90 厘米。根茎短而肥厚。茎不分枝，被长硬毛。茎生叶疏离，叶片羽状 3 小叶。花约 4 朵；花瓣 4 枚，黄色；子房近球形，密被褐色长硬毛；柱头 5 裂。生于潮湿林中、林缘或山坡湿草地。分布于云南西北部（贡山）；缅甸东北部。

Perennial, 30-90 cm tall. Rootstock short and plump. Stems simple, barbellate-hirsute. Cauline leaves distant, blade trifoliolate. Flowers about 4; petals 4, yellow; ovary spheroidal, densely appressed brown hirsute; stigmas 5-lobed. Moist forest margins, moist grasslands. Distr. NW Yunnan (Gongshan); NE Myanmar.

2 美丽绿绒蒿

1 2 3 4 5 6 **7** **8** 9 10 11 12 **3700-4400 m**

Meconopsis speciosa Prain[1-5]

单次结实。高 15~60 厘米，全体被锈色或淡黄色刺毛。主根粗而长。茎圆柱形，不分枝。叶片羽状深裂。总状花序或单生于基生花葶上；花瓣 4~8 枚，蓝色至鲜紫红色。蒴果椭圆形，密被刺毛。生于高山灌丛草地、岩壁和高山流石滩。分布西藏东南部、四川西部、云南西北部。

Monocarpic, 15-60 cm tall, throughout rubiginous or yellowish bristly. Taproot long and stout. Stems erect, terete. Leaves margin pinnatipartite. Inflorescence racemose, sometimes accompanied by solitary-flowered basal scapes; petals 4-8, blue to fleshy-mauve. Capsule elliptic, densely rubiginous. Among alpine shrubs, grasslands, rocky slopes, alpine scree. Distr. SE Xizang, W Sichuan, NW Yunnan.

3 尼泊尔绿绒蒿

1 2 3 4 5 **6** **7** **8** **9** 10 11 12 **3300-4000 m**

Meconopsis wilsonii Grey-Wilson subsp. *wilsonii*[2-5]

— *Meconopsis napaulensis* DC.

单次结实。高 70~150 厘米，全体被黄褐色长柔毛。主根肥厚延长。茎粗壮，直径为 15 毫米。叶片羽裂或近全缘；下部叶片 6~8 对裂片。总状圆锥花序，花梗毛被服贴或上升；花瓣 4 枚；子房卵形，密被贴伏的刚毛。蒴果卵球形到椭圆体。生于湿润的林缘、草坡、灌丛、石缝、崖壁。分布于四川西部（宝兴、冕宁）。

Monocarpic, 70-150 cm tall, throughout with yellowish-brown hairs. Taproot dauciform. Stem terete, to 15 mm in diam. Leaves blade pinnatisect to subentire; basal and lower leaves with 6-8 pairs of primary segments. Inflorescence a fastigiate or semi-fastigiate panicle; peduncle and pedicel hairs ascending to subappressed; petals 4. Ovary ovoid, with ascending to appressed barbellate bristles. Capsule ovoid to ellipsoid. Forest and scrub margins, shrublands, rocky and stony places, cliffs. Distr. W Sichuan (Baoxing, Mianning).

4 少裂尼泊尔绿绒蒿

1 2 3 4 5 **6** **7** **8** **9** 10 11 12 **2700-4000 m**

Meconopsis wilsonii subsp. *australis* Grey-Wilson[1]

与原亚种的不同之处在于：基生或下部叶片仅 4~5 对初级裂片，中上部茎生叶和苞片浅裂，3~5 对裂片。花梗被毛开展。生于湿润的多石山坡、灌丛、林缘。分布于云南西北部和西部；缅甸北部。

Basal and lower leaves with 4 or 5 pairs of primary segments, middle and upper cauline leaves and bracts shallowly divided, with 3-5 pairs of segments. Peduncle and pedicel hairs spreading. Rocky and stony places, cliffs, forest and scrub margins, shrublands. Distr. NW and W Yunnan; N Myanmar.

• 叶全部基生者 | All basal leaves

5 久治绿绒蒿

1 2 3 4 5 **6** **7** **8** 9 10 11 12 **3900-4400 m**

Meconopsis barbiseta C.Y.Wu & H.Chuang ex L.H.Zhou[1-2]

主根萝卜状，长约 2 厘米，粗 1.2 厘米。叶全部基生。花葶高 30~40 厘米，先端细；花单生；花瓣 6 枚，蓝紫色，基部紫黑色；花丝丝状。生于高山草甸、灌丛。分布于青海东南部（久治）。

Taproot napiform, about 2 cm × 1.2 cm. Leaves all basal. Scape 30-40 cm tall, apically slender; flowers solitary on basal scapes; petals 6, indigo, basally black-purple. Filaments filiform. Alpine meadows and thickets. Distr. SE Qinghai (Jigzhi).

1

2

2

3

4

5

1 长果绿绒蒿

1 2 3 4 **5** **6** **7** **8** 9 10 11 12 2700-4000 m

Meconopsis delavayi (Franch.) Franch. ex Prain[1-4]

多年生草本。主根圆柱形。叶全部基生，全缘。花单生于花葶上，半下垂；花瓣深紫色或蓝紫色，稀玫瑰色；花丝丝状；子房狭长圆状椭圆形，无毛；柱头头状或有时近棒状。蒴果狭长圆形或近圆柱形，长 5~10 厘米。生于高山草坡。分布于云南西北部（丽江至鹤庆）。

Herbs, perennial. Taproot cylindrical. Leaves all basal, margin entire. Flowers solitary on scape, semi-nutant; petals deep violet-blue or indigo, rarely rose-purple; filaments filiform; ovary narrowly oblong-elliptic, glabrous; stigmas capitate or sometimes almost clavate. Capsule narrowly oblong or subcylindrical, 5-10 cm. Grassy slopes. Distr. NW Yunnan (Lijiang to Heqing).

2 丽江绿绒蒿

1 2 3 4 5 **6** **7** **8** 9 10 11 12 3400-4300 m

Meconopsis forrestii Prain[1-4]

多年生，一次结实。主根圆锥形或萝卜状。叶通常全部基生。花茎直立，不分枝。花 3~7 朵，生于花茎上部；花瓣淡蓝色或淡紫蓝色；花丝丝状；子房狭椭圆状长圆形，无毛或疏被长硬毛，花柱极短或无。蒴果劲直，近狭圆柱形。生于草坡、岩地、林缘。分布于四川西南部，云南西北部。

Perennial, monocarpic. Taproot conical or radishlike. Leaves usually all basal. Inflorescence simple scapose, erect; flowers 3-7, on upper part of scape; petals slightly blue or pale indigo; filaments filiform; ovary elliptic-oblong, glabrous or sparsely hirsute; styles very short or absent. Capsule erect, nearly narrowly cylindrical. Grassy slopes, rocky places, woodland margins. Distr. SW Sichuan, NW Yunnan.

3 川西绿绒蒿

1 2 3 4 5 **6** **7** **8** 9 10 11 12 3200-4500 m

Meconopsis henrici Bureau & Franch.[1-2]

多年生，一次结实。主根短而肥厚，圆锥形。叶全部基生，全缘或波状。花单生于基生花葶上；花瓣深蓝紫色或紫色；花丝上部 1/3 丝状，下部 2/3 突然扩大成条形；子房卵珠形或近球形，密被硬毛；花柱长 5~8 毫米。生于高山草地。分布于甘肃西南部、四川西北部和西部。

Perennial, monocarpic. Taproot plump, conical. Leaves all basal; blade margin entire or undulate. Flowers simple on basal scapes; petals dark indigo, violet, or purple; filaments filiform in upper 1/3 but markedly dilated in lower 2/3; ovary ovoid or spheroidal, densely fulvous appressed setose; styles 5-8 mm. Alpine grasslands, meadows, open shrublands. Distr. SW Gansu, NW and W Sichuan.

4 多刺绿绒蒿

1 2 3 4 5 **6** **7** **8** 9 10 11 12 3600-5100 m

Meconopsis horridula Hook.f. & Thomson[1-2, 4-5]

与总状绿绒蒿相似，但植株矮小。叶全部基生。花单生于基生花葶上。生于草坡、碎石、岩架、稳定的冰碛上。分布于甘肃西部、青海东部至南部、西藏、四川西部；尼泊尔、印度东北部、缅甸北部、不丹。

Similar to *M. racemosa*, but short and small. Leaves all basal. Flowers solitary on basal scapes. Grassy slopes, scree, rock ledges, stabilized moraines. W Gansu, E to S Qinghai, Xizang, W Sichuan; Nepal, NE India, N Myanmar, Bhutan.

5 滇西绿绒蒿

1 2 3 4 **5** **6** **7** 8 9 10 11 12 3400-4500 m

Meconopsis impedita Prain[1-5]

多年生一次结实。主根肥厚。叶全部基生，全缘或波状，两面被锈色刺毛。花葶高约 25 厘米，花单生于花葶上；花瓣 4~10 枚，深紫色或蓝紫色；花丝丝状；子房椭圆形至狭倒卵形，被硬毛；花柱棒状，长 3~10 毫米。生于草坡、岩石坡、高山草甸。分布于西藏东南部、四川西南部、云南西北部；缅甸东北部。

Perennial, monocarpic. Taproot plump. Leaves all basal; margin entire or undulate, both surfaces rubiginous or fulvous spiny. Scapes to 25 cm, flowers solitary on basal scapes; petals 4-10, dark purple or indigo; filaments filiform; ovary ellipsoidal, to narrowly obovoid, fulvous appressed hirsute; styles clavate, 3-10 mm. Grassy slopes, rocky slopes, alpine meadows. Distr. SE Xizang, SW Sichuan, NW Yunnan; NE Myanmar.

1

2

2

3

4

5

1 长叶绿绒蒿

1 2 3 4 5 6 7 8 9 10 11 12 3300-4800 m

Meconopsis lancifolia (Franch.) Franch. ex Prain[1-5]

单次结实，高 8~35 厘米。主根萝卜状。茎直立，被黄褐色硬毛或无毛。叶基生或兼有生于茎下部者。总状花序，或兼有单生于基生花葶上者；花瓣紫色或蓝色；花丝丝状；子房长圆形至椭圆形，被刺毛，稀无毛；花柱长 1~2 毫米。生于林下和高山草地。分布于甘肃西南部、西藏东南部、四川西部至西北部、云南西北部；缅甸东北部。

Monocarpic, 8-35 cm tall. Taproot radishlike. Stems erect, with soft bristles, or glabrous. Leaves mostly or all basal. Inflorescence racemose, sometimes simple on basal scapes; petals satiny purple or blue; filaments filiform; ovary oblong to elliptic, with bristly hairs, rarely glabrous; styles 1-2 mm. Alpine meadows, rocky places. Distr. SW Gansu, SE Xizang, W to NW Sichuan, NW Yunnan; NE Myanmar.

2 拟秀丽绿绒蒿

1 2 3 4 5 6 7 8 9 10 11 12 3400-4200 m

Meconopsis pseudovenusta G.Taylor[1-5]

主根肥厚而延长。叶片通常羽状深裂或二回羽状深裂，稀全缘或波状。花半下垂生于基生花葶上；花瓣 4~10 枚，红紫色；花丝丝状。生于高山草甸、岩坡或高山流石滩。分布于西藏东南部（波密）、四川西南部、云南西北部。

Taproot plump, extended. Leaves blade usually pinnatipartite or bipinnatipartite, rarely entire or undulate. Flowers semi-nutant from basal scapes; petals 4-10, wine-purple; filaments filiform. Alpine meadows, rocky slopes, scree. Distr. SE Xizang (Bomi), SW Sichuan, NW Yunnan.

3 红花绿绒蒿

1 2 3 4 5 6 7 8 9 10 11 12 2800-4300 m

Meconopsis punicea Maxim.[1-2, 5]

多年生或单次结实。须根纤维状。花瓣深红色，稀白色；花丝条形。生于山坡草地、开阔灌木地，山地和沼地。分布于甘肃西南部、青海东南部、西藏东北部、四川西北部。

Perennial or monocarpic. Roots fibrous. Petals intense carmine, rarely white; filaments strip. Grassy slopes, open shrublands, mountain heaths and moorlands. Distr. SW Gansu, SE Qinghai, NE Xizang, NW Sichuan.

4 五脉绿绒蒿

1 2 3 4 5 6 7 8 9 10 11 12 2300-4600 m

Meconopsis quintuplinervia Regel[1-3, 5]

多年生，高 30~50 厘米。须根纤维状。叶全部基生，莲座状，全缘，明显具 3~5 条纵脉。花单生于基生花葶上；花瓣 4~6 枚，淡蓝色或紫色；花丝丝状；子房近球形、密被刚毛；花柱长 1~1.5 毫米。生于阴坡灌丛中或高山草地。分布于甘肃南部和东南部、青海东北部、西藏东北部、四川西北部；湖北西部、陕西西部。

Perennial, 30-50 cm tall. Roots fibrous. Leaves all basal, forming a rosette, margin entire, obviously longitudinally 3-5-veined. Flowers solitary on scape; petals 4-6, pale lilac-blue to purple; filaments filiform; ovary spheroidal to oblong, with dense, fulvous, barbellate setae; styles short, 1-1.5 mm. Grassy slopes, alpine grasslands understories shrubs. Distr. S and SW Gansu, NE Qinghai, NE Xizang, NW Sichuan; W Hubei and W Shaanxi.

5 宽叶绿绒蒿

1 2 3 4 5 6 7 8 9 10 11 12 3300-4650 m

Meconopsis rudis (Prain) Prain[1-2]

叶片灰绿色，宽，不规则开裂；刚毛稀疏，基部色深。柱头突出。生于高山草坡、流石滩、崖壁。分布于四川西部和西南部、云南西北部。

Leaves broad, irregularly toothed or lobed, glaucous, with dark base to sparse bristles. Stigmas protruding, elongate. Grassy slopes, rocky places, scree, cliff ledges. Distr. W and SW Sichuan, NW Yunnan.

6 秀丽绿绒蒿

1 2 3 4 5 6 7 8 9 10 11 12 3300-4650 m

Meconopsis venusta Prain[1-4]

与拟秀丽绿绒蒿相似，但花瓣 4 枚。生于高山草甸、高山流石滩。分布于云南西北部。

Similar to *M. pseudovenusta*, but petal 4. Alpine meadows, rocky slopes, scree. Distr. NW Yunnan.

1
1
2
2
3
4
5
6

星叶草科 Circaeasteraceae | 星叶草属 *Circaeaster* Maxim.

一年生小草本。子叶线形，宿存。叶莲座状，生于伸长的下胚轴上；叶脉二叉状分枝。花簇生于叶丛中央，小，两性；萼片 2 或 3 枚，宿存；花瓣不存在；雄蕊 1~2 枚，偶见 3 枚，花丝扁平，线形，花药 2 室，内向；心皮 1~3 枚，分生；无花柱；柱头顶生，具乳突；子房有 1 颗下垂的胚珠。瘦果不分裂；种子有丰富胚乳，胚圆柱形，直，子叶短。单种属，横断山区有分布。

Herbs annual. Cotyledons linear, persistent. Leaves rosulate, borne on elongated hypocotyl; veins dichotomous. Flowers fascicled in axil of upper leaves, small, bisexual; sepals 2 or 3, persistent; petals absent; stamens 1-2(or 3); filaments flat, linear; anthers 2-loculed, introrse; carpels 1-3, separate; ovary superior; style absent; stigma terminal, papillate; ovule 1 per ovary, subapical, pendulous. Fruit indehiscent. Seeds with copious endosperm; embryo terete, straight, with short cotyledons. One species, distributed in HDM.

1 星叶草

1 2 3 **4 5 6 7 8** 9 10 11 12 **2100-5000 m**

Circaeaster agrestis Maxim.[1]

种描述参见上文。生于森林或潮湿草地，常在乔木、灌丛的树荫下，或石缝中。分布于甘肃南部、青海东部及南部、西藏东部及南部、四川西部、云南西北部；陕西、新疆；尼泊尔，印度，不丹。

See description for the genus. Forests or wet grasslands, usually under shade of trees, shrubs, or rock ledges. Distr. S Gansu, E and S Qinghai, E and S Xizang, W Sichuan, NW Yunnan; Shaanxi, Xinjiang; Nepal, India, Bhutan.

星叶草科 Circaeasteraceae | 独叶草属 *Kingdonia* Balf.f. & W.W.Sm.

多年生小草本，有细长的根状茎。叶 1 枚，基生，有长柄，掌状全裂；叶脉二叉状分枝。花顶生，单生，两性；萼片 5 枚；花瓣不存在；心皮 3~7 枚（偶多至 9 枚）；子房有颗下垂的胚珠；花柱钻形。瘦果狭倒披针形。单型属。

Herbs perennial, small. Rhizome slender. Leaf usually 1, basal, long petiolate, palmate; veins dichotomous. Flowers terminal, solitary, bisexual; sepals 5; petals absent; pistils 3-7(9); ovules pendulous; styles subulate. Achenes narrowly oblanceolate. One species.

2 独叶草

1 2 3 4 **5 6** 7 8 9 10 11 12 **2700-3900 m**

Kingdonia uniflora Balf.f. et W.W.Sm[1]

特征同属。生于山地冷杉林下或杜鹃灌丛下。分布于甘肃南部、四川西部及云南西北部; 陕西南部(太白山）。

See characters under the genus description. Abies rorests or Rhododendron shrubs. Distr. S Gansu, W Sichuan, NW Yunnan; S Shaanxi (Taibai Mt.).

木通科 Lardizabalaceae | 猫儿屎属 *Decaisnea* Lindl.

直立灌木。羽状复叶。雄花：雄蕊 6 枚；花药长圆形；雌蕊小，隐藏在花丝筒内。雌花：退化雄蕊离生或在基部合生。果下垂，圆柱形，带蓝色的黑色。种子黑色至深褐色，倒卵形或长圆形，扁平，长约 1 厘米。单型属。

Shrub, erect. Leaf blade pinnately compound. Male flowers: stamens 6; anthers oblong; pistillodes small, concealed within filament tube. Female flowers: staminodes free or connate at base. Fruit bluish black, pendulous, cylindric. Seeds black to brown, obovoid to oblong, compressed, about 1 cm. One species.

3 猫儿屎

1 2 3 **4 5 6** 7 8 9 10 11 12 **900-3600 m**

Decaisnea insignis (Griff.) Hook.f. & Thomson[1-2, 5]

灌木。茎有圆形到椭圆形皮孔。果实蓝黑色，下垂，圆筒状。生于混交林、山坡灌丛、峡谷潮湿地区。分布于甘肃南部、西藏东南部、四川、云南；华中、华东地区；不丹、印度东北部、缅甸、尼泊尔。

Shrubs. Stem with lenticels orbicular to elliptic. Fruit bluish black, pendulous, cylindric. Mixed forests, scrub on mountain slopes, wet area in ravines. Distr. S Gansu, SE Xizang, Sichuan, Yunnan; C and E China; Bhutan, NE India, Myanmar, Nepal.

小檗科 Berberidaceae | 小檗属 *Berberis* L.

落叶或常绿灌木。通常具刺，单生或3~5分叉。单叶，互生于侧生的短枝上，通常具叶柄。花序为单生、簇生、总状、圆锥或伞形花序；花3数，黄色；雄蕊对瓣着生；花药瓣裂。浆果，通常红色、暗红色或黑色，球状。约500种；中国约250种；横断山区约200种。

Shrubs, evergreen or deciduous. Spines simple or usually 3-5-fid. Leaves on short shoots, simple, alternate, usually petiolate. Inflorescences solitary or fascicled flowers, racemes, umbels, or panicles; flowers 3-merous, yellow; stamens opposite petals; anthers dehiscing by valves. Fruit a berry, usually red, dark red, or black, globose. About 500 species; about 250 species in China; about 200 in HDM.

1 鲜黄小檗

1 2 3 4 **5** **6** 7 8 9 10 11 12 **1600-3700 m**

Berberis diaphana Maxim.[1-2, 4]

叶近无柄，背面无粉。丛生花序1~5朵，枝条末端常见1~2朵花，长1.2~2.2厘米，胚珠4~6枚。浆果椭圆形，尖段常微歪扭，红色，直径约1-1.2 釐米，不被白粉。生于林缘。分布于甘肃、青海、四川北部；宁夏。

Leaves subsesessile; leaf blade abaxially pale green, not pruinose. Inflorescence a fascicle, 1 to 5-flowered with single or paired flowers towards the end of branches, 1.2-2.2 cm overall; ovules 4, 5, or 6. Berry red, ovoid-oblong, 10-12 mm; style persistent, apex slightly bent. Alpine meadows, forests and forest margins. Distr. Gansu, Qinghai and N Sichuan; Ningxia.

2 刺红珠

1 2 3 4 **5** **6** 7 8 9 10 11 12 **2500-4000 m**

Berberis dictyophylla Franch.[1-5]

幼枝近圆柱形，暗紫红色，常被白粉。叶厚纸质或近革质；背面被白粉。花单生；花梗长3~10毫米，有时被白粉；胚珠3~6枚。浆果卵形或卵球形，红色，被白粉；顶端具宿存花柱，有时宿存花柱弯曲。生于山坡灌丛中、河滩草地、溪边、林下、林缘、路旁。分布于青海、西藏、四川、云南。

Young shoots purplish red, subterete, pruinose. Leaf blade adaxially dark green, thickly papery or subleathery, abaxially often white pruinose. Flowers solitary; pedicels 3-10 mm, sometimes pruinose; ovules 3-6. Berry red, ovoid or ovoid-globose, pruinose; style persistent, sometimes bent. Mountain slopes, thickets, forest understories, river beaches, streamsides, forest margins, roadsides. Distr. Qinghai, Xizang, Sichuan, Yunnan.

3 湄公小檗

1 2 3 4 5 **6** 7 8 9 10 11 12 **3000-4100 m**

Berberis mekongensis W.W.Sm.[1-4]

叶有柄，3~10毫米，背面无粉，繖形总状花序，偶丛生，花6~20朵，长3~7厘米，胚珠1或2枚，浆果长椭圆形，尖段常微歪扭，红色，直径约0.8~1毫米，不被白粉。生于高山石坡灌丛中。分布于云南西北部（德钦、维西）。

Leaves sesessile 3-10 mm; leaf blade abaxially green, not pruinose. Inflorescence an umbellate raceme, sometimes with a few fascicled flowers at base, 6 to 20-flowered, 3-7 cm overall. Ovules 1 or 2. Berry red, oblong, 8-10 mm; style not persistent. Open situations and mixed forests. Distr. NW Yunnan (Dêqên, Weixi).

4 小叶小檗

1 2 3 4 5 **6** 7 8 9 10 11 12 **3000-4100 m**

Berberis nanifolia Harber[10]

叶近无柄，背无粉，叶小0.8~1.7厘米，狭倒卵、倒披针。花单生，梗长4~6毫米，胚珠4枚。浆果近球形，红色，直径约8~9毫米，不被白粉。生于开放河谷边坡上。分布于云南西北部（香格里拉）。

Leaves subsesessile; leaf blade abaxially pale green, not pruinose; narrowly obovate or oblanceolate, 0.8-1.7 cm. Inflorescence 1-flowered; pedicel 4-6 mm; ovules 4. Berry red, ovoid or subglobose, 8-9 mm; style persistent. Open valley side. Distr. NW Yunnan (Shangri-La).

1 粉叶小檗
1 2 3 4 5 6 7 8 9 10 11 12 2100-3600 m

Berberis pruinosa Franch.[1-5]

叶硬革质，背面被白粉或无白粉，通常具每侧 1~6 刺锯齿或刺齿，偶有全缘。花 8~20 朵簇生；花梗长 10-20 毫米，纤细；萼片 2 轮；胚珠 2~3 枚。浆果椭圆形或近球形，密被白粉，不具宿存花柱。生于灌丛、高山栎林、云杉林缘、路边或针叶林下。分布于西藏、四川、云南；贵州。

Leaf blade rigidly leathery, abaxially pruinose or not, usually coarsely 1-6-aristate-dentate on each side, occasionally entire. Flowers 8-20-fascicled; pedicels 10-20 mm, slender; sepals in 2 whorls; ovules 2 or 3. Berry ellipsoid or subglobose, densely white pruinose, style not persistent. Thickets, forests, forest margins, roadsides. Distr. Xizang, Sichuan, Yunnan; Guizhou.

2 金花小檗
1 2 3 4 5 6 7 8 9 10 11 12 1000-3700 m

Berberis wilsoniae Hemsl.[10]

叶近无柄，背面偶被白粉，近丛生。总状或亚繖形花序 4~15 朵组成，长 0.3~1.5 厘米，胚珠 3 或 4 枚。浆果近球形，褚红色或深粉红色，直径约 4~7 毫米，不被白粉。生于石山灌丛中、云南松林下、荒坡或杂木林下。分布于西藏东南部、四川、云南；贵州；缅甸。

Leaves subsesessile; leaf blade abaxially pale green, sometimes glaucous or white pruinose. Inflorescence a fascicle, sub-fascicle, stalked corymb, sub-raceme, raceme, umbel, sub-umbel or very rarely a panicle, 4 to 15-flowered, 0.3-1.5 cm overall. Ovules 3 or 4. Berry salmon-red, translucent, slightly pruinose, globose or subglobose, 4-7 mm; Style not persistent. Thickets, under *Pinus yunnanensis* forests, barren slope, miscellaneous forests. Distr. SE Xizang, Sichuan, Yunnan; Guizhou; Myanmar.

3 血红小檗
1 2 3 4 5 6 7 8 9 10 11 12 1100-3700 m

Berberis sanguinea Franch.[1-3]

叶薄革质，线状披针形，长 1.5~6 厘米，宽 3~6 毫米，背面不被白粉，每边具 7~14 枚刺齿。花 2~7 朵簇生；萼片 3 轮，外轮红色；胚珠 2~3 枚。浆果椭圆形，长 7~12 毫米，直径 4~5 毫米，紫红色，先端无宿存花柱，不被白粉。生于路旁、山坡阳处、山沟林中、河边、草坡、灌丛中。分布于四川；湖北。

Leaf blade adaxially dark green, linear-lanceolate, 1.5-6 cm × 3-6 mm, slightly leathery, abaxially not pruinose, margin 7-14-spinulose-serrulate on each side. Flowers 2-7-fascicled; sepals in 3 whorls, outer sepals red; ovules 2 or 3. Berry purplish red, ellipsoid, 7-12 mm× 4-5 mm, not pruinose, style not persistent. Thickets, forests, roadsides, streamsides, sunny slopes, grassy slopes. Distr. Sichuan; Hubei.

小檗科 Berberidaceae | 八角莲属 *Dysosma* Woodson

多年生草本。叶大，盾状，3~9 深裂或浅裂。花数朵簇生或组成伞形花序；雌蕊单生，花柱显著。浆果红色或紫红色。种子多数，无肉质假种皮。7~10 种；中国 7 种；横断山区 3 种。

Herbs, perennial. Leaves peltate, large, 3-9-parted or lobed. Inflorescence of few fascicled flowers or a subumbel; pistils solitary, style conspicuous. Berry red or purplish red. Seeds numerous, without arils. Between seven and ten species; seven in China; three in HDM.

4 川八角莲
1 2 3 4 5 6 7 8 9 10 11 12 1200-2500 m

Dysosma delavayi (Franch.) Hu[1-2]

— *Dysosma veitchii* (Hemsl. & E.H.Wilson) L.K.Fu

叶 2 枚，对生，轮廓近圆形，直径达 22 厘米；上面暗绿色，有时带暗紫色；4~5 深裂几达中部，裂片楔状矩圆形，先端 3 浅裂。2~6 朵花簇生，稀为伞形花序；花大，附着在叶柄基部，暗紫红色。浆果椭圆形，长 3~5 厘米，直径 3~3.5 厘米，熟时鲜红色。种子多数。生于山谷林下、沟边或阴湿处。分布于四川、云南；贵州。

Leaves 2, opposite, suborbicular in gross outline, to 22 cm in diam; leaf blade adaxially dark green, sometimes purplish green; 4- or 5-parted to about midway, lobes cuneate-oblong, apex 3-lobed. Inflorescence 2-6-fascicled flowers, rarely umbellate; flowers large, attached at base of petiole, dark purplish red. Berry scarlet when mature, obovoid-ellipsoid, 3-5 cm× 3-3.5 cm. Seeds numerous. Forests, streamsides, shaded wet places. Distr. Sichuan, Yunnan; Guizhou.

1
1
2
2
3
3
4

1 西藏八角莲

1 2 3 4 5 6 7 8 9 10 11 12 1200-2500 m

Dysosma tsayuensis T.S.Ying[1-2, 5]

茎生 2 叶，对生，圆形或近圆形，直径 11~25 厘米；两面被短伏毛；叶片 5~7 深裂，几达中部，裂片楔状矩圆形。花 2~6 朵簇生于叶柄交叉处；花大；花瓣 6 枚，白色。浆果卵形或椭圆形，红色，宿存柱头大，呈皱波状。生于高山松林、冷杉林、云杉林下或林间空地。分布于西藏。

Leaves 2, opposite; leaf blade orbicular or suborbicular in gross outline, 11-25 cm in diam; both surfaces strigose; palmately 5-7-parted to about midway, lobes cuneate-oblong. Inflorescence 2-6-fascicled flowers; flowers large; petals 6, white. Berry red, ovoid or ovoid-ellipsoid, stigma persistent, large and wrinkled. *Picea*, *Abies*, and *Pinus* forests and openings in forests. Distr. Xizang.

小檗科 Berberidaceae | 淫羊藿属 *Epimedium* L.

多年生草本。根状茎粗短或横走。单叶或一至三回羽状复叶。总状花序或圆锥花序顶生；花瓣 4 枚，通常有距或囊，少有兜状或扁平。蒴果背裂。种子具肉质假种皮。约 50 种；中国 41 种；横断山区 2 种。

Herbs, perennial. Rhizome sympodial, short or horizontally creeping, stout. Leaves simple or simple pinnate to tripinnate. Inflorescence with terminal raceme or panicl. Petals 4, usually with spur or capsule, rarely pouch or flat. Capsule loculicidal. Seeds with fleshy aril. About 50 species; 41 in China; two in HDM.

2 宝兴淫羊藿

1 2 3 4 5 6 7 8 9 10 11 12 1400-3000 m

Epimedium davidii Franch.[1-4]

一回三出或五出复叶。圆锥花序长 15~25 厘米；花瓣远较内萼片长；距内弯，钻形。蒴果长 1.5~2 厘米；宿存花柱长约 5 毫米，喙状。生于林下、灌丛中、岩石上或河边杂木林。分布于四川、云南。

Leaves 3- or 5-foliolate. Panicle 15-25 cm; petals much longer than inner sepals; spur curved, subulate. Capsule 1.5-2 cm; style about 5 mm, rostrate. Forests, thickets, mixed forests by streams, rock crevices. Distr. Sichuan, Yunnan.

小檗科 Berberidaceae | 桃儿七属 *Sinopodophyllum* T.S.Ying

多年生草本。根状茎粗壮，横走。叶 2 枚，具长柄，基部心形，3 或 5 深裂几达中部。花序顶生；花大，单生，粉红色，先叶开放；萼片 6 枚，早萎；花瓣 6 枚，开张。果为大浆果。种子多数，无肉质假种皮。单种属。

Herbs, perennial. Rhizomes stout, shortly nodose. Leaves 2, petiolulate; base cordate, apex 3-5-dissected, usually to about midway. Inflorescence terminal; flowers appearing before leaves, solitary, pink, large; sepals 6, caducous; petals 6, open. Fruit a berry. Seeds numerous, without fleshy arils. One species

3 桃儿七

1 2 3 4 5 6 7 8 9 10 11 12 2200-4300 m

Sinopodophyllum hexandrum (Royle) T.S.Ying[1-5]

特征同属描述。生于林下、林缘湿地、灌丛中或草丛中。分布于甘肃、青海、西藏、四川、云南；陕西；阿富汗东部、不丹、印度北部、克什米尔、尼泊尔、巴基斯坦。

See characters under the genus description. Forests, thickets, wet forest margins, weedy places, meadows. Distr. Gansu, Qinghai, Xizang, Sichuan, Yunnan; Shaanxi; E Afghanistan, Bhutan, N India, Kashmir, Nepal, Pakistan.

毛茛科 Ranunculaceae | 乌头属 *Aconitum* L.

草本。直根，或由 2 至数个块根形成。茎直立或缠绕。单叶互生，掌状分裂，少有不分裂。花序通常总状；花两性；萼片花瓣状，上萼片 1 枚，船形、盔形或圆筒形，侧萼片 2 枚，近圆形；花瓣有爪，通常有距；退化雄蕊常不存在；心皮 3~5 枚（偶多至 13 枚）。约 400 种；中国 211 种；横断山区超过 100 种。

Herbs, with taproots or 2 to several caudices. Stem erect or twining. Leaves simple alternate, palmately divided, rarely undivided. Inflorescence usually racemose; flowers bisexual; sepals petaloid, upper sepal falcate, navicular, galeate to cylindric, lateral sepals 2, suborbicular; petals clawed, usually with spur; staminodes usually absent; carpels 3-5(13). About 400 species; 211 in China; more than 100 in HDM.

1 粗花乌头

1 2 3 4 5 6 7 8 9 10 11 12 3200-4200 m

Aconitum crassiflorum Hand.-Mazz.[1-4]

根状茎长约 7 厘米，直径约 1 厘米。茎高 48~70（100）厘米，偶超过 1 米。基生叶 2~3 枚，有长柄；叶片圆肾形或肾形，3 深裂稍超过中部。总状花序长，具稀疏排列的 10 朵花；花序上部花梗长 5~12 毫米；萼片蓝紫色，上萼片圆筒形。生于山地草坡、灌丛或林下。分布于四川西南部、云南西北部。

Rhizome terete, to 7 cm. about 1 cm in diam. Stem 48-70 (100) cm tall. Basal leaves 2 or 3, long petiolate; leaf blade orbicular-reniform or reniform, 3-parted beyond middle. Inflorescence, sparsely 10-flowered; pedicels in upper rachis 5-12 mm; sepals blue-purple, upper sepal cylindric. Forests, scrub, grassy slopes. Distr. SW Sichuan, NW Yunnan.

2 高乌头

1 2 3 4 5 6 7 8 9 10 11 12 1000-3700 m

Aconitum sinomontanum Nakai[1-3]

根状茎圆柱形。茎高 60~150 厘米。茎生叶 4~6 枚，基生叶 1 枚；叶片肾形或圆肾形，基部宽心形，3 深裂约至本身长度的 6/7 处。总状花序具密集的花；萼片蓝紫色或淡紫色，上萼片圆筒形；心皮 3 枚。生于山坡草地或林中或河谷。分布于甘肃南部、青海东部、四川；华北、华中地区。

Rhizome terete. Stem 60-150 cm tall. Basal leaf 1 and cauline leaves 4-6; leaf blade reniform or orbicular-reniform, base cordate, 3-parted to 6/7 of the length. Inflorescence many flowered; sepals blue-purple or pale blue, upper sepal cylindric; carpels 3. Grassy slopes, forests, wet places in valleys. Distr. S Gansu, E Qinghai, Sichuan; N and C China.

3 花葶乌头

1 2 3 4 5 6 7 8 9 10 11 12 1200-3900 m

Aconitum scaposum Franch.[1-4]

根状茎圆柱形。茎高 35~67 厘米。基生叶 1~4 枚，具长柄，叶片肾状五角形，基部心形，3 裂稍超过中部；茎生叶常不存在。总状花序，有 15~40 朵花；萼片蓝紫色，上萼圆筒形；心皮 3 枚。生于林下、林缘、草坡、山谷。分布于甘肃南部、四川、云南北部及东北部；华北、华中地区；不丹，缅甸北部，尼泊尔。

Rhizome terete. Stem 35-67 cm tall. Basal leaves 1-4, long petiolate, reniform-pentagonal, base cordate, 3-parted beyond middle; cauline leaves sometimes absent. Inflorescence, 15-40-flowered; sepals blue-purple, upper sepal cylindric, carpels 3. Forests, forest margins, grassy slopes, valleys. Distr. S Gansu, Sichuan, N and NE Yunnan; N and C China; Bhutan, N Myanmar, Nepal.

4 褐紫乌头

1 2 3 4 5 6 7 8 9 10 11 12 3000-4300 m

Aconitum brunneum Hand.-Mazz.[1-3]

茎高 85~110 厘米。叶片肾形或五角形，3 深裂至本身长度的 4/5~6/7 处；侧深裂片不等 2 裂近中部。总状花序，具 15~30 朵花；萼片褐紫色或灰紫色，上萼片船形，向上斜展。生山坡阳处或冷杉中。分布于甘肃西南部、青海东南部、四川西北部。

Stem 85-110 cm. Leaf blade reniform or pentagonal, 3-parted to 4/5-6/7 length; lateral lobes, unequally 2-fid near middle. Inflorescence, 15-30-flowered; sepals brown-purple or gray-purple, upper sepal navicular, upward ramp. Slopes, *Abies* forests.Distr. SW Gansu, SE Qinghai, NW Sichuan.

5 苍山乌头

1 2 3 4 5 6 7 8 9 10 11 12 ≈ 3400 m

Aconitum contortum Finet & Gagnep.[1-2, 4]

块根胡萝卜形。茎高 45~85 厘米，直立或上部缠绕。叶片五角形，3 全裂。总状花序有 2~5 朵花；萼片蓝紫色，上萼片高盔形；花瓣无毛；距长约 1.5 毫米，球形，向后弯曲。生于山地。分布于云南西北部。

Caudex carrot-shaped. Stem erect or apically twining, 45-85 cm tall. Leaf blade pentagonal, 3-sect. Inflorescence 2-5-flowered; sepals blue-purple, upper sepal navicular; petals glabrous; spur incurved, globose, about 1.5 mm. Mountains. Distr. NW Yunnan.

1
2
2
3
3
4
4
5
5

1 伏毛铁棒锤

1 2 3 4 5 6 7 **8** 9 10 11 12 **2000-3700 m**

Aconitum flavum Hand.-Mazz. [1-3, 5]

块根胡萝卜形。茎密生多数叶。叶片 3 全裂，全裂片细裂，末回裂片线形。顶生总状花序狭长；轴及花梗密被紧贴的短柔毛；萼片黄色带绿色，或暗紫色，上萼片盔状船形，具短爪；心皮 5 枚。生于山地草坡或疏林下。分布于甘肃、青海、西藏北部、四川西北部；内蒙古、宁夏南部。

Caudex carrot-shaped. Stem with crowded leaves. Leaf blade 3-sect, segments dissected, ultimate lobes linear. Inflorescence narrow and long; rachis and pedicels densely appressed pubescent; sepals yellow and greenish or dark purple, upper sepal galeate-navicular, shortly clawed. Carpels 5. Grassy slopes, forests. Distr. Gansu, Qinghai, N Xizang, NW Sichuan; Nei Mongol, S Ningxia.

2 丽江乌头

1 2 3 4 5 6 7 8 **9** 10 11 12 **≈ 3100 m**

Aconitum forrestii Stapf[1-4]

块根胡萝卜形。茎下部叶稀疏，具稍长柄；茎中部以上叶具短柄或几无柄。叶片宽卵形或五角状卵形，基部宽心形或浅心形，3 深裂稍超过中部。顶生总状花序，具多数密集的花；轴和花梗密被伸展的淡黄色短柔毛；萼片紫蓝色，上萼片盔形；心皮 5 枚。生于山地草坡。分布于四川西南部、云南西北部。

Caudex carrot-shaped. Proximal cauline leaves slightly long petiolate; distal leaves shortly petiolate or sessile. Leaf blade broadly ovate or pentagonal-ovate, base broadly cordate or shallowly cordate, 3-parted beyond middle. Inflorescence terminal, many flowered; rachis and pedicels densely yellowish spreading pubescent; sepals purple-blue, upper sepal galeate; carpels 5. Grassy slopes. Distr. SW Sichuan, NW Yunnan.

3 瓜叶乌头

1 2 3 4 5 6 7 **8** **9** **10** 11 12 **1700-3500 m**

Aconitum hemsleyanum E.Pritz. var. *hemsleyanum*[1, 4]

块根圆锥形。茎缠绕，带紫色。叶片五角形或卵状五角形，基部心形或近截形，3 深裂。总状花序生茎或分枝顶端，有 2~12 朵花；萼片深蓝色，上萼片高盔形或圆筒状盔形，几无爪；心皮 5 枚。生山地林中、林缘、灌丛、草坡中。分布于西藏、四川、云南西部及西北部；华中及华东地区；缅甸。

Caudex conical. Stem usually purplish, twining. Leaf blade pentagonal or ovate-pentagonal, base cordate or subtruncate, 3-parted. Inflorescence terminal, 2-12-flowered; sepals dark blue, upper sepal high galeate or cylindric-galeate, clawed indistinctly so; carpels 5. Forests, forest margins, scrub, grassy slopes. Distr. Xizang, Sichuan, NW and W Yunnan; C and E China; Myanmar.

4 铁棒锤

1 2 3 4 5 6 **7** **8** **9** 10 11 12 **2800-4500 m**

Aconitum pendulum N.Busch[1-5]

与伏毛铁棒锤相似，区别点在于花序的毛开展，上萼片比较窄，船状镰刀形或镰刀形。生于山地草坡或林边。分布于甘肃南部、青海、西藏、四川西部、云南西北部；河南西部、山西南部。

Similar to *A. flavum*, but inflorescence spreading pubescent; upper sepal falcate-navicular or falcate, narrow. Grassy slopes, forest margins. Distr. S Gansu, Qinghai, Xizang, W Sichuan, NW Yunnan; W Henan, S Shanxi.

5 中甸乌头

1 2 3 4 5 6 **7** **8** 9 10 11 12 **3000-3300 m**

Aconitum piepunense Hand.-Mazz.[1-4]

块根斜圆锥形，粗约 1.2 厘米。茎高 1.1~1.8 米，茎下部叶在开花时多枯萎，茎中部叶有稍长柄。叶片五角形，3 深裂至距基部 3~4 毫米处；中央深裂片菱形。顶生总状花序长 38~70 厘米，有多数花；萼片蓝色，上萼片盔形或高盔形；心皮 5 枚。生于山地草坡。分布于云南西北部（香格里拉）。

Caudex obliquely conical, about 1.2 cm in diam. Stem 1.1-1.8 m, proximal cauline leaves withered at anthesis, and middle ones slightly long petiolate. Leaf blade pentagonal, 3-parted to 3-4 mm from the base; central lobe rhombic. Inflorescence terminal, 38-70 cm, many flowered; sepals blue, upper sepal galeate or high galeate; carpels 5. Grassy slopes. Distr. NW Yunnan (Shangri-La).

1 美丽乌头 1 2 3 4 5 6 7 8 9 10 11 12 3500-4500 m

Aconitum pulchellum Hand.-Mazz.[1-5]

块根小。基生叶 2~3 枚，有长柄；叶片圆五角形，3 全裂或 3 深裂近基部。茎生叶 1~2 枚，生茎下部或中部，具较短柄，较小。总状花序伞房状，有 1~4 朵花；萼片蓝色，上萼片盔状船形或盔形；心皮 5 枚。生于山坡草地、高山石砾处。分布于西藏东南部、四川西南部、云南西北部；不丹、缅甸、尼泊尔、印度北部。

Caudex, small. Basal leaves 2 or 3, long petiolate; leaf blade orbicular-pentagonal, 3-sect or -parted nearly to base; cauline leaves 1 or 2, at middle or below, shortly petiolate. Inflorescence 1-4-flowered; sepals blue, upper sepal galeate-navicular or galeate; carpels 5. Grassy slopes, alpine areas. Distr. SE Xizang, SW Sichuan, NW Yunnan; Bhutan, Myanmar, Nepal, N India.

2 螺瓣乌头 1 2 3 4 5 6 7 8 9 10 11 12 3600-4300 m

Aconitum spiripetalum Hand.-Mazz.[1-3]

与甘青乌头相似。本种萼片灰黄色带有紫色条纹，花瓣的爪上部螺旋状弯曲。生于山地草坡。分布于四川西部。

Similar to *A. tanguticum*. Sepals grayish yellow with purple stripes, claw in petals slender, apex spirally curved. Grassy slopes. Distr. W Sichuan.

3 甘青乌头 1 2 3 4 5 6 7 8 9 10 11 12 3200-4800 m

Aconitum tanguticum (Maxim.) Stapf[1-5]

块根小，纺锤形或倒圆锥形。茎高 8~50 厘米。基生叶 7~9 枚，有长柄；叶片圆形或圆肾形，3 深裂，深裂片浅裂边缘有圆牙齿；茎生叶 1~4 枚，较小。顶生总状花序有 3~5 花；萼片蓝紫色，上萼片船形；花瓣极小；心皮 5 枚。生于海拔山地草坡、高山沼泽草地。分布于甘肃南部、青海东部、西藏东部、四川西部、云南西北部；陕西南部。

Caudex small, fusiform or obconical. Stem 8-50 cm tall. Basal leaves 7-9, long petiolate; leaf blade orbicular or orbicular-reniform, 3-lobed; lobes lobulate, margin orbicular dentate; cauline leaves 1-4, smaller. Inflorescence terminal, 3-5-flowered; sepals blue-purple, upper sepal navicular; petals very small; carpels 5. Grassy slopes, wet and alpine grasslands. Distr. S Gansu, E Qinghai, E Xizang, W Sichuan, NW Yunnan; S Shaanxi.

毛茛科 Ranunculaceae | 侧金盏花属 *Adonis* L.

多年生或一年生草本。茎生叶互生，数回掌状或羽状细裂。花单生于茎或分枝顶端，两性；萼片 5~8 枚，花瓣 5~24 枚，黄色、白色或蓝紫色；雄蕊多数；心皮多数，螺旋状着生于圆锥状的花托上。瘦果倒卵球形或卵球形。约 30 种；中国 10 种；横断山 3 种。

Herbs annual or perennial. Cauline leaves alternate, palmately or pinnately divided. Inflorescences terminal on branches or branchlets, bisexual; sepals 5-8; petals 5-24, yellow, white or blue-purple; stamens numerous; pistils numerous, spirally arranged on coniform receptacle. Achenes usually obovoid or ovoid globular. About 30 species; ten in China; three in HDM.

4 短柱侧金盏花 1 2 3 4 5 6 7 8 9 10 11 12 1900-3500 m

Adonis davidii Franch.[1-2]

— *Adonis brevistyla* Franch.

多年生草本。茎高10~58厘米。叶片五角形或三角状卵形，3全裂，二回羽状全裂或深裂。萼片5~7枚；花瓣7~14枚，白色，有时带淡紫色。瘦果倒卵形，有短宿存花柱。生于山地草坡、沟边、林边或林中。分布于甘肃南部、西藏东南部、四川北部、云南西北部；山西南部、湖北西部、贵州南部、陕西南部；不丹。

Plants perennial. Stems 10-58 cm tall. Leaf blade pentagonal to triangular-ovate, 3-sect, leaflets bipinnately divided. Sepals 5-7; petals 7-14, white, sometimes tinged with purple. Achenes obovoid, short style persistent. Forests, forest margins, grassy slopes, river banks. Distr. S Gansu, SE Xizang, N Sichuan, NW Yunnan; S Shanxi, W Hubei, S Guizhou, S Shaanxi; Bhutan.

1

2

3

4

4

毛茛科 Ranunculaceae | 罂粟莲花属 *Anemoclema* (Franch.) W.T.Wang

叶基生，大头羽状深裂或全裂。花少，苞片轮生，分生，羽状浅裂；花大而美；萼片花瓣状，蓝紫色；花瓣不存在；心皮多数，无柄；子房有密柔毛，胚珠 1 枚。瘦果。单种属。

Leaves basal, petiolate, pinnatisect to pinnatipartite. Involucral bracts verticillate, pinnatilobate; flowers big and beautiful; sepals bluish purple, petaloid; petals absent; carpel numerous, sessile; ovary 1-ovuled, densely villous. Achenes densely villous. One species.

1 罂粟莲花

1 2 3 4 5 6 **7** **8** **9** 10 11 12 **1700-3100 m**

Anemoclema glauciifolium (Franch.) W.T.Wang[1-4]

特征同属描述。生于山地草坡或云南松林中草地。分布于四川西南部、云南西北部。

See characters under genus description. *Pinus yunnanensis* Forests, grassy slopes. Distr. SW Sichuan, NW Yunnan.

毛茛科 Ranunculaceae | 银莲花属 *Anemone* L.

多年生草本，有根状茎。叶基生，单叶，有长柄，掌状分裂，或为三出复叶，叶脉掌状。花葶直立或渐升。花序聚伞状或伞形；苞片 2 或更多枚，形成总苞，与基生叶相似；萼片花瓣状，白色、蓝紫色；无花瓣；雄蕊通常多数；心皮多数或少数。瘦果卵球形或近球形。约 150 种；中国 53 种；横断山约 30 种。

Herbs perennial, rhizomatous. Leaves all basal, simple, long-petiole, palmately divided, or trifoliate, palmately veined. Scape erect or ascending. Inflorescences cymose, sometimes umbellate; bracts 2 or more, forming an involucre, similar to basel leaves; sepals petaloid, white, yellow or blue-violet; petals absent; stamens usually numerous; pistils several to numerous. Achenes ovoid or subglobose. About 150 species; 53 in China; 30 in HDM.

2 打破碗花花

1 2 3 4 5 6 **7** **8** **9** **10** 11 12 **400-2600 m**

Anemone hupehensis (é.Lemoine) é.Lemoine[1-4]

基生叶 3~5 枚，有长柄，通常为三出复叶；中央小叶不分裂或 3~5 浅裂，侧生小叶较小。聚伞花序 2~3 回分枝，有较多花；苞片 3 枚；萼片 5 枚；心皮数多于 180 枚。聚合瘦果球形，密被绵毛。生于丘陵地区的灌丛、草坡、沟边。分布于四川、云南；华中、华东、华南。

Basal leaves 3-5, with long petiole, trifoliate; central leaflet undivided or 3-5 lightly lobed, lateral leaflets similar to central one but smaller. Cyme 2- or 3-branched, many flowered; involucral bracts 3; sepals 5; pistils more than 180. Achene body ovoid, lanate. Scrub, grassy slopes, streamsides in hilly regions. Distr. Sichuan, Yunnan; C, E and S China.

3 岩生银莲花

1 2 3 4 5 6 **7** **8** 9 10 11 12 **2400-4200 m**

Anemone rupicola Cambess.[1-5]

基生叶 3~5 枚，有长柄；叶片心状五角形，3 全裂，中全裂片 3 裂。花葶 1 条，聚伞花序仅具 1~2 朵花；苞片 3 枚，无柄；萼片 5 枚，白色、黄色或紫色，倒卵形，背面有密柔毛；心皮约 100 枚。聚合果密被长绵毛。生于山地石崖上或多石砾的坡地。分布于西藏南部、四川西部、云南西北部。

Basal leaves 3-5, long petiole; leaf blade 3-sect, central segment 3-lobed. Scape 1, cyme 1-2-flowered; involucral bracts 3, subsessile; sepals 5, white, yellowish, or purplish, obovate, abaxially densely puberulent; pistils about 100. Achene lanate. Stone cliffs, gravelly slopes. Distr. S Xizang, W Sichuan, NW Yunnan.

4 小银莲花

1 2 3 4 5 **6** **7** **8** 9 10 11 12 **2000-3500 m**

Anemone exigua Maxim.[1-4]

植株高 5~24 厘米。基生叶 2~5 枚，有长柄；叶片心状五角形，3 全裂，中全裂片 3 浅裂，边缘在中部以上有少数钝牙齿。花葶 1~2 条。聚伞花序生 1 朵花；苞片 3 枚，有柄，鞘状与茎相连；萼片 5 或 6 枚，白色；心皮 5~20 枚。生于山地云杉林、桦木林中或灌丛中。分布于甘肃南部、青海东部、四川西部、云南西北部；陕西南部、台湾。

Plant 5-24 cm tall. Leaves 2-5, with long petiole; leaf blade ternate, cordate-pentagonal, central leaflet 3-lobed, margin incised serrate. Scape 1-2. Cyme 1-flowered; involucral bracts 3, with stalk, base sheathing and connate; sepals 5 or 6, white; pistils 5-20. *Picea* forests, mixed *Betula* forests, scrub in valleys. Distr. S Gansu, E Qinghai, W Sichuan, NW Yunnan; S Shaanxi, Taiwan.

1
2
3
3
4
4

1 鹅掌草

1 2 3 4 5 6 7 8 9 10 11 12 400-3000 m

Anemone flaccida F.Schmidt[1-4]

鳞片状叶 3~4 枚，花期后发育为明显叶片；叶单生在根状茎及 2 或 3 枚生于生殖芽的基部；叶柄 10~30 厘米；叶片肾状五角形，3 全裂。子房卵球形，约 2 毫米，密被微柔毛；花柱不显著；柱头陀螺形、宽卵形或球形。生于山地谷中草地或林下。分布于甘肃南部、四川、云南西北部；华中、华东；日本，俄罗斯远东。

Scalelike leaves 3 or 4, several with distinct leaf blade developing after anthesis. Leaves solitary on rhizome and 2 or 3 at base of reproductive shoots; petiole 10-30 cm; leaf blade 3-sect, reniform-pentagonal. Ovary ovoid, about 2 mm, densely puberulent; style obscure; stigma turbinate, broadly ovoid, or globose. Achene body ovoid. Forests and streamsides in valley. Distr. S Gansu, Sichuan, NW Yunnan; C and E China; Japan, Russia (Far East).

2 草玉梅

1 2 3 4 5 6 7 8 9 10 11 12 800-4900 m

Anemone rivularis Buch.-Ham. ex DC.[1-5]

基生叶 3~5 枚，有长柄；叶片肾状五角形，3 全裂。花葶 1~3 条，直立。聚伞花序 2~3 回分枝；苞片 3~4 枚，有鞘状柄；萼片白色、蓝色或紫色；心皮 30~60 枚。瘦果卵球形或纺锤形，宿存花柱钩状弯曲。生于山地草坡、小溪边或湖边。分布于甘肃中南部、青海东部、西藏南部、四川、云南；其他中西部省区；南亚、东南亚。

Basal leaves 3-5, with long petiole; leaf blade 3-sect, reniform-pentagonal. Scapes 1-3, erect. Cyme compound, 2- or 3-branched; bracts 3 or 4, with sheath petiole; sepals white, blue or purplish; pistils 30-60. Achene ovoid or fusiform, persistent style hooked. Forest margins, grassy slopes, streamsides, lakesides. Distr. S Gansu, E Qinghai, S Xizang, Sichuan, Yunnan; C and W China; S and SE Asia.

3 展毛银莲花

1 2 3 4 5 6 7 8 9 10 11 12 3000-5000 m

Anemone demissa Hook.f. & Thomson[1-5]

植株高 10~45 厘米。基生叶 5~13 枚，有长柄；叶片卵形，3 全裂。花葶 2~5 条。苞片 3 或 4 枚，无柄，长 1.2~2.4 厘米，3 深裂，裂片线形；萼片 5~7 枚，蓝色、紫色或白色；子房无毛。瘦果扁平。生于山地草坡或疏林中。分布于甘肃南部、青海南部、西藏东部和南部、四川西部、云南西北部；不丹、印度北部、尼泊尔。

Plant 10-45 cm tall. Basal leaves 5-13, with long petiole; leaf blade 3-sect, ovate. Scapes 2-5. Involucral bracts 3 or 4, sessile, 1.2-2.4 cm long, 3-sect, lobes linear; sepals 5-7, blue, purple or white; ovary glabrous. Achene flat. Sparse forests, grassy slopes. Distr. S Gansu, S Qinghai, E and S Xizang, W Sichuan, NW Yunnan; Bhutan, N India, Nepal.

4 疏齿银莲花

1 2 3 4 5 6 7 8 9 10 11 12 4000-5000 m

Anemone geum subsp. *ovalifolia* H.Lév.[1]

植株高 10~30 厘米。基生叶 5~15 枚，有长柄；叶片卵形，3 全裂或偶 3 裂近基部。花葶 2~5 条。苞片 3 枚，稍不等大，常 3 深裂；萼片 5~8 枚，白色、蓝色或黄色，宽卵形，长 5~12 毫米，宽 4~9 毫米。生于高山草甸。分布于甘肃、四川、云南；印度北部、尼泊尔。

Plant 10-30 cm tall. Leaves 5-15, with long petiole; leaf blade 3-sect or sometimes 3-parted near base, ovate. Scapes 2-5. Involucral bract blade unequal, usually 3-lobed; sepals 5-8, white, yellowish, or blue, broadly ovate, 5-12 mm × 4-9 mm. Scrub, alpine meadows. Distr. Gansu, Sichuan, Yunnan; N India, Nepal.

5 多果银莲花

1 2 3 4 5 6 7 8 9 10 11 12 3600-4800 m

Anemone polycarpa W.E.Evans[1-2]

与湿地银莲花近似，但其花萼较大，9~14 毫米长，5~9 毫米宽；心皮 40~80 枚。生于山地草坡。分布于西藏东南部、四川、云南西北部；不丹、尼泊尔、印度北部。

Similar to *A. rupestris*. Sepals 9-14 mm× 5-9 mm; pistils 40-80. Grassy slopes, among rocks. Distr. SE Xizang, Sichuan, NW Yunnan; Bhutan, Nepal, N India.

1  1  2

2  3  3

4  4  5

1 湿地银莲花

1 2 3 4 5 6 7 8 9 10 11 12 2500-3000 m

Anemone rupestris Wall. ex Hook.f. & Thomson subsp. *rupestris*[1, 3]

植株高 5~18 厘米。基生叶 4~7 枚，有长柄；叶片卵形，3 全裂，裂片通常再次 3 全裂。花葶 2~6 条。苞片 3 枚，长圆状倒卵形，3 浅裂，或菱形，全缘；萼片 5~7 枚，白色或紫色，倒卵形；心皮 5~12 枚。生于杜鹃灌丛、山地草坡或溪边。分布于西藏东南部、云南西北部；不丹、尼泊尔、印度北部。

Plant 5-18 cm tall. Basal leaves 4-7, long petiole; leaf blade twice 3-sect, ovate. Scapes 2-6. Involucral bract blade 3-lobed, ovate-oblong or rhombic, entire; sepals 5-7, white or purplish, obovate; pistils 5-12. *Rhododendron* scrub, slopes, alpine meadows, streamsides. Distr. SE Xizang, NW Yunnan; Bhutan, Nepal, N India.

2 冻地银莲花

1 2 3 4 5 6 7 8 9 10 11 12 4800-5000 m

Anemone rupestris subsp. *gelida* (Maxim.) Lauener[1-3]

与上述原亚种区别在于：植株低矮。叶较小，叶片长 1~1.5 厘米，宽 1~2 厘米。心皮 25~40 枚。生于高山草甸。分布于西藏南部、四川西北部、云南西北部；不丹、尼泊尔、印度北部。

Similar to *A. rupestris* subsp. *rupestris*, but plant short. Leaf blade 1-1.5 cm × 1-2 cm. Pistils 25-40. Alpine meadows. Distr. S Xizang, NW Sichuan, NW Yunnan; Bhutan, Nepal, N India.

3 匙叶银莲花

1 2 3 4 5 6 7 8 9 10 11 12 2500-4500 m

Anemone trullifolia Hook.f. & Thomson[1-5]

株高 10~18 厘米。基生叶 4~10 枚，有短柄或长柄；叶片菱状倒卵形或宽菱形，3 浅裂。花葶 2~7 条。苞片 3 枚，无柄，狭倒卵形或长圆形；萼片 5~6 枚，白色、黄色、粉红色、紫红色或蓝色，倒卵形；心皮约 8 枚。生于高山草地或沟边。分布于甘肃西南部、青海南部、西藏南部、四川西部、云南西北部；不丹、尼泊尔、印度北部。

Plants 10-18 cm tall. Basal leaves 4-10, long or short petiole; leaf blade 3-lobed, rhombic, ovate-rhombic. Scapes 2-7. Involucral bract 3, sessile, narrowly obovate or lanceolate; sepals 5-6, white, yellow, pinkish, purplish, or blue, elliptic-obovate; pistils 8. Streamsides in forests, alpine meadows. Distr. SW Gansu, S Qinghai, S Xizang, S Sichuan, NW Yunnan; Bhutan, Nepal, N India.

毛茛科 Ranunculaceae | 耧斗菜属 *Aquilegia* L.

多年生草本。茎直立。基生叶为二至三回三出复叶，有长柄。花序为单歧或二歧聚伞花序，有时 1 花；花辐射对称，两性；萼片瓣状；花瓣常比萼片小，下部常向下延长成距；雄蕊多数。聚合蓇葖果顶端有细喙。约 70 种；中国 13 种；横断山区 2 种。

Herbs perennial. Stems erect. Basal leaves bi- or tri-ternately compound, long petiolate. Inflorescences cymose, umbelliform, or sometimes 1-flowered; flowers radially symmetric, bisexual; sepals petal like; petals usually smaller than sepals, base usually prolonged into a spur; stamens numerous. Follicles with a beak on the top. About 70 species; 13 in China; two in HDM.

4 无距耧斗菜

1 2 3 4 5 6 7 8 9 10 11 12 1800-3500 m

Aquilegia ecalcarata Maxim.[1-3, 5]

花较小，萼片长 1~1.4 厘米，紫色；花瓣与萼片近等长；无距。生于山地林下、灌丛、草坡或路旁。分布于 甘肃、青海、西藏东部、四川；河南、湖北、贵州、陕西、宁夏。

Flowers small, sepals are 1-1.4 cm long, purple; petals nearly as long as sepals; spur absent. Sparse forests, scrub, grassy slopes, alongside roads. Distr. Gansu, Qinghai, E Xizang, Sichuan; Henan, Hubei, Guizhou, Shaanxi, Ningxia.

5 直距耧斗菜

1 2 3 4 5 6 7 8 9 10 11 12 2500-3500 m

Aquilegia rockii Munz[1-5]

聚伞花序含 1~3 朵花；萼片紫红色或蓝色，长 2~3 厘米，宽 0.7~0.9 厘米；花瓣与萼片同色；距长 1.6~2 厘米，直或末端微弯；雄蕊比瓣片短。生于山地杂木林下或路旁。分布于西藏东南部、四川西南部、云南西北部。

Inflorescences cymose, 1-3-flowered; sepals purple or blue, 2-3 cm × 0.7-0.9 cm; petals purple or blue; spur 1.6--2 cm, straight or apically slightly incurved; stamens shorter than petals. Mixed forests, alongside roads. Distr. SE Xizang, SW Sichuan, NW Yunnan.

毛茛科 Ranunculaceae | 星果草属 *Asteropyrum* J.R.Drumm. & Hutch.

多年生小草本。叶为单叶，全部基生，有长柄；花辐射对称，单一，顶生。花瓣 5~8 枚。雄蕊多数。心皮 5~8 枚，初直立。蓇葖成熟时星状展开，顶端有尖喙。共 2 种，我国均有。

Herbs perennial. Leaves basal, simple, papery, abaxially glabrous, adaxially sparsely strigose. Flowers terminal, solitary, actinomorphic, bisexual. Petals 5-8. Stamens numerous. Pistils 5-8, erect. Follicles widely divergent, suboblong, persistent styles short. Two species in China.

1 星果草

1 2 3 4 **5** **6** 7 8 9 10 11 12 2000-4000 m

Asteropyrum peltatum (Franch.) Drumm. ex Hutch.

叶 2~6 枚；叶片圆形或近五角形，宽 2~3 厘米，不分裂或五浅裂，边缘具波状浅锯齿；叶柄长 2.5-6 厘米，密被倒向的长柔毛。生于高山山地林下。分布于云南西北、四川和湖北西部；不丹和缅甸北部。

Leaves 2-6; leaf blade suborbicular to inconspicuously 5-sided, 2-3 cm in width, margin repand-crenate and obscurely 5-lobulate to subentire. Petiole 2.5-6 cm, retrorsely pubescent. Forests, grassy places at forest margins. Distr. W Hubei, Sichuan, NW Yunnan; Bhutan, N Myanmar.

毛茛科 Ranunculaceae | 水毛茛属 *Batrachium* S.F.Gray

多年生水生或半水生草本植物。单叶互生，沉水叶细裂成丝形小裂片，浮水叶 3 浅裂。花单生；花梗较粗长；萼片脱落；花瓣基部渐窄成爪；雄蕊 10 枚以上。聚合瘦果圆球形。约 20 种；中国 8 种；横断山区 4 种。

Herbs perennial, aquatic or semiterrestrial. Leaves simple, alternate, leaf blade usually submersed, ultimate segments filiform or narrowly linear, sometimes floating and then blade 3-lobed. Flower solitary; pedicel thick and long; sepals caducous; petals base shortly clawed; stamens 10+. Aggregate fruit ovoid or globose. About 20 species; eight in China; four in HDM.

2 水毛茛

1 2 3 4 **5** **6** **7** **8** 9 10 11 12 <4900 m

Batrachium bungei (Steud.) L.Liou[1-5]

多年生草本。茎长 30 厘米以上。叶片轮廓近半圆形或扇状半圆形，三回 4~5 裂，小裂片近丝形，在水外通常收拢或近叉开，无毛。生于山谷溪流、河滩积水地、平原湖中或水塘中。广布于全国大多数省区；克什米尔地区。

Herbs perennial. Stems about 30 cm or more. Leaf blade flabellate or semiorbicular in outline, 3-sect; segments 4 or 5 × sect, ultimate lobules filiform, ± collapsing out of water, glabrous. Ponds, lakes, streams, swamps. Distr. Areas at countrywide great majority provinces; Kashmir.

毛茛科 Ranunculaceae | 铁破锣属 *Beesia* Balf.f. & W.W.Sm.

多年生草本。有根状茎。叶为单叶，基生，有长柄，心形或心状三角形，不分裂。花葶不分枝；聚伞花序含 1~3 朵花，稀疏排列而形成外貌似总状花序的复杂花序；花辐射对称；萼片 5 枚，花瓣状，白色，椭圆形；花瓣不存在；雄蕊多数；心皮 1 枚。蓇葖果狭长，扁。2 种；中国均产；横断山区 1 种。

Herbs perennial. Rhizome robust. Leaves basal, long petiolate, simple, cordate or cordate-triangular. Scape simple; cyme compound, with 1-3 sessile fascicled flowers at several nodes; flower actinomorphic; sepals 5, petaloid, white, elliptic; petals absent; stamens numerous; carpel 1. Follicle solitary, long, narrow, flat. Two species; both found in China; one in HDM.

3 铁破锣

1 2 3 4 **5** **6** **7** **8** 9 10 11 12 1400-3500 m

Beesia calthifolia Ulbr[1-4]

叶片肾形、心状卵形，顶端圆形，基部深心形；边缘每侧密生圆锯齿，齿较小。花葶高 14~58 厘米。生于山地谷中林下阴湿处。分布于甘肃南部、四川、云南西北部；湖北西部、湖南西部、广西北部、贵州、陕西南部；缅甸北部。

Leaf blade reniform, orbicular-ovate, or deeply cordate at base, apex rounded; margin dense with teeth on each side, teeth small. Scapes 14-58 cm at fruiting. Wet places in valleys, forests. Distr. S Gansu, Sichuan, NW Yunnan; W Hubei, W Hunan, N Guangxi, Guizhou, S Shaanxi; N Myanmar.

毛茛科 Ranunculaceae | 美花草属 *Callianthemum* C.A.Mey.

多年生草本。有根状茎。羽状复叶均基生或基生茎生兼有。花单生于茎或分枝顶端，两性；萼片 5 枚；花瓣 5~13 枚，有腺状条纹；雄蕊、心皮多数。聚合瘦果近球形。12 种；中国 5 种；横断山区 2 种。

Herbs perennial. Rhizome present. Pinnate compound leaves basal, subbasal, or cauline. Inflorescences terminal on stems or branches, 1-flowered; flowers bisexual; sepals 5; petals 5-13, glandular striate; stamens numerous; pistils numerous. Fruit aggregate, globular. Twelve species; five in China; two in HDM.

1 美花草

1 2 3 4 5 6 7 8 9 10 11 12 3200-5600 m

Callianthemum pimpinelloides (D.Don) Hook.f. & Thomson[1-4]

基生叶与茎近等长，有长柄，为一回羽状复叶；叶片卵形或狭卵形；羽片近无柄，斜卵形或宽菱形，掌状深裂，边缘有少数钝齿。萼片椭圆形；花瓣白色、粉红色或淡紫色。生于高山草地。分布于青海、西藏、四川、云南；西南邻国。

Basal leaves as long as stems, with long petiole; leaf blade bipinnate, ovate to narrowly ovate; leaflets subsessile, obliquely ovate to rhombic, deeply undulate, margin with obtuse teeth. Sepals elliptic; petals white, pink or pale purple. Grassland on high mountains. Distr. Qinghai, Xizang, Sichuan, Yunnan; SW neighbouring countries.

毛茛科 Ranunculaceae | 驴蹄草属 *Caltha* L.

多年生草本植物。茎不分枝或具少数分枝。叶全部基生或同时茎生，茎生叶有时掌状分裂，基生叶全缘有锯齿。花单独生于茎顶端或 2 朵或较多朵组成简单的或复杂的单歧聚伞花序；萼片 5 片或较多，花瓣状，黄色、稀白色或红色；花瓣不存在；雄蕊多数。12 种；中国 4 种；横断山区 3 种和若干变种。

Herbs perennial. Stems simple or several branched. Leaves basal, or both basal and cauline, sometimes cauline ones palmately lobed, basel leaves margin dentate or entire. Flower solitary, terminal, or 2 or more in a simple or complex monochasium; sepals 5 or more, petaloid, yellow, rarely white or red; petals absent; stamens numerous. Twelve species; four in China; three species and some varieties in HDM.

2 驴蹄草

1 2 3 4 5 6 7 8 9 10 11 12 600-4000 m

Caltha palustris L. var. *palustris*[1, 3-4]

茎高 10~50 厘米。基生叶有长柄；叶片圆形、圆肾形或心形；茎生叶通常向上逐渐变小，圆肾形或三角状心形。茎或分枝顶部由 3~5 朵花组成简单的单歧聚伞花序；萼片黄色，无柄。生于山谷溪边、湿草甸、草坡或林下较阴湿处。分布于甘肃南部、西藏东部、四川、云南西北部；中西部省区；北半球温带及寒温带。

Stems 10-50 cm tall. Basal leaves long petiolate; leaf blade orbicular to orbicular-reniform or cordate; cauline leaves usually diminishing upward, orbicular-reniform or triangular-cordate. Monochasium often terminal on stems or branches, 3-5-flowered; sepals yellow, sessile. Valley streams, wet meadows, grassy slopes or damp places. Distr. S Gansu, E Xizang, Sichuan, NW Yunnan; C and W China; temperate to cold regions of northern hemisphere.

3 空茎驴蹄草

1 2 3 4 5 6 7 8 9 10 11 12 1000-3800 m

Caltha palustris var. *barthei* Hance[1-4]

与驴蹄草原变种相似，不同之处在于：常较高大、粗壮，果期高达 1.2 米，粗达 12 毫米。花序下之叶与基生叶近等大。生于山地溪边、草坡或林中。分布于甘肃西南部、西藏东部、四川西部和北部、云南西北部；日本、俄罗斯远东。

Similar to *C. palustris* var. *palustris* L., but plant to 1.2 m tall, about 12 mm in diam. at fruiting. Cauline leaves below inflorescence subequal to basal leaves in size. Mountain stream, grass slope or forest. Distr. SW Gansu, E Xizang, N and W Sichuan, NW Yunnan; Japan, Russia (Far East).

4 掌裂驴蹄草

1 2 3 4 5 6 7 8 9 10 11 12 ≈ 2900 m

Caltha palustris var. *umbrosa* Diels[1-4]

茎最上部叶和花序下部苞片掌状分裂。生于溪边草地。分布于四川西南部、云南西北部。

Uppermost cauline leaves and bracts palmatipartite. Grassy valley areas. Distr. SW Sichuan, NW Yunnan.

1

1

2

3

3

4

1 花葶驴蹄草 | 1 2 3 4 5 6 7 8 9 10 11 12 2800-4100 m

Caltha scaposa Hook.f. & Thomson[1-5]

与驴蹄草相似，差异在于：基生叶边缘全缘或带波形，有时疏生小牙齿；茎生叶极小或不存在，叶柄短或无。花单独生于茎顶部，或 2 朵形成简单的单歧聚伞花序。生于高山湿草甸或山谷沟边。分布于甘肃南部、青海南部、西藏东南部、四川西部、云南西北部；不丹、印度北部、尼泊尔。

Similar to *C. palustris*, be different in: basal leaves margin entire or repand, sometimes sparsely denticulate; cauline leaves shortly petiolate or sometimes sessile, small or absent. Flower solitary, terminal, or 2 in monochasium. Alpine meadows, valleys. Distr. S Gansu, S Qinghai, SE Xizang, W Sichuan, NW Yunnan; Bhutan, N India, Nepal.

2 细茎驴蹄草 | 1 2 3 4 5 6 7 8 9 10 11 12 3200-4100 m

Caltha sinogracilis W.T.Wang[1-5]

小草本。茎高 4~10 厘米。叶通常全部基生，有长柄；叶片圆肾形或肾状心形，基部深心形，边缘生浅圆牙齿。花单生；萼片黄色，稀红色。生于溪边草地。分布于西藏东南部、云南西北部。

Small herb. Stems 4-10 cm at fruiting. Leaves all basal, long petiolate; leaf blade orbicular-reniform or reniform-cordate, base deeply cordate, margin crenate or dentate basally. Flower solitary; sepals yellow, rarely red. Grasslands by streams. Distr. SE Xizang, NW Yunnan.

毛茛科 Ranunculaceae | 升麻属 *Cimicifuga* L.

多年生草本。叶为一至三回三出或近羽状复叶，有长柄。花序为总状花序；花小，密生，辐射对称，两性，稀单性；萼片 4 或 5 枚，白色，花瓣状。心皮 1~8 枚，蓇葖长顶端具 1 个外弯的喙。约 18 种；中国 8 种；横断山区 5 种。

Herbs perennial. Leaves 1-3 × ternately sect or subpinnately compound, long petiolate. Inflorescence densely racemose; flowers dense, small, actinomorphic, hermaphroditic or rarely unisexual; sepals 4 or 5, petaloid, white. Follicles 1-8, apex 1 curved beak. About 18 species; eight in China; five in HDM.

3 升麻 | 1 2 3 4 5 6 7 8 9 10 11 12 1700-3600 m

Cimicifuga mairei L.[2]

茎高 1~2 米。叶为二至三回三出状羽状复叶；顶生小叶菱形，通常浅裂。总状花序具分枝 3~20 条；轴密被灰色或锈色的腺毛及短毛。生于山地林缘、林中或路旁草丛中。分布于甘肃、青海、西藏、四川、云南；中西部省区；西部和北部邻国。

Stem 1-2 m tall. Leaves 2 or 3 × ternately pinnate; terminal leaflet rhombic, usually lobed. Inflorescence racemose, 3-20-branched; rachis densely gray glandular pubescent. Forests, forest margins, grassy slopes. Distr. Gansu, Qinghai, Xizang, Sichuan, Yunnan; C and W China; N and W neighbouring countries.

毛茛科 Ranunculaceae | 铁线莲属 *Clematis* L.

多年生藤本，或为灌木或草本。叶对生，稀与花簇生或互生，三出复叶至二回三出复叶，少数为单叶。萼片平展、上升或直立；花瓣不存在。瘦果，宿存花柱伸长呈羽毛状。约 300 种；中国 147 种；横断山区 40 余种。

Vines perennial, rarely shrubs, or perennial herbs. Leaves opposite, rarely fascicled or alternate, trifoliate to 2-ternate trifoliate, rarely simple. Sepals spreading, ascending, or erect; petals absent. Achenes, persistent style usually strongly elongated, plumose. About 300 species; 147 in China; more than 40 in HDM.

• 花萼管状或钟状，雄蕊被柔毛 | Calyx tubular or campanulate, stamens pubescent

4 甘川铁线莲 | 1 2 3 4 5 6 7 8 9 10 11 12 1200-3600 m

Clematis akebioides (Maxim.) H.J.Veitch[1-5]

一至二回羽状复叶；叶卵圆形，边缘有不整齐浅锯齿，裂片常 2~3 浅裂或不裂。花 1~3 朵簇生于叶腋；萼片黄色，斜上展，顶端锐尖成小尖头；花丝被柔毛。生于高原草地、灌丛中或河边。分布于甘肃、青海、西藏东部至东南部、四川西部、云南西北部；内蒙古西部。

Leaves 1- or 2-pinnate; leaflet blades ovate, undivided or 3-lobed, margin crenate. Cymes axillary, 1-3-flowered; sepals yellow, ascending, apex sharp apiculate; filaments puberulous. Scrub, grassy slopes, along streams. Distr. Gansu, Qinghai, E to SE Xizang, W Sichuan, NW Yunnan; W Nei Mongol.

1

1

2

3

3

4

4

1 合柄铁线莲

1 2 3 4 5 6 7 8 9 10 11 12 2000-3400 m

Clematis connata DC.[1-5]

一回羽状复叶，叶柄基部扁平增宽与对生的叶柄合生，抱茎；小叶片卵形、宽卵形或狭卵形，边缘有整齐的钝锯齿。聚伞花序腋生，有花 5~11 或更多朵，常成聚伞圆锥花序；花钟状；萼片淡黄绿色，直立。生于江边、云杉林下及杂木林中。分布于西藏南部、四川西部至西南部、云南北部至西北部；贵州西部；南亚。

Leaves 1-pinnate, base ± dilated and connate to opposite petiole, amplexicaul; leaflet blades ovate, broadly ovate, or narrowly ovate,margin dentate. Cymes axillary, 5-11-to many flowered, often paniclelike; flowers campanulate; sepals yellowish, erect. *Picea asperata* forests, mixed forests, along streams or rivers. Distr. S Xizang, W to SW Sichuan, N to NW Yunnan; W Guizhou; S Asia.

2 须蕊铁线莲

1 2 3 4 5 6 7 8 9 10 11 12 2200-3700 m

Clematis pogonandra Maxim.[1-3]

植株无毛。三出复叶，叶片卵状披针形、长圆形或卵形，全缘或 1 至少数粗齿，3 条基出主脉。单花腋生；萼片淡黄色，直立；雄蕊与萼片近于等长；花丝密被长柔毛。生于山坡林边及灌丛中。分布于甘肃南部，四川西部至西南部；湖北西部、陕西南部。

Plants glabrous. Leaves ternate; leaflet blades ovate-lanceolate, oblong, or ovate, margin entire or 1- to few dentate, three basal veins. Flowers axillary, solitary; sepals yellowish, erect; stamens equal to sepals in length; filaments densely pubescent. Forests, forest margins, slopes, scrub. Distr. S Gansu, W to SW Sichuan; W Hubei, S Shaanxi.

3 毛茛铁线莲

1 2 3 4 5 6 7 8 9 10 11 12 500-3000 m

Clematis ranunculoides Franch.[1-4]

直立草本或草质藤本。基生叶具叶柄，单生或三出叶，小叶纸质，通常 3 浅裂。聚伞花序腋生，1~3 朵花；花梗细瘦；萼片紫红色，直立，背面脉纹上有 2~3 条凸起的翅；雄蕊与萼片近等长；花丝被长柔毛。生于山坡、林下及灌丛中。分布于四川西南部、云南中部至西北部；广西西北部、贵州西部。

Vines herbaceous or sometimes stems erect. Basal leaves petiolate, ternate or simple; leaflet papery, often 3-lobed. Cymes axillary, usually 1-3-flowered; pedicel slender; sepals purple-red, erect, abaxially with 2 or 3 narrow longitudinal wings; stamens nearly equal to sepals in length; filaments villous. Forests, slopes, scrub. Distr. SW Sichuan, C to NW Yunnan; NW Guangxi, W Guizhou.

4 长花铁线莲

1 2 3 4 5 6 7 8 9 10 11 12 2000-2500 m

Clematis rehderiana Craib[1-5]

木质藤本。茎有棱。一至二回羽状复叶；小叶片宽卵圆形或卵状椭圆形，边缘 3 裂，有粗锯齿或有时裂成 3 小叶。聚伞花序腋生，4 至多花；萼片钟状，淡黄色；雄蕊长为萼片之半；花丝被开展的柔毛。生于阳坡、沟边灌丛中。分布于青海东部、西藏、四川西部、云南西北部；尼泊尔。

Vines woody. Branches shallowly grooved. Leaves usually 2-pinnate, sometimes 1-pinnate; leaflet ovate to pentagonal-ovate, 3-lobed or parted, margin dentate. Cymes axillary, 4 to many flowered; sepals campanulate, yellowish; stamens length about half of the sepals; filaments pubescent. Slopes, scrub, along streams. Distr. E Qinghai, Xizang, W Sichuan, NW Yunnan; Nepal.

5 甘青铁线莲

1 2 3 4 5 6 7 8 9 10 11 12 300-4900 m

Clematis tangutica (Maxim.) Korsh.[1-3, 5]

与甘川铁线莲类似，不同之处在于：藤本或狭长伏地，有时在山地或干旱生境下直立成灌木状。小叶狭长圆形或披针形，边缘有不整齐缺刻状的锯齿，齿尖，较密。生于森林、山坡、灌丛、河岸或溪边草丛。分布于甘肃、青海、西藏、四川西部；陕西南部、新疆；哈萨克斯坦。

Similar to *C. akebioides*, differing in: vines woody, sometimes dwarf, erect shrublets when growing in dry, sandy, or gravelly regions. Leaflet blades rhombic-ovate to narrowly ovate, margin denticulate, teeth acute, dense. Forests, slopes, scrub, grassy areas, along river banks or streams. Distr. Gansu, Qinghai, Xizang, W Sichuan; S Shaanxi, Xinjiang; Kazakhstan.

1
1
2
2
2
3
4
5
5

1 中印铁线莲

1 2 3 4 5 6 7 8 9 10 11 12 2200-4800 m

Clematis tibetana Kuntze[1]

与甘川及甘青铁线莲相似，不同之处为：藤本，常攀于 1~2 米高灌丛上。叶形变化较大，叶缘多无齿。花萼较厚。生于草坡、沙地、草地及砾石河岸。分布于西藏、四川西南部；印度北部、尼泊尔西部。

Similar to *C. akebioides* and *C. tangutica*, differing in: vines, often climbing in the 1-2 m high shrub. Leaf shape variable, leaflet margin always entire. Calyx thick. Slopes, scrub, grassy areas, gravelly river banks. Distr. Xizang, SW Sichuan; N India, W Nepal.

• 萼片开展；雄蕊无毛 | Sepals spreading, stamens glabrous

2 小木通

1 2 3 4 5 6 7 8 9 10 11 12 100-2400 m

Clematis armandii Franch.[1-5]

木质藤本。三出复叶；小叶片革质，狭卵形、披针形或卵形，全缘。聚伞花序腋生；腋生花序基部有多数宿存芽鳞；萼片开展，白色或淡粉红色，大小变异极大。生于山坡、路边灌丛中或水沟旁。分布于甘肃南部、西藏东部、四川、云南；华中、华东、华南各省区；缅甸北部。

Vines woody. Leaves ternate; leaflet blades narrowly ovate, lanceolate, or ovate, leathery, margin entire. Cymes from axillary buds, base with persistent bud scales; sepals white or pinkish, spreading, variable in size. Forest margins, slopes, along streams. Distr. S Gansu, E Xizang, Sichuan, Yunnan; C, E, S China; N Myanmar.

3 金毛铁线莲

1 2 3 4 5 6 7 8 9 10 11 12 1000-3000 m

Clematis chrysocoma Franch.[1-2, 4]

木质藤本，或呈灌木状。三出复叶；小叶片纸质，两面密生黄色绢状毛，边缘疏生粗牙齿。花 1~6 朵与老枝腋生叶簇生；花梗密被绢毛；萼片开展，白色、粉红色。生于山坡、山谷的灌丛中、林下、林边或河谷。分布于四川西部、云南西北部；贵州西部。

Vines woody, sometimes suberect. Leaves ternate; leaflet blades papery, densely appressed yellowish pubescent on both surfaces, margin few dentate. Flowers 1-6 fasciation with several leaves from axillary buds of old branches; pedicel densely puberulous; sepals white or pink, spreading. Grassy, dry, or stony slopes, scrub along streams. Distr. W Sichuan, NW Yunnan; W Guizhou.

4 银叶铁线莲

1 2 3 4 5 6 7 8 9 10 11 12 1800-3800 m

Clematis delavayi Franch.[1-4]

近直立小灌木，高可达 1.5 米。一回羽状复叶对生，小叶片背面密被银色毡毛至被微柔毛，全缘，先端锐尖。聚伞花序顶生，具数花至多花；萼片开展，白色。生于山地、河边、路旁及灌丛。分布于西藏东部、四川西部至西南部、云南西北部。

Small shrubs, to 1.5 m tall. Leaves pinnate, opposite; leaflets abaxially densely silvery-pannose to appressed puberulous, margin entire, apex acute. Cymes terminal, few to many flowered; sepals white, spreading. Slopes, scrub, thickets, stony areas. Distr. E Xizang, W to SW Sichuan, NW Yunnan.

5 滑叶藤

1 2 3 4 5 6 7 8 9 10 11 12 1500-3500 m

Clematis fasciculiflora Franch.[1-4]

木质藤本。三出复叶；小叶片近革质，全缘。花 2~4 朵，与老枝腋生叶簇生；花梗比叶短；萼片初近直立，后开展，白色。生于森林、溪边灌丛、石坡。分布于四川西南部、云南；广西西部、贵州东南部；越南及缅甸北部。

Vines woody. Leaves ternate; leaflet subleathery, margin entire. Flowers usually 2-4, sometimes fasciation with several leaves from axillary buds of old branches; pedicel shorter than leaves; sepals white, erect at frist, spreading afterwards. Forests, scrub, along streams, stony slopes. Distr. SW Sichuan, Yunnan; W Guangxi, SE Guizhou; N Vietnam, N Myanmar.

1
1
2
3
4
4
5

1 绣球藤 1 2 3 **4 5 6 7 8 9** 10 11 12 **1000-4000 m**

Clematis montana Buch.-Ham. ex DC.[1-5]

木质藤本。三出复叶，小叶片卵形至椭圆形，边缘缺刻状锯齿，偶全缘。花 1~6 朵，与老枝腋生叶簇生。萼片开展，白色或外面带淡红色。生于森林边缘、山坡、灌丛中。分布于横断山区大部；华中、华东、华南；西南邻国。

Vines woody. Leaves ternate; leaflet blades ovate to elliptic, margin sparsely dentate or occasionally entire. Flowers 1-6 fasciation with several leaves from axillary buds of old branches; sepals white or sometimes tinged pink, spreading. Forest margins, slopes, scrub. Distr. Most regions of HDM; C, E and S China; SW neighbouring countries.

2 美花铁线莲 1 2 3 4 5 **6 7 8** 9 10 11 12 **1400-4000 m**

Clematis potaninii Maxim.[1-4]

一至二回羽状复叶，有 5~15 枚小叶。聚伞花序有 1~3 朵花，腋生；萼片 5~7 枚，开展，白色。生于林下、山坡、林缘。分布于甘肃南部、西藏东部、四川北部至西部、云南西北部；陕西南部。

Leaves usually 1 or 2-pinnate, leaflet 5-15. Cymes arising from axils of leaves, 1-3 flowered; sepals 5-7, white, spreading. Forests, forest margins, slopes. Distr. S Gansu, E Xizang, N to W Sichuan, NW Yunnan; S Shaanxi.

毛茛科 Ranunculaceae | 翠雀属 *Delphinium* L.

单叶互生，多掌状分裂。花两性，两侧对称；萼片花瓣状，上萼片有距；花瓣条形，生于上萼片与雄蕊之间，无爪，有距；退化雄蕊 2 枚，生于二侧萼片与雄蕊之间，有爪。蓇葖狭长，有脉网。

Leaves simple, alternate; leaf blade palmately divided. Flowers bisexual, zygomorphic; sepals petaloid, upper one spurred; petals strip, between upper sepal and stamens, spurred, without claw; staminodes 2, each usually with a slender claw, between two lateral sepals and stamens. Follicles narrowly oblong, reticulate.

• 花瓣和退化雄蕊黑色或黑褐色 | Petals and staminodes black or dark brown

3 巴塘翠雀花 1 2 3 4 5 6 7 **8 9** 10 11 12 **3400-4200 m**

Delphinium batangense Finet & Gagnep.[1-4]

茎高 15~35 厘米。叶片 3 裂几达基部，裂片互相邻接，中央裂片菱形，侧裂片线形或三角形，不等 2~3 深裂。伞房花序 2~4 朵花；苞片叶状；萼片蓝紫色；花瓣褐色；退化雄蕊黑褐色；瓣片与爪近等长。生于山地草坡。分布于四川西南部、云南西北部。

Stem 15-35 cm tall. Leaf blade 3-primary lobes separate to the base, central lobe rhombic, ultimate lobules linear or triangular, unequally 2-3 deeply lobed. Corymb 2-4-flowered; bracts leaflike; sepals blue-purple, petals and staminode black-brown, limb nearly identical to claw in length. Grassy slopes. Distr. SW Sichuan, NW Yunnan.

4 毛翠雀花 1 2 3 4 5 6 **7 8 9 10** 11 12 **2100-4600 m**

Delphinium trichophorum Franch.[1-3, 5]

茎高 25~65 厘米，被糙毛或近无毛。总状花序狭长，花 11~50 朵或更多；轴及花梗被糙毛；萼片淡蓝色或紫色；距下垂，钻状圆筒形。生于高山草坡。分布于甘肃中南部、青海东部、西藏东部、四川西部。

Stem 25-65 cm tall, hispid or subglabrous. Raceme tapered, 11-50- or more flowered; rachis and pedicels hispid; sepals bluish or purple; spur pendulous, cylindric-subulate. Grassy slopes. Distr. C and S Gansu, E Qinghai, E Xizang, W Sichuan.

• 退化雄蕊与萼片同色 | Staminodes similar color with the sepals

5 还亮草 1 2 **3 4 5** 6 7 8 9 10 11 12 **<1700 m**

Delphinium anthriscifolium Hance[1-4]

一年生草本。叶为二至三回近羽状复叶；小叶通常分裂近中脉。总状花序；花瓣及退化雄蕊与萼片同色；退化雄蕊瓣片斧形，2 深裂近基部。生于低山草坡或溪边。广布于全国大多数省区；越南北部。

Plants annual. 2-3 ternate pinnate-like compound leaves; leaflets pinnately divided nearly to midvein. Raceme; petals and staminode similar color with the sepals; limb dolabriform, 2-parted near base. Grassy places on slopes or by streams. Distr. Most provinces of China; N Vietnam.

1
1
2
2
3
4
4
5

1 鞘柄翠雀花

1 2 3 4 5 6 7 8 **9** **10** 11 12 **3000-3700 m**

Delphinium coleopodum Hand.-Mazz.[1-4]

茎高 20~35 厘米。叶片 3 深裂近基部，中央深裂片菱形，3 裂；茎生叶 3~4 枚，有宽鞘；鞘抱茎，船形。总状花序 3~7 朵花；萼片、花瓣和退化雄蕊蓝色。生于山地草坡。分布于云南西北部。

Stem 20-35 cm tall. Leaf blade deeply 3-lobed; central lobe rhombic, 3-cleft; cauline leaves 3-4; petioles with wide sheath, navicular. Raceme 3-7-flowered; sepals, petals and staminode blue. Grassy slopes. Distr. NW Yunnan.

2 滇川翠雀花

1 2 3 4 5 6 **7** **8** **9** **10** **11** 12 **2000-3800 m**

Delphinium delavayi Franch.[1-4]

茎高 55~100 厘米，密被反曲的短糙毛。叶片五角形，3 深裂；叶柄长为叶片的 2~3 倍。总状花序狭长，通常有 5~15 花；小苞片披针形；萼片蓝紫色；距钻形，末端稍向下弯；花瓣、退化雄蕊蓝色，瓣片 2 浅裂。生于山地草坡或疏林中。分布于四川西南部、云南；贵州西部。

Stem 55-100 cm tall, hispidulous or hispid. Leaf blade pentagonal, deeply 3-lobed; petiole length 2-3 times of leaves. Racemes long, narrow, 5-15-flowered; bracteoles narrowly lanceolate; sepals blue-purple; spur subulate, terminal slightly curved; petals and staminode blue, limb 2-lobed. Mountain grass slope, sparse forest. Distr. SW Sichuan, Yunnan; W Guizhou.

3 光序翠雀花

1 2 3 4 5 **6** **7** **8** 9 10 11 12 **2500-4200 m**

Delphinium kamaonense Huth[1-2, 4-5]

与翠雀近似；但茎上部、花序轴和花梗有疏毛或近于无毛。生于山地草坡。产甘肃西南部、青海南部、西藏东部及南部、四川西部；印度西北部、尼泊尔。

Similar to *D. grandiflorum,* but upper stem, rachis and pedicel sparsely pubescence or glabrous. Grassy slopes, meadows. Distr. SW Gansu, S Qinghai, E and S Xizang, W Sichuan; NW India, Nepal.

4 翠雀

1 2 3 4 **5** **6** **7** **8** **9** **10** **11** 12 **500-2800 m**

Delphinium grandiflorum L.[1-4]

茎高 30~65 厘米，被反曲而贴伏的短柔毛。叶片 3 全裂；叶柄长为叶片的 3~4 倍。总状花序；萼片紫蓝色或蓝色；花瓣蓝色；退化雄蕊蓝色，瓣片近圆形或宽倒卵形，顶端全缘。生于山地草坡或丘陵沙地。分布于四川西北部、云南北部；贵州、华北、东北；蒙古、俄罗斯（西伯利亚）。

Stem 30-65 cm tall, hispidulous or hispid. Leaf blade wholly 3-lobed; petiole length 3-4 times to leaves. Raceme; sepals purple-blue or blue; petals blue; staminode limb suborbicular or broadly obovate, entire, blue. Grassy slopes, or hilly sandy. Distr. NW Sichuan, N Yunnan; Guizhou, N and NE China; Mongolia, Russia (Siberia).

5 粗距翠雀花

1 2 3 4 5 6 **7** **8** 9 10 11 12 **4000-4600 m**

Delphinium pachycentrum Hemsl.[1-3]

茎粗壮，高 20~50 厘米。叶片 3 深裂至基部。总状花序，有 5~12 朵密集的花；萼片紫蓝色，两面均被短柔毛；距近圆筒形。生于山地多石砾草坡。分布于青海东南部、四川西部。

Stem robust, 20-50 cm tall. Leaf blade 3-deeply lobed to nearly the base. Raceme densely 5-12-flowered; sepals purple-blue, puberulent; spur subcylindric. Gravelly or grassy slopes. Distr. SE Qinghai, W Sichuan.

6 螺距翠雀花

1 2 3 4 5 6 **7** **8** **9** **10** 11 12 **3400-4200 m**

Delphinium spirocentrum Hand.-Mazz.[1-4]

茎高 16~90 厘米，与叶柄均被开展的白硬毛。叶片圆五角形，一回裂片 3 深裂至本身长度 3/5 处。总状花序狭长，有 4~25 朵花；萼片蓝紫色；距马蹄状或螺旋状弯曲；花瓣及退化雄蕊蓝色。生于山地草坡、林边或灌丛中。分布于四川西南部、云南西北部。

Stem 16-90 cm tall. Stem and petiole hispid. Leaf blade round-pentagonal, primary lobes separate for at least 3/5 of blade radius. Raceme narrow and long, 4-25-flowered; sepals blue-purple; spur subulate, U-shaped or spirally curved; petals and staminode blue. Forest margins, scrub, grassy slopes. Distr. SW Sichuan, NW Yunnan.

1
2
3
4
5
6
6

1 康定翠雀花 1 2 3 4 5 6 7 8 9 10 11 12 2300-4000 m

Delphinium tatsienense Franch.[1-4]

茎高 30~80 厘米。基生叶在开花时常枯萎，3 全裂，中央全裂片菱形，二至三回近羽状细裂。总状花序有 3~12 朵花，呈伞房状；小苞片生于花梗中部上下，钻形；萼片深紫蓝色；距细长；花瓣和退化雄蕊蓝色。生于山地草坡、高山草甸。分布于青海东南部、四川西部、云南北部。

Stem 30-80 cm tall. Basal leaves usually withering at anthesis; leaf blade deeply 3-lobed; central lobe rhombic, 2 or 3 × dissected. Compound raceme pyramidal 3-12-flowered; bracteoles near middle of pedicel, subulate; sepals purple-blue; spur subulate; petals and staminode blue. Grassy slopes, alpine meadows. Distr. SE Qinghai, W Sichuan, N Yunnan.

2 澜沧翠雀花 1 2 3 4 5 6 7 8 9 10 11 12 2800-3800 m

Delphinium thibeticum Finet & Gagnep.[1-5]

茎高 28~85 厘米，被反曲的短柔毛。叶片 3 全裂，中央全裂片近菱形，3 深裂，二回裂片一至三回细裂；茎生叶 1 枚。总状花序狭长，有 5~17 朵花；萼片蓝紫色；距钻形；花瓣蓝色；退化雄蕊蓝色，瓣片 2 裂至中部附近。生于山地草坡、石山或疏林中。分布于西藏东部、四川西北部及西南部、云南西北部。

Stem 28-85 cm tall, retrorsely puberulent. Leaf blade wholly 3-lobed; central lobe rhombic, 3-parted, distally 1-3 × dissected or lobed; cauline leaves 1. Raceme narrow and long, 5-17-flowered; sepals blue-purple; spur subulate; petals blue; staminode blue, limb ovate, 2-lobed. Open woods, grassy slopes, rocky valleys. Distr. E Xizang, NW and SW Sichuan, NW Yunnan.

3 阴地翠雀花 1 2 3 4 5 6 7 8 9 10 11 12 1900-3900 m

Delphinium umbrosum Hand.-Mazz.[1-5]

与滇川翠雀花相似，但本种小苞片狭线形或线形，0.8~1.9 厘米长，0.5~1.8 毫米宽。生于山地草坡或林下、林缘。分布于西藏南部、四川西南部、云南北部；尼泊尔。

Similar to *D. delavayi*, but bracteoles linear or linear-subulate, 0.8-1.9 cm × 0.5-1.8 mm. Forests, forest margins, grassy slopes. Distr. S Xizang, SW Sichuan, N Yunnan; Nepal.

4 中甸翠雀花 1 2 3 4 5 6 7 8 9 10 11 12 ≈3000 m

Delphinium yuanum F.H.Chen[1-3]

高约 80 厘米。叶片 3 全裂几达基部，中央全裂片菱形。顶生总状花序长 14~22 厘米，有 12~15 朵花。萼片深蓝色，长 1~1.4 厘米；距钻形，与萼片近等长，末端常向上弯曲。生于高山草地。分布于云南西北部（香格里拉）。

Stem about 80 cm tall. Leaf blade wholly 3-lobed nearly to the base, central lobe rhombic. Raceme terminal, 14-22 cm, 12-15-flowered; sepals deep blue, 1-1.4 cm, spur cylindric-subulate, nearly equal to the sepals, slightly upcurved. Alpine meadows. Distr. NW Yunnan (Shangri-La).

毛茛科 Ranunculaceae | 露蕊乌头属 *Gymnaconitum* (Stapf) Wei Wang & Z.D.Chen

一年生草本。直根近圆柱形。茎高 25~55 厘米。基生叶 1~3 (6) 枚，通常在开花时枯萎；茎生 3 全裂。总状花序有 6~16 朵花；萼片蓝紫色，有较长爪，上萼片船形；雄蕊露出；心皮 6~13 枚。1 种。

Herbs annual, taproots subterete. Stem 25-55 cm. Basal leaves 1-3(6), usually withered at anthesis, cauline leaves, 3-sect. Inflorescence 6-16-flowered; sepals blue-purple, long clawed; upper sepal navicular; stamens exserted; carpels 6-13. One species.

5 露蕊乌头 1 2 3 4 5 6 7 8 9 10 11 12 1550-3800 m

Gymnaconitum gymnandrum (Maxim.) Wei Wang & Z.D.Chen[11]

— *Aconitum gymnandrum* Maxim.

描述同属。生于山地草坡、田边草地或河边沙地。分布于甘肃南部、青海、西藏、四川西部。

See description for the genus. Grassy slopes, grasslands, by streams. Distr. S Gansu, Qinghai, Xizang, W Sichuan.

1  2  3

3  4

5  5  5

毛茛科 Ranunculaceae | 碱毛茛属 *Halerpestes* Greene

多年生小草本，生于盐碱性沼泽草地。叶多数基生，单叶全缘，有齿或 3 裂，有时多回细裂；叶柄基部变宽成鞘。花单朵顶生，或 2~3 朵花形成单歧聚伞花序；萼片绿色，脱落；花瓣黄色，5~12 枚；雄蕊多数。聚合果球形至长圆形，瘦果多数，斜倒卵形，有 2~3 条分歧的纵肋。约 10 种；中国 5 种；横断山区 2 种及若干变种。

Herbs perennial, saline marsh grassland. Leaves all basal, leaf blade simple, undivided, dentate or 3-lobed to 3-sect; petiole base widens into sheath. Inflorescence a solitary terminal flower or a 2- or 3-flowered monochasium; sepals green, deciduous; petals 5-12, yellow; stamens numerous. Aggregate fruit globose or ovoid, achenes bilaterally compressed, with 2 or 3 longitudinal thin ribs on each side. About ten species; five in China; two species and some varieties in HDM.

1 碱毛茛

1 2 3 4 5 6 7 8 9 10 11 12 <2000 m

Halerpestes sarmentosa (Adams) Kom.[1-3]

基生叶 8~25 枚，叶片纸质，多近圆形、肾形或宽卵形，边缘上部有 3~9 个圆齿。花葶 1~4 条；花小；花瓣 5 枚；雄蕊 14~20 枚。聚合果卵形，瘦果小而极多。生于盐碱性沼泽地或湖边。分布于甘肃、青海、西藏、四川西北部；中国北部各省区；哈萨克斯坦、朝鲜半岛、印度北部、蒙古、巴基斯坦北部、俄罗斯（西伯利亚）。

Basal leaves 8-25; leaf blade papery, oblate, reniform, or orbicular-ovate, margin with 3-9 teeth at top. Scapes 1-4; flowers small; petals 5; stamens 14-20. Aggregate fruit ovoid, achenes small and many. Saline damp sandy places by rivers or lakes. Distr. Gansu, Qinghai, Xizang, NW Sichuan; N China; Kazakhstan, Korea, N India, Mongolia, N Pakistan, Russia (Siberia).

2 三裂碱毛茛

1 2 3 4 5 6 7 8 9 10 11 12 1700-5100 m

Halerpestes tricuspis (Maxim.) Hand.-Mazz.[1-5]

多年生小草本。基生叶 5~16 枚；叶形状多变异，菱状楔形至宽卵形，3 中裂至 3 深裂，侧裂片 2~3 裂或有齿。花葶高 1~13 厘米；花常单生；雄蕊 13~36 枚。聚合果球形，瘦果 20 多枚。生于盐碱性湿草地。分布于甘肃西南部、青海、西藏、四川西部；宁夏、新疆南部；不丹、印度北部、蒙古、尼泊尔、巴基斯坦北部。

Herbs perennial. Basal leaves 5-16; leaf blade variable in shape, rhombic cuneate to broadly ovate, 3-sect to 3-lobed, lateral lobes 2-3 sect or dentate. Scapes 1-13 cm; flowers usually solitary; stamens 13-36. Aggregate fruit globose, achenes around 20. Saline damp sandy places. Distr. SW Gansu, Qinghai, Xizang, W Sichuan; Ningxia, S Xijiang; Bhutan, N India, Mongolia, Nepal, N Pakistan.

毛茛科 Ranunculaceae | 铁筷子属 *Helleborus* L.

多年生草本。有根状茎。叶为单叶，鸡足状全裂或深裂。花 1 朵顶生或少数组成顶生聚伞花序；萼片 5 枚，花瓣状，白色、粉红色或绿色，常宿存；花瓣小，筒形或杯形，有短柄；雄蕊多数。蓇葖果革质，有宿存花柱。约 20 种；中国 1 种；横断山区有分布。

Herbs perennial, rhizomatous. Leaves simple, pedately sect or parted. Inflorescence terminal, cymose, 1- to several flowered; sepals 5, petaloid, white, pink-red, or green, usually persistent; petals small, tubular or cup-shaped, shortly stalked; stamens numerous. Follicles leathery, styles persistent. About 20 species; one in China; one in HDM.

3 铁筷子

1 2 3 4 5 6 7 8 9 10 11 12 1100-3700 m

Helleborus thibetanus Franch.[1-3]

茎高 30~50 厘米。基生叶 1~2 枚，叶片肾形或五角形，鸡足状 3 全裂；茎生叶无柄，小于基生叶。花 1~2 朵生茎或枝端；萼片初粉红色，在果期变绿色；花瓣 8~10 枚，淡黄绿色，稍 2 裂。生于山地林中或阴生灌丛中。分布于甘肃南部、四川西北部；湖北西北部、陕西南部。

Stems 30-50 cm tall. Basal leaves 1-2, leaf blade reniform or pentagonal, pedately 3-sect; cauline leaves subsessile, smaller than basal ones. Flower 1-2, terminal on stem or branch; sepals pink-red, green at fruiting; petals 8-10, yellowish green, slightly 2-fid. Forests, in shade of shrubs. Distr. S Gansu, NW Sichuan; NW Hubei, S Shaanxi.

1  1  2

2  3

3  3

毛茛科 Ranunculaceae | 鸦跖花属 *Oxygraphis* Bunge

多年生小草本，几乎无茎。叶全部基生，单叶，不分裂。花单朵顶生，具花葶；萼片绿色，果期增大并宿存，稀脱落；花瓣黄色，5~19 枚，基部有狭爪；雄蕊多数；心皮多数。聚合果宽卵形，瘦果狭菱形或近纺锤形。4 种，中国均产；横断山区 3 种。

Herbs perennial, stemless. Leaves all basal, simple, undivided. Inflorescence a solitary, terminal flower, scapose; sepals enlarged after flowering, green, persistent or rarely deciduous; petals 5-19, yellow, shortly clawed; stamens numerous; carpels numerous. Aggregate fruit broadly ovoid, achenes narrowly rhombic or subfusiform. Four species, all found in China; three in HDM.

1 脱萼鸦跖花

1 2 3 4 5 6 7 8 9 10 11 12 3500-5000 m

Oxygraphis delavayi Franch.[1-3, 5]

基生叶 3~5 枚，肾状圆形、圆形至卵圆形，长 8~38 毫米，宽 9~25 毫米，基部心形，边缘有钝圆齿。花葶 1~3 条，上部被柔毛；花直径 1~2 厘米；萼片近纸质，果期脱落。生于高山草甸或岩坡。分布于西藏东南部、四川西北部、云南西北部。

Basal leaves 3-5, leaf blade reniform to orbicular or ovate-orbicular, 8-38 mm × 9-25 mm, base cordate, margin crenate. Scapes 1-3, appressed puberulent in apical part; flowers 1-2 cm in diam; sepals papery, deciduous. Alpine meadows, gravelly places. Distr. SE Xizang, NW Sichuan, NW Yunnan.

2 鸦跖花

1 2 3 4 5 6 7 8 9 10 11 12 2700-5000 m

Oxygraphis glacialis (Fisch. ex DC.) Bunge[1-3, 5]

叶基生 5~10 枚，卵形至椭圆状长圆形，全缘或偶有宽锯齿。萼片 5 枚，近革质，花后增大，宿存；花瓣披针形或长圆形。生于湿润多石的草甸上。分布于甘肃南部、青海、西藏、四川西部、云南西北部；陕西南部、新疆；西部和北部邻国。

Basal leaves 5-10, leaf blade ovate to elliptic, margin entire, or rarely crenate; sepals 5, subleathery, persistent, accrescent after anthesis; petals oblanceolate or oblong. Alpine meadows, often on level wet stony areas. Distr. S Gansu, Qinghai, Xizang, W Sichuan, NW Yunnan; S Shaanxi, Xinjiang; N and W neighbouring countries.

3 小鸦跖花

1 2 3 4 5 6 7 8 9 10 11 12 3400-4300 m

Oxygraphis tenuifolia W.E.Evans[1-3]

叶基生 8~25 枚，叶片线形至线状披针形，宽 2~4 毫米，全缘。花葶 1~3 条；顶生 1 朵花，花直径约 1 厘米；萼片近革质，花后增大，宿存；花瓣 9~11 枚。生于高山草甸或高山灌丛中。分布于四川西部、云南西北部。

Basal leaves 8-25, leaf blade linear to lanceolate, 2-4 mm in width, margin entire. Scape 1-3; flowers solitary, about 1 cm in diam; sepals subleathery, persistent, accrescent after anthesis; petals 9-11. Alpine meadows, grassy slopes. Distr. W Sichuan, NW Yunnan.

毛茛科 Ranunculaceae | 拟耧斗菜属 *Paraquilegia* J.R.Drumm. & Hutch.

多年生草本。叶全部基生，一至二回三出复叶；有长柄。花葶 1~8 条；萼片淡蓝紫色或白色，花瓣状；花瓣远小于萼片，黄色。蓇葖直立或稍展开。5 种；中国 3 种；横断山区 1 种。

Herbs perennial. Leaves basal, 1 or 2 × ternately compound; petiole long, basally sheathed. Scapes 1-8; sepals pale blue-purple or white, petaloid; petals yellow, much shorter than sepals. Follicles erect or slightly spreading. Five species; three in China; one in HDM.

4 拟耧斗菜

1 2 3 4 5 6 7 8 9 10 11 12 2700-4300 m

Paraquilegia microphylla (Royle) J.R.Drumm. & Hutch.[1-5]

叶二回三出，无毛；叶片三角状卵形，中央小叶 3 深裂，每深裂片再 2~3 细裂，小裂片狭菱状倒卵形。萼片紫色至紫红色，脱落。生于高山石壁。分布于甘肃西南部、青海、西藏、四川西部；新疆；西部和北部邻国。

Leaves usually 2-ternate, glabrous; triangular ovate; central leaflet 3-sect, segments narrowly rhombic-obovate, margin 2- or 3-lobed. Sepals purplish to purplish red, deciduous. Cliffs, fissures of rocks. Distr. SW Gansu, Qinghai, Xizang, W Sichuan; Xinjiang; N and W neighbouring countries.

1

1

2

2

3

4

毛茛科 Ranunculaceae | 毛茛属 *Ranunculus* L.

多年生或少数一年生草本，部分水生。茎直立、斜升或有匍匐茎。叶大多基生并茎生，叶柄基部扩大成鞘状；单叶，或一至二回三出复叶，全缘或有齿。花单生或成聚伞花序；花两性，辐射对称；萼片绿色，草质；花瓣黄色，基部有爪，蜜槽存在；雄蕊多数。聚合果球形或长圆形，瘦果卵球形或两侧压扁。约570种；中国133种；横断山区30余种。

Herbs perennial or annual, rarely aquatic. Stems erect, oblique or stolons. Leaves usually both basal and along stem, petiole expanded into sheath at base; leaf blade simple, or 1- or 2-ternate, margin entire or crenate. Inflorescence a solitary terminal or monochasium; flowers bisexual, actinomorphic; sepals greenish, herbaceous; petals yellow, base shortly clawed, with nectary; stamens numerous. Fruit aggregate, globose or cylindric, achenes ovoid, bilaterally compressed. About 570 species; 133 in China; more than 30 in HDM.

1 西南毛茛

1 2 **3 4 5 6 7 8** 9 10 11 12 1100-3200 m

Ranunculus ficariifolius H.Lév. & Vaniot[1-4]

多年生草本。基生叶与茎生叶相似，叶片不分裂，宽卵形或近菱形，边缘每侧有2~3齿或近全缘。花与叶对生，花梗细而下弯。聚合果近球形，瘦果卵球形，两面有疣状小突起。生于林缘湿地和水沟旁。分布于四川、云南北部和东南部；华中、西南等地；不丹、尼泊尔、印度北部、泰国。

Herbs perennial. Basal leaves similar to stem leaves, blade broadly ovate or rhombus, not lobed, margin 2- or 3-dentate on each side or nearly entire. Flowers leaf-opposed, pedicel slender and curved down. Aggregate fruit subglobose, achene globose, slightly bilaterally compressed, tuberculate. By streams, meadows, forest margins. Distr. Sichuan, N and SE Yunnan; C and SW China; Bhutan, Nepal, N India, Thailand.

2 甘藏毛茛

1 2 3 4 5 **6 7 8** 9 10 11 12 ≈ 5000 m

Ranunculus glabricaulis (Hand.-Mazz.) L.Liou[1-2, 5]

多年生矮小草本。茎单一直立。基生叶2或3，叶片五角形，3深裂至3全裂，长0.3~0.7厘米，宽0.5~1.1厘米；中裂片3齿裂近中部，侧裂片不等2裂。花单生茎顶；萼片5枚，紫褐色或绿色。生于高山草甸上。分布于甘肃中部、西藏东部。

Herbs dwarf, perennial. Stems erect, simple. Basal leaves 2 or 3; blade 3-lobed to 3-wholly sect, pentagonal, 0.3-0.7 cm × 0.5-1.1 cm; central segment 3-cleft nearly to middle, lateral segments unequally 2-lobed. Flowers solitary, terminal; sepals 5, dark purple or greenish. Alpine meadows. Distr. C Gansu, E Xizang.

3 砾地毛茛

1 2 3 4 5 **6 7 8** 9 10 11 12 3900-4800 m

Ranunculus glareosus Hand.-Mazz.[1-5]

多年生草本。茎倾卧斜升，有分枝。叶片近圆形或肾状五角形，基部心形至截形，3深裂至3全裂，裂片2~3浅裂或深裂，宽卵形或菱形。花单生或2朵花组成简单的聚伞花序；萼片带紫色。瘦果平滑无毛。生于岩坡砾石间。分布于青海东部及南部、四川西部、云南西北部。

Herbs perennial. Stems ascending, few branched. Leaf blade ovate or pentagonal, base cordate to truncate, usually 3-sect, sometimes 3-partite, segment ovate or rhombic, 2-3-lobed. Flowers terminal, solitary or 2 in a simple monochasium; sepals with purple. Achene smooth, glabrous. Gravelly slopes. Distr. E and S Qinghai, W Sichuan, NW Yunnan.

4 云生毛茛

1 2 **3 4 5 6 7 8** 9 10 11 12 1700-5200 m

Ranunculus nephelogenes Edgew.[1, 3-4]

多年生草本。茎直立，单一或有2~3个腋生短分枝。叶片披针形至线形，有时3浅裂，稀3深裂，全缘。花单生，顶生；萼片带紫色；花瓣稍长于花萼。聚合果长圆形，瘦果偏斜卵球形。生于高山草甸、河滩湖边及沼泽草地。分布于甘肃、青海、西藏、四川、云南西北部；山西、新疆南部及中部；北部和西南部邻国。

Herbs perennial. Stems erect, 2-3 axillary branched or simple. Leaf blade lanceolate to linear, sometimes 3-lobed or rarely 3-sect, margin entire. Flowers solitary, terminal; sepals with purple; petals slightly longer than sepals. Aggregate fruit long elliptic, achene obliquely obovoid. Alpine meadows and swampy meadows. Distr. Gansu, Qinghai, Xizang, Sichuan, NW Yunnan; Shanxi, S and C Xinjiang; N and SW neighbouring countries.

1
2
2
3
4

1 矮毛茛

1 2 3 4 5 **6 7 8 9** 10 11 12 3000-4000 m

Ranunculus pseudopygmaeus Hand.-Mazz.[1-5]

多年生小草本。须根基部稍增厚略呈纺锤形。茎直立或斜上，常单一。叶片小，宽卵形，3深裂或中裂；中央裂片全缘或3齿裂。花小，单生茎顶。瘦果较少，10余枚，无毛。生于高山草坡和砾石地。分布于西藏东南部、云南西北部；尼泊尔。

Herbs perennial, small. Roots fibrous, thickened above. Stems usually simple, erect or ascending. Leaves small, blade broadly ovate, usually 3-partite or 3-sect; central segment entire or 3-dentate. Flowers solitary, terminal. Achene few, about 10, glabrous. Meadows, gravelly slopes. Distr. SE Xizang, NW Yunnan; Nepal.

2 苞毛茛

1 2 3 4 **5 6 7 8** 9 10 11 12 4900-5700 m

Ranunculus similis Hemsl.[1-2, 5]

多年生矮小草本。茎0.5~5厘米，无毛。茎生叶2~3枚，邻接于花下而似总苞，无柄；萼片暗紫色，果期增大变厚，宿存；花瓣黄色或变紫色。生于砾石山坡、干涸河滩。分布于青海西南部、西藏；新疆东南部。

Herbs perennial. Stems 1.5-5 cm, glabrous. Cauline leaves 2-3, clustered below flower like involucre, sessile; sepals dark purple, enlarge and thicken in fruit; petals yellow or dark purple. Grassy or gravelly slopes, by rivers. Distr. SW Qinghai, Xizang; SE Xinjiang.

3 高原毛茛

1 2 3 4 5 **6 7 8 9 10** 11 12 2200-4200 m

Ranunculus tanguticus (Finet & Gagnep.) K.S.Hao[1-4]

多年生草本。茎多分枝。基生叶和茎下部叶有长叶柄；叶片五边形或宽卵形，3全裂，末回裂片线状披针形至线形。单岐聚伞花序顶生，2~3朵花，偶1朵花。瘦果小而多。生于山坡或沟边沼泽湿地。分布于甘肃、青海东部、西藏东部、四川西部、云南西北；中国北部；尼泊尔。

Herbs perennial. Stems branched. Basal leaves and lower stem leaves with long petiole; leaf blade 3-sect, pentagonal or broadly ovate, ultimate lobes linear-lanceolate or linear. Monochasium terminal, 2- or 3-flowered, rarely 1-flowered. Achene small and many. Slopes, marsh wetlands. Distr. Gansu, E Qinghai, E Xizang, W Sichuan, NW Yunnan; N China; Nepal.

4 云南毛茛

1 2 3 4 5 **6 7 8 9** 10 11 12 2800-4800 m

Ranunculus yunnanensis Franch.[1-4]

多年生草本。茎直立，分枝少。基生叶3~8枚；叶片倒卵形、倒卵状楔形至匙形，顶端有3~7个钝齿牙；下部叶与基生叶相似，上部叶3深裂或3中裂，裂片线形，多全缘。单歧聚伞花序顶生，花2~3朵。生于山坡、林缘、草地、溪边。分布于四川西南部、云南北部。

Herbs perennial. Stems erect, usually few branched. Basal leaves 3-8; leaf blade cuneate-obovate, obovate, spatulate, apex 3-7-dentate; lower stem leaf similar to basal leaves; upper stem leaf 3-partite or 3-sect, segments linear, usually entire. Monochasium terminal, 2- or 3-flowered. Grassy slopes, meadows, forest margins, by streams. Distr. SW Sichuan, N Yunnan.

毛茛科 Ranunculaceae | 黄三七属 *Souliea* Franch.

根状茎粗壮。茎基有抱茎的膜质宽鞘。叶具柄，二至三回三出全裂。花辐射对称，总状花序；萼片5枚，花瓣状，白色；花瓣5枚，长为萼片的一半或更短，扇状倒卵形，先端具小牙齿；雄蕊多数。心皮1~3枚，蓇葖宽线形。单种属。

Rhizome robust. Stems with membranous scales at base. Leaves petiolate, 2 or 3 × ternately sect. Inflorescence racemose; flowers actinomorphic; sepals 5, petaloid, white; petals 5, about half of the sepals or shorter in length, flabellate-obovate, denticulate; stamens numerous. Follicles 1-3, broadly linear. One species.

5 黄三七

1 2 3 4 **5 6** 7 8 9 10 11 12 2800-4000 m

Souliea vaginata Franch.[1-5]

种特征同属。生山地林中、林缘或草坡中。分布于横断山区大部；不丹、印度北部、缅甸北部。

Characters of species are the same of the genus. Forests, forest margins, grassy slopes. Distr. Most of the HDM region; Bhutan, N India, N Myanmar.

毛茛科 Ranunculaceae | 唐松草属 *Thalictrum* L.

多年生草本。叶基生并茎生，为一至四回三出叶或羽状复叶，稀单叶；小叶通常掌状浅裂，全缘或有少数具齿；花序通常为单歧聚伞花序，花数目很多时呈圆锥状，少有为总状花序；花通常两性；萼片披针形到肾形或匙形，黄绿色至白色或紫色，果期脱落，呈花瓣状；花瓣不存在；雄蕊多数。瘦果纺锤形至倒卵球形，常聚生。约 200 种；中国 76 种；横断山区约 40 种。

Herbs perennial. Leaves basal and cauline, leaf blade 1-4-ternately or -pinnately compound, rarely simple; leaflets always palmately lobed, margin entire or crenate. Inflorescences monochasial cymes, or sometimes racemelike, paniculate; flowers usually bisexual; sepals whitish to greenish yellow or purplish, lanceolate to reniform or spatulate, not persistent in fruit, petal-like; petals absent; stamens many. Fruits achenes, usually aggregated, fusiform to obovoid. About 200 species; 76 in China; about 40 in HDM.

1 高山唐松草

1 2 3 4 5 6 7 8 9 10 11 12 2400-5300 m

Thalictrum alpinum L.[1-5]

多年生小草本。叶 4~5 个或更多，全部基生，为二回羽状三出复叶；小叶 3~5 浅裂。总状花序；萼片 4 枚，外侧带紫色，长约 2 毫米；雄蕊 7~10 枚，花丝紫色，丝形。生于高山草地、山谷阴湿处或沼泽地。分布于横断山区大部；中国北部；北半球广布。

Herbs perennial, small. Leaves 4-5 or more, all basal; leaf blade pinnately 2-ternate; leaflets 3-5-lobed. Inflorescence racemelike; sepals 4, purplish tinged, about 2 mm; stamens 7-10, filament purplish, filiform. Damp valleys, slopes, meadows, bogs. Distr. Most HDM region; N China; widespread in the Northern Hemisphere.

2 狭序唐松草

1 2 3 4 5 6 7 8 9 10 11 12 2300-3600 m

Thalictrum atriplex Finet & Gagnep.[1-5]

四回三出复叶，小叶 3 浅裂或深裂，边缘有粗齿。花序生茎和分枝顶端，狭长，似总状花序，有稍密的花；萼片 4 枚，白色或带黄绿色；雄蕊 7~10 枚，花药椭圆形，瘦果无柄，扁卵球形，花柱长，拳卷，宿存。生于山地草坡、林边或疏林中。分布于西藏、四川、云南。

Leaf blade 4-ternate, leaflet blade obtusely 3-lobed, margin dentate; Inflorescence a racemelike monochasium, terminal, narrow and long, many flowered; sepals 4, white or greenish yellow. Stamens 7-10, anthers elliptic. Achenes sessile, body broadly ovoid, style long, persistent, circinate. Forests, forest margins, slopes. Distr. Sichuan, Xizang, Yunnan.

3 高原唐松草

1 2 3 4 5 6 7 8 9 10 11 12 1700-3800 m

Thalictrum cultratum Wall.[1-5]

茎上部分枝。基生叶和茎下部叶在开花时枯萎。三至四回羽状复叶；小叶 3 浅裂，裂片全缘或有 2 小齿，背面常有白粉。圆锥花序；萼片绿白色；雄蕊多数，花丝丝形；柱头有狭翅。生于山地草坡、灌丛中或沟边草地。分布于甘肃、西藏、四川、云南西北部；不丹、克什米尔、印度北部、尼泊尔。

Plants branched distally. Basal and proximal cauline leaves withered at anthesis. Leaf blade 3- or 4-pinnate, leaflet blade 3-lobed, lobes entire or 2-toothed, abxial side white. Inflorescence paniculate; sepals greenish white; stamens many, filament filiform; stigma with narrow wing. Scrub, slopes, wet meadows. Distr. Gansu, Xizang, Sichuan, NW Yunnan; Bhutan, Kashmir, N India, Nepal.

4 偏翅唐松草

1 2 3 4 5 6 7 8 9 10 11 12 1800-3400 m

Thalictrum delavayi Franch.[1-5]

茎高 60~200 厘米，分枝。基生叶在开花时枯萎。茎下部和中部叶为三至四回羽状复叶；小叶 3 浅裂，裂片全缘或有 1~3 齿。圆锥花序；萼片淡紫色；雄蕊多数。生山地林边、沟边、灌丛或疏林中。分布于西藏、四川西部、云南；贵州西部。

Plants 60-200 cm tall, stems branched. Basal leaves withered at anthesis. Leaf blade 3- or 4-pinnate; leaflet blade 3-lobed; lobes entire or 1-3-toothed. Inflorescence paniculate; sepals purplish tinged; stamens many. Forests, scrub, hills, grassy slopes, shady places, along streams. Distr. Xizang, W Sichuan, Yunnan; W Guizhou.

1

1

2

2

3

3

4

4

1 滇川唐松草

1 2 3 4 5 6 7 8 9 10 11 12 2200-4000 m

Thalictrum finetii B.Boivin[1-5]

与高原唐松草相似，不同之处在于：小叶背面无白粉。柱头无翅。瘦果近扁平，有狭翅。生于山地草坡、林边或林中。分布于西藏东南部、四川西部、云南西北部。

Similar to *T. cultratum*, but differing in: leaflets abaxial side not white. Stigma wingless. Achenes compressed, narrowly winged. Forests, forest margins, grassy slopes. Distr. SE Xizang, W Sichuan, NW Yunnan.

2 腺毛唐松草

1 2 3 4 5 6 7 8 9 10 11 12 900-4500 m

Thalictrum foetidum L.[1-5]

基生叶和茎下部叶在开花时枯萎或不发育；三回近羽状复叶；小叶 3 浅裂，裂片全缘或有疏齿。圆锥花序；萼片淡黄绿色；花丝上部狭线形，下部丝形；柱头有翅，三角形。瘦果半倒卵形，有短柔毛，无翅。生于山地草坡或高山多石砾处。分布于甘肃、青海、西藏、四川；中国北部；欧亚大陆广布。

Basal and proximal cauline leaves withered at anthesis; leaf blade 3-pinnate, leaflet blade 3-lobed, lobes entire or few toothed. Inflorescence paniculate; sepals yellow, tinged greenish; filament base filiform, apex narrowly linear; stigma triangular winged. Achenes hemiobovoid, pubescent, wingless. Slopes, grasslands, damp rocky ledges. Distr. Gansu, Qinghai, Xizang, Sichuan; N China; widely distributed in Asia and Europe.

3 金丝马尾连

1 2 3 4 5 6 7 8 9 10 11 12 1600-2500 m

Thalictrum glandulosissimum (Finet & Gagnep.) W.T.Wang & S.H.Wang[1-2, 4]

茎被腺毛。叶为三回羽状复叶；小叶基部圆形或浅心形，3 浅裂，浅裂片全缘或有时中裂片有 2~3 枚圆齿。花序圆锥状，分枝有少数花；萼片黄白色；雄蕊约 25 枚。生于森林、山坡、草地。分布于云南。

Plants glandular pubescent. Leaf blade 3-pinnate; leaflet blade base rounded or subcordate, margin 3-lobed; lobes entire or 2- or 3-toothed. Inflorescence paniculate, few flowered; sepals yellow-white; stamens about 25. Montane forests, slopes, meadows. Distr. Yunnan.

4 尼泊尔唐松草

1 2 3 4 5 6 7 8 9 10 11 12 1500-3400 m

Thalictrum napalense W.T.Wang[12]

植株全部无毛。基生叶在开花时枯萎；茎生叶为三至四回三出复叶，叶片 3 浅裂。多歧聚伞花序；萼片白色；花丝上部倒披针形，比花药稍宽，下部丝形；宿存花柱顶端拳卷。生山地林中、灌丛、山坡、阴湿多石砾处。分布于横断山大部分地区；华中、华东、华南；南亚、东南亚。

Plants glabrous. Basal leaves withered at anthesis. Cauline leaves leaf blade 3- or 4-ternate, apex 3-lobed; Inflorescence pleiochasial; sepals white; filament base filiform, apex oblanceolate, broader than anther; style persistent, circinate. Forests, scrub, slopes, damp rocky ledges. Distr. Most of the HDM region; C, E and S China; S and SE Asia.

5 长柄唐松草

1 2 3 4 5 6 7 8 9 10 11 12 800-3500 m

Thalictrum przewalskii Maxim.[1-3, 5]

茎高 50~120 厘米，几乎无毛。四回三出复叶；小叶 3 裂常达中部，有粗齿。圆锥花序多分枝；萼片白色或稍带黄绿色；雄蕊多数，花药比花丝宽，花丝上部线状倒披针形，下部丝形；心皮 4~9 枚，有子房柄。生于山地灌丛边、林下或草坡上。分布于甘肃、青海、西藏东部、四川；中部与北部诸省区。

Plants 50-120 cm tall, mostly glabrous. Leaf blade 4-ternate; leaflet apex 3-lobed to the middle, margin with teeth. Inflorescence paniculate many branched; sepals white or greenish yellow; stamens many, filament base filiform, apex linear-lanceolate, narrower than anther; carpels 4-9, with stalk. Forests, scrub margins, grassy slopes. Distr. Gansu, Qinghai, E Xizang, Sichuan; C and N China.

1
1
2
3
4
4
5
5

1 小喙唐松草

1 2 3 4 **5** 6 7 8 9 10 11 12 2500-3200 m

Thalictrum rostellatum Hook.f. & Thomson[1-5]

茎高 40~60 厘米，无毛。三回三出复叶；小叶 3 浅裂，有少数圆齿。复单歧聚伞花序有少数稀疏的花；萼片白色；雄蕊 8~12，花丝丝形；心皮 4~7 枚；宿存花柱上部钩状弯曲。生于山地林中或沟边。分布于西藏南部、四川西部、云南西北部；不丹、印度西北部、尼泊尔。

Plants 40-60 cm tall, glabrous. Leaf blade 3-ternate; leaflet blade 3-lobed, margin with little teeth. Inflorescence monochasial, few flowered; sepals white; stamens 8-12, filament filiform; carpels 4-7; style hooked-curved, persistent. Forests, damp rocky ledges. Distr. S Xizang, W Sichuan, NW Yunnan; Bhutan, NW India, Nepal.

2 芸香叶唐松草

1 2 3 4 **5** 6 7 8 9 10 11 12 2500-3200 m

Thalictrum rutifolium Hook.f. & Thomson[1-5]

植株高 10~15 厘米，全部无毛。三至四回近羽状复叶。多歧聚伞花序似总状花序，狭长；萼片 4 枚，淡紫色；心皮 3~5 枚；花柱约 0.3 毫米，下弯。瘦果柄约 1 毫米，稍扁，镰状，长 4~6 毫米，有 8 条纵肋。生于高山草坡、河滩上或山谷中。分布于甘肃、青海、西藏、四川西部、云南；印度北部。

Plants 10-15 cm tall, glabrous. Leaf blade 3- or 4-pinnate. Inflorescence pleiochasial, long and racemelike; sepals 4, purplish tinged; carpels 3-5; style recurved, about 0.3 mm. Achene stipe about 1 mm; body falcate, slightly compressed, 4-6 mm long, veins about 8. Valleys, alpine slopes, riversides. Distr. Gansu, Qinghai, Xizang, W Sichuan, Yunnan; N India.

3 石砾唐松草

1 2 3 4 5 6 **7** 8 9 10 11 12 3600-5000 m

Thalictrum squamiferum Lecoy.[1-5]

植株全部无毛，茎下部常埋在石砾中，叶为三至四回羽状复叶；小叶互相多少覆压，薄革质，边缘全缘，干时反卷。花序退化为单朵花，腋生；萼片淡黄绿色，常带紫色；雄蕊 10~20 枚。生于山地多石砾山坡、河岸石砾沙地或林边。分布于青海南部 、西藏南部、四川西部、云南西北部；不丹、印度北部。

Plants glabrous, lower part of the stem often buried in the gravel. Leaf blade 3- or 4-pinnate; leaflets covering each other more or less, thinly leathery, margin entire, revolute when dry. Inflorescence reduced to a solitary flower, axillary; sepals yellow tinged, with purple; stamens 10-20. Forest margins, rocky slopes, damp rocky ledges. Distr. S Qinghai, S Xizang, W Sichuan, NW Yunnan; Bhutan, N India.

4 钩柱唐松草

1 2 3 4 **5** **6** **7** 8 9 10 11 12 1600-3200 m

Thalictrum uncatum Maxim.[1-5]

与狭序唐松草相似，但其花药狭长圆形。瘦果有 1~2 毫米短柄，扁平，半月形。生于山地草坡或山谷灌丛边。分布于甘肃、青海、西藏东部、四川西部、云南西北部；贵州。

Similar to *T. atriplex*, but differing in narrow anthers. Achene stipe 1-2 mm; body lunate, compressed. Scrub margins, valley sides, slopes. Distr. Gansu, Qinghai, E Xizang, W Sichuan, NW Yunnan; Guizhou.

5 帚枝唐松草

1 2 3 4 5 **6** **7** **8** 9 10 11 12 2300-3500 m

Thalictrum virgatum Hook.f. & Thomson[1-5]

茎高 16~65 厘米，无毛。叶均茎生，为三出复叶；小叶顶端圆形，3 浅裂，边缘有少数圆齿。单歧聚伞花序生茎或分枝顶端；萼片 4~5 枚，白色或带粉红色；宿存柱头小。生于林下或林缘。分布于西藏、四川、云南；不丹、印度北部、尼泊尔。

Plants 15-65 cm tall, glabrous. All leaves cauline, leaf blade 3-ternate; leaflets apex rounded, 3-lobed, lobes crenate. Inflorescence monochasial, terminal to the stem or branch; sepals 4 or 5, white or pinkish; stigma persistent, small. Forests, forest margins. Distr. Xizang, Sichuan, Yunnan; Bhutan, N India, Nepal.

1
2
3
4
4
5
5

毛茛科 Ranunculaceae | 金莲花属 *Trollius* L.

多年生草本。单叶，掌状分裂。萼片5枚至较多数，花瓣状，倒卵形，通常黄色，稀淡紫色，通常脱落，稀宿存；花瓣5枚至多数，线形，具短爪，基部有蜜槽；雄蕊多数；心皮5枚至多数。约30种；中国16种；横断山区6种。

Herbs perennial. Leaf simple, palmately parted or sect. Sepals 5 to many, usually yellow, rarely purplish, obovate, petaloid, usually caducous, rarely persistent; petals 5 to many, linear, shortly clawed and with nectary pit above base; stamens numerous; follicles 5 to many. About 30 species; 16 in China; six in HDM.

1 矮金莲花

1 2 3 4 5 **6** **7** 8 9 10 11 12 3500-4700 m

Trollius farreri Stapf[1-5]

茎高5~19厘米，不分枝。叶3~4枚，全部基生或近基生；叶片五角形，基部心形，3全裂几达基部；中央全裂片3浅裂，有2~3不规则的三角形齿，侧全裂片不等2裂。花单朵顶生，萼片宿存。生于山地草坡、高山草甸。分布于横断山大部；陕西南部。

Stems 5-19 cm tall, simple. Leaves 3 or 4, all basal or subbasal; leaf blade pentagonal, base cordate, 3-sect nearly to base; central segment 3-lobed, with 2 or 3 irregular triangular teeth, lateral segments unequally 2-fid. Flower solitary, terminal; sepals persistent. Grassy slopes, alpine meadows. Distr. Most of the HDM region; S Shaanxi.

2 毛茛状金莲花

1 2 3 4 **5** **6** 7 8 9 10 11 12 2900-4100 m

Trollius ranunculoides Hemsl.[1-5]

茎高6~30厘米，不分枝。茎生叶1~3枚，小于基生叶；基生叶片圆五角形或五角形，基部深心形，3全裂；全裂片近邻接或上部多少互相覆压，中央全裂片3深裂至中部。花单独顶生；萼片黄色，脱落。生于山地草坡。分布于横断山大部地区。

Stems 6-30 cm, simple. Cauline leaves 1-3, smaller than basal leaves; basal leaf blade orbicular-pentagonal or pentagonal, base cordate, 3-sect; segments not separate, central segment 3-fid to the middle. Flower solitary; sepals yellow, caducous. Grassy slopes. Distr. Most of the HDM region.

3 云南金莲花

1 2 3 4 5 6 **7** **8** **9** 10 11 12 1900-3900 m

Trollius yunnanensis (Franch.) Ulbr.[1-5]

茎高20~80厘米，不分枝或中部以上分枝。基生叶2~3枚，叶片五角形，基部深心形，3深裂；茎生叶小于基生叶，相似。花单生茎顶端或2~3朵组成顶生聚伞花序；萼片黄色，5~7枚。生于山地草坡或溪边草地。分布于甘肃南部、四川及云南西部。

Stems 20-80 cm, simple or branched above middle. Basal leaves 2 or 3; leaf blade pentagonal, base deeply cordate, 3-parted; proximal cauline leaves similar to basal ones, smaller. Flower solitary, terminal, or 2 or 3 flowers in a cyme; sepals 5-7, yellow. Grassy slopes, mountain slopes, wet places. Distr. S Gansu, Sichuan, W Yunnan.

昆栏树科 Trochodendraceae | 水青树属 *Tetracentron* Oliv.

乔木，高可达30米，胸径1~1.5米，全株无毛。小枝灰棕色；芽长约1厘米。叶片宽卵形，背面略被白霜，掌状脉5~7条。穗状花序下垂，着生于短枝顶端，多花；花直径1~2毫米，花被淡绿色或黄绿色。果长圆形，棕色，沿背缝线开裂。种子4~6枚，条形，长2~3毫米。单型属。

Trees to 30 m tall, 1-1.5 m in diam., glabrous. Branchlets grayish brown; bud about 1 cm. Leaf blade broadly ovate, abaxially paler, palmate vein 5-7. Inflorescences spike, pendulous, terminals on branch, many flowered; flowers yellowish green, 1-2 mm in diam. Fruit oblong, brown, dehiscence loculicidal. Seeds 4-6, spindle-shaped, 2-3 mm long. One species.

4 水青树

1 2 3 **4** **5** **6** **7** 8 9 10 11 12 1100-3500 m

Tetracentron sinense Oliv.[1, 3-5]

描述同属。生于溪边，常绿阔叶林和常绿落叶混合林边缘。分布于横断山大部；中西部省区；尼泊尔、印度、不丹、缅甸、越南。

See description under the genus. Along streams or forest margins in broad-leaved evergreen forests and mixed evergreen-deciduous forests. Distr. Most of the HDM; C and W China; Nepal, India, Bhutan, Myanmar, Vietnam.

1

1

2 1

2

3

3

4

黄杨科 Buxaceae | 板凳果属 *Pachysandra* Michx.

匍匐或斜上的常绿亚灌木或多年生草本。叶互生，中部以上边缘有粗齿牙，稀全缘。雌雄同株。花小，白色或玫瑰色；雌花：子房 2~3 室；花柱 2~3，很长。果实近核果状，宿存花柱长角状。3 种；中国 2 种；横断山区有 1 种。

Subshrubs, creeping or decumbent, or perennial herbs. Leaves alternate, margin dentate in apical half, rarely entire. Androgynous. Flowers small, white or rose; female flowers: ovary with 2-3 locules; styles 2-3, long. Fruit a drupe, with long persistent styles. Three species; two in China; one in HDM.

1 板凳果

1 2 3 4 5 6 7 8 9 10 11 12 1800-2500 m

Pachysandra axillaris Franch.[2-3-4]

叶卵形、椭圆状卵形，或为长圆形、卵状长圆形，长 5~8 厘米，宽 3~5 厘米，叶背有极细的乳头，密被匀细的短柔毛，基部浅心形到截形。花序腋生，1~2 厘米，白色或玫瑰色。果熟时黄色或红色。生于林下或灌丛中湿润土上。分布于四川西部、云南中部和西部；台湾。

Leaf blade ovate to elliptic-ovate, or oblong to ovate-oblong, 5-8 cm× 3-5 cm, tiny papillate and densely pubescent abaxially, base shallowly cordate to truncate. Inflorescences axillary, 1-2 cm, white or rose. Fruit yellow or red when mature. Moist soil, forests, thickets. Distr. W Sichuan, C and W Yunnan; Taiwan.

黄杨科 Buxaceae | 野扇花属 *Sarcococca* Lindl.

常绿灌木。叶互生，革质，全缘。雌雄同株。雌花少数，生花序下方；花小，白色或蔷薇色。核果，卵形或球形，宿存花柱短，长 2 毫米左右。约 20 种；中国 9 种；横断山区有 3 种。

Shrubs, evergreen, monoecious. Leaves alternate, leathery, margin entire. Female flowers several, inserted basally; flowers small, white or rose. Drupe ovoid or globose; exocarp fleshy or subdry; endocarp fragile; persistent style short, about 2 mm. About 20 species; nine in China; three in HDM.

2 羽脉野扇花

1 2 3 4 5 6 7 8 9 10 11 12 1000-3500 m

Sarcococca hookeriana Baill.[2-5]

灌木或小乔木，小枝被短柔毛。叶披针形，或近倒披针形，长 5~8 厘米，宽 1.3~1.8 厘米，羽状脉。花柱 3。果球形，蒴果黑色或蓝黑色。生于林下阴处。分布于西藏（昌都）；不丹、尼泊尔、阿富汗、印度东北部。

Shrubs or small trees, young branches pubescent. Leaf blade lanceolate or nearly oblanceolate, 5-8 cm × 1.3-1.8 cm, vein pinnate. Styles 3. Fruit globose, capsule black or blue-black. Forests. Distr. Xizang (Qamdo); Bhutan, Nepal, Afghanistan, NE India.

3 野扇花

1 2 3 4 5 6 7 8 9 10 11 12 200-2600 m

Sarcococca ruscifolia Stapf[1-4]

小枝被密或疏的短柔毛。叶片卵形或椭圆状披针形；中脉正面突起，近基部被微柔毛，基部侧脉有 1 对侧脉，多少成离基三出脉。花白色，芳香。蒴果球形，直径 7~8 毫米，熟时猩红至暗红色。生于山坡、林下或沟谷中。分布于甘肃、四川、云南；湖北、湖南、广西、贵州、陕西。

Young branches densely or slightly pubescent. Leaf blade usually ovate or elliptic-lanceolate; midrib elevated adaxially, puberulent near base, basal lateral veins a pair to triplinerved. Flowers white, fragrant. Capsule globose, 7-8 mm in diam., scarlet or dark-red when mature. Forests on mountain slopes, streamsides. Distr. Gansu, Sichuan, Yunnan; Hubei, Hunan, Guangxi, Guizhou, Shaanxi.

4 云南野扇花

1 2 3 4 5 6 7 8 9 10 11 12 1300-2700 m

Sarcococca wallichii Stapf[1-4]

小枝有纵棱，无毛。叶薄革质，椭圆形、长圆状披针形或披针形，长 6~12 厘米，宽 2~5 厘米，最下一对侧脉从离叶基 2~5 毫米处发出上升，成明显的离基三出脉。核果近球形或椭圆形，宿存花柱 2~3 枚。生林下湿润山坡或沟谷中。分布于西藏、云南西部和南部；不丹、印度东北部、缅甸、尼泊尔。

Branchlets longitudinally ribbed, glabrous. Leaf blade thinly leathery, elliptic, oblong-lanceolate, or lanceolate, 6-12 cm × 2-5 cm; basal lateral veins a pair, distance 2-5 mm from base, to distinctly triplinerved. Drupe subglobose or ellipsoid; persistent styles 2 or 3. Forests on mountain slopes or in valleys. Distr. Xizang, W and S Yunnan; Bhutan, NE India, Myanmar, Nepal.

1
1
2
2
3
3
4
4
4

芍药科 Paeoniaceae | 芍药属 *Paeonia* L.

灌木或多年生草本。根圆柱形或具纺锤形的块根。复叶互生。苞片 2~6 枚，披针形，叶状，大小不等，宿存；花瓣 5~13 枚，颜色较多。蓇葖成熟时沿心皮的腹缝线开裂；种子黑色、深褐色，球状或卵球形，直径达 1.3 厘米。约 30 种；中国 15 种；横断山区 5 种。

Shrubs or perennial herbs. Roots fleshy, thick but attenuate toward tip, or tuberous. Leaves alternate, compound. Sepals 2-6, varying in shape and size; petals 5-13, varying in color. Fruit a follicle ventral suture dehiscence. Seeds black or dark brown, globose or ovoid-globose, to 1.3 cm in diam. About 30 species; 15 in China; five in HDM.

1 川赤芍

1 2 3 **4** **5** **6** **7** 8 9 10 11 12 **1800-3900 m**

Paeonia anomala subsp. *veitchii* (Lynch.) D.Y.Hong & K.Y.Pan[1]

— *Paeonia veitchii* Lynch.

多年生草本。花盘不发达，环状；花 1~4 朵，生茎顶端和叶腋。生于森林、林缘草地、灌丛、亚高山和高山有灌丛的草甸。分布于甘肃、青海、西藏东部、四川、云南；山西、陕西、宁夏。

Herbs perennial. Disc not well developed, annular; flowers 1-4 per shoot, both terminal and axillary. Forests, forest margin grasslands, scrub, subalpine and alpine meadows with shrubs. Distr. Gansu, Qinghai, E Xizang, Sichuan, Yunnan; Shanxi, Shaanxi, Ningxia.

2 滇牡丹

1 2 3 4 **5** **6** 7 8 9 10 11 12 **2000-3600 m**

Paeonia delavayi Franch.[1-5]

灌木。花盘发达，包裹心皮 1/3 以上；花 1~3 朵，生茎顶端和叶腋。生于干燥的松树林或栎树林、灌丛、稀草坡或原始云杉林空地。分布于西藏、四川、云南。

Shrubs. Disc well developed, 1/3 to wholly enveloping carpels; flowers 1-3 per shoot, both terminal and axillary. Dry *Pinus* or *Quercus* woods, thickets, rarely grassy slopes or glades in virgin *Picea* forests. Distr. Xizang, Sichuan, Yunnan.

3 美丽芍药

1 2 3 **4** **5** 6 7 8 9 10 11 12 **1500-2700 m**

Paeonia mairei H.Lév.[1-4]

茎下部二回三出复叶；一些小叶具裂片。花单生茎顶；花瓣粉红色；花盘浅杯状，包住心皮基部。生于落叶阔叶林。分布于甘肃东南部、四川中南部、云南东北部；湖北西南部、贵州西北部、陕西南部。

Proximal leaves 2-ternate; some leaflets segmented. Flowers solitary, terminal, single; petals pink to red; disc yellow, annular. Deciduous broad-leaved forests. Distr. SE Gansu, C and S Sichuan, NE Yunnan; SW Hubei, NW Guizhou, S Shaanxi.

连香树科 Cercidiphyllaceae | 连香树属 *Cercidiphyllum* Siebold & Zucc.

落叶乔木。分枝有长的营养枝和短的营养枝或者繁殖枝。花先叶开放，每花有 1 苞片；无花被；雄花丛生，近无梗；雌花具短梗。蓇葖果。种子扁平，有翅。2 种，1 种产中国（横断山区有分布）和日本，另一种产日本。

Trees, deciduous. Ramification system with long vegetative shoots and short vegetative or reproductive shoots. Inflorescences appearing before leaves, each flower subtended by a bract or bract suppressed; perianth lacking; staminate inflorescences subsessile, fasciculate; pistillate inflorescences short pedunculate. Fruit a follicle. Seeds flattened, winged. Two species: one in China, Japan; one in Japan.

4 连香树

1 2 3 **4** 5 6 7 8 9 10 11 12 **600-2700 m**

Cercidiphyllum japonicum Siebold & Zucc.[1-4]

长短枝上叶二型。蓇葖果棕色到黑色，长圆形。生于森林、林缘、溪边。分布于甘肃南部、四川、云南东北部；中东部省区；日本。

Leaves dimorphic on long and short shoots. Follicle brown to black, oblong. Forests, forest margins, by streams. Distr. S Gansu, Sichuan, NE Yunnan; C and E China; Japan.

茶藨子科 Grossulariaceae | 茶藨子属 *Ribes* L.

落叶灌木，稀常绿。枝平滑无刺或有刺。芽具数片干膜质或草质鳞片。单叶互生，稀丛生，常 3~7 掌状分裂。花两性或单性而雌雄异株，5 数，稀 4 数；萼筒下部与子房合生；萼片常呈花瓣状；花瓣小于萼筒，与萼片互生；雄蕊 5（偶见 4）枚与萼片对生；子房下位，极稀半下位，具短柄；花柱 2 裂。果实为多汁的浆果，顶端具宿存花萼。约 160 种；中国 59 种；横断山区 20 余种。

Shrubs, deciduous, rarely evergreen. Branchlets spiny or unarmed. Buds with several scarious, papery, or herbaceous scales. Leaves alternate, rarely fascicled; leaf blade 3-7 palmately lobed. Flowers bisexual, or unisexual and dioecious; calyx tube basally adnate to ovary; sepals petaloid; petals alternate with and often smaller than calyx lobes; stamens (4 or)5, alternate with petals; ovary inferior, rarely semi-inferior, shortly stalked; style 2-lobed. Fruit a juicy berry, with persistent calyx apically. About 160 species; 59 in China; 20+ in HDM.

1 长刺茶藨子

1 2 3 4 5 6 7 8 9 10 11 12 1000-3900 m

Ribes alpestre Wall. ex Decne[1-5]

叶下部的节上着生 3 枚粗壮刺。叶宽卵圆形，长 1.5~3 厘米，宽 2~4 厘米， 3~5 裂。花两性，2~3 朵组成短总状花序或花单生于叶腋；花萼绿褐色或红褐色，萼筒钟形；萼片花期向外反折，果期常直立。果实近球形或椭圆形，紫色，具腺毛。生于阳坡疏林下灌丛中、林缘、河谷草地或河岸边。分布于甘肃、青海、西藏东南部、四川西部、云南西部；山西、陕西、宁夏东南部；阿富汗、不丹、克什米尔地区。

Nodal spines 3, verticillate, stout. Leaf blade broadly ovate, 1.5-3 cm × 2-4cm, lobes 3-5. Flowers axillary, solitary or 2 or 3 in short racemes, bisexual; calyx greenish or reddish brown; tube campanulate; sepals reflexed, erect in fruit. Fruit purple, globose to ellipsoid, usually stalked glandular. Forests and forest margins, grasslands in ravines, river banks. Distr. Gansu, Qinghai, SE Xizang, W Sichuan, W Yunnan; Shanxi, Shaanxi, SE Ningxia; Afghanistan, Bhutan, Kashmir.

2 冰川茶藨子

1 2 3 4 5 6 7 8 9 10 11 12 1900-3900 m

Ribes glaciale Wall.[1-5]

无刺。叶长卵圆形，长 3~5 厘米，宽 2~4 厘米，掌状 3~5 裂。花萼褐红色，外面无毛；萼筒浅杯形；萼片卵圆形或舌形，直立；花瓣短于萼片。果实近球形或倒卵状球形，直径 5~7 毫米，红色，无毛。生于山坡或山谷丛林及林缘或岩石上。分布于甘肃东南部、西藏东南部、四川、云南西北部；河南、湖北西部、陕西；不丹、印度北部、克什米尔地区、缅甸北部、尼泊尔。

Unarmed. Leaf blade narrowly ovate, 3-5 cm × 2-4 cm; lobes 3-5. Calyx brownish red, glabrous; tube shallowly cupular; lobes erect, ovate to ligulate; petals shorter than calyx lobes. Fruit red, sour tasting, subglobose to obovoid-globose, 5-7 mm in diam., glabrous. Forests and thickets in mountain valleys, mountain slopes, rocks. Distr. SE Gansu, SE Xizang, Sichuan, NW Yunnan; Henan, W Hubei, Shaanxi; Bhutan, N India, Kashmir, N Myanmar, Nepal.

3 曲萼茶藨子

1 2 3 4 5 6 7 8 9 10 11 12 2600-4200 m

Ribes griffithii Hook.f. et Thomson[1-5]

无刺。叶近圆形，长 5~9 厘米，宽 6~10 厘米；常掌状 5 裂，偶 3 深裂。总状花序长 7~15 厘米，下垂，10~20 朵花排列疏松；花两性，直径 5~6 毫米；花萼外面无毛，萼筒钟形；萼片边缘反折。果实卵球形，直径 0.8-1.2 厘米，红色，无毛。生于山地疏林下、林缘或山麓灌丛中。分布于西藏南部、四川西部、云南西北部；不丹、印度东北部、尼泊尔。

Unarmed. Leaf blade suborbicular, 5-9 cm × 6-10 cm; lobes (3-)5. Racemes nodding, lax, 7-15 cm, 10-20-flowered; flowers bisexual, 5-6 mm in diam; calyx glabrous, tube campanulate; lobes reflexed. Fruit red, ovoid-globose, 0.8-1.2 cm in diam., glabrous. Forests and forest margins in mountain regions, foothill thickets. Distr. S Xizang, W Sichuan, NW Yunnan; Bhutan, NE India, Nepal.

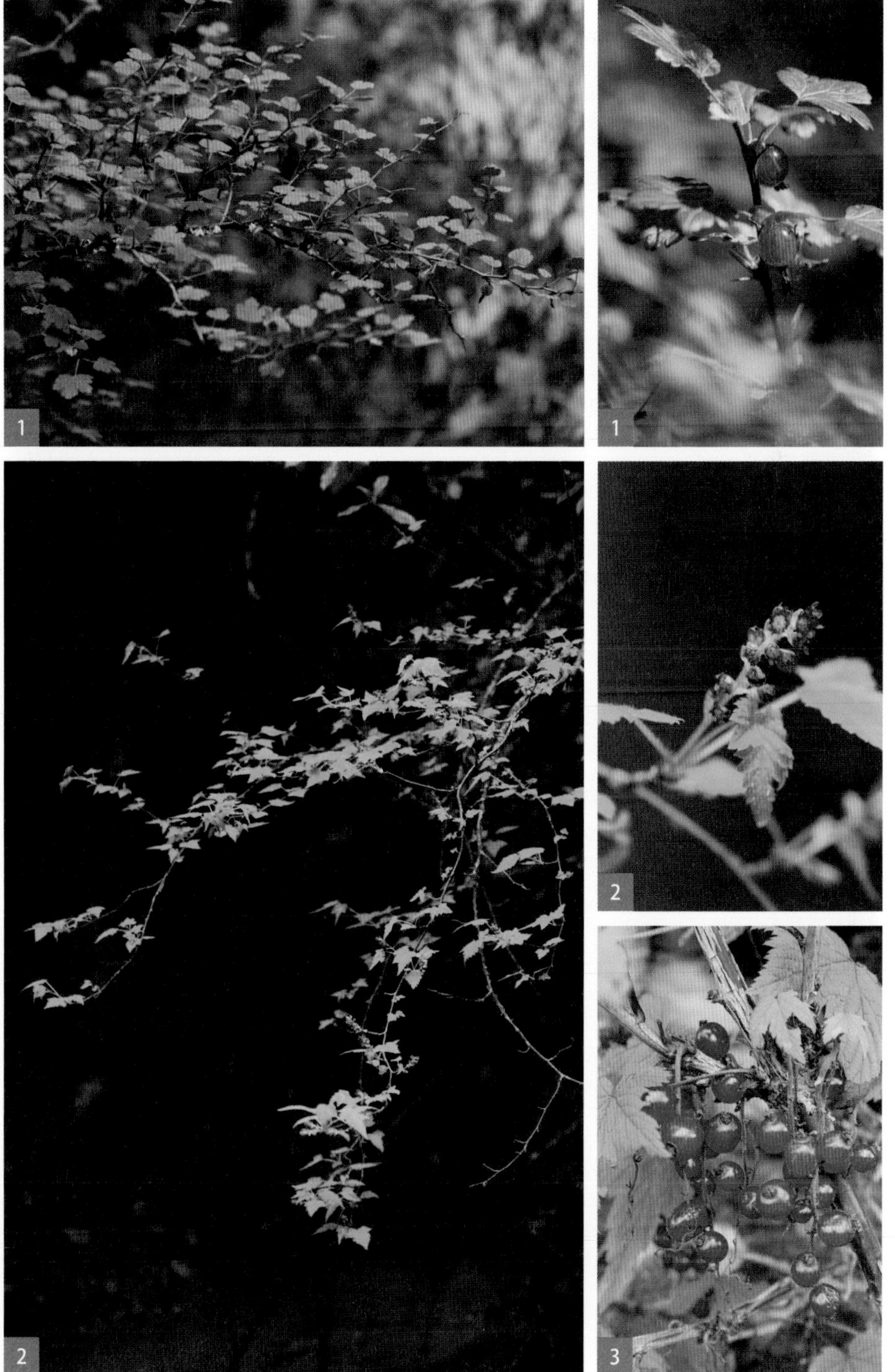
1
1
2
2
3

1 光果茶藨子

1 2 3 4 5 6 7 8 9 10 11 12 2100-3600 m

Ribes laurifolium var. *yunnanense* L.T.Lu[1-2, 4]

常攀援于树上。小枝无刺。叶卵圆形至椭圆形，革质，长5~10厘米，宽2.5~4.5厘米，两面无毛，不分裂。雌雄异株，总状花序；雄花序长3~6厘米，下垂；雌花序长2~3厘米，果期下垂；花萼浅黄绿色，萼筒杯形；萼片无毛。果实椭圆形或长圆形，长1.5~2厘米，熟时紫色，无毛。生于石上、林中、山坡、河岸。分布于云南西北部至西部、东北部。

Usually climbing on trees. Unarmed. Leaf blade ovate to elliptic, 5-10 cm × 2.5-4.5 cm, leathery, glabrous, margin unlobed. Dioecious. Racemes; male ones pendulous, 3-6 cm, female ones erect, nodding in fruit, 2-3 cm; calyx yellowish green, tube cupular; lobes glabrous. Fruit purple, ellipsoid to oblong, 1.5-2 cm, glabrous. Forests, slopes, river banks, rocks. Distr. NW, W and NE Yunnan.

2 长序茶藨子

1 2 3 4 5 6 7 8 9 10 11 12 1100-3800 m

Ribes longiracemosum Franch.[1-2]

落叶灌木，高2~3米。枝无刺。总状花序长15~35厘米，下垂，具花15~25朵，花朵排列疏松；花两性；花萼绿色带紫红色，萼筒钟状短圆筒形，带红色；萼片绿色，长圆形或近舌形，直立。果实球形，直径7~9毫米，黑色，无毛。生于山坡灌丛、山谷林下或沟边杂木林下。分布于甘肃东南部、四川、云南；湖北西部、陕西。

Shrubs 2-3 m tall. Branchlets unarmed. Racemes pendulous, lax, 15-35 cm, 15-25-flowered; flowers bisexual; calyx green tinged purple, tube tinged red, campanulate to shortly cylindric; lobes erect, green, oblong to subligulate. Fruit black, globose, 7-9 mm, glabrous or sparsely pubescent. Forests or thickets on mountain slopes or in valleys, mixed forests in gullies. Distr. SE Gansu, Sichuan, Yunnan; W Hubei, Shaanxi.

3 紫花茶藨子

1 2 3 4 5 6 7 8 9 10 11 12 2800-4100 m

Ribes luridum Hook.f. & Thomson[1-5]

无刺。叶近圆形或宽卵圆形，长2~5厘米，上面常具短柔毛并有稀疏短腺毛。总状花序直立；花萼紫色或褐红色，外面无毛，萼筒浅杯形；雄花中雄蕊长于花瓣；雌花子房无毛。果实近球形，直径0.5~0.7厘米，黑色。生于林下、林缘、山坡或河岸边。分布于四川西部、云南西北部；东喜马拉雅。

Unarmed. Leaf blade broadly ovate to suborbicular, 2-5 cm, adaxially sparsely obscurely glandular pubescent. Racemes erect; calyx purple to brownish red, glabrous, tube shallowly cupular; stamens longer than petals; ovary glabrous. Fruit black, subglobose, 0.5-0.7 cm in diameter, glabrous. Forests, forest margins, slopes, river banks. Distr. W Sichuan, NW Yunnan; E Himalayas.

4 宝兴茶藨子

1 2 3 4 5 6 7 8 9 10 11 12 1400-4700 m

Ribes moupinense Franch.[1-4]

落叶灌木，高2~3米。小枝无毛，无刺。叶正面无柔毛或疏生粗腺毛，背面沿叶脉或脉腋间具短柔毛或混生少许腺毛。总状花序长5~12厘米，下垂，具9~25朵紧密排列的花；花两性；花萼绿色而有红晕，无毛，萼筒钟形，长2.5~4毫米；萼片卵圆形或舌形，不内弯，边缘无睫毛；雄蕊几与花瓣等长，着生在与花瓣同一水平上。果实球形，黑色。生于山坡路边杂木林下、林缘、岩石坡地及山谷林下。分布于甘肃、四川、云南；安徽、湖北西部、贵州东北部、陕西。

Shrubs 2-3 m tall, deciduous. Branchlets glabrous, unarmed. Leaf abaxially pubescent or minutely stalked glandular along veins and at vein axils, adaxially glabrous or sparsely coarsely glandular hairy. Racemes nodding, dense, 5-12 cm, 9-25-flowered; flowers bisexual; calyx green tinged red, glabrous, tube campanulate, 2.5-4 mm; lobes not incurved, ovate to ligulate, margin not ciliate; stamens inserted level with petals and subequaling them. Fruit black, globose. Mixed forests and forest margins on mountain slopes and in valleys, thickets, rocky slopes. Distr. Gansu, Sichuan, Yunnan; Anhui, W Hubei, NE Guizhou, Shaanxi.

1

1

2

3

3

4

4

虎耳草科 Saxifragaceae | 岩白菜属 *Bergenia* Moench

多年生草本。根状茎匍匐，粗壮，具鳞片。单叶基生，宿存；叶柄基部具宽展的托叶鞘。聚伞花序圆锥状，具苞片；花较大，白色、红色或紫色；心皮 2 枚，基部合生；子房近上位，基部 2 室，中轴胎座，顶部 1 室，具边缘胎座。约 10 种；中国 7 种；横断山区 1 种。

Herbs perennial. Rhizomes creeping, thick, scaly. Leaves all basal ± persistent, simple; petiole broad, sheathing at base. Infloresences cymose, bracteate; flowers large, white, pink, red, or purple. Carpels 2, basally connate; ovary subsuperior, proximally 2-loculed with axile placentation and distally 1-loculed with marginal placentation. Ten species; seven in China; one in HDM.

1 岩白菜

1 2 3 4 5 6 7 8 9 10 11 12 2700-4800 m

Bergenia purpurascens (Hook.f. & Thomson) Engl.[1-5]

多年生草本，高 13~50 厘米。叶片革质，倒卵形近椭圆形。聚伞花序圆锥状，长 3~23 厘米；小枝和花梗密被长腺毛；花瓣紫色，阔卵形，先端钝或微凹，基部具爪。生于林下、灌丛草甸和高山碎石隙。分布于西藏南部和东部、四川西南部、云南北部；不丹北部、印度东北部、缅甸北部、尼泊尔。

Herbs perennial, 13-50 cm tall. Leaf blade obovate to subelliptic, leathery. Inflorescence cymose, 3-23 cm; branches and pedicels densely long glandular hairy; petals purple, broadly ovate, base narrowed into a claw, apex obtuse or retuse. Forests, scrub, alpine meadows, alpine rock crevices. Distr. S and E Xizang, SW Sichuan, N Yunnan; N Bhutan, NE India, N Myanmar, Nepal.

虎耳草科 Saxifragaceae | 金腰属 *Chrysosplenium* L.

多年生小草本，通常具匍匐枝。单叶，具柄，无托叶。聚伞花序，围有苞叶，稀单花；托杯内壁通常多少与子房愈合；无花瓣；花盘极不明显或无；雄蕊 8（偶 10）或 4 枚，花丝钻形，花药 2 室，侧裂。蒴果的 2 枚果瓣近等大或明显不等大。本属约 65 种；中国 35 种；横断山区 16 种。

Herbs perennial, small, usually with stolons. Leaves petiolate, exstipulate, simple. Inflorescence a cyme surrounded by bracteal leaves, rarely flower solitary; hypanthium ± adnate to ovary; petals absent; disc absent or obscure; stamens 4 or 8(or 10), filaments subulate, anthers 2-loculed, laterally dehiscent. Fruit a capsule, with 2 subequal or distinctly unequal carpels. About 65 species; 35 in China; 16 in HDM.

2 长梗金腰

1 2 3 4 5 6 7 8 9 10 11 12 2800-4500 m

Chrysosplenium axillare Maxim.[1-3]

不育枝发达。花茎无毛。无基生叶；茎生叶数枚，中上部者具柄；叶片阔卵形至卵形，边缘具 12 圆齿。单花腋生，或疏聚伞花序；苞叶卵形至阔卵形，边缘具 10~12 圆齿，先端具 1 褐色疣点；花绿色；花梗长 0.6~1.9 厘米，纤细；萼片在花期开展，近扁菱形。生于林下、灌丛间或石隙。分布于甘肃南部、青海东南部；陕西南部、新疆；西北邻国。

Sterile branches arising from leaf axils. Stems glabrous. Basal leaves absent; cauline leaves several, distal ones with petiole; leaf blade ovate to broadly so, margin about 12-crenate. Cyme remotely flowered or flowers solitary at bracteal leaf axils; bracteal leaf blade ovate to broadly, margin 10-12-crenate, teeth brown 1-verrucose at apex; flowers green; pedicel slender, 0.6-1.9 cm; sepals spreading, subrhombic. Forests, scrub, rock clefts. Distr. S Gansu, SE Qinghai; S Shaanxi, Xinjiang; NW neighbouring countries.

3 肉质金腰

1 2 3 4 5 6 7 8 9 10 11 12 4400-4700 m

Chrysosplenium carnosum Hook.f. & Thomson[1-2, 5]

叶互生，下部者鳞片状，上部者近匙形至倒阔卵形。聚伞花序具 7~10 朵花；花绿色；花梗长不过 7 毫米；萼片在花期直立，宽倒卵形；花盘不明显 8 裂。种子无毛，有光泽。生于的高山灌丛草甸和石隙。分布于西藏东部、四川西部；不丹、印度北部、缅甸北部、尼泊尔。

Leaves alternate, proximal ones scalelike, distal ones leaf blade subspatulate to broadly obovate. Cyme remotely 7-10-flowered; flowers green; pedicel nearly 7 mm; sepals erect, broadly orbicular; disc obscurely 8-lobed. Seeds smooth, glabrous. Alpine scrub meadows, alpine rock clefts. Distr. E Xizang, W Sichuan; Bhutan, N India, N Myanmar, Nepal.

1
2
2
2
3

1 锈毛金腰

1 2 3 4 5 6 7 8 9 10 11 12 1500-4100 m

Chrysosplenium davidianum Decne. ex Maxim[1-4]

根状茎横走，密被褐色长柔毛。不育枝发达。茎被褐色卷曲柔毛。基生叶片阔卵形至近阔椭圆形；茎生叶 2~5 枚，两面和边缘均疏生褐色柔毛。聚伞花序具多花；苞叶圆状扇形；花黄色；萼片花期直立。生于林下阴湿草地或山谷石隙。分布于四川西部、云南北部和西部。

Rhizomes transversely elongate, densely brown villous. Sterile branches well developed. Stems brown crisped villous. Basal leaf blade broadly ovate to broadly subelliptic; cauline leaves 2-5, both surfaces and margin brown pilose. Cyme many flowered; bracteal leaf blade orbicular-flabellate; flowers yellow; sepals erect at flowering. Shaded and wet grassy places in forest understories, rock clefts in ravines. Distr. W Sichuan, N and W Yunnan.

2 肾萼金腰

1 2 3 4 5 6 7 8 9 10 11 12 500-2800 m

Chrysosplenium delavayi Franch.[1-4]

不育枝出自茎下部叶腋。茎生叶对生，叶片阔卵形至扇形，基部宽楔形，边缘具 7~12 圆齿。单花或聚伞花序具 2~5 朵花；苞叶通常阔卵形；花梗长 0.3~1.9 厘米；花黄绿色；萼片在花期开展。蒴果 2 果瓣近等大且水平状叉开。生于林下、灌丛或山谷石隙。分布于四川、云南；湖北、湖南、广西、贵州、台湾；缅甸北部。

Sterile branches arising from proximal cauline leaf axils. Cauline leaf blade broadly ovate or orbicular to flabellate, base broadly cuneate, margin 7-12-crenate. Flower solitary or cyme 2-5-flowered; bracteal leaves usually broadly ovate; pedicel 0.3-1.9 cm; flowers yellow-green; sepals spreading at anthesis. Capsule carpels horizontal, 2-valves subequal. Forests, scrub, rock clefts in ravines. Distr. Sichuan, Yunnan; Hubei, Hunan, Guangxi, Guizhou, Taiwan; N Myanmar.

3 贡山金腰

1 2 3 4 5 6 7 8 9 10 11 12 3600-4700 m

Chrysosplenium forrestii Diels[1-4]

基生叶具长柄，叶片肾形，边缘具 15~26 浅齿，齿先端微凹；茎生叶 1 枚。聚伞花序长 3.3~4.3 厘米；苞叶肾形至扇形；花梗长 0.3~4 毫米；萼片在花期近开展，多少相叠接；雄蕊短于萼片。生于林下、高山灌丛草甸或高山碎石隙。分布于西藏东南部、云南西北部；不丹、印度北部、缅甸北部、尼泊尔。

Basal leaves with long petiole; leaf blade reniform, margin shallowly 15-26-dentate, teeth retuse at apex; cauline leaf 1. Cyme 3.3-4.3 cm; bracteal leaves reniform to flabellate; pedicel 0.3-4 mm; sepals subspreading, ± overlapping at anthesis; stamens shorter than sepals. Forests, alpine scrub meadows, alpine rock clefts. Distr. SE Xizang, NW Yunnan; Bhutan, N India, N Myanmar, Nepal.

4 肾叶金腰

1 2 3 4 5 6 7 8 9 10 11 12 2500-4800 m

Chrysosplenium griffithii Hook.f. & Thomson[1-5]

茎单生。无基生叶，或仅具 1 枚，叶片肾形，7~9 浅裂；茎生叶互生，叶片肾形，11~15 浅裂，裂片间弯缺处有时具褐色柔毛和乳头突起。聚伞花序长 3.8~10 厘米，具疏离的多花；苞片肾形至近圆形；花黄色；花梗长 0.3~1.1 厘米，被褐色乳头突起和柔毛；萼片在花期开展；雄蕊 8 枚，短于萼片；花盘 8 裂。生于林下、林缘、高山草甸和高山碎石隙。分布于甘肃南部、青海南部、西藏东南部、四川西部和北部、云南北部；陕西南部；不丹、印度北部、缅甸北部、尼泊尔。

Stems simple. Basal leaf 1 or absent, leaf blade reniform, margin 7-9-lobed; cauline leaves alternate, leaf blade reniform, margin 11-15-lobed, sometimes brown papillose and pilose at sinus. Cyme 3.8-10 cm, remotely many flowered; bracteal leaf blade reniform to orbicular; flowers yellow; pedicel 0.3-1.1 cm, brown papillose and pilose; sepals spreading at anthesis; stamens 8, shorter than sepals; disc 8-lobed. Forests, forest margins, alpine meadows, alpine rock clefts. Distr. S Gansu, S Qinghai, SE Xizang, W and N Sichuan, N Yunnan; S Shaanxi; Bhutan, N India, N Myanmar, Nepal.

1
1
1
2
3
3
4
4

1 西康金腰

1 2 3 4 5 6 7 8 9 10 11 12 3700-4100 m

Chrysosplenium sikangense Hara[1-4]

草本，3.5-4.5 厘米高。叶互生；叶柄 1~3.1 毫米；叶片宽卵形，宽 2~4 毫米，长 2.5~6 毫米，无毛，基部宽楔形，边缘具 6 枚圆齿。花梗极短，无毛。萼片直立，无毛，先端近截形。花盘不明显。生于碎石坡。分布于西藏东南部，云南西北部。

Herbs 3.5-4.5 cm tall. Leaves alternate; petiole 1-3.1 mm; leaf blade broadly ovate, 2-4 × 2.5-6 mm, glabrous, base broadly cuneate, margin 6-crenate. Pedicel very short, glabrous. Sepals erect, glabrous, apex subtruncate. Disc obscure. Scree slopes. Distr. SE Xizang, NW Yunnan.

虎耳草科 Saxifragaceae | 鬼灯檠属 *Rodgersia* A.Gray

多年生草本。掌状复叶或羽状复叶具长柄；小叶 3~10 枚；托叶膜质。聚伞花序圆锥状，无苞片，具多花；萼片通常 5 枚，开展，白色、粉红色或红色；花瓣通常不存在，稀 1~2 或 5 枚；雄蕊常 10 枚；子房近上位，稀半下位，2~3 室，中轴胎座，胚珠多数。蒴果 2~3 室。约 5 种；中国 4 种；横断山区约 3 种。

Herbs perennial. Leaves long petiolate, palmately, pinnately compound; leaflets 3-10; stipule membranous. Inflorescence a paniculate cyme, ebracteate, many flowered; sepals 5, spreading, white, pink, or red; petals usually absent, rarely 1, 2, or 5 vestigial ones present; stamens usually 10; ovary subsuperior, rarely semi-inferior, 2- or 3-loculed; placentation axile; ovules many. Capsule 2- or 3-valved. About five species; four in China; about three species in HDM.

2 七叶鬼灯檠

1 2 3 4 5 6 7 8 9 10 11 12 1100-3800 m

Rodgersia aesculifolia Batalin var. *aesculifolia*[1-2, 4-5]

茎具棱，近无毛。掌状复叶具长柄；小叶片 5~7 枚。多歧聚伞花序圆锥状，花序轴和花梗均被白色膜片状毛，并混有少量腺毛；萼片背面和边缘具柔毛和短腺毛。生于林下、林缘、灌丛、草甸和石隙。分布于甘肃东南部、西藏、四川、云南；河南西部、湖北西部、陕西、宁夏南部；缅甸。

Stems angular, subglabrous. Leaves palmately compound, with long petiole, leaflets 5-7. Pleiochasium paniculate; branches and pedicels white paleaceous hairy and sparsely glandular hairy; sepals abaxially and marginally pilose and shortly glandular hairy. Forests, forest margins, scrub, meadows, rock clefts. Distr. SE Gansu, Xizang, Sichuan, Yunnan; W Henan, W Hubei, Shaanxi, S Ningxia; Myanmar.

3 滇西鬼灯檠

1 2 3 4 5 6 7 8 9 10 11 12 2350-3800 m

Rodgersia aesculifolia var. *henricii* (Franch.) C.Y.Wu ex J.T.Pan[1-2]

此变种与原变种之区别在于：小叶片薄革质。萼片常 5 枚，腹面具较多近无柄之腺毛，具弧曲脉，脉于先端汇合。生于林下、林缘、灌丛和高山草甸。分布于西藏、云南西部；缅甸北部。

The differences from *R. aesculifolia* are: leaflets thinly leathery. Sepals usually 5, adaxially more subsessile glandular hairy, veins arcuate, confluent at apex. Forests, forest margins, scrub, alpine meadows. Distr. Xizang, W Yunnan; N Myanmar.

4 羽叶鬼灯檠

1 2 3 4 5 6 7 8 9 10 11 12 2400-3800 m

Rodgersia pinnata Franch. var. *pinnata*[1-4]

近羽状复叶；基生叶和下部茎生叶通常具小叶片 6~9 枚，上有顶生者 3~5 枚，下有轮生者 3~4 枚，上部茎生叶具小叶片 3 枚。生于林下、林缘、灌丛、高山草甸或石隙。分布于四川东部及南部、云南；贵州。

Leaves subpinnately compound; basal and proximal cauline leaves usually with 6-9 leaflets, among which terminal ones 3-5, verticillate ones 3 or 4; distal cauline leaves with 3 leaflets. Forests, forest margins, scrub, alpine meadows, rock clefts. Distr. E and S Sichuan, Yunnan; Guizhou.

1
1
2
3
4
4

虎耳草科 Saxifragaceae | 虎耳草属 *Saxifraga* L.

茎通常丛生，或单一。茎生叶通常互生，稀对生。花两性，常辐射对称，稀两侧对称，多组成聚伞花序，有时单生；萼片 5 枚；花瓣 5 枚，通常全缘；雄蕊 10 枚，花丝棒状或钻形；心皮 2 枚；子房近上位至半下位。蒴果 2 裂 。约 490 种；中国 254 种；横断山区约 170 种。

Stem cespitose or simple. Cauline leaves usually alternate, rarely opposite. Inflorescence a solitary flower or few- to many-flowered cyme; flowers usually bisexual, sometimes unisexual, actinomorphic, rarely zygomorphic; sepals usually 5; petals 5, margin usually entire; stamens 10, filaments subulate or clavate; carpels 2; ovary superior to inferior. Fruit a 2-valved capsule. About 490 species; 254 in China; more than 170 in HDM.

• 花茎无叶；花丝棒状或钻形 | Flowering stem leafless, filaments clavate or linear to subulate

1 棒蕊虎耳草 1 2 3 4 **5** **6** **7** 8 9 10 11 12 **2300-3600 m**

Saxifraga clavistaminea Engl. & Irmsch.[1-3]

高 4.2~5.5 厘米，被带红色腺头之长柔毛。具不育枝。叶片倒卵状椭圆形，边缘具重锯齿和多细胞腺睫毛。花辐射对称；花梗疏生微柔毛；花瓣白色，基部侧脉下具 2 黄色斑点，稍上具 3 紫红色斑点，花丝棒状；2 心皮近分离。生于林下湿地或沟边石上。分布于四川中西部、云南中西部。

Stem 4.2-5.5 cm tall, red glandular villous. Sterile branches present. Leaf blade obovate-elliptic, margin doubly serrate and multicellular glandular ciliate. Flower actinomorphic; pedicels pilose; petals white, proximally with 2 yellow and 3 purple spots; filaments clavate; carpels united only at base. Forests, rock crevices in valleys. Distr. C and W Sichuan, C and W Yunnan.

2 双喙虎耳草 1 2 3 **4** **5** 6 7 8 9 10 11 12 **1500-2400 m**

Saxifraga davidii Franch.[1-3]

高 7.5~30 厘米。叶片倒卵形，具腺柔毛。圆锥花序，伸长，具 7~30 花；花梗被白色腺柔毛；花瓣白色，基部仅具 1 黄色斑点，3~4 脉；花丝棒状。生于山沟石隙。分布于四川西部；缅甸北部。

Stem 7.5-30 cm tall. Leaf blade obovate, glandular pubescent. Inflorescence paniculate, elongate, 7-30-flowered; pedicels glandular pubescent; petals white, with a yellow spot at base, 3- or 4-veined; filaments clavate. Rock crevices in ravines. Distr. W Sichuan; N Myanmar.

3 叉枝虎耳草 1 2 3 4 5 6 **7** **8** 9 10 11 12 **3400-4500 m**

Saxifraga divaricata Engl. & Irmsch.[1-3]

高 3.7~10 厘米，花葶具白色卷曲腺柔毛叶基生。叶片卵形至长圆形，先端急尖或钝，基部楔形，无毛。聚伞花序圆锥状；花序分枝叉开；萼片无毛，具 3 至多脉；花瓣白色，卵形到椭圆形；花药紫色，花丝钻形；半下位子房。生于灌丛草甸或沼泽化草甸。分布于西藏、青海东南部、四川西部。

Stem 3.7-10 cm tall, white crisped glandular villous. Leaf blade ovate to oblong, glabrous, base cuneate, apex obtuse or acute. Inflorescence paniculate; branches markedly spreading; sepals glabrous, veins 3 to many; petals white, ovate to elliptic; filaments subulate, anthers purple; ovary semi-inferior. Scrub meadows, marsh meadows. Distr. Xizang, SE Qinghai, W Sichuan.

4 道孚虎耳草 1 2 3 4 5 **6** **7** 8 9 10 11 12 **3500-4100 m**

Saxifraga lumpuensis Engl.[1-3]

高 5~27 厘米，花葶被白色柔毛。叶全部基生；叶片卵形至长圆形，边缘具圆齿和睫毛，基部截形、楔形至心形。聚伞花序圆锥状；萼片单脉；花瓣紫红色，卵形至狭卵形，长 2.4~4.3 毫米；花丝钻形；花盘肥厚，10 浅裂；子房半下位，卵形。生于针叶林下或山坡、草甸。分布于甘肃南部、青海东南部、四川西部。

Stem 5-27 cm tall, white pilose. Leaves all basal; leaf blade ovate to oblong, base truncate or cuneate to cordate, margin crenate and ciliate. Inflorescence narrowly paniculate; sepals 1-veined; petals red or purple, ovate to narrowly so, 2.4-4.3 mm; filaments subulate; ovary semi-inferior, ovoid, with a thick, annular, 10-lobed nectary. Forests, slopes, alpine meadows. Distr. S Gansu, SE Qinghai, W Sichuan.

1

1

2

2

3

3

4

4

1 黑蕊虎耳草

1 2 3 4 5 6 7 8 9 10 11 12 3000-5300 m

Saxifraga melanocentra Franch.[1-5]

高 3.5~22 厘米，花葶被卷曲腺柔毛。叶均基生。花瓣白色，稀红色至紫红色，基部具 2 黄色斑点，或基部红色至紫红色；花药黑色，花丝钻形；花盘环形；子房半下位，紫黑色。生于高山灌丛、草甸或流石滩。分布于甘肃南部、青海、西藏、四川西部、云南西北部；陕西；不丹、克什米尔地区、尼泊尔、印度北部。

Stem 3.5-22 cm tall, crisped glandular villous. Leaves all basal. Petals white, rarely red to purple, proximally with 2 yellow spots, or base red to purple; filaments linear, anthers black; ovary semi-inferior, dark purple. Alpine scrub, meadows, rock crevices, streamsides. Distr. S Gansu, Qinghai, Xizang, W Sichuan, NW Yunnan; Shaanxi; Bhutan, Kashmir, Nepal, N India.

2 多叶虎耳草

1 2 3 4 5 6 7 8 9 10 11 12 3000-5000 m

Saxifraga pallida Wall. ex Ser.[1-4]

高 3.5~33 厘米，茎被柔毛。叶均基生，叶片狭卵形至阔卵形，腹面被柔毛，边缘具 11~25 圆齿或钝齿。聚伞花序圆锥状；花瓣白色， 3~7 脉，基部侧脉旁具 2 黄色斑点；花丝棒状；子房下位。生于林下、高山灌丛、草甸或碎石隙。分布于甘肃南部、西藏东南部、四川西部、云南西北部；印度北部、不丹、尼泊尔、克什米尔地区。

Stem 3.5-33 cm tall, piliferous. Leaves all basal; leaf blade narrowly to broadly ovate, adaxially piliferous, margin 11-25-crenate or obtusely dentate. Inflorescence paniculate; petals white, proximally with 2 yellow spots, 3-7-veined; filaments clavate; ovary inferior. Forests, alpine scrub, meadows, rock crevices.Distr. S Gansu, SE Xizang, W Sichuan, NW Yunnan; N India, Bhutan, Nepal, Kashmir.

3 红毛虎耳草

1 2 3 4 5 6 7 8 9 10 11 12 1000-4000 m

Saxifraga rufescens Balf.f.[1-4]

高 16~40 厘米。花葶密被红褐色长腺毛。叶片肾形、圆肾形至心形。聚伞花序圆锥状；花两侧对称；花瓣 5 枚，白色至粉红色，其中 1 枚最长，披针形至线形。生于林下、林缘、灌丛、高山草甸及岩壁石隙。分布于西藏东南部、四川、云南；湖北西部。

Plants 16-40 cm tall. Scape densely red-brown glandular hairy. Leaf blade reniform or orbicular-reniform to cordate. Inflorescence paniculate; flowers zygomorphic; petals 5, white to pink, longest petal lanceolate to linear. Forests, forest margins, scrub, alpine meadows, rock crevices, slopes. Distr. SE Xizang, Sichuan, Yunnan; W Hubei.

• 花茎具叶；花丝线形至钻形 | Flowering stem leafy; filaments linear to subulate

4 阿墩子虎耳草

1 2 3 4 5 6 7 8 9 10 11 12 4300-5200 m

Saxifraga atuntsiensis W.W.Sm.[1-4]

垫状草本，高 0.5~2 厘米。小主轴分枝；花茎中下部无毛，上部被腺毛。花单生于茎顶；花瓣黄色，3~4 条脉，侧脉旁具不明显的 4 枚痂体。生于高山草甸、高山碎石隙。分布于四川北部和西部、云南西北部。

Herbs perennial, forming cushions, 0.5-2 cm tall. Shoots branched; flowering stem glabrous proximally, glandular hairy distally. Flower solitary; petals yellow, obscurely 4-callose beside the lateral veins, 3- or 4-veined. Alpine meadows, rock crevices. Distr. N and W Sichuan, NW Yunnan.

5 灯架虎耳草

1 2 3 4 5 6 7 8 9 10 11 12 2000-4200 m

Saxifraga candelabrum Franch.[1-4]

高 15~38 厘米。茎被褐色腺毛。基生叶密集，呈莲座状，边缘具 3~7 枚齿，两面和边缘均具褐色腺毛。聚伞花序圆锥状，具 19~29 花；萼片在花期开展至反曲， 3~5 脉于先端汇合成 1 枚疣点；花瓣浅黄色，中下部具橙色或紫色斑点， 3~5 脉，基部侧脉旁具 2 枚痂体。生于林缘、石隙。分布于四川西北部、云南北部。

Herbs 15-38 cm tall. Stem brown glandular hairy. Basal leaves aggregated into a rosette; leaf both surfaces and margin brown glandular hairy, margin 3-7-dentate distally. Inflorescence paniculate; 19-29-flowered, sepals spreading to reflexed, veins 3-5, confluent into a verruca at apex; petals yellowish, proximally spotted orange or purple, 2-callose near base, 3-5-veined. Forest margins, rock crevices. Distr. NW Sichuan, N Yunnan.

1  1  2

2  3  3

4  4  5

1 雪地虎耳草

1 2 3 4 5 6 7 8 9 10 11 12 2700-5000 m

Saxifraga chionophila Franch.[1-4]

高 2.5~7 厘米，小主轴极多分枝，呈垫状。花茎长 1~4 厘米，被褐色腺毛。小主轴叶覆瓦状排列，密集呈莲座状；茎生叶近匙形。聚伞花序具 2~7 花；萼片直立到上升，具 3 窝孔，3~4 脉；花瓣红色，近革质，具 1~3 窝孔，3~5 脉。生于高山草甸和高山碎石隙。分布于西藏东南部（察隅）、四川西南部、云南西北部。

Plants many branched, 2.5-7 cm tall, forming a compact cushion of leafy shoots. Flowering stem 1-4 cm, brown glandular hairy. Shoot leaves imbricate, aggregated into a rosette distally on shoot; cauline leaves subspatulate. Cyme corymbose, 2-7-flowered; sepals erect to ascending, chalk glands 3, veins 3 or 4; petals red, subleathery, chalk glands 1-3, veins 3-5. Alpine meadows, rock crevices. Distr. SE Xizang (Zayü), SW Sichuan, NW Yunnan.

2 棒腺虎耳草

1 2 3 4 5 6 7 8 9 10 11 12 3000-5400 m

Saxifraga consanguinea W.W.Sm.[1-5]

矮小。茎被短棒状腺毛。自茎基部叶腋出丝状鞭匐枝。基生叶莲座状，稍肉质，狭椭圆形至近匙形；茎生叶较疏，长圆形至倒披针状线形。单花或聚伞花序；萼片在花期直立，肉质，3~6 条脉；花瓣红色，革质，先端通常钝圆，3 条脉，具 2 枚痂体；雌雄异花。生于云杉林下、灌丛下、高山草甸和碎石隙。分布于青海南部、西藏东部和南部、四川西部、云南西北部；尼泊尔。

Stem short, glandular hairy, glands clavate. Stolons arising from axils of basal leaves, filiform. Basal leaves aggregated into a rosette, narrowly elliptic to subspatulate, subcarnose; cauline leaves remote, oblong to oblanceolate-linear. Flower solitary, or cyme corymbose; sepals erect, carnose, veins 3-6; petals red, leathery, 2-callose, 3-veined, apex usually obtuse; monoecious. *Picea* forests, scrub, stony alpine meadows, rock crevices. Distr. S Qinghai, E and S Xizang, W Sichuan, NW Yunnan; Nepal.

3 滇藏虎耳草

1 2 3 4 5 6 7 8 9 10 11 12 3500-4800 m

Saxifraga decora Harry Sm.[1-2]

矮小多年生草本。小主轴极多分枝成垫状。嫩叶密集呈坐垫状，近匙形到近长圆形，两面无毛，具 3~7 分泌钙质之窝孔；茎生叶 4~6 枚，近革质。花瓣黄色或粉红色。生于悬崖和高山碎石隙。分布于西藏东部和南部、云南西北部。

Short herb, perennial, with crowded shoots forming cushions. Shoot leaves aggregated into a rosette, subspatulate to suboblong, both surfaces glabrous, chalk glands 3-7; cauline leaves 4-6, leathery. Petals yellow and pink or purple. Distr. Cliffs, alpine rock crevices. Distr. E and S Xizang, NW Yunnan.

4 德钦虎耳草

1 2 3 4 5 6 7 8 9 10 11 12 4500-4600 m

Saxifraga deqenensis C.Y.Wu[1-3]

高 3~5.7 厘米。茎被腺毛。丝状鞭匐枝出自基生叶腋，被腺柔毛。基生叶密集呈莲座状，稍肉质，具腺柔毛；茎生叶亦较密，稍肉质，近长圆形。聚伞花序具 3~5 朵花；萼片直立；花瓣黄色，倒卵形至倒阔卵形，长 3.5~3.8 毫米，6 条脉，基部具 2 枚痂体；雌雄异花。生于高山碎石隙。分布于云南西北部（德钦、香格里拉）。

Stem 3-5.7 cm tall, glandular hairy. Stolons arising from axils of basal leaves, glandular pilose. Basal leaves aggregated into a rosette, subcarnose, glandular pilose; cauline leaves dense, suboblong, subcarnose. Cyme 3-5-flowered; sepals erect; petals yellow, obovate to broadly so, 3.5-3.8 mm, 2-callose near base, 6-veined; diclinous. Alpine rock crevices. Distr. NW Yunnan (Dêqên, Shangri-La).

5 岩梅虎耳草

1 2 3 4 5 6 7 8 9 10 11 12 3500-5300 m

Saxifraga diapensia Harry Sm.[1-2, 5]

多年生丛生草本，高 1~8 厘米。基生叶密集呈莲座状，叶柄扩大呈鞘状，长 2.2~8 毫米。花单生于茎顶；花瓣黄色，有时具橙色斑点，基部具 2 枚痂体。生于高山草甸和高山碎石隙。分布于西藏东部、四川西部及云南。

Herbs perennial, cespitose, 1-8 cm tall. Basal leaves aggregated into a rosette; petiole sheathlike at base, 2.2-8 mm. Flower solitary; petals yellow, sometimes orange spotted, 2-callose near base. Alpine meadows, rock crevices. Distr. E Xizang, W Sichuan, Yunnan.

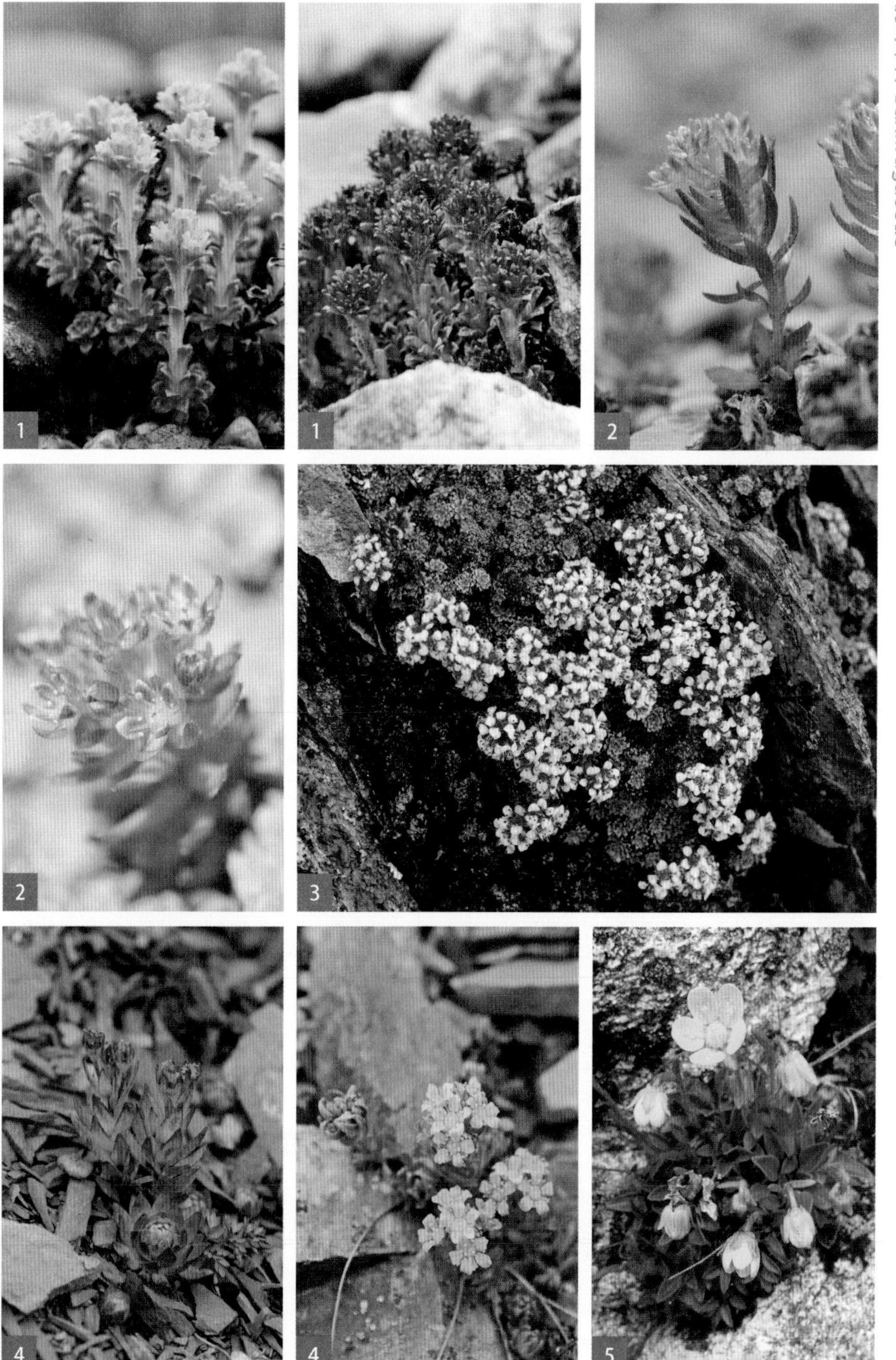
1
1
2
2
3
4
4
5

1 线茎虎耳草

1 2 3 4 5 6 7 8 9 10 11 12 2200-4800 m

Saxifraga filicaulis Wall.[1-5]

茎多分枝，丛生；通常中上部被腺毛，叶腋和苞腋均具芽。中上部茎生叶长圆形至近剑形，先端急尖且具芒状短尖头，两面通常无毛，边缘反卷，多少具腺毛。花瓣黄色，卵形至倒卵形，3~7 条脉，具 2~4 枚痂体。生于林缘、灌丛和石隙。分布于西藏南部、四川西部、云南东部和西北部；陕西东部和中部；不丹、印度、尼泊尔、克什米尔地区。

Stem many branched, cespitose, distally glandular hairy, leaf buds present in axils of leaves and bracts. Proximal cauline leaves scalelike, median and distal cauline leaves linear to ensiform, both surfaces usually glabrous, margin recurved, ± glandular ciliate. Petals yellow, ovate to obovate, 2-4-callose, 3-7-veined. Forest margins, scrub, rock crevices. Distr. S Xizang, W Sichuan, E and NW Yunnan; E and C Shaanxi; Bhutan, India, Nepal, Kashmir.

2 区限虎耳草

1 2 3 4 5 6 7 8 9 10 11 12 3500-4900 m

Saxifraga finitima W.W.Sm.[1-4]

多年生草本，高 2.5~5 厘米，丛生。小主轴反复分枝，叠结呈坐垫状，具密集的莲座叶丛。花单生于茎顶；花梗长 0.8~4.5 厘米，密被褐色腺毛；萼片在花期反曲，3~9 条脉；花瓣黄色，中下部具褐色斑点，3~7 条脉，2 枚痂体不明显。生于高山灌丛草甸和石隙。分布于西藏东部、四川西部、云南西北部。

Herbs perennial, cespitose, 2.5-5 cm tall. Shoots numerous branched, forming cushions, with leaf rosettes. Flower solitary; pedicel 0.8-4.5 cm, glandular brown hairy; sepals reflexed, veins 3-9; petals yellow, proximally spotted brown or red, obscurely 2-callose, 3-7-veined. Scrub, alpine scrub meadows, rock crevices. Distr. E Xizang, W Sichuan, NW Yunnan.

3 曲茎虎耳草

1 2 3 4 5 6 7 8 9 10 11 12 4100-4700 m

Saxifraga flexilis W.W.Sm.[1-4]

小主轴分枝，具莲座叶丛。莲座叶匙形，边缘疏生刚毛状睫毛；茎生叶长圆状线形，稍肉质，先端具短尖头，中下部者边缘上部具刚毛状睫毛。花单生于茎顶，或聚伞花序具 2~3 朵花；花瓣黄色，中下部具褐色斑点，2 枚痂体不明显。生于高山灌丛草甸、湖畔和石隙。分布于四川西南部、云南西北部。

Shoots branched, with leaf rosettes. Rosette leaves spatulate, margin sparsely setose-ciliate; cauline leaves oblong-linear, subcarnose, margin distally setose-ciliate on proximal leaves, apex mucronate. Flower solitary or cyme 2- or 3-flowered; petals yellow, proximally spotted, obscurely 2-callose. Alpine scrub meadows, lakesides, rock crevices. Distr. SW Sichuan, NW Yunnan.

4 小芽虎耳草

1 2 3 4 5 6 7 8 9 10 11 12 3500-4700 m

Saxifraga gemmigera var. *gemmuligera* (Engl.) J.T.Pan & Gornall[1]

高 4.5~17 厘米。茎不分枝，叶腋和苞腋具珠芽。基生叶密集，呈莲座状，叶片近匙形，两面无毛，边缘具刚毛状睫毛。花单生于茎顶；萼片在花期反曲，背面基部具腺毛，3~5 条脉于先端不汇合；花瓣黄色，狭卵形，3 条脉，无痂体。生于高山草甸和水边石隙。分布于甘肃、青海、四川。

Herbs, 4.5-17 cm tall. Stem simple, bulbil present in axils of leaves and bracts. Rosette leaves subspatulate, both surfaces glabrous, margin sparsely cartilaginous setose-ciliate. Flower solitary; sepals reflexed, abaxially glandular hairy, veins 3-5, not confluent at apex; petals yellow, narrowly ovate, not callose, 3-veined. Alpine meadows, rock crevices by streams. Distr. Gansu, Qinghai, Sichuan.

5 芽生虎耳草

1 2 3 4 5 6 7 8 9 10 11 12 1700-4900 m

Saxifraga gemmipara Franch[1-4]

高 9~24 厘米，丛生。茎多分枝，被腺柔毛，具芽。茎生叶常密集呈莲座状，边缘具腺睫毛。萼片在花期由直立变开展，3~7 条脉于先端汇合；花瓣白色，具黄色或紫红色斑纹，具 2~4 枚痂体。生于林缘、灌丛、草甸和石隙。分布于四川西部、云南；泰国北部。

Stem many branched, cespitose, 9-24 cm tall, distally glandular hairy, leaf buds present in axils. Median cauline leaves often aggregated into a loose rosette; leaf margin eglandular setose-ciliate. Sepals erect, ultimately reflexed, veins 3-7, confluent at apex; petals white, spotted yellow or purple, 2-4-callose. Forests, forest margins, scrub, meadows, rock crevices. Distr. W Sichuan, Yunnan; N Thailand.

1  1  2

3  3  4

4  5  5

1 珠芽虎耳草

1 2 3 4 5 6 7 8 9 10 11 12 3100-4600 m

Saxifraga granulifera Harry Sm.[1-2, 4-5]

高 10~25 厘米，具腺柔毛，茎生叶腋具 1~3 个小珠芽。叶片肾形至近圆形，通常 7~9 浅裂。聚伞花序，具 1~10 朵花；花瓣白色或淡黄色，无痂体。生于高山草甸、崖壁、生苔的岩石上。分布于青海南部、西藏东南部、四川西南部、云南西北部；不丹、印度、尼泊尔。

Stem 10-25 cm tall, glandular pilose, with 1-3 minute bulbils in axils of cauline leaves. Leaf blade reniform to suborbicular, margin 7-9-lobed. Cyme corymbose, 1-10-flowered; petals white or yellowish, no callose. Alpine grasslands, cliff ledges, mossy rocks. Distr. S Qinghai, SE Xizang, SW Sichuan, NW Yunnan; Bhutan, India, Nepal.

2 半球虎耳草

1 2 3 4 5 6 7 8 9 10 11 12 4500-5000 m

Saxifraga hemisphaerica Hook.f. & Thomson[1-2, 5]

多年生垫状草本，高 2~5 厘米。花茎隐藏于莲座叶丛中。叶覆瓦状排列，稍肉质，近匙形，两面无毛，边缘先端具无色流苏。花单生于茎顶；萼片在花期直立，背面弓凸且疏生腺毛，或无毛，边缘先端具膜质流苏；花瓣黄色，具 2 枚痂体。生于高山碎石隙。分布于青海南部、西藏东部；不丹、印度、尼泊尔。

Herbs perennial, cushion, 2-5 cm tall. Flowering stem embedded among rosette leaves. Shoot leaves imbricate, subcarnose, subspatulate, both surfaces glabrous, margin distally colorless fimbriate. Flower solitary; sepals erect,abaxially sparsely glandular hairy or glabrous, margin glandular membranous ciliate proximally; petals yellow, 2-callose. Alpine rock crevices. Distr. S Qinghai, E Xizang; Bhutan, India, Nepal.

3 齿叶虎耳草

1 2 3 4 5 6 7 8 9 10 11 12 2300-5600 m

Saxifraga hispidula D.Don[1-5]

茎通常分枝，高 4.5~22.5 厘米。叶芽出现在近节的腋部。茎生叶近椭圆形至卵形，边缘先端具 3~5 枚齿牙，两面和边缘均具糙伏毛。花单生于茎顶或枝端，或聚伞花序具 2-4 花；花瓣黄色，具 2~16 枚痂体。生于林下、林缘、灌丛、高山草甸及石隙。分布于西藏南部、四川西部、云南西北部；缅甸北部、不丹、尼泊尔北部、印度北部。

Stem usually branched, 4.5-22.5 cm tall. Leaf buds present in axils at proximal nodes. Median cauline leaves subelliptic to ovate, both surfaces strigose, margin with 3-5 acute lobes toward apex. Flower usually solitary, or cyme 2-4-flowered; petals yellow, 2-16-callose. Rocks and rock crevices in forests, forest margins, scrub, alpine meadows, and on cliffs. Distr. S Xizang, W Sichuan, NW Yunnan; N Myanmar, Bhutan, N Nepal, N India.

4 金丝桃虎耳草

1 2 3 4 5 6 7 8 9 10 11 12 2700-5300 m

Saxifraga hypericoides Franch.[1-4]

茎被褐色卷曲长腺毛和短腺毛。叶片长圆形至线形，两面和边缘均具褐色柔毛，有的带腺头，边缘具褐色卷曲长腺毛。花单生或聚伞花序具 2~4 朵花；花瓣黄色或橙色，狭卵形至长圆形，基部侧脉旁具不明显之 2 枚痂体。生于林下、林缘、高山灌丛草甸、高山草甸和石隙。分布于四川西部、云南西北部。

Stem brown crisped glandular villous and shortly glandular hairy. Leaf blade oblong to linear, brown pubescent, sometimes glandular, brown crisped glandular villous at margin. Cyme 2-4-flowered or flower solitary; petals yellow or orange, narrowly ovate to oblong, obscure 2-callose near base. Forests, forest margins, alpine scrub meadows, alpine meadows, rock crevices. Distr. W Sichuan, NW Yunnan.

5 红瓣虎耳草

1 2 3 4 5 6 7 8 9 10 11 12 4400-4800 m

Saxifraga ludlowii Harry Sm.[1-2, 5]

小主轴反复分枝，叠结呈坐垫状，高 3~4 厘米。花茎高出莲座叶丛约 1.1 厘米，被腺毛。主轴叶披针状长圆形，革质，具 3 枚窝孔，两面无毛。花单生于茎顶；花梗被紫黑色腺毛；萼片在花期直立，背面和边缘具腺毛；花瓣紫红色，倒卵形，无痂体，约 7 脉。生于高山灌丛和石隙。分布于西藏东部和南部。

Plants many branched, 3-4 cm tall, forming cushions. Flowering stem about 1.1 cm, overtopping rosette leaves, glandular hairy. Shoot leaves lanceolate-oblong, leathery, both surfaces glabrous, chalk glands 3. Flower solitary; pedicel purple-black glandular hairy; sepals erect, abaxially and marginally glandular hairy; petals purple, obovate, about 7-veined, not callose. Alpine scrub, rock crevices. Distr. E and S Xizang.

1
2
3
4
4
5

1 光缘虎耳草

1 2 3 4 5 6 7 8 9 10 11 12 3000-5800 m

Saxifraga nanella Engl. & Irmsch.[1-3, 5]

多年生草本，高 1.2~4 厘米，丛生。花茎被褐色腺毛。叶密集呈莲座状，近匙形至近卵形，两面无毛，边缘具腺睫毛。花单生于茎顶，或聚伞花序具 2~5 朵花；花瓣黄色，中下部具橙色斑点，基部具长 0.5~0.6 毫米的爪，5 条脉，基部侧脉旁具 2 枚痂体或无痂体。生于高山草甸、高山灌丛草甸和高山碎石隙。分布于青海南部、西藏、云南西北部；新疆南部；尼泊尔。

Herbs perennial, cespitose, 1.2-4 cm tall. Flowering stem brown glandular hairy. Leaves aggregated into a rosette, subspatulate to subovate, both surfaces glabrous, margin glandular ciliate. Flower solitary or cyme 2-5-flowered; petals yellow, proximally orange spotted, base with a claw 0.5-0.6 mm, 5-veined, 2-callose or not callose near base. Alpine meadows, alpine scrub meadows, rock crevices. Distr. S Qinghai, Xizang, NW Yunnan; S Xinjiang; Nepal.

2 垂头虎耳草

1 2 3 4 5 6 7 8 9 10 11 12 2700-5350 m

Saxifraga nigroglandulifera N.P.Balakr.[1-5]

高 5~36 厘米。茎不分枝，上部被黑褐色短腺毛。聚伞花序总状，长 2~12.5 厘米；花通常垂头，多偏向一侧；萼片在花期直立，3~6 条脉，主脉于先端不汇合；花瓣黄色，近匙形至狭倒卵形，3~5 条脉，无痂体。生于林缘、高山灌丛、草甸和湖畔。分布于西藏南部、四川西部、云南西北部；不丹、尼泊尔，印度（锡金邦）。

Herbs 5-36 cm tall. Stem simple, proximally dark brown villous only at leaf axils. Cyme racemiform, 2-12.5 cm; flowers usually nodding and secund; sepals erect, veins 3-6, not confluent at apex; petals yellow, subspatulate to narrowly obovate, not callose, 3-5-veined. Forest margins, scrub, alpine meadows, alpine lakesides. Distr. S Xizang, W Sichuan, NW Yunnan; Bhutan, Nepal, India (Sikkim).

3 豹纹虎耳草

1 2 3 4 5 6 7 8 9 10 11 12 3050-3900 m

Saxifraga pardanthina Hand.-Mazz.[1-4]

多年生草本，高 20~50 厘米。聚伞花序圆锥状；花瓣紫红色，具黑紫色斑点，基部心形，无痂体。生于混交林下、高山草甸或岩坡石隙。分布于四川西南部、云南西北部。

Herbs perennial, 20-50 cm tall. Cymes paniculate; petals purplish red, black-purple spotted, not callose, base cordate. Mixed forests, alpine meadows, rock crevices on slopes. Distr. SW Sichuan, NW Yunnan.

4 康定虎耳草

1 2 3 4 5 6 7 8 9 10 11 12 2500-5300 m

Saxifraga prattii Engl. & Irmsch.[1-3, 5]

多年生草本，疏丛生，高 2.5~6 厘米。小主轴生于地下，匍匐；不育枝 1.5~2.5 厘米，顶叶密集，呈莲座状，短匙形，边缘具睫毛。聚伞花序具 2 朵花，或单花生于茎顶；花瓣黄色，先端近急尖，基部楔形或具约 0.2 毫米短爪，8 条脉。生于亚高山和高山地区碎石隙。分布于西藏、四川西部、云南。

Herbs perennial, sparsely cespitose, 2.5-6 cm tall. Shoots subterranean, creeping. Sterile branches 1.5-2.5 cm; terminal leaves aggregated into a rosette, shortly spatulate, margin ciliate. Cyme 2-flowered or flower solitary; petals yellow, 5-8-veined, base cuneate or with a claw about 0.2 mm, apex subacute. Subalpine and alpine regions, rock crevices on slopes. Distr. Xizang, W Sichuan, Yunnan.

3

1
1
2
2
2
3
3
4

1 狭瓣虎耳草

1 2 3 4 5 6 7 8 9 10 11 12 3100-5600 m

Saxifraga pseudohirculus Engl.[1-3]

茎下部具褐色卷曲长腺毛，并杂有短腺毛。聚伞花序具 2~12 朵花，或单花生于茎顶；花瓣黄色，披针形至剑形，基部具长 0.4~1.2 毫米的爪，具 2 枚痂体。生于灌丛、高山草甸和高山碎石隙。分布于甘肃南部、青海东部和南部、西藏东部和南部、四川西部；陕西南部。

Stem proximally brown crisped glandular villous and glandular pubescent. Cyme 2-12-flowered or flower solitary; petals yellow, lanceolate to ensiform, base with a claw 0.4-1.2 mm, 2-callose. Scrub, alpine meadows, rock crevices. Distr. S Gansu, E and S Qinghai, E and S Xizang, W Sichuan; S Shaanxi.

2 小斑虎耳草

1 2 3 4 5 6 7 8 9 10 11 12 4600-5800 m

Saxifraga punctulata Engl.[1-2, 5]

多年生草本，丛生，高 1.5~6 厘米。茎被黑紫色腺毛。基生叶密集，呈莲座状。花瓣乳白色至黄色，中下部具黄色和紫红色斑点，5 脉，无痂体。生于高山草甸和高山碎石隙。分布于西藏东南部和南部；印度（锡金邦）、尼泊尔。

Herbs perennial, cespitose, 1.5-6 cm. Stem dark purple glandular hairy. Basal leaves aggregated into a rosette. Petals ivory to yellow, proximally yellow, crimson, or purple spotted, not or obscurely callose, 5-veined. Alpine meadows, screes, rock crevices. Distr. SE and S Xizang; India (Sikkim), Nepal.

3 西南虎耳草

1 2 3 4 5 6 7 8 9 10 11 12 2800-4600 m

Saxifraga signata Engl. & Irmsch.[1-2, 4-5]

多年生草本，高 5~20 厘米。茎被黑褐色腺毛。基生叶莲座状；茎生叶较疏。多歧聚伞花序伞房状，具 4~24 朵花；萼片在花期开展至反曲，具黑褐色腺毛；花瓣黄色，内面中下部具紫红色斑点，3~7 脉，具 2 痂体。生于山地草甸和石隙。分布于青海南部（玉树）、西藏东部、四川西部、云南西北部。

Herbs perennial, 5-20 cm tall. Stem dark brown glandular hairy. Basal leaves aggregated into a rosette; cauline leaves remote. Inflorescence corymbose, 4-24-flowered; sepals spreading to reflexed, dark brown glandular hairy; petals yellow, adaxially purple spotted proximally, 2-callose, 3-7-veined. Alpine meadows, rock crevices. Distr. S Qinghai (Yushu), E Xizang, W Sichuan, NW Yunnan.

4 山地虎耳草

1 2 3 4 5 6 7 8 9 10 11 12 2700-5300 m

Saxifraga sinomontana J.T.Pan & Gornall[1]

— *Saxifraga montana* (Small) Fedde

多年生草本，丛生，高 4.5~35 厘米。茎疏被褐色卷曲柔毛。基生叶发达，叶片椭圆形至线状长圆形；茎生叶披针形至线形。萼片在花期直立，先端钝圆，边缘具卷曲长柔毛；花瓣黄色，5~15 脉，基部侧脉旁具 2 枚痂体。生于灌丛、高山草甸和流石滩。分布于甘肃南部、青海、西藏东部和南部、四川西部、云南西北部；陕西南部、新疆；不丹、印度北部、尼泊尔、克什米尔地区。

Herbs perennial, cespitose, 4.5-35 cm tall. Stem sparsely brown crisped villous. Basal leaves well developed; leaf blade elliptic to linear-oblong; cauline leaves lanceolate to linear. Sepals erect, margin crisped villous, apex obtuse; petals yellow, 2-callose near base, 5-15-veined. Scrub, alpine meadows, rock crevices. Distr. S Gansu, Qinghai, E and S Xizang, W Sichuan, NW Yunnan; S Shaanxi, Xinjiang; Bhutan, N India, Nepal, Kashmir.

5 大花虎耳草

1 2 3 4 5 6 7 8 9 10 11 12 3700-5000 m

Saxifraga stenophylla Royle[1-2, 4]

草本，高 5~20 厘米。茎被黑褐色腺毛，鞭匐枝出自基生叶腋部。基生叶密集，呈莲座状，革质，两面无毛，边缘具刚毛状睫毛；茎生叶较疏，长圆形。聚伞花序 1.5~3 厘米，具 1~3 朵花；萼片直立，5~9 条脉，在先端部分或完全汇合，先端通常短尖；花瓣黄色，8~11 条脉，无痂体，无爪。生于山地草甸和石隙。分布于青海南部（玉树）、西藏东部、四川西部、云南西北部。

Herbs perennial, 5-20 cm tall. Stem dark brown glandular hairy, stolons arising from axils of basal leaves. Basal leaves aggregated into a rosette; leathery, both surfaces glabrous, margin setose-ciliate. Cauline leaves remote, oblong. Cyme 1.5-3 cm, 1-3-flowred; sepals erect, veins 5-9, partly or fully confluent at apex, apex usually mucronate; petals yellow, not callose, 8-11-veined, clawless. Alpine meadows, rock crevices. Distr. S Qinghai (Yushu), E Xizang, W Sichuan, NW Yunnan.

1  1  1

2  3  3

4  5

1 伏毛虎耳草

1 2 3 4 5 6 7 8 9 10 11 12 2100-4200 m

Saxifraga strigosa Wall.[1-5]

高 5.5~28 厘米。茎下部密被褐色卷曲腺柔毛，中上部密被黑紫色腺毛。基部、叶腋和苞腋均具芽。茎生叶密集呈莲座状，全缘或具 2~9 枚齿牙，两面和边缘均具糙伏毛。花瓣白色，具褐色斑点，具 2~4 枚痂体。生于林下、林缘、灌丛、草甸和石隙。分布于西藏南部、四川西部、云南东部、西北部及西南部；缅甸、不丹、尼泊尔、印度北部。

Stem 5.5-28 cm tall, proximally densely crisped eglandular villous, distally glandular hairy. Leaf buds present in axils of rosette leaves and bracts. Median cauline leaves aggregated into a rosette; leaf blade ovate to oblong, both surfaces strigose, margin 2-9-dentate. Petals white, spotted reddish brown, 2-4-callose. Forests, forest margins, scrub, meadows, rock crevices. Distr. S Xizang, W Sichuan, E, NW and SW Yunnan; Myanmar, Bhutan, Nepal, N India.

2 近抱茎虎耳草

1 2 3 4 5 6 7 8 9 10 11 12 2900-3900 m

Saxifraga subamplexicaulis Engl. & Irmsch.[1-4]

茎仅于叶腋部具褐色柔毛。中部茎生叶无柄，狭卵形，被褐色柔毛，基部抱茎。伞状花序，分枝和花梗均被黑色腺毛；萼片开展；花瓣黄色，椭圆形至近倒卵形，长 5~7.2 毫米，宽 3~4 毫米，先端钝，基部稍圆，具长 0.8~1 毫米的爪。生于山谷石隙和荒地。分布于云南西北部。

Stem brown pilose only at leaf axils. Median cauline leaves sessile, narrowly ovate, brown pilose, base amplexicaul. Inflorescence corymbose; branches and pedicels black glandular hairy; sepals spreading; petals yellow, elliptic to subobovate, 5-7.2 mm × 3-4 mm, base rounded, with a claw 0.8-1 mm, apex obtuse. Mountain valleys, rock crevices, wastelands. Distr. NW Yunnan.

3 唐古特虎耳草

1 2 3 4 5 6 7 8 9 10 11 12 2900-5600 m

Saxifraga tangutica Engl.[1-5]

多年生草本，高 3.5-31 厘米，丛生。基生叶边缘具褐色卷曲长柔毛；茎生叶片披针形至狭长圆形。多歧聚伞花序长 1~7.5 厘米，(2~) 8~24 花；花梗密被褐色卷曲长柔毛，萼片在花期由直立变开展至反曲，3~5 条脉；花瓣黄色，或腹面黄色而背面紫红色，具 2 枚痂体。生于林下、灌丛、高山草甸。分布于甘肃南部、青海、西藏、四川北部和西部；不丹至克什米尔地区。

Herbs perennial, cespitose, 3.5-31 cm tall. Basal leaf margin brown crisped villous; cauline leaves oblong to narrowly so or lanceolate. pleiochasium 1-7.5 cm, (2-)8-24-flowered; pedicels densely brown crisped villous; sepals erect, then spreading to reflexed, veins 3-5; petals yellow on both surfaces or purple abaxially, 2-callose. Forests, scrub, alpine scrub meadows. Distr. S Gansu, Qinghai, Xizang, N and W Sichuan; Bhutan to Kashmir.

4 西藏虎耳草

1 2 3 4 5 6 7 8 9 10 11 12 2900-5600 m

Saxifraga tibetica Losinsk.[1-2, 5]

多年生草本，高 2~16 厘米，密丛生。茎被褐色卷曲长柔毛。叶片椭圆形至长圆形。单花生于茎顶；苞片 1 枚；萼片反曲， 3~5 条脉；花瓣腹面上部黄色而下部紫红色，背面紫红色， 3~5 条脉，具 2 枚痂体。生于高山草甸、石隙。分布于青海西南部、西藏；新疆。

Herbs perennial, densely cespitose, 2-16 cm tall. Stem densely brown crisped villous. Leaf blade elliptic to oblong. Flower solitary; bract 1; sepals reflexed, veins 3-5; petals purple abaxially, proximally purple and distally yellow adaxially, 2-callose, 3-5-veined. Rocky alpine meadows, rock crevices. Distr. SW Qinghai, Xizang; Xinjiang.

5 白小伞虎耳草

1 2 3 4 5 6 7 8 9 10 11 12 3000-4700 m

Saxifraga umbellulata var. *muricola* (C.Marquand & Airy Shaw) J.T.Pan[1-3, 5]

多年生草本，高 5.5~10 厘米，被褐色腺毛。基生叶密集，呈莲座状，匙形，叶片边缘具软骨质齿；茎生叶长圆形至近匙形。聚伞花序伞状或复伞状；萼片在花期常直立；花瓣淡黄白色，稀粉色。生于河畔石隙及向阳峭壁等处。分布于西藏东部和南部。

Herbs perennial, 5.5-10 cm tall, brown glandular hairy. Basal leaves aggregated into a rosette, spatulate, cartilaginous setose-ciliate at margin; cauline leaves oblong to subspatulate. Cyme umbelliform or compoundly so; sepals usually erect; petals pale yellow, sometimes pink. Rock crevices by water, sunny cliffs. Distr. E and S Xizang.

1
1
2
2
3
3
4
4
5

1 爪瓣虎耳草

1 2 3 4 5 6 7 8 9 10 11 12 3000-5600 m

Saxifraga unguiculata Engl. var. *unguiculata*[1-2, 5]

— *Saxifraga vilmoriniana* Engl. & Irmsch.

高 2.5~13.5 厘米。小主轴分枝，具莲座叶丛。莲座叶两面无毛，边缘具睫毛；茎生叶较疏，肉质，边缘具无腺或腺毛。萼片在花期反曲，3~5 条脉于先端不汇合至全部汇合；花瓣黄色，中下部具橙色斑点，基部具爪；3~7 条脉，痂体 1 或 2 枚，偶近无。生于高山草甸和石隙。分布于甘肃南部、青海、西藏、四川西部、云南西北部；内蒙古、陕西、宁夏。

Stem 2.5-13.5 cm tall. Shoots branched, with leaf rosettes. Rosette leaves both surfaces usually glabrous, margin setose-ciliate; cauline leaves remote, carnose, margin glandular or eglandular ciliate. Sepals reflexed at anthesis, veins 3-5, not, partly, or fully confluent at apex; petals yellow, proximally orange spotted, 1- or 2-callose near base, sometimes obscurely so, or not callose, 3-7-veined, base with a claw. Alpine meadows, rock crevices. Distr. S Gansu, Qinghai, Xizang, W Sichuan, NW Yunnan; Nei Mongol, Shaanxi, Ningxia.

2 流苏虎耳草

1 2 3 4 5 6 7 8 9 10 11 12 2000-5000 m

Saxifraga wallichiana Sternb.[1-5]

高 10~30 厘米。茎不分枝，下部无毛或疏生有毛，茎生叶叶腋具芽。茎生叶较密，卵形至披针形，两面无毛，边缘具腺睫毛，有光泽。聚伞花序具 2-4 花，或单花生于茎顶；花瓣黄色，具 2 痂体。生于湿润的林下、林缘、石隙。分布于西藏东部及南部、四川西部、云南北部；不丹、缅甸、尼泊尔、印度。

Stem simple, 10-30 cm tall, proximally glabrous or sparsely eglandular hairy. Leaf buds present in axils of cauline leaves. Cauline leaves crowded along stem, shiny, ovate to lanceolate, both surfaces glabrous, margin cartilaginous glandular ciliate. Cyme 2-4-flowered or flower solitary; petals yellow, 2-callose near base. Forests, forest margins, scrub, rock crevices. Distr. E and S Xizang, W Sichuan, N Yunnan; Bhutan, Myanmar, Nepal, India.

3 腺瓣虎耳草

1 2 3 4 5 6 7 8 9 10 11 12 3500-4000 m

Saxifraga wardii W.W.Sm.[1-5]

茎不分枝，高 2.5~9.5 厘米。花瓣黄色，阔卵形至倒卵形，边缘具腺睫毛，5~9 条脉，无痂体。生于高山灌丛、草甸和岩隙。分布于西藏东南部、云南西北部。

Stem simple, 2.5-9.5 cm tall. Petals yellow, broadly ovate to orbicular, not callose, 5-9-veined, margin glandular ciliate. Alpine meadows and scrub, rock crevices. Distr. SE Xizang, NW Yunnan.

虎耳草科 Saxifragaceae | 黄水枝属 *Tiarella* L.

多年生草本。叶大多基生，单叶或 3 裂；托叶小型。花序总状或圆锥状；花小；托杯内壁下部与子房愈合；萼片 5 枚，呈花瓣状；花瓣 5 枚，有时不存在；雄蕊 10 枚，伸出花冠外；心皮 2 枚，大部合生；子房 1 室，侧膜胎座；花柱 2 枚，丝状。蒴果，果瓣不等大。3 种；中国 1 种；横断山区有分布。

Herbs perennial. Leaves mainly basal, leaf blade simple and trilobed; stipules small. Inflorescence a raceme or panicle; flowers small; hypanthium adnate to ovary at base; sepals 5, usually petaloid; petals 5, sometimes absent; stamens 10, visible above corolla; carpels 2, connate basally; ovary 1-loculed; placentation parietal; styles 2, slender. Fruit a capsule; carpels unequal. Three species; one in China; one in HDM.

4 黄水枝

1 2 3 4 5 6 7 8 9 10 11 12 980-3800 m

Tiarella polyphylla D.Don[1-5]

多年生草本。根状茎横走。茎不分枝，密被腺毛。基生叶具长柄 2~12 厘米；叶片心形，掌状 3~5 浅裂，两面密被腺毛；茎生叶通常 2~3 枚。总状花序长 8~25 厘米；无花瓣；花丝钻形；心皮 2 枚，不等大，下部合生。生于林下、灌丛和阴湿地。分布于甘肃东南部、西藏南部、四川、云南；华中、华南各省；日本、中南半岛北部、缅甸北部、尼泊尔。

Herbs, perennial. Rhizomes creeping. Stems simple, densely glandular hairy. Basal leaves with petiole 2-12 cm; leaf blade cordate, palmately 3-5-lobed, both surfaces glandular hairy; cauline leaves 2 or 3. Raceme 8-25 cm; petals absent; filaments subulate; carpels 2, unequal, connate proximally. Moist forests, shady wet places. Distr. SE Gansu, S Xizang, Sichuan, Yunnan; C and S China; Japan, N Indo-China Peninsula, N Myanmar, Nepal.

1
2
2
3
3
4
4

景天科 Crassulaceae | 红景天属 *Rhodiola* L.

根颈肉质，被基生叶或鳞片状叶。花单性或两性；花瓣几分离；心皮无柄，基部合生。约 90 种；中国 55 种；横断山区 36 种。

Rhizome a fleshy caudex. Caudex leaves present, usually reduced and scalelike. Flowers usually bisexual, sometimes unisexual; petals more or less free; carpels sessile, coalesced. About 90 species; 55 in China; 36 in HDM.

1 德钦红景天

1 2 3 4 5 6 7 **8** 9 10 11 12 3100-5000 m

Rhodiola atuntsuensis (Praeger) S.H.Fu[1-2, 4]

根颈直立，分枝少，长 3~5 厘米，宽 0.5~1.2 厘米。花茎基部被鳞片，鳞片三角形至三角状半圆形，急尖。茎生叶互生，无柄或具短柄，近卵形至宽长圆状披针形。花瓣 5 枚，黄色，近直立，长 2.5~4.5 毫米，宽 0.6~2.5 毫米。生于林下、花岗岩、砾石或石灰岩地区。分布于西藏、四川西部、云南西北部；缅甸。

Caudex few branched, erect, 3-5 cm × 0.5-1.2 cm. Caudex leaves scalelike, triangular to triangular-suborbicular; Cauline leaves alternate, sessile or shortly petiolate; leaf blade broadly oblong-lanceolate to subovate. Petals 5, suberect, yellow, 2.5-4.5 mm × 0.6-2.5 mm. Forests, granitic rocks, gravelly or limestone areas. Distr. Xizang, W Sichuan, NW Yunnan; Myanmar.

2 菊叶红景天

1 2 3 4 5 6 7 **8** **9** 10 11 12 3200-4200 m

Rhodiola chrysanthemifolia (Levl.) S.H.Fu[1-4]

根颈长，直径 6~7 毫米，在地上部分及先端被鳞片。花茎高 4~10 厘米，被微乳头状突起。茎生叶在先端聚生，叶长圆形、卵形或卵状长圆形。伞房状花序，紧密；花两性，花瓣 5 枚，全缘或上部啮蚀状；雄蕊 10 枚，对瓣的长 4 毫米，着生基部上 2 毫米处。生于山坡石缝中草地。分布于四川西南部、云南西北部。

Caudex long, 6-7 mm in diam. Caudex leaves scalelike. Flowering stems 4-10 cm, finely mammillate. Stem leaves aggregated toward stem apex, leaf blade oblong, ovate-oblong, or ovate. Inflorescences corymbiform, compact; flowers bisexual, petals 5, margin entire or apically erose; stamens 10; antepetalous ones about 4 mm, inserted about 2 mm from petal base. Grasslands, rock crevices. Distr. SW Sichuan, NW Yunnan.

3 圆丛红景天

1 2 3 4 5 6 7 **8** **9** 10 11 12 2600-4900 m

Rhodiola coccinea (Royle) Boriss. subsp. *coccinea*[1]

根颈肥厚，宿存老茎多数。花茎直立或弯曲。茎生叶互生，线状披针形至披针形，长 3~5 毫米，有芒，全缘。伞房花序紧密；花少数；单性，4 或 5 数；花瓣红色或黄色，长约 1.5~4 毫米。生于高山石质土壤、山坡石缝上。分布于甘肃、青海、西藏、四川；新疆；不丹至克什米尔地区。

Caudex thick, persistent old flowering stems present. Flowering stems erect or curved. Cauline leaves alternate, linear-lanceolate to lanceolate, awned, margin entire, 3-5 mm long. Inflorescences corymbiform, compact, few flowered; flowers unisexual, (4 or)5-merous; petals red or yellow, 1.5-4 mm in length. Alpine regions, stony soils, rocks. Distr. Gansu, Qinghai, Xizang, Sichuan; Xinjiang; Bhutan to Kashmir.

4 粗糙红景天

1 2 3 4 5 6 7 **8** **9** 10 11 12 3200-4200 m

Rhodiola coccinea subsp. *scabrida* (Franch.) H.Ohba[1]

与原亚种“圆丛红景天”的不同处在于，花茎更细，小于 1 毫米；花瓣披针形到宽长圆形，长 1.5~2 毫米。生于山坡石隙。分布于西藏、四川西部、云南西北部；印度北部。

The difference from *R. coccinea* subsp. *coccinea* is that flowering stems less than 1 mm in diam; petals lanceolate to broadly oblong, 1.5-2 mm. Rock crevices on slopes. Distr. Xizang, W Sichuan, NW Yunnan; N India.

1  1  2

2  3

3  4  4

1 大花红景天

1 2 3 4 5 6 7 **8** **9** 10 11 12 **3200-4200 m**

Rhodiola crenulata (Hook.f. & Thomson) H.Ohba[1-5]

地上根颈短，残存花枝及茎少数，高 5~20 厘米，干时变黑。叶椭圆状长圆形至圆形，长 1.2~3 厘米，宽 1~2.2 厘米，全缘或波状或有圆齿。花序伞房状，多花，具苞片；花大，单性；花瓣 5 枚，红色至紫红色。生于山坡草地、灌丛中、片岩石缝中。分布于青海、西藏、四川、云南；不丹、尼泊尔、印度北部。

Caudex few branched, short, 5-20 cm; persistent old flowering stems and branches few, black when dry. Leaf blade elliptic-oblong to suborbicular, 1.2-3 cm × 1-2.2 cm, margin entire and undulate to crenate. Inflorescences corymbiform, many flowered, bracteate; flowers unisexual, large; petals 5, red to purplish red. Thickets, grassland slopes, schist on mountain slopes, rock crevices. Distr. Qinghai, Xizang, Sichuan, Yunnan; Bhutan, Nepal, N Indian.

2 长鞭红景天

1 2 3 4 5 **6** **7** **8** 9 10 11 12 **3500-5400 m**

Rhodiola fastigiata (Hook.f. & Thomson) S.H.Fu[1-5]

根颈长达 50 厘米以上。花茎 4~10 根，叶密生。茎生叶互生，线状长圆形至倒披针形，全缘但有微乳头状突起。花序伞房状，长 1 厘米，宽 2 厘米；单性；花密生；花瓣红色，对瓣雄蕊生基部上 1 毫米处。生于山坡石上。分布于西藏、四川、云南；不丹至克什米尔地区。

Caudex more than 50 cm in length. Flowering stems 4-10, densely leafy. Stem leaves alternate, linear-oblong to oblanceolate, margin entire but finely mammillate. Inflorescences corymbiform, dense, about 1 cm × 2 cm; flowers unisexual; petals red; antepetalous stamens inserted about 1 mm from petal base. Rocky slopes. Distr. Xizang, Sichuan, Yunnan; Bhutan to Kashmir.

3 喜马红景天

1 2 3 4 **5** **6** 7 8 9 10 11 12 **2600-4200 m**

Rhodiola himalensis (D.Don) S.H.Fu[1-2, 4-5]

根颈伸长，老的花茎残存。花茎常带红色，长 10~50 厘米，被多数透明的小腺体。茎生叶互生，狭披针形至倒披针形或倒卵形至长圆状倒披针形，全缘或先端有齿。花序伞房状，花单性，雄花常 4~5 数；花瓣深紫色；雄蕊 8 或 10 枚。生于山坡上、林下、灌丛中。分布于甘肃南部、青海、西藏、四川西北部、云南；尼泊尔、印度（锡金邦）、不丹。

Caudex long; persistent old flowering stems present. Flowering stems usually reddish, 10-50 cm, with many small, hyaline glands. Stem leaves alternate, narrowly lanceolate to oblanceolate or oblong-oblanceolate, or obovate, margin entire or apically dentate. Inflorescences corymbiform; flowers unisexual, male ones unequally 4- or 5-merous; petals deep purple; stamens 8 or 10. Forests, scrub, slopes. Distr. S Gansu, Qinghai, Xizang, NW Sichuan, Yunnan; Nepal, India (Sikkim), Bhutan.

4 狭叶红景天

1 2 3 4 5 **6** **7** 8 9 10 11 12 **2000-5600 m**

Rhodiola kirilowii (Regel) Maxim.[1-3, 5]

根颈直径 1.5~2.5 厘米。花茎少数，高 10~90 厘米，叶密生。茎生叶互生或近轮生，线形至线状披针形，边缘有疏锯齿，偶全缘。花瓣绿色、黄绿色或红色；雄蕊 8 或 10 枚。生于阴凉处林缘或草坡上。分布于甘肃、青海、西藏、四川、云南；山西、陕西、新疆；哈萨克斯坦、缅甸。

Caudex 1.5-2.5 cm in diam. Flowering stems few, 10-90 cm, densely leafy. Stem leaves alternate or subverticillate, margin sparsely serrulate, sometimes entire. Petals green, greenish yellow, or red; stamens 8 or 10. Forest margins, grassy slopes, often in partial shade. Distr. Gansu, Qinghai, Xizang, Sichuan, Yunnan; Shanxi, Shaanxi, Xinjiang; Kazakhstan, Myanmar.

5 大果红景天

1 2 3 4 5 **6** **7** 8 9 10 11 12 **2900-4300 m**

Rhodiola macrocarpa (Praeger) S.H.Fu[1-5]

花茎高 10~30 厘米，上部有微乳头状突起。茎生叶近轮生。花单性；花瓣 5 枚，黄绿色；雌花心皮紫色，长圆状卵形至偏卵形，基部急狭，正面凸起。生于山坡石上。分布于甘肃、青海、西藏东南部、四川、云南西北部；陕西；缅甸北部。

Flowering stems 10-30 cm, apically finely mammillate. Stem leaves subverticillate. Flowers unisexual; petals greenish yellow to purplish red; carpels of female flowers purple, oblong-ovoid to obliquely ovoid, adaxially gibbous, base attenuate. Rocks on slopes. Distr. Gansu, Qinghai, SE Xizang, Sichuan, NW Yunnan; Shaanxi; N Myanmar.

1
1 
2 
2 
3 
4 
5 
5

1 优秀红景天

1 2 3 4 5 6 7 8 9 10 11 12 3700-4500 m

Rhodiola nobilis (Franch.) S.H.Fu[1-4]

根颈直立，长达 20 厘米以上。花茎多数，直立，叶密集。茎生叶无柄，叶长圆状披针形至倒披针形，长 7~10 毫米。花序有花 1~4 朵；苞片与叶相似而较小；花单性；花瓣 4~5 枚，红色；雄蕊 8 或 10 枚；鳞片近半圆形，先端圆或有微缺。生于灌丛、草坡上。分布于云南西北部；缅甸。

Caudex erect, more than 20 cm. Flowering stems numerous, erect, densely leafy. Stem leaves sessile, oblong-lanceolate to -oblanceolate, 7-10 mm. Inflorescences 1-4-flowered; bracts leaflike, small; flowers unisexual; petals 4-5, red; stamens 8-10. Nectar scales suborbicular, apex rounded to emarginate. Thickets, grassy slopes. Distr. NW Yunnan; Myanmar.

2 云南红景天

1 2 3 4 5 6 7 8 9 10 11 12 1000-4000 m

Rhodiola yunnanensis (Franch.) S.H.Fu[1-5]

茎生叶 3 叶轮生，稀对生，无柄，背面淡绿色，卵状披针形、椭圆形、卵状长圆形至宽卵形，边缘多少有疏锯齿，稀近全缘。聚伞圆锥花序，长 5~15 厘米，多次三叉分枝；花单性；心皮 4 枚，卵形，叉开的。生于山坡林下。分布于甘肃、西藏、四川、云南；华中。

Stem leaves 3-verticillate, rarely opposite, sessile, abaxially pale green, ovate-lanceolate, elliptic, oblong, ovate-oblong, broadly ovate, margin remotely serrate, or rarely entire. Inflorescences cymose-paniculate, 5-15 cm in length; branches verticillate; flowers unisexual; carpels 4, divergent, ovoid. Forests on slopes. Distr. Gansu, Xizang, Sichuan, Yunnan; C China.

景天科 Crassulaceae | 景天属 *Sedum* L.

一年生或多年生草本。叶互生、对生或轮生。花序聚伞状或伞房状，腋生或顶生；常为两性，稀退化为单性；心皮分离，或在基部合生，基部宽阔。约 470 种；中国约 120 种；横断山区 60 余种。

Herbs annual or perennial. Leaves alternate, opposite, or verticillate. Inflorescence terminal or axillary, cymose, often corymbiform; flowers usually bisexual, rarely unisexual; carpels free or basally widened and connate. About 470 species; about 120 in China; 60+ in HDM.

3 大炮山景天

1 2 3 4 5 6 7 8 9 10 11 12 3800-4900 m

Sedum erici-magnusii Fröd.[1]

一年生草本。叶长圆形，长 1.5~3.5 毫米，有宽近 2 裂的距，先端渐尖或刺状硬尖。萼片长圆形，不等长，先端硬尖；花瓣淡黄色，半卵形，长 2~2.3 毫米，离生，先端钝。蓇葖含种子 4~8 枚。种子光滑或具细乳头状突起。生于山坡草地或冰谷花岗岩上及河滩沙砾地上。分布于甘肃西部、西藏东部、四川西部。

Herbs annual. Leaf blade oblong, 1.5-3.5 mm, basal spur entire and subtruncate or ± 2-cleft, apex acuminate to spinose-cuspidate. Sepals oblong, unequal, apex cuspidate; petals free, yellowish, subovate, 2-2.3 mm, apex obtuse. Follicles 4-8-seeded. Seeds subovoid, smooth or minutely papillate. Pastures on slopes, granite in glacial valleys, gravelly places, sandy beaches, rock crevices on slopes. Distr. W Gansu, E Xizang, W Sichuan.

4 康定景天

1 2 3 4 5 6 7 8 9 10 11 12 4200-4400 m

Sedum lutzii Raym.-Hamet[1-3]

花茎直立，高 3.5~5 厘米。叶宽线形至长圆形，长 5~6 毫米，宽 0.8~1.4 毫米，有钝距。花为不等的 5 基数；萼片无距。鳞片近长倒卵形，先端微缺。蓇葖果含少数种子。种子有乳头状突起。生于草地、山脊、山顶阴处。分布于四川西部。

Stems erect, 3.5-5 cm. Leaf blade broadly linear to oblong, 5-6 mm × 0.8-1.4 mm, base obtusely spurred. Flowers unequally 5-merous; sepals spurless. Nectar scales suboblong-obovate, apex emarginate. Follicles few seeded. Seeds mammillate. Grasslands, mountain ridges, shady places on summits. Distr. W Sichuan.

1
2
2
3
4

1 镘瓣景天

1 2 3 4 5 6 7 **8 9 10** 11 12 **2700-4500 m**

Sedum trullipetalum Hook.f. & Thomson[1-2, 4-5]

多年生草本。不育茎密丛生。花瓣黄色，镘状，离生，下部狭爪状，上部宽卵形或卵状披针形，先端有小突尖头；雄蕊 10 枚。种子有小乳头状突起。生于山坡及山顶草地及岩石和石隙上。分布于西藏东北部和南部、四川西部、云南西北部；尼泊尔、印度北部。

Herbs perennial; Sterile stems densely tufted. Petals free, yellow, trullate, base narrowly clawed, limb broadly ovate to ovate-lanceolate, apex mucronate; stamens 10. Seeds minutely mammillate. Grassy meadows on alpine summits, grasslands, rocks, rock crevices. Distr. NE and S Xizang, W Sichuan, NW Yunnan; Nepal, N India.

景天科 Crassulaceae | 石莲属 *Sinocrassula* A.Berger

植株有莲座丛。花两性，5 基数，黄、红或紫红色；萼在基部半球形合生；萼片三角形或三角状披针形，直立；雄蕊 5 枚；心皮无柄。7 种；中国均产；横断山区 6 种。

Leaves mostly in basal rosettes. Flowers bisexual, 5-merous, yellow to red or purplish red; calyx subglobose connate at base; sepals erect, triangular or triangular-lanceolate; stamens 5; carpels sessile. Seven species; all found in China; six in HDM.

2 德钦石莲

1 2 3 4 5 6 7 8 **9** 10 11 12 **≈ 2700 m**

Sinocrassula techinensis (S.H.Fu) S.H.Fu[1-3]

植株无毛或少有被极短毛。花茎单一，高 7~10 厘米。茎生叶互生，线形或披针形。花瓣红色，长圆形，先端钝到锐尖。生于山坡石上。分布于云南（德钦）。

Plants glabrous, rarely very shortly hairy. Flowering stem solitary, 7-10 cm. Cauline leaves alternate, linear to lanceolate. Petals red, oblong, apex obtuse to acute. Rocks on slopes. Distr. Yunnan (Dêqên).

小二仙草科 Haloragaceae | 狐尾藻属 *Myriophyllum* L.

国产者为水生植物；叶轮生或互生，无柄，基部沉水部分多为蓖齿状分裂；花 4 朵轮生，稀为顶生穗状花序；雌花无花瓣或不明显；雄蕊 2~8 枚。果开裂成 2~4 枚小坚果，每小坚果内含 1 粒种子。约 35 种；中国 11 种；横断山区 4 种。

Herbs aquatic (in China); leaves whorled or alternate, sessile, at least the lower (submersed) ones pinnately divided, segments filiform. Inflorescence usually emergent, a terminal spike with flowers 4-whorled; female flowers lacking petals or inconspicuous; stamens 2-8. Fruit splitting at maturity into 2-4, 1-seeded mericarps. About 35 species; 11 in China; four in HDM.

3 穗状狐尾藻

1 2 3 **4 5 6 7 8 9** 10 11 12 **< 5200 m**

Myriophyllum spicatum L.[1-5]

花常 4 朵轮生，顶生呈穗状花序；雌花不具花瓣或早落；雄花具雄蕊 8 枚。生于池塘、河沟、沼泽中，分布于全中国；亚洲、欧洲。

Inflorescence a terminal spike of 4-whorled flowers. Female flowers: petals absent or caducous. Male flowers: stamens 8. Ponds, ditches, swamps. Distr. Throughout China; Asia, Europe.

蒺藜科 Zygophyllaceae | 蒺藜属 *Tribulus* L.

草本，平卧。羽状复叶对生。花单生叶腋；萼片 5 枚；花瓣 5 枚，黄色；雄蕊 10 枚，有腺体，外轮 5 枚较长，与花瓣对生，内轮 5 枚较短，与花瓣互生。果为分果，由 4 或 5 个不裂的具皮刺的心皮组成。种子斜悬。约 15 种；中国 2 种；横断山区 1 种。

Herbs, prostrate. Leaves opposite, pinnate. Flowers axillary, solitary; sepals 5; petals 5, yellow; stamens 10, with glands, outer 5 longer and opposite petals, inner 5 shorter and alternate with petals. Fruit a schizocarp of 4 or 5 indehiscent prickly carpels. Seeds obliquely pendulous. About 15 species; two in China; one in HDM.

4 蒺藜

1 2 3 4 **5 6 7 8** 9 10 11 12 **< 3300 m**

Tribulus terrestris L.[2]

一年生草本。花黄色。生于沙地、荒地、山坡、居民点附近。广布全世界。

Annual herbs. Corolla yellow. Sandy areas, wastelands, hillsides, residential areas. Distr. almost worldwide.

1  1

2  2

3  4  4

豆科 Fabaceae | 金合欢属 *Acacia* Mill.

灌木、小乔木或攀援藤本。二回羽状复叶或叶片退化，叶柄形成叶状柄；总叶柄及叶轴上常有腺体。花小，两性或杂性；极多数组成穗状花序或头状花序，而后花序于枝顶或叶腋再排列成圆锥花序。荚果长圆形或线形，多数扁平，少有膨胀。本属广义 900 多种；中国近 20 种；横断山 5 种。

Trees, shrubs, or lianas. Leaves bipinnate or modified to phyllodes by dilation of petiole and proximal part of rachis; extrafloral nectaries usually present on petiole and rachis or absent. Flowers small, bisexual, or male and bisexual, tetra- or pentamerous; inflorescences consisting of pedunculate heads or spikes orne in axillary clusters or aggregated into terminal panicles. Legume oblong or filate, flat, seldom inflat. More than 900 species (*sensu lato*); about 20 in China; five species in HDM.

1 光叶金合欢

1 2 **3 4 5 6 7 8 9 10** 11 12 1200-2500 m

Acacia delavayi Franch.[1-4]

木质藤本。枝与叶轴上有倒钩刺。总叶柄基部有凸起的腺体 1 枚；羽片 8~22 对。头状花序。生于低海拔的疏林和灌丛中。分布于云南；福建、广东、广西、海南；亚洲热带地区广布。

Climbers. With prickles on the branch and leaf rachis. Petiolar glands exists; pinnae 8-22 pairs. Flowers in heads. Thin forests, thickets. Distr. Yunnan; Fujian, Guangdong, Guangxi, Hainan; widespread in tropical Asia.

2 无刺金合欢

1 2 3 **4 5 6** 7 8 9 10 11 12 750-2200 m

Acacia teniana Harms[1-2, 4]

灌木，1~4 米高。二回羽片复叶；叶柄近中部有一腺体；羽片 7~13 对，羽轴上钩刺常不明显或缺；小叶斜披针形或线状披针形，长 4~8 毫米。头状花序花时直径近 1 厘米， 2~6 个腋生或在小枝顶端排成圆锥花序。荚果长圆形，长 8~10 厘米，宽 2.5~3 厘米。生于河谷山坡或河岸。分布云南、四川（金沙江、大渡河及其支流等河谷）。

Shrubs, 1-4 m tall. Bipinnate leaf, a gland near the middle of the petiole; pinnae 7-13 pairs; thorns on the rachis missing or not obvious; leaflets oblique lanceolate or linear lanceolate, 4-8 mm long. Flowers capitate, ca. 1 cm in diam., 2-6 axillary or arranged in panicles at the top of branchlets. Pods oblong, 8-10 cm long, 2.5-3 cm wide. Shrubs or riverbank. Distr. Yunnan, Sichuan (Jinsha River, Dadu River and their tributaries).

3 云南相思树

1 2 3 4 **5** 6 7 8 9 10 11 12 1700-2200 m

Acacia yunnanensis Franch.[1-4]

灌木，茎上与叶轴上无刺。花序总状，排列成圆锥状。生于灌丛。分布于四川、云南。

Shrubs, unarmed throughout, without spine. Racemes arranged in panicle. Thickets. Distr. Sichuan, Yunnan.

豆科 Fabaceae | 合欢属 *Albizia* Durazz.

乔木或灌木，通常无刺。二回羽状复叶，通常落叶。花小，5 基数。头状花序、聚伞花序或穗状花序，再排成腋生或顶生的圆锥花序。雄蕊多数，花丝突出于花冠之外，基部合生成管。荚果带状，扁平。120~140 种；中国 16 种；横断山 3 种。

Trees or shrubs, usually unarmed. Leaves bipinnate, usually deciduous. Flowers small, 5-lobed. Inflorescences of globose heads, arranged in axillary or terminal panicles. Stamens numerous, connate into a tube at base, free part of filaments long exserted. Legume oblong, flat. 120-140 species; 16 in China; three in HDM.

4 山槐

1 2 3 4 **5 6** 7 8 9 10 11 12 1100-2600 m

Albizia kalkora (Roxb.) Prain.[1-2, 4]

落叶小乔木或灌木。羽片 2~4 对，小叶 5~14 对；小叶长 1.8~4.5 厘米，基部偏斜，先端圆钝而有细尖头。花开时白色，后变黄，小花梗明显。荚果深棕色。生于山坡灌丛、疏林中。分布于我国西南部各省区；华北、西北、华东、华南；印度、缅甸、越南、日本。

Trees or shrubs, deciduous. Pinnae 2-4 pairs, leaflets 5-14 pairs. Leaflet 1.8-4.5 cm in length, base oblique, apex obtuse, mucronate. Flowers primarily white, turning yellow, with conspicuous pedicels. Legume dark gray. Thickets, thin forests; Distr. widespread in SW, N, NW, E and S China; India, Myanmar, Vietnam, Japan.

1
1
2
2
3
3
4

1 藏合欢 1 2 3 4 5 6 7 8 9 10 11 12 1200-1800 m

Albizia sherriffii Baker f.[1-2, 4-5]

乔木。羽片 8~16 对，小叶 13~27 对，近镰状长圆形，极小，长 5~10 毫米，宽 1.5~3 毫米。花黄白色。荚果密被深棕色绒毛。生于密林中。分布于西藏、云南；印度、不丹、缅甸。

Trees. Pinnae 8-16 pairs, leaflets 13-27 pairs, falcate-oblong, tiny, 5-10 mm × 1.5-3 mm. Flower yellow-white. Legume oblong, densely dark-gray tomentose. Dense forests. Distr. Xizang, Yunnan; India, Bhutan, Myanmar.

2 毛叶合欢 1 2 3 4 5 6 7 8 9 10 11 12 1800-2500 m

Albizia mollis (Wall.) Boivin[1-2, 4-5]

乔木。羽片 3~7 对，小叶 8~15 对，两面密被长绒毛。花白色。生于山坡林中。分布于西藏、云南；贵州；印度、尼泊尔。

Trees. Pinnae 3-7 pairs, leaflets 8-15 pairs, densely villous at both surfaces. Flowers white. Forests. Distr. Xizang, Yunnan; Guizhou; India, Nepal.

豆科 Fabaceae | 两型豆属 *Amphicarpaea* Elliot

缠绕草本。小叶 3 片。腋生总状花序；子房无柄或近无柄，基部具鞘状花盘；花柱无毛，柱头小，顶生。果二型，正常荚果线状长圆形，开裂，有种子多枚。闭锁花所结的地下荚果球形或椭圆形，不开裂，种子 1 枚。约 10 种；中国 3 种；横断山 2 种。

Herbs, twining. Leaves pinnately 3-foliolate. Inflorescence axillary, racemose; ovary sessile or subsessile, with sheathing disk at base; style glabrous, stigma small, terminal. Legumes of 2 types: normal legumes linear-oblong, dehiscent, few seeded; underground legumes usually orbicular or ellipsoidal, indehiscent, 1-seeded. About 10 species; three in China; two in HDM.

3 锈毛两型豆 1 2 3 4 5 6 7 8 9 10 11 12 2300-3000 m

Amphicarpaea ferruginea Benth.[1, 4]

多年生草本。小叶纸质或硬纸质，顶生小叶长为宽的 1.5~2 倍，两面密被黄色伏贴长柔毛。苞片脱落。荚果宽 6~9 毫米。常生于路边、开阔地。分布于四川、云南。

Perennial herbs. Leaflets papery or thickly papery, terminal leaflet length 1.5-2 times to width, both surfaces densely yellowish brown villous. Bracts deciduous. Legume 6-9 mm wide. Roadsides and open fields. Distr. Sichuan, Yunnan.

豆科 Fabaceae | 土圞儿属 *Apios* Fabr.

缠绕草本，有块根。羽状复叶，小叶 5~7 枚，少有 3 或 9 片，全缘。花萼钟形，旗瓣反折，卵形或圆形，翼瓣斜倒卵形，比旗瓣短，龙骨瓣最长，内弯、内卷或螺旋状卷曲；二体雄蕊。荚果线形，近镰刀状，扁平。本属约 8 种；中国 6 种；横断山 2 种。

Herbs, twining, with root tubers. Leaves pinnately (3 or)5-7(or 9) foliolate, entire. Calyx campanulate, standard ovate or circular, reflexed; wings obliquely obovate, shorter than standard; keels longest and inflexed or coiled; stamens diadelphous. Legume linear, almost falcate, compressed. About eight species; six in China; two in HDM.

4 肉色土圞儿 1 2 3 4 5 6 7 8 9 10 11 12 800-2600 m

Apios carnea (Wall.) Benth. ex Baker[1-5]

缠绕藤本。小叶通常 5 枚，长 5~12 厘米，宽 2~7 厘米。花紫红色、淡红色或橙红色。生于杂木林中或溪边路旁。分布于西南地区；陕西、福建及华南地区；印度北部、尼泊尔、不丹、越南、泰国。

Vines. Leaves usually pinnately 5-foliolate, leaflets 5-12 cm × 2-7 cm. Corolla red, reddish purple, or orange. Forests, riversides, roadsides. Distr. SW China; Shaanxi, Fujian, S China; N India, Nepal, Bhutan, Vietnam, Thailand.

5 云南土圞儿 1 2 3 4 5 6 7 8 9 10 11 12 1300-3500 m

Apios delavayi Franch.[1-5]

缠绕草本。羽状复叶常具 5 小叶，小叶较小，长 2~5 厘米，宽 1.1~1.9 厘米。花淡黄色。生于灌丛中。分布于西藏、四川、云南。

Vines. Leaves usually pinnately 5-foliolate. Leaflets 2-5 cm × 1.1-1.9 cm. Corolla light yellow. Shrublands. Distr. Xizang, Sichuan, Yunnan.

豆科 Fabaceae | 猴耳环属 *Archidendron* F.Muell.

乔木或灌木。二回羽状复叶。球形头状花序或圆锥花序式。花小，常5基数，两性或杂性，通常白色；雄蕊多数，伸出于花冠外，花丝合生成管。荚果通常旋卷或弯曲，果瓣通常于开裂后扭卷。约100种；中国16种；横断山1种。

Trees or shrubs. Leaves bipinnate. Inflorescence a globose head or arranged in panicle. Flowers white, usually 5-lobed, small, bisexual or polygamous. Stamens numerous; filaments exserted, united into a tube. Legume much curved or spirally twisted, fruit flap usually twisted after dehiscent. About 100 species; 16 in China; one in HDM.

1 猴耳环

1 2 3 4 5 6 7 8 9 10 11 12 100-1800 m

Archidendron clypearia (Jack) I.C.Nielsen[1-2]

乔木，高可达10米。羽片3~8对；总叶柄具四棱，密被黄褐色柔毛；叶轴上及叶柄近基部处有腺体；最下部的羽片有小叶3~6对，最顶部的羽片有小叶10~12对，小叶近无柄，斜菱形。荚果旋卷。生于林中。分布于云南；浙江、福建、广东、广西、海南、台湾；热带亚洲广布。

Trees, to 10 m tall. Pinnae 3-8 pairs; leaf petiole 4-angulate, densely yellow tomentose; leaf rachis and base of petiole with glands; lowermost pinna with 3-6 pairs of leaflets, uppermost one with 10-12 pairs of leaflets, leaflets subsessile, rhombic-trapezoid. Legume twisted. Forests. Distr.Yunnan; Zhejiang, Fujian, Guangdong, Guangxi, Hainan, Taiwan; tropical Asia.

豆科 Fabaceae | 黄耆属 *Astragalus* L.

草本，稀为小灌木或半灌木，通常具单毛或丁字毛。茎发达或短缩，稀无茎或不明显。羽状复叶，小叶全缘。总状花序；花萼管状或钟状；花瓣近等长或翼瓣和龙骨瓣较旗瓣短；雄蕊二体，稀单体。荚果形状多样，由线形至球形，背腹分别具沟和脊。3000多种；中国400多种；横断山约100种。

Annual or perennial herbs, rarely subshrubs or shrubs, hairs basifixed or bifurcate. Stems well developed or short, rarely without stem. Leaves pinnately foliolate, leaflet entire. Racemes; calyx campanulate to tubular; standard, wings and keels are al most equal in size, or wings and keels are smaller; stamens diadelphous, rarely monadelphous. Legumes very variable, linear to spherical, mostly keeled ventrally and grooved dorsally. About 3000 species; over 400 in China; about 100 in HDM.

2 无茎黄耆

1 2 3 4 5 6 7 8 9 10 11 12 3300-5400 m

Astragalus acaulis Baker[1-5]

多年生草本。茎极短缩，不明显。奇数羽状复叶，小叶7~12对。总状花序2~4花；花冠淡黄色。荚果近无柄，斜长圆形，膨胀。生于高山草地及沙石滩中。分布于西藏东部、四川西南部、云南西北部；印度（锡金邦）、不丹。

Perennial herb. Stems very short. Leaves odd pinnately compound, leaflets 7-12 pairs. Racemes 2-4-flowered; flower pale yellow. Legumes subsessile, slightly obliquely oblong, inflated. High alpine regions. Distr. E Xizang, SW Sichuan, NW Yunnan; India (Sikkim), Bhutan.

3 地八角

1 2 3 4 5 6 7 8 9 10 11 12 600-2800 m

Astragalus bhotanensis Baker[1-5]

多年生草本。羽状复叶长8~26厘米，有19~29小叶。总状花序有多数花，花密集成头状；花冠红紫、紫、灰蓝、白或淡黄色。荚果长2~2.5厘米，假2室，无柄。生于草丛、田边、河漫滩、阴湿处。分布于甘肃、四川、云南；陕西、贵州；不丹、印度。

Perennial. Pinnate 8-26 cm long, leaflets 19-29. Racemes with many flowers, dense and integrated head; corolla red purple, purple, gray blue, white or light yellow. Pods 2-2.5 cm long, pseudo 2-locular; sessile. Meadow, roadside, field edge, wet place. Distr. Gansu, Sichuan, Yunnan; Shaanxi, Guizhou; Bhutan, India.

1

1

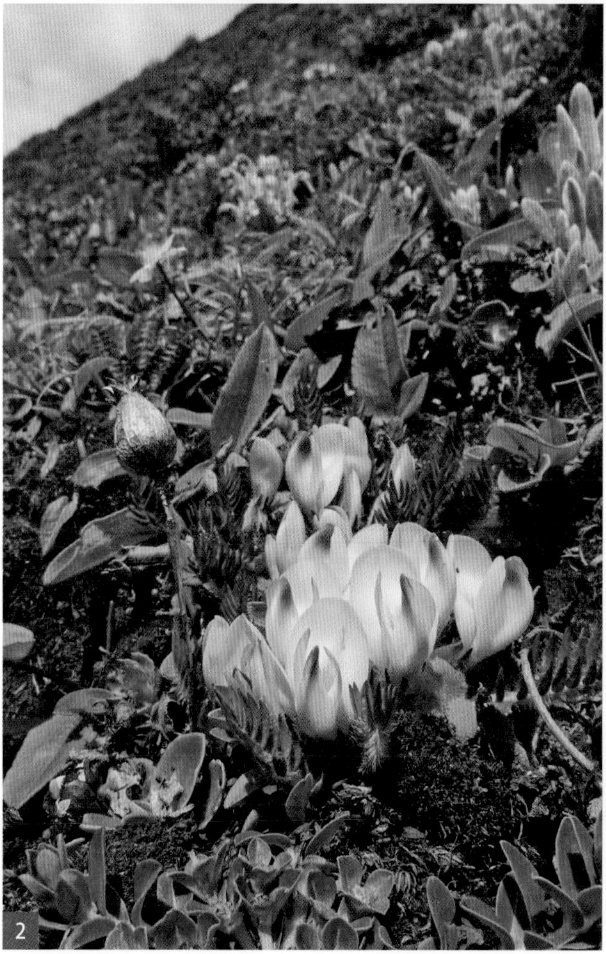

1 斜茎黄耆

1 2 3 4 5 6 7 8 9 10 11 12 <3700 m

Astragalus laxmannii Jacq.[1-2]

多年生草本，高 10~60 厘米，被丁状毛。茎多数或数个丛生。总状花序穗状，生多数花，排列密集；花冠近蓝色或红紫色。生于山坡灌丛及林缘地带。分布于西南地区；华北、东北、西北；哈萨克斯坦、蒙古、俄罗斯（西伯利亚及远东地区）、日本。

Perennial herb, 10-60 cm tall; hairs appressed, ± medifixed. Stems mostly several, sometimes branched. Racemes ellipsoid, many flowered, densely arranged; flower purple to bluish violet. Thickets and forest margin. Distr. SW China; N, NE, NW China; Kazakhstan, Mongolia, Russia (Siberia, Far East), Japan.

2 光萼黄耆

1 2 3 4 5 6 7 8 9 10 11 12 2700-3900 m

Astragalus lucidus H.T.Tsai & T.F.Yu[1-3, 5]

多年生草本。茎多数，直立。奇数羽状复叶，具 10~16 对小叶。总状花序约 2.5 厘米长，总花梗 3~4 厘米长，花 10~25 朵，密集排列；花淡黄色。生于山坡林缘。分布于西藏、四川、云南。

Perennial herb. Stem many, erect. Leaves odd pinnately compound, leaflets 10-16 pairs. Racemes ca. 2.5 cm, peduncle 3-4 cm, 10-25-flowered, densely arranged; flower greenish yellow. In the slope, forest margin. Distr. Xizang, Sichuan, Yunnan.

3 紫云英

1 2 3 4 5 6 7 8 9 10 11 12 4000-3000 m

Astragalus sinicus L.[1-4]

一年生或短命草本。茎分枝复杂，匍匐到近直立。奇数羽状复叶，具 3~5 对小叶。总状花序生 5~10 花，呈伞形；总花梗腋生，长；花冠粉色、紫红色。生于山坡、潮湿处、河边或为田边杂草。东亚地区广布。

Plants annual or short-lived perennial. Stems intricately branched, ascending to nearly erect or prostrate to creeping. Leaves odd-pinnate leaf, leaflets in 3-5 pairs. Racemes umbellate, 5-10-flowered; peduncle erect, long; flower pink, light red, or purple. Slope, wet places, riversides, as a weed in rice fields. Distr. widespread in E Asia.

4 笔直黄耆

1 2 3 4 5 6 7 8 9 10 11 12 3000-5600 m

Astragalus strictus Benth.[1-3, 5]

多年生草本。茎丛生，上升或直立，高 15~30 厘米。羽状复叶具小叶 8~12 对。总状花序生 20 余朵花，密集而短，长 2~3 厘米；总花梗长 5~8 厘米；花淡粉色或紫红色。生于山坡草地、石砾地及村旁、路旁、田边。分布于青海、西藏、四川、云南；新疆；克什米尔地区、印度、尼泊尔、不丹。

Perennial herb. Stems branched, ascending or erect, 15-30 cm tall. Leaves even pinnately compound, leaflets 8-12 pairs. Racemes 2-3 cm, ovoid, densely up to 20-flowered, peduncle 5-8 cm; flower pale pinkish to purple. Alpine steppic grasslands, stony slopes, roadside. Distr. Qinghai, Xizang, Sichuan, Yunnan; Xinjiang; Kashmir, India, Nepal, Bhutan.

5 东俄洛黄耆

1 2 3 4 5 6 7 8 9 10 11 12 3400-4800 m

Astragalus tongolensis Ulbr.[1-5]

多年生草本。茎直立，高 30~70 厘米。羽状复叶，小叶 3~7 对。总状花序腋生，生 10~20 朵花，稍密集；小苞片线形；花黄色。生于高山云杉林灌丛或草甸。分布于甘肃、青海、西藏、四川、云南。

Perennial herb. Stems erect, 30-70 cm tall. Leaves pinnately compound, leaflets 3-7 pairs. Racemes rather densely 10-20-flowered, axillary; bracts linear; flower yellow. *Picea* forests, among shrubs, meadows. Distr. Gansu, Qinghai, Xizang, Sichuan, Yunnan.

6 东坝子黄耆

1 2 3 4 5 6 7 8 9 10 11 12 3300-4100 m

Astragalus tumbatsicus C.Marquand & Airy Shaw[2-5]

多年生草本。茎直立，高 60~100 厘米。奇数羽状复叶，小叶 7~9 对。总状花序生多数花，松散；花序轴与总花梗近等长，6~10 厘米；小苞片早落；花淡紫色。生于高山流石滩。分布于西藏、云南；尼泊尔、不丹。

Perennial herb. Stems erect, 60-100 cm tall. Leaves odd pinnately compound, leaflets 7-9 pairs. Racemes loosely many flowered; rachis nearly equal to peduncle, 6-10 cm; bracts following; flower pale purple. Alpine stony slopes. Distr. Xizang, Yunnan; Nepal, Bhutan.

1 云南黄耆

1 2 3 4 5 6 7 8 9 10 11 12 3000-4300 m

Astragalus yunnanensis Franch.[1-5]

多年生草本。小叶 5~15 对。总状花序疏生 5~12 花，下垂，偏向一边；花黄色；龙骨瓣与旗瓣等长甚至有时长于旗瓣。生于山坡或草甸上。分布于西南各省区；山东、河南及西北等省区；印度、尼泊尔。

Perennial herb. Leaflets 5-15 pairs. Racemes loosely 5-12-flowered, fallen down, one sided; flower yellow; keel nearly equal to or even longer than standard. Alpine slopes or meadows. Distr. SW China; Shandong, Henan, NW China; India, Nepal.

豆科 Fabaceae | 羊蹄甲属 *Bauhinia* L.

乔木、灌木或攀援藤本。单叶，全缘，先端常凹缺或分裂为 2 裂片。花两性，组成总状花序，伞房花序或圆锥花序；花瓣 5 枚，近相等至不等，常具瓣柄；具退化雄蕊。荚果通常扁平。约 570 种；中国 47 种；横断山 6 种。

Trees, shrubs, or lianas. Leaves simple, usually bilobed or 2-foliolate with a shared upper pulvinus. Hermaphroditic, in racemes, panicles, or corymbs; petals 5, subequal to strongly differentiated, subsessile or prominently clawed; sterile stamens exist. Fruit flat. About 570 species; 47 in China; six in HDM.

2 鞍叶羊蹄甲

1 2 3 4 5 6 7 8 9 10 11 12 200-3200 m

Bauhinia brachycarpa Wall. ex Benth.[1-4]

灌木或小乔木。叶纸质或膜质，近圆形，通常宽度大于长度，先端 2 裂达中部。总状花序顶生；花瓣白色，倒卵形；能育雄蕊通常 10 枚，2 轮，其中 5 枚较长。本种形态差异较大，低海拔开阔林中为小乔木大叶类型，而干热河谷中则为小灌木小叶类型。分布于西南地区；湖北、广西以及西北地区；缅甸、泰国、老挝。

Shrubs, or small trees. Leaf blade suborbicular, width longer than length, papery or membranous, apex bifid to ca. 1/2. Inflorescence a raceme, many flowered, terminal. Petals white, obovate, shortly clawed. Fertile stamens 10 in 2 whorls, 5 longer 5 shorter. As in open forests, it is a small tree and its leaves can be much larger, but in dry river valleys, it is a small shrub. Distr. SW China; Hubei, Guangxi and NW China; Myanmar, Thailand, Laos.

豆科 Fabaceae | 木豆属 *Cajanus* DC.

直立灌木、亚灌木或藤本。叶具羽状 3 小叶或有时为指状 3 小叶。总状花序；旗瓣基部两侧具内弯的耳，有爪；龙骨瓣偏斜圆形，先端钝；雄蕊二体（9+1）。荚果线状长圆形，压扁。种子间有横槽。约 30 种；中国 7 种；横断山 1 种。

Erect shrubs, subshrubs, or vines. Leaves pinnately or sometimes digitately 3-foliolate. Inflorescence racemose; standard base clawed, with inflexed auricles; keels obliquely circular, apex obtuse; stamens diadelphous (9+1). Legume linear-oblong, compressed, transverse grooves between the seeds. About 30 species; seven in China; one in HDM.

3 木豆

1 2 3 4 5 6 7 8 9 10 11 12 3300-4100 m

Cajanus cajan (L.) Huth[1-4]

直立灌木，高 1~3 米。羽状 3 小叶，小叶披针形至椭圆形。花数朵生于花序顶部或近顶部；苞片椭圆形；花冠黄色；旗瓣背面有紫褐色纵线纹。种子 3~6 颗。生于路边、丘陵。分布于四川、云南等省区以及华南、华东等地；世界各地均有栽培。

Shrubs, erect, 1-3 m tall. Leaves pinnately 3-foliolate; leaflets lanceolate to elliptic. Raceme, few flowers terminal or al most terminal; bracts ovate-elliptic; corolla yellow, purple-brown longitudinal lines on the back of standard. Seeds 3-6. Roadsides, hills. Distr. Sichuan, Yunnan; S, E China; cultivated worldwide.

1
1
2
2
2
3
3
3

1 蔓草虫豆

1 2 3 4 5 6 7 8 9 10 11 12 100-1500 m

Cajanus scarabaeoides (L.) Thouars[1-2, 4]

蔓生或缠绕状草质藤本。茎纤弱。具羽状 3 小叶，小叶先端钝或圆。总状花序腋生，有花 1~5 朵；花冠黄色。荚果长圆形。生于旷野、路旁或山坡草丛中。分布于华南、西南地区及福建；巴基斯坦、印度、不丹、孟加拉国、缅甸及东南亚、非洲、大洋洲。

Vines, woody, twining or trailing. Leaves pinnately 3-foliolate; leaflets apex obtuse or rounded. Raceme axillary, 1-5-flowered; corolla yellow. Legume oblong. Fields, roadsides, grassy slope. Distr. S, SW China and Fujian; Pakistan, India, Bhutan, Bangladesh, Myanmar and SE Asia, Africa, Oceania.

豆科 Fabaceae | 笐子梢属 *Campylotropis* Bunge

落叶灌木或半灌木。羽状复叶具 3 小叶。花序通常为总状；单一腋生或有时数个腋生并顶生，常于顶部排成圆锥花序；花紫红色至粉色；旗瓣椭圆形、近圆形，不反卷，顶端通常锐尖，基部常狭窄；龙骨瓣瓣片上部向内弯成直角，通常锐尖如喙状。荚果压扁，不开裂。约 37 种；中国 32 种；横断山 20 多种。

Deciduous shrubs or shrublets. Leaves pinnately 3-foliolate. Inflorescences axillary, racemose, sometimes terminal panicle composed of several upper racemes with reduced subtending leaves; corolla violet to pinkish; standard ovate to suborbicular, not reflexed shortly clawed at base, keel incurved at ca. right angle, acute at apex. Legumes compressed, lenticular, indehiscent. About 37 species; 32 in China; over 20 in HDM.

2 小雀花

1 2 3 4 5 6 7 8 9 10 11 12 1000-3000 m

Campylotropis polyantha (Franch.) Schindl.[1-4]

灌木，多分枝，高 1~2 米。小叶椭圆形至长圆形，顶生小叶先端微缺、圆形或钝，具小凸尖。花冠粉红色、淡红紫色或近白色，长 9~12 毫米；龙骨瓣呈直角或钝角内弯。生于山坡及向阳地的灌丛、石质山地、干燥地以及溪边、沟旁、林边与林间等处。分布于甘肃南部、西藏东部、四川、云南；贵州。

Shrubs, many branched, 1-2 m tall. Leaflets oblong, obovate, or ovate to narrowly ovate, terminal one apex retuse and mucronulate. Corolla purple to pinkish white, 9-12 mm; keel incurved at ca. right or obtuse angle. Mountain slopes, sunny thickets, rocky mountains, roadsides, grasslands, streamsides, waste grasslands, valleys, forest margins, forests. Distr. S Gansu, E Xizang, Sichuan, Yunnan; Guizhou.

豆科 Fabaceae | 锦鸡儿属 *Caragana* Fabr.

灌木，稀为小乔木。偶数羽状复叶或叶轴退化而成指状复叶，有 2~10 对小叶；小叶全缘，先端常具针尖状小尖头。花冠黄色，少有淡紫色、浅红色；有时旗瓣带橘红色或土黄色；翼瓣和龙骨瓣常具耳；二体雄蕊（9+1）。荚果筒状或稍扁。约 100 种；中国 66 种；横断山 18 种。

Shrubs or very rarely small trees. Stipules small, caducous or persistent and spinelike. Leaves paripinnate or rachis reduced and leaves digitate, foliolate 2-10 pairs; leaflet blades with margin entire, apex often cuspidate; corolla yellow, rarely purple; standard sometimes pale yellow or orangish red, wings and keel often auriculate; stamens diadelphous (9+1). Legume cylindric or compressed. About 100 species; 66 in China; 18 in HDM.

3 二色锦鸡儿

1 2 3 4 5 6 7 8 9 10 11 12 2400-3600 m

Caragana bicolor Kom.[1-5]

灌木。羽状复叶有 4~8 对小叶。长枝上叶轴硬化成粗针刺，短枝上脱落。花常成对生于花梗；花冠黄色；旗瓣干时紫堇色，旗瓣先端微凹。荚果圆筒状，3~4 厘米长。生于山坡灌丛、杂木林内。分布于西藏东部、四川西部、云南西北部。

Shrubs. Leaves pinnate, 4-8 pairs. Rachis persistent on long branchlets, spinelike, caducous on short branchlets. Flowers always in pairs on a peduncle; flower yellow but standard violet-purple when dry, apex emarginated. Legume cylindric, 3-4 cm. Woodlands, scrub in mixed forests. Distr. E Xizang, W Sichuan, NW Yunnan.

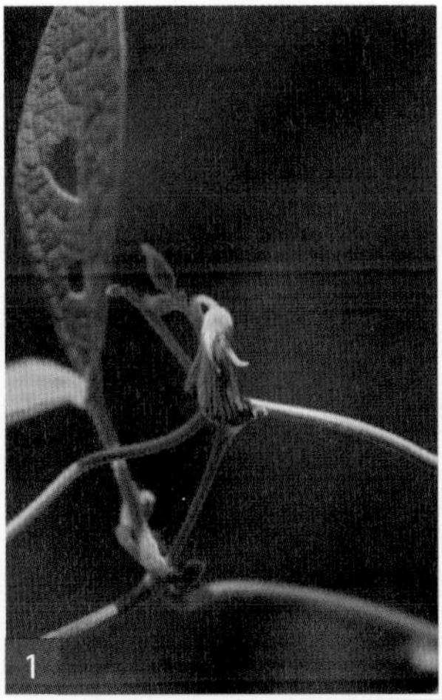

1

1

1

2

2

3

1 粗刺锦鸡儿

1 2 3 4 5 6 7 8 9 10 11 12 2900-3100 m

Caragana crassispina C.Marquand[1, 5]

灌木。羽状复叶约5对小叶；叶轴长4~7厘米，宽约2 毫米，长枝上叶轴硬化成粗针刺，短枝上脱落；小叶叶片倒卵状披针形，长7~15毫米，宽5~7毫米。花单生；花冠亮黄色；旗瓣黄至橙黄色。荚果线形，被柔毛。生于山坡灌丛、杂木林内。分布于西藏东南部；尼泊尔。

Shrubs. Leaves pinnate, ca. 5-pairs. Rachis 4-7 cm × ca. 2 mm, persistent on long branchlets, spinelike, caducous on short branchlets; leaflet blades obovate-lanceolate, 7-15 mm × 5-7 mm. Flowers solitary; corolla bright yellow but standard yellow to orangish yellow. Legume linear, villosus. Woodlands, scrub. Distr. SE Xizang; Nepal.

2 云南锦鸡儿

1 2 3 4 5 6 7 8 9 10 11 12 2800-4000 m

Caragana franchetiana Kom.[1-5]

灌木，高1~3米。羽状复叶有5~9对小叶；仅长枝上叶轴硬化成粗针刺，短枝上脱落。花单生，稀成对生于同一花梗；花冠黄色；有时旗瓣带紫色，旗瓣先端不凹。荚果圆筒状，长2~5厘米。生于山坡灌丛、杂木林内。分布于西藏、四川西部及西南部、云南北部及西北部。

Shrubs, 1-3 m tall. Leaves pinnate, 5-9 pairs; rachis only persistent on long branchlets, spinelike. Flowers always solitary, rarely in pairs on a peduncle; flower yellow but standard sometimes purple, apex not emarginated. Legume cylindric, 2-5 cm. Slopes, forest margins. Distr. Xizang, W and SW Sichuan, N and NW Yunnan.

3 鬼箭锦鸡儿

1 2 3 4 5 6 7 8 9 10 11 12 2400-4700 m

Caragana jubata (Pall.) Poir.[1-5]

灌木。直立或伏地，高0.3~2米，基部多分枝。羽状复叶有4~6对小叶；长、短枝上叶轴全部硬化成针刺，宿存，5~7厘米长。花单生；萼筒长14~17 毫米。荚果密被丝状长柔毛。生于草坡、林缘。分布于西南地区以及华北、西北地区；尼泊尔、印度（锡金邦）、不丹、蒙古、俄罗斯东部。

Shrubs. 0.3-2 m tall, erect or decumbent. Leaves pinnate, 4-6 pairs; rachis persistent on both long and short branchlets, spinelike, 5-7 cm. Flowers solitary; calyx tube 14-17 mm. Legume densely villous. Slopes, forest margins. Distr. N, NW and SW China; Nepal, India (Sikkim), Bhutan, Mongolia, E Russia.

4 甘蒙锦鸡儿

1 2 3 4 5 6 7 8 9 10 11 12 1200-4700 m

Caragana opulens Kom.[1-3, 5]

灌木，高40~60厘米。假掌状复叶有4片小叶；托叶在长枝者硬化成针刺，在短枝者较短，脱落。花单生；萼筒长8~10 毫米；花冠黄色，旗瓣有时红色。荚果圆筒状，无毛。生于干山坡、沟谷、丘陵。分布于西藏、四川西部；山西及西北地区。

Shrubs, 40-60 cm tall. Leaves digitate, 4-foliolate; petiole persistent on long branchlets, spinelike, caducous on short branchlets. Flowers solitary; calyx tube, 8-10 mm; corolla yellow but standard sometimes reddish.Legume cylindric, glabrous. Dry slopes, valleys, hills. Distr. Xizang, W Sichuan; Shanxi and NW China.

5 锦鸡儿

1 2 3 4 5 6 7 8 9 10 11 12 400-1800 m

Caragana sinica (Buc'hoz) Rehder[1-4]

灌木，高1~2米。托叶或叶轴脱落或硬化为针刺状，针刺较短，长0.7~1.5（2.5）厘米；小叶2对，羽状，有时假掌状，倒卵形或长圆状倒卵形，长1~3.5厘米，宽0.5~1.5厘米。花单生；黄色；旗瓣狭倒卵形。荚果圆筒状。生于山地。分布于甘肃南部；河北等省区及华东、华中、西南地区；朝鲜半岛、日本。

Shrubs, 1-2 m tall. Petiole and rachis 0.7-1.5(2.5) cm, caducous or persistent, spinelike; leaves pinnate or sometimes digitate, 4-foliolate; leaflet blades obovate to oblong-obovate, 1-3.5 cm × 0.5-1.5 cm. Flowers solitary; corolla yellow; standard narrowly obovate. Legume cylindric. Mountain hills. Distr. S Gansu; Hebei and E, C and SW China; Korea, Japan.

1
2
3
4
5

豆科 Fabaceae | 雀儿豆属 *Chesneya* Lindl. ex Endl.

多年生草本。根粗壮，木质。茎通常短缩呈无茎状。叶为奇数羽状复叶，极少仅具 3 小叶。花单生于叶腋，极少组成具 1~4 朵花的总状花序；花冠黄色或紫色；旗瓣近圆形或长圆形，下面密被短柔毛，较翼瓣与龙骨瓣略长；雄蕊二体。荚果长圆形至线形，扁平。21 种；中国 7 种；横断山 3 种。

Plants perennial. Root stout, woody. Stem lignified, short. Leaves imparipinnate, rarely 3-foliolate. Flowers solitary, axillary, rarely 1-4 in a raceme; corolla yellow or purple, standard suborbicular or oblong, abaxially with dense short appressed hairs, ± longer than wings or keel; stamens diadelphous. Legume oblong to linear. Twenty-one species; seven in China; three in HDM.

1 疏叶雀儿豆

1 2 3 4 5 6 7 8 9 10 11 12 3500-4700 m

Chesneya paucifoliolata (Yakovlev) Z.G.Qian[4]

垫状草本。羽状复叶密集有 11~13 片小叶；花冠黄色或紫色；旗瓣长 20~25 毫米。生于山坡灌丛、石质山坡或山坡石缝中。分布于云南西北部。

Plants cushion like. Leaves imparipinnate; 11-13-foliolate. Corolla yellow or purple; standard 20-25 mm. Slopes, on rocks, meadows. Distr. NW Yunnan.

2 川滇雀儿豆

1 2 3 4 5 6 7 8 9 10 11 12 3400-4400 m

Chesneya polystichoides (Hand.-Mazz.) Ali[1-2, 4]

垫状草本。羽状复叶密集有 19~41 片小叶，无毛，基部显著偏斜。花黄色，旗瓣长 20~22 毫米。生于山坡灌丛、石质山坡或山坡石缝中。分布于西藏、四川西南部、云南西北部。

Plants cushion like. Leaves imparipinnate, 19-41-foliolate, base obviously oblique. Corolla yellow, standard 20-22 mm. Slopes, rocks, meadows. Distr. Xizang, SW Sichuan, NW Yunnan.

3 云南雀儿豆

1 2 3 4 5 6 7 8 9 10 11 12 3600-5300 m

Chesneya yunnanensis (Yakovlev) Z.G.Qian[4]

垫状草本。茎极短缩，粗壮，多分枝。羽状复叶有 15~21 片小叶，两面密被开展的长柔毛，基部圆或微偏斜；花黄色，旗瓣长 28~35 毫米。生于高山碎石山坡。分布于云南西北部。

Plants cushion like. Stems lignified, branched. Leaves imparipinnate, 15-21-foliolate, both surfaces with dense long hairs, base rounded or slightly oblique. Corolla yellow; standard 28-35 mm. Rocky alpine slopes. Distr. NW Yunnan.

豆科 Fabaceae | 膀胱豆属 *Colutea* L.

灌木或小灌木。奇数羽状复叶，稀羽状 3 小叶；小叶全缘，对生。总状花序腋生，具长总花梗；花冠多为黄色或淡褐红色；旗瓣近圆形，翼瓣狭镰状长圆形，多内弯；雄蕊二体。荚果膨胀如膀胱状，先端尖或渐尖。本属 28 种；中国 4 种；横断山 1 种。

Shrubs or small shrubs. Leaves imparipinnate, rarely 3-foliolate; leaflets entire, opposite. Racemes axillary, long pedunculate; corolla yellow or brownish red; standard suborbicular, wings narrowly falcate-oblong, with short stalk; keel broad, mostly inrolled; stamens diadelphous. Legume inflated, bladderlike, acute or tapering at apex. About 28 species; four in China; one in HDM.

4 膀胱豆

1 2 3 4 5 6 7 8 9 10 11 12 1800-3000 m

Colutea delavayi Franch.[1-4]

落叶灌木，高 1~4 米。羽状复叶有 19~25 片小叶，小叶先端圆或微凹，具小尖头。花冠淡黄色。生于山坡阳处、河沟边灌丛中。分布于四川西南部（九龙、木里）和云南西北部。

Shrubs, deciduous, 1-4 m tall. Leaves pinnate, 19-25-foliolate, leaflets apex rounded or retuse, mucronate. Corolla yellowish. Mountain slopes, riversides, among shrubs. Distr. SW Sichuan (Jiulong, Muli), NW Yunnan.

豆科 Fabaceae | 山竹子属 *Corethrodendron* Fisch. & Basiner

半灌木，茎明显。奇数羽状复叶，小叶对生，全缘。总状花序腋生，多花，排列稀疏；花紫色或粉红色；旗瓣花期时不反折，远长于翼瓣，略长于龙骨瓣；龙骨瓣（带爪）长度大于复叶长度的一半；二体雄蕊（9+1）。荚果分为多节，不开裂。5 种；中国均产；横断山 1 种。

Shrublets. Stems conspicuous. Leaves imparipinnate, leaflet blades opposite, margin entire. Racemes axillary, lax, many flowered. Corolla purple or pinkish purple. Standard longer than wings, slightly longer than keel, not turned backward at anthesis; keel with claw longer than half of lamina. Stamens diadelphous (9+1). Legume divided into several articles, indehiscent. Five species; all found in China; one in HDM.

1 红花岩黄耆

1 2 3 4 5 **6 7 8** 9 10 11 12 500-3800 m

Corethrodendron multijugum (Maximowicz) B.H.Choi & H.Ohashi[1]

茎直立，多分枝。小叶通常 15~29 片，顶端钝圆或微凹。总状花序腋生，花序长达 28 厘米，花 9~25 朵；花冠紫红色或玫瑰状红色；旗瓣倒阔卵形；龙骨瓣稍短于旗瓣。荚果通常 2~3 节。生于砾石质山坡、干燥山披和砾石河滩。分布于华中、华北、西北、西南地区。

Stems erect, much brached. 15-29-foliolate, leaflet blades rounded or slightly concave. Racemes lax, 28 cm long, with 9-25-flowers. Corolla purple, pinkish purple. Standard broadly ovate, keel slightly shorter than standard. Legume usually divided into 2 or 3 articles. Gravelly areas, stony slopes. Distr. C, N, NW and SW China.

豆科 Fabaceae | 猪屎豆属 *Crotalaria* L.

草本或灌木，单叶或三出复叶。总状花序；苞片宿存；花萼二唇形或近钟形；花冠黄色或深紫蓝色；龙骨瓣中部以上通常弯曲，具喙；雄蕊连合成单体。荚果长圆形或圆柱形。约 700 种；中国 42 种；横断山 14 种。

Herbs or shrubs, Leaves simple or 3-foliolate. Inflorescences racemose; bracts usually present; calyx subcampanulate or 2-lipped; corolla usually yellow, less often dark purplish blue; keel rounded to angled, generally extended into a well-developed beak; stamens monadelphous. Legume oblong, or rarely rhombic. About 700 species; 42 in China; 14 in HDM area.

2 猪屎豆

1 2 3 4 5 6 7 8 **9 10** 11 12 100-2000 m

Crotalaria pallida Aiton[1-2, 4]

多年生草本。叶三出。总状花序顶生；翼瓣长圆形，龙骨瓣最长，约 12 毫米，弯曲，几达 90 度，具长喙。荚果长圆形，成熟时无毛。生于荒山草地及沙质土壤之中。分布于华东、华中、华南、西南；亚洲、非洲及美洲的热带、亚热带地区。

Herbs, perennial. Leaves 3-foliolate. Racemes terminal; wings oblong, keel ca. 12 mm, rather shallowly rounded, beak narrow and ± projecting. Legume oblong, glabrescent when mature. Grasslands, sandy areas. Distr. E, C, S and SW China; tropical and subtropical Asia, Africa, America.

3 黄雀儿

1 2 3 **4 5 6 7 8** 9 10 11 12 800-1500 m

Crotalaria psoraleoides (Lam.) G.Don[1]

亚灌木。叶三出。总状花序顶生或与叶生，有花 10~30 朵；旗瓣长圆形；翼瓣倒卵状长圆形；龙骨瓣基部宽阔，中部以上变狭，弯曲，几达 90 度，不扭转。荚果椭圆形，扁平，长约 3 厘米，成熟时无毛。生于山坡路旁。分布于西藏、云南；印度北部、尼泊尔、不丹、缅甸北部、泰国北部。

Shrubs. Leaves 3-foliolate. Racemes terminal or leaf-opposed, 10-30-flowered. Standard oblong, wings obovate-oblong, keel strongly rounded around middle through al most 90 degree, beak not twisted. Legume ellipsoid, ca. 3 cm, compressed, glabrescent when mature. Trailsides on mountain slopes. Distr. Xizang, Yunnan; N India, Nepal, Bhutan, N Myanmar, N Thailand.

1

1

2

2

3

3

豆科 Fabaceae | 黄檀属 *Dalbergia* L.f.

乔木、灌木或木质藤本。奇数羽状复叶，小叶互生。花小，通常多数组成顶生或腋生圆锥花序；花瓣具柄，翼瓣长圆形，龙骨瓣钝；雄蕊通常合生为单体雄蕊或二体雄蕊。荚果不开裂，长圆形或带状，翅果状，对种子部分多少加厚且常具网纹，其余部分扁平而薄。100~120 种；中国 29 种；横断山 5 种。

Trees, shrubs, or woody climbers. Imparipinnate leaves, leaflets alternate. Inflorescences terminal or axillary, racemes or panicles, usually numerous flowered; flowers small; petals clawed. wings oblong, keel often boat-shaped; stamens monadelphous or diadelphous. Fruit an indehiscent legume, often strongly flattened, translucent, raised over seeds. Between 100 and120 species; 29 in China; five in HDM.

1 象鼻藤

1 2 3 **4 5** 6 7 8 9 10 11 12 **800-2000 m**

Dalbergia mimosoides Franch.[1-5]

灌木。小叶 10~17 对。花冠淡黄色。荚果无毛。生于山沟疏林或山坡灌丛中。分布于西南部各省区；浙江、湖北、陕西；印度。

Shrubs. leaflets 10-17 pairs. Corolla pale yellow. Legume glabrous. Open forests, ravines, among bushes on mountain slopes. Distr. SW China; Zhejiang, Hubei, Shaanxi; India.

2 滇黔黄檀

1 2 3 **4 5 6** 7 8 9 10 11 12 **1400-2000 m**

Dalbergia yunnanensis Franch.[1-4]

大木质藤本，有时呈大灌木或小乔木状。茎匍匐状。小叶 7~9 对，两端圆形。花冠白色；旗瓣先端稍凹缺。荚果果瓣革质，对种子部分有明显的网纹，有种子 1 粒。生于山地密林或疏林中。分布于西南地区；广西；缅甸。

Woody climbers, large, sometimes erect shrubs or small trees. Stems subsarmentose. Leaflets 7-9 pairs, both ends rounded. Corolla white; standard emarginate. Legume leathery, glabrous, distinctly reticulate opposite 1 seed. Forests, sparse forests, thickets, mountain slopes. Distr. SW China; Guangxi; Myanmar.

豆科 Fabaceae | 山蚂蝗属 *Desmodium* Desv.

草本、亚灌木或灌木。叶为羽状三出复叶或退化为单小叶。花通常较小，组成总状花序或圆锥花序；雄蕊二体（9+1）或单体。荚果扁平，不开裂，荚节数枚。约 280 种；中国 32 种；横断山 18 种。

Herbs, subshrubs, or shrubs. Leaves pinnately 3-foliolate or 1-foliolate by reduction of lateral leaflets. Flowers usually smaller, in racemes or panicles; stamens diadelphous (9+1), rarely monadelphous. Legume compressed, usually indehiscent, transversely segmented. About 280 species; 32 in China; 18 in HDM.

3 美花山蚂蝗

1 2 3 4 5 **6 7 8** 9 10 11 12 **1700-3300 m**

Desmodium callianthum Franch.[1-2, 4]

灌木。叶为 3 小叶复叶。总状花序顶生；旗瓣先端圆形，不微凹；雄蕊单体。荚果有荚节 5~6 枚。生于山坡路旁、灌丛、林中、水沟边或河谷侧坡砾石堆上。分布于西南地区。

Shrubs. Leaves 3-foliolate. Racemes terminal; standard apex rounded; stamens monadelphous. Legume 5- or 6-jointed. Mountain slopes, roadsides, thickets, forests, ditches, rocky places in river valleys. Distr. SW China.

4 圆锥山蚂蝗

1 2 3 4 5 **6 7 8 9 10** 11 12 **1000-3700 m**

Desmodium elegans DC.[1-2, 4-5]

多分枝灌木。叶为三出复叶。旗瓣先端微凹；雄蕊单体。荚果有荚节 4~9 枚。生于林缘、林下、山坡路旁或水沟边。分布于西南各省区；西北地区；阿富汗、克什米尔地区、印度西南及东北部、尼泊尔、不丹。

Shrubs, much branched. Leaves 3-foliolate. Standard apex slightly emarginate; stamens monadelphous. Legume 4-9-jointed. Forest margins, forests, thickets, mountain slopes, rocky places, roadsides, ditches. Distr. SW China; NW China; Afghanistan, Kashmir, SW and NE India, Nepal, Bhutan.

1 小叶三点金

1 2 3 4 5 6 7 8 9 10 11 12 100-2500 m

Desmodium microphyllum (Thunb.) DC.[1-5]

多年生草本。小叶狭窄。总状花序有花6~10朵；花小，长约5毫米；雄蕊二体。荚果通常有荚节3~4枚，荚节近圆形。生于荒地草丛中或灌木林中。分布于西南、华南、华东、华中；印度、尼泊尔、斯里兰卡、马来西亚、缅甸、泰国、老挝、柬埔寨、越南、澳大利亚、日本。

Herbs, perennial. Leaflet blade narrowly. Racemes 6-10-flowered; flowers small, ca. 5 mm long; stamens diadelphous. Legume 3-4 jointed; articles nearly orbicular. Wastelands, grasslands, thickets. Distr. SW, S, E, C China; India, Nepal, Sri Lanka, Malaysia, Myanmar, Thailand, Laos, Cambodia, Vietnam, Australia, Japan.

豆科 Fabaceae | 山黑豆属 *Dumasia* DC.

缠绕草本或攀援状亚灌木。羽状 3 小叶。总状花序腋生；花萼圆筒状，管口斜截形，无萼齿或萼齿不明显；花黄色；旗瓣常倒卵形，各瓣均具长瓣柄；雄蕊二体（9+1）。荚果线形，基部有圆筒状、膜质的宿存花萼。10 种；中国 9 种；横断 5 种。

Herbs or climbing subshrubs, twining. Leaves pinnately 3-foliolate. Inflorescence axillary; racemose; calyx tubular, mouth obliquely truncate, lobes inconspicuous or absent; corolla yellow; petals all long clawed, standard usually obovate; stamens diadelphous (9+1). Legume linear, with persistent, membranous, cylindric calyx at base. Ten species; nine in China; five in HDM.

2 柔毛山黑豆

1 2 3 4 5 6 7 8 9 10 11 12 400-2500 m

Dumasia villosa DC.[1-5]

缠绕状草质藤本。全株各部被黄色或黄褐色柔毛。小叶纸质，顶生小叶先端钝或微凹，具小凸尖，侧生小叶常略小和偏斜。花常密集或略疏，长 1.5~1.8 厘米。种子 1~4 颗。生于山谷溪边灌丛中。分布于西南地区；广西、陕西；巴基斯坦、印度、尼泊尔、不丹、缅甸、老挝、菲律宾、澳大拉西亚及非洲各地。

Herbs twining. Stems villous. Leaflets papery; terminal leaflet apex obtuse or slightly concave, with mucro; lateral leaflets slightly smaller and oblique. Flowers clustered or slightly sparse, 1.5-1.8 cm. Seeds 1-4. Mountain valleys, riversides. Distr. SW China; Guangxi, Shaanxi; Pakistan, India, Nepal, Bhutan, Myanmar, Laos, Philippines, Australasia and Africa.

豆科 Fabaceae | 千斤拔属 *Flemingia* Roxb. ex W.T.Aiton

灌木或亚灌木，稀为草本。茎直立或蔓生。叶为指状 3 小叶或单叶。花序为总状或复总状花序，稀为圆锥花序或头状花序。苞片 2 列，小苞片缺。雄蕊二体（9+1）。荚果椭圆形，膨胀，有种子 1~2 颗。约 30 种；中国 18 种；横断山 8 种。

Shrubs or subshrubs, rarely herbs. Stem erect or trailing. Leaves digitately 3-foliolate or simple. Inflorescence racemose or compound racemose, rarely paniculate or capitate; bracts 2-columned; bracteoles absent; stamens diadelphous(9+1). Legume elliptic, inflated. Seeds 1 or 2. About 30 species; 18 in China; eight in HDM.

3 宽叶千斤拔

1 2 3 4 5 6 7 8 9 10 11 12 500-2700 m

Flemingia latifolia Benth.[1-4]

直立灌木，高 1~2 米。3 小叶，叶柄常具狭翅；顶生小叶椭圆形或椭圆状披针形，基出脉 3 条。总状花序腋生或顶生，密被锈色绒毛；花大，1~1.2 厘米，排列紧密；花冠紫红色。生于旷野草地、山坡阳地及疏林下。分布于四川、云南；广西、海南；印度、缅甸、老挝、柬埔寨、越南。

Shrubs, erect, 1-2 m. Leaves 3-foliolate, petiole narrowly winged; terminal leaflet elliptic or elliptic-lanceolate, basal veins 3. Raceme terminal or axil, densely rusty villous; flowers big, 1-1.2 cm, clustered; corolla purple or pink. Fields, mountain slopes, forests. Distr. Sichuan, Yunnan; Guangxi, Hainan; India, Myanmar, Laos, Cambodia,Vietnam.

1
1
2
2
3
3

1 云南千斤拔

1 2 3 4 5 6 7 8 9 10 11 12 1600-1900 m

Flemingia wallichii Wight & Arn.[1-2, 4]

直立灌木。指状 3 小叶，下面密被绒毛，基出脉 3 条。总状花序单一或有时于基分枝呈复总状花序；花序轴密被绒毛；花冠白色或黄白色。生于山坡路旁或林下。分布于四川、云南；印度、缅甸、老挝、越南。

Shrubs, erect. Leaves digitately 3-foliolate; leaflets basal veins 3, abaxially densely tomentose. Raceme solitary or sometimes branched from base. Inflorescence axis densely tomentose; corolla white or yellowish. Mountain slopes, roadsides, forests. Distr. Sichuan, Yunnan; India, Myanmar, Laos, Vietnam.

豆科 Fabaceae | 岩黄耆属 *Hedysarum* L.

草本，稀为半灌木或灌木。奇数羽状复叶。花序总状，腋生；花冠常为下垂状；旗瓣倒卵形或卵圆形；翼瓣线形或长圆形；通常短于旗瓣或有时近等长，龙骨瓣通常长于旗瓣；雄蕊为 9+1 的二体。果实为节荚果，不开裂。约 150 种；中国 41 种；横断山 15 种。

Herbs, rarely shrublets or shrubs. Leaves imparipinnate. Racemes axillary. Corolla often "nodding". Standard usually longer than wings, shorter or rarely as long as or longer than keel. Stamens diadelphous (9+1). Legume articulate, usually divided into several articles, indehiscent. About 150 species; 41 in China; 15 in HDM.

2 美丽岩黄耆

1 2 3 4 5 6 7 8 9 10 11 12 3000-4500 m

Hedysarum algidum var. *speciosum* (Hand.-Mazz.) Y.H.Wu[1]

多年生草本，高 5~20 厘米。根圆锥形。小叶 5~13 枚。总状花序疏松；花萼齿三角状披针形，与萼筒约等长；花冠紫红色；龙骨瓣稍长于旗瓣。荚果 2~4 节。生于亚高山草甸。林缘和森林阳坡的草甸草原。分布于甘肃西南部、青海、西藏东部、四川、云南。

Herbs, perennial, 5-20 cm tall. Rhizome inflated torose. Leaves 5-13 - foliolate. Racemes lax; calyx teeth triangular-lanceolate, ± as long as tube; corolla purple; keel slightly longer than standard. Legume divided into 2-4 articles. Alpine meadows, alpine gravelly areas. Distr. SW Gansu, Qinghai, E Xizang, Sichuan, Yunnan.

3 锡金岩黄耆

1 2 3 4 5 6 7 8 9 10 11 12 3100-4500 m

Hedysarum sikkimense Benth. ex Baker[1-2, 4-5]

多年生草本，高 5~100 厘米。小叶通常 17~23 枚。总状花序腋生；花常偏于一侧着生，长 12~14 毫米；花冠紫红色或后期变为蓝紫色；龙骨瓣长于旗瓣 1~3 毫米。荚果 1~2 节。生于高山干燥阳坡的高山草甸和高寒草原、疏灌丛以及各种沙砾质干燥山坡。分布于甘肃南部、青海南部、西藏东部、四川西部、云南西北部；印度（锡金邦）、尼泊尔东部、不丹。

Herbs, perennial, 5-100 cm tall. Leaves usually 17-23-foliolate. Racemes secund; flowers often biased in one side, 12-14 mm long; corolla purple to violet; keel 1-3 mm longer than standard. Legume with 1 or 2 articles. Alpine gravelly areas, alpine meadows, forests. Distr. S Gansu, S Qinghai, E Xizang, W Sichuan, NW Yunnan; India (Sikkim), E Nepal, Bhutan.

4 唐古特岩黄耆

1 2 3 4 5 6 7 8 9 10 11 12 3300-4200 m

Hedysarum tanguticum B.Fedtsch.[1-4]

多年生草本，高 15~30 厘米。小叶 15~25 枚。总状花序密生；花长 21~25 毫米；花冠深玫瑰紫色；龙骨瓣呈棒状，明显长于旗瓣和翼瓣。荚果 3~5 节，下垂。生于高山潮湿的阴坡草甸或灌丛草甸、沙质或沙砾质河滩。分布于甘肃南部、青海东部、西藏东部、四川、云南北部；尼泊尔北部。

Herbs, perennial, 15-30 cm tall. Leaves 15-25-foliolate. Racemes dense; flowers 21-25 mm long; corolla pinkish purple; keel rod-like, obviously longer than standard and wing. Legume divided into 3-5 articles, drooping. Alpine meadows, alpine scrub. Distr. S Gansu, E Qinghai, E Xizang, Sichuan, N Yunnan; N Nepal.

1
1
2
3
2
4
4

1 中甸岩黄耆

1 2 3 4 5 6 7 8 9 10 11 12 3000-3200 m

Hedysarum thiochroum Hand.-Mazz.[1-4]

多年生草本，高 40~75 厘米。小叶 25~47 枚，通常互生。总状花序疏松；萼齿披针状三角形，长约为萼筒的 1/2；花冠淡黄色；龙骨瓣长出旗瓣约 2~3 毫米。荚果 2~3 节，节荚扁平。生于山地针叶林。分布于四川西南部和云南西北部。

Herbs, perennial, 40-75 cm tall. Leaves 25-47-foliolate, usually alternate. Racemes lax. Calyx teeth lanceolate-triangular, ca. 1/2 as long as tube. Corolla yellow, keel 2-3 mm longer than standard. Legume divided into 2 or 3 articles; articles subglobose, compressed. Forests. Distr. SW Sichuan, NW Yunnan.

豆科 Fabaceae | 长柄山蚂蝗属 *Hylodesmum* H.Ohashi & R.R.Mill

多年生草本或亚灌木状。叶为羽状复叶；小叶 3~7 枚，全缘或浅波状。总状花序或稀疏的圆锥花序；花萼宽钟状，4 或 5 裂，上部 2 裂片完全合生而成 4 裂；旗瓣宽椭圆形或倒卵形，具短瓣柄；雄蕊单体。荚果有荚节 2~5 枚，背缝线于荚节间凹入几达腹缝线而成一深缺口。14 种；中国 10 种；横断山约 5 种。

Perennial herbs or herbaceous subshrubs. Leaves pinnately compound, 3-7-foliolate; leaflets entire or slightly undulate. Racemes, rarely lax panicles; calyx broadly campanulate, 4- or 5-lobed (upper lobes fully connate when 4-lobed); standard broadly elliptic or obovate, shortly clawed at base; stamens monadelphous. Legume 2-5-jointed, lower suture very deeply incised nearly to upper one between articles. Fourteen species; ten in China; about five in HDM.

2 大苞长柄山蚂蝗

1 2 3 4 5 6 7 8 9 10 11 12 1400-2700 m

Hylodesmum williamsii (H.Ohashi) H.Ohashi & R.R.Mill[1, 4]

多年生草本，高 20~70 厘米。羽状三出复叶；小叶 3 枚；顶生小叶宽卵形或菱形，长 3~9 厘米，基部钝圆或常心形，全缘；侧生小叶稍小，偏斜。总状花序顶生；花萼裂片较萼筒长；花冠玫瑰色或玫瑰紫色。生于水沟边草丛中、常绿杂木林下、石灰岩山谷谷底林下或山谷灌丛边。分布于西藏、四川、云南；印度、尼泊尔、不丹。

Herbs, perennial, 20-70 cm tall. Leaves 3-foliolate; terminal leaflet blade broadly ovate or rhombic, 3-9 cm long, base obtuse-rounded or often cordate, margin entire; lateral leaflets smaller, base obluque. Racemes terminal; calyx lobes longer than tube; corolla roseate or roseate-purple. Ditches, grasslands, evergreen forests, limestone soils, thickets. Distr. Xizang, Sichuan, Yunnan; India, Nepal, Bhutan.

豆科 Fabaceae | 木蓝属 *Indigofera* L.

灌木或草本，稀小乔木，多少被白色或褐色平贴丁字毛。奇数羽状复叶，偶为掌状复叶、3 小叶或单叶；小叶通常对生，全缘。总状花序腋生；花冠通常紫红色至淡红色；旗瓣卵形或长圆形，翼瓣较狭长，具耳；龙骨瓣常呈匙形；雄蕊二体。荚果线形或圆柱形。约 750 种；中国 80 余种；横断山 40 余种。

Shrubs, perennial herbs, or small trees; trichomes typically medifixed (T-shaped). Leaves usually imparipinnate but for some species simple or reduced to 1 leaflet; leaflet blades usually opposite but sometimes alternate, margin entire. Racemes axillary; corolla usually reddish; standard ovate or oblong; wings narrow, base auricled; keel falcate or spatulate; stamens diadelphous. Legume linear or oblong. About 750 species; 80+ in China; 40+ in HDM.

3 丽江木蓝

1 2 3 4 5 6 7 8 9 10 11 12 2100-3000 m

Indigofera balfouriana Craib[1-2, 4]

灌木。羽状复叶长 3~9 厘米；小叶 2~4 对，椭圆形，先端圆形，微凹。总状花序长 2~6 厘米，基部常具芽鳞；花冠红色或紫红色。荚果圆柱形。生于干燥岩石边的灌丛及疏林中。分布于西藏南部、四川、云南西北部。

Shrubs. Leaves 3-9 cm, leaflets 2-4 pairs, elliptic, apex rounded to emarginate. Racemes 2-6 cm, base often with bud scales; corolla red to purple. Legume cylindric. Scrub, forests. Distr. S Xizang, Sichuan, NW Yunnan.

1

1

2

2

3

3

1 灰岩木蓝

1 2 3 4 5 6 7 8 9 10 11 12 1800-2500 m

Indigofera calcicola Craib[1-4]

灌木，多分枝。茎灰褐色，皮孔不明显。羽状复叶长 1~2.5 厘米；小叶 2~4 对，倒心形，长 4~5 毫米，宽 2.5~3 毫米。总状花序腋生，长 1~5 厘米；花冠红色。荚果圆柱形，密被灰白色长丁字毛。生于干旱石地。分布于云南。

Shrubs, many branched. Stems grayish brown, lenticelsnot obvious. Leaves 1-2.5 cm, leaflet obcordate to obovate, 2-4 pairs, 4-5 mm × 2.5-3 mm. Racemes 1-5 cm; corolla red. Legume cylindric, with dense appressed grayish white medifixed trichomes. Dry stony situations. Distr. Yunnan.

2 苍山木蓝

1 2 3 4 5 6 7 8 9 10 11 12 2400-2800 m

Indigofera hancockii Craib[1-4]

灌木。茎淡褐色。羽状复叶长 6~9 厘米；小叶（2）5~9 对，长 6~12 (18) 毫米，宽 4~6(10) 毫米。总状花序长 6~12 厘米；花密集；花冠红色，6~9 毫米；旗瓣椭圆形，长约 6.5 毫米。荚果线状圆柱形，长 3~4 厘米。生于山坡、沟边。分布于四川南部、云南。

Shrubs. Stems light brown. Leaves 6-9 cm, leaflets (2)5-9-pairs, 6-12(18) mm × 4-6(10) mm. Racemes 6-12 cm, densely flowered; corolla red, 6-9 mm; standard elliptic, ca. 6.5 mm. Legume linear, cylindric, 3-4 cm. Sunny slopes, near streams. Distr. S Sichuan, Yunnan.

3 穗序木蓝

1 2 3 4 5 6 7 8 9 10 11 12 800-1100 m

Indigofera hendecaphylla Jacq.[1-2]

多年生草本或半灌木，高 15~40 厘米，幼枝有灰色紧贴丁字毛。羽状复叶长 2.5~7.5 厘米；小叶 2~5 对，长 8~20 毫米，宽 4~8 毫米。总状花序；花梗长约 1 厘米；花冠红色。荚果有四棱，线形，长 10~25 毫米。生于空旷地、路边潮湿向阳处。分布于云南；广东、台湾；印度、越南、泰国、菲律宾、印度尼西亚。

Perennial herbs or subshrubs, 15-40 cm high, young branches with gray and close to t-shaped hairs. Pinnate, 2.5-7.5 cm long; leaflets 2-5 pairs, 8-20 mm long, 4-8 mm wide. Raceme, pedicel ca. 1 cm long, corolla red. Pods quadrangular, linear, 10-25 mm long. Open land, wet and sunny side of the road. Distr. Yunnan; Guangdong, Taiwan; India, Vietnam, Thailand, Philippine, Indonesia.

4 岷谷木蓝

1 2 3 4 5 6 7 8 9 10 11 12 1500-3850 m

Indigofera lenticellata Craib[1-5]

直立灌木。茎紫褐色，皮孔明显。羽状复叶长 0.8~3 厘米，小叶 2~4 对，长 3~7 毫米，宽 2~5 毫米。总状花序短，长 2.5~4 厘米；花冠红色，长约 7 毫米。荚果暗紫色，圆柱形。生于向阳山坡、沟谷、林缘及石灰岩的灌丛中。分布于西藏东部、四川、云南西北部。

Shrubs, erect. Stems purplish brown, with rufous lenticels. Leaves 0.8-3 cm, leaflets 2-4 pairs, 3-7 mm × 2-5 mm. Racemes short, 2.5-4 cm; corolla red, ca. 7 mm long. Legume dark purple, cylindric. Sunny slopes, valleys, thickets. Distr. E Xizang, Sichuan, NW Yunnan.

5 西南木蓝

1 2 3 4 5 6 7 8 9 10 11 12 2100-2700 m

Indigofera mairei Pamp.[1-2, 4]

灌木。羽状复叶长 2.5~10 厘米；小叶 2~6（8）对，长 5~20 毫米，宽 3~9 毫米，先端通常圆钝或微凹。总状花序长 2~8（10）厘米；花冠淡紫红色；旗瓣长圆状椭圆形，长 8.5~10.5 毫米。荚果褐色，圆柱形。生于山坡、沟边灌丛中及杂木林中。分布于甘肃南部、西藏东南部、四川北部及西部、云南北部；贵州。

Shrubs. Leaves 2.5-10 cm, leaflets 2-6 (8) pairs, 5-20 mm long, 3-9 mm wide, apex obtuse to emarginate and mucronate. Racemes 2-8(10) cm; corolla pinkish purple; standard elliptic, 8.5-10.5 mm long. Legume brown, cylindric. Slopes in scrub or thickets. Distr. S Gansu, SE Xizang, N and W Sichuan, N Yunnan; Guizhou.

1
2
3
4
4
5
5

1 垂序木蓝

1 2 3 4 5 6 7 8 9 10 11 12 1900-3300 m

Indigofera pendula Franch.[1-4]

灌木。羽状复叶长 10~20 厘米；小叶 6~10（13）对，通常椭圆形或长圆形。总状花序长达 30~35 厘米，下垂；花冠粉色；旗瓣长圆形，龙骨瓣和翼瓣等长。生于山坡、山谷、沟边及路旁的灌丛中及林缘。分布于四川西南部、云南西部及西北部。

Shrubs. Leaves 10-20 cm, leaflets 6-10(13) pairs, elliptic to oblong. Racemes 30-35 cm, drooping; corolla pink; standard oblong, keel as long as wings. Mountain slopes, valleys, riverbanks, scrub, forest margins. Distr. SW Sichuan, W and NW Yunnan.

2 网叶木蓝

1 2 3 4 5 6 7 8 9 10 11 12 1200-3000 m

Indigofera reticulata Franch.[1-2, 4-5]

矮小灌木，有时平卧，基部分枝。羽状复叶长 2~6 厘米；小叶 2~6 对，通常 3~4 对，长圆形或长圆状椭圆形，长 5~17 毫米，宽 3~7 毫米。总状花序长 2~4 厘米；花冠紫红色。生于山坡疏林下、灌丛中及林缘草坡。分布于西南地区；泰国。

Subshrubs, sometimes prostrate, branching from base. Leaves 2-6 cm, leaflets 2-6 (always 3-4) pairs, oblong to elliptic, 5-17 mm × 3-7 mm. Racemes 2-4 cm; corolla purple. Forests, scrub, grassland slopes. Distr. SW China; Thailand.

3 硬叶木蓝

1 2 3 4 5 6 7 8 9 10 11 12 2400-3300 m

Indigofera rigioclada Craib[1-5]

灌木，高达 1 米。羽状复叶长 1.5~2.5（5）厘米；小叶 2~6 对，对生，长圆形或倒卵状长圆形，长 3~10 毫米。总状花序长 3~5（8）厘米，总花梗极短；花冠紫红色。荚果圆柱形，长约 2 厘米。生于山坡、路旁灌丛及松林下。分布于西藏、四川、云南西北部。

Shrub, 1m tall. Pinnate 1.5-2.5(5) cm long, leaflets 2-6 pairs, oblong or obovate oblong, 3-10 mm long. Racemes, 3-5(8) cm long, peduncle very short; corolla purplish red. Pods cylindrical, ca. 2 cm long. Roadside shrubs and under pine forests. Distr. Xizang, Sichuan, NW Yunnan.

4 腺毛木蓝

1 2 3 4 5 6 7 8 9 10 11 12 1450-2000 m

Indigofera scabrida Dunn[1-4]

灌木，高 1~1.5 米。全株有红色有柄头状腺毛。羽状复叶 8~13 厘米；小叶 3~5 对，长 1~3 厘米，宽 6~20 毫米。总状花序长 6~15 厘米，花疏生，紫红色。荚果线形，长 1.8~3 厘米。生于山坡灌丛、林缘及松林下。分布于四川西南部、云南西北部；缅甸。

Shrub, 1-1.5 m tall. Whole plant covered with red stipitate glandular hairs. Pinnate 8-13 cm long; leaflets 3-5 pairs, 1-3 cm long, 6-20 mm wide. Racemes 6-15 cm long, sparsely flowered; purplish red. Pods linear, 1.8-3 cm long. Shrubs, forest edge and under pine forests. Distr. SW Sichuan, NW Yunnan; Myanmar.

5 刺序木蓝

1 2 3 4 5 6 7 8 9 10 11 12 100-3000 m

Indigofera silvestrii Pamp.[1-3]

灌木，高 0.6~1.5 米。羽状复叶长 4~5（8）毫米；小叶 3~4 对。总状花序长 2~6 厘米，总花梗长 5 毫米，花脱落后，花序顶端形成针刺状；花冠紫红色。荚果线状圆柱形。生于干燥山坡、河谷灌丛。分布于西藏、四川；贵州、湖北。

Shrub, 0.6-1.5 m tall. Pinnate 4-5 (8) mm long; leaflets 3-4 pairs. Racemes, 2-6 cm long; peduncle 5 mm long. Flowers fall behind, the top of inflorescence become spinous. Flower purplish red. Pods linear cylindric. Dry slope and shrubs in valley. Distr. Xizang, Sichuan; Guizhou, Hebei.

1 四川木蓝

1 2 3 4 5 6 7 8 9 10 11 12 2500-3500 m

Indigofera szechuensis Craib[1-2, 4-5]

灌木。羽状复叶长达 3~10 厘米，通常为 4~6 厘米。总状花序 2~10 厘米；花冠红色或紫红色。荚果栗褐色，圆柱形。生于山坡、路旁、沟边及灌丛中。分布于西南地区。

Shrubs. Leaves 3-10 (always 4-6) cm. Racemes 2-10 cm; corolla red to purple. Legume brown, cylindric. Scrub, forests. Distr. SW China.

豆科 Fabaceae | 山黧豆属 *Lathyrus* L.

草本。偶数羽状复叶，具 1 至数小叶，叶轴末端具卷须或针刺；托叶通常半箭形稀箭形，偶为叶状。总状花序腋生；雄蕊（9+1）二体。荚果通常压扁，开裂。约 160 种；中国 18 种；横断山约 5 种。

Herbs. Leaves paripinnate, leaflets 1- to many paired, with rachis terminating in a branched or simple tendril or a bristle; stipules sagittate or semisagittate, sometimes large and leaflike. Inflorescence axillary raceme; stamens diadelphous (9+1). Legume laterally compressed, dehiscent. About 160 species; 18 in China; about five in HDM.

2 牧地山黧豆

1 2 3 4 5 6 7 8 9 10 11 12 1000-3000 m

Lathyrus pratensis L.[1-4]

多年生草本。叶具 1 对小叶，叶轴末端具卷须。总状花序具 5~12 朵花；花黄色。生于山坡草地、疏林下、路旁阴处。分布于西南地区；黑龙江、湖北、西北地区；亚洲及欧洲。

Herbs perennial. Leaflets 1-paired, rachis terminating in a branched or simple tendril. Raceme 5-12-flowered; corolla yellow. Forests, hill slopes, roadsides. Distr. SW China; Heilongjiang, Hubei, NW China; Asia, Europe.

豆科 Fabaceae | 胡枝子属 *Lespedeza* Michx.

多年生草本、半灌木或灌木。羽状复叶具 3 小叶。小叶全缘，先端有小刺尖。花 2 至多数组成腋生的总状花序或花束；花常二型：一种有花冠，结实或不结实，另一种为闭锁花，花冠退化，不伸出花萼，结实；花瓣具瓣柄，旗瓣反卷。荚果。约 60 种；中国 25 种；横断山约 10 种。

Subshrubs, shrubs, or perennial herbs. Leaves pinnately compound, 3-foliolate. Leaflets entire, apex small acuminate. Racemes axillary or flowers fasciculate; flowers often dimorphic, corollate or not (cleistogamous plants); corolla exserted, standard reflexed. Legume. About 60 species; 25 in China; about ten in HDM.

3 束花铁马鞭

1 2 3 4 5 6 7 8 9 10 11 12 1600-3000 m

Lespedeza fasciculiflora Franch.[1-3, 5]

多年生草本，全株密被白色长硬毛。茎基部多分枝。花冠粉红色或淡紫红色；闭锁花簇生于叶腋，无梗，结实。荚果长卵形。生于高山沙质草地。分布于西藏、四川、云南西北部。

Herbs, perennial, densely white hirsute or adpressed strigulose. Stems much branched at base; corolla pink, pale purplish red; cleistogamous flowers in leaf axils, sessile, fruit-bearing. Legume narrowly ovoid. Sandy grasslands on high mountains, thickets in dry river valleys. Distr. Xizang, Sichuan, NW Yunnan.

4 矮生胡枝子

1 2 3 4 5 6 7 8 9 10 11 12 <1000 m

Lespedeza forrestii Schindl.[1-4]

矮小半灌木，全株密被开展的白色长柔毛。小叶长圆状线形。花冠粉红色，有紫斑。生于山坡灌丛中。分布于四川、云南。

Subshrubs, densely spreading white villous throughout. Leaflets oblong-linear. Corolla pink, with purple spots. Mountain slopes, thickets. Distr. Sichuan, Yunnan.

1
1
2
3
4

1 铁马鞭

1 2 3 4 5 6 7 8 9 10 11 12 <1000 m

Lespedeza pilosa (Thunb.) Siebold & Zucc.[1-5]

多年生草本，全株密被长柔毛。茎平卧，匍匐地面。小叶宽倒卵形或倒卵圆形。花冠黄白色或白色；闭锁花常 1~3 朵集生于茎上部叶腋，结实。荚果广卵形。生于荒山坡及草地。分布于甘肃、西藏、四川；华中、华东；朝鲜半岛、日本。

Herbs, perennial, densely villous throughout. Stems procumbent. Leaflets broadly obovate or obovate. Corolla yellowish white or white; cleistogamous flowers often 1-3, crowded in leaf axils on upper stem, sessile or subsessile, fruit-bearing. Legume broadly ovoid. Waste slopes, grasslands. Distr. Gansu, Xizang, Sichuan; C, E China; Korea, Japan.

2 牛枝子

1 2 3 4 5 6 7 8 9 10 11 12 < 4000 m

Lespedeza potaninii V.N.Vassilcz.[1-2, 4]

半灌木，高 20~60 厘米。茎斜升或平卧。小叶狭长圆形，稀椭圆形至宽椭圆形。花萼裂片披针形，先端长渐尖，呈刺芒状；花冠黄白色；旗瓣中央及龙骨瓣先端带紫色；闭锁花腋生，无梗或近无梗。荚果倒卵形。生于荒漠草原、草原带的沙质地、砾石地、丘陵地、石质山坡及山麓。分布于甘肃、青海、西藏、四川、云南；华中、华东、华北地区。

Subshrubs, 20-60 cm tall. Stems procumbent or ascending. Leaflets narrowly oblong, rarely elliptic to broadly elliptic. Calyx lobes lanceolate, apex long acuminate, aristate; corolla yellowish white; standard mixed with purple at middle; cleistogamous flowers axillary, sessile or subsessile. Legume obovoid. Desert steppes, sandy soils of steppe zone, rocky soils, hills, rocky slopes, foot of mountains. Distr. Gansu, Qinghai, Xizang, Sichuan, Yunnan; C, E, N China.

3 绒毛胡枝子

1 2 3 4 5 6 7 8 9 10 11 12 < 2500 m

Lespedeza tomentosa Siebold ex Maxim.[1-4]

半灌木或多年生草本，高可达 1 米，密被黄棕色绒毛。总状花序顶生或在茎上部腋生。花冠黄色的或黄白色。生于干旱山坡、草地、灌丛。分布于除新疆和西藏外的中国各地；印度、日本、克什米尔地区、韩国、蒙古、尼泊尔、巴基斯坦、俄罗斯。

Subshrubs or perennial herbs, to 1 m tall, densely yellowish brown tomentose. Racemes terminal or axillary at upper part of stem. Corolla yellow or yellowish white. Arid mountain slopes, grasslands, thickets. Distr. except in Xinjiang and Xizang. Widely distributed throughout China; India, Japan, Kashmir, S Korea, Mongolia, Nepal, Pakistan, Russia.

豆科 Fabaceae | 银合欢属 *Leucaena* Benth.

常绿、无刺灌木或乔木。二回羽状复叶。小叶小而多或大而少，偏斜；总叶柄常具腺体。花白色，通常两性；球形、腋生的头状花序，单生或簇生于叶腋；雄蕊 10 枚，分离，伸出于花冠之外。荚果劲直，扁平，光滑。约 22 种；中国栽培 1 种。

Trees or shrubs, evergreen, unarmed. Leaves bipinnate; leaflets opposite, numerous and small, or few and larger, oblique; petiole often glandular. Flowers white, usually bisexual; heads solitary or fasciculate, axillary, globose; stamens 10, free, exserted. Legume stipitate, broadly linear, glabrous. About 22 species; one cultivarietas in China.

4 银合欢

1 2 3 4 5 6 7 8 9 10 11 12 < 3000 m

Leucaena leucocephala (Lam.) de Wit[1-4]

灌木或小乔木，高 2~6 米。羽片 4~8 对。小叶 5~15 对，线状长圆形。头状花序通常 1~2 个腋生。荚果带状。生于低海拔的荒地或疏林中。栽培于云南；华东、华南地区；原产热带美洲，热带和亚热带地区广泛引种及归化。

Shrubs or small trees, 2-6 m tall. Pinnae 4-8 pairs. Leaflets 5-15 pairs, linear-oblong. Heads usually 1 or 2, axillary. Legume straight, strap-shaped. Cultivated and naturalized in Yunnan; E and S China; originally from tropical America, widely distributed in tropical and subtropical regions.

1  2

3  3  4

4  4  4

豆科 Fabaceae | 百脉根属 *Lotus* L.

一年生或多年生草本。羽状复叶通常具 5 小叶；小叶全缘，下方 2 枚常和上方 3 枚不同形，基部的 1 对呈托叶状，但决不贴生于叶柄。花序具花 1 至多朵，多少呈伞形；花冠黄色、玫瑰红色或紫色，稀白色；龙骨瓣具喙；雄蕊二体。荚果开裂，圆柱形至长圆形，直或略弯曲。约 125 种；中国 8 种；横断山 1 种。

Herbs, annual or perennial. Leaves pinnate, with 5 leaflets, 3 crowded at apex of leaf rachis, 2 at base; basal pair similar to apical ones or often differing in shape and stipule like. Inflorescence an axillary, pedunculate, 1- to many-flowered umbel; corolla yellow , pink, violet, brown, or white; keels with beak; stamens diadelphous. Legume linear to ovoid, straight or incurved, dehiscent. About 125 species; eight in China; one in HDM.

1 百脉根

1 2 3 4 5 6 7 8 9 10 11 12 400-3400 m

Lotus corniculatus L.[1-5]

— *Lotus corniculatus* var. *japanicus* Regel

多年生草本，高 15~80 厘米。羽状复叶小叶 5 枚。伞形花序，花 3~7 朵；花冠黄色。荚果线状圆柱形。生于湿润而呈弱碱性的山坡、草地、田野或河滩地。分布于西南地区；西北地区、长江中上游各省区；亚洲、欧洲、北美洲和大洋洲。

Herbs, perennial, 15-80 cm. Leaflets 5. Umbels 3-7-flowered; corolla yellow. Legume linear-cylindric. Wet and was weakly alkaline slopes, grasslands, fields or flood land. Distr. SW, NW China and the upper and middle reaches of the Yangtze River provinces; Asia, Europe, North America and Oceania.

豆科 Fabaceae | 苜蓿属 *Medicago* L.

一年生或多年生草本。小叶 3 枚，边缘通常具锯齿。总状花序腋生，有时呈头状或单生；花小，一般具花梗；雄蕊两体。荚果螺旋形转曲、肾形、镰形或近于挺直，背缝常具棱或刺。约 85 种；中国 15 种；横断山约 7 种。

Annual or perennial herbs. Leaves pinnately 3-foliolate, margin with clearly serrate. Racemes axillary, flowers crowded into heads or solitary; flowers small, usually pedicellate; stamens diadelphous. Legume compressed, coiled, curved, or straight, sometimes armed with spines. About 85 species; 15 in China; seven in HDM.

2 天蓝苜蓿

1 2 3 4 5 6 7 8 9 10 11 12 <4000 m

Medicago lupulina L.[1-5]

草本，高 15~60 厘米，全株被柔毛或有腺毛。小叶倒卵形、阔倒卵形或倒心形，长 5~20 毫米，宽 4~6 毫米。花序小头状，具花 10~20 朵；花长 2~2.2 毫米，花冠黄色。荚果肾形，长 3 毫米，宽 2 毫米。生于河岸、路边、田野及林缘。分布于中国各地；欧亚大陆。

Herbs, 15-60 cm, glabrescent to pubescent. Leaflets elliptic, ovate, or obovate, 5-20 mm × 4-6 mm. Flowers 10-20 in small heads; corolla yellow, 2-2.2 mm. Legume reniform, ca. 3 mm × 2 mm. Stream banks, roadsides, waste fields, woodland margins. Distr. throughout China; Asia, Europe.

3 青海苜蓿

1 2 3 4 5 6 7 8 9 10 11 12 3000-4000 m

Medicago archiducis-nicolai Širj.[2-3]

多年生草本，高 8~20 厘米。托叶戟形，长 4~7 毫米；小叶阔卵形至圆形，长 6~18 毫米，宽 6~12 毫米。花序伞形，具花 4~5 朵，疏松；花冠橙黄色，中央带紫红色晕纹。荚果长圆状半圆形，扁平；有种子 5~7 粒。生于高原坡地、谷地和草原。分布于青海、四川、西藏东北部；陕西、宁夏、甘肃。

Perennial herbs, 8-20 cm. Stipules hastate, 4-7 mm; leaflets broadly ovate to orbicular, 6-18 mm× 6-12 mm. Flowers 4 or 5, scattered in axillary umbels. Corolla yellow-orange, with central mauve spot. Legume oblong-semilunar, flat. Seeds 5-7. Alpine slopes, valleys, grasslands. Distr. Qinghai, Sichuan, NE Xizang; Shaanxi, Ningxia, Gansu.

1

1

2

2

3

3

豆科 Fabaceae | 草木樨属 *Melilotus* Mill.

一或二年生草本。茎直立。羽状三出复叶。总状花序细长，着生叶腋，花序轴伸长，多花疏列；花冠黄色或白色；花瓣分离；旗瓣长圆状卵形；翼瓣狭长圆形，等长或稍短于旗瓣；龙骨瓣通常最短；雄蕊二体。荚果阔卵形、球形或长圆形，伸出萼外。约 20 种；中国 4 种；横断山 3 种。

Annual or biennial herbs. Stem upright. Leaves pinnately 3-foliolate. Racemes axillary, slender, elongate; flowers numerous and sparsely; corolla yellow or white; petals free from staminal tube; standard ovate-oblong; wings narrowly oblong, as long as or shorter than standard; keel shortest; stamens diadelphous. Legume obovoid or globose, slightly exserted from calyx. About 20 species; four in China; three in HDM.

1 白花草木樨

1 2 3 4 **5 6 7** 8 9 10 11 12 <3000 m

Melilotus albus Desr.[1-3]

托叶尖刺状，6~10 毫米长，全缘。花白色，长 3.5~5 毫米。荚果椭圆形，先端锐尖。生于田边、路旁荒地及湿润的沙地。分布于甘肃、四川；华东、东北地区及宁夏、陕西等省区；欧亚大陆广布。

Stipules subulate, 6-10 mm, entire. Corolla white, 3.5-5 mm. Legume elliptic to oblong, apex acute. Moist soil in fields, roadsides, wastelands. Distr. Gansu, Sichuan; E and NE China, Ningxia, Shaanxi; Asia, Europe.

2 草木樨

1 2 3 4 **5 6 7 8 9** 10 11 12 <3000 m

Melilotus officinalis (L.) Pall.[1-2]

托叶镰状线形，长 3~5（7）毫米。花黄色，3.5~7 毫米。长荚果卵圆形，先端钝圆。生于山坡、河岸、路旁、沙质草地及林缘。分布于中国各省区；欧亚大陆广布。

Stipules linear-falcate, 3-5(7) mm. Corolla yellow, 3.5-7 mm. Legume ovoid, apex obtuse. Sandy grasslands, hillsides, ravine shores, margins of mixed woodlands. Distr. throughout China; Asia, Europe.

豆科 Fabaceae | 棘豆属 *Oxytropis* DC.

多年生草本、半灌木或矮灌木。茎发达、缩短或成根颈状。奇数羽状复叶，全缘。旗瓣直立，翼瓣长圆形；龙骨瓣直立，先端具喙；雄蕊（9+1）二体。荚果膨胀。约 310 种；中国 133 种；横断山约 14 种。

Perennial herbs or cushionlike shrublets, caulescent or acaulescent. Leaves usually imparipinnat. Standard erect, wings oblong, keel erect, apex with beak; stamens diadelphous, with 9 connate filaments and 1 ± distinct filament. Legume inflated. About 310 species; 133 in China; about 14 in HDM.

3 甘肃棘豆

1 2 3 4 5 **6 7 8 9** 10 11 12 2200-3000 m

Oxytropis kansuensis Bunge[1-5]

多年生草本。羽状复叶，小叶 17~31（35）枚，长 5~15 毫米，宽 2~6 毫米。总状花序呈头状；花萼筒状，萼齿线形；花冠黄色。生于亚高山或高山草甸、山坡、杂草地区、干林边缘、云杉林、河滨草地、潮湿地区。分布于甘肃、青海、西藏、四川；尼泊尔。

Perennial herbs. Leaves 17-31(35)-foliolate; leaflet 5-15 mm × 2-6 mm. Racemes head like; calyx campanulate, teeth linear; corolla yellow. Subalpine or alpine meadows, hillsides, weedy areas, dry forest margins, *Picea* forests, riverside grasslands, damp areas. Distr. Gansu, Qinghai, Xizang, Sichuan; Nepal.

1
1
1
2
3
3

1 黄毛棘豆

1 2 3 4 5 6 7 8 9 10 11 12 500-4800 m

Oxytropis ochrantha Turcz.[1-3]

多年生草本。羽状复叶长 8~20 厘米；小叶 13~19 枚，对生或 4 片轮生，长 0.6~2.5 厘米，宽 0.3~1 厘米。密集圆筒形总状花序；花萼筒状，密被黄色长柔毛；花冠白色或黄白色。生于草甸、山坡草地或林下。分布于西南、西北、华北地区；蒙古。

Herbs. Leaves 8-20 cm; leaflets 13-19, opposite or 4 verticillate, leaflet 0.6-2.5 cm × 0.3-1 cm. Racemes elongate, compact to rather lax. Calyx cylindric, with yellow long trichomes; corolla white or yellowish white. Meadows, weedy and grassy hillsides. Distr. SW, NW and N China; Mongolia.

2 黄花棘豆

1 2 3 4 5 6 7 8 9 10 11 12 1800-4500 m

Oxytropis ochrocephala Bunge[1-3, 5]

多年生草本，高 20~50 厘米。羽状复叶长 3~19 厘米；小叶 13~27 (39) 枚，卵状披针形，长 2.5~3 厘米，宽 0.3~1 厘米，两面被贴伏白色短柔毛。多花组成密总状花序；花冠黄色。生于草原、杂草坡和高寒草甸。分布于西南、西北、华北地区。

Herbs, 20-50 cm tall. Leaves 3-19 cm, 13-27(39)-foliolate. Leaflet blades ovate-lanceolate, 2.5-3 cm × 0.3-1 cm, both surfaces strigose with short or long trichomes. Racemes compact, many flowers; corolla yellow. Grasslands, weedy slopes and alpine meadows. Distr. SW, NW and N China.

3 云南棘豆

1 2 3 4 5 6 7 8 9 10 11 12 1800-4900 m

Oxytropis yunnanensis Franch.[1-5]

多年生草本。羽状复叶，小叶 9~25 枚，披针形，长 5~7 毫米，宽 1.5~3 毫米。3~10 朵花组成头形总状花序；花冠蓝紫色或紫红色；花长约 1.1~1.3 厘米；花萼疏被黑色和白色长柔毛。荚果长 1.4~3.7 厘米，宽 0.8~ 1 厘米。生于山坡灌丛草地、冲积地、石质山坡岩缝中。分布于甘肃、青海、西藏、四川、云南等省区。

Perennial herbs. Leaves 9-25-foliolate, leaflet blades lanceolate, 5-7 mm × 1.5-3 mm. Racemes 3-10-flowered, head-like; corolla purple or purplish red, 1.1-1.3 cm; calyx with black and white long trichomes. Legume 1.4-3.7 cm × 0.8-1 cm. Meadows, limestone scree, alluvial land, rock slopes. Distr. Gansu, Qinghai, Xizang, Sichuan,Yunnan.

豆科 Fabaceae | 紫雀花属 *Parochetus* Buch.-Ham. ex D.Don

多年生柔细草本。掌状三出复叶。花 1~3 朵组成伞形花序，着生于细长总花梗的顶端；花冠与雄蕊筒分离；雄蕊两体，上方 1 枚分离，其余 9 枚合生。荚果线形。2 种；中国均有；横断山 1 种。

Perennial herbs, prostrate to ascending. Leaves pal mately 3-foliolate. Inflorescence umbellate; flowers 1-3 on a slender peduncle axillary; corolla not adnate to stamens; stamens diadelphous (9+1). Legume linear-ovate. About 2 species; all in China; one in HDM.

4 紫雀花

1 2 3 4 5 6 7 8 9 10 11 12 1800-3000 m

Parochetus communis Buch.-Ham. ex D.Don[1-5]

匍匐草本。掌状三出复叶；小叶倒心形。伞状花序生于叶腋，具花 1~3 朵；花冠淡蓝色至蓝紫色；旗瓣阔倒卵形，有爪。荚果线形，无毛。生于灌丛、林地边缘、草原、路边。分布于西藏、四川、云南；印度、尼泊尔、不丹等国及东南亚。

Creeping herb. Leaves pal mately 3-foliolate; leaflets obcordate. Inflorescence umbellate, peduncle axillary; flowers 1-3; corolla blue or purple; standard obovate, tapering into a claw. Legume linear-ovate, glabrous. Thickets, woodland margins, grasslands, roadsides. Distr. Xizang, Sichuan, Yunnan; India, Nepal, Bhutan, SE Asia.

1

1

1

2

2

3

4

4

豆科 Fabaceae | 膨果豆属 *Phyllolobium* Fisch.

多年生草本。花组成总状或呈头状的总状花序，总花梗发达；旗瓣宽，大多数近圆形至椭圆形，具短爪，先端微缺；翼瓣与龙骨瓣分离。柱头具画笔状簇毛，有时簇毛下延至花柱上部内侧。荚果 1 室或 2 室。22 种；中国 21 种；横断山 19 种。

Perennial herbs. Racemes several, with a distinct peduncle; standard wide, mostly suborbicular to transversely elliptic, with a very short claw, emarginate at apex; keel and wing petalsnot interlocking; style with a brush of straight, rigid, short hairs just below glabrous stigma. Legumes 1-locular or incompletely to completely 2-locular. Twenty-two species; 21 in China; 19 in HDM.

1 米林膨果豆

1 2 3 4 5 6 7 **8** **9** 10 11 12 **3000-4300 m**

Phyllolobium milingense (C.C.Ni & P.C.Li) M.L.Zhang & Podl.[1]

植株被白色柔毛。茎数条丛生，平卧。羽状复叶具 3~6 对小叶；小叶互生，倒卵形，长 2~4 毫米，宽 1~2 毫米。总状花序头状，稀疏生 1~4 朵花；总花梗长 1~2 厘米，较叶长；花冠紫红色；旗瓣长 7~10 毫米，宽 6~8.5 毫米。荚果长圆形，长 1.0~1.5 厘米，宽 0.5~0.6 厘米，先端渐尖，膨胀。生于山坡路旁。分布于甘肃、西藏、四川。

Plants covered with mostly white hairs. Stems prostrate. Leaflets in 3-6 pairs, alternate, obovate, 2-4 cm × 1-2 mm. Racemes loosely 1-4-flowered; peduncle 1-2 cm, longer than leaves; petals pink or purple to violet; standard orbicular, 7-10 mm × 6-8.5 mm. Legumes 1.0-1.5 cm long, 0.5-0.6 cm wide, apex acute, inflated. Slopes, roadsides. Distr. Gansu, Xizang, Sichuan.

豆科 Fabaceae | 黄花木属 *Piptanthus* D.Don ex Sweet

灌木，高 1~4 米。掌状三出复叶，全缘。总状花序顶生；花大，具花梗，2~3 朵轮生；花冠黄色，花瓣近等长；雄蕊 10 枚，分离。荚果线形，扁平，薄革质。2 种；横断山均有分布。

Shrubs, 1-4 m tall. Leaves digitately 3-foliolate, entire. Racemes terminal, with 2 or 3 flowers at nodes, in whorls; corolla yellow, petals subequal; stamens 10, free. Legume broadly linear, flat, thinly leathery. About two species; both in HDM.

2 黄花木

1 2 3 **4** **5** **6** **7** 8 9 10 11 12 **1600-4000 m**

Piptanthus nepalensis (Hook.) D.Don[1-3, 5]

灌木，高 1.5~3 米。茎和花萼被白色棉毛。小叶幼时被黄色丝状毛和白色贴伏柔毛，后渐脱落。龙骨瓣略长于或与旗瓣近等长。荚果光滑。生于针叶林、林地边缘、灌丛、草地。分布于甘肃、西藏、四川、云南；陕西；克什米尔地区、印度、尼泊尔、不丹。

Shrubs, 1.5-3 m tall. Stems and calyces white woolly. Leaflets yellow silky abaxially when young, then glabrescent; keel equaling or slightly longer than standard. Legume glabrous. Coniferous forests, woodland margins, thickets, meadows. Distr. Gansu, Xizang, Sichuan, Yunnan; Shaanxi; Kashmir, India, Nepal, Bhutan.

3 绒叶黄花木

1 2 3 **4** **5** **6** **7** 8 9 10 11 12 **3000-3800 m**

Piptanthus tomentosus Franch.[1-4]

小叶背面密被绒毛。龙骨瓣略短于旗瓣。荚果密被锈色绒毛。生于山坡草地、林缘灌丛。分布于四川西南部和云南西部。

Leaflets densely tomentose abaxially. Keel slightly shorter than standard. Legume rusty tomentose. Thickets by woodlands, meadows on slopes. Distr. SW Sichuan, W Yunnan.

1

1

1

2

2

3

3

3

豆科 Fabaceae | 葛属 *Pueraria* DC.

缠绕藤本或灌木。叶为具 3 小叶的羽状复叶；小叶大，卵形或菱形。花通常数朵簇生于花序轴的每一节上；花萼钟状；花冠伸出于萼外；旗瓣基部有附属体及内向的耳；翼瓣通常与龙骨瓣中部贴生，龙骨瓣与翼瓣相等大。荚果线形，稍扁或圆柱形。种子扁。约 20 种；中国 10 种；横断山 9 种。

Twining herbs or shrubs. Leaves pinnately 3-foliolate. Leaflets large, stipellate, ovate or rhomboid. Inflorescences with an elongated peduncle, or several racemes aggregated at tip of branchlets. Usually several flowers clustered at each node of rachis; calyx campanulate; corolla exceeding calyx; standard with 2 inflexed auricles; wings often adherent to middle of keel; keel sometimes beaked, subequal to wings. Legumes linear or cylindric. Seeds compressed. About 20 species; ten in China; nine in HDM.

1 苦葛

1 2 3 4 5 6 7 8 9 10 11 12 1000-4300 m

Pueraria peduncularis (Grah. ex Benth.) Benth.[1-4]

小叶背面密被绒毛。龙骨瓣略短于旗瓣。荚果密被锈色绒毛。生于山坡草地、林缘灌丛。分布于四川西南部和云南西部。

Leaflets densely tomentose abaxially. Keel slightly shorter than standard. Legume rusty tomentose. Thickets by woodlands, meadows on slopes. Distr. SW Sichuan, W Yunnan.

2 云南苦葛

1 2 3 4 5 6 7 8 9 10 11 12 800-2300 m

Pueraria yunnanensis Franch.[2-3]

与苦葛相似，区别于本种无毛或被短柔毛。花白色或奶油色，旗瓣卵圆形。生于杂木林中或林缘、灌木丛。分布于四川、云南；广西、重庆、贵州。

Similar to *P. peduncularis*, differing in leaves and stems glabrous or thinly pubescent or glabrescent. Flowers white or cream, standard orbicular-ovate. Forests and forest margins or in thickets. Distr. Sichuan, Yunnan; Guangxi, Chongqing, Guizhou.

豆科 Fabaceae | 鹿藿属 *Rhynchosia* Lour.

攀援、匍匐或缠绕藤本，稀为直立灌木或亚灌木。叶具羽状 3 小叶。花组成腋生的总状花序或复总状花序，稀单生于叶腋；旗瓣圆形或倒卵形；龙骨瓣和翼瓣近等长，内弯；雄蕊二体（9+1）。荚果长圆形、倒披针形、倒卵状椭圆形、斜圆形、镰形或椭圆形，扁平，先端常有小喙。种子 2 枚。约 200 种；中国 13 种；横断山 4 种。

Usually vines, creeping or twining, rarely erect shrubs or subshrubs. Leaves pinnately 3-foliolate. Inflorescence axillary, racemose, sometimes branched or 1-flowered; standard circular or obovate, wings and keels subequal, inflexed; stamens diadelphous (9+1). Legume oblong, oblanceolate, obovoid-ellipsoid, obliquely orbicular, sickleform, or ellipsoid, dehiscent, compressed or inflated, apex always beaked. Seeds 2. About 200 species; 13 in China; four in HDM.

3 紫脉花鹿藿

1 2 3 4 5 6 7 8 9 10 11 12 1300-3100 m

Rhynchosia himalensis var. *craibiana* (Rehd.) Peter-Stibal[1-2, 4]

叶具羽状 3 小叶；托叶狭卵形，长 2.5~4.5 厘米 。花黄色，具紫色脉纹，长 1.3~1.5 厘米；萼管最下方萼齿较花冠短，长 8~10 毫米。荚果密被微柔毛和软白色毛并混生褐色腺毛。生于山坡灌丛中、山沟或田地边。分布于西藏、四川西部、云南。

Leaves pinnately 3-foliolate; leaflets circular-ovate, 2.5-4.5 cm, length and width sub-equal. Corolla yellow with obvious purple striations, 1.3-1.5 cm. Lowest calyx lobe 8-10 mm, shorter than corolla. Legume densely micro-villous and glandular hairy. Forests, mountains, fields. Distr. Xizang, W Sichuan, Yunnan.

4 云南鹿藿

1 2 3 4 5 6 7 8 9 10 11 12 1800-2300 m

Rhynchosia yunnanensis Franch.[1-4]

全株密被灰色柔毛或绒毛。小叶纸质；顶生小叶肾形或扁圆形，长 2~3.7 厘米，宽 2.5~5.3 厘米，先端圆形或近截平，边缘微波状，基出脉 3 条。花黄色。常生于的河谷草坡沙石上。分布于云南。

Stems densely gray villous or tomentose. Leaflets papery; terminal leaflet reniform or oblate, 2-3.7 cm × 2.5-5.3 cm, basal veins 3, apex rounded or al most truncate, margin slightly sinuate usually with small mucro. Flowers yellow. River valleys. Distr. Yunnan.

1
1
2
2
3
3
4

豆科 Fabaceae | 冬麻豆属 *Salweenia* Baker f.

常绿灌木。奇数羽状复叶；小叶对生，线形，全缘，贝合状。花簇生枝顶花瓣黄色，均具长柄；旗瓣倒卵形，先端微凹；翼瓣长圆形；龙骨瓣舟状；雄蕊二体。荚果线状长圆形，扁平，2 瓣开裂。果瓣薄，近纸质。2 种；均产于横断山。

Shrubs, evergreen. Leaves imparipinnate; leaflets opposite, linear and entire, conduplicate. Flowers clustered at ends of branches; corolla yellow, petals all clawed; standard obovate, apex emarginate; wings oblong; keel boat-shaped; stamens diadelphous. Legumes linear-oblong, compressed, stalked, 2-valved. Segments thinly papery. Two species; both found in HDM.

1 冬麻豆

1 2 3 4 5 **6 7 8** 9 10 11 12 2700-3600 m

Salweenia wardii Baker f.[1-3, 5]

小叶披针形，宽 0.20~0.34 厘米。荚果果瓣皱缩明显。生于西藏东部澜沧江与怒江流域干热河谷。

Leaflets lanceolate, 0.20-0.34 cm wide. Legume valves undulant. Distr. Dry shrublands or gravelly slopes in valleys of Lancang Jiang, Nu Jiang, E Xizang.

2 雅砻江冬麻豆

1 2 3 4 5 **6 7 8** 9 10 11 12 ≈ 3000 m

Salweenia bouffordiana H.Sun, Z.M.Li & J.P.Yue[13]

小叶线形，宽 0.7~1.4 厘米。荚果果瓣相对平滑。特产于四川西部雅砻江流域干热河谷。

Leaflets linear, 0.7-1.4 cm wide. Legume valves relatively flattened. Distr. W Sichuan (dry shrublands or gravelly slopes in valleys of Yalong Jiang).

豆科 Fabaceae | 宿苞豆属 *Shuteria* Wight & Arn.

多年生草质藤本。羽状复叶具 3 小叶。总状花序腋生；花小，成对、密集簇生或稀疏；苞片和小苞片均 2 枚，小，宿存；花冠红色、淡紫色或紫色；旗瓣卵圆形或宽卵形，常直立，比其他花瓣长，翼瓣狭小，偏斜，有耳，比龙骨瓣长并与其紧贴合生；雄蕊二体。荚果线形，压扁，稍弯曲，有种子 4~11 颗。约 6 种；中国 4 种；横断山 1 种。

Perennial twining or climbing herbs or subshrubs. Leaves pinnately 3-foliolate; raceme axillary; flowers small, paired, clustered, or sparsely arranged; bracts and bracteoles 2, small, persistent; corolla usually purple, light purple, or red; standard ovate or broadly ovate, almost erect, longer than other petals; wings narrow, oblique, with auricles, longer than keels and connate with them; stamens diadelphous. Legume linear, compressed, slightly curved, 4-11-ovuled. About six species; four in China; one in HDM.

3 宿苞豆

1 2 3 4 5 6 7 8 **9 10 11 12** 900-2200 m

Shuteria involucrata (Wall.) Wight & Arn.[1-5]

草质缠绕藤本。小叶宽卵形、卵形或近圆形，长 1.5~6.5 厘米，宽 1.1~5.5 厘米，先端圆形，微缺，具小凸尖。花序轴长 9~15 厘米，基部 2~3 节上具缩小的 3 小叶，无柄，圆形或肾形。生于山坡路旁灌木丛中或林缘。分布于云南；广西；印度，尼泊尔，不丹等国及东南亚。

Twining herbs. Leaflets broadly ovate, ovate, or suborbicular, 1.5-6.5 cm × 1.1-5.5 cm, apex rounded, slightly concave, with small mucro. Raceme axis 9-15 cm, lower 2 or 3 nodes with reduced, sessile, circular or reniform leaflets. Mountains, roadsides, forest margins, under thickets. Distr. Yunnan; Guangxi; India, Nepal, Bhutan, SE Asia.

豆科 Fabaceae | 槐属 *Sophora* L.

落叶或常绿乔木、灌木、亚灌木或多年生草本。奇数羽状复叶。小叶全缘。花序总状。花白色、黄色或紫色；雄蕊 10 枚，分离或基部有不同程度的连合。荚果圆柱形或稍扁，串珠状。约 70 种；中国 21 种；横断山 6 种。

Deciduous or evergreen trees, shrubs, subshrubs, or perennial herbs. Leaves imparipinnate; leaflets many, entire. Racemes; flowers white, yellow, or purple; stamens 10, free or fused at base. Legumes cylindric, moniliform. About 70 species; 21 in China; six in HDM.

1 白刺花

1 2 3 4 5 6 7 8 9 10 11 12 <3400 m

Sophora davidii (Franch.) Skeels[1-4]

灌木或小乔木。植株具刺，近无毛。小叶 5~9 对，托叶钻状，部分变成刺。花小，长约 15 毫米；花冠白色或淡黄色。生于河谷沙丘和山坡路边的灌木丛中。分布于西南、西北、华北、华中、华东地区。

Shrubs or small trees. Spiny, nearly glabrous. Leaflets 5-9 pairs, stipules subulate, some becoming spiny. Racemes terminal at branchlets; flowers small, ca. 15 mm; corolla white or light yellow. Valley scrub, hill slopes, sandy places in valleys. Distr. SW, NW, N, C and E China.

2 苦参

1 2 3 4 5 6 7 8 9 10 11 12 <1500 m

Sophora flavescens Aiton[1-4]

草本或亚灌木。小叶 6~12 对。总状花序顶生；花多数；花萼钟状，明显歪斜；花白色或淡黄白色。生于山坡、沙地草坡、灌木林中。分布于我国南北各省区；印度、俄罗斯、朝鲜半岛、日本。

Herbs or subshrubs. Leaflets 6-12 pairs. Racemes terminal; flowers many, widely spaced; calyx campanulate, oblique; corolla white, pale yellow. Scrub, hill slopes. Distr. throughout China; India, Russia, Korea, Japan.

3 砂生槐

1 2 3 4 5 6 7 8 9 10 11 12 3000-4500 m

Sophora moorcroftiana (Benth.) Baker[1-2, 5]

小灌木。植株具刺，小枝密被绒毛。小叶 5~7 对，托叶全部变成刺，宿存。花较大，约 2 厘米；花冠蓝紫色。生于山谷河溪边的林下或石砾灌木丛中。分布于西藏；印度、尼泊尔、不丹。

Shrubs. Spiny, branchlets densely hairy. Leaflets 5-7 pairs, stipules subulate, spinescent, persistent. Flowers large, ca. 2 cm. Corolla blue-purple. Valley forests. Distr. Xizang; India, Nepal, Bhutan.

4 短绒槐

1 2 3 4 5 6 7 8 9 10 11 12 1600-2300 m

Sophora velutina Lindl.[1-4]

灌木，高 2~3 米。小枝、花序轴等幼时均密被短茸毛。羽状复叶，长 15~20 厘米；小叶 17~25 小叶。总状花序，花长 6~8 毫米；花冠紫红色。荚果串珠状，长 5~10 厘米，密被灰褐或灰白色柔毛。生于河谷灌丛。分布于四川西南部、云南西北部；印度、孟加拉国。

Shrub, 2-3 m tall. Branchlets and inflorescence axes densely covered with short hairs when young. Pinnate leaf, 15-20 cm long; leaflets 17-25. Raceme, flower 6-8 mm long, purplish red. Pod beaded, 5-10 cm long, densely grayish brown or grayish white pilose. Dry hot valley shrubs. Distr. SW Sichuan, NW Yunnan; India, Bangladesh.

豆科 Fabaceae | 野决明属 *Thermopsis* R.Br.

多年生草本。掌状三出复叶；托叶叶状，分离，通常大。总状花序顶生，单一；花瓣均具瓣柄；雄蕊 10 枚，全部分离。荚果线形、长圆形或卵形，扁平。约 25 种；中国 12 种；横断山 6 种。

Perennial herbs. Leaves digitately 3-foliolate. Stipules large, leaflike, free. Racemes terminal, single; petals clawed; stamens 10, free. Legume linear-oblong or ovate, flat. About 25 species; 12 in China; six in HDM.

5 高山野决明

1 2 3 4 5 6 7 8 9 10 11 12 2400-4800 m

Thermopsis alpina (Pall.) Ledeb.[1-5]

茎直立。小叶线状倒卵形至卵形，长为宽的 1.5~2.5 倍。花冠黄色。荚果扁平。生于砾质荒漠、草原和河滩沙地。分布于甘肃西南、青海、西藏、四川、云南；河北、新疆；俄罗斯、哈萨克斯坦、蒙古。

Stems erect. Leaflets linear-obovate to ovate, length 1.5-2.5 times than the width. Corolla yellow. Legume flat. Sandy river beaches, alpine tundra, gravel deserts. Distr. SW Gansu, Qinghai, Xizang, Sichuan, Yunnan; Hebei, Xinjiang; Russia, Kazakhstan, Mongolia.

1

1

2

3

4

5

1 紫花野决明

1 2 3 4 5 6 7 8 9 10 11 12 2700-4500 m

Thermopsis barbata Benth.[1-5]

多年生草本。小叶长圆形或披针形至倒披针形，长 1~2（3）厘米，宽 0.3~0.5（1）厘米，两面密被白色长柔毛。总状花序顶生，疏松；花冠紫色。荚果长椭圆形，扁平。生于河谷和山坡。分布于青海、西藏、四川西部、云南西北部；新疆（天山）；巴基斯坦、克什米尔地区、印度、尼泊尔。

Perennial herbs. Leaflets oblong or lanceolate to oblanceolate, 1-2(3) cm × 0.3-0.5(1) cm, densely white villous on both surfaces. Racemes lax. Corolla deep purple. Legume narrowly elliptic, flat. Valleys, slopes. Distr. Qinghai, Xizang, W Sichuan, NW Yunnan; Xinjiang (Tian Shan Mt.); Pakistan, Kashmir, India, Nepal.

2 披针叶野决明

1 2 3 4 5 6 7 8 9 10 11 12 <4000 m

Thermopsis lanceolata R.Br.[1-2, 5]

多年生草本。茎直立。小叶长为宽的 1.5~2.5 倍。总状花序顶生；花冠黄色，长 2.5~2.8 厘米；龙骨瓣宽为翼瓣的 1.5~2 倍。荚果线形。生于草原沙丘、河岸和砾滩。分布于甘肃、西藏；山西、内蒙古、陕西、新疆；吉尔吉斯斯坦、俄罗斯、蒙古。

Perennial herbs. Stems erect. Leaflets linear-oblong or oblanceolate to linear, length 1.5-2.5 times than the width. Racemes terminal. Corolla yellow, 2.5-2.8 cm, width of keels 1.5-2 times than the wings. Legume linear. Grasslands, ravines, waste fields. Distr. Gansu, Xizang; Shanxi, Nei Mongol, Shaanxi, Xinjiang; Kyrgyzstan, Russia, Mongolia.

3 矮生野决明

1 2 3 4 5 6 7 8 9 10 11 12 3500-4500 m

Thermopsis smithiana E.Peter[1-5]

多年生草本。小叶狭椭圆形或倒卵形。花冠鲜黄色；翼瓣和龙骨瓣等宽。荚果椭圆形、长圆形或倒卵形，膨胀。生于山坡。分布于西藏、四川西部、云南西北部。

Perennial herbs. Leaflets obovate to narrowly elliptic. Corolla bright yellow, keel and wing nearly equal in width. Legume elliptic, oblong, or obovate, inflated. Mountain slopes. Distr. Xizang, W Sichuan, NW Yunnan.

豆科 Fabaceae | 高山豆属 *Tibetia* (Ali) H.P.Tsui

多年生草本。奇数羽状复叶；托叶棕褐色，膜质，抱茎并与叶对生。伞形花序腋生，有 1~4 朵花；花萼棕褐色，上 2 萼齿，较大并部分合生；花冠通常深紫色，稀黄色；旗瓣具柄；翼瓣宽斜倒卵形，与旗瓣近等长；龙骨瓣小，长约及翼瓣之半；子房通常圆筒状；花柱内弯与子房成直角。荚果圆筒状，具多数种子。种子肾形，表面平滑。5 种；横断山区均有分布。

Herbs, perennial. Leaves imparipinnate. Stipules brown, membranous, amplexicaul and opposite to leaves. Umbel 1-4-flowered, on axillary peduncles; calyx brown, upper 2 teeth larger and joined; corolla usually dark purple, rarely yellow; standard clawed; wings broadly obovate, equal in length to standard; keel small; ovary cylindric, pilose or glabrous; style rolled inward. Legume cylindric, with many seeds. Seeds reniform, smooth. Five species; all found in HDM.

4 高山豆

1 2 3 4 5 6 7 8 9 10 11 12 3000-5000 m

Tibetia himalaica (Baker) H.P.Tsui[1-4]

植株密被毛。托叶大，卵形，先端尖；叶柄被稀疏长柔毛；小叶 9~13 枚，顶端微缺。伞形花序具 1~3 朵花；花冠深蓝紫色；子房被长柔毛。生于山区、高山草甸、石坡及林下。分布于甘肃、青海、西藏、四川、云南；巴基斯坦、印度、尼泊尔、不丹。

Plants with dense appressed hairs. Stipules ovate, large, apex acute. Petiole sparsely villous. Leaves 9-13-foliolate, leaflets apex retuse. Umbel 1-3-flowered; corolla bluish purple; ovary villous. Hilly areas, alpine meadows, rocky slopes, forests. Distr. Gansu, Qinghai, Xizang, Sichuan, Yunnan; Pakistan, India, Nepal, Bhutan.

1
2
2
3
3
4
4

1 黄花高山豆

1 2 3 4 5 6 7 8 9 10 11 12 ≈ 3000 m

Tibetia tongolensis (Ulbr.) H.P.Tsui[1-4]

托叶大，分离，钝头；小叶 5~9 枚，倒卵形、宽椭圆形或宽卵形，先端截形至微缺，长 12 毫米，宽 9 毫米。伞形花具 2~3 朵花；花冠黄色；子房光滑无毛。生于山区。分布于四川、云南。

Stipules large, free, rounded. Leaves 5-9-foliolate. Leaflets obovate, broadly elliptic, or broadly ovate, ca. 12 mm × 9 mm, apex truncate or retuse. Umbel 2- or 3-flowered; corolla yellow; ovary glabrous. Hills. Distr. Sichuan, Yunnan.

2 云南高山豆

1 2 3 4 5 6 7 8 9 10 11 12 > 2500 m

Tibetia yunnanensis (Franch.) H.P.Tsui var. *yunnanensis*[1-4]

托叶于节间抱茎，基部合生并与叶对生，渐尖头；小叶 3~7 枚，圆倒卵形至倒心形，顶端截形至微缺。伞形花序具 1~2 朵花；花冠紫色；子房被长柔毛。生于丘陵地区、溪边的草地或岩石坡、干扰牧场、灌丛、峡谷。分布于西藏东南部、四川、云南。

Stipules amplexicaul, joined at base and opposite to leaf, apex acuminate. Leaves 3-7 foliolate, leaflets obovate, broadly elliptic, or broadly ovate to obcordate, apex truncate to retuse. Umbel 1- or 2-flowered; corolla purple; ovary villous. Hilly areas, grassy or rocky places at streamsides, disturbed forests, thickets, ravines. Distr. SE Xizang, Sichuan, Yunnan.

3 蓝花高山豆

1 2 3 4 5 6 7 8 9 10 11 12 > 2500 m

Tibetia yunnanensis var. *coelestis* (Diels) X.Y.Zhu[1]

— *Tibetia tongolensis* f. *coelestis* (Diels) P.C.Li

与云南高山豆近似，但子房光滑。生于高山草坡。分布于西藏东南部、四川、云南。

Similar to *Tibetia yunnanensis* var. *yunnanensis*, only ovary glabrous. Grasslands on hills. Distr. SE Xizang, Sichuan, Yunnan.

豆科 Fabaceae | 野豌豆属 *Vicia* L.

一年生或多年生草本。茎攀援、蔓生或匍匐，稀直立。偶数羽状复叶，叶轴先端具卷须或短尖头；小叶 1~13 对，长圆形、卵形、披针形至线形，全缘。花序腋生，总状，稀单生或 2~4 簇生于叶腋；花冠淡蓝色、蓝紫色或紫红色，稀黄色或白色；旗瓣先端微凹，下方具较大的瓣柄；二体雄蕊（9+1）。荚果扁。约 160 种；中国 40 种；横断山 14 种。

Herbs annual or perennial. Stem trailing or climbing by means of tendrils, rarely erect. Leaves paripinnate with rachis terminating in a tendril, bristle, or mucro; leaflets 1-13-paired, margin entire. Inflorescence a raceme, or flowers in axillary fascicles or solitary; corolla various shades of blue, purple, red, rarely yellow or white; standard with a proximal claw and distal limb, apex retuse. Stamens diadelphous. Legume usually compressed. About 160 species; 40 in China; 14 in HDM.

4 山野豌豆

1 2 3 4 5 6 7 8 9 10 11 12 < 4000 m

Vicia amoena Fisch. ex Ser.[1-5]

多年生草本。叶轴顶端卷须有 2~3 分支；小叶 4~7 对，长为宽的 2.5~5 倍。花 10~20（30）朵密集着生于花序轴上部。生于森林、灌木丛、草原、丘陵、河岸、沙丘、田野、路旁等处；分布于西南、华北、东北、华中、华东、西北地区各地；俄罗斯（远东、西伯利亚）、哈萨克斯坦、蒙古、韩国、日本。

Herbs perennial. Rachis terminating in a tendril with 2-3 branches. Leaflets 4-7-paired, length 2.5-5 times than width. Raceme densely 10-20(30)-flowered on the upper part of the axis. Forests, scrub, grasslands, hills, roadsides, river bank, dunes, farms. Distr. SW, N, NE, C, E, NW China; Russia (Far East, Siberia), Kazakhstan, Mongolia, S Korea, Japan.

1

2

2

3

4

1 广布野豌豆

1 2 3 4 5 6 7 8 9 10 11 12 <4200 m

Vicia cracca L.[1-5]

多年生草本，高 40~150 厘米。茎攀援或蔓生。叶轴顶端卷须有 2~3 分支；小叶 5~12 对，互生，线形、长圆或披针状线形，长 11~30 厘米，宽 2~4 厘米，长为宽的 5~10 倍。花多数，10~40 朵密集着生于总花序轴上部；花冠紫色、蓝紫色或紫红色，长约 8~13（15）毫米 。生于林缘、灌丛、山坡、谷地、草地、草甸、溪边、湿沙地、田野、路边。广布于我国各省区；欧亚、北美。

Herbs perennial, 40-150 cm tall. Stem climbing or trailing. Leaves paripinnate, rachis terminating in a tendril with 2-3 branches. Leaflets 5-12-paired, linear, linear-lanceolate, or oblong, 11-30 cm × 2-4 mm, length 5-10 times than width. Raceme 10-40-flowered, densely on the upper part of the axis; corolla purple, blue-purple, or purple-red, 8-13(15) mm. Forest margins, thickets, hill slopes, valleys, grasslands, meadows, streamsides, wet sandy land, fields, roadsides. Distr. widespread in China; Eurasia, North America.

2 窄叶野豌豆

1 2 3 4 5 6 7 8 9 10 11 12 <3000 m

Vicia sativa subsp. *nigra* Ehrhart[1-2]

— *Vicia angustifolia* L.

一年生或二年生草本。小叶 2~7 对。花 1~2（4）朵腋生；花冠长 18~30 毫米。生于森林、山坡、草地、河滩、山沟、谷地、田边草丛。分布于西南、西北、华东、华中、华南各地；北非、亚洲、欧洲。

Herbs annual. Leaflets 2-7-paired. Flowers 1 or 2(4) in axillary fascicles; corolla 18-30 mm. Forests, hill slopes, grasslands, creek banks, farms, fields, margins of cultivation. Distr. Widespread from SW, NW, E, C, S China; North Africa, Asia, Europe.

3 四籽野豌豆

1 2 3 4 5 6 7 8 9 10 11 12 <2900 m

Vicia tetrasperma (L.) Schreb.[1-2, 4]

一年生缠绕草本。叶有卷须，小叶 2~6 对。花 1~2 朵。花甚小，长 4~8 毫米；旗瓣长圆倒卵形，翼瓣与龙骨瓣近等长；子房长圆形，长约 3~4 毫米，有柄。种子 4 枚，扁圆形。生于山坡、山谷、草原、田野、荒地、路边。分布于西南、华北、华东、华中、华南、西北地区各地；阿富汗、巴基斯坦北部、印度北部、不丹、哈萨克斯坦，俄罗斯、北非、中亚至东南亚、大西洋群岛北部、欧洲。

Herbs annual. Leaflets 2-6-paired; tendril present. Raceme 1- or 2-flowered. Flower small, 4-8 mm; standard oblong-obovate; wings subequaling keel; ovary stalked, oblong, 3-4 mm. Seeds 4, oblate-spheroid. Hill slopes, valleys, grasslands, fields, wastelands, roadsides. Distr. SW, N, E, C, S, NW China; Afghanistan, N Pakistan, N India, Bhutan, Kazakhstan, Russia, N Africa, C to E Asia, N Atlantic islands, Europe.

4 西藏野豌豆

1 2 3 4 5 6 7 8 9 10 11 12 1300-4300 m

Vicia tibetica Prain ex C.E.C.Fisch.[1-3, 5]

多年生草本。小叶 3~6 对，先端圆，具短尖头，叶脉密致，两面凸出。花 4~13 朵；花冠约 1 厘米。生于林中、灌丛、山坡及多石处。分布于青海及西南地区；印度东北部、不丹。

Herbs perennial. Leaflets 3-6-paired, apex obtuse and mucronate, veins dense, raised on both surfaces. Raceme sparsely 4-13-flowered. Corolla ca. 1 cm long. Forests, scrub, hill slopes, rocky places. Distr. Qinghai, SW China; NE India, Bhutan.

5 歪头菜

1 2 3 4 5 6 7 8 9 10 11 12 1300-4300 m

Vicia unijuga A.Braun[1-5]

多年生草本。叶轴末端为细刺尖头。小叶 1 对。总状花序单一，明显长于叶；花 8~20 朵；花冠长 1.1~1.5 厘米。生于林缘、草地、沟边及灌丛等处。分布于华北、东北、华东、西南地区；俄罗斯（西伯利亚、远东）、蒙古、朝鲜半岛、日本。

Herbs perennial. Rachis terminating into a mucro. Leaflets 1-paired. Raceme rarely branched, usually obviously longer than leaf. Densely 8-20-flowered; corolla 1.1-1.5 cm. Forests, scrub, mountain and hill slopes and summits, river and stream banks et al. Distr. N, NE, E and SW China; Russia (Far East, Siberia), Mongolia, Korea, Japan.

1

2

3

4

4

5

远志科 Polygalaceae | 远志属 *Polygala* L.

一年生或多年生草本、灌木或小乔木。单叶互生，稀对生或轮生。总状花序，花两性，具苞片 1~3 枚；萼片 5 枚，2 轮列；花瓣 3 枚；侧瓣与龙骨瓣常于中部以下合生；龙骨瓣顶端背部具鸡冠状附属物。蒴果，两侧压扁。种子 2 粒，末端被短柔毛。约 500 种；中国 44 种；横断山约 8 种。

Annual or perennial herbs, or shrubs or small trees. Leaves simple, alternate, rarely opposite or whorled. Racemes terminal, flowers bisexual, bracts 1-3; sepals 5, in 2 ranks; petals 3, connate in lower 1/2, keel apex with often highly divided appendage. Fruit capsular, compressed. Seeds 2, strophiolate at hiliferous end. About 500 species; 44 in China; eight in HDM.

1 丽江远志

1 2 3 4 5 6 **7 8 9** 10 11 12 ≈2900 m

Polygala lijiangensis C.Y.Wu & S.K.Chen[1-3]

总状花序与叶对生，长 1.5~2 厘米，3~8 朵；萼片 5 片，宿存，具缘毛；内萼片倒卵状，渐尖，似镰刀状，具鸡冠状附属物；花丝长约 4.5 毫米，2/3 以下合生成鞘，并与花瓣贴生，鞘具缘毛，鞘之中部以上又分为 2 束；子房圆形，具翅。蒴果圆形具阔翅及小缘毛，顶端凹。生于山坡草地。分布于云南西北部（丽江）。

Racemes opposite to leaves; 1.5-2 cm, 3-8-flowered; sepals 5, persistent, ciliate, inner sepals obovate, apex acuminate, falcate, with fimbriate appendages; filaments ca. 4.5 mm, lower 2/3 united into an opening tube adnate with petals, tube upper 1/2 2-lobed, ciliate; ovary globose, winged. Capsule orbicular with broadly winged and ciliate, apex retuse. Grasslands on slopes of hills. Distr. NW Yunnan (Lijiang).

2 西伯利亚远志

1 2 3 **4 5 6 7** 8 9 10 11 12 1100-3300 m

Polygala sibirica L.[1-5]

多年生草本，通常直立。叶互生，纸质至亚革质，侧脉不明显。花瓣 3 枚，蓝紫色，侧瓣倒卵形，2/5 以下与龙骨瓣合生，龙骨瓣较侧瓣长，具流苏状鸡冠状附属物。蒴果近倒心形，具狭翅及短缘毛。生于沙质土、石砾和石灰岩山地灌丛、林缘或草地。分布于全国各地；东亚、东南亚、俄罗斯、澳大利亚及欧洲。

Herbs perennial, often erect. Leaves alternate, papery or subleathery. Petals 3, connate in lower 2/5, blue-purple; lateral petals longer than keel, apex with fimbriate appendages. Capsule subcordate, narrowly winged, shortly ciliate. Grasslands on sandy loam, grassy slopes, gravel, limestone mountains. Distr. throughout China; E, SE Asia, Russia, Australia, Europe.

3 小扁豆

1 2 3 4 5 6 7 **8 9** 10 11 12 1300-3000 m

Polygala tatarinowii Regel[1-5]

一年生草本，直立。总状花序顶生，花密，花后延长达 6 厘米。花瓣 3 枚，红色至紫红色；侧生花瓣较龙骨瓣稍长，2/3 以下合生。龙骨瓣顶端无鸡冠状附属物，圆形，具乳突。生于山坡草地、杂木林下或路旁草丛中。分布于甘肃、西藏、四川、云南；华北、东北、华东、华中、西北地区；克什米尔地区、印度、不丹及东南亚。

Herbs annual, erect. Racemes terminal, densely flowered, after anthesis to 6 cm. Petals 3, red to purple-red; keel slightly shorter than lateral petals, connate in lower 2/3. Keel tuberculate, apex rounded, without appendage. Grasslands on slopes, thickets, roadsides. Distr. Gansu, Xizang, Sichuan, Yunnan; N, NE, E, C, NW China; Kashmir, India, Bhutan, SE Asia.

4 长毛籽远志

1 2 3 **4 5 6 7** 8 9 10 11 12 1100-3300 m

Polygala wattersii Hance[1-2, 4-5]

灌木或小乔木。总状花序 2~5 个成簇生于小枝近顶端的数个叶腋内，被白色腺毛状短细毛。花长 1.2~2 厘米；花黄色，稀白色或紫红色；侧生花瓣略短于龙骨瓣，龙骨瓣具 2 枚鸡冠状附属物。生于石山阔叶林中或灌丛中。分布于西藏、四川、云南；江西、湖北、湖南、广东、广西；越南北部。

Shrubs or small trees. Racemes 2-5, several axillary at apices of branchlets, shortly white glandular-hairy. Flowers sparse, 1.2-2 cm; petals yellow, rarely white or purple-red; lateral petals shorter than keel; keel apex with 2 appendage. Broad-leaved forests, shrub forests on limestone mountains. Distr. Xizang, Sichuan, Yunnan; Jiangxi, Hubei, Hunan, Guangdong, Guangxi; N Vietnam.

1  2

2  3  3

4  4

蔷薇科 Rosaceae | 羽叶花属 *Acomastylis* Greene

多年生草本。基生叶为羽状复叶，茎生叶较少，退化。萼筒多少陀螺形；萼片 5 枚；花瓣 5 枚，黄色；雄蕊多数，着生在萼筒周围；雌蕊多数，密被硬毛或仅顶端被疏毛；胚珠基生。约 15 种；中国 2 种；横断山 1 种。

Herbs perennial. Radical leaves pinnate; cauline leaves few, reduced. Hypanthium ± turbinate. Sepals 5; petals 5, yellow; stamens numerous, inserted at mouth of hypanthium. Carpels numerous, densely hirsute or only sparsely so near apex; ovule basal. About 15 species; two in China; one in HDM.

1 羽叶花

1 2 3 4 5 **6** **7** **8** 9 10 11 12 3500-5400 m

Acomastylis elata (Royle) F.Bolle[1-4]

基生叶有小叶 9~13 对。萼片比副萼片长 1 倍多，绿色。生于高山草地。分布于西藏、四川；陕西；克什米尔地区、印度（锡金邦）、尼泊尔、不丹。

Radical leaves with 9-13 pairs of leaflets. Sepals green, ca. 2 × as long as epicalyx segments. Alpine meadows. Distr. Xizang, Sichuan; Shaanxi; Kashmir, India(Sikkim), Nepal, Bhutan.

蔷薇科 Rosaceae | 桃属 *Amygdalus* L.

落叶乔木或灌木。腋芽常 2~3 个并生，两侧为花芽，中间是叶芽。幼叶后于花开放，稀与花同时开放。子房常具柔毛。果实为核果；核表面具深浅不同的纵、横沟纹和孔穴，极稀平滑。约 40 种；中国 11 种；横断山 5 种。

Trees or shrubs, deciduous. Axillary winter buds 2-3, lateral ones flower buds, central one a leaf bud. Flowers opening before or rarely with leaves. Ovary superior, hairy. Fruit a drupe; endocarp hard, surface furrowed, pitted, rugose, or smooth. About 40 species; 11 in China; five in HDM.

2 光核桃

1 2 **3** **4** 5 6 7 8 9 10 11 12 2000-4000 m

Amygdalus mira (Koehne) T.T.Yu & L.T.Lu[1-4]

乔木。花单生；萼筒钟形，紫褐色，无毛；萼片紫绿色；雄蕊比花瓣短得多。果实近球形，肉质，成熟时不开裂，外面密被柔毛；核表面光滑，仅于背面和腹面具少数不明显纵向浅沟纹。生于山坡杂木林中或山谷沟边。分布于西藏、四川、云南；俄罗斯。

Trees. Flowers solitary; hypanthium campanulate, purplish brown, outside glabrous; sepals purplish green; stamens much shorter than petals. Drupe subglobose; mesocarp fleshy, not splitting when ripe. Endocarp surface smooth and with few longitudinal shallow furrows only on dorsal and ventral sides. Slopes in mixed forests, mountain valleys, ravines. Distr. Xizang, Sichuan, Yunnan; Russia.

蔷薇科 Rosaceae | 假升麻属 *Aruncus* L.

多年生草本。根茎粗大。叶互生，大型。花单性，雌雄异株，成大型穗状圆锥花序；萼筒杯状，5 裂；萼片宿存，三角形；花瓣 5 枚，白色；花丝细长，约比花瓣长 1 倍。蓇葖果沿腹缝开裂。本属 3~6 种；中国 2 种；横断山均产。

Herbs perennial. Rhizome robust. Leaves exstipulate. Inflorescence a large, spikelike, many-flowered panicle. Hypanthium cupular, with ringlike disc on rim, 5-robed; sepals persistent in fruit, triangular; petals 5, white; filaments slender, ca.1 × longer than petals. Follicles dehiscent along adaxial suture. Three to six species; two in China; both found in HDM.

3 假升麻

1 2 3 4 5 **6** 7 8 9 10 11 12 1800-3500 m

Aruncus sylvester Kostel. ex Maxim.[1-2, 4]

高大草本，高 3~4 米。具二至三回羽状复叶；小叶片菱状卵形至长椭圆形。大型穗状圆锥花序，花序长 10~40 厘米，花朵排列稀疏。生于山沟、山坡杂木林下。分布于西南、西北、东北、华中、华东、东南地区；印度西北部、尼泊尔、不丹、俄罗斯、蒙古、朝鲜半岛、日本。

Herbs, 3-4 m tall. Leaves 2- or 3-pinnate. Leaflets rhombic-ovate, ovate-lanceolate, or long elliptic. Panicle lax, 10-40 cm. Mixed forests on montane slopes, valleys. Distr. SW, NW, NE, C, E, SE China; NW India, Nepal, Bhutan, Russia, Mongolia, Korea, Japan.

蔷薇科 Rosaceae | 樱属 *Cerasus* Mill.

落叶乔木或灌木。腋芽单生或 3 个并生。幼叶后于花开放或与花同时开放。花常有花梗，花序基部有芽鳞宿存或有明显苞片；萼片 5 枚，反折或直立开张；花瓣 5 枚，白色或粉红色；子房上位。核果成熟时肉质多汁，成熟时不开裂；核面平滑或稍有皱纹。约 150 种；中国 43 种；横断山 18 种。

Trees or shrubs, deciduous. Axillary winter buds 1 or 3. Flowers opening before or at same time as leaves. Pedicellate, with persistent scales or conspicuous bracts; sepals 5, reflexed or erect; petals 5, white or pink; ovary superior. Fruit a drupe, glabrous, not splitting when ripe, endocarp globose to ovoid, smooth or ± rugose. About 150 species; 43 in China; 18 in HDM.

1 高盆樱桃

1 2 3 4 5 6 7 8 9 **10 11 12** **700-3700 m**

Cerasus cerasoides (D.Don) S.Ya.Sokolov[1-2, 4]

乔木。叶边有重或单锯齿。花序近伞形，有花 1~4 朵；花叶同开；花淡粉色至白色。果紫黑色，核圆卵形，顶端圆钝，边有深沟和孔穴。生于沟谷密林中。分布于西藏南部、云南西北部；克什米尔地区、印度北部、尼泊尔、不丹、缅甸北部、越南北部。

Trees. Leaf margin acutely biserrulate, biserrate, or serrate and teeth. Inflorescences umbellate, 1-4-flowered; flowers opening at same time as leaves; petals white or pink. Drupe purplish black, endocarp ovoid, laterally deeply furrowed and pitted, apex obtuse. Forests in ravines. Distr. S Xizang, NW Yunnan; Kashmir, N India, Nepal, Bhutan, N Myanmar, N Vietnam.

2 细齿樱桃

1 2 **3 4** 5 6 7 8 9 10 11 12 **300-1200 m**

Cerasus serrula (Franch.) T.T.Yu & C.L.Li[1-4]

小枝紫褐色，无毛；嫩枝伏生疏柔毛。叶片边缘有尖锐单锯齿或重锯齿。花单生或有 2 朵；花叶同开。花梗长 6~12 毫米，被稀疏柔毛；萼筒管形钟状；花瓣白色，倒卵状椭圆形，先端圆钝。核果成熟时紫黑色。生于山坡、山谷林中、林缘或山坡草地。分布于青海、西藏、四川、云南；贵州。

Branchlets purplish brown, glabrous; young branchlets appressed pilose. Leaf blade margin acutely serrate or biserrate and teeth. Inflorescences 1-or 2-flowered; flowers opening at same time as leaves; pedicel 6-12 mm, apically slightly enlarged, pilose; hypanthium tubular-campanulate; petals white, obovate-elliptic, apex obtuse. Drupe purplish black. Mountain slopes, forest in ravines, forest margins, grassy mountain slopes. Distr. Qinghai, Xizang, Sichuan, Yunnan; Guizhou.

蔷薇科 Rosaceae | 木瓜属 *Chaenomeles* Lindl.

灌木至小乔木，落叶或常绿，有时具刺枝。花单生或簇生。雄蕊 20 余枚，2 轮。子房 5 室，每室具多数胚珠。果为梨果，大，常具宿存花柱。约 5 种；中国均有；横断山区 3 种。

Shrubs to small trees, deciduous or evergreen, sometimes with thorny branches. Flowers solitary or fascicled. Stamens 20 or more, 2-whorled. Ovary 5-loculed, with many ovules per locule. Fruit a pome, large, often with persistent incurved styles; seed brown. About five species; all found in China; three in HDM.

3 西藏木瓜

1 2 3 **4 5** 6 7 8 9 10 11 12 **2600-2700 m**

Chaenomeles thibetica T.T.Yu [FOC][2-5]

灌木或小乔木，高达 1.5~3 米；通常多刺。叶片革质，卵状披针形或长圆披针形，长 6~8.5 厘米，宽 1.8~3.5 厘米，下面密被褐色绒毛。花 3~4 朵簇生 , 淡粉红色或白色。果实长圆形或梨形，芳香，成熟时黄色，直径 5~9 厘米。生山坡山沟灌木丛中。分布于西藏东南部、四川西部、云南西北部。

Shrubs or small trees, 1.5-3 m tall; usually with many thorns. Leaf leathery, ovate-lanceolate or oblong-lanceolate, 6-8.5 cm × 1.8-3.5 cm, leathery, abaxially densely brown tomentose. Flowers 3- or 4-fascicled, pale pink or white. Pome fragrant, yellow, 5-9 cm in diam. Shrubs on slopes or in valleys. Distr. SE Xizang, W Sichuan, NW Yunnan.

1

1

2

2

3

蔷薇科 Rosaceae | 无尾果属 *Coluria* R.Br.

多年生草本，有柔毛，具根茎。托叶合生。萼筒倒圆锥形，花后延长，有10肋；萼片5枚，镊合状排列，宿存；花瓣5枚，黄色或白色，比萼片长；雄蕊多数，成2~3组；花丝离生，在果期宿存。花盘环绕萼筒，无毛；心皮多数，生在短花托上；花柱近顶生，直立，脱落；胚珠1枚，着生在子房基部。瘦果多数，扁平，包在宿存萼筒内。5种；中国4种；横断山2种。

Herbs perennial, rhizomatous, softly tomentose. Stipules connate. Hypanthium obconic, eventually elongated, 10-ribbed; sepals 5, valvate, persistent; petals 5, yellow or white, larger than sepals; stamens numerous, in 2 or 3 series; filaments free, persistent in fruit; disk lining hypanthium, glabrous; carpels numerous, inserted on short receptacle; style subterminal, erect, deciduous; ovule1, ascending from base of locule. Achenes numerous on columnar receptacle, included in hypanthium. Five species; four in China; two in HDM.

1 无尾果

1 2 3 4 5 **6 7 8** 9 10 11 12 3500-5400 m

Coluria longifolia Maxim.[1-5]

基生叶为羽状复叶；小叶9~20对，上部者较大，下部者渐小。花直径1.5~2.5厘米；花瓣黄色；心皮数个，心皮及瘦果平滑，无毛。生于高山草原。分布于甘肃、青海、西藏、四川、云南。

Radical leaf blades pinnate, leaflets in 9-20 pairs, proximal ones smaller, distal ones larger. Flowers 1.5-2.5 cm in diam. Petals yellow. Carpels numerous; carpels and achenes glabrous. Alpine meadows. Distr. Gansu, Qinghai, Xizang, Sichuan, Yunnan.

蔷薇科 Rosaceae | 栒子属 *Cotoneaster* Medikus

灌木，有时为小乔木状。叶互生，有时成两列状，柄短，全缘。花单生，2~3朵或多朵成聚伞花序；短萼片5枚，宿存；花瓣5枚，白色、粉红色或红色，在花芽中覆瓦状排列；子房下位或半下位。果实小形梨果状，红色、褐红色至紫黑色，先端有宿存萼片，内含2~5小核；小核骨质，常具1种子。种子扁平。约90种；中国59种；横断山41种。

Shrubs, rarely small trees. Leaves alternate, simple, shortly petiolate; margin of leaf blade entire, venation camptodromous; inflorescences cymose or corymbose, sometimes flowers several fascicled or solitary; sepals 5, persistent, short; petals 5, imbricate in bud, white, pink, or red; ovary inferior or semi-inferior. Fruit a drupe-like pome, red, brownish red, or orange to black, with persistent, incurved, fleshy sepals, containing pyrenes; pyrenes 2-5, bony, 1-seeded; seeds compressed. About 90 species; 59 in China; 41 in HDM.

2 尖叶栒子

1 2 3 4 **5 6** 7 8 9 10 11 12 1500-3000 m

Cotoneaster acuminatus Lindl.[1-5]

落叶直立灌木。叶片椭圆卵形至卵状披针形，先端渐尖，稀急尖，基部宽楔形，全缘，两面被柔毛，下面毛较密。萼筒钟状，外面微具柔毛，内面无毛；花瓣直立，基部具爪，粉红色。果实椭圆形，红色，内具2小核。生于杂木林内、灌丛、荒地。分布于西藏、四川、云南；印度北部、尼泊尔、不丹。

Shrubs deciduous, erect. Leaf blade elliptic-ovate to ovate-lanceolate, both surfaces villous, more densely so abaxially, base broadly cuneate, apex acuminate, rarely acute; hypanthium campanulate, abaxially appressed villous; petals erect, pink or whitish, base clawed. Fruit bright red, ellipsoid, pyrenes 2. Mixed forests, thickets, fields. Distr. Xizang, Sichuan, Yunnan; N India, Nepal, Bhutan.

3 细尖栒子

1 2 3 4 **5 6** 7 8 9 10 11 12 1000-3700 m

Cotoneaster apiculatus Rehder & E.H.Wilson[1-4]

叶片近圆形、圆卵形，稀倒卵形，先端有短尖，两面无毛或仅下面脉上稍具柔毛。花粉色。生于山坡路旁或林缘等地。分布于甘肃、四川、云南；湖北、陕西。

Leaf apically apiculate, rarely emarginate, blade suborbicular or orbicular-ovate, rarely broadly obovate, glabrous on both surfaces or slightly puberulous only along veins abaxially. Petals pinkish. Roadsides on slopes, forests, upland thickets, forest margins, ditch sides, rocky cliffs. Distr. Gansu, Sichuan, Yunnan; Hubei, Shaanxi.

1 泡叶栒子

1 2 3 4 **5** **6** 7 8 9 10 11 12 **900-3200 m**

Cotoneaster bullatus Bois var. *bullatus*[1-2]

叶片长圆卵形或椭圆卵形，长 3.5~7 厘米，宽 2~4 厘米，上面有明显皱纹并呈泡状隆起，下面具疏生柔毛，沿叶脉毛较密，有时近无毛。花 5~13 朵成聚伞花序；花瓣直立，浅红色。果实球形或倒卵形，直径 6~8 毫米，红色，4~5 小核。生于坡地疏林内、河岸旁或山沟边。分布于西藏、四川、云南；湖北。

Leaf blade oblong-ovate to elliptic or lanceolate-oblong, 3.5-7 cm × 2-4 cm, veins prominently raised abaxially, abaxially pilose, more densely so along veins, sometimes subglabrous, adaxially glabrous or pilose. Corymbs 5-13-flowered; petals erect, pinkish. Fruit red, globose or obovoid, 6-8 mm in diam, pyrenes 4 or 5. Slopes, sparse forests, thickets, river banks, mountain forests and valleys. Distr. Xizang, Sichuan, Yunnan; Hubei.

2 黄杨叶栒子

1 2 3 **4** **5** **6** 7 8 9 10 11 12 **1000-3900 m**

Cotoneaster buxifolius Wall. ex Lindl.[1-5]

常绿至半常绿矮生灌木。叶片先端具短尖，下面密被绒毛。萼筒外被绒毛；花梗 3~5 毫米，被绒毛。生于多石砾坡地、灌木丛中。 分布于西藏、四川、云南；贵州；印度、尼泊尔、不丹。

Shrubs evergreen to semievergreen. Abaxial surfaces of leaf blade and hypanthium tomentose. Pedicel 3-5 mm, tomentose. Mountain regions, rocky mountain slopes, thickets. Distr. Xizang, Sichuan, Yunnan; Guizhou; India, Nepal, Bhutan.

3 钝叶栒子

1 2 3 4 **5** **6** 7 8 9 10 11 12 **1300-3400 m**

Cotoneaster hebephyllus Diels[1-5]

叶片下面被绒毛或柔毛。生于石山上、丛林中或林缘隙地。分布于甘肃、西藏东南部、四川、云南；河北。

Leaf blade abaxially tomentose, rarely tomentose-villous. Mountain regions, clearings at forest margins, thickets, river valleys. Distr. Gansu, SE Xizang, Sichuan, Yunnan; Hebei.

4 小叶栒子

1 2 3 4 **5** **6** 7 8 9 10 11 12 **2500-4100 m**

Cotoneaster microphyllus Wall. ex Lindl.[1-5]

叶片下面密被绒毛或短柔毛。花瓣白色。果实红色稀黑色。生长于多石山坡地、山坡、高山、灌丛、路边。分布于西南地区；克什米尔地区、印度、尼泊尔、不丹、缅甸。

Leaf blade densely covered with fluff or pubescent. Petals white. Fruit red, rarely black. Rocks, slopes, high mountain areas, thickets, roadsides. Distr. SW China; Kashmir, India, Nepal, Bhutan, Myanmar.

5 毡毛栒子

1 2 3 4 5 **6** 7 8 9 10 11 12 **1100-3200 m**

Cotoneaster pannosus Franch.[1-2, 4]

半常绿灌木。叶片革质，椭圆形或卵形，先端急尖或圆钝。花药紫红色。果实球形或卵形，小核 2 枚。生于荒山多石地或灌木丛中。分布于四川、云南。

Semi-evergreen shrub. Leaf blade narrowly elliptic, elliptic, or ovate, leathery, apex obtuse or acute. Anthers purplish red. Fruit globose or ovoid, with 2 pyrenes. Thickets, rocky places, waste places in mountain regions, slopes. Distr. Sichuan, Yunnan.

6 高山栒子

1 2 3 4 **5** **6** 7 8 9 10 11 12 **3000-3600 m**

Cotoneaster subadpressus T.T.Yu[1-4]

叶片近圆形或宽卵形，革质，叶边厚，幼时具柔毛，老时无毛。果实卵球形，直径 5~6 毫米，小核 2 枚。生于高山石坡上或针叶林下。分布于四川西南部和云南西北部。

Leaf blade leathery, margin thick, initially pubescent, glabrous when old. Fruit ovoid, 5-6 mm in diam. Pyrenes 2. Rocky slopes of high mountains, coniferous forests, forest margins. Distr. SW Sichuan, NW Yunnan.

1
2
2
3
4
4
5
5
6

蔷薇科 Rosaceae | 山楂属 *Crataegus* L.

落叶稀半常绿灌木或小乔木，通常具刺，很少无刺。冬芽卵形或近圆形。单叶互生。伞房花序或伞形花序，极少单生；心皮 1~5 枚；子房下位至半下位。梨果，先端有宿存萼片。心皮熟时为骨质，成小核状。横断山区 5 种。

Shrubs, subshrubs, or small trees, deciduous, rarely evergreen, armed, rarely unarmed. Buds ovoid or subglobose. Leaves simple, alternative. Ovary inferior or semi-inferior. Fruit pome, with persistent sepals at apex. Carpels 1-5, bony when mature, each locule with 1 seed. Five species in HDM.

1 中甸山楂

1 2 3 4 **5** 6 7 8 9 10 11 12 2500-3500 m

Crataegus chungtienensis W.W.Sm. [1-4]

叶片宽卵形，有 2~4 对浅裂片，先端圆钝。果实椭圆形，红色。生于山溪边杂木林或灌木丛中。分布于云南西北部。

Leaf blade broadly ovate, with 2-4 pairs of lobes, apex obtuse. Fruit ellipsoid, red. Mixed stream side forests, among shrubs. Distr. NW Yunnan.

蔷薇科 Rosaceae | 移依属 *Docynia* Decne.

常绿或半常绿乔木。冬芽小，卵形，有数枚外露鳞片。单叶，互生，有叶柄与托叶。花 2~5 朵，丛生，与叶同时开放或先叶开放；苞片小，早落；花瓣 5 枚，基部有短爪，白色；雄蕊 30~50 枚，排成两轮；子房下位，5 室，每室具 3~10 枚胚珠。梨果近球形，卵形或梨形，具宿存直立或稍弯的萼片。约 5 种；中国 2 种；横断山均产。

Trees evergreen or semievergreen. Buds ovoid, small, with several exposed scales. Leaves simple, alternate, stipulate, petiolate. Flowers shortly stalked, 2-5-fascicled, precocious or synantherous. Bracts caducous, small. Petals 5, white, base shortly clawed; stamens 30-50, 2-whorled; ovary inferior, 5-loculed, with 3-10 ovules per locule. Pome subglobose, ovoid, or pyriform, with persistent erect or incurved sepals. About five species; two in China; both found in HDM.

2 云南移依

1 2 **3** **4** 5 6 7 8 9 10 11 12 1000-3000 m

Docynia delavayi (Franch.) Schneid.[1-4]

乔木，高达 10 米。叶片披针形或卵状披针形，长 6~8 厘米，宽 2~3 厘米，下面密被黄白色绒毛。花 3~5 朵，丛生于小枝顶端，白色；花直径 2.5~3 厘米。果实卵形或长圆形，直径 2~3 厘米，幼果密被绒毛，通常有长果梗。生于山野沟边、溪旁或灌丛中。分布于四川、云南；贵州。

Trees, up to 10 m tall. Leaf blade lanceolate or ovate lanceolate, 6-8 cm long, 2-3 cm wide, densely tomentose below. Flowers 3-5, clustered, white; diameter 2.5-3 cm. Fruit ovate or oblong, 2-3 cm in diam., young fruit densely tomentose, usually with a long peduncle. Forests and shrubs, beside stream. Distr. Sichuan, Yunnan; Guizhou.

蔷薇科 Rosaceae | 蚊子草属 *Filipendula* Mill.

多年生草本。叶常为羽状复叶或掌状分裂；通常顶生小叶扩大，分裂；托叶大，常近心形。聚伞花序呈圆锥状或伞房状；花多而小，两性，极稀单性而雌雄异株；雄蕊 20~40 枚；雌蕊 5~15 枚；每心皮有胚珠 1~2 颗；花柱顶生，柱头头状。瘦果。10 余种；中国 7 种；横断山 1 种。

Herbs perennial. Stipules large or small, subcordate to ovate-lanceolate; leaf blade pinnate; leaflets pinnately or palmately lobed. Inflorescence corymbose cymose or paniculate cymose, central branch shortened. Flowers bisexual, rarely dioecious; sepals 5, reflexed after flowering; stamens 20-40; carpels 5-15; ovules 1 or 2; style terminal; stigma capitate. Fruit an achene. More than ten species; seven in China; one in HDM.

3 锈脉蚊子草

1 2 3 4 **5** **6** **7** **8** 9 10 11 12 3000-3200 m

Filipendula vestita (Wall.) Maxim.[1-4]

叶片下面密被白色或淡褐色绒毛，脉上伏生锈色柔毛，茎生叶托叶边缘有锯齿；瘦果基部无柄。生于高山草地及河边。分布于云南；阿富汗、克什米尔地区、尼泊尔。

Leaf blade abaxially densely white or brownish tomentose, appressed ferrugineous pilose on veins. Alpine meadows, river banks. Distr. Yunnan; Afghanistan, Kashmir, Nepal.

1

1

1

2

3

蔷薇科 Rosaceae | 草莓属 *Fragaria* L.

多年生草本。通常具纤匍枝。叶为三出或羽状五小叶；托叶膜质，褐色，基部与叶柄合生，鞘状。花两性或单性，杂性异株；花柱自心皮腹面侧生，宿存。瘦果小，硬壳质，成熟时着生在球形或椭圆形肥厚肉质花托凹陷内。约 20 种；中国 9 种；横断山 8 种。

Herbs perennial, mostly stoloniferous, polygamo-dioecious. Stipules adnate to base of petiole, often membranous, sheathing; leaf blade 3-foliolate or pinnately 5-foliolate; carpels numerous, free, borne on convex receptacle. Achenes numerous, seated in pits on surface of aggregate fruit, minute, brittle. Seed testa membranous. About 20 species; nine in China; eight in HDM.

1 西南草莓

1 2 3 4 **5 6 7 8** 9 10 11 12 **1400-4000 m**

Fragaria moupinensis (Franch.) Cardot[1-5]

植株被银白色毛。萼片在果期紧贴于果实。小叶（3～）5 枚，质地较薄。生于山坡、草地、林下。分布于西南和西北地区。

Plants silvery hairy throughout. Sepals appressed to aggregate fruit in fruit. Leaflets (3-)5, thin. Forests, meadows, mountain slopes. Distr. SW and NW China.

2 西藏草莓

1 2 3 4 **5 6 7 8** 9 10 11 12 **2500-3900 m**

Fragaria nubicola (Hook.f.) Lindl. ex Lacaita[1-5]

萼片在果期紧贴果实。生沟边林下、林缘及山坡草地。分布于我国西藏；阿富汗、巴基斯坦、克什米尔地区、印度（锡金邦）、尼泊尔、不丹、缅甸。

Sepals appressed to agregate fruit in fruit. Valley forests, forest margins, meadows on mountain slopes. Distr. Xizang; Afghanistan, Pakistan, Kashmir, India(Sikkim), Nepal, Bhutan, Myanmar.

蔷薇科 Rosaceae | 棣棠花属 *Kerria* DC.

落叶灌木。小枝细长，冬芽具数个鳞片。单叶，互生，具重锯齿；托叶钻形，早落。花两性，大而单生；萼筒短，碟形；花瓣 5 枚，黄色；雄蕊多数；雌蕊 5~8 枚，分离；每心皮有 1 胚珠，侧生于缝合线中部。瘦果侧扁，无毛。本属 1 种。

Shrubs deciduous. Branchlets virgate, arising from scaly buds, slender. Leaves alternate; stipules linear-subulate, caducous; leaf blade simple, margin doubly serrate. Flowers solitary, large, bisexual; petals 5, yellow; stamens numerous; carpels 5-8, free; ovules 1, laterally attached to middle of suture. Fruit an achene, laterally compressed, glabrous. One species.

3 棣棠花

1 2 3 **4 5 6** 7 8 9 10 11 12 **1200-3000 m**

Kerria japonica (L.) DC.[1-4]

描述同属。生于山坡灌丛中。分布于华北、华东、华中、西北、西南地区；日本。

See descriptions for the genus. Thickets on mountain slopes. Distr. N, E, C, NW and SW China; Japan.

蔷薇科 Rosaceae | 苹果属 *Malus* Mill.

乔木或灌木。单叶互生，有叶柄和托叶。伞形总状花序；雄蕊 15~50 枚，具有黄色花药和白色花丝；子房下位；花柱 3~5 枚，基部合生。梨果，子房壁软骨质。约 55 种；中国 25 种；横断山 14 种。

Trees or shrubs. Leaves alternate, simple, petiolate, stipulate. Inflorescences cory mbose-racemose; stamens 15-50, with white filaments and yellow anthers; ovary inferior. Styles 3-5, connate at base. Pome with cartilaginous endocarp (core). About 55 species; 25 in China; 14 in HDM.

4 丽江山荆子

1 2 3 4 **5 6** 7 8 9 10 11 12 **2400-3800 m**

Malus rockii Rehder[1-5]

叶片不分裂，在芽中呈席卷状。果实内无石细胞。生山谷杂木林中。分布于西南地区；不丹。

Leaf blade not lobed, convolute in bud. Pome without stone cells. Mixed forests in valleys. Distr. SW China; Bhutan.

1
1
2
3
3
4
4

蔷薇科 Rosaceae | 绣线梅属 *Neillia* D.Don

落叶灌木，稀亚灌木。枝条开展。单叶互生，常成2行排列，常有显著托叶。顶生总状花序或圆锥花序；两性花；苞片早落；萼筒钟状至筒状；萼片5枚，直立；花瓣5枚，白色或粉红色，约与萼片等长。蓇葖果藏于宿存萼筒内。约17种；中国15种；横断山区11种。

Shrubs, rarely subshrubs, deciduous. Branchlets spreading. Leaves often 2-ranked. Stipules conspicuous. Inflorescence raceme or panicle; flowers bisexual; bracts caducous; hypanthium campanulate, urceolate-campanulate, or cylindric; sepals 5, erect; petals 5, white or pink-red, subequaling sepals. Follicles enclosed by persistent hypanthium. About 17 species; 15 in China; 11 in HDM.

1 矮生绣线梅

1 2 3 4 5 6 7 8 9 10 11 12 2800-3000 m

Neillia gracilis Franch.[1-4]

矮生亚灌木。顶生总状花序；萼筒钟状至壶形钟状，萼筒外被短柔毛，小枝、叶柄和总花梗不具腺毛；花3~7朵。生于高山草地中或湿润山坡。分布于四川西部、云南北部。

Subshrubs. Inflorescence a raceme. Hypanthium campanulate to urceolate-campanulate, pubescence. Branchlets, petioles, and peduncles eglandular; 3-7-flowered. Alpine meadows, moist slopes. Distr. W Sichuan, N Yunnan.

蔷薇科 Rosaceae | 委陵菜属 *Potentilla* L.

多年生草本，稀为一年生草本或灌木。叶为奇数羽状复叶或掌状复叶。花通常两性，单生、聚伞花序或聚伞圆锥花序；萼筒下凹，多呈半球形，萼片5枚；花瓣5枚，通常黄色，稀白色或紫红色。瘦果多数，着生在干燥的花托上，萼片宿存。约500种；中国86种；横断山45种。

Herbs perennial, rarely biennial, annual, or shrubs. Leaves pinnate or palmately compound. Flowers usually bisexual; inflorescence often cymose or cymose-paniculate, or 1-flowered; hypanthium concave, mostly hemispheric; sepals 5; petals 5, often yellow, rarely white or purple. Achenes numerous, inserted on dry receptacle with persistent sepals. About 500 species; 86 in China; 45 in HDM.

2 蕨麻

1 2 3 4 5 6 7 8 9 10 11 12 500-4100 m

Potentilla anserina L.[1-5]

小叶片下面密被白色或淡黄色绒毛。单花侧生，稀顶生1~2朵花。生于河岸、路边、山坡草地及草甸。分布于华北、东北、西南、西北地区；亚洲、澳大利亚（塔斯马尼亚）、欧洲、太平洋群岛（新西兰）、北美洲、南美洲（智利）。

Leaflets densely covered with white or light yellow hairsbelow. Single lateral flowers, raley 1 or 2 acrogenous flowers. Meadows, grasslands, river banks, roadsides. Distr. N, NE, SW, NW China; Asia, Australia (Tasmania), Europe, Pacific Islands (New Zealand), North America, South America (Chile).

3 关节委陵菜

1 2 3 4 5 6 7 8 9 10 11 12 3200-4800 m

Potentilla articulata Franch.[1-5]

叶呈掌状3小叶，小叶全缘，小叶片基部有关节。花柱近顶生。生于高山流石滩雪线附近。分布于西藏、四川西南部、云南。

Leaf blade 3-foliolate; leaflet margin entire, leaflets articulate at base. Style subterminal. Alpine meadows, gravels near snow line, bare rocks. Distr. Xizang, SW Sichuan, Yunnan.

4 二裂委陵菜

1 2 3 4 5 6 7 8 9 10 11 12 400-4000 m

Potentilla bifurca L.[1-3, 5]

草本。花瓣黄色。生于地边、道旁、沙滩、山坡草地、黄土坡上、半干旱荒漠草原及疏林下。分布于华北、东北、西北、西南地区；俄罗斯、蒙古、朝鲜半岛。

Herbs. Petals yellow. Sparse forests, grassy, sandy river banks, field and road banks, sandy coasts. Distr. N, NE, NW, SW China; Russia, Mongolia, Korea.

1

1

2

3

3

4

1 丛生荽叶委陵菜

1 2 3 4 5 6 7 8 9 10 11 12 3300-4500 m

Potentilla coriandrifolia var. *dumosa* Franch.[1-2, 4-5]

植株比较矮小，丛生。小叶常 2~4 对。花常单生，稀 2~3 朵；花瓣黄色，基部无紫斑。生于高山草甸或岩石缝中。布于分西藏、四川、云南；缅甸。

Stems low and tufted. Leaflets usually in 2-4 pairs. Inflorescence 1-(2-3) flowered. Petals yellow throughout, not purple-red at base. Alpine meadows, rock crevices. Distr. Xizang, Sichuan, Yunnan; Myanmar.

2 楔叶委陵菜

1 2 3 4 5 6 7 8 9 10 11 12 2700-3600 m

Potentilla cuneata Wall. ex Lehm.[1-5]

小叶仅顶端有 3 齿，基部楔形。花柱侧生或近基生。生于高山草地、岩石缝中、灌丛下及林缘。分布于西藏、四川、云南；克什米尔地区、印度（锡金邦）、尼泊尔、不丹。

Leaflet 3-serrate at apex, base cuneate. Style lateral or sub-basal. Forest margins, thickets, alpine meadows, rock crevices. Distr. Xizang, Sichuan, Yunnan; Kashmir, India(Sikkim), Nepal, Bhutan.

3 毛果委陵菜

1 2 3 4 5 6 7 8 9 10 11 12 2700-5000 m

Potentilla eriocarpa Wall. ex Lehm.[1-5]

小叶边缘有锯齿或上半部有 5~7 个锯齿或 2~5 个深裂片。瘦果外被长柔毛，表面光滑。生于高山草地、岩石缝及疏林中。分布于西藏、四川、云南；陕西；克什米尔地区、印度、尼泊尔、不丹。

Leaflet distally 5-7-dentate or 2-5-parted at margin. Achenes smooth, villous. Sparse forests, alpine meadows, talus slopes, rock crevices. Distr. Xizang, Sichuan, Yunnan; Shaanxi; Kashmir, India, Nepal, Bhutan.

4 伏毛金露梅

1 2 3 4 5 6 7 8 9 10 11 12 2600-4600 m

Potentilla fruticosa var. *arbuscula* (D.Don) Maxim.[1-5]

直立灌木，茎粗壮。小叶片上面密被伏生白色柔毛，下面网脉较为明显突出，被疏柔毛或无毛，边缘常向下反卷。生于山坡草地、灌丛或林中岩石上。分布于西藏、四川、云南；印度（锡金邦）、尼泊尔、不丹。

Shrubs erect. Stems robust. Leaflets abaxially densely appressed white villous, adaxiallysparsely pilose or glabrous, prominently elevated reticulate veined, margin strongly revolute. Rocks in forests, thickets, grassy mountain slopes. Distr. Xizang, Sichuan, Yunnan; India(Sikkim), Nepal, Bhutan.

5 金露梅

1 2 3 4 5 6 7 8 9 10 11 12 1000-4000 m

Potentilla fruticosa L. var. *fruticosa*[1-4]

灌木。花瓣黄色。生于山坡草地、砾石坡、灌丛及林缘。分布于华北、东北、西北、西南地区；亚洲、欧洲、北美地区。

Shrub. Petals yellow. Forest margins, thickets, grassy mountain slopes, talus slopes. Distr. N, NE, NW, SW China; Asia, Europe, North America.

6 银露梅

1 2 3 4 5 6 7 8 9 10 11 12 1400-4200 m

Potentilla glabra G.Lodd. var. *glabra*.[1-5]

灌木。花瓣白色。生于山坡草地、河谷岩石缝中、灌丛及林中。分布于华北、华中、西南、西北地区；俄罗斯、蒙古、朝鲜半岛。

Shrub. Petals white. Forests, thickets, meadows on mountain slopes, among rocks in valleys. Distr. N, C, SW, NW China; Russia, Mongolia, Korea.

1
2
3
4
5
6

1 西南委陵菜

1 2 3 4 5 6 7 8 9 10 11 12 1500-3800 m

Potentilla lineata Trevir.[1]

— *Potentilla fulgens* Wall.

小叶下面白色，被白绢毛或绒毛。顶生伞房状聚伞花序。生于山坡草地、路边草地、灌丛、林缘及林中。分布于西藏、四川、云南；湖北、贵州；印度、尼泊尔、不丹。

Leaflets green white, cover with white silky or fluffy hairs. Apical umbrella room cyme. Forests and forests margins, thickets, grassy mountain slopes, open grassy places by roads. Distr. Xizang, Sichuan,Yunnan; Hubei, Guizhou; India, Nepal, Bhutan.

2 小叶金露梅

1 2 3 4 5 6 7 8 9 10 11 12 900-5000 m

Potentilla parvifolia Fisch.[1-5]

小叶小，背面被绢毛、白色绒毛，或具柔毛，基部楔形。生于山坡草地、河谷岩石缝中、灌丛及林中。分布于甘肃、青海、西藏、四川、云南；内蒙古、黑龙江；俄罗斯、蒙古。

Leaflets small, abaxially sericeous, white tomentose, or pilose, base cuneate. Forests, forest margins, thickets on mountain slopes, rock crevices, steppes. Distr. Gansu, Qinghai, Xizang, Sichuan, Yunnan; Nei Mongol, Heilongjiang; Russia, Mongolia.

3 狭叶委陵菜

1 2 3 4 5 6 7 8 9 10 11 12 3200-5800 m

Potentilla stenophylla (Franch.) Diels[1-5]

小叶长圆形，向叶基部逐渐变窄，下面脉上伏生长柔毛，其余部分脱落。花多朵组成聚伞花序，稀 1~2 朵。生于山坡草地及多砾石地。分布于西藏、四川、云南；印度（锡金邦）、缅甸。

Leaflets oblong, becoming gradually smaller toward base of leaf,only leaf vein covered withpubescence,the rest parts glabrous. Cymose inflorescence, rarely 1-2-flowers. Forest margins, alpine meadows. Distr. Xizang, Sichuan, Yunnan; India (Sikkim), Myanmar.

蔷薇科 Rosaceae | 扁核木属 *Prinsepia* Royle

落叶直立或攀援灌木。枝具无叶或少叶的腋生刺，片状髓部。冬芽小，卵圆形，有少数被毛鳞片。单叶互生或簇生，有短柄；叶片全缘或有细齿。花两性；排成总状花序或簇生和单生，生于叶腋或侧枝顶端；萼筒宿存，杯状，具有圆形不相等圆盘；萼片 5 枚，不等长，果期宿存；花瓣 5 枚，白色或黄色，近圆形，基部有短爪；雄蕊 10 或多数，分数轮，着生在萼筒口部花盘边缘；花丝较短；子房上位，无毛，1 室，胚珠 2 枚，并生，下垂；花柱侧生，柱头头状。核果椭圆形或圆筒形，肉质，核革质，平滑或稍有纹饰。5 种；中国 4 种；横断山区 1 种。

Shrubs, erect or scandent, deciduous. Branches with leafless or few-leaved axillary spines, pith lamellate. Winter buds small, with a few hairy scales. Leaves alternate, sometimes fascicled on short shoots, simple; leaf blade glabrous, margin entire or serrulate. Flowers bisexual; inflorescences solitary or fascicled on short branchlets in leaf axils of previous years branches, racemose, or 1-flowered; hypanthium mouth with an annular disc; sepals 5, unequal, persistent in fruit; petals 5, white, cream, or yellow, suborbicular, base clawed; stamens 10 or more, in 2 or more whorl, inserted on hypanthium rim; filaments short; ovary superior, glabrous, 1-loculed, ovules 2, parallel, pendulous; style lateral, stigma capitate. Fruit a drupe, mesocarp fleshy, endocarp leathery, smooth or slightly furrowed. Five species; four in China; one in HDM.

4 扁核木

1 2 3 4 5 6 7 8 9 10 11 12 1000-2560 m

Prinsepia utilis Royle[1-4]

枝刺上有叶，稀无叶。花多朵排成总状花序，白色；雄蕊多余 10 枚，排成数轮。生于山坡、荒地、山谷或路旁等处。分布于西南地区；巴基斯坦、印度北部、尼泊尔、不丹。

Spines leafy, rarely leafless. Flowers in racemes, white. Stamens more than 10, in several whorls. Slopes, wastelands, valleys, along trails. Distr. SW China; Pakistan, N India, Nepal, Bhutan.

1

2

2

3

3

4

4

蔷薇科 Rosaceae | 火棘属 *Pyracantha* Roem.

常绿灌木或小乔木，常具枝刺。单叶互生或簇生，托叶细小，早落。复伞房花序；萼筒短，萼片 5 枚；花瓣 5 枚，白色，近圆形，开展，基部具短爪；雄蕊 15~20 枚，花药黄色；心皮 5 枚；子房半下位。梨果小，红色或橘色，球形，顶端萼片宿存，内含小核 5 粒。约 10 种；中国 7 种；横断山 3 种。

Shrubs or small trees, evergreen, usually with thorny branches. Leaves simple, alternate or fascicled, stipules caducous, minute; inflorescences compound corymbs; hypanthium short, sepals 5; petals 5, spreading, white, usually suborbicular, base shortly clawed; stamens 15-20, anthers yellow; carpels 5; half-inferior ovary. Pome red or orange, globose, with persistent incurved sepals at apex, pyrenes (nutlets) 5. About ten species; seven in China; three in HDM.

1 窄叶火棘

1 2 3 4 **5** **6** 7 8 9 10 11 12 **1600-3000 m**

Pyracantha angustifolia (Franch.) C.K.Schneid.[1-5]

叶片窄长圆形至倒披针状长圆形，叶片下面与花萼外面密被绒毛，叶边全缘或近全缘。生于阳坡灌丛中或路边。分布于西南、华东、华中地区。

Leaf blade narrowly oblong to oblanceolate-oblong, leaf and hypanthium densely tomentose. Leaf margin entire or nearly entire. Thickets on slopes, at roadsides. Distr. SW, E, C China.

2 火棘

1 2 **3** **4** **5** 6 7 8 9 10 11 12 **500-2800 m**

Pyracantha fortuneana (Maxim.) H.L.Li[1-5]

叶片下面无毛。叶边有圆钝锯齿，中部以上最宽。生于山地、丘陵地阳坡灌丛草地及河沟路旁。分布于西南、华东、华中、华南、西北地区。

Leaf blade glabrous. Leaf blade crenate-serrate at margin, broadest in apical part. Thickets, stream sides, roadsides. Distr. SW, E, C, S, and NW China.

蔷薇科 Rosaceae | 蔷薇属 *Rosa* L.

灌木，多数被有皮刺、针刺或刺毛，稀无刺。叶互生，奇数羽状复叶，稀单叶。花单生或成伞房状，稀复伞房状或圆锥状花序；萼片 5 枚，稀 4 枚，开展；花瓣 5 枚，稀 4 枚，开展，覆瓦状排列，白色、黄色、粉红色至红色；心皮着生在萼筒内，离生。瘦果木质，着生在肉质萼筒内形成蔷薇果。约 200 种；中国 95 种；横断山 49 种 。

Shrubs, mostly prickly, bristly, or rarely unarmed. Leaves alternate, odd pinnate, rarely simple. Flowers solitary or in a corymb, rarely in a compound corymb or a panicle; sepals 5, rarely 4; petals 5, rarely 4, imbricate, white, yellow, pink, or red; carpels free, inserted at margin or base of hypanthium. Fruit a hip, formed from fleshy hypanthium. Achenes woody, on adaxial surface of fleshy hypanthium. About 200 species; 95 in China; 49 in HDM.

3 复伞房蔷薇

1 2 3 4 5 **6** 7 8 9 10 11 12 **1900-2800 m**

Rosa brunonii Lindl.[1-5]

花柱伸出花托口外。小叶片 3~5（7）对，重锯齿，或者同时存在单锯齿以及重锯齿；花多朵排成复伞房状花序。多生于林下或河谷林缘灌丛中。分布于西南地区；巴基斯坦、克什米尔地区、印度北部、尼泊尔、不丹、缅甸。

Styles exserted out of the receptacle. Leaflets 3-5(7), margin doubly serrate, or both simple and doubly serrate. Flowers numerous in compound corymb. Forests, thickets, scrub at forest margins, valleys. Distr. SW China; Pakistan, Kashmir, N India, Nepal, Bhutan, Myanmar.

4 峨眉蔷薇

1 2 3 4 **5** **6** 7 8 9 10 11 12 **700-4000 m**

Rosa omeiensis Rolfe[1-5]

花柱不伸出花托口外；花单生，稀数朵，但无苞片。果熟时果梗膨大。生于冷杉林、灌丛、灌丛、草地、山坡。分布于西南、西北地区。

Styles free, not exserted. Single flowers, rare several ones, without bracts. Fruit stalk inflated when ripe. Abies forests, thickets, scrub, pastures, hillsides, slopes. Distr. SW and NW China.

1
1
2
2
3
4
4
4

1 中甸刺玫

1 2 3 4 5 6 7 8 9 10 11 12 2700-3000 m

Rosa praelucens Bijh.[1-4]

小叶片两面有软毛。萼片全缘；花瓣红色。蔷薇果外面散生针刺。多生于向阳山坡丛林中。分布于云南西北部。

Leaflets pubescent on both surfaces. Sepals entire. Petals red. Hip sparsely glandular prickly. Woods on open slopes. Distr. NW Yunnan.

2 绢毛蔷薇

1 2 3 4 5 6 7 8 9 10 11 12 2000-4400 m

Rosa sericea Lindl.[1-5]

小叶片 7~11（13）枚，上面无毛，下面被毛。花柱不伸出花托口外；花单生，稀数朵，但无苞片。果熟时果梗不膨大。生于森林边缘、灌丛、山谷山坡、干燥山谷、悬崖、山顶、碎石、干燥和阳光充足的地方。分布于西南地区；印度、不丹、缅甸。

Leaflets 7-11(13), adaxially glabrous, abaxially sericeous. Styles free, not exserted; single flowers, rare several ones, without bracts. Fruit stalk not inflated when ripe. Forest margins, scrub, valley slopes, dry valleys, cliffs, mountain summits, gravels, dry sunny places. Distr. SW China; India, Bhutan, Myanmar.

3 川滇蔷薇

1 2 3 4 5 6 7 8 9 10 11 12 2500-3700 m

Rosa soulieana Crép.[1-5]

花柱伸出花托口外；花梗短，不超过 1 厘米；萼片光滑。生于山坡、沟边、灌丛或者农田中。分布于西南地区。

Styles exserted out of the receptacle. Pedicel shorter, not exceeding 1 cm. Sepals usually glabrous. Scrub, slopes, stream sides, farmland. Distr. SW China.

4 小叶蔷薇

1 2 3 4 5 6 7 8 9 10 11 12 1300-3800 m

Rosa willmottiae Hemsl.[1-5]

小叶连叶柄长 2~4 厘米。花柱不伸出花托口外；花形成花序，有苞片；花托上部在果实成熟时脱落。多生于灌丛中、山坡路旁或沟边等处。分布于西南、西北地区。

Leaves including petiole 2-4 cm. Styles free, not exserted; flower forming inflorescence, with bracts; receptacle fall off when fruit ripe. Thickets, scrub, open slopes, stream sides, roadsides. Distr. SW and NW China.

1

1

1

2

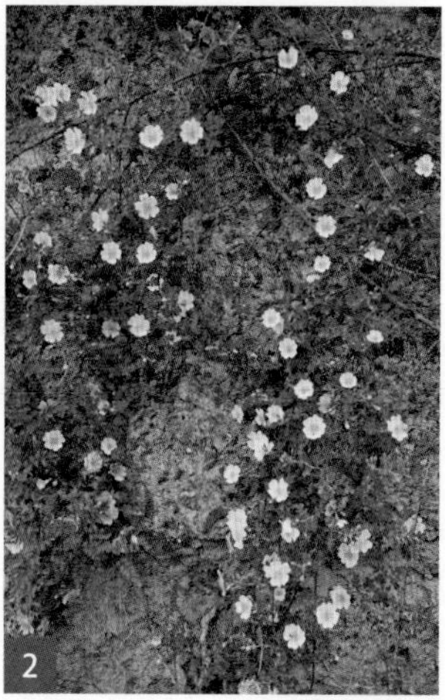

2

3

3

4

蔷薇科 Rosaceae | 悬钩子属 *Rubus* L.

灌木、半灌木或多年生匍匐草本。茎具皮刺、针刺或刺毛及腺毛，稀近无刺。叶互生，有叶柄，托叶与叶柄合生或离生。花瓣5枚，少有更多，稀缺，直立或开展，常白色或红色；雄蕊多数，偶少数。心皮多数，有时仅数枚，分离，着生于各式花托上；子房1室，每室2胚珠；花柱近顶生。果实为由小核果集生于花托上而成聚合果，或与花托连合成一体而实心，或与花托分离而空心，多浆或干燥，红色、黄色或黑色，无毛或被毛。种子下垂，种皮膜质，子叶平凸。约700种；中国208种；横断山65种。

Shrubs or subshrubs, sometimes perennial creeping dwarf herbs. Stems usually with prickles or bristles, sometimes with glandular hairs, rarely unarmed. Leaves alternate, petiolate, simple, stipules adnate to petiole basally. Petals usually 5, rarely more, occasionally absent, white, pink, or red. Stamens numerous, sometimes few. Carpels many, rarely few, inserted on various torus. Locule 1, ovules 2. Style filiform, subterminal. Drupelets or drupaceous achenes aggregated on semispherical, conical, or cylindrical torus, forming an aggregate fruit, separating from torus and aggregate hollow, or adnate to torus and falling with torus attached at maturity and aggregate solid. Seed pendulous, testa membranous, cotyledons plano-convex. About 700 species; 208 in China; 65 in HDM.

1 粉枝莓

1 2 3 4 **5** **6** 7 8 9 10 11 12 **1500-3500 m**

Rubus biflorus Buchanan-Hamilton ex Sm.[1-5]

植株无毛。枝具白粉霜。小叶3~5枚。羽状复叶，具萼片宽卵形或圆卵形，顶端急尖。生于山谷、河边、山坡、路边、灌丛、林中及林缘。分布于西南、西北地区；克什米尔地区、印度东北部、尼泊尔、不丹、缅甸。

Plants glabrous. Branchlets with glaucous bloom. Leaves 3-5-foliolate. Sepals broadly ovate or orbicular-ovate, apically acute. Valleys, river sides, slopes, roadsides, thickets, forests, forest margins. Distr. SW, NW China; Kashmir, NE India, Nepal, Bhutan, Myanmar.

2 栽秧泡

1 2 **3** **4** 5 6 7 8 9 10 11 12 **300-1000 m**

Rubus ellipticus var. *obcordatus* (Franch.) Focke[1-2, 4-5]

叶较小，倒卵形，顶端浅心形或近截形。花梗和花萼上几无刺毛。生于山坡、路旁或灌丛中。分布于西南、华南地区；印度、泰国、老挝、越南。

Leaflets, small, obovate, apex shallowly cordate or subtruncate. Pedicel and abaxial surface of calyx with few bristles. Slopes, roadsides, thickets. Distr. SW, S China; India, Thailand, Laos, Vietnam.

3 凉山悬钩子

1 2 3 4 **5** **6** 7 8 9 10 11 12 **2000-4000 m**

Rubus fockeanus Kurz[1-5]

亚灌木状草本。茎、叶柄和花梗仅具柔毛。花萼外被柔毛或刺毛；花瓣倒卵状长圆形至带状长圆形；雌蕊约4~20枚。生于山坡草地或林下。分布于西南、华中地区；印度（锡金邦）、尼泊尔、不丹、缅甸北部。

Herb, sub-shrub like. Stems, petioles, and pedicels only pubescent. Abaxial surface of calyx pubescent or sparsely bristly. Petals obovate-oblong to linear-oblong. Pistils 4-20. Grassy slopes, forests. Distr. SW, C China; India(Sikkim), Nepal, Bhutan, N Myanmar.

4 拟覆盆子

1 2 3 4 **5** **6** 7 8 9 10 11 12 **1000-2600 m**

Rubus idaeopsis Focke[1-5]

灌木。植株具疏密不等的短腺毛（长1~2毫米）。叶片椭圆形至卵状披针形，边缘具不整齐锯齿。短总状花序或近圆锥状花序；萼片卵形，顶端急尖。生于山谷溪边或山坡灌丛中。分布于甘肃、西藏、四川、云南；江西、福建、河南、广西、贵州、陕西。

Shrubs. Plants with 1-2 mm glandular hairs. Leaflets usually elliptic to ovate-lanceolate, margin with irregular serrated. Terminal inflorescences short subracemes or narrow cymose panicles. Sepals ovate, apex acute. Montane valleys, stream sides, mountain slopes. Distr. Gansu, Xizang, Sichuan, Yunnan; Jiangxi, Fujian, Henan, Guangxi, Guizhou, Shaanxi.

1

1

2

3

3

4

4

1 红泡刺藤

1 2 3 4 **5 6 7** 8 9 10 11 12 **500-2800 m**

Rubus niveus Thunb.[1-5]

灌木。羽状复叶；小叶边缘常具不整齐粗锐锯齿。雌蕊约55~70枚，聚合果未成熟时深红色，熟后黑色。生于山坡灌丛、疏林或山谷河滩、溪流旁。分布于西南、华南、西北；阿富汗、克什米尔地区、印度、尼泊尔、不丹、缅甸及东南亚。

Shrub. Leaves coarsely sharply serrate. Carpels 55-70. Aggregate fruit dark red when immature, black at maturity. Thickets on slopes, sparse forests, montane valleys, stream sides, flood plains. Distr. SW, S and NW China; Afghanistan, Kashmir, India, Nepal, Bhutan, Myanmar, SE Asia.

2 高粱泡

1 2 3 4 5 6 **7 8** 9 10 11 12 **200-2500 m**

Rubus lambertianus Ser. var. *lambertianus*[1-4]

半落叶藤状灌木。叶片宽卵形，稀长圆状卵形。花梗长0.5~1厘米；萼片卵状披针形或三角形披针形，不裂；雌蕊15~20枚。生于山坡、山谷或路旁灌木丛中阴湿处或生于林缘及草坪。分布于四川、云南；华东、华中、华南地区；泰国、日本。

Shrubs lianoid, semideciduous. Leaves broadly ovate, rarely oblong-ovate. Pedicel 0.5-1 cm. Sepals ovate-lanceolate or triangular-lanceolate, undivided. Pistil 15-20. Slopes, roadsides, montane valleys, stony ravines, grasslands, thickets, sparse forests, forest margins, moist places. Distr. Sichuan, Yunnan; E, C, S China; Thailand, Japan.

3 绢毛悬钩子

1 2 3 4 5 6 **7 8** 9 10 11 12 **1400-3000 m**

Rubus lineatus Reinwardt[1-5]

灌木。小叶有羽状脉，侧脉多数（20）30~50对，相互靠近而平行，下面密被绢毛。托叶和苞片不分裂。生于山坡或沟谷杂木林中、林缘或被破坏的林下。分布于西藏、云南；印度东北部、尼泊尔、不丹等国及东南亚。

Shrubs. Leaflets pinnately veined with (20)30-50 pairs of lateral veins, abaxially densely sericeous. Stipules and bractsnot lobed. Slopes, valleys, forests, forest margins, fallow fields. Distr. Xizang, Yunnan; NE India, Nepal, Bhutan et al. and SE Asia.

4 黄色悬钩子

1 2 3 4 **5 6** 7 8 9 10 11 12 **2500-4300 m**

Rubus maershanensis Huan C.Wang & H.Sun[14]

低矮半灌木，高10~50厘米，无腺毛，稀于叶柄或花梗上疏生腺毛。叶片宽卵形、菱状卵形，稀长圆形，边缘具不整齐锯齿或缺刻状重锯齿。聚合果黄红色，直径1.4~2厘米。生于山坡林缘、混交林下、多石处。分布于西藏东部、四川、云南。

Subshrubs, 10-50 cm tall, without glandular hairs, rarely petioles or pedicels with sparse, glandular hairs. Leaflets broadly ovate or rhombic-ovate, rarely oblong, margin with irregular serrate or incised double serrate. Aggregate fruit yellowish red, 1.4-2 cm in diam. Forest margins on slopes, mixed forests, stony places. Distr. E Xizang, Sichuan, Yunnan.

5 空心藨

1 2 3 4 5 **6 7** 8 9 10 11 12 **<2000 m**

Rubus rosifolius Sm.[1-2]

直立或攀援灌木。植株具疏密不等的柔毛和浅黄色腺点。小叶5~7枚，卵状披针形或披针形，边缘有尖锐缺刻状重锯齿。花常1~2朵。聚合果卵球形或长圆状卵圆形，果核深蜂窝状。生于山地杂木林内阴处、草坡或高山腐殖土壤上。分布于四川、云南；华东、华中、华南及贵州；印度、尼泊尔、缅甸及东南亚、非洲、澳大利亚。

Shrubs, erect or scandent. Plants with unequal density of pilose and light yellow glandular spots. Leaflets 5-7, ovate-lanceolate or lanceolate, margin incised with incisive double serrate. Flower 1-2. Aggregate fruit ovoid-globose or narrowly obovoid to oblong, pyrenes deeply foveolate. Mixed forests, grassy slopes, roadsides, landslides. Distr. Sichuan, Yunnan; E, C, S China and Guizhou; India, Nepal, Myanmar, SE Asia, Africa, Australia.

1

1

2

2

3

4

4

5

5

1 红刺悬钩子

1 2 3 4 5 6 7 8 9 10 11 12 <3800 m

Rubus rubrisetulosus Card.[1-4]

多年生草本，高 10~20 厘米；茎暗紫色，匍匐生根，被细柔毛，常具刺毛或混生腺毛。复叶具 3 小叶，小叶片近圆形，叶柄细，长 4~7 厘米，花瓣倒卵状长圆形或长圆形，白色，顶端圆钝、基部渐狭成爪。果实球状，红色，宿萼红紫色。生于山地林缘或林下，或沟谷边或荒野阴湿处。分布于四川、云南。

Herbs perennial, dwarf, 10-20 cm tall. Stems brownish or dark purplish red, creeping, rooting at nodes, thinly villous, intermixed bristly or stipitate glandular. Leaves compound, 3-foliolate; petiole 4-7 cm. Petals white, base gradually attenuate into claw, apex obtuse. Aggregate fruit red, globose, to 1 cm in diam. Montane forests, ravines, waste fields. Distr. Sichuan, Yunnan.

2 川莓

1 2 3 4 5 6 7 8 9 10 11 12 500-3000 m

Rubus setchuenensis Bureau & Franch.[1-4]

落叶灌木。单叶，叶片近圆形或宽卵形，边缘 5~7 裂，裂片顶端圆钝。萼片披针形，顶端尾尖；花紫红色。聚合果黑色。生于山坡、路旁、林缘或灌丛中。分布于四川、云南；湖北、湖南、广西、贵州。

Shrubs. Leaves simple, suborbicular or broadly ovate, 5-7-lobed, lobes obtuse, rarely acute. Sepals ovate-lanceolate, apically caudate. Flowers purplish red. Aggregate fruit black. Slopes, roadsides, forest margins, thickets. Distr. Sichuan, Yunnan; Hubei, Hunan, Guangxi, Guizhou.

3 直立悬钩子

1 2 3 4 5 6 7 8 9 10 11 12 2000-4000 m

Rubus stans Focke[1-5]

小叶片长 2~4 厘米，边缘具锐齿。叶柄长 2~3.5 厘米。花直径 1~1.5 厘米；子房疏生柔毛。生于高山林下、针叶林下、林缘及开阔多石灌丛。分布于西南、西北地区。

Leaflets 2-4 cm, coarsely sharply serrate. Petioles 2-3.5 cm. Flowers 1-1.5 cm in diam. Ovary sparsely pilose. High montane forests, coniferous forests, forest margins, open stony thickets. Distr. SW, NW China.

4 华西悬钩子

1 2 3 4 5 6 7 8 9 10 11 12 2000-4100 m

Rubus stimulans Focke[1-5]

灌木，高 1~2 米。小叶 5~7 枚，卵形或卵状披针形，边缘羽状浅裂，具缺刻状尖锐重锯齿。枝、叶柄和花梗有时具疏腺毛。花萼背面短柔毛，具针状的刺或疏生具柄腺毛；花 2~3 朵或单生。聚合果红色，无毛。生于山地针叶林下或灌丛中。分布于西藏东南部、云南西北部。

Shrubs 1-2 m tall. Leaves 5-7-foliolate, ovate or ovate-lanceolate, leaflets pinnati lobate. Branchlets, petioles, and pedicels sometimes sparsely stipitate glandular. Abaxial surface of calyx pubescent, with needle-like prickles or sparsely stipitate glandular. Flowers 2-3 or solitary. Aggregate fruit red, glabrous. Coniferous forests, thickets in mountainous areas. Distr. SE Xizang, NW Yunnan.

5 美饰悬钩子

1 2 3 4 5 6 7 8 9 10 11 12 2700-4000 m

Rubus subornatus Focke[1-5]

小枝，叶柄和花梗具短柔毛。花萼背面被短柔毛。间被绒毛。花 6~10 朵成伞房状花序。生于岩石坡地灌丛中、沟谷杂木林内及路边。分布于我国西南地区；缅甸北部。

Branchlets, petioles, and pedicel pubescent. Abaxial surface of calyx pubescent, intermixed tomentose. Corymbs 6-10-flowered. Slopes, thickets, roadsides, forests, ravines. Distr. SW China; N Myanmar.

1
2
3
3
4
4
5
5

蔷薇科 Rosaceae | 地榆属 *Sanguisorba* L.

多年生草本。叶为奇数羽状复叶。花两性，稀单性，密集成穗状或头状花序；萼筒喉部缢缩，有4~7枚萼片，覆瓦状排列，如花瓣状；花瓣无；雄蕊通常4枚，稀更多；花柱顶生，柱头扩大呈画笔状。瘦果干燥。约30种；中国7种；横断山2种。

Herbs perennial. Leaf blade imparipinnate. Flowers bisexual, rarely unisexual; inflorescences terminal on elongate scapes, densely capitate or spicate; hypanthium with a constricted throat; sepals 4-7, imbricate, petaloid; petals absent; stamens usually 4, rarely more; style terminal, filiform; stigma penicillate. Achene dry. About 30 species; seven in China; two in HDM.

1 矮地榆

1 2 3 4 5 **6 7 8 9** 10 11 12 **1200-4000 m**

Sanguisorba filiformis (Hook.f.) Hand.-Mazz.[1-5]

植株矮小，高35厘米以下。花单性，周围为雄花，中央为雌花；花柱比萼片长0.5~1倍，柱头呈乳头状扩大。果有4棱。生于山坡草地及沼泽。分布于西南地区；印度（锡金邦）、不丹。

Plants less than 35 cm tall. Flowers unisexual (females in center, males surrounding); style 0.5-1 × as long as sepals, stigma is papillary. Fruiting hypanthium with 4 ribs. Meadows on mountain slopes, marshes. Distr. SW China; India(Sikkim), Bhutan.

蔷薇科 Rosaceae | 山莓草属 *Sibbaldia* L.

多年生草本。叶为羽状或掌状复叶，小叶一般有齿。花通常两性，成聚伞花序或单生；萼筒碟形或半球形，萼片互生；花瓣黄色、紫色或白色；花盘通常明显宽阔。瘦果少数。约20种；中国13种；横断山10种。

Herbs perennial. Leaves pinnate or palmately, leaflets serrate. Flowers usually bisexual; inflorescence a cyme or solitary flower; hypanthium saucer-shaped or cupular; sepals alternate; petals yellow, purple-red, or white. Disk usually markedly broad. Achenes few. About 20 species; 13 in China; ten in HDM.

2 伏毛山莓草

1 2 3 4 **5 6 7 8** 9 10 11 12 **600-4200 m**

Sibbaldia adpressa Bunge[1-2, 5]

小叶上面近无毛，下面被糙伏毛。花5数，花瓣黄色或白色，长于萼片。生于农田边、山坡草地、砾石地及河滩地。分布于我国西南、华北、西北地区；尼泊尔、俄罗斯、蒙古。

Leaflets abaxially strigose, adaxially subglabrous. Flowers 5-merous; petals yellow or white, longer than sepals. Meadows on mountain slopes, sandy river banks, gravels, field margins. Distr. SW, N, NW China; Nepal, Russia, Mongolia.

3 楔叶山莓草

1 2 3 4 **5 6 7 8 9 10** 11 12 **3400-4500 m**

Sibbaldia cuneata Hornem. ex Ktze.[1-5]

小叶片宽倒卵形，基部圆形至宽楔形。聚伞花序有花多朵。花瓣5枚，黄色，与萼片等长。生于高山草地、岩石缝中。分布于青海、西藏、四川、云南；台湾；阿富汗、巴基斯坦、印度（锡金邦）、尼泊尔、不丹、俄罗斯。

Leaflets broadly obovate, base rounded to broadly cuneate. Flowers numerous, in cymes; petals 5, yellow, equaling sepals. Alpine meadows, rock crevices. Distr. Qinghai, Xizang, Sichuan, Yunnan; Taiwan; Afghanistan, Pakistan, India(Sikkim), Nepal, Bhutan, Russia.

4 紫花山莓草

1 2 3 4 5 **6 7 8** 9 10 11 12 **4400-4700 m**

Sibbaldia purpurea Royle[1-5]

小叶片倒卵长圆形或长圆形，顶端有2~6锯齿。花瓣5枚，紫红色，长于萼片。生于山坡岩石缝中。分布于西藏、四川、云南；陕西；印度西北部、尼泊尔、不丹。

Leaflets obovate-oblong or oblong, apex 2-6-serrate. Petals 5, purple-red, longer than sepals. Forest margins, alpine meadows, rock crevices. Distr. Xizang, Sichuan, Yunnan; Shaanxi; NW India, Nepal, Bhutan.

1 纤细山莓草

1 2 3 4 5 6 7 8 9 10 11 12 2500-3600 m

Sibbaldia tenuis Hand.-Mazz.[1-3]

根纤细，多分枝。小叶片宽倒卵形至近圆形，直径 0.3~1.5 厘米，上下两面被伏生疏柔毛。花瓣 5 枚，红色，与萼片近等长。生于沟谷或云杉林火烧迹地。分布于甘肃、青海、四川。

Roots slender, much branched. Leaflets broadly obovate to suborbicular, 0.3-1.5 cm, both surfaces appressed pilose. Petals 5, red, nearly equaling sepals. Open places in *Picea* forests, ravines. Distr. Gansu, Qinghai, Sichuan.

2 四蕊山莓草

1 2 3 4 5 6 7 8 9 10 11 12 3000-5400 m

Sibbaldia tetrandra Bunge[1-2, 5]

小叶片倒卵长圆形，基部楔形。花单生稀 2~3 朵；花瓣 4 枚，黄色，长于萼片；雄蕊 4 枚，插生在花盘外面。生于山坡草地、林下及岩石缝中。分布于青海、西藏；新疆；巴基斯坦、印度、尼泊尔、俄罗斯（西伯利亚西部）、蒙古。

Leaflets obovate-oblong, base cuneate. Flowers single, rarely 2-3. Petals 4, yellow, slightly longer than sepals. Stamens 4, inserted away from broad. Forests, meadows on mountain slopes, rock crevices. Distr. Qinghai, Xizang; Xinjiang; Pakistan, India, Nepal, Russia (W Siberia), Mongolia.

蔷薇科 Rosaceae | 鲜卑花属 *Sibiraea* Maxim.

落叶灌木。单叶，互生，全缘，近无柄，不具托叶。杂性花，雌雄异株，成顶生穗状圆锥花序；苞片披针形，全缘；花梗短；萼筒钟状；萼片 5 枚，直立，果期宿存；花瓣 5 枚，白色，长于萼片；雄花具雄蕊 20~25，雌花有退化的雄蕊；心皮 5 枚，基部合生。蓇葖果，长椭圆形，直立。种子 2 枚。约 4 种；中国 3 种；横断山均产。

Shrubs deciduous. Leaves alternate, exstipulate, subsessile, simple, margin entire. Inflorescence terminal, a dense, spikelike, many-flowered panicle; bracts lanceolate, margin entire; flowers shortly pedicellate, small; hypanthium shallowly campanulate; sepals 5, erect, persistent in fruit; petals 5, white, longer than sepals; stamens 20-25, vestigial in female flowers; carpels 5, connate at base. Follicles erect, long ellipsoid. Seeds usually 2. About four species; three in China; all found in HDM.

3 窄叶鲜卑花

1 2 3 4 5 6 7 8 9 10 11 12 3000-4000 m

Sibiraea angustata (Rehder) Hand.-Mazz.[1-5]

叶片窄披针形或倒披针形，稀长椭圆形，老叶无毛。总花梗与花梗被短柔毛；花白色。生于山坡灌木丛中或山谷沙石滩上。分布于我国西南、西北地区。

Leaf blades narrowly lanceolate or oblanceolate, rarely long elliptic, glabrescent when old. Peduncle and pedicels pubescent; petals white. Open forests, slopes, valley roadsides. Distr. SW, NW China.

蔷薇科 Rosaceae | 珍珠梅属 *Sorbaria* (Ser.) A.Br. ex Aschers

落叶灌木。羽状复叶，互生；小叶对生，有锯齿，具托叶。花小型成顶生圆锥花序；萼筒钟状；萼片 5 枚，反折，宿存；花瓣 5 枚，白色，覆瓦状排列，卵形到圆形，基部楔形，先端钝；雄蕊 20~50 枚；心皮 5 枚，基部合生，与萼片对生。蓇葖果无毛，含种子数枚。约 9 种；中国 3 种；横断山 1 种。

Shrubs deciduous. Leaves alternate, stipulate, pinnate; leaflets opposite, doubly serrate, with stipule. Inflorescence a large, terminal panicle; hypanthium shallowly cupular; sepals 5, reflexed, short, persistent; petals 5, imbricate, white, ovate to orbicular, base cuneate, apex obtuse; stamens 20-50; carpels 5, opposite sepals, basally connate. Follicles glabrous. Seeds several. About nine species; three in China; one in HDM.

4 毛叶高丛珍珠梅

1 2 3 4 5 6 7 8 9 10 11 12 1600-3100 m

Sorbaria arborea var. *subtomentosa* Rehder[1-3]

圆锥花序稀疏，具开展分枝。果实具弯曲果梗，下垂。叶轴、叶片下面和花序均密被星状毛。生于山坡、路边向阳处。分布于四川、云南；陕西。

Panicles lax, with spreading branches. Fruiting pedicels recurved, pendulous. Rachis, leaflets abaxially, and inflorescence densely stellate hairy. Slopes, roadsides. Distr. Sichuan, Yunnan; Shaanxi.

1

1

2

2

3

3

4

蔷薇科 Rosaceae | 花楸属 *Sorbus* L.

落叶乔木或灌木。冬芽大形，具多数覆瓦状鳞片。叶互生，有托叶，单叶或奇数羽状复叶，在芽中为对折状，稀席卷状。花两性，多数成顶生复伞房花序；萼片和花瓣各 5 枚；雄蕊 15~25（44）排 2 或 3 轮，长度不等；心皮 2~5 枚；子房半下位或下位，2~5（7）室，每室具 2~3（4）胚珠。果实为 2~5（7）室小型梨果，各室具 1~2 无胚乳种子。约 100 种；中国 67 种；横断山 36 种。

Trees or shrubs, usually deciduous. Winter buds usually rather large; scales imbricate, several. Leaves alternate, with stipule, simple or pinnately compound, plicate or rarely convolute in bud. Inflorescences compound, rarely simple corymbs or panicles; sepals 5; petals 5; stamens 15-25(44) in 2 or 3 whorls, unequal in length; carpels 2-5; ovary semi-inferior to inferior, 2-5(7)-loculed, with 2 or 3(or 4) ovules per locule. Fruit a pome, with 2-5(7) locules, each with 1 or 2 exendospermous seeds. About 100 species; 67 in China; 36 in HDM.

1 纤细花楸

1 2 3 4 **5** **6** 7 8 9 10 11 12 3000-4000 m

Sorbus filipes Hand.-Mazz.[1-5]

灌木。枝条细弱。小叶片 8~13 对，叶片细小，椭圆形或卵状椭圆形，每侧有 3~5 锯齿。花序无毛，伞房或复伞房状，有花 3~10（12）朵。果深红色。生于高山丛林中、河边或山坡多石地。分布于西藏、云南西北部；缅甸北部。

Shrubs. Branches thin. Leaflet 8-13 pairs, small, ellipse or ovoid ellipse, margin with 3-5 coarse teeth per side. Inflorescences corymbose or compound-corymbose, 3-10(12)-flowered. Fruit scarlet. Thickets of high mountains, river banks, stony slopes. Distr. Xizang, NW Yunnan; N Myanmar.

2 陕甘花楸

1 2 3 4 5 **6** 7 8 9 10 11 12 2300-4000 m

Sorbus koehneana C.K.Schneid.[1-4]

小叶片 8~12 对，全部边缘有锯齿，背面近于无毛。生于山区杂木林内。分布于西南、华北、华中、西北地区。

Leaflet 8-12 pairs, margin wholly serrate, abaxially not papillose. Mixed forests in mountain regions, thickets. Distr. SW, N, C, NW China.

3 少齿花楸

1 2 3 4 **5** 6 7 8 9 10 11 12 2000-3600 m

Sorbus oligodonta (Cardot) Hand.-Mazz.[1-5]

小叶片 5~8 对，仅小叶片先端有少数锯齿，两面均无毛。生于山坡或沟边杂木林内。分布于西藏东南部、四川西部和云南西北部；缅甸。

Leaflet 5-8 pairs, apically with few teeth, glabrous adaxially. Mountain slopes, mixed forests along river banks. Distr. SE Xizang, W Sichuan, NW Yunnan; Myanmar.

4 西南花楸

1 2 3 4 **5** **6** 7 8 9 10 11 12 2600-4300 m

Sorbus rehderiana Koehne[1-5]

灌木或小乔木。小叶片 7~9 对，先端急尖或圆钝，每侧有 10~20 锯齿。总花梗和花梗有锈褐色柔毛。生于山地丛林中。分布于青海、西藏、四川、云南；缅甸北部。

Shrubs or small trees. Leaflet 7-9 pairs, apically acute or obtuse, with 10-20 teeth on each margin. Rachis and pedicels rust-brown pubescent. Forests, forest margins, thickets on slopes and in valleys. Distr. Qinghai, Xizang, Sichuan, Yunnan; N Myanmar.

1
1
2
2
3
3
4
4

1 川滇花楸

1 2 3 4 5 6 7 8 9 10 11 12 2800-4400 m

Sorbus vilmorinii C.K.Schneid.[1-5]

灌木或小乔木。小叶片 9~13 对，每侧有 4~8 锯齿；托叶钻形，膜质，早落。花序轴和花梗有锈褐色柔毛。生于山地丛林、草坡或林缘。分布于西藏东南部、四川西南部、云南西北部。

Shrubs or small trees. Leaflets 9-13-paired, with 4-8 sharp minute teeth on each margin. Stipules membranous, subulate, caducous. Rachis and pedicels rust-brown pubescent. Mountain slopes, roadsides, mixed forests along river banks, grasslands, bamboo thickets. Distr. SE Xizang, SW Sichuan, NW Yunnan.

蔷薇科 Rosaceae | 马蹄黄属 *Spenceria* Trimen

多年生草本，全部密生白色长柔毛。基生叶为奇数羽状复叶，花茎生叶少数。花成稀疏总状花序；苞片全缘或 3 裂；花瓣 5 枚，黄色；雄蕊成 2~3 轮排列。伪果由除花瓣外花的其他部分形成，瘦果近球形，具薄果皮，包括在花托内。该属仅 1 种。

Herbs perennial, white villous throughout. Radical leaves blade imparipinnate, cauline leaves few. Inflorescences laxly racemose; bract entire or 3-lobed; petals 5, golden or cream; stamens in 2 or 3 series. Fruit composed of flower parts excluding deciduous petals, dry and somewhat hardened. Achene, subglobose, with thin coat, enclosed in hypanthium. One species.

2 马蹄黄

1 2 3 4 5 6 7 8 9 10 11 12 3000-5000 m

Spenceria ramalana Trimen[1-5]

描述同属。生于高山草原石灰岩山坡。分布于西藏、四川、云南；不丹。

See descriptions for the genus. Alpine meadows, limestone mountain slopes. Distr. Xizang, Sichuan, Yunnan; Bhutan.

蔷薇科 Rosaceae | 绣线菊属 *Spiraea* L.

落叶灌木。冬芽小，具 2~8 枚外露的鳞片。单叶互生，无托叶。花两性，稀杂性；萼筒钟状或杯状；萼片 5 枚，通常稍短于萼筒；花瓣 5 枚，覆瓦状或扭曲，较萼片长；雄蕊着生在花盘和萼片之间；花盘环状，通常浅裂；心皮离生，每心皮具胚珠 2 至数个，下垂；柱头头状或盘状。蓇葖果骨质。80~100 种；中国 70 种；横断山 28 种。

Shrubs deciduous. Winter buds small, with 2-8 exposed scales. Leaves alternate, simple, stipules absent. Flowers bisexual, rarely ± unisexual; hypanthium campanulate or cupular; sepals 5, usually slightly shorter than hypanthium; petals 5, imbricate or contorted, usually longer than sepals; stamens borne between disk and petals; disk annular, usually lobed; carpels free, ovules 2 to several per carpel, pendulous; stigma capitate or disciform. Follicles bony. Between 80 to 100 species; 70 in China; 28 in HDM.

3 高山绣线菊

1 2 3 4 5 6 7 8 9 10 11 12 2000-4000 m

Spiraea alpina Pall.[1-3, 5]

花序为有总梗的伞形或伞形总状花序。冬芽具数枚外露鳞片。生于向阳坡地或灌丛中。分布于西南、华北、西北地区；印度（锡金邦）、俄罗斯、蒙古。

Inflorescence with pedunculate umbrella or umbellate raceme. Winter buds with several exterior scales. Thickets, valleys, open slopes, roadsides. Distr. SW, N, NW China; India (Sikkim), Russia, Mongolia.

4 粉花绣线菊

1 2 3 4 5 6 7 8 9 10 11 12 700-4000 m

Spiraea japonica L.f.[1-5]

小枝无毛或幼时被短柔毛。叶片先端多渐尖，单锯齿或重锯齿。花萼被稀疏短柔毛。原产朝鲜半岛、日本，我国各地栽培供观赏。

Branchlets glabrous or pubescent when young. Leaf blades doubly incised serrate at margin, rarely singly serrate, apex acute to acuminate. Hypanthium campanulate, sparsely pubescent abaxially. Commonly cultivated in China; native to Korea, Japan.

1  1  2

2  3

3  4

1 毛枝绣线菊

1 **2** **3** 4 5 6 7 8 9 10 11 12 700-2100 m

Spiraea martini H.Lév.

小枝圆柱形，幼时黄褐色，密被绒毛，老时呈棕褐色。叶片边缘通常 3 浅裂，中部以上具大钝，锯齿，基部呈楔形。生于干燥坡地、山谷、路旁、灌木丛或石灰岩上。分布于四川、云南；广西、贵州。

Branchlets densely tomentose, tawny when young, densely tomentose, brown when old. Leaf blade margin usually 3-lobed, with a few large, obtuse teeth above middle, base cuneate or broadly so. Thickets, mountain valleys, dry slopes, roadsides, sometimes on limestone. Distr. Sichuan, Yunnan; Guangxi, Guizhou.

2 川滇绣线菊

1 2 3 4 **5** **6** 7 8 9 10 11 12 2500-4000 m

Spiraea schneideriana Rehder[1-5]

叶片两面无毛或沿边缘稀疏具柔毛。小枝具棱角。花序被柔毛或近于无毛。蓇葖果无毛。生于森林、林缘、灌丛、山谷、岩石山坡、溪边。分布于甘肃、西藏、四川、云南；福建、湖北、陕西。

Leaf blades glabrous on both surfaces or thinly villous along margin. Branchlets angled. Inflorescence pilose or nearly glabrous. Follicles glabrous. Forests, forest margins, thickets, mountain valleys, rocky slopes, stream sides. Distr. Gansu, Xizang, Sichuan, Yunnan; Fujian, Hubei, Shaanxi.

胡颓子科 Elaeagnaceae | 胡颓子属 *Elaeagnus* L.

常绿或落叶灌木或小乔木，直立或攀援，通常具刺。单叶互生，具叶柄，通常全缘。花两性，簇生于叶腋或叶腋短小枝上，成伞形总状花序；花萼筒状，上部 4 裂，下部紧包围子房，在子房上面通常明显收缩；雄蕊 4 枚，着生于萼筒喉部，与裂片互生；花柱细长，不伸出。核果球状或椭圆体，少数纵向具翅。果核椭圆形，具 8 肋，内面通常具白色丝状毛。约 80 种；中国 67 种；横断山 9 种。

Shrubs, sometimes climbing, or small trees, deciduous or evergreen, sometimes spiny. Leaves alternate, petiolate, blade margin usually entire. Flowers bisexual, clustered on short axillary shoots, sometimes solitary; calyx tubular, 4-lobed, constricted above ovary and breaking at constriction as fruit develops; stamens 4, inserted in mouth of calyx tube, alternate with lobes; style linear, not exserted. Drupe globose or ellipsoid, rarely longitudinally winged. Stone ellipse, usually 8-ribbed. About 80 species; 67 in China; nine in HDM.

3 长柄胡颓子

1 2 3 4 5 6 7 8 **9** **10** **11** **12** 1300-3100 m

Elaeagnus delavayi Lecomte[1-4]

叶柄长 12~15 毫米。叶片背面灰绿色，侧脉 6~8 对，两面略明显。花白色或淡白色。生于向阳山地疏林中或灌丛中。分布于云南。

Petiole 12-15 mm. Leaf blade gray-green below, lateral veins 6-8 pairs, slightly conspicuous on both sides. Flowers white or light white. Open forest or thickets on eastern slopes. Distr. Yunnan.

4 木半夏

1 2 3 4 **5** 6 7 8 9 10 11 12 < 1800 m

Elaeagnus multiflora Thunb.[1]

花白色，常 1（或 2）朵生于叶腋；花柱无毛。生于灌丛或开阔的高山或低地的林地中。分布于四川；河北、山西、贵州等省区及华东、华南地区；朝鲜半岛、日本。

Flowers white, 1(or 2) in axil. Style glabrous. Thickets and open woodland in lowlands and mountains. Distr. Sichuan; Hebei, Shanxi, Guizhou, E, N China; Korea, Japan.

1 牛奶子

1 2 3 **4** **5** 6 7 8 9 10 11 12 **500-3000 m**

Elaeagnus umbellata Thunb.[1-5]

小枝被银色鳞片。果实球形或卵圆形，幼时绿色，被银白色鳞片，成熟时红色。生于灌丛中。分布于甘肃、西藏、四川、云南；山西、辽宁、江苏、浙江、山东、湖北、陕西；阿富汗、印度、尼泊尔、不丹、朝鲜半岛、日本。

Young branches with silvery scales. Drupe globose or oval, green when young, silver-white, red when maturered. Thickets. Distr. Gansu, Xizang, Sichuan, Yunnan; Shanxi, Liaoning, Jiangsu, Zhejiang, Shandong, Hubei, Shaanxi; Afghanistan, India, Nepal, Bhutan, Korea, Japan.

胡颓子科 Elaeagnaceae | 沙棘属 *Hippophae* L.

落叶直立灌木或小乔木，具刺。单叶互生，对生或三叶轮生，全缘。花单性，簇生于侧芽的基部；雄花先叶出现；花萼 2 裂，膜质，离生；雄蕊 4 枚；雌花单生叶腋，与叶同时出现。核果近圆形或长矩圆形，有时具纵棱。7 种；中国均产；横断山 2 种，3 亚种。

Shrubs or trees, deciduous, spiny. Leaves alternate, opposite, or whorled, subsessile to petiolate, blade margin entire. Flowers unisexual, clustered at base of lateral shoots; male flowers in small catkins that appear before the leaves; calyx segments 2, membranous, free; stamens 4; female flowers in small racemes, appearing with the leaves. Drupe globose, ellipsoid, or cylindric, sometimes longitudinally ribbed. Seven species; all found in China; two species and three subspecies in HDM.

2 肋果沙棘

1 2 3 4 **5** **6** 7 8 9 10 11 12 **3400-4400 m**

Hippophae neurocarpa S.W.Liu & T.N.He[1]

叶片背面银色，边缘外卷或平坦。果实圆柱形，肉质，弯曲，褐色，密被银白色或淡白色鳞片，具 5~7 纵肋，顶端凹陷。种子圆柱形，弯曲。生于河谷、阶地、河漫滩，常形成灌木林。分布于青海、西藏、四川。

Leaf blade abaxially silvery, margin revolute or flat. Fruit brown or yellowish red, ± cylindric, distinctly curved, with 5-7 ribs, silvery scaly, apical depression. Seed cylindric, curved. Valley bottoms, flood plains, river banks and terraces. Distr. Qinghai, Xizang, Sichuan.

3 云南沙棘

1 2 3 4 **5** **6** 7 8 9 10 11 12 **2200-3700 m**

Hippophae neurocarpa subsp. *yunnanensis* Rousi[1-2, 4-5]

叶片下面灰褐色，具较多而较大的锈色鳞片。常生于多砾石或沙质土壤的河流阶地、林缘及山坡灌木丛，偶见于高海拔草甸。分布于西藏东南部、四川西部、云南。

Leaf blade abaxially dirty gray with many rust-colored peltate hairs. Sandy or stony river terraces, forest margins, thickets on mountain slopes, occasionally in meadows at highest elevations. Distr. SE Xizang, W Sichuan, Yunnan.

4 中国沙棘

1 2 3 4 **5** **6** 7 8 9 10 11 12 **800-3600 m**

Hippophae rhamnoides subsp. *sinensis* Rousi[1, 3]

叶对生或近对生，被稀疏锈色毛或无。常生于温带地区向阳的山脊、谷地、干涸河床地或山坡灌木丛。分布于甘肃、青海、四川西部；河北、内蒙古、山西、陕西。

Leaves mostly opposite or subopposite, with few or no rust-colored hairs. Open sunny habitats on river banks, dry river beds, forest margins or thickets on mountain slopes. Distr. Gansu, Qinghai, W Sichuan; Hebei, Nei Mongol, Shanxi, Shaanxi.

鼠李科 Rhamnaceae | 勾儿茶属 *Berchemia* Neck.

藤状或直立灌木，稀小乔木。叶互生，全缘。花两性，5 基数；花瓣匙形或兜状，两侧内卷，短于萼片或与萼片等长；花盘厚，齿轮状，边缘离生。核果近圆柱形，稀倒卵形，紫红色或紫黑色，顶端常有残存的花柱，基部有宿存的萼筒。约 32 种；中国 19 种；横断山 8 种。

Shrubs climbing or erect, rarely small trees. Leaves alternate, margin entire. Flowers bisexual, 5-merous; petals spatulate to lanceolate, shorter than or ca. as long as sepals, shortly clawed; disk mainly fleshy, filling calyx tube, free at margin. Drupe cylindric, rarely obovate, purple-red or purple-black, often turning black at maturity, mostly base with persistent calyx tube. About 32 species; 19 in China; eight in HDM.

1 黄背勾儿茶

1 2 3 4 5 **6 7 8** 9 10 11 12 | 1200-4000 m

Berchemia flavescens (Wall.) Brongn.[1-5]

叶干时背面常变成金黄色。花序为具分枝的聚伞圆锥花序。常生于山坡灌丛或林下。分布于甘肃、西藏、四川、云南；湖北、陕西；印度、尼泊尔、不丹。

Leaves abaxially turning golden-yellow when dry. Flower in branched cymose panicles. Forests and thickets on slopes. Distr. Gansu, Xizang, Sichuan, Yunnan; Hubei, Shaanxi; India, Nepal, Bhutan.

2 云南勾儿茶

1 2 3 4 5 **6 7 8** 9 10 11 12 | 1500-3900 m

Berchemia yunnanensis Franch.[1-5]

叶顶端锐尖，干时下面变金黄色或黄色。果实基部具宿存皿状花盘。常生于山坡、溪流边灌丛或林中。分布于甘肃、西藏东部、四川、云南；贵州、陕西。

Leaves apically acute to obtuse, turning yellow when dry. Drupe basally with shallow dish-shaped remnants of calyx tube and disk. Forests, thickets, slopes, riverbanks. Distr. Gansu, E Xizang, Sichuan, Yunnan; Guizhou, Shaanxi.

鼠李科 Rhamnaceae | 马甲子属 *Paliurus* Tourn. ex Mill.

乔木或灌木。单叶互生，托叶常变成刺。花两性，5 基数，排成聚伞花序或聚伞圆锥花序；萼片离生，三角状，正面龙骨状；花瓣匙形或扇形，通常包合雄蕊；花盘厚、肉质，与萼筒贴生，五边形或圆形，无毛。核果杯状或草帽状，周围具木栓质或革质的翅，基部有宿存的萼筒。约 5 种；中国均产；横断山 2 种。

Trees or shrubs. Leaves alternate, stipules usually changed into spines. Flowers bisexual, 5- merous, perigynous, few to many in axillary, pedunculate cymes; sepals free, deltoid, adaxially keeled; petals spatulate or unguiculate, often enfolding stamens; disk adnate with calyx tube, pentagonal or rounded, thick, fleshy, glabrous. Fruit a dry, indehiscent, disk- to cup-shaped or hemispheric, winged drupe, often with remains of calyx tube. About five species; all found in China; two in HDM.

3 铜钱树

1 2 3 **4 5 6** 7 8 9 10 11 12 | < 1600 m

Paliurus hemsleyanus Rehd.[1-2, 4]

叶具基生三出脉，叶柄无毛或近无毛。生于山林中。分布于中国南方大部分地区。

Leaves with 3-veined from base, petiole glabrous or subglabrous. Mountain forests. Distr. S China.

4 短柄铜钱树

1 2 3 **4 5 6** 7 8 9 10 11 12 | 900-2200 m

Paliurus orientalis (Franch.) Hemsl.[1-4]

叶除具基生三出脉外，中脉两侧有明显的侧脉，叶柄长 3~5（8）毫米，密被短柔毛。花小，腋生聚伞花絮。生于山地林中。分布于四川西南部、云南。

Leaves with 3-veined from base, midrib with obvious lateral veins, petiole 3-5(8)mm, pubescent. Flower small, usually in axillary cymes. Mountain forests. Distr. SW Sichuan, Yunnan.

1
1
2
2
3
3
4
4
4

1 马甲子 1 2 3 4 5 6 7 8 9 10 11 12 <2000 m

Paliurus ramosissimus (Loureiro) Poiret [1-4]

小枝褐色或深褐色，被短柔毛，稀近无毛。核果杯状，被黄褐色或棕褐色绒毛，周围具木栓质3浅裂的窄翅。生于山地和平原，野生或栽培。分布于四川、云南；华东、华中、华南地区及贵州；朝鲜半岛、日本。

Branchlets brown or deep brown, pubescent, rarely glabrous. Drupe goblet, densely pubescent, wing ± distinctly 3-partite. Mountains and plains, wild or cultivated. Distr. Sichuan, Yunnan; E, C, and S China, Guizhou; Korea, Japan.

鼠李科 Rhamnaceae | 猫乳属 *Rhamnella* Miq.

灌木或小乔木，稀攀援。叶互生。花小，黄绿色，两性，5基数；萼片三角形，中肋内面凸起；花瓣两侧内卷；花盘薄，杯状，五边形，分泌蜜汁。核果橘红色或黄色，成熟后变黑色或紫黑色，顶端有残留的花柱，基部为宿存的萼筒所包围。8种；中国均产；横断山5种。

Shrubs or small trees, rarely scandent. Leaves alternate. Flowers yellow-green, small, bisexual, 5-merous; sepals triangular, midvein adaxially keeled; petals enfolding stamens; disk pentagonous, thin, lining calyx tube, nectariferous. Drupe yellowish to orange, turning black or purple-black when ripe, cylindric-ellipsoidal base with persistent remnants of calyx tube, with rudimentary style at apex. Eight species; all found in China; five in HDM.

2 西藏猫乳 1 2 3 4 5 6 7 8 9 10 11 12 2600-2900 m

Rhamnella gilgitica Mansf. & Melch. [1-2, 4-5]

叶较小，椭圆形或披针状椭圆形，顶端锐尖，中部最宽，边缘具不明显的细锯齿，侧脉每边4~5条。生于亚高山灌丛或林中。分布于西藏东南部、四川西南部、云南西北部；克什米尔地区。

Leaf small, blade elliptic or lanceolate-elliptic, broadest at middle, apex acute, margin inconspicuously serrulate, lateral veins 4-5 on each side. Subalpine forests and thickets. Distr. SE Xizang, SW Sichuan, NW Yunnan; Kashmir.

3 多脉猫乳 1 2 3 4 5 6 7 8 9 10 11 12 2600-2900 m

Rhamnella martinii (H.Lév.) C.K.Schneider [2-5]

叶长椭圆形，下面沿脉被疏柔毛，边缘具细锯齿，侧脉每边6~8条。生于亚高山灌丛或林中。分布于西藏东南部、四川西南部、云南西北部；克什米尔地区。

Leaves oblong, lower veins sparsely pilose, margin serrate, lateral veins 6-8 on each side. Subalpine forests and thickets. Distr. SE Xizang, SW Sichuan, NW Yunnan; Kashmir.

鼠李科 Rhamnaceae | 鼠李属 *Rhamnus* L.

灌木或乔木，分枝对生或互生，无刺或小枝顶端常变成针刺。冬芽裸露或有鳞片。花小，黄绿色；萼片卵状三角形，内面有凸起的中肋；花瓣4~5枚，短于萼片；花盘薄，杯状。浆果状核果倒卵状球形或圆球形，具2~4分核。约150种；中国57种；横断山16种。

Shrubs or trees. Branches opposite or alternate, unarmed or terminating in a woody spine. Winter budsnaked or with scales. Flowers mostly yellowish green, small; sepals ovate-triangular, adaxially ± distinctly keeled; petals 4 or 5, shorter than sepals; disk thin, goblet. Fruit a 2-4-stoned, berrylike drupe, obovoid-globose or globose. About 150 species; 57 in China; 16 in HDM.

4 淡黄鼠李 1 2 3 4 5 6 7 8 9 10 11 12 2600-2900 m

Rhamnus flavescens Y.L.Chen & P.K.Chou [1-5]

具刺灌木。叶小，纸质，在长枝上对生或近对生，在短枝上簇生，下面干时变淡黄色或金黄色，具较明显的网脉。花单性，雌雄异株，4基数；雌花单生于短枝叶腋，黄绿色，钟状。生于亚高山灌丛或林中。分布于西藏东部、四川西部和西南部。

Shrubs dioecious, spinose. Leaves small, papery, opposite or subopposite on long shoots, fascicled on short shoots, leaf blade abaxially pale yellow or golden-yellow when dry, conspicuously reticulate abaxially. Flowers unisexual, 4-merous; female flowers solitary in leaf axils of short shoots, yellow-green, campanulate. Subalpine forests and thickets. Distr. E Xizang, W and SW Sichuan.

1
2
2
3
3
4
4

1 川滇鼠李

1 2 3 **4** **5** 6 7 8 9 10 11 12 **2200-2700 m**

Rhamnus gilgiana Heppeler[1-4]

多刺灌木。小枝黑褐色。树皮粗糙，具纵裂。叶通常椭圆形，背面干时变黑色，仅脉腋具簇毛或无毛，网脉不明显。种子背面具长为种子 4/5 上窄下宽的深沟。生于杂木林下或灌木丛中。分布于四川西南部、云南西北部。

Shrubs, much spinescent. Branchlets dark brown. Bark scabrous, longitudinally fissured. Leaf blade usually elliptic, abaxially black when dry, clustered hairy at vein axils or glabrous, reticulate veins inconspicuous. Seeds abaxially deeply furrowed for 4/5 length. Understories of mixed forests and thickets. Distr. SW Sichuan, NW Yunnan.

2 帚枝鼠李

1 2 3 **4** **5** 6 7 8 9 10 11 12 **1200-3800 m**

Rhamnus virgata Roxb.[1-5]

灌木或乔木，雌雄异株。小枝对生或近对生，帚状，当年生枝无毛。叶下面沿脉或脉腋有疏短柔毛或近无毛；叶柄仅上面有短柔毛。生于山坡灌丛或林中。分布于西藏东部和东南部、四川西南部、云南；贵州；印度、尼泊尔、不丹、泰国。

Shrubs or trees, dioecious. Branchlets opposite or nearly opposite, broom-like, current-year branchlets glabrous. Leaf abaxially sparsely pubescent or subglabrous, glabrous along vein or vein axil, petiole pubescent only on top. Forests, thickets on mountains and slopes. Distr. E and SE Xizang, SW Sichuan, Yunnan; Guizhou; India, Nepal, Bhutan, Thailand.

鼠李科 Rhamnaceae | 雀梅藤属 *Sageretia* Brongn.

藤状或直立灌木，稀小乔木，无刺或具枝刺。小枝互生或近对生。花大多很小，两性，5 基数；萼片三角形，内面顶端常增厚，中肋凸起而成小喙；花瓣匙形，顶端 2 裂；花盘厚，肉质，壳斗状。浆果状核果，倒卵状球形或圆球形，有 2~3 个不开裂的分核，基部为宿存的萼筒包围。种子扁平，稍不对称，两端凹陷。约 35 种；中国 19 种；横断山 8 种。

Shrubs scandent or erect, rarely small trees, unarmed or spinescent. Branchlets alternate or subopposite. Flowers mostly very small, bisexual, 5-merous; sepals triangular, adaxially medially keeled and hooded; petals spatulate, apex 2-lobed; disk cup-shaped, thick, fleshy. Drupe obovoid-globose, with 2 or 3 one-seeded stones, base with remnants of persistent calyx tube. Seeds compressed, slightly asymmetrical, concave at both ends. About 35 species; 19 in China; eight in HDM.

3 纤细雀梅藤

1 2 3 4 5 6 **7** **8** **9** **10** 11 12 **1200-3400 m**

Sageretia gracilis J.R.Drumm. & Sprague[1-5]

叶纸质或近革质，顶端渐尖或锐尖，边缘不背卷。花通常排成顶生穗状圆锥花序。果实翌年成熟。生于山地和山谷灌丛或林中。分布于西藏东部至东南部、云南；广西西部。

Leaves papery or subleathery, apex acuminate or acute, margin not revolute. Flowers usually in terminal spicate-paniculate inflorescences. Fruit maturity in following year. Forests or thickets in valleys and on mountains. Distr. E to SE Xizang, Yunnan; W Guangxi.

4 凹叶雀梅藤

1 2 3 4 5 **6** **7** **8** **9** 10 11 12 **1900-3600 m**

Sageretia horrida Pax & K.Hoffm[1-5]

叶小，侧脉每边 3~4 条。生于山地林缘或多石山坡。分布于西藏东部、四川西部、云南西北部。

Leaf small with 3 or 4 pairs lateral veins. Forest margins on mountains and stony slopes. Distr. E Xizang, W Sichuan, NW Yunnan.

1
2
2
3
3
4
4
4

荨麻科 Urticaceae | 蝎子草属 *Girardinia* Gaudich.

草本，具刺毛。叶互生，钟乳体点状。花单性；雄花退化子房显著。瘦果，压扁，多疣。约 2 种；中国 1 种；横断山 1 种，2 亚种。

Herbs, armed with stinging hairs. Leaves alternate, cystoliths punctiform. Flowers unisexual; male flowers rudimentary ovary conspicuous. Achene often compressed, verrucose. About two species; one in China; one species and 2 subspecies in HDM.

1 大蝎子草

1 2 3 4 5 6 7 8 **9** **10** 11 12 1500-2800 m

Girardinia diversifolia (Link) Friis subsp. *diversifolia*[1]

叶片通常（3）5~7 深裂；叶柄和主脉呈绿色。生于林缘、溪边。分布于西南、华中、华南、西北；南亚，非洲（含马达加斯加）。

Leaf blade often deeply (3)5-7-lobed, petiole and major leaf veins greenish. Forest margins, along streams. Distr. SW, C, S, NW China; S Asia, Africa (including Madagascar).

荨麻科 Urticaceae | 艾麻属 *Laportea* Gaudich.

草本或亚灌木，有刺毛。叶互生。花单性；雄花花被片 4 或 5 枚，近镊合状排列；雌花花被片 4 枚，极不等大。瘦果卵形至半圆形，两侧扁。约 28 种；中国 7 种；横断山 2 种。

Herbs or subshrubs, armed with stinging hairs. Leaves alternate. Flowers unisexual; male flowers perianth lobes 4 or 5, slightly subvalvate; female flowers perianth lobes 4, strongly unequal. Achene often compressed. About 28 species; seven in China; two in HDM.

2 珠芽艾麻

1 2 3 4 5 **6** **7** **8** 9 10 11 12 700-3500 m

Laportea bulbifera (Siebold & Zucc.) Wedd.[1-4]

叶腋常有木质化球芽。生于林缘、灌丛或路边，半阴湿润处。分布于我国大部分省份；东亚、南亚、东南亚及俄罗斯。

Leaf axils often with woody bulbils. Forest margins, thickets, roadsides, often partly shady, moist places. Distri. most provinces in China; E, S and SE Asia, and Russia.

荨麻科 Urticaceae | 荨麻属 *Urtica* L.

草本，具刺毛。茎 4 棱。叶对生。花单性；雌花花被片 4 枚，极不等大。瘦果直立，两侧扁。约 30 种；中国 14 种；横断山 8 种，5 亚种。

Herbs, rarely subshrubs, armed with stinging hairs; stems often 4-angled. Leaves opposite. Flowers unisexual. Female flowers: perianth lobes 4, strongly unequal. Achene straight, compressed. About 30 species; 14 in China; eight species and five subspecies in HDM.

3 高原荨麻

1 2 3 4 5 **6** **7** 8 9 10 11 12 3000-5200 m

Urtica hyperborea Jacq. ex Wedd.[1-3, 5]

叶片钟乳体常点状。雌花被片外面有刺毛，花被干膜质。生于高山灌丛、草甸、石缝。分布于甘肃南部、青海、西藏、四川西北部；新疆南部；印度（锡金邦）。

Leaf blade cystoliths often punctiform. Female perianth lobes membranous. Alpine meadows, thickets, crevices. Distr. S Gansu, Qinghai, Xizang, NW Sichuan; S Xinjiang; India(Sikkim).

4 滇藏荨麻

1 2 3 4 **5** **6** **7** **8** 9 10 11 12 1500-3400 m

Urtica mairei H.Lév.[1-4]

叶缘常有 10 个以上的裂片。生于半阴、湿润的林下、灌木丛、河边、路旁。分布于西藏东南部、四川西南部、云南；印度北部、不丹、缅甸。

Leaf blade margin usually 10- or more lobed. Partly shady, moist places in forests, thickets, along streams, roadsides. Distr. SE Xizang, SW Sichuan, Yunnan; N India, Bhutan, Myanmar.

1
2
2
3
4
4

壳斗科 Fagaceae | 栎属 *Quercus* L.

乔木，稀灌木。叶螺旋状互生；托叶常早落。花单性，雌雄同株；雄花序下垂，单生在叶腋朝向小枝的基部或在侧生或近顶生枝上的圆锥状簇生；雌花序为下垂柔荑花序，花被杯形。壳斗单生，壳斗外壁的小苞片鳞形、线形、钻形，覆瓦状排列，紧贴或反折。每壳斗内有 1 个坚果。约 300 种；中国 35 种；横断山 27 种。

Trees or sometimes shrubs. Leaves spirally arranged; stipules extrapetiolar. Male inflorescence pendulous, solitary in leaf axils toward base of branchlets or in paniculate clusters on lateral or subterminal shoots; female inflorescences in leaf axils toward apex of branchlets, with few to many cupules. Cupules solitary, bracts imbricate, scalelike, linear, or conical, adherent, imbricate, prostrate, or reflexed. Nut one per cupule. About 300 species; 35 in China; 27 in HDM.

1 巴郎栎

1 2 3 4 **5** **6** 7 8 9 10 11 12 2000-4500 m

Quercus aquifolioides Rehder & E.H.Wilson[1-5]

老叶背面被黄棕色薄星状毛和单毛或粉状鳞秕。雌花序 0.5~2.5 厘米。壳斗浅杯形，包着坚果基部。小苞片卵状长椭圆形至披针形，顶端钝。生于山坡向阳处或高山松林下。分布于西藏、四川西部、云南；贵州。

Leaf blade abaxially with slender reddish brown to orangish brown stellate hairs and simple hairs or mealy scurfy scalelike trichomes with age. Female inflorescences 0.5-2.5 cm. Cupule shallowly cupular, covering base of nut. Bracts ovate-elliptic to lanceolate, apex obtuse. Sunny montane forests to subalpine scrub. Distr. Xizang, W Sichuan, Yunnan; Guizhou.

2 帽斗栎

1 2 3 **4** **5** 6 7 8 9 10 11 12 2500-4000 m

Quercus guyavaefolia H.Lev.[2-3-4]

叶全缘或有刺锯齿，叶面沿中脉被毛，叶背被棕色海绵状腺毛及白色星状毛。壳斗兜帽状至浅杯状，直径 1~3 厘米，高 0.6~1 厘米，顶端边缘扩展成波浪状皱褶。生于山地森林。分布于四川、云南。

Leaf blade abaxially with brown spongy glandular hairs and pale brown stellate hairs, adaxially hairy along midvein, margin entire or with spiniform teeth. Cupule cuculliform to shallowly cupular, 0.6-1 cm × 1-3 cm, margin of rim expanded to wavily rugose at maturity. Montane forests. Distri. Sichuan, Yunnan.

3 矮高山栎

1 2 3 4 **5** **6** 7 8 9 10 11 12 2000-3500 m

Quercus monimotricha Hand.-Mazz.[1-4]

常绿灌木，高 0.5~2 米。叶片椭圆形或倒卵形，叶缘有长刺状锯齿，有时全缘；成叶正面沿中脉有疏绒毛，叶背有污褐色束毛，有时脱净。壳斗浅杯形，直径约 10 毫米，高 3~4 毫米，包着坚果基部。生于阳坡。分布于四川西部、云南西北部。

Shrubs 0.5-2 m tall, evergreen. Leaf blade elliptic to obovate, abaxially retaining scattered fascicled hairs but sometimes subglabrescent, adaxially glabrescent but base of fascicled hairs remaining evident, margin with long spiniform teeth, sometimes entire. Cupule shallowly cupular, 3-4 mm × ca. 10 mm, covering base of nut. Sunny mountains slope. Distri. W Sichuan, NW Yunnan.

4 灰背栎

1 2 3 4 5 6 7 8 **9** **10** 11 12 1900-3300 m

Quercus senescens Hand.-Mazz.[1-5]

叶片长圆形或倒卵状椭圆形，全缘或有刺状锯齿；成叶正面近光滑，但基部残留有束毛，叶背被浅灰至棕色束毛。生于向阳山坡、山谷或松栎林中。分布于西藏、四川、云南；贵州。

Leaf blade oblong to obovate-elliptic, margin entire or with spiniform teeth, abaxially with pale grayish brown fascicled hairs, adaxially glabrescent but base of fascicled hairs remaining evident. Sunny montane forests to subalpine scrub. Distri. Xizang, Sichuan, Yunnan; Guizhou.

1

1

2

2

3

3

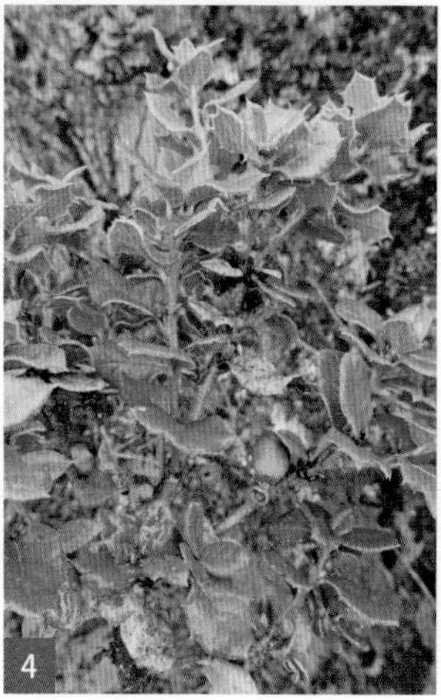

4

4

马桑科 Coriariaceae | 马桑属 *Coriaria* L.

灌木或多年生亚灌木状草本。小枝具棱角。叶对生或轮生，全缘。总状花序；萼片 5 枚，覆瓦状排列；花瓣 5 枚，比萼片小，里面龙骨状，肉质，宿存，花后增大而包于果外；雄蕊 10 枚，分两轮；子房上位。浆果状瘦果，成熟时红色至黑色。约 15 种；中国 3 种；横断山 2 种。

Shrubs decumbent or subshrubby herbs. Branchlets ribbed. Leaves opposite or verticillate, entire. Inflorescence raceme; sepals 5, imbricate; petals 5, valvate, smaller than sepals, fleshy, keeled within, enlarged and enclosing carpels after anthesis and forming a pseudodrupe; stamens 10 in 2 series; ovary superior. Pseudodrupe (capsule) oblate, red to black when mature. About 15 species; three in China; two in HDM.

1 马桑

1 2 3 4 5 6 7 8 9 10 11 12 400-3200 m

Coriaria nepalensis Wall.[1-4]

灌木。叶椭圆形或阔椭圆形，先端急尖。花序腋生；雄花中不育雌蕊小。生于山坡林下或灌丛中。分布于甘肃、西藏、四川、云南；湖北、贵州、陕西；印度、尼泊尔。

Shrubs decumbent. Leaf blade elliptic or broadly elliptic, apex acute. Inflorescences axillary; male inflorescence, sterile pistils small. Thickets, mountain slopes. Distr. Gansu, Xizang, Sichuan, Yunnan; Hubei, Guizhou, Shaanxi; India, Nepal.

2 草马桑

1 2 3 4 5 6 7 8 9 10 11 12 1800-3700 m

Coriaria terminalis Hemsl.[1-5]

亚灌木状草本。总状花序顶生。生于山坡林下或灌丛中。分布于西藏南部及东南部、四川西部、云南西北部；印度、尼泊尔、不丹。

Herbs subshrubby. Raceme terminal. Thickets on mountain slopes. Distr. S and SE Xizang, W Sichuan, NW Yunnan; India, Nepal, Bhutan.

葫芦科 Cucurbitaceae | 波棱瓜属 *Herpetospermum* Wall. ex Hook.f.

一年生攀援草本。雌雄异株。花冠宽钟状，裂片全缘；雄蕊内藏，花丝离生，花药合生，药室线形，3 回折曲，药隔窄。子房长圆状，每室具 4~6 枚胚珠，胚珠下垂生。1 种。

Herbs, climbing, annual. Plants dioecious. Corolla broadly campanulate, segments entire; stamens included in calyx tube; filaments free; anthers connate; anther cells linear, conduplicate; rudimentary ovary subulate. Ovary oblong, 4-6 ovules in each locule, pendulous. One species.

3 波棱瓜

1 2 3 4 5 6 7 8 9 10 11 12 2300-2500 m

Herpetospermum pedunculosum (Ser.) C.B.Clarke[1-5]

生于山坡灌丛及林缘、路旁。分布于西藏，云南；不丹，印度，尼泊尔也有分布。

Characters of species are the same as those of the genus. Thickets and forest margins on mountain slopes. Distr. Xizang, Yunnan; Bhutan, India, Nepal.

葫芦科 Cucurbitaceae | 茅瓜属 *Solena* Lour.

多年生攀援草本。叶柄极短或近无；叶片基部深心形或戟形。花雌雄异株或同株；雄花花萼筒钟状；花冠黄色或黄白色；雌花单生，退化雄蕊 3 枚。3 种；中国 1 种；横断山区有分布。

Herbs, scandent, perennial. Petiole very short or al most obsolete; leaf base cordate or hastate. Plants dioecious or monoecious; male flowers calyx tube campanulate; corolla yellow or yellow-white; female flowers solitary; staminodes 3. Three species; one in China; found in HDM.

4 茅瓜

1 2 3 4 5 6 7 8 9 10 11 12 600-2600 m

Solena heterophylla Lour.[1-2]

— *Solena amplexicaulis* (Lam.) Gandhi

雌雄异株。叶片不分裂或 3~5 浅裂至深裂，薄革质。生于山坡路旁、林下、杂木林中或灌丛中。分布于西藏、四川、云南；华南；南部邻国。

Plants dioecious. Leaf blade undivided or 3-5-lobed, leathery. Mixed forests, thickets, grasslands, roadsides, mountain slopes. Distr. Xizang, Sichuan, Yunnan; S China; S neighbouring countries.

1

2

2

3

3

4

4

4

葫芦科 Cucurbitaceae | 赤瓟属 *Thladiantha* Bunge

多年生草质藤本，攀援或匍匐生。叶绝大多数为单叶，心形，边缘有锯齿。雌雄异株；雄花花冠钟状，黄色，5 深裂，裂片全缘；雄蕊 5 枚，分离；雌花花冠同雄花。果实浆质，不开裂。23 种，10 变种；中国均产。

Herbs, perennial, climbing, scandent, or prostrate. Leaves mostly simple, leaf blade cordate, margin dentate. Plants dioecious; male flowers corolla yellow, campanulate, 5-partite, segments entire; stamens 5, free; female flowers corolla as in male flowers. Fruit fleshy, indehiscent. Twenty-three species, ten varieties; all found in China.

1 刚毛赤瓟

1 2 3 4 5 6 7 8 9 10 11 12 ≈ 3000 m

Thladiantha setispina A.M.Lu & Z.Y.Zhang[1-3, 5]

草质藤本。果实长圆形，黑棕色，被黄褐色的刺状刚毛。生于山坡林中及路旁。分布于西藏东部、四川西部。

Herbs, climbing. Fruit black-brown, oblong, yellow-brown setose. Mountain slopes, roadsides. Distr. E Xizang, W Sichuan.

秋海棠科 Begoniaceae | 秋海棠属 *Begonia* L.

多年生肉质草本，极稀亚灌木。单叶，稀掌状复叶，叶片常偏斜不对称。花单性；雄花花被片 2 或 4 枚，交互对生，外轮比内轮大；雄蕊多数；雌花子房下位，柱头膨大，扭曲呈螺旋状或"U"字形，稀头状或近肾形，常有带刺状乳头。蒴果有时浆果状，3 枚翅。横断山 10 种和 1 变种。

Perennial succulent herbs, rarely subshrubs. Leaves simple, rarely palmately compound, blade often oblique and asymmetric. Flowers unisexual; staminate flower tepals 2 or 4 and decussate, outer larger than inner, stamens numerous; pistillate flower ovary inferior, stigma turgid, spirally twisted-tortuous or U-shaped, capitate or reniform, setose-papillose. Capsule sometimes berrylike, 3-winged. Ten species and one varieties in HDM.

2 糙叶秋海棠

1 2 3 4 5 6 7 8 9 10 11 12 1500-3400 m

Begonia asperifolia Irmsch.[1-5]

落叶草本。叶片宽卵形，略皱，基部略偏斜呈心形，边缘具不规则细锯齿或波状分裂。生于阔叶林、针阔混交林的溪流、石坡之处。分布于西藏东南部、云南西部。

Herbs, deciduous. Leaves blade broadly ovate, somewhat rugulose, base slightly oblique, cordate, margin irregularly serrulate, undivided or very shallowly lobed. Broad-leaved forests, mixed broad-leaved and coniferous forests, along streams, rocky slopes. Distr. SE Xizang, W Yunnan.

3 独牛

1 2 3 4 5 6 7 8 9 10 11 12 800-2600 m

Begonia henryi Hemsl.[1-4]

落叶草本。叶片三角状卵形或宽卵形，稀近圆形，基部深心形，叶缘圆锯齿，叶柄具棕色绒毛。二至三回二歧聚伞花序。生于阴湿环境石缝处。分布于四川、云南；湖北（宜昌）、广西南部、贵州东南部。

Herbs, deciduous. Leaves blade triangularovate or broadly ovate, rarely suborbicular, base oblique, deeply cordate, margin crenate, petiole brown villous. 2-3-dichasium. On rocks or in fissures, shaded moist environments. Distr. Sichuan, Yunnan; Hubei (Yichang), N Guangxi, SE Guizhou.

4 木里秋海棠

1 2 3 4 5 6 7 8 9 10 11 12 1800-2600 m

Begonia muliensis T.T.Yu[1-4]

落叶草本。叶片心状卵形，基部心形，裂至叶片 1/3 处。二至三回二歧聚伞花序；花粉红，无毛。生于山沟岩石下或密林中潮湿处。分布于四川西南部、云南（香格里拉）。

Herbs, deciduous. Leaf blade broadly cordateovate, base cordate, shallowly divided to ca. 1/3 of leaf length. 2-3-dichasium. Flower pink, glabrous. Forests, rocks in moist environments. Distr. SW Sichuan, Yunnan (Shangri-La).

卫矛科 Celastraceae | 南蛇藤属 *Celastrus* L.

藤状灌木，小枝具多数明显灰白色皮孔。单叶互生。聚伞花序成圆锥状或单生；花单性，稀两性或雌雄异株；花黄绿色或黄白色，5数。蒴果类球状，通常黄色，开裂。假种皮肉质红色至橙红色，全包种子。约30种；中国25种；横断山11种。

Scandent to twining shrubs, with gray lenticels on branch. Leaves alternate. Inflorescences cymose, thyrsoid, or flowers solitary; flowers unisexual, rarely bisexual, rarely dioecious, 5-merous, greenish or yellowish white. Capsule globose, yellowish, loculicidally dehiscent. Seeds enclosed in red to orange-red aril. About 30 species; 25 in China; 11 in HDM.

1 灰叶南蛇藤

1 2 **3 4 5 6** 7 8 9 10 11 12 **700-3700 m**

Celastrus glaucophyllus Rehder & E.H.Wilson[1-5]

落叶攀援灌木。叶果期革质，叶面绿色，叶背灰白色或苍白色。生于混交林中。分布于四川、云南；湖北、湖南、贵州、陕西南部。

Deciduous twining shrubs. Leaf leathery during fruiting period, adaxially green, abaxially gray-white. Mixed forests. Distr. Sichuan, Yunnan; Hubei, Hunan, Guizhou, S Shaanxi.

2 显柱南蛇藤

1 2 **3 4 5** 6 7 8 9 10 11 12 **300-2500 m**

Celastrus stylosus Wall.[1-5]

攀援灌木，3~5米高。叶片边缘具钝齿。聚伞花序腋生及侧生；花3~7朵，花序梗长7~20毫米。生于山坡林地。分布于四川、云南；安徽、江苏、江西、重庆、贵州及华中、华南地区；印度、尼泊尔、不丹、缅甸、泰国北部。

Twining shrubs, 3-5 m tall. Leaf margin obtusely serrate. Cymes axillary and lateral, 3-7-flowered; rachis 7-20 mm. Forests, mountain slopes. Distr. Sichuan, Yunnan; Anhui, Jiangsu, Jiangxi, Chongqing, Guizhou, C, S China; India, Nepal, Bhutan, Myanmar, N Thailand.

卫矛科 Celastraceae | 卫矛属 *Euonymus* L.

灌木或小乔木。叶对生，极少为互生或3叶轮生。花为聚伞圆锥花序，腋生，稀顶生；花两性，4~5数；花瓣黄绿色至紫红色；花盘发达，一般肥厚扁平，环状，4~5裂，雄蕊着生其上；子房半沉于花盘内。蒴果近球状、倒锥状。种子外被红色或黄色肉质假种皮。约130种；中国90种；横断山37种。

Shrubs, sometimes small trees. Leaves opposite, rarely also alternate or whorled. Inflorescences axillary, occasionally terminal, cymose; flowers bisexual, 4-5 merous; petals light yellow-green to dark purple; disk fleshy, annular, 4- or 5-lobed, stamens on disk. Capsule globose, rugose. Seed covered with red or yellow fleshy aril. About 130 species; 90 in China; 37 in HDM.

3 岩坡卫矛

1 2 3 4 **5 6 7 8 9** 10 11 12 **2400-3900 m**

Euonymus clivicolus W.W.Sm.[1-5]

落叶灌木，高2~3米。老枝和小枝中等粗壮，具条纹。叶薄革质或厚纸质。聚伞花序通常3朵花；花序梗细长，长3~6厘米。生于混交林中。分布于青海、西藏、四川、云南；湖北、陕西；尼泊尔、不丹、缅甸。

Deciduous shrubs, 2-3 m tall. Branches and twigs moderately sturdy, striate. Leaf blade thinly leathery or thickly papery. Cyme usually 3 flowers. Peduncle slender, 3-6 cm. Mixed forests, scrub. Distr. Qinghai, Xizang, Sichuan, Yunnan; Hubei, Shaanxi; Nepal, Bhutan, Myanmar.

4 冷地卫矛

1 2 3 4 **5 6 7** 8 9 10 11 12 **500-4000 m**

Euonymus frigidus Wall.[1-5]

落叶灌木至小乔木。叶厚纸质。聚伞花序松散；花4数，紫绿色。蒴果具4枚翅。生于山间林中。分布于西南、华中、西北地区；印度、尼泊尔、不丹、缅甸。

Deciduous shrubs to small trees. Leaf blade thickly papery. Cyme lax; flowers 4- merous, purplish-green. Capsule with 4 wings. Mixed forests, scrub. Distr. SW, C and NW China; India, Nepal, Bhutan, Myanmar.

1
2 
2 
3 
3 
4 
4

1 染用卫矛

1 2 3 4 5 6 7 8 9 10 11 12 1300-3700 m

Euonymus tingens Wall.[1-5]

常绿灌木或小乔木。叶厚革质，边缘有极浅疏齿。花 5 数；花瓣白绿色带紫色脉纹。蒴果 5 棱。生于山间林中及沟边。分布于西藏、四川、云南；广西、贵州；印度、尼泊尔、不丹、缅甸。

Evergreen shrubs to small trees. Leaf blade thickly leathery, margin crenulate. Flowers 5-merous. Petals creamy white with purplish veining around edges. Capsule 5-angled. Forests, woodlands. Distr. Xizang, Sichuan, Yunnan; Guangxi, Guizhou; India, Nepal, Bhutan, Myanmar.

卫矛科 Celastraceae | 梅花草属 *Parnassia* L.

多年生草本，无毛。茎不分枝，1 或几条；常在中部具 1 或 2 至数枚叶（苞叶）。基生叶 2 至数枚或较多呈莲座状，托叶膜质，叶片全缘；茎生叶无柄，常半抱茎。花单生茎顶；花瓣 5 枚，覆瓦状排列；雄蕊 5 枚；退化雄蕊 5 枚，与花瓣对生；胚珠多数。种皮薄，膜质。本属 70 余种；中国约 40 种；横断山区约 32 种。

Herbs perennial, glabrous. Stems1 to several, 1- or 2- or several leaved. Basal leaves 2 or several, forming a rosette, stipules membranous, leaf blade entire; cauline leaves often sessile and semiamplexicaul. Flower solitary, terminal; petals 5, imbricate; stamens 5; staminodes 5, inserted opposite petals; ovules numerous. Testa thin, membranous. About 70 species; about 40 in China; about 32 in HDM.

2 短柱梅花草

1 2 3 4 5 6 7 8 9 10 11 12 2800-4400 m

Parnassia brevistyla (Brieg.) Hand.-Mazz.[1-3, 5]

基生叶片卵状心形或卵形。萼筒浅；萼片正面具紫褐点，中脉明显，边缘全缘；花瓣白色，紫色脉，布满紫红色小斑点；退化雄蕊 3 浅裂，两侧裂片有时再分裂；花柱通常极短。生于湿润的林下和林缘、山顶草坡下或河滩草地。分布于甘肃、西藏东北部、四川西部和北部、云南西北部；陕西南部。

Basal leaf blade ovate-cordate or ovate. Hypanthium shallow; sepals adaxially often purple-brown punctate, midvein conspicuous, margin entire; petals white, purple veined, densely purple punctate; staminodes 3-lobed, lateral lobes often 2-lobulate; style short. Moist forests, forest margins, grassy slopes, riverside meadows. Distr. Gansu, NE Xizang, W and N Sichuan, NW Yunnan; S Shaanxi.

3 高山梅花草

1 2 3 4 5 6 7 8 9 10 11 12 3400-4300 m

Parnassia cacuminum Hand.-Mazz.[1-3]

茎单一，在近花处具 1 叶。茎生叶卵形，下面密具紫褐色小斑点，有明显弧形脉 5~7 条；基生叶多数，通常 5~7 枚；叶片基部心形。花瓣白色或黄绿色，先端圆；退化雄蕊绿色，3 浅裂，中裂片比侧裂片稍长，侧裂片有不规则浅裂。子房上位。生于阴湿沟边或灌丛边等处。分布于青海南部、四川西南部。

Stem simple, with 1 leaf near apex. Cauline leaf sessile, ovate, often with several rusty brown appendages at base, arcuate 5-7-veined; basal leaves numerous, usually 5-7, base cordate. Petals white, yellow-green, apex rounded; staminodes green, flat, 3-lobed, central lobe slightly longer than lateral ones, lateral lobes truncate at apex. Ovary superior. Moist grassy places in or at margins of scrub, shaded moist places near streams. Distr. S Qinghai, SW Sichuan.

4 突隔梅花草

1 2 3 4 5 6 7 8 9 10 11 12 1800-3800 m

Parnassia delavayi Franch.[1-5]

基生叶 3~7 枚，叶片肾形或近圆形。雄蕊花药药隔伸长呈匕首状；退化雄蕊扁平，近 3 中裂，裂片 1.5~1.8 毫米；花柱伸出退化雄蕊之外。生于溪边疏林中、草滩湿处或碎石坡上。分布于甘肃、四川、云南；湖北、陕西；不丹。

Basal leaves 3-7; leaf blade reniform or suborbicular. Anthers ellipsoid, connective projected at apex into a lanceolate appendage; staminodes flat, 3-lobed, lobes 1.5-1.8 mm; style longer than staminodes. Open woods, moist grassy beaches, gravelly slopes. Distr. Gansu, Sichuan, Yunnan; Hubei, Shaanxi; Bhutan.

1
1
2
2
3
3
4
4

1 凹瓣梅花草

1 2 3 4 5 6 7 8 9 10 11 12 2500-3600 m

Parnassia mysorensis F.Heyne ex Wight & Arn.[1-4]

茎 1~2 条，近基部或 1/3 部分有 1 枚叶。基生叶 2~4 枚。花瓣白色，先端常 2 裂或微凹；退化雄蕊宽匙形，先端 3 浅裂，裂片近等长，全长为雄蕊长度的 1/3。生于山坡杂木林内、灌丛草甸、山坡草地或山坡开阔处。分布于西藏、四川、云南；贵州；印度北部。

Stems 1-2, with 1 leaf near base or in proximal 1/3. Basal leaves 2-4. Petals white, apex emarginate or 2-cleft. Staminodes broadly spatulate, flat 3-lobed for about1/3 its length, lobes subequal. Mixed forests, scrub, meadows, grassy places, grassy or open slopes. Distr. Xizang, Sichuan, Yunnan; Guizhou; N India.

2 云梅花草

1 2 3 4 5 6 7 8 9 10 11 12 2700-3900 m

Parnassia nubicola Wall. ex Royle[1-5]

茎 3~4 条，高 13~40 厘米。近基部或从下部之 1/4 部位具 1 叶。花瓣白色，全缘或有时中下部啮蚀状，具紫褐色小点；退化雄蕊扁平，3 浅裂，裂片披针形或卵状披针形，全长为雄蕊长度的 1/5~1/2；子房半下位。生于桦林下、冷杉林下、林缘水沟边、潮湿灌丛。分布于西藏东南部和南部、云南西北部（德钦）；喜马拉雅山区。

Stems 3 or 4, 13-40 cm, with 1 leaf near base or in proximal 1/4. Petals white, purple-brown punctate, margin entire or erose proximally; Staminodes flat, 3-lobed for 1/5-1/2 its length, lobes lanceolate or ovate-lanceolate; ovary semi-inferior. *Abies* or *Betula* forests, streamsides near forests, moist places in scrub. Distr. SE and S Xizang, NW Yunnan(Dêqên); Himalayan region.

3 类三脉花草

1 2 3 4 5 6 7 8 9 10 11 12 ≈ 3000 m

Parnassia pusilla Wall. ex Arn.[1-2, 4-5]

茎通常 1 条，高 4~10 厘米，近中部或偏上有 1 茎生叶。基生叶 2~4 枚，叶片肾形或卵状心形，全缘。花瓣白色，先端圆，边缘下半部具短而疏的流苏状毛，中部以上啮蚀状或呈波状；退化雄蕊长约 1.5 毫米，具短柄，先端 3 裂，裂片披针形，中裂片比侧裂片稍窄。分布于西藏南部；喜马拉雅山区。

Stem usually 1, 4-10 cm, with 1 leaf near middle or distally. Basal leaves 2-4, leaf blade reniform or ovate-cordate, margin entire. Petals white, margin sparsely and shortly fimbriate proximally, erose or undulate distally, apex rounded; staminodes flat, about 1.5 mm, shortly stalked, 3-lobed at apex, lobes lanceolate, central lobe somewhat narrower than lateral ones. Distr. S Xizang; Himalayan region.

4 近凹瓣梅花草

1 2 3 4 5 6 7 8 9 10 11 12 3400-3600 m

Parnassia submysorensis J.T.Pan[1-4]

茎近中部或偏上有 1 茎生叶，高 16~27 厘米。基生叶片 2~3 枚，卵状长圆形至宽卵形，基部深心形，有弧形脉 7~9 脉。花瓣白色，具稀疏紫褐色小斑点，基部渐狭成约 2 毫米爪，边缘呈稀疏啮蚀状齿；退化雄蕊扁平，3~6 浅裂；子房上位。生于林下阴湿草坡灌丛中。分布于云南西北部（香格里拉）。

Stems 16-27 cm, with 1 leaf near middle or distally. Basal leaves 2 or 3; leaf blade ovate-oblong or broadly ovate, arcuate 7-9-veined, base deeply cordate. Petals white, sparsely purple-brown punctate, base attenuate into a claw about 2 mm, margin erose-dentate; staminodes flat, lamina 3-6-lobed; ovary superior. Among shrubs in forests, shaded slopes. Distr. NW Yunnan (Shangri-La).

5 青铜钱

1 2 3 4 5 6 7 8 9 10 11 12 2800-3400 m

Parnassia tenella Hook.f. & Thomson[1-5]

矮小细弱草本，株高 5~11cm。基生叶片肾形，基部深心形。花瓣绿色，宽倒卵形；退化雄蕊垂状，顶端不裂，偶有极小圆齿。生于杂木林下或林边。分布于西藏、四川西部、云南西北部；印度北部、尼泊尔。

Stems slender, 5-11 cm. Basal leaf blade reniform, base deeply cordate. Petals green, broadly obovate; staminodes terete, discoid, apex of lamina entire, occasionally minutely crenate. Mixed forests, forest margins. Distr. Xizang, W Sichuan, NW Yunnan; N India, Nepal .

1
2
3
4
5

1 鸡肫草 1 2 3 4 5 6 7 8 9 10 11 12 2800-3400 m

Parnassia wightiana Wall. ex Wight & Arn.[1-5]

茎2~4条，近中部或偏上具单个茎生叶，高18~30厘米。基生叶三角状卵形、卵心形、宽心形或肾形。花瓣白色，边缘下半部具长流苏状毛；退化雄蕊扁平，5浅裂至中裂，深度不超过1/2，偶在顶端有不明显腺体。生于山谷疏林下、草甸和路边等处。分布于西藏、四川、云南；华中、华南；不丹、印度北部、尼泊尔、泰国北部。

Stems 2-4, 18-30 cm tall, with 1 leaf near middle or distally. Basal leaf blade subtriangular-ovate, ovate-cordate, broadly cordate, or reniform. Petals white, margin long fimbriate proximally; staminodes flat, 5-lobed for up to 1/2 their length, occasionally with inconspicuous glands at apex. Open valley forests, valleys, grassy areas, roadsides. Distr. Xizang, Sichuan, Yunnan; C and S China; Bhutan, N India, Nepal, N Thailand.

2 盐源梅花草 1 2 3 4 5 6 7 8 9 10 11 12 ≈4000 m

Parnassia yanyuanensis Ku[1-3]

高3~4厘米。基生叶片卵状心形，基部心形。花瓣淡黄色，顶端圆钝不微凹；边缘全缘或呈不明显啮蚀状，具不明显紫色小点；退化雄蕊圆柱状、盘状，有长约0.2毫米、宽约0.8毫米的短柄。生于山坡岩石缝中。分布于四川西南部（盐源）。

Stems 3-4 cm. Basal leaf blade ovate-cordate, base cordate. Petals yellowish, inconspicuously purple punctate, margin entire or indistinctly erose, apex rounded; staminodes terete, discoid, stalk about 0.2 mm × 0.8 mm. Rock fissures on mountain slopes. Distr. SW Sichuan (Yanyuan).

卫矛科 Celastraceae | 雷公藤属 *Tripterygium* Hook.f.

藤状灌木或半木本藤本。小枝常有4~6锐棱。叶互生，有锯齿，有柄。圆锥聚伞花序。花5数，白色、绿色或黄绿色；萼片5枚；花瓣5枚；花盘肉质，扁平，杯状；雄蕊5枚，着生于花盘外缘。蒴果细窄，具3膜质翅包围果体。种子1枚。横断山区的单种属。

Scandent shrubs or semiwoody vines; branchlets sometimes 4-6-angled. Leaves alternate, serrate, with petiole. Inflorescences thyrsoid. Flowers 5-merous, white green or yellowish green. Calyx and petals 5. Disk fleshy, cupuliform, 5-lobed. Stamens 5, inserted at margin of disk. Capsule 3-winged, chartaceous. Seed 1. Monotypic genus in HDM.

3 雷公藤 1 2 3 4 5 6 7 8 9 10 11 12 100-3500 m

Tripterygium wilfordii Hook.f.[1-3]

描述同属。生长于混交林、林缘、灌木丛中。分布于西南、东北、华东、华中、华南地区；缅甸东北部、朝鲜半岛、日本。

Characters of species are the same as those of the genus. Mixed forests, forest margins, woodlands, scrub. Distr. SW, NE, E, C, S China; NE Myanmar, Korea, Japan.

酢浆草科 Oxalidaceae | 酢浆草属 *Oxalis* L.

草本，通常具块茎，鳞茎或根状茎。叶互生或基生，中国类群为指状3小叶。果为开裂的蒴果。种子通常肉质、干燥时产生弹力的外种皮。约700种；中国8种；横断山3种。

Herbs, usually with tubers, bulbs, or rhizomes. Leaves radical or alternate, 3-foliolate (Chinese taxa). Capsule loculicidally dehiscent. Seeds with an outer fleshy coat which bursts elastically. About 700 species; eight in China; three in HDM.

4 山酢浆草 1 2 3 4 5 6 7 8 9 10 11 12 1100-3400 m

Oxalis griffithii Edgew. & Hook.f.[1-2, 4-5]

— *Oxalis acetosella* subsp. *griffithii* (Edgew. & Hook.f.) Hara

草本，植株不具地上茎。单花，花白色或稀粉红色。生于密林、灌丛和沟谷等阴湿处。我国长江以南均有；喜马拉雅地区和日本。

Herbs, stemless. Flowers solitary. Petals white with lilac veins, rarely pink. Dense forests, thickets, moist and dry shady places. Distr. the southern region of Yangtze River; Himalaya region and Japan.

1

2

2

3

3

3

4

4

1 白鳞酢浆草

1 2 3 4 5 6 7 8 9 10 11 12 2800-4000 m

Oxalis leucolepis Diels[1-2, 4]

— *Oxalis acetosella* L.

草本，植株具地上茎。聚伞花序；花瓣白色，带紫色脉，在基部有深紫色斑点。生于冷杉、松树和混交林下，苔藓和巨石之间。分布于西藏东南部、四川西南部及云南西北部；印度（锡金邦）、尼泊尔、不丹、缅甸。

Herbs, with aerial stems well developed or creeping rhizome. Cymose inflorescence; petals white, purplish veined, spotted dark purple at base. Shaded *Abies*, *Pinus*, and mixed forests, among moss and boulders, mountain slopes, forests, grasslands, riversides, roadsides, fields, wastelands. Distr. SE Xizang, SW Sichuan, NW Yunnan; India (Sikkim), Nepal, Bhutan, Myanmar.

金丝桃科 Hypericaceae | 金丝桃属 *Hypericum* L.

一年生或多年生草本。根具肉质鳞茎状或块茎状地下根茎。中国类群叶为指状 3 小叶。花黄色、红色、淡紫色或白色。果为开裂的蒴果；种子通常肉质、干燥时产生弹力的外种皮。约 460 种；中国 64 种；横断山 6 种。

Herbs, annual or perennial, usually with tubers, bulbs, or rhizomes. Leaves radical or alternate, 3-foliolate (Chinese taxa). Petals yellow, red, pink, or white. Capsule loculicidally dehiscent. Seeds with an outer fleshy coat which bursts elastically. About 460 species; 64 in China; six in HDM.

2 尖萼金丝桃

1 2 3 4 5 6 7 8 9 10 11 12 900-3000 m

Hypericum acmosepalum N.Robson[1-4]

灌木。叶有明显而通常连续的近边缘脉。花萼离生，在花蕾及结果时多少外弯；花黄色。生于山坡路旁、灌丛、林间空地、开旷的溪边以及荒地上。分布于四川西南部、云南；广西西部及西北部、贵州东北及西南部。

Shrubs. Leaf venation often markedly reticulate or at least conspicuous abaxially. Sepals spreading to recurved at anthesis and in fruit. Petals yellow. Forest glades, roadside banks, scrubby hillsides, open streamsides. Distr. SW Sichuan, Yunnan; NW and W Guangxi, NE and SW Guizhou.

3 美丽金丝桃

1 2 3 4 5 6 7 8 9 10 11 12 1400-3500 m

Hypericum bellum H.L.Li[2-5]

灌木。叶卵状长圆形至近圆形。花直径 2.5~3.5 厘米；花萼狭椭圆形至倒卵形，先端圆形；花金黄色至奶油黄色或稀为暗黄色。生于山坡草地、林缘、疏林下及灌丛中。分布于西藏东南部、四川西部、云南西北部；印度（东北部）。

Shrubs. Leaf elliptic or ovate-oblong to broadly rhombic or subcircular. Flowers 2.5-3.5 cm in diam. Sepals narrowly elliptic or oblong to obovate, usually rounded; petals golden yellow to butter-yellow or rarely pale yellow. Open forests, forest edges, thickets, grassy slopes. Distr. SE Xizang, W Sichuan, NW Yunnan; NE India.

4 纤枝金丝桃

1 2 3 4 5 6 7 8 9 10 11 12 400-2700 m

Hypericum lagarocladum N.Robson[1-2, 4]

灌木。叶狭椭圆形至长圆状椭圆形。花萼片中脉通常模糊，果期外弯；花蕾宽（或稀狭），卵珠形，先端锐尖或具小尖突至钝形；花瓣金黄色。生于山谷或山坡路旁、沟边、灌丛中。分布于四川西部及南部、云南东北部；湖南西部、贵州南部。

Shrubs. Leaf narrowly elliptic to oblong-elliptic. Sepals with inconspicuous midvein, outcurving in fruit. Flower buds ovoid to ovoid-pyramidal, obtuse to acute. Petals golden yellow. Thickets on slopes or in valleys, streamsides, roadsides. Distr. S and W Sichuan, NE Yunnan; W Hunan, S Guizhou.

1
2
2
3
3
4
4

1 云南小连翘

1 2 3 4 5 6 7 8 9 10 11 12 1700-3100 m

Hypericum petiolulatum subsp. *yunnanense* (Franch.) N.Robson[1-4]

多年生草本。叶片倒卵状长圆形，长 1.5~4 厘米，宽达 0.6~1.6 厘米，最宽处在中部或中部以下。顶生花序除顶生 1 朵花外呈二至三回二岐聚伞状；花柱长于子房 1~1.3 倍。生于山坡草地、路旁、石岩上及林缘草地。分布于四川西部、云南；江西、福建、广西、贵州、陕西及华中地区；越南北部。

Herbs, perennial. Leaf blade lanceolate or oblong to oblong-lanceolate (broadest at or below middle), 1.5-4 cm × 0.6-1.6 cm. Inflorescence from 2 or 3 nodes; Styles 1-1.3 × as long as ovary. Grassy slopes, cliffs, roadsides, forest margins, grasslands. Distr. W Sichuan, Yunnan; Jiangxi, Fujian, Guangxi, Guizhou, Shaanxi, C China; N Vietnam.

2 突脉金丝桃

1 2 3 4 5 6 7 8 9 10 11 12 2100-3400 m

Hypericum przewalskii Maxim.[1-3]

多年生草本。叶倒卵形、卵形或卵状椭圆形。花较小，直径约 2 厘米；花瓣稍弯曲。生于山坡、河边、灌丛、草甸、路边。分布于甘肃、青海、四川、云南北部；陕西、河南、湖北西部。

Herbs, perennial. Leaf apex rounded to shallowly retuse, blade oblong to oblong-lanceolate, oblong-ovate, or triangular-oblong. Mountain slopes, river bank thickets, meadows, roadsides. Distr. Gansu, Qinghai, Sichuan, N Yunnan; Shaanxi, Henan, W Hubei.

3 遍地金

1 2 3 4 5 6 7 8 9 10 11 12 2740-3400 m

Hypericum wightianum Wall. ex Wight & Arn.[1-5]

一年生草本。叶无柄或具短柄，叶片卵形或宽椭圆形。花小，直径约 5~8（11）毫米；花瓣黄色。生于草坡、开阔林地、溪边、路旁及田地。分布于西藏、四川、云南；广西、贵州；印度、不丹、缅甸北部、斯里兰卡、泰国北部、老挝北部。

Herbs, annual. Leaves sessile to short petiolate, leaf broadly elliptic to obovate or ovate. Flowers 5-8(11) mm in diam; petals bright yellow. Grassy slopes, open woodlands, streamsides, roadsides and rice paddy terraces. Distr. Xizang, Sichuan, Yunnan; Guangxi, Guizhou; India, Bhutan, N Myanmar, Sri Lanka, N Thailand, N Laos.

堇菜科 Violaceae | 堇菜属 *Viola* L.

多年生，少数二年生草本，稀半灌木。具根状茎。单叶，互生或基生，全缘、具齿或分裂。花两性，两侧对称，单生，常二型（闭锁花晚于开放花）；花瓣 5 枚，异形，下方一瓣基部通常延伸成距。蒴果球形、长圆形或卵圆形，背室开裂。种子倒卵状，胚乳丰富。约 550 种；中国 96 种；横断山 25 种。

Herbs perennial or biennial, rarely subshrubs. Rhizomatous. Leaves simple, alternate or basal, margin entire, dentate, or dissected. Flowers bisexual, zygomorphic, solitary, often dimorphic (chasmogamous flowers later than cleistogamous ones); petals 5, unequal, anterior petal basally spurred. Capsule spherical, long circular, or ovoid, loculicidally. Seeds obovoid, endosperm abundant. About 550 species; 96 in China; about 25 in HDM.

4 双花堇菜

1 2 3 4 5 6 7 8 9 10 11 12 2500-4000 m

Viola biflora L. var. *biflora*[1, 3]

茎细弱。基生叶 2 至数枚，叶肾形、宽卵形或近圆形，1~3 厘米宽，1~4.5 厘米长；托叶离生，3~6 毫米。花后期有时变淡白色；萼片线状披针形或披针形，具膜质缘；距短圆筒状，0.5~2.5 毫米。生于高山或亚高山草甸、灌丛、林缘、岩石缝。分布于全国大部分地区；东亚、东南亚、欧洲、北美。

Stems slender. Basal leaves 2 to several, blade reniform, broadly ovate, or suborbicular, 1-3 cm × 1-4.5 cm. Stipules free, 3-6 mm. Flower whitish sometimes late anthesis; sepals linear-lanceolate or lanceolate, membranous margin; spur shortly cylindric, 0.5-2.5 mm. Alpine or subalpine meadows, thickets, forest margins, rock crevices. Distr. throughout of China; E, SE Asia, Europe, N America.

1
1
2
3
3
4

1 圆叶小堇菜

1 2 3 4 5 6 7 8 9 10 11 12 2500-4300 m

Viola biflora var. *rockiana* (W.Becker) Y.S.Chen[1]

— *Viola rockiana* W.Becker

与双花堇菜相似，但仅在茎下部生叶。叶圆或卵圆形，小，长宽约 1 厘米。距浅囊状，1~1.5 毫米。生于灌丛、高山或亚高山草坡、岩缝。分布于甘肃、青海、西藏东部、四川、云南。

Similar to *V. biflora*, but with leaves only in lower part. Leaf blade orbicular or ovate-orbicular, small, ca. 1 cm×1 cm. Spur shallowly saccate, 1-1.5 mm. Thickets, alpine or subalpine grassy slopes, rocks. Distr. Gansu, Qinghai, E Xizang, Sichuan, Yunnan.

2 深圆齿堇菜

1 2 3 4 5 6 7 8 9 10 11 12 1200-2800 m

Viola davidii Franch.[1-2, 4]

几无地上茎，高 7~10 厘米。叶基生，叶片圆形或有时肾形，长 2~7 厘米、宽 1.5~3.5 厘米，先端圆形或锐尖，基部深心形，边缘具 6~8 浅圆齿。花白色或淡紫色；距较短，长 1.5~2 毫米，囊状；花柱棍棒状，基部膝曲，柱头两侧及后方有狭缘边，前方具短喙。生于林下、林缘、山坡草地、溪谷或石上荫蔽处。分布于西藏东南部、四川、云南；华东、华中、华南。

Nearly acaulescent, 7-10 cm tall. Leaves basal, leaf blade rounded or sometimes reniform, 2-7 cm × 1.5-3.5 cm, base deeply cordate, margin shallowly 6-8-crenate on each side, apex rounded or acute. Flowers white or purplish; spur saccate, short, 1.5-2 mm; styles clavate, base nearly erect, gradually thickened upward, stigmas beaked in front. Mountain forests, forest margins, grassy slopes, stream valleys, roadsides. Distr. SE Xizang, Sichuan, Yunnan; E, C, and S China.

3 灰叶堇菜

1 2 3 4 5 6 7 8 9 10 11 12 1800-3500 m

Viola delavayi Franch.[1-4]

根状茎短粗。茎直立，下部无叶。叶卵形至三角状卵形，厚纸质，背面绿灰色，波状齿缘；托叶小。花梗超出叶；萼片线形；距极短，0.5~1 毫米。生于山地林缘、草坡、溪谷潮湿处。分布于四川、云南；贵州。

Rhizome short, stout. Stems erect, lower part leafless. Leaf blades ovoid or triangular ovoid, thickly papery, abaxially glaucous, margin repand-serrate, stipules small. Pedicels exceeding blades. Bracteoles linear; spur very short, 0.5-1 mm. Forest margins on mountains, grassy slopes, moist places in stream valleys. Distr. Sichuan, Yunnan; Guizhou.

4 七星莲

1 2 3 4 5 6 7 8 9 10 11 12 <2000 m

Viola diffusa Ging.[1-5]

无地上茎。全体被糙毛或白柔毛。花期匍匐枝长出，匍匐枝先端具莲座状叶丛。叶卵形或卵状长圆形，叶柄明显具翅。距短，约 1.5 毫米。生于山地林下、林缘、草坡、溪谷、岩石缝隙。分布于全国大部分地区；东亚、东南亚、南亚。

Acaulescent. Stiffly hairy or white puberulous throughout. Produce stolon at anthesis, stolon with rosulate leaves at top. Leaf blade ovate or ovate-oblong, petioles conspicuously winged. Spur short, ca. 1.5 mm. Mountain forests, forest margins, grassy slopes, stream valleys, rock crevices. Distr. throughout of China; E, SE, S Asia.

5 萱

1 2 3 4 5 6 7 8 9 10 11 12 600-3600 m

Viola moupinensis Franch.[1-4]

无地上茎。根茎长达 15 厘米，节密生。匍匐枝常花期后出现，枝端簇生数枚叶。叶心形或肾状心形，两侧耳部花期常内卷，叶花后期增大；叶柄具翅，托叶疏锯齿或全缘花梗不超出叶。萼片附属物短；距囊状。生于林缘旷地、灌丛、溪旁、草坡。分布于西南、华东、华中、西北地区；印度、尼泊尔、不丹。

Acaulescent. Rhizome long, to 15 cm, densely noded. Stolon present after anthesis with several leaves at top; blade cordate or reniform-cordate, lateral auricles often involute at anthesis, accrescent after anthesis; petiole winged, stipules remotely denticulate or entire; pedicelsnot exceeding leaves. Sepals basal auricles short; spur saccate. Open places at forest margins, thickets, streamsides, grassy slopes. Distr. SW, E, C, NW China; India, Nepal, Bhutan.

1

2

2

3

4

4

5

杨柳科 Salicaceae | 杨属 *Populus* L.

乔木。萌枝髓心五角状。有顶芽（胡杨除外）。叶片通常卵形到三角状卵形。雌、雄花序下垂，苞片先端尖裂或条裂，膜质，早落。花盘斜杯状。约 100 种；中国 71 种；横断山约 22 种。

Trees. Growth monopodial pith mostly 5-angled in cross section. Terminal bud present (except in *Populus euphratica*). Leaf blade usually ovate to deltoid-ovate. Both male and female catkins pendulous. Bracts apically lobed or laciniate, membranous, caducous. Disc obliquely cupular. About 100 species; 71 in China; about 22 in HDM.

1 滇杨

1 2 3 **4** **5** 6 7 8 9 10 11 12 1300-3700 m

Populus yunnanensis Dode[1-4]

小枝黄褐色，带红色。叶先端长渐尖，稀钝尖，叶下面中脉常为淡红色。生于山地、森林。分布于四川、云南；贵州。

Branchlets yellowish brown, with reddish tinge. Leaf apex long acuminate, rarely obtuse, midvein usually reddish abaxially. Mountains, forests. Distr. Sichuan, Yunnan; Guizhou.

2 茸毛山杨

1 2 **3** **4** 5 6 7 8 9 10 11 12 2300-3000 m

Populus davidiana var. *tomentella* (C.K.Schneider) Nakai[1-4]

小枝圆筒形，光滑，赤褐色。小枝、叶柄及叶下面均具疏柔毛。生于山坡。分布于甘肃（老君山）、四川、云南；朝鲜半岛。

Branchlets cylindrical, reddish brown, terete. Branchlets, petioles, and leaf blades abaxially pilose. Mountain slope. Distr. Gansu (Laojun Shan), Sichuan, Yunnan; Korea.

杨柳科 Salicaceae | 柳属 *Salix* L.

萌枝髓心圆形，无顶芽，芽鳞 1 枚。叶片通常狭长，柄短。雌花序直立或斜展，很少下垂；苞片全缘，宿存，稀早落；无杯状花盘但腺体有时合生盘状；雄花序直立，花有腺体，花丝与苞片离生。约 520 种；中国 275 种；横断山 103 种。

Growth sympodial pith terete, buds with 1 scale, terminal bud absent. Leaf blade variously shaped, often long and narrow, petiole short. Female catkin erect or spreading, very rarely pendulous; bracts entire, persistent or caducous; flowers without disc but glands sometimes connate and discoid; male catkin erect, nectariferous gland present, filaments usually distinct from bracts. About 520 species; 275 in China; 103 in HDM.

3 栅枝垫柳

1 2 3 4 5 6 **7** 8 9 10 11 12 >4000 m

Salix clathrata Hand.-Mazz.[1-5]

垫状灌木。主干及枝条匍匐生长，但不生不定根；枝条极多而互相交错呈栅栏状，灰褐色。叶椭圆形或倒卵形，上面亮绿而下面灰白色，全缘；叶柄红色。花先叶开放。生于裸露的岩石上。分布于西藏、四川西部、云南西北部。

Shrubs procumbent. Trunk and branches spreading, not rooting, stout. Many branched, appearing fence-like, dull brown. Leaf blade elliptic or obovate, abaxially grayish white, adaxially bright green, margin entire. Petiole red. Flowering precocious. Exposed rocks. Distr. Xizang, W Sichuan, NW Yunnan.

4 青藏垫柳

1 2 3 4 5 **6** **7** 8 9 10 11 12 >4000 m

Salix lindleyana Wall. ex Andersson[1-5]

垫状灌木。叶倒卵状长圆形、长圆形或倒卵状披针形，长 1.2~1.6 厘米，宽 4~6 毫米。花与叶同时开放。生于高山顶部较潮湿的岩缝中。分布于西藏及云南西北部；巴基斯坦、印度（锡金邦）、尼泊尔、不丹。

Shrubs procumbent. Leaf blade obovate-oblong, oblong, or obovate-lanceolate, 1.2-1.6 cm × 4-6 mm. Flowering coetaneous. Moist rock crevices. Distr. Xizang, NW Yunnan; Pakistan, India(Sikkim), Nepal, Bhutan.

1
1
2
3
3
4

1 黄花垫柳

1 2 3 4 5 6 7 8 9 10 11 12 4200-4800 m

Salix souliei Seemen[1-5]

垫状灌木。叶椭圆形或卵状椭圆形，叶柄长4~7毫米。花与叶同时开放。生于高山草地或裸露岩石上。分布于青海东南部、西藏东部、四川西部、云南西北部。

Shrubs cushion-shaped. Leaf blade elliptic or ovate-elliptic, petiole 4-7 mm. Flowering coetaneous. Alpine meadows or exposed rocks. Distr. SE Qinghai, E Xizang, W Sichuan, NW Yunnan.

2 大叶柳

1 2 3 4 5 6 7 8 9 10 11 12 2100-2800 m

Salix magnifica Hemsl.[1-4]

灌木或小乔木。叶椭圆形或宽椭圆形，基部圆形或近心形，先端圆形，钝或突短渐尖。花序轴无毛，花序长 10 厘米，宽 1.5 厘米。花与叶同时开放。生于近水山坡上的林地。分布于四川北部和西部。

Shrubs or small trees. Leaf blade elliptic or ovate, base rounded or subcordate, apex rounded, obtuse, or mucronate. Catkins to 10 cm × 1.5 cm, glabrous throughout. Flowering coetaneous. Near water, woodlands on mountain slopes. Distr. N and W Sichuan.

大戟科 Euphorbiaceae | 大戟属 *Euphorbia* L.

一年生、二年生或多年生草本、灌木或乔木。植物体具乳状液汁。叶常互生或对生，少轮生，常全缘，少分裂或具齿或不规则。杯状聚伞花序，单生或组成复花序，多生于枝顶或植株上部，少数腋生；每个杯状聚伞花序由 1 枚位于中间的雌花和多枚位于周围的雄花同生于 1 个杯状总苞内而组成；雄花退化为单个雄蕊；雌花退化为单子房；子房 3 室，每室 1 个胚株；花柱 3 枚，柱头 2 裂或不裂。蒴果。2000 余种；中国 77 种；横断山 24 种。

Herbs (annual, biennial, or perennial), shrubs, or trees. All parts with abundant white, very rarely yellow latex. Leaves alternate or opposite, rarely verticillate, usually entire, sometimes serrulate or dentate. Inflorescence a flowerlike cyathium, single or often several in terminal or axillary, cyathium consisting of a bowl-shaped to tubular involucre subtended by a pair of bracts, "cyathophylls" enclosing several clusters of male flowers and 1 central female flower; male flower reduced to a single stamen; female flower reduced to a single ovary; ovary 3-loculed, ovules 1 per locule; styles 3, free, stigma 2-lobed or not. Fruit a capsule. About 2000 species; 77 in China; 24 in HDM.

3 青藏大戟

1 2 3 4 5 6 7 8 9 10 11 12 2800-3900 m

Euphorbia altotibetica Paulsen[1-2, 5]

多年生草本。叶互生，卵形到长圆形，基部近平截或微浅凹，边缘具齿或近浅波状。种阜尖头状，无柄。生于山坡、草丛及湖边。分布于甘肃（高台、酒泉）、青海和西藏；宁夏（盐池）。

Herbs, perennial. Leaves alternate, leaf blade ovate to oblong, base subtruncate to shallowly cordate, margin repand-denticulate, often undulate. Caruncle subglobose, peltate, very shortly stipitate. Grasslands along slopes of lakesides. Distr. Gansu (Gaotai, Jiuquan), Qinghai, Xizang; Ningxia (Yanchi).

4 圆苞大戟

1 2 3 4 5 6 7 8 9 10 11 12 2500-4900 m

Euphorbia griffithii Hook.f.[1-4]

多年生草本。叶互生，革质或薄革质，主脉于叶两面明显。苞叶常呈淡红色或黄红色，基部圆形或近截形，在先端通常圆形或近圆形；花柱 3 枚，分离。种子卵球状。生于林内、林缘、灌丛及草丛。分布于西藏、四川、云南；克什米尔地区、印度北部、尼泊尔、缅甸。

Herbs, perennial. Leaves alternate, leathery or al most so, midrib prominent on both surfaces. Primary involucral light red or orange, less often yellow; cyathophylls rounded or subtruncate at base, usually rounded or subrounded at apex; styles 3, free. Seeds ovoid-globose. Sparse forests, scrub, meadows. Distr. Xizang, Sichuan, Yunnan; Kashmir, N India, Nepal, Myanmar.

1
1
2
2
3
3
4
4

1 大狼毒

1 2 3 4 5 6 7 8 9 10 11 12 200-3300 m

Euphorbia jolkinii Boiss.[1-2, 4]

茎单生，有时自基部分枝，上半部再数个分枝。花柱 3，基部合生。蒴果球形，密被长瘤或被长瘤，瘤锥状。种子淡黄褐色，无条纹。生于草地、山坡、灌丛和疏林中。分布于四川西南部、云南；台湾；朝鲜半岛、日本。

Stems single, sometimes branched basally, upper parts several branched. Styles 3, connate at base. Capsule globose, densely long tuberculate, tubercles on capsule rounded. Seeds yellow-brown, adaxially without striae. Meadows, mountain slopes, open forests. Distr. SW Sichuan, Yunnan; Taiwan; Korea, Japan.

2 甘青大戟

1 2 3 4 5 6 7 8 9 10 11 12 1500-2700 m

Euphorbia micractina Boiss.[1-2, 5]

植株高 20~50 厘米。茎自基部 3~4 分枝，每个分枝向上不再分枝。叶长 1~3 厘米。子房和蒴果被稀疏的刺状或瘤状突起。生于山坡、草甸、疏林边缘及沙石砾地区。分布于西藏、四川；华北和西北部分地区；巴基斯坦、克什米尔地区、朝鲜半岛、俄罗斯（远东地区）。

Plants 20-50 cm tall. Stem 3 or 4 branches at base, each branch undivided. Leaf blade 1-3 cm. Ovary and capsule sparsely or obscurely verrucose at least when young. Mountain slopes, meadows, sparse forest margins, sandstone. Distr. Xizang, Sichuan; N and NW China; Pakistan, Kashmir, Korea, Russia (Far East).

3 高山大戟

1 2 3 4 5 6 7 8 9 10 11 12 1000-4900 m

Euphorbia stracheyi Boiss.[1-5]

根状茎末端具块根。叶互生，倒卵形至长椭圆形，先端圆形或渐尖，基部半圆形或渐狭，边缘全缘。总苞裂片舌状；花柱近合生或分离。种子圆柱状。生于高山草甸、灌丛、林缘或杂木林下。分布于甘肃南部、青海南部、西藏、四川、云南；印度、尼泊尔、不丹。

Rootstock a deeply buried subglobose tuber. Leaves alternate, leaf blade obovate (to long elliptic) base rounded or cuneate, margin entire, apex rounded or subacute. Involucre lobes ligulate; style connate or less lobed. Seeds ovoid-terete. Alpine meadows, scrub, mixed sparse forests. Distr. S Gansu, S Qinghai, Xizang, Sichuan, Yunnan; India, Nepal, Bhutan.

4 大果大戟

1 2 3 4 5 6 7 8 9 10 11 12 1800-4700 m

Euphorbia wallichii Hook.f.[1-2, 4-5]

植物体绿色，根圆柱状。叶基部楔形或圆形，边缘无毛。蒴果直径 9~11 毫米。种子棱柱状，长 5~6 毫米，直径 4~5 毫米。生于高山草甸、山坡和林缘。分布于青海南部、西藏、四川、云南；阿富汗、克什米尔地区、印度（锡金邦）、尼泊尔、不丹。

Plant green, root terete. Leaf blade attenuate or rounded at base, margin not ciliate. Capsule 9-11 mm in diam.; seeds angulate-terete, 5-6 mm × 4-5 mm. Alpine meadows, slopes, forest margins. Distr. S Qinghai, Xizang, Sichuan, Yunnan; Afghanistan, Kashmir, India (Sikkim), Nepal, Bhutan.

1
1
1
2
3
3
3
4

大戟科 Euphorbiaceae | 海漆属 *Excoecaria* L.

乔木或灌木，具乳状汁液。叶互生或对生，全缘或有锯齿，具羽状脉。花单性，雌雄异株或同株异序，极少雌雄同序者，无花瓣，聚集成腋生或顶生的总状花序或穗状花序；雄花萼片 3 枚，细小，覆瓦状排列，离生；雄蕊 3 枚，花丝分离，花药纵裂，无退化雌蕊；雌花花萼 3 裂或为 3 萼片；子房 3 室，每室具 1 胚珠。蒴果。约 35 种；中国 5 种；横断山 1 种。

Trees or shrubs, with milky juice. Leaves alternate or opposite, leaf blade entire or serrulate, penninerved. Flowers unisexual, plants monoecious or dioecious, apetalous, in axillary or terminal racemes or spikes; male flowers sepals 3, small, imbricate, free; stamens 3, filaments free, anthers longitudinally dehiscent, without pistillode; female flowers calyx 3-lobed or 3-partite; ovary 3-celled, ovules 1 per locule. Capsule. About 35 species; five in China; one in HDM.

1 云南土沉香

1 2 3 4 5 6 7 8 9 10 11 12 1200-3400 m

Excoecaria acerifolia Didr.[1-2, 4-5]

叶互生，叶缘有明显的细锯齿。雄花苞片内有 2~3 朵花。生于山坡、溪边及灌丛中。分布于甘肃、四川、云南；湖北、湖南、广东；印度、尼泊尔。

Leaves alternate, leaf blade margins densely acutely glandular-serrate. Male flowers each bract with 2 or 3 flowers. Montane forests and thickets, along rivers and streams in bushlands. Distr. Gansu, Sichuan, Yunnan; Hubei, Hunan, Guangdong; India, Nepal.

亚麻科 Linaceae | 异腺草属 *Anisadenia* Wall. ex Meisn.

多年生草本。叶互生或近茎顶部轮生，纸质或革质；托叶背面有凸起叶脉多条。穗状总状花序顶生；萼片 5 枚，披针形，外面 3 片被具腺体的刚毛；花瓣 5 枚，旋卷，先落，具爪 。蒴果仅具 1 种子，被宿存萼片包围。2 种；横断山均产。

Herbs, perennial. Leaves alternate or whorled near stem apex, leathery or papery, many raised veins on the stipules abaxial surface. Inflorescences terminal; sepals 5, outer 3 sepals with spreading gland-tipped bristles; petals 5, convolute, fugacious, clawed. Capsule 1-seeded, surrounded by persistent sepals. Two species; both found in HDM.

2 异腺草

1 2 3 4 5 6 7 8 9 10 11 12 1200-3200 m

Anisadenia pubescens Griff.[1-5]

茎被柔毛。叶长约 2.5~5 厘米，背面被长柔毛。花直径约 12 毫米。生于路边山地、山坡、阔叶林下、云南松林下或灌木丛林下。分布于西藏东南部（墨脱）、云南；不丹、印度东北部。

Stem pubescent. Leaves 2.5-5 cm in length; leaf blade adaxially pilose; flowers ca. 12 mm in diam. Forests, thickets, mountain slopes, along trails. Distr. SE Xizang (M ê dog), Yunnan; Bhutan, NE India.

亚麻科 Linaceae | 石海椒属 *Reinwardtia* Dum.

灌木。花序顶生或腋生，或单花腋生；花黄色，花萼宿存。蒴果球形，室背开裂成 6~8 个分别具 1 种子的分果瓣。种子肾形，具膜质翅。 横断山 1 种。

Shrubs. Inflorescences axillary and terminal cymose fascicles or flowers solitary and axillary. Petals yellow, sepals persistent. Capsule splitting into 6(-8) 1-seeded mericarps. Seeds reniform, with a membranous wing. One speices in HDM.

3 石海椒

1 2 3 4 5 6 7 8 9 10 11 12 500-2300 m

Reinwardtia indica Dumort.[1-4]

小灌木。花黄色。生于林下、山坡灌丛、路旁和沟坡潮湿处，常喜生于石灰岩土壤上。分布于四川、云南；福建、贵州、华中及华南部分省区；巴基斯坦、克什米尔地区、印度北部、尼泊尔、不丹及东南亚。

Shrubs. Petals yellow. Forests, mountain slopes, thickets, along trails, ravines, often in calcareous soil. Distr. Sichuan, Yunnan; Fujian, Guizhou, C, S China; Pakistan, Kashmir, N India, Nepal, Bhutan, SE Asia.

1
1
2
2
3
3

牻牛儿苗科 Geraniaceae | 老鹳草属 *Geranium* L.

草本，稀为亚灌木或灌木。单叶，通常掌状全裂或半裂，有时全缘或羽状浅裂，具叶柄。花序顶生或腋生，聚伞状，具苞片。果实为分果，具长喙，分裂为 5 个分别具 1 种子的分果瓣。约 380 种；中国 50 种；横断山 29 种。

Herbs, rarely shrublets or shrubs. Leaves simple, usually palmately divided or cleft, sometimes entire or pinnately lobed, petiolate. Inflorescence terminal or axillary, cymose, bracteate. Fruit a schizocarp, long beaked, splitting into 5 1-seeded mericarps. About 380 species; 50 in China; 29 in HDM.

1 五叶老鹳草

1 2 3 4 5 **6 7 8** 9 10 11 12 **2300-4100 m**

Geranium delavayi Franch.[1-4]

多年生草本。根茎粗壮，具多数纤维状根。叶片五角形，基部心形。总花梗密被倒向短柔毛和开展的长腺毛；花瓣紫红色，基部深紫色，向上反折；花丝淡紫色，花药黑紫色。生于山地草甸、林缘和灌丛。分布于四川西南部和云南西北部。

Herbs perennial. Root with thickened roots along rootstock. Leaf blade pentagon, base cordate. Pedicel with nonglandular trichomes and glandular trichomes; petals blackish red to pink with a whitish base, reflexed; filaments reddish, anthers blackish. Forest margins, scrub, meadows. Distr. SW Sichuan and NW Yunnan.

2 长根老鹳草

1 2 3 **4 5 6 7 8 9** 10 11 12 **1000-3600 m**

Geranium donianum Sweet[1-5]

根茎粗壮，具分枝的稍肥厚的圆锥状根。叶对生，掌状裂，具贴伏的非腺状柔毛。花序基生、腋生或顶生，明显长于叶，被倒向短柔毛；花瓣紫红色，先端截平或微凹。生于高山草甸、灌丛和高山林缘。分布于甘肃南部和青海东南部、西藏东部、四川西部、云南西北部；印度（锡金邦）、尼泊尔、不丹。

Rootstock with thickened roots along rootstock. Leaves opposite, palmately cleft, pilose with appressed nonglandular trichomes. Inflorescences basal, axillary or terminal, obviously longer than leaves, inverted to pubescent; petals purple-red, apex truncated or slightly concave. Alpine meadows, thickets and forest margins. Distr. S Gansu, SE Qinghai, E Xizang, W Sichuan, NW Yunnan; India (Sikkim), Nepal, Bhutan.

3 尼泊尔老鹳草

1 2 3 **4 5 6 7 8 9** 10 11 12 **1000-3600 m**

Geranium nepalense Sweet[1-5]

多年生草本。根为直根，纤维状。花瓣白色，淡粉色，或少数为深粉色。生于山地阔叶林林缘、灌丛、荒山草坡。分布于甘肃、青海、西藏东部、四川、云南；陕西、山西、湖北、湖南、江西、广西、贵州；阿富汗、巴基斯坦、克什米尔地区、印度东北部及南部、尼泊尔及东南亚等地。

Herbs perennial. Rootstock ± vertical, fibrous. Petals white, pale pink, or rarely deep pink. Forest margins, scrub, meadows, weedy areas. Distr. Gansu, Qinghai, E Xizang, Sichuan, Yunnan; Shaanxi, Shanxi, Hubei, Hunan, Jiangxi, Guangxi, Guizhou; Afghanistan, Pakistan, Kashmir, NE and S India, Nepal, SE Asia.

4 草地老鹳草

1 2 3 4 5 **6 7** 8 9 10 11 12 **1400-4000 m**

Geranium pratense L.[1-3, 5]

多年生草本。根茎水平，粗壮，不具瘤。叶对生，掌状半裂。花瓣带蓝色或有时略带紫色或白色，两面无毛；花丝带粉红色，花药深紫色到蓝黑色。生于山地草甸和亚高山草甸。分布于甘肃、青海、西藏东部、四川西北部；山西、内蒙古、新疆；阿富汗、巴基斯坦、克什米尔地区、尼泊尔、蒙古、中亚及欧洲。

Herbs perennial. Rootstock ± horizontal, not tuberculate, with thickened roots along rootstock. Leaves opposite, palmately cleft. Petals bluish or sometimes purplish or white, both surfaces glabrous; staminal filaments pinkish, anthers dark violet to bluish black. Meadows, subalpine meadows. Distr. Gansu, Qinghai, E Xizang, NW Sichuan; Shanxi, Nei Mongol, Xinjiang; Afghanistan, Pakistan, Kashmir, Nepal, Mongolia, C Asia, Europe.

1
1
2
2
3
3
4
4

1 甘青老鹳草

1 2 3 4 5 6 7 8 9 10 11 12 2500-5000 m

Geranium pylzowianum Maxim.[1-5]

多年生草本。根茎节部常念珠状膨大。花瓣深玫瑰粉红色，基部白色，外边无毛，里面基部具毛，边缘基部具缘毛；花丝上部粉红色但基部变淡，花药白色微染蓝色。生于山地针叶林缘草地、亚高山和高山草甸。分布于甘肃南部、青海、西藏东部、四川西部、云南西北部；陕西南部、宁夏；尼泊尔。

Herbs perennial. Rootstock tubercles subglobose. Petals deep rose pink with a whitish base, outside glabrous, inside basally with trichomes, margin basally ciliate; staminal filaments distally pink but paler at base, anthers whitish tinged with blue. Coniferous forest margins, subalpine meadows, alpine meadows. Distr. S Gansu, Qinghai, E Xizang, W Sichuan, NW Yunnan; S Shaanxi, Ningxia; Nepal.

2 反瓣老鹳草

1 2 3 4 5 6 7 8 9 10 11 12 3800-4500 m

Geranium refractum Edgew. & Hook.f.[1-2, 5]

— *Geranium refractoides* Pax

多年生草本。根茎粗壮。植株全体密被开展具腺疏柔毛。花瓣白色或浅粉色，反折。生于山地灌丛和草甸。分布于西藏南部（亚东）、四川、云南；印度北部、尼泊尔、不丹、缅甸北部。

Herbs perennial. Rootstock thickened. The whole plant with glandular trichomes. Petals white or pale pink, reflexed. Scrub, meadows. Distr. S Xizang (Yadong), Sichuan, Yunnan; N India, Nepal, Bhutan, N Myanmar.

3 汉荭鱼腥草

1 2 3 4 5 6 7 8 9 10 11 12 900-3300 m

Geranium robertianum L.[1-5]

一年生或二年生草本。植株有特殊气味。叶片掌状深裂。花瓣紫色。生于山地林下。分布于我国西南、华东、华中地区；巴基斯坦、尼泊尔及非洲、欧洲、亚洲东部、中部和西南部、朝鲜半岛、日本。

Biennials or sometimes annuals, Plant with special odor. Leaves palmately divided. Corolla purplish. Forests. Distr. E, C & SW China; Pakistan, Nepal, Africa, Europe, C Asia, Korea, Japan.

使君子科 Combretaceae | 诃子属 *Terminalia* L.

大乔木，稀为灌木。叶螺旋状，互生，稀对生或近对生，常成假轮状聚生枝顶。叶片间或具细瘤点及透明点。穗状花序或总状花序，有时排成圆锥花序状；苞片早落；萼筒近端宽圆柱形到椭圆形或卵形，远端杯状或有时很少发育；花瓣缺；雄蕊 8 或 10 枚。假核果，具棱或 2~5 翅。约 150 种；中国 6 种；横断山 2 种。

Trees, rarely shrubs. Leaves spiraled, alternate, subopposite, or opposite, often crowded into pseudowhorls at apices of branchlets. Leaf blade often minutely verruculose and translucent dotted. Inflorescences spikes or racemes, sometimes panicles; bracts caducous; calyx tube proximally broadly cylindric to ellipsoid or ovoid, distally cupular or sometimes scarcely developed; petals absent; stamens 8 or 10. Spurious drupe often longitudinally 2-5-winged, or -ridged. About 150 species; six in China; two in HDM.

4 滇榄仁

1 2 3 4 5 6 7 8 9 10 11 12 1000-3700 m

Terminalia franchetii Gagnep. var. *franchetii*[1-4]

叶片大，被毛，至少背面被毛。生于混交林、疏林、灌丛、开阔石质小山、干河谷、开阔干燥处。分布于四川西南部、云南；广西西北部；泰国北部。

Leaf blade big, usually hairy, at least abaxially. Mixed forests, scattered forests, thickets, thicket margins, scrub, open stony hills, slopes, dry river valleys, open dry places. Distr. SW Sichuan, Yunnan; NW Guangxi; N Thailand.

5 错枝榄仁

1 2 3 4 5 6 7 8 9 10 11 12 1900-3400 m

Terminalia franchetii var. *intricata* (Hand.-Mazz.) Turland & C.Chen[1]

叶片小，两面不具毛。生于干燥灌木林、灌丛、开阔灌丛、矮丛或石质山坡、崖壁、河滩砾石堆开阔干燥的地方。分布于西藏东南部、四川西南部、云南西北部。

Leaf blade small, both surfaces glabrous. Dry scrub forests, thickets, open thickets, scrub on open rocky slopes, stony river deposits, cliff edges, open dry places. Distr. SE Xizang, SW Sichuan, NW Yunnan.

千屈菜科 Lythraceae | 千屈菜属 *Lythrum* L.

多年生草本或亚灌木，直立，常丛生。小枝常具4棱。花4基数，排成总状花序或穗状花序，很少分枝；花瓣粉红至玫瑰紫色，稀白色，全缘。蒴果伸长，被包围在宿存花被管中。约35种；中国2种；横断山1种。

Herbs perennial, erect, usually clumped. Young branches 4-angled. Flowers 4- merous, in a simple raceme or spike, rarely branched; petals pink to rose-purple, rarely white, entire. Capsule elongated, included within persistent floral tube. About 35 species; two in China; one in HDM.

1 千屈菜

1 2 3 4 5 6 7 8 9 10 11 12 <3000 m

Lythrum salicaria L.[1-4]

叶卵状披针形到宽披针形，基部圆形，截形或半抱茎。生于河岸、湖畔、溪沟边和潮湿草地。广布于中国；欧洲、非洲北部、亚洲及俄罗斯东部、北美。

Leaves ovate-lanceolate to broadly lanceolate, base rounded, truncate, or semiclasping. Damp grasslands, banks. Distri. Almost throughout China; Europe, N Africa, Asia, E Russia, North America.

千屈菜科 Lythraceae | 节节菜属 *Rotala* L.

一年生或多年生草本。花辐射对称，（3~）4（~6）基数，腋生于主茎的苞片上，在穗状侧生枝上，或为顶生穗状花序；花瓣白色至粉紫色。蒴果具细的横向条纹，透明，室间开裂，2~4瓣裂。约46种；中国10种；横断山2种。

Herbs annual or perennial, erect, usually clumped. Flowers actinomorphic, (3-)4(-6)-merous, in axils of bracts on main stem, on spikelike lateral branchlets, or in terminal spikes; petals pink-purple to whitish. Capsule finely transversely striate, hyaline, septicidally dehiscent, 2-4-valved. About 46 species; ten in China; two in HDM.

2 圆叶节节菜

1 2 3 4 5 6 7 8 9 10 11 12 <2700 m

Rotala rotundifolia (Buch.-Ham. ex Roxb.) Koehne[1-4]

叶片近圆形，基部钝形或近心形。生于水田或潮湿的地方。分布于长江以南地区；亚洲南部及日本。

Annual herb. Leaves decussate, obovate-elliptic to orbicular or elliptic. Marshes, streamsides, paddy fields, mountains. Distri. south of the Yangtze River region; S Asian, Japan.

千屈菜科 Lythraceae | 菱属 *Trapa* L.

一年生浮水或半挺水草本。果实坚果状，革质或木质，在水中成熟，有刺状角1~4个，稀无角，不开裂。2种；横断山均产。

Herbs annual, aquatic, rooted or floating. Fruit indehiscent, pyreniform, leathery or woody, ripens in water, 1-4-horned. Two species; both found in HDM.

3 欧菱

1 2 3 4 5 6 7 8 9 10 11 12 <2700 m

Trapa natans[1-4]

一年生浮水植物。叶二型。花白色。果陀螺状到短菱形，具4个刺角。生于流速缓慢的河、湖、沼泽、池塘。广泛栽培于热带和亚热带地区。

Annual floating plant. Leaf dimorphous. Petals white. Fruit turbinate to shortly rhombic, 4-horned. Slow-moving rivers, lakes, swamps, ponds. Widely cultivated in tropical and subtropical areas.

柳叶菜科 Onagraceae | 柳兰属 *Chamerion* (Raf.) Raf. ex Holub

多年生草本，直立，通常成丛。花4基数，排成总状花序或穗状花序，很少分枝；花瓣粉红至玫瑰紫色，稀白色，全缘。果实为蒴果。8种；中国4种；横断山3种。

Herbs perennial, erect, usually clumped. Flowers 4-merous, in a simple raceme or spike, rarely branched; petals pink to rose-purple, rarely white, entire. Fruit an elongate capsule. Eight species; four in China; three in HDM.

4 柳兰

1 2 3 4 5 6 7 8 9 10 11 12 <4700 m

Chamerion angustifolium (L.) Holub[1-2]

苞片小于茎生叶。生于潮湿受干扰的地方。分布于中国大部分地区；欧洲、非洲、亚洲、北美。

Bracts much smaller than cauline leaves. Moist often disturbed places. Distr. most parts of China; Europe, Africa, Asia, North America.

1

2

2

3

3

4

4

1 网脉柳兰

1 2 3 4 5 6 7 8 9 10 11 12 <4700 m

Chamerion conspersum (Hausskn.) Holub[1-2]

多年生粗壮草本，具木质根状茎。叶下面叶脉下被曲柔毛，侧脉明显，与次级脉与细脉结成细网。花瓣淡红紫色，稍不等大。果梗长 1.5~5 厘米。生于潮湿受干扰的地方。分布于中国大部分地区；欧洲、非洲、亚洲、北美。

Herbs perennial, robust, with woody rhizome. Both leaves surfaces strigillose, lateral veins distinct, secondary veins conspicuous, anastomosing. Petals rose-purple, slightly unequal. Pedicels 1.5-5 cm. Moist often disturbed places. Distr. most parts of China; Europe, Africa, Asia, North America.

柳叶菜科 Onagraceae | 露珠草属 *Circaea* L.

多年生草本，具根状茎，常丛生。花 2 基数，具花管。花瓣倒心形或菱状倒卵形，白色或粉红色，顶端有凹缺。果为蒴果，不开裂，外被硬钩毛；有时具明显的木栓质纵棱。8 种；中国 7 种；横断山 5 种。

Herbs, perennial, rhizomatous, often forming large colonies. Flowers 2-merous, with a floral tube. Petals obcordate or obtrullate, notched at apex, white or pink. Fruit an indehiscent capsule, with stiff uncinate hairs, with or without conspicuous rows of corky tissue. Eight species; seven in China; five in HDM.

2 高山露珠草

1 2 3 4 5 6 7 8 9 10 11 12 <5000 m

Circaea alpina L.[1-5]

根状茎顶端具块茎。花瓣白色，倒三角形至倒卵形。生于林下、灌丛、高山草甸等凉爽湿润的地区。分布于中国大部分地区；亚洲部分地区。

Rhizomes terminated by a tuber. Petals white, obtriangular to obovate. Forests, thickets, grassy alpine areas, cool, moist, and wet places. Distr. most parts of China; some parts of Asia.

柳叶菜科 Onagraceae | 柳叶菜属 *Epilobium* L.

多年生、稀一年生草本，有时为亚灌木。花单生，4 数；花瓣常紫红色，有时粉红色或白色，稀橘红色或黄色，倒卵形或倒心形，先端有凹缺或全缘。蒴果长，纤细，4 室，室背开裂。约 165 种；中国 33 种；横断山 24 种。

Herbs perennial, or annual, sometimes suffrutescent. Inflorescences simple , 4-merous, petals pink to rose-purple or white, or rarely cream-colored or orange-red, obcordate or obtrullate, notched at apex. Fruit an elongate, slender capsule, 4-loculed, loculidical. About 165 species; 33 in China; 24 in HDM.

3 柳叶菜

1 2 3 4 5 6 7 8 9 10 11 12 500-2000 m

Epilobium hirsutum L.[1-4]

苞片叶状。花瓣常玫瑰红色或紫红色；子房密被短柔毛或后脱落。生于河谷、溪流河床沙地或石砾地或沟边、路边。分布于中国大部分地区；广布欧亚大陆、非洲。

Sepals often keeled. Petals bright pink to dark purple. Capsules pubescent or rarely glabrescent. Wet places near streams, ditches, marshes, gravel or sandy beds of rivers, roadsides. Distr. Most parts of China; widely distributed in Eurasia, Africa.

4 锐齿柳叶菜

1 2 3 4 5 6 7 8 9 10 11 12 400-3800 m

Epilobium kermodei P.H.Raven[1-4]

植物自茎基部生出粗壮匍匐枝，顶生肉质越冬芽。花瓣玫瑰色或紫红色，先端凹缺深 1~2 毫米。生于湿润的河沟边。分布于我国西南部和中部；缅甸北部。

Plants forming thick, ropelike stolons with fleshy terminal buds. Petals rose or purplish red, apex concave 1-2 mm deep. Wet places, near streams, rivers. Distr. SW and C China; N Myanmar.

1
2
2
3
4
4

1 沼生柳叶菜

1 2 3 4 5 **6 7 8** 9 10 11 12 **200-4500 m**

Epilobium palustre L.[1-5]

茎周围被毛。湖塘、沼泽、河谷、溪沟旁、亚高山与高山草地湿润处。分布于西南、华北、东北、西北地区；欧洲、北美洲（包括格陵兰岛）。

Stems pubescent throughout. Wet places along streams, rivers, bogs, and marshes, often disturbed, and in subalpine meadows. Distr. SW, N, NE, NW China; Europe, North America (including Greenland).

2 鳞片柳叶菜

1 2 3 4 5 **6 7 8** 9 10 11 12 **2400-4700 m**

Epilobium sikkimense Hausskn.[1-5]

花序无毛。生于高山区草地溪谷、砾石地、冰川外缘砾石地湿处。分布于我国西南、西北地区。

Inflorescence glabrous. High montane and alpine meadows, moist rocky slopes along streams, rocky glacial outwashes and gravel bars. Distr. SW, NW China.

3 滇藏柳叶菜

1 2 3 4 **5 6 7 8** 9 10 11 12 **1380-4100 m**

Epilobium wallichianum Hausskn.[1-5]

多年生草本。茎四棱形。叶长圆形、狭卵形或椭圆形，先端钝圆或锐尖。花瓣粉红色至玫瑰紫色。生于山区溪沟旁、湖边、林缘草坡湿润处。分布于甘肃南部、西藏东部、四川、云南中部与北部；湖北西部、贵州北部；印度东北部（阿萨姆邦、西孟加拉邦、锡金邦）、尼泊尔、缅甸。

Perennial herbs. Stems 4-angled. Leaves oblong, oblong-ovate, or elliptic, apex obtuse or rarely acute. Petals pink to rose-purple. Moist places along rivers, streams, bogs, along forest margins in mountains. Distr. S Gansu, E Xizang, Sichuan, C, N Yunnan; W Hubei, N Guizhou; NE India (Assam, W Bengal, Sikkim), Nepal, Myanmar.

旌节花科 Stachyuraceae | 旌节花属 *Stachyurus* Siebold & Zucc.

灌木或小乔木，落叶或常绿。小枝明显具髓。单叶互生，托叶早落。总状花序或穗状花序腋生，直立或下垂；花小，整齐，两性或雌雄异株，具短梗或无梗；花瓣 4 枚，覆瓦状排列。浆果，外果皮革质。种子小，多数，具柔软的假种皮。8 种；中国 7 种；横断山 5 种。

Shrubs or small trees, deciduous or evergreen. Branchlets conspicuously pithy. Leaves simple, alternate, stipules caducous. Racemes or spikes axillary, erect or nodding; flowers small, regular, bisexual, or plant dioecious, shortly pedicellate or sessile; petals 4, imbricate. Fruit a berry, pericarp leathery. Seeds numerous, small, with soft arils. Eight species; seven in China; five in HDM.

4 中国旌节花

1 2 **3 4** 5 6 7 8 9 10 11 12 **400-3000 m**

Stachyurus chinensis Franch.[1-5]

落叶灌木。叶片纸质至膜质，卵形至长圆状椭圆形，先端渐尖至短尾状渐尖，边缘为圆齿状锯齿。雄蕊与花瓣等长。果实圆球形。生于山坡谷地、林中或林缘。分布于西南、华东、华中、华南地区及台湾。

Shrubs deciduous. leaf blade ovate or oblong-ovate to oblong-elliptic, or suborbicular, papery to membranous, apex acuminate to shortly caudate-acuminate, margin crenate-serrate. Stamens and petals isometric. Fruit globose. Forests, thickets, forest margins. Distr. SW, E, C, S China and Taiwan.

1  2  2

3  3

4  4

1 西域旌节花

1 2 **3** **4** 5 6 7 8 9 10 11 12 **400-3000 m**

Stachyurus himalaicus Hook.f. & Thomson ex Benth.[1-5]

落叶灌木或小乔木。叶片坚纸质至薄革质，披针形至长圆状披针形，先端渐尖至长渐尖，边缘具细而密的锐锯齿。雄蕊常短于花瓣。果实近球形。生于阔叶林下或灌丛中。分布于西藏、云南；印度北部、尼泊尔、不丹、缅甸北部。

Shrubs or small trees. Leaf blade lanceolate to oblong-lanceolate, papery to thinly leathery, apex acuminate to long acuminate, margin densely serrulate. Stamens usually shorter than petals. Fruit subglobose. Broad-leaved forests, thickets. Distr. Xizang, Yunnan; N India, Nepal, Bhutan, N Myanmar.

2 柳叶旌节花

1 2 3 **4** **5** 6 7 8 9 10 11 12 **1300-2000 m**

Stachyurus salicifolius Franch.[1-2, 4]

常绿灌木。叶革质或厚纸质，线状披针形或狭披针形，两面无毛。生于阔叶混交林下或灌木丛中。分布于四川、云南东北部；重庆（南川区）。

Shrubs evergreen. Leaf blade linear-lanceolate or narrowly lanceolate, leathery or thickly papery, both surfaces glabrous. Broad-leaved mixed forests, mixed forests or thickets on mountain slopes, streamsides in mountain valleys. Distr. Sichuan, NE Yunnan; Chongqing (Nanchuan).

3 云南旌节花

1 2 **3** **4** 5 6 7 8 9 10 11 12 **800-1800 m**

Stachyurus yunnanensis Franch.[1-4]

常绿灌木。叶革质或薄革质，椭圆状长圆形至长圆状披针形。生于常绿阔叶林下或林缘灌丛中。分布于四川、云南；湖北西部、湖南西部、广东北部、广西西南部、重庆、贵州；越南北部。

Shrubs evergreen. Leaf blade elliptic-oblong to oblong-lanceolate, leathery or thinly leathery. Evergreen broad-leaved forests on mountain slopes, thickets at forest margins. Distr. Sichuan, Yunnan; W Hubei, W Hunan, N Guangdong, SW Guangxi, Chongqing, Guizhou; N Vietnam.

十齿花科 Dipentodontaceae | 十齿花属 *Dipentodon* Dunn

半常绿灌木或乔木，具两性花。叶片边缘锐有锐锯齿。雌雄同花；聚伞花序排成伞形；花盘肥厚，基部呈杯状，上部深裂与花瓣对生的 5~7 个黄色肉质裂片。具核蒴果，椭圆形至卵球形，被微柔毛。种子 1 枚，花被片宿存，无假种皮，基部有粗糙的柄。单种属。

Shrubs or trees, with bisexual flowers, semievergreen. Leaf blade margin sharply serrulate. Inflorescences abbreviated cymes in a pedunculate umbel; disk flat cup-shaped, fleshy, with 5-7 yellow lobes opposite petals. Fruit a drupaceous capsule, ellipsoid-ovoid, puberulent. 1-seeded, perianth persistent, aril absent, with rough stipe at base. Monotypic genus.

4 十齿花

1 2 3 4 **5** **6** **7** **8** **9** 10 11 12 **900-3200 m**

Dipentodon sinicus Dunn[1-5]

描述同属。生长山坡沟边、溪边和路旁。分布于西藏东南部、云南西北部及南部；广西西北部、贵州东南部；印度东北部、缅甸北部。

See description for the genus. Mountain slopes in broad-leaved evergreen forests, riverbanks, trailsides. Distr. SE Xizang, NW and S Yunnan; NW Guangxi, SW Guizhou; NE India, N Myanmar.

5 熏倒牛

1 2 3 4 5 6 **7** **8** 9 10 11 12 **1000-3000 m**

Biebersteinia heterostemon Maxim.[1-2]

一年生草本，高 30~150 厘米，全体有棕褐色腺毛，具有浓烈气味。叶互生，长 7~26 厘米，宽 4~16 厘米；三回羽状分裂。圆锥花序顶生，长达 40 厘米。蒴果。生于路旁、山坡等干燥之处。分布于甘肃、青海东部及南部、四川西北部；宁夏。

Annual, 30-150 cm high, with brown glandular hair and strong smell. Leaves alternate, 7-26 cm long, 4-16 cm wide, 3-pinnatifid. Panicles terminal, up to 40 cm long. Capsule. Dry places such as roadside and hillside. Distr. E, S Qinghai, NW Sichuan, Gansu; Ningxia.

1
1
2
2
3
4
4
5

漆树科 Anacardiaceae | 黄栌属 *Cotinus* Mill.

落叶灌木或小乔木，木材黄色，树汁有臭味。单叶互生。花序聚伞状或圆锥状，顶生；雄蕊等长；子房斜压扁，1 室，1 胚珠。核果小，黑红色到棕色，肾形，压扁的。5 种；中国 3 种；横断山区均有。

Shrubs or small trees, with yellow wood and pungent-smelling resinous exudates. Leaves simple, alternate. Inflorescence cymose or paniculate, terminal; stamens equal; ovary obliquely compressed, 1-locular and 1-ovulate. Drupe small, dark red to brown, reniform, compressed. Five species; three in China; all found in HDM.

1 四川黄栌

1 2 **3** **4** 5 6 7 8 9 10 11 12 800-1900 m

Cotinus szechuanensis Pénzes[1-3]

灌木，高 2~5 米。叶近圆形或阔卵形，背面脉腋具一簇毛。核果无毛，具脉纹。生于山坡草地或杂木林中。分布于四川西北部。

Shrubs, 2-5 m tall. Leaf blade broadly ovate to suborbicular, abaxially with tufts of hair in vein axils. Fruit glabrous, rugose. Hill thickets and grasslands. Distr. NW Sichuan.

漆树科 Anacardiaceae | 黄连木属 *Pistacia* L.

乔木或灌木，雌雄异株。奇数或偶数羽状复叶，稀单叶或 3 小叶，小叶全缘。圆锥花序，单被花或花被无。核果。约 10 种；中国 2 种；横断山均有。

Trees or shrubs, dioecious. Leaves pari- or imparipinnate, rarely 3-foliolate or simple, leaflets entire. Inflorescence paniculate, perianth reduced to 1 whorl or lacking. Drupe. About ten species; two in China; both found in HDM.

2 清香木

1 2 **3** **4** 5 6 7 8 9 10 11 12 580-2700 m

Pistacia weinmannifolia[3-5]

偶数羽状复叶互生，小叶革质，长圆形或倒卵状长圆形。花紫红色，雄花有不育雄蕊。生于石灰山林下或灌丛中。分布于中国西南部；缅甸北部。

Evergreen shrubs to small trees; leaf paripinnate; leaflets leathery, oblong or obovate-oblong; male flowers with pistillode. Hill and mountain forests on limestone, thickets. Dstri. SW China; N Myanmar.

漆树科 Anacardiaceae | 盐肤木属 *Rhus* L.

落叶灌木或乔木，杂性或单性异株。叶互生，奇数羽状复叶、3 小叶或单叶，小叶具柄或无柄，边缘具齿或全缘，叶轴通常具宽的叶状翅。多花排列成顶生聚伞圆锥花序或复穗状花序。核果。约 250 种；中国 6 种；横断山 5 种。

Deciduous shrubs or trees, polygamous or dioecious. Leaves alternate, imparipinnately, 3-foliolate or simple, leaflets petiolate or sessile, with serrate or entire margin, leaf rachis sometimes winged. Inflorescence terminal, paniculate or thyrsoid. Drupe. About 250 species; six in China; five in HDM.

3 盐肤木

1 2 3 4 5 6 7 **8** **9** 10 11 12 170-2700 m

Rhus chinensis J.Poiss. ex Franch.[1-4]

奇数羽状复叶，小叶无柄，叶轴具宽的叶状翅，小叶边缘具粗锯齿或圆齿。雄花序长 25 厘米以上。生于向阳山坡、沟谷、溪边的疏林或灌丛中。广泛分布于亚洲。

Leaf blade sessile, imparipinnately compound, rachis broadly winged to wingless, leaflet margin coarsely or rounded serrated. Male inflorescences more than 25 cm. Lowland, hill, and mountain forests, forests along streams, thickets. Dstri. widely distrbute in Asia.

4 野漆

1 2 3 4 5 6 7 **8** **9** 10 11 12 150-2500 m

Toxicodendron succedaneum (L.) Kuntze[1-5]

奇数羽状复叶，小叶对生或近对生，薄革质或纸质，卵圆形或卵状椭圆形，先端渐尖或长渐尖。生于低地和丘陵森林、石灰岩上的低地灌丛。分布于长江以南各省区。

Leaf blade imparipinnately compound, leaflet opposite or subopposite, blade oblong-elliptic to ovate-lanceolate, papery or thinly leathery, apex acuminate to caudate-acuminate. Lowland and hill forests, lowland thickets on limestone. Distri. areas in the provinces south of the Yangtze River.

1
1
2
2
3
3
4

无患子科 Sapindaceae | 槭属 *Acer* L.

乔木或灌木，落叶或常绿。叶多数单生和掌状浅裂或至少掌状脉。花序为伞房花序，又是为总状花序或大圆锥形花序；萼片（4）5枚，很少6枚；花瓣（4）5枚，很少6枚，很少无；雄花与两性花同株或异株，稀单性，雌雄异株。果为带翅的分果，常为双翅果，通常具1种子。约129种；中国99种；横断山45种。

Shrubs or trees, deciduous or evergreen. Leaves mostly simple and palmately lobed or at least palmately veined. Inflorescence corymbiform or umbelliform, sometimes racemose or large paniculate; sepals (4)5, rarely 6; petals (4)5, rarely 6, seldom absent; male flowers and bisexual flowers are the homophytic or androdioecious, rare unisexual, dioecious. Fruit a winged schizocarp, commonly a double samara, usually 1-seeded. About 129 species; 99 in China; 45 in HDM.

1 长尾槭

1 2 3 4 **5** 6 7 8 9 10 11 12 1700-4000 m

Acer caudatum Wall.[1-5]

翅果凸起。叶的裂片边缘有锯齿。生于高山林下。分布于西南、华中、西北地区；印度北部、尼泊尔、不丹、缅甸。

Samara bump. Leaf lobe margin serrate. Alpine forests. Distr. SW, C, NW China; N India, Nepal, Bhutan, Myanmar.

2 青榨槭

1 2 3 **4** 5 6 7 8 9 10 11 12 500-1500 m

Acer davidii Franch.[1-4]

叶通常不分裂，卵形或长圆形。常生于疏林中。分布于西南、华北、华东、华中地区；缅甸。

Leaves usually do not split, ovate or oblong. Mixed forests. Distr. SW, N, E, C China; Myanmar.

3 怒江光叶槭

1 2 3 **4** 5 6 7 8 9 10 11 12 1000-2500 m

Acer laevigatum var. *salweenense* (W.W.Sm.) J.M.Cowan ex W.P.Fang[1-4]

叶柄紫绿色，被短柔毛。花序总轴、花梗和叶柄均被黄色长柔毛，嫩时更密，渐老则陆续脱落成无毛状。生于山谷疏林中。分布于云南南部；缅甸北部。

Petiole purple-green, pubescent. Inflorescence raceme pedicels and petioles yellow pilose, denser when tender, denser when tender, and gradually fall off into glabrous. Valley forest. Distr. S Yunnan; N Myanmar.

4 金沙槭

1 2 3 4 **5** 6 7 8 9 10 11 12 1500-2500 m

Acer paxii Franch.[1-4]

叶厚革质，近于长圆卵形或倒卵形 。生于山坡林地。分布于四川西南部、云南西北部；广西北部及中部、贵州。

Leaf blade ovate, obovate, or suborbicular, thickly leathery. Alpine forests; Distri. SW Sichuan, NW Yunnan; C and N Guangxi, Guizhou.

5 漾濞槭

1 **2** **3** 4 5 6 7 8 9 10 11 12 1500-2500 m

Acer yangbiense Y.S.Chen & Q.E.Yang[1]

幼枝和叶柄被毛。叶片5浅裂，基部心形，叶背灰白色，叶脉上密被毛。花序和果序柄长而光滑。生于沟边、阴坡。分布于云南（漾濞）。

Young branchlets and petioles pubescent. Leaf blade 5-lobed, with cordate base, baxial surface palge gray, densly pubescent on veins. Infructescene and fruiting pedicels long, glabrous. Valley and shaded hillside. Distr. Yunnan (Yangbi).

1  2  2  3  4  4  5  5

芸香科 Rutaceae | 石椒草属 *Boenninghausenia* Reichb. ex Meisn.

多年生草本。叶互生，二至三回三出复叶。圆锥花序顶生和腋生；花两性，辐射对称；萼片4枚，在基部合生或几乎全部合生；花瓣4枚，在芽中覆瓦状，边缘全缘；雄蕊（6~）8枚；雌蕊由4个心皮组成。蓇葖果顶端开裂为4分果瓣。种子肾脏形，种皮革质，具瘤。2种；横断山均有。

Herbs perennial. Leaves alternate, pinnately to ternately decompound. Inflorescences terminal and axillary, paniculate; flowers bisexual, actinomorphic; sepals 4, connate at base or to nearly their full length; petals 4, imbricate in bud, margin entire; flowers bisexual, sepals 4, petals 4; stamens (6-)8; gynoecium 4-carpelled. Fruit of 4 distinct apically dehiscent follicles. Seeds reniform, seed coat leathery, tuberculate. Two species; both found in HDM.

1 臭节草

1 2 3 4 **5 6 7 8 9 10 11** 12 500-2800 m

Boenninghausenia albiflora (Hook.) Reichb. ex Meisn.[1-5]

常绿草本。花白色；花后子房柄伸长，在成熟的果特别明显。生于山地草丛中或疏林下、土山或石岩山地。分布于长江以南各地；东亚、东南亚、南亚。

Evergreen herb. Petals white. Gynophore grow long in fruiting, especially in mature fruits. Open forests, grassy slopes. Distr. South of the Yangtze River; E, SE, S Asia.

2 石椒草

1 2 3 4 **5 6 7 8 9 10 11** 12 500-2800 m

Boenninghausenia sessilicarpa Levl.[2-3-4]

与臭节草相似，但小叶较小，长3~8毫米，宽2~6毫米。子房无柄。生于山地草丛中或疏林下、土山或石岩山地。分布于四川西南部、云南东北部及 南部；东亚、东南亚、南亚。

Similar to *B. albiflora*, but with smaller leaves, 3-8 mm × 2-6 mm. Ovary sessile. Open forests, grassy slopes. Distr. SW Sichuan, S and NE Yunnan; E, SE, S Asia.

芸香科 Rutaceae | 四数花属 *Tetradium* Lour.

乔木或灌木。叶对生，奇数羽状复叶。二歧聚伞花序，顶生，稀为顶生及腋生；雌雄异株，雌花的子房心皮离生，在基部联合。蓇葖果1~5裂。9种；中国7种；横断山均有。

Shrubs or trees. Leaves opposite, mostly odd-pinnate. Inflorescences terminal or terminal and axillary, plants dioecious, ovary in female flowers with carpels connate at base, otherwise contiguous, fruit of 1-5 follicles. Nine species; seven in China; all found in HDM.

3 臭檀吴萸

1 2 3 4 5 **6 7 8** 9 10 11 12 2900-3000 m

Tetradium daniellii (Benn.) T.G.Hartley[1-2]

落叶乔木，高达20米。叶有小叶5~11片，长6~15厘米，宽3~7厘米。伞房状聚伞花序。分果瓣紫红色，长5~6毫米，顶端有长1~2.5（3）毫米的芒尖。生于林中。分布于云南西北部至华中；朝鲜半岛、日本。

Deciduous trees, up to 20 m. tall, with 5-11 leaflets, 6-15 cm long and 3-7 cm wide. Corymbose cyme. Mericarps purplish red, 5-6 mm long, apex with 1-2.5 (3) mm long awn tip. Forests. Distr. NW Yunnan to C China; Korea, Japan.

4 楝叶吴萸

1 2 3 4 5 6 **7 8 9** 10 11 12 500-1200 m

Tetradium glabrifolium (Champ. ex Benth.) T.G.Hartley[1-2]

乔木或高大灌木。叶背灰绿色，无毛。花序顶生，花甚多；萼片及花瓣均5片；花瓣绿色、黄色或白色。外果皮的两侧面被短伏毛。生于常绿阔叶林中、湿润山谷、灌丛、开阔地。分布于西北、西南、华北、华中、华南；南亚、东亚、东南亚。

Shrubs or trees. Leaves abaxially usually glaucous and not papillate. Inflorescences terminal, flowers many; sepal and petals 5, corolla green, yellow, or white. Fruit laterally sparsely to densely appressed pubescent, otherwise glabrous. Evergreen board-leaves forests, moisture valleys, thickets, open places. Distr. NW, SW, N, C, S China; S, E, SE Asia.

1
2
2
3
4
4

锦葵科 Malvaceae | 木槿属 *Hibiscus* L.

灌木、亚灌木、乔木或草本。叶互生，掌状分裂或不分裂，基出脉 3 或更多。花两性，5 数；花萼钟状，少为浅杯状或管状，5 齿裂，宿存；花丝筒发育良好，先端截形或 5 齿；子房 5 室，每室具胚珠 3 至多数；花柱 5 裂，柱头头状。蒴果胞背开裂成 5 果爿。种子肾形，被毛或为腺状乳突。约 200 种；中国 25 种；横断山 1 种。

Shrubs, subshrubs, trees, or herbs. Leaves alternate, palmately lobed or entire, basal veins 3 or more. Flowers 5- merous, bisexual; calyx campanulate, rarely shallowly cup-shaped or tubular, 5-lobed or 5-dentate, persistent; filament tube well developed, apex truncate or 5-dentate; ovary 5-loculed, ovules 3 to many per locule; style branches 5, stigmas capitate. Fruit a capsule, cylindrical to globose, valves 5. Seeds reniform, hairy or glandular verrucose. About 200 species; 25 in China; one in HDM.

1 旱地木槿

1 2 3 4 5 6 7 8 9 **10** **11** 12 1300-2100 m

Hibiscus aridicola J.Anthony[1-2, 4]

落叶灌木，直立，高 1~2 米。小枝圆柱形，密被黄色星状绒毛。叶厚革质或薄革质，卵形或圆心形，不裂，长 5~8 厘米，宽 5~10 厘米，先端圆或钝，基部截形或心形，边缘具粗齿状。花单生，近顶生；副萼裂片 6 枚，线形匙形至倒披针形；花药砖红色。种子肾形，被白色棉毛，毛长约 5 毫米。生于干热河谷。分布于四川西南部、云南西北部。

Shrubs deciduous, erect, 1-2 m tall. Branchlets cylindrical, densely yellow stellate tomentose. Leaf blade ovate or orbicular-ovate, thickly or thinly leathery, not lobed, 5-8 cm × 5-10 cm, base truncate or cordate, margin dentate, apex acute to obtuse; flowers solitary, subterminal; epicalyx lobes 6, linear-spatulate to oblanceolate; anthers brick-red. Seeds reniform, woolly, hairs white, ca. 5 mm. Scrub, slopes, hot and dry river valleys. Distr. SW Sichuan, NW Yunnan.

锦葵科 Malvaceae | 椴属 *Tilia* L.

落叶树。叶互生；托叶早落性的；叶缘常有锯齿，有时全缘。花序腋生，聚伞状，3 至多花；苞片贴生于花序梗，带状，大而宿存；花两性；雄蕊多数，离生或合生成 5 束。果为坚果或蒴果。种子 1 或 2 枚。23~40 种；中国 19 种；横断山 7 种。

Trees deciduous. Leaves alternate; stipule caducous; leaf margin usually serrate or sometimes entire. Inflorescences axillary, cymose, 3- to many-flowered. Bracts adnate to inflorescence peduncle, band-shaped, large, persistent. Flowers bisexual. Stamens many, free or connate into 5 fascicles. Fruit a nut or capsule. Seeds 1 or 2. Between 23 and 40 species; 19 in China; seven in HDM.

2 少脉椴

1 2 3 4 5 **6** **7** **8** 9 10 11 12 1300-2400 m

Tilia paucicostata Maxim[1-4]

乔木，高 13 米。叶薄革质，卵圆形，长 6~10 厘米，宽 3.5~6 厘米，先端渐尖，基部斜心形或斜截形，两面无毛或背面脉腋处有稀疏绒毛；叶柄长 2~5 厘米，纤细，无毛。聚伞花序长 4~8 厘米，有花 6~8 朵；花柄长 1~1.5 厘米，无毛；苞片狭窄倒披针形，长 5~8.5 厘米，宽 1~1.6 厘米，无毛，下半部与花序柄合生，基部有短柄，长 7~12 毫米；萼片长卵形，长 4 毫米，背面无毛，正面在下半部具有长柔毛；花瓣长 5~6 毫米。果实倒卵形，长 6~7 毫米，先端通常具喙。生于林地中。分布于甘肃、陕西、河南、四川、云南。

Trees, 13 m tall. Leaf blade ovate-orbicular, thinly leathery, 6-10 cm long, 3.5-6 cm wide, apex acuminate, base truncate or obliquely cordate, both surfaces glabrous or abaxially sparsely tomentose in vein axils. Petiole slender, 2-5 cm long, glabrous. Cyme is 4-8 cm long with 6-8 flowers; petiole 1-1.5 cm long, glabrous; bracts narrow, oblanceolate, 5-8.5 cm long, 1-1.6 cm wide, glabrous, lower half connate with peduncle, base with 7-12 mm long petiole; sepals ovate, 4 mm long, abaxially glabrous, adaxially villous on proximal half; petals 5-6 mm long. Fruit obovoid, 6-7 mm long, apex usually beaked. Forests. Distr. Gansu, Shaanxi, Henan, Sichuan, Yunnan.

1
1
2

瑞香科 Thymelaeaceae | 瑞香属 *Daphne* L.

灌木或亚灌木，常绿或落叶的。叶多数互生，有时对生。花序通常顶生，有时腋生。花两性或单性（雌雄异株），4或5瓣。雄蕊为花萼裂片数的2倍，排成2轮。子房通常无梗或稍具柄，卵球形，1室。浆果肉质或干燥而革质，通常为红色或黄色。横断山约10种。

Shrubs or subshrubs, evergreen or deciduous. Leaves mostly alternate, sometimes opposite. Inflorescence usually terminal, sometimes axillary. Flowers bisexual or unisexual (plants sometimes dioecious), 4- or 5-merous. Stamens twice as many as calyx lobes, in two series. Ovary usually sessile or slightly stipitate, ovoid, 1-loculed. Stigma capitate. Fruit a succulent berry or dry and leathery, usually red or yellow. About ten species in HDM.

1 橙黄瑞香

1 2 3 4 **5** **6** 7 8 9 10 11 12 **2600-3500 m**

Daphne aurantiaca Diels[1-2, 4]

灌木，高0.6~1.2米。叶对生或近于对生。花橙黄色，芳香，2~5朵簇生于枝顶或部分腋生；花萼筒漏斗状圆筒形，长8~11毫米。生于石灰岩阴坡杂木林中或灌丛中。分布于四川西南部和云南西北部。

Shrubs 0.6-1.2 m. leaves opposite or subopposite. Inflorescences terminal, often on reduced lateral shoots, 2-5-flowered. Flowers deep yellow to orange, fragrant. Calyx funnelform-cylindric, 8-11 mm. Shady forests, shrubby slopes. Distr. SW Sichuan, NW Yunnan.

2 藏东瑞香

1 **2** **3** 4 5 6 7 8 9 10 11 12 **1700-3500 m**

Daphne bholua Buch.-Ham. ex D.Don[1-2, 4-5]

灌木。叶互生，革质，窄椭圆形至长圆状披针形。花盘环状，全缘。果实黑色。生于林中。分布于西藏、四川、云南西北部；印度、尼泊尔、不丹、缅甸、孟加拉国。

Shrubs. Leaves narrowly elliptic or oblong-lanceolate, thinly leathery. Disk cupular, margin entire. Fruit black. Forests. Distr. Xizang, Sichuan, NW Yunnan; India, Nepal, Bhutan, Myanmar, Bangladesh.

3 长瓣瑞香

1 2 3 4 5 **6** **7** 8 9 10 11 12 **1600-3500 m**

Daphne longilobata (Lecomte) Turrill[1-5]

灌木，高约1米。3~5朵花成近于头状的簇生花序；花白色至淡黄色；花萼筒状，长约8~10毫米。生于林下灌丛中。分布于西藏东部、四川西南部、云南西北部。

Shrubs ca. 1 m. Inflorescences sub-capitate, with 3-5 clustered flowers. Flowers white or pale yellowish; calyx tubular, ca. 8-10 mm. Forests, shrubby slopes, among rocks. Distr. E Xizang, SW Sichuan, NW Yunnan, .

4 唐古特瑞香

1 2 3 4 **5** **6** 7 8 9 10 11 12 **1000-3800 m**

Daphne tangutica Maxim.[1-5]

灌木，高0.5~2.5米。头状花序生于小枝顶端；花外面紫色或紫红色，内面白色；花萼筒长9~13毫米。生于润湿林中。分布于甘肃、青海、西藏、四川、云南；山西、贵州、陕西。

Shrubs 0.5-2.5 m. Inflorescences terminal on the tops of small branches, capitate. Flowers white adaxially and purple or purplish red abaxially, calyx 9-13 mm. Moist forests. Distr. Gansu, Qinghai, Xizang, Sichuan, Yunnan; Shanxi, Guizhou, Shaanxi.

5 丝毛瑞香

1 2 3 4 **5** **6** 7 8 9 10 11 12 **3000-3600 m**

Daphne holosericea (Diels) Hamaya[1-5]

常绿灌木，高0.3~1米。多花密集于小枝的顶端成头状花序。花外面淡白色，内面深黄色；花萼筒长4~5毫米。生于干旱河谷灌丛草坡。分布于西藏东南部、四川、云南西部。

Shrubs evergreen, 0.3-1 m tall. Inflorescences terminal, many flowered, capitate. Flowers light white adaxially and dark yellow abaxially, calyx 4-5 mm. Among shrubs and herbs on slopes in dry valleys. Distr. SE Xizang, Sichuan, W Yunnan.

1

1

2

3

3

4

5

5

瑞香科 Thymelaeaceae | 结香属 *Edgeworthia* Meisn.

落叶灌木。叶互生，厚膜质，常簇生于枝顶。花两性，组成顶生或腋生的紧密的头状花序；花盘杯状；花柱长，有时被短柔毛，柱头圆形或棒状，具乳突。5 种；中国 4 种；横断山 2 种。

Shrubs, deciduous. Leaves alternate, thickly membranous, usually clustered at the top of branches. Flowers bisexual; inflorescence terminal or axillary, densely capitate; disk cup-shaped; style long, sometimes puberulous, stigma rounded or clavate, papillose. Five species; four in China; two in HDM.

1 滇结香

1 2 3 4 5 6 7 8 9 10 11 12 1000-3500 m

Edgeworthia gardneri (Wall.) Meisn.[1-5]

茎棕红色，小枝无毛或顶端稀少被绢毛。叶片狭椭圆形到椭圆状披针形，两面贴伏的短柔毛，基部楔形，先端锐尖。头状花序顶生或腋生；花盘鳞片膜质，浅撕裂状。生于林缘及疏林湿润处。分布于西藏东部、云南西北部；印度、尼泊尔、不丹、缅甸北部。

Stem brownish red; branchlets glabrous or sparsely sericeous at apex. Leaf blade narrowly elliptic to elliptic-lanceolate, both surfaces appressed pubescent, base cuneate, apex acute. Inflorescences terminal and axillary, capitate; disk scale lacerate, membranous. Drupe ovoid, densely sericeous. Forests, moist places. Distr. E Xizang, NW Yunnan; India, Nepal, Bhutan, N Myanmar.

瑞香科 Thymelaeaceae | 狼毒属 *Stellera* L.

多年生草本或灌木。顶生无梗的头状或穗状花序；花 4（~6）数，白色、黄色或淡红色；花萼筒漏斗状或筒状，在子房上面有关节；花盘生于一侧，针形或线状鳞片状，膜质。小坚果干燥，基部为宿存的花萼筒所包围，果皮膜质。10~12 种；中国 1 种；横断山有分布。

Perennial herbs or shrubs. Inflorescence terminal, capitate or spicate; peduncle absent. Flowers 4(-6)- merous, white, yellow or reddish; calyx tube cylindric or funnel-shaped, contracted at apex of ovary; petaloid appendages absent; disk at one side, acerose- or linear-scale, membranous. Fruit dry, enclosed by persistent calyx,pericarp membranous. Between ten and twelve species; one species in China; found in HDM.

2 狼毒

1 2 3 4 5 6 7 8 9 10 11 12 2600-4200 m

Stellera chamaejasme L.[1-5]

多年生草本，高 20~50 厘米。茎直立，丛生，不分枝，纤细。叶互生，稀对生或近轮生。多花的头状花序顶生；花白色、黄色至带紫色，芳香；花萼筒细瘦，长 9~11 毫米。生于干燥而向阳的高山草坡、草坪或河滩台地。分布于北方各省区及西南地区；西伯利亚。

Perennial herbs, 20-50cm. Stems clustered, erect, unbranched, slender. leaves alternate, rarely opposite or ± whorled. Inflorescences terminal, capitate, many flowered; flowers white, yellow, or reddish purple, fragrant, calyx tube narrow, 9-11 mm. Sunny and dry slopes, sandy places, riversides. Distr. N and SW China; Siberia.

瑞香科 Thymelaeaceae | 荛花属 *Wikstroemia* Endl.

乔木、灌木或亚灌木具木质根茎。叶对生或少有互生。花两性或单性，无苞片；无花瓣；子房具柄或无柄，椭圆形，被毛、无毛或仅于顶部被毛。核果干燥棒状或浆果状。种子有少量胚乳或无胚乳。约 70 种；中国 49 种；横断山约 16 种。

Shrubs or subshrubs, occasionally small trees. Leaves opposite or alternate. Flowers bisexual or unisexual. bract absent, petal absent; ovary sessile, rarely shortly stipitate, usually ellipsoid, glabrous or hairy at apex. Fruit a succulent berry or rather dry. Fruit a succulent berry or rather dry. Endosperm scanty or absent. About 70 species; 49 in China; about 16 in HDM.

3 短总序荛花

1 2 3 4 5 6 7 8 9 10 11 12 2200-4000 m

Wikstroemia capitatoracemosa S.C.Huang[1-2]

灌木，高 0.5~2 米。叶互生，表面被丝状毛。花黄色；子房椭球形，无柄。生于干热河谷、灌丛坡。分布于西藏东部、四川北部及西南部、云南西北部。

Shrubs 0.5-2 m tall. Leaves alternate, leaf blade appressed sericeous. Flowers yellow; ovary ellipsoid, sessile. Dry hot valleys, shrubby slopes. Distr. E Xizang, N and SW Sichuan, NW Yunnan.

1

1

2

2

3

3

1 澜沧荛花

1 2 3 4 5 6 7 8 9 10 11 12 2000-3400 m

Wikstroemia delavayi Lecomte[1-4]

灌木，高 1~2 米，多分枝。小枝幼时近圆形，黄绿色。圆锥花序顶生，长 3~4 厘米，有时延伸到 10 厘米；花黄绿色，常在顶端呈紫色；花萼长 8~10 毫米。生于河边、林中、山坡灌丛或河谷石灰岩山地。分布于四川、云南。

Shrubs 1-2 m, much branched. Young branches subcylindric, yellowish green, glabrous. Inflorescences terminal, paniculate, 3-4 cm, rarely up to 10 cm; flower yellowish green, with purple at apex, calyx 8-10 mm. Riversides, forests, shrubby slopes, limestone areas. Distr. Sichuan, Yunnan.

2 一把香

1 2 3 4 5 6 7 8 9 10 11 12 1300-2300 m

Wikstroemia dolichantha Diels[1-4]

灌木，高 0.5~1 米。叶互生。穗状花序组成圆锥花序；花黄色，长 10~11 毫米；萼筒顶端 5 裂。生于山坡草地及路旁干燥地。分布于四川、云南。

Shrubs 0.5-1 m. Leaves alternate. Panicle of spikes; flowers yellow, 10-11 mm, calyx 5-lobed. Roadsides, grassy slopes. Distr. Sichuan, Yunnan.

3 丽江荛花

1 2 3 4 5 6 7 8 9 10 11 12 2600-3500 m

Wikstroemia lichiangensis W.W.Sm.[1-4]

灌木，高 1.5~3 米。叶互生，纸质全缘，被分散的灰白色小疏柔毛。花黄绿色；子房球形，具柄。生于杂木林下、松林中、荒地灌丛及路边。分布于四川西南部、云南西北部。

Shrubs 1.5-3 m tall. Leaves alternate, papery, both surfaces scattered grayish white pubescent. Flowers yellowish green. Ovary obovoid, stipitate. Forests and roadsides. Distr. SW Sichuan, NW Yunnan.

4 革叶荛花

1 2 3 4 5 6 7 8 9 10 11 12 1900-2900 m

Wikstroemia scytophylla Diels[1-5]

常绿灌木，高 0.5~3 米。上部叶常对生，革质，无毛。花黄色；子房纺锤形。常见于干燥山坡及灌丛中。分布于西藏、四川、云南。

Shrubs evergreen, 0.5-3 m tall. Upper leaves usually opposite, glabrous, leathery. Flower yellow; ovary fusiform. Dry shrubby slopes, on limestone. Dstri. Xizang, Sichuan, Yunnan.

5 轮叶荛花

1 2 3 4 5 6 7 8 9 10 11 12 1600-2500 m

Wikstroemia stenophylla E.Pritz. ex Diels[1-3]

常绿灌木在上部多分枝，高 0.2~1.3 米。小枝四棱形，绿色，树皮褐色。叶对生、交互对生或三叶轮生。穗状花序排列成圆锥花序，很少为单生穗状花序；花黄绿色，长 7~10 毫米。生于向阳山坡、路旁及河谷。分布于四川西部。

Shrubs evergreen, 0.2-1.3 m, much branched distally. Young branches 4-angled, green, bark brown. Leaves opposite, decussate or 3 leaves whorled. Panicle of spikes, rarely reduced to a single spike; flower yellowish green, 7-10 mm. Sunny shrubby slopes, valleys, roadsides. Distr. W Sichuan.

山柑科 Capparaceae | 山柑属 *Capparis* Tourn. ex L.

灌木、小乔木或藤本，常绿，直立或攀援，有时匍匐。叶互生。花瓣 4 枚，覆瓦状。果浆果状，球形或椭球形，常不开裂。250~400 种；中国 37 种；横断山 1 种。

Shrubs, small trees, or vines, evergreen, erect, climbing, or sometimes prostrate. Leaves alternate. Petals 4, imbricate. Fruit baccate, usually not dehiscent. Between 250 and 400 species; 37 in China; one in HDM.

6 野香缘花

1 2 3 4 5 6 7 8 9 10 11 12 <2500 m

Capparis bodinieri H.Lév.[1-4]

灌木或小乔木，高 5~10 米。枝条具刺。花腋生；花瓣白色，被绒毛；雌蕊柄长 1.5~2.5 厘米。生于灌丛或次生森林中、石灰岩山坡道旁。分布于四川西南部、云南；贵州东部；不丹、印度东北部、缅甸北部。

Shrubs or small trees, 5-10 m tall. Branches with thorns. Axils overgrown; petals white, tomentose; gynophore 1.5-2.5 cm long, ovary ovoid. Secondary forests, thickets, limestone place. Distr. SW Sichuan, Yunnan; E Guizhou; Bhutan, NE India, N Myanmar.

1
1
2
3
4
4
5
5
6

十字花科 Brassicaceae | 寒原荠属 *Aphragmus* Andrz. ex DC.

矮小草本。基生叶莲座状，具叶柄，全缘。茎生叶具柄或无柄。总状花序，花少至多数，花瓣白色或淡紫色，具苞片；萼片基部不呈囊状。果为开裂的短角果或长角果。种子每室 1 或 2 行，无翅。13 种；中国 6 种；横断山 2 种。

Dwarf herbs. Basal leaves petiolate, rosulate, entire. Cauline leaves petiolate or sessile. Racemes few to several flowered, bracteate throughout; petals white, pink, or purple; sepals base of lateral pair not saccate. Fruit dehiscent silicles or siliques; seeds uniseriate or biseriate, wingless. Thirteen species; six in China; two in HDM.

1 尖果寒原荠

1 2 3 4 **5 6 7 8** 9 10 11 12 3300-5600 m

Aphragmus oxycarpus (Hook.f. & Thomson) Jafri[1-2, 4-5]

— *Braya oxycarpa* Hook.f. & Thoms.

多年生草本。茎直立或上升，近地面分枝，茎生叶具短柄。花瓣白色或淡紫色。生于高山牧场、溪边、悬崖、冰碛地、冰川下缘砾石地、流石滩。分布于青海南部及东南部、西藏东部、四川西部、云南西北部；新疆；南亚、塔吉克斯坦。

Herbs perennial. Stems erect or ascending, branched from base, cauline leaves short petiolate. Petals white or purple. Alpine pastures, brooksides, cliffs, moraines, gravel below glaciers, screes. Distr. S and SE Qinghai, E Xizang, W Sichuan, NW Yunnan; Xinjiang; S Asia, Tajikistan.

2 东达拉寒原荠

1 2 3 4 **5 6** 7 8 9 10 11 12 5100-5600 m

Aphragmus bouffordii Al-Shehbaz[1]

多年生草本。茎直立，上部分枝，茎生叶无柄。花瓣白色或粉红色。生于石砾坡及流石滩。分布于西藏东南部及东部。

Herbs perennial. Stems erect, branched above, cauline leaves sessile. Petals white or pink. Alpine gravel and scree slopes. Distr. SE and E Xizang.

十字花科 Brassicaceae | 南芥属 *Arabis* L.

草本，很少呈半灌木状。茎上表皮毛分叉，有时与少量单毛混生。基生叶具叶柄、莲座状、稀大头羽裂，茎生叶无柄，有时呈钝形或箭形的叶耳。总状花序；花瓣白色、粉红色或紫色。果为开裂的长角果，线形，具宽隔膜。约 60 种；中国 2 种；横断山 2 种。

Herbs, rarely subshrubs or shrubs. Trichomes forked, sometimes mixed with fewer simple ones. Basal leaves petiolate, rosulate, rarely lyrate-pinnatifid, cauline leaves sessile and with blunt or arrow-shaped auriculate. Racemes; petals white, pink, or purple. Fruit dehiscent siliques, linear, latiseptate. About 60 species; 2 in China; two in HDM.

3 硬毛南芥

1 2 3 **4 5 6 7 8** 9 10 11 12 300-4000 m

Arabis hirsuta (L.) Scop.[1-3, 5]

多年生草本，有时二年生。全株被有硬单毛。花白色，稀粉红色或紫色。长角果线形、直立、靠近花序轴。生于草地、路边、混合林。分布于甘肃、青海、西藏、四川、云南；中国大部分省区；欧洲、北非、西南亚、北美、哈萨克斯坦、俄罗斯、日本、朝鲜半岛。

Herbs perennial or sometimes biennial. The whole plant is covered with hard single hairs. Petals white, rarely pink or purplish. Fruit silique, erect, appressed to rachis. Grasslands, roadsides, mixed forests. Distr. Gansu, Qinghai, Xizang, Sichuan, Yunnan; almost throughout China; Europe, N Africa, SW Asia, N America, Kazakstan, Russia, Japan, Korea.

4 圆锥南芥

1 2 3 **4 5 6 7 8** 9 10 11 12 1300-3400 m

Arabis paniculata Franch.[1-4]

二年生或短命多年生草本。茎直立，自中部以上常呈圆锥状分枝。花白色，稀淡粉红色。果实直立在上升的二叉花梗上，不靠近花轴。生于荒原、路边、草坡沟旁。分布于甘肃、西藏、四川、云南；湖北、贵州、陕西；尼泊尔、克什米尔地区。

Herbs biennial or short-lived perennial. Stems erect, often coniform branched at middle. Petals white or rarely pale pink. Fruit erect on divaricateor ascending pedicels never appressed to rachis. Waste areas, roadsides, grassy slopes, along ditches. Distr. Gansu, Xizang, Sichuan, Yunnan; Hubei, Guizhou, Shaanxi; Nepal, Kashmir.

1
1
2
2
3
4
4

十字花科 Brassicaceae | 白马芥属 *Baimashania* Al-Shehbaz

多年生垫状草本。无茎。基生叶莲座状，全缘，具扁平肥厚麦秆色的柄；茎生叶缺失。总状花序有花 2~3 朵，无苞片，或花单生于从莲座状叶叶腋处长出的短梗上；花瓣粉色，匙形，先端钝。长角果线形，隔膜明显，无果柄。种子每室 1 行。2 种；分布于横断山。

Herbs perennial, pulvinate. Stems absent. Basal leaves rosulate, entire, with stramineous, thick, flattened petioles. Cauline leaves absent. Racemes 2- or 3-flowered and ebracteate, or flowers solitary on short pedicels originating from axils of rosette leaves; petals pink, blade spatulate, apex obtuse. Fruit linear siliques, strongly latiseptate, sessile. Seeds uniseriate. Two species; found in HDM.

1 白马芥

1 2 3 4 **5** **6** 7 8 9 10 11 12 4200-4600 m

Baimashania pulvinata Al-Shehbaz[1]

多年生草本。叶长圆形或椭圆形。花单生，花瓣粉红色。生于潮湿石砾草甸、石灰岩石缝、流石滩。分布于云南西北部。

Herbs perennial. Leaves ovate or oblong. Flowers solitary, petals pink. Moist gravelly meadows, limestone rock crevices, screes. Distr. NW Yunnan.

2 王氏白马芥

1 2 3 4 **5** **6** 7 8 9 10 11 12 4100-4300 m

Baimashania wangii Al-Shehbaz[1]

多年生草本。叶狭线形。大部分花在有 2~3 朵花的总状花序上；花瓣白色至粉红色。生于石灰石石缝、流石滩。分布于青海南部。

Herbs perennial. Leaves narrowly linear. Flowers mostly in 2-or 3-flowered racemes; petals white to pink. Limestone rock crevices, screes. Distr. S Qinghai.

十字花科 Brassicaceae | 肉叶荠属 *Braya* Sternb. & Hoppe

多年生草本，稀一年生。被简单或分枝表皮毛。单叶，稍肉质。花瓣白色、粉红色或紫色，稀黄色，长于萼片。果为开裂的角果，无柄；裂爿有明显的中脉。种子每室 2 行，无翅，种皮细网状。22 种，中国 12 种，横断山 4 种。

Herbs perennial or rarely annual. Trichomes simple or forked. Leaves simple, fleshy.Petals white, pink, or purple, rarely yellow, longer than sepals. Fruit dehiscent siliques or silicles, sessile. Valves with a distinct midvein. Seeds biseriate, wingless, seed coat minutely reticulate. Twenty-two species; 12 in China; four in HDM.

3 蚓果芥

1 2 3 4 **5** **6** **7** **8** 9 10 11 12 2000-5300 m

Braya humilis (C.A.Mey.) B.L.Rob.[1]

— *Torularia humilis* (C.A.Mey.) O.E.Schulz

多年生草本，表皮毛为单毛和分叉毛。花瓣白色、粉红色或紫色。生于沙地、河边、多石山坡、悬崖、高山流石滩。分布于甘肃、青海、西藏、四川西南部至北部、云南西北部；河南及华北地区、西北地区；中亚、南亚、北美、俄罗斯、蒙古、朝鲜半岛。

Herbs perennial, trichomes simple and forked. Petals white, pink or purple. Sandy areas, riversides, stony slopes, cliffs, alpine screes. Distr. Gansu, Qinghai, Xizang, SW to N Sichuan, NW Yunnan; Henan, N and NW China; C and S Asia, N America, Russia, Mongolia, Korea.

4 红花肉叶荠

1 2 3 4 5 **6** **7** 8 9 10 11 12 2500-5300 m

Braya rosea (Turcz.) Bunge[1-2, 5]

多年生草本，部分表皮毛分叉。花瓣白色、粉红色或紫色。生于山坡、河边、草甸、流石滩。分布于甘肃、青海南部及东南部至东部、西藏东部、四川西南部至北部；新疆；中亚、南亚及以俄罗斯、蒙古。

Herbs perennial, some trichomes forked. Petals white, pink or purple. Mountain slopes, riversides, meadows, screes. Distr. Gansu, S, SE to E Qinghai, E Xizang, SW to N Sichuan; Xinjiang; C and S Asia, Russia, Mongolia.

1
1
1
2
2
3
4

十字花科 Brassicaceae | 碎米荠属 *Cardamine* L.

草本。基生叶具叶柄，全缘；茎生叶互生，基部为单叶或复叶。伞房状花序或圆锥花序，果期伸长；萼片卵形或长圆形，边缘膜质，内轮萼片的基部多呈囊状；花瓣白色、淡紫红色或紫色，倒卵形或倒披针形，稀无。长角果开裂，具宽隔膜；裂爿纸质、无脉，成熟时常自下而上开裂或弹裂卷起。种子每室1行，扁平，椭圆形或长圆形，无翅或有窄的膜质翅。约200种；中国56种；横断山约22种。

Herbs. Basal leaves petiolate, entire. Cauline leaves alternate, simple or compound as basal leaves. Racemes corymbose or in panicles, elongated in fruit; sepals ovate or oblong, base of lateral pair saccate or not, margin often membranous; petals white, pink, purple, or violet, rarely absent, blade obovate or oblanceolate. Fruit dehiscent siliques, latiseptate. Valves papery, not veined, dehiscing elastically acropetally, spirally or circinately coiled. Seeds uniseriate, wingless, rarely margined or winged, oblong or ovate, flattened. About 200 species; 66 in China; about 22 species in HDM.

• 茎生叶基部耳形、箭形或抱茎 | Cauline leaves auriculate, sagittate, or amplexicaul at base

1 露珠碎米荠

1 2 3 4 5 6 7 8 9 10 11 12 400-3300 m

Cardamine circaeoides Hook.f. & Thomson[1-4]

多年生草本。根状茎纤细，有时有少数匍匐茎。茎生叶1~4枚，叶柄基部耳形，少数顶部叶近无柄。花瓣白色，匙形。生于峡谷、溪边、混合林、潮湿的牧场、路边。分布于甘肃、四川、云南；湖南、广东、广西、台湾；印度、缅甸、泰国、老挝、越南。

Herbs perennial. Rhizomes slender, sometimes with a few stolons. Cauline leaves 1-4, petiole auriculate at base, or rarely uppermost subsessile. Petals white, spatulate. Ravines, along streams , mixed woods, moist pastures, roadsides. Distr. Gansu, Sichuan, Yunnan; Hunan, Guangdong, Guangxi, Taiwan; India, Myanmar, Thailand, Laos, Vietnam.

2 山芥碎米荠

1 2 3 4 5 6 7 8 9 10 11 12 2400-4500 m

Cardamine griffithii Hook.f. & Thomson[1-5]

多年生草本。根状茎匍匐，无匍匐茎。茎生羽状复叶，无柄。花瓣紫色或淡粉色。生于山坡、山谷、溪边、牧场、沼泽地、潮湿的林下。分布于西藏、四川、云南；印度、尼泊尔、不丹。

Herbs perennial. Rhizomes creeping, without stolons. Cauline leaves pinnate, sessile. Petals purple or lavender. Mountain slopes, valleys, streamsides, pastures, marshy places, moist forest floor. Distr. Xizang, Sichuan, Yunnan; India, Nepal, Bhutan.

3 弹裂碎米荠

1 2 3 4 5 6 7 8 9 10 11 12 <4000 m

Cardamine impatiens L.[1-5]

二年生草本，稀一年生。单一茎上具叶达15枚，叶柄基部耳状。花瓣白色。生于阴暗潮湿的坡上、溪边、田野、路边。广布于中国；东亚、南亚、西南亚、欧洲。

Herbs biennial or rarely annual. Cauline leaves to 15 per stem, petiole auriculate at base. Petals white. Shady or moist slopes, streamsides, fields, roadsides. Distr. throughtout China; E, S and SW Asia, Europe.

4 云南碎米荠

1 2 3 4 5 6 7 8 9 10 11 12 900-4200 m

Cardamine yunnanensis Franch.[1-5]

具纤细根状茎的多年生短命草本，稀一年生。茎中部的叶子具3~7枚小叶，叶柄基部耳状，最上部的叶通常具3小叶，稀单叶。花瓣白色。生于阴湿处、山坡、山谷、草地、灌丛、森林开阔地。分布于西藏、四川、云南；印度、尼泊尔、不丹。

Herbs short-lived perennial with slender rhizomes, rarely annual. Middle cauline leaves 3-7-foliolate, petiole auriculate at base, uppermost leaves often trifoliolate, rarely simple. Petals white. Moist shady places, mountain slopes, valleys, grasslands, thickets, forest openings. Distr. Xizang, Sichuan, Yunnan; India, Nepal, Bhutan.

1
1
2
2
3
3
4
4

• 茎生叶基部非耳形，箭形或抱茎 | Cauline leaves not auriculate, sagittate, nor amplexicaul

1 宽翅碎米荠

1 2 3 4 5 **6** **7** 8 9 10 11 12 2300-4800 m

Cardamine franchetiana Diels[1-2]

— *Loxostemon delavayi* Franch.

多年生草本。根状茎达 1 厘米，具匍匐茎和大量珠芽。茎生叶 1~4 枚，具 2~6 对侧生小叶，叶柄基部非耳状。花瓣白色，稀淡紫色。生于山坡、深谷、流石滩、石缝、草甸、潮湿的牧场。分布于青海、西藏、四川、云南。

Herbs perennial. Rhizomes to 1 cm, with stolons and numerous bulbils. Cauline leaves 1-4, with 2-6 pairs of lateral leaflets, petiole not auriculate at base. Petals white or rarely lavender. Mountain slopes, deep valleys, screes, crevices of boulders, meadows, moist pastures. Distr. Qinghai, Xizang, Sichuan, Yunnan.

2 碎米荠

1 **2** **3** **4** **5** 6 7 8 9 10 11 12 < 3000 m

Cardamine hirsuta L.[1-2, 4-5]

一年生草本。茎生叶 1~6 枚，叶柄基部非耳状。花瓣白色。生于山坡、路边、田野、空旷地、荒原。广布于中国；东亚、东南亚、西南亚、欧洲。

Herbs annual. Cauline leaves 1-6, petiolate not auriculate at base. Petals white. Mountain slopes, roadsides, fields, clearings, wastelands. Distr. throughtout China; E, SE and SW Asia, Europe.

3 大叶碎米荠

1 2 3 **4** **5** **6** **7** **8** **9** **10** 11 12 500-4200 m

Cardamine macrophylla Willd.[1-5]

多年生草本。根状茎匍匐，无鳞片，纤细或粗壮，具块茎状节，无匍匐茎。茎生叶 3~18 枚，顶生小叶与侧生小叶的形状及大小相似，叶柄基部非耳状。花瓣紫色或淡紫色。生于潮湿的森林河岸、苔原、石缝、草甸、溪边、山谷、山坡。广布中国；南亚及哈萨克斯坦、俄罗斯、蒙古、日本。

Herbs perennial. Rhizomes creeping, not scaly, slender or stout and with tuberous knots, not stoloniferous. Cauline leaves 3-18, terminal and lateral leaflets are similar in shape and size, petiole not auriculate at base. Petals purple or lilac. Damp forests, river banks, tundra, rock crevices, meadows, streamsides, valleys, mountain slopes. Distr. Throughtout China; S Asia, Kazakstan, Russia, Mongolia, Japan.

4 细巧碎米荠

1 2 3 4 **5** **6** **7** **8** 9 10 11 12 3400-4600 m

Cardamine pulchella (Hook.f. & Thomson) Al-Shehbaz & G.Yang[1]

— *Loxostemon pulchellus* Hook.f. & Thomson

多年生草本。根茎不匍匐，丛生白色小鳞茎。茎生叶羽状复叶 1~3 枚，叶柄长 1~5 厘米，叶腋内有腋芽，顶生小叶全缘，侧生小叶 1~2 对，长椭圆形至条形。花瓣白色、粉红色至紫色，长达 7 毫米，顶端钝圆。生于溪边、流石滩、山坡、沼泽草地。分布于青海、西藏、四川、云南；印度、尼泊尔、不丹。

Herbs perennial. Rhizome not prostrate, tufted white bulbs. Cauline leaves imparipinnate, 1-3, petiole 1-5 cm, axillary buds in the axilla, with 1-2 pairs of lateral leaflets, oblong to strip. Petals white, pink to purple, up to 7 mm long, apex obtuse. Streamsides, screes, mountain slopes, grassy marshlands. Distr. Qinghai, Xizang, Sichuan, Yunnan; India, Nepal, Bhutan.

5 单茎碎米荠

1 2 3 4 **5** **6** **7** 8 9 10 11 12 2500-3800 m

Cardamine simplex Hand.-Mazz.[1-4]

多年生草本。茎直立，纤细，单立或 1~2 分枝，弯曲。茎生叶 1~7 枚，叶柄在基部非耳状。花瓣白色。生于草甸、沼泽地、溪边。分布于四川、云南。

Herbs perennial. Stems erect, slender, simple or 1- or 2-branched, flexuous. Cauline leaves 1-7, petiole not auriculate at base. Petals white. Meadows, marshy areas, streamsides. Distr. Sichuan, Yunnan.

1
1
2
3
3
4
4
5

十字花科 Brassicaceae | 垂果南芥属 *Catolobus* (C.A.Mey.) Al-Shehbaz

二年生草本，具单一的硬刚毛。茎直立或上升，上部多分枝。基生叶具柄，茎生叶无柄。总状花序有苞片，通常呈圆锥状，果期相对伸长，有时卷向一侧；花瓣白色，稀粉红色。果实开裂，线形，具宽隔膜。种子远端或全部边缘具环状翅。仅 1 种。

Herbs biennial, trichomes simple and setose. Stems erect to ascending often much branched above. Basal leaves petiolate, cauline leaves sessile. Racemese bracteate, often in panicles, elongated considerably and sometimes secund in fruit. Petals white or rarely pink. Fruit dehiscent, linear, strongly latiseptate. Seeds winged all around or only distally. One species.

1 垂果南芥

1 2 3 4 5 **6 7 8** 9 10 11 12 <4300 m

Catolobus pendulus (L.) Al-Shehbaz[16]

— *Arabis pendula* L.

形态同属的描述。生于石砾坡、林地、草地、荒原、灌木丛、林缘、山谷、水边、荒漠等。分布于我国西南、华北、东北、华东、华中、西北地区；欧洲及哈萨克斯坦、俄罗斯、蒙古、朝鲜半岛、日本。

Morphology is the same as the description of genus. Rocky slopes, roadsides, woodlands, meadows, limestone cliffs, waste places, thickets, forest margins, valleys, river banks, deserts. Distr. SW, N, NE, E, C, NW China; Europe, Kazakstan, Russia, Mongolia, Korea, Japan.

十字花科 Brassicaceae | 须弥芥 *Crucihimalaya* Al-Shehbaz & O'Kane & R.A.Price

一年生或二年生草本，稀多年生。毛被单一或分叉。茎直立或上升。茎生叶基部通常耳形或箭头状，全缘，具齿，稀羽状浅裂和缺失。花瓣长于花萼。长角果开裂，果瓣具明显中脉。种子每室 1 行，长圆形，饱满。13 种，中国 7 种，横断山 3 种

Herbs annual or biennial, rarely perennial. Trichomes simple and stalked, 1- or 2-forked, sometimes stellate. Stems erect or ascending. Cauline leaves usually auriculate or sagittate at base, entire, dentate, or rarely pinnately lobed, rarely absent. Petals longer than sepals. Fruit dehiscent siliques; valves with a distinct midvein. Seeds uniseriate, oblong, plump. Thirteen species; seven in China; three in HDM.

2 须弥芥

1 2 3 **4 5 6 7 8 9** 10 11 12 2600-5000 m

Crucihimalaya himalaica (Edgeworth) Al-Shehbaz et al.[1]

— *Arabis himalaica* Edgeworth

果瓣光滑或稀具疏生柔毛。花序有苞片；花瓣紫色、粉红色，稀白色。生于河漫滩、草甸、牧场、石砾坡及流石滩。分布于四川西南部、西藏、云南西北部；南亚。

Fruit valves glabrous or very rarely puberulent. Racemes bracteates; petals purple, pink, or rarely white. Flood plains, grassy meadows, pastures, gravel and scree slopes. Distr. SW Sichuan, Xizang, NW Yunan; S Asia.

3 毛果须弥芥

1 2 3 **4 5 6 7 8** 9 10 11 12 2400-4500 m

Crucihimalaya lasiocarpa (Hook.f. & Thomson) Al-Shehbaz et al.[1]

— *Arabidopsis monachorum* (W.W.Sm.) O.E.Schulz

果瓣密被毛。花瓣白色或粉红色。生于林缘、路边、河岸边、草坡及流石滩。分布于四川、西藏、云南；印度、不丹、尼泊尔。

Fruit valves densely and coarsely stellate,petals white, pink, or purple. Forest margins, roadsides, river banks, grassy slopes, limestone scree and slopes. Distr. Sichuan, Xizang, Yunnan; India, Bhutan, Nepal.

1
1
2
3
3
3

十字花科 Brassicaceae | 双脊荠属 *Dilophia* Thomson

多年生草本。基生叶成莲座状，无柄，肉质；茎生叶常在花序成苞片状。总状花序密集，花多数。萼片卵形，开展，常宿存，有膜质边缘，基部不成囊状；花瓣白色或粉红色，长于萼片。短角果近倒心形，开裂，具狭隔，果瓣平滑，背部脊状突起，无毛。2 种；横断山有分布。

Herbs perennial. Basal leaves sessile, fleshy, rosulate. Cauline leaves often present in inflorescence in bract sheets. Corymbs several to many flowered; sepals broadly ovate, persistent, ascending, margin membranous, base of lateral pair not saccate; petals white or pink, longer than sepals. Fruit dehiscent silicles, obcordate, angustiseptate. Valves smooth, apically gibbous and cristate, glabrous. Two species; both found in HDM.

1 无苞双脊荠

1 2 3 4 5 6 7 8 9 10 11 12 4500-5000 m

Dilophia ebracteata Maxim.[1-2, 5]

草本，全株无毛，萼片稀被微柔毛。伞房花序具数花至多花，只有最下部的少数花具苞片。生于高山草甸、流石滩、石坡。分布于青海、西藏。

Herbs glabrous throughout, rarely sepals puberulent. Corymbs few to many flowered, only lowermost few flowers bracteate. Alpine meadows, scree slopes, rocky slopes. Distr. Qinghai, Xizang.

2 盐泽双脊荠

Dilophia salsa Thomson[1-2, 5]

1 2 3 4 5 6 7 8 9 10 11 12 2200-5500 m

花瓣匙形，白色或粉红色。生于盐碱草原、沙地、高山草原。分布于西藏；西北地区；南亚、中亚。

Petals spatulate, white or purple. Salty pastures, dunes, alpine steppe. Distr. Xizang, NW China; S and C Asia.

十字花科 Brassicaceae | 蛇头荠属 *Dipoma* Franch.

多年生草本。根茎细长，毛被单一或分叉。基生叶莲座状，单叶，全缘或远端 3~5 浅裂。茎生叶无柄，全缘，先端具齿。果梗强烈反折，常形成一个完整的环。花瓣白色，有时具粉红色脉，远长于萼片。短角果，开裂，裂爿膜质，无翅或具小附属物。该属仅 1 种。

Herbs perennial. Stems slender, trichomes a mixture of simple and short-stalked. Basal leaves rosulate, simple, entire or distally 3-5-lobed. Cauline leaves sessile, entire, apically dentate. Fruiting pedicels strongly curved, often forming a complete loop. Petals white, sometimes with pink veins, much longer than sepalse. Fruit dehiscent silicles, valves membranous, wingless or with small appendages. One species.

3 蛇头荠

1 2 3 4 5 6 7 8 9 10 11 12 4300-4600 m

Dipoma iberideum Franch.[1-4]

形态描述同属的描述。生于高山石砾草甸、石灰岩石砾坡及流石滩。分布于四川西南部、云南西北部。

Same with description for the genus. Alpine stony meadows, limestone gravel and scree slopes. Distr. SW Sichuan, NW Yunan.

十字花科 Brassicaceae | 花旗杆属 *Dontostemon* Andrz. ex C.A.Mey.

草本。基生叶具叶柄，单叶；茎生叶与基生叶类似。总状花序无苞片，在果期伸长。花瓣白色、粉红色或紫色。长角果开裂。种子每室 1 行。10 种；中国均产；横断山 2 种。

Herbs. Basal leaves petiolate, simple. Cauline leaves similar to basal. Racemes ebracteate, elongated in fruit. Petals white, pink, or purple. Fruit dehiscent siliques. Seeds uniseriate. Ten species; all found in China; two in HDM.

4 腺花旗杆

1 2 3 4 5 6 7 8 9 10 11 12 3000-5300 m

Dontostemon glandulosus (Kar. & Kir.) O.E.Schulz[1-2]

一年生或二年生草本。叶具齿。花瓣匙形，淡紫色或白色。生于河边、路边、干旱灌丛、高山草甸、石砾坡及流石滩。分布于西藏东南部、四川西部、云南西北部；西北地区；克什米尔地区、印度（锡金邦）、尼泊尔、塔吉克斯坦、哈萨克斯坦、俄罗斯。

Herbs annual, biennial. Leaves dentate. Petals spatulate, lavender or white. Riversides, roadsides,dry scrubs, alpine meadows, gravel and scree slopes. Distr. SE Xizang, W Sichuan, NW Yunan; NW China; Kashmir, India(Sikkim), Nepal, Tajikistan, Kazakhstan, Russia.

1

1

2

2

3

3

4

4

1 羽裂花旗杆

1 2 3 4 5 **6 7 8** 9 10 11 12 **3000-4600 m**

Dontostemon pinnatifidus (Willd.) Al-Shehbaz & H.Ohba[1]

— *Dimorphostemon pinnatus* (Pers.) Kitag.

一年生或二年生草本。叶羽状半裂。花瓣倒卵圆形，白色。生于路边、沙丘、高山草甸、石砾坡及流石滩。分布于甘肃、青海、西藏东南部、四川西南部至北部、云南西北部；河北、内蒙古、黑龙江、山东、新疆；印度、尼泊尔、俄罗斯、蒙古。

Herbs annual, biennial. Leaves pinnatifid. Petal obovate, white. Roadsides, sand dunes, alpine grasslands, gravel and scree slopes. Distr. Gansu, Qinghai, SE Xizang, SW to N Sichuan, NW Yunan; Hebei, Nei Mongol, Heilongjiang, Shandong, Xinjiang; India, Nepal, Russia, Mongolia.

十字花科 Brassicaceae | 葶苈属 *Draba* L.

草本（或亚灌木具木质茎）。毛被形态多样。基生叶常呈莲座状，单叶；茎生叶基部楔形或耳形，有时无。萼片边缘通常膜质；花瓣黄色、白色、粉红色、紫色、橙色，稀红色。短角果，稀长角果，开裂，裂爿具明显或不明显脉状，隔膜完整，透明膜质。种子每室 2 行，扁平。超过 400 种；中国 61 种，横断山约 25 种。

Herbs (or subshrubs with woody stems). Trichomes often more than 1 kind present. Basal leaves petiolate, often rosulate, simple. Cauline leaves cuneate or auriculate at base, sometimes absent. Sepals margin usually membranous; petals yellow, white, pink, purple, orange, or rarely red. Fruit dehiscent, silicles or rarely siliques, valves distinctly or obscurely veined, septum complete, membranous, translucent. Stigma capitate, entire or slightly 2-lobed. Seeds biseriate, flattened. Over 400 species; 61 in China; about 25 in HDM.

• 一年生 | Annuals

2 椭圆果葶苈

1 2 3 4 5 **6 7 8 9 10** 11 12 **3100-5200 m**

Draba ellipsoidea Hook.f. & Thomson[1-5]

一年生草本。茎直立到上升，密被星状毛。总状花序无苞片；花瓣白色。角果长圆形、长圆状椭圆形，稀近圆形。生于林地、溪边、高山牧场、灌丛、草甸及流石滩。分布于甘肃、青海南部至东部、西藏东部、四川西南部至西北部、中部及北部、云南西北部；尼泊尔、印度（锡金邦）、克什米尔地区。

Herbs annual. Stems erect to ascending, densely pubescent with stellate trichomes. Racemes ebracteate. Petals white. Fruit oblong, oblong-elliptic, or rarely suborbicular. Forests, brooksides, alpine pastures, scrubs, meadows, scree slopes. Distr. Gansu, S to E Qinghai, E Xizang, SW to NW Sichuan, NW Yunnan; Nepal, India (Sikkim), Kashmir.

3 毛葶苈

1 2 3 4 5 **6 7 8 9** 10 11 12 **2000-4900 m**

Draba eriopoda Turcz.[1-3, 5]

一年生草本。茎直立，疏生或密被简单、分叉的星状毛，上部有时无毛。总状花序无苞片；花瓣黄色。角果卵形。生于石砾坡、草地、灌丛、潮湿的溪边、石灰石悬崖、森林、河谷。分布于甘肃、青海、西藏、四川、云南；山西、湖北、陕西、新疆；印度、尼泊尔、不丹、俄罗斯、蒙古。

Herbs annual. Stems erect, sparsely to densely pubescent with a mixture of simple and subsessile stellate and forked trichomes, sometimes glabrous distally. Racemes ebracteate. Petals yellow. Fruit ovate. Rocky slopes, grasslands, scrubs, moist streamsides, limestone cliffs, forests, river valleys. Distr. Gansu, Qinghai, Xizang, Sichuan, Yunnan; Shanxi, Hubei, Shaanxi, Xinjiang; India, Nepal, Bhutan, Russia, Mongolia.

1

1

2

2

3

3

• 多年生，开花茎无叶者 | Perennials, flowering stems leafless

1 球果葶苈

1 2 3 4 5 6 7 8 9 10 11 12 2900-5500 m

Draba glomerata Royle[1-2, 5]

多年生草本。茎直立，单一，被近无柄的星状毛。总状花序无苞片，或稀最下部的花有苞片；花瓣白色。角果卵形，稀长圆状卵形。生于草地、河岸沙地、石砾坡或流石滩。分布于甘肃、青海南部至东北部、西藏西南部至北部、四川西南部至北部；新疆；巴基斯坦、印度、尼泊尔、克什米尔地区。

Herbs perennial. Stems erect, simple, tomentose with subsessile stellate trichomes. Racemes ebracteate or rarely lowermost flower bracteate. Petals white. Fruit ovate, rarely oblong-ovate. Grassy areas, sandy river banks, gravel or scree slopes. Distr. Gansu, S to NE Qinghai, SW to N Xizang, SW to N Sichuan; Xinjiang; Pakistan, India, Nepal, Kashmir.

2 总苞葶苈

1 2 3 4 5 6 7 8 9 10 11 12 3300-5100 m

Draba involucrata (W.W.Sm.) W.W.Sm.[1-5]

多年生草本。茎直立，单一，常密被近无柄的、分叉的和 3~4 辐的星状毛，极稀上部无毛。总状花序无苞片；花瓣黄色。角果近圆形到椭圆形。生于山涧沟谷、溪边、灌丛、峭壁石缝、流石滩。分布于青海南部、西藏、四川西北部、云南西北部。

Herbs perennial. Stems erect, simple, often densely tomentose with a mixture of subsessile, forked and 3- or 4-rayed stellate trichomes, very rarely glabrescent distally. Racemes ebracteate; petals yellow. Fruit suborbicular to elliptic. Montane ravines, brooksides, scrubs, cliff crevices, screes. Distr. S Qinghai, Xizang, NW Sichuan, NW Yunnan.

3 愉悦葶苈

1 2 3 4 5 6 7 8 9 10 11 12 3400-4600 m

Draba jucunda W.W.Sm.[1-4]

多年生草本。茎直立，单一，常密被单毛和少量近无柄的分叉毛，稀近无毛。总状花序无苞片；花瓣黄色。角果长圆形到椭圆形或近圆形。生于石砾地、流石滩。分布于西藏东南部、云南西北部。

Herbs perennial. Stems erect, simple, often densely pubescent with a mixture of simple and fewer, subsessile forked trichomes, rarely subglabrous. Racemes ebracteate. Petals yellow. Fruit oblong to elliptic or suborbicular. Gravely areas, screes. Distr. SE Xizang, NW Yunnan.

4 喜山葶苈

1 2 3 4 5 6 7 8 9 10 11 12 2300-5500 m

Draba oreades Schrenk[1-5]

多年生草本。茎直立，单一，常密被单毛和近无柄的分叉毛，有时近乎全是单毛，稀光滑。总状花序无苞片；花瓣黄色。角果卵形到近圆形，稀卵状披针形。生于高山草甸、草坡、冻原、冰碛石、悬崖及流石滩。分布于甘肃、青海南部及东部至东北部、西藏、四川西南部至北部，云南西北部；内蒙古、陕西、新疆；中亚、南亚及俄罗斯、蒙古。

Herbs perennial. Stems erect, simple, often densely pubescent with a mixture of simple and subsessile forked trichome, sometimes subhirsute with almost exclusively simple trichomes, rarely glabrous. Racemes ebracteate. Petals yellow; fruit ovate to suborbicular, rarely ovate-lanceolate. Alpine meadows, grassy slopes, tundra, moraines, cliffs and screes. Distr. Gansu, S, E to NE Qinghai, Xizang, SW to N Sichuan, NW Yunnan; Nei Mongol, Shaanxi, Xinjiang; C and S Asia, Russia, Mongolia.

• 多年生，开花的茎有 1 至多片叶 | Perennials, flowering stems 1 to many leaved

1 阿尔泰葶苈

1 2 3 4 5 **6 7 8** 9 10 11 12 **2000-5600 m**

Draba altaica (C.A.Meyer) Bunge[1-5]

多年生草本。茎直立，稀上部分枝，疏生或密被刚毛。总状花序基部有苞片，稀无苞片；花瓣白色。角果卵形到长圆形。生于溪边、刺柏林下、高山草甸、石砾地、冰碛地、流石滩。分布于甘肃、青海南部至东部、西藏、四川西部、云南北部及西北部；新疆；中亚、南亚、俄罗斯、蒙古。

Herbs perennial. Stems erect, rarely branched above, sparsely to densely hirsute. Racemes bracteates basally, rarely ebracteate. Petals white. Fruit ovate to oblong. Brooksides, *Juniperus* forests, alpine meadows, gravelly areas, moraine, scree slopes. Distr. Gansu, S to E Qinghai, Xizang, W Sichuan, N and NW Yunnan; Xinjiang; C and S Asia, Russia, Mongolia.

2 抱茎葶苈

1 2 3 4 5 **6 7 8** 9 10 11 12 **2500-4700 m**

Draba amplexicaulis Franch.[1-4]

多年生草本。茎直立，通常在上部圆锥状分枝，密被简单和星状无柄表皮毛。总状花序从下至上几乎都有苞片；花瓣黄色。角果椭圆形。生于高山灌丛、草地、石砾坡、岩石峭壁及流石滩。分布于西藏、四川西南部及北部、云南西北部。

Herbs perennial. Stems erect, often paniculate branched above, densely pubescent with a mixture of simple and sessile stellate trichomes. Racemes bracteate basally to al most throughout; petals yellow. Fruit elliptic. Alpine scrubs, grasslands, gravel slopes, rocky cliffs, screes. Distr. Xizang, SW and N Sichuan, NW Yunnan.

3 苞序葶苈

1 2 3 4 **5 6** 7 8 9 10 11 12 **2100-4700 m**

Draba ladyginii Pohle[1-4]

多年生丛生草本。茎直立，单一或在上部分枝。总状花序下部数花具叶状苞片；花瓣白色或淡黄色。短角果条形。生于路旁向阳处或潮湿地。分布于甘肃、青海、西藏、四川、云南；河北、山西、内蒙古、湖北、陕西、宁夏、新疆；俄罗斯。

Herbs perennial. Stems erect, simple or rarely branched above middle. Racemes, bracteate basally. Petals white. Fruit linear. Sunny roadsides, sandy damp places, scrubs, alpine turf, wood margins. Distr. Gansu, Qinghai, Xizang, Sichuan, Yunnan; Hebei, Shanxi, Nei Mongol, Hubei, Shaanxi, Ningxia, Xinjiang; Russia.

4 丽江葶苈

1 2 3 4 **5 6 7** 8 9 10 11 12 **3500-5000 m**

Draba lichiangensis W.W.Sm.[1-4]

多年生草本。茎直立，单一，疏生到密被星状绒毛。总状花序最下部的花有苞片，极稀所有花具苞片；花瓣白色。角果卵形到椭圆形。生于潮湿多石草甸、石砾地、石灰岩峭壁石缝、高山流石滩。分布于青海南部及东南部、西藏东南部及西南部、四川西南部及北部、云南西北部；尼泊尔、不丹。

Herbs perennial. Stems erect, simple, sparsely to densely tomentose with stellate trichomes. Racemes, lowermost flower(s) bracteate, very rarely bracteate throughout. Petals white. Fruit ovate to elliptic. Stony moist meadows, gravely areas, crevices of limestone cliffs, alpine screes. Distr. S and SE Qinghai, SE and SW Xizang, SW and N Sichuan, NW Yunnan; Nepal, Bhutan.

5 马塘葶苈

1 2 3 4 5 **6 7** 8 9 10 11 12 **3600-5100 m**

Draba matangensis O.E.Schulz[1-3]

多年生草本。茎直立，单一，密被单毛和具短柄的柔毛。总状花序基部具苞片；花瓣黄色。角果卵形到近圆形。生于多石山坡。分布于四川、西藏。

Herbs perennial. Stems erect, simple, densely pubescent with a mixture of simple and short-stalked trichomes. Racemes bracteate basally. Petals yellow. Fruit ovate to suborbicular. Rocky mountain slopes. Distr. Xizang, Sichuan.

1 疏花葶苈 | 1 2 3 4 5 6 7 8 9 10 11 12 ≈4600 m

Draba remotiflora O.E.Schulz[1-3]

多年生草本。茎匍匐。总状花序仅有花2~6朵，有苞片；花瓣金黄色。短角果近圆形。生于石隙间。分布于四川。

Herbs perennial. Stems decumbent. Racemes 2-6-flowered, bracteates; petals yellow. Silicle suborbicular. Rocky crevices. Dstri. Sichuan.

2 山菜葶苈 | 1 2 3 4 5 6 7 8 9 10 11 12 2600-4700 m

Draba surculosa Franch.[1-4]

— *Draba moupinensis* Franch.

多年生草本。茎直立或外倾，单一，疏生或稀密被单毛和无柄的星状毛，顶部具贴伏的星状绒毛。总状花序基部具苞片，或延伸到近顶部；花瓣黄色。角果长圆形、椭圆形，或椭圆状线形。生于沟谷、高山灌丛、草甸、流石滩。分布于西藏东南部、四川西南部至北部、云南西北部。

Herbs perennial. Stems erect or decumbent, simple, sparsely or rarely densely pubescent with a mixture of simple and sessile stellate trichomes, apically tomentose with appressed stellate ones. Racemes bracteate basally or to near apex; petals yellow. Fruit oblong, elliptic, or elliptic-linear. Ravines, alpine scrubs, meadows, scree slopes. Distr. SE Xizang, SW to N Sichuan, NW Yunnan.

3 云南葶苈 | 1 2 3 4 5 6 7 8 9 10 11 12 2300-5500 m

Draba yunnanensis Franch.[1-4]

多年生草本。茎直立，单一，密被单毛和无柄的星状毛，顶部具贴伏的星状绒毛。总状花序基部有苞片；花瓣黄色。角果卵形，有时椭圆形或近圆形。生于开阔的松—栎林、灌丛、草地、石灰岩峭壁、高山流石滩。分布于西藏东南部、四川西南部、云南北部。

Herbs perennial. Stems erect, simple, densely pubescent with a mixture of simple and sessile stellate trichomes, apically tomentose with appressed stellate ones; racemes bracteate basally. Petals yellow. Fruit ovate, sometimes elliptic or suborbicular. Open *Pinus-Quercus* forests, scrubs, grasslands, limeston cliffs, screes. Distr. SE Xizang, SW Sichuan, N Yunnan.

十字花科 Brassicaceae | 糖芥属 *Erysimum* L.

一年、二年或多年生草本，有时基部木质化，且呈灌木状。茎单一或基部和顶部分枝。基生叶莲座状，具叶柄，单叶；茎生叶基部楔形或渐狭。总状花序无苞片或基部具苞片。长角果，稀短角果，开裂。种子排成1行，稀2行，具翅或无翅。约200种，中国23种，横断山区7种。

Herbs annual, biennial, or perennial, sometimes woody at the base, shrubby. Stems simple or branched basally and/or apically. Basal leaves petiolate, rosulate, simple. Cauline leaves, cuneate or attenuate at base. Racemes ebracteate or basally bracteate. Fruit dehiscent siliques or rarely silicles. Seeds uniseriate or rarely biseriate, winged or wingless. About 200 species; 23 in China; seven in HDM.

4 四川糖芥 | 1 2 3 4 5 6 7 8 9 10 11 12 1900-4100 m

Erysimum benthamii Monnet[1-4]

一年生或二年生草本。总状花序基部有苞片；花瓣橘黄色到黄色，倒披针形或匙形。生于开阔牧场、草坡、草甸、路边、山坡。分布于西藏、四川、云南；印度、尼泊尔、不丹。

Herbs annual or biennial. Racemes bracteate basally; petals orange-yellow to yellow, oblanceolate or spatulate. Open pastures, grassy slopes, meadows, roadsides, mountain slopes. Distr. Xizang, Sichuan, Yunnan; India, Nepal, Bhutan.

5 紫花糖芥 | 1 2 3 4 5 6 7 8 9 10 11 12 3400-5500 m

Erysimum funiculosum Hook.f. & Thomson[1]

多年生草本。总状花序无苞片或仅在基部少数几朵花具苞片；花瓣粉红色，狭匙形。生于草地、高山草甸、石砾坡及流石滩。分布于青海、西藏、四川；印度（锡金邦）。

Herbs perennial. Racemes ebracteate or only lowermost flowers bracteates. Petals pink, narrowly spatulate. Grasslands, alpine meadows, gravel and scree slopes. Distr. Qinghai, Xizang, Sichuan; India(Sikkim).

1
2
3
3
4
4
5
5

1 无茎糖芥 1 2 3 4 5 6 7 8 9 10 11 12 4100-4800 m

Erysimum handel-mazzettii Polatschek[1]

— *Cheiranthus acaulis* Hand.-Mazz.

多年生草本。无茎。总状花序近伞形，无苞片；花瓣黄色，宽倒卵形或匙形。生于高山石砾坡、流石滩。分布于四川西南部、云南西北部。

Herbs perennial. Stems absent. Racemes subumbellate, ebracteate; petals yellow, broadly obovate or spatulate. Alpine gravel and scree slopes. Distr. SW Sichuan, NW Yunnan.

2 红紫糖芥 1 2 3 4 5 6 7 8 9 10 11 12 3200-4900 m

Erysimum roseum (Maxim.) Polatschek[1]

— *Cheiranthus roseus* Maxim.

多年生草本。总状花序基部有苞片；花瓣粉红色或紫色，宽倒卵形或宽匙形。生于高山草甸、峭壁、石灰岩流石滩。分布于甘肃、青海、西藏、四川、云南。

Herbs perennial. Racemes bracteate basally. Petals pink or purple, broadly obovate or broadly spatulate. Alpine meadows, rocky cliffs, limestone screes. Distr. Gansu, Qinghai, Xizang, Sichuan, Yunnan.

3 具苞糖芥 1 2 3 4 5 6 7 8 9 10 11 12 3000-4600 m

Erysimum wardii Polatschek[1]

— *Erysimum bracteatum* W.W.Sm.

多年生草本。茎直立，单一，稀基部分枝。总状花序基部有苞片；花瓣橘黄色到黄色，倒卵形。生于高山草甸、草坡或灌丛、开阔石砾牧场、流石滩。分布于西藏、四川、云南。

Herbs perennial. Stems erect, simple or rarely branched basally. Racemes bracteate basally; petals orange-yellow to yellow, obovate. Alpine meadows, grassy slopes or scrubs, open stony pastures, scree slopes. Distr. Xizang, Sichuan, Yunnan.

十字花科 Brassicaceae | 山嵛菜属 *Eutrema* R.Br.

草本。具单毛或缺失。茎直立，上升，外倾，或匍匐。萼片卵形或长圆形；花瓣白色，或稀粉红色到紫色。果实开裂，线形、长圆形、卵球形、倒心形、圆锥状、卵形或披针形，轻微四棱状；裂爿具模糊或明显的中脉。种子无翅，长圆形到卵形。本属 39 种；中国 30 种；横断山约 15 种。

Herbs. Trichomes absent or simple. Stems erect, ascending, decumbent, or prostrate. Sepals ovate or oblong; petals white or rarely pink to purple. Fruit dehiscent, linear, oblong, ovoid, obcordate, conical, ovate, or lanceolate, slightly 4-angled. Valves with an obscure or prominent midvein. Seeds wingless, oblong to ovate. Thirty-nine species; 30 in China; about 15 in HDM.

4 包氏山嵛菜 1 2 3 4 5 6 7 8 9 10 11 12 4400-4900 m

Eutrema bouffordii Al-Shehbaz[1]

多年生草本。茎单生或在近基部多分枝，匍匐到外倾，稀直立。花瓣白色或淡紫色。角果倒心形。生于高山草甸、流石滩。分布于青海南部、四川西北部。

Herbs perennial. Stems solitary or many branched just above base, prostrate to decumbent, rarely erect. Petals white or lavender. Fruit obcordate. Alpine meadows, scree slopes. Distr. S Qinghai, NW Sichuan.

5 三角叶山嵛菜 1 2 3 4 5 6 7 8 9 10 11 12 3600-4700 m

Eutrema deltoideum (Hook.f. & Thomson) O.E.Schulz[1-5]

— *Eutrema deltoideum* var. *grandiflorum* O.E.Schulz

多年生草本。茎直立，上部分枝。花瓣白色或粉红色。角果披针形，长圆状，或卵球形。生于灌丛、潮湿草甸、溪边、陡峭石砾坡、流石滩。分布于西藏中部及西南部、云南西北部；印度（锡金邦）、不丹。

Herbs perennial. Stems erect, branched above. Petals white or pink. Fruit lanceolate, oblong, or ovoid. Scrubs, moist meadows, brooksides, steep rocky slopes, screes. Distr. C and SW Xizang, NW Yunnan; India(Sikkim), Bhutan.

1
1
2
2
3
4
5
5

1 泉山嵛菜 1 2 3 4 5 **6 7** 8 9 10 11 12 **4000-5000 m**

Eutrema fontanum (Maxim.) Al-Shehbaz & Warwick[18]

多年生草本。茎疏生或密被反折至平展的表皮毛。花瓣白色或淡紫色。角果宽到窄的倒心形。生于高山草甸、流石滩。分布于青海南部、东南部至东北部，甘肃，四川西部、西北部及北部，西藏东南部、东部及北部；新疆。

Herbs perennial. Stems sparsely to densely pubescent with retrorse to spreading trichomes. Petals white or lavender. Fruit broadly to narrowly obcordate. Alpine meadows, scree slopes. Distr. S, SE to NE Qinghai, Gansu, W, NW and N Sichuan, SE, E and N Xizang; Xinjiang.

2 密序山嵛菜 1 2 3 4 5 **6 7** 8 9 10 11 12 **2500-5400 m**

Eutrema heterophyllum (W.W.Sm.) H.Hara[1-2, 4]

— *Eutrema edwardsii* var. *heterophyllum* (W.W.Sm.) W.T.Wang

多年生草本。茎直立，单一，常从茎基分出少数几支。花瓣白色。角果线形或长圆形。生于高山草甸、草坡、沙岩山脊、冰川缘地、流石滩。分布于青海南部、东南部至东北部、甘肃、四川西部至北部、西藏东南部、云南西北部；新疆、陕西、河北；塔吉克斯坦、吉尔吉斯斯坦、哈萨克斯坦、尼泊尔、不丹。

Herbs perennial. Stems erect, simple, often few from caudex. Petals white. Fruit linear or oblong. Alpine meadows, grassy slopes, sandstone ridges, near glaciers, screes. Distr. S, SE to NE Qinghai, Gansu, W to N Sichuan, SE Xizang, NW Yunnan; Xinjiang, Shaanxi, Hebei; Kyrgyzstan, Kazakhstan, Tajikistan, Nepal, Bhutan.

3 川滇山嵛菜 1 2 3 4 **5 6 7 8** 9 10 11 12 **3300-4400 m**

Eutrema himalaicum Hook.f. & Thomson[1]

— *Eutrema lancifolium* (Franch.) O.E.Schulz

多年生草本。茎直立，上部分枝。花瓣白色。角果线形或稀长圆形。生于溪边、沼泽或高山草甸，石砾地。分布于四川、西藏、云南；不丹、印度（锡金邦）。

Herbs perennial. Stems erect, branched above. Petals white. Fruit linear or rarely oblong. Streamsides, swampy or alpine meadows, among rocks. Distr. Sichuan, Xizang, Yunnan; Bhutan, India (Sikkim).

4 胡氏山嵛菜 1 2 3 4 5 **6 7 8** 9 10 11 12 **3600-5200 m**

Eutrema hookeri Al-Shehbaz & Warwick[18]

多年生草本。茎单一从根部长出，分枝匍匐，或稀上升至直立。花瓣白色。角果卵球形或长圆形。生于柏树下，灌丛，溪边，高山牧场，草甸，石砾坡及流石滩。分布于青海、西藏；尼泊尔、印度（锡金邦）、不丹。

Herbs perennial. Stems solitary from fleshy root, with prostrate or rarely ascending to erect branches. Petals white. Fruit ovoid or oblong. Under Juniperus trees, scrubs, streamsides, alpine pastures, meadows, gravel and scree slopes. Distr. Qinghai, Xizang; Nepal, India (Sikkim), Bhutan.

5 粗壮山嵛菜 1 2 3 4 **5 6 7 8 9** 10 11 12 **3500-4800 m**

Eutrema robustum (O.E.Schulz) Al-Shehbaz, G.Q.Hao & J.Q.Liu[20]

— *Pegaeophyton scapiflorum* (Hook.f. & Thomson) C.Marquand & Airy Shaw

多年生草本。茎粗壮单一或稀在先端分枝。花部特征与单花山嵛菜相同，只花较大。生于河床石砾地、高山溪流、潮湿的石砾沼泽地、冰川河床、潮湿的流石滩。分布于西藏、四川、云南西北部；不丹。

Herbs perennial. Caudex stout, simple or rarely branched at apex. Floral features same as *E. scapiflorum* subsp. *scapiflorum*, larger. Gravel in stream beds, alpine brooks, wet gravel, swampy ground, glacier stream beds, wet screes. Distr. Xizang, Sichuan, NW Yunnan; Bhutan.

1
1
2
3
3
4
4
5
5

1 单花山嵛菜

1 2 3 4 5 6 7 8 9 10 11 12 4000-5600 m

Eutrema scapiflorum (Hook.f. & Thomson) Al-Shehbaz, G.Q.Hao & J.Q.Liu[20]

— *Pegaeophyton scapiflorum* (Hook.f. & Thomson) C.Marquand & Airy Shaw

多年生草本。茎纤细，少数到多数分枝，稀单一而粗壮。花瓣白色、粉红色或蓝色，有时白色中带浅绿色或浅蓝色。种子扁平。生于湖边沼泽、溪边、高山草甸、石砾草地、冰山边缘砾石边、高山冻原、流石滩潮湿地。分布于甘肃、青海、西藏东南部至西部、四川西部、云南西北部；新疆；克什米尔地区、印度、尼泊尔、不丹、缅甸。

Herbs perennial. Caudex slender, few to many branched, rarely simple and stout. Petals white, pink, or blue, sometimes white with greenish or bluish center. Seeds flattened. Swampland by lakes, brooksides, alpine meadows, gravel grasslands, gravel near glaciers, alpine tundra, moist area in screes. Distr. Gansu, Qinghai, SE to W Xizang, W Sichuan, NW Yunnan; Xinjiang; Kashmir, India, Nepal, Bhutan, Myanmar.

十字花科 Brassicaceae | 半脊荠属 *Hemilophia* Franch.

多年生草本。茎平卧或上升。叶全缘。花瓣黄色，白色，粉红色或紫色，长于萼片。短角果开裂，长圆形，圆柱状，无柄或近无柄；裂爿纸质，舟形，无脉，无毛，具 3 列脊状突起。每个果实中有 1-2 粒种子，椭圆形，饱满。4 种；均分布于横断山区。

Herbs perennial. Stems ascending or decumbent. Leaves entire. Petals yellowish, white, pink, or purple, longer than sepals. Fruit dehiscent silicles, oblong, terete, sessile or subsessile; valves papery, navicular, veinless, glabrous, with 3 rows of crests. Seeds 1 or 2 per fruit, oblong, plump. Four species; all found in HDM.

2 小叶半脊荠

1 2 3 4 5 6 7 8 9 10 11 12 3900-4900 m

Hemilophia rockii O.E.Schulz[1-2]

— *Hemilophia pulchella* var. *rockii* (O.E.Schulz) W.T.Wang

多年生草本。茎密被皱波状柔毛，茎生叶具柄。花瓣倒心形，乳白色到淡黄色。生于石灰石松散石砾地、高山流石滩。分布于四川西南部、云南西北部。

Herbs perennial. Stems puberulent with crisped trichomes. Cauline leaves petiolate; petals obcordate, creamy white to yellowish. Loose limestone gravel areas, alpine screes. Distr. SW Sichuan, NW Yunnan.

3 无柄叶半脊荠

1 2 3 4 5 6 7 8 9 10 11 12 4300-4600 m

Hemilophia sessilifolia Al-Shehbaz et al.[1]

多年生草本。基生叶有毛，茎生叶无柄。花瓣乳白色具深绿色脉纹，基部白色至浅褐色。生于石灰岩松散石砾地、高山流石滩。分布于云南西北部。

Herbs perennial. Basal leaves with simple trichomes, cauline leaves sessile. Petals creamy white with dark green veins, pale to light brown at base of blade. Loose limestone gravel areas, alpine screes. Distr. NW Yunnan.

十字花科 Brassicaceae | 独行菜属 *Lepidium* L.

草本或半灌木。基生叶全缘或羽状深裂，单叶；茎生叶全缘、具齿或多裂。总状花序无苞片，伞房状。萼片卵形或长圆形，稀圆形；花瓣白色、粉红色或微黄色，有时退化或无；雄蕊 6 枚，常退化成 2 或 4 枚；。短角果开裂；每个子房室有 1 粒种子，长圆形或卵形。约 250 种，中国 23 种，横断山区 3 种

Herbs, sometimes subshrubs. Basal leaves simple, entire or pinnately dissected. Cauline leaves margin entire, dentate, or dissected. Racemes ebracteate, corymbose; sepals ovate or oblong, rarely orbicular; petals white, yellow, or pink, sometimes rudimentary or absent; stamens 6, usually degenerate to 2 or 4. Fruit dehiscent, silicles; seeds 1 per locule, oblong or ovate. About 250 species; 23 in China; three in HDM.

4 头花独行菜

1 2 3 4 5 6 7 8 9 10 11 12 2700-5000 m

Lepidium capitatum Hook.f. & Thomson[1-5]

一年生或二年生草本。下部的茎生叶具柄。总状花序腋生，花紧密排列近头状；花瓣白色；雄蕊 4 枚。角果宽卵形。生于山坡、平原。分布于甘肃、青海、西藏、四川、云南；新疆；克什米尔地区、印度、尼泊尔、不丹。

Herbs annual or biennial, lower cauline leaves with petioles. Racemes axillary, flowers closely arranged subcapitate; petals white; stamens 4. Fruit broadly ovate. Mountain slopes, plains. Distr. Gansu, Qinghai, Xizang, Sichuan, Yunnan; Xinjiang; Kashmir, India, Nepal, Bhutan.

1  1  2

2  3

3  4  4

1 楔叶独行菜　1 2 3 4 5 6 7 8 9 10 11 12 600-2700 m

Lepidium cuneiforme C.Y.Wu[1-4]

二年生草本。基生叶和茎下部叶具 5~10 毫米长叶柄，叶片匙形或倒披针形，基部渐狭或楔形，边缘羽状或具不规则细圆齿。花瓣白色；雄蕊 4 枚。角果宽椭圆形，稀卵形或近圆形。生于山坡、路边、河边沙滩。分布于甘肃、青海、四川、云南；江西、贵州、陕西。

Herbs biennial. Basal and lowermost cauline leaves with petioles 5-10 mm, leaf blade spatulate or oblanceolate, base attenuate or cuneate, margin pinnatifid or irregularly crenulate. Petals white; stamens 4. Fruit broadly elliptic, rarely ovate or suborbicular. Mountain slopes, roadsides, river beaches. Distr. Gansu, Qinghai, Sichuan, Yunnan; Jiangxi, Guizhou, Shaanxi.

十字花科 Brassicaceae | 高河菜属 *Megacarpaea* DC.

多年生草本。茎直立，分顶部枝。总状花序无苞片，形成大圆锥花序；萼片长圆形，脱落，边缘膜质；花瓣黄色、奶油白色、粉红色或深紫色，稀无，全缘或稀 3（~5）齿。短角果，具隔膜。种子无翅。9 种；中国 3 种；横断山区 1 种。

Herbs perennial. Stems erect, branched apically. Racemes ebracteate, in panicles; sepals oblong, deciduous, margin membranous; petals yellow, creamy white, pink, or deep purple, rarely absent; entire or rarely 3(-5)-toothed. Fruit angustiseptate silicles. Seeds wingless. Nine species; three in China; one in HDM.

2 高河菜　1 2 3 4 5 6 7 8 9 10 11 12 3300-4800 m

Megacarpaea delavayi Franch.[1-4]

茎圆筒状，直径达 2 厘米。花瓣紫色。果柄纤细，常强烈反折。生于沼泽草甸、灌丛、草坡、流石滩。分布于甘肃、青海、西藏、四川、云南；缅甸。

Root cylindric, to 2 cm in diam. Petals perple. Fruiting pedicels slender, usually strongly recurved. Swampy meadows, scrubs, grassy slopes, screes. Distr. Gansu, Qinghai, Xizang, Sichuan, Yunnan; Myanmar.

十字花科 Brassicaceae | 拟中甸荠属 *Metashangrilaia* Al-Shehbaz & D.A.German

多年生草本，茎基木质化。茎直立或上升。基生叶具柄，莲座状，全缘；茎生叶无。总状花序伞房状，有花数朵，无苞片；萼片卵形或长圆形，宿存；花瓣紫色，粉红色或白色。短角果开裂；种子每室 2 行，无翅。本属仅 1 种。

Herbs perennial, caudex woody. Stems erect to ascending. Basal leaves petiolate, rosulate, entire; cauline leaves absent. Racemes several-flowered, ebracteate, corymbose. Sepals ovate or oblong, persistent; petals purple, pink, or white. Fruit dehiscent, silicles. Seeds biseriate, wingless. One species.

3 拟中甸荠　1 2 3 4 5 6 7 8 9 10 11 12 3200-5200 m

Metashangrilaia forrestii (W.W.Sm.) Al-Shehbaz & D.A.German[15]

— *Braya forrestii* W.W.Sm.

形态描述同属的描述。生于高山草地、石砾牧场、流石滩。分布于西藏东部、四川西南部、云南西北部；不丹。

Same with description for the genus. Alpine grasslands, rocky pastures, scree slopes. Distr. E Xizang, SW Sichuan, NW Yunan; Bhutan.

1

2

2

3

2

3

十字花科 Brassicaceae | 山菥蓂属 *Noccaea* Moench

多年生具茎基或匍匐茎草本，有时二年生，稀一年生。茎直立到上升或横卧，稀基部木质化。基生叶具柄，莲座状；茎生叶无柄，戟形。总状花序伞房状，无苞片；萼片长圆形，卵形或倒卵形；花瓣白色，粉红色，淡紫色，玫瑰色，紫罗兰色或紫色。短角果开裂，稀长角果；种子每室 1 列，无翅，长圆形到卵形。约 128 种；中国 7 种；横断山区 3 种。

Herbs, perennial with caudices or stolons, sometimes biennial, rarely annual. Stems erect to ascending or decumbent, rarely woody at base. Basal leaves petiolate, rosulate; cauline leaves sessile, sagittate. Racemes many flowered, ebracteate, corymbose; sepals oblong, ovate, or obovate; petals white, pink, lavender, rose, violet, or purple. Fruit dehiscent capsular silicles or rarely siliques; seeds uniseriate, wingless, oblong to ovate. About 128 species; 7 in China; 3 in HDM.

1 西藏山菥蓂

1 2 3 4 5 6 7 8 9 10 11 12 3200-5200 m

Noccaea andersonii (Hook.f. & Thomson) Al-Shehbaz[1]

多年生草本。茎单一，直立或外倾。基生叶匙形，长 1~3 厘米；茎生叶卵状长圆形，长 5~10 毫米。花瓣白色，带淡紫色。短角果椭圆状长圆形。生于河岸边草地、石砾坡及流石滩。分布于西藏南部、四川西部；巴基斯坦、克什米尔地区、印度（锡金邦）、尼泊尔、不丹。

Herbs perennial. Stems erect or decumbent, simple. Basal leaves spatulate, 1-3 cm long, cauline leaves oblong, 5-10 mm long. Petals white with lavender tinge. Fruit elliptic oblong. Grasslands on the banks of the river, gravel and scree slopes. Distr. S Xizang, W Sichuan; Pakistan, Kashmir, India (Sikkim), Nepal, Bhutan.

2 云南山菥蓂

1 2 3 4 5 6 7 8 9 10 11 12 3200-5100 m

Noccaea yunnanense (Franch.) Al-Shehbaz[19]

多年生草本。茎直立或上升，单一。基生叶倒卵形或圆形，长 5~10 毫米；茎生叶长圆形或披针形，有时卵形，长 5~20 毫米。花瓣白色。角果长圆形到长圆状线形。生于草坡、牧场、高山草甸及流石滩。分布于西藏东南部、四川西南部、云南西北部。

Herbs perennial. Stems erect or ascending, simple. Basal leaves circular or obovate, 5-10 mm long; cauline leaves oblong or lanceolate, sometimes ovate, 5-20 mm long. Petals white. Fruit oblong to oblong-linear. Grassy slopes, pastures, alpine meadows and screes. Distr. SE Xizang, SW Sichuan, NW Yunnan.

十字花科 Brassicaceae | 蔊菜属 *Rorippa* Scopoli

一、二年生或多年生草本。总状花序无苞片或稀具苞片；萼片卵形或长圆形；花瓣黄色，有时白色或粉红色，稀退化或缺失。果实为开裂的长角果或短角果；种子无翅或稀具翅，长圆形、卵球形或椭圆形，饱满。约 85 种；中国 9 种，横断山区 4 种。

Herbs annual, biennial, or perennial. Racemes ebracteate or rarely bracteate throughout; sepals ovate or oblong; petals yellow, sometimes white or pink, rarely vestigial or absent. Fruit dehiscent siliques or silicles; seeds wingless or rarely winged, oblong, ovoid, or ellipsoid, plump. About 85 species: 9 in China, 4 in HDM.

3 高蔊菜

1 2 3 4 5 6 7 8 9 10 11 12 2300-4500 m

Rorippa elata (Hook.f. & Thomson) Hand.-Mazz.[1-5]

一年生或多年生短命草本。花瓣黄色。果柄直立到直立上升，靠近花梗；裂爿具明显中脉。生于山坡、林缘、森林、溪边、草甸。分布于青海、西藏、四川、云南西北部；陕西；印度（锡金邦）、不丹。

Herbs annual or short-lived perennial. Petals yellow. Fruiting pedicels erect to erect-ascending, subappressed to rachis, valves with a distinct midvein. Mountain slopes, forest margins, woodlands, streamsides, meadows. Distr. Qinghai, Xizang, Sichuan, NW Yunnan; Shaanxi; India (Sikkim), Bhutan.

4 沼生蔊菜

1 2 3 4 5 6 7 8 9 10 11 12 <4000 m

Rorippa palustris (L.) Besser[1, 4]

一年生或多年生短命草本。果柄上升，开叉或反折，不靠近花梗；裂爿不具中脉。生于草地、路边、湖泊或池塘边、灌丛。分布于甘肃、青海、西藏、四川、云南；广布中国；欧洲、亚洲、北美。

Herbs annual or short-lived perennial. Fruiting pedicels ascending, divaricate, or reflexed, not appressed to rachis, valves not veined. Grasslands, roadsides, shores of lakes and ponds, thickets. Distr. Gansu, Qinhhai, Xizang, Sichuan, Yunnan; throughout China; Europe, Asia, North America.

1

1

2

2

3

3

4

4

十字花科 Brassicaceae | 香格里拉芥属 *Shangrilaia* Al-Shehbaz, J.P.Yue & H.Sun

矮小多年生垫状草本，单一或分枝的茎基上被宿存叶。叶基部为扁平的三角形。花单生于茎顶部；花瓣白色，匙形，圆钝，有爪。短角果具短柄，开裂，卵圆形或圆柱状；裂爿革质，被短柔毛，至少在基部有明显的中脉。种子每室 1 行，无翅，卵球形。仅 1 种。

Dwarf, perennial, pulvinate herbs, with simple or few-branched caudex covered with leaves of previous years. Leaves with flattened, triangular base. Flowers solitary, terminating stem. Petals white, spatulate, obtuse, clawed. Fruit dehiscent silicle, ovoid, terete, short stipitate, valves leathery with a distinct midvein at least basally, pubescent. Seeds uniseriate, wingless, ovoid. One species.

1 香格里拉芥

1 2 3 4 **5** **6** 7 8 9 10 11 12 4100-4200 m

Shangrilaia nana Al-Shehbaz, J.P.Yue & H.Sun[1]

形态描述同属的描述。生于高山流石滩。分布于云南西北部。

See description for the genus. Alpine screes. Distr. NW Yunnan.

十字花科 Brassicaceae | 西藏花旗杆属 *Shehbazia* D.A.German

二年生草本。茎上升到匍匐。基生叶和下部茎生叶无腺体，叶羽形半裂梳状。萼片卵形，光滑或顶部疏生短柔毛；花瓣白色，具粉红色或淡紫色爪。果实线形，念珠状；种子每室 1 行，无翅，饱满。本属仅 1 种。

Herbs biennial. Stems ascending to decumbent. Basal and lowermost cauline leaves eglandular, pectinate-pinnatifid. Sepals ovate, glabrous or sparsely pubescent apically; petals white, with pink or purplish claws. Fruit linear, torulose; seeds uniseriate, wingless, plump. One species.

2 西藏花旗杆

1 2 3 4 5 **6** **7** 8 9 10 11 12 3200-5200 m

Shehbazia tibetica (Maxim.) D.A.German[17]

— *Nasturtium tibeticum* Maxim.

形态描述同属的描述。生于高山草甸、潮湿的石砾坡、永久冻土石砾地、流石滩。分布于甘肃、青海南部、西藏东部、四川西北部、云南西北部。

Same with description for the genus. Alpine mesdows, moist gravelly slopes, permafrost gravel and sandstone, screes. Distr. Gansu, S Qinghai, E Xizang, NW Sichuan, NW Yunan.

十字花科 Brassicaceae | 大蒜芥属 *Sisymbrium* L.

草本，稀亚灌木。基生叶具叶柄，单叶。茎生叶与基生叶相似。总状花序，果期明显伸长；花瓣黄色、白色、粉红色或紫色；具爪，与萼片近等长或稍长。长角果开裂；裂爿纸质或近革质，有明显的中脉和 2 条边缘脉。种子无翅。约 50 种；中国 12 种；横断山 2 种。

Herbs, rarely subshrubs. Basal leaves petiolate, simple. Cauline leaves often similar to basal. Racemes often elongated considerably in fruit; petals yellow, white, pink, or purple; claw often subequaling or longer than sepals. Fruit dehiscent siliques, valves papery to subleathery, with a prominent midvein and 2 conspicuous marginal veins. Seeds wingless. About 50 species; 12 in China; two in HDM.

3 垂果大蒜芥

1 2 3 4 **5** **6** **7** **8** 9 10 11 12 900-4500 m

Sisymbrium heteromallum C.A.Meyer[1-5]

一年生草本。茎直立，上部分枝。花瓣淡黄色。果柄比果实纤细。生于石砾坡、路边、森林、草地、河岸、高山草甸。分布于西南、华北、东北、西北地区及江苏；巴基斯坦、印度、哈萨克斯坦、俄罗斯、蒙古、朝鲜半岛。

Herbs annual. Stems erect, branched above. Petals pale yellow. Fruiting pedicels narrower than fruit. Rocky slopes, roadsides, forests, grassy areas, river banks, alpine meadows. Distr. SW, N, NE and NW China, Jiangsu; Pakistan, India, Kazakstan, Russia, Mongolia, Korea.

十字花科 Brassicaceae | 芹叶荠属 *Smelowskia* C.A.Mey

一年生或多年生草本。毛被树枝状，有时混有单毛或分叉毛。基生叶莲座状具柄，一至二回羽状全裂，有时扇形，极少全缘；茎生叶具短柄或无柄，全缘到羽状全裂，稀无。总状花序具多朵花，果期显著伸长。角果长或短，开裂；种子每室 1 行，或稀 2 行，无翅，长圆形，饱满。25 种；中国 9 种；横断山 4 种。

Annual or perennial herbs. Trichomes dendritic, sometimes mixed with simple and forked stalked ones. Basal leaves petiolate, rosulate, 1- 2-pinnatisect, sometimes flabellate, rarely entire. Cauline leaves short petiolate or sessile, entire to pinnatisect, rarely absent. Racemes many flowered, often elongated considerably in fruit. Fruit dehiscent silique or silicle, valves papery; seeds uniseriate or rarely biseriate, wingless, oblong, plump. Twenty-five species; nine in China; four in HDM.

1 藏荠

1 2 3 4 5 **6 7 8** 9 10 11 12 **3900-5200 m**

Smelowskia tibetica (Thomson) Lipsky[1-2]

— *Hedinia tibetica* (Thomson) Ostenf.

茎生叶一至二回羽状全裂。整个花序有苞片，或仅在基部有；花瓣白色。短角果宽长圆形，稀长圆线形或近圆形。生于沙岩石砾地、高山草甸、沙质坡地、流石滩。分布于甘肃、青海、西藏、四川；新疆；印度、尼泊尔、不丹、塔吉克斯坦。

Cauline leaves 1-2-pinnatisect. Racemes bracteate throughout or rarely only basally. Petals white. Fruit broadly oblong, rarely oblong-linear or suborbicular, silicle. Sandstone gravel, alpine meadows, sandy slopes, screes. Distr. Gansu, Qinghai, Xizang, Sichuan; Xinjiang; India, Nepal, Bhutan, Tajikistan.

十字花科 Brassicaceae | 丛菔属 *Solms-laubachia* Muschl.

多年生草本，有时呈垫状。发育良好的粗壮茎基宿存往年叶柄。基生叶莲座状，具叶柄，簇生。花瓣紫色、蓝色、粉红色或白色，近圆形、倒卵形匙形或倒披针形。长角果通常线形、长圆形、卵形或披针形，开裂，具宽隔膜，无柄，易从花梗脱落。种子每室 1~2 行，无翅，扁平。本属 32 种；中国 27 种；横断山 13 种。

Herbs perennial, sometimes pulvinate, with well-developed, thick caudex covered with petioles of previous years. Basal leaves petiolate, rosulate, clustered. Petals purple, blue, pink, or white, suborbicular, obovate, spatulate, or oblanceolate. Fruit dehiscent silique, linear, oblong, ovate, or lanceolate, latiseptate, sessile, readily detached from pedicel. Seeds uniseriate or biseriate, wingless, flattened. Thirty-two species; 27 in China; 13 in HDM.

• 叶灰白色，密被绒毛 | Leaves gray, densely lanate

2 倒毛丛菔

1 2 3 **4 5 6 7** 8 9 10 11 12 **4200-5100 m**

Solms-laubachia retropilosa Botsch.[1-2]

多年生草本。叶面密被绵状毛。花瓣粉红色、白色或紫色。角果披针形，长圆形或宽卵形。生于杜鹃灌丛、高山草甸、流石滩。分布于西藏东南部、四川西部、云南西北部。

Herbs perennial. Leaves densely lanate with trichomes. Petals pink, white, or purple. Fruit lanceolate, oblong, or broadly ovate. *Rhododendron* srcubs, alpine meadows, screes. Distr. SE Xizang, W Sichuan, NW Yunnan.

• 叶绿色，叶面光滑无毛至被稀疏毛 | Leaves green, glabrous or pilose

3 狭叶丛菔

1 2 3 4 **5 6** 7 8 9 10 11 12 **3800-5200 m**

Solms-laubachia angustifolia J.P.Yue, Al-Shehbaz & H.Sun[21]

多年生草本。叶面被稀疏毛。角果线形至窄长圆形。生于高山石砾草甸、峭壁石缝、流石滩。分布于四川西南部。

Herbs perennial. Leaves sparsely pubescent. Fruit linear to narrowly oblong. Alpine gravel meadows, cliffs crevices, scree slopes. Distr. SW Sichuan.

1
1
2
2
3
3

1 岩生丛菔

1 2 3 4 5 6 7 8 9 10 11 12 4600-4900 m

Solms-laubachia calcicola J.P.Yue, Al-Shehbaz & H.Sun[21]

多年生草本。叶面光滑或被稀疏毛。花瓣翠蓝色。角果狭卵形到披针形。生于高山峭壁石缝、流石滩。分布于西藏东部。

Herbs perennial. Leaves glabrous or sparsely pubescent. Petals turquoise blue. Fruit narrowly ovate to lanceolate. Alpine cliffs crevices, screes. Distr. E Xizang.

2 宽果丛菔

1 2 3 4 5 6 7 8 9 10 11 12 3800-4900 m

Solms-laubachia eurycarpa (Maxim.) Botsch.[1-2, 5]

— *Solms-laubachia latifolia* (O.E.Schulz) Y.Z.Lan & T.Y.Cheo

多年生草本。叶面光滑或被稀疏毛。花瓣粉红色。角果披针形至线状披针形。生于高山草甸、冰川边缘、石砾地、悬崖、流石滩。分布于甘肃、青海南部及东部、西藏东南部及东部、四川西南部至北部、云南西北部。

Herbs perennial. Leaves glabrous or sparsely pubescent. Petals pink. Fruit lanceolate to linear-lanceolate. Alpine meadows, glacier margins, gravel areas, cliffs, scree slopes. Distr. Gansu, S and E Qinghai, SE and E Xizang, SW to N Sichuan, NW Yunnan.

3 大花丛菔

1 2 3 4 5 6 7 8 9 10 11 12 4500-4700 m

Solms-laubachia grandiflora J.P.Yue, Al-Shehbaz & H.Sun[21]

多年生草本。叶面光滑或被稀疏毛。花瓣粉红色。角果长圆形到长圆状线形。生于高山流石滩。分布于四川西南部。

Herbs perennial. Leaves glabrous or sparsely pubescent. Petals pink. Fruit oblong to oblong-linear. Alpine screes. Distr. SW Sichuan.

4 线叶丛菔

1 2 3 4 5 6 7 8 9 10 11 12 3400-4700 m

Solms-laubachia linearifolia (W.W.Sm.) O.E.Schulz[1-4]

多年生草本。叶两面被稀疏毛到密被毛。花瓣粉红色至深紫色。角果披针形到线状披针形。生于潮湿石灰岩草甸、沙石坡、悬崖缝隙、流石滩。分布于四川西南部、云南西北部。

Herbs perennial. Leaves sparsely to densely pilose. Petals pink to deep purple. Fruit lanceolate to linear-lanceolate. Wet limestone meadows, sandy and stony slopes, cliff crevices, screes. Distr. SW Sichuan, NW Yunnan.

5 小丛菔

1 2 3 4 5 6 7 8 9 10 11 12 2500-4700 m

Solms-laubachia minor Hand.-Mazz.[1-4]

多年生草本。叶面光滑。花瓣紫色带粉红色、淡紫色或紫色。角果披针形。生于高山石缝、悬崖峭壁、流石滩。分布于四川西南部、云南。

Herbs perennial. Leaves glabrous. Petals pinkish mauve, pale lilac, or purple. Fruit lanceolate. Alpine rocky crevices, cliff ledges, scree slopes. Distr. SW Sichuan, Yunnan.

6 丛生丛菔

1 2 3 4 5 6 7 8 9 10 11 12 2500-4700 m

Solms-laubachia prolifera (Maxim.) J.P.Yue, Al-Shehbaz & H.Sun[21]

多年生草本。叶两面被稀疏毛到密被毛，或具长柔毛、缘毛。花瓣浅蓝色。角果线形到线状披针形。生于高山流石滩。分布于青海南部及东南部、西藏东南部。

Herbs perennial. Leaves sparsely to densely pilose or villous, ciliate. Petals light blue. Fruit linear to linear-lanceolate. Alpine screes. Distr. S and SE Qinghai, SE Xizang.

1
2
3
4
4
5
6
6

1 丛菔 | 1 2 3 4 5 6 7 8 9 10 11 12 | 3300-5200 m

Solms-laubachia pulcherrima Muschl.[1-4]

多年生草本。叶面光滑或被稀疏皱波状柔毛。花瓣粉红色或浅蓝色至翠绿色。角果披针形。生于高山石砾草甸、石灰石石砾坡、峭壁、流石滩。分布于云南东北部及西北部。

Herbs perennial. Leaves glabrous or sparsely pubescent with crisped trichomes. Petals pink, or light to turquoise blue. Fruit lanceolate. Alpine stony meadows, limestone gravel slopes, cliffs, scree slopes. Distr. NE and NW Yunnan.

2 伍须丛菔 | 1 2 3 4 5 6 7 8 9 10 11 12 | 3700-4200 m

Solms-laubachia sunhangiana J.P.Yue & Al-Shehbaz[21]

多年生草本。叶面稀被毛。花未见。角果线状披针形到线形。生于高山峭壁石缝、流石滩。分布于四川西南部。

Herbs perennial. Leaves sparsely pubescent. Flowers not seen. Fruit linear-lanceolate to linear. Alpine cliff crevices, scree slopes. Distr. SW Sichuan.

3 天宝丛菔 | 1 2 3 4 5 6 7 8 9 10 11 12 | 3800-4000 m

Solms-laubachia tianbaoshanensis H.L.Chen & Al-Shehbaz & J.P.Yue & H.Sun[22]

多年生草本。叶疏生短柔毛；叶片倒卵形至宽倒卵形，具爪。花单生，花瓣粉红色。果梗直立上升，短柔毛具短毛；果线状披针形，沿裂爿和边缘密生或疏生长粗毛。生于流石滩和高山草甸。分布于云南西北部（天宝山）。

Herbs perennial. Leaves sparsely pubescent with simple trichomes; blade obovate to broadly so, claw. Flowers solitary; petals pink. Fruiting pedicels erect to ascending. Fruit linear-lanceolate, sparsely to densely subhirsute along proximal half of valves and along margin. Scree slopes, alpine meadows. Distr. NW Yunnan (Tianbaoshan).

4 旱生丛菔 | 1 2 3 4 5 6 7 8 9 10 11 12 | 3700-5200 m

Solms-laubachia xerophyta (W.W.Sm.) Comber[1-4]

多年生草本。叶光滑或边缘具长柔毛。花瓣粉红色。角果披针形到线状披针形。生于高山草甸、峭壁石缝、流石滩。分布于四川西南部、云南西北部。

Herbs perennial. Leaves glabrous or long ciliate. Petals pink. Fruit lanceolate to linear-lanceolate. Alpine meadows, cliff crevices, screes. Distr. SW Sichuan, NW Yunnan.

5 中甸丛菔 | 1 2 3 4 5 6 7 8 9 10 11 12 | 4000-4600 m

Solms-laubachia zhongdianensis J.P.Yue, Al-Shehbaz & H.Sun[21]

多年生草本。叶边缘具毛。花瓣粉红色。角果披针形。生于高山流石滩。分布于云南西北部。

Herbs perennial. Leaves ciliate at margins. Petals pink. Fruit lanceolate. Alpine scree slopes. Distr. NW Yunnan.

十字花科 Brassicaceae | 菥蓂属 *Thlaspi* L.

一年生草本。茎单一或在顶部分枝。基生叶具叶柄，单叶；茎生叶无叶柄，全缘或稀具齿。总状花序具多朵花，伞房状。萼片卵形或长圆形；花瓣白色。短角果开裂。种子每室 1 行，无翅，饱满。6 种，横断山 1 种。

Herbs annual. Stems simple or branched apically. Basal leaves petiolate, simple; cauline leaves sessile, entire or rarely dentate. Racemes many flowered, corymbose. Sepals ovate or oblong; petals white. Fruit dehiscent silicles. Seeds uniseriate, wingless, plump. Six species; one in HDM.

6 菥蓂 | 1 2 3 4 5 6 7 8 9 10 11 12 | 100-5000 m

Thlaspi arvense L.[1-2, 4-5]

一年生草本。茎直立，单一或上部分枝。花瓣白色。果实倒卵形或近圆形。生于路边、草坡、田野、荒原。分布于除广东、海南和台湾以外各省；东亚、南亚、西南亚、中亚、非洲。

Herbs annual. Stems erect, simple or branched above. Petals white. Fruit obovate or suborbicular. Roadsides, grassy slopes, fields, waste places. Distr. throughout China except Guangdong, Hainan, and Taiwan; E, S, SW and C Asia, Africa.

1
2
3
4
5
5
6

十字花科 Brassicaceae | 阴山荠属 *Yinshania* Ma & Y.Z.Zhao

一年生草本。茎直立到上升。基生叶非莲座状，具叶柄，不裂到羽裂；茎生叶与基生叶相似，但往顶部逐渐变小且小裂片数目减小。总状花序具花数朵到多数。萼片长圆形或稀卵状；花瓣白色或稀带粉色。短角果开裂。种子不规则排列，无翅，稍扁平。4 种；中国 4 种，横断山区 2 种。

Herbs annual. Stems erect to ascending. Basal leaves not forming a rosette, petiolate, undivided to pinnately; cauline leaves similar to basal ones but progressively smaller and with fewer divisions. Racems few- to many-flowered. Sepals oblong or rarely ovate; petals white or rarely pinkish. Fruits dehiscent silicles. Seeds irregularly arranged, wingless, slightly flattened. Four species; 4 in China, 2 in HDM.

1 威氏阴山荠

1 2 3 4 5 **6 7 8** 9 10 11 12 1400-3000 m

Yinshania acutangula subsp. *wilsonii* (O.E.Schulz) Al-Shehbaz et al.[1]

— *Yinshania qianningensis* Y.H.Zhang

茎明显四棱。果球形，稀球状卵球形，具小乳突或无毛。生于山谷、路边。分布于甘肃、四川。

Stems distinctly angled. Fruit globose, rarely globose-ovoid, minutely papillate or glabrous. Valleys, roadsides. Distr. Gansu, Sichuan.

2 察隅阴山荠

1 2 3 4 5 6 **7 8** 9 10 11 12 2600-3000 m

Yinshania zayuensis Y.H.Zhang[1, 3]

茎直立，密被分叉表皮毛，稀上部光滑。生于林下。分布于西藏、四川、云南；湖北。

Puberulent with trichomes forked, rarely upper glabrous. Woods. Distr. Xizang, Sichuan, Yunnan; Hubei.

檀香科 Santalaceae | 沙针属 *Osyris* L.

灌木或小乔木。枝常呈三棱形。叶互生，密集，常为薄革质。花腋生，两性或单性；雄花集成聚伞花序，两性花或雌花通常单生。核果顶端通常冠以花被残痕或仅留花盘的痕迹，外果皮肉质，内果皮脆骨质；种子球形。6 或 7 种；中国 1 种；横断山有分布。

Shrubs or small trees. Branches usually 3-ridged or -angled. Leaves alternate, leathery. Inflorescences axillary, male ones cymose, bisexual and female ones often 1-flowered. Fruit a drupe, usually with rudimentary perianth at apex or with only rudimentary disk, exocarp fleshy, endocarp crustaceous. Seeds globose. Six or seven species; one in China; found in HDM.

3 沙针

1 2 3 **4 5 6** 7 8 9 10 11 12 600-2700 m

Osyris quadripartita Salzm. ex Decne.[1, 3]

枝细长，嫩时呈三棱形。叶灰绿色，椭圆状披针或倒卵形。核果近球形，成熟时橙黄色至红色，干后浅黑色。生于灌木丛。分布于四川、西藏、云南；广西；南亚、东南亚、非洲及欧洲南部。

Branches slender, 3-angled when young; leaf blade grayish green, elliptical needle or obovate; Drupe orange to red when ripe, drying pale blackish, subglobose or pear-shaped. Thickets. Distr. Sichuan, Xizang, Yunnan; Guangxi; S and SE Asia, Africa, S Europe.

檀香科 Santalaceae | 百蕊草属 *Thesium* L.

多年生或一年生草本，茎纤细，常寄生于其他植物的根上，稀为一年生草本或灌木状态。叶互生，线状或退化为鳞片状。花小，两性，白色或黄绿色。核果或小坚果，球形或卵状，顶端冠以宿存的花被筒，外果皮有各式雕纹。约 245 种；中国 16 种；横断山 5 种。

Herbs perennial or annual, slender, sometimes subshrubs, often root hemiparasites of grasses. Leaves alternate, usually linear or scale-like. Flowers bisexual, small, white or yellowish green. Fruit a small nut, globose or ovoid, with persistent perianth at apex, exocarp usually ridged. About 245 species; 16 in China; five in HDM.

4 滇西百蕊草

1 2 3 4 **5** 6 7 8 9 10 11 12 2900-3700 m

Thesium ramosoides Hendrych[1-2, 4]

多年生草本。叶线形。坚果卵状椭圆形至椭圆状，有明显的纵脉。生于草坡。分布于四川、云南。

Herbs perennial. Nutlet ovoid toellipsoid, with raised longitudinal veins. Grassy slopes. Distr. Sichuan, Yunnan.

桑寄生科 Loranthaceae | 大苞鞘花属 *Elytranthe* Blume

寄生性灌木。叶对生。穗状花序腋生；花少，大，密集，花序轴在花着生处具凹穴，每朵花具 1 枚苞片和 2 枚小苞片。花两性，6 数；合瓣花冠，冠管膨胀，中部稍具六棱或无棱，开花时花冠顶部分裂，裂片反折或稍扭曲。浆果。约 10 种；中国 2 种；横断山 1 种。

Shrubs parasitic. Leaves opposite. Inflorescences axillary, of spikes; flowers few, large, crowded, inserted in hollows on short, stout rachis, 1 bract and 2 bracteoles subtending each flower. Flowers bisexual, 6-merous. Corolla sympetalous, tube dilated, usually 6-keeled in middle portion, lobes reflexed or slightly twisted. Berry. About ten species; two in China; one in HDM.

1 大苞鞘花

1 2 3 4 5 6 7 8 9 10 11 12 1000-2300 m

Elytranthe albida (Blume) Blume[1-2, 4]

叶的侧脉两面稍明显。苞片和小苞片长于花托，卵形或长卵形。生于山地常绿阔叶林中。分布于云南南部；印度北部、缅甸、泰国、老挝、越南、马来西亚、印度尼西亚。

Leaves lateral veins subprominent. Bract and bracteoles oblong or ovate, longer than calyx. Mountain broad-leaved forest. Distr. S Yunnan; N India, Myanmar, Thailand, Laos, Vietnam, Malaysia, Indonesia.

桑寄生科 Loranthaceae | 梨果寄生属 *Scurrula* L.

寄生性灌木。叶对生或近对生。总状花序，稀少花的伞形花序，腋生，每朵花具苞片 1 枚；花两性，4 数，两侧对称。浆果陀螺状、棒状或梨形，下半部骤狭呈柄状或近基部渐狭。约 50 种；中国 10 种；横断山 4 种。

Shrubs parasitic. Leaves opposite or subopposite. Inflorescences axillary, racemes or sometimes umbels, 1 bract subtending each flower; flowers bisexual, 4-merous, zygomorphic. Berry turbinate, clavate, or pyriform, base narrow or often attenuate into stipe. About 50 species; ten in China; four in HDM.

2 贡山梨果寄生

1 2 3 4 5 6 7 8 9 10 11 12 1900-2000 m

Scurrula gongshanensis H.S.Kiu[1-2]

嫩叶被灰色毛。苞片三角形，长 0.5 毫米；花红色，花冠冠管细长，直径 2 毫米。幼果梨形。生于阔叶林。分布于云南（碧江、贡山）。

Branchlet and leaf hairs gray. Bract triangular, ca. 0.5 mm; corolla red, corolla tube slender, ca. 2 mm in diam. Berry pyriform. Broad-leaved forest. Distr. Yunnan (Bijiang, Gongshan).

桑寄生科 Loranthaceae | 钝果寄生属 *Taxillus* Tiegh.

寄生性灌木。叶对生或互生。伞形花序，稀总状花序，腋生，具花 2~5 朵；花两性，4~5 数，两侧对称，每朵花具苞片 1 枚，鳞片状。浆果椭圆状或卵球形，稀近球形，基部圆钝。约 25 种；中国 18 种；横断山 5 种。

Shrubs parasitic. Leaves opposite or alternate. Inflorescences axillary, umbels or rarely short, irregular racemes, 2-5-flowered; flowers bisexual, 4-5-merous, zygomorphic, 1 bract subtending each flower, usually scale-like. Berry ellipsoid or ovoid, rarely globose, base rounded. About 25 species; 18 in China; five in HDM.

3 柳叶钝果寄生

1 2 3 4 5 6 7 8 9 10 11 12 1500-3500 m

Taxillus delavayi (Tiegh.) Danser[1-5]

全株无毛。叶互生或在短枝上簇生。叶卵形、长椭圆形或披针形。伞形花序，具花 2~4 朵；花冠无毛，红色，裂片披针形。生于高原或山地阔叶林或针叶、阔叶混交林中。分布于西藏东部、四川、云南；广西西北部、贵州西部；缅甸、越南北部。

Plant glabrous. Leaves alternate, sometimes subopposite or a few fascicled on short shoots. Leaf blade ovate, or elliptic to lanceolate. Umbels, 2-4-flowered. Corolla red, glabrous, lobes lanceolate. Plateau or mountain broad-leaved forest or coniferous and broad-leaved mixed forest. Distr. E Xizang, Sichuan, Yunnan; NW Guangxi, W Guizhou; Myanmar, N Vietnam.

1
1
2
2
3
3

柽柳科 Tamaricaceae | 水柏枝属 *Myricaria* Desv.

灌木，稀半灌木，落叶，直立或匍匐。单叶，互生，无柄，通常密集排列于当年生绿色幼枝上，全缘。花两性，集生成总状或成穗状花序；雄蕊 10 枚；雌蕊由 3 心皮组成；柱头头状。蒴果 3 裂。种子顶端具芒柱，芒柱全部或一半以上被白色长柔毛。约 13 种；中国 10 种；横断山 6 种。

Shrubs, rarely subshrubs, deciduous, erect or prostrate. Leaves simple, alternate, sessile, usually densely arranged on green young branches of current year, margin entire. Flowers bisexual, shortly pedicel, clustered into terminal or lateral racemes or panicles; stamens 10; pistils consisting of 3 carpels; stigmas capitate. Capsule 3-septicidal, awns white villous throughout or on more than half. About 13 species; ten in China; six in HDM.

1 宽苞水柏枝

1 2 3 4 5 **6** **7** 8 9 10 11 12 **1100-3300 m**

Myricaria bracteata Royle[1-2]

直立灌木。叶密生于当年生绿色小枝上。总状花序密集呈穗状；苞片通常宽卵形。生于河谷沙砾质河滩、湖边沙地以及山前冲积扇沙砾质戈壁上。分布于我国西北部；蒙古及中亚。

Shrubs erect. Leaves dense on green branchlets of current year. Racemes clustered into spike. Bracts usually broadly ovate. Sandy places in river valleys, sandy places at lakesides, sandy places in Gobi Desert; Distri. NW China; Mongolia, C Asia.

2 匍匐水柏枝

1 2 3 4 5 **6** **7** **8** 9 10 11 12 **4000-5200 m**

Myricaria prostrata Hook.f. & Thomson ex Benth. & Hook.f.[1-2, 5]

匍匐矮灌木。总状花序常由 1~3 朵花、稀 4 朵花组成。生于高山河谷沙砾地、湖边沙地，砾石质山坡。分布于我国西北部；巴基斯坦、印度及中亚。

Shrubs prostrate, dwarf. Racemes often consisting of 1-3, rarely 4 flowers. Sandy places in river valleys in high mountains, sandy places at lakesides, rocky mountain slopes. Distri. NW China; Pakistan, India, C Asia.

3 卧生水柏枝

1 2 3 4 **5** **6** **7** 8 9 10 11 12 **2600-4600 m**

Myricaria rosea W.W.Sm.[1-5]

仰卧灌木；老枝平卧，幼枝直立或斜升。总状花序顶生，簇生成穗状花序；花序枝常高出叶枝。生于砾石质山坡、沙砾质河滩草地。分布于喜马拉雅—横断山区；印度西北部、尼泊尔、不丹。

Shrubs recumbent. Old branches recumbent, young branches erect or oblique, ascending, greenish. Racemes terminal, clustered into spikes; inflorescence branches often exceeding leafy branches. Rocky mountain slopes, riversides in high mountains. Distri. Himalaya-Hengduan Mountains; NW India, Nepal, Bhutan.

白花丹科 Plumbaginaceae | 蓝雪花属 *Ceratostigma* Bunge

多分枝灌木、亚灌木或多年生草本。茎具分枝。单叶互生，叶片边缘具卷毛。头状花序顶生和腋生；小苞片 2 枚，膜质；花萼管状；花冠高脚碟状，冠筒伸出萼外，冠檐辐状，裂片倒卵形或倒三角形；花柱 1，柱头 5，内面有乳突状腺体。8 种；中国 5 种；横断山 3 种。

Shrubs, shrublets, or perennial herbs, stems branched. Leaf alternate, margin with incurved hairs. Inflorescences terminal or axillary; bractlets 2, membranous; calyx tubular corolla salverform, extended beyond calyx, limb rotate, lobes obovate to obdeltate; style 1, apically 5-branched, inner surface has papillary glands. Eight species; five in China; three in HDM.

4 小蓝雪花

1 2 3 4 5 6 **7** **8** **9** **10** 11 12 **1000-4700 m**

Ceratostigma minus Stapf ex Prain[1-5]

落叶灌木。新枝密被白色或黄白色长硬毛。叶上表面无毛或略有毛，叶柄基部不形成抱茎的短鞘。花冠短于 2 厘米。生于河谷。分布于甘肃、西藏、四川、云南。

Shrubs deciduous. Young branchlets densely strigose, hairs white or pale lemon yellow. Leaf adaxially glabrous or sparsely strigose, petiole basally not forming ringlike scars. Corolla shorter than 2 cm. Valleys. Distr. Gansu, Xizang, Sichuan, Yunnan.

1
1
2
3
3
4
4
4
4

1 岷江蓝雪花 1 2 3 4 5 6 7 8 9 10 11 12 700-3500 m

Ceratostigma willmottianum Stapf[1-2, 4-5]

多年生草本。叶片两面被有糙毛状长硬毛，叶柄基部有时扩张成一抱茎的环或环状短鞘。花冠长 2~2.6 厘米。生于干热河谷的林边或灌丛间。分布于甘肃、西藏、四川、云南；贵州。

Herbs perennial. Leaf blade both surfaces rough and long strigose; petiole basally clasping, often forming ringlike scars after falling. Corolla 2-2.6 cm. Warm valleys at forest edges or in thickets. Distr. Gansu, Xizang, Sichuan, Yunnan; Guizhou.

白花丹科 Plumbaginaceae | 补血草属 *Limonium* Mill.

草本或灌木。叶互生，通常聚集成莲座状，少数沿茎分布。花序多分枝，顶端平；花萼漏斗状、倒圆锥状或管状，萼筒基部直或偏斜；花冠基部合生，上端分离而外展；雄蕊着生于花冠基部。蒴果倒卵圆形。约 300 种；中国 22 种；横断山 1 种。

Herbs or shrublets. Leaves alternate, often crowded into sessile rosettes, less often spaced along stems. Inflorescences usually much branched, often flat-topped; calyx funnelform, obconoid, or tubular, base straight or oblique; corolla basally connate, apically free and expanded; stamens adnate to corolla base. Capsules obovoid. About 300 species; 22 in China; one in HDM.

2 黄花补血草 1 2 3 4 5 6 7 8 9 10 11 12 1000-4700 m

Limonium aureum (L.) Hill[1-2]

多年生草本。叶基生，稀花序轴下部 1~2 节上也有叶，花期常早凋。圆锥花序，花 2 至多数；花萼长 5.5~6 毫米，漏斗状，萼檐金黄色（干后有时变橙黄色）；花冠橙黄色。生于河谷。分布于甘肃中部、青海；山西、内蒙古、陕西北部、宁夏；俄罗斯、蒙古。

Herbs perennial. Leaves basal, rarely 1-2 along basal part of peduncle, usually withering by anthesis. Inflorescences 2 to several, paniculate. Calyx funnelform, 5.5-6 mm, tube ca. 1 mm in diam., limb golden to orange-yellow. Corolla orange. Salty gravel beaches, loess slopes and sandy land. Distr. C Gansu, Qinghai; Shanxi, Nei Mongol, N Shaanxi, Ningxia; Russia, Mongolia.

蓼科 Polygonaceae | 荞麦属 *Fagopyrum* Mill.

一年生或多年生草本，稀半灌木，雄雌同株。茎直立，无毛或具短柔毛。单叶互生，具叶柄，三角形、心形、宽卵形、箭形或线形。托叶鞘膜质，偏斜，顶端急尖或截形。花两性；花序总状或伞房状。花被 5 深裂；雄蕊 8 枚；花柱 3 枚，伸长，柱头头状。瘦果具 3 棱，无翅或在基部有角。约 15 种；中国 10 种；横断山区 7 种。

Herbs annual or perennial, rarely subshrubs, monoecious. Stems erect, glabrous or pubescent. Leaves simple, alternate, petiolate, leaf blade triangular, cordate, broadly ovate, sagittate, or linear. Ocrea membranous, oblique, apex acute or truncate. Flowers bisexual; inflorescence racemose or corymbose; perianth persistent, 5-parted Stamens 8; styles 3, elongate, stigmas capitate. Achenes trigonous, not winged or horned at base. About 15 species; ten in China; seven in HDM.

3 荞麦 1 2 3 4 5 6 7 8 9 10 11 12 < 4600 m

Fagopyrum esculentum Moench[1-4]

茎、枝上部具叶。叶三角形或卵状三角形，宽 1.5~5 厘米。花序总状或伞房状，紧密不间断；花梗无节。瘦果长 5~6 毫米。生于荒地、路边。我国及世界各地有栽培。

Stems, branches leafy above.Leaves triangular or ovate triangular, 1.5-5 cm wide. Inflorescence racemose or corymbose, dense, not interrupted. Pedicel not articulate. Achenes 5-6 mm. Distr. cultivated throughout China and worldwide.

4 心叶野荞 1 2 3 4 5 6 7 8 9 10 11 12 2200-4000 m

Fagopyrum gilesii (Hemsl.) Hedberg[1-4]

叶心形。花序头状。生于山谷沟边、山坡草地。分布于西藏、四川、云南；巴基斯坦。

Leaves cordate. Inflorescence capitate. Mountain valleys, ravines, grassy slopes. Distr. Xizang, Sichuan, Yunnan; Pakistan.

1
1
1
2
2
3
4
4

1 小野荞 | 1 2 3 4 5 6 7 8 9 10 11 12 1000-3300 m

Fagopyrum leptopodum (Diels) Hedb.[1-4]

茎、枝上部无叶。总状花序圆锥状，顶生穗状圆锥花序。生于山坡草地、山谷、路旁。分布于四川、云南。

Stems, branches leafless above. Inflorescence racemose, cormbose, terminal spikelike panicle. Grassy slopes, valley, roadside. Distr. Sichuan, Yunnan.

2 苦荞 | 1 2 3 4 5 6 7 8 9 10 11 12 500-3900 m

Fagopyrum tataricum (L.) Gaertn.[1-5]

花梗中部具关节。瘦果具 3 条纵沟，上部棱角锐利，下部圆钝，有时具波状齿。生于田边、路旁、山坡、河谷。分布于我国西南、华北、东北、西北地区；亚洲、欧洲及美洲。

Pedicel articulate at middle. Achenes 3-grooved, angles sharply acute above, rounded below middle, with undulate teeth.Farm land field, roadside, slope, valley. Distr. SW, N, NE, NW China; Asia, Europe, America.

蓼科 Polygonaceae | 山蓼属 *Oxyria* Hill

多年生草本或近灌木，有时雌雄异株。根状茎粗壮。茎直立，具分枝。单叶互生，肾形或圆肾形，叶柄较长；托叶鞘筒状，膜质，全缘，顶端偏斜或截形。圆锥花序顶生；花两性或单性，花被宿存，果期增大；雄蕊 6 枚。子房扁平；花柱 2 枚，柱头画笔状。瘦果两面凸起，卵形，两侧边缘具翅。2 种；横断山均有。

Herbs perennial or weakly defined subshrubs, sometimes dioecious. Rhizomes large. Stems erect, branched. Leaves simple, alternate, petiolate, leaf blade reniform, orbicular-reniform, or orbicular-cordate; ocrea tubular, membranous, margin entire, apex oblique or truncate. Inflorescence terminal, paniculate; flowers bisexual or unisexual; perianth persistent, accrescent in fruit; stamens 6; ovary compressed; styles 2, stigmas penicillate. Achenes biconvex, ovoid, margin broadly winged. Two species; both found in HDM.

3 山蓼 | 1 2 3 4 5 6 7 8 9 10 11 12 1300-4900 m

Oxyria digyna (L.) Hill.[1-5]

茎无毛。叶常为基生叶，叶纸质，边缘近全缘。花两性。生于高山山坡及山谷砾石滩。分布于青海、西藏、四川、云南；吉林、陕西、新疆；阿富汗、巴基斯坦、印度、尼泊尔、不丹、俄罗斯（西伯利亚、远东）、蒙古及中亚、东南亚、欧洲、北美。

Stems usually glabrous. Leaves nearly all basal, leaf blade papery, margin subentire. Flowers bisexual. Alpine slopes and valley gravel beaches. Distr. Qinghai, Xizang, Sichuan, Yunnan; Jilin, Shaanxi, Xinjiang; Afghanistan, Pakistan, India, Nepal, Bhutan, Russia (Siberia, Far East), Mongolia, C and SW Asia, Europe, N America.

4 中华山蓼 | 1 2 3 4 5 6 7 8 9 10 11 12 1600-3800 m

Oxyria sinensis Hemsl.[1-5]

茎密生短硬毛。无基生叶。叶近肉质，边缘成波状。花单性，雌雄异株。生于山坡、山谷路旁。分布于西藏、四川、云南；贵州。

Stems densely hirtellous. Basal leaves absent, leaf blade subfleshy, margin undulate. Flowers unisexual and plant dioecious. Hillside, valley roadside. Distr. Xizang, Sichuan, Yunnan; Guizhou.

1
2
3
4
4

蓼科 Polygonaceae | 蓼属 *Polygonum* L.

草本，稀为半灌木或小灌木。茎通常节部膨大。单叶互生，近无柄，叶形多样，全缘；托叶鞘膜质，筒状。花两性，稀单性，花苞片及小苞片为膜质；花梗具节；花被5深裂稀4裂，宿存；雄蕊7或8枚，稀4枚。瘦果两面凸起或具3棱。约230种；中国113种；横断山约45种。

Herbs, rarely subshrubs, or small shrubs. Stems usually with conspicuously swollen nodes. Leaves simple, alternate, subsessile, leaf blade variously shaped, margin entire; ocrea tubular, membranous. flowers bisexual, rarely unisexual, bracts and bracteoles membranous; pedicel often articulate; perianth persistent, 5(or 4)-parted; stamens 7 or 8, rarely 4. Achenes trigonous or biconvex. About 230 species; 113 in China; about 45 in HDM.

• 花序圆锥状 | Inflorescence paniculate

1 大铜钱叶蓼

1 2 3 4 5 6 **7** **8** 9 10 11 12 3500-4800 m

Polygonum forrestii Diels[1-5]

多年生草本。茎匍匐，丛生。叶圆形或肾形，直径1~4厘米，基部心形。花被片倒卵形。瘦果椭圆形，具3棱。生于山坡草地、山顶草甸。分布于西藏、四川、云南；贵州；克什米尔地区、尼泊尔、不丹、缅甸北部。

Herbs perennial. Stems creeping, tufted. leaves orbicular or reniform, 1-4 cm in diam., base cordate. Tepals obovate. Achenes ellipsoid, trigonous. Grassy slopes, alpine meadows. Distr. Xizang, Sichuan, Yunnan; Guizhou; Kashmir, Nepal, Bhutan, N Myanmar.

2 多穗蓼

1 2 3 4 5 6 7 **8** **9** 10 11 12 2200-4500 m

Polygonum polystachyum Wall. ex Meisn.[1-5]

半灌木。叶宽披针形或长圆状披针形、狭披针形或狭长圆形，长6~17厘米，基部截形或近戟形。圆锥花序开展。生于山坡灌丛、山谷湿地。分布于西藏、四川、云南；阿富汗、巴基斯坦、印度。

Subshrubs. Leaves broadly lanceolate or oblong-lanceolate, or narrowly lanceolate or narrowly oblong, 6-17 cm, base hastate-cordate or subtruncate. Panicle spreading. Hillside thickets, valley wetlands. Distr. Xizang, Sichuan, Yunnan; Afghanistan, Pakistan, India.

3 西伯利亚蓼

1 2 3 4 5 **6** **7** **8** **9** 10 11 12 <5100 m

Polygonum sibiricum Laxm.[1-5]

多年生草本。茎外倾或近直立，自基部分枝。叶片长椭圆形、披针形或线形，基部戟形或楔形。花被黄绿色，5深裂。生于路边、湖边、河滩、山谷湿地、沙质盐碱地。分布于西南、华北、东北、西北、华东、华中地区；阿富汗、巴基斯坦、尼泊尔、俄罗斯、蒙古、中亚部分地区。

Herbs perennial. Stems decumbent or suberect, branched from base. Leaf blade narrowly elliptic or lanceolate to linear, base hastate or cuneate. Perianth yellow-green, 5-parted. Roadsides, saline deserts, sands, riverbanks, wet places near saline lakes, saline areas by rivers. Distr. SW, N, NE, NW, E, C China; Afghanistan, Pakistan, Nepal, Russia, Mongolia, C Asia.

• 花序头状 | Inflorescence capitulum

4 头花蓼

1 2 3 4 5 **6** **7** **8** **9** 10 11 12 600-3500 m

Polygonum capitatum Buch.-Ham. ex D.Don[1-5]

多年生草本。茎匍匐，丛生，基部木质化。叶卵形或椭圆形，叶柄长2~3毫米；托叶鞘管状，疏生腺毛。顶生花序头状，单生或成对；花被粉红色，5深裂。生于山坡、山谷湿地。分布于西藏、四川、云南；华东、华中、华南部分地区、贵州；印度北部、尼泊尔、不丹、缅甸、越南。

Herbs perennial. Stems ligneous at base, tufted. Leaves ovate or elliptic; petioles 2-3 mm, ocrea tubular glandular hairy. Inflorescence terminal, capitate, solitary or geminate. Perianth pinkish, 5-parted. Mountain slopes, shaded places in valleys. Distr. Xizang, Sichuan, Yunnan; E, C, S China, Guizhou; N India, Nepal, Bhutan, Myanmar, Vietnam.

1
2
2
3
3
4

1 窄叶火炭母 1 2 3 4 5 6 **7 8 9 10 11** 12 **900-2600 m**

Polygonum chinense var. *paradoxum* (H.Lév.) A.J.Li[1-4]

多年生草本。叶宽披针形，托叶鞘无毛，顶端偏斜。花被果时增大，呈肉质。生于山坡、山谷灌丛。分布于四川、云南；贵州。

Perennial herb. Leaf blade broadly lanceolate, ocrea glabrous, apex oblique. Perianth accrescent in fruit, fleshy. Grassy slopes, thickets in valleys. Distr. Sichuan, Yunnan; Guizhou.

2 蓝药蓼 1 2 3 4 5 6 **7 8 9** 10 11 12 **2200-4600 m**

Polygonum cyanandrum Diels[1-5]

一年生草本。叶两面疏生柔毛或近无毛。头状花序顶生或腋生；花被5深裂，白色或淡绿色，花药蓝色。生山坡草地、山坡林下。分布于甘肃南部、青海、西藏、四川、云南；湖北西部、陕西南部。

Herbs annual. Leaf blade both surfaces pilose or nearly glabrous. Inflorescence terminal or axillary, capitate. Perianth white or greenish, 5-parted, anthers blue. Grassy slopes, forests. Distr. S Gansu, Qinghai, Xizang, Sichuan, Yunnan; W Hubei, S Shaanxi.

3 尼泊尔蓼 1 2 3 4 **5 6 7 8** 9 10 11 12 **200-4000 m**

Polygonum nepalense Meisn.[1-2, 4-5]

一年生草本。茎外倾或斜上。叶疏生黄色透明腺点，叶柄具明显的翅。花被通常4裂，淡紫红色或白色，苞片无毛。生于山坡草地、山谷路旁。除新疆外，全国有分布；阿富汗、巴基斯坦、印度、尼泊尔、不丹、俄罗斯（远东）、日本、朝鲜半岛及东南亚、非洲。

Herbs annual. Stems decumbent or ascending. Leaves sparsely pellucid yellow glandular punctate, petioles winged. Perianth purplish red or white, usually 4-parted, bracts glabrous. Mountain slopes, moist valleys. Distr. throughout China except Xinjiang; Afghanistan, Pakistan, India, Nepal, Bhutan, Russia (Far East), Japan, Korea, SE Asia, Africa.

• 花序呈穗状 | Inflorescence spicate

4 两栖蓼 1 2 3 4 5 6 **7 8** 9 10 11 12 **50-3700 m**

Polygonum amphibium L.[1-4]

多年生草本，水陆两栖。水生者叶长圆形，基部近心形；陆生者叶披针形，基部近圆形。生于湖泊边缘的浅水中、沟边及田边湿地。分布于西南、华北、东北、华东、华中、西北地区；克什米尔地区、印度西北部、尼泊尔、不丹及欧洲、东亚、中亚、北美。

Perennial herb, amphibious. Leaves of aquatic plants oblong, basally subcordate, those of terrestrial plants lanceolate, basally rounded. In ponds, riverbanks, wet fields, waste areas. Distr. SW, N, NE, E, C and NW China; Kashmir, NW India, Nepal, Bhutan, Europe, E, C Asia, North America.

5 长梗蓼 1 2 3 4 5 6 **7 8** 9 10 11 12 **3000-5000 m**

Polygonum griffithii Hook.f.[1-2, 4-5]

根状茎横走。花序疏松，俯垂；花梗丝状，长1~1.2厘米，中部具节。生于山坡草地、山坡石缝。分布于西藏、云南；不丹、缅甸北部。

Rhizomes horizontal. Inflorescence lax, nutant. Pedicel filiform, 1-1.2 cm, articulate at middle. Alpine meadows, rocky fissures. Distr. Xizang, Yunnan; Bhutan, N Myanmar.

1
2
2
3
3
4
5
5

1 圆穗蓼 | 1 2 3 4 5 6 7 8 9 10 11 12 2300-5000 m

Polygonum macrophyllum D.Don var. *macrophyllum*[1-2, 4]

多年生草本。根状茎粗壮，弯曲，直径 1~2 厘米 。基生叶长圆形或披针形，宽 1~3 厘米，基部近心形或狭楔形。总状花序呈短穗状，顶生；花被 5 深裂，淡红色或白色。花药黑紫色。生于山坡草地、高山草甸。分布于甘肃、青海、西藏、四川、云南；湖北、贵州、陕西；印度北部、尼泊尔、不丹。

Herbs perennial. Rhizomes curved, large, 1-2 cm in diam. Basal leaves oblong or lanceolate, 1-3 cm wide, lanceolate, or linear-lanceolate. Inflorescence terminal, shortly spicate. Perianth pinkish or white, 5-parted. Anthers black-purple. Grassy slopes, alpine meadows. Distr. Gansu, Qinghai, Xizang, Sichuan, Yunnan; Hubei, Guizhou, Shaanxi; N India, Nepal, Bhutan.

2 丛枝蓼 | 1 2 3 4 5 6 7 8 9 10 11 12 100-3000 m

Polygonum posumbu Buch.-Ham. ex D.Don[1-2, 4]

一年生草本。茎细弱，具纵棱，下部多分枝，外倾，无毛。叶卵状披针形或卵形，顶端尾状渐尖，基部宽楔形。生于山坡林下、山谷水边。分布于甘肃、西藏、四川、云南；东北、华东、华中、华南地区；印度、尼泊尔、缅甸、印度尼西亚、朝鲜半岛、日本。

Herbs annual. Stems decumbent, slender, branched at base, glabrous, angulate. Leaves ovate-lanceolate or ovate, apex caudate-acuminate, base broadly cuneate. Mixed forests on mountain slopes, moist valleys. Distr. Gansu, Xizang, Sichuan, Yunnan; NE, E, C and S China; India, Nepal, Myanmar, Indonesia, Korea, Japan.

3 紫脉蓼 | 1 2 3 4 5 6 7 8 9 10 11 12 4000-4800 m

Polygonum purpureonervosum A.J.Li[1-2]

基生叶椭圆形，叶脉紫红色。花柱 3 枚 , 在中下部合生。生于山坡灌丛、山坡草地。分布于四川（稻城、乡城）。

Basal leaves elliptic, veins purple-red. Styles 3, connate to below middle. Mixed thickets on mountain slopes, grassy slopes. Distr. Sichuan (Daocheng, Xiangcheng).

4 翅柄蓼 | 1 2 3 4 5 6 7 8 9 10 11 12 2500-3900 m

Polygonum sinomontanum Sam.[1-5]

根状茎横走，不弯曲。基生叶基部沿叶柄下延成狭翅；托叶鞘全部为褐色，开裂至基部。生于山坡草地、山谷灌丛。分布于西藏、四川、云南。

Rhizomes horizontal, not curved. Basal leaves decurrent along petiole forming a narrow wing. Ocrea brown throughout, cleft to base. Grassy slopes, mixed forests in valleys. Distr. Xizang, Sichuan, Yunnan.

5 细穗支柱蓼 | 1 2 3 4 5 6 7 8 9 10 11 12 1500-3600 m

Polygonum suffultum var. *pergracile* (Hemsl.) Sam.[1-5]

多年生草本。根状茎粗壮，通常呈念珠状，茎直立或斜上，细弱。花序稀疏，细弱，下部间断。生于山坡林缘、山谷湿地。分布于甘肃、西藏、四川、云南；浙江、安徽、湖北、贵州及陕西。

Herbs perennial. Rhizomes usually torulose, large. Stems erect or ascending, slender. Inflorescence lax, slender, interrupted at base. Slopes, forests, ditches, forest margins, wet valleys. Distr. Gansu, Xizang, Sichuan, Yunnan; Zhejiang, Anhui, Hubei, Guizhou, Shaanxi.

6 珠芽蓼 | 1 2 3 4 5 6 7 8 9 10 11 12 1200-5100 m

Polygonum viviparum L.[1-5]

基生叶长圆形、卵状披针形或线形；茎生叶具短叶柄或近无柄。总状花序呈穗状，顶生，紧密，下部生珠芽。生于山坡林下、高山或亚高山草甸。分布于甘肃、青海、西藏、四川、云南；华北、东北、华中、西北地区及贵州；印度、尼泊尔、不丹、蒙古及中亚、东南亚、俄罗斯、欧洲、北美。

Basal leaves long petiolate, leaf blade linear, ovate-lanceolate, or oblong. Cauline leaves shortly petiolate or subsessile. Inflorescence terminal, spicate, lower part with bulbils. Forest margins, grassy slopes, alpine steppes. Distr. Gansu, Qinghai, Xizang, Sichuan, Yunnan; N, NE, C and NW China, Guizhou; India, Nepal, Bhutan, Mongolia, C and SE Asia, Russia, Europe, N America.

蓼科 Polygonaceae | 大黄属 *Rheum* L.

多年生草本。根粗壮，内部多为黄色。茎直立，中空，具细纵棱。单叶宽大，叶缘具深波状齿或掌状；基生叶成密集或稀疏莲座状，比互生茎生叶大；托叶鞘膜质，大型，全缘。花小，白绿色或紫红色，花梗具节；雄蕊 9 枚（6+3 型），罕 7~8 枚，花柱 3，较短，开展，柱头多膨大，反折。瘦果三棱状，棱缘具翅。横断山约 12 种。

Herbs perennial. Roots long, stout, interior is mostly yellow. Stem erect, hollow, sulcate. Leaves simple, large, sinuate-dentate or palmate; basal ones sparse, dense, or in a rosette, larger than the alternate cauline leaves; ocrea usually large, membranous, margin entire. Flowers small, white green or purplish red; pedicel articulate; stamens usually 9 (6+3 type), rarely 7 or 8; styles 3, short, horizontal, stigmas inflated, recurved. Achenes trigonous, winged. About 12 species in HDM.

1 心叶大黄

1 2 3 4 5 **6** **7** 8 9 10 11 12 2800-4000 m

Rheum acuminatum Hook.f. & Thomson[1-5]

茎及叶柄纯紫红色或绿色，无斑点。叶心形到宽心形。花序自中部分枝。生于山坡、林缘或林中。分布于甘肃南部、西藏、四川、云南；克什米尔地区、印度、尼泊尔、不丹、缅甸。

Stem and petioles purple-red or green, without spots. Leaves cordate to broadly cordate. Inflorescence branched from middle. Slopes, forests. Distr. S Gansu, Xizang, Sichuan, Yunnan; Kashmir, India, Nepal, Bhutan, Myanmar.

2 水黄

1 2 3 4 5 **6** **7** 8 9 10 11 12 3000-4600 m

Rheum alexandrae Batalin[1-4]

草本，高 40~80 厘米。茎单生，不分枝，粗壮挺直，中空，无毛，具细纵棱，常为黄绿色。基生叶 4~6 片；茎生叶及叶状苞片多数，卵形到窄卵形。果实菱状椭圆形。生于山坡草地，常长在较潮湿处。分布于西藏东部、四川西部及云南西北部。

Herbs 40-80 cm tall. Stem straight, usually yellow-green, finely striped, stout, hollow, glabrous, simple. Basal leaves 4-6, cauline leaves and leaflike bracts numerous, ovate to narrowly ovate. Fruit rhomboid-ellipsoid. Slopes, wet places. Distr. E Xizang, W Sichuan, NW Yunnan.

3 滇边大黄

1 2 3 4 5 **6** **7** 8 9 10 11 12 3000-4800 m

Rheum delavayi Franch.[1-4]

矮小草本，高 15~28 厘米。茎直立，常暗紫，被稀疏短毛。基生叶 2~4 片，矩圆状椭圆形或卵状椭圆形；茎生叶 1~2 片，最上面者呈条形。圆锥花序，窄长，只 1 次分枝，常紫色，被短硬毛。果实心状圆形或稍扁圆形，翅中部有纵脉。生于高山上石砾或草丛下。分布于四川西部、云南西北部；尼泊尔、不丹。

Herbs short, 15-28 cm tall. Stem erect, dark purple, pilose. Basal leaves 2-4, leaf blade oblong-elliptic or ovate-elliptic, cauline leaves 1 or 2, linear above. Panicle narrow, branched once, usually purple hispidulous. Fruit cordate-orbicular, with longitudinal vein at middle. Alpine gravel or grass. Distr. W Sichuan, NW Yunnan; Nepal, Bhutan.

4 塔黄

1 2 3 4 5 **6** **7** 8 9 10 11 12 4000-4800 m

Rheum nobile Hook.f. & Thomson[1-5]

高大草本，高 1~2 米。茎单生不分枝，粗壮挺直。基生叶数片呈莲座状，茎生叶多数。圆锥花序 5~8 分枝，无毛；苞片干燥时淡黄色，膜质；花被片 6 枚或更少，基部相连，黄绿色。果具暗褐色翅，短于 1 毫米。生于高山石滩及湿草地。分布于西藏喜马拉雅山麓及云南西北部；阿富汗、巴基斯坦、印度、尼泊尔、不丹、缅甸。

Plant 1-2 m tall. Stem stout, unbranched, simple. Basal leaves in a rosette. Cauline leaves dense. Panicle 5-8-branched, glabrous. Bracts light yellow, membranous when dry. Tepals 6 or fewer, connected at base, yellow-green. Fruit wings dark brown, less than 1 mm. Alpine screes and wet grassland. Distr. Himalayan foothills in Xizang, NW Yunnan; Afghanistan, Pakistan, India, Nepal, Bhutan, Myanmar.

1
2
2
3
3
4

1 掌叶大黄

1 2 3 4 5 6 7 8 9 10 11 12 1500-4400 m

Rheum palmatum L.[1-5]

叶浅裂到半裂，裂片成较窄三角形。花较小；花被片 6 枚，红紫色，稀黄白色。果期果序的分枝直而聚拢。生于山坡或山谷湿地。布于分甘肃、青海、西藏东部、四川、云南西北部；内蒙古、湖北、陕西；俄罗斯有栽培。

Lobed parts of blade narrowly triangular. Flowers small; tepals 6, purple-red, rarely yellow-white. Fruiting branches connivent. Slopes, valleys. Distr. Gansu, Qinghai, E Xizang, Sichuan, NW Yunnan; Nei Mongol, Hubei, Shaanxi; cultivated in Russia.

2 小大黄

1 2 3 4 5 6 7 8 9 10 11 12 2800-4500 m

Rheum pumilum Maxim.[1-3, 5]

矮小草本，高 10~25 厘米。茎细，具细纵沟纹，被有稀疏灰白色短毛。基生叶 2~3 片，叶片下面具稀疏白色短毛；茎生叶 1~2 片，叶片较窄小近披针形。窄圆锥状花序，分枝稀。果实三角形或三角状卵球形。生于山坡或灌丛下。分布于甘肃、青海、西藏、四川。

Herbs short, 10-25 cm tall. Stem finely striped, slender, pilose. Basal leaves 2 or 3, leaf blades abaxially pilose, cauline leaves 1 or 2, nearly lanceolate, small. Panicle sparsely branched. Fruit triangular or triangular-ovoid. Hillside or thicket. Distr. Gansu, Qinghai, Xizang, Sichuan.

3 鸡爪大黄

1 2 3 4 5 6 7 8 9 10 11 12 1600-3000 m

Rheum tanguticum (Maxim. ex Regel) Maxim. ex Balf.[1-2]

茎生叶大型，叶正面具乳突或粗糙，背面具密短毛，通常掌状 5 深裂，中间 3 个裂片多为三回羽状深裂，小裂片窄长披针形。花小，紫红色，稀淡红色。生于高山沟谷中。分布于甘肃、青海、西藏；陕西。

Lobed parts of blade narrowly lanceolate. Basal leaves large, abaxially pubescent, adaxially papilliferous or muricate, palmately 5-lobed, middle 3 lobes pinnatisect, lobules narrowly lanceolate. Flowers small. Tepals purple-red, rarely light red. Alpine valleys. Distr. Gansu, Qinghai, Xizang; Shaanxi.

蓼科 Polygonaceae | 酸模属 *Rumex* L.

草本，稀为灌木。根通常粗壮，有时具根状茎。茎直立，少数上升或匍匐，具分枝。叶基生和茎生，互生。总状花序或圆锥状花序；花梗具节；花被片 6 枚，宿存，在果期通常变大变硬。瘦果卵形或椭圆形，具 3 条锐棱。约 200 种；中国 27 种；横断山约 5 种。

Herbs, rarely shrubs, rarely dioecious. Roots usually stout, or sometimes plants rhizomatous. Stems erect, rarely ascending to prostrate, branched, not hollow or sulcate. Leaves basal and cauline, alternate. Inflorescence racemose or paniculate. Pedicel articulate. Perianth persistent, tepals 6, becoming enlarged and often hardened in fruit. Achenes trigonous, elliptic to ovate. About 200 species; 27 in China; about five in HDM.

4 戟叶酸模

1 2 3 4 5 6 7 8 9 10 11 12 600-3200 m

Rumex hastatus D.Don[1-5]

灌木。叶互生或簇生，戟形，近革质。花杂性。生于沙质荒坡、山坡阳处。分布于西藏东南部、四川、云南；贵州；阿富汗、巴基斯坦、克什米尔地区、印度、尼泊尔。

Shrubs. Leaves solitary or fascicled, leaf blade hastate, subleathery. Flowers polygamous. Dry mountain slopes, rocky fissures. Distr. SE Xizang, Sichuan, Yunnan; Guizhou; Afghanistan, Pakistan, Kashmir, India, Nepal.

5 尼泊尔酸模

1 2 3 4 5 6 7 8 9 10 11 12 1000-4300 m

Rumex nepalensis Spreng.[1-5]

多年生草本。基生叶长圆状卵形；茎生叶卵状披针形，具短叶柄。花两性，内轮花被边缘每侧具 7~8 齿，先端钩形或直。生于山坡路旁、山谷草地。分布于西南、华中、西北地区及广西；伊朗、阿富汗、巴基斯坦、印度、尼泊尔、不丹、缅甸、越南、印度尼西亚。

Herbs perennial. Basal leaves broadly ovate, cauline leaves shortly petiolate, ovate-lanceolate. Flowers bisexual, inner tepals each margin with 7 or 8 teeth, apex hooked or straight. Grassy slopes, moist valleys, along ditches. Distr. SW, C and NW China, Guangxi; Iran, Afghanistan, Pakistan, India, Nepal, Bhutan, Myanmar, Vietnam, Indonesia.

1
2
3
4
4
5

茅膏菜科 Droseraceae | 茅膏菜属 *Drosera* L.

陆生植物。叶基生莲座状或互生，叶片具腺毛。心皮 2~5 枚。果实开裂。约 100 种；中国 6 种；横断山区 1 种。

Herbs terrestrial. Leaves basal and rosulate, or alternate, leaf blade with sticky, glandular hairs. Ovary 2-5-carpellate. Capsule dehiscent. About 100 species; six in China; one in HDM.

1 茅膏菜

1 2 3 4 5 **6 7 8 9** 10 11 12 1200-3700 m

Drosera peltata Thunb.[1-5]

— *Drosera peltata* var. *lunata* (Buch.-Ham. ex DC.) C.B.Clarke

叶片盾状，叶缘密具头状黏腺毛。生于松林下、草丛、灌丛中。分布于甘肃、西藏南部、四川西南部、云南；长江以南诸省；东亚、东南亚、澳大利亚。

Leaves peltate, margin glandular hairy. Sparse *Pinus* forests, meadows, scrub. Distr. Gansu, S Xizang, SW Sichuan, Yunnan; Provs. S Yangtze river; E and SE Asia, Australia.

石竹科 Caryophyllaceae | 无心菜属 *Arenaria* L.

一年生或多年生草本。茎直立，稀铺散，常丛生。单叶对生，叶片全缘，扁平，卵形、椭圆形至线形。花单生或多数，常为聚伞花序；花 4 或 5 数；萼片全缘，稀顶端微凹；花瓣全缘或顶端齿裂至缝裂；雄蕊 10 枚，稀 8 枚、5 枚或 2 枚；子房 1 室，含多数胚珠；花柱 2 或 3 枚，稀 5 枚。蒴果卵形，通常短于宿存萼，稀较长或近等长，3 或 6 裂瓣。种子稍扁，肾形或近圆卵形，平滑、具疣状凸起或具狭翅。约 300 种；中国 100 余种；横断山区 60 余种。

Herbs annual or perennial,. Stems erect or rarely creeping, often caespitose or pulvinate. Leaves opposite, leaf blade linear to elliptic, ovate, or orbicular, usually flat, margin entire. Flowers solitary or numerous in cymes, actinomorphic; sepals 4 or 5, apex entire, rarely emarginate; petals 4 or 5, sometimes absent, apex entire to toothed, 2-cleft, or fimbriate; stamens (2 or 5 or 8)10; ovary 1-loculed, ovules numerous; styles 2 or 3(5). Capsule ovoid, obovoid, or globose, usually shorter than persistent sepals, rarely equaling or longer than them, 3- or 6-valved. Seeds reniform or subovoid, flattened, smooth, tuberculate, or narrowly winged. About 300 species; 100+ in China; 60+ in HDM.

• 花柱常 2 枚 | Styles usually 2

2 髯毛无心菜

1 2 3 4 5 6 **7 8 9** 10 11 12 2400-4800 m

Arenaria barbata Franch.[1-5]

多年生草本，被有节的长毛和短腺毛。根簇生，具刺或圆锥形。茎通常单生，在中间以下分枝。花瓣白色或粉红色，顶端流苏状；花柱 2 枚，线形。蒴果 4 瓣裂。生于高山灌丛、草甸、草地、流石滩。分布于西藏东部和南部、四川西南部和西部、云南东北部和西北部。

Herbs perennial, long nodose hairy and shortly glandular hairy. Roots clustered, spinose or conic. Stems usually solitary, branched below middle. Petals white or pink, apex fimbriate; styles 2, linear. Capsule 4-valved. Alpine scrubs, meadows, grasslands, shifting screes. Distr. E and S Xizang, SW and W Sichuan, NE and NW Yunnan.

3 昌都无心菜

1 2 3 4 5 6 **7 8** 9 10 11 12 4500-4700 m

Arenaria chamdoensis C.Y.Wu ex L.H.Zhou[1-2]

矮小草本。茎下部乳白色，上部紫色，密被紫色腺毛。下部叶腋生有退化花。聚伞状圆锥花序，花序梗与花梗密被腺柔毛，花梗长 0.5~2 毫米；萼片卵形，基部较宽，顶端钝，边缘膜质，具缘毛，外面被黑色腺柔毛；花瓣白色，倒卵形，长 6~8 毫米；雄蕊 10 枚；花药黄色；花柱 2 枚。生于石灰岩流石滩。分布于青海东南部、西藏东部和四川西部。

Drawf herbs. Stems whitish proximally, violet distally, densely violet glandular pubescent. Axils of proximal cauline leaves with reduced flowers. Cymes conic, rachis and pedicels densely glandular pubescent, pedicel 0.5-2 mm; sepals black glandular villous abaxially, margin membranous, ciliate, apex obtuse; petals white, obovate, 6-8 mm; stamens 10; anthers yellow; styles 2. Shifting screes. Distr. SE Qinghai, E Xizang and W Sichuan.

1
1
2
3
3

1 柔软无心菜

1 2 3 4 5 6 7 8 9 10 11 12 2500-4500 m

Arenaria debilis Hook.f.[1-3, 5]

一年生或二年生草本，被紫色的多细胞腺毛。根具刺或圆锥状。茎稀疏簇生或单生，黄色。花瓣白色，顶端流苏状；花柱 2 枚，线形。蒴果 4 瓣裂。生于灌丛、高山草甸、草地。分布于西藏东南部、云南西北部；印度、尼泊尔、不丹。

Herbs annual or biennial, violet multicellular glandular hairy. Roots spinose or conic. Stems sparsely clustered or solitary, yellow. Petals white, apex fimbriate; styles 2, linear. Capsule 4-valved. Scrub, alpine meadows, grasslands. Distr. SE Xizang, NW Yunnan; India, Nepal, Bhutan.

2 玉龙山无心菜

1 2 3 4 5 6 7 8 9 10 11 12 2800-4700 m

Arenaria fridericae Hand.-Mazz.[1-5]

多年生草本，全株被柔毛并杂有腺毛。茎常二歧分枝，四棱形。花单生或单歧聚伞花序；花梗长 1~2 厘米，被毛，下弯；萼片长圆状卵形或长圆状披针形，草质，顶端急尖，边缘狭膜质，外面被毛；花瓣白色，顶端细齿裂或撕裂状；花盘具 5 个 2 裂的肉质腺体；花药黄褐色；花柱 2 或 3 枚。生于灌丛、石灰岩峭壁缝隙、流石坡、冰碛石隙中。分布于西藏东南部、云南西北部。

Herbs perennial, villous and glandular hairy. Stems usually dichotomously branched, 4-angled. Cymes monochasial, few flowered, or flower solitary; pedicel recurved, 1-2 cm, hairy; sepals orbicular-lanceolate or orbicular-ovate, herbaceous, hairy abaxially, margin narrowly membranous, apex acute; petals white, apex dentate lobed or lacerate; floral disc with 5 glands, glands 2-cleft; anthers yellow-brown; styles 2 or 3. Scrub, shifting screes, rock crevices on cliffs. Distr. SE Xizang, NW Yunnan.

3 无饰无心菜

1 2 3 4 5 6 7 8 9 10 11 12 4000-4150 m

Arenaria inornata W.W.Sm.[1-4]

多年生小草本。茎直立，被柔毛。花单生或 3 朵呈聚伞状排列；花梗长约 1 厘米，密被具关节的黑色毛；萼片顶端钝，边缘膜质，具缘毛；花瓣白色，倒卵形，顶端微缺，常具少数齿；雄蕊长于萼片；花柱 2 枚。生于山地。分布于云南西北部。

Herbs perennial. Stems erect or suberect, villous. Flower solitary or 3-flowered cymes; pedicel about 1 cm, densely black nodose hairy; sepals orbicular-lanceolate, margin membranous, ciliate, apex obtuse; petals white, obovate, apex emarginate, often few toothed; stamens longer than sepals; styles 2. Mountains. Distr. NW Yunnan.

4 长柱无心菜

1 2 3 4 5 6 7 8 9 10 11 12 3200-4100 m

Arenaria longistyla Franch.[1-5]

多年生草本。根纤细，具多数分枝。茎纤细，被 2 行长柔毛或棕色腺毛。花瓣白色，顶端钝；花柱 2 枚，钻形。生于高山草甸、流石滩。分布于西藏西南部、云南西北部。

Herbs perennial. Roots slender, with numerous branches. Stems slender, villous in 2 lines, or brown glandular villous. Petals white, apex obtuse; styles 2, subulate. Alpine meadows, scree slopes. Distr. SW Xizang, NW Yunnan.

5 黑蕊无心菜

1 2 3 4 5 6 7 8 9 10 11 12 3700-4700 m

Arenaria melanandra (Maxim.) Mattf. ex Hand.-Mazz.[1-3, 5]

一年生草本。根纤细。茎下部倾斜，单一或在基部二歧分枝，棕色，被腺柔毛，具不育腋生枝。花瓣白色，顶端微缺；花柱 2 或 3 枚。蒴果具柄，4~6 瓣裂。生于高山草甸、流石滩。分布于甘肃南部、青海南部和东部、西藏东部和北部、四川西南部至西北部。

Herbs annual. Roots slender. Stems inclined proximally, simple or dichotomously branched at base, brown, glandular pubescent, with sterile, axillary branches. Petals white, apex emarginate; styles 2 or 3. Capsule stipitate, 4-6-valved. Alpine meadows, scree slopes. Distr. S Gansu, S and E Qinghai, E and N Xizang, SW to NW Sichuan.

1 四齿无心菜

1 2 3 4 5 6 **7** **8** **9** 10 11 12 3000-3500 m

Arenaria quadridentata Williams[1-2]

茎丛生，高 10~40 厘米，细弱，黄色。聚伞花序，具少数花；花梗长 1~2 厘米；萼片线形或近圆形，基部较宽，边缘狭膜质，具缘毛，顶端钝，外面被腺柔毛；花瓣白色，倒卵形或长椭圆形，顶端 4 齿裂；花丝丝状，长于萼片，与萼片对生者基部稍宽；子房卵状球形；花柱 2 枚。蒴果球形，顶端 4 裂。种子近圆形，压扁，具钝的疣状凸起。生于向阳山坡。分布于甘肃、四川北部。

Stems clustered, yellow, slender, 10-40 cm. Cymes few flowered; pedicel 1-2 cm; sepals lanceolate or orbicular, glandular pubescent abaxially, base broadened, margin narrowly membranous, ciliate, apex obtuse; petals white, narrowly elliptic or obovate, apex 4-toothed; filaments longer than sepals, those opposite sepals wider than others; ovary ovoid; styles 2. Capsule globose, apex 4-lobed. Seeds orbicular, flat, obtusely tuberculate. Sunny slopes. Distr. Gansu, N Sichuan.

2 粉花无心菜

1 2 3 4 5 **6** **7** 8 9 10 11 12 3300-4500 m

Arenaria roseiflora Sprague[1-5]

多年生草本。茎紫罗兰色，上部被棕色的向外反折的短毛和长腺毛。花瓣粉红色或白色，顶端 2 浅裂，裂片非常狭窄，不规则的 2 或 3 齿裂；花柱 2 枚，线状。生于高山石砾草甸、贫瘠荒地、流石滩。分布于西藏东南部和南部、云南西北部。

Herbs perennial. Stems violet, distally with recurved, brown, short hairs and long, glandular hairs. Petals pink or white, apex shallowly 2-cleft, lobes very narrow, irregularly 2- or 3-toothed; styles 2, linear. Alpine stony meadows, barrens, shifting screes. Distr. SE and S Xizang, NW Yunnan.

3 具毛无心菜

1 2 3 4 5 6 **7** **8** **9** 10 11 12 2500-4700 m

Arenaria trichophora Franch.[1-4]

多年生草本。根圆锥形或具刺。茎丛生，单一或在基部分枝，平卧或直立，被长而硬的毛和腺柔毛。花瓣白色，顶端流苏状；花柱 2 枚。生于高山灌丛、草甸、流石滩。分布于西藏东南部、四川西南部、云南东北部和西北部。

Herbs perennial. Roots conic or spinose. Stems clustered, simple or branched at base, prostrate or erect, long hard hispid and glandular pubescent. Petals white, apex fimbriate; styles 2. Alpine scrubs, meadows, scree slopes. Distr. SE Xizang, SW Sichuan, NE and NW Yunnan.

4 多柱无心菜

1 2 3 4 5 6 **7** **8** 9 10 11 12 2800-4800 m

Arenaria weissiana Hand.-Mazz.[1-4]

多年生草本。根纺锤形或圆锥形。茎簇生，被 2 行腺毛，黄色。花瓣白色，顶端圆形，全缘；花柱 4 或 5 枚。生于高山草甸、流石滩。分布于四川西南部、云南西北部。

Herbs perennial. Roots fusiform or conic. Stems clustered, glandular hairy in 2 lines, yellow. Petals white, apex rounded, entire; styles 4 or 5. Alpine meadows, scree slopes. Distr. SW Sichuan, NW Yunnan.

• 花柱常 3 枚 | Styles usually 3

5 雪灵芝

1 2 3 4 5 **6** **7** **8** 9 10 11 12 3700-4600 m

Arenaria brevipetala Y.W.Tsui & L.H.Zhou[1-3, 5]

多年生草本。主根粗壮，木质。茎垫状，基部宿存大量枯叶，花枝明显比营养枝高。花瓣白色；花柱 3 枚。生于高山草甸、流石滩。分布于青海南部、西藏东部及北部、四川西南部至北部。

Herbs perennial. Principal roots robust, woody. Stems pulvinate with numerous withered, persistent leaves at base, flowering branches much taller than vegetative ones. Petals white; styles 3. Distr. S Qinghai, E and N Xizang, SW to N Sichuan.

1

2

2

3

4

4

5

5

1 藓状雪灵芝

1 2 3 4 5 **6** **7** 8 9 10 11 12 4200-5200 m

Arenaria bryophylla Fernald[1-2, 5]

多年生草本。根粗壮，木质。茎簇生，垫状，木质，下部宿存密集的枯叶。花瓣白色；花柱 3 枚。生于高山草甸、石砾坡、河边砾石沙滩。分布于青海南部、西藏；尼泊尔、印度（锡金邦）。

Herbs perennial. Roots robust, woody. Stems clustered, pulvinate woody, with crowded, withered, persistent leaves proximally. Petals white. Styles 3. Alpine meadows, stony slopes, gravelly sands along rivers. Distr. S Qinghai, Xizang; Nepal, India (Sikkim).

2 密生福禄草

1 2 3 4 5 **6** **7** **8** 9 10 11 12 4200-5300 m

Arenaria densissima Wall. ex Edgew. & Hook.f.[1-3, 5]

多年生草本。茎密集垫状，多分枝。花瓣白色；花柱 3 枚。蒴果 3 瓣裂。生于高山草甸、流石滩。分布于青海南部、西藏东南部至西南部、四川西南部和西部；印度、尼泊尔、不丹。

Herbs perennial. Stems densely pulvinate, densely branched. Petals white; styles 3. Capsule 3-valved. Distr. S Qinghai, SE to SW Xizang, SW and W Sichuan; India, Nepal, Bhutan.

3 西南无心菜

1 2 3 4 5 **6** **7** 8 9 10 11 12 2800-4700 m

Arenaria forrestii Diels[1-5]

多年生草本。茎簇生，光滑或在一面疏生白色长柔毛。花瓣白色或粉红色；花柱 3 枚，线状。生于灌丛、峭壁石缝、流石滩。分布于西藏东南部、云南西北部。

Herbs perennial. Stems clustered, glabrous or sparsely white villous along one side. Petals white or pink; styles 3, linear. Scrubs, rock crevices on cliffs, shifting screes. Distr. SE Xizang, NW Yunnan.

4 甘肃雪灵芝

1 2 3 4 5 6 **7** 8 9 10 11 12 3500-5300 m

Arenaria kansuensis Maxim.[1-5]

多年生草本。主根粗壮，木质。茎垫状，基部宿存枯叶。花瓣白色，顶端钝；花柱 3 枚，线状。生于高山草甸、草地、石砾坡及流石滩。分布于甘肃南部、青海、西藏东部、四川西部、云南西北部。

Herbs perennial. Principal roots robust, woody. Stems pulvinate, with withered, persistent leaves at base. Petals white, apex obtuse; styles 3, linear. Alpine meadows, grasslands, gravel and scree slopes. Distr. S Gansu, Qinghai, E Xizang, W Sichuan, NW Yunnan.

5 圆叶无心菜

1 2 3 4 5 6 **7** **8** 9 10 11 12 3000-3700 m

Arenaria orbiculata Royle ex Hook.f.[1-3, 5]

二年生或多年生草本。茎直立或匍匐，二歧状分枝，高 5~40 厘米，细弱。叶片卵圆形、椭圆形或圆形，长 2~10 毫米，宽 2~7 毫米。花瓣白色，倒卵形，短于萼片，顶端钝圆，基部渐狭；花柱 3 枚，线形。生于林下、草甸、沟谷石缝。分布于西藏东南部、四川西部、云南北部；不丹、印度、克什米尔地区、尼泊尔。

Herbs biennial or perennial. Stems erect or prostrate, dichotomously branched, slender, 5-40 cm. Leaf blade elliptic, ovate, or suborbicular, 2-10 × 2-7 mm. Petals white, obovate, shorter than sepals, base attenuate, apex obtuse. Styles 3, linear. Forests, meadows, stony valleys. Distr. SE Xizang, S Sichuan, N Yunnan; Bhutan, India, Kashmir, Nepal.

6 山生福禄草

1 2 3 4 5 **6** **7** 8 9 10 11 12 3500-5000 m

Arenaria oreophila Hook.f.[1-5]

多年生草本。茎密集垫状，密被腺毛。花瓣白色；花柱 3 枚，线状。蒴果卵球形，3 瓣裂。生于高山草甸、流石滩。分布于青海南部、四川西南部及西部、云南西北部；印度（锡金邦）。

Herbs perennial. Stems densely pulvinate, densely glandular hairy. Petals white; styles 3, linear. Capsule ovoid, 3-valved. Alpine meadows, scree slopes. Distr. S Qinghai, SW and W Sichuan, NW Yunnnan; India (Sikkim).

1
1
2
3
4
4
5
5
6

1 团状福禄草 1 2 3 4 5 6 7 8 9 10 11 12 3500-5300 m

Arenaria polytrichoides Edgew.[1-5]

多年生草本。主根粗壮，木质。茎密集簇生，形成半球状垫状体，枝圆筒状，基部木质，沿着枝干宿存密集的枯叶。花瓣白色；花柱 3 枚。蒴果 3 瓣裂。生于高山草甸、流石滩。分布于青海南部、西藏西南部至北部、四川西南部至西北部。

Herbs perennial. Principal roots robust, woody. Stems densely clustered, forming hemispheric cushions, branches cylindric, woody at base, with congested, withered, persistent leaves along their length. Petals white; styles 3. Capsule 3-valved. Alpine meadows, scree slopes. Distr. S Qinghai, SW to N Xizang, SW to NW Sichuan.

2 红花无心菜 1 2 3 4 5 6 7 8 9 10 11 12 4000-5000 m

Arenaria rhodantha Pax & K.Hoffm.[1-3, 5]

多年生草本。茎稀疏丛生，直立，纤细，光滑。花瓣紫红色，顶端钝；花柱 3 枚，线状。生于高山草甸、开阔石砾地、流石滩。分布于西藏东南部和中部、四川西部。

Herbs perennial. Stems sparsely clustered, erect, slender, glabrous. Petals red purple, apex obtuse; styles 3, linear. Alpine meadows, exposed gravels and rocks, scree slopes. Distr. SE and C Xizang, W Sichuan.

石竹科 Caryophyllaceae | 卷耳属 *Cerastium* L.

一年生或多年生草本，多数被柔毛或腺毛。叶对生，叶片卵形或长椭圆形至披针形。二歧聚伞花序，顶生。萼片 5 枚，稀为 4 枚，离生；花瓣 5 枚，稀 4 枚，白色，顶端 2 裂，稀全缘或微凹；雄蕊 10 枚，稀 3 或 5 枚；子房 1 室，具多数胚珠；花柱通常 5 枚，稀 3 枚，与萼片对生。蒴果圆柱形，薄壳质，露出宿萼外，顶端裂齿为花柱数的 2 倍。种子多数，近肾形，稍扁，常具疣状凸起。约 100 种；中国 23 种；横断山区约 7 种。

Herbs annual or perennial, pubescent and/or glandular pubescent, rarely glabrous. Stems usually caespitose, sometimes slightly woody at base. Leaves ovate, elliptic, or lanceolate. Inflorescence terminal, a dichasial cyme, dense or lax, sometimes flowers solitary. Sepals (4 or)5, free. Petals (4 or)5, sometimes absent, white, apex usually 2-lobed or retuse, rarely entire. Stamens (3 or 5 or)10. Ovary 1-loculed, ovules numerous. Styles 3 or 5, inserted opposite sepals. Capsule golden yellowish, cylindric, sometimes subequaling but usually exceeding calyx, hard, thin, brittle, dehiscing by 2 × as many teeth as styles. Seeds numerous, globose or reniform, compressed, usually tuberculate. About 100 species; 23 in China; about seven in HDM.

3 喜泉卷耳 1 2 3 4 5 6 7 8 9 10 11 12 100-4300 m

Cerastium fontanum Baumg. subsp. *fontanum*[1-5]

短命多年生或一年生草本。茎丛生或单一，近直立。花瓣白色，倒卵形或卵状长圆形，短于花萼长度的 2 倍，先端 2 裂；花柱 5 枚。蒴果 10 枚齿。生于森林、林缘、山坡、山顶草地、田野、沙质土壤、岩缝，路边。全国广布。

Herbs short-lived perennial or annual. Stems caespitose or simple, suberect. Petals white, obovate or obovate-oblong, shorter than to 2 × as long as sepals, apex 2-lobed; styles 5. Capsule teeth 10. Forests, forest margins, mountain slopes, hilltop grasslands, fields, sandy soils, rock crevices, roadsides. Distr. Throughout China.

4 大花泉卷耳 1 2 3 4 5 6 7 8 9 10 11 12 3100-4300 m

Cerastium fontanum subsp. *grandiflorum* H.Hara[1]

与喜泉卷耳相近，一年生草本。花瓣 7~9 毫米，是花萼长度的 1.5~2 倍。生于林地山坡。分布于西藏；尼泊尔。

Close to *C. fontanum*. Herbs annual. Petals 7-9 mm, 1.5-2 × as long as sepals. Forested mountain slopes. Distr. Xizang; Nepal.

石竹科 Caryophyllaceae | 金铁锁属 *Psammosilene* W.C.Wu & C.Y.Wu

多年生草本。根倒圆锥形，肉质。茎铺散，多分枝。叶对生，叶片卵形，稍肉质，中脉明显。花萼筒状钟形，纵脉 15 条；花瓣 5 枚，紫红色，狭匙形，全缘，爪渐狭；雄蕊 5 枚；子房 1 室，具 2 枚倒生胚珠；花柱 2 枚。蒴果棒状，几不开裂。种子 1 枚，长倒卵形，背平，腹凸。单种属。

Herbs perennial. Roots long conical, fleshy. Stems several, diffuse, branched. Leaves ovate, subcarnose, midvein prominent. Calyx tubular-campanulate, herbaceous, 15-veined, slightly convex, veins free at apex; petals 5, purple-red, narrowly spatulate, margin entire, claw attenuate; stamens 5; ovary 1-loculed, ovules 2, anatropous; styles 2. Capsule clavate, thin, nearly unsplit. Seed 1, narrowly obovoid, plano-convex. One species.

1 金铁锁

1 2 3 4 5 **6 7 8 9** 10 11 12 900-3800 m

Psammosilene tunicoides W.C.Wu & C.Y.Wu[1-5]

描述同该属。生于金沙江和雅鲁藏布江的干热河谷、石砾山坡、干草原、石灰石岩缝、森林。分布于西藏东南部、四川西南部、云南；贵州西部。

Same as *Psammosilene*. Warm and dry valleys along Jinsha Jiang and Yarlung Zangbo Jiang, rocky mountain slopes, dry pastures, calcareous rock crevices, forests. Distr. SE Xizang, SW Sichuan, Yunnan; W Guizhou.

石竹科 Caryophyllaceae | 孩儿参属 *Pseudostellaria* Pax

多年生小草本。块根纺锤形、卵形或近球形。托叶无；叶对生。花两型。开花受精花较大形，生于茎顶或上部叶腋，单生或数朵成聚伞花序，常不结实；萼片 5 枚，稀 4 枚；花瓣 5 枚，稀 4 枚，白色，全缘或顶端微凹缺；雄蕊 10 枚，稀 8 枚；花柱通常 3 枚，稀 2~4 枚；柱头头状。闭花受精花生于茎下部叶腋，较小，具短梗或近无花梗；萼片 4 或 5 枚；花瓣无或小，膜质；雄蕊退化，稀 2 枚；子房具多数胚珠，花柱 2~3 枚。蒴果 3 瓣裂，稀 2~4 瓣裂，裂瓣再 2 裂。种子少，大，稍扁平，具瘤状凸起或平滑。约 18 种；中国 9 种；横断山区 5 种。

Herbs perennial. Root tubers fusiform, ovoid or subglobose. Leaves opposite. Flowers of two types. Chasmogamic flowers larger, solitary in distal leaf axils or in terminal cymes, usually without fruit; sepals (4 or)5; petals (4 or)5, white, entire or emarginate; stamens (8 or)10; styles 3, rarely 2-4; stigma capitate. Cleistogamic flowers smaller, on stem in proximal leaf axils, shortly pedicellate or subsessile; sepals 4(or 5); petals very small, membranous, or absent; stamens reduced, rarely 2; ovary globose or ovoid, 1-loculed, ovules numerous; styles 2 or 3. Capsule (2 or)3(or 4)-valved. Seeds few, large, somewhat flattened, tuberculate or smooth. About 18 species; nine in China; five in HDM.

2 须弥孩儿参

1 2 3 4 **5 6** 7 8 9 10 11 12 2300-3800 m

Pseudostellaria himalaica (Franch.) Pax[1-3]

多年生草本。块根球状或纺锤形。叶卵形，中脉突出，两面具短柔毛。花瓣白色，边缘全缘或微缺，基部稍窄。生于云杉林或常绿阔叶林、岩生灌丛。分布于甘肃、青海、西藏、四川、云南；湖北；南亚。

Herbs perennial. Root tubers globose or fusiform. Leaves ovate, midvein prominent, both surfaces pubescent. Petals white, margin entire or emarginate, base slightly narrowed. *Picea* forests or evergreen broadleaf forests, in scrub on rocks. Distr. Gansu, Qinghai, Xizang, Sichuan, Yunnan; Hubei; S Asia.

3 细叶孩儿参

1 2 3 4 5 **6 7** 8 9 10 11 12 1500-3800 m

Pseudostellaria sylvatica (Maxim.) Pax[1-5]

多年生草本。通常数个块根成行排列（念珠状），窄卵球形或短纺锤形。茎直立，4 棱状，具 2 行毛。叶无柄，线形或披针形，中脉突出。花瓣白色，倒卵形，先端 2 裂。生于松林、混合林。分布于甘肃、青海、西藏、四川、云南；湖北、贵州、陕西、新疆、华北、东北地区；俄罗斯、朝鲜半岛、日本、不丹。

Herbs perennial. Root tubers usually several in a row (moniliform), narrowly ovoid or shortly fusiform. Stems erect, 4-angled, with 2 lines of hairs. Leaves sessile, linear or lanceolate-linear, midvein prominent. Petals white, obovate, apex 2-lobed. *Pinus* forests, mixed forests. Distr. Gansu, Qinghai, Xizang, Sichuan, Yunnna; Hubei, Guizhou, Shaanxi, Xinjiang, N and NE China; Russia, Korea, Japan, Bhutan.

1 西藏孩儿参 1 2 3 4 5 6 7 8 9 10 11 12 2900-4000 m

Pseudostellaria tibetica Ohwi[1, 5]

多年生草本。茎直立，纤细，具 2 行毛。叶卵形或长圆形，正面具短柔毛，边缘具短毛。花瓣白色，倒卵状楔形，边缘全缘。生于山坡、山谷、林缘、潮湿的河岸。分布于西藏东部、四川西部。

Herbs perennial. Stems erect, slender, with 2 lines of hairs. Leaves ovate or oblong, adaxially pubescent, margin ciliate with short hairs. Petals white, cuneate-obovate, margin entire. Hillsides, mountain valleys, forest margins, wet river shores. Distr. E Xizang, W Sichuan.

石竹科 Caryophyllaceae | 漆姑草属 *Sagina* L.

小草本。叶片线形或钻形；托叶无。花小，通常具长梗；萼片 4~5 枚，顶端圆钝；花瓣白色，4~5 枚，有时无花瓣，通常较萼片短，稀等长，全缘或顶端微凹缺；雄蕊 4~5 枚，有时为 8 或 10 枚；子房 1 室，含多数胚珠；花柱 4~5 枚，与萼片互生。蒴果 4~5 瓣裂，裂瓣与萼片对生。种子细小，肾形，有小凸起或平滑。约 30 种；中国 4 种；横断山区 2 种。

Small herbs. Leaves linear or subulate; stipules absent. Flower small, pedicellate; sepals 4 or 5; petals 4 or 5, sometimes absent, white, usually shorter than sepals, rarely equal, margin entire, rarely slightly emarginate; stamens 4 or 5, sometimes 8 or 10; ovary 1-loculed, ovules numerous; styles 4 or 5, alternating with sepals. Capsule 4- or 5-valved, valves opposite sepals. Seeds reniform, minute, tuberculate or smooth. About 30 species; four in China; two in HDM.

2 漆姑草 1 2 3 4 5 6 7 8 9 10 11 12 100-4000 m

Sagina japonica (Sw.) Ohwi[1-5]

一年生或二年生草本。茎丛生，近直立或匍匐，纤细，基部分枝，顶部具腺状毛。花瓣 5 枚，白色，卵形，先端圆形。生于沙质河滩、未开垦农田、路旁草地、森林、溪边、洪泛地。全国广布；俄罗斯、朝鲜半岛、日本、印度、尼泊尔、不丹。

Herbs annual or biennial. Stems tufted, suberect or creeping, slender, basally branched, apically glandular hairy. Petals 5, white, ovate, apex rounded. Sandy riversides, uncultivated farmland, roadside grasslands, forests, treamsides, floodlands. Distr. Throughout China; Russia, Korea, Japan, India, Nepal, Bhutan.

石竹科 Caryophyllaceae | 蝇子草属 *Silene* L.

草本，稀亚灌木状。叶对生。花两性或单性；萼齿 5 枚；花瓣 5 枚，上部扩展呈耳状；花冠喉部具副花冠，稀缺；雄蕊 10 枚；胚珠多数；花柱 3 枚，稀 5 枚（偶 4 或 6 枚）。蒴果顶端 6 或 10 齿裂，稀 5 瓣裂。种子肾形，小，具短线条纹或小瘤，稀具棘凸或具环翅。约 600 种；中国 110 种；横断山区约 49 种。

Herbs, rarely plants suffrutescent. Leaves opposite. Flowers bisexual or unisexual; calyx with 5 teeth; petals 5, each with a sometimes auriculate claw; coronal scales present; stamens 10; ovules numerous; styles 3 or 5 (4 or 6). Fruit usually a capsule dehiscing with 6 or 10, rarely 5. Seeds reniform, minute, ± tuberculate, sometimes with abaxial spinose processes or a marginal wing. About 600 species; 110 in China; about 49 in HDM.

• 花序为聚伞圆锥式 | Inflorescence a thyrse

3 阿扎蝇子草 1 2 3 4 5 6 7 8 9 10 11 12 4200-4500 m

Silene atsaensis (C.Marquand) Bocquet[1-2]

多年生草本。茎匍匐，基部分枝，花茎上升，植株密被腺毛。花萼圆筒状钟形，膜质，囊状，密被紫色腺毛；花瓣白色或淡紫色。生于高山草地、流石滩。分布于西藏东部、东南部及中部。

Herbs perennial. Creeping and branched at base, flowering stems ascending, densely glandular hairy throughout. Calyx cylindric-campanulate, membranous, saccate, densely violet glandular hairy; petals white or lilac. Alpine grasslands, shifting screes. Distr. E, SE and C Xizang.

1
2
2
3
3

1 狗筋蔓

1 2 3 4 5 6 7 8 9 10 11 12 1200-3600 m

Silene *baccifera* (L.) Roth[1]

— *Cucubalus baccifer* L.

多年生草本。根白色，长梭形，横截面黄色。茎和分枝平展，达 50~150 厘米。花萼宽钟状；花瓣白色。果黑色，球状，6~8 毫米，肉质，不规则开裂。生于林缘、灌丛、草地。全国广布；俄罗斯、哈萨克斯坦、朝鲜半岛、日本、克什米尔地区、尼泊尔、印度（锡金邦）、不丹及欧洲。

Herbs perennial. Roots white, long fusiform, cross section yellow. Stems and branches spreading 50-150 cm. Calyx broadly campanulate; petals white. Fruit black, globose, 6-8 mm, fleshy, irregularly dehiscent. Forest margins, scrubs, grasslands. Distr. Widespread in China; Russia, Kazakhstan, Korea, Japan, Kashmir, Nepal, India (Sikkim), Bhutan, Europe.

2 中甸蝇子草

1 2 3 4 5 6 7 8 9 10 11 12 2800-3600 m

Silene chungtienensis W.W.Sm.[1-4]

多年生草本。茎稀疏簇生或单生，直立，单一或在基部疏生分枝，被短柔毛。小聚伞花序具长或短的轴，通常有 3 朵花；花萼狭钟状，脉紫色或绿色，稍突起，被短柔毛；花瓣深红色，稀白色。生于潮湿的岩石。分布于云南西北部。

Herbs perennial. Stems sparsely clustered or solitary, erect, simple or sparsely branched at base, pubescent. Cymules with short to long rachis, usually 3-flowered; calyx narrowly campanulate, veins violet or green, slightly raised, pubescent; petals dark red, rarely white. Moist rocks. Distr. NW Yunnan.

3 灌丛蝇子草

1 2 3 4 5 6 7 8 9 10 11 12 ≈ 4000 m

Silene dumetosa C.L.Tang[1-4]

多年生草本。根粗壮，具多头根颈。茎丛生，近直立，被白色短柔毛，具大量不育枝。总状的聚伞圆锥花序；花萼钟状或宽钟状，纵向脉常紫色，被短柔毛；花瓣淡紫色。生于灌丛。分布于云南西北部。

Herbs perennial. Roots robust, multicrowned. Stems caespitose, suberect, simple, white pubescent, sterile stems numerous. Racemiform thyrse; calyx campanulate or broadly campanulate, longitudinal veins usually violet, pubescent; petals violet. Scrubs. Distr. NW Yunnan.

4 无鳞蝇子草

1 2 3 4 5 6 7 8 9 10 11 12 1800-4000 m

Silene esquamata W.W.Sm.[1-4]

多年生草本。根粗壮，木质化。茎直立，自基部多分枝，基部疏生反折的短柔毛，顶部发粘。聚伞圆锥花序，花直立；花萼管状，果期棒状，近光滑，有时脉上被稀疏短毛，脉绿色或紫色；花瓣淡红色。生于高山石砾草地、灌丛。分布于四川、云南。

Herbs perennial. Roots robust, lignified. Stems erect, multibranched from base, sparsely pubescent with short retrorse hairs at base, apically viscid. Flowers erect, in thyrse; calyx tubular, clavate in fruit, subglabrous, sometimes with sparse short hairs at veins, veins green or violet; petals pale red. Alpine stony grasslands, scrubs. Distr. Sichuan, Yunnan.

5 隐瓣蝇子草

1 2 3 4 5 6 7 8 9 10 11 12 1600-4400 m

Silene gonosperma (Rupr.) Bocquet[1-4]

多年生草本。根粗壮，具多头根颈。茎稀疏丛生或单生，直立，单一，密被短柔毛，顶部被腺毛。花萼钟状球形，基部圆形，被长柔毛和腺毛，纵向脉深紫色；花瓣深紫色。生于高山草甸。分布于甘肃、青海、西藏；河北、山西、新疆；中亚。

Herbs perennial. Roots robust, multicrowned. Stems sparsely caespitose or solitary, erect, simple, densely pubescent, apically glandular hairy. Calyx campanulate-globose, base rounded, villous and glandular hairy, longitudinal veins dark violet; petals dark violet. Alpine meadows. Distr. Gansu, Qinghai, Xizang; Hebei, Shanxi, Xinjiang; C Asia.

1
2
2
3
4
5

1 细蝇子草

1 2 3 4 5 6 **7** **8** 9 10 11 12 3000-4000 m

Silene gracilicaulis C.L.Tang[1-4]

多年生草本。根粗壮，稍木质化。茎疏生，稀密集，丛生，直立或上升，单一，稀下部分枝，光滑，稀被短柔毛。总状圆锥聚伞花序，小聚伞花序对生，花1朵，稀多数；花萼狭钟状，光滑，纵向脉紫色，在顶端合生；花瓣白色，下面紫色或粉红色。生于高山石砾草地。分布于青海、西藏、四川、云南；内蒙古。

Herbs perennial. Roots robust, slightly lignified. Stems sparsely, rarely densely, caespitose, erect or ascending, simple, rarely branched below, glabrous, rarely shortly pubescent. Racemiform thyrse, cymules opposite, 1-flowered (rarely more); calyx narrowly campanulate, glabrous, longitudinal veins violet, connate at apex; petals white, violet or pink below. Alpine stony grasslands. Distr. Qinghai, Xizang, Sichuan, Yunnan; Nei Mongolia.

2 狭果蝇子草

1 2 3 4 5 6 **7** **8** 9 10 11 12 2400-4600 m

Silene huguettiae Bocquet[1-4]

多年生草本。根圆锥形，稍木质化。茎单生，稀疏簇生，直立，单一，有时基部分枝，密被短柔毛，混合稀疏腺毛。花萼狭长圆形，果期稍膨大，密被短柔毛，纵向脉深绿色或深紫色，被腺毛；花瓣淡黄绿色或暗红色。生于林缘、草地。分布于甘肃、青海、西藏、四川、云南。

Herbs perennial. Root conical, slightly lignified. Stems solitary, sparsely clustered, erect, simple, sometimes basally branched, densely pubescent, intermixed with sparse glandular hairs. Calyx narrowly oblong, slightly inflated in fruit, densely pubescent, longitudinal veins dark green or dark violet, glandular hairy; petals pale yellowish green or dark red. Forest margins, grasslands. Distr. Gansu, Qinghai, Xizang, Sichuan, Yunnan.

3 宽叶变黑蝇子草

1 2 3 4 5 6 **7** **8** **9** 10 11 12 3400-4800 m

Silene nigrescens subsp. *latifolia* Bocquet[1-2]

与原亚种相近。叶狭披针形，宽5~10毫米。生于高山草甸、石砾草地、流石滩。分布于西藏东南部、四川西南部、云南西北部。

Close to subsp. *nigrescens*. Leaves narrowly lanceolate, 5-10 mm wide. Alpine meadows, gravelly grasslands, shifting screes. Distr. SE Xizang, SW Sichuan, NW Yunnan.

4 红萼蝇子草

1 2 3 4 5 6 7 **8** **9** 10 11 12 3400-3600 m

Silene rubricalyx (C.Marquand) Bocquet[1-3]

多年生草本，高5~20厘米。茎疏丛生，直立，不分枝，密被紫色腺柔毛。基生叶叶片匙形或狭倒披针形，长2.5~5厘米，宽7~13毫米。花萼钟形或筒状钟形，呈囊状，密被腺柔毛，纵脉褐色或紫黑色；花瓣淡红色；雄蕊微露花冠喉部；花丝基部被柔毛；花柱不外露。生于高山草地。分布于西藏东部、四川西南部、云南西北部。

Herbs perennial. 5-20 cm. Stems sparsely caespitose, erect, simple, densely violet glandular hairy. Basal leaves ovate or narrowly oblanceolate, 2.5-5 cm × 7-13 mm. Calyx campanulate or cylindric-campanulate, saccate, densely glandular villous, longitudinal veins brown or dark violet; petals pale red; stamens slightly exserted beyond corolla throat; filaments villous at base; styles not exserted. Alpine meadows. Distr. E Xizang, SW Sichuan, NW Yunnan.

• 花序为二歧聚伞式或单歧聚伞式 | Inflorescence a dichasium

5 掌脉蝇子草

1 2 3 4 5 6 **7** **8** 9 10 11 12 1300-3900 m

Silene asclepiadea Franch.[1-4]

多年生草本，基部被卷曲微柔毛到近无毛，顶部被腺毛。根簇生，圆筒状，肉质。茎铺散，达1米，多分枝。二歧聚伞花序宽而疏松；花萼钟状，晚成熟期稍膨大，脉上密被紫色长腺毛；花瓣紫色或淡粉红色。生于灌丛草地、林缘。分布于四川、云南；贵州。

Herbs perennial, basally crispate-puberulent to subglabrous, apically glandular hairy. Roots clustered, cylindric, fleshy. Stems diffuse, to 1 m, much branched. Dichasial cymes lax and broad; calyx campanulate, slightly inflated in late maturity, densely violet glandular villous at veins; petals violet or pale pink. Scrub grasslands, forest edges. Distr. Sichuan, Yunnan; Guizhou.

1
1
2
2
3
4
4
5

1 栗色蝇子草

1 2 3 4 5 6 7 **8** **9** 10 11 12 **3000-4700 m**

Silene *atrocastanea* Diels[1-4]

多年生草本。根棕色，粗壮，圆锥状，具根冠。茎单生或稀疏簇生，直立或上升，不分枝，密被长柔毛。聚伞花序 3~8 朵花；花萼宽钟状，边缘膜质，具缘毛；花瓣深紫色。生于高山石砾草地、石灰岩峭壁及流石滩。分布于云南西北部。

Herbs perennial. Roots brown, robust, conical, with root crowns. Stems solitary or sparsely clustered, erect or ascending, simple, densely villous. Cymes 3-8-flowered; calyx broadly campanulate, margin membranous, ciliate; petals dark purple. Alpine gravel grasslands, limestone clifts and screes. Distr. NW Yunnan.

2 巴塘蝇子草

1 2 3 4 5 6 **7** **8** 9 10 11 12 **2500-3500 m**

Silene batangensis H.Limpr.[1-3]

叶片披针状线形，长 2~3 厘米，宽 1.5~5 毫米，基部楔形，顶端圆钝或急尖，两面密被短柔毛，边缘具缘毛，中脉明显。花梗细，长 1~1.8 厘米，被腺毛；花萼筒状棒形，长 1.2~1.5 厘米，密被短柔毛和黏液，纵脉紫色；花瓣淡红色，浅 2 裂。种子肾形，脊平。生于林缘或河岸灌丛草地。分布于西藏东部、四川西部。

Leaves lanceolate-linear, 2-3 cm × 1.5-5 mm, both surfaces pubescent, margin ciliate, midvein prominent, base cuneate, apex obtuse or acute. Pedicel 1-1.8 cm, slender, glandular hairy; calyx tubular-clavate, 1.2-1.5 cm, densely pubescent, viscid, longitudinal veins violet; petals pale red, shallowly bifid. Seeds reniform, abaxially smooth. Forest margins, coastal scrub grasslands. Distr. E Xizang, W Sichuan.

3 双舌蝇子草

1 2 3 4 5 **6** **7** **8** 9 10 11 12 **2200-4100 m**

Silene bilingua W.W.Sm.[1-4]

叶片线形，长 2~6 厘米，宽 1~3 毫米。花萼钟形，长 8~12 毫米，密被腺毛，纵脉紫色，萼齿三角形，顶端钝；花瓣淡红色，瓣片 2 裂，裂片舌状，长约 3.5 毫米，瓣片两侧各具 1 裂齿。种子深棕色，肾形。生于林间或高山草甸。分布于西藏东南部、四川南部、云南西北部。

Leaves linear, 2-6 cm × 1-3 mm. Calyx campanulate, 8-12 mm in length, densely glandular hairy, longitudinal veins violet. Calyx teeth triangular, apex obtuse; petals pale red, lobes 2, ligulate, about 3.5 mm, 1-toothed on each lateral side. Seeds dark brown, reniform. Forests, alpine meadows. Distr. SE Xizang, S Sichuan, NW Yunnan.

4 心瓣蝇子草

1 2 3 4 5 6 **7** **8** **9** 10 11 12 **700-3200 m**

Silene cardiopetala Franch.[1-4]

叶片椭圆形，长 2~4 厘米，宽 0.7~1.7 厘米，边缘具缘毛，中脉明显。二歧聚伞花序，花直径约 20 毫米；花萼筒状棒形，长 1.5~1.8 厘米，纵脉不明显；花瓣淡红色，瓣片倒心形，宽 6~7 毫米，微凹缺或浅 2 裂，裂片全缘。种子肾形。生于灌丛或林缘草地。分布于西藏东南部、四川西南部、云南西北部。

Leaves elliptic, 2-4 cm × 0.7-1.7 cm, ciliate, midvein prominent. Dichasial cymes lax and broad, with flowers about 20 mm in diam; calyx tubular-clavate, 1.5-1.8 cm, longitudinal veins obscure; petals pale red, limbs obcordate, 6-7 mm in diam, slightly emarginate or shallowly bifid at apex, lobes broadly ovate, margin entire. Seeds reniform. Scrubs, forest margins. Distr. SE Xizang, SW Sichuan, NW Yunnan.

5 垫状蝇子草

1 2 3 4 5 6 **7** **8** 9 10 11 12 **4100-4700 m**

Silene davidii (Franch.) Oxelman & Lidén[1]

— *Silene kantzeensis* C.L.Tang

多年生草本。根棕色，圆筒状，稍粗壮，多分枝，具多头根颈。茎密集簇生，极短而单一。花萼狭钟形或筒状钟形，深紫色，基部截形，被紫色腺毛，纵向脉紫色；花瓣淡紫色或淡红色。生于高山草甸。分布于青海东南部、西藏、四川西部、云南西北部。

Herbs perennial. Roots brown, cylindric, slightly robust, multibranched, multicrowned. Stems densely clustered, very short, simple. Calyx dark violet, narrowly campanulate or cylindric-campanulate, base truncate, violet glandular hairy, longitudinal veins violet; petals lilac or pale red. Alpine meadows. Distr. SE Qinghai, Xizang, W Sichuan, NW Yunnan.

1
2
2
3
4
4
5
5

1 西南蝇子草

1 2 3 4 5 6 7 8 9 10 11 12 2800-3800 m

Silene delavayi Franch.[1-4]

多年生草本。根圆锥形。茎稀疏丛生，上升，单一，顶部密被腺毛。聚伞花序花多数；花萼狭钟状或圆筒状钟形，密被紫色腺毛，纵向脉紫色；花瓣红色或深紫色。生于高山草地。分布于云南西北部。

Herbs perennial. Roots conical. Stems sparsely caespitose, ascending simple, apically densely glandular hairy. Cymes many flowered; calyx narrowly campanulate or cylindric-campanulate, densely violet glandular hairy, longitudinal veins violet; petals red or dark violet. Alpine grasslands. Distr. NW Yunnan.

2 沧江蝇子草

1 2 3 4 5 6 7 8 9 10 11 12 1900-3400 m

Silene monbeigii W.W.Sm.[1-3]

多年生草本。根簇生，圆筒状。茎平卧，15~50 厘米，纤细，多分枝，被反折短柔毛。二歧聚伞花序有花数朵；花萼狭圆筒状，被腺毛，果期棒状，纵向脉紫色；花瓣淡红色。生于林缘。分布于西藏东南部、四川、云南。

Herbs perennial. Roots clustered, cylindric. Stems supine, 15-50 cm, slender, multibranched, retrorsely pubescent. Dichasial cymes several flowered; calyx narrowly cylindric, glandular hairy, clavate in fruit, longitudinal veins violet; petals pale red. Forest margins. Distr. SE Xizang, Sichuan, Yunnan.

3 纺锤根蝇子草

1 2 3 4 5 6 7 8 9 10 11 12 1500-3600 m

Silene napuligera Franch.[1-3]

叶片披针状线形，长 1.5~6 厘米，两面密被短柔毛，边缘具缘毛，中脉明显，常从叶腋生出不育短枝。二歧聚伞花序具多数花，密被腺柔毛；花萼筒状，长约 15 毫米，被密或稀疏的腺毛，纵脉紫色；雌雄蕊柄长 3~5 毫米；花瓣淡红色，长约 20 毫米，瓣片轮廓倒卵形，浅 2 裂，裂片卵形，瓣片两侧各具 1 枚裂齿。种子肾形，具粗瘤和稍具槽。生于灌丛草地。分布于西藏、四川、云南。

Leaf blade lanceolate-linear, 1.5-6 cm in length, both surfaces densely pubescent, margin ciliate, midvein prominent, leaves often with short, sterile axillary branches. Dichasial cymes lax, densely glandular hairy; calyx tubular, about 15 mm in length, densely to sparsely glandular hairy, veins violet; androgynophore 3-5 mm in length; petals pale red, about 20 mm, limbs obovate, bifid, 1-toothed on each lateral side, lobes ovate. Seeds reniform, grossly tuberculate and slightly grooved abaxially. Scrub grasslands. Distr. Xizang, Sichuan, Yunnan.

4 宽叶蝇子草

1 2 3 4 5 6 7 8 9 10 11 12 2400-3200 m

Silene platyphylla Franch.[1-4]

多年生草本。根圆筒状。茎铺散，多分枝，被短柔毛。叶卵形，背面被短柔毛，边缘具缘毛。花萼管状棒形，脉密被刺状毛；花瓣白色或淡红色。生于林缘、灌丛。分布于四川西南部、云南西部。

Herbs perennial. Roots cylindric. Stems diffuse, much branched, pubescent. Leaves ovate, abaxially pubescent, margin ciliate. Calyx tubular-clavate, densely spinose hairy at veins; petals white or pale red. Forest margins, scrubs. Distr. SW Sichuan, W Yunnan.

5 云南蝇子草

1 2 3 4 5 6 7 8 9 10 11 12 2400-3900 m

Silene yunnanensis Franch.[1-5]

多年生草本。根簇生，长圆筒状。茎铺散，多分枝，被短柔毛。聚伞花序花少数，紧实到相对疏松；花萼管状棒形，纵向脉绿色或紫色，密被刺状毛，或被短柔毛；花瓣淡红色到白色。生于森林、田野。分布于云南西北部。

Herbs perennial. Roots clustered, long cylindric. Stems diffuse, much branched, pubescent. Cymes few flowered, dense to rather lax; calyx tubular-clavate, longitudinal veins green or violet, densely spinose hairy, or pubescent; petals pale red to white. Forests, fields. Distr. NW Yunnan.

1
2
2
3
3
4
4
5

石竹科 Caryophyllaceae | 繁缕属 *Stellaria* L.

一年生或多年生草本。花小，多数组成顶生聚伞花序，稀单生叶腋；萼片 5 枚，稀 4 枚；花瓣 5 枚，稀 4 枚，2 深裂，稀微凹或多裂，有时无花瓣；胚珠多数，稀仅数枚，1~2 枚成熟；花柱 3 枚，稀 2 或 4 枚。蒴果圆球形或卵形，裂齿数为花柱数的 2 倍。种子多数，稀 1~2 枚，近肾形，微扁，具瘤或平滑；胚环形。约 190 种；中国 64 种；横断山区约 26 种。

Herbs annual, biennial, or perennial. Flowers terminal, seldom only axillary, in cymes or solitary, small. Sepals (4 or)5; petals (4 or)5, usually 2-cleft nearly to base, rarely retuse or multilobed, sometimes absent; ovules numerous, rarely several and only 1 or 2 mature; styles (2 or)3(or 4). Capsule orbicular or ovoid, opening by valves (1 or)2 × number of styles. Seeds (1 to) numerous, reniform, slightly compressed, tuberculate or smooth; embryo curved. About 190 species; 64 in China; about 26 in HDM.

• 蒴果短于萼片 | Capsule shorter than sepals

1 沙生繁缕 1 2 3 4 5 **6 7** 8 9 10 11 12 **2500-5500 m**

Stellaria arenarioides Shi L.Chen, Rabeler & Turland[1]

多年生草本。茎丛生，匍匐，铺散，基部黄色，光泽无毛，顶部绿色，具短柔毛。花瓣白色，2 裂至近基部。生于河岸、高山草坡、流石滩。分布于甘肃、青海南部和东部、西藏；新疆。

Herbs perennial. Stems tufted, prostrate, diffuse, yellow basally, green apically, basally shiny, glabrous, apically pubescent. Petals white, 2-cleft nearly to base. River banks, alpine grassland slopes, scree slopes. Distr. Gansu, S and E Qinghai, Xizang; Xinjiang.

2 偃卧繁缕 1 2 3 4 5 6 **7 8** 9 10 11 12 **3000-5600 m**

Stellaria decumbens Edgew. var. *decumbens*[1-4]

多年生垫状草本。茎粗壮或纤细，密被白色短柔毛。花瓣白色，2 裂至近基部。生于路旁、高山灌丛、草甸、石砾地、流石滩。分布于青海东南部至东北部、西藏东部、北部及西南部、四川西部、云南西北部；克什米尔地区、巴基斯坦、印度、尼泊尔、不丹。

Herbs perennial, cushionlike. Stems stout or slender, densely white pubescent. Petals white, 2-cleft nearly to base. Roadsides, alpine scrubs, meadows, stony areas, scree slopes. Distr. SE to NE Qinghai, E, N and SW Xizang, W Sichuan, NW Yunnan; Kashmir, Pakistan, India, Nepal, Bhutan.

3 垫状偃卧繁缕 1 2 3 4 5 **6 7 8 9** 10 11 12 **4600-5600 m**

Stellaria decumbens var. *pulvinata* Edgew. & Hook.f.[1-5]

与原变种相似，但茎光滑。生于高山灌丛、草甸、石砾地及流石滩。分布于青海东南部至东北部、西藏、四川西部和西北部、云南西北部；印度、尼泊尔、不丹。

Close to *S. decumbens* var. *decumbens*. Stems glabrous. Alpine scrubs, meadows, stony areas, screes. Distr. SE to NE Qinghai, Xizang, W and NW Sichuan, NW Yunnna; India, Nepal, Bhutan.

• 蒴果通常与萼片近相等或长于萼片 | Capsule equal to or longer than sepals

4 绵毛繁缕 1 2 3 4 5 **6 7** 8 9 10 11 12 **2700-4100 m**

Stellaria lanata Hook.f.[1-3, 5]

多年生草本。茎稀疏丛生，上升，纤细，分枝，被绵毛。花瓣白色，2 裂至近基部。生于森林、草地、石砾岸边。分布于西藏；印度、尼泊尔、不丹。

Herbs perennial. Stems sparsely tufted, ascending, slender,branched, woolly. Petals white, 2-cleft nearly to base. Forests, grasslands, stony banks. Distr. Xizang; India, Nepal, Bhutan.

1
1
2
3
3
4
4

1 繁缕
1 2 3 4 5 6 7 8 9 10 11 12 <3000 m

Stellaria media (L.) Vill.[1-5]

一年生或二年生草本。茎外倾或上升，浅紫色，基部疏生分枝，具 1~2 行毛。花瓣白色，2 裂至近基部。生于田野。全国广布；欧洲、南亚和东亚。

Herbs annual or biennial. Stems decumbent or ascending, pale purplish, sparsely branched at base, with 1(or 2) lines of hairs. Petals white, 2-cleft nearly to base. Fields. Distr. Throughtout China; Europe, S and E Asia.

2 长毛箐姑草
1 2 3 4 5 6 7 8 9 10 11 12 2200-3700 m

Stellaria pilosoides Shi L.Chen, Rabeler & Turland[1]

— *Stellaria pilosa* Franch.

一年生草本。茎稀疏丛生，铺散，外倾或上升，顶部分枝，具长柔毛。花瓣白色，2 裂至近基部。生于林缘、草地。分布于四川、云南。

Herbs annual. Stems sparsely tufted, diffuse, decumbent or ascending, apically branched, villous. Petals white, 2-cleft nearly to base. Forest margins, grasslands. Distr. Sichuan, Yunnan.

3 湿地繁缕
1 2 3 4 5 6 7 8 9 10 11 12 1200-4800 m

Stellaria uda Williams[1-5]

多年生草本。茎丛生，基部弥漫，近直立，纤细，具单行毛。花瓣白色，2 裂至近基部。生于沟渠、斜坡、高原。分布于青海、西藏、四川、云南；新疆。

Herbs perennial. Stems tufted, base diffuse, nearly erect above, slender, with 1 line of hairs. Petals white, 2-cleft nearly to base. Gullies, slopes, plateaus. Distr. Qinghai, Xizang, Sichuan, Yunnan; Xinjiang.

4 箐姑草
1 2 3 4 5 6 7 8 9 10 11 12 600-3600 m

Stellaria vestita Kurz[1-5]

多年生草本。茎稀疏丛生，铺散或外倾，基部分枝，顶部密被星状毛。花瓣白色，2 裂至近基部。生于石砾地、草地山坡、森林。分布于甘肃、西藏、四川、云南；华北、华中、华东、西南；南亚、东南亚。

Herbs perennial. Stems sparsely tufted, diffuse or decumbent, basally branched, apically densely stellate hairy. Petals white, 2-cleft nearly to base. Stony places, grassland slopes, forests. Distr. Gansu, Xizang, Sichuan, Yunnan; N, C, E and SW China; S and SE Asia.

5 千针万线草
1 2 3 4 5 6 7 8 9 10 11 12 1800-3300 m

Stellaria yunnanensis Franch.[1-2, 4-5]

多年生草本。茎直立，圆柱状，高 10~30 厘米，单一或分支。花瓣白色，2 裂至近基部。生于森林、林缘。分布于四川、云南。

Herbs perennial. Stems erect, terete, 10-30 cm tall, simple or branched. Petals white, 2-cleft nearly to base. Forests, forest margins. Distr. Sichuan, Yunnan.

5

石竹科 Caryophyllaceae | 囊种草属 *Thylacospermum* Fenzl

垫状草本。叶片卵形，极小，无柄，常呈覆瓦状排列。花两性，单生枝端；花 5（或 4）数；近无梗；萼片中部以下合生呈倒圆锥形，近直立；花瓣全缘；雄蕊 10 枚；花丝基部具腺体；子房 1 室；胚珠多枚；花柱 3（或 2）枚，丝状。蒴果革质，球形，常 6（或 4）齿裂。种子肾形，具海绵质的种皮。单种属。

Cushion shrubs, perennial. Leaves densely imbricate, sessile, small, leaf blade ovate, small. Inflorescence a solitary flower in terminal leaf axil; flower 5(or 4)-merous; pedicel nearly absent; sepals connate below middle, tube obconic; petals entire; stamens about 2 × as many as sepals; filaments glandular at base, inserted at disc edges; ovary 1-loculed with several ovules; styles 3(or 2), linear. Fruit a capsule, globose, leathery, 6(or 4)-toothed. Seeds reniform, testa spongy. One species.

1 囊种草

1 2 3 4 5 **6** **7** 8 9 10 11 12 **3600-6000 m**

Thylacospermum caespitosum (Cambess.) Schischk.[1-3, 5]

描述同该属。生于石砾坡及流石滩。分布于甘肃、青海、西藏、四川；新疆；吉尔吉斯斯坦、哈萨克斯坦、尼泊尔、印度。

Same as *Thylacospermum*. Alpine meadows, gravel and scree slopes. Distr. Gansu, Qinghai, Xizang, Sichuan; Xinjiang; Kyrgyzstan, Kazakhstan, Nepal, India.

商陆科 Phytolaccaceae | 商陆属 *Phytolacca* L.

草本，或为灌木，稀为乔木，直立，稀攀援。常具肥大的肉质根。茎、枝圆柱形，有沟槽或棱角。叶片卵形、椭圆形。花序顶生或与叶对生；花被片 5 枚，辐射对称，草质或膜质，顶端钝。浆果，肉质多汁，扁球形。种子肾形，扁压；外种皮硬脆，亮黑色，光滑；内种皮膜质。约 25 种；中国 4 种；横断山区 3 种。

Herbs or shrubs, rarely trees, erect, rarely scandent. Root usually thick, fleshy. Stems and branches terete, sulcate or angular. Leaf blade ovate, elliptic. Flowers in cymose panicles, terminal or leaf-opposed; tepals 5, actinomorphy, herbaceous or membranous, apex obtuse. Fruit a fleshy berry, oblate. Seeds black, shiny, reniform, compressed; testa hard and fragile, smooth; tegument membranous. About 25 species; four in China; three in HDM.

2 多药商陆

1 2 3 4 **5** **6** **7** **8** 9 10 11 12 **1100-3000 m**

Phytolacca polyandra Batalin[1-4]

花被片通常粉红色；雄蕊 12~16 枚；心皮合生。生于山坡林下、山沟、河边、路旁。分布于甘肃、四川、云南；广西、贵州。

Carpels usually pink; stamens 12-16; carpels connate. Hillsides, forest understories, gullies, riversides, roadside. Distr. Gansu, Sichuan, Yunnan; Guangxi, Guizhou.

紫茉莉科 Nyctaginaceae | 黏腺果属 *Commicarpus* Standl.

多年生草本或半灌木。叶对生，常肉质。花小，两性。果实棒锤状或倒圆锥形，具 10 条棱，上有瘤状腺体，有黏质或钩状毛。种子 1 枚，直立；胚弯，子叶围绕少量胚乳。约 25 种；中国 2 种；横断山区 1 种。

Herbs perennial or subshrubs. Leaves opposite, often fleshy. Flowers small, bisexual. Fruit clavate or obconic, 10-ribbed, with large, raised, wartlike sticky glands. Seed 1, erect; embryo curved, cotyledons enclosing the scanty endosperm. About 25 species; two in China; one in HDM.

3 澜沧黏腺果

1 2 3 4 5 **6** 7 8 9 10 11 12 **2300-3000 m**

Commicarpus lantsangensis D.Q.Lu[1-2]

半灌木。叶基部楔形，全缘。花紫红色。果实棍棒状，具瘤状腺体。生于干热河谷、路旁石缝中。分布于西藏、四川、云南。

Subshrubs. Leaf base cuneate, margin entire. Flowers purple-red. Fruit clavate, with wartlike glands. Dry, warm river valleys, roadsides, stone crevices. Distr. Xizang, Sichuan, Yunnan.

1

1

2

3

3

紫茉莉科 Nyctaginaceae | 山紫茉莉属 *Oxybaphus* L'Hér. ex Willd.

一年或多年生草本。单叶对生。聚伞花序或圆锥花序腋生；花两性，花被钟状或短漏斗状，蔷薇红至淡红紫色。果小，长圆形、梭形、倒卵球形或圆柱形，平滑或具小瘤。约 25 种；中国 1 种；横断山区有分布。

Herbs annual or perennial. Leaves opposite. Inflorescences axillary; flowers bisexual, limb rose-red or light red-purple, campanulate or short funnelform. Fruit small, oblong, fusiform, obovoid, or terete, smooth or tuberculate. About 25 species; one in China, found in HDM.

1 中华山紫茉莉

1 2 3 4 5 6 7 8 9 10 11 12 700-2700 m

Oxybaphus himalaicus var. *chinensis* (Heimerl) D.Q.Lu[1-2]

— *Mirabilis himalaica* var. *chinensis* Heim.

茎多分枝，疏生腺毛至近无毛。叶片卵形，上面粗糙，下面被毛。花被紫红色或粉红色。果实椭圆体状或卵球形，黑色。生于干暖河谷的灌丛草地、河边大石缝中及石墙上。分布于西南、西北地区。

Stems many branched, sparsely glandular pubescent to glabrescent. Leaf blade ovate, abaxially hairy, adaxially scabrous. Perianth purple-red or pink. Fruit black, ellipsoid or ovoid. Thickets and meadows of the warm valley, crevices of the river, stone walls. Distr. SW and NW China.

仙人掌科 Cactaceae | 仙人掌属 *Opuntia* (L.)Mill.

灌木或小乔木。茎肉质，分枝侧扁，圆柱状，棍棒状或近球形。叶钻形、针形、锥形或圆柱状，早落。花两性，稀单性；花托倒卵球形，顶端平截或凹下；花被片贴生于花托檐部，旋转，开展或直立；雄蕊螺旋状着生于花托喉部；子房下位，侧膜胎座。浆果肉质或干燥，球形或卵形，小窠散生，具刺毛，有时具刺。约 90 种；中国栽培 30 种；横断山区 2 归化种。

Shrubs or small trees. Stems fleshy,.branch terete, club-shaped, subglobose, laterally compressed. Leaves conic to terete, usually small, caducous. Flowers bisexual, rare unisexual; receptacle obovoid, truncate and depressed at apex; perianth rotate, spreading, or erect, inserted at rim of receptacle tube; stamens inserted in perianth throat; ovary inferior, placentas parietal. Fruits fleshy or dry, globose or ovoid, umbilicate, with areoles, glochids, and sometimes spines. About 90 species; 30 cultivated in China; two naturalized in HDM.

2 梨果仙人掌

1 2 3 4 5 6 7 8 9 10 11 12 600-2900 m

Opuntia ficus-indica (L.) Mill.[1-4]

分枝暗绿色或灰绿色，无光泽，厚而平坦。小窠圆形至椭圆形，通常无刺，有时具 1~6 根开展或弯曲的刺。花被片展开，黄色至橙色；花丝淡黄色。果实黄色、橙色或略带紫色。生于干热河谷或岩石地区。分布于西藏东南部、四川西南部、云南；广西西部、贵州西南部；墨西哥（原产地，1645 年首次引进中国）。

Joints dull green or grayish green, broadly to narrowly obovate, elliptic, or oblong, thick. Areoles usually narrowly elliptic, spines usually absent, sometimes 1-6 per areole, spreading or deflexed. Petaloids spreading, yellow to orange; filaments yellowish. Fruits yellow, orange, or purplish. Hot dry valleys, rocks. Distr. SE Xizang, SW Sichuan, Yunnan; W Guangxi, SW Guizhou; Mexico (origin in, first introduced to China in 1645).

蓝果树科 Nyssaceae | 珙桐属 *Davidia* Baill.

落叶乔木。叶互生，卵形，边缘有锯齿。花序头状，被白色大形苞片，下垂。核果中果皮肉质，内果皮骨质，具沟槽。本属仅有 1 种，中国西南部特产。

Trees deciduous, polygamous. Leaf blade ovate, margin serrate. Heads terminal, globose. Bracts, white, larger one pendulous. Mesocarp fleshy, endocarp bony, sulcate. Only one species, endemic to SW China.

3 珙桐

1 2 3 4 5 6 7 8 9 10 11 12 1500-2200 m

Davidia involucrata Baill.[1-4]

特征同属。生于润湿的常绿阔叶和落叶阔叶混交林中。分布于四川西部、云南北部；湖北西部、湖南西部、贵州北部。

See genus description. Montane mixed forests. Distr. W Sichuan, N Yunnan; W Hubei, W Hunan, N Guizhou.

绣球科 Hydrangeaceae | 溲疏属 *Deutzia* Thunb.

灌木，通常被星状毛。叶对生，无托叶。花两性。萼筒钟状；花瓣5枚，白色、粉红色或紫色；雄蕊10枚，稀达15枚，常成形状和大小不等的两轮；花丝常具翅，先端2齿；花药常具柄；子房下位，稀半下位；花柱3~5枚，离生；柱头常下延。本属约60余种；中国50种；横断山区约12种。

Shrubs stellate hairy. Leaves opposite, exstipulate. Flowers bisexual. Calyx tube adnate to ovary, campanulate; petals 5, white, pink or purple; stamens 10(-15), 2-seriate; filaments subulate, flat, or dilated and apex 2-dentate; ovary inferior, rarely subinferior; styles 3-5, free. Stigma terminal or decurrent. About 60 species; 50 in China; about 12 in HDM.

1 大萼溲疏

1 2 **3** **4** 5 6 7 8 9 10 11 12 2000-3000 m

Deutzia calycosa Rehder[1-4]

灌木，高约2米。叶纸质或厚纸质，上面疏被4~6辐线的星状毛，下面灰绿色或灰白色，疏被7~10(12)辐线的星状毛。伞房状聚伞花序紧缩或开展，有花9~12朵；花瓣白色或稍粉红色，卵状长圆形，花蕾时内向镊合状排列；花柱3(4)枚，约与雄蕊等长。生于林下或山坡灌丛中。分布于四川西南部、云南西部。

Shrubs about 2 m tall. Leaf blade abaxially grayish green or gray, abaxially sparsely 7-10(12)-rayed stellate hairy, adaxially sparsely 4-6-rayed stellate hairy. Corymbose cymes aggregate or spreading, 9-12-flowered; petals induplicate, white or pink, ovate-oblong; styles 3(or 4), subequaling stamens. Mixed forests, forest margins, thickets, mountain slopes. Distr. SW Sichuan, W Yunnan.

2 密序溲疏

1 2 3 **4** **5** 6 7 8 9 10 11 12 2000-4200 m

Deutzia compacta Craib[1-5]

叶纸质，下面稍密被6~8辐线星状毛。伞房花序顶生，有花20~80朵；花瓣粉红色，阔倒卵形或近圆形，花蕾时覆瓦状排列。生于山坡林缘。分布于西藏南部、云南西北部。

Leaf blade papery, abaxially 6-8-rayed stellate hairy. Inflorescences terminal, corymbose, 20-80-flowered; petals imbricate, pink. Mixed forest margins, mountain slopes. Distr. S Xizang, NW Yunnan.

3 长叶溲疏

1 2 3 4 5 **6** **7** **8** 9 10 11 12 2000-4200 m

Deutzia longifolia Franch.[1-2, 4]

灌木。叶披针形，长3~11厘米，宽1~4厘米，上面疏被4~6(7)辐线的星状毛。花瓣紫红色或粉红色；花柱3~4(6)枚，与雄蕊近等长。生于林下、灌丛、山坡或岸边。分布于甘肃、四川、云南东北部；贵州。

Shrubs. Leaf blade lanceolate or elliptic-lanceolate, 3-11 cm × 1-4 cm, adaxially sparsely 4-6(7)-rayed stellate hairy. Petals purplish; styles 3-4(6), subequaling stamens. Forests, thickets, mountain slopes, stream banks. Distr. Gansu, Sichuan, NE Yunnan; Guizhou,.

4 紫花溲疏

1 2 3 **4** **5** **6** 7 8 9 10 11 12 2600-3500 m

Deutzia purpurascens (Franch. ex L.Henry) Rehder[1-5]

花枝长5~12厘米。叶纸质，阔卵状披针形或卵状长圆形，长4~9.5厘米，宽2~3厘米，疏被4~8(10)辐线星状毛。伞房状聚伞花序3~12朵花；萼片披针形或长圆状披针形，紫红色；花瓣粉红色，倒卵形或椭圆形，长1.2~1.7厘米，宽5~8毫米；花柱3或4枚，与雄蕊近等长。生于灌丛中。分布于西藏东南部、四川、云南；印度、缅甸。

Flowering branchlets 5-12 cm. Leaf blade papery, broadly ovate-lanceolate or ovate-oblong, 4-9.5 cm × 2-3 cm, abaxially sparsely 4-8(10)-rayed stellate hairy. Corymbose cymes 3-12-flowered; calyx lobes lanceolate or oblong-lanceolate; petals pink, obovate or oblong, 1.2-1.7 cm × 5-8 mm; styles 3 or 4, subequaling stamens. Thickets. Distr. SE Xizang, Sichuan, Yunnan; India, Myanmar.

2
1
2
3
4

绣球科 Hydrangeaceae | 绣球属 *Hydrangea* L.

亚灌木、灌木或小乔木，直立或攀援。聚伞花序排成伞形状，伞房状或圆锥状，顶生；花分不育花和可育花；不育花少（有时无），较大，生于花序外围；可育花两性，通常多数，小；花瓣 4~5 枚；雄蕊通常 10 枚，有时 8 枚或多达 25 枚。蒴果 2~5 室，于顶端花柱基部间孔裂，顶端截平或突出于萼筒。本属约 73 种；中国约 33 种；横断山区约 16 种。

Subshrubs, shrubs, or small trees, erect or climbing. Inflorescence terminal, occasionally axillary, a corymbose cyme, umbellate cyme, or thyrse. Flowers fertile or sterile; sterile flowers few, sometimes absent, borne at margin of inflorescence, enlarged; fertile flowers usually very numerous, bisexual, small; corolla lobes 4 or 5; stamens (8 or)10(or 25). Fruit a capsule, dehiscing apically among styles, apex projected or truncate. About 73 species; about 33 in China; about 16 in HDM.

1 圆锥绣球

1 2 3 4 5 6 **7 8** 9 10 11 12 **360-2100 m**

Hydrangea paniculata Siebold[1-2, 4]

灌木或小乔木。叶纸质，2~3 片对生或轮生。圆锥状聚伞花序尖塔形，长达 26 厘米，花序轴及分枝密被短柔毛；不育花较多，白色；雄蕊不等长。蒴果椭圆形，顶端突出部分圆锥形，长约等于萼筒。生于山谷、山坡疏林下或山脊灌丛中。分布于甘肃、西南地区；华东、华中、华南地区；日本、俄罗斯。

Shrubs or small trees. Leaves 2-opposite or 3-verticillate, papery. Inflorescences paniculate cymes, pyramidal, to 26 cm, peduncle and branches densely pubescent; sterile flowers white; stamens unequal. Capsule ellipsoid, projected apical part conical. Sparse forests or thickets in valleys or on mountain slopes or tops. Distr. Gansu, SW China; E, C, S China; Japan, Russia.

绣球科 Hydrangeaceae | 山梅花属 *Philadelphus* L.

直立灌木，稀攀援，少具刺。叶对生，离基 3 或 5 出脉；托叶缺。总状花序，常下部分枝呈聚伞状或圆锥状排列；花白色，芳香；雄蕊 13~90 枚；花丝扁平，分离，稀基部联合；花柱（3）4（5）枚，合生，稀部分或全部离生。蒴果瓣裂，外果皮纸质，内果皮木栓质。本属 70 余种；中国 22 种；横断山区 7 种。

Shrubs erect, rarely climbing, rarely spinescent. Leaves opposite, exstipulate, veins 3-5. Inflorescences racemose, paniculate, or cymose; flowers white, fragrant; stamens 13-90; filaments flat, free or basally connate; style connate, rarely partly or totally free, (3 or)4(or 5)-lobed. Fruit a capsule, dehiscing by valves, epicarp papery, endocarp corky. About 70 species; 22 in China; seven in HDM.

2 昆明山梅花

1 2 3 4 5 6 **7 8** 9 10 11 12 **360-2100 m**

Philadelphus kunmingensis S.M.Hwang[1-2, 4]

叶片卵形或卵状披针形，下面密被长柔毛。总状花序高 5~8 厘米，有花 5~13 朵；花萼外面密被灰黄色糙伏毛；花瓣白色；花柱较最长的雄蕊短，无毛；柱头棒形，1.5~2 毫米，与花药近相等。生于灌丛中。分布于云南。

Leaf blade ovate or ovate-lanceolate, abaxially densely villous. Racemes 5-8 cm, 5-13-flowered; calyx tube densely gray-yellow strigose; petals white; style slightly shorter than longest stamens, glabrous; stigmas clavate, 1.5-2 mm, subequaling anthers. Thickets. Distr. Yunnan.

3 紫萼山梅花

1 2 3 4 5 6 **7 8** 9 10 11 12 **360-2100 m**

Philadelphus purpurascens (Koehne) Rehder[1-4]

叶片两面均无毛或下面叶脉上疏被毛。总状花序有花 5~9 朵；花萼紫红色，有时具暗紫色小点及常具白粉，外面疏被微柔毛或脱落变无毛；花瓣白色，长 1~1.5 厘米，宽 8~13 毫米，先端有时凹入；雄蕊 25~33 枚，最长的达 7 毫米；花柱长约 6 毫米，先端不裂或稍开裂，基部无毛或有时稀疏被毛；柱头棒形，长 1~1.5 毫米，常较花药小。生于混交林、山坡灌丛中。分布于四川西北部、云南。

Both surfaces of the leaf blade glabrous, or abaxially sparsely villous along veins. Racemes 5-9-flowered; calyx purple or dark brown, tube glaucous, spotted, urn-shaped, sparsely pubescent to glabrescent; petals white, 1-1.5 cm × 8-13 mm, apex emarginate; stamens 25-33, longest ones about 7 mm; style slightly divided or entire, about 6 mm, glabrous or sometimes sparsely villous; stigmas clavate, 1-1.5 mm, shorter than anthers. Mixed forests, thickets, mountain slopes. Distr. NW Sichuan, Yunnan.

山茱萸科 Cornaceae | 山茱萸属 *Cornus* L.

灌木、乔木或灌草状。常合轴分枝。萼片 4 枚，合生；花瓣 4 枚，长圆形，离生而开展，镊合状；子房卵形，基部有花盘。果实光滑，具宿存萼片、花盘或花柱。约 55 种；中国 25 种；横断山区 10 余种。

Shrubs, trees, or herblike shrubs. Stem sympodial, rarely monopodial. Sepals 4, fused; petals 4, free, spreading, oblong to orbicular, valvate; ovary obovoid, crowned by a disk. Fruit globose, crowned by persistent calyx, disk and style. About 55 species; 25 in China; more than ten in HDM.

1 头状四照花

1 2 3 4 5 6 **7** **8** 9 10 11 12 **360-2100 m**

Cornus capitata Wall.[1-3, 5]

叶薄革质或革质，狭椭圆形或长圆披针形，下面灰绿色，密被白色较粗的贴生短柔毛。头状花序球形，小花直径 1.2 厘米；总苞片 4 枚，白色，长 3.5~6.2 厘米，宽 1.5~5 厘米；花瓣 4 枚，长圆形，长 3~4 毫米。果序紫红色。生于常绿或混交林中。分布于西藏、四川、云南；贵州；不丹、印度、缅甸、尼泊尔。

Leaf blade grayish green abaxially, narrowly elliptic or oblong-lanceolate, thinly leathery to leathery, abaxially densely pubescent with thick white appressed trichomes. Cymes globose, about 1.2 cm in diam; bracts 4, white, 3.5-6.2 cm × 1.5-5 cm; petals 4, oblong, 3-4 mm. Infructescences purple red. Evergreen and mixed forests. Distr. Xizang, Sichuan, Yunnan; Guizhou; Bhutan, India, Myanmar, Nepal.

2 川鄂山茱萸

1 2 3 4 5 6 **7** **8** 9 10 11 12 **360-2100 m**

Cornus chinensis Wangerin[1-3, 5]

叶片背面疏生灰白色贴伏毛，脉腋具一簇明显的灰色长毛。花梗纤细，长 8~9 毫米；花萼裂片三角状披针形。核果长椭圆形，长 6~10 毫米，红色或黑色。生于林缘或森林中。分布于甘肃、西藏、四川、云南；华中、华南各省区。

Leaf blade abaxially sparsely pubescent with grayish white appressed trichomes and a cluster of conspicuous gray long trichomes in axils of veins. Pedicels 8-9 mm, slender; calyx triangular-lanceolate. Fruit red or black, oblong, 6-8 mm in length. Mixed forest margins. Distr. Gansu, Xizang, Sichuan, Yunnan; C and S China.

山茱萸科 Cornaceae | 青荚叶属 *Helwingia* Willd.

落叶或常绿灌木。单叶互生，纸质至革质。花序伞状，生于叶上面中脉上或幼枝上部及苞叶上；花直径约 3~5 毫米，雌雄异株。核果浆果状，卵圆形或长圆形，幼时绿色，后为红色，成熟后黑色。4 种；中国均有；横断山区 3 种。

Shrubs evergreen or deciduous. Leaves alternate, leaf blade papery to leathery. Infloresences umbel, on midvein of adaxial surface; flowers about 3-5 mm in diam, dioecism. Fruit green when young, turning red and eventually black when mature, subglobose, ovoid, or oblong. Four species; all found in China; three in HDM.

3 西域青荚叶

1 2 3 **4** **5** 6 7 8 9 10 11 12 **1000-3300 m**

Helwingia himalaica Hook.f. & Thomson ex C.B.Clarke[1-5]

托叶长约 2 毫米，常 1~3 裂或不裂；叶厚纸质，长圆状披针形，稀倒披针形，长 5~18 厘米，宽 2.5~5 厘米，先端尾状渐尖。生于林中。分布于西藏、四川、云南；华中、华南；尼泊尔、不丹、印度北部、缅甸北部、越南北部。

Stipules about 2 mm, not or 1-3-divided. Leaf blade thickly papery, oblong-lanceolate, rarely oblanceolate, 5-18 cm × 2.5-5 cm, apex caudate-acuminate. Woodland margins. Distr. Xizang, Sichuan, Yunnan; C and S China; Nepal, Bhutan, N India, N Myanmar, N Vietnam.

4 青荚叶

1 2 3 **4** **5** 6 7 8 9 10 11 12 **100-3400 m**

Helwingia japonica (Thunb.) F.Dietr.[1-5]

托叶线状分裂；叶纸质，卵形、卵圆形，稀椭圆形，长 3.5~9 厘米，宽 2~8.5 厘米，先端渐尖，极稀尾状渐尖。常生于林中、灌丛、山坡、溪边。分布于我国中部和南部各省区；不丹。

Stipules linear divided. Leaf blade papery, ovate, obovate-elliptic, ovate-rounded, rarely elliptic, 3.5-9 cm × 2-8.5 cm, apex acuminate, rarely caudate-acuminate. Forests, thickets, slopes, streamsides. Distr. C and S China; Bhutan.

1
1
2
3
3
3
4

凤仙花科 Balsaminaceae | 凤仙花属 *Impatiens* L.

一年生或多年生草本，稀附生或亚灌木。单叶，螺旋状排列，对生或轮生，边缘具圆齿或锯齿。花两性，排成腋生或近顶生总状或假伞形花序，或无总花梗，束生或单生；萼片 3 枚，稀 5 枚，下面倒置的 1 枚萼片大，花瓣状，基部渐狭或急收缩成具蜜腺的距（稀无距）；花瓣 5 枚，位于背面的 1 枚花瓣离生，背面通常具鸡冠状突起，下面的侧生花瓣成对合生成 2 裂的翼瓣；雄蕊 5 枚；花丝短，在雌蕊上部连合或贴生，环绕子房和柱头；雌蕊由 4 或 5 枚心皮组成。果实为肉质的蒴果。约有 1000 种；中国 200 余种；横断山区约 75 种。

Herbs annual or perennial, rarely epiphytic or subshrubs. Leaves simple, alternate, opposite, or verticillate, margin serrate to nearly entire. Flowers bisexual, in axillary or subterminal racemes or pseudo-umbellate inflorescences, or not pedunculate, fascicled or solitary; sepals 3(or 5), lower sepal large, petaloid, usually abruptly constricted into a nectariferous spur, rarely without spur; petals 5, upper petal often crested abaxially, lateral petals always united in pairs into lateral united petals; stamens 5, connate or nearly so into a ring surrounding ovary and stigma; filaments short; gynoecium 4- or 5-carpellate. Fruit a fleshy, explosive capsule. About 1000 species; 200+ in China; about 75 in HDM.

• 蒴果短，宽纺锤形，花序具 1~3 花（组 I）
Capsule short, wide fusiform, inflorescence 1-3-flowered (G I)

1 金黄凤仙花

1 2 3 4 5 6 7 **8** **9** 10 11 12 1200-2800 m

Impatiens xanthina H.F.Comber[1-4]

一年生矮小草本，高 6~20 厘米。具 1~2 朵花；苞片宿存；花金黄色；侧生萼片 2 枚；唇瓣长漏斗形；翼瓣 2 裂，基部裂片基部有紫色污斑，上部裂片斧形或匙状斧形，背部无小耳；花药顶端钝。蒴果椭圆形，肿胀，两端尖。生于山谷、林下岩石边阴湿处。分布于云南西北部；缅甸东北部。

Plants annual, small, 6-20 cm. Inflorescences 1- or 2-flowered; bracts persistent; flowers golden-yellow; lateral sepals 2; lower sepal narrowly funnelform; lateral united petals 2-lobed, purple spots on basal lobes, distal lobes dolabriform or ovate-dolabriform, auricle absent; anthers obtuse. Capsule elliptic, turgid, narrowed at both ends. Shaded humid places in forest understories, valleys. Distr. NW Yunnan; NE Myanmar.

2 微绒毛凤仙花

1 2 3 4 5 6 **7** **8** 9 10 11 12 1400-1800 m

Impatiens tomentella Hook.f.[1-4]

茎、枝及嫩叶密被黄褐色微绒毛。总花梗密被微绒毛，具 2 朵花；花橘黄色；翼瓣无柄，基部裂片宽楔形，上部裂片半月形，背部具明显的小耳；唇瓣漏斗状，被疏柔毛。蒴果纺锤形。生于山坡常绿阔叶林下阴湿处。分布于云南北部。

Stem, branches, and young leaves densely yellow-brown tomentulose, ± glabrous. Inflorescences 2-flowered; flowers orange-yellow; lateral united petals not clawed, basal lobes broadly cuneate, distal lobes lunar, apex rounded, auricle conspicuous; lower sepal funnelform, sparsely pubescent. Capsule fusiform. Evergreen forests, shaded moist places. Distr. N Yunnan.

3 福贡凤仙花

1 2 3 4 5 6 7 **8** **9** **10** 11 12 2100-2500 m

Impatiens fugongensis K.M.Liu & Y.Y.Cong[1]

本种外形上近似金黄凤仙花，但叶片椭圆形至近圆形，苞片早落，下部萼片角状，侧生联合花瓣的上部裂片长椭圆形，基部无紫色斑块，侧生联合花瓣的下部裂片斧状三角形，与后者可区别。生于潮湿常绿阔叶林中、潮湿的石灰岩上。分布于云南西北部。

This species is similar to *I. xanthina*, but differs from it by having elliptic to suborbicular lamina, caducous bracts, a cornute lower sepal, narrowly elliptic upper lobes of lateral united petals with no purple-tinged flecks at base, and dolabriform-triangular lower lobes. On moist limestone rocks in wet evergreen broad-leaved montane forests. Distr. NW Yunnan.

1
1
2
2
3

• 蒴果棒状至线形，偶为窄纺锤形；花序具 3 朵以上的花（组 II）
Capsule rod to linear, rarely narrow fusiform; inflorescences with > 3 flowers (G II)

1 红纹凤仙花

1 2 3 4 5 **6 7 8 9 10** 11 12 **1700-2600 m**

Impatiens rubro-striata Hook.f.[3-4]

总状花序具 3~5 朵花；花长 4~5 厘米，白色，具红色条纹；侧生萼片 2 枚，阔卵形；翼瓣 2 裂，上裂片宽斧形；唇瓣囊状，基部下延，形成向内弯曲的短距；花药钝。蒴果狭纺锤形。生于山谷溪旁、疏林下潮湿处、灌丛下草地。分布于云南；广西、贵州。

Inflorescences racemose, 3-5-flowered; flowers white, red striate, 4-5 cm deep; lower sepal saccate, base narrowed into an incurved, short spur; lateral united petals 2-lobed, distal lobes dolabriform; anthers obtuse. Capsule narrowly fusiform. Understories of sparse forests, thickets, by streams in valleys, grasslands, moist places. Distr. Yunnan; Guangxi, Guizhou.

2 高黎贡山凤仙花

1 2 3 4 5 6 7 8 **9** 10 11 12 **≈ 3200 m**

Impatiens chimiliensis H.F.Comber[1-4]

总状花序具 3~9 朵花；苞片宿存；花黄色或具紫色晕；侧生萼片 4 枚，外面 2 枚宽卵形，内层 2 披针形；翼瓣无柄，2 裂，上部裂片椭圆状披针形；唇瓣檐部半球状或杯状；花药顶端钝。蒴果线形。生于灌丛边阴湿处或溪边。分布于西藏东南部、云南西北部；缅甸北部。

Racemes 3-9-flowered; bracts persistent; flowers yellow or purple-tinged; lateral sepals 4, outer 2 broadly ovate, inner 2 lanceolate; lower sepal subglobose or cup-shaped; lateral united petals not clawed, 2-lobed, distal lobes elliptic-lanceolate; anthers obtuse at apex. Capsule linear. Shaded and humid places at thicket margins, streamsides. Distr. SE Xizang, NW Yunnan; N Myanmar.

3 直距凤仙花

1 2 3 4 5 6 7 **8 9** 10 11 12 **2000-2600 m**

Impatiens pseudo-kingii Hand.-Mazz.[1-2]

叶在茎、枝上部叶密集，近轮生。总状花序具 8~12 朵花；苞片早落；花淡粉红色；侧生萼片 2 枚；翼瓣无柄，2 裂，上部裂片斧形；唇瓣檐部宽漏斗状；花药钝。蒴果线形。生于沟边灌丛或杂木林中或林缘。分布于云南西北部。

Leaves alternate, crowded at upper part, subverticillate. Racemose, densely 8-12-flowered; bracts caducous; flowers pale pink; lateral sepals 2; lower sepal broadly funnelform; lateral united petals not clawed, 2-lobed, distal lobes dolabriform; anthers obtuse. Capsule linear. Mixed forests, forest margins, thickets along canals. Distr. NW Yunnan.

4 药山凤仙花

1 2 3 4 5 6 7 **8 9 10** 11 12 **2280-2600 m**

Impatiens yaoshanensis K.M.Liu & Y.Y.Cong[23]

本种与直距凤仙花相似，但本种唇瓣具内弯的距，旗瓣无鸡冠状突起，翼瓣 3 裂。生于常绿阔叶林下潮湿处。分布于四川西南部、云南东北部。

This species is similar to *I. pseudo-kingii*, but differs from it by having the lower sepals with an incurved spur, the dorsal petals without cristate abaxial midvein, and the lateral united petals have three lobes. Within wet evergreen broad-leaved montane forests. Distr. SW Sichuan, NE Yunnan.

5 水凤仙花

1 2 3 4 5 6 7 **8 9** 10 11 12 **1500-3000 m**

Impatiens aquatilis Hook.f.[1-2, 4]

叶柄基部具 1 对具柄的腺体。总状花序具 6~10 朵花；苞片脱落；花粉紫色；侧生萼片 2 枚，顶端具长突尖；翼瓣无柄，基生裂片圆形，上部裂片长于基裂片的 2 倍，中下部膨大后变窄；唇瓣短囊状；花药顶端钝。蒴果线形。生于湖边或溪边阴潮处。分布于云南。

Petiole with 2 stipitate glands at base. Inflorescences 6-10-flowered; bracts caducous; flowers pink-purple; lateral sepals 2, apex cuspidate; lower sepal shortly saccate; lateral united petals not clawed, basal lobes orbicular, distal lobes about 2 × as long as basal lobes, below middle enlarged, downward becoming narrow; anthers obtuse. Capsule linear. Lakesides, riversides, shaded moist places. Distr. Yunnan.

1
1
2
2
3
3
4
5
5

1 滇水金凤

1 2 3 4 5 6 7 8 9 10 11 12 1500-2600 m

Impatiens uliginosa Franch.[1-4]

叶片披针形或狭披针形；叶柄基部有1对球状的腺体。花序近伞房状，具3~5朵花；苞片脱落；花红色；翼瓣无柄，基部裂片圆形，上部裂片半月形；唇瓣檐部漏斗形。蒴果近圆柱形。生于林下、水沟边或潮湿处。分布于云南。

Leaf blade lanceolate or narrowly lanceolate; petiole with 1 pair of globose basal glands; inflorescences subcorymbose, 3-5-flowered; bracts caducous; flowers red; lower sepal funnelform; lateral united petals not clawed, basal lobes rounded, distal lobes semiluna. Capsule subcylindric. Forest understories, along canals, by streams, shaded moist places. Distr. Yunnan.

2 苍山凤仙花

1 2 3 4 5 6 7 8 9 10 11 12 ≈ 3000 m

Impatiens tsangshanensis Y.L.Chen[1-4]

本种与滇水金凤近似，但总花梗具花1~2朵，有时具不发育的花；旗瓣四方状圆形；翼瓣基部裂片近四方状圆形，上部裂片宽斧形。生于林下潮湿处。分布于云南西北部。

Similar to *I. uliginosa*, but differs from it by having inflorescences 1-2-flowered, sometimes with abortive flowering bud, tetragonous-orbicular upper petal, subtetragonous basal lobes of lateral united petals, broadly dolabriform distal lobes of lateral united petals. Shaded moist places in forest understories, along canals. Distr. NW Yunnan.

3 抱茎凤仙花

1 2 3 4 5 6 7 8 9 10 11 12 2900-3900 m

Impatiens amplexicaulis Edgew.[1-2, 4-5]

茎四棱形。叶无柄，下部对生，上部互生，基部圆形或心形，抱茎，具球形腺体。花粉红色或粉紫色，6~12朵排成伞形或总状花序；翼瓣无柄，基部裂片近圆形，上部裂片卵形；唇瓣斜囊状，基部急狭成内弯的短距。蒴果近圆柱形。生于路边灌丛中。分布于西藏、四川；印度西北部、尼泊尔。

Stem tetragonous. Leaves opposite in lower part of stem, alternate in upper part of stem, sessile, base of leaf blade rounded or cordate, amplexicaul, with globose glands. Inflorescences umbellate or racemose, 6-12-flowered; flowers pink or pink-purple; lower sepal obliquely saccate, abruptly narrowed into an inflexed, short spur; lateral united petals not clawed, basal lobes suborbicular, distal lobes ovate. Capsule subcylindric. Thickets along roadsides. Distr. Xizang, Sichuan; NW India, Nepal.

4 槽茎凤仙花

1 2 3 4 5 6 7 8 9 10 11 12 3000-4000 m

Impatiens sulcata Wall.[1-2, 5]

茎圆柱形，具明显的槽沟。叶对生或上部轮生。花多数排成近伞房状总状花序；花粉红色或紫红色；翼瓣无柄，基部裂片近斧形，上部裂片宽斧形至近椭圆或卵圆形；唇瓣囊状，基部具长4~8毫米内弯的短距。蒴果短棒状。生于冷杉林下或水沟边、潮湿处。分布于西藏南部、四川；不丹、印度、尼泊尔。

Stem cylindrical, conspicuously grooved. Leaves opposite or verticillate in upper part of stem. Inflorescences subcorymbose-racemose, many flowered; flowers purplish pink, large; lower sepal saccate, abruptly narrowed into an incurved spur 4-8 mm; lateral united petals not clawed, basal lobes subdolabriform, distal lobes broadly dolabriform to broadly elliptic or ovate. Capsule pendulous. Understories of *Picea* forests, along canals, shaded moist places. Distr. S Xizang, Sichuan; Bhutan, India, Nepal.

5 黄金凤

1 2 3 4 5 6 7 8 9 10 11 12 800-2500 m

Impatiens siculifer Hook.f.[1-4]

总状花序具花5~8朵；苞片宿存；花黄色；侧生萼片2枚；翼瓣无柄，2裂，基部裂片近三角形，上部裂片条形；唇瓣狭漏斗状，基部延长成内弯或下弯的长距；花药钝。蒴果棒状。生于密林下、水沟边潮湿地。分布于四川、云南；华中、华南地区；印度。

Inflorescences racemose, 5-8-flowered; bracts persistent; flowers yellow; lateral sepals 2; lower sepal narrowly funnelform, narrowed into an incurved or recurved, long spur; lateral united petals not clawed, 2-lobed, basal lobes subtriangular, distal lobes lorate; anthers obtuse. Capsule clavate. Dense forests, moist places. Distr. Sichuan, Yunnan; C and S China; India.

1

1

2

3

3

4

4

5

5

1 紫花黄金凤

1 2 3 4 5 6 7 8 9 10 11 12 <2500 m

Impatiens siculifer var. *porphyea* Hook.f.

与原变种的区别：花序梗和花梗更粗壮；花紫红色，约 17 厘米。生于草坡。分布于云南；湖南、广西。

Differs from *I. siculifer* in: Peduncles and pedicels stout; flowers purple, about 17 cm. Grassy slopes. Distr. Yunnan; Hunan, Guangxi.

2 雅致黄金凤

1 2 3 4 5 6 7 8 9 10 11 12 ≈ 2600 m

Impatiens siculifer var. *mitis* Lingesh. & Borza[1-4]

与原变种的区别：叶具粗齿，下面褐紫色。花长达 2.5 厘米；萼片顶端加厚；旗瓣圆形；唇瓣狭漏斗状，口部顶端具极短的小尖，檐部与距近等长。生于竹林或杂木林下。分布于云南西北部。

Differs from *I. siculifer* in: Leaves adaxially brown-purple, margin coarsely crenate. Flowers about 2.5 cm; lateral sepals apically thickened; lower sepal narrowly funnelform, mouth mucronulate, spur nearly as long as limb; upper petal orbicular. Bamboo forests, mixed forests. Distr. NW Yunnan.

3 澜沧凤仙花

1 2 3 4 5 6 7 8 9 10 11 12 1700-2000 m

Impatiens principis Hook.f.[1-2, 4]

本种与黄金凤近似，但侧生萼片钩状弯和唇瓣口部顶端具细丝状长芒；苞片钻形，脱落。生于山坡沟边溪旁。分布于云南西北部。

This species is similar to *I. siculifer*, but differs in having lateral sepals hooked-curved, lower sepal with mouth tip fibrous, long aristate; bracts caducous, subulate. By streams and along canals on slopes. Distr. NW Yunnan.

4 瑞丽凤仙花

1 2 3 4 5 6 7 8 9 10 11 12 700-1400 m

Impatiens ruiliensis S.Akiyama & H.Ohba[1-2, 4]

本种与黄金凤相似，区别是侧生萼片镰刀状椭圆形，顶端具长芒尖；唇瓣具直或稍弯的距。生于沟谷密林中、潮湿坡地。分布于云南西部。

Similar to *I. siculifer*, but differs from it by having falcate-elliptic lateral sepals with aristate at apex; lower sepal with an erect or curved spur. Understories of dense forests in valleys, on moist slopes. Distr. W Yunnan.

5 同距凤仙花

1 2 3 4 5 6 7 8 9 10 11 12 2700-2800 m

Impatiens holocentra Hand.-Mazz.[1-4]

本种与黄金凤相似，区别是侧生萼片 4 枚；唇瓣狭漏斗状，基部伸长成直而细长的距。生于高山山谷溪流或阴湿处。分布于云南西北部；缅甸东北部。

Similar to *I. siculifer*, but differs from it by having 4 lateral sepals; narrowly funnelform lower sepal with an erect, slender spur. Shaded moist places in subalpine valleys, by streams. Distr. NW Yunnan; NE Myanmar.

6 独龙凤仙花

1 2 3 4 5 6 7 8 9 10 11 12 2800-3700 m

Impatiens taronensis Hand.-Mazz.[1-4]

本种与黄金凤相似，区别是根状茎匍匐。花序具 1~3 朵花；花紫色；侧生萼片 4 枚；唇瓣长漏斗状，具直立或略弯顶端小球形的距。生于亚高山溪边阴湿处或岩石上。分布于云南西北部。

Similar to *I. siculifer*, but differs from it by having procumbent rhizome. Inflorescences 1-3-flowered; flowers purple, with four lateral sepals; narrowly funnelform lower sepal with an erect or slightly curved spur. By streams, shaded moist places in subalpine valleys, stony slopes. Distr. NW Yunnan.

1
2
1
3
4
5
6

1 片马凤仙花

1 2 3 4 5 6 7 8 9 10 11 12 ≈ 2300 m

Impatiens pianmaensis S.H.Huang[4]

本种与黄金凤相似，但本种花较小，白色；旗瓣绿色，先端具小尖头；翼瓣上裂片长圆形，背面无耳。生于山谷常绿阔叶林下。分布于云南西北部。

This species is similar to *I. siculifer,* but differs in having white flower; upper petal green, apex cuspidate; distal lobes of lateral united petals oblong, auricle absent. Evergreen broad-leaved forests and valleys. Distr. NW Yunnan.

2 松林凤仙花

1 2 3 4 5 6 7 8 9 10 11 12 2100-2400 m

Impatiens pinetorum Hook.f. ex W.W.Sm.[2, 4]

本种与黄金凤相似，但本种苞片较大，卵形，先端有长喙；唇瓣口部有长喙。生于松林下、潮湿处。分布于云南。

This species is similar to *I. siculifer,* but differs in: bracts bigger, ovate, apically with a long beak-shaped tip; having lower sepal with mouth tip long beak-shaped. Understories of *Pinus* forests, moist places. Distr. Yunnan.

3 总状凤仙花

1 2 3 4 5 6 7 8 9 10 11 12 1700-2400 m

Impatiens racemosa DC.[1-2, 4-5]

总状花序具花4~10朵；花黄色；侧生萼片镰刀状，顶端具短芒尖，一侧上部边缘具1腺体；翼瓣无柄，基部裂片圆形，上部裂片宽斧形；唇瓣锥状。蒴果线形或狭棒状。生于水沟边草丛中。分布于西藏、云南；不丹、印度东北部、克什米尔地区、缅甸、尼泊尔。

Inflorescences racemose, 4-10-flowered; flowers yellow; lateral sepals falcate, apex aristate, with 1 gland at one side of upper margin; lateral united petals not clawed, 2-lobed, basal lobes ovate to orbicular, distal lobes broadly dolabriform; lower sepal navicular. Capsule linear or narrowly clavate. Grasslands or mossy places along canals. Distr. Xizang, Yunnan; Bhutan, NE India, Kashmir, Myanmar, Nepal.

4 疏花凤仙花

1 2 3 4 5 6 7 8 9 10 11 12 ≈ 3200 m

Impatiens laxiflora Edgew.[1-2, 5]

此种外形很似总状凤仙花，但本种萼片卵形或卵状钻形，具3条脉；旗瓣基部每边具1枚黑色微粒，容易与后者区别。生于沟边。分布于西藏、四川、云南北部；印度北部、不丹至克什米尔地区。

This species is similar to *I. racemosa*, but differs from it by having lateral sepals ovate or ovate-subulate, 3-veined; upper petal with a black gland on each side of base. Along canals. Distr. Xizang, Sichuan, N Yunnan; N India, Bhutan to Kashmir.

5 白汉洛凤仙花

1 2 3 4 5 6 7 8 9 10 11 12 2600-3000 m

Impatiens bahanensis Hand.-Mazz.[1-4]

总状花序，花多数；花粉红色或黄色；侧生萼片2枚，宽卵形，长1~2毫米，顶端具长尖头；翼瓣无柄，2裂，基部裂片圆形；唇瓣檐部舟状。蒴果线形。生于山谷竹丛边或混交林下。分布于云南西北部。

Inflorescences racemose, many flowered; flowers pink or yellow; lateral sepals 2, broadly ovate, 1-2 mm, apex long mucronulate; lateral united petals not clawed, 2-lobed, basal lobes orbicular; lower sepal navicular. Capsule linear. Margins of bamboo forests, mixed forests in valleys. Distr. NW Yunnan.

1
2
2
3
3
4
5

1 直角凤仙花

1 2 3 4 5 6 7 8 **9** **10** 11 12 **2700-3000 m**

Impatiens rectangula Hand.-Mazz.[1-4]

总状花序具花 4~10 朵；花硫磺色；翼瓣无柄，基部裂片短，圆形，上部裂片宽或窄斧形，顶端钝；唇瓣檐部舟状，管部渐狭成长 3.5 厘米与管部成直角的距。蒴果线形。生于竹丛边或溪边。分布于云南西北部。

Inflorescences racemose, 4-10-flowered; flowers sulfur-colored; lateral united petals not clawed, basal lobes orbicular, distal lobes broadly or narrowly dolabriform; lower sepal navicular, gradually narrowed into a rectangular spur, about 3.5 cm. Capsule linear. Margins of bamboo forests, streamsides. Distr. NW Yunnan.

2 无距凤仙花

1 2 3 4 5 6 **7** **8** **9** 10 11 12 **2600-3800 m**

Impatiens margaritifera Hook.f.[1-5]

总状花序具花 6~8 朵；花白色；翼瓣具宽柄，基部裂片卵状长圆形，上部裂片较长，狭或长圆状斧形；唇瓣舟状，无距。蒴果线形。生于河滩湿地、溪边草丛中、冷杉林下。分布于西藏、四川西南部、云南西北部。

Inflorescences racemose, 6-8-flowered; flowers white; lateral united petals broadly clawed, 2-lobed, basal lobes ovate-oblong, distal lobes narrowly dolabriform or oblong-dolabriform; lower sepal navicular, spur absent. Capsule linear. Riverbanks, streamsides, grasslands, understories of *Abies* forests. Distr. Xizang, SW Sichuan, NW Yunnan.

3 扭萼凤仙花

1 2 3 4 5 6 7 **8** **9** 10 11 12 **1500-2900 m**

Impatiens tortisepala Hook.f.[1-3]

总状花序具 6~8 朵花；花黄色；侧生萼片 4 枚；翼瓣具宽柄，基部裂片小，圆形，上部裂片较长，斧形，顶端圆形，背部具反折的小耳，具紫色斑点；唇瓣檐部囊状。蒴果线形。生于山谷阴湿处。分布于四川。

Inflorescences racemose, 6-8-flowered; flowers yellow; lateral sepals 4; lateral united petals broadly clawed, basal lobes small, orbicular, distal lobes long-dolabriform, apex rounded, auricle inflexed, purple spotted; lower sepal saccate. Capsule linear. Shaded moist places in valleys. Distr. Sichuan.

4 辐射凤仙花

1 2 3 4 5 6 **7** **8** **9** **10** 11 12 **2100-3500 m**

Impatiens radiata Hook.f.[1-5]

总花梗具数朵花，轮生或近轮生，呈辐射状，每轮有多朵花；花小，黄色或浅紫色；翼瓣 2 裂，基部裂片阔卵形或近圆形，上部裂片长圆形，先端 2 裂；唇瓣锥状，基部狭成短直距。蒴果线形。生于山坡湿润草丛中或林下阴湿处。分布于西藏、四川、云南；贵州；印度东北部、尼泊尔、缅甸、不丹。

Inflorescences, many flowered, verticillate or nearly so, radiate, many flowered per cycle; flowers small, pale purple to yellowish white; lateral united petals 2-lobed, basal lobes broadly ovate to suborbicular, distal lobes oblong apically 2-lobed; lower sepal navicular, gradually narrowed into an erect spur. Capsule linear. Shaded and moist places of forest understories, humid grasslands. Distr. Xizang, Sichuan, Yunnan; Guizhou; NE India, Nepal, Myanmar, Bhutan.

2

1
1
2
3
3
4
4

• 与组 II 相似，但叶片边缘具锐锯齿，稀为圆锯齿；花序具 1~2 花，偶为 3~4 花（组 III）
Similar to G II, but leaf blade sharply serrate; Inflorescences with 1-2 flowers, rarely 3-4 (G III)

1 锐齿凤仙花

1 2 3 4 5 6 **7** **8** **9** 10 11 12 1850-3200 m

Impatiens arguta Hook.f. & Thomson[1-5]

叶片边缘有锐锯齿，叶柄基部有 2 个具柄腺体。总花梗具 1~2 朵花；花粉红色或紫红色；侧生萼片 4 枚；翼瓣无柄，基部裂片宽长圆形，上部裂片斧形，先端 2 浅裂；唇瓣囊状，基部具内弯的短距。蒴果狭纺锤形。生于河谷灌丛草地、林下潮湿处、水沟边。分布于西藏东部、四川西南部、云南西北部和中部；印度东北部、缅甸、尼泊尔、不丹。

Leaf blade often with 2 stipitate basal glands, margin sharply serrate. Inflorescences 1- or 2-flowered; flowers pink or purple-red; lateral sepals 4; lateral united petals not clawed, 2-lobed, basal lobes broadly oblong, distal lobes dolabriform, apex 2-fid; lower sepal saccate, narrowed into an incurved, short spur. Capsule narrowly fusiform. Forest understories, thickets, grasslands in valleys, along canals, moist places. Distr. E Xizang, SW Sichuan, C and NW Yunnan; NE India, Myanmar, Nepal, Bhutan.

2 滇西凤仙花

1 2 3 4 5 6 7 **8** 9 10 11 12 ≈ 2600 m

Impatiens forrestii Hook.f. ex W.W.Sm.[1-4]

总花梗具 2 朵花（稀 3 朵）；花紫红色，具斑点及条纹；翼瓣具短柄，基部裂片近圆形，上部裂片镰状扇形；唇瓣檐部囊状，基部急狭成内弯的短距。蒴果线形。生于山谷阴湿处或溪旁。分布于四川西南部、云南西北部；缅甸北部。

Inflorescences 2(or 3)-flowered; flowers purple-red, spotted and striate; lateral united petals shortly clawed, basal lobes suborbicular, distal lobes falcate-flabellate; lower sepal saccate, abruptly narrowed into an incurved spur. Capsule linear. Shaded moist places in valleys or by streams. Distr. SW Sichuan, NW Yunnan; N Myanmar.

3 木里凤仙花

1 2 3 4 5 6 7 8 **9** 10 11 12 ≈ 3500 m

Impatiens muliensis Y.L.Chen[1-2]

总花梗通常具 1 或 2 朵花，稀单花；花淡黄色；翼瓣具柄，基部裂片镰刀状，下弯且外展，有紫红色斑点，上部裂片近圆倒卵形；唇瓣漏斗状。蒴果线状圆柱形。生于溪边草地。分布于四川。

Inflorescences usually (1 or)2-flowered; flowers yellowish; lateral united petals clawed, basal lobes falcate, curved upward and spreading, purple-red spotted; distal lobes suborbicular-obovate; lower sepal funnelform. Capsule linear-cylindric. Grasslands by streams. Distr. Sichuan.

4 四裂凤仙花

1 2 3 4 5 6 7 **8** **9** **10** 11 12 3380-3520 m

Impatiens quadriloba K.M.Liu & Y.L.Xiang[24]

本种与镰瓣凤仙花相似，但本种总花梗具 2~4 朵花，侧生联合花瓣 4 裂，背部具反折的小耳，子房和果实表面具乳头状附属物。生于冷杉林下潮湿处。分布于四川北部。

This species is similar to *I. falcifer*, but differs from it by having inflorescences with 2-4 flowers, 4-lobed lateral united petals with an reflexed auricle, and nipple-shaped appendages on the surfaces of ovaries and capsules. In moist areas in *Abies* forests. Distr. N Sichuan.

5 德浚凤仙花

1 2 3 4 5 6 7 **8** **9** **10** 11 12 ≈ 1800 m

Impatiens yui S.H.Huang[4]

总花梗具 2 朵花；花粉红色或淡紫色；翼瓣无柄，基部裂片卵形，上裂片斧形；唇瓣囊漏斗状，基部渐狭成 0.8~1 厘米长内弯的距。蒴果线状圆柱形。生于混交林或竹林中。分布于西藏西南部、云南西北部。

Inflorescences 2-flowered; flowers pink or slightly purple; lateral united petals not clawed, basal lobes ovate, distal lobes dolabriform; lower sepal saccate, constricted into a incurved spur, 0.8-1 cm. Capsule linear-cylindric. Margins of bamboo forests, mixed forests. Distr. SW Xizang, NW Yunnan.

1
1
2
2
3
4
5
5

• 与组III相似，但翼瓣上部裂片顶端通常具线状附属物或刚毛
Similar to G III, but the lateral united petals 5-lobed, usually with filamentous hair or bristles

1 滇西北凤仙花

1 2 3 4 5 6 7 **8** **9** 10 11 12 2300-3000 m

Impatiens lecomtei Hook.f.[1-4]

总花梗具1朵花；花粉红色；侧生萼片2枚，具7条脉；翼瓣2裂，基部裂片小，卵形，顶端具极细的丝，上部裂片大，斧形，顶端圆钝，背部顶端以下具刚毛；唇瓣宽漏斗形，具堇紫色条纹。蒴果线形。生于沟边杂木林或岩石缝中。分布于云南西北部。

Inflorescences 1-flowered; flowers pink; lateral sepals 2, 7-veined; lateral united petals 2-lobed, basal lobes small, ovate, apex with a long filamentous hair, distal lobes bigger, dolabriform, apex obtuse with a seta; lower sepal violet striate, broadly funnelform. Capsule linear. Mixed forests by streams, stony crevices. Distr. NW Yunnan.

2 维西凤仙花

1 2 3 4 5 **6** **7** **8** 9 10 11 12 2300-3600 m

Impatiens weihsiensis Y.L.Chen[1-4]

本种接近于滇西北凤仙花，区别点在于萼片具10~11条细脉，边缘一边近全缘，另一边具4~5枚小齿；翼瓣上部裂片长圆状斧形。生于草地、沟边杂木林中。分布于云南西北部。

Similar to *I. lecomtei*, but differs from it by having10-11-veined, lateral sepals with margin entire on one side and 4- or 5-denticulate on the other side; distal lobes of lateral united petals orbicular-dolabriform. Grasslands, mixed forests along canals. Distr. NW Yunnan.

3 长圆瓣凤仙花

1 2 3 4 5 6 7 **8** **9** **10** 11 12 2700-2850 m

Impatiens oblongipetala K.M.Liu & Y.Y.Cong[25]

本种与维西凤仙花近似，但侧生萼片白色或淡粉色；唇瓣白色，无紫色条纹；翼瓣上部裂片较大，长圆形或近长圆形，先端微凹。生于潮湿的灌丛。分布于云南西北部。

This species similar to *I. weihsiensis*, but differs from it by having the white to slightly pink lateral sepals; lower sepal white and without purple striae; distal lobes of the lateral united petals that are larger, oblong or suboblong, and apically retuse. Damp undergrowths. Distr. NW Yunnan.

4 康定凤仙花

1 2 3 4 5 6 **7** **8** **9** 10 11 12 1400-3000 m

Impatiens soulieana Hook.f.[1-3]

总花梗具1~3朵花；花黄色；侧生萼片2枚；唇瓣檐部漏斗状；翼瓣几有柄，2裂，基部裂片卵形，具长细丝，上部裂片斧形，背部顶端下部具小刚毛。蒴果线形。生于杂木林下、次生灌丛中、沟边湿处。分布于四川。

Inflorescences 1-3-flowered; flowers yellow; lateral sepals 2; lower sepal funnelform; lateral united petals ± clawed, 2-lobed, basal lobes ovate, apex with a filamentous long hair, distal lobes dolabriform, apex with a seta. Capsule linear. Mixed forests, thickets, moist places by canals. Distr. Sichuan.

5 黄麻叶凤仙花

1 2 3 4 5 6 7 **8** **9** 10 11 12 2100-3500 m

Impatiens corchorifolia Franch.[1-4]

叶片边缘具锯齿。总花梗具花2朵，少有1朵；花黄色，有时有紫斑；侧生萼片4枚；唇瓣囊状，基部距极短，内弯；翼瓣近无柄，基部裂片圆形，上部宽斧形，背面有较大的耳。蒴果条形。生于杂木林下或山谷林缘阴湿处。分布于四川西南部、云南西北部。

Margin of leaf blade serrate. Inflorescences (1 or)2-flowered; flowers yellow, sometimes purple spotted; lateral sepals 4; lower sepal saccate, abruptly narrowed into an incurved spur, spur short; lateral united petals ± clawed, basal lobes orbicular, distal lobes broadly dolabriform, auricle large. Capsule linear. Understories of mixed forests, forest margins, shaded moist places. Distr. SW Sichuan, NW Yunnan.

1

1

2

2

3

3

4

5

1 异型叶凤仙花

1 2 3 4 5 6 7 8 **9** **10** 11 12 **2800-3400 m**

Impatiens dimorphophylla Franch.[1-4]

下部的叶具长柄，卵形或卵状长圆形，上部的叶近无柄，卵状披针形。总花梗通常具 1 朵花，稀 2 朵；花较大，橘黄色；侧生萼片 4 枚；唇瓣囊状，基部具短距；翼瓣几无柄，基部裂片长圆形，上部裂片宽斧形，顶端圆形。蒴果线形。生于高山松林或铁杉林下。分布于四川西南部、云南。

Lower leaves with petiole long, leaf blade ovate or ovate-oblong; upper leaves subsessile, leaf blade ovate-lanceolate. Inflorescences usually 1(or 2)-flowered; flowers orange; lateral sepals 4; lower sepal saccate, spur short; lateral united petals ± clawed, basal lobes oblong, distal lobes broadly dolabriform, apex rounded. Capsule linear. Understories of alpine *Pinus* or *Tsuga* forests. Distr. SW Sichuan, Yunnan.

2 九龙凤仙花

1 2 3 4 5 6 7 8 **9** **10** 11 12 **≈ 2700 m**

Impatiens chiulungensis Y.L.Chen[1-3]

总花梗腋生，具（1 或）2 朵花；花黄色，无紫色斑点。侧生萼片 4 枚；唇瓣檐部囊状，稍内弯，基部具短矩；翼瓣近无柄，基部裂片圆形，上部裂片宽斧形，无小耳。蒴果狭线形。生于密林中。分布于四川西南部。

Inflorescences (1 or)2-flowered; flowers yellow; lateral sepals 4; lower sepal slightly curved, saccate, short spur; lateral united petals ± clawed, basal lobes orbicular, distal lobes broadly dolabriform and auricle absent. Capsule linear. Dense forests. Distr. SW Sichuan.

• 与组 III 相似，但叶片边缘具粗圆齿
Similar to G III , but leaf margin coarsely crenate

3 耳叶凤仙花

1 2 3 4 5 6 **7** **8** **9** 10 11 12 **3400-4200 m**

Impatiens delavayi Franch.[1-5]

下部和中部叶具柄，上部叶无柄或近无柄，长圆形，基部心形，稍抱茎，边缘有粗圆齿。总花梗具 1~5 朵花，花梗细短；花较淡紫红色或污黄色；唇瓣囊状；翼瓣 2 裂，基部裂片小近方形，上部裂片大，斧形。蒴果线形。生于溪边、山沟水边、冷杉林或高山栎林下。分布于西藏东南部、四川西南部、云南。

Lower and middle leaves petiolate; upper leaves sessile or subsessile, oblong, base cordate, slightly amplexicaul, margin coarsely crenate. Inflorescences 1-5-flowered; flowers purplish or dirty yellow; lower sepal saccate; lateral united petals 2-lobed, basal lobes small, subtetragonous, distal lobes large, dolabriform. Capsule linear. Understories of *Abies* or *Quercus* forests, by streams, along canals. Distr. SE Xizang, SW Sichuan, Yunnan.

4 近无距凤仙花

1 2 3 4 5 6 **7** **8** 9 10 11 12 **3500-3700 m**

Impatiens subecalcarata (Hand.-Mazz.) Y.L.Chen[1-4]

本种与耳叶凤仙花的区别是：唇瓣基部具极短（长不超过 2 毫米）的短距或近无距。生于亚高山杂木林下或山坡林缘。分布于四川西南部、云南西北部。

Similar to *I. delavayi*, but differs from it by having lower sepal with a very short spur about 2 mm (or almost without spur). Understories of alpine mixed forests, forest margins on slopes. Distr. SW Sichuan, NW Yunnan.

5 川西凤仙花

1 2 3 4 5 **6** **7** **8** **9** 10 11 12 **2200-3000 m**

Impatiens apsotis Hook.f.[1-3, 5]

叶边缘具粗齿。总花梗具 1~2 朵花；花小，直径 1 厘米，白色；侧生萼片 2 枚，绿色，线形；唇瓣檐部舟状，向基部漏斗状；翼瓣具柄，基部裂片卵形，上部裂片斧形。蒴果狭线形。生于林缘、潮湿地。分布于青海、西藏、四川。

Margin of leaf blade coarsely crenate. Inflorescences 1- or 2-flowered; flowers white, small, about 1 cm in diam; lateral sepals 2, green, linear; lower sepal navicular; lateral united petals clawed, 2-lobed, basal lobes ovate, distal lobes dolabriform. Capsule linear. Forest margins, moist places in valleys. Distr. Qinghai, Xizang, Sichuan.

1
1
2
3
3
4
4
5

1 高山凤仙花 1 2 3 4 5 6 7 **8** **9** 10 11 12 **2700-4000 m**

Impatiens nubigena W.W.Sm.[1-4]

下部叶具长柄，中部及上部叶无柄，心形抱茎，叶片边缘具浅波状圆齿或近全缘。总花梗具1~2朵花；花白色，长10毫米；唇瓣檐部舟状，具长1~1.5毫米内弯的尖距。蒴果线形。生于高山栎或冷杉林下岩石边、山坡草地、山沟水边。分布于西藏东南部、四川西南部、云南西北部。

Leaves petiolate on lower stem, sessile at middle and upper stem, cordate-amplexicaul, margin shallowly undulate-crenate or nearly entire. Inflorescences 1- or 2-flowered; flowers white, about 10 mm; lower sepal navicular, with an spur incurved, 1-1.5 mm. Capsule linear. Understories of alpine *Quercus* or *Abies* forests, grasslands on slopes, along canals. Distr. SE Xizang, SW Sichuan, NW Yunnan.

2 西固凤仙花 1 2 3 4 5 6 **7** **8** 9 10 11 12 **2200-3600 m**

Impatiens notolophora Maxim.[1-2]

叶片边缘具粗圆齿，齿端微凹。总花梗具3~5朵花；花小，黄色；唇瓣檐部小舟形；翼瓣无柄，基部裂片近圆形，上部裂片具柄，圆形或宽斧形。蒴果线形。生于混交林中、山坡林下阴湿处。分布于甘肃、四川西北部；河南、陕西。

Leaf blade margin coarsely crenate, teeth emarginate. Inflorescences in upper leaf axils, 3-5-flowered; flowers yellow, small; lower sepal navicular; lateral united petals not clawed, basal lobes suborbicular, distal lobes clawed, orbicular or broadly dolabriform. Capsule linear. Mixed forests, forest understories on slopes, shaded moist places. Distr. Gansu, NW Sichuan; Henan, Shaanxi.

花荵科 Polemoniaceae | 花荵属 *Polemonium* L.

多年生（稀一年生）草本。一回羽状分裂或奇数羽状分裂。顶生聚伞花序、疏伞房花序或近头状聚伞圆锥花序；花冠多样。蒴果卵圆形，3瓣裂。20种；中国3种；横断山区有1种、1变种。

Herbs perennial, rarely annual. Leaves pinnately lobed. Inflorescences paniculate, rarely capitate; with various corolla shape. Capsule ovoid, 3-locular. Twenty species; three in China; one species and one variety in HDM.

3 中华花荵 1 2 3 4 5 **6** **7** 8 9 10 11 12 **1000-2000 m**

Polemonium chinense (Brand) Brand[1-2]

— *Polemonium caeruleum* var. *chinense* Brand

茎下部有腺体，茎上部有腺毛。小叶矩圆形至披针形。花萼长2~3毫米，裂片三角形，短于萼筒；花小，花冠蓝紫色，少有白色，辐射状至宽钟状，长0.8~1.2厘米。生于山坡草地。分布于四川；东北、西北地区；朝鲜半岛、蒙古、俄罗斯。

Stems glandular below middle, glandular pubescent above middle. Leaflets narrowly lanceolate to ovate-lanceolate. Calyx 2-3 mm, lobes deltoid, shorter than tube; flowers small; corolla violet, rarely white, rotate to broadly campanulate, 0.8-1.2 cm. Meadows, grasslands. Distr. Sichuan; NE and NW China; Korea, Mongolia, Russia.

五列木科 Pentaphylacaceae | 厚皮香属 *Ternstroemia* Mutis ex L.f.

常绿乔木或灌木，无毛。花单生叶腋或几朵聚合于无叶小枝上；小苞片2枚；萼片5枚，覆瓦状排列；花瓣5枚，基部合生。浆果，稀不规则开裂。种子肾形，稍扁，假种皮常鲜红色，有胚乳。约90种；中国13种；横断山区2种。

Shrubs or trees, evergreen, glabrous. Flowers axillary, solitary or frequently several clustered on leafless branchlets; bracteoles 2; sepals 5, imbricate; petals 5, basally connate. Fruit baccate, indehiscent or irregularly dehiscent. Seeds reniform, slightly compressed, with a fleshy red outer layer, endosperm abundant. About 90 species; 13 in China; two in HDM.

4 厚皮香 1 2 3 4 **5** **6** **7** 8 9 10 11 12 **200-2800 m**

Ternstroemia gymnanthera (Wight & Arnott) Bedd.[1-4]

灌木或小乔木。雄花子房成退化雌蕊；两性花苞片三角形或三角状卵形；花瓣淡黄白色，倒卵形。果实圆球形，成熟时紫红色。生于林中、灌木丛。分布于西南地区；华中、华南地区；南亚、东南亚。

Shrubs. Male flowers similar to bisexual flowers but ovary reduced to a pistillode; bisexual flowers bracteoles triangular to triangular-ovate; petals pale yellow, obovate. Fruits globose, purplish red when mature. Forests, thickets. Distr. SW China; C and S China; S and SE Asia.

1

1

2

2

3

3

4

4

报春花科 Primulaceae | 点地梅属 *Androsace* L.

草本。叶同型或异型，形成莲座状叶丛，极少互生于直立的茎上。伞形花序生于花葶端，很少单花；花同型；花萼钟状至杯状；花冠筒坛状，约与花萼等长或短于花萼，喉部常收缩成环状突起，裂片全缘或先端微凹。蒴果近球形，5 瓣裂，裂至近基部。约 100 种；中国 73 种；横断山区约 28 种。

Herbs. Leaves homomorphosis or heteromorphosis, forming a rosette, rarely alternate in erect caudex. Inflorescences umbellate at scapes apex, rarely a solitary flower; flowers homostylous; calyx campanulate to cyathiform; corolla tube urceolate, about as long as or shorter than calyx, throat constricted, lobes entire or emarginate. Capsule subglobose, 5-valvular dehiscence nearly to base. About 100 species; 73 in China; 28 in HDM.

• 叶同型，叶柄明显，极少全缘 | Leaves homomorphic, petiole obvious, margin arely entire

1 花叶点地梅

1 2 3 4 **5** **6** 7 8 9 10 11 12 **3000-4000 m**

Androsace alchemilloides Franch.[1-4]

多年生草本。莲座状叶丛生于根茎端；叶片轮廓扇形，两面密被短硬毛，掌状 3 裂深达基部，裂片再作 3~4 枚深裂，小裂片线形。花葶密被短硬毛；伞形花序 3~12 朵花；苞片椭圆形至长圆状披针形；花冠白色或粉红色。生于山坡草地和石上。分布于云南西北部。

Herbs perennial. Leaves of current year borne on apex of caudicules, in a rosette; leaf blade flabellate, densely minutely hirtellous, palmately 3-lobed nearly to base, lobes 3- or 4-divided, segments linear. Scapes densely hirtellous; umbels 3-12-flowered; bracts elliptic to oblong-lanceolate; corolla white or pink. Rocks of grassy slopes. Distr. NW Yunnan.

2 腋花点地梅

1 2 3 **4** **5** 6 7 8 9 10 11 12 **1800-3300 m**

Androsace axillaris (Franch.) Franch.[1-4]

多年生草本。茎初时直立，后伸长匍匐成蔓状。基生叶丛生，叶片圆形至肾圆形，基部深心形，边缘掌状浅裂至中裂，两面均被糙伏毛。花 2~3 朵生于茎节上；花冠淡粉红色或白色，筒部短于花萼，裂片倒卵状长圆形，先端微凹。生于山坡疏林下湿润处。分布于四川西南部、云南；泰国。

Herbs perennial. Stems initially erect, arising from leafrosettes, gradually elongated, becoming decumbent. Basal leaves in a rosette, leaf blade orbicular toreniform, base deeply cordate, margin palmately lobed edges to the crack, strigillose. Flowers 2 or 3, on nodes of stem; corolla pink or white, tube shorter than calyx, lobes ovate-oblong, emarginate. Damp areas in open woodlands. Distr. SW Sichuan, Yunnan; Thailand.

3 短葶小点地梅

1 2 3 4 **5** **6** 7 8 9 10 11 12 **2600-4000 m**

Androsace gmelinii var. *geophila* Hand.-Mazz.[1-2]

一年生小草本。叶基生，叶片近圆形或圆肾形，毛被较疏，基部心形，边缘 7~9 裂或波状圆齿。花葶短，不超过 1 厘米；伞形花序 2~5 朵花；花萼钟状，密被白色长柔毛和稀疏腺毛；花冠白色，与花萼近等长或稍伸出花萼。蒴果近球形。生于山坡草地和沟谷中。分布于甘肃、青海、四川西北部。

Herbs annual, small. Leaves basal, leaf blade suborbicular to reniform, sparsely strigillose-villous, base cordate, 7-9-lobed to crenatedentate. Scapes short, shorter than 1 cm; umbels 2- or 5-flowered; calyx campanulate, densely white villous to sparsely glandular hairs; corolla white, about as long as to slightly longer than calyx. Capsule subglobose. Grassy slopes, ravines. Distr. Gansu, Qinghai, NW Sichuan.

4 圆叶点地梅

1 2 3 4 5 **6** **7** 8 9 10 11 12 **3800-4600 m**

Androsace graceae Forrest ex W.W.Sm.[1-5]

叶基生；叶柄通常比叶片长 2~3 倍；叶片革质，圆形至肾圆形，上面带红色疏被柔毛，基部近圆形或有时微呈心形。花葶高 2~6 厘米；花萼裂片椭圆形或卵状椭圆形，先端钝；花冠粉红色。生于流石滩石缝中。分布于四川西南部（稻城）、云南西北部（德钦、贡山）。

Leaves basal; petiole 2-3 × as long as leaf blade; leaf blade leathery, orbicular to reniform, adaxially sparsely rust-colored pilose, base subrounded to occasionally cordulate. Scapes 2-6 cm; calyx lobes elliptic to ovate-elliptic, apex obtuse; corolla pink. Screes, moraines. Distr. SW Sichuan (Daocheng), NW Yunnan (Dê qê n, Gongshan).

1 莲叶点地梅

1 2 3 **4** **5** 6 7 8 9 10 11 12 1500-3200 m

Androsace henryi Oliv.[1-4]

多年生草本。叶基生；叶片圆形至圆肾形，两面被短糙伏毛，基部心形弯缺深达叶片的 1/3，边缘具浅裂状圆齿或重牙齿。花葶通常 2~4 枚自叶丛中抽出；伞形花序 12~40 朵花；苞片线形或线状披针形；花冠白色，极少粉红色，筒部与花萼近等长。生于山坡疏林下、林缘、沟谷水边和石上。分布于西藏东南部、四川、云南；湖北西部、陕西南部；不丹、缅甸北部、尼泊尔。

Herbs perennial. Leaves basal; leaf blade orbicular to reniform, strigillose, base cordate, sinus penetrating 1/3 into leaf blade, margin crenate-lobed, lobes crenate to dentate. Scapes 2-4 pull out from leaf rosettes; umbels 12-40-flowered; bracts linear to linear-lanceolate; corolla white, rarely pink, tube about as long as calyx. Glades, margins of mountain woodlands, damp areas, stony in ravines. Distr. SE Xizang, Sichuan, Yunnan; W Hubei, S Shaanxi; Bhutan, N Myanmar, Nepal.

• 叶异型或基部渐狭而无柄，叶片全缘
Leaves dimorphic or tapering at base and petiole sessile, margin entire

2 杂多点地梅

1 2 3 4 **5** **6** 7 8 9 10 11 12 4400-4500 m

Androsace alaschanica var. *zadoensis* Y.C.Yang & R.F.Huang[1-2]

垫状。叶锥形，具软骨质边缘，先端渐尖。花葶单一；苞片 1 枚，披针形；花冠紫红色，稀白色。生于阴坡石崖上。分布于青海南部（杂多）。

Cushions. Leaves subulate, margin cartilaginous, apex acuminate. Scapes solitary; bracts solitary, lanceolate; corolla purple, rarely white. Shaded cliffs. Distr. S Qinghai (Zaduo).

3 黄花昌都点地梅

1 2 3 4 5 **6** 7 8 9 10 11 12 3800-4500 m

Androsace bisulca var. *aurata* (Petitm.) Yang et Huang[1-3]

不规则的半球形密丛。叶呈不明显的两型。花冠黄色。生于阳坡草地。分布于四川西南部。

Irregularly dense moundlike cushions. Leaves obscurely dimorphic. Corolla yellow. Open grassy slopes. Distr. SW Sichuan.

4 景天点地梅

1 2 3 4 5 **6** **7** 8 9 10 11 12 1800-3200 m

Androsace bulleyana Forrest[1-4]

二年生或多年生草本。莲座状叶丛单生，具多数平铺的叶；叶片匙形，近先端最阔，顶端近圆形，具骤尖头，两面无毛，具软骨质边缘及篦齿状缘毛。花葶 1 至数枚自叶丛中抽出，被褐色硬毛状长毛；伞形花序多花；花冠紫红色，喉部色较深，裂片楔状倒卵形，先端微凹或具不整齐的小齿。生于石灰岩山坡。分布于西藏东部、云南西北部。

Herbs biennial or perennial. Rosettes solitary, with numerous tile leaves, leaves spatulate, widest near apex, apex rounded and mucronate, glabrous, margin cartilaginous and pectinateciliate. Scapes 1 to many, fulvous spreading hirsute; umbels many flowered; corolla purple red, with a dark eye, lobes cuneate-obovate, apex slightly emarginate or irregularly denticulate. Gravelly slopes. Distr. E Xizang, NW Yunnan.

5 滇西北点地梅

1 2 3 4 5 **6** **7** 8 9 10 11 12 3000-4800 m

Androsace delavayi Franch.[1-5]

多年生垫状草本。莲座状叶丛顶生，叶近同型；内层叶阔倒卵形至舌状倒卵形，背面上半部被硬毛，先端具流苏状的缘毛，腹面近于无毛；外层叶少数，近顶端有稀疏缘毛。花单生于叶丛中或 4 朵集生于花葶端；苞片长于花梗；花冠白色或粉红色。生于多石砾的山坡。分布于西藏东南部、四川西南部、云南西北部；不丹、印度东北部、缅甸北部、尼泊尔。

Cushion-like herbs. Rosettes leaves basidixed, obscurely dimorphic. Inner leaves broadly obovate to ligulate-obovate, abaxially minutely hirtellous on distal 1/2, fimbriate-ciliate near apex, adaxially glabrescent; outer leaves fewer, more sparsely ciliate near apex. Scapes 1 or 4-flowered terminal, or sometimes scapes obsolete, with a solitary flower arising from rosette; bracts longer than pedicel; corolla white or pink. Stony slopes. Distr. SE Xizang, SW Sichuan, NW Yunnan; Bhutan, NE India, N Myanmar, Nepal.

1
2
3
5
4

1 直立点地梅

1 2 3 4 5 6 7 8 9 10 11 12 2700-3500 m

Androsace erecta Maxim.[1-5]

一年生或二年生草本。茎通常单生或在花序处分枝，直立。花冠白色或粉红色。生于山坡草地、河漫滩上及林缘开阔地。分布于甘肃、青海、西藏、四川、云南；尼泊尔。

Herbs annual or biennial. Stems erect, simple or branched only in inflorescences. Corolla white or pink. Grassy mountain slopes, dry banks, open woodlands. Distr. Gansu, Qinghai, Xizang, Sichuan, Yunnan; Nepal.

2 康定点地梅

1 2 3 4 5 6 7 8 9 10 11 12 3400-4400 m

Androsace limprichtii Pax & K.Hoffm.[1-3, 5]

多年生草本，植株由着生于根出条上的莲座状叶丛形成疏丛。叶 3 型；外层叶卵形或阔椭圆形；中层叶舌状匙形；内层叶椭圆形或倒卵状椭圆形，两面被白色长柔毛并杂有短伏毛。花葶单一，伞形花序（3）7~17 朵花；花萼钟状，分裂达中部，裂片狭卵形，背面被柔毛；花冠白色至淡红色。生于山坡林缘、沟谷、路边湿润处。分布于四川西部。

Herbs perennial, lax cespitose forming from the roots of the plant rosette. Leaves trimorphic; outerleaves ovate to broadly elliptic; middle leaves ligulatespatulate; inner leaves leaf blade elliptic to obovate-elliptic, sparsely or densely white villous and short appressed pubescent. Scapes single; umbels (3)7-17-flowered; calyx campanulate, parted to middle, lobes narrowly ovate, outside pubescent; corolla white or pink. Mountain slopes, woodlands margin, wet valleys and roadsides. Distr. W Sichuan.

3 绿棱点地梅

1 2 3 4 5 6 7 8 9 10 11 12 ≈ 3100 m

Androsace mairei H.Lév.[1-2, 4]

莲座状叶丛形成疏丛。叶两面疏被柔毛。花葶高 2~3 厘米；伞形花序 5~6 朵花；苞片宽线形；花冠淡红色至白色。生于山坡上。分布于云南东北部（巧家县）。

Laxly cespitose. Leaves sparsely pilose. Scapes 2-3 cm; umbels 5- or 6-flowered; bracts linear; corolla pink to white. Mountain slopes. Distr. NE Yunnan (Qiaojia Xian).

4 西藏点地梅

1 2 3 4 5 6 7 8 9 10 11 12 1800-4000 m

Androsace mariae Kanitz[1-3, 5]

多年生草本，形成密丛。叶两型；外层叶舌形或匙形；内层叶匙形至倒卵状椭圆形，先端锐尖或具骤尖头，边缘软骨质。花葶单一，伞形花序 2~10 朵花；苞片披针形至线形，与花梗、花萼同被白色多细胞毛；花梗在花期稍长于苞片；花萼钟状，分裂达中部，裂片卵状三角形；花冠粉红色。生于山坡草地、林缘。分布于甘肃南部、青海东部、西藏东部、四川西部；内蒙古。

Herbs perennial, forming dense mat. Leaves dimorphic; outer leaves ligulate to spatulate; inner leaves spatulate to obovate-elliptic, apex acute to rounded, mucronate, margin cartilaginous. Scapes solitary; umbels 2-10-flowered; bracts lanceolate to linear, hirsute as same with pedicel and calyx; pedicel slightly longer than bracts at anthesis; calyx campanulate, parted middle, lobes triangular; corolla pink. Dry meadows, gravelly slopes, open woodlands. Distr. S Gansu, E Qinghai, E Xizang, W Sichuan; Nei Monggol.

5 柔软点地梅

1 2 3 4 5 6 7 8 9 10 11 12 3200-4500 m

Androsace mollis Hand.-Mazz.[1-5]

多年生草本，密丛状。叶呈不明显的两型；外层叶倒卵状舌形，上面近于无毛，下面上半部被稀疏白色长柔毛；内层叶倒卵形或倒披针形，毛被与外层叶相同。花葶单一，疏被长硬毛和短柄腺体；伞形花序 2~7 朵花；苞片线形至线状匙形；花萼杯状，分裂达中部，裂片阔卵形或长圆状卵形，背面及边缘被短硬毛；花冠粉红色。生于高山草甸、杜鹃灌丛中。分布于西藏东南部、四川西部、云南西北部。

Herbs perennial, a dense cespitose. Leaves dimorphic; outer leaves obovate-ligulate, adaxially glabrescent, abaxially sparsely white villous on distal 1/2; inner leaves blade obovate to oblanceolate, indumentum was the same with the outer leaves. Scapes solitary, sparsely villous and short petiole glandula; umbels 2-7-flowered; bracts linear to linear-spatulate; calyx cyathiform, parted to middle, lobes ovate to ovate-oblong, abaxially and margin hispidulous; corolla pink. Alpine meadows, *Rhododendron* thickets. Distr. SE Xizang, W Sichuan, NW Yunnan.

1
1
2
3
3
4
5

1 硬枝点地梅

1 2 3 4 5 6 7 8 9 10 11 12 2900-3800 m

Androsace rigida Hand.-Mazz.[1-4]

多年生草本。根出条上的莲座状叶丛形成疏丛。叶三型；外层叶早落，卵状披针形；中层叶舌状长圆形或匙形，约与外层叶等长；内层叶椭圆形至倒卵状椭圆形，比外层叶约长 1 倍，腹面被短硬毛，背面沿中肋被毛，边缘具缘毛。伞形花序 1~7 朵花；花梗与苞片近等长或稍短，密被毛；花萼杯状，分裂达中部，裂片长圆状卵形；花冠深红色或粉红色。生于山坡草地、林缘、石缝中。分布于四川西南部、云南西北部。

Herbs perennial. Sucker rosettes forming lax cespitose. Leaves trimorphic; outer leaves early deciduous, ovate-lanceolate; middle leaves ligulate-oblong to spatulate, nearly as long as outer leaves; inner leaves elliptic to obovate-elliptic, longer 1× than outer leaves, adaxially hirtellous, abaxially with longer hairs along the middle-rib, margin ciliate. Umbels 1-7-flowered; pedicel about as long as to slightly shorter than bracts, densely hirsute; calyx cyathiform, parted to 1/2, lobes oblong-ovate; corolla deep red or pink. Grassy mountain slopes, forest margins, rock crevices. Distr. SW Sichuan, NW Yunnan.

2 刺叶点地梅

1 2 3 4 5 6 7 8 9 10 11 12 2900-4450 m

Androsace spinulifera (Franch.) R.Knuth[1-4]

多年生草本，具木质粗根。莲座状叶丛单生或 2~3 枚自根茎簇生。叶两型；外层叶小，密集，蜡黄色，卵形或卵状披针形，先端软骨质，渐尖成刺状；内层叶倒披针形，草质，先端锐尖或圆钝而具骤尖头，两面密被小糙伏毛。花葶单一，被稍开展的硬毛；伞形花序多花；花冠深红色。生于山坡草地、砾石缓坡、林缘开阔地。分布于四川西部、云南西北部。

Herbs perennial, with coarse woody roots. Rosettes in 1-3 small clumps. Leaves dimorphic; outer leaves small, densely, waxy yellow, ovate to ovate-lanceolate, apex cartilaginous, acuminate, forming a spinelike acumen; inner leaves oblanceolate, herbaceous, apex acuminate or obtuse, mucronate, densely strigillose. Scapes solitary, sparsely spreading hirsute; umbels many flowered; corolla deep red. Grasslands, gravelly slopes, open woodlands. Distr. W Sichuan, NW Yunnan.

3 绵毛点地梅

1 2 3 4 5 6 7 8 9 10 11 12 3000-4000 m

Androsace sublanata Hand.-Mazz.[1-5]

多年生草本。莲座状叶丛单生或 2~4 枚簇生。叶两型；外层叶舌状长圆形，腹面被小糙伏毛，背面被绵毛状长毛；内层叶倒卵形或倒卵状披针形，两面均被长绵毛和短柄腺体。花葶单一，高 9~30 厘米，被稀疏开展的绵毛状长毛；伞形花序 3~11 朵花；苞片短于花梗；花冠粉红色或紫色。生于山坡草地、疏林下、杜鹃灌丛中。分布于四川西南部、云南西北部。

Herbs perennial. Rosettes solitary or 2-4 joined by branched ascending. Leaves dimorphic; outer leaves ligulateoblong, adaxially strigillose, abaxially ± white lanate; inner leaves obovate to oblanceolate, with white hairs intermixed with glands. Scapes solitary, 9-30 cm, with sparse long spreading hairs; umbels 3-11-flowered; bracts shorter than pedicel; corolla pink or purple. Grassy mountain slopes, open woodlands, *Rhododendron* thickets. Distr. SW Sichuan, NW Yunnan.

4 垫状点地梅

1 2 3 4 5 6 7 8 9 10 11 12 3500-5000 m

Androsace tapete Maxim.[1-5]

半球形的坚实垫状体。叶两型；外层叶舌状或长椭圆状，先端钝至尖；内层叶线形或狭倒披针形，顶端具密集的白色画笔状毛。花单生，无梗，包藏于叶丛中；花冠粉红色。生于干旱草地、砾石山坡。分布于甘肃南部、青海、西藏、四川西部；新疆南部；不丹、尼泊尔。

Compact moundlike cushions. Leaves dimorphic; outer leaves ligulate to oblong-elliptic, apex obtuse to acute; inner leaves linear to narrowly oblanceolate, abaxially densely white tufted villous. Flowers solitary, subsessile, hidden in leaf rosettes; corolla pink. Dry meadows, gravelly mountain slopes. Distr. S Gansu, Qinghai, Xizang, W Sichuan; S Xinjiang; Bhutan, Nepal.

1
2
2
3
4
4

1 粗毛点地梅

1 2 3 4 5 6 7 8 9 10 11 12 3400-4200 m

Androsace wardii W.W.Sm.[1-5]

多年生草本。植株由根出条和莲座状叶丛形成疏丛。叶两型；外层叶舌形至卵形，腹面近于无毛或被短硬毛，背面被白色长毛；内层叶匙形或倒披针形，具明显的柄，两面均被短粗毛和短柄腺体，边缘具粗缘毛。花葶高2~4厘米；伞形花序3~6朵花；苞片长圆形或狭椭圆形；花梗长于苞片；花萼分裂达中部；花冠粉红色。生于山坡、林间草地、杜鹃灌丛。分布于西藏东南部、四川西南部、云南西北部。

Herbs perennial. Sucker rosettes forming lax cespitose. Leaves dimorphic; outer leaves ligulate to ovate, adaxially glabrescent or sparsely short strigillose, abaxially with long white hairs; inner leaves obovate to oblanceolate, with obvious petiole, with dense minute bristlelike hairs intermixed with short stalked glands, ciliolate at margin. Scapes 2-4 cm; umbels 3-6-flowered; bracts oblong to narrowly elliptic; pedicel longer than bracts; calyx parted to middle; corolla deep red. Slopes, forests grassland, *Rhododendron* thickets. Distr. SE Xizang, SW Sichuan, NW Yunnan.

2 高原点地梅

1 2 3 4 5 6 7 8 9 10 11 12 3600-5000 m

Androsace zambalensis (Petitm.) Hand.-Mazz.[1-4]

多年生草本，植株由多数根出条和莲座状叶丛形成密丛或垫状体。叶近两型，外层叶长圆形或舌形，腹面疏被毛，背面被短硬毛；内层叶狭舌形至倒披针形，被白色短硬毛，边缘具长缘毛，但较密。花葶单生；伞形花序2~5朵花；花梗短于苞片；花萼分裂近达中部；花冠白色，喉部周围粉红色。生于湿润的砾石草甸和流石滩上。分布于西藏东南部、四川西部、云南西北部；印度、尼泊尔。

Herbs perennial, many sucker rosettes forming dense cespitose or cushions. Leaves obscurely dimorphic; outer leaves ligulate-oblong, adaxially sparsely pubescent, abaxially hirtellous; inner leaves narrowly ligulate to oblanceolate, densely whitish hirtellous and long ciliate. Scapes solitary; umbels 2-5-flowered; pedicel shorten than bracts; calyx parted to middle; corolla white with a pink eye. Moist stony meadows, screes. Distr. SE Xizang, W Sichuan, NW Yunnan; India, Nepal.

报春花科 Primulaceae | 海乳草属 *Glaux* L.

多年生草本，全体无毛，稍带肉质。茎直立或基部匍匐，单一或有分枝。叶对生或有时在茎上部互生，线形至近匙形或狭长圆形，全缘，近于无柄。花单生叶腋，具短梗，无花冠；花萼花瓣状，白色或粉红色，钟状，通常分裂达中部；雄蕊5枚，着生于花萼基部，与萼片互生；花药卵心形，背着；子房卵圆形；花柱丝状；柱头呈小头状。蒴果卵状球形，上部5裂。本属1种，横断山区有分布。

Herbs perennial, glabrous, slightly freshy. Stems erect or creep at base, solitary or branched. Leaves decussate or alternate on upper part of stem, linear to subspathulate or narrowly oblong, margin entire, sessile. Flowers solitary, axillary, subsessile or short pedicellate, corolla absent; calyx petaloid, white or pink, campanulate, 5-parted to ± middle; stamens 5, attached at base of calyx and alternate with its lobes; anthers cordate-ovate, dorsifixed; ovary ovoid; style filiform; stigma capitate. Capsule globose, 5-valved on upper part. One species.

3 海乳草

1 2 3 4 5 6 7 8 9 10 11 12 <4000 m

Glaux maritima L.[1-2, 5]

根茎具有鳞片状近膜质的叶。茎直立或下部匍匐，肉质，通常有分枝。叶片线形、狭椭圆形或近匙形，近肉质，基部楔形，全缘，先端钝或稍锐尖。花单生于茎中上部叶腋；花萼钟形，白色或粉红色；雄蕊稍短于花萼；花柱与雄蕊等长或稍短。生于海边、内陆河漫滩盐碱地、沼泽草甸中。分布于中国东北、西北地区；日本及中亚、欧洲、北美洲。

Rootstock with scalelike, submembranous leaves. Stems erect or procumbent at base, fleshy, simple or branched. Leaf blade linear to narrowly elliptic-oblong or subspatulate, subfleshy, base cuneate, margin entire, apex obtuse to acute. Flowers solitary in axils of upper leaves; calyx campanulate, white or pink; stamens slightly shorter than calyx; style about as long as stamens. Beaches, muddy shallows, inland saline soils, salt marshes. Distr. NE and NW China; Japan, C Asia, Europea, N America.

报春花科 Primulaceae | 珍珠菜属 *Lysimachia* L.

草本，极少亚灌木，通常有腺点。花冠辐状或钟状，5 深裂，稀 6~9 裂，裂片在花蕾中旋转状排列。蒴果卵圆形或球形，通常 5 瓣开裂。约 180 种；中国 138 种；横断山区 30 种。

Herbs, rarely suffruticose, glandular dots. Corolla subrotate or campanulate, deeply 5(or 6-9)-parted, lobes contorted in bud. Capsule subglobose, usually 5-valved dehiscing. About 180 species; 138 in China; 30 in HDM.

1 露珠珍珠菜

1 2 3 4 **5** **6** 7 8 9 10 11 12 **600-1200 m**

Lysimachia circaeoides Hemsl.[1-2]

叶对生，在茎上部有时互生。总状花序 5~15 厘米；花萼分裂近达基部；花冠白色，裂片菱状卵形，具褐色腺条，先端锐尖；花药顶端有红色粗腺体。生于山谷湿润处。分布于四川；江西、湖北、湖南、贵州。

Leaves opposite, sometimes alternate in upper part of stem. Racemes 5-15 cm; calyx parted to base; corolla white, lobes rhomboid-ovate, brown glandular striate, apex acute; red glandular at anthers apex. Damp areas in mountain stream valleys. Distr. Sichuan; Jiangxi, Hubei, Hunan, Guizhou.

2 长蕊珍珠菜

1 2 3 **4** **5** 6 7 8 9 10 11 12 **1000-2300 m**

Lysimachia lobelioides Wall.[1-4]

一年生草本，全体无毛。总状花序顶生；花萼分裂近达基部，裂片卵状披针形，背面有黑色粗腺点；花冠白色或淡红色，裂片近匙形或倒卵状长圆形；雄蕊明显伸出花冠之外；花丝贴生至花冠裂片的基部；花药卵圆形，背着。蒴果近球形。生于山谷溪边、山坡草地湿润处。分布于四川西南部、云南；广西西部、贵州；不丹、印度、老挝、缅甸、尼泊尔、泰国。

Herbs annual, glabrous. Racemes terminal; calyx split nearly to base, lobes ovate-lanceolate, black striate outside; corolla white or pink, lobes spatulate to oblong obovate; stamens long exserted; filaments adnate to base of corolla lobes; anthers ovate, dorsifixed. Capsule subglobose. Damp places on streamsides, grassy mountain slopes. Distr. SW Sichuan, Yunnan; W Guangxi, Guizhou; Bhutan, India, Laos, Myanmar, Nepal, Thailand.

3 圆瓣珍珠菜

1 2 3 4 5 **6** **7** 8 9 10 11 12 **≈ 2200 m**

Lysimachia orbicularis F.H.Chen & C.M.Hu[1-3]

叶互生，在分枝上有时近对生。总状花序；花萼分裂近达基部；花冠白色，裂片近圆形，基部具爪，先端有多数红褐色短腺条；花药伸出花冠外，卵形。蒴果近球形。生于沟谷旁。分布于四川西南部。

Leaves alternate, occasionally subopposite in branches. Racemes terminal; calyx parted to base; corolla white, lobes suborbicular, base clawed, densely reddish brown striate near apex; stamens exserted, anthers ovate. Capsule subglobose. Ravines. Distr. SW Sichuan.

4 多育星宿菜

1 2 3 4 **5** **6** 7 8 9 10 11 12 **2700-3200 m**

Lysimachia prolifera Klatt[1-2, 4-5]

茎通常多条簇生，基部常倾卧，上部上升。叶对生。花少数，单生于茎端叶腋；花萼分裂近达基部，裂片披针形，背面有暗紫色或黑色短腺条；花冠淡红色或白色；雄蕊稍短于花冠。蒴果球形。生于湿润草地。分布于西藏南部、四川西部、云南西北部；印度、缅甸、尼泊尔、不丹。

Stems often many, ascending to erect, often prostrate at base. Leaves opposite. Flowers solitary in axils of upper leaves; calyx split nearly to base, lobes lanceolate, dark purple or black glandular striate abaxially; corolla pink or white, lobes obovate-spatulate; stamens slightly shorter than corolla lobes. Capsule subglobose. Wet meadows. Distr. S Xizang, W Sichuan, NW Yunnan; India, Myanmar, Nepal, Bhutan.

5 矮星宿菜

1 2 3 4 **5** **6** 7 8 9 10 11 12 **3500-4000 m**

Lysimachia pumila (Baudo) Franch.[1-4]

茎通常多条簇生，披散或上升。叶互生，在茎下部常对生。花 4~8 朵生于茎端，略成头状花序；花萼裂片长圆状披针形，背面有暗紫色短腺条和腺点；雄蕊约与花冠等长；花药卵圆形，紫色。生于山坡草地。分布于四川西部、云南西北部和西部。

Stems many, decumbentor ascending. Leaves alternate, often opposite in lower part of stem. Inflorescences capitate toward apex, 4-8-flowered; calyx lobes lanceolate, dark purple or black glandular striate abaxially; stamens about as long as calyx; anthers purple, ovate. Grassland slopes. Distr. W Sichuan, NW and W Yunnan.

1
1
2
2
3
3
4
5

报春花科 Primulaceae | 独花报春属 *Omphalogramma* (Franch.) Franch.

多年生草本，通常具木质根茎。叶基生，具柄，两面均有褐色小腺点。花单生于花葶端，无苞片；花萼 5~7 裂达基部，裂片披针状线形；花冠深紫色至紫红色，漏斗状，稀为钟状或高脚碟状，常略呈两侧对称，5~7 裂，裂片全缘或具凹缺或小齿；雄蕊 5~7 枚，贴生于花冠筒上；花丝无毛或被毛；花药矩圆形或卵形，先端钝；子房卵圆形，胚珠多数；花柱细长；柱头头状。蒴果卵状长圆形或筒状，顶端 5~7 浅裂。约 13 种；中国 9 种；横断山区 6 种。

Herbs perennial, with stout woody rhizomes. Leaves basal, petiolate, usually minutely brown punctate. Flowers terminal, solitary, without bracts; calyx 5-7-lobed to base, lobes linear-lanceolate; corolla deep purple to purple red, funnelform, rarely campanulate to salverform, slightly zygomorphic, 5-7-lobed, lobes entire, emarginate or dentate at margin; stamens 5-7, inserted on corollatube; filaments glabrous or pubescent; anthers oblong to ovate, apex obtuse; ovary ovoid, many ovule; style slender; stigma capitate. Capsule oblong to cylindric, dehiscing by 5-7 short valves. About 13 species; nine in China; six in HDM.

1 大理独花报春

1 2 3 4 5 **6** 7 8 9 10 11 12 3300-4000 m

Omphalogramma delavayi (Franch.) Franch.[1-4]

多年生草本，叶丛基部有鳞片包叠。叶片阔卵形至矩圆形或近圆形，开花时未充分发育，上面沿中肋被少数柔毛，下面沿叶脉和边缘被多细胞长毛，基部微呈心形至心形。花葶通常先于叶抽出，被毛；花冠漏斗状，玫瑰紫色，外面被多细胞柔毛，裂片先端具缺刻状齿；花丝和花柱均被毛。蒴果筒状。生于高山灌丛及草坡。分布于云南西部。

Plants perennial, with overlapping bud scales at base. Leaf blade broadly ovate to oblong or suborbicular, not well developed at anthesis, adaxially sparsely pubescent along midvein, abaxially with fulvous multicellular hairs along veins and at margin, base cordulate to cordate. Scapes extract usually precedes leaf, pilose; corolla rose-purple, funnelform, pilose outside, lobes apex incised-dentate; filaments and style pubescent. Capsule cylindric. Alpine scrublands, grassy slopes. Distr. W Yunnan.

2 西藏独花报春

1 2 3 4 5 6 **7** 8 9 10 11 12 ≈ 4000 m

Omphalogramma tibeticum H.R.Fletcher[1-2, 5]

多年生草本，具覆瓦状包叠的鳞片。叶与花同时出现；外轮叶通常阔卵形，基部心形或圆形；内轮叶椭圆形，基部渐狭，上面疏被柔毛，下面沿叶脉被毛。花冠紫色，裂片矩圆形或微呈倒卵形，先端微凹，具小圆齿；雄蕊和子房无毛；花柱下部被短腺毛，上部近于无毛。生于高山灌丛。分布于西藏东南部。

Plants perennial, bud scales overlapped. Leaves developed at same timeas flowers; outer leaves usually broadly ovate, base cordate to rounded; inner leaves elliptic, base attenuate, adaxially sparsely pilose, abaxially pubescent along veins. Corolla purple, lobes oblong to subobovate, obscurely emarginate and crenulate at apex; stamens and ovary glabrous; style glandular pubescent at base. Alpine scrublands. Distr. SE Xizang.

3 独花报春

1 2 3 4 **5** **6** 7 8 9 10 11 12 2200-4600 m

Omphalogramma vincaeflorum (Franch.) Franch.[1-2]

多年生草本。叶丛基部具鳞片包叠的部分通常较短，不超过 3 厘米。叶与花葶同时自根茎抽出；叶片倒披针形至矩圆形或倒卵形，基部通常渐狭，全缘或具极不明显的小圆齿，两面均被多细胞柔毛。花冠深紫蓝色，高脚碟状，裂片通常为倒卵形或倒卵状椭圆形，顶端具浅或深凹缺；花丝、子房和花柱均无毛。蒴果筒状。生于潮湿草地和灌丛中。分布于甘肃南部、西藏东部、四川西部和北部、云南西北部。

Plants perennial. Bud scales overlapped at base, shorter than 3 cm. Leaves developed at same time as flowers; leaf blade oblanceolate to oblong or obovate, base usually attenuate, margin entire to very obscurely crenulate, both sides with multicellular pubescent. Corolla deep indigo-blue, salverform, lobes usually obovate to obovate-elliptic, shallowly to deeply emarginate; filaments, ovary and style glabrous. Capsule cylindric. Damp meadows, shrubs. Distr. S Gansu, E Xizang, N and W Sichuan, NW Yunnan.

1
2
2
3
3
3

报春花科 Primulaceae | 羽叶点地梅属 *Pomatasace* Maxim.

一年生或二年生草本。叶全部基生，羽状深裂。花 5 基数，在花葶端排成伞形花序；花萼杯状，5 裂，果时稍增大；花冠盆状，稍短于花萼，冠筒因筒口收缩而成坛状，喉部具环状附属物，冠檐 5 裂；雄蕊 5 枚，贴生于冠筒中上部。蒴果近球形，由中部以下周裂成上下两半。单种属。

Herbs annual or biennial. Leaves basal, pinnatifid. Flower with 5 base, scapes with umbels; calyx cupular, 5-lobed, enlarged in fruit; corolla salverform, slightly shorter than calyx, constricted in urceolate and annulate at throat, limb 5-lobed; stamens 5, inserted at upper 1/3 of corolla tube. Capsule subglobose, circumscissile two parts from central sequente. One species.

1 羽叶点地梅

1 2 3 4 **5** **6** 7 8 9 10 11 12 2800-4500 m

Pomatosace filicula Maxim.[1-2, 5]

描述同属。生于高山草甸、山坡草地、河滩沙地、沟谷潮湿处。分布于青海东部、西藏东北部、四川西北部。

See description for the genus. Alpine meadows, grassy mountain slopes, sandflats along rivers, wet places in valleys. Distr. E Qinghai, NE Xizang, NW Sichuan.

报春花科 Primulaceae | 报春花属 *Primula* L.

通常为多年生草本。叶基生，莲座状，常被粉。花为 5 基数；花常具有长花柱与短花柱的异型花，有时为同型花；花萼钟状或筒状，有时叶状；花冠漏斗状或钟状，喉部不收缩；雄蕊贴生于冠筒上；花丝极短；子房上位。蒴果球形、卵形或筒状，顶端短瓣开裂或不规则开裂，稀为帽状盖裂。约 500 种；中国 300 种；横断山区约 100 种。

Herbs usually perennial. Leaves simple, forming a rosette, often farinose. Flowers in 5 base; flowers usually heterostylous with pin (long-styled) and thrum (short-styled) flowers, sometimes homostylous; calyx campanulate or cylindric, sometimes leaflike; corolla funnel-shaped or campanulate, tube not constricted at throat; stamens inserted on corolla tube; filaments very short; ovary superior. Capsule globose, ovoid, or cylindric, dehiscing by valves or crumbled, rarely with an operculum. About 500 species; 300 in China; about 100 in HDM.

• 植株常无粉，被毛 | Usually not farinose, pubesent

2 巴塘报春

1 2 3 4 5 **6** **7** 8 9 10 11 12 2100-3000 m

Primula bathangensis Petitm.[1-4]

多年生草本。叶片肾圆形，基部深心形。花通常多朵排成疏松的顶生总状花序；花萼阔钟状，果时长可达 2 厘米；花冠黄色。蒴果近球形。生于山岩石缝中和溪旁。分布于四川西部、云南北部。

Herbs perennial. Leaf blade reniform, base deeply cordate. Acrogenous racemes lax with many flowers; calyx widely campanulate, enlarged to 2 cm in fruit; corolla yellow. Capsule subglobose. Rock crevices of mountain slopes, near streams. Distr. W Sichuan, N Yunnan.

3 灰岩皱叶报春

1 2 3 **4** **5** 6 7 8 9 10 11 12 3000-3200 m

Primula forrestii Balf.f.[1-4]

— *Primula bullata* var. *rufa* (Balf.f.) W.W.Sm. & Fletcher

多年生草本。根茎粗壮，木质，密被残留的枯叶柄。叶片卵状椭圆形至椭圆状矩圆形。花葶粗壮，被褐色腺毛；伞形花序多花；苞片叶状；花异型；花萼近筒状，外面被柔毛；花冠深金黄色，喉部无环状附属物。蒴果卵球形，短于花萼。生于山坡林下和石灰岩缝中。分布于云南西北部。

Herbs perennial. Rhizomes robust, woody, with remains of old leaves at apex. Leaf blade ovate-elliptic to elliptic-oblong. Scapes robust, glandular tawny pubescent; inflorescences umbellate, many flowered; bracts leaflike; flowers heterostylous; calyx subtubular, pilose; corolla deep golden yellow, exannulate. Capsule ovoid, shorter than calyx. Open mountain forests, limestone rock crevices. Distr. NW Yunnan.

1 报春花

1 2 3 4 5 6 7 8 9 10 11 12 1800-3000 m

Primula malacoides Franch.[1-4]

二年生草本，通常被粉，少数植株无粉。叶片卵形至椭圆形或矩圆形，上面疏被柔毛或近于无毛，下面沿中肋和侧脉被毛或近于无毛，无粉或有时被白粉。花葶 1 至多枚自叶丛中抽出，伞形花序多轮；花异型；花冠粉红色，蓝紫色或近白色，喉部无环状附属物；长花柱约于冠筒等长；短柱花的雄蕊着生于冠筒中上部。生于潮湿旷地、林缘。分布于云南；广西西部、贵州。

Herbs biennial, usually farinose, rarely efarinose. Leaf blade ovate to elliptic or oblong-elliptic, adaxially sparsely pilose or subglabrous, abaxially pubescent along veins or subglabrous, efarinose or sometimes sprinkled with white farina. Scapes 1 to many, umbels several superimposed; flowers heterostylous; corolla rose, lavender or subwhite, exannulate; pin flowers: style about as long as tube; thrum flowers: stamensslightly above middle of corolla tube. Wet areas near cultivated fields, ditches,forest margins. Distr. Yunnan; W Guangxi, Guizhou.

2 葵叶报春

1 2 3 4 5 6 7 8 9 10 11 12 2300-3700 m

Primula malvacea Franch.[1-4]

多年生草本。叶片近圆形至阔卵圆形。花序顶生，花通常排成 1~8 轮，但有时仅近于轮生或排成总状花序；花异型；花萼阔钟状，果期增大，叶状；花冠粉红色或深红色，稀白色。蒴果球形。生于山谷林缘、石灰岩山坡上。分布于四川西南部、云南北部。

Herbs perennial. Leaf blade suborbicular to broadly ovate. Inflorescences terminal,usually in 1-8 superimposed whorls, sometimes in pseudowhorls or a raceme; flowers heterostylous; calyx broadly campanulate, enlarged in fruit, leaflike; corolla pale to dark rose, rarely white. Capsule globose, shorter than calyx. Forest margins in valleys, calcareous rocks of open slopes. Distr. NW Sichuan, N Yunnan.

3 多脉报春

1 2 3 4 5 6 7 8 9 10 11 12 2000-4000 m

Primula polyneura Franch.[1-4]

多年生草本，密被毛至近无毛。叶阔三角形或阔卵形以至近圆形，基部心形，边缘掌状裂深达叶片半径的 1/4~1/2，裂片阔卵形或矩圆形。花异型；花冠粉红色或深玫瑰红色，多少被毛，冠筒口周围黄绿色至橙黄色，裂片阔倒卵形，先端具深凹缺。蒴果长圆体壮，约与花萼等长。生于林缘。分布于甘肃东南部、西藏东南部、四川西部、云南西北部。

Herbs perennial, densely or sparsely pilose, sometimes glabrous. Leaf blade broadly ovate to suborbicular, base cordate, palmately lobed to 1/4-1/2 its width, lobes broadly ovate to oblong. Flowers heterostylous; corolla pale rose to crimson, pubescent, with greenish-yellow to orange eye, lobes broadly obovate, deeply emarginate. Capsule ellipsoid, about as long as calyx. Woodland margins. Distr. SE Gansu, SE Xizang, W Sichuan, NW Yunnan.

4 密裂报春

1 2 3 4 5 6 7 8 9 10 11 12 1600-2000 m

Primula pycnoloba Bureau & Franch.[1-2]

叶片阔卵圆形至近圆形，直径 4~15 厘米；叶柄长，被淡褐色绵毛状柔毛。花萼窄钟状，长于花冠，1.5~2.5 厘米，分裂达中部；花柱异型。生于山坡草丛中。分布于四川西部。

Leaf blade broadly ovate to suborbicular, 4-15 cm wide. Petiole long, densely white or brownish lanate. Flowers heterostylous; calyx campanulate to narrowly campanulate, 1.5-2.5 cm, longer than corolla, parted to middle; flowers heterostylous. Grassy slopes, at margins of mountain woodlands. Distr. W Sichuan.

5 铁梗报春

1 2 3 4 5 6 7 8 9 10 11 12 2300-3000 m

Primula sinolisteri Balf.f. var. *sinolisteri*[1-2, 4]

多年生草本。根状茎粗壮，木质，上部有枯叶柄覆盖。叶阔卵圆形至近圆形，无毛或稀疏被微毛，基部心形，边缘波状浅裂，边缘有稀疏具胼胝质尖头的小齿。伞形花序 2~8 朵花；花异型；花冠白色或淡红色，冠筒口周围黄色。蒴果球形。生于石质草坡和疏林下。分布于云南中部和西部。

Herbs perennial. Rhizomes comparatively stout, woody, with remains of old foliage. Leaf blade broadly ovate to suborbicular, glabrous or sparsely puberulent, base cordate, margin undulate-lobulate, margin remotely hydathode-denticulate. Umbels 2-8-flowered; flowers heterostylous; corolla white or pale rose, with a yellow eye. Capsule globose. Stony grassy slopes, open forests. Distr. C and W Yunnan.

1
1
2
3
3
4
4
5
5

1 圆叶鞘柄报春

1 2 3 4 5 6 7 8 9 10 11 12 3300-5000 m

Primula vaginata subsp. *eucyclia* (W.W.Sm. & Forrest) Chen et C.M.Hu

多年生草本。叶片近圆形，基部深心形，掌状7~9裂，深达叶片的1/3~1/2；裂片通常具3缺刻状粗齿；叶柄基部增宽成鞘状。花冠淡紫红色，冠筒仅稍长于花萼至长于花萼近1倍，裂片倒卵形，先端2裂，小裂片通常具2枚裂齿。生于高山草地和石缝中。分布于西藏东南部、云南西北部；缅甸北部。

Herbs perennial. Leaf blade suborbicular, base deeply cordate, palmately divided 1/3-1/2 its width into 7-9 lobes; lobes usually 3 deeply dentate; petiole vaginate at base. Corolla purplish pink, tube slightly longer to 2 × as long as calyx, lobes obovate, 2-lobed, lobules usually 2-toothed. Moist alpine meadows, on rocks. Distr. SE Xizang, NW Yunnan; N Myanmar.

· 植株多少被粉者 | More or less farinose

2 粗葶报春

1 2 3 4 5 6 7 8 9 10 11 12 4000-4600 m

Primula aemula Balf.f. & Forrest[1-3]

多年生草本，花期叶丛基部无鳞片包叠。叶柄具阔翅，长为叶片长的一半；叶片倒卵状圆形至倒披针形，边缘具圆锯齿。花葶粗壮，伞形花序2~4轮，每轮4~8朵花；花异型；花冠淡黄色，裂片卵形至卵状矩圆形。蒴果圆筒状，长于花萼1倍。生于潮湿的高山草甸。分布于四川西南部、云南北部。

Herbs perennial, without basal bud scales at anthesis. Petiole broadly winged, indistinct to 1/2 as long as leaf blade; leaf blade obovate-elliptic to oblanceolate, margin crenate-denticulate. Scapes robust, umbels usually 2-4, superimposed, 4-8-flowered; flowers heterostylous; corolla pale yellow, lobes ovate to ovate-oblong. Capsule cylindric, nearly 2 × as long as calyx. Open mountain pastures. Distr. SW Sichuan, N Yunnan.

3 乳黄雪山报春

1 2 3 4 5 6 7 8 9 10 11 12 4000-4500 m

Primula agleniana Balf.f. & Forrest[1-5]

多年生草本。叶丛基部有鳞片包叠呈鳞茎状。叶片披针形至倒披针形，基部渐狭窄，边缘具撕裂状牙齿。伞形花序1轮，通常2~5朵花；花异型；花冠淡黄色或乳白色，稀白色或淡红色，钟状，先端微具凹缺。蒴果圆筒状。生于高山湿草甸和溪边。分布于西藏东南部、云南西北部；缅甸北部。

Herbs perennial. Bulblike stock formed by overlapping basal bud scales. Leaf blade lanceolate to oblanceolate, base attenuate, margin laciniate-dentate. Umbels 2-5-flowered; flowers heterostylous; corolla pale yellow or cream-white, rarely white or pink, campanulate, slightly emarginated. Capsule cylindric. Damp meadows, streamsides. Distr. SE Xizang, NW Yunnan; N Myanmar.

4 紫晶报春

1 2 3 4 5 6 7 8 9 10 11 12 ≈ 4000 m

Primula amethystine Franch. subsp. *amethystine*[1-3]

多年生草本，无粉，叶丛基部有少数鳞片。叶片矩圆形至倒卵状矩圆形，边缘中部以上具稀疏的三角形小齿。伞形花序具2~6朵花；花异型；花冠深紫水晶色或深蓝色，裂片近正方形，顶端微凹，凹缺间常有1小突尖头。蒴果卵形，约与花萼等长。生于近山顶的湿润草地。分布于云南西部（大理）。

Herbs perennial, efarinose, with few scales at base. Leaf blade elliptic-oblong to obovate-oblong, margin above centre remotely triangular denticulate to dentate. Umbels 2-6-flowered; flowers heterostylous; corolla dark violet or blue, lobes subquadrate, apex obscurely emarginated, with a mucronate notch. Capsule ovoid, about as long as calyx. Alpine wet meadows. Distr. W Yunnan (Dali).

5 短叶紫晶报春

1 2 3 4 5 6 7 8 9 10 11 12 3400-5000 m

Primula amethystine subsp. *brevifolia* (Forrest) W.W.Sm. & Forrest[1-3]

多年生草本，无粉。叶矩圆形至倒卵状矩圆形，边缘具稀疏小牙齿。伞形花序3~20朵花；花异型；花冠蓝紫色，管状钟形，自基部逐渐膨大，裂片先端不规则的缺刻状，呈现流苏状。生于高海拔湿润草地。分布于西藏东部、四川西部、云南西北部。

Herbs perennial, efarinose. Leaf elliptic-oblong to obovate-oblong, leaf margin remotely fine denticulate. Umbels 3-20-flowered; flowers heterostylous; corolla violet, tubular-campanulate, gradually dilated from base, lobes irregularly lacerate-incised at apex, appearing fringed. Wet meadows. Distr. E Xizang, W Sichuan, NW Yunnan.

1
2
2
3
3
4
4
5
5

1 尖齿紫晶报春

1 2 3 4 5 **6** **7** 8 9 10 11 12 **3500-5000 m**

Primula amethystine subsp. *argutidens* (Franch.) W.W.Sm. & H.R.Fletcher[1-3]

多年生草本，无粉。叶椭圆状矩圆形或倒卵形，叶缘明显具齿。伞形花序 2~4 朵花；花冠紫蓝色，从花冠管基部骤然扩展为钟形，花冠裂片顶端呈不规则缺刻状。生于高山草甸。分布于四川西部。

Herbs perennial, efarinose. Leaf elliptic-oblong to obovate, leaf margin conspicuously dentate. Umbels 2-4-flowered; corolla campanulate, violet, abruptly dilated from a short cylindric base, lobes irregularly lacerate-incised at apex. Alpine meadows. Distr. W Sichuan.

2 霞红灯台报春

1 2 3 4 5 **6** **7** 8 9 10 11 12 **2400-2800 m**

Primula beesiana Forrest[1-4]

多年生草本。叶片狭长矩圆状倒披针形至椭圆状倒披针形，边缘具近于整齐的三角形小牙齿。花葶节上被白粉，具伞形花序 2~4（8）轮，每轮具 8~16 朵花；花异型；花萼内面密被乳白色粉，外面微被粉或无粉；花冠冠檐玫瑰红色，稀为白色，冠筒口周围黄色，喉部具环状附属物，花冠筒橙黄色。蒴果稍短于花萼。生于溪边和沼泽草地。分布于四川西南部、云南北部；缅甸北部。

Herbs perennial. Leaf blade narrowly oblong-oblanceolate to elliptic-oblanceolate, margin subregular triangular denticulate. Scapes white farinose on nodes. Umbels 2-4(8), superimposed, 8-16-flowered; flowers heterostylous; calyx densely cream-colored farinose inside, scarcely farinose or efarinose outside; corolla limb rose, rarely white, with a yellow eye, annulate, tube orange. Capsule globose, shorter than calyx. Streamsides, wet meadows. Distr. SW Sichuan, N Yunnan; N Myanmar.

3 山丽报春

1 2 3 4 5 6 **7** **8** 9 10 11 12 **3700-4800 m**

Primula bella Franch.[1-4]

多年生小草本。叶片倒卵形至近圆形或匙形，边缘具羽裂状深齿，齿披针形至卵形，常在先端反卷。花葶顶生 1~2(3) 朵花；花异型；花冠蓝紫色、紫色或玫瑰红色，冠筒内面被毛并在筒口形成白色球状毛丛。蒴果长椭圆形，稍短于宿存花萼。生于山坡乱石堆间。分布于西藏东南部、四川西南部、云南西北部。

Herbs perennial. Leaf blade obovate to suborbicular or spatulate, margin deeply incised into lanceolate to ovate teeth which are often recurved at apex. Scapes apex 1-2(3)-flowered; flowers heterostylous; corolla violet, purple or rose, tube pubescent inside, with a projecting tuft of white hairs in throat. Capsule ellipsoid, slightly shorter than calyx. Among boulders on mountain slopes. Distr. SE Xizang, SW Sichuan, NW Yunnan.

4 糙毛报春

1 2 3 4 5 **6** **7** 8 9 10 11 12 **3000-4500 m**

Primula blinii Lévl.[1-2, 4]

— *Primula incisa* Franch.

叶片轮廓阔卵形至矩圆形，基部楔状渐狭至截形或心形，边缘具缺刻状深齿或羽状浅裂以至近羽状全裂。伞形花序 2~10 朵花；花异型；花冠淡紫红色或蓝紫色，稀白色，喉部无环或有时具环。蒴果椭圆形，短于花萼。生于向阳的草坡、林缘和高山栎林下。分布于四川西部、云南北部和西北部。

Leaf blade broadly ovate to oblong, base short cuneate-attenuate to truncate or cordate, margin incised-dentate to pinnatifid. Umbels 2-10-flowered; flowers heterostylous; corolla purplishrose to bluish purple, rarely white, exannulate or rarely annulate. Capsule oblong, shorter than calyx. South-facing grassy slopes, woodland margins, alpine *Quercus* forests. Distr. W Sichuan, N and NW Yunnan.

5 木里报春

1 2 3 4 **5** **6** 7 8 9 10 11 12 **3600-4000 m**

Primula boreiocalliantha Balf.f. & Forrest[1-2]

叶丛基部由鳞片、叶柄包叠成假茎状。叶片狭矩圆状披针形，边缘具钝牙齿。花异型；花冠蓝紫色，钟状，喉部被粉，无环状附属物；花冠裂片先端具凹缺，有时并具啮齿状小齿。蒴果筒状，约长于花萼 1 倍。生于高山林地、林缘和杜鹃丛中。分布于四川西南部、云南西北部。

Stock formed by overlapping petioles and basal bud scales. Leaf blade narrowly oblong-lanceolate, margin regularly blunt dentate. Flowers heterostylous; corolla rose-lavender or rose-purple, campanulate, usually farinose in throat, exannulate; lobes emarginate to occasionally erose-denticulate. Capsule cylindric, about 2 × as long as calyx. Alpine woodland, woodland margins, *Rhododendron* thickets. Distr. SW Sichuan, NW Yunnan.

1
1
2
3
4
4
5
5

1 橘红灯台报春

1 2 3 4 5 6 7 8 9 10 11 12 2600-3200 m

Primula bulleyana Forrest[1-4]

多年生草本。叶椭圆状倒披针形。花葶节上和顶端被乳黄色粉，具伞形花序 5~7 轮，每轮具（4）8~16 朵花；花异型；花萼钟形，裂片披针形，先端渐尖成钻状；花未开放时呈深橙红色，开后为深橙黄色。蒴果近球形，约与花萼等长。生于高山草地潮湿处。分布于四川西南部、云南西北部。

Herbs perennial. Leaf blade elliptic-oblanceolate. Scapes cream-yellow farinose toward apex and onnodes. Umbels 5-7, superimposed, (4)8-16-flowered; flowers heterostylous; calyx campanulate, lobes lanceolate, apex acuminate-subulate; flower buds deep orange red before blossom, corolla deep orange in blossom. Capsule subglobose, nearly as long as calyx. Wet meadows. Distr. SW Sichuan, NW Yunnan.

2 美花报春

1 2 3 4 5 6 7 8 9 10 11 12 ≈ 4000 m

Primula calliantha Franch. subsp. *calliantha*[1-4]

叶丛基部有多数覆瓦状排列的鳞片，呈假茎状。叶片狭卵形或倒卵状矩圆形至倒披针形，边缘具小圆齿，叶下面密被黄绿色粉。伞形花序 1 轮，3~10 朵花；花异型；花冠淡紫红色至深蓝色，喉部被黄粉，裂片先端 2 浅裂。蒴果圆筒状，仅略长于花萼。生于山顶草地。分布于云南西部。

Herbs with a bulblike stock formed by overlapping petioles and basal bud scales. Leaf blade narrowly ovate or obovate-oblong to oblanceolate, margin crenulate, abaxially copiously greenish yellow farinose. Umbel 3-10-flowered; flowers heterostylous; corolla pale purple red to mazarine, throat yellow farinose, lobes apex 2 shallow crack. Capsule cylindric, slightly longer than calyx. Pastures. Distr. W Yunnan.

3 黛粉美花报春

1 2 3 4 5 6 7 8 9 10 11 12 3800-4500 m

Primula calliantha subsp. *bryophila* (Balf.f. & Farrer) W.W.Sm. & Forrest[1-2]

— *Primula bryophila* Balf.f. & Farrer

与原亚种的区别主要在于花萼较短，花冠筒长为花萼 2 倍。生于高山草甸、杜鹃丛中。分布于云南西北部；缅甸北部。

Similis *P. calliantha* Franch. subsp. *calliantha*, differ in calyx brevioris, corolla tube about 2 × as long as calyx. Meadows, among *Rhododendron*. Distr. NW Yunnan; N Myanmar.

4 头序报春

1 2 3 4 5 6 7 8 9 10 11 12 2700-5000 m

Primula capitata Hook. subsp. *capitata*[1-5]

多年生草本。叶片倒披针形、矩圆状倒披针形或矩圆状匙形，边缘具啮蚀状小牙齿。头状花序顶生，多花；花自花序边缘向内渐次开放；已开之花反折向下，未开之花和苞片在花序顶端覆叠成冠状；花异型；花冠蓝紫色或深紫色，筒口周围黄色，有或无环状附属物。蒴果近球形，比花萼短。生于山坡林下和草丛中。分布于西藏南部；不丹、印度东北部。

Herbs perennial. Leaf blade oblanceolate, oblong-oblanceolate to oblong-spatulate, margin erose-denticulate. Umbels capitate, many flowers; flowering gradually from the inflorescence edge to inward; developed flowers nodding down, undeveloped flowers and bracts appearing discoid at apex; flowers heterostylous; corolla bluish purple or deep purple, with a yellow eye, annulate or exannulate. Capsules subglobose, shorter than calyx. Mountain woodlands, grassy slopes. Distr. S Xizang; Bhutan, NE India.

5 垂花穗状报春

1 2 3 4 5 6 7 8 9 10 11 12 2700-3900 m

Primula cernua Franch.[1-4]

多年生草本。叶片阔倒卵形至阔倒披针形，两面均被多细胞白色柔毛，边缘全缘或具不明显的波状小圆齿，叶柄近于无。花异型；花冠深蓝紫色，裂片卵形至矩圆形，先端微具凹缺或近全缘。蒴果近球形。生于山坡草地。分布于四川西南部、云南北部。

Herbs perennial. Leaf blade broadly obovate to broadly oblanceolate, with multicellular white hairs, margin entire to obscurely repand-crenulate, petiole unconspicuous. Flowers heterostylous; corolla deep bluish purple, lobes ovate to oblong, apex obscurely emarginate to subentire. Capsule subglobose. Grassy mountain slopes. Dirstr. SW Sichuan, N Yunnan.

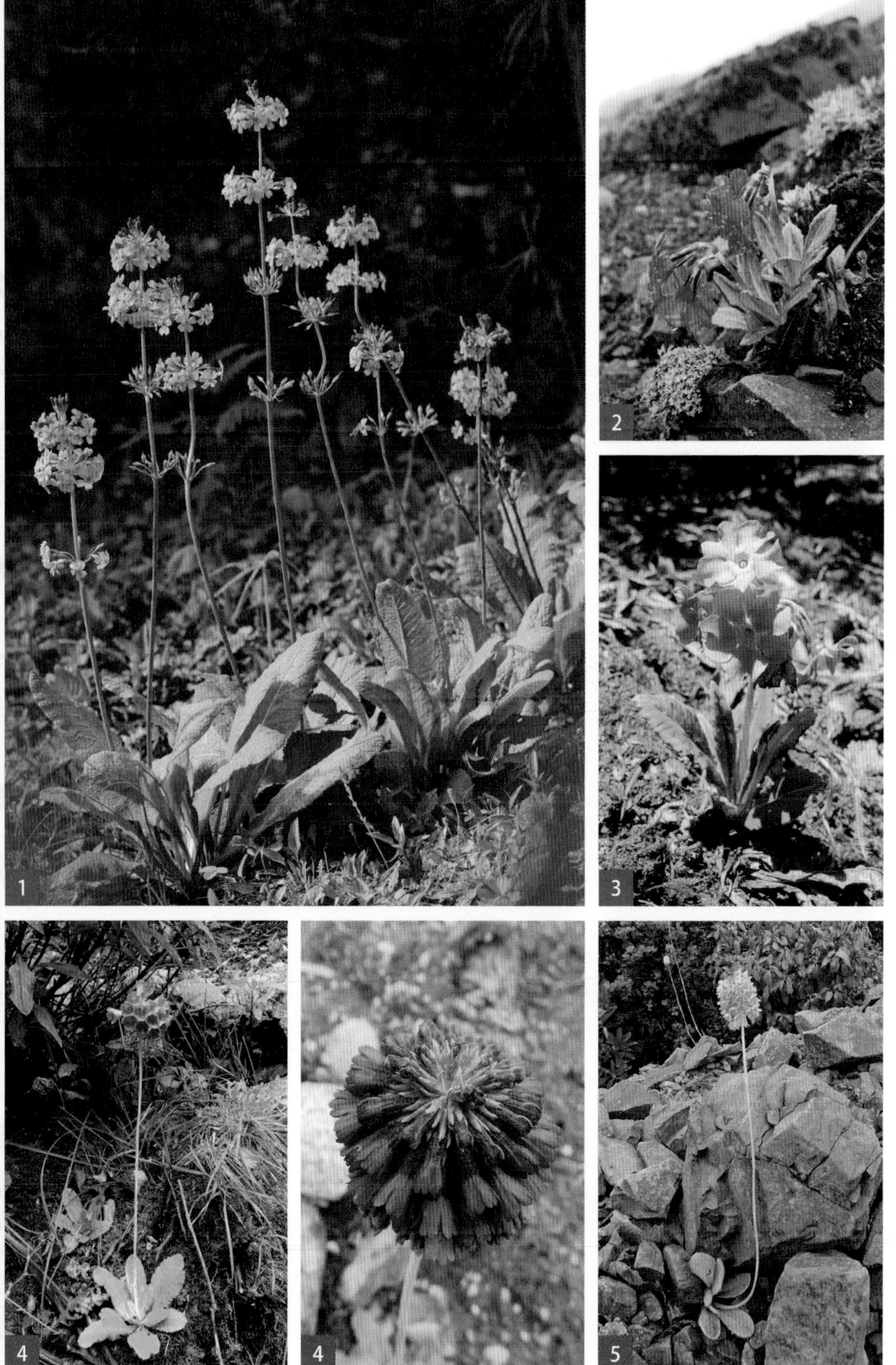
1
2
3
4
4
5

1 紫花雪山报春

1 2 3 4 **5** **6** **7** 8 9 10 11 12 3000-4400 m

Primula chionantha Balf.f. & Forrest[1-4]

多年生草本。叶丛基部由鳞片、叶柄包叠成假茎状；叶形变异较大，矩圆状卵形、矩圆状披针形、披针形以至倒披针形，边缘具细小牙齿或近全缘。伞形花序 1~4 轮，每轮 3 至多花；花异型；花冠紫蓝色或淡蓝色，稀白色。蒴果筒状，长于花萼近 1 倍。生于高山草地、草甸、林缘、流石滩和杜鹃丛中。分布于西藏东部、四川西南部、云南北部和西北部。

Herbs perennial, with a long stock formed by overlapping petioles and basal bud scales. Leaf shape various, leaf blade oblong-ovate, oblong-lanceolate, lanceolate to oblanceolate etc., margin denticulate to subentire. Umbels 1-4, superimposed, 3- to many flowered; flowers heterostylous; corolla purplish violet, rarely white. Capsule cylindric, about 2 × as long as calyx. Pastures, meadows, woodland margins, screes, among *Rhododendron*. Distr. E Xizang, SW Sichuan, N and NW Yunnan.

2 中甸灯台报春

1 2 3 4 **5** **6** 7 8 9 10 11 12 2900-3200 m

Primula chungensis Balf.f. & Kingdon-Ward[1-5]

多年生草本。叶椭圆形、矩圆形或倒卵状矩圆形，基部楔状渐窄。花葶节上微被粉；伞形花序 1~5 轮，每轮具 3~12 朵花；花多为同型花，有时异型；花萼钟状，裂片三角形；花冠淡橙黄色，喉部具环状附属物。蒴果卵圆形，长于花萼。生于林间草地、沼泽地、水边。分布于西藏东南部、四川西南部、云南西北部。

Herbs perennial. Leaf blade elliptic to oblong or obovate-oblong, base cuneate-attenuate. Scapes scarcely farinose at nodes; umbels 1-5, superimposed, 3-12-flowered; flowers mostly homostylous, rarely heterostylous; calyx campanulate, lobes triangular; corolla pale orange, annulate. Capsule ovoid, slightly longer than calyx. Mountain glades, marshes or stream sides. Distr. SE Xizang, SW Sichuan, NW Yunnan.

3 穗花报春

1 2 3 4 5 **6** **7** 8 9 10 11 12 3300-4800 m

Primula deflexa Duthie[1-4]

多年生草本。叶片矩圆形至倒披针形，边缘具不整齐的小牙齿或圆齿，具缘毛，两边被多细胞柔毛。花葶被柔毛或有时近于无毛；花序短穗状，无粉或有时被黄粉，多花；花异型；花冠深蓝色或玫瑰紫色，裂片先端具凹缺。蒴果椭圆形，稍长于花萼。生于山坡湿草地、林缘、沟谷湿润处。分布于西藏东南部、四川西部、云南西北部。

Herbs perennial. Leaf blade oblong to oblanceolate, margin irregularly denticulate or crenulate and ciliate, both sides with multicellular hairs. Scapes pilose or subglabrous; inflorescences compact spicate, usually efarinose or rarely yellow farinose, many flowered; flowers heterostylous; corolla dark blue orrose-purple, lobes emarginate. Capsule elliptic, slightly longer than calyx. Wet slope pastures, woodland margins, moist areas in valleys. Distr. SE Xizang, W Sichuan, NW Yunnan.

4 滇北球花报春

1 2 **3** **4** 5 6 7 8 9 10 11 12 1500-3000 m

Primula denticulata subsp. *sinodenticulata* (Balf.f. & Forrest) W.W.Sm. & Forrest[1-2]

多年生草本，开花期叶丛基部有近肉质的鳞片。叶片矩圆形至倒披针形，叶两面多少被毛。花葶粗壮，长达叶丛的 3~6 倍；花序近头状，花直立，异型；花冠蓝紫色或紫红色，极少白色，冠筒口周围黄色，喉部无环状附属物。蒴果近球形，短于花萼。生于山坡草地和灌丛中。分布于四川西部、云南；贵州；缅甸北部。

Herbs perennial, encircled at base with subfleshy bud scales. Leaf blade oblong to oblanceolate, both sides more or less puberulent. Scapes more robust, usually 3-6 × as long as leaf rosette; umbels capitate, flowers erect, heterostylous; corolla purple to pinkish-purple, rarely white, with a yellow eye, exannulate. Capsule subglobose, shorter than calyx. Grassy slopes, among shrubs. Distr. W Sichuan, Yunnan; Guizhou; N Myanmar.

1
2
2
3
3
4

1 双花报春

1 2 3 4 5 6 7 8 9 10 11 12 4000-4800 m

Primula diantha Bureau & Franch.[1-4]

外部叶片矩圆状匙形至倒披针形，向内渐次变狭，呈窄倒披针形至线状披针形。伞形花序2~10朵花；花异型；花萼筒状，外面带紫色；花冠蓝紫色，喉部具环状附属物。蒴果筒状，长于宿存花萼。生于多石的湿草地和流石滩上。分布于西藏东部、四川西部、云南西北部。

Leaf blade oblong-spatulate to oblanceolate in outer leaves, narrowly oblanceolate to linear-oblanceolate in inner leaves. Umbels 2-10-flowered; flowers heterostylous; calyx tubular, purplish outside; corolla bluish purple, annulate. Capsule cylindric, longer than calyx. Stony meadows, talus slopes in alpine zone. Distr. E Xizang, W Sichuan, NW Yunnan.

2 展瓣紫晶报春

1 2 3 4 5 6 7 8 9 10 11 12 4000-5000 m

Primula dickeana Watt[1-5]

叶片椭圆状倒卵形至倒披针形，边缘近全缘或具极稀疏的小牙齿。花单生或1~6朵组成伞形花序；花异型；花冠黄色、白色、淡紫色或紫蓝色。蒴果约与花萼等长。生于湿润的高山草地。分布于西藏东南部、云南西北部；不丹、印度东北部、缅甸、尼泊尔。

Leaf blade elliptic-obovate to oblanceolate, margin subentire to remotely denticulate. Umbels 1-6-flowered; flowers heterostylous; corolla yellow, white, pale purple or violet. Capsule ovoid, nearly as long as calyx. Wet meadows. Distr. SE Xizang, NW Yunnan; Bhutan, NE India, Myanmar, Nepal.

3 石岩报春

1 2 3 4 5 6 7 8 9 10 11 12 4000-5500 m

Primula dryadifolia Franch. subsp. *dryadifolia*[1-5]

多年生常绿草本。具明显的木质根状茎，上部发出多数具叶的分枝，常形成密丛。叶片阔卵圆形至阔椭圆形或近圆形，边缘具小圆齿，下面密被黄色或白色粉。花葶明显高于叶丛；花异型；花冠淡红色至深红色，喉部具环状附属物，无球状毛丛。蒴果长卵圆形，约于花萼等长。生于岩石缝中。分布于西藏东南部、四川西部、云南西北部；缅甸北部。

Herbs perennial, evergreen. Rhizomes woody, conspicuous, much branched, forming dense cushions. Leaf blade broadly ovate to broadly elliptic or suborbicular, margin crenulate, abaxially densely yellow or white farinose. Scapes usually longer than leaf rosette; flowers heterostylous; corolla pale red or purplish rose, annulate, tube glabrous or scarcely puberulent inside. Capsule oblong-ovoid, nearly as long as calyx. Limestone screes. Distr. SE Xizang, W Sichuan, NW Yunnan; N Myanmar.

4 绿眼报春

1 2 3 4 5 6 7 8 9 10 11 12 4000-4700 m

Primula euosma W.G.Craib[1-4]

开花期叶丛基部无鳞片。叶椭圆形至倒卵形，边缘具三角形锐尖小牙齿。伞形花序2~10朵花；花异型；花冠紫红色至深紫蓝色，喉部无环状附属物，具小柔毛。生于高山湿草地和溪边等阴湿处。分布于云南西部；缅甸北部。

Herbs lacking basal bud scales at anthesis. Leaf blade elliptic to obovate, margin denticulate. Umbel 2-10-flowered; flowers heterostylous; corolla purplish rose to deep blue-purple, exannulate, puberulous outside. Wet meadows, shaded moist areas near streams. Distr. W Yunnan; N Myanmar.

5 峨眉报春

1 2 3 4 5 6 7 8 9 10 11 12 2100-3500 m

Primula faberi Oliv.[1-4]

叶片椭圆形至矩圆形或倒披针形，长2~8厘米，边缘具不整齐的尖牙齿。伞形花序紧密，3~10朵花；苞片叶状，卵形至卵状矩圆形，长6~15毫米；花冠黄色，窄钟形，长1.8~2.5厘米。生于山坡草地。分布于四川西南部、云南北部 。

Leaf blade elliptic to oblong or oblanceolate, 2-8 cm in length, margin irregularly sharp dentate. Umbels compact, 3-10-flowered; bracts ovate to ovate-oblong, 6-15 mm in length, leaflike; corolla yellow, tubular-campanulate, 1.8-2.5 cm. Wet pastures. Distr. SW Sichuan, N Yunnan.

1
1
2
3
4
4
5

1 镰叶雪山报春

1 2 3 4 5 6 7 8 9 10 11 12 3300-4300 m

Primula falcifolia Kingdon-Ward[1-2, 5]

多年生草本。叶丛基部有鳞片包叠，呈鳞茎状。叶线状披针形，边缘具小锯齿。花葶顶生 1~2 朵花，稀 3~4 朵花；花异型；花冠黄色，喉部无环状附属物。蒴果稍长于宿存花萼。生于高山草地、草甸和冷杉林下。我国西藏特有。

Herbs perennial. Stock bulblike, formed by overlapping petioles and basal budscales. Leaf blade linear-lanceolate, margin serrate. Scapes apex 1-2(rarely 3-4)-flowered; flowers heterostylous; corolla yellow, exannulate. Capsule slightly longer than calyx. Alpine grasslands, meadows, *Abies* forests. Distr. Xizang (endemic).

2 束花粉报春

1 2 3 4 5 6 7 8 9 10 11 12 2900-4800 m

Primula fasciculate Balf.f. & Kingdon-Ward[1-5]

多年生小草本，不被粉，常多数聚生成丛。叶片矩圆形、椭圆形或近圆形，全缘。伞形花序 1~6 朵花，花梗 1.5~3 厘米；苞片线形，5~10 毫米；或花单生，花梗达 10 厘米，无苞片；花异型；花冠淡红色或鲜红色，冠筒仅稍长于花萼。蒴果筒状。生于沼泽草甸、泥炭地、水边、池边草地。分布于甘肃、青海、西藏东部、四川西部、云南西北部。

Herbs perennial, efarinose, usually many consorte clump. Leaf blade oblong to elliptic orsuborbicular, margin entire. Umbels 1-6-flowered, pedicel 1.5-3 cm, bracts linear, 5-10 mm, or flower solitary and pedicel to 10 cm, without bracts; flowers heterostylous; corolla pink to rose, tube slightly longer than calyx. Capsule cylindric. Wet meadows, peatlands, watersides, poolsides grasslands. Distr. Gansu, Qinghai, E Xizang, W Sichuan, NW Yunnan.

3 垂花报春

1 2 3 4 5 6 7 8 9 10 11 12 2700-3600 m

Primula flaccida N.P.Balakr.[1-2, 4]

多年生草本。叶片椭圆形至阔倒披针形。花下垂，5~15 朵组成顶生短穗状或头状花序，花序紧密，花与花之间无间距；花异型；花冠漏斗状，蓝紫色，花冠筒长于花萼约 1 倍。蒴果近球形，稍短于花萼。生于多石的草坡和松林下。分布于四川西南部、云南；贵州西部。

Herbs perennial. Leaf blade elliptic to broadly oblanceolate. Flowers nodding, inflorescences capitate to short spicate, 5-15-flowered, spikes compact, flowers contiguous; flowers heterostylous; corolla violet, funnelform, corolla tube about 2× as long as calyx. Capsule subglobose, slightly shorter than calyx. Stony grassy slopes, *Pinus* forests. Distr. SW Sichuan, Yunnan; W Guizhou.

4 厚叶苞芽报春

1 2 3 4 5 6 7 8 9 10 11 12 3000-4100 m

Primula gemmifera var. *amoena* Chen[1, 3-4]

此变种与原变种的区别在于植株通常较粗壮，叶较肥厚，近肉质，花冠喉部无环状附属物。生于湿草地、林缘、溪边。分布于四川西部、云南西北部。

Similar to *P. gemmifera* Batal. var. *gemmifera*, differ in usually more robust, leaves thick textured, subfreshy, enannulate. Damp meadows, woodland margins, streamsides. Distr. W Sichuan, NW Yunnan.

5 泽地灯台报春

1 2 3 4 5 6 7 8 9 10 11 12 ≈ 2000 m

Primula helodoxa Balf.f.[1-2, 4]

多年生草本。叶片阔倒披针形至倒卵状长圆形，边缘具三角形小牙齿。伞形花序 4~6 轮，每轮具 6~20 朵花，节上被黄粉；花异型；花萼钟状，裂片三角形；花冠金黄色，有芳香，花冠筒长于花萼约 2 倍。蒴果球形，稍短于花萼。生于空旷的潮湿草地和溪边。分布于云南西部。

Herbs perennial.Leaf blade broadly oblanceolate to obovate-oblong, margin denticulate. Umbels 4-6, superimposed, 6-20-flowered, yellow farinose on nodes; flowers heterostylous; calyx campanulate, lobes triangular; corolla bright golden yellow, fragrant, corolla tube longer 2 × than calyx. Capsule globose, slightly shorter than calyx. Open wet grasslands, streamsides. Distr. W Yunnan.

1
2
2
3
3
4
5
5

1 春花脆蒴报春

1 2 3 4 5 6 7 8 9 10 11 12 4000-5000 m

Primula hookeri Watt var. *hookeri*[1-2, 4]

— *Primula vernicosa* Kingdon-Ward ex Balf.f.

多年生草本。叶丛基部有覆瓦状包叠的鳞片。叶近无柄，叶片矩圆状倒卵形至匙形，有时仅微高出基部的鳞片。初花期花葶极短，藏于叶丛中；花同型，花梗极短；花冠白色，喉部具环状附属物。生于高山草地、多石的山坡和林下。分布于西藏东南部、云南西北部；不丹、印度东北部、缅甸、尼泊尔。

Herbs perennial, base with overlapping scales. Leaves subsessile, leaf blade oblong-obovate to spatulate, slightly higher than basal scales. Scapes very short in anthesis, hidden in foliage; flowers homostylous, with brevipedicel; corolla white, annulate. Alpine meadows, rocky slopes, forests. Distr. SE Xizang, NW Yunnan; Bhutan, NE India, Myanmar, Nepal.

2 短筒等梗报春

1 2 3 4 5 6 7 8 9 10 11 12 1700-2100 m

Primula kialensis subsp. *breviloba* C.M.Hu[1-2]

多年生草本。叶矩圆状倒卵形、椭圆形或近于匙形，上半部边缘具较深三角形牙齿，背面密被黄粉，上面无粉或微被粉。花 2~6 朵组成伞形花序，稀单生；花异型；花冠桃红色或淡紫色，冠筒口周围黄色，冠筒较短，仅稍长于花萼；长花柱伸出冠筒口。蒴果稍短于宿存花萼。生于湿润的石灰岩上。分布于四川西部。

Herbs perennial. Leaf blade oblong-obovate to elliptic or subspatulate, deeply triangular dentate on upper 1/2, abaxially densely yellow farinose, adaxially efarinose or scarcely farinose. Umbels 2-6-flowered, rarely single; flowers heterostylous; corolla rose or pale purple, with a yellow eye, tube fairly short, slightly longer than calyx; pin flowers: style extend tube. Capsule elliptic, slightly shorter than calyx. Damp rocks and cliffs. Distr. W Sichuan.

3 等梗报春

1 2 3 4 5 6 7 8 9 10 11 12 1500-2500 m

Primula kialensis Franch. subsp. *kialensis*[1-3]

叶背面密被黄粉，基部楔形渐狭，边缘具稍钝或锐尖的牙齿。花梗直立，与花葶近等长或短于花葶；花冠桃红色或淡紫色。生于石灰岩上。分布于四川西北部。

Leaf blade abaxially densely yellow farinose, base cuneate-attenuate, margin dentate-crenate to irregularly deep dentate. Pedicel about as long as or shorter than scape; corolla rose or pale purple. On limestone rocks and cliffs. Distr. NW Sichuan.

4 深紫报春

1 2 3 4 5 6 7 8 9 10 11 12 ≈ 3500 m

Primula melanantha (Franch.) C.M.Hu[1]

多年生草本。叶丛基部被卵状披针形的鳞片包叠。叶片倒披针形，边缘具圆齿或细齿；叶背疏被毛，叶面密被毛。花葶被毛，近顶端被粉；花序 1 轮，多花；花异型；花冠深紫色。生于多草的山坡。分布于四川西部。

Herbs perennial, densely covered with persistent overlapping ovate-lanceolate scales. Leaf blade oblanceolate, margin crenate-denticulate, sparsely or scarcely pubescent abaxially, densely pubescent adaxially. Scapes puberulent, mealy near apex; umbels simple, many-flowered; flowers heterostylous; corolla dark-purple. Grassy mountain slopes. Distr. W Sichuan.

5 雪山小报春

1 2 3 4 5 6 7 8 9 10 11 12 4300-5000 m

Primula minor Balf.f. & Kingdon-Ward[1-4]

多年生草本。叶丛基部具残存的枯叶，无鳞片。叶柄叉开；叶片匙形至矩圆状匙形或倒卵形，边缘具近于整齐的小钝齿。伞形花序 3~8 朵花；花异型；花冠紫红色或蓝紫色，稀白色。蒴果筒状。生于多石的山坡草地、杜鹃矮林下和石壁缝中。分布于西藏东南部、云南西北部。

Herbs perennial, with remains of old leaves at base, without basal bud scales. Petioles not overlapping; leaf blade spatulate to oblong-spatulate or obovate, margin regularly blunt denticulate. Umbels 3-8-flowered; flowers heterostylous; corolla lavender-rose or violet, rarely white. Capsule cylindric. Stony meadows, *Rhododendron* thickets, cliffs. Distr. SE Xizang, NW Yunnan.

1
1
2
3
3
4
4
5
5

1 宝兴报春

1 2 3 4 5 6 7 8 9 10 11 12 2000-3000 m

Primula moupinensis Franch. subsp. *moupinensis*[1-3]

开花期叶丛基部有少数鳞片。叶矩圆状倒卵形至倒卵形，边缘具不整齐的锐尖牙齿，无粉或有时下面微被黄粉。伞形花序多花，稀仅 2~4 朵花；花冠淡蓝色，冠檐直径 1.5~2 厘米，裂片阔倒卵形，先端具深凹缺。生于阴湿的沟谷和林下。分布于四川西部。

Basal bud scales inconspicuous at anthesis. Leaf blade oblong-obovate to obovate, margin irregularly sharp dentate, efarinosa or sparsely yellow farinose. Umbel solitary, 2- to many flowered; corolla bluish purple, 1.5-2 cm in diam. Shaded wet areas in ravines and forests. Distr. W Sichuan.

2 雅江报春

1 2 3 4 5 6 7 8 9 10 11 12 3000-4500 m

Primula involucrata subsp. *yargongensis* (Petitm.) W.W.Sm. & Forrest[1-2]

— *Primula yargongensis* Petitm.

多年生草本，全株无粉。叶片卵形、矩圆形或近圆形，近肉质，全缘或具不明显的稀疏小牙齿。伞形花序 2~6 朵花；苞片椭圆形或卵状披针形，基部下延成垂耳状附属物，长 4~7 毫米；花异型；花冠蓝紫色或紫红色，稀白色，冠筒长于花萼通常不足一倍。生于山坡湿草地、草甸和沼泽地。分布于西藏东部、四川西部、云南北部和西北部；不丹、缅甸北部。

Herbs perennial, efarinose. Leaf blade ovate to oblong or suborbicular, subfreshy, margin entire or remotely obscure denticulate. Umbels 2-6-flowered; bracts oblong to ovate-lanceolate, prolonged below into blunt auricles, 4-7 mm; flowers heterostylous; corolla mauve to pink or purple, rarely white, tube usually not to 1 × longer than calyx. Wet meadows, marshes. Distr. E Xizang, W Sichuan, N and NW Yunnan; Bhutan, N Myanmar.

3 麝草报春

1 2 3 4 5 6 7 8 9 10 11 12 ≈ 4000 m

Primula muscarioides Hemls.[1-3, 5]

多年生草本。叶片倒卵状匙形至矩圆状披针形，边缘具圆齿，下面近无毛仅沿中脉稀疏被毛，上面被柔毛。花葶无毛；花序短穗状，多花，无粉或有时被粉；花异型；花冠深紫蓝色，裂片近正方形，先端截形或微凹。蒴果椭圆状，稍长于花萼。生于高山湿润草甸。分布于西藏东南部、四川西南部、云南西北部。

Herbs perennial. Leaf blade obovate-spatulate to oblong-lanceolate, margin crenate-dentate, abaxially subglabrous except sparsely pubescent on midvein, adaxially pilose. Scapes glabrous; inflorescences compact, short spicate, efarinose or sometimes farinose, many flowered; flowers heterostylous; corolla deep purplish blue, lobes subquadrate, apex truncate or slightly notched. Capsule elliptic, slightly longer than calyx. Moist meadows. Distr. SE Xizang, SW Sichuan, NW Yunnan.

4 天山报春

1 2 3 4 5 6 7 8 9 10 11 12 600-3800 m

Primula nutans Georgi[1-3]

多年生草本，全株无粉。叶片卵形、矩圆形或近圆形，全缘或微具浅齿。花序苞片矩圆形，基部下延成垂耳状，长 1~1.5 毫米；花异型；花冠淡紫红色，冠筒口周围黄色，喉部具环状附属物。蒴果筒状。生于湿草地和草甸中。分布于甘肃、青海、四川北部；内蒙古、新疆；哈萨克斯坦、蒙古北部、巴基斯坦、俄罗斯、欧洲北部、北美洲西北部。

Herbs perennial, efarinose. Leaf blade ovate to oblong or suborbicular, margin entire to obscurely denticulate. Inflorescences bracts oblong, prolonged below into blunt auricles 1-1.5 mm; flowers heterostylous; corolla pinkish purple, with a yellow eye, annulate. Capsule cylindric. Wet meadows, marshes. Distr. Gansu, Qinghai, N Sichuan; Nei Mongol, Xinjiang; Kazakstan, N Mongolia, Pakistan, Russia, N Europe, NW North America.

1

2

2

3

3

4

4

1 心愿报春

1 2 3 4 5 6 7 8 9 10 11 12 3200-4500 m

Primula optata Farrer[1-2]

多年生草本，叶丛基部具少数鳞片，但不包叠成假茎状。叶片边缘具近于整齐的小钝齿。初花期花葶高 3~5 厘米，后伸长可达 16 厘米；苞片自稍宽的基部渐尖成钻形；花萼窄钟状，分裂深达中部或略超过中部，裂片矩圆状披针形；花冠蓝紫色，裂片椭圆形或矩圆形，全缘；长花柱花：雄蕊着生处距冠筒基部 3~4 毫米，花柱长近达冠筒口；短花柱花：雄蕊着生于冠筒中上部。蒴果筒状。生于高山湿草地、林缘、石缝中。分布于甘肃南部、青海东部、四川西部。

Herbs perennial, with few bud scales at base, petioles and basal bud scales not overlapping. Leaf margin ± regularly denticulate. Scapes 3-5 cm, elongating to 16 cm; bracts subulate from a wide base; calyx tubular-campanulate, parted to middle or slightly below, lobes oblong-lanceolate; corolla bluish purple, lobes elliptic to oblong, margin entire; pin flowers: stamens 3-4 mm above base of corolla tube, style nearly as long as tube; thrum flowers: stamens at upper part of corolla tube. Capsule cylindric. Moist meadows, among rocks, forest margins. Distr. S Gansu, E Qinghai, W Sichuan.

2 羽叶穗花报春

1 2 3 4 5 6 7 8 9 10 11 12 3600-4200 m

Primula pinnatifida Franch.[1-4]

多年生草本。叶片椭圆形、矩圆形或匙形，边缘具钝锯齿，缺刻状粗齿或羽状分裂。花葶无毛或近于无毛，顶端被淡黄色粉；花序短穗状或近头状，通常多花；花异型；花萼外面微被粉，裂片不等大，先端钝或具小突尖头；花冠蓝紫色。蒴果近球形，约于花萼等长。生于山坡草地和石隙中。分布于四川西南部、云南北部。

Herbs perennial. Leaf blade elliptic to oblong or spatulate, margin crenate-serrate to coarsely dentate or incised lobulate. Scapes glabrous or nearly so, pale yellow farinose toward apex; inflorescences spicate or subcapitate, usually many flowered; flowers heterostylous; calyx scarcely farinose, lobes unequal, apex obtuse to apiculate; corolla blue-purple. Capsule subglobose, nearly as long as calyx. Grassy slopes, rock crevices. Distr. SW Sichuan, N Yunnan.

3 海仙花

1 2 3 4 5 6 7 8 9 10 11 12 2500-3100 m

Primula poissonii Franch.[1-4]

多年生草本，无香气，不被粉。叶丛（至少部分）冬季不枯萎。叶片倒卵状椭圆形至倒披针形。花葶具伞形花序 2~6 轮，每轮具 3~10 朵花；花异型；花萼杯状，裂片三角形或长圆形；花冠深紫红色或紫红色，冠筒口周围黄色，喉部具明显的环状附属物。蒴果卵形，稍长于花萼。生于山坡草地湿润处和水边。分布于四川西部、云南中部和西北部。

Herbs perennial, no fragrance, efarinose. Leaves(at least part) not withered in winter. Leaf blade obovate-elliptic to oblanceolate. Scapes with umbels 2-6, superimposed, 3-10-flowered; flowers heterostylous; calyx cyathiform, lobes triangular to oblong; corolla deep purplish crimson or rose-purple, annulate obviously. Capsule ovoid, slightly longer than calyx. Wet areas at slope grassland, inundated meadows. Distr. W Sichuan, C and NW Yunnan.

4 小花灯台报春

1 2 3 4 5 6 7 8 9 10 11 12 2400-3300 m

Primula prenantha Balf.f. & W.W.Sm. subsp. *prenantha*[1]

多年生小草本，无粉。叶片矩圆状倒卵形或倒卵状椭圆形。伞形花序 1~2 轮，每轮 2~8 朵花；花同型；花萼钟状，裂片三角形；花冠黄色，花冠筒长 5~7.5 毫米，冠檐直径 6~9 毫米，花冠裂片矩圆状倒卵形，长 2~3.5 毫米，喉部具环状附属物。蒴果近球形，与花萼等长或稍长于花萼。生于高山湿草地和沼泽草甸中。分布于西藏东南部、云南西北部；不丹、印度东北部、缅甸北部、尼泊尔。

Herbs perennial, efarinose. Leaf blade oblong-obovate to obovate-elliptic. Umbels 1-2, superimposed, 2-8-flowered; flowers homostylous; calyx campanulate, lobes triangular; corolla yellow, corolla tube 5-7.5 mm, limb 6-9 mm wide, lobes oblong-obovate, 2-3.5 mm, annulate. Capsule subglobose, about as longas calyx or slightly longer than calyx. Alpine wet meadows, bog margins. Distr. SE Xizang, NW Yunnan; Bhutan, NE India, N Myanmar, Nepal.

1

1

2

2

3

3

4

1 丽花报春

1 2 3 4 5 6 7 8 9 10 11 12 2000-4500 m

Primula pulchella Franch.[1-5]

多年生草本。叶片披针形、倒披针形或线状披针形，基部渐狭窄，上面秃净，下面密被黄粉。花葶高 8~30 厘米；花萼钟状，分裂达中部；花异型；花冠堇蓝色至深紫蓝色。蒴果长圆体状，长于花萼。生于潮湿的高山草地和林缘。分布于西藏东部、四川西南部、云南西北部。

Herbs perennial. Leaf blade lanceolate to oblanceolate or linear-lanceolate, base long attenuate, abaxially very densely yellow farinose. Scapes 8-30 cm; calyx campanulate, parted to middle; flowers heterostylous; corolla violet to deep violet-purple. Capsule oblong, longer than calyx. Damp meadows, woodland margins. Distr. E Xizang, SW Sichuan, NW Yunnan.

2 紫罗兰报春

1 2 3 4 5 6 7 8 9 10 11 12 3300-4100 m

Primula purdomii W.G.Craib[1-3]

多年生草本。叶丛基部由鳞片和叶柄包叠成假茎状，外围有枯叶。叶片披针形、矩圆状披针形或倒披针形，边缘近全缘或具不明显的小钝齿，通常极窄外卷。伞形花序具 8~12（18）朵花；花异型；花萼狭钟状，裂片矩圆状披针形；花冠蓝紫色至近白色，裂片矩圆形，全缘。蒴果筒状，约长于花萼 1 倍。生于湿草地、灌木林下和潮湿石缝中。分布于甘肃南部、青海东南部、四川西北部。

Herbs perennial, with a long stock formed by overlapping petioles and basal bud scales, with remains of leaves at base. Leaf blade lanceolate to oblong-lanceolate or oblanceolate, margin subentire to obscurely denticulate, narrowly revolute. Umbels 8-12(18)-flowered; flowers heterostylous; calyx tubular-campanulate, lobes oblong-lanceolate; corolla bluish purple to pale-purple or nearly white, lobes oblong, margin entire. Capsule cylindric, about 2 × as long as calyx. Wet meadows, thickets, moist rock crevices. Distr. S Gansu, SE Qinghai, NW Sichuan.

3 偏花报春

1 2 3 4 5 6 7 8 9 10 11 12 3200-4800 m

Primula secundiflora Franch.[1-2, 4-5]

多年生草本。叶片矩圆形、狭椭圆形或倒披针形。花葶顶端被白色粉；伞形花序 5~10 朵花，有时出现第 2 轮花序；花异型；花萼沿裂片背面至基部一线无粉，紫色，沿裂片边缘至基部密被白粉，形成紫白相间的 10 条纵带；花冠红紫色至深玫瑰红色，喉部无环状附属物。蒴果长为宿存花萼长的 1.5 倍。生于水沟边、河滩地、高山沼泽和湿草地。分布于青海东部、西藏东部、四川西部、云南西北部。

Herbs perennial. Leaf blade oblong to narrowly elliptic or oblanceolate. Scapes white farinose toward apex; umbels 1(or 2), superimposed, 5-10-flowered; flowers heterostylous; calyx tinged with purple from lobes dorsal to base, white farinose between lobes, i.e. from lobes margin to base, forming 5 purple and 5 white vertical stripes; corolla rose-purple to deep rose, exannulate. Capsule elliptic, about 1.5 × as long as calyx. Gullies, stream sides, bog margins, wet meadows. Distr. E Qinghai, E Xizang, W Sichuan, NW Yunnan.

4 齿叶灯台报春

1 2 3 4 5 6 7 8 9 10 11 12 2600-4200 m

Primula serratifolia Franch.[1-5]

多年生草本，无粉。叶矩圆形至椭圆状倒卵形，边缘具啮蚀状三角形小牙齿。伞形花序（3）5~10 朵花，有时亦出现第二轮花序；花异型；花萼窄钟形，裂片三角形；花冠黄色，裂片通常自基部至顶端有一深黄色的宽带。蒴果卵球形，约于花萼等长。生于高山草地。分布于西藏东南部、云南西北部；缅甸北部。

Herbs perennial, efarinose. Leaf blade oblong to elliptic-obovate, margin erose-triangular-denticulate. Umbels 1(or 2), superimposed, (3-)5-10-flowered; flowers heterostylous; calyx tubular-campanulate, lobes triangular; corolla yellow, lobes usually with a deep yellow stripe from base to apex. Capsule ovoid, nearly as long as calyx. Wet meadows. Distr. SE Xizang, NW Yunnan; N Myanmar.

1
1
2
2
3
3
4
4

1 钟花报春

1 2 3 4 5 6 7 8 9 10 11 12 3200-4400 m

Primula sikkimensis Hook.[1-5]

多年生草本。叶片椭圆形至矩圆形或倒披针形，基部渐狭。花葶高 15~90 厘米，顶端被黄粉；伞形花序通常 1 轮（有时或 2 轮），2 至多花；花异型；花冠黄色，稀为乳白色。蒴果长圆体状，约与宿存花萼等长。生于林缘湿地、沼泽草甸、水沟边。分布于西藏、四川西部、云南西北部；不丹、印度东北部、尼泊尔。

Herbs perennial. Leaf blade elliptic to oblong or oblanceolate, base attenuate. Scapes 15-90 cm, yellow farinose toward apex; umbels usually 1(or 2), 2- to many flowered; flowers heterostylous; corolla yellow, rarely cream-white. Capsule oblong, nearly as long as calyx. Wet meadows, margins of bogs and wet forests, streamsides. Distr. Xizang, W Sichuan, NW Yunnan; Bhutan, NE India, Nepal.

2 苣叶报春

1 2 3 4 5 6 7 8 9 10 11 12 3000-4600 m

Primula sonchifolia Franch. subsp. *sonchifolia*[1-5]

多年生草本。叶丛基部有覆瓦状排列的鳞片，呈鳞茎状。叶矩圆形至倒卵状矩圆形，开花时尚未充分发育，后渐增大，边缘不规则浅裂，裂片具不整齐的小牙齿。花葶初期甚短，盛花期通常与叶丛近等长，果期更长；花异型；花冠淡紫蓝色至蓝紫色，稀白色，裂片顶端通常具小齿。蒴果近球形。生于高山草地、林缘和冷杉林下。分布于四川西部、云南西北部；缅甸北部。

Herbs perennial, base with overlapping farinose bud scales, appearing bulblike. Leaf blade oblong to obovate-oblong, not well developed at anthesis, then enlarged, margin irregularly lobulate to pinnatifid, lobules irregularly denticulate. Scapes very short, usually about as long as leaves at anthesis, elongated in fruit; flowers heterostylous; corolla lavender-blue to purplish blue, rarely white, lobes apex with few to many small teeth. Capsule globose. Meadows, forest margins, under *Abies* forests. Distr. W Sichuan, NW Yunnan; N Myanmar.

3 狭萼报春

1 2 3 4 5 6 7 8 9 10 11 12 2700-4300 m

Primula stenocalyx Maxim.[1-3, 5]

多年生草本。叶片倒卵形、倒披针形或匙形，下面无粉或被白粉或黄粉，基部楔状下延，边缘全缘或具小圆齿或钝齿。伞形花序 4~16 朵花；苞片狭披针形，短于花梗；花异型；花萼筒状，具 5 条棱，裂片矩圆形或披针形；花冠蓝紫色至粉红色。蒴果长圆形，与花萼近等长。生于阳坡草地、林下、沟边和河漫滩石缝中。分布于甘肃南部、青海东部、西藏东北部、四川西部。

Herbs perennial. Leaf blade obovate to oblanceolate or spatulate, efarinose or white or yellow farinose abaxially, base attenuate decurrent, margin subentire, crenulate to dentate. Umbels 4-16-flowered; bracts narrowly lanceolate, shorter than pedicel; flowers heterostylous; calyx tubular, 5-ribbed, lobes oblong to lanceolate; corolla bluish lavender to pink. Capsule oblong, nearly as long as calyx. South-facing grassy slopes, forests, gullies, peat. Distr. S Gansu, E Qinghai, NE Xizang, W Sichuan.

4 四川报春

1 2 3 4 5 6 7 8 9 10 11 12 3300-4500 m

Primula szechuanica Pax[1-4]

多年生草本，全株无粉，开花时叶丛基部无鳞片。叶片椭圆形至倒披针形，边缘具锐尖的牙齿。伞形花序 1~2 轮，稀 3~4 轮，每轮具 4~15 朵花；花异型；花冠淡黄色，喉部具环状附属物，裂片通常反折，近贴于冠筒上。蒴果筒状。生于高山湿草地、草甸、林缘和杜鹃丛中。分布于四川西部、云南西北部。

Herbs perennial, efarinose, without basal bud scales at anthesis. Leaf blade elliptic to oblanceolate, margin denticulate. Umbels 1 or 2(rarely 3-4), superimposed, 4-15-flowered; flowers heterostylous; corolla pale yellow, annulate, lobes usually reflexed, approximately stick to corolla tube. Capsule cylindric. Damp alpine wet meadows, woodland margins, among *Rhododendron* scrub. Distr. W Sichuan, NW Yunnan.

1 甘青报春

1 2 3 4 5 6 7 8 9 10 11 12 3300-4700 m

Primula tangutica Duthie var. *tangutica*[1]

多年生草本，全株无粉，花期叶丛基部无鳞片。叶椭圆形、椭圆状倒披针形至倒披针形，边缘具小牙齿，稀近全缘。伞形花序 1~3 轮，每轮 5~9 朵花；花异型；花冠朱红色，裂片线形，明显反折。蒴果筒状，长于宿存花萼。生于溪边、潮湿草甸和灌丛下。分布于甘肃南部、青海东部、四川西北部。

Herbs perennial, efarinose, without basal bud scales at anthesis. Leaf blade elliptic to elliptic-oblanceolate or oblanceolate, margin denticulate, rarely subentire. Umbels 1-3, superimposed, 5-9-flowered; flowers heterostylous; corolla intense crimson, lobes strongly reflexed, linear. Capsule cylindric, longer than calyx. Streamsides, damp meadows, among scrubs. Distr. S Gansu, E Qinghai, NW Sichuan.

2 西藏报春

1 2 3 4 5 6 7 8 9 10 11 12 3200-4800 m

Primula tibetica Watt[1-2, 5]

多年生小草本，全株无粉。叶片全缘。花葶有时甚短，深藏于叶丛中并短于花梗，有时高可达 13 厘米，长于叶丛和花梗；苞片狭矩圆形至披针形；花梗长 2~8 厘米；花萼狭钟状，裂片披针形或近三角形；花冠裂片先端 2 深裂。生于山坡湿草地和沼泽化草甸。分布于我国西藏；不丹、印度、尼泊尔。

Herbs perennial, efarinosa. Leaf margin usually entire. Scapes variable, sometimes hidden among leaves, shorter than pedicel, sometimes to 13 cm and longer than leaves and pedicel; bracts narrowly oblong to lanceolate; pedicel 2-8 cm; flowers heterostylous; calyx tubular-campanulate, lobes lanceolate to subtriangular; corolla lobes deeply emarginate. Wet meadows, marshes. Distr. Xizang; Bhutan, India, Nepal.

3 暗红紫晶报春

1 2 3 4 5 6 7 8 9 10 11 12 3800-4200 m

Primula valentiniana Hand.-Mazz.[1-5]

多年生草本，无粉，叶丛基部有少数鳞片和残存的枯叶柄。叶片倒卵形至倒披针形，边缘有稀疏的小牙齿。花通常 1~2 朵生于花葶顶端；花异型；花冠淡紫红色至深紫红色。蒴果等长于或稍长于花萼。生于高山草地含泥炭的土壤中。分布于西藏东部、云南西北部；缅甸。

Herbs perennial, efarinose, base with few bud scales and persistent withered petiole. Leaf blade obovate to oblanceolate, margin remotely denticulate. Scapes usually 1- or 2-flowered at apex; flowers heterostylous; corolla pale purple red to deep wine red. Capsule about as long as to slightly longer than calyx. Alpine meadows, peat soils. Distr. E Xizang, NW Yunnan; Myanmar.

4 高穗花报春

1 2 3 4 5 6 7 8 9 10 11 12 2800-4000 m

Primula vialii Delavay ex Franch.[1-2, 4]

多年生草本。叶狭椭圆形至矩圆形或倒披针形。花葶无毛；穗状花序多花，花未开时呈尖塔状；花异型；花萼在花蕾期外面深红色，后渐变为淡红色；花冠玫红紫色，裂片卵形至椭圆形，先端锐尖。蒴果球形，稍短于宿存花萼。生于湿草地和沟谷水边。分布于四川西南部、云南西北部。

Herbs perennial. Leaf blade elliptic to oblong or oblanceolate. Scapes glabrous; spicate densely flowered, spikes narrowly pyramidal at anthesis; flowers heterostylous; calyx bright crimson when young, becoming pink gradually; corolla rose purple, lobes ovate to elliptic, apex acute. Capsule globose, slightly shorter than calyx. Wet meadows, near water in valleys. Distr. SW Sichuan, NW Yunnan.

5 紫穗报春

1 2 3 4 5 6 7 8 9 10 11 12 3600-4300 m

Primula violacea W.W.Sm. et Ward[1-3]

多年生草本。叶倒披针形至狭矩圆形，两面均被糙伏毛状的短柔毛，边缘近全缘或具稀疏钝齿。花异型；花冠深蓝紫色，裂片近方形，先端微具凹缺。蒴果椭圆形，稍长于花萼。生于高山湿草地和灌丛边。分布于四川西南部。

Herbs perennial. Leaf blade oblanceolate to narrowly oblong, scabrous-pubescent, margin subentire or remotely blunt dentate; flowers heterostylous; corolla deep violet, lobes nearly quadrate, obscurely emarginate. Capsule elliptic, slightly longer than calyx. Moist meadows, thicket margins. Distr. SW Sichuan.

1 腺毛小报春

1 2 3 4 5 6 7 8 9 10 11 12 3800-5400 m

Primula walshii W.G.Craib[1-2, 5]

多年生矮小草本，全株无粉，叶丛基部有多数越年枯叶。叶片倒披针形或矩圆状披针形，边缘全缘，两面均因被短腺毛而呈粗糙状。初花期花葶甚短，深藏于叶丛中，果期可伸长至 3 厘米，顶生 1~4 朵花；花异型；花冠粉红色或淡蓝紫色，冠筒周围黄色或有时白色，喉部无环状附属物。蒴果筒状，略长于宿存花萼。生于高山草甸、草地、水边。分布于西藏东南部、四川西北部和西部；不丹、印度东北部、尼泊尔。

Herbs dwarf perennial, efarinose, with remains of leaves at base. Leaf blade oblanceolate to oblong-lanceolate, margin entire, both sides are rough shaped by being short glandular hairs. Scapes very short initially inconspicuous, hidden in leaves, elongated to 3 cm in fruit, apex 1-4-flowered; flowers heterostylous; corolla pink or pale bluish purple, with a yellow or white eye, exannulate. Capsule cylindric, slightly longer than calyx. Alpine medows, steep grassy slopes, near water. Distr. SE Xizang, NW and W Sichuan; Bhutan, NE India, Nepal.

2 靛蓝穗花报春

1 2 3 4 5 6 7 8 9 10 11 12 3000-4000 m

Primula watsonii Dunn[1-5]

多年生草本。叶狭矩圆形至倒披针形，两面均被白色多细胞柔毛，边缘具不整齐的小钝齿。花序短穗状；花异型；花冠深蓝紫色，冠檐不甚开张，几与冠筒成一直线；裂片近方形，先端截形或微具凹缺。生于山坡阴湿处和灌丛边。分布于四川西部、云南西北部。

Herbs perennial. Leaf blade narrowly oblong to oblanceolate, with multicellular whitehairs, margin irregularly denticulate. Inflorescences short spicate; flowers heterostylous; corolla deep indigo-purple, limb not very open, nearly in line with tube; lobes subquadrate, apex truncate to obscurely emarginate. Wet shaded areas on slopes, thicket margins. Distr. W Sichuan, NW Yunnan.

3 云南报春

1 2 3 4 5 6 7 8 9 10 11 12 2800-3600 m

Primula yunnanensis Franch.[1-4]

多年生小草本。叶片椭圆形至倒卵状椭圆形或匙形，基部渐狭窄，边缘具锐尖或钝牙齿，上面无粉或近于无粉，下面通常密被黄粉。花 1~5 朵生于花葶端；花异型；花萼钟状，具 5 条棱；花冠玫瑰红色至堇蓝色，冠筒口周围黄色，喉部无环状附属物。蒴果通常短于花萼。生于石灰岩上。分布于四川西南部、云南西北部。

Herbs perennial. Leaf blade elliptic to obovate-elliptic or spatulate, base attenuate, margin crenulate to crenulate-dentate, adaxially efarinose or nearly so, abaxially usually densely yellow farinose. Scapes 1-5-flowered at apex; flowers heterostylous; calyx campanulate, 5-ribbed; corolla rose-pink to lilac, with a yellow eye, exannulate. Capsule elliptic, usually shorter than calyx. Limestone rocks. Distr. SW Sichuan, NW Yunnan.

山茶科 Theaceae | 山茶属 *Camellia* L.

灌木或乔木。花两性；花瓣 5~12 片；雄蕊多数，排成 2~6 轮；外轮花丝常于下半部连合成花丝管，并与花瓣基部合生。果为蒴果，3~5 片自上部裂开，少数从下部裂开。种子圆球形或半圆形；种皮角质。约 120 种；中国 97 种；横断山区 3 种。

Shrubs or small trees. Flowers bisexual; petals 5-12; stamens numerous, in 2-6 whorls; outer filament whorl basally ± connate into a tube and adnate to petals. Capsule loculicidal into 3-5 valves from apex. Seeds globose, semiglobose; testa hornlike. About 120 species; 97 in China; three in HDM.

4 滇山茶

1 2 3 4 5 6 7 8 9 10 11 12 1000-3200 m

Camellia reticulata Lindl.[1-2, 4]

— *Camellia pitardii* var. *yunnanica* Sealy

花大，直径 7~10 厘米；花瓣玫红色，5~7 片；花丝无毛；花柱长 2.5~3.5 厘米，无毛或基部有白色。种子卵球形，直径约 1~1.5 厘米。生于林下。分布于四川西南部、云南；贵州西部。

Flowers 7-10 cm in diam; petals 5-7 rose to pink; stamens glabrous; style 2.5-3.5 cm, glabrous or basally with pubescence. Seeds globose, 1-1.5 cm in diam. Forests. Distr. SW Sichuan, Yunnan; W Guizhou.

1 怒江红山茶

1 2 3 4 5 6 7 8 9 10 11 12 1200-3200 m

Camellia saluenensis Stapf ex Bean[1-2, 4]

灌木 1~4 米高。当年小枝绿色，短柔毛或后脱落。叶片长圆形到长圆状椭圆形，长 2.5~5.5，宽 1~2.2 厘米，背面淡绿色和具长柔毛沿中脉或后脱落。花腋生的或近顶生。小苞片和萼片 8~10 枚，早落在花后。花瓣 5~7 枚，粉色至白色。蒴果近球形，直径约 2.5 厘米，3 室，每室具 1 或 2 枚种子。生于山坡混交林。分布于四川西南部，云南中部和西部；贵州西部。

Shrubs 1-4 m tall. Current year branchlets green, pubescent or glabrescent. Leaf blade oblong to oblong-elliptic, 2.5-5.5 × 1-2.2 cm, abaxially pale green and villous along midvein or glabrescent. Flowers axillary or subterminal. Bracteoles and sepals 8-10, caducous after anthesis. Petals 5-7, pink to white. Capsule subglobose, ca. 2.5 cm in diam., 3-loculed with 1 or 2 seeds per locule. Mixed forests on mountain slopes. Distr. W Guizhou, SW Sichuan, C and W Yunnan.

岩梅科 Diapensiaceae | 岩匙属 *Berneuxia* Decne.

多年生草本。叶基生，革质，倒卵状匙形或椭圆状匙形，全缘。有花 5~12 朵，组成伞形状总状花序；花白色或淡红色。蒴果圆球形，包被于革质的花萼内，室背开裂。仅 1 种。

Perennial herbs. Leaves basal, leaf blade obovate-spatulate, leathery, glabrous, margin entire. Inflorescences 5-12-flowered; corolla white or roseate. Capsule globose, covered by persistent leathery sepals. One species.

2 岩匙

1 2 3 4 5 6 7 8 9 10 11 12 1700-3500 m

Berneuxia thibetica Decne.[1-5]

描述同属。生于冷杉林、落叶阔叶林和灌丛下。分布于西藏东南部、四川、云南北部；贵州西北部。

See description for the genus. Wet *Abies* forests, broadleaved deciduous forests, thickets. Distr. SE Xizang, Sichuan, N Yunnan; NW Guizhou.

岩梅科 Diapensiaceae | 岩梅属 *Diapensia* L.

垫状常绿平卧半灌木。叶小，密集，互生，全缘。花单生于枝顶端；花冠漏斗状钟形；退化雄蕊无或极小。6 种；中国 4 种；横断山区均有分布。

Shrublets, often forming a mat or cushion. Leaves subsessile, often crowded, margin entire. Flowers solitary; corolla campanulate; staminodes minute or absent. Six species; four in China; all found in HDM.

3 黄花岩梅

1 2 3 4 5 6 7 8 9 10 11 12 3100-4200 m

Diapensia bulleyana Forrest ex Diels[2, 4]

常绿垫状灌木，高 5~10 厘米。叶密集，狭匙形或长圆状披针形，长 6~9 毫米，宽 3~3.5 毫米，先端圆或微钝圆。花冠黄色，阔钟形；雄蕊 5 枚，黄色，伸出喉部；退化雄蕊 5 枚；花柱长达 12 毫米。生于高山灌木丛中的岩石上。分布于云南西部和西北部。

Evergreen shrubs, cushion, 5-10 cm. Leaves densely, narrowly spatulate or oblong-lanceolate, 6-9 mm × 3-3.5 mm, apex rounded or slightly obtuse. Corolla yellow, broadly campanulate; stamens 5, yellow, protruding throat; Staminodes 5; style to 12 mm in length. Rocks and mountain bushes. Distr. W, NW Yunnan.

4 红花岩梅

1 2 3 4 5 6 7 8 9 10 11 12 2600-4500 m

Diapensia purpurea Diels[1-4]

叶密生于茎上。叶片革质，匙状椭圆形或匙状长圆形，长 3~4 毫米，宽 1.5~2.5 毫米，先端圆至钝。花单生于枝顶端，蔷薇紫色或粉红色，几无梗。生于山顶或荒坡岩壁上。分布于西藏东南部、四川西部、云南西北部；缅甸北部。

Leaves crowded on stem. Leaf blade leathery, spatulate-elliptic to oblong, 3-4 mm × 1.5-2.5 mm, apex rounded to ± obtuse. Flowers subsessile; corolla pinkish red. Mountain summits, bare rock faces. Distr. SE Xizang, W Sichuan, NW Yunnan; N Myanmar.

桤叶树科 Clethraceae | 桤叶树属 *Clethra* L.

灌木或小乔木。叶互生，单叶。花两性，辐射对称，为顶生的总状花序或圆锥花序；花萼深 5 裂，宿存；花瓣 5 枚；雄蕊 10 枚；花药顶孔开裂，花粉粒单粒，具三沟槽；子房上位，3 室，每室有胚珠多枚；花柱顶端通常 3 裂，很少不裂。蒴果近球形到球形，短柔毛，3 室。约 65 种；中国 7 种；横断山区 1 种。

Shrubs or small trees. Leaves alternate, simple. Flowers bisexual, actinomorphic, terminal racemes or panicles; calyx deep 5-lobed, persistent; petals 5; stamens 10; anther apical dehiscent, pollen grains single, with three groove; ovary superior, 3-loculed, each locule with many ovules; style apex usually 3-lobed, rarely unlobed. Capsule subglobose to globose, pubescent, 3-locular. About 65 species; seven in China; one in HDM.

1 云南桤叶树

1 2 3 4 5 6 **7** **8** 9 10 11 12 300-4000 m

Clethra delavayi Franch.[1-5]

落叶灌木或小乔木，高 1~8 米。总状花序长 7~21 厘米，花序轴和花梗均密被锈色硬毛；花白色、粉色至深紫色。生于山地林缘、开阔灌丛、山坡至高地。分布于西藏东南部、四川、云南；重庆、贵州等省区，华中、华南地区；不丹、印度东北部、缅甸北部、越南。

Trees or shrubs, 1-8 m tall, deciduous. Racemes 7-21 cm, densely stellate pubescent; petals white or reddish pink to dark purple. Mixed or coniferous forest margins, ± open thickets, slopes to alpine regions. Distr. SE Xizang, Sichuan, Yunnan; Chongqing, Guizhou etc., C and S China; Bhutan, NE India, N Myanmar, Vietnam.

猕猴桃科 Actinidiaceae | 藤山柳属 *Clematoclethra* (Franch.) Maxim.

木质藤本。花两性；雄蕊 10 枚；子房 5 室；花柱合生；柱头 5 枚；果为浆果状或为干燥而革质的蒴果，具 5 条棱。种子通常 5 枚。仅 1 种，亚种若干。

Woody vines. Flowers bisexual; stamens 10; ovary 5-loculed; styles connate; stigma 5-lobuled. Fruit berrylike or a dry leathery capsule, 5-ridged. Seeds usually 5. One species, with a few subspecies.

2 刚毛藤山柳

1 2 3 4 5 **6** **7** **8** 9 10 11 12 1500-3000 m

Clematoclethra scandens Maxim.[1-4]

灌木；高 1.5~2.5 米。叶卵形、倒卵形、椭圆形或矩圆形，长 5~13 厘米，宽 3~8 厘米。花序柄长 1.5 厘米，被绒毛，通常有花 3 朵；花白色；萼片倒卵形，长 3 毫米，被绒毛；花瓣卵形，长 6 毫米。果球形，干后径 5 毫米。生于山谷溪边密林中。分布于甘肃、四川西部；陕西。

Shrub, 1.5-2.5m tall. Leaves ovate, obovate, elliptic or oblong, 5-13 cm long, 3-8 cm wide; peduncle 1.5 cm long, tomentose, usually with 3 flowers; flowers white; sepals obovate, 3 mm long, tomentose; petals ovate, 6 mm long. Fruit globose, 5 mm in diam. Forests beside the valleys and streams. Distr. Gansu, W Sichuan; Shaanxi.

杜鹃花科 Ericaceae | 树萝卜属 *Agapetes* D.Don ex G.Don

附生常绿灌木，稀陆生乔木。花腋生；花萼筒全部或部分与子房合生，有时萼筒具棱或翅；花冠管状，狭漏斗形或钟形，稀球状；雄蕊 10 枚；花药分离或微粘合，先端常伸长成管状或细尖状的喙，顶孔开裂；子房下位，5 室或假 10 室。浆果球形。种子多数。约 80 种；中国 50 余种；横断山区 10 余种。

Shrubs evergreen, epiphytic, rarely terrestrial trees. Flowers axillary; calyx sometimes 5-winged or -angled; corolla tubular, urceolate, or campanulate, rarely globose; stamens 10; anthers dorsally spurred or not, with 2 long tubules opening by apical pores or slits; ovary inferior, many ovules per carpel, 10-pseudoloculed by false partitions. Berry globose. Seeds several. About 80 species; 50+ in China; more than ten in HDM.

3 棱枝树萝卜

1 **2** **3** 4 5 6 7 8 9 10 11 12 1200-1500 m

Agapetes angulata (Griff.) Hook.f.[1-2]

叶互生，薄纸质，披针形，长 12~14 厘米，宽 3.5~4 厘米。花序伞房状至近伞形，有 5~15 朵花；花梗细长，长 0.9~2.2 厘米；花萼筒倒金字塔形，稍具 5 条棱；花冠红色至红带黄色，具深色水平横纹，长 1.5~2.7 厘米；花丝远短于花药。附生于乔木上。分布于西藏东南部、云南西北部；印度东北部、缅甸。

Leaves scattered, thinly papery, leaf blade lanceolate, 12-14 cm × 3.5-4 cm. Inflorescences corymbose to subumbellate, 5-15-flowered; pedicel 0.9-2.2 cm, expanded at apex; calyx tube obpyramidal, slightly 5-angled; corolla red to reddish yellow, with zig-zag bands, 1.5-2.7 cm; filaments much shorter than anthers. Forests, epiphytic on trees. Distr. SE Xizang, NW Yunnan; NE India, Myanmar.

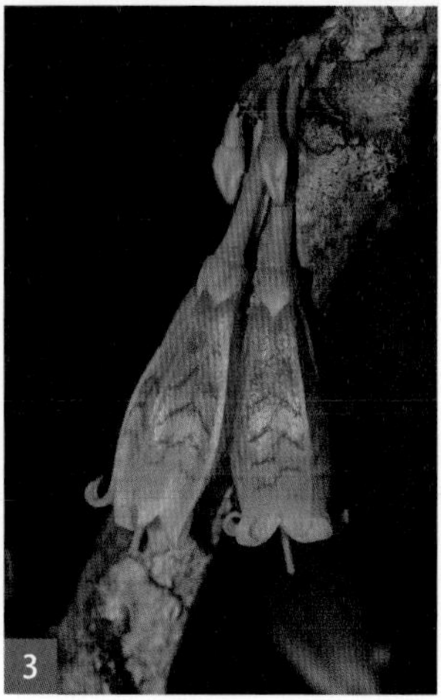

1 环萼树萝卜

1 2 3 4 5 6 7 8 9 10 11 12 1500-1800 m

Agapetes brandisiana W.E.Evans[1-2, 4]

叶散生，叶片革质，狭长圆形，长 10~17 厘米。伞房花序具 3~5 朵花，侧生于老枝上；花梗长 1~1.5 厘米，先端扩大成浅杯状，与花萼连接处具关节；花萼筒长约 5 毫米，中部有一极明显加厚的水平环，萼裂片三角披针形；花冠近圆筒状，红色，长约 2.2~2.6 厘米，有曲折条纹；花药背面无距。附生于雨林中老树上。分布于云南西南部；缅甸北部。

Leaves scattered, leathery, leaf blade narrowly oblong, 10-17 cm in length. Inflorescences corymbose, 3-5-flowered; pedicel 1-1.5 cm, conspicuously cupular at apex; calyx about 5 mm, swollen at middle, lobes triangular-lanceolate; corolla tubular, red, 2.2-2.6 cm, with zig-zag bands; anthers without spurs. Rain forests, epiphytic on old trees. Distr. SW Yunnan; N Myanmar.

2 缅甸树萝卜

1 2 3 4 5 6 7 8 9 10 11 12 700-1500 m

Agapetes burmanica W.E.Evans[1-2, 4-5]

叶假轮生；叶片革质，长圆状披针形，长 10~25 厘米，宽 2~4.5 厘米。总状花序短，生于老枝上，有 3~5 朵花；花梗长 2.5~3 厘米；花萼裂片狭三角形；花冠圆筒形，长 4.5~6 厘米，玫瑰红色，具暗紫色横纹，裂片先端淡绿色；雄蕊长 4.5~4.8 厘米。附生于石灰岩疏林或灌丛中、林中树上。分布于西藏东南部、云南南部；缅甸。

Leaves pseudoverticillate; leaf blade leathery, oblong-lanceolate, 10-25 cm × 2-4.5 cm. Inflorescences racemose, on old stem, 3-5 flowered; pedicel 2.5-3 cm; calyx lobes narrowly triangular; corolla tubular, 4.5-6 cm, pinkish or rose, with dark purple transverse zig-zag bands, lobes greenish at apex; anthers 4.5-4.8 cm. Sparse forests or thickets on calcareous mountains, epiphytic on trees. Distr. SE Xizang, S Yunnan; Myanmar.

3 伞花树萝卜

1 2 3 4 5 6 7 8 9 10 11 12 1800-2700 m

Agapetes forrestii W.E.Evans[1-2, 4-5]

叶互生，卵状披针形，长 2.5~4 厘米，宽 0.8~1.2 厘米，先端狭长渐尖，边缘有疏锯齿。总状花序近伞房状，有花 4~6 朵；花梗长约 1.5 厘米，花冠圆筒形，长约 2 厘米，深红色，有暗红色波状条纹，裂片绿色。附生于混交林中树上或岩石上。分布于西藏东南部、云南西部至西北部；缅甸北部。

Leaves scattered, ovate-lanceolate, 2.5-4 × 0.8-1.2 cm, apex acuminate, marginremotely dentate. Inflorescences corymbose, 4-6-flowered; Pedicel ca. 1.5 cm; corolla tubular, ca. 2 cm, crimson, with dark red zig-zag bands; lobes greenish.Forests, epiphytic on trees, cliffs. Distr. SE Xizang, W Yunnan; N Myanmar.

4 中型树萝卜

1 2 3 4 5 6 7 8 9 10 11 12 1900-2900 m

Agapetes interdicta (Hand.-Mazz.) Sleumer[1-5]

叶片革质，椭圆形，长 2~4.5 厘米，宽 0.8~2.3 厘米，全缘或先端微具锯齿，叶柄极短，1~2 毫米。总状花序，花 1~3(~7) 朵；花萼无毛或被疏柔毛，管状钟形，具 5 棱，红色；花冠红色，圆筒形，长 2.2~3 厘米，裂片狭三角状钻形，绿色，外弯。附生于常绿阔叶林中树上。分布于西藏东南部、云南西北部；缅甸东北部。

Leaf blade leathery, elliptic, 2-4.5 cm × 0.8-2.3 cm, margin entire or only sparsely serrate near apex, petiole 1-2 mm. Inflorescences racemose, 1-3(-7)-flowered; Calyx glabrous or sparsely pubescent, tubular campanulate, conspicuously 5-winged, red; Corolla red, tubular, 2.2-3 cm, lobes recurved, greenish, triangular-subulate. Evergreen forests, epiphytic on trees. Distr. SE Xizang, NW Yunnan; NE Myanmar.

1
1
2
3
3
4
4

1 绒毛灯笼花

1 2 3 4 5 6 7 8 9 10 11 12 1500-3000 m

Agapetes lacei var. *tomentella* Airy Shaw[1-5]

枝条具平展刚毛。叶片革质，椭圆形，长 0.7~2 厘米，宽 0.5~1 厘米。花单生叶腋；花梗和花萼筒密被灰色短绒毛；花冠深红色，圆筒状，长 2~2.7 厘米，檐部稍扩大，裂片先端暗绿色；花丝比花药短得多。附生于常绿林中、岩石、崖壁上。分布于西藏东南部、云南西部；缅甸北部。

Twigs densely spreading to ascending brown setose. Leaves leathery, elliptic, 0.7-2 cm × 0.5-1 cm. Flowers solitary, axillary; pedicel and calyx tube densely grayish tomentellate; corolla light crimson, tubular, 2-2.7 cm, lobes spreading, dark green at apex; filaments much shorter than anthers. Evergreen or shaded forests, epiphytic on trees, hills, cliffs, ledges. Distr. SE Xizang, W Yunnan; N Myanmar.

2 白花树萝卜

1 2 3 4 5 6 7 8 9 10 11 12 200-2800 m

Agapetes mannii Hemsl.[1-4]

叶片革质，倒卵状长圆形或匙形，长 1.1~2.5 厘米，宽 0.5~1.1 厘米，先端圆形。花单生或双生于叶腋；花梗长 4~8 毫米；花冠白色或淡绿白色，长 1.1~1.5 厘米；花药有 2 枚直立的距。果圆球形，绿白色，成熟时红色或紫色。附生于常绿阔叶林中树上（栎属）或岩石面上。分布于云南；印度东北部、缅甸、泰国。

Leaf blade leathery, obovate-elliptic or spatulate, 1.1-2.5 cm × 0.5-1.1 cm, apex rounded. Flowers solitary or 2 together; pedicel 4-8 mm; corolla white or greenish white, tubular, 1.1-1.5 cm; anthers with 2 erect spurs. Berry globose, greenish white, when mature bright red to purple. Evergreen forests, sometimes epiphytic on *Quercus*, dry cliff ledges or boulders, rocks. Distr. Yunnan; NE India, Myanmar, Thailand.

3 长圆叶树萝卜

1 2 3 4 5 6 7 8 9 10 11 12 1300-1700 m

Agapetes oblonga Craib[1-5]

叶片坚纸质至革质，长圆形或长圆状披针形，长 3~10 厘米，宽 1.2~4 厘米。伞房状花序有 1~4 朵花；花梗长 0.6~1.8（2.5）厘米，通常被短柔毛；花萼筒密被长硬毛；花冠圆筒形，深红色，1.3~1.9 厘米，裂片三角形；花丝比花药长得多。附生于常绿林中树上、岩石上。分布于西藏东南部、云南西部；缅甸。

Leaf blade leathery or papery, oblong or oblong-lanceolate, 3-10 cm × 1.2-4 cm. Inflorescences 1-4-flowered; pedicel 0.6-1.8(2.5) cm, densely pubescent; calyx tube densely spreading hirsute; corolla tubular, crimson or carmine, 1.3-1.9 cm, lobes triangular; filaments longer than anthers. Evergreen forests, epiphytic on trees, rocks. SE Xizang, W Yunnan; Myanmar.

4 倒挂树萝卜

1 2 3 4 5 6 7 8 9 10 11 12 2300-3500 m

Agapetes pensilis Airy Shaw[1-5]

枝条细长而下垂，密被锈色或棕色长硬毛。叶柄长 1 毫米或几无柄；叶片卵形至椭圆状长圆形，或几圆形，长 0.7~1.0 厘米，宽 0.5~0.8 厘米，边缘稍外卷，全缘，有疏缘毛，两面疏被短柔毛。花 1~3 朵簇生叶腋；花梗长 1~3 毫米，有腺状长柔毛；花冠白色，长 1.7 厘米，外面密被腺状长柔毛。附生于阔叶林或混交林中树上。分布于西藏东南部、云南西北部；缅甸东北部。

Twigs slender, pendulous, densely rust or brown hirsute. Petiole ca. 1 mm or leaves subsessile; leaf blade ovate, elliptic, or suborbicular, 7-10 × 5-8 mm, margin recurved, entire, sparsely setose, abaxially and adaxially sparsely puberulous. Inflorescences fasciculate, 1-3-flowered; Pedicel 1-3 mm, densely glandular villous; Corolla white, ca. 1.7 cm, densely glandular villous. Forests, epiphytic on trees. Distr. SE Xizang, NW Yunnan; N Myanmar.

5 钟花树萝卜

1 2 3 4 5 6 7 8 9 10 11 12 1200-1500 m

Agapetes pilifera Hook.f. ex C.B.Clarke[1-5]

枝条细长。叶互生，叶柄长 4~6 毫米，叶片椭圆形，长 4.5~6.5 厘米，宽 1.5~2.8 厘米，先端尾状渐尖，全缘。花 1~4 朵簇生叶腋；花梗纤细，长 1.5~2 厘米，向先端稍增粗，被具腺疏柔毛；花冠钟状，黄绿色，长 5-7 毫米。果球形，直径 3~4 毫米。附生于河边林中树上。分布于西藏东南部、云南西北部；缅甸东北部。

Twigs slender. Leaves scattered, petiole 4-6 mm, leaf blade elliptic, 4.5-6.5 × 1.5-2.8 cm, margin entire, apex slenderly caudate-acuminate. Flowers axillary, fasciculate, 1-4-flowered; Pedicel filiform, 1.5-2 cm, sparsely spreading glandular pilose, slightly thickened upwards; Corolla yellowish green, shortly campanulate, 5-7 mm. Berry globose, 3-4 mm in diam.. River banks in forests, epiphytic on trees. Distr. SE Xizang, NW Yunnan; NE India, Myanmar.

1
1
2
2
3
3
4
5
5

1 杯梗树萝卜

1 2 3 4 5 6 7 8 9 10 11 12 1300-1500 m

Agapetes pseudogriffithii Airy Shaw[1-2]

叶片革质，互生，卵状披针形至长圆形，长 6~14 厘米，先端尾尖。伞房花序红色，通常 3~7 朵花；花梗顶部膨大成杯状；花丝比花药短得多。附生于江边阔叶林中树上。分布于云南西北部（独龙江流域）；缅甸。

Leaves leathery, scattered, leaf blade oblong-lanceolate or ovate-lanceolate, 6-14 cm, apex long acuminate. Inflorescences red, corymbose, 3-7-flowered; pedicel cup-shaped apically; filaments much shorter than anthers. Evergreen forests, epiphytic on trees. Distr. NW Yunnan (Dulongjiang); Myanmar.

2 毛花树萝卜

1 2 3 4 5 6 7 8 9 10 11 12 900-1600 m

Agapetes pubiflora Airy Shaw[1-4]

枝条粗壮。叶互生，叶片厚革质，长圆状椭圆形，椭圆形或椭圆状披针形，长 9~22 厘米，宽 3~10 厘米；叶柄长 5~10 毫米。伞房状花序侧生于老枝上；花梗长 1.8~2.5 厘米，被短柔毛，向先端增粗成浅杯状；花冠圆筒状，长 2.5~3 厘米，向基部微具棱，深红色，外面密被短柔毛。附生于雨林至常绿阔叶林中老树上。分布于西藏东南部、云南西北部；缅甸东北部。

Twigs robusta. Leaves scattered, leaf blade thickly leathery, oblong-elliptic, elliptic, or elliptic-lanceolate, 9-22 × 3-10 cm, petiole 5-10 mm. Inflorescence corymbose-racemose, cauliflorous; Pedicel 1.8-2.5 cm, puberulous, slightly expanded at apex; Corolla tubular, deep red, 2.5-3 cm, densely puberulous. Rain forests, evergreen forests, epiphytic on large trees. Distr. SE Xizang, NW Yunnan; Myanmar.

杜鹃花科 Ericaceae | 北极果属 *Arctous* (A.Gray) Nied

落叶小灌木。叶枯萎后仍不脱落，边缘具细锯齿，无托叶。花排成顶生的短总状花序或簇生；花冠壶形或坛形，有 4~5 枚小裂片；雄蕊 8~10 枚；子房上位，光滑，每室有胚珠 1 枚。核果。4 种；中国 3 种；横断山区 2 种。

Shrubs dwarf, deciduous. Leaf or leaf bases marcescent, margin serrate or crenate, without stipule. Flowers in short terminal racemose clusters; corolla urceolate, shortly 4-5-lobed; stamens 8-10; ovary superior, glabrous, with one ovule per locule. Fruit a drupe. Four species; three in China; two in HDM.

3 红北极果

1 2 3 4 5 6 7 8 9 10 11 12 200-2800 m

Arctous ruber (Rehder & E.H.Wilson) Nakai[1, 3]

落叶匍匐灌木，高 3~15 厘米。叶片倒披针形或倒狭卵形，长 2~4 厘米，宽 1~1.4 厘米。花冠卵状或圆形，白色至米色。核果球形，成熟时鲜红色。生于高山山坡、溪边。分布于甘肃、四川北部、云南西北部；内蒙古、吉林、宁夏；日本、朝鲜半岛、北美洲西北部。

Shrubs dwarf, 3-15 cm tall. Leaf blade obovate or oblanceolate, 2-4 cm × 1-1.4 cm. Corolla ovate or orbicular, white to cream. Drupe globose, brick-red or scarlet. Among mosses and rocks on mountain summits, streamsides. Distr. Gansu, N Sichuan, NW Yunnan; Nei Mongol, Jilin, Ningxia; Japan, Korea, NW North America.

杜鹃花科 Ericaceae | 岩须属 *Cassiope* D.Don

常绿矮小灌木或半灌木。叶片小，互生或交互对生，鳞片状，无柄，通常覆瓦状排列成 4 列。花单一，常弯垂；花冠钟形，白色或淡红色；雄蕊着生花冠内侧基部；花药卵形，顶部有 2 芒，芒通常反折。蒴果圆球形，室背开裂。本属约 17 种；中国 11 种；横断山区均有。

Shrubs evergreen, dwarf. Leaves decussate, sessile, imbricate, usually 4-ranked. Flowers solitary, pendulous; corolla campanulate, white or pink; stamens included; anthers ovate, with 2 long recurved awns. Capsule depressed-globose, each valve 2-cleft at apex. About 17 species; 11 in China; all found in HDM.

4 扫帚岩须

1 2 3 4 5 6 7 8 9 10 11 12 3800-4500 m

Cassiope fastigiata (Wall.) D.Don[1-5]

叶覆瓦状排列，叶背沟槽近达叶顶，棱槽边缘密被短柔毛。生于高山灌丛中或冰碛石石缝中。分布于西藏南部；克什米尔地区至不丹。

Leaves densely imbricate, abaxially deeply furrowed, furrow reaching near apex, furrow rim densely pubescent. Alpine thickets, rocky places. Distr. S Xizang; Kashmir to Bhutan.

1
1
2
3
4
4

1 篦叶岩须 1 2 3 4 5 6 7 8 9 10 11 12 3200-4600 m

Cassiope pectinata Stapf[1-4]

叶片线状披针形，长 5~7 毫米，叶背沟槽近达叶顶，不具干膜质边缘。生于杜鹃灌丛、高山草坡及砾石坡。分布于西藏东部、四川西南部、云南西北部；缅甸。

Leaf blade linear-oblong, 5-7 mm, leave abaxially deeply furrowed, furrow nearly reaching apex, margin not membranous. *Rhododendron* scrubs, alpine moorlands, meadows and rock crevices. Distr. E Xizang, SW Sichuan, NW Yunnan; Myanmar.

2 岩须 1 2 3 4 5 6 7 8 9 10 11 12 3000-4500 m

Cassiope selaginoides Hook.f. & Thomson[1-5]

叶片卵状三角形，叶背具沟槽，向上几达叶顶端，具干膜质边。生于杜鹃灌丛、高山草地、岩石坡。分布于西藏东南部、四川西部、云南西北部；不丹、缅甸、尼泊尔。

Leaf blade ovate-triangular, abaxially deeply furrowed, furrow nearly reaching apex, margin membranous. *Rhododendron* thickets, alpine grasslands, rocky slopes. Distr. SE Xizang, W Sichuan, NW Yunnan; Bhutan, Myanmar, Nepal.

3 长毛岩须 1 2 3 4 5 6 7 8 9 10 11 12 3900-4200 m

Cassiope wardii C.Marquand[1-3, 5]

叶条状披针形，叶背具沟槽，不达叶顶，边缘具密而长的白色茸毛。生于杜鹃灌丛、岩石坡。分布于西藏东南部。

Leaf blade linear-oblong, abaxially deeply furrowed, furrow not reaching apex, furrow rim densely pubescent. Open *Rhododendron* moorlands, rocky places. Distr. SE Xizang.

杜鹃花科 Ericaceae | 喜冬草属 *Chimaphila* Pursh

小型多年生半灌木状草本。叶对生或近轮生。花 1~2 朵顶生；萼片 5 枚，宿存；花丝具柔毛；花柱极短。蒴果扁球形，宿存，直立。5 种；中国 3 种；横断山区 1 种。

Herbs perennial, decumbent or shrubs dwarf. Leaves opposite or subverticillate. Flowers 1 or 2, terminal; sepals 5, persistent; filaments pilose; style very short. Capsules depressed-globose, long persistent, erect. Five species; three in China; one in HDM.

4 喜冬草 1 2 3 4 5 6 7 8 9 10 11 12 900-3100 m

Chimaphila japonica Miq.[1-5]

叶披针形至阔披针形、卵形或椭圆形，边缘有锯齿。苞片宽卵状披针形；萼片膜质，狭披针形，长 4~7 毫米。生于山地针阔叶混交林、阔叶林或灌丛下。分布于西藏、四川、云南；山西、安徽、陕西、台湾、华中及东北地区；不丹、朝鲜半岛、日本、俄罗斯。

Leaf blade lanceolate to broadly lanceolate, ovate, or broadly elliptic, margin serrate. Bracts broadly ovate-lanceolate; sepals membranous, narrowly lanceolate, 4-7 mm. Mixed forests, broad leaved forests and thickets. Distr. Xizang, Sichuan, Yunnan; Shanxi, Anhui, Shaanxi, Taiwan, C and NE China; Bhutan, Korea, Japan, Russia.

1

1

2

3

2

4

4

杜鹃花科 Ericaceae | 杉叶杜属 *Diplarche* Hook. f. & Thomson

常绿矮小灌木。叶小，线形或条形，边缘翻卷有细锯齿或长缘毛。多花，排成顶生总状花序或缩短近头状；花冠玫红色，筒状；花药椭圆形，纵向纵裂。蒴果球状，被宿存花萼包裹，室间开裂为 5 瓣。2 种，横断山区均产。

Shrubs dwarf, evergreen. Leave blade linear or linear-elliptic, small, margin serrate or long-ciliate. Inflorescence many-flowered, terminal, racemose or subcapitate; corolla rose, tube cylindric; anthers elliptic, dehiscing longitudinally. Capsule globose, enclosed by calyx, septicidally 5-valved. Two species, both in HDM.

1 杉叶杜

1 2 3 4 5 6 **7** **8** **9** 10 11 12 3500-4100 m

Diplarche multiflora Hook.f. & Thomson[1-5]

常绿矮小灌木，高 8~16 厘米。小枝黑褐色，疏被细腺毛。叶片线形，边缘有锯齿。花序近头状，8~20 朵花；雄蕊 10 枚，两轮排列，5 枚着生于花管中部，5 枚着生于花管基部。生于高山灌丛、亚高山草甸，石坡。分布于西藏东南部、云南西北部；缅甸、印度（锡金邦）。

Plants 8-16 cm tall. Branchlets dark brown, sparsely glandular-pubescent. Leaf blade linear, margin spinescent-serrate. Inflorescence subcapitate, 8-20-flowered; stamens 10: upper 5 attached to middle of corolla tube, lower 5 attached to base of corolla. Thickets, alpine meadows, rocky slopes. Distr. SE Xizang, NW Yunnan; Myanmar, India (Sikkim).

杜鹃花科 Ericaceae | 吊钟花属 *Enkianthus* Lour.

灌木或小乔木。叶在小枝的末端簇生，具柄。伞形花序或伞形总状花序，稀单花；花冠钟状或坛状；雄蕊 10 枚，短于花冠；花丝扁平，基部渐变宽；花药长圆形，顶端通常呈羊角状叉开，每室顶端具 1 芒。蒴果卵圆形，室背开裂为 5 瓣。种子常有翅或有角。约 12 种；中国 7 种；横断山区 2 种。

Shrubs or small trees. Leaves clustered at ends of twigs, petiolate. Inflorescence terminal, in umbels or corymbose racemes, rarely solitary; corolla broadly campanulate to urceolate; stamens 10, much shorter than corolla; filaments flattened, distinctly dilated towards base; anthers oblong, thecae each dehiscing by an elongate slit, awned at apex. Capsule ovoid, loculicidal to 5 parts. Seeds lamellate-winged or angled. About 12 species; seven in China; two in HDM.

2 灯笼树

1 2 3 4 **5** **6** **7** 8 9 10 11 12 900-3100 m

Enkianthus chinensis Franch.[1-4]

叶片长圆形至长圆状椭圆形，两面无毛；叶柄粗壮，无毛。花多数，10~20 朵，组成伞形花序状总状花序，花序轴 3~7 厘米；花冠阔钟形，肉红色，带橙黄色条纹。生于混交林、灌丛、向阳山坡。分布于四川、云南；贵州、华中、华东、华南地区。

Leaf blade elliptic or oblong-elliptic, glabrous; petiole thick, glabrous. Inflorescences 10-20-flowered, corymbose-racemose, rachis 3-7 cm; corolla broadly campanulate, yellowish orange-striped and red. Mixed forests, thickets, sunny mountain slopes. Distr. Sichuan, Yunnan; Guizhou, C, E and S China.

3 毛叶吊钟花

1 2 3 **4** **5** 6 7 8 9 10 11 12 1000-3700 m

Enkianthus deflexus (Griff.) C.K.Schneid.[1-5]

落叶灌木或小乔木。叶片椭圆形至长圆状披针形，薄纸质，上面无毛或脉上具稀少短毛，背面脉上具短硬毛成熟后脱落。花多数排成总状花序，连同花梗密被绒毛或散布腺毛；花冠宽钟形，白色、砖红色、黄白色；花丝被微柔毛。生于疏林下或灌丛中。分布于甘肃南部、西藏、四川、云南；湖北、贵州、广东；缅甸、不丹、尼泊尔、印度东北部。

Shrubs or trees. Leaf blade elliptic to oblong-elliptic, thinly papery, adaxially glabrous or sparsely shortly setulose and puberulous on veins, abaxially hispidulous on veins or glabrescent. Inflorescence corymbose-racemose, include pedicel, densely pubescent or scattered glandular pubescent; corolla broadly campanulate, white, brick red or pale yellow; filaments puberulous. Open forests, thickets. Distr. S Gansu, Xizang, Sichuan, Yunnan; Hubei, Guizhou, Guangdong; Myanmar, Bhutan, Nepal, NE India.

1
2
2
2
3

杜鹃花科 Ericaceae | 白珠树属 *Gaultheria* L.

常绿灌木。花萼5枚深裂，在果期膨大，肉质；花冠钟状或坛形；子房上位或半下位。果为貌似浆果的蒴果，室背开裂或不规则开裂。种子小，无翅。约135种；中国32种；横断山区18种。

Shrubs evergreen. Calyx 5-deeply divided, at fruiting accrescent, fleshy; corolla campanulate or tubular; ovary superior or semi-inferior. Capsule dehiscing loculicidally or sometimes irregularly (fruit a berry). Seeds small, unwinged. About 135 species; 32 in China; 18 in HDM.

1 丛林白珠

1 2 3 4 5 6 **7** **8** 9 10 11 12 **1400-3200 m**

Gaultheria dumicola W.W.Sm.[1-5]

灌木，高0.6~3米。叶宽卵形。花序腋生，总状，或为伞形花序状的总状花序，有花5~8朵；花梗长3~10毫米；花冠坛形，淡红绿色；花萼在果期略带紫黑色。蒴果圆锥状。生于林中、灌丛、山坡、岩石，溪边。分布于云南东南部和西部；缅甸。

Shrubs erect, 0.6-3 m tall. Leaf blade broadly ovate. Inflorescences axillary, racemose, corymbose, or pseudoumbellate, 5-8-flowered; pedicel 3-10 mm; corolla urceolate-campanulate, reddish or pale green; calyx at fruiting purplish black. Capsule conical. Forests, thickets, open slopes, rocks, streamsides. Distr. SE and W Yunnan; Myanmar.

2 尾叶白珠

1 2 3 4 **5** **6** **7** 8 9 10 11 12 **2000-3600 m**

Gaultheria griffithiana Wight[1-4]

叶长圆形至椭圆形，长6~17厘米，宽2~6厘米，先端尾状长渐尖。总状花序腋生，长2~6厘米，多花；小苞片2枚，着生于花梗中部以下；花冠白色、浅粉色或白绿色，钟状；花萼在果期深紫色，肉质。蒴果球形。生于杂木林缘、山坡灌丛。分布于西藏东南部、四川西南部、云南东南部和西部；不丹、印度东北部、缅甸、尼泊尔、越南。

Leaf blade oblong, elliptic, or lanceolate-oblong, 6-17 cm × 2-6 cm, apex caudate-acuminate. Inflorescences axillary, racemose, 2-6 cm, many flowered; bracteoles 2, usually submedian to near basal; corolla white, light pink, or pale green, campanulate; calyx at fruiting dark purple, fleshy. Capsule globose. Forest margins, thickets on slopes. Distr. SE Xizang, SW Sichuan, SE and W Yunnan; Bhutan, NE India, Myanmar, Nepal, Vietnam.

3 红粉白珠

1 2 3 4 **5** **6** 7 8 9 10 11 12 **1000-3800 m**

Gaultheria hookeri C.B.Clarke[1-5]

常绿灌木。叶革质，椭圆形至披针形，长3~11厘米，宽1~4厘米。总状花序顶生或腋生，花序轴长1.5~5厘米，被白色柔毛；苞片圆形或卵形，长5~7毫米；花冠卵状坛形，粉红色或白色；花萼在果期蓝黑色，肉质。生于森林、杜鹃灌丛、山坡。分布于西藏东南部、四川南部、云南南部和东南部；贵州西南部；不丹、印度、缅甸。

Evergreen shrubs. Leaf blade leathery, elliptic to lanceolate, 3-11 cm × 1-4 cm. Inflorescences terminal and axillary, racemose, 1.5-5 cm, pubescent; bracts orbicular-ovate or ovate, 5-7 mm; corolla urceolate-globose, pink or white; calyx at fruiting blue-black, fleshy. Forests, *Rhododendron* thickets, open slopes. Distr. SE Xizang, S Sichuan, N and SE Yunnan; SW Guizhou; Bhutan, India, Myanmar.

4 铜钱叶白珠

1 2 3 4 5 6 **7** **8** **9** 10 11 12 **1000-3400 m**

Gaultheria nummularioides D.Don[1-5]

匍匐灌木。茎细长如铁丝状，密被棕黄色糙伏毛。叶小，宽卵形或近圆形，革质，先端急尖，叶背具密集或稀疏的刚毛。花单生于叶腋；小苞片2~4枚；花冠钟状，白色、粉红色或深红色；花萼在果期蓝紫色或黑色。浆果状蒴果球形，蓝紫色。生于针叶林中，匍匐于山坡岩石上，稀附生于树上。分布于西藏东南部、四川西部、云南北部和东南部；不丹、印度东北部、印度尼西亚、缅甸、尼泊尔。

Shrubs prostrate. Twigs wiry, densely brown hirsute. Leaves small, leaf blade broadly ovate or to elliptic, apex acute, abaxially densely or sparsely setiferous. Flowers solitary, axillary; bracteoles 2-4; corolla campanulate, white, pink or crimson; calyx at fruiting blue-purple or black. Capsule globose. Coniferous forests, often on rocks, rarely epiphytic on trees. Distr. SE Xizang, W Sichuan, N and SE Yunnan; Bhutan, NE India, Indonesia, Myanmar, Nepal.

1
1
2
3
3
4
4
4

1 假短穗白珠

1 2 3 4 5 6 7 8 9 10 11 12 1000-2000 m

Gaultheria pseudonotabilis H.Li ex R.C.Fang[1]

灌木，高 1~3 米。小枝圆柱状，密被平展锈色刚毛。叶散生，叶片椭圆状卵形至长圆状披针形，长 8~15 厘米。花序腋生，短总状；苞片菱形三角形，革质；花梗 0.8~1.2 厘米，无毛；小苞片 2 枚，基生；花冠红色，宽钟状。蒴果扁球形。生于常绿阔叶林及灌丛。分布于云南西北部 (独龙江)。

Shrubs 1-3 m tall. Twigs terete, densely spreading rust-colored setose. Leaves scattered, leaf blade elliptic-ovate, ovate, or oblong-lanceolate, 8-15 cm. Inflorescence axillary, shortly corymbose-racemose; bracts rhombic-triangular, leathery; pedicel 0.8-1.2 cm, glabrous; bracteoles 2, basal; corolla red, broadly campanulate. Capsule depressed-globose. Evergreen broad-leaved forests, thickets. Distr. NW Yunnan (Dulongjiang).

2 鹿蹄草叶白珠

1 2 3 4 5 6 7 8 9 10 11 12 3600-4000 m

Gaultheria pyrolifolia Hook.f. ex C.B.Clarke[1-2]

— *Gaultheria pyroloides* Hook.f. & Thomson ex Miq.

近直立或匍匐灌木，3~15 厘米高。叶倒卵形、椭圆状或近圆形，革质，长 1.3~5 厘米，宽 0.8~2.5 厘米。总状花序，腋生，长 1~1.5 厘米，有花 2~5 朵；花冠白色，口部粉色，卵状坛形，约 5 毫米；子房无毛。蒴果直径 4~6 毫米。生于高山灌丛、草地。分布于西藏东南部、云南西北部；不丹、印度、缅甸等地区。

Shrubs suberect or creeping, 3-15 cm tall. Leaf blade obovate or elliptic to suborbicular, 1.3-5 cm × 0.8-2.5 cm, leathery. Inflorescences from upper foliate axils, racemose, 1-1.5 cm, 2-5-flowered; corolla white, pinkish at mouth, urceolate or globose-urceolate, about 5 mm; ovary glabrous. Capsule 4-6 mm. Alpine windswept moorlands, thickets, grasslands. Distr. SE Xizang, NW Yunnan; Bhutan, India, Myanmar, etc.

3 五雄白珠

1 2 3 4 5 6 7 8 9 10 11 12 2000-2700 m

Gaultheria semi-infera (C.B.Clarke) Airy Shaw[1-5]

直立灌木，0.5~1(2.5) 米高。叶片长圆形或长圆状椭圆形。花序腋生，狭总状，1.5~3(7) 厘米，具数花至多朵花，短柔毛；苞片卵状三角形，1~3 毫米，流苏状；子房半下位，贴伏被绢毛；花萼在果期紫蓝色，肉质。蒴果椭圆体到球状，直径 3~5 毫米。生于松林边缘、山坡灌丛。分布于西藏南部、云南东南部和西部；不丹、印度东北部、缅甸、尼泊尔。

Shrubs erect, 0.5-1(2.5) m tall. Leaf blade oblong or oblong-elliptic. Inflorescences axillary, narrowly racemose, 1.5-3(7) cm, few- to many-flowered, pubescent; bracts triangular-ovate, 1-3 mm, fimbriate; ovary half-inferior, appressed-sericeous; calyx at fruiting purple-blue, fleshy. Capsule ellipsoidal to globose, 3-5 mm in diam. *Pinus* forest margins, thickets on slopes. Distr. S Xizang, SE and W Yunnan; Bhutan, NE India, Myanmar, Nepal.

4 刺毛白珠

1 2 3 4 5 6 7 8 9 10 11 12 3000-4700 m

Gaultheria trichophylla Royle var. *trichophylla*[1]

常绿矮小丛生灌木，常铺地而生。茎铁丝状，疏被棕色硬毛。叶片椭圆形或椭圆状长圆形，长 5~13 毫米，宽 2~5 毫米，无毛，稀背面脉上有毛。花单生于叶腋，白色；花冠球状钟形；花萼在果期蓝色，肉质。生于山坡灌丛、石质土地。分布于西藏南部、四川中西部、云南西北部；克什米尔地区、尼泊尔、印度东北部、缅甸。

Shrubs dwarf, prostrate, much branched below. Twigs wiry, brown hirsute. Leaf blade elliptic or elliptic-oblong, 5-13 mm × 2-5 mm, glabrous, rarely abaxially scattered hispidulous on veins. Flowers solitary, axillary; corolla white, campanulate; calyx at fruiting blue, fleshy. Mountain slopes, rocky places, stony soils. Distr. S Xizang, C and W Sichuan, NW Yunnan; Kashmir, Nepal, NE India, Myanmar.

5 四芒刺毛白珠

1 2 3 4 5 6 7 8 9 10 11 12 4200-4700 m

Gaultheria trichophylla var. *tetracme* Airy Shaw[1]

与原变种区别在于: 叶片卵形或卵状长圆形，具长缘毛。每药室具 2 枚芒，芒约 1 毫米。生于多石土壤。分布于四川西部，西藏南部。

Similar to G. trichophylla var. trichophylla, but differ at: Leaf blade ovate or ovate-oblong, long ciliate along margin. Thecae 2-awned, awn ca. 1 mm. Stony soils; 4200-4700 m. W Sichuan, S Xizang.

1
2
3
4
4
5
5

1 狭叶白珠

1 2 3 4 5 6 7 8 9 10 11 12 2400-3600 m

Gaultheria stenophylla P.W.Fritsch & Lu Lu[26]

小灌木，茎干长15厘米。稍长叶片窄椭圆形至微倒披针形，稍短叶片通常较宽；长为宽的2~3.4倍。花冠白色，钟状。果期花萼长球形，微张开或有时几乎闭合，外壁蓝色，偶白色，内壁白色。生于林下、高山草甸、灌丛或石上。分布于云南（福贡、贡山），西藏（墨脱）。

Shrublet with stems to 15 cm long. Longer leaf blades narrowly elliptic to slightly oblanceolate, shorter leaf blades often less narrow, 2-3.4 times as long as wide. Corolla white, campanulate. Fruiting calyx prolate, usually ellipsoid, slightly open and sometimes nearly closed, outer wall blue or pure white, inner wall white. Forests, alpine meadows, thickets or rocks. Distr. Yunnan (Fugong, Gongshan), Xizang (Metuo).

杜鹃花科 Ericaceae | 珍珠花属 *Lyonia* Nutt.

灌木或乔木。叶螺旋状排列，具叶柄，叶片全缘。总状花序腋生；花冠白色（到红色），筒状或坛状；花丝膝曲状，在近顶端处有1对芒状附属物或有时无；子房上位；柱头截形。蒴果室背开裂。种子细小，多数。35种；中国5种；横断山区均有。

Shrubs or trees. Leaves spirally arranged, petiolate, entire. Inflorescences axillary, racemose; corolla white to red, tubular or urceolate; filaments geniculate, with or without 1 pair of spurs at anther-filament junction; ovary superior; stigma truncate. Capsule loculicidal. Seeds small, many. Thirty-five species; five in China; all found in HDM.

2 圆叶米饭花

1 2 3 4 5 6 7 8 9 10 11 12 2400-3400 m

Lyonia doyonensis (Hand.-Mazz.) Hand.-Mazz.[1-2, 4]

— *Lyonia ovalifolia* var. *doyonensis* (Hand.-Mazz.) Judd

叶片近圆形，长与宽几相等，长6~15厘米，宽4~10厘米。蒴果近球形，直径4~7毫米，缝线明显增厚，无毛。生于开阔山坡灌丛中。分布于西藏东南部、四川、云南西北部；缅甸北部。

Leaf blade orbicular, oblong-orbicular, or oblong-elliptic, 6-15 cm × 4-10 cm. Capsule depressed-globose, 4-7 mm in diam, with thick sutures, glabrous. Evergreen forests, ravines. Distr. SE Xizang, Sichuan, NW Yunnan; N Myanmar.

3 珍珠花

1 2 3 4 5 6 7 8 9 10 11 12 200-3400 m

Lyonia ovalifolia (Wall.) Drude[1-5]

叶片卵形，狭至宽椭圆形、披针形或近圆形，长3~20厘米，宽2~12厘米。蒴果球形或卵形，直径3~5毫米。生于林中、灌丛、高山、开阔干燥山坡林中。分布于西藏、四川、云南；华中、华南地区；南亚、中南半岛。

Leaf blade ovate, narrowly to broadly elliptic, lanceolate, or suborbicular, 3-20 cm × 2-12 cm. Capsule globose or ovoid, 3-5 mm in diam. Forests, thickets, mountains, open and dry slopes. Distr. Xizang, Sichuan, Yunnan; C and S China; S Asia and Indo-China Peninsula.

杜鹃花科 Ericaceae | 独丽花属 *Moneses* Salisb. ex Gray

多年生矮小匍匐草本。叶具叶柄，革质，边缘有锯齿。花单一，生于花葶顶端，下垂；花萼5枚全裂，宿存；花冠平展，白色或粉色，圆形；雄蕊10枚；花丝钻形，基部无毛；花药具筒部，顶端孔裂；花盘不明显；花柱长而直立；柱头5裂。蒴果近球形，裂瓣的边缘无蛛丝状毛。1或2种；中国1种；横断山区有分布。

Herbs perennial, small, stoloniferous. Leaves petiolate, leathery, serrulate. Flower solitary, terminal on long stalk, nodding; sepals 5, deeply lobed, persistent; petals spreading, white or pink, orbicular; stamens 10; filaments subulate, base glabrous; anthers with tubes, opening by 2 apical pores; disk obscure; style long and straight; stigma 5-toothed. Capsules subglobose, fibers absent at margin. One or two species; one in China; found in HDM.

4 独丽花

1 2 3 4 5 6 7 8 9 10 11 12 900-3800 m

Moneses uniflora A.Gray[1-4]

描述同属。生于潮湿生苔针叶林下。分布于西南、东北地区、台湾；日本、俄罗斯；北半球温带。

See description for genus. Moist mossy coniferous forests. Distr. NE and SW China, Taiwan; Japan, Russia; temperate zone of the Northern Hemisphere.

1
3
2
3
4

杜鹃花科 Ericaceae | 水晶兰属 *Monotropa* L.

腐生草本，全株无叶绿素。花单生或多数聚成总状花序；雄蕊 8~12 枚；花药短，平生；花盘贴于子房基部，有 8~12 枚小齿；子房为中轴胎座，(3~)5(~6) 室。蒴果球状到狭卵球形。近 10 种；中国 2 种；横断山区均有。

Herbs perennial, mycoparasitic, lacking chlorophyll. Flowers solitary or in several-flowered racemes; stamens 8-12; anthers short, horizontally; disk of 8-10 distended paired lobes adnate to base of ovary; ovary axile placentation, (3-)5(-6)-loculed. Capsules globose to narrowly ovoid. About ten species; two in China; both found in HDM.

1 毛松下兰

Monotropa hypopitys var. *hirsuta* Roth[2, 4]

1 2 3 4 5 **6** **7** **8** 9 10 11 12 **1550-4000 m**

多年生草本，腐生，高 8~27 厘米。全株白色或淡黄色，肉质，具白色粗毛。总状花序有 2~11 朵花；花初下垂，管钟状。生于潮湿混交林或针叶林下。分布于西藏、云南；山西、华南地区；俄罗斯、北美。

Saprophytic herbs, 8-27 cm tall. Plant pale yellow-brown, rather fleshy, pubescent. Inflorescence racemose, 2-11-flowered; flowers nodding, tubular-campanulate. Damp mixed and coniferous forests. Distr. Xizang, Yunnan; Shanxi, S China; Russia, North America.

2 水晶兰

Monotropa uniflora L.[1-5]

1 2 3 4 5 6 7 **8** **9** 10 11 12 **100-1500 m**

花单一，顶生。生于潮湿落叶或混交林下。分布于西南各省；华中、华东；东亚、东南亚、美洲。

Flowers solitary, terminal. Damp deciduous or mixed forests. Distr. SW China; C and E China; E and SE Asia, America.

杜鹃花科 Ericaceae | 沙晶兰属 *Monotropastrum* Andres

与水晶兰属 *Monotropa* 相似，但果为浆果。子房 1 室，胎座顶生。2 种；中国 2 种；横断山区 1 种。

Similar to *Monotropa*, but fruit a berry. Ovary 1-loculed, with parietal placentation. Two species; both found in China; one in HDM.

3 球果假沙晶兰

Monotropastrum humile (D.Don) H.Hara[1-2]

— *Cheilotheca macrocarpa* (Andrews) Y.L.Chou

1 2 3 4 5 **6** **7** 8 9 10 11 12 **900-3100 m**

多年生腐生草本植物。花单生，花期下垂。浆果直立到下垂，白色，卵球形或球形。生于潮湿落叶或混交林下。分布于西藏、云南；湖北、浙江、东北；俄罗斯、东南亚。

Saprophytic herbs. Inflorescences 1-flowered, nodding at anthesis. Berries erect to nodding, white, ovoid-globose. Damp deciduous or mixed forests. Distr. Xizang, Yunnan; Hubei, Zhejiang, NE China; Russia, SE Asia.

杜鹃花科 Ericaceae | 马醉木属 *Pieris* D.Don

常绿灌木或小乔木。单叶螺旋排列或假轮生。花冠白色，坛状或筒状坛形；雄蕊 10 枚，不伸出花冠外；花丝劲直或膝曲，基部明显扩大；花药背部有 1 对下弯的芒。蒴果室背开裂。约 7 种；中国 3 种；横断山区 1 种。

Shrubs or trees, evergreen. Leaves spirally arranged or pseudoverticillate. Corolla white, urceolate to tubular-urceolate; stamens 10, included; filaments swollen at base, straight or geniculate; anthers on back with a pair of spurs at anther-filament junction. Capsule loculicidal. Seven species; three in China; one in HDM.

4 美丽马醉木

Pieris formosa (Wall.) D.Don[1-5]

1 2 3 4 **5** **6** **7** 8 9 10 11 12 **500-3800 m**

叶片披针形至长圆形，长 3~14 厘米，边缘有细锯齿。花序圆锥状或总状；花萼裂片披针形；花丝直，被短柔毛；子房扁球形，无毛。蒴果卵球形。生于灌丛、山坡。分布于甘肃、西藏、四川、云南；南方各省；印度、缅甸、尼泊尔、越南。

Leaf blade lanceolate, elliptic or oblong, 3-14 cm, margin conspicuously toothed. Inflorescences paniculate or racemose; calyx lobes lanceolate; filaments straight, pubescent; ovary depressed-globose, glabrous. Capsule ovoid. Thickets, open slopes. Distr. Gansu, Xizang, Sichuan, Yunnan; S China; India, Myanmar, Nepal, Vietnam.

杜鹃花科 Ericaceae | 鹿蹄草属 *Pyrola* L.

草本状小半灌木，根茎细长。叶常基生。总状花序，花下垂；雄蕊 10 枚，无毛，花药孔裂。蒴果下垂，裂片间有纤维连结。30~40 种；中国 26 种；横断山区 9 种。

Herbs suffruticose. Rootstock long, slender. Leaves in a rosette at base. Flowers nodding, in racemes; stamens 10; anthers opening by pores. Capsules nodding, valves connected by fibers at valve margins. About 30-40 species; 26 in China; nine in HDM.

1 紫背鹿蹄草

1 2 3 4 5 **6 7** 8 9 10 11 12 **1800-4000 m**

Pyrola atropurpurea Franch.[1-5]

叶 2~4 枚，心状宽卵形，上面绿色，下面带红紫色。苞片卵形；萼片常带红紫色，卵状三角形。生于山地针叶林、阔叶林下或混交林下。分布于甘肃、青海、西藏、四川、云南；山西、陕西。

Leaves 2-4, leaf blade cordate-ovate, reddish purple abaxially, green adaxially. Bracts ovate; sepals reddish purple, ovate-triangular. Montane coniferous forests, mixed forests. Distr. Gansu, Qinghai, Xizang, Sichuan, Yunnan; Shanxi, Shaanxi.

2 鹿蹄草

1 2 3 4 5 **6 7 8** 9 10 11 12 **700-4100 m**

Pyrola calliantha Andres[1-5]

叶 4~7 枚，革质，基生；叶片椭圆形或圆卵形，基部阔楔形或近圆形，边缘近全缘或有疏齿，上面绿色，下面常有白霜，有时带紫色。苞片长舌形，6~7.5 毫米；萼片舌形，长 (3)5~7.5 毫米，先端急尖或钝尖，边缘近全缘；花瓣白色，直径 1.5~2 厘米；花柱常带淡红色。生于山地针叶林、针阔叶混交林或阔叶林下。分布于西南地区；华北、华中及华东地区。

Leaves 4-7, leathery, basal; leaf blade elliptic or ovate, base broadly cuneate or suborbicular, margin entire or crenate, purplish and often glaucous abaxially, green adaxially. Bracts ligulate, 6-7.5 mm; sepals ligulate, (3)5-7.5 mm, apex often acute, margin entire; petals pure white, 1.5-2 cm in diam; style light red. Montane coniferous forests, mixed forests. Distr. SW China; N, C and E China.

3 普通鹿蹄草

1 2 3 4 5 6 **7 8** 9 10 11 12 **2700-3900 m**

Pyrola decorata Andres[1-5]

叶 3~6 枚，长圆形或倒卵状长圆形，长 (3)5~7 厘米，宽 2.5~3.5(4) 厘米，基部楔形或阔楔形，边缘有疏齿。萼片卵状长圆形；花冠直径 1~1.5 厘米，淡绿色、黄绿色或近白色；花柱伸出花冠倾斜，上部弯曲，顶端有环状突。生于松林、山地阔叶林或灌丛下。分布于西藏、四川、云南；华中、华东、华南；不丹。

Leaves 3-6, leaf blade oblong or obovate-oblong, (3)5-7 cm × 2.5-3.5(4) cm, base cuneate, decurrent, margin with remote minute teeth. Sepals ovate-oblong; flowers 1-1.5 cm in diam, light green to white; style exserted, curved, dilated at apex into a ring. *Pinus* or broad-leaved forests, scrubs. Distr. Xizang, Sichuan, Yunnan; C, E and S China; Bhutan.

4 皱叶鹿蹄草

1 2 3 4 5 6 7 **8 9** 10 11 12 **1400-4000 m**

Pyrola rugosa Andres[1-2, 4]

叶 3~7 枚，宽卵形或近圆形，长 3~4.5 厘米，宽 2.8~3.5 厘米，厚革质；基部圆形或圆截形，稀楔形，叶缘有疏腺锯齿。苞片膜质，狭披针形；萼片卵状披针形或披针状三角形，先端渐尖，边缘全缘或有疏齿；花冠白色；花柱不伸出花冠，顶端有环状突起。生于山地针叶林或阔叶林下。分布于甘肃、四川、云南；陕西。

Leaves 3-7, leaf blade broadly ovate or suborbicular, 3-4.5 cm × 2.8-3.5 cm, thickly leathery; base rounded or truncate, margin conspicuously crenate. Bracts lanceolate, membranous; sepals lanceolate or lanceolate-triangular, apex acuminate, margin entire or obscurely crenate; corolla white; style not exserted, dilated at apex into a ring. Montane coniferous or broad-leaved forests. Distr. Gansu, Sichuan, Yunnan; Shaanxi.

1
1
2
3
4
4

杜鹃花科 Ericaceae | 杜鹃属 *Rhododendron* L.

灌木或乔木，地生或附生。花通常排列成伞形总状或短总状花序，稀单花，通常顶生，少有腋生；花萼 5 枚，宿存；花冠形态多样，整齐或略两侧对称，裂片在芽内覆瓦状排列；雄蕊 5~10 枚，稀 15~20 枚，着生于花冠基部；花药无附属物，孔裂；花柱细长劲直或粗短而弯弓状，宿存。蒴果自顶部向下室间开裂。约 1000 种；中国超过 570 种；横断山区约 224 种。

Shrubs or trees, terrestrial or epiphytic. Inflorescence a raceme or corymb, mostly terminal, sometimes lateral, few- to many-flowered, sometimes reduced to a single flower; calyx 5, persistent; corolla shape various, regular or slightly zygomorphic, lobes imbricate in bud; stamens 5-10, rarely 15-20, inserted at base of corolla; anthers without appendages, opening by pores; style straight or declinate to deflexed, persistent. Capsule dehiscent from top, septicidal. About 1000 species; 570+ in China; about 224 in HDM.

• 无鳞片，叶常绿 | Not scaly, evergreen

1 腺房杜鹃 1 2 3 4 **5 6 7** 8 9 10 11 12 **3200-4200 m**

Rhododendron adenogynum Diels[1-4]

常绿灌木。叶片披针形至长圆状披针形，长 6~12 厘米，宽 2~4 厘米，下面密被厚层肉桂色至黄褐色毛被，毡毛状。花序有 8~12 朵花；花萼黄绿色，长 10~15 毫米；花冠钟形，白色带红色或粉红色；雄蕊 10 枚；花丝下半部密被微柔毛和腺毛；子房密被短柄腺体；花柱下部被腺毛。生于冷杉林下或杜鹃灌丛中、山坡上。分布于西藏东南部、四川西南部、云南西北部。

Shrubs. Leaf blade lanceolate to oblong-lanceolate, 6-12 cm × 2-4 cm, abaxial surface indumentum tawny to cinnamon, dense, thickly spongy, hairs sometimes mixed with glands. Inflorescence 8-12-flowered; calyx yellow-green, 10-15 mm; corolla campanulate, white flushed pink to pink; stamens 10; filaments densely puberulent and glandular-hairy in lower half; ovary densely shortly glandular-hairy; style shortly glandular-hairy on lower part. *Abies* forests, *Rhododendron* thickets, mountain slopes. Distr. SE Xizang, SW Sichuan, NW Yunnan.

2 迷人杜鹃 1 2 3 **4 5** 6 7 8 9 10 11 12 **1900-3300 m**

Rhododendron agastum Balf.f. & W.W.Sm.[1-4]

本种系马缨杜鹃与大白杜鹃天然杂交后代。常绿灌木。叶片椭圆形至椭圆状披针形。花冠钟状漏斗形，长 3.5~5.5 厘米，粉红色，具紫红色斑点；花丝细瘦，基部有微柔毛；子房被绒毛，其中混生腺体。生于山坡常绿阔叶林或混交林。分布于云南北部及西部；贵州东部；缅甸东北部。

Rhododendron agastum is probably a Natural hybrid between *R. decorum* and *R. delavayi*. Evergreen shrubs. Leaf blade elliptic to ovate-elliptic. Corolla tubular-campanulate, 3.5-5 cm, pink, with crimson blotch; filaments slender, pubescent at base; ovary glandular-hairy, with a few strigose hairs or tomentose. Mixed forests, broad-leaved forests, valleys. Distr. N and W Yunnan, E Guizhou; NE Myanmar.

3 团花杜鹃 1 2 3 **4 5** 6 7 8 9 10 11 12 **2000-3500 m**

Rhododendron anthosphaerum Diels[1-5]

常绿灌木或小乔木。叶椭圆状倒披针形或长椭圆形，两面无毛。总状伞形花序，有 8~10 朵花；花冠管状钟形，长 3~3.5 厘米，淡玫瑰色至深玫瑰色，基部有紫红色的斑块，具蜜腺囊；雄蕊 13~14 枚，花丝无毛或基部被微柔毛；子房无毛。生于针阔叶混交林、开阔的山坡。分布于西藏东南部、四川西南部、云南西北部；缅甸东北部。

Shrubs or small trees, evergreen. Leaf blade elliptic-oblanceolate or long-elliptic, glabrous on both sides. Inflorescence racemose-umbellate, 8-10-flowered; corolla tubular-campanulate, 3-3.5 cm, rose-magenta or crimson to magenta-blue, with a basal black-crimson blotch, nectar pouches present; stamens 13-14, filaments glabrous or puberulent at base; ovary glabrous. Mixed *Pinus*-broad-leaved forests, open slopes. Distr. SE Xizang, SW Sichuan, NW Yunnan; NE Myanmar.

1 夺目杜鹃

1 2 3 4 5 6 7 8 9 10 11 12 2400-4000 m

Rhododendron arizelum Balf.f. & Forrest[1-5]

常绿灌木或小乔木，高 3~7 米。叶背毛被锈红色至棕褐色。总状伞形花序，有 15~20 朵花；花冠钟状，裂片 8 枚；雄蕊 16 枚；花丝无毛或基部微毛；子房密被绒毛；花柱无毛。生于松林下、杜鹃灌丛中。分布于西藏东南部、云南西部；缅甸东北部。

Evergreen shrubs or small trees, 3-7 m tall. Abaxial leaf surface with pale brown or rufous. Inflorescence 15-20-flowered; corolla campanulate, lobes 8; stamens 16; filaments glabrous or puberulent at base; ovary densely tomentose; style glabrous. *Pinus* forests, *Rhododendron* thickets. Distr. SE Xizang, W Yunnan; NE Myanmar.

2 宽钟杜鹃

1 2 3 4 5 6 7 8 9 10 11 12 3200-4500 m

Rhododendron beesianum Diels[1-5]

叶背有肉桂色毛被。花萼极小；花冠宽钟状，白色或蔷薇色；雄蕊 10 枚；花丝基部有微毛；子房密生棕色毛；花柱无毛。生于高山针叶林下或杜鹃灌丛中。分布于西藏东南部、四川西南部、云南西北部；缅甸东北部。

Leaf blade abaxial surface fawn to pale cinnamon. Calyx small; corolla broadly campanulate, white flushed pink to pink; stamens 10; filaments pubescent at base; ovary densely pale brown-tomentose; style glabrous. Coniferous forests, *Rhododendron* thickets, mountains. Distr. SE Xizang, SW Sichuan, NW Yunnan; NE Myanmar.

3 美容杜鹃

1 2 3 4 5 6 7 8 9 10 11 12 1400-4000 m

Rhododendron calophytum Franch.[1-4]

常绿灌木或小乔木。叶厚革质，无毛或稀疏绒毛。顶生短总状伞形花序，有花 15~30 朵；花冠阔钟形，长 4~5 厘米，粉红色至白色，基部略膨大，内面有 1 枚紫红色斑块，裂片 5~7 枚；雄蕊 15~22 枚；子房及花柱无毛；柱头膨大，盘状。生于森林中。分布于甘肃东南部、四川、云南东北部；湖北西部、重庆、贵州中部及北部、陕西南部。

Evergreen shrubs or trees. Leaf blade leathery, abaxial surface glabrous or sparsely tomentose. Inflorescence racemose-umbellate, 15-30-flowered; corolla widely campanulate, 4-5 cm, pinkish to white, with purple flecks and a basal blotch, lobes 5-7; stamens 15-22; ovary and style glabrous; stigma swollen, discoid. Forests. Distr. SE Gansu, Sichuan, NE Yunnan; W Hubei, Chongqing, C and N Guizhou, S Shaanxi.

4 云雾杜鹃

1 2 3 4 5 6 7 8 9 10 11 12 3300-4500 m

Rhododendron chamaethomsonii (Tagg) Cowan & Davidian[1-5]

叶具短柄，7~16 毫米，具腺体。叶背光滑或仅基部散生微柔毛和腺体。子房圆锥形，有或无腺体及毛；花柱无毛。生于高山杜鹃灌丛、岩石坡。分布于西藏东南部、云南西北部。

Petiole 7-16 mm, glandular. Leaf blade abaxial surface puberulent and glandular towards the base, or glabrous. Ovary conoid, hairy, with or without glandular hairs; style glabrous. *Rhododendron* thickets, alpine thickets, stony slopes. Distr. SE Xizang, NW Yunnan.

5 马缨杜鹃

1 2 3 4 5 6 7 8 9 10 11 12 1200-3200 m

Rhododendron delavayi Franch.[1-4]

常绿灌木或小乔木。叶背密被棉毛。花冠肉质，深红色，裂片 5 枚，基部具 5 个蜜囊；雄蕊 10 枚，花丝无毛；子房圆锥形，密被红棕色毛；花柱长 2.8 厘米，无毛。生于向阳常绿阔叶林或灌木丛中。分布于西藏东南部、四川西南部、云南；贵州西部、广西西北部；印度东北部、缅甸、泰国、越南北部。

Shrubs or trees, evergreen. Leaf blade abaxial surface with indumentum. Corolla fleshy, deep crimson to carmine, lobes 5, with 5 basal nectar pouches; stamens 10; filaments glabrous; ovary conoid, densely fawn-tomentose; style about 2.8 cm, glabrous or floccose to tip. Evergreen broad-leaved forests, forest margins, thickets. Distr. SE Xizang, SW Sichuan, Yunnan; W Guizhou, NW Guangxi; NE India, Myanmar, Thailand, N Vietnam.

1
1
2
3
3
4
5

1 大白杜鹃 1 2 3 4 5 6 7 8 9 10 11 12 1000-3000 m

Rhododendron decorum Franch.[1-4]

常绿灌木或小乔木。叶背无毛。花冠漏斗状钟形，6~8 枚裂片，芳香；花丝基部被毛；子房和花柱通体密生腺体。生于灌丛中或森林下。分布于西藏东南部、四川西南部、云南；贵州西部；缅甸。

Evergreen shrubs or small trees. Leaf blade abaxial surface glabrous. Corolla funnel-campanulate, lobes 6-8, fragrant; filaments pubescent at base; ovary densely glandular-hairy, style with similar glands to tip. Forests, thickets. Distr. SE Xizang, SW Sichuan, Yunnan; W Guizhou; Myanmar.

2 紫背杜鹃 1 2 3 4 5 6 7 8 9 10 11 12 3000-4200 m

Rhododendron forrestii Balf.f. *ex* Diels[1-2]

匍匐小灌木。幼枝被稀疏的绒毛和腺体。叶背紫色或绿色。花冠深红色；花丝无毛；子房具微柔毛和有柄腺体。生于具苔藓的岩石及苔原草地。分布于西藏东南部、云南西北部；缅甸东北部。

Dwarf creeping shrubs. Young shoots sparsely tomentose and glandular. Leaf blade abaxial surface pale purple or green. Corolla crimson; filaments glabrous; ovary densely glandular-hairy and tomentose. Moist stony pastures, moist stony slopes, rocky slopes. Distr. SE Xizang, NW Yunnan; NE Myanmar.

3 粘毛杜鹃 1 2 3 4 5 6 7 8 9 10 11 12 2400-3600 m

Rhododendron glischrum Balf.f. & W.W.Sm.[1-5]

常绿灌木或小乔木。植株具带有黏性腺体的刚毛。花序 10~12 朵花，花序轴密被腺体和绒毛；花丝基部被短毛；子房密被带腺头的刚毛。生于林缘、灌丛。分布于西藏南部、云南西北部；印度东北部、缅甸。

Shrubs or small trees, evergreen, densely glandular-setose. Inflorescence 10-12-flowered, rachis densely glandular and tomentose; filaments pubescent at base; ovary densely glandular-hairy. Forests, forest margins, thickets. Distr. S Xizang, NW Yunnan; NE India, Myanmar.

4 似血杜鹃 1 2 3 4 5 6 7 8 9 10 11 12 3200-4000 m

Rhododendron haematodes Franch.[1-4]

幼枝密被浅锈色绒毛。叶背密被两层毛被。花冠深红色；花丝无毛或被微毛；柱头小。生于松林、高山灌丛或山谷。分布于西藏东南部、云南西部；缅甸东北部。

Young shoots densely ferruginous-tomentose to setose. Leaf blade abaxial surface with indumentum 2-layered. Corolla fleshy scarlet to deep crimson; filaments glabrous or puberulous; stigma small. *Pinus* forests, alpine thickets, valleys. Distr. SE Xizang, W Yunnan; NE Myanmar.

5 露珠杜鹃 1 2 3 4 5 6 7 8 9 10 11 12 1700-3500 m

Rhododendron irroratum Franch.[1-4]

灌木或小乔木。叶片倒披针形至狭椭圆形，成熟后无毛。花冠钟状，白色或黄白色至紫红色，具绿色或紫色斑点；雄蕊 10 枚；子房圆锥状，密被腺体；花柱顶端有时具腺体。生于山坡常绿阔叶林中或灌木丛。分布于四川西南部、云南北部及东南部；贵州西北部；越南北部。

Evergreen shrubs or small trees. Leaf blade oblanceolate to narrowly elliptic, both surfaces glabrous when mature. Corolla tubular-campanulate, white or creamy yellow to violet-rose, with greenish or purple flecks; stamen 10; ovary conoid, densely glandular-hairy; style sometimes glandular to the tip. Evergreen broad-leaved forests, mixed forests. Distr. SW Sichuan, N and SE Yunnan; NW Guizhou; N Vietnam.

1
1
2
2
3
3
4
4
5

1 乳黄杜鹃

1 2 3 4 5 6 7 8 9 10 11 12 3000-4100 m

Rhododendron lacteum Franch.[1-4]

常绿灌木或小乔木。叶背密生淡黄棕色细绒毛。花萼小；花冠宽钟状，硫磺色；雄蕊 10 枚；子房被白绒毛；花柱绿色无毛。生于冷杉林、杜鹃灌丛中。分布于云南西部。

Evergreen shrubs or small trees. Leaf blade thickly leathery, abaxial surface fawn to gray-tawny. Calyx small; corolla widely campanulate, pure yellow; stamens 10; ovary densely pale brown-tomentose; style green glabrous. *Abies* forests, *Rhododendron* thickets. Distr. W Yunnan.

2 火红杜鹃

1 2 3 4 5 6 7 8 9 10 11 12 2100-3600 m

Rhododendron neriiflorum Franch.[1-4]

幼枝被白色绒毛，后脱落。叶背苍白色，中脉凸出。花丝带紫红色，无毛；子房常密被绒毛和腺体。生于混交林、松林、杜鹃林和竹林中。分布于西藏东南部、云南西部；不丹、印度东北部、缅甸。

Young shoots whitish tomentose, glabrescent. Leaf blade abaxial surface glabrous, midrib prominent abaxially. Filaments purple, glabrous; ovary conoid, densely tomentose, glandular, rarely glabrous. Mixed forests, *Pinus* forests, *Rhododendron* forests, bamboo forests. Distr. SE Xizang, W Yunnan; Bhutan, NE India, Myanmar.

3 山光杜鹃

1 2 3 4 5 6 7 8 9 10 11 12 1800-3900 m

Rhododendron oreodoxa Franch.[1-3]

常绿灌木或小乔木。幼枝被白色至灰色绒毛，不久脱净。叶狭椭圆形或倒卵状椭圆形，长 4.5~10 厘米，宽 2~3.5 厘米，无毛。花萼裂片 6~7 枚，长 1~3 毫米；花冠裂片 5~8 枚；雄蕊 12~14 枚；花丝基部无毛或微柔毛；子房和花柱无毛或具腺毛。生于林下、灌丛中。分布于甘肃南部、西藏东部、四川；湖北西部、陕西南部。

Shrubs or small trees. Young shoots gray-tomentose, glabrescent. Leaf blade elliptic or obovate-elliptic, 4.5-10 cm × 2-3.5 cm, both surfaces glabrous. Calyx lobes 6 or 7, 1-3 mm; corolla lobes 5-8; stamens 12-14; filaments glabrous or pubescent; ovary and style glabrous or glandular-hairy. Forests, thickets. Distr. S Gansu, E Xizang, Sichuan; W Hubei, S Shaanxi.

4 栎叶杜鹃

1 2 3 4 5 6 7 8 9 10 11 12 3000-4800 m

Rhododendron phaeochrysum Balf.f. & W.W.Sm.[1-5]

叶革质，背面密被黄棕色毡毛状毛被。花冠白色或淡粉红色，具紫红色斑点；雄蕊 10 枚；花丝下半部被短柔毛；子房及花柱几无毛。生于高山杜鹃灌丛或冷杉林下。分布于西藏东南部、四川西部、云南西北部。

Leaf blade leathery, abaxial surface densely tawny to golden-brown or cinnamon agglutinated or felted tomentose. Corolla white to pale pink, with purplish red spots; stamens 10; filaments pubescent in lower part; ovary and style glabrous or sparsely pubescent. *Abies* forests, *Rhododendron* thickets, mountain slopes. Distr. SE Xizang, W Sichuan, NW Yunnan.

5 大树杜鹃

1 2 3 4 5 6 7 8 9 10 11 12 2500-3300 m

Rhododendron protistum var. *giganteum* (Forrest *ex* Tagg) D.F.Chamb.[1-4]

常绿乔木。叶长圆状披针形或长圆状倒披针形，长 12~37 厘米，宽 4~12 厘米，成叶下面淡棕色毛被连续而疏松。总状伞形花序有花 20~30 朵；花梗密被黄棕色绒毛；花冠长 7~8 厘米，漏斗状，深紫红色；雄蕊 16 枚；花丝无毛；子房密被黄棕色簇状绒毛；花柱无毛。生于混交林中。分布于云南西部。

Trees. Leaf blade oblong-lanceolate to oblong-oblanceolate, 12-37 cm × 4-12 cm, abaxial surface pale brown indumentum, continuous and loose. Inflorescence racemose-umbellate, 20-30-flowered; pedicel densely tawny-tomentose; corolla 7-8 cm, funnelform-campanulate, deep purple-red; stamens 16; filaments glabrous; ovary densely tawny fasciculate-tomentose; style glabrous. Mixed forests. Distr. W Yunnan.

1
2
2
3
4
4
5

1 卷叶杜鹃

1 2 3 4 5 6 7 8 9 10 11 12 2600-4300 m

Rhododendron roxieanum Forrest[1-5]

叶厚革质，狭披针形至线形，边缘显著反卷，背面被厚毛。花冠白色略带粉色，带紫红色斑点；雄蕊 10 枚；花丝下半部密被白色微柔毛；子房密被锈色绒毛，有时混生短柄腺体。生于高山针叶林或杜鹃灌丛中。分布于甘肃南部、西藏东南部、四川西南部、云南西北部；陕西西南部。

Leaf blade thickly leathery, narrowly lanceolate to linear, margin strongly revolute, abaxial surface with indumentum 2-layered. Corolla white to white tinged pink, with copious purple-red spots; stamens 10; filaments densely puberulent in lower 1/2; ovary densely rusty red-tomentose, sometimes mixed with short-stalked glands. Coniferous forests, *Rhododendron* thickets. Distr. S Gansu, SE Xizang, SW Sichuan, NW Yunnan; SW Shaanxi.

2 血红杜鹃

1 2 3 4 5 6 7 8 9 10 11 12 2800-4500 m

Rhododendron sanguineum Franch.[1-5]

叶革质，背面毛连续。花丝无毛，基部红色；子房先端钝，密被黄褐色分枝毛，无腺体。生于高山草地及杜鹃灌丛。分布于西藏东南部、云南西北部；缅甸东北部。

Leaf blade leathery, abaxial surface indumentum continuous. Filaments red, glabrous; ovary ovoid, densely tomentose, eglandular or partly glandular. Alpine meadows, *Rhododendron* thickets. Distr. SE Xizang, NW Yunnan; NE Myanmar.

3 多变杜鹃

1 2 3 4 5 6 7 8 9 10 11 12 2800-4000 m

Rhododendron selense Franch.[1-5]

灌木。幼枝有短柄腺体。叶长圆状椭圆形或倒卵形，两面无毛；叶柄有稀疏短柄腺体。花梗有具柄腺体；花冠漏斗状，粉红色至蔷薇色，5 裂；雄蕊 10 枚；花丝下部微被毛；子房圆柱状，密被腺体；花柱无毛，具腺体。生于高山针叶林下和杜鹃灌丛中。分布于西藏东部、四川西南部、云南西部。

Shrubs. Young shoots with sessile glands or short to long glandular hairs. Leaf blade oblong-elliptic to broadly elliptic, both surfaces glabrous; petiole indument similar to young shoots. Pedicel indument similar to young shoots; corolla funnelform, pink to rose, lobes 5; stamens 10; filaments slightly hairy at base; ovary cylindric, densely glandular; style glabrous and glandular. Montane coniferous forests, *Rhododendron* thickets. Distr. E Xizang, SW Sichuan, W Yunnan.

4 银灰杜鹃

1 2 3 4 5 6 7 8 9 10 11 12 2400-3400 m

Rhododendron sidereum Balf.f.[1-4]

常绿灌木或小乔木。叶窄长圆形或长圆状披针形，长 9~21 厘米，宽 3.5~6.5 厘米，边缘微反卷，下面被银灰色粘结状毛被。花序有花 14~20 朵；花冠斜钟形，乳白色至淡黄色，裂片 8 枚；雄蕊 16 枚；花丝基部被微柔毛；子房密被绒毛，无腺体；花柱无毛。生于混交林中。分布于云南西部；缅甸西北部。

Shrubs or small trees. Leaf blade narrowly oblong to oblong-lanceolate, 9-21 cm × 3.5-6.5 cm, margin slightly revolute, abaxial surface indumentum silvery-gray. Inflorescence 14-20-flowered; corolla ventricose-campanulate, creamy-white to pale yellow, lobes 8; stamens 16; filaments pubescent at base; ovary densely fawn-tomentose, eglandular; style glabrous. Mixed forests on mountain slopes. Distr. W Yunnan; NW Myanmar.

5 白碗杜鹃

1 2 3 4 5 6 7 8 9 10 11 12 3000-3800 m

Rhododendron souliei Franch.[1-3]

常绿灌木。叶卵形至矩圆状椭圆形，长 3.5~7.5 厘米，宽 2~4.5 厘米。总状伞形花序，5~7 朵花；花梗密被腺体；花冠钟状，乳白色或粉红色；花丝白色，无毛；子房 4~5 毫米，密被紫红色腺体；花柱长 1.5~2 厘米；柱头膨大成头状。蒴果成熟后常弯曲。生于山坡、冷杉林下、灌木丛中。分布于西藏东部、四川西南部。

Shrubs, evergreen. Leaf blade ovate to oblong-elliptic, 3.5-7.5 cm × 2-4.5 cm. Inflorescence racemose-umbellate, 5-7-flowered; rachis shortly glandular-hairy; corolla campanulate, white or pink; filaments white, glabrous; ovary 4-5 mm, usually densely purplish red glandular; style 1.5-2 cm; stigma capitate. Capsule usually curved at maturity. Mountain slopes, *Abies* forests, scrubs. Distr. E Xizang, SW Sichuan.

1
1
2
2
3
3
4
4
5

1 糠秕杜鹃

1 2 3 4 5 6 7 8 9 10 11 12 2800-3700 m

Rhododendron sperabiloides Tagg & Forrest[1-5]

小枝淡灰褐色，被淡黄色绒毛，无腺体。叶长圆状椭圆形至倒披针形，长 4.5~8.5 厘米，下面表皮无乳头小突起。花丝基部多少有微柔毛；子房圆锥形，先端渐尖而延伸于花柱的基部，密被淡黄色绒毛。生于松林、高山灌丛中。分布于西藏东南部、云南西北部。

Young shoots with pale rufous tomentum, eglandular. Leaf blade oblong-elliptic to oblanceolate, 4.5-8.5 cm, abaxial surface discontinuously rufous tomentose. Filaments puberulent at base; ovary conoid, tapering into style, densely rufous-tomentose. *Pinus* forests, alpine thickets. Distr. SE Xizang, NW Yunnan.

2 多趣杜鹃

1 2 3 4 5 6 7 8 9 10 11 12 3000-4000 m

Rhododendron stewartianum Diels[1-5]

小灌木，幼枝无毛。叶片倒卵形至椭圆形，下面有极薄的粉末状的毛被，边缘常向下反卷。花萼碟状，长 5~10 毫米；花冠钟状或管状，白色、淡黄色至浅红色，多变；花丝基部有疏绒毛；子房圆柱状，有密腺体；花柱光滑。生于杜鹃灌丛、竹林。分布于西藏东部、云南西北部；缅甸西北部。

Small shrubs, young shoots glabrous. Leaf blade obovate to elliptic, abaxial surface with thinly persistently fawn-farinose, margin reflexed. Calyx cupular, 5-10 mm; corolla tubular-campanulate, white or soft yellow to pale rose, variable in color; filaments pubescent at base; ovary cylindric, densely glandular; style glabrous. *Rhododendron* thickets, bamboo brakes. Distr. E Xizang, NW Yunnan; NW Myanmar.

3 大理杜鹃

1 2 3 4 5 6 7 8 9 10 11 12 3200-4100 m

Rhododendron taliense Franch.[1-4]

叶厚革质，边缘略反卷，背面两层毛被。花冠乳白色、黄色或粉红色，具深红色斑点；花丝基部被白色微柔毛；子房及花柱无毛。生于高山冷杉林下或杜鹃灌丛。分布于云南西部。

Leaf blade thickly leathery, margin slightly revolute, abaxial surface with indumentum 2-layered. Corolla creamy-white to yellow or pale pink, with copious crimson spots; filaments pubescent at base; ovary and style glabrous. *Abies* forests, *Rhododendron* thickets, mountains. Distr. W Yunnan.

4 亮叶杜鹃

1 2 3 4 5 6 7 8 9 10 11 12 2650-4300 m

Rhododendron vernicosum Franch.[1-5]

常绿灌木或小乔木。叶上面微被蜡质，无毛。花冠漏斗状钟形，芳香，淡红色至白色，无毛；花丝无毛；花柱通体密生红色腺体。生于杂木林中。分布于西藏东南部、四川西部、云南西部。

Evergreen shrubs or small trees. Adaxial surface slightly wax-covered, glabrous. Corolla widely funnel-campanulate, somewhat fragrant, pale pink to white, glabrous; filaments glabrous; style red glandular-hairy to tip. Forests. Distr. SE Xizang, W Sichuan, W Yunnan.

4

1

2

2

3

3

4

4

1 黄杯杜鹃

1 2 3 4 5 6 7 8 9 10 11 12 3000-4600 m

Rhododendron wardii W.W.Sm.[1-5]

常绿灌木。叶革质，两面无毛。花萼边缘密被腺体；花冠杯状，黄色或白色；子房和花柱都具腺体。生于冷杉林、云杉林、山坡灌丛。分布于西藏东南部、四川西南部、云南西北部。

Evergreen shrubs. Leaf blade leathery, both surfaces glabrous. Calyx margin densely glandular; corolla cup-shaped, bright yellow or pure white; ovary and style densely glandular. *Abies* forests, *Picea* forests, scrubs, mountain slopes. Distr. SE Xizang, SW Sichuan, NW Yunnan.

2 纯白杜鹃

1 2 3 4 5 6 7 8 9 10 11 12 3400-4600 m

Rhododendron wardii var. *puralbum* (Balf.f. & W.W.Sm.) D.F.*Chamb.* [1-4]

系黄杯杜鹃的变种。叶长卵形。花冠纯白色。生于山坡草地及灌木丛中。分布于四川西南部、云南西北部。

Variety of *R. wardii*. Leaf blade narrowly ovate. Corolla pure white. Scrubs, meadows, mountain slopes. Distr. SW Sichuan, NW Yunnan

• 被鳞片，叶常绿 | Scaly, evergreen

3 短花杜鹃

1 2 3 4 5 6 7 8 9 10 11 12 3000-3650 m

Rhododendron brachyanthum Franch.[1-5]

叶片下面通常苍白色，疏被不等大二色鳞片。花序具花3~10朵；花梗细长，长1.5~4厘米；花冠钟状；雄蕊10枚；花丝下半部或近至顶端被毛；子房密被鳞片；花柱短而粗，近基部强烈弯弓。生于森林、灌丛、岩石开阔地带。分布于西藏东南部、云南中西部；缅甸东北部。

Abaxial leaf surface glaucous, scales sparse, unequal, the smaller pale yellow, the larger brown. Inflorescence 3-10-flowered; pedicel slender, 1.5-4 cm; corolla campanulate; stamens 10; filaments pubescent in lower 1/2 or nearly to apex; ovary scaly; style stout, usually sharply deflexed, short. Open places in forests, scrubs, rocky places. Distr. SE Xizang, C and W Yunnan; NE Myanmar.

4 美被杜鹃

1 2 3 4 5 6 7 8 9 10 11 12 3400-4600 m

Rhododendron calostrotum Balf.f. & Kingdon-Ward[1-5]

直立小灌木。幼枝密鳞片，无刚毛。叶片卵状椭圆形或长圆状椭圆形，顶端具小尖头，下面棕色，密被覆瓦状鳞片，排成3~5层，不压扁。花梗0.8~1.5厘米；花萼长3~9毫米；花冠宽漏斗状，长1~2.5厘米，紫红色或淡紫色，外面密被短柔毛；花丝基部密被柔毛；子房密被鳞片；花柱红色。生于高山灌丛或岩坡。分布于西藏东南部、云南东北部和西北部；印度、缅甸。

Small erect shrubs. Young shoots with dense scales, not hispid. Leaf blade ovate-elliptic to oblong-elliptic, apiculate, abaxial surface brown, scales dense, overlapping or arranged in 3-5 tiers, not flattened. Pedicel 0.8-1.5 cm; calyx reddish lobes 3-9 mm; corolla broadly funnelform-campanulate, red or pale purple, 1-2.5 cm, outer surface densely pubescent; filaments densely pubescent at base; ovary densely scaly; style red. Rocky slopes in forests, thickets or rocky slopes in high mountains, often dominant. Distr. SE Xizang, NE and NW Yunnan; India, Myanmar.

5 弯柱杜鹃

1 2 3 4 5 6 7 8 9 10 11 12 2700-5100 m

Rhododendron campylogynum Franch.[1-5]

常绿矮小灌木，分枝密集常匍匐成垫状。叶厚革质，下面苍白色，被疏散而易脱落的小鳞片。花梗长达5厘米；花冠宽钟状，肉质，紫红色至暗紫色，长1~2.3厘米，外面带白霜，裂片短于花管；花丝下半部被柔毛；子房疏被鳞片；花柱粗壮无毛，稍弯或下倾。生于杜鹃灌丛或石岩上。分布于西藏东南部、云南中西部；印度东北部、缅甸东北部。

Small shrubs, usually prostrate, creeping or decumbent. Leaf blade leathery, abaxial surface often whitish or silvery, scales sparse. Pedicel about 5 cm; corolla broadly campanulate, fleshy, pruinose to purple, 1-2.3 cm.pruinose; filaments puberulous in lower 1/2 their length; ovary scaly; style thick, bent or sharply deflexed, glabrous. *Rhododendron* thickets, moist stony moorlands. Distr. SE Xizang, C and W Yunnan; NE India, NE Myanmar.

1
1
1
2
3
4
5
5

1 雅容杜鹃 1 2 3 4 **5** **6** 7 8 9 10 11 12 **3000-4200 m**

Rhododendron charitopes Balf.f. & Farrer subsp. *charitopes*[1-2]

常绿小灌木。叶芳香，下面苍白色，密被鳞片，鳞片相距为其直径的 0.5~2 倍。花冠钟状或宽钟状，长 1.5~2.6 厘米，白、粉至淡紫色，有时具深色斑点，外面疏被鳞片或无；花丝被毛；子房密被鳞片；花柱短，粗壮弯弓而光滑，罕在基部被疏鳞片。生于山谷、草坡、石岩或峭壁上。分布于西藏东南部、云南西北部；缅甸东北部。

Shrubs, evergreen. Leaf blade aromatic, abaxial surface glaucous, scales 0.5-2 × their own diameter apart. Corolla campanulate or broadly campanulate, 1.5-2.6 cm, white, pink to rose or purple, sometimes spotted, not or only sparsely scaly; filaments pubescent; ovary densely scaly; style stout, sharply bent or deflexed, short, usually without scales at base. Valleys, grassy slopes, rocky slopes, cliffs. Distr. SE Xizang, NW Yunnan; NE Myanmar.

2 睫毛萼杜鹃 1 2 3 **4** 5 6 7 8 9 10 11 12 **1000-3100 m**

Rhododendron ciliicalyx Franch.[1-4]

灌木。幼枝密被黄褐色刚毛。叶片下面密被褐色鳞片，相距为其直径的 0.5~1.5 倍。花序有花 2~3 朵，伞形着生，花梗密被鳞片；花萼外面密被鳞片；花冠宽漏斗状，淡紫、淡红或白色；雄蕊 10 枚；花丝下部被疏柔毛；子房密被鳞片；花柱下部 1/2 被鳞片。生于混交林、灌丛、干燥山坡。分布于云南；贵州；印度东北部、老挝、缅甸、泰国、越南。

Shrubs. Young shoots densely yellow-hispid. Abaxial leaf surface gray-green, scales 0.5-1.5 × their own diameter apart. Inflorescence umbellate, 2- or 3-flowered; calyx densely scaly; corolla broadly funnelform, pale purple, pale red or white; stamens 10; filaments sparsely pubescent below; ovary densely scaly; style basal half scaly. Mixed forests, thickets on rocky mountains, dry slopes. Distr. Yunnan; Guizhou; NE India, Laos, Myanmar, Thailand, Vietnam.

3 独龙朱砂杜鹃 1 2 3 **4** **5** 6 7 8 9 10 11 12 **3350-3500 m**

Rhododendron cinnabarinum subsp. *tamaense* (Davidian) Cullen[1]

半落叶灌木，高 1~3 米。叶片狭椭圆形至椭圆状披针形，长 3~6(11) 厘米，宽 1.5~2.5(5) 厘米，长多大于宽的 2.2 倍。花序顶生，2~4 朵花；花冠管状或狭窄钟状，紫红色，裂片外面有鳞片；子房被鳞片，顶端有时秃净。生于林缘、杜鹃灌丛。分布于云南西北部。

Shrubs, semideciduous, 1-3 m tall. Leaf blade narrowly elliptic, oblong-elliptic to oblong-lanceolate or ovate, 3-6(11) cm × 1.5-2.5(5) cm, more than 2.2 × as long as broad. Inflorescence terminal, 2-4-flowered; corolla tubular to narrowly campanulate, plum purple, lobes with scales abaxially; ovary scaly, apex sometimes puberulous. Forest margins, *Rhododendron* thickets. Distr. NW Yunnan.

4 附生杜鹃 1 2 3 **4** **5** 6 7 8 9 10 11 12 **1350-1900 m**

Rhododendron dendricola Hutch.[1-4]

灌木，有时附生。叶片下面密被红褐色略不等大的鳞片，相距小于直径或为直径的 1~4 倍。花萼不发育，密生鳞片；花冠芳香，宽漏斗状，白色带淡红色晕；花丝下部被柔毛；子房 6 室，密被鳞片；花柱下半部疏被鳞片。生于河边杂木林中岩石上或陡岩灌丛中，有时附生于林中树上。分布于西藏东南部、云南西北部；印度东北部、缅甸北部。

Shrubs, sometimes epiphytic. Leaf blade abaxial surface pinkish green, scales less than, or 1-4 × their own diameter apart. Calyx undeveloped, densely scaly; corolla fragrant, broadly funnelform, white tinged with pale red; filaments pubescent below; ovary 6-locular, densely scaly, style sparsely scaly below. Mixed forests, thickets, rocks, sometimes epiphytic on trees. Distr. SE Xizang, NW Yunnan; NE India, N Myanmar.

1
1
2
3
3
4
4

1 泡泡叶杜鹃

1 2 3 4 **5** **6** 7 8 9 10 11 12 **2000-4000 m**

Rhododendron edgeworthii Hook.f.[1-3, 5]

常绿灌木，通常附生。叶上面呈泡泡状隆起，无毛。花萼5枚深裂，果期宿存；花冠钟状或漏斗状钟形，长3.4~7.5厘米，乳白色或有时带粉红色或基部有黄色斑点；花丝下部被毛；子房密被绵毛及散生鳞片；花柱长而伸直，基部被黄褐色绵毛和小鳞片。常附生于树上或攀生于峭陡的岩壁上。分布于西藏东南部、四川西南部、云南中部和西北部；不丹、印度北部、缅甸。

Evergreen, often epiphytic. Leaf blade leathery, adaxial surface strongly bullate, glabrous. Calyx deeply 5-lobed, persisting to enclose mature capsule; corolla funnelform-campanulate, 3.4-7.5 cm, white, sometimes flushed pink and/or with a yellow blotch at base; filaments densely pilose below; ovary densely woolly, sparsely scaly; style straight, base scaly and woolly. Dense forests, cliffs, rocks, often epiphytic. Distr. SE Xizang, SW Sichuan, C and NW Yunnan; Bhutan, N India, Myanmar.

2 灰白杜鹃

1 2 3 **4** **5** 6 7 8 9 10 11 12 **2000-4500 m**

Rhododendron genestierianum Forrest[1-5]

常绿灌木。叶下面明显苍白色，被小而疏的鳞片。总状花序顶生，多花；花梗被白粉，长1.6~3厘米；花萼被白粉；花冠钟状，肉质，红紫色，被白粉；花丝无毛；子房被鳞片；花柱粗壮，弯弓状。生于常绿阔叶林林缘、沟边杂木林或高山灌丛中。分布于西藏东南部、云南西部；缅甸东北部。

Shrubs, evergreen. Leaf blade abaxial surface conspicuously pale and glaucous, sparsely scaly. Inflorescence terminal, racemose, many-flowered; pedicel pruinose, 1.6-3 cm; calyx pruinose; corolla campanulate, fleshy, pruinose, reddish purple; filaments glabrous; ovary scaly; style stout, sharply deflexed. Forest margins, thickets, scrub, rocky slopes. Distr. SE Xizang, W Yunnan; NE Myanmar.

3 亮鳞杜鹃

1 2 3 4 5 6 **7** **8** 9 10 11 12 **3000-4000 m**

Rhododendron heliolepis Franch. var. *heliolepis*[1-5]

常绿灌木，有时小乔木。幼枝密被鳞片。叶有浓烈香气，长圆状椭圆形至椭圆状披针形。花梗细长，长1~3厘米；花萼边缘浅波状，有时萼片长圆形，长约2毫米，外面密生鳞片；花冠钟状，长2.5~3.5厘米，粉红色至白色，内有紫红色斑；花丝下半部有密而长的粗毛；子房密被鳞片；花柱下部有柔毛。生于中高海拔林中或林缘。分布于西藏、四川、云南；缅甸。

Shrubs or sometimes small trees, evergreen. Young shoots densely scaly. Leaf blade with a strong oily fragrance, elliptic or elliptic-lanceolate. Pedicel thin, 1-3 cm, densely scaly; calyx undulate, lobes about 2 mm, sometimes oblong, densely scaly; corolla campanulate, 2.5-3.5 cm, pink, pale purplish red or rarely white, with purple or brown spots inside; filaments hispid below; ovary densely scaly; style glabrous or pubescent below. Forests in middle and high elevation. Distr. Xizang, Sichuan, Yunnan; Myanmar.

4 灰背杜鹃

1 2 3 4 **5** **6** 7 8 9 10 11 12 **2400-4800 m**

Rhododendron hippophaeoides Balf.f. & W.W.Sm.[1-4]

常绿小灌木，茎直立，幼枝细长。叶长圆形，长1.2~2.5厘米；叶上面灰绿色，有鳞，下面淡黄灰色，鳞片重叠，透明的金黄色至麦秆色。花序有4~8朵花；花冠宽漏斗状，长1~1.5厘米，鲜玫瑰色、淡紫色至蓝紫色，内面喉内密被短柔毛；花丝近基部有毛；子房密被淡色鳞片。生于松林、云杉林下、林内湿草地及高山杜鹃灌丛。分布于四川西南部、云南中部及西北部。

Erect shrubs, branchlets virgate. Leaf blade oblong to oblong-ovate, 1.2-2.5 cm. Adaxial surface pale green, scaly, abaxial surface yellowish buff, scales overlapping, uniformly creamy yellow. Inflorescence 4-8-flowered; corolla broadly funnelform, 1-1.5 cm, bright rose or lavender-blue to bluish purple, inner surface pubescent; filaments pubescent towards base; ovary scaly. *Picea* and *Pinus* forests, *Rhododendron* thickets, moist stony pastures. Distr. SW Sichuan, C and NW Yunnan.

1 鳞腺杜鹃

1 2 3 4 5 6 7 8 9 10 11 12 3000-4200 m

Rhododendron lepidotum Wall. ex G.Don[1-5]

常绿小灌木。叶多少革质，变异极大，两面均密被鳞片；鳞片黄绿色，重叠成覆瓦状或相距为其直径的 1/2。花萼裂片外面被鳞片，常有缘毛；花冠宽钟状，白色、粉色、红色至紫色或黄色，外面密被鳞片；花丝向基部或至全长 2/3 有柔毛；子房密被鳞片；花柱短粗，强弯，光滑。生于林缘、灌丛、草地、岩石。分布于西藏南部、四川西部、云南西北部；不丹、印度北部、缅甸东北部、尼泊尔。

Small shrubs, evergreen. Leaf blade ± leathery, dense scaly on both surfaces; scales yellow-green or brown, overlapping to 0.5 × their own diameter apart; calyx scaly, ciliate; corolla broadly campanulate, white, pink, red to purple or yellow, scaly; filaments densely pubescent towards base or for up to 2/3 of their length; ovary densely scaly; style sharply deflexed, short, glabrous. Forests, scrubs, grassy slopes, moorlands, rocks. Distr. S Xizang, W Sichuan, NW Yunnan; Bhutan, N India, NE Myanmar, Nepal.

2 招展杜鹃

1 2 3 4 5 6 7 8 9 10 11 12 2500-4200 m

Rhododendron megeratum Balf.f. & Forrest[1-5]

常绿小灌木，常附生。叶上面通常光亮，下面灰白色，密被大小多变的鳞片；鳞片泡状，金黄色，凹陷，相距为其直径的 0.5~1 倍。花序 1~3 朵花；花萼裂片 6~10 毫米；花冠宽钟状，长 2~2.5 厘米，黄色稀白色，稀具紫色斑点，有鳞；花丝基部或 2/3 被毛；子房被鳞片；花柱短，粗壮而弯弓。生于森林、岩坡、崖壁，有时附生。分布于西藏东南部、云南西北部；印度东北部、缅甸东北部。

Dwarf shrubs, evergreen, sometimes epiphytic. Adaxial surface dark green, shiny, abaxial leaf surface whitish papillose, scales 0.5-1 × their own diameter apart, varying in size, brown, bladderlike, sunk in pits. Inflorescence 1-3-flowered; calyx lobes 6-10 mm; corolla broadly campanulate, 2-2.5 cm, yellow or rarely white, rarely with purple spots, scaly; filaments pubescent towards base or to 2/3 of their length; ovary scaly; style stout, sharply bent, short. Forests, rocky slopes, cliff ledges, sometimes epiphytic. Distr. SE Xizang, NW Yunnan; NE India, NE Myanmar.

3 雪层杜鹃

1 2 3 4 5 6 7 8 9 10 11 12 3100-5800 m

Rhododendron nivale Hook.f.[1-5]

常绿小灌木，分枝稠密，常平卧成垫状。幼枝褐色，密被黑锈色鳞片。叶小，顶端常无短尖头；下面鳞片二色，金黄色深褐色相混生，邻接或稍不邻接，淡色鳞片常较多。花萼发达；花冠宽漏斗状，长 9~14 毫米，粉红至紫色；花丝近基部被毛；子房被鳞片；花柱长于雄蕊。生于高山草甸、冰川谷地、湿地。分布于青海南部、西藏东部及南部、四川西部、云南中部及西部；不丹、尼泊尔。

Evergreen, much-branched prostrate or erect shrubs, usually forming dense cushions. Branches densely dark ferruginous scaly. Leaf small, occasionally mucronulate, abaxial surface scales 2-colored, contiguous or nearly contiguous, pale golden and dark brown intermixed, usually either equal in number or paler scales predominating. Calyx well developed; corolla broadly funnelform, pink to purple, 9-14 mm; filaments villous towards base; ovary scaly; style usually longer than stamens. Alpine meadows, moorlands, swampy grassland, damp places, open mountainsides, ice gorges. Distr. S Qinghai, E and S Xizang, W Sichuan, C and W Yunnan; Bhutan, Nepal.

4 木兰杜鹃

1 2 3 4 5 6 7 8 9 10 11 12 ≈ 2400 m

Rhododendron nuttallii Booth *ex* Nutt.[1-3, 5]

小乔木，或附生。叶片椭圆形，长 12~20 厘米，宽 6~10 厘米；叶背面鳞片紧密，小，不等长，棕红色；正面鳞片幼时浓密，后脱落。花序顶生，常约 5 朵花；花梗长约 3 厘米；萼裂片 1.5~2.5 厘米；花冠白色，筒部略带黄色，裂片上带浅红色；花丝被毛；花柱基部密被鳞片，向上部弯曲；柱头大。生于杜鹃灌丛中。分布于西藏东南部、云南西北部；印度北部、越南北部。

Small trees, or epiphytic. Leaf blade elliptic, 12-20 cm × 6-10 cm, abaxial surface scales dense, small, unequal, brownish red, adaxial surface scales dense when young, glabrescent. Inflorescence terminal, usually 5 flowered; pedicel about 3 cm; calyx lobes 1.5-2.5 cm; corolla white tinged with yellow on tube and with lobes tinged pale red; filaments pubescent; style curved upwards, base densely scaly; stigma large. *Rhododendron* thickets, epiphytic or terrestrial. Distr. SE Xizang, NW Yunnan; N India, N Vietnam.

1
1
2
2
3
3
4

1 山育杜鹃

1 2 3 4 **5 6 7** 8 9 10 11 12 3000-3700 m

Rhododendron oreotrephes W.W.Sm.[1-2, 4-5]

常绿灌木。叶背粉绿色或绿色；鳞片相距小于直径至近邻接。花序短总状；花梗长 0.5~2 厘米，紫红色，疏生鳞片；花冠淡紫至深紫红色，外面无毛；花丝基部被开展的短柔毛；子房密被鳞片；花柱光滑。生于混交林内、林缘。分布于西藏东南部、四川西南部、云南北部；缅甸。

Shrubs, evergreen. Leaf blade abaxial surface pinkish green or green; scales contiguous, or less than (rarely more than) their own diameter apart. Inflorescence shortly racemose; pedicel purplish red, 0.5-2 cm, sparsely scaly; corolla pale purple or pale red or deep purplish red, outer surface glabrous; filaments spreading-pubescent below; ovary densely scaly; style glabrous. Evergreen-deciduous mixed forests, forest margins. Distr. SE Xizang, SW Sichuan, N Yunnan; Myanmar.

2 樱草杜鹃

1 2 3 4 **5 6** 7 8 9 10 11 12 2900-5100 m

Rhododendron primuliflorum Bureau & Franch.[1-3]

常绿小灌木。叶芽鳞早落。叶革质，芳香，下面密被叠成 2~3 层的鳞片。花萼长 3~6 毫米，外面疏被鳞片；花冠狭筒状漏斗形，长 1.2~1.9 厘米，白色，具黄色的管部，罕全部为粉红或蔷薇色，花管长 6~12 毫米，内面喉部被长柔毛；花丝无毛；子房被鳞；花柱约与子房等长，光滑。生于山坡灌丛、高山草甸、沼泽草甸、岩坡。分布于甘肃南部、西藏南部、四川西部、云南北部。

Small shrubs. Bud scales deciduous. Leaf blade leathery, aromatic, abaxial surface scales overlapping, arranged in 2-3 tiers. Calyx lobes 3-6 mm, usually scaly; corolla narrowly tubular-funnelform, 1.2-1.9 cm, white with yellow tube, rarely rose or entirely pink, tube 6-12 mm, throat densely pilose; filaments glabrous; ovary scaly; style nearly as long as ovary, glabrous. Thickets, alpine moorlands, swamps, rocky pastures and slopes, boulders. Distr. S Gansu, S Xizang, W Sichuan, N Yunnan.

3 腋花杜鹃

1 2 **3 4 5** 6 7 8 9 10 11 12 1500-3800 m

Rhododendron racemosum Franch.[1-4]

小灌木，分枝多。叶片有香气。花序腋生枝顶或近顶生；花冠宽漏斗状，中部或中部以下分裂，粉红色或淡紫红色，长 0.9~1.4 厘米；雄蕊 10 枚，伸出花冠外；花丝基部密被开展的柔毛；子房密被鳞片；花柱长于雄蕊，洁净，有时基部有短柔毛。生于松、栎树林下、冷杉林缘或灌丛草地，常为当地优势种。分布于四川西南部、云南；贵州西北部。

Small, much-branched shrubs. Leaf blade fragrant. Inflorescence axillary or subterminal; corolla widely funnelform, divided from below or at middle, pink or purple, 0.9-1.4 cm; stamens 10, exserted; filaments pilose at base; ovary densely scaly; style longer than stamens, glabrous or shortly pilose at base. *Pinus* or *Quercus* forests, *Abies* forest margins, grasslands, usually dominant. Distr. SW Sichuan, Yunnan; NW Guizhou.

4 红棕杜鹃

1 2 3 **4 5 6** 7 8 9 10 11 12 2800-3600 m

Rhododendron rubiginosum Franch.[1-4]

常绿灌木或小乔木。叶片椭圆形、椭圆状披针形或长圆状卵形，长 3.5~8 厘米，宽 1.3~3.5 厘米，下面密被锈红色鳞片，鳞片通常腺体状。伞形花序顶生，5~7 朵花；花冠淡紫色、紫红色、玫瑰红色、淡红色，少有白色带淡紫色晕，内有紫红色或红色斑点，外面被疏散的鳞片；花丝下部被短柔毛；子房有密鳞片；花柱长过雄蕊，不被毛。生于云杉、冷杉、落叶松林林缘或林间间隙地，或杉木、栎树混交林、针阔混交林、山坡灌丛。分布于西藏、四川、云南；缅甸。

Shrubs or small trees, evergreen. Leaf blade elliptic or elliptic-lanceolate or oblong-ovate, 3.5-8 cm × 1.3-3.5 cm, abaxial surface scales dense, unequal rust-brown, glandlike or thin. Inflorescence terminal, umbellate, 5-7-flowered; corolla pale purple to rose-red or pale red, inside with purplish red or red spots, outer surface sparsely scaly; filaments pubescent below; ovary densely scaly; style longer than stamens, glabrous or pubescent below. *Picea-Larix-Abies* forest margins or openings, *Cunninghamia-Quercus* mixed forests, deciduous broad-leaved forests, thickets on slopes. Distr. Xizang, Sichuan, Yunnan; Myanmar.

1
2
2
3
3
4
4

1 多色杜鹃

1 2 3 4 5 6 7 8 9 10 11 12 2800-4900 m

Rhododendron rupicola W.W.Sm. var. *rupicola*[1-5]

常绿小灌木，密集分枝，幼枝被暗色鳞片。叶小，顶端圆钝，具短尖头，下面具二色鳞片。花序顶生，有花2~6（8）朵；花萼发达，暗红紫色，中央被鳞片，边缘具睫毛；花冠宽漏斗状，紫色至深红色，或黄色，稀白色，内面喉部被柔毛；雄蕊数目多变，常有不育雄蕊；花丝近基部有毛；子房被毛及淡色鳞片。生于林缘、杜鹃灌丛、高山草地、岩坡。分布于西藏东南部、四川西部、云南中部和北部；缅甸东北部。

Small shrubs, much-branched, scaly. Leaf small, apex rounded, mucronate, abaxial surface 2-colored scales. Inflorescence 2-6(8)-flowered, terminal; calyx well-developed, reddish purple, scales forming a broad central band, margin with ciliate; corolla broadly funnelform, purple to crimson, or yellow, rarely white, throat pubescent; filaments pubescent towards base; ovary scaly, pubescent. Forest margins, *Rhododendron* thickets, alpine meadows, rocky or stony slopes. Distr. SE Xizang, W Sichuan, C and N Yunnan; NE Myanmar.

2 金黄多色杜鹃

1 2 3 4 5 6 7 8 9 10 11 12 3300-4800 m

Rhododendron rupicola var. *chryseum* (Balf.f. & Kingdon-Ward) Philipson & M.N.Philipson[1-5]

系多色杜鹃的变种。花萼的裂片边缘仅具睫毛不被鳞片；花冠黄色。生于林缘、开阔荒野、岩坡。分布于西藏东南部、四川西部、云南西北部；缅甸东北部。

This is the variety of *R. rupicola*. Calyx lobe margin ciliate, without scales; corolla yellow. Forest margins, open moorlands, stony slopes. Distr. SE Xizang, W Sichuan, NW Yunnan; NE Myanmar.

3 怒江杜鹃

1 2 3 4 5 6 7 8 9 10 11 12 3000-4800 m

Rhododendron saluenense Franch.[1-2, 4-5]

直立或匍匐灌木。幼枝密被鳞片和褐色长刚毛。叶椭圆形、长圆状椭圆形或卵状椭圆形，下面密被覆瓦状鳞片。花序顶生，1~3 朵花；花梗长 0.7~1.5 厘米，红色，被鳞片，有疏或密的刚毛或无毛；花萼红紫色，萼片长 5~9 毫米；花丝基部密被柔毛；花柱红色，基部有微柔毛或无。生于杜鹃灌丛或山谷流石坡，常自成灌丛。分布于西藏东南部、四川西南部、云南西北部；缅甸东北部。

Erect or creeping shrubs. Young shoots densely scaly, hispid with brown strap-shaped setae. Leaf blade elliptic or oblong-elliptic or ovate-elliptic, abaxial surface scales overlapping. Inflorescence terminal, 1-3-flowered; pedicel red, 0.7-1.5 cm, scaly, sparsely or densely hispid; calyx reddish purple, lobes 5-9 mm; filaments densely pubescent at base; style red, pubescent at base or not. *Rhododendron* thickets on rocky slopes, shrubby meadows on high mountains. Distr. SE Xizang, SW Sichuan, NW Yunnan; NE Myanmar.

4 水仙杜鹃

1 2 3 4 5 6 7 8 9 10 11 12 3000-4300 m

Rhododendron sargentianum Rehder & E.H.Wilson[1-2]

常绿小灌木，分枝繁密。叶芳香，椭圆形、宽椭圆形或卵形，长 8~16 毫米，宽 3~8 毫米。花序顶生，头状，具花 5~7（12）朵；花萼发达，裂片长圆形至倒卵形，长 3~4 毫米，外面被鳞片，边缘被长缘毛；花冠狭管状，长 1~1.6 厘米，淡黄色；花丝光滑；子房密被鳞片；花柱粗、直，近等长于子房，无毛。生于高山崖坡和峭壁陡岩上。分布于四川中部和西部。

Small shrubs. Leaf blade aromatic, elliptic, broadly elliptic, or ovate, 8-16 mm × 3-8 mm. Inflorescence 5-7(12)-flowered; calyx well-developed, oblong to obovate, lobes 3-4 mm, scaly, margin strap-shaped-ciliate; corolla narrowly tubular, 1-1.6 cm, whitish yellow; filaments glabrous; ovary scaly; style thick, straight, nearly as long as ovary, glabrous. Cliffs, exposed rocks. Distr. C and W Sichuan.

4

1
2
2
3
3
4

1 锈叶杜鹃

1 2 3 4 5 6 7 8 9 10 11 12 1800-3000 m

Rhododendron siderophyllum Franch.[1-4]

灌木。叶背鳞片棕色，相距为其直径的 0.5~2 倍或邻接。花序短总状，3~5 朵花；花冠筒状漏斗形，白色、淡红色、淡紫色或偶见玫红色；子房密被鳞片；花柱洁净，有时基部被毛。生于杂木林、针叶林、山坡灌丛。分布于四川、云南；贵州。

Shrubs. Leaf blade abaxial surface scales brown, 0.5-2 × their own diameter apart, or contiguous small to mid-sized. Inflorescence shortly racemose, 3-5-flowered; corolla tubular funnelform-campanulate, white, pale red, pale purple or rosy red; ovary densely scaly; style usually glabrous, rarely pubescent at base. Mixed forests, coniferous forests on slopes, thickets. Distr. Sichuan, Yunnan; Guizhou.

2 碎米花

1 2 3 4 5 6 7 8 9 10 11 12 800-1900 m

Rhododendron spiciferum Franch.[1-2, 4]

小灌木，多细瘦分枝。叶片坚纸质，上面密被短柔毛和长硬毛，下面黄绿色，密被灰白色短柔毛，密被黄色腺鳞。花序短总状，有花 1~4 朵；花冠漏斗状，粉红色，稀白色，长 1.3~1.6 厘米；花丝下部被短柔毛；子房密被灰白色短柔毛及鳞片；花柱下部或近基部被柔毛或无毛。生于松林、次生林缘、山坡灌丛。分布于云南中部及东南部；贵州西部。

Small multi-branched shrubs. Leaf blade toughly papery, adaxial surface densely pubescent and long-hispid, abaxial surface yellowish green, densely yellow scaly, densely gray-white-pubescent. Inflorescence shortly racemose, 1-4-flowered; corolla funnelform, pink or rarely white, 1.3-1.6 cm; filaments pubescent below; ovary densely gray-white-pubescent and scaly; style pubescent below or glabrous. Coniferous forests, forest margins, thickets on slopes. Distr. C and SE Yunnan; W Guizhou.

3 爆杖花

1 2 3 4 5 6 7 8 9 10 11 12 1900-2500 m

Rhododendron spinuliferum Franch. var. *spinuliferum*[1-4]

灌木。花冠狭筒状，两端略狭缩，朱红色、鲜红色或橙红色，长 1.5~2.5 厘米；雄蕊 10 枚，略伸出花冠之外；子房密被茸毛并覆有鳞片；花柱长伸出花冠之外，常无毛，有时基部被毛。生于松林、山谷灌丛中。分布于四川西南部、云南东北部和西部。

Shrubs. Corolla tubular, narrowed at both ends, bright or orange red, 1.5-2.5 cm; stamens 10, slightly exserted from corolla; ovary scaly, densely hairy; style exserted from corolla, usually glabrous, rarely pubescent at base. Coniferous forests, valley thickets. Distr. SW Sichuan, NE and W Yunnan.

4 硫磺杜鹃

1 2 3 4 5 6 7 8 9 10 11 12 2500-4000 m

Rhododendron sulfureum Franch.[1-4]

常绿灌木，通常附生。叶革质，倒卵形至倒披针形，长 2.6~8.6 厘米，宽 1.5~4.5 厘米。顶生伞形花序，有 4~8 朵花；花梗长 0.8~2 厘米，密被鳞片；花萼外面有鳞片，边缘常具疏睫毛；花冠宽钟状，长 1.3~2 厘米，亮黄色，稀绿色，无斑点；花丝基部或下半部密被毛；子房密被鳞片；花柱短，粗壮，基部强度弯弓，基部有鳞片。生于灌丛、林中、峭壁石岩上，有时附生。分布于西藏东南部、云南西部；缅甸东北部。

Shrubs, evergreen, usually epiphytic. Leaf blade blade leathery, obovate to oblanceolate, 2.6-8.6 cm × 1.5-4.5 cm. Inflorescence 4-8-flowered, umbellate, terminal; pedicel 0.8-2 cm, scaly; calyx scaly, margin usually cilite; corolla broadly campanulate, 1.3-2 cm, bright yellow, rarely greenish, not spotted; filaments pubescent towards base or in lower 1/2; ovary densely scaly; style stout, sharply bent, short, scaly at base. Forests, scrubs, cliffs, rocks, sometimes epiphytic. Distr. SE Xizang, W Yunnan; NE Myanmar.

1
2
2
3
3
4
4

1 三花杜鹃

1 2 3 4 **5** **6** 7 8 9 10 11 12 2500-3700 m

Rhododendron triflroum Hook.f. subsp. *triflorum*[1-2, 4-5]

灌木，稀小乔木，常绿或半落叶。幼枝被鳞片。叶下面灰白色或淡绿色，密被小鳞片；鳞片近等大，相距为其直径或不及。花序短总状，2~5 朵花；花冠宽漏斗状，长 2~3.3 厘米，淡黄色，有时瓣片带杏红色，花冠内面有褐色斑点，外面被鳞片；雄蕊伸出花冠筒部；花丝被长柔毛；子房密被鳞片；花柱细长，洁净。生于林下、山坡灌丛。分布于西藏南部、云南中西部；不丹、印度、缅甸、尼泊尔。

Shrubs or rarely small trees, often evergreen, sometimes semievergreen. Young shoots scaly. Abaxial leaf surface gray white or pale green, scales to 1 × their own diameter apart, all similar. Inflorescence shortly racemose, 2-5-flowered; corolla broadly funnelform-campanulate, 2-3.3 cm, pale yellow, sometimes with lobes tinged pink, inside with brown spots, outer surface scaly; filaments villous; ovary densely scaly; style long, glabrous. Forests, thickets. Distr. S Xizang, C and W Yunnan; Bhutan, India, Myanmar, Nepal.

2 鲜黄杜鹃

1 2 3 4 **5** 6 7 8 9 10 11 12 1500-3500 m

Rhododendron xanthostephanum Merr.[1-5]

常绿灌木。幼枝密被褐色鳞片。叶革质，长圆状披针形，下面银棕色；鳞片大小不等，相距约为其直径的一半。花冠管状钟形，长 1.8~2.8 厘米，鲜黄色，外面密被鳞片；花丝下部被白色柔毛；子房密被鳞片；花柱细长，伸出花冠，基部被鳞片。生于冷杉、松林下、灌丛、岩壁。分布于西藏东南部、云南西北部；印度东北部、缅甸北部。

Shrubs, evergreen. Leaf blade leathery, oblong-lanceolate, abaxial surface silvery brown, scales unequal, about 0.5 × their own diameter apart. Corolla tubular-campanulate, 1.8-2.8 cm, bright to deep yellow, outer surface scaly; ovary densely scaly; style slender, straight, longer than corolla, scaly at base. *Abies* and *Pinus* forests, scrubs, cliffs. Distr. SE Xizang, NW Yunnan; NE India, N Myanmar.

• 被鳞，落叶 | Scaly, deciduous

3 蜜花弯月杜鹃

1 2 3 4 **5** **6** 7 8 9 10 11 12 3000-4300 m

Rhododendron mekongense var. *melinanthum* (Balf.f. & Kindon-Ward) Cullen[1-3]

落叶灌木。小枝和花梗具刚毛。叶常迟于花发出。花序顶生，具 2~5 朵花；花冠宽钟状，长约 1.5~2.3 厘米，黄色，外面常被鳞片；雄蕊伸出花管外；花丝下部或大部分密生短柔毛；子房密被鳞片；花柱短而粗壮，弯弓状，无鳞片和毛。生于林缘、灌丛、高山草坡、山谷。分布于西藏东南部、云南西北部；缅甸东北部。

Shrubs, deciduous. Branchlets and pedicels setose. Flowering before leaves show. Inflorescence terminal, 2-5-flowered; corolla broadly campanulate, 1.5-2.3 cm, yellow, outer surface usually scaly; filaments villous or pubescent towards base; ovary scaly; style thick, sharply bent, glabrous. Forest margins, thickets, scrubs, grassy slopes, valleys. Distr. SE Xizang, NW Yunnan; NE Myanmar.

4 云南杜鹃

1 2 3 **4** **5** **6** 7 8 9 10 11 12 2200-4000 m

Rhododendron yunnanense Franch.[1-4]

灌木，落叶、半落叶或常绿。叶下面绿色或灰绿色，鳞片稀疏，相距为其直径的 2~6 倍。花冠宽漏斗状，长 1.8~3.5 厘米，白色或淡紫色，内有斑点，外面几无鳞片；花丝下部多少被短柔毛；子房密被鳞片；花柱洁净。生于混交林中、灌丛。分布于西藏、四川西部、云南；贵州西部、陕西南部；缅甸。

Shrubs, deciduous, semievergreen or evergreen. Leaf blade abaxial surface green or gray green, scales sparsely, 2-6 × their own diameter. Corolla broadly funnelform-campanulate, 1.8-3.5 cm, white or pale purplish, inside with spots, outer surface sparsely scaly or not; filaments ± pubescent below; ovary densely scaly; style glabrous. Mixed forests on slopes, thickets. Distr. Xizang, W Sichuan, Yunnan; W Guizhou, S Shaanxi; Myanmar.

杜鹃花科 Ericaceae | 越橘属 *Vaccinium* L.

灌木或小乔木，常地生，少附生。叶互生，稀假轮生。花梗顶端通常不增粗；花小形；花冠坛状，钟状或筒状，裂片短小；雄蕊 10 枚或 8 枚，稀 4 枚，多为内藏；花药顶部形成 2 枚直立的管，背部有 2 枚距，稀无距。浆果球形。约 450 种；中国 93 种；横断山区约 17 种。

Shrubs or small trees, terrestrial or epiphytic. Leaves alternate, rarely pseudoverticillate. Pedicel expanded towards apex or not; flowers small; corolla urceolate, campanulate, or tubular, lobes short and small; stamens 10 or 8, rarely 4, usually included; anthers with 2 spurs at anther-filament junction or not. Berry globose. About 450 species; 93 in China; about 17 in HDM.

1 紫梗越橘

1 2 **3** 4 5 6 7 8 9 10 11 12 **1000-1400 m**

Vaccinium ardisioides Hook.f. ex C.B.Clarke[1-2, 4]

常绿灌木，全株无毛。叶 3~5 枚假轮生，无柄；叶片卵形或椭圆形，长 6~15 厘米，宽 2.5~7 厘米，顶端渐尖。花序总状；花梗紫色，长 1.5 厘米，与萼筒间明显有关节；萼筒短柱状，5 枚裂，裂片 1/2 以下连合；花冠淡红色或橘红色，筒状。幼果鲜红色，熟果紫色。生于常绿树林中、河边，常附生。分布于云南西北部；缅甸。

Shrubs evergreen, glabrous. Leaves 3-5-pseudoverticillate, sessile; leaf blade ovate or elliptic, 6-15 cm × 2.5-7 cm, apex acuminate. Inflorescences racemose; pedicel purple, 1.5 cm, thickened upwards; calyx limb divided 1/2; corolla pale-red, urceolate-tubular. Berry red, purple at maturity. Below evergreen trees, riversides, usually epiphytic. Distr. NW Yunnan; Myanmar.

2 苍山越橘

1 2 **3** **4** **5** 6 7 8 9 10 11 12 **2000-3800 m**

Vaccinium delavayi Franch.[1-5]

常绿小灌木，有时附生。幼枝被灰褐色短柔毛，杂生褐色具腺长刚毛。叶密生，叶片倒卵形，长 0.7~1.5 厘米，宽 0.4~0.9 厘米，顶端圆形，微凹，基部楔形，边缘有软骨质边。花冠白色或淡红色，坛状，裂片短小，通常直立；药室背部有 2 枚斜伸的短距。浆果成熟时紫黑色。生于森林、干燥山坡、岩石上。分布于西藏东南部、四川西南部、云南；缅甸东南部。

Shrubs evergreen, terrestrial or epiphytic. Twigs angled, grayish brown pubescent and brown glandular setose. Leaves dense, leaf blade obovate, 0.7-1.5 cm × 0.4-0.9 cm, apex rounded, retuse, base cuneate, margin cartilaginous. Corolla white or pinkish, lobes small, erect; anthers thecae with 2 spreading spurs. Berry dark purple at maturity. Forests, dry slopes, rocks. Distr. SE Xizang, SW Sichuan, Yunnan; SE Myanmar.

3 树生越橘

1 2 3 4 **5** **6** **7** 8 9 10 11 12 **2300-3800 m**

Vaccinium dendrocharis Hand.-Mazz.[1-5]

与苍山越橘近似。但本种分枝较长，幼枝被灰褐色短柔毛。叶片较狭长，边缘全缘。生于常绿阔叶林、冷杉林或铁杉林、杜鹃苔藓林，通常附生树上或石上。分布于西藏东南部、云南西部；缅甸。

Similar to *V. delavayi*, but braches are longer, young branches densely grayish brown pubescent, glabrescent. Leaf blade narrower than *V. delavayi* and margin entire. Evergreen forests, *Abies* or *Tsuga* forests, mossy *Rhododendron* forests, usually epiphytic on trees, rocks. Distr. SE Xizang, W Yunnan; Myanmar.

4 云南越橘

1 **2** **3** **4** **5** 6 7 8 9 10 11 12 **1500-3100 m**

Vaccinium duclouxii (H.Lév.) Hand.-Mazz. var. *duclouxii*[1, 3-4]

常绿灌木或小乔木，各处无毛。叶互生。花序长 1.5~8 厘米；苞片早落；花冠白色或淡红色，筒状坛形；花药背部有短距。浆果熟时紫黑色。生于常绿阔叶林、松、栎混交林、山坡灌丛中。分布于四川、云南。

Shrubs or small trees, evergreen, glabrous. Leaves scattered. Inflorescences racemose, 1.5-8 cm; bracts caducous; corolla white or pink, tubular-urceolate; anthers with 2 inconspicuous spurs. Berry dark purple. Evergreen forests, *Pinus-Quercus* forests, thickets. Distr. Sichuan, Yunnan.

1
1
2
2
3
3
4

1 乌鸦果

1 2 3 4 5 6 7 8 9 10 11 12 1100-3400 m

Vaccinium fragile Franch.[1-4]

常绿矮小灌木。茎多分枝。叶密生，叶片革质，长圆形或椭圆形，长 1.2~3.5 厘米，宽 0.7~2.5 厘米，边缘有细锯齿。总状花序多花；苞片红色，叶状，4~9 毫米；花冠白色至淡红色，有 5 条红色脉纹，口部缢缩；药室背部有 2 枚上举的距。浆果球形，绿色变红色，成熟时紫黑色。生于松、栎树林中、山坡灌丛或草坡。分布于西藏东南部、四川、云南；贵州。

Shrubs dwarf, evergreen. Stem much-branched. Leaves rather dense. Leaf blade leathery, oblong or elliptic, 1.2-3.5 cm × 0.7-2.5 cm, margin serrulate. Inflorescences racemose, many-flowered; bracts usually reddish, leaflike, 4-9 mm; corolla white, tinged with pink, with 5 red veins, urceolate; anthers with 2 erect spurs. Berry globose, green to red, turning dark purple. *Pinus-Quercus* forests, thickets, open grassy slopes. Distr. SE Xizang, Sichuan, Yunnan; Guizhou.

茜草科 Rubiaceae | 拉拉藤属 *Galium* L.

一年生，多年生草本或亚灌木，直立、攀援或匍匐。茎常具 4 条棱，无毛，具毛或小皮刺。花小，两性，稀单性同株；花冠辐状，稀钟状或宽漏斗状，通常深 4 枚裂；雄蕊 4 枚。小坚果，革质或近肉质。600 余种；中国 63 种；横断山区约 26 种。

Subshrubs to perennial or annual herbs. Stems erect, often weak or clambering. Stems usually 4-angled, glabrous, prickly or "sticky". Flowers mostly bisexual and monomorphic, hermaphroditic, sometimes unisexual, andromonoecious, usually quite small; corolla rotate to occasionally campanulate or broadly funnelform, lobes 4; stamens 4. Fruit mostly dry to leathery schizocarps, infrequently spongy, rarely ± fleshy and berrylike. More than 600 species; 63 in China; about 26 in HDM.

2 小叶葎

1 2 3 4 5 6 7 8 9 10 11 12 200-4600 m

Galium asperifolium var. *sikkimense* (Gand.) Cufod.[1-5]

多年生，植株细弱。茎无刺或在棱上有倒向的小皮刺。叶较小，不为楔状长圆形，在下面被疏毛或沿中脉和边缘有倒向的小刺毛。聚伞花序多花至数朵花；花冠绿白色或黄色，无毛，顶端芒尖。果无毛。生于山坡、河滩、沟边、旷野、草地、灌丛或林下。分布于西藏、四川、云南；湖北、湖南、贵州、广西；印度、不丹、尼泊尔。

Herbs, perennial, weak to clambering or trailing. Stems usually much branched, sparsely hairy and retrorsely aculeolate to smooth. Leaves often smaller and narrower, less hairy and retrorsely aculeate to ± glabrous and smooth. Inflorescences with many- to several-flowered cymes; corolla green-white or yellow, glabrous, lobes apiculate to acute. Fruit glabrous. Mountain slopes, river beaches, ditch sides, open fields, grasslands, meadows, thickets, forests. Distr. Xizang, Sichuan, Yunnan; Hubei, Hunan, Guizhou, Guangxi; India, Bhutan, Nepal.

3 北方拉拉藤

1 2 3 4 5 6 7 8 9 10 11 12 200-4600 m

Galium boreale L.[1-3, 5]

多年生直立草本。叶纸质或薄革质。聚伞花序常在枝顶结成圆锥花序式，花密；花冠白色或淡黄色，辐状。果小，果爿单生或双生，密被白色稍弯的糙硬毛。生于山坡、沟旁、草地。分布于西藏、四川；华北、东北、西北地区；东亚、南亚、欧洲、美洲北部。

Herbs, perennial, erect. Leaf blade drying papery or thinly leathery. Inflorescences terminal, with several- to many-flowered cymes in axils of uppermost; corolla white or pale yellow, rotate. Mericarps subglobose, pericarp with densely hairy. Mountain slopes, ditch sides, grasslands, meadows. Distr. Xizang, Sichuan; N, NE and NW China; E and S Asia, Europe, N America.

1

2

2

3

3

1 小红参

1 2 3 **4 5 6 7 8** 9 10 11 12 **650-3500 m**

Galium elegans Wall. ex Roxb.[1-5]

多年生直立或攀援草本。茎有疏或密的硬毛或长柔毛。叶 4 枚轮生，常厚纸质或革质，两面均疏或密被短硬毛或长柔毛，基部钝圆或短尖，主脉 3 条。聚伞花序，多花；花小，单性，稀两性；花冠白色或淡黄色。果小，密被钩状长毛。生于林中、灌丛、草地、溪边、开阔旷野、岩石上。分布于甘肃、青海、西藏、四川、云南；华中、华东各省区；印度、巴基斯坦、尼泊尔、缅甸、泰国。

Herbs, perennial, climbing or procumbent to usually erect. Stems somewhat sparsely to densely hirsute, villous, or villosulous. Leaves in whorls of 4, blade drying papery to leathery, sparsely to densely hirtellous, villosulous, base rounded to acute, principal veins palmate, 3. Inflorescences thyrsoid to paniculiform, with several- to many-flowered; flowers small, dioecious, rarely bisexual; corolla white or pale yellow. Mericarps ellipsoid, with sparse to dense and spreading uncinate trichomes. Forests, thickets, meadows on mountain slopes, streamsides, open fields, on rocks. Distr. Gansu, Qinghai, Xizang, Sichuan, Yunnan; C and E China; India, Pakistan, Nepal, Myanmar, Thailand.

2 单花拉拉藤

1 2 3 4 5 **6 7** 8 9 10 11 12 **2600-4800 m**

Galium exile Hook.f.[1-2]

一年生草本，平卧或近直立。叶片纸质，基部楔形或下延成一短叶柄，1 脉；每轮 2 枚，有时 4 枚，4 枚时其中 2 枚常较小。花单生；花冠白色，裂片 3 枚。果褐色，密被黄褐色长钩毛。生于山坡石隙缝中、沙砾干草坝、草坡。分布于甘肃、青海、西藏、四川、云南；西北各省区；印度、尼泊尔。

Herbs, annual, slender, procumbent to weak. Leaf blades drying papery, base acute, cuneate or shortly petiolate, principal vein 1; middle stem leaves opposite with clearly smaller, leaflike stipules in whorls of 4. Flowers mostly solitary; corolla white, lobes 3. Mericarps yellowish brown, with dense uncinate trichomes. Rock crevices on mountain slopes, sand and gravel drifts on grassy plains. Distr. Gansu, Qinghai, Xizang, Sichuan, Yunnan; NW China; India, Nepal.

3 六叶葎

1 2 3 **4 5 6 7 8** 9 10 11 12 **920-3800 m**

Galium hoffmeisteri (Klotzsch) Ehrend. & Schönb.-Tem. ex R.R.Mill[1]

— *Galium asperuloides* var. *hoffmeisteri* (Klotzsch) Hand.-Mazz.

一年生草本，常直立。叶片薄，纸质或膜质。聚伞花序少花；花冠白色或黄绿色。果爿近球形，单生或双生，密被钩毛。生于林下、山坡草地、灌丛、沟边、河滩。分布于甘肃、青海、西藏、四川、云南；全国广布；俄罗斯、东亚、南亚。

Herbs, perennial, stems weak but generally erect. Leaf blade drying papery or membranous. Inflorescences with few- to several-flowered cymes; corolla white or light greenish. Mericarps ellipsoid, with dense uncinate trichomes. Forests on mountain slopes, thickets, ditch sides, along rivers, meadows. Distr. Gansu, Qinghai, Xizang, Sichuan, Yunnan; widespread in China; Russia, E and S Asia.

4 四川拉拉藤

1 2 3 4 5 6 **7 8** 9 10 11 12 **3200-4000 m**

Galium sichuanense Ehrend.[1]

多年生草本。茎具一主干，从基部开始大量分枝。茎中部叶片常 4~6 枚轮生；叶片干时纸质，近无柄，基部渐窄，中部最宽，具 1 条主脉。花序阔卵形，纤细；花两性；花冠干燥时红棕色，裂片 4 枚；子房具紧贴的钩毛。果卵圆形，具开展的钩状毛。生于林下。分布于四川（稻城）、云南（香格里拉）。

Herbs, perennial. Stems single, strongly branched from base. Middle stem leaves and leaflike stipules in whorls of 4-6; blade drying papery, subsessile and gradually narrowed into base, largest breadth near middle, principal vein 1. Inflorescences broadly ovate, slender; flowers hermaphroditic; corolla dried reddish brown, lobes 4; ovary with appressed curved hairs. Mericarps ovoid, with spreading uncinate trichomes. Mountain forests. Distr. Sichuan (Daocheng), Yunnan (Shangri-La).

1
2
2
3
3
4
4

1 滇拉拉藤

1 2 3 4 5 6 7 8 9 10 11 12 1300-2500 m

Galium yunnanense Hara & C.Y.Wu[1-2]

多年生草本，茎近直立或攀援。叶 4 枚轮生，近无柄或具短柄；叶下面具腺点和柔毛，基部楔形至钝，3 条脉。花序顶生或生于上部叶腋，扩散；花冠白色，裂片 4 枚。果双生，顶部具钩状、开展的白色硬毛。生于林下、草地、河边。分布于甘肃、四川、云南；湖南、广西、贵州。

Herbs, perennial, erect, procumbent to scrambling or matted. Leaves in whorls of 4, subsessile; blade abaxially glabrescent to densely pilose and usually glandular-punctate, base cuneate to obtuse, principal veins 3. Inflorescences terminal and in axils of uppermost leaves, diffusely branched; corolla white, lobes 4. Mericarps with dense, uncinate, stiff and spreading, white trichomes. Forests, meadows on mountains, riversides, streamsides. Distr. Gansu, Sichuan, Yunnan; Hunan, Guangxi, Guizhou.

茜草科 Rubiaceae | 须弥茜树属 *Himalrandia* T.Yamaz.

灌木，近直立，多分枝。叶常聚生于缢缩的侧生短枝上。花单生于缢缩的侧生短枝的顶端；花冠浅绿到浅黄，冠管内面被硬毛，裂片 5 枚，旋转排列。浆果球形。种子 1~4 枚。约 3 种；中国 1 种；横断山区有分布。

Shrubs, nearly erect, much-branched. Leaves often crowded at apices of short shoots. Inflorescences terminal usually on short shoots, 1-flowered; corolla pale green to pale yellow, hirsute inside tube, lobes 5, convolute in bud. Fruit baccate, globose, apparently fleshy. Seeds 1-4. About three species; one in China; found in HDM.

2 须弥茜树

1 2 3 4 5 6 7 8 9 10 11 12 1400-2400 m

Himalrandia lichiangensis (W.W.Sm.) Tirveng.[1-2, 4]

— *Randia lichiangensis* W.W.Sm.

无刺灌木。叶纸质或薄革质，近无梗。花萼外面有疏柔毛，萼裂片 5 枚，三角形，具缘毛；花冠黄色，冠管长约 3 毫米，裂片三角形至卵形。浆果。生于山谷沟边的林中或灌丛中。分布于四川、云南北部。

Shrubs, anacanthous, many branched. Leaves blade drying papery to thinly leathery and often black, sessile or subsessile. Calyx pilosulous, lobes 5, triangular, ciliate; corolla yellow, tube about 3 mm, lobes triangular to ovate. Berry. Forests or thickets at streamsides in valleys or on mountains. Distr. Sichuan, N Yunnan.

茜草科 Rubiaceae | 钩毛草属 *Kelloggia* Torr. ex Hook.f.

纤细直立草本。花细小，具梗，排成聚伞或伞形花序；花具柄，两性；花萼管倒卵形，萼檐裂片 4~5 枚，宿存；花冠白色、粉红色或红色，漏斗状，裂片 4~5 枚。果长圆形，革质，被钩毛，分裂为 2 个平凸形的分果瓣。2 种；中国 1 种，横断山区有分布。

Herbs, perennial, rootstock slender. Inflorescences thyrsoid; flowers pedicellate, bisexual, monomorphic; calyx tube obovate, lobes 4 or 5, persistent; corolla white to pink or red, funnelform, divided into 4 or 5 lobes. Fruit with calyx teeth ± persistent, schizocarpous, dividing into 2 oblong to ellipsoid, leathery and indehiscent mericarps, densely covered with hooked trichomes. Two species; one in China; found in HDM.

3 云南钩毛草

1 2 3 4 5 6 7 8 9 10 11 12 3400-3900 m

Kelloggia chinensis Franch.[1-2, 4-5]

草本，高约 7~15 厘米。叶对生，狭披针形，长 1.5 厘米，宽 3 毫米；托叶阔，长 4 毫米，膜质，3~7 裂，基部有托叶状的苞片。萼管密被白色钩毛；花冠红色，短漏斗形，长 5 毫米。蒴果近球形，径约 2 毫米，密被白色钩毛。生于山坡草灌丛中。分布于四川西南部、云南西北部。

Herbs, 7-15 cm tall. Leaves opposite, narrowly lanceolate, 1.5 cm long, 3 mm wide; stipules broad, 4 mm long, membranous, 3-7-lobed, with stipules at the base, calyx tube densely covered with white uncinate hairs; corolla red, short funnel-shaped, 5 mm long, capsule subglobose, about 2 mm in diam, densely covered with uncinate hairs. Grassy slopes, shrubs, or under forests. Distr. SW Sichuan, NW Yunnan.

1
1
2
2
3
3

茜草科 Rubiaceae | 野丁香属 *Leptodermis* Wall.

灌木。叶对生；托叶小，宿存。花 1 至多朵，于枝顶或叶腋簇生或密集成头状，两性；花萼裂片 5 枚；花冠白色或紫色，通常漏斗形，里面无毛或有毛，裂片 5 枚，镊合状排列。蒴果，5 爿裂至基部，每果瓣有 1 枚种子。种皮薄，假种皮网状。约 40 种；中国 34 种；横断山区约 10 种。

Shrubs. Leaves opposite; stipules small, persistent. Inflorescences terminal on main stems and/or axillary short shoots, capitate to congested-fasciculate or -cymose and several flowered or sometimes reduced to 1 flower, bisexual; calyx limb 5-lobed; corolla white to pink or purple, funnelform, inside glabrous to pubescent, lobes 5, valvate or valvate-induplicate in bud. Fruit capsular, opening through an apical operculum then splitting longitudinally into 5 valves, cartilaginous to woody. Aril reticulate, seeds with thin testa. About 40 species; 34 in China; about ten in HDM.

1 川滇野丁香

1 2 3 4 5 **6** 7 8 9 10 11 12 600-3800 m

Leptodermis pilosa Diels[1-4]

灌木，覆有片状纵裂的薄皮。聚伞花序顶生和近枝顶腋生，通常有花 3（~7）朵；花冠漏斗状，外面密被短绒毛，里面被长柔毛，裂片 5 枚；花柱通常有（3 或）5 个丝状的柱头，有时 3 或 4 个。常生于向阳山坡或路边灌丛。分布于西藏、四川、云南；湖北、陕西。

Shrubs, longitudinally fissured bark. Cymes terminal or axillary near tips of branches, usually 3(-7)-flowered; corolla funnelform, densely tomentulose outside, villous inside, lobes 5; style usually with (3 or)5 filiform stigmas. Thickets on roadsides or on sunny slopes. Distr. Xizang, Sichuan, Yunnan; Hubei, Shaanxi .

2 野丁香

1 2 3 4 **5** 6 7 8 9 10 11 12 800-2400 m

Leptodermis potaninii Batalin[1, 3, 5]

— *Leptodermis nigricans* H.J.P.Winkl.

灌木。叶疏生较薄，两面被白色短柔毛。聚伞花序顶生，无梗，3 朵花；花冠漏斗形，内面上部及喉部密被硬毛；裂片镊合状排列，无色，无毛。蒴果自顶 5 裂至基部。生于山坡或溪边灌丛中。分布于四川、云南；湖北、贵州、陕西。

Shrub. Leaves sparsely arranged, both surfaces white pubescent. Cymes terminal, sessile, 3-flowered; corolla funnelform, densely hispid on upper portion and throat inside; lobes with valvate aestivation, transparent, glabrous. Capsule 5-valvate from apex to base. Thickets on hill slopes or at streamsides, mountains. Distr. Sichuan, Yunnan; Hubei, Guizhou, Shaanxi.

茜草科 Rubiaceae | 滇丁香属 *Luculia* Sweet

灌木或乔木。叶对生，具柄；托叶在叶柄间。花红色或白色；花冠高脚碟状，冠管伸长，裂片 5 枚，覆瓦状排列，在每一裂片间的内面基部有或无 2 个片状附属物。蒴果 2 室，室间开裂为 2 果爿。种子有翅，具齿。约 5 种；中国 3 种；横断山区均有。

Shrubs or trees. Leaves opposite, petiole; stipules interpetiolar. Corolla red to pink or white, salverform, tube prolonged, lobes 5, imbricate in bud, sometimes with a lamellate basal appendage on each side. Fruit capsular, septicidally dehiscent from apex for half or completely, woody, becoming deflexed. Seeds prolonged into narrow wings at each end. About five species; three in China; all found in HDM.

3 滇丁香

1 2 **3** **4** **5** **6** **7** **8** **9** **10** 11 12 600-3000 m

Luculia pinceana Hook.[1-3, 5]

— *Luculia intermedia* Hutch.

灌木或乔木。花萼无毛或疏毛；花冠红色，少为白色，无毛，冠管细圆柱形；裂片近圆形，每一裂片间的内面基部有 2 个片状附属物。蒴果倒卵形或椭圆状倒卵形。生于山坡、山谷溪边的林中、灌丛中。分布于西藏、云南；广西、贵州；缅甸、越南、尼泊尔、印度。

Shrubs or trees. Calyx glabrous or sparsely hirtellous; corolla red or rarely white, glabrous, tube slenderly cylindrical; lobes suborbicular, at base with a lamellate appendage on each side inside. Capsules obovoid to ellipsoid-obovate. Forests or thickets on mountain slopes, streamsides in valleys. Distr. Xizang, Yunnan; Guangxi, Guizhou; Myanmar, Vietnam, Nepal, India.

1
2
2
3
3

茜草科 Rubiaceae | 奇异拉拉藤属 *Pseudogalium* L.E Yang, Z.L.Nie & H.Sun

多年生草本。茎直立，纤细。茎上部叶对生，具有 2 片明显小于真叶的托叶；叶片近圆形或椭圆状长圆形，具叶柄，具有 1 条主脉和 2~4 对羽状脉。聚伞花序常三歧分枝，每一分枝有 1~3 朵花；花冠白色，辐射状，4 裂。果实卵圆形，密被钩状毛。仅 1 种。

Herbs, perennial. Stems erect, slender. Middle stem leaves opposite and with 2 leaf-like but clearly smaller stipules in whorls of 4; leaf blade suborbicular or elliptic-oblong, petiolate, single principal vein with 2-4 pairs of pinnate lateral veins. Inflorescences terminal and in axils of upper leaves with 1-3- flowered cymes; corolla white, rotate, lobes 4. Mericarps ovoid, densely covered with uncinated trichomes. One species.

1 达氏林猪殃殃

1 2 3 4 **5 6 7 8** 9 10 11 12 **1280-3900 m**

Pseudogalium paradoxum subsp. *duthiei* (Ehrend. & Schönb.-Tem.) L.E.Yang, Z.L.Nie & H.Sun[27]

— *Galium paradoxum* subsp. *duthiei* Ehrend. & Schonb.-Tem.

叶对生，具有 2 枚明显小于真叶而类似针叶的托叶，有时托叶脱落；叶卵圆形至近圆形 (5) 6~10 (17) 毫米 × (3.5) 4~7 (10) 毫米，基部近圆形。花冠裂片渐尖。生于阴湿的高山 (亚高山) 石坡。分布于西藏、四川、云南；湖北；不丹、印度、尼泊尔。

Leaves opposite, with 2 leaf-like but clearly smaller stipules in whorls of 4, sometimes stipules caducous; leaves broadly ovate to suborbicular, (5)6-10(17) mm × (3.5)4-7(10) mm, subrotund at base. Corolla lobes acute. On shady (sub) alpine rocks. Distr. Xizang, Sichuan, Yunnan; Hubei; Bhutan, India, Nepal.

茜草科 Rubiaceae | 茜草属 *Rubia* L.

多年生草本，灌木或亚灌木，常为攀援藤本。茎通常有糙毛或小皮刺或茎延长，有直棱或翅。聚伞花序腋生或顶生；花冠白色到乳白色、黄色、绿色或红色到紫色，辐状或近钟状。果 2 裂，肉质浆果状，2 或 1 室，紫色、黑色或橘黄色。约 80 种；中国 38 种；横断山区约 13 种。

Shrubs, subshrubs, or perennial herbs, not rarely clambering or climbing vines. Stems often prickly and/or longitudinally ribbed or winged. Inflorescences thyrsoid, with terminal and/or axillary cymes; corolla white to cream, yellow, greenish or red to purplish, mostly rotate, but rarely also campanulate. Fruit developing into 2 separate or into only 1 baccate, berrylike mericarp, purple, black, or infrequently orange. About 80 species; 38 in China; about 13 in HDM.

2 红花茜草

1 2 3 4 **5 6 7 8 9** 10 11 12 **3000-3800 m**

Rubia haematantha Airy Shaw[1-4]

多年生草本，直立或攀援状。茎常丛生，枝四棱形，纤细。叶 6~8 (10) 枚轮生，无柄或近无柄，极狭的线形。花序疏散少花，由几个腋生或顶生的小聚伞花序组成；花冠辐状，暗红色，裂片 5 枚，尾状尖头；雄蕊 5 枚，伸展。浆果黑色。生于干燥、多石的草地。分布于四川、云南西北部。

Herbs, perennial, erect to somewhat climbing. Stems clustered, quadrangular. Leaves in whorls of up to 6-8 (10), sessile or subsessile, narrowly linear. Inflorescence thyrsoid, with lax, few flowered axillary and terminal cymes; corolla dark red, rotate; lobes 5, abruptly caudate with acumen. Mericarp berry black. Dry and rocky meadows. Distr. Sichuan, NW Yunnan.

3 金线草

1 2 3 4 **5 6** 7 8 9 10 11 12 **1100-3000 m**

Rubia membranacea Diels[1-5]

草质攀援藤本。叶 4 枚轮生，叶片膜状纸质或薄纸质，基部钝圆至明显心形，基出脉 3~5 条。聚伞花序有花 3 朵或排成长 2~3 厘米的圆锥花序式；花冠紫红色，辐状伸展，顶端尾尖。浆果成熟时深蓝色或黑色。生于疏林、林缘、灌丛或草地上。分布于四川、云南；湖北、湖南。

Vines or climbing herbs. Leaves in whorls of 4, blade drying membranous to papery, base rounded to cordate, principal veins 3-5, palmate. Inflorescences thyrsoid, paniculate, with terminal and axillary, few- to many-flowered cymes, 2-3 cm; corolla purplish red, rotate, lobes spreading, caudate. Mericarp berry dark blue or black. Sparse forests, forest margins, thickets, grasslands. Distr. Sichuan, Yunnan; Hubei, Hunan.

1 钩毛茜草

1 2 3 4 5 6 7 8 9 10 11 12 500-2150 m

Rubia oncotricha Hand.-Mazz.[1-5]

藤状草本，常平卧或披散状，几全株均密被灰色硬毛，毛的末端作弯钩状。叶 4 枚轮生，近纸质，基部多少心形，边缘反卷，基出脉 3(或 5) 条。聚伞花序通常排成狭长的圆锥花序式；花冠白色或黄色，杯状，外面被长硬毛，裂片 5 枚，三角状卵形，尾状渐尖。核果浆果状。常生于林缘或疏林中，有时亦见于山坡草地上。分布于四川、云南；广西、贵州。

Herbs, climbing or scrambling, densely hirtellous or hispidulous with trichomes usually hooked. Leaves in whorls of 4; blade drying rather thickly papery, base rounded to usually cordulate, principal veins 3(or 5). Inflorescences thyrsoid, paniculate; corolla white or yellow, cup-shaped, outside sparsely to densely hirtellous, lobes 5, triangular-ovate, caudate-acuminate. Mericarp berry. Forest margins, sparse forests, and grasslands on mountain slopes. Distr. Sichuan, Yunnan; Guangxi, Guizhou.

2 卵叶茜草

1 2 3 4 5 6 7 8 9 10 11 12 500-2150 m

Rubia ovatifolia Z.Y.Zhang[1-2, 4]

草本，攀援。叶 4 枚轮生；叶片薄纸质，卵状心形至圆心形，基部深心形，基出脉 5 条。聚伞花序排成疏花圆锥花序式；花冠白色或浅黄色，裂片开展或有些反折，顶端长尾尖。浆果黑色。生于山地疏林或灌丛中。分布于甘肃、四川、云南；浙江、湖北、湖南、贵州、陕西。

Vines, herbaceous, climbing. Leaves in whorls of 4; blade drying thinly papery, ovate-cordiform to suborbicular-cordiform, base cordulate to cordate, principal veins 5. Inflorescence thyrsoid, few- to many-flowered cymes; corolla whitish or pale yellow, lobes spreading and somewhat bent, caudate. Mericarp berry black. Sparse forests or thickets on mountains. Distr. Gansu, Sichuan, Yunnan; Zhejiang, Hubei, Hunan, Guizhou, Shaanxi.

3 柄花茜草

1 2 3 4 5 6 7 8 9 10 11 12 1000-3000 m

Rubia podantha Diels[1-4]

草质攀援藤本。叶 4(或 6) 枚轮生，纸质，基部心形，基出脉 3 或 5 条。聚伞花序排成圆锥花序式，主轴和分枝均有直棱，被短糙毛或近无毛；花冠紫红色或黄白色，杯状，裂片强烈反折。浆果成熟时黑色。常生于林缘、疏林中或草地上。分布于四川西部、云南；广西西部。

Plants herbaceous, climbing. Leaves in whorls of 4(or 6), blade drying papery to subleathery, base truncate to cordate, principal veins 3 or 5. Inflorescences thyrsoid, paniculate, with terminal and axillary; corolla purplish red or yellowish white, cup-shaped, lobes strongly reflexed. Mericarp berry black at maturity. Forest margins, sparse forests, grasslands. Distr. W Sichuan, Yunnan; W Guangxi.

4 大叶茜草

1 2 3 4 5 6 7 8 9 10 11 12 800-3000 m

Rubia schumanniana E.Pritz.[1-2, 4]

— *Rubia leiocaulis* Diels

草本，通常近直立，很少攀援状。叶 4 枚轮生，厚纸质至革质。聚伞花序多具分枝，排成圆锥花序式；花冠白色或绿黄色，裂片通常 5 枚，渐尖或短尾尖。浆果小，黑色。生于林中。分布于四川、云南。

Herbs, perennial, erect (or rarely climbing). Leaves in whorls of 4, blade drying thickly papery to subleathery. Inflorescences thyrsoid-paniculate; corolla white or greenish yellow, lobes 5, acute to acuminate. Mericarp berry, black. Forests. Distr. Sichuan, Yunnan.

5 云南茜草

1 2 3 4 5 6 7 8 9 10 11 12 1700-2500 m

Rubia yunnanensis Diels[1-4]

草本。茎丛状，近直立。叶 4(或 6) 枚轮生，纸质，基部楔形，基出脉 3 或 5 条，叶柄几无或上部叶有极短柄。花冠黄色或淡黄色，裂片 5 枚，近卵形，顶端增厚而稍硬，内弯成短喙状。生于灌丛、草坡或路边。分布于四川、云南。

Herbs, perennial. Stems usually clumped, suberect, Leaves in whorls of 4(-6), blade drying papery, base cuneate, principal veins 3 or 5, subsessile. Corolla yellow or pale yellow, lobes 5, subovate, apex thickened, incurved, shortly rostrate. Thickets, grassy slopes, roadsides. Distr. Sichuan, Yunnan.

龙胆科 Gentianaceae | 喉毛花属 *Comastoma* Toyokuni

一年生或多年生草本。花4~5数; 花萼深裂,萼筒极短; 花冠裂片间无褶,裂片基部有白色流苏状副冠; 雄蕊着生于花冠筒上; 花丝白色。蒴果2裂。种子多数。15种; 中国11种; 横断山区6种。

Herbs annual. Flowers 4 or 5 merous; calyx lobed nearly to base, tube short; corolla plicae absent, lobes each with 1 or 2 basal scales, scales fringed with white fimbriae; stamens inserted on corolla tube; filaments white. Capsules 2-valved. Many seeded. Fifteen species; 11 in China; six in HDM.

1 蓝钟喉毛花

1 2 3 4 5 **6 7 8 9 10** 11 12 **3000-4900 m**

Comastoma cyananthiflorum (Franch.) Holub var. *cyananthiflorum*[1-5]

多年生草本。基部叶柄扁平; 茎中部叶具短柄,倒卵状匙形。花单生于分枝顶端; 花冠蓝色,高脚杯状; 裂片5枚,长圆形至倒卵状长圆形,喉部具2束白色副冠,2.5~3毫米。生于高山草甸、灌丛草甸、林下。分布于青海东南部、西藏东南部、四川、云南西北部。

Perennials. Basal leaf petiole flattened; stem leaves short petiolate, leaf blade spatulate. Flowers terminal, solitary; corolla blue, salverform; lobes 5, oblong to obovate-oblong, scales 2, fimbriae 2.5-3 mm. Meadow slopes, alpine meadows, scrub meadows, forests. Distr. SE Qinghai, SE Xizang, Sichuan, NW Yunnan.

2 镰萼喉毛花

1 2 3 4 5 6 **7 8 9** 10 11 12 **2100-5300 m**

Comastoma falcatum (Turcz. ex Karelin & Kirilov) Toyok.[1-3, 5]

一年生草本。叶大部分基生,矩圆状匙形或矩圆形; 茎生叶无柄,矩圆形,稀为卵形或矩圆状卵形。花5数,单生分枝顶端; 花冠蓝色、深蓝色或蓝紫色,有深色脉纹,高脚杯状。生于河滩、山坡草地、灌丛、高山草甸、林下。分布于西藏、四川西北部; 西北及华北地区; 印度、蒙古、尼泊尔、俄罗斯。

Annuals. Leaves mostly basal, leaf blade oblong to oblong-spatulate; stem leaves sessile, oblong, rarely ovate-oblong to ovate. Flowers terminal, solitary, 5; corolla blue, dark blue, or blue-purple, with blackish veins, salverform. River banks, grassland slopes, scrubs, alpine meadows, forests. Distr. Xizang, NW Sichuan; NW and N China; India, Mongolia, Nepal, Russia.

3 喉毛花

1 2 3 4 5 6 **7 8 9 10 11** 12 **3000-4800 m**

Comastoma pulmonarium (Turcz.) Toyok.[1-5]

一年生草本。茎直立,近四棱形,具分枝,稀不分枝。基生叶少数,无柄,矩圆形或矩圆状匙形; 茎生叶无柄,卵状披针形。聚伞花序顶生或腋生,或单花顶生; 花5数; 花冠淡蓝色,具深蓝色纵脉纹,喉部具一圈白色副冠。生于河滩、山坡草地、灌丛、高山草甸、林下。分布于甘肃、青海、西藏、四川、云南; 山西,陕西; 日本、俄罗斯。

Annuals. Stems erect, subquadrangular, branched from base. Basal leaves few, sessile, leaf blade oblong to oblong-spatulate; stem leaves sessile, ovate-lanceolate. Flowers in terminal and axillary cymes or solitary; petals 5; corolla pale blue, with dark blue veins, scale1, fringed with white fimbriae. River banks, meadow slopes, scrubs, alpine meadows, forests. Distr. Gansu, Qinghai, Xizang, Sichuan, Yunnan; Shanxi, Shaanxi; Japan, Russia.

龙胆科 Gentianaceae | 杯药草属 *Cotylanthera* Blume

寄生小草本。叶对生,膜质,鳞片形。花单生茎顶; 花4数,辐状; 雄蕊着生于花冠裂片间弯缺处; 花药有2个不完全的室,药室在下部贯通,顶孔开裂。4种; 中国1种。

Herbs saprophytic. Leaves opposite, leaf blade scalelike, membranous. Flower solitary; corolla rotate, 4 merous; stamens inserted at throat of corolla tube just below sinus between corolla lobes; anthers incompletely 2 locular, dehiscing by apical pores. Four species; one in China.

4 杯药草

1 2 3 4 5 6 7 **8 9 10** 11 12 **1700-2400 m**

Cotylanthera paucisquama C.B.Clarke[1-2, 4-5]

寄生小草本,高5~10厘米。花冠白色、蓝色或淡紫色,长1~1.2厘米; 裂片狭长圆形,边缘全缘,先端钝。生于林下。分布于西藏、四川、云南; 印度。

Herbs saprophytic. Plants 5-10 cm tall. Corolla white, blue, or mauve, 1-1.2 cm; lobes narrowly oblong, margin entire, apex obtuse. Forests. Distr. Xizang, Sichuan, Yunnan; India.

1
2
2
3
3
4

龙胆科 Gentianaceae | 龙胆属 *Gentiana* L.

叶对生，少轮生，在多年生的种类中，不育茎或营养枝常呈莲座状。花 4~5 数，稀 6~8 数；花冠裂片间具褶；花丝基部略增宽并向冠筒下延成翅；花药离生；腺体 5~10 枚，轮状着生于子房基部。种子小而多。360 种；中国 248 种；横断山区约 117 种。

Leaves opposite, rarely whorled, sometimes forming a basal rosette. Flowers 4-5-merous or 6-8-merous; plicae between corolla lobes; filaments basally ± winged; anthers free or rarely contiguous; glands 5-10 at ovary base. Many seeded. About 360 species; 248 in China; about 117 in HDM.

• 多年生，具莲座叶 | Perennial, with rosette leaves

1 七叶龙胆

1 2 3 4 5 6 7 **8 9** 10 11 12 2700-4800 m

Gentiana arethusae var. *delicatula* C.Marquand[1-4]

多年生草本。莲座丛叶三角形，缺或极不发达；茎生叶 7 枚，稀 6 枚轮生，密集，叶片边缘平滑，中脉背面离生。花单生枝顶，无花梗；花冠淡蓝色，钟状漏斗形。生于高山草甸、灌丛草甸。分布于西藏东南部、四川西部、云南西北部；陕西。

Perennials. Basal rosette leaves poorly developed, leaf blade triangular; stem leaves in whorls of 7, rarely 6, leaf blade margin smooth, midvein abaxially distinct. Flowers terminal, solitary, sessile; corolla blue, campanulate-funnelform. Alpine meadows, scrub meadows. Distr. SE Xizang, W Sichuan, NW Yunnan; Shaanxi.

2 阿墩子龙胆

1 2 3 4 5 **6 7 8 9 10 11** 12 2700-4800 m

Gentiana atuntsiensis W.W.Sm.[1-5]

多年生草本。枝 1~3 或更多个丛生，直立。基生叶狭椭圆形或倒披针形；茎生叶匙形或倒披针形。花 5~10 朵顶生或腋生，聚成头状或花枝上部作三歧分枝；花冠深蓝色，少部分黄白色具蓝色斑点，漏斗形。生于高山草甸、灌丛、林下。分布于西藏东南部、四川西南部、云南西北部。

Perennials. Stems 1-3 or more, erect. Basal leaves oblong, narrowly elliptic, or oblanceolate; stem leaves spatulate to oblanceolate. Inflorescences terminal clusters of 5-10 flowers, sometimes also few-flowered axillary clusters, axillary clusters rarely on pedunclelike branches; corolla dark blue, rarely pale yellow-white with blue spots basally, funnelform. Alpine meadows, scrubs, forests. Distr. SE Xizang, SW Sichuan, NW Yunnan.

3 粗茎秦艽

1 2 3 4 5 **6 7 8 9 10** 11 12 2100-4500 m

Gentiana crassicaulis Duthie ex Burkill[1-5]

多年生草本。莲座叶丛卵状椭圆形或狭椭圆形；茎生叶 3~5 对，卵状椭圆形至卵状披针形，先端尖至钝，基部钝。花冠筒部黄白色，冠檐蓝紫色或深蓝色，壶形。生于山坡路旁、高山草甸、灌丛、林缘。分布于西藏东南部、四川西部、云南西北部；贵州西北部。

Perennials. Basal rosette leaf blade narrowly elliptic to ovate-elliptic; stem leaves 3-5 pairs, leaf blade ovate-elliptic to ovate-triangular, apex acute to obtuse, base obtuse to truncate. Corolla blue-purple, base pale yellow base or sometimes white or dark green, urceolate. Wastelands, roadside slopes, alpine meadows, scrubs, forest margins. Distr. SE Xizang, W Sichuan, NW Yunnan; NW Guizhou.

4 美龙胆

1 2 3 4 5 6 7 **8 9 10 11** 12 3200-4550 m

Gentiana decorata Diels[1-4]

多年生矮小草本。根粗壮，深棕色或黑色。枝丛生，平卧或斜升，具细条棱。基生莲座丛叶缺失或很小，叶片三角形；茎生叶多数，密集，卵形，倒卵形，椭圆形或匙形，先端急尖、渐尖或钝。花单生枝顶；花冠深蓝色或紫色，钟形。生于山坡草地、水边草地。分布于西藏东南部、云南西部和西北部；缅甸东北部。

Perennials. Taproot cylindric, nigger-brown to black. Stems perennial, many, prostrate to ascending, slender, simple. Basal rosette leaves absent or very small, leaf blade triangular; stem leaves many, crowded to widely spaced, leaf blade spatulate, elliptic, ovate, or obovate, apex acute to obtuse. Flowers terminal, solitary; corolla dark blue to blue-purple, tubular to tubular-campanulate. Meadows along streams and on slopes. Distr. SE Xizang, NW and W Yunnan; NE Myanmar.

1
2
2
3
4
4

1 川西秦艽

1 2 3 4 5 6 7 8 9 10 11 12 3000-4500 m

Gentiana dendrologi C.Marquand[1-2]

多年生草本。须根数条，扭结或粘结呈一个圆柱形的根。枝少数丛生，直立，光滑。莲座丛叶披针形或线状椭圆形；茎生叶 4~5 对，与基生叶相似而略小。花多数，无花梗，簇生枝顶呈头状或腋生作轮状；花冠黄白色，筒形。生于山坡草地。分布于四川西部和北部。

Perennials. Fibril few, twist together into a cylindical root. Stems erect, slender, simple, glabrous. Basal rosette leaf blade linear-lanceolate to linear-elliptic; stem leaves 4 or 5 pairs, leaf blade similar to those of rosette leaves. Inflorescences crowded into terminal clusters, many-flowered, sometimes also in few-flowered axillary whorls, subapical whorls rarely on pedunclelike branches, sessile; corolla pale yellow, tubular-funnelform. Meadow slopes. Distr. N and W Sichuan.

2 喜湿龙胆

1 2 3 4 5 6 7 8 9 10 11 12 3100-3500 m

Gentiana helophila I.B.Balfour & Forrest[1-4]

多年生草本。花枝多数丛生，铺散斜升，黄绿色，光滑。莲座丛叶极不发达，线状披针形，先端急尖，边缘粗糙；茎生叶大，先端更密集。花单生枝顶，无花梗；花冠上部蓝紫色，下部黄绿色，具蓝色条纹和不明显斑点，倒锥状筒形。生于潮湿草甸。分布于云南西北部。

Perennials. Stems ascending, yellow-green, glabrous. Basal rosette leaves poorly developed, leaf blade lanceolate, margin scabrous, apex acuminate; stem leaves larger and more crowded toward apex. Flowers terminal, solitary, sessile; corolla blue-purple, with pale yellow-white base, with blue streaks and indistinct spots, narrowly obconic. Wet meadows. Distr. NW Yunnan.

3 六叶龙胆

1 2 3 4 5 6 7 8 9 10 11 12 2700-4400 m

Gentiana hexaphylla Maxim. ex Kusn.[1-2]

多年生草本。根多数略肉质，须状。花枝多数丛生，铺散，斜升，紫红色或黄绿色，具乳突。莲座丛叶极不发达，三角形；茎生叶 6~7 枚，稀 5 枚轮生，先端锐尖，边缘光滑，中脉在叶背面突出。花单生枝顶，6~7 数，稀 5 或 8 数；花冠蓝色，管状钟形，具深蓝色条纹，基部黄白色。生于山坡草地、路旁、高山草甸及灌丛中。分布于甘肃南部、青海东南部、四川西部和北部；陕西（太白山）。

Perennials. Fibril root many, fleshy. Stems ascending, simple, purple or yellow-green, papillate. Basal rosette leaves absent or poorly developed, leaf blade triangular; stem leaves in whorls of 6 or 7, rarely 5, leaf blade margin smooth, apex acute, midvein abaxially distinct. Flowers terminal, solitary, sessile, (5 or)6- or 7-(or 8)-merous; corolla blue, tubular-campanulate, with pale yellow-white base and dark blue streaks. Grassland and roadside slopes, alpine meadows, scrubs. Distr. S Gansu, SE Qinghai, N and W Sichuan; Shaanxi (Taibai Shan).

4 线叶龙胆

1 2 3 4 5 6 7 8 9 10 11 12 2400-4600 m

Gentiana lawrencei var. *farreri* (I.B.Balfour) T.N.Ho[1]

根略肉质，须状。茎生叶多对，下部茎叶狭长圆形，长 3~6 毫米，宽 1.5~2 毫米；中上部叶线形，长 6~20 毫米，宽 1~2 毫米。花单生于枝顶；花萼裂片比萼筒长 1.8 倍还多；花冠倒锥状筒形，长 4.5~6 厘米，上部亮蓝色，下部黄绿色，具蓝色条纹，无斑点。生于高山草甸。分布于甘肃西南部、青海、四川西部。

Fibril root many, fleshy. Lower stem leaves narrowly oblong, 3-6 mm × 1.5-2 mm; middle to upper leaves linear, 6-20 mm × 1-2 mm. Flowers terminal, solitary; calyx lobes at least 1.8 × as long as calyx tube; corolla pale blue, narrowly obconic to funnelform, 4.5-6 cm, tube pale yellow-white with blue streaks, without spots. Alpine meadows. Distr. SW Gansu, Qinghai, W Sichuan.

1
2
3
3
4

1 女娄菜叶龙胆

1 2 3 4 5 6 7 8 9 10 11 12 2200-3000 m

Gentiana melandriifolia Franch. ex Hemsl.[1-2, 4]

多年生草本，高 5~7 厘米。主茎较长，平卧呈匍匐状；花枝斜升，上部具乳突。叶长圆形至近卵形，基部钝，突然狭缩成柄，边缘微外卷；莲座丛叶柄长 0.8~2 厘米；茎生叶 4~5 对，叶柄长 5~10 毫米。花 1~3 朵，簇生枝端，无花梗；花萼倒锥形，裂片整齐，狭三角形；花冠蓝色，冠檐具多数深蓝色斑点，漏斗形，长 3.2~4.5 厘米；雄蕊着生于冠筒下部。蒴果椭圆形或卵形。种子黄褐色，近圆球形。生于山坡岩石上。分布于云南中部及西北部。

Perennials 5-7 cm tall. Vegetative stems usually prolonged; flowering stems simple, ascending, apically papillate. Leaf blade oblong to obovate, base abruptly narrowed, margin slightly revolute; basal rosette leaves petiole 0.8-2 cm; stem leaves 4-5 pairs, petiole 5-10 mm. Inflorescences terminal, 1-3-flowered, sessile; calyx obconic, lobes narrowly triangular, equal; corolla pale blue, with dark blue spots in throat, funnelform, 3.2-4.5 cm; stamens inserted at basal part of corolla tube. Capsules ellipsoid to ovoid-ellipsoid. Seeds light brown, subglobose. Rocky slopes. Distr. C and NW Yunnan.

2 云雾龙胆

1 2 3 4 5 6 7 8 9 10 11 12 3000-5300 m

Gentiana nubigena Edgew.[1-2, 5]

根状茎短。花葶 1~2 枝，直立，单一，幼时具乳突，老时光滑。叶大部分基生，常对折，线状披针形、狭椭圆形至匙形，光滑或幼时具乳突；茎生叶 1~3 对，无柄，狭椭圆形或椭圆状披针形。花 1~3 朵顶生，无花梗或具短的花梗；花冠上部蓝色，下部黄白色，具深蓝色条纹，管状钟形。生于沼泽草甸、高山草甸和灌丛、高山流石滩。分布于甘肃、青海、西藏；不丹、印度西北部、克什米尔地区、尼泊尔。

Rhizomes short. Stems 1 or 2, erect, simple, papillate at first, glabrescent. Basal leaf blade sometimes folded, narrowly elliptic, lanceolate, or spatulate, glabrous or papillate when young; stem leaves 1-3 pairs, sessile, leaf blade narrowly elliptic to elliptic-lanceolate. Inflorescences terminal, 1-3-flowered clusters; flowers sessile or subsessile; corolla dark blue to blue-purple, with pale yellow-white base and dark blue streaks, tubular-campanulate. Bog meadows, alpine meadows and scrubs, rocky places in high mountains. Distr. Gansu, Qinghai, Xizang; Bhutan, NW India, Kashmir, Nepal.

3 倒锥花龙胆

1 2 3 4 5 6 7 8 9 10 11 12 4000-5500 m

Gentiana obconica T.N.Ho[1-2, 5]

多年生草本，有时具匍匐茎。根略肉质，须状。花枝多数丛生，斜升，黄绿色，光滑。叶先端急尖，边缘平滑或微粗糙；莲座丛叶极不发达，三角形或披针形；茎生叶多对，向先端更密集。花单生枝顶，基部包围于上部叶丛中；花冠深蓝色，有黑蓝色宽条纹，或有时基部黄绿色，有黑色斑点，宽倒锥形。生于高山草甸和灌丛中。分布于西藏南部和东南部；不丹、尼泊尔东部、印度（锡金邦）。

Perennials, sometimes appearing stoloniferous. Fibril root fleshy. Stems ascending, clump, yellow-green, glabrous. Basal rosette leaves poorly developed, leaf blade lanceolate to triangular; stem leaves larger toward apex, uppermost surrounding calyx. Flowers terminal, solitary, sessile; corolla dark blue, sometimes with pale yellow-white base, with black stripes, sometimes with black spots, obconic. Alpine meadows and scrubs. Distr. S and SE Xizang; Bhutan, E Nepal, India (Sikkim).

4 叶萼龙胆

1 2 3 4 5 6 7 8 9 10 11 12 3000-5200 m

Gentiana phyllocalyx C.B.Clarke[1-2, 4-5]

多年生草本，具长根茎。须根少数，细瘦。枝稀疏丛生或单生，直立，黄绿色，光滑。叶密集于茎基部呈莲座状；茎生叶 3~5 对，稀疏排列，叶片倒卵形。花单生枝顶，无花梗；花冠蓝色，有深蓝色条纹，宽筒状至筒状钟形。生于山坡草地、石砾山坡、灌丛中。分布于西藏东南部、云南西北部；不丹、印度、缅甸北部、尼泊尔。

Perennials. Roots few, slender. Fibril root thin. Stems ascending to erect, simple, yellow-green, glabrous. Leaves crowded toward base of stem; stem leaves 3-5 pairs, widely spaced, leaf blade obovate. Flowers terminal, solitary, sessile; corolla blue, with dark blue stripes, broadly tubular to tubular-campanulate. Grassland and rocky slopes, stony pastures, scrubs. Distr. SE Xizang, NW Yunnan; Bhutan, India, N Myanmar, Nepal.

1
1
2
3
3
4

1 滇龙胆草

1 2 3 4 5 6 7 **8 9 10 11 12** 1100-3000 m

Gentiana rigescens Franch.[1-4]

基生莲座丛叶不发达。花枝直立，坚硬，基部木质化。花簇生枝端，头状；花冠蓝紫色或蓝色，冠檐具多数深蓝色斑点。生于山坡草地、灌丛中。分布于四川、云南；广西、贵州；缅甸。

Basal rosette absent or very poorly developed. Flowering stems erect, rigid, woody at base. Flowers many, sessile, consorte, capitate; corolla violet, with blue spots in throat. Grassland slopes, scrubs. Distr. Sichuan, Yunnan; Guangxi, Guizhou; Myanmar.

2 提宗龙胆

1 2 3 4 5 **6 7 8 9 10 11** 12 3200-4600 m

Gentiana stipitata subsp. *tizuensis* (Franch.) T.N.Ho[1]

多年生草本，基部被多数枯存残叶包围。花枝多数丛生，斜升。叶片基部狭，边缘白色软骨质；莲座丛叶发达。花单生枝顶；花冠浅蓝灰色，稀白色，具深蓝灰色宽条纹，有时具斑点，筒状钟形至钟状；裂片不明显具小尖头。生于河滩、高山灌丛草甸。分布于甘肃、青海、西藏、四川西部；印度西北部、尼泊尔。

Perennials, base surrounded by numerous black remnants of old leaves. Stems ascending, simple. Leaf blade base narrowed, margin cartilaginous; basal leaves forming a rosette. Flowers terminal, solitary, sessile; corolla pale blue-gray, rarely white, with dark blue spots and stripes, tubular-campanulate to campanulate; corolla lobes indistinctly awned. Stream and river banks, alpine meadows. Distr. Gansu, Qinghai, Xizang, W Sichuan; NW India, Nepal.

3 匙萼龙胆

1 2 3 4 5 6 7 8 **9 10** 11 12 3000-4300 m

Gentiana stragulata Balf.f. & Forrest[1-5]

多年生草本，高 5~7 厘米。匍匐茎长达 10 厘米，多分枝；茎密被紫色具乳突。花萼管状；外面具紫色乳突；裂片圆匙形，5~7 毫米，草质，基部收缩成舌，缘毛紫色；花冠蓝色，无斑点，管状，4.5~5.5 厘米。生于草地山坡。分布于西藏东南部，云南西北部。

Perennials 5-7 cm tall. Stolons to 10 cm, much branched; stems densely purple papillate. Calyx tubular; purple papillate outside; lobes orbicular-spatulate, 5-7 mm, herbaceous, base contracted into a tongue, purple ciliolate; corolla blue, unspotted, tubular, 4.5-5.5 cm. Grassland slopes. Distr. SE Xizang, NW Yunnan.

4 麻花艽

1 2 3 4 5 6 **7 8 9 10** 11 12 2000-4950 m

Gentiana straminea Maxim.[1-3, 5]

粗根多数，扭结成一个粗大的根。莲座叶宽披针形或卵状椭圆形；茎生叶 3~5 对，小，线状披针形至线形。花冠黄绿色，喉部具多数绿色斑点。生于草甸、河滩、灌丛。分布于甘肃、青海、西藏、四川；宁夏、湖北；尼泊尔。

Roots many, twist together. Basal rosette leaf blade broadly lanceolate to ovate-elliptic; stem leaves 3-5 pairs, distinctly smaller, leaf blade linear to linear-lanceolate. Corolla greenish white to pale yellow-green, with green spots in throat. Along streams, scrubs. Distr. Gansu, Qinghai, Xizang, Sichuan; Ningxia, Hubei; Nepal.

5 大花龙胆

1 2 3 4 5 **6 7 8 9 10 11** 12 3000-4800 m

Gentiana szechenyii Kanitz[1-5]

多年生草本。主根粗大，缩短，具多数略肉质的须根。花枝数个丛生，光滑。叶常对折，基部稍扩大，边缘白色软骨质，先端渐尖，中脉粗糙；莲座丛叶发达，剑状披针形；茎生叶 2~4 对，包裹花萼。花单生枝顶，无花梗；花冠白色，干时黄白色或浅蓝色，具绿色斑点和蓝色宽条纹，钟形。生于高山草地。分布于甘肃南部、青海、西藏东南部、四川西部、云南西北部。

Perennials. Taproot short, stout, fibril many, fleshy. Stems ascending, clump, glabrous. Leaf blade sometimes folded, base slightly broadened, margin cartilaginous, apex acuminate, midvein scabrous; basal rosette leaves well developed, leaf blade lanceolate to ensiform-lanceolate; stem leaves 2-4 pairs, surrounding calyx. Flowers terminal, solitary, sessile; corolla white when fresh but pale yellow or pale blue when dry, with greenish spots and blue stripes, campanulate. Alpine meadows. Distr. S Gansu, Qinghai, SE Xizang, W Sichuan, NW Yunnan.

1
2
4
3
4
5

1 三歧龙胆

1 2 3 4 5 6 **7 8 9** 10 11 12 **3000-4600 m**

Gentiana trichotoma Kusn. var. *trichotoma*[1-2]

基生叶倒披针形至狭椭圆形。聚伞花序腋生或顶生，作三歧分枝；花萼倒锥形，长 1.5~2 厘米，花萼裂片直立至很少稍开展，线状三角形到狭椭圆形，不等长，先端钝；花冠蓝色，或有时下部黄白色，冠筒上具深蓝色的条纹，狭漏斗形或漏斗形，长 4~5 厘米；花柱长 2~2.5 毫米。生于高山草甸、高山灌丛及林下。分布于青海、四川西北部和西部。

Basal leaf blades oblanceolate to narrowly elliptic. Cymes axillary or terminal, 3 branched; calyx obconic, 1.5-2 cm, lobes erect to rarely slightly spreading, linear-triangular to narrowly elliptic, unequal, apex obtuse; corolla pale blue, sometimes pale yellow-white at base, with dark blue streaks in tube, narrowly funnelform to funnelform, 4-5 cm; style 2-2.5 mm. Alpine meadows and scrubs, forests. Distr. Qinghai, NW and W Sichuan.

2 短茎三歧龙胆

1 2 3 4 5 6 **7 8 9** 10 11 12 **3300-4000 m**

Gentiana trichotoma var. *chingii* (C.Marquand) T.N.Ho[1]

与原变种的区别在于基生叶线形。花少。生于高山草甸。分布于青海、西藏。

Similar to *G. trichotoma*, but basal leaf blades linear. Flowers few. Alpine meadows. Distr. Qinghai, Xizang.

3 乌奴龙胆

1 2 3 4 5 6 7 **8 9 10** 11 12 **3900-5700 m**

Gentiana urnula Harry Sm.[1, 5]

多年生草本，匍匐茎达 10 厘米，分枝多。须根多数，略肉质，淡黄色。茎直立，单一。基生叶枯萎，宿存；茎生叶重叠，密集，扇状截形。花单生，稀 2~3 朵簇生枝顶；花冠淡紫红色或淡蓝紫色，有时基部浅黄色，具深蓝灰色条纹，壶形或钟形。生于高山砾石带、高山草甸、沙石山坡。分布于青海西南部、西藏东部；不丹、尼泊尔、印度（锡金邦）。

Perennials. Stolons to 10 cm, much branched. Fibril many, fleshy, faint yellow. Stems erect, simple. Basal leaves withered, persistent; stem leaves overlapping, crowded, leaf blade truncate-flabelliform. Flowers solitary or to 3 and crowded; corolla pale blue-purple, sometimes with pale yellow base, with blue streaks, urceolate. Gravel slopes, alpine meadows, gravel zones on high mountains. Distr. SW Qinghai, E Xizang; Bhutan, Nepal, India (Sikkim).

4 蓝玉簪龙胆

1 2 3 4 5 **6 7 8 9 10** 11 12 **2500-4800 m**

Gentiana veitchiorum Hemsl.[1-5]

多年生草本，有时具地下茎或匍匐茎。根略肉质，须状。花枝多数丛生，斜升，黄绿色，具乳突。莲座丛叶发达，线状披针形至椭圆形；茎生叶多对，向顶端密集。花单生枝顶；花冠上部深蓝色，下部黄白色，具深蓝色条纹和斑点，稀淡黄色至白色，狭漏斗形或漏斗形。生于河滩、山坡草地、高山草甸、灌丛及林下。分布于甘肃、青海、西藏南部和东南部、四川西部、云南西北部；不丹、缅甸、印度（锡金邦）。

Perennials, sometimes ± rhizomatous or stoloniferous. Fibril flesh. Stems ascending, yellow-green, papillate. Basal rosette leaves well developed, leaf blade linear-lanceolate to linear-elliptic; stem leaves larger and more crowded toward apex. Flowers terminal, solitary, sessile; corolla intense blue, with pale yellow-white base and black streaks and spots, occasionally corolla cream white to very pale lavender, narrowly funnelform. River banks, grassland slopes, alpine meadows, scrubs, forests. Distr. Gansu, Qinghai, S and SE Xizang, W Sichuan, NW Yunnan; Bhutan, Myanmar, India (Sikkim).

5 矮龙胆

1 2 3 4 5 6 7 **8 9 10** 11 12 **3500-4550 m**

Gentiana wardii W.W.Sm.[1-5]

多年生草本，有发达的匍匐茎。须根少，细弱。枝多数，稀疏丛生，直立，极低矮。叶密集，莲座状，倒卵状匙形或匙形。花单生枝顶；花冠蓝色，无斑点，钟形。生于高山草甸、碎砾石坡上。分布于西藏东南部、云南西北部；缅甸。

Perennials. Stolons well-developed. Fibril few, delicate. Stems many, erect, extremely short. Leaves crowded into a rosette, leaf blade spatulate to obovate. Flowers terminal, solitary; corolla blue, unspotted, campanulate. Alpine meadows, gravel slopes. Distr. SE Xizang, NW Yunnan; Myanmar.

1
1
2
3
3
4
5

• 一年或二年生，常无莲座叶 | Annual or biennial, often without rosette leaves

1 繁缕状龙胆

1 2 3 4 5 6 **7** **8** **9** 10 11 12 **2700-3400 m**

Gentiana alsinoides Franch.[1-4]

一年生草本，高 3.5~7 厘米。茎直立，从基部起分枝，密被乳突。叶卵状披针形至三角形，坚硬，近革质。花萼管状至倒圆锥状，长 4.5~5 毫米；花冠蓝色或淡蓝色，筒形，长 7-8 毫米，裂片卵状披针形，先端钝；褶圆形，先端钝，啮蚀形；雄蕊着生于冠筒下部，整齐。生于干草坡、石灰岩岩隙。分布于四川西部、云南西北部。

Annuals 3.5-7 cm tall. Stems erect, branched from base, densely papillate. Leaf blade ovate-lanceolate to ovate-triangular, rigid, subleathery. Flowers subsessile. Calyx tubular to narrowly obconic, 4.5-5 mm; corolla pale blue to blue, tubular, 7-8 mm, lobes ovate-lanceolate, apex obtuse; plicae ovate, margin erose, apex obtuse; stamens inserted at basal part of corolla tube, equal. Dry grassland slopes, limestone slopes. Distr. W Sichuan, NW Yunnan.

2 刺芒龙胆

1 2 3 4 5 **6** **7** **8** **9** 10 11 12 **1800-4600 m**

Gentiana aristata Maxim.[1-5]

一年生草本。茎黄绿色，光滑，多分枝，斜上升。基生叶大，在花期枯萎，宿存，卵形或卵状椭圆形；茎生叶对折，线形。花数朵；花冠下部黄绿色，上部蓝色至浅紫色，喉部具蓝灰色宽条纹，倒锥形。生于河滩草地、高山草甸、灌丛、砾石坡等。分布于甘肃、青海、西藏、四川。

Annuals. Stems ascending to erect, glabrous, much-branched. Basal leaves withered at anthesis, persistent; leaf blade ovate-elliptic to ovate; stem leaves folded, leaf blade linear. Flowers few; corolla blue to pale purple, with yellow-green base and blue-gray stripes, obconic. River banks, bog meadows, alpine meadows, scrub meadows, sunny gravel places. Distr. Gansu, Qinghai, Xizang, Sichuan.

3 秀丽龙胆

1 2 3 4 5 **6** **7** **8** 9 10 11 12 **3000-4050 m**

Gentiana bella Franch.[1-4]

一年生草本。茎紫红色或黄绿色，多分枝，铺散，光滑。基生叶甚大，在花期枯萎，宿存，卵圆形；茎生叶小，2~3 对，倒卵状匙形至匙形，具外反的短小尖头。花数朵，生于小枝顶端；花冠蓝紫色或紫色，外面具蓝灰色宽条纹，喉部具黑紫色斑点，漏斗形。生于高山草甸、林下。分布于云南西北部；缅甸北部。

Annuals. Stems aubergine or yellow-green, branched from base, glabrous. Basal leaves in rosette or withered at anthesis, persistent; leaf blade ovate-orbicular; stem leaves 2 or 3 pairs, leaf blade spatulate to obovate, apex obtuse to rounded with a recurved tip. Flowers few, terminal; corolla blue-purple, with blackish stripes and spots in throat, funnelform. Grassland slopes, alpine meadows, forests. Distr. NW Yunnan; N Myanmar.

4 中甸龙胆

1 2 3 4 **5** **6** 7 8 9 10 11 12 **3000-3700 m**

Gentiana chungtienensis C.Marquand[1-2, 4]

一年生草本。茎黄绿色，光滑，在基部多分枝，枝铺散。基生叶叶柄 3~5 毫米，卵形或卵状椭圆形，具小尖头；茎生叶对折，贴生茎上，矩圆状披针形。花多数，单生于小枝顶；花冠淡蓝色，背面具黄绿色宽条纹，狭倒圆锥形。生于山坡、林缘。分布于云南西北部。

Annuals. Stems erect, yellow-green, glabrous, branched from base, spreading. Basal leaves with petiole 3-5 mm, leaf blade ovate to ovate-orbicular, apex obtuse to rounded and mucronate; stem leaves folded, leaf blade navicular. Flowers few, terminal; corolla pale blue, outside with yellow-green stripes, narrowly obconic. Hillsides, forest margins. Distr. NW Yunnan.

5 丝瓣龙胆

1 2 3 4 5 6 7 8 **9** 10 11 12 **3300-4000 m**

Gentiana exquisita Harry Sm.[1-2, 4-5]

多年生草木，高 10~20 厘米。花数朵，单生于小枝顶端或单花；花冠深紫色，具蓝色斑点，倒锥形，长 12~15 毫米，宽 9~10 毫米，裂片线形；褶宽矩圆形，上部具短丝状流苏。生于高山草地。分布于云南西北部；缅甸东北部。

Perennials 10-20 cm tall. Flowers few, terminal; corolla violet, inside with dark blue spots, obconic, 12-15 mm × 9-10 mm, lobes linear; plicae broadly oblong, slightly 2-cleft, margin filiform fringed. Grassland slopes. Distr. NW Yunnan; NE Myanmar.

1
2
3
3
4
4
5

1 钻叶龙胆

1 2 3 4 5 6 7 8 9 10 11 12 2100-4200 m

Gentiana haynaldii Kanitz[1-4]

一年生草本。茎黄绿色，光滑，在基部多分枝，枝直立或斜上升。基生叶小，在花期枯萎，宿存，卵形或宽披针形；茎生叶钻形，对折。花数朵，近无花梗；花冠淡蓝色，喉部具蓝灰色斑纹，筒形。生于山坡草地、高山草甸及阴坡林下。分布于青海西南部、西藏东南部、四川西部、云南西北部。

Annuals. Stems yellow-green, branched from base, ascending to erect, glabrous. Basal leaves withered at anthesis, persistent, leaf blade lanceolate to ovate; stem leaves blade subulate, folded. Flowers few, subsessile; corolla pale blue, with blue-gray short streaks in throat, tubular. Grassland slopes, alpine meadows, shady forest slopes. Distr. SW Qinghai, SE Xizang, W Sichuan, NW Yunnan.

2 钟花龙胆

1 2 3 4 5 6 7 8 9 10 11 12 2700-4050 m

Gentiana nanobella C.Marquand[1-3]

一年生草本。茎黄绿色，密被老时脱落的细乳突。叶通常稀疏排列，叶片近圆形，边缘和背面具乳突。花数朵，单生于小枝顶端；花冠深蓝色或蓝紫色，喉部具黑色条纹，管状至狭漏斗状。生于草地山坡。分布于西藏东南部、四川西部、云南西北部。

Annuals. Stems yellow-green, papillate. Leaves usually widely spaced; leaf blade suborbicular, papillate on margin and abaxially. Flowers few, terminal, solitary; corolla dark blue to blue-purple, with short blackish stripes in throat, tubular to narrowly funnelform. Grassland slopes. Distr. SE Xizang, W Sichuan, NW Yunnan.

3 红花龙胆

1 2 3 4 5 6 7 8 9 10 11 12 800-1800 m

Gentiana rhodantha Franch. ex Hemsl.[1-4]

多年生草本。花萼筒膜质，萼筒长 7~13 毫米，脉稍突起具狭翅；花冠浅紫色，上部有黑色纵纹，管状至漏斗状，长 2.5~4.5 厘米；褶宽三角形，先端具细长流苏。生于高山灌丛、草地、林下。分布于甘肃、四川西南部、云南；河南、湖北西部、广西、陕西南部。

Perennials. Calyx tube membranous, narrowly winged, 7-13 mm; corolla pale purple, with blackish streaks, tubular to funnelform, 2.5-4.5 cm; plicae broadly triangular, apex long fringed. Grasslands, alpine scrubs, forests. Distr. Gansu, SW Sichuan, Yunnan; Henan, W Hubei, Guangxi, S Shaanxi.

4 中甸匙萼龙胆

1 2 3 4 5 6 7 8 9 10 11 12 110-4200 m

Gentiana spathulisepala T.N.Ho & S.W.Liu[28]

二年生，高 5~7 厘米。叶片匙形至倒卵形。花萼裂片等长，圆匙形或近圆形，先端圆形，基部收缩；花冠 20~30 毫米长；蓝紫色，具宽深紫色条纹，常漏斗状；雄蕊等长，生于花冠筒基部，内藏。生于开阔山坡和草地。分布于云南西北部（香格里拉）。

Biennials, 5-7 cm tall. Leaf blades spatulate to obovate. Calyx lobes equal, orbiculate-spatulate or suborbiculate, apex rounded, base contracted; corolla 20-30 mm long; blue-purple, with broad, dark purple stripes, usually funnelform; stamens equal, inserted at basal part of corolla tube, included. Open slopes and meadows. Distr. NW Yunnan (Shangri-La).

5 鳞叶龙胆

1 2 3 4 5 6 7 8 9 10 11 12 110-4200 m

Gentiana squarrosa Ledeb.[1-2, 4]

一年生草本。茎上升，黄绿色，分枝多，密被乳突。基生叶密被乳突，叶片卵状椭圆形、卵形或卵圆形，在花期枯萎；茎生叶外反，被乳突，叶片匙形至倒卵形。花多数；花冠蓝色，筒状漏斗形。生于河滩、山谷、荒地、草原、灌丛、高山草甸。分布于西南各省区；华北、东北及西北地区；印度西北部、哈萨克斯坦、巴基斯坦、俄罗斯东部等地区 。

Annuals. Stems ascending, yellow-green, branched throughout, densely papillate. Basal leaves densely papillate, withered at anthesis; leaf blade ovate-elliptic, ovate, or ovate-orbicular. Stem leaves recurved, papillate; leaf blade spatulate to obovate. Flower many. Corolla blue, tubular to funnelform. River banks, valleys, wastelands, steppes, scrubs, alpine meadows. Distr. SW China; N, NE and NW China; NW India, Kazakhstan, Pakistan, E Russia, etc.

1
2
3
4
4
5
5

1 条纹龙胆

1 2 3 4 5 6 7 **8** **9** **10** 11 12 2200-3900 m

Gentiana striata Maxim.[1-3]

一年生草本，高 10~30 厘米。花冠淡黄色，有黑色纵条纹，长 4~6 厘米；裂片先端具尾尖，褶偏斜，边缘具不整齐齿裂。生于山坡草地及灌丛中。分布于甘肃、青海、四川西部；宁夏。

Annuals 10-30 cm tall. Corolla pale yellow, with blackish streaks, 4-6 cm; lobes apex acuminate with a caudate tip, plicae obliquely truncate, margin denticulate. Grassland and scrubs slopes. Distr. Gansu, Qinghai, W Sichuan; Ningxia.

2 圆萼龙胆

1 2 3 4 5 6 7 **8** **9** **10** **11** 12 2200-4400 m

Gentiana suborbisepala C.Marquand[1-4]

与云南龙胆相似，但花萼裂片等大，近圆形；花冠淡黄色或淡蓝色，常具黑色条纹和斑点。生于山坡草地、荒地、灌丛中。分布于四川西南部和西部、云南北部；贵州。

Similar to *G. yunnanensis*, but calyx lobes equal, suborbicular; corolla pale yellow-white to pale blue, usually with blackish streaks and spots. Grassland slopes, wastelands, scrubs. Distr. SW and W Sichuan, N Yunnan; Guizhou.

3 打箭炉龙胆

1 2 3 **4** **5** **6** 7 8 9 10 11 12 3300-5000 m

Gentiana tatsienensis Franch.[1-3, 5]

一年生草本，高3~5厘米。茎在基部有少数分枝。基生叶卵形或卵状披针形，长6~10毫米，宽3~4毫米，先端急尖，具小尖头，边缘软骨质。花数朵，单生于小枝顶端；花冠蓝色，筒形，长 10~12 毫米，裂片先端钝，具短小尖头。生于溪边、开阔山腰。分布于西藏、四川西部。

Annuals 3-5 cm tall. Stems branched from base. Basal leaf blade ovate-lanceolate to ovate, 6-10 mm × 3-4 mm, margin cartilaginous and ciliolate, apex acute and apiculate. Flowers few, terminal; corolla blue, tubular, 10-12 mm; lobes apex obtuse and mucronate. Along streams, open grassy hillside. Distr. Xizang, W Sichuan.

4 东俄洛龙胆

1 2 3 4 5 6 7 **8** **9** 10 11 12 3500-4800 m

Gentiana tongolensis Franch.[1-5]

一年生草本。茎紫红色，具乳突，铺散。花单生于小枝顶端；花冠淡黄色，基部具蓝色斑点，高脚杯状。生于草甸、山坡路旁。分布于西藏东部、四川西部。

Annuals. Stems purple, papillate, much branched with prostrate branches. Flowers terminal, solitary; corolla pale yellow, basally with blue spots, salverform. Meadows, roadside slopes. Distr. E Xizang, W Sichuan.

5 云南龙胆

1 2 3 4 5 6 7 **8** **9** **10** 11 12 2300-4400 m

Gentiana yunnanensis Franch.[1-5]

一年生草本。根系发达，主根明显。茎直立，紫红色，密被乳突。叶片匙形至倒卵形。花极多数，无花梗，着生小枝顶端或叶腋；花冠黄绿色或淡蓝色，具黑色条纹和斑点，筒形。生于山坡草地、路旁、高山草甸、灌丛及林下。分布于西藏东南部、四川西南部及西部、云南东北部及西北部；贵州。

Annuals. Root system developed, taproot distinct. Stems purple, erect, densely papillate. Leaf blade spatulate to obovate. Inflorescences elongated with terminal and many axillary clusters, sessile or subsessile; corolla pale yellow-white to pale blue, with blackish streaks and spots, tubular. Grassland slopes, roadsides, alpine meadows, scrubs, forests. Distr. SE Xizang, SW and W Sichuan, NE and NW Yunnan; Guizhou.

6 针叶龙胆

1 2 3 4 5 **6** **7** **8** **9** 10 11 12 3200-4200 m

Gentiana heleonastes Harry Sm.[1-2]

一年生，高 5~15 厘米。茎在基部多分枝，枝直立或铺散，斜上升。茎生叶对折，短于节间。花数朵；花萼裂片短于萼筒；花冠内面白色；雄蕊等长或不等长；花药直立。生于河岸、向阳湿润草地、灌丛草甸及沼泽地。分布于青海、四川。

Annuals 5-15 cm tall. Stems ascending to erect, branched from base. Stem leaves folded, leaf blade shorter than internodes. Flowers few; calyx lobes shorter than tube part; corolla inside white; stamens equal or unequal; anthers erect. River banks, moist meadows, scrub meadows, bog meadows. Distr. Qinghai, Sichuan.

1
2
3
3
4
4
5
6

龙胆科 Gentianaceae | 假龙胆属 *Gentianella* Moench

二年生或多年生草本。叶对生或轮生。花 4~5 数，单生茎或枝端，或排列成聚伞花序；花冠筒状或漏斗状，裂片间无褶；蜜腺在冠筒基部；雄蕊着生于冠筒上。蒴果 2 裂。种子多数。约 125 种；中国 9 种；横断山区 4 种。

Herbs annual, biennial or perennial. Leaves opposite or whorled. Flowers terminal, solitary or in cymes, 4 or 5-merous; corolla tubular or funnelform, plicae absent; nectaries at base of corolla tube; stamens inserted on corolla tube. Capsules 2-valved. Many seeded. About 125 species; nine in China; four in HDM.

1 密花假龙胆

1 2 3 4 5 6 7 8 9 10 11 12 2700-4200 m

Gentianella gentianoides (Franch.) Harry Sm.[1-2, 4]

一年生草本，高 5~8 厘米。茎常带紫色，密被紫色乳突状毛。聚伞花序顶生和腋生，密集，多花；花 5 数；花萼 5~8 毫米，裂片间弯缺急尖。生于山坡草地、山顶灌丛、林下。分布于四川南部、云南西部及东北部。

Annuals 5-8 cm tall. Stems purple pilose. Cymes axillary and terminal, many flowered, crowded; flower 5-merous; calyx 5-8 mm, sinus between lobes acute. Grassland slopes, scrubs, forests. Distr. S Sichuan, NE and W Yunnan.

龙胆科 Gentianaceae | 扁蕾属 *Gentianopsis* Ma

一年生或二年生草本。茎直立，多少近四棱形。叶对生，常无柄。花单生茎或分枝顶端，花 4 数；花蕾稍扁压，具明显的四棱；花萼筒状钟形，上部 4 裂，裂片 2 对，等长或极不等长；花冠筒状钟形或漏斗形，上部 4 裂，裂片下部两侧边缘有细条裂齿或全缘；裂片间无褶；腺体 4 个，着生于花冠筒基部；雄蕊着生于冠筒中部，较冠筒稍短。蒴果自顶端 2 裂。种子小，多数，表面有密的指状突起。约 24 种；中国 5 种；横断山区均有。

Herbs annual, biennial or perennial. Stems erect, subquadrangular. Leaves opposite, often sessile. Flowers terminal, solitary, 4-merous; flower bud slightly flattened, 4-angled; calyx tubular-campanulate, 4-lobed, equal or unequal; corolla tubular-campanulate to funnelform, 4-lobed, lobes frequently toothed to fringed; plicae absent; nectaries 4, on corolla tube base; stamens inserted on corolla tube and shorter. Capsules 2-valved. Many seeded, angular-papillate. About 24 species; five in China; all found in HDM.

2 大花扁蕾

1 2 3 4 5 6 7 8 9 10 11 12 2000-4050 m

Gentianopsis grandis (Harry Sm.) Ma[1-4]

一年生或二年生草本。茎单生，粗壮，多分枝。茎基部叶密集，匙形或椭圆形；茎生叶 3~6 对，狭披针形。花单生茎或分枝顶端；花冠蓝色，有时基部黄色，漏斗形。生于水沟边、山谷河边、山坡草地。分布于四川西南部、云南西北部。

Annuals or biennials. Stems erect, solitary, usually branched from base. Basal leaves crowded, leaf blade spatulate to elliptic; stem leaves 3-6 pairs, narrowly lanceolate. Flowers terminal; corolla blue, sometimes pale yellow basally, funnelform. Stream and river banks in valleys, hillsides. Distr. SW Sichuan, NW Yunnan.

3 湿生扁蕾

1 2 3 4 5 6 7 8 9 10 11 12 1180-4900 m

Gentianopsis paludosa (Hook.f.) Ma[1-5]

一年生草本。茎单生，直立或斜升。基生叶 3~5 对，匙形，边缘粗糙，具乳突；茎生叶 1~4 对，披针形至长圆形，边缘具乳突。花单生茎及分枝顶端；花冠蓝色，或黄白色至黄色，或仅下部黄白色，宽筒形。生于河滩、山坡草地、林下。分布于西南地区；华北及西北地区；不丹、印度、尼泊尔。

Annuals. Stems ascending to erect, solitary. Basal leaves 3-5 pairs, leaf blade spatulate, margin scabrous, papillate; stem leaves 1-4 pairs, lanceolate to oblong, margin papillate. Flowers stem or branch terminal; corolla blue or yellowish white to yellow, sometimes pale yellow at base, broadly tubular. Beside streams, meadow slopes, forests. Distr. SW China; N and NW China; Bhutan, India, Nepal.

1
1
2
2
3
3

龙胆科 Gentianaceae | 花锚属 *Halenia* Borkh.

一年生或多年生草本。茎直立，通常分枝或单一不分枝。单叶对生。聚伞花序腋生或顶生，形成疏松的圆锥花序；花 4 数；花萼深裂；花冠钟形，深裂，裂片基部有窝孔并延伸成一长距；雄蕊着生于冠筒上；子房 1 室；花柱短或无；柱头 2 裂。蒴果卵球形，室间开裂，1.1~1.3 厘米。种子多数，椭圆形至球形；种皮几近光滑。约 100 种；中国 2 种；横断山区 2 变种。

Herbs annual or perennial. stem errect, usually branched or single. Leaves opposite or whorled. Inflorescences terminal and axillary, in clusters or sometimes in lax panicles of cymes; flowers 4-merous; calyx lobed nearly to base; corolla campanulate, lobed to below middle, with spurs near base of corolla tube; stamens inserted on corolla tube; ovary 1-celled; style very short; stigma 2-lobed. Capsules ovoid, 2-valved, 1.1-1.3 cm. Many seeded, seeds ellipsoid to subglobose; seed coat almost smooth. About 100 species; two in China; two varietas in HDM.

1 卵萼花锚

1 2 3 4 5 6 7 8 9 10 11 12 700-4100 m

Halenia elliptica D.Don var. *elliptica*[1-2, 4]

一年生草本。根具分枝，黄褐色。茎直立，无毛，四棱形，单一或具分枝。基生叶匙形、椭圆形，或有时近圆形；茎生叶无梗或叶柄短，长圆形、椭圆形、卵状披针形或卵形。聚伞花序腋生和顶生；花冠蓝色或紫色，裂片卵形或椭圆形。生于山谷水沟边、山坡草地、灌丛、高山林下及林缘。分布于西南地区；华北、东北、西北及华中地区；尼泊尔、不丹、印度、缅甸。

Annuals. Root with branch, yellow-brown. Stems erect, subquadrangular, hairless, simple or branched from base and/or above base. Basal leaves blade spatulate, elliptic, or sometimes suborbicular; stem leaves sessile or short petiolate; leaf blade oblong, elliptic, ovate-lanceolate, or ovate. Cymes terminal and/or axillary; corolla blue to purple, campanulate, lobes elliptic to ovate. Beside streams in valleys, grassland slopes, scrub, forest margins, forests. Distr. SW China; N, NE, NW and C China; Nepal, Bhutan, India, Myanmar.

2 大花花锚

1 2 3 4 5 6 7 8 9 10 11 12 1300-2500 m

Halenia elliptica var. *grandiflora* Hemsl.[1-2, 4]

与原变种的区别是花大，直径达 2.5 厘米。生于水沟边、山坡草地。分布于甘肃、青海、四川、云南；湖北、贵州、陕西。

Similar to *H. elliptica*, but flowers larger, corolla about 2.5 cm in diam. Beside streams, grassland slopes. Distr. Gansu, Qinghai, Sichuan, Yunnan; Hubei, Guizhou, Shaanxi.

龙胆科 Gentianaceae | 肋柱花属 *Lomatogonium* A.Braun

花 5 数，稀 4 数；花萼深裂，萼筒短，有时稍长；花冠辐状，深裂近基部，冠筒极短，裂片在蕾中右向旋转排列，开放时呈明显的 2 色，基部有 2 个腺窝；雄蕊着生于冠筒基部；花药蓝色或黄色；子房剑形、圆筒形或卵状椭圆形；无花柱；柱头沿着子房的缝合线下延。蒴果 2 裂。约 18 种；中国 16 种；横断山区 8 种。

Flowers (4 or) 5-merous; calyx and corolla rotate, lobed nearly to base or with a distinct tube; corolla lobes dextrorse in flower bud, distinctly 2-colored when corolla opens, nectaries 2 at base of corolla; stamens inserted at base of corolla tube; anthers blue, rarely yellow; ovary ensiform, cylindric, or ovoid-ellipsoid; style absent; stigma lobes decurrent along carpel sutures. Capsules 2-valved. About 18 species; 16 in China; eight in HDM.

3 肋柱花

1 2 3 4 5 6 7 8 9 10 11 12 400-5400 m

Lomatogonium carinthiacum (Wulf.) Reichb.[1-5]

一年生草本，高 3~30 厘米。茎生叶披针形、椭圆形至卵状椭圆形，长 4~20 毫米，宽 3~7 毫米。花 5 数，大小不相等，直径常 8~20 毫米；花冠蓝色，基部两侧各具 1 个腺窝，腺窝管形，下部浅囊状，上部具裂片状流苏；花药蓝色。生于河滩、山坡草地、高山灌丛和草甸。分布于甘肃、青海、西藏、四川、云南西北部；河北、山西；南亚和东亚邻国、欧洲。

Annuals 3-30 cm tall. Stem leaves lanceolate, elliptic, or ovate-elliptic, 4-20 mm × 3-7 mm. Flowers 5-merous, variable in size, usually 8-20 mm in diam; corolla blue, nectary connate at base into a tube pointed outward, apex lamellate, margin lobed; anthers blue. Beside streams, grassland slopes, alpine scrub and meadows. Distr. Gansu, Qinghai, Xizang, Sichuan, NW Yunnan; Hebei, Shanxi; Neighbouring countries in S and E Asia, Europe.

1
1
2
2
3
3

1 中甸肋柱花

1 2 3 4 5 6 7 8 9 10 11 12 ≈ 3300 m

Lomatogonium zhongdianense S.W.Liu & T.N.Ho[1, 4]

近似合萼肋柱花，但茎生叶片线形。花萼裂片线形。生于山坡。分布于云南西北部（香格里拉）。

Similar to *L. gamosepalum*. But leaves linear. Calyx lobes linear. Hillsides. Distr. Yunnan (Shangri-La).

2 合萼肋柱花

1 2 3 4 5 6 7 8 9 10 11 12 2800-4500 m

Lomatogonium gamosepalum (Burkill) Harry Sm.[1-3, 5]

一年生草本，高 3~20 厘米。叶片倒卵形，长 5~20 毫米，宽 3~7 毫米。花 5 数，直径 1~1.5 厘米；花萼筒长 2~3 毫米；花冠蓝色；花药蓝色。生于河滩、灌丛、林下、高山草甸。分布于甘肃西南部、青海、西藏东北部、四川西部；尼泊尔。

Annuals 3-20 cm tall. Leaves obovate, 5-20 mm × 3-7 mm. Flowers 5-merous, 1-1.5 cm in diam; calyx tube 2-3 mm; corolla blue; anthers blue. Beside streams, scrubs, forests, alpine meadows. Distr. SW Gansu, Qinghai, NE Xizang, W Sichuan; Nepal.

3 长叶肋柱花

1 2 3 4 5 6 7 8 9 10 11 12 3400-4200 m

Lomatogonium longifolium Harry Sm.[1-4]

多年生草本。根状茎水平，具黑褐色枯老残存叶柄。茎近直立，四棱形，从基部起帚状分枝。基生叶匙形至长圆形；茎生叶无柄或叶柄短，叶片披针形至宽披针形。花序有 5~7 朵花，似总状花序；花冠蓝色，裂片椭圆形至椭圆状披针形；花冠基部的腺体合生成筒状，上部边缘具裂片状短流苏。生于河边、草坡、高山灌丛及草甸。分布于西藏东部、四川南部、云南西北部。

Perennials. Rhizomes horizontal, sheathed by a few blackish remains of old petiole. Stems erect, angular, slender, fastigiate branched. Basal leaves blade spatulate to oblong; stem leaves subsessile to short petiolate, leaf blade lanceolate to broadly lanceolate. Inflorescences racemelike, 5-7-flowered; corolla pale blue, lobes elliptic-lanceolate to elliptic; nectary connate at base into a tube pointed outward, apex lamellate, margin lobed. Beside streams, grassy slopes, alpine scrubs and meadows. Distr. E Xizang, S Sichuan, NW Yunnan.

4 大花肋柱花

1 2 3 4 5 6 7 8 9 10 11 12 2500-4800 m

Lomatogonium macranthum (Diels & Gilg) Fernald[1-2, 4-5]

一年生草本，高 7~35 厘米。茎生叶片披针形、椭圆形或卵形椭圆形，长 4~20 毫米，宽 3~7 毫米。花 5 数，常不等大，直径一般 2~2.5 厘米；花萼裂片狭披针形至线形；花冠蓝紫色，具深色纵脉纹；花药蓝色。生于河滩草地、山坡、灌丛、林下、高山草甸。分布于甘肃、青海、西藏东部、四川西部；不丹、尼泊尔、印度。

Annuals 7-35 cm tall. Stem lanceolate, elliptic, or ovate-elliptic, 4-20 mm × 3-7 mm. Flowers 5-merous, usually unequal, 2-2.5 cm in diam; calyx lobes linear to linear-lanceolate; corolla pale blue-purple, with dark blue lines; anthers blue. Beside streams, hillsides, scrubs, forests, alpine meadows. Distr. Gansu, Qinghai, E Xizang, W Sichuan; Bhutan, Nepal, India.

5 圆叶肋柱花

1 2 3 4 5 6 7 8 9 10 11 12 3000-4800 m

Lomatogonium oreocharis (Diels) C.Marquand[1-2, 5]

多年草本，高 7~20 厘米。根茎多分枝。叶片宽卵形或近圆形，长 6~19 毫米，宽 5~12 毫米，先端圆形。花 5 数；花序似总状，常 2~6 朵；花萼裂片稍不整齐，倒卵形或匙形；花冠蓝色或蓝紫色，具深蓝色纵脉纹，直径 2~2.7 厘米；花冠基部的腺体合生成筒状，上部边缘具裂片状短流苏；花药蓝色。生于草坡、灌丛中及林下。分布于西藏东南部、云南西北部。

Perennials 7-20 cm tall. Rhizomes usually branched. Leaf blade broadly ovate to orbicular, 6-19 mm × 5-12 mm. Flower 5-merous; inflorescences racemelike, 2-6-flowered; calyx lobes slightly unequal, lobes spatulate to obovate; corolla pale blue, with conspicuous dark blue lines, 2-2.7 cm in diam; nectary connate at base into a tube pointed outward, apex lamellate, margin lobed; anthers blue. Meadows, scrubs, forests. Distr. SE Xizang, NW Yunnan.

1
1
2
2
3
4
4
5

龙胆科 Gentianaceae | 大钟花属 *Megacodon* (Hemsl.) Harry Sm.

多年生高大草本，根粗壮，略肉质。茎直立，粗壮。叶对生，基部2~4对叶小，膜质；上部叶草质，较大。花顶生及腋生，组成聚伞圆锥状花序；花梗长，具2枚苞片；花大型，下垂，5数；花冠钟形；雄蕊着生于冠筒中上部，与裂片互生；花丝扁平；花柱粗短；柱头2裂；腺体轮状着生于子房基部。蒴果2瓣裂。种子多数，浅褐色，椭圆状，不具翅。2种；横断山区均有。

Herbs perennial. Roots stout, slightly fleshy. Stems erect, stout. Leaves opposite. Basal leaves 2-4 pairs, small, membranous; middle to upper stem leaves larger than lower leaves, herbaceous. Flowers terminal and axillary, inflorescences a thyrse; pedicel subtended by 2 bracts; flowers large, nodding, 5-merous; corolla campanulate; stamens inserted at middle of corolla tube; filaments flattened; style stout; stigma 2-lobed; nectaries in a whorl on gynophore. Capsules 2-valved. Many seeded, seeds light brown, ellipsoid, wingless. Two species; both found in HDM.

1 大钟花

1 2 3 4 5 **6 7 8 9** 10 11 12 3000-4400 m

Megacodon stylophorus (C.B.Clarke) Harry Sm.[1-5]

全株光滑。茎黄绿色。基部叶小，膜质，黄白色，卵形；中上部叶大，草质，绿色，半抱茎。花2~8朵，顶生及叶腋生，组成假总状聚伞花序；花冠黄绿色，有褐色网脉，钟形。生于山坡草地及水沟边、灌丛、林缘。分布于西藏东南部、四川南部、云南西北部；不丹、印度东北部、尼泊尔。

Plant glabrous. Stem yellow-green. Basal leaves small, membranous, yellow-white, leaf blades ovate; middle to upper stem leaf large, herbaceous, green, subamplexicaul. Thyrses 2-8-flowered, terminal to axillary; corolla pale yellow-green, with brown veins, campanulate. Beside streams, meadows, scrubs, forest margins. Distr. SE Xizang, S Sichuan, NW Yunnan; Bhutan, NE India, Nepal.

2 川东大钟花

1 2 3 4 5 6 7 8 **9 10** 11 12 600-3000 m

Megacodon venosus (Hemsl.) Harry Sm.[1-2]

叶椭圆状披针形至线状披针形。萼筒甚短，长2~3毫米；花柱短，长4.5~5.5毫米。生于岩石、山坡灌丛、草甸。分布于四川东部、云南西部；湖北西部。

Leaf blade linear-lanceolate to elliptic-lanceolate. Calyx tube short, 2-3 mm; style 4.5-5.5 mm. Gravel hillsides, scrubs, meadows. Distr. E Sichuan, W Yunnan; W Hubei.

龙胆科 Gentianaceae | 獐牙菜属 *Swertia* L.

花4或5数，或在少数种类中两者兼有；花萼和花冠均辐状，深裂近基部，筒部甚短，通常短于3毫米；花冠裂片基部具1-2枚腺体，边缘具流苏，或是具裸露的腺斑；雄蕊着生在花冠筒基部；子房1室；花柱短到伸长。蒴果2瓣裂。约170种；中国79种；横断山区33种。

Flowers 4- or 5-merous; calyx and corolla rotate, lobed to base, tubes less than 3 mm; nectaries 1 or 2 per corolla lobe, with fimbriate margin or represented by naked spotlike gland patches; stamens inserted at base of corolla tube; ovary 1-celled; style short to elongate. Capsules 2-valved. About 170 species; 79 in China; 33 in HDM.

· 茎不分枝 | Stem simple

3 叶萼獐牙菜

1 2 3 4 5 6 **7 8 9** 10 11 12 2600-4000 m

Swertia calycina Franch.[1-2, 4]

多年生草本，具短根茎，带黑色。茎直立，具条棱，不分枝，基部被多数黑褐色枯老叶柄。基生叶具长柄，叶片常对折，线状矩圆形；茎生叶互生，无柄，半抱茎。花序似总状，常具5至多花；花5数；花冠淡黄色，裂片卵状长圆形。生于山坡上。分布于四川西南部、云南西北部。

Perennials. Rhizomes blackish, short. Stems erect, striate, simple, base sheathed by blackish remains of old petioles. Basal leaves petioles flattened, leaf blade usually folded, linear-oblong; stem leaves alternate, sessile, subamplexicaul. Inflorescences racemelike, 5 or more flowered; flowers 5-merous; corolla pale yellow, lobes ovate-oblong. Hillsides. Distr. SW Sichuan, NW Yunnan.

1
2
2
3
3

1 高獐牙菜

1 2 3 4 5 **6 7 8 9** 10 11 12 3200-4600 m

Swertia elata Harry Sm.[1-4]

多年生草本。根状茎带黑色，较短，具少部分略肉质细根。茎直立，黄绿色，常被黑褐色枯老叶柄。叶大部分基生，具长柄，叶片线状椭圆形或狭披针形；茎中上部叶较小。圆锥状复聚伞花序常有间断，多花；花 5 数；花冠黄绿色，具多数蓝紫色细而短的条纹；裂片中部有 2 枚腺体，近圆形，顶端具 1~2 毫米柔毛状流苏。生于山坡草地、灌丛、高山草甸。分布于四川西南部、云南西北部。

Perennials. Rhizomes blackish, short, with few slightly fleshy rootlets. Stems erect, yellow-green, base sheathed by blackish remains of old petioles. Basal leaves petioles flattened, leaf blade linear-elliptic to narrowly lanceolate; middle stem leaves petiole smaller. Inflorescences narrow, interrupted, many-flowered thyrses; flowers 5-merous; corolla yellow-green, with blue-purple stripes; nectaries 2, at middle of each corolla lobe, orbicular, with inflexed fimbriae 1-2 mm. Grasslands on hillsides, scrubs, alpine meadows. Distr. SW Sichuan, NW Yunnan.

2 紫萼獐牙菜

1 2 3 4 5 6 7 **8** 9 10 11 12 3400-4200 m

Swertia forrestii Harry Sm.[1-4]

多年生草本，具黑色短根茎。茎黄绿色或带紫红色，被褐色枯老叶柄。叶大部分基生，常对折，叶片披针形或狭矩圆形；茎生叶全部互生，无柄，半抱茎，披针形。花序似总状，具 4 至多花；花 5 数；花冠深蓝色或蓝紫色；基部具 2 枚腺体，杯状，具 2~2.5 毫米柔毛状流苏。生于高山草甸和灌丛中。分布于云南西北部。

Perennials. Rhizomes blackish, short. Stems erect, striate, yellow-green or purplish, base sheathed by blackish remains of old petioles. Basal leaves petioles flattened, leaf blade folded, narrowly oblong to lanceolate; stem leaves alternate, sessile, subamplexicaul, lanceolate. Inflorescences racemelike, 4 or more flowered; flowers 5-merous; corolla dark blue to blue-purple; nectaries 2 per corolla lobe, cupular, with pilose fimbriae 2-2.5 mm. Scrubs, alpine meadows. Distr. NW Yunnan.

3 大药獐牙菜

1 2 3 4 5 6 **7 8 9 10 11** 12 3200-4800 m

Swertia tibetica Batalin[1-4]

多年生草本，高 30~100 厘米。茎生叶 4~6 对，茎上部叶近无柄，叶片椭圆状匙形到卵形，长 4~9 厘米，宽 1~3 厘米，基部狭，先端急尖或渐尖。具 5~7 朵花；花 5 数，直径 2.5~3.5 厘米；花冠黄绿色，裂片先端钝，啮蚀状；基部具 2 个腺窝，腺窝基部囊状，边缘具长 2~2.5 毫米的柔毛状流苏。生于河边草地、山坡草地、乱石坡地、林下、林缘。分布于四川西部、云南西北部。

Perennials 30-100 cm tall. Stem leaves 4-6 pairs, sessile or short petiolate with base connate, leaf blade elliptic-spatulate to ovate, 4-9 cm × 1-3 cm, base narrowed, apex acute. Inflorescences racemelike, 5-7-flowered; flowers 5-merous, 2.5-3.5 cm in diam; corolla yellow, apex obtuse and erose; nectaries 2 per corolla lobe, cupular, with pilose fimbriae 2-2.5 mm. Streamsides, grasslands on hillsides, gravel slopes, forests, forest margins. Distr. W Sichuan, NW Yunnan.

• 多分枝 | Stem branched

4 白花獐牙菜

1 2 3 4 5 6 7 **8** 9 10 11 12 ≈ 2500 m

Swertia alba T.N.Ho & S.W.Liu[1-2, 4]

一年生草本。主根明显。茎直立，四棱形，有分枝。基生叶在花期枯萎；茎生叶无柄，叶片矩圆形。圆锥状聚伞花序多花，狭窄；花冠白色或浅黄色，裂片卵状披针形；基部具 2 个腺窝，腺窝杯状，具短流苏。生于山坡。分布于四川西部、云南西北部。

Annuals. Taproots distinct. Stems erect, subquadrangular, branched. Basal leaves withered at anthesis; stem leaves sessile, oblong. Inflorescences panicles of cymes, many flowered, narrow; flowers 5-merous; corolla white or pale yellow, lobes ovate-lanceolate; nectaries 2 per corolla lobe, cupular, with a narrow scale and many short fimbriae. Hillsides. Distr. W Sichuan, NW Yunnan.

1
1
2
2
3
4

1 西南獐牙菜

1 2 3 4 5 6 7 8 9 10 11 12 1400-3750 m

Swertia cincta Burkill[1-4]

一年生草本。须根黄色。基生叶在花期凋谢；茎生叶具极短的柄，叶片披针形或椭圆状披针形。圆锥状复聚伞花序多花，开展；花5数，下垂；花冠黄绿色，基部具1个马蹄形裸露腺窝，腺窝上具2个黑紫色斑点。生于潮湿山坡、灌丛。分布于四川、云南；贵州。

Annuals. Roots yellow, fibrous. Basal leaves withered at anthesis; stem leaves petioles short, leaf blade lanceolate to elliptic-lanceolate. Inflorescences panicles of cymes, many flowered, spreading; flower nodding, 5-merous; corolla pale yellow-green, with 2 blackish purple spots above each nectary, these sometimes joined into a ± continuous ring; nectaries 1 per corolla lobe, horseshoe-shaped, naked. Wet slopes, scrubs. Distr. Sichuan, Yunnan; Guizhou.

2 观赏獐牙菜

1 2 3 4 5 6 7 8 9 10 11 12 1800-2900 m

Swertia decora Franch.[1-4]

一年生草本，高2~15厘米。茎直立，四棱形。花单生枝顶；花冠粉紫色，基部具2个腺窝。生于草坡上。分布于四川南部、云南。

Annuals 2-15 cm tall. Stems erect, subquadrangular. Inflorescences usually reduced to a single flower. Corolla rose, nectaries 2 per corolla lobe. Grassland slopes. Distr. S Sichuan, Yunnan.

3 大籽獐牙菜

1 2 3 4 5 6 7 8 9 10 11 12 1400-3950 m

Swertia macrosperma (C.B.Clarke) C.B.Clarke[1-4]

一年生草本。茎直立，从中部以上分枝。圆锥状复聚伞花序多花，开展；花5数，稀4数；花冠白色或淡蓝色；基部具2个腺窝，囊状，仅具数根柔毛状流苏。生于河边、山坡草地、灌丛、杂木林。分布于西藏、四川、云南；湖北、广西、贵州、台湾；不丹、印度、缅甸、尼泊尔。

Annuals. Roots yellow. Stems erect, branched from middle. Inflorescences panicles of cymes, many flowered, spreading branched; flowers 5- or rarely 4-merous; corolla white or pale blue; nectaries 2 per corolla lobe, cupular, with a narrow scale and few long fimbriae. Beside streams, grasslands on hillsides, scrub, mixed forests. Distr. Xizang, Sichuan, Yunnan; Hubei, Guangxi, Guizhou, Taiwan; Bhutan, India, Myanmar, Nepal.

4 川西獐牙菜

1 2 3 4 5 6 7 8 9 10 11 12 1900-3800 m

Swertia mussotii Franch.[1-2, 4]

一年生草本，高15~60厘米。叶卵状披针形至狭披针形，长0.8~3.5厘米，宽3~10毫米，基部略呈心形，半抱茎。圆锥状复聚伞花序多花，占据了整个植株；花4数；花萼裂片线状披针形到披针形，4~7毫米；花冠暗紫红色，直径0.8~1.3厘米；裂片基部具2个腺窝，腺窝沟状，狭矩圆形，边缘具柔毛状流苏。生于水边、山坡、灌丛、林下。分布于青海西南部、西藏东部、四川西北部、云南。

Annuals 15-60 cm tall. Leaf blade narrowly lanceolate to ovate-lanceolate, 0.8-3.5 cm × 3-10 mm, base cordate and subamplexicaul. Inflorescences many-flowered panicles formed by whole plant; flowers 4-merous; calyx lobes linear-lanceolate to lanceolate, 4-7 mm; corolla dark red, 0.8-1.3 cm in diam; nectaries 2 per corolla lobe, radially elongated, with a narrow scale and raised margin with many long fimbriae. Beside streams, hillsides, scrubs, forests. Distr. SW Qinghai, E Xizang, NW Sichuan, Yunnan.

5 显脉獐牙菜

1 2 3 4 5 6 7 8 9 10 11 12 460-2700 m

Swertia nervosa (Wall. ex G.Don) C.B.Clarke[1-4]

一年生草本。茎直立，四棱形，棱上有宽翅。圆锥状复聚伞花序多花；花4数；花萼长于花冠；花冠黄绿色，中部以上具紫红色网脉，具小尖头；下部具1个腺窝，腺窝深陷，半圆形。生于河滩、山坡、灌丛、疏林下。分布于甘肃东南部、西藏东部、四川、云南；山西、广西、贵州；不丹、印度、尼泊尔。

Annuals. Roots yellow-brown, fibrous. Stems erect, subquadrangular, narrowly winged on angles. Inflorescences panicles of cymes, many flowered; flowers 4-merous; corolla pale yellow-green, with purple veins, apex obtuse and apiculate; nectaries 1 per corolla lobe, pocket-shaped, with an orbicular scale, and many papillose, short fimbriae at apex of pocket. Beside streams, hillsides, scrubs, scattered forests. Distr. SE Gansu, E Xizang, Sichuan, Yunnan; Shanxi, Guangxi, Guizhou; Bhutan, India, Nepal.

1

2

2

3

3

4

4

5

1 紫红獐牙菜

1 2 3 4 5 6 7 8 9 10 11 12 400-3800 m

Swertia punicea Hemsl.[1-4]

一年生草本。茎直立，具窄翅，中部以上分枝。茎生叶近无柄，披针形、线状披针形或狭椭圆形。圆锥状复聚伞花序开展，多花；花冠黄色或暗紫红色，基部具2个腺窝，矩圆形，深陷，沟状，边缘具长柔毛流苏。生于河滩、山坡灌丛。分布于四川、云南；湖北西部、湖南、贵州。

Annuals. Stems erect, subquadrangular, narrowly winged on angles, branched. Stem leaves sessile, lanceolate, linear-lanceolate, or narrowly elliptic. Inflorescences panicles of cymes, many flowered, spreading; flowers 5-merous; corolla yellow or dark purple; nectaries 2 per corolla lobe, radially elongated, with a narrow scale and raised margin with many long fimbriae. Beside streams, scrubs. Distr. Sichuan, Yunnan; W Hubei, Hunan, Guizhou.

2 四数獐牙菜

1 2 3 4 5 6 7 8 9 10 11 12 2000-4000 m

Swertia tetraptera Maxim.[1-3]

一年生草本。茎直立，四棱形。茎中上部叶无柄，卵状披针形。花4数；花冠黄绿色，有时带蓝紫色，裂片先端钝和啮蚀状；下部具2个腺窝，长圆形，沟状，仅内侧边缘具短裂片状流苏。生于河滩、潮湿山坡、灌丛、疏林下。分布于甘肃、青海、西藏、四川。

Annuals. Stems erect, subquadrangular. Middle to upper stem leaves sessile, ovate-lanceolate. Flowers 4-merous; corolla pale yellow-green, sometimes tinged purple, lobes apically obtuse and erose; nectaries 2 per corolla lobe, oblong, double door-shaped, each with a very narrow scale and few irregular divisions. Beside streams, wet slopes, scrubs, scattered forests. Distr. Gansu, Qinghai, Xizang, Sichuan.

龙胆科 Gentianaceae | 双蝴蝶属 *Tripterospermum* Blume

多年生缠绕草本。花5数；花萼筒上5条脉高高突起呈翅，稀无翅；花冠筒状或宽筒状，裂片间有褶；雄蕊着生于冠筒上，不整齐，顶端向一侧弯曲；蜜腺发达，围绕子房基部。浆果或蒴果。约25种；中国19种；横断山区1种。

Twining perennials. Flowers 5-merous; calyx tube usually with 5 keeled ridges; corolla tubular or broadly tubular, plicae present; stamens inserted at basal part of corolla tube, unequal, apically recurved; nectaries conspicuously developed, forming a collarlike disc surrounding base of ovary. Fruit a capsule or berry. About 25 species; 19 in China; one in HDM.

3 尼泊尔双蝴蝶

1 2 3 4 5 6 7 8 9 10 11 12 2300-3100 m

Tripterospermum volubile (D.Don) H.Hara[1-5]

茎缠绕，黄绿色或暗紫色，圆形，具细条棱。茎生叶卵状披针形。花序1~2朵花，腋生或顶生，单生或成对着生；花冠白色，狭钟状。生于山坡林下。分布于西藏；不丹、印度、尼泊尔。

Stems spirally twisted, yellow-green or dark purple, terete, striate. Leaf blade ovate-lanceolate. Inflorescences 1 or 2 flowered, axillary or terminal, solitary or binate; corolla white, narrowly campanulate. Forests. Distr. Xizang; Bhutan, India, Nepal.

龙胆科 Gentianaceae | 黄秦艽属 *Veratrilla* Baill. ex Franch.

多年生草本，雌雄异株。叶对生，不育茎的叶呈莲座状。圆锥状复聚伞花序；花4数；花萼分裂至近基部，萼筒甚短；花冠深裂，冠筒短，裂片基部具2个异色腺斑。2种；中国2种；横断山区1种。

Herbs perennial, dioecious. Vegetative stems short with a rosette of leaves. Inflorescences panicles of cymes with many small flowers. Flowers 4-merous; calyx and corolla rotate, lobed nearly to base, each corolla lobe with 1 or 2 gland patches. Two species; two in China; one in HDM.

4 黄秦艽

1 2 3 4 5 6 7 8 9 10 11 12 3200-4600 m

Veratrilla baillonii Franch.[1-5]

茎直立，粗壮。基部叶矩圆状匙形；茎生叶卵状椭圆形。圆锥状复聚伞花序多花；花4数；花冠黄绿色，有紫色脉纹。生于高山灌丛草甸。分布于西藏东南部、四川西部、云南西北部；印度东部。

Stems erect, stout. Basal leaf blade spatulate-oblong. Stem leaves ovate-elliptic. Inflorescences many-flowered thyrses; flowers 4-merous; corolla yellow-green, with purple veins. Alpine scrub meadows. Distr. SE Xizang, W Sichuan, NW Yunnan; E India.

1
1
1
2
2
3
4
4
4

夹竹桃科 Apocynaceae | 牛角瓜属 *Calotropis* R.Br.

直立灌木，被灰白色绒毛。叶对生，宽大，近无柄。花萼基部有腺体；花冠盘状或近辐状，裂片镊合状排列或向右覆盖；副花冠 5 裂，肉质隆起，着生于雄蕊的背部，基部外卷；花丝合生；花药顶端附属物内折，每花粉器具 2 长圆形下垂花粉块；柱头稍微凸起。3 种；中国 2 种；横断山区 1 种。

Shrubs erect, canescent. Leaves opposite, broad, subsessile. Calyx with basal glands; corolla bowl-shaped to subrotate, lobes valvate or overlapping to right; corona lobes 5, adnate to gynostegium, fleshy, basal revolute spur; filaments connate; anther appendages incurved, pollinia 2 per pollinarium, oblong, pendulous; stigma head slightly convex. Three species; two in China; one in HDM.

1 牛角瓜

1 2 3 4 5 6 7 8 9 10 11 12 <1400 m

Calotropis gigantea (L.) W.T.Aiton[1-4]

灌木。叶片倒卵状长圆形或椭圆状长圆形。花蕾圆柱形；花冠裂片长卵形或椭圆形，常反折。生于干旱地区的森林、溪边。分布于四川、云南；广东、广西、海南；南亚、东南亚以及热带非洲。

Shrubs. Leaf blade obovate-oblong or oblong. Flower buds cylindric; corolla lobes long ovate or oblong, usually reflexed. Woods of dry areas, stream banks. Distr. Sichuan, Yunnan; Guangdong, Guangxi, Hainan; S and SE Asia and tropical Africa.

夹竹桃科 Apocynaceae | 吊灯花属 *Ceropegia* L.

多年生草本，茎缠绕或直立。花冠筒状，基部膨胀，常不对称；上部近漏斗状，裂片舌状，顶端经常粘合；副花冠为 2 轮：外轮 5 裂片基部合生成杯状，顶端全缘或 2 裂；内轮 5 裂片钻形或窄匙形，下部贴盖花药，上部直立，裂片比花药略为长。蓇葖果线形、纺锤形或圆柱形。约 170 种；中国 17 种；横断山区 7 种。

Herbs perennial, erect or twining. Corolla tubular, base swollen, often asymmetrically; upper part often funnelform, lobes usually slender and coherent at apex; corona double: outer lobes 5, joined to form a cup, entire to deeply 2-lobed so that outer corona is 10-toothed; inner lobes 5, subulate to narrowly spatulate, basally incumbent on anthers, apical part usually long, erect. Follicles linear, fusiform, or cylindric. About 170 species; 17 in China; seven in HDM.

2 狭叶吊灯花

1 2 3 4 5 6 7 8 9 10 11 12 1900-2600 m

Ceropegia stenophylla C.K.Schneid.[1-3]

叶片线形或线状披针形，叶长 3.5~9 厘米，宽 2~7 毫米。生于林地、灌木丛。分布于四川。

Leaf blade linear or linear-lanceolate, 3.5-9 cm × 2-7 mm. Montane forests, thickets. Distr. Sichuan.

夹竹桃科 Apocynaceae | 鹅绒藤属 *Cynanchum* L.

灌木或多年生草本。叶对生，稀轮生。花萼基部内面有腺体；副花冠贴生合蕊冠基部，膜质或肉质，5 深裂，杯状或筒状，其顶端裂片有时具有小舌状片；花丝合生，花粉块每室 2 个，下垂；柱头凸起或稍圆锥状。蓇葖果梭形或披针形，外果皮平滑，稀具软刺或翅。约 200 种；中国 57 种；横断山区 20 余种。

Subshrubs or perennial herbs. Leaves opposite, rarely whorled. Sepals often with basal glands; corona inserted at base of gynostegium, membranous or fleshy, cupular, cylindric, or deeply 5-divided, sometimes with adaxial appendages; filaments connate, pollinia 2 per pollinarium, pendulous; stigma head convex or short conical. Follicles fusiform or lanceolate, usually smooth, rarely winged or setose. About 200 species; 57 in China; 20+ in HDM.

3 小叶鹅绒藤

1 2 3 4 5 6 7 8 9 10 11 12 1500-2500 m

Cynanchum anthonyanum Hand.-Mazz.[1-4]

叶片三角形或心状长圆形，基部心形，稀截形。花冠绿白色；副花冠同合蕊冠等高，外缘裂片线形至三角形，内轮长丝状与花冠裂片等长。生于灌木丛边。分布于四川，云南。

Leaf blade triangular or cordate-oblong, base cordate or rarely truncate. Corolla green-white; corona tube as high as gynostegium, marginal lobes linear-triangular, inner appendages well developed, as long as corona lobes. Thicket edges. Distr. Sichuan, Yunnan.

1 牛皮消

1 2 3 4 5 6 7 8 9 10 11 12 2800-3600 m

Cynanchum auriculatum Royle ex Wight[1-5]

茎缠绕，微被毛。叶片纸质，卵形，基部心形伴有圆形的窦。花冠白色、淡黄色、粉色或紫色，裂片辐状，披针形至椭圆形；副花冠深 5 裂，白色，裂片较合蕊冠长，裂片附三角形的舌状鳞片。生于山坡林地。分布于西藏、四川、云南；不丹、印度、克什米尔地区、尼泊尔、巴基斯坦。

Stems twining, puberulent. Leaf blade ovate, papery, base cordate with rounded sinus. Corolla white, pale yellow, pink, or purple, rotate, lobes lanceolate to lanceolate-oblong; corona very deeply 5-lobed, white, lobes much longer than gynostegium, elliptic, fleshy, obtuse, with narrowly triangular adaxial appendages. Bushland on mountain slopes. Distr. Xizang, Sichuan, Yunnan; Bhutan, India, Kashmir, Nepal, Pakistan.

2 大理白前

1 2 3 4 5 6 7 8 9 10 11 12 1000-5000 m

Cynanchum forrestii Schltr.[1-5]

多年生直立草本。叶片宽卵形至椭圆形，基部楔形或钝圆形至心形，特别是植物基部的叶片。花冠黄色至褐色或紫色，裂片辐状，卵状长圆形；副花冠深裂，肉质，裂片三角形至卵圆形，与合蕊柱等长。生于高山荒地、疏林草地、湿草地。分布于甘肃、西藏、四川、云南；贵州。

Perennial erect herb. Leaf blade broadly ovate to rarely elliptic-oblong, base cuneate or obtuse to subcordate especially near base of plant. Corolla yellow to brownish or purple, lobes rotate, ovate-oblong or oblong; corona deeply lobed, lobes triangular-ovate, fleshy, at least as long as gynostegium. Alpine waste places, grass savanna, humid grasslands. Distr. Gansu, Xizang, Sichuan, Yunnan; Guizhou.

夹竹桃科 Apocynaceae | 南山藤属 *Dregea* E.Mey.

藤本。花萼 5 裂，裂片内面基部具 5 腺体；花冠辐状或浅钵状，5 深裂；副花冠 5 裂，裂片开展，外角钝或长方形，内角成尖齿贴生花药；花药顶端具膜质附属物，每花粉器具 2 枚花粉块，花粉块长圆形，直立。蓇葖果双生，叉开，具纵棱或横皱褶。约 12 种；中国 4 种；横断山区 2 种。

Lianas. Sepals 5-divided, with 5 basal glands. Corolla rotate to shallowly bowl-shaped, deeply 5-divided; corona lobes 5, spreading, outer angle obtuse or rectangular, interior angle produced into an acute tooth incumbent to anthers; anthers with membranous apical appendages, pollinia 2 per pollinarium, oblong, erect. Follicles widely divergent, thick, finely longitudinally ribbed or corrugate. About 12 species; four in China; two in HDM.

3 丽子藤

1 2 3 4 5 6 7 8 9 10 11 12 1900-3500 m

Dregea yunnanensis (Tsiang)Tsiang & P.T.Li[1-5]

叶片卵圆形，叶基部浅心形。除了副花冠基部有一圈纤毛外，花冠内部无毛。蓇葖果平滑无皱褶。生于山地林中。分布于甘肃、西藏、四川、云南。

Leaf blade ovate, papery, base shallowly cordate. Corolla interior glabrous except for a ring of ciliate hairs at base of corona. Follicles smooth. Forests. Distr. Gansu, Xizang, Sichuan, Yunnan.

紫草科 Boraginaceae | 长蕊斑种草属 *Antiotrema* Hand.-Mazz.

花冠漏斗状，淡蓝色或淡紫红色，附属物发达；雄蕊伸出，等长，着生于花冠附属物之间。小坚果半卵形，直立，背面凸，有疣状突起，腹面有 2 层纵长的环状突起，内层膜质，外层角质化，着生面在底部，很小，圆状三角形。仅 1 种。

Corolla funnelform, light blue or pale purplish red, appendages well-developed; stamens equal, exserted, inserted between appendages. Nutlets erect, semiovoid, adaxial aperture 2-layered, longitudinal, ringlike, abaxially convex, tuberculate, inside layer membranous, attachment scar basal, orbicular-triangular. One species.

4 长蕊斑种草

1 2 3 4 5 6 7 8 9 10 11 12 1600-2500 m

Antiotrema dunnianum (Diels) Hand.-Mazz.[1-4]

同属描述。生于山坡草地、松林或阔叶林下、灌丛中。分布于四川西南部、云南；广西西部、贵州。

See discription for the genus. Hillside meadows, *Pinus* and broadleaved forests, thickets. Distr. SW Sichuan, Yunnan; W Guangxi, Guizhou.

1

紫草科 Boraginaceae | 垫紫草属 *Chionocharis* I.M.Johnst.

多年生垫状草本。叶互生，覆瓦状排列，密集。花单朵顶生；花冠喉部具 5 枚附属物；雄蕊内藏。小坚果卵形，背面臌，着生面居腹面基部。单种属。

Herbs perennial, forming cushions. Leaves alternate, overlapping, crowded. Flowers solitary, terminal; corolla throat appendages 5; stamens included. Nutlets ovate, abaxially orbicular, short pubescent, attachment scar at base adaxially. One species.

1 垫紫草

1 2 3 4 5 6 7 8 9 10 11 12 3500-5000 m

Chionocharis hookeri I.M.Johnst.[1-5]

描述同属。生于石质山坡或陡峻的石崖上。分布于西藏南部、四川西南部、云南西北部；不丹、印度东北部、尼泊尔。

See discription for the genus. Rocky slopes, precipices. Distr. S Xizang, SW Sichuan, NW Yunnan; Bhutan, NE India, Nepal.

紫草科 Boraginaceae | 琉璃草属 *Cynoglossum* L.

多年生草本，稀为一年生。花冠喉部有 5 个梯形或半月形的附属物；雄蕊内藏；花药卵球形或长圆形；花柱不伸出花冠外。小坚果 4 枚，卵形、卵球形或近圆球形，有锚状刺，着生面居果的顶部近胚根一端。约 75 种；中国 12 种；横断山区 5 种。

Herbs perennial or biennial, rarely annual. Corolla throat appendages 5, trapeziform or lunate; stamens included; anthers ovoid or oblong; style not exserted. Nutlets 4, ovoid to subglobose, with glochids, attachment scar subapical. About 75 species; 12 in China; five in HDM.

2 倒提壶

1 2 3 4 5 6 7 8 9 10 11 12 2600-3700 m

Cynoglossum amabile Stapf & J.R.Drumm.[1-5]

叶两面密生短柔毛，灰绿色。花序锐角分枝，分枝紧密，集为圆锥状；花柱线状圆柱形。小坚果卵形，长 3~4 毫米，背面微凹，密生锚状刺，边缘锚状刺基部连合，成狭或宽的翅状边，腹面中部以上有三角形着生面。生于山坡草地、林下、山地灌丛、干旱路边及河岸边。分布于甘肃、西藏、四川、云南；贵州；不丹。

Leaves densely pubescent, gray-green. Inflorescences paniculate, ebracteate; style linear-terete. Nutlets ovoid, 3-4 mm, adaxially slightly concave, with dense glochids; base of marginal glochids confluent, ± forming a wing, attachment scar above middle abaxially, triangular. Hillside meadows, forests, thickets, roadsides, river banks. Distr. Gansu, Xizang, Sichuan, Yunnan; Guizhou; Bhutan.

3 小花琉璃草

1 2 3 4 5 6 7 8 9 10 11 12 300-2800 m

Cynoglossum lanceolatum Forssk.[1-4]

叶上表面具带基盘的硬毛。花序钝角状分枝，无苞片；花梗短，果期不增长；花冠小，长 1.5~2.5 毫米，檐部直径 2~2.5 毫米。小坚果卵球形，密生长短不等的锚状刺，锚状刺边缘不联合成翅边。生于山坡路边、草甸。分布于四川、云南；华东、华南等地；东南亚、非洲。

Leaves adaxially hispid, hairs discoid at base. Branches of inflorescences spreading at an obtuse angle, ebracteate; pedicel short, scarcely elongated in fruit; corolla small, 1.5-2.5 mm, limb 2-2.5 mm wide. Nutlets ovoid-globose, with dense glochids, marginal glochids not confluent at base. Hills, meadows, roadsides. Distr. Sichuan, Yunnan; E and S China; SE Asia, Africa.

4 心叶琉璃草

1 2 3 4 5 6 7 8 9 10 11 12 500-3300 m

Cynoglossum triste Diels[1-4]

茎具开展的硬毛。叶具柄。花序 3~6 朵花，集为顶生圆锥花序，无苞片；花梗短，花后伸长；花冠紫黑色，长 5~6 毫米，檐部直径 8~10 毫米。小坚果极扁平，直径 1.5 厘米，密生黄色锚状刺。生于阴湿山坡和松林下。分布于四川、云南。

Stems hispid. Leaves petiolate. Inflorescences 3-6, becoming terminally clustered, ebracteate; pedicel short, elongated after anthesis; corolla black-purple, 5-6 mm, limb 8-10 mm wide. Nutlets depressed, to 1.5 cm in diam, glochids dense, yellow. Shaded moist slopes, *Pinus* forests. Distr. Sichuan, Yunnan.

1
1
2
2
3
3
4
4
4

1 西南琉璃草 1 2 3 4 5 6 7 8 9 10 11 12 1300-3600 m

Cynoglossum wallichii G.Don[1-3, 5]

高大草本，高 20~60（70）厘米。茎多上部分枝，分枝细长，叉状开展。基生叶及下部茎生叶披针形。花序钝角分枝，花期紧密，果期伸长，无苞片；花萼裂片卵形至长圆形。小坚果卵形，背面凹陷，密生的锚状刺，边缘锚状刺基极扩张，联合成宽翅边。生于山坡草地、路边、灌丛及密林阴湿处。分布于甘肃、西藏、四川、云南；不丹。

Herbs 20-60(70) cm tall. Stems branched above, branches slender, spreading. Basal and lower stem leaves petiolate, lanceolate. Branches of inflorescences spreading at an obtuse angle, clustered, elongated in fruit, ebracteate; calyx lobes ovate to oblong. Nutlets ovoid, adaxially slightly concave, with dense glochids, base of marginal glochids confluent, ± forming a wing. Hillside meadows, roadsides, forests, thickets, river banks. Distr. Gansu, Xizang, Sichuan, Yunnan; Bhutan.

紫草科 Boraginaceae | 厚壳树属 *Ehretia* P.Browne

乔木或灌木。花冠白色或淡黄色，5 裂；花丝通常伸出花冠外；子房 2 室，每室 2 枚胚珠；花柱中部以上 2 裂。核果近圆球形，内果皮成熟时分裂为 2 个具 2 枚种子或 4 个具 1 枚种子的分核。约 50 种；中国 14 种；横断山区 2 种。

Trees or shrubs. Corolla white or pale yellow, 5-lobed; filaments usually exserted; ovary 2-loculed, each locule with 2 ovules; style 2-cleft above the middle. Drupes subglobose, glabrous, endocarp divided at maturity into 2 2-seeded or 4 1-seeded pyrenes. About 50 species; 14 in China; two in HDM.

2 粗糠树 1 2 3 4 5 6 7 8 9 10 11 12 125-2300 m

Ehretia macrophylla Wall.[2-5]

叶边缘具开展的锯齿，叶基宽楔形至近圆形，上面密生具基盘的短硬毛，下面密生短柔毛。花冠裂片长圆形，长 3~4 毫米，比筒部短。核果黄色，内果皮成熟时分裂为 2 个具 2 枚种子的分核。生于山坡疏林及山脚阴湿处。分布于西南地区；华东、华南等省区；日本、越南。

Leaf margin serrate, base cuneate or rotund, abaxially densely and minutely hispid, hairs discoid at base, adaxially densely pubescent. Corolla lobes oblong, 3-4 mm, shorter than tube. Drupes yellow, endocarp divided at maturity into 2 2-seeded pyrenes. Open forests on slopes, shaded moist hillsides. Distr. SW China; E and S China; Japan, Vietnam.

紫草科 Boraginaceae | 齿缘草属 *Eritrichium* Schrader

聚伞花序顶生，不分枝或分枝而呈圆锥状。花萼 5 深裂，直立或反折；花冠钟状筒形或钟状辐形，喉部具附属物；雄蕊内藏；花柱通常不高于小坚果；雌蕊托高小于宽。小坚果棱缘具翅、齿、刺或锚状刺。约 90 种；中国约 40 种；横断山 4 种。

Cymes terminal, not branched or branched and paniculate. Calyx 5-parted to base or nearly so, lobes vertical to reflexed; corolla campanulate-rotate to campanulate-tubular, throat with appendages; stamens included; style usually not exceeding nutlets; gynobase wider than tall at base. Nutlets abaxially usually discoid, ribs or margin usually winged, dentate or with glochids. About 90 species; about 40 in China; four in HDM.

3 德钦齿缘草 1 2 3 4 5 6 7 8 9 10 11 12 ≈ 4000 m

Eritrichium deqinense W.T.Wang[1, 3]

垫状草本。根状茎多分枝。中脉在叶背面突出，侧脉不明显。聚伞花序长约 1 厘米，通常具 3 朵花；苞片倒披针形到线形；花冠白色，檐部直径 5 毫米，无毛；雌蕊托扁平。小坚果 4 枚，具白色短柔毛，棱缘具 6~7 枚锚状刺，基部分离，着生面位于腹面中部以上。生于岩石山坡。分布于云南。

Herbs cushionlike. Rhizomes much branched. Midvein prominent abaxially, lateral veins indistinct. Cymes about 1 cm, usually 3-flowered; bracts oblanceolate to linear; corolla white, about 5 mm wide, glabrous; gynobase flat. Nutlets 4, white pubescent, marginal glochids 6 or 7 on each side, nearly free at base, attachment scar above middle adaxially. On rocks of mountain slopes. Distr. Yunnan.

1

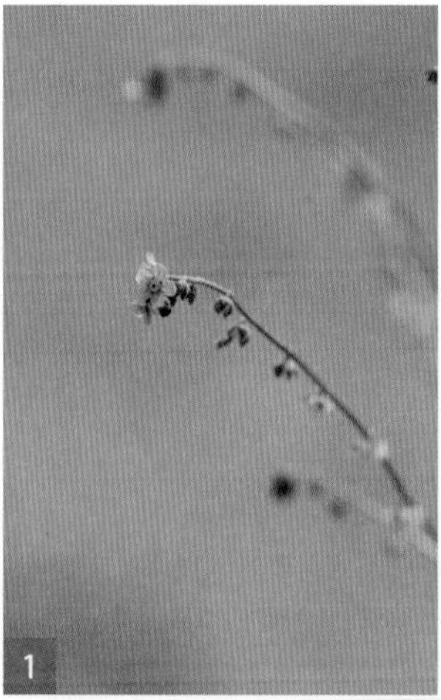

1

2

2

2

3

紫草科 Boraginaceae | 假鹤虱属 *Hackelia* Opiz ex Berchtold

多年生或一年生草本，高20~100厘米。花序顶生；花冠蓝色，稀黄色或白色，喉部具附属物；雄蕊内藏；雌蕊托矮金字塔形，2~3毫米高；柱头通常不超过小坚果。小坚果4枚，有时不全发育，棱缘具刺或翅。约45种；中国3种；横断山2种。

Herbs perennial or annual, 20-100 cm tall. Inflorescences terminal; corolla blue, rarely yellow or white, throat with appendages; stamens included; gynobase short pyramidal, to 2-3 mm; stigma usually not exceeding nutlets. Nutlets 4, all or some developed, marginal rib with compressed triangular to lanceolate glochids. About 45 species; three in China; two in HDM.

1 宽叶假鹤虱

1 2 3 4 5 6 **7** **8** 9 10 11 12 **2900-3800 m**

Hackelia brachytuba (Diels) I.M.Johnston[1-2]

— *Eritrichium brachytubum* (Diels) Y.S.Lian & J.Q.Wang

叶片心形。苞片先端微凹；花萼裂片三角状披针形或线状披针形；花冠檐部直径7~9毫米，附属物梯形；花柱稍高出小坚果。小坚果除缘棱刺外，还生有极少数锚状刺或微毛，缘棱刺基部离生。生于山坡或林下。分布于甘肃、西藏、四川、云南；尼泊尔。

Leaf blade cordate. Bracts emarginate; calyx triangular-lanceolate to linear-lanceolate; corolla limb 7-9 mm in diam, appendages trapeziform; style higher than nutlet. Nutlets with few glochids or sparse minute hairs, marginal glochids not confluent. Slopes, forest understory. Distr. Gansu, Xizang, Sichuan, Yunnan; Nepal.

2 卵萼假鹤虱

1 2 3 4 5 **6** **7** **8** 9 10 11 12 **2700-4500 m**

Hackelia uncinata (Royle ex Benth.) C.E.C.Fisch.[1]

— *Eritrichium uncinatum* (Benth.) Y.S.Lian & J.Q.Wang

叶片卵形至椭圆形。花序二叉状分支，无苞片或基部有1~2枚苞片；花萼裂片卵形；花冠檐部直径5~7（9）毫米；附属物横向长圆形；花柱不超出小坚果。小坚果除缘棱刺外，无毛，缘棱刺基部联合形成宽翅。生于潮湿山坡、林下或林间草地。分布于西藏、云南；印度、巴基斯坦。

Leaf blade ovate to wide ovate. Inflorescences 2-parted, bracts absent or basal, 1 or 2 flowers bracteate; calyx lobes ovate; corolla limb 5-7(9) mm in diam; appendages long elliptic; style shorter than nutlets. Nutlets glabrous, marginal glochids bases confluent into a broad wing. Wet slopes, forest understories, between grasslands. Distr. Xizang, Yunnan; India, Pakistan.

紫草科 Boraginaceae | 毛果草属 *Lasiocaryum* I.M.Johnst.

一或二年生草本，被柔毛。聚伞花序无苞片；花萼5裂达基部，果期稍增大；花冠5裂；雄蕊内藏；雌蕊托钻状。小坚果狭卵形，有横皱纹和短伏毛，着生面位于果的中下部。约4种；中国3种；横断山2种。

Herbs annual or biennial, pilose. Cymes ebracteate; calyx 5-parted to base, slightly enlarged; corolla lobe 5; stamens included; gynobase subulate. Nutlets narrowly ovoid, short hispid, transversely wrinkled strigose, attachment scar at middle and below adaxially. About four species; three in China; two in HDM.

3 毛果草

1 2 3 4 5 6 7 **8** 9 10 11 12 **4000-4500 m**

Lasiocaryum densiflorum (Duthie) I.M.Johnst.[1-4]

一年生草本，高3~6厘米。茎自基部强烈分枝。茎生叶无柄或近无柄。花萼裂片线形；花冠檐部直径3毫米。小坚果背面中线微呈龙骨状突起。生于石质山坡。分布于西藏南部、四川西部；不丹、印度北部、尼泊尔、巴基斯坦。

Herbs annual, 3-6 cm tall. Stems usually strongly branched from base. Stem leaves sessile or nearly so. Calyx lobes linear; corolla limb about 3 mm wide. Nutlets abaxially slightly keeled along center line. Rocky slopes. Distr. S Xizang, W Sichuan; Bhutan, N India, Nepal, Pakistan.

4 云南毛果草

1 2 3 4 5 6 7 **8** 9 10 11 12 **≈ 3000 m**

Lasiocaryum trichocarpum I.M.Johnst.[1-4]

花序下部的花梗长可达8毫米；花冠檐部直径约4毫米。小坚果长1.4毫米。生于山坡。分布于四川西南部、云南西部。

Pedicel in lower part of inflorescences to 8 mm; corolla limb about 4 mm wide. Nutlets 1.4 mm. Slopes. Distr. SW Sichuan, W Yunnan.

1
1
2
2
3
4
4

紫草科 Boraginaceae | 微果草属 *Microcaryum*

一年生小草本。聚伞花序近似伞形；花萼 5 裂，裂片狭；花冠蓝色或白色；雄蕊内藏；雌蕊基柱状。小坚果长圆状卵形，直立，背面鼓，有皱纹，无毛，中线纵龙骨状突起，着生面位于腹面基部。约 3 种；中国 1 种；横断山有分布。

Herbs annual. Cymes nearly umbel-like; calyx 5-parted, lobes narrow; corolla blue or white; stamens included; gynobase terete. Nutlets oblong-ovate, erect, abaxially rounded, wrinkled, glabrous, center line longitudinally keeled, attachment scar at base adaxially. About three specie; one in China; found in HDM.

1 微果草

1 2 3 4 5 6 **7** **8** 9 10 11 12 3900-4700 m

Microcaryum pygmaeum (C.B.Clarke) I.M.Johnst.[1-2, 4]

同属描述。生于高山草甸。分布于四川；印度。

See discription for the genus. Alpine meadows. Distr. Sichuan; India.

紫草科 Boraginaceae | 微孔草属 *Microula* Benth.

二年生草本。根近圆柱形。茎常自基部分枝，稀强烈缩短。聚伞花序短而密集，有不明显的苞片，稀延长成穗状或总状；花萼 5 枚深裂，果期稍增大；花冠蓝色或白色；雌蕊托近平或低金字塔形。小坚果卵形，通常有小瘤状突起，无毛或被短毛，具背孔，稀不存在，边缘 1 层，稀 2 层，着生面位于腹面基部至顶端。约 29 种；中国均产；横断山 18 种。

Herbs biennial. Roots terete. Stems frequently branched from base, sometimes very short. Cymes short, crowded, bracts obscure, rarely elongated, becoming spiciform or racemelike; calyx 5-parted, slightly enlarged in fruit; corolla blue or white; gynobase nearly flat or low fastigiated. Nutlets ovoid, usually tuberculate, glabrous or short pubescent, abaxially usually with an aperture, aperture margin 1-(or 2)-layered, attachment scar extending from base to apex adaxially. About 29 species; all found in China; 18 in HDM.

2 大孔微孔草

1 2 3 4 5 **6** **7** **8** **9** 10 11 12 3000-4100 m

Microula bhutanica (T.Yamaz.) H.Hara[1-4]

茎疏被开展的短硬毛或下部近无毛。叶两面密被短伏毛。花序下部花具长梗；花冠蓝色，檐部直径 3~4 毫米。小坚果卵形，有小瘤状突起或皱褶，疏被短毛，背孔椭圆形或近圆形，长 1.5~2.5 毫米，着生面位于腹面中部。生于山坡、石上或林缘。分布于四川、云南；不丹。

Stems sparsely short hispid or glabrescent below. Leaf blade short strigose. Lower flowers thin, long pedicellate; corolla blue, limb 3-4 mm wide. Nutlets ovoid, finely tuberculate or wrinkled, sparsely short pubescent, aperture elliptic to suborbicular, 1.5-2.5 mm, attachment scar at middle of adaxial surface. Barren slopes, rock crevices, forest margins. Distr. Sichuan, Yunnan; Bhutan.

3 卵叶微孔草

1 2 3 4 5 6 **7** **8** **9** 10 11 12 3350-4400 m

Microula ovalifolia (Bureau & Franchet) I.M.Johnst.[1-3, 5]

茎被短糙毛。顶生花序常多少伸长成穗状花序；花冠檐部直径 3~7 毫米。小坚果卵形，有小瘤状突起，被短毛，背孔位于背面顶端，长约 0.5 毫米，着生面位于腹面近基部处。生于高山草地或灌丛。分布于四川。

Stems short hispid. Terminal inflorescences frequently ± elongated and spikelike; corolla limb 3-7 mm wide. Nutlets ovoid, finely tuberculate, short pubescent, aperture apical, about 0.5 mm, attachment scar near base. Alpine meadows, thickets, valleys. Distr. Sichuan.

4 五角微孔草

1 2 3 4 5 6 **7** **8** **9** 10 11 12 ≈ 3500 m

Microula pentagona W.T.Yu, S.T.Chen & Z.K.Zhou[29]

茎不分枝或少分枝。花序顶生，基部苞片叶状；花冠深蓝色或蓝紫色，喉部五角形，暗紫色。小坚果卵形，背孔位于背面中上部，狭长圆形，0.8~1.2 毫米，着生点位于腹面上部附近。生于河边、林缘。分布于四川。

Stems not branched. Inflorescences terminal, basal bracts leaflike; corolla dark blue or blue-purple, fauces pentagonal, dark purple. Nutlets ovoid, aperture in upper part of abaxial surface, narrowly oblong, 0.8-1.2 mm, attachment scar at upper part of adaxial surface. Forest margins, river banks. Distr. Sichuan.

1

1

2

2

3

3

4

4

1 甘青微孔草

1 2 3 4 5 6 7 8 9 10 11 12 2200-3500 m

Microula pseudotrichocarpa W.T.Wang[1-3, 5]

叶披针状长圆形，两面被糙伏毛并散生刚毛。花序腋生或顶生，初密集，近球形，果期伸长；苞片披针形到狭椭圆形；花冠檐部直径 3.8~9 毫米。小坚果卵形，有小瘤状突起和极短的毛；背孔长圆形，长约 1 毫米；着生面位于腹面近中部。生于高山草地。分布于甘肃、青海、西藏、四川。

Leaves lanceolate-oblong, strigose, sparsely bristly. Inflorescences terminal or axillary, initially crowded, subglobose, elongated in fruit; bracts lanceolate to narrowly elliptic; corolla limb 3.8-9 mm wide. Nutlets ovoid, with fine tubercles and short hairs; aperture oblong, about 1 mm; attachment scar near middle adaxially. Alpine meadows. Distr. Gansu, Qinghai, Xizang, Sichuan.

2 小果微孔草

1 2 3 4 5 6 7 8 9 10 11 12 4100-4700 m

Microula pustulosa (C.B.Clarke) Duthie[1-2, 5]

茎通常自基部分枝。花在茎上与叶对生，或少数于茎顶端形成密集的短花序；花冠檐部直径 2.5~3 毫米。小坚果卵形，长 1.5~1.8 毫米，宽 1.2 毫米，有小瘤状突起，被短毛；背孔位于背部中部之上，近圆形，直径 0.2~0.3 毫米；着生面位于腹面中部之下。生于高山草地或石砾山坡。分布于青海、西藏；不丹、印度。

Stems usually branched from base. Flowers opposite leaves, or few and crowded in terminal short inflorescences; corolla limb 2.5-3 mm. Nutlets ovoid, 1.5-1.8 mm × 1.2 mm, finely tuberculate, glabrous or short pubescent; aperture above middle, suborbicular, 0.2-0.3 mm wide; attachment scar at lower part of adaxial surface. Alpine meadows, gravelly slopes. Distr. Qinghai, Xizang; Bhutan, India.

3 微孔草

1 2 3 4 5 6 7 8 9 10 11 12 3000-4500 m

Microula sikkimensis (C.B.Clarke) Hemsl.[1-5]

茎被刚毛。叶两面被短伏毛，上面还散生带基盘的刚毛。花序密集，有时稍伸长，基部苞片叶状；花冠檐部直径 5~9（11）毫米，无毛。小坚果卵形，有小瘤状突起和短毛；背孔位于背面中上部，长 1~1.5 毫米；着生面位于腹面中央。生于山坡草地、灌丛、林缘、河边。分布于甘肃、青海、西藏、四川、云南；陕西；印度（锡金邦）。

Stems bristly. Leaves short strigose, adaxially sparsely bristly, hairs discoid at base. Inflorescences crowded, sometimes slightly elongated, basal bracts leaflike; corolla limb 5-9(11) mm wide, glabrous. Nutlets ovoid, with fine tubercles and short hairs, aperture in middle and upper parts of abaxial surface, 1-1.5 mm; attachment scar at center of adaxial surface. Hillside meadows, thickets, forest margins, river banks, fields. Distr. Gansu, Qinghai, Xizang, Sichuan, Yunnan; Shaanxi; India (Sikkim).

4 匙叶微孔草

1 2 3 4 5 6 7 8 9 10 11 12 ≈ 3300 m

Microula spathulata W.T.Wang[1-4]

茎自基部分枝。茎上部叶片匙形，叶背面除中脉及边缘外其它部分无毛。花自茎基部起与叶对生，下部花具长梗；花冠蓝色，檐部直径 3~3.5 毫米。小坚果卵形，稍发皱；背孔长圆形或狭长圆形，长 1~1.5 毫米；着生面在腹面中部之下。生于高山草地。分布于云南。

Stems branched from base. Upper stem leaves spatulate, abaxially glabrous except for midvein and margin short strigose. Flowers opposite leaves, lower flowers long pedicellate; corolla blue, limb 3-3.5 mm wide. Nutlets ovoid, slightly wrinkled; aperture oblong to narrowly oblong, 1-1.5 mm; attachment scar below middle adaxially. Alpine meadows. Distr. Yunnan.

1

1

2

2

3

3

4

4

1 宽苞微孔草

1 2 3 4 5 6 7 8 9 10 11 12 3500-5200 m

Microula tangutica Maxim.[1-2, 5]

茎被向上斜展的短柔毛。花序生茎顶，有少数密集的花；苞片密集，宽卵形、圆形或近圆形，长3~8 毫米，宽 2~6 毫米；花无梗；花冠檐部直径 2.2 毫米。小坚果近偏斜，无毛，有稀疏的小瘤状突起，背面具 3 条不明显的纵肋；无背孔；着生面位于腹面顶端。生于山顶草地或多石砾山坡。分布于甘肃、青海、西藏。

Stems spreading pubescent. Inflorescences terminal, few flowered. Bracts crowded, broadly ovate, orbicular-ovate, to suborbicular, 3-8 mm × 2-6 mm; flowers sessile; corolla limb about 2.2 mm wide. Nutlets suboblique, glabrous, with few fine tubercles, abaxially with 3 obscure longitudinal ribs; without aperture; attachment scar above adaxially. Alpine meadows, gravelly slopes. Distr. Gansu, Qinghai, Xizang.

2 西藏微孔草

1 2 3 4 5 6 7 8 9 10 11 12 4500-5300 m

Microula tibetica Benth.[1-3, 5]

茎缩短，高约 1 厘米。叶平展并铺地面上，匙形，散生具基盘的短刚毛。苞片线形或长圆状线形；花冠檐部直径 1.2~4 毫米。小坚果卵形或近菱形，有小瘤状突起，突起的顶端有锚状刺毛；背孔有或无；着生面位于腹面中部或中部以上。生于湖边湿地、路边、石坡、草甸。分布于西藏。

Herbs about 1 cm tall. Leaves prostrate, spatulate, short bristly, hairs discoid at base. Bracts linear to oblong-linear; corolla limb 1.2-4 mm wide. Nutlets ovate to subrhombic, finely tuberculate with glochids on tubercles; with or without aperture; attachment scar at middle or slightly above adaxially. Lakeshore marshes, disturbed slopes and roadsides, rocky areas, meadows. Distr. Xizang.

紫草科 Boraginaceae | 滇紫草属 *Onosma* L.

草本，稀半灌木。聚伞花序单生枝顶或呈圆锥状，具苞片；花冠筒状钟形或倒圆锥状，稀壶状，无附属物；花药侧面结合成筒或仅基部结合；花柱内藏或稍伸出；雌蕊基部平。小坚果 4 枚，腹面通常具肋棱，背面稍外凸；着生面位于基部。约 150 种；中国 29 种；横断山 14 种。

Herbs, rarely subshrubs. Cymes solitary at stem apex or terminating stems and branches and forming a panicle, bracteates; corolla tubular-campanulate or retrorse-conical, throat unappendaged; anthers laterally coherent into a tube or sagittate at base; style included or slightly exserted; gynobase flat. Nutlets 4, adaxially usually ribbed, abaxially slightly convex; attachment scar basal. About 150 species; 29 in China; 14 in HDM.

3 多枝滇紫草

1 2 3 4 5 6 7 8 9 10 11 12 1650-3100 m

Onosma multiramosum Hand.-Mazz.[1-5]

植株灰绿色，茎多分枝，密被伏毛。花序单生枝顶；花蕾先端向一侧弯曲；花冠黄色，钟状筒形，花冠裂片边缘反卷；花药侧面结合，先端向一侧弯曲，大半伸出花冠外；花柱无毛；腺体 5 裂，具柔毛。小坚果 2.5~3 毫米，具褶皱及疣状突起。生于河谷及干旱山坡。分布于西藏、四川、云南。

Herbs gray-green. Stems much branched, densely pubescent. Inflorescences solitary, terminal; flower buds curved at apex; corolla yellow, tubular-campanulate, lobes margin revolute; anthers laterally united, curved at apex, mostly exserted; style glabrous; nectary 5-lobed, pubescent. Nutlets 2.5-3 mm, wrinkled, tuberculate. Valleys, arid slopes. Distr. Xizang, Sichuan, Yunnan.

4 滇紫草

1 2 3 4 5 6 7 8 9 10 11 12 2000-3200 m

Onosma paniculatum Bureau & Franch.[1-5]

茎单一，不分枝。基生叶丛生。花序顶生，集为紧密或开展的圆锥状花序；苞片三角形；花冠蓝紫色，后变暗红色，钟状筒形，裂片边缘反卷；花药侧面结合，内藏或稍伸出；花柱中部以下被毛；腺体密生长柔毛。小坚果暗褐色，无光泽，具疣状突起。生于干燥山坡、林缘。分布于四川、云南；贵州；不丹、印度。

Stems single, not branched. Basal leaves caespitose. Inflorescences terminal, elongated racemose after anthesis; bracts triangular; corolla blue-purple, becoming dark red, tubular-campanulate, lobes margin revolute; anthers laterally united, included or slightly exserted; style pubescent in the lower part; nectary densely villous. Nutlets dark brown, not shiny, tuberculate. Arid slopes, forest margins. Distr. Sichuan, Yunan; Guizhou; Bhutan, India.

1

1

2

2

3

4

4

紫草科 Boraginaceae | 车前紫草属 *Sinojohnstonia* Hu

多年生草本，通常具根状茎。基生叶卵状心形。聚伞花序总状或圆锥状，生于茎顶；花冠筒状或漏斗状，喉部具 5 枚浅 2 裂的附属物；雄蕊 5 枚，伸出或内藏；子房 4 裂；雌蕊基低金字塔形。小坚果四面体形，由背面边缘延伸出碗状突起；着生面位于腹面中部稍下。3 种；中国均有；横断山 1 种。

Herbs perennial, usually rhizomatous. Basal leaves ovate-cordate. Cymes terminal, racemose or paniculate; corolla tubular to funnelform, throat appendages 5, shallowly 2-cleft; stamens 5, exserted or included; ovary 4-divided; gynobase low fastigiated. Nutlets tetrahedral, margin abaxially exserted, becoming a cupular emergence; attachment scar slightly below middle adaxially. Three species; all found in China; one in HDM.

1 短蕊车前紫草

1 2 3 **4 5 6 7** 8 9 10 11 12 **1000-2700 m**

Sinojohnstonia moupinensis (Franch.) W.T.Wang[1-4]

须根，无根状茎。花序短，含少数花；花冠白色或带紫色，喉部附属物半圆形，有乳头；雄蕊 5 枚，内藏；子房 4 裂；花柱长 1.5 毫米。小坚果腹面有短毛，碗状突起无毛，口部收缩。生于林下或阴湿岩石旁。分布于甘肃、四川、云南；湖北、湖南等省区。

Plants with fibrous roots, not rhizomatous. Inflorescences short, few flowered; corolla white or purplish; throat appendages semiorbicular, papillate; stamens 5, included; ovary 4-divided; style about 1.5 mm. Nutlets adaxially short pubescent, copular emergence glabrous, mouth constricted. Forests, shaded moist rocky areas. Distr. Gansu, Sichuan, Yunnan; Hubei, Hunan, etc..

紫草科 Boraginaceae | 附地菜属 *Trigonotis* Steven

聚伞花序一或二歧式分枝，无苞片或下部花具苞片，稀全具苞片；花冠管通常短于花萼，裂片覆瓦状排列；附属物 5 枚，半月形或梯形；雄蕊内藏。小坚果 4 枚，半球状四面体，倒三棱锥或斜三棱锥形，具光泽，稀具疣状突起，无柄或具短柄。约 57 种；中国 38 种；横断山 14 种。

Cymes solitary or dichotomously branched, ebracteate or lower pedicels bracteate, rarely all bracteates; corolla tube usually shorter than calyx, lobes 5, overlapping; throat appendages 4, lunate or trapeziform; stamens included. Nutlets 4, semiglobose-tetrahedral or subulate trigonous-tetrahedral, shiny, rarely tuberculate, sessile or with a short carpophore. About 57 species; 38 in China; 14 in HDM.

2 细梗附地菜

1 2 3 4 5 **6 7** 8 9 10 11 12 **2500-4200 m**

Trigonotis gracilipes I.M.Johnston[1-5]

叶多数，具糙伏毛，叶下面具明显中脉。花在茎下部腋外单生，苞片和数朵花在茎顶端聚集成聚伞花序。小坚果 4 枚，斜三棱锥状四面体形，散生短柔毛，背面平坦成三角状卵形，两侧面略凹陷，具短柄，突然下弯。生于山坡草地、林下、林缘以及沟谷边。分布于西藏、四川、云南。

Leaves numerous, strigose, midvein prominent abaxially. Inflorescences of middle and lower stems and branches extra-axillary, 1-flowered, bracteate and several flowered on stem apices. Nutlets 4, trigonous-tetrahedral, sparsely pubescent, abaxial surfaces flat, triangular-ovate, 2 lateral surfaces equal in size, slightly concave, carpophore short, sharply recurved. Hillside meadows, forests, forest margins, valleys, ravines. Distr. Xizang, Sichuan, Yunnan.

3 西藏附地菜

1 2 3 4 **5 6 7 8 9** 10 11 12 **3000-4000 m**

Trigonotis tibetica (C.B.Clarke) I.M.Johnst.[1-3, 5]

铺散草本，茎多分枝。花序顶生，疏松，仅基部具 3~5 枚叶状苞片；花梗细。小坚果斜三棱锥状四面体形，成熟后有光泽，通常无毛，背面凸成卵形，具 3 条锐棱，腹面中央具 1 条纵棱，具短柄，柄向一侧急弯。生于亚高山及高山山地草坡或灌丛中。分布于青海、西藏、四川。

Herbs diffuse. Stems much branched. Inflorescences terminal, lax, bracts 3-5, basal only, leaflike; pedicel slender. Nutlets trigonous-tetrahedral, shiny, usually glabrous, abaxial surface convex, ovate, acutely 3-ribbed, 2 lateral surfaces equal, a longitudinal rib at their juncture, carpophore sharply curved. Alpine and subalpine hillside meadows, thickets. Distr. Qinghai, Xizang, Sichuan.

1

1

2

2

3

3

旋花科 Convolvulaceae | 菟丝子属 *Cuscuta* L.

寄生草本，黄或（微）红色，无根，不被毛。茎缠绕，线形，具吸器。叶退化为小鳞片或无。花具短梗或无，成球状、穗状、总状或簇生成头状花序；花 4~5 基数；苞片小或无；萼片基部多少连合；花冠白色或淡红色，管状、壶状、球形或钟状，花冠筒内雄蕊下具有流苏状鳞片；雄蕊与花冠裂片同数互生，生于花冠喉部或花冠裂片相邻处；花丝短，花药内向；子房 2 室，每室 2 胚珠；柱头球形或伸长。蒴果球形或卵形，有时稍肉质，周裂或不规则破裂。种子 1~4 枚，无毛；胚线状，无子叶。约 170 种；中国 11 种；横断山区约 4 种。

Herbs parasitic, yellow or reddish, no root, glabrous. Stems twining, filiform, haustorial. Leaves reduced to minute scales or absent. Flowers sessile or short pedicellate, mostly in globular, spicate, racemose, or cymose clusters, 4- or 5-merous; bracts minute or absent; calyx gamosepalous (fused more or less basally); corolla white or pinkish, tubular, urceolate, globose or campanulate, inside with fimbriate or crenulate below stamens; stamens as many as corolla lobes, inserted on corolla alternately; ovary 2-loculed, ovules 2 per locule; stigmas subglobose or elongated. Capsule ovoid or globose, sometimes fleshy, circumscissile or opening irregularly. Seeds 1-4, glabrous; embryo acotyledonous, filiform. About 170 species; 11 in China; about four in HDM.

1 大花菟丝子

1 2 3 4 5 6 7 **8 9 10** 11 12 900-2800 m

Cuscuta reflexa Roxb.[1-5]

花序侧生，成总状或圆锥状；花梗长 2~4 毫米；花冠白色或乳黄色，长 5~9 毫米；雄蕊生于花冠喉部，花丝比花药短得多；花柱 1 枚，极短；柱头 2 枚，长于花柱。生于灌丛上。分布于西藏、四川、云南；湖南；南亚及东南亚。

Inflorescences lateral, in racemes or panicles; pedicel 2-4 mm; corolla white or creamy, 5-9 mm; stamens inserted at throat, filaments shorter than anthers or absent; style 1, very short or absent; stigma 2, longer than style. On shrubs. Distr. Xizang, Sichuan, Yunnan; Hunan; S and SE Asia.

茄科 Solanaceae | 山莨菪属 *Anisodus* Link & Otto

多年生草本或亚灌木。单花腋生，通常俯垂；花梗长于 5 毫米；花萼多漏斗状，裂片不同形，不等长；花冠钟状，基部常呈耳形。蒴果球状或近卵状，环裂或顶端 2 裂；果梗增粗增长；果萼陀螺状或钟状，比果实长且大。4 种；中国均有；横断山区 3 种。

Perennial herbs or Subshrubs. Solitary flowers in leaf axils, flowers mostly nodding; pedicel more than 5 mm; calyx mostly funnelform, lobes variable in shape and length; corolla campanulate, auriculate bases. Capsule globose or ovoid, circumscissile above middle or dehiscent at apex; fruiting pedicel thickened or elongated; fruiting calyx turbinate or campanulate, elongated beyond fruit. Four species; all found in China; 3 in HDM.

2 三分三

1 2 3 4 5 **6 7** 8 9 10 11 12 2800-3100 m

Anisodus acutangulus C.Y.Wu & C.Chen[1-4]

多年生草本，全株无毛。叶全缘或呈微波状。花萼无毛，4~5 裂，不整齐，其中 2（~3）枚较长、大；花冠漏斗状钟形，淡黄绿色。蒴果，俯垂；花后萼长 3.5~4.5 厘米，紧包果，脉隆起。生于草坡、荒地。分布于四川、云南。

Perennial herbs, glabrous or glabrescent. Leaf blade margin entire, sinuate. Calyx glabrescent, irregularly 4- or 5-lobed, 2(or 3) of which are longer and larger; corolla pale yellow-green. Capsule nodding; fruiting calyx 3.5-4.5 cm, straight veined, enclosed fruit tightly. Grassy slopes, waste lands. Distr. Sichuan, Yunnan.

3 山莨菪

1 2 3 4 5 6 **7 8** 9 10 11 12 2000-4400 m

Anisodus tanguticus (Maxim.) Pascher[1-5]

多年生草本。茎无毛或被微柔毛。叶全缘或 1~2 枚粗齿。花俯垂或直立；花萼几无毛，有 1~2 枚裂片较长、大；花冠紫色或暗紫色，有时淡黄绿色。果实挺直；果萼长约 6 厘米，肋和网脉明显隆起。生于草坡阳处。分布于甘肃、青海、西藏东部、四川西北和西南部、云南西北部；尼泊尔。

Perennial herbs. Stems glabrous or pubescent. Leaf blade entire or coarsely 1- or 2-toothed. Flowers nodding or erect; calyx glabrescent, lobes unequal, 1-2 of which are longer and larger; corolla purple or dark-purple, sometimes pale yellow-green. Capsule erect; fruiting calyx about 6 cm, with prominent ribs and netted veins. Sunny grassy slopes. Distr. Gansu, Qinghai, E Xizang, NW and SW Sichuan, NW Yunnan; Nepal.

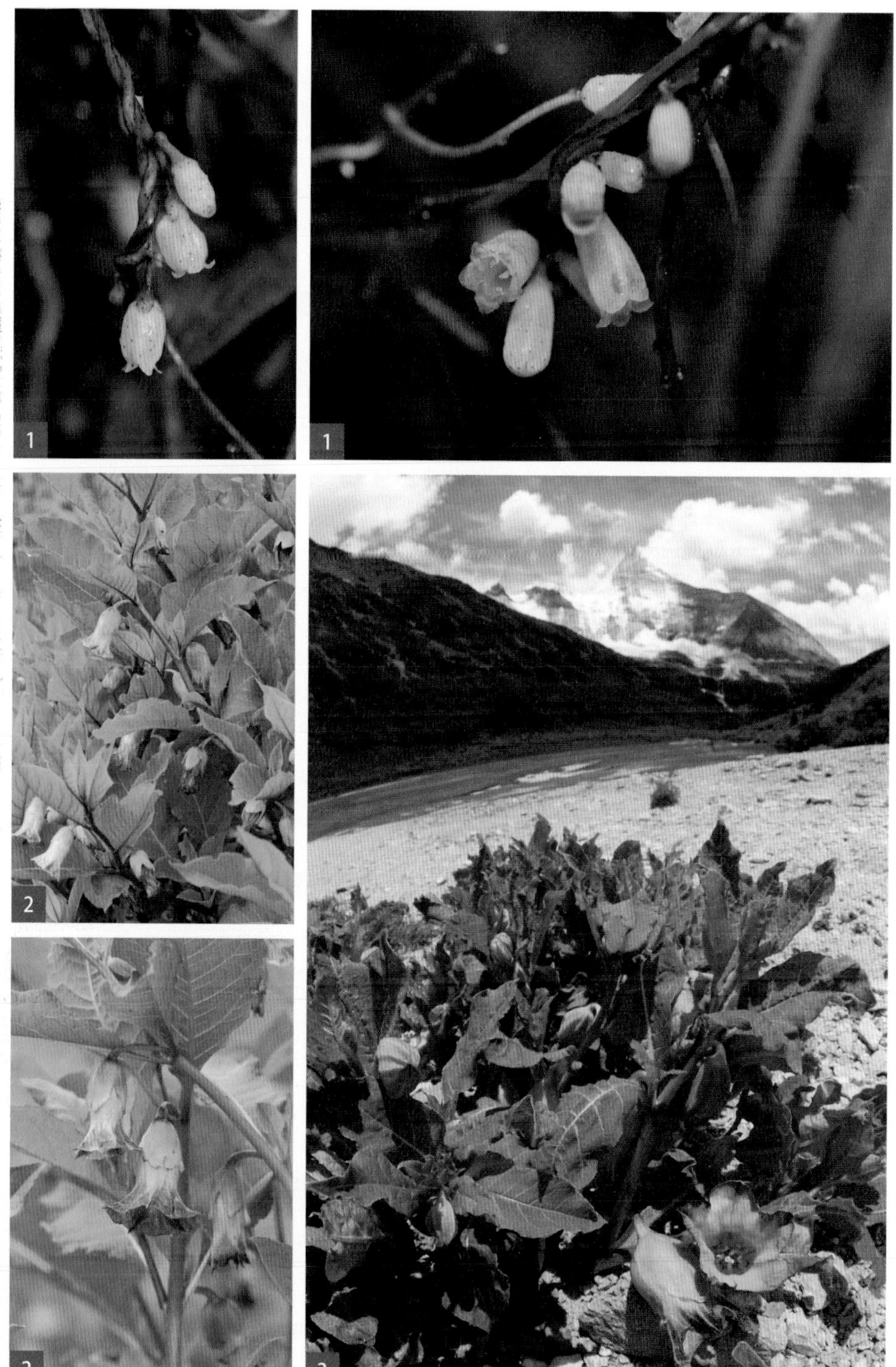
1
1
2
2
3

茄科 Solanaceae | 天仙子属 *Hyoscyamus* L.

直立草本，被柔腺毛。叶片有波状弯缺或粗大牙齿或者为羽状分裂，稀全缘。花单独腋生，或聚成蝎尾式总状或穗状花序；花冠钟状或漏斗状，黄色或黄绿色，5浅裂；子房2室。果时萼包围蒴果并超过蒴果，有明显的纵肋，顶端成硬针刺；蒴果盖裂。约20种；中国2种；横断山区1种。

Herbs erect, pubescence of simple glandular hairs. Leaf blade sinuate, coarsely dentate or pinnately lobed, rarely entire. Inflorescences of solitary axillary flowers, sometimes condensed into scorpioid racemes or spikes; corolla campanulate or funnelform, yellow or yellow-green, with 5 unequal shallow lobes; ovary 2-locular. Fruiting calyx enveloping and longer than capsule, lobes with strong marginal veins produced into mucros; capsules circumscissile. About 20 species; two in China; one in HDM.

1 天仙子

1 2 3 4 5 6 7 8 9 10 11 12 700-3600 m

Hyoscyamus niger L.[1-5]

二年生草本，全体被粘腺毛。叶无叶柄，有时莲座状；基生叶卵状披针形或椭圆形；茎生叶卵形或三角状卵形，基部半抱茎或宽楔形。花近无梗；花萼裂片大小稍不等；花冠钟状，黄色而脉纹紫堇色；雄蕊稍伸出花冠。蒴果包藏于宿存萼内。生于山坡、路旁、河岸沙地。分布于甘肃、青海、四川、云南；华北地区；亚洲西南部、欧洲、非洲北部。

Herbs biennial, pubescent throughout with sticky glandular hairs. Leaves sessile, sometimes forming a rosette; blade of rosette leaves ovate-lanceolate or oblong, coarsely dentate or pinnately lobed or parted; blade of cauline leaves ovate or deltate-ovate, nearly clasping or broadly cuneate at base. Flowers subsessile; calyx lobes unequal; corolla yellow, usually with purple veins; stamens exserted. Capsules enclosed in calyx. Slopes, near roads, sands by rivers. Distr. Gansu, Qinghai, Sichuan, Yunnan; N China; SW Asia, Europe, N Africa.

茄科 Solanaceae | 茄参属 *Mandragora* L.

多年生草本。直根粗壮。茎极短缩或伸长。叶全缘，皱波状或有缺刻状齿。花生于叶腋；花萼辐状钟形，5深裂；花冠钟状，5裂；雄蕊5枚，内藏；花盘显著，分裂；子房2室；柱头膨大。果期萼多少增大；浆果黄色或橙色，卵球状，多汁液。约4种；中国2种；横断山区均有。

Herbs perennial. Roots stout, vertical. Stems short or elongated. Leaf blade entire, sinuate, or dentate. Flowers in leaf or bract axils; calyx rotate-campanulate, deeply lobed; corolla campanulate, 5 lobed; stamens, 5, included; disc evident, lobed; ovary 2-locular; stigma expanded. Fruiting calyx somewhat enlarged; fruit yellow or orange, globose or ovoid, juicy berry. Four species; two in China; both found in HDM.

2 茄参

1 2 3 4 5 6 7 8 9 10 11 12 2200-4200 m

Mandragora caulescens C.B.Clarke[1-5]

多年生草本，高20~60厘米，全体生短柔毛。茎常分枝。叶倒卵状矩圆形至矩圆状披针形，基部渐狭而下延。花单独腋生，或集生于茎端似簇生；花梗粗壮，长6~20厘米；花萼辐状钟形，中裂；花冠辐状钟形，暗紫色，中裂。浆果。生于草坡。分布于青海东南部、西藏东部、四川西部、云南西北部；不丹、印度、尼泊尔。

Herbs perennial, mostly scapose, 20-60 cm tall, pubescent with simple or glandular hairs. Stems often branched. Leaf blade obovate- oblong to oblanceolate, base narrow, decurrent. Flowers solitary, or aggregated distally on stem; pedicel stout, 6-20 cm; calyx rotate-campanulate, divided to halfway; corolla rotate-campanulate, dark purple, divided halfway. Berry. Grassy slopes. Distr. SE Qinghai, E Xizang, W Sichuan, NW Yunnan; Bhutan, India, Nepal.

3 青海茄参

1 2 3 4 5 6 7 8 9 10 11 12 3650-4000 m

Mandragora chinghaiensis Kuang et A.M.Lu[2, 3, 5]

多年生草本，高6~10厘米。根茎短缩，茎下部散生少数鳞片状叶。叶顶端钝圆，基部渐狭。花单生于叶腋，俯垂；花梗1~2厘米；花萼钟状；花冠钟状，黄色，浅裂。生于河滩草地或岩石缝。分布于青海、西藏。

Herbs perennial, 6-10 cm tall. Rhizome dwarf, several leaves scalelike scattered on lower stem. Leaf blade obtuse apex, narrow at base. Flowers solitary axillary, nodding; pedicel 1-2 cm; calyx campanulate; corolla campanulate, yellow, shallowly divided. Riverside grasslands or rock seams. Distr. Qinghai, Xizang.

1
1
2
2
2
3

茄科 Solanaceae | 马尿泡属 *Przewalskia* Maxim.

多年生草本，具柔腺毛。茎矮而粗壮。叶密集于茎上端，全缘，茎下部叶鳞片状。花 1~3（6）朵生于叶腋；花梗短；花萼筒状钟形；花冠筒状漏斗形；雄蕊 5 枚，内藏；花盘环状；子房 2 室。果时萼极度膨大，有凸起网脉，完全包围蒴果，顶端不闭合；蒴果球状，远较萼小，近中部盖裂。仅 1 种，中国特有。

Herbs perennial, pubescent with glandular hairs. Stems short, stout. Leaves densely aggregated distally on stem, entire, basal ones scalelike. Inflorescences clusters of 1-3(6) axillary flowers; pedicel short; calyx tubular-campanulate; corolla tubular-funnelform; stamens, 5, included; disc ringlike; ovary 2-locular. Fruiting calyx much inflated, with prominent netted veins, completely enveloping fruit, slightly open at apex; capsules globose, much smaller than calyx, circumscissile. Only one species, endemic to China.

1 马尿泡

1 2 3 4 5 **6** **7** 8 9 10 11 12 3200-5000 m

Przewalskia tangutica Maxim.[1-3, 5]

全体生腺毛。茎少部分埋于地下。叶具柄，叶片铲形、长椭圆状卵形至长椭圆状倒卵形，全缘、微波状或具齿。花梗长 5~10 毫米；花萼裂片不等；花冠檐部黄色，筒部紫色；花柱伸出花冠，柱头膨大。生于高山沙砾地、干旱草原、河漫滩地。分布于甘肃、青海、西藏、四川。

Plants glandular hairy. Stems partly underground. Leaves petiolate, leaf blade spatulate, elliptic, or ovate, margin entire, sinuate, or dentate. Pedicel 5-10 mm; calyx lobes unequal; corolla limb yellow or violet, tube purple; style exserted; stigma expanded. Sandy lands of alpine or dry grasslands and flood lands. Distr. Gansu, Qinghai, Xizang, Sichuan.

木犀科 Oleaceae | 素馨属 *Jasminum* L.

小乔木，直立或攀援状灌木。小枝圆柱形或具棱角和沟。花冠常呈白色或黄色，稀红色或紫色，高脚碟状或漏斗状，裂片 4~16 枚，花蕾期时呈覆瓦状排列；子房 2 室，每室具向上胚珠 1~2 枚。浆果双生或其中一个不育而成单生。200 余种；中国 43 种；横断山 12 种。

Trees or erect or scandent shrubs. Branchlets terete or angular and grooved. Corolla white or yellow, rarely red or purple, salverform or funnelform, lobes 4-16, imbricate in bud; ovary 2 locules, ovules 1 or 2 in each locule. Fruit a berry, didymous or one half aborted. More than 200 species; 43 in China; 12 in HDM.

2 矮探春

1 2 3 **4** **5** **6** **7** 8 9 10 11 12 1100-3800 m

Jasminum humile L.[1-5]

灌木或小乔木，有时攀援。叶互生，复叶；有小叶 3~9(13) 枚，通常 5 枚。伞状、伞房状或圆锥状聚伞花序顶生，有花 1~10（15）朵；花梗长 0.5~3 厘米；花冠黄色。生于林中。分布于甘肃、西藏、四川西南部、云南；贵州西部；亚洲西南部。

Shrubs or small trees, sometimes scandent. Leaves alternate, compound or simple; leaflets 3-9(13), usually 5. Cymes terminal, in umbels, corymbs, or panicles cymose, 1-10(15)-flowered; pedicel 0.5-3 cm; corolla yellow. Woods, thickets. Distr. Gansu, Xizang, SW Sichuan, Yunnan; W Guizhou; SW Asia.

3 素方花

1 2 3 4 **5** **6** **7** **8** 9 10 11 12 1800-4000 m

Jasminum officinale L.[4]

— *Jasminum officinale* f. *grandiflorum* (L.) Kobuski

攀援灌木。叶对生，羽状深裂或羽状复叶。聚伞花序伞状或近伞状；苞片线形，长 1~10 毫米；花萼杯状，光滑无毛或微被短柔毛，锥状线形；花冠白色，或外面红色，内面白色，花冠管长 1~1.5(2) 厘米；花柱异长。果球形，成熟时由暗红色变为紫色。生于山谷、沟地、灌丛或草甸。分布于西藏、四川、云南；贵州西南部；不丹、印度、克什米尔地区、尼泊尔。

Shrubs scandent. Leaves opposite, pinnatipartite or pinnately compound. Cymes umbellate or subumbellate; bracts linear, 1-10 mm; calyx cupular, glabrous or sparsely pubescent with appressed hairs, lobes subulate-linear; corolla white, sometimes red outside, tube 1-1.5(2) cm; flowers heterostylous. Berry ripening dark red, becoming purple. Valleys, ravines, thickets, woods, meadows. Distr. Xizang, Sichuan, Yunnan; SW Guizhou; Bhutan, India, Kashmir, Nepal.

1
2
2
3
3

木犀科 Oleaceae | 女贞属 *Ligustrum* L.

落叶或常绿灌木、小乔木或乔木。聚伞花序常排列成圆锥花序，多顶生于小枝顶端，稀腋生。果为浆果状核果，稀为核果状而室背开裂。约 45 种；中国 27 种；横断山 7 种。

Shrubs or small trees, deciduous or evergreen. Inflorescences terminal panicles of cymes, rarely lateral. Fruit a berrylike drupe with membranous or papery endocarp, rarely drupaceous or loculicidal. About 45 species; 27 in China; seven in HDM.

1 紫药女贞

1 2 3 4 **5 6 7** 8 9 10 11 12 500-3700 m

Ligustrum delavayanum Har.[1-4]

常绿灌木，高 1-4 米。叶片薄革质，椭圆形或卵状椭圆形，有时卵圆形，长 1~4 厘米，宽 0.6~2 厘米。圆锥花序顶生或生于去年枝条叶腋，长 1~5.5 厘米，宽 1~2 厘米；花冠长 4~7.5 毫米；花药紫色。果椭圆形或球形，呈黑色。生于山坡灌丛中或林下。分布于四川、云南。湖北西部、贵州。

Shrubs 1-4 m, evergreen. Leaf blade elliptic to oblong-lanceolate or ovate, 1-4 cm × 0.6-2 cm, thin leathery. Panicles 1-5.5 cm × 1-2 cm, terminal or in leaf axils of last year's branches; corolla 4-7.5 mm; anthers purple. Fruit black, ellipsoid or globose. Thickets or woods on slopes. Distr. Sichuan, Yunnan; W Hubei, Guizhou.

2 裂果女贞

1 2 3 4 5 **6 7 8** 9 10 11 12 1800-2500 m

Ligustrum sempervirens (Franch.) Lingelsh.[1-4]

常绿灌木，高 1~4 米。叶片革质，椭圆形、宽椭圆形、卵形至近圆形。圆锥花序顶生，塔形；花密生；花冠白色，长 6~8 毫米，花冠管长 3~5 毫米。果宽椭圆形，长约 8 毫米，径约 5 毫米，成熟时呈紫黑色，室背开裂。生于河边灌丛或石灰岩灌丛。分布于四川西南部、云南中部至西北部。

Evergreen shrub,s 1-4 m tall. Leaves coriaceous, elliptic, broadly elliptic, ovate to nearly round. Panicles terminal, tower shaped; flowers dense; corolla white, 6-8 mm long, corolla tube 3-5 mm long. Fruit wide elliptic, about 8 mm long, about 5 mm in diam, locular dorsum dehiscence. Riverside thickets or limestone thickets. Distr. SW Sichuan, C to NW Yunnan.

木犀科 Oleaceae | 丁香属 *Syringa* L.

落叶灌木或小乔木。小枝近圆柱形或带四棱形，实心。花冠漏斗状、高脚碟状或近幅状，裂片 4 枚；子房 2 室，每室具下垂胚珠 2 枚。果为蒴果。约 20 种；中国 16 种；横断山区 7 种。

Shrubs or small trees, deciduous. Branchlets terete or 4-angled, pith solid. Corolla funnelform, salverform, or rotate, lobes 4; ovules 2 in each locule, pendulous. Fruit a loculicidal capsule. About 20 species; 16 in China; seven in HDM.

3 羽叶丁香

1 2 3 **4 5 6** 7 8 9 10 11 12 2600-3100 m

Syringa pinnatifolia Hemsl.[1-3]

直立灌木。叶为羽状复叶。圆锥花序由侧芽抽生；花冠白色、淡红色，略带淡紫色；花药黄色，长约 1.5 毫米，着生于花冠管喉部以至距喉部达 4 毫米处。生于山坡灌丛。分布于甘肃、青海东部、四川西部；内蒙古、陕西南部、宁夏。

Shrubs. Leaves pinnately compound. Panicles lateral; corolla white or light red, somewhat tinged with lilac; anthers yellow, about 1.5 mm, inserted to 4 mm from mouth of corolla tube. Thickets on slopes. Distr. Gansu, E Qinghai, W Sichuan; Nei Mongol, S Shaanxi, Ningxia.

4 云南丁香

1 2 3 **4 5 6** 7 8 9 10 11 12 2000-3900 m

Syringa yunnanensis Franch.[1-2, 4-5]

灌木，通常高 2~5 米。圆锥花序由顶芽抽出，花序轴、花梗被微柔毛；花药黄色，长 1.8~3 毫米，通常位于距花冠管喉部 2 毫米处。生于山坡灌丛、水沟。分布于西藏东南部、四川西南部、云南西北部。

Shrubs 2-5 m. Panicles terminal, rachis and pedicel puberulent or rarely lanose; anthers yellow, 1.8-3 mm, usually inserted up to 2 mm from mouth of corolla tube. Thickets on slopes, gullies. Distr. SE Xizang, SW Sichuan, NW Yunnan.

1
1
2
3
3
4

木犀科 Oleaceae | 木犀属 *Osmanthus* Lour.

常绿灌木或小乔木。聚伞花序簇生于叶腋，或再组成腋生或顶生的短小圆锥花序；花冠裂片在花蕾时呈覆瓦状排列；子房 2 室，每室具下垂胚珠 2 枚。果为核果；内果皮坚硬或骨质，常具种子 1 枚。约 30 种；中国 23 种；横断山区 3 种。

Shrubs to small trees, evergreen. Inflorescences cymose, fascicled in leaf axils or in very short and axillary or terminal panicles; corolla lobes imbricate in bud; ovules 2 in each of the 2 locules, pendulous. Fruit a drupe; endocarp hard or bony. About 30 species; 23 in China; three in HDM.

1 管花木犀

1 2 3 **4** **5** 6 7 8 9 10 11 12 2100-3400 m

Osmanthus delavayi Franch.[1-4]

常绿灌木。叶片厚革质，长圆形、宽椭圆形或宽卵形，长 1~4 厘米，宽 1~2 厘米，叶缘具 6~8 对锐尖锯齿。花序簇生于叶腋或小枝顶，每腋内具 4~8 朵花；花冠白色，花冠管长 6~10 毫米；花药生于花冠管中部，药隔延伸成一明显小尖头。生于山地、沟边、灌丛中或杂木林中。分布于四川、云南；贵州。

Shrubs. Leaf blade oblong, broadly elliptic or broadly ovate, 1-4 cm × 1-2 cm, thick leathery, margin with 6-8 pairs of sharp serrations. Cymes fascicled in leaf axils or terminal, 4-8-flowered; corolla white, tube 6-10 mm; stamens attached to middle of corolla tube, connective elongated into an obvious mucro. Montane regions, ravines, thickets, mixed woods. Distr. Sichuan, Yunnan; Guizhou.

苦苣苔科 Gesneriaceae | 唇柱苣苔属 *Chirita* Buch.-Ham. ex D.Don

多年生或稀为一年生草本植物。叶基生或茎生并对生。聚伞花序腋生，有少数或多数花，或简化到只具 1 朵花；苞片 2 枚，对生；花萼 5 裂达基部；花冠紫色至蓝色或白色至黄色、粉色或紫红色；檐部二唇形，比筒短，上唇 2 裂，下唇 3 裂；能育雄蕊位于下方，退化雄蕊位于上方；柱头 1 枚，2 裂或不裂。蒴果线形。约 140 种；中国约 100 种。

Herbs, perennial or rarely annual. Leaves basal or along stem and opposite. Inflorescences umbel-like, lax or dense, axillary, 1- to many-flowered cymes; bracts 2, opposite; calyx 5-sect from base; corolla purple to blue or white to yellow, pink or purple-red; limb 2-lipped, shorter than tube, adaxial lip 2-lobed, abaxial lip 3-lobed; stamens 2, adnate to abaxial side of corolla tube, staminodes adnate to adaxial sides of corolla tube; stigma 1, 2-lobed to undivided. Capsule straight. About 140 species; about 100 in China.

2 滇川唇柱苣苔

1 2 3 4 5 6 **7** **8** **9** **10** 11 12 2000-3100 m

Chirita forrestii J.Anthony[1-4]

一年生草本。茎生叶 4~6 枚，叶片膜质，椭圆形或椭圆状卵形，长 1~15 厘米，宽 0.7~8.5 厘米，基部圆形或浅心形，边缘有牙齿。花冠紫色至蓝色，喉部黄色；花丝无毛；柱头 2 深裂。生于山地溪边或林下石上。分布于四川西南部、云南西北部。

Annual herb. Stem leaves 4 or 6, leaf blade membranous, elliptic to ovate or obovate, 1-15 cm × 0.7-8.5 cm, base broadly cuneate to subcordate, margin dentate to serrate. Corolla purple to blue with yellow throat; filaments glabrous; stigma 2-lobed. Streamside rocks in forested valleys. Distr. SW Sichuan, NW Yunnan.

3 斑叶唇柱苣苔

1 2 3 4 5 6 **7** **8** **9** 10 11 12 800-2800 m

Chirita pumila D.Don[1-5]

一年生草本。叶片草质，狭卵形、斜椭圆形或卵形，叶背有紫色斑，长 2~17 厘米，宽 1.2~5.5 (8) 厘米，基部斜圆形或斜宽楔形，边缘有小牙齿。花序 1~7 朵花，有长梗；花冠白色到紫色，有黄色或紫色斑。生于山地林中、溪边、石上、崖壁。分布于西藏东南部、云南南部及西北部；广西西北部、贵州西南部；南亚、东南亚。

Annuals. Leaf blade herbaceous, oblique, lanceolate to ovate or elliptic, 2-17 cm × 1.2-5.5(8) cm, abaxially purple spotted, base oblique, cuneate to cordate, margin denticulate to serrulate. Cymes 1-7-flowered, with long peduncle; corolla white to purple, with yellow or purple markings. Forests, streamsides, rocks, cliffs. Distr. SE Xizang, NW and S Yunnan; NW Guangxi, SW Guizhou; S and SE Asia.

1
1
2
2
3
3

苦苣苔科 Gesneriaceae | 珊瑚苣苔属 *Corallodiscus* Batalin

多年生草本。叶全部基生，莲座状，叶片多为革质。花冠蓝紫色，内面下唇一侧具髯毛和2条带状斑纹，筒部远长于檐部；檐部二唇形，上唇2浅裂，下唇3裂至中部；雄蕊4枚；退化雄蕊1枚。蒴果狭椭圆形或线形；花萼在蒴果上宿存。3~5种；中国3种；横断山均有。

Herbs, perennial. Leaves many, basal, leaf blade leathery. Corolla blue to purple, inside densely bearded on abaxial lip, tube much longer than limb; limb 2-lipped, adaxial lip 2-lobed, abaxial lip 3-lobed; stamens 4; staminode 1. Capsule narrowly oblong to linear. Calyx persistent. Three-five species; three in China; all found in HDM.

1 西藏珊瑚苣苔

1 2 3 **4 5 6 7 8 9 10** 11 12 **700-4300 m**

Corallodiscus lanuginosus (Wall. ex R.Br.) B.L.Burtt[1-2, 5]

— *Corallodiscus flabellatus* (Craib) B.L.Burtt

叶片宽倒卵形至椭圆形，上表面光滑或密被毛。聚伞花序4~15朵花；花梗无毛或被棕色毛。蒴果狭长圆形。生于河谷林缘石上。分布于西藏、四川、云南；华北、华中、华南地区；西南邻国。

Leaf blade broadly obovate to elliptic, adaxially glabrous to densely villous. Cymes 4-15 flowered; peduncle glabrescent to brownish woolly. Capsule narrowly oblong. Rocky slopes, steep cliffs, forest margins. Distr. Xizang, Sichuan, Yunnan; N, C and S China; SW neighbouring countries.

苦苣苔科 Gesneriaceae | 石蝴蝶属 *Petrocosmea* Oliv.

多年生草本，具根状茎，无地上茎。花冠蓝紫色或白色，筒部粗筒状；花冠檐部比筒长，二唇形，上唇2裂，下唇3裂；下方2枚雄蕊能育，着生于花冠近基部处；退化雄蕊缺失或1~3枚，位于上方，小；花盘不存在；柱头1枚，近球形，不裂。蒴果长椭圆球形。约27种；中国24种；横断山区4种。

Herbs, perennial, rhizomatous, stemless. Corolla blue to purple or white, tube broadly tubular, shorter than limb; limb 2-lipped, adaxial lip 2-lobed, abaxial lip 3-lobed; stamens 2, adnate to abaxial side of corolla tube near base; staminodes absent or 1-3, adnate to adaxial side of corolla tube, small; disc absent; stigma 1, often nearly globose, undivided. Capsule oblong ellipsoid. About 27 species; 24 in China; four in HDM.

2 中华石蝴蝶

1 2 3 4 5 6 7 **8 9 10 11** 12 **400-1700 m**

Petrocosmea sinensis Oliv.[1-2]

叶12~15枚，常具长柄；叶片草质，宽菱形、宽菱状倒卵形或近圆形，长0.9~2.5厘米，宽0.7~1.8厘米，顶端圆形或钝。花序顶端有1朵花；花萼辐射对称，5裂达基部；花冠蓝色或紫色，内面无毛；上唇与下唇近等长。生于低山阴处石上。分布于四川、云南北部；湖北西部。

Leaves 12-15, with long petiole; leaf blade broadly rhombic to broadly rhombic-obovate or nearly orbicular, 0.9-2.5 cm × 0.7-1.8 cm, apex rounded to obtuse. Cymes 1-flowered; calyx actinomorphic, 5-sect from base; corolla purple to blue, inside glabrous; adaxial and abaxial lip similar in length. Shaded rocks in hilly regions. Distr. Sichuan, N Yunnan; W Hubei.

苦苣苔科 Gesneriaceae | 尖舌苣苔属 *Rhynchoglossum* Blume

多年生或一年生草本。叶互生，基部极斜。花序总状，假顶生或腋生；雄蕊2或4枚，着生于花冠筒中部偏上；退化雄蕊2枚或3枚，或不存在；花盘环状；柱头1枚，近球形。蒴果椭圆球形。约12种；中国2种；横断山1种。

Herbs, perennial or annual. Leaves alternate, leaf blade base strongly oblique. Inflorescences racemose, pseudoterminal and/or axillary; stamens 2 or 4, adnate to corolla tube near middle; staminodes 2 or 3, or absent; disc cupular; stigma 1, subglobose. Capsule ovoid. About 12 species; two in China; one in HDM.

3 尖舌苣苔

1 2 3 4 5 6 **7 8 9 10 11** 12 **100-2800 m**

Rhynchoglossum obliquum Blume[1-2, 4]

一年生草本。叶椭圆形，长4~12厘米，宽2~6厘米。花较小；花冠0.8~1厘米，颜色较淡；能育雄蕊2枚。生于山地林中或陡崖阴处。分布于西藏东部、四川西南部、云南；广西西部、贵州西南部、台湾；东南亚。

Annual herbs. Leaves elliptic, 4-12 cm × 2-6 cm. Flower small; corolla 0.8-1 cm, color rather subtle; fertile stamens 2. Caves, shaded cliffs. Distr. E Xizang, SW Sichuan, Yunnan; W Guangxi, SW Guizhou, Taiwan; SE Asia.

车前科 Plantaginaceae | 幌菊属 *Ellisiophyllum* Maxim.

纤细平卧草本，匍匐茎细长。叶互生，具长柄；叶片羽状深裂几至中肋，裂片上部具缺刻状圆锯齿。花小，辐射对称，单生于叶腋，具细长花梗；花萼钟状，5 裂，外面被密毛；花冠白色，漏斗状，裂片 5 枚，相等，矩圆形至匙形；雄蕊 4 枚，相等，着生于花冠喉部。蒴果圆球形，被包于宿萼内。仅 1 种。

Herbs, prostrate. Stoloniferous. Leaves alternate, long petiolate; leaf blade pinnately parted nearly to midrib, segments apically crenate. Flowers small, actinomorphic, solitary in leaf axils, pedicel slender; calyx campanulate, 5-lobed, outside densely hairy; corolla white, funnelform, lobes 5, equal, lobes oblong to spatulate; stamens 4, equal, inserted at corolla throat. Capsule globose, included in persistent calyx. One species.

1 幌菊

1 2 3 4 5 6 **7 8 9** 10 11 12 1500-2500 m

Ellisiophyllum pinnatum (Wall. ex Benth.) Makino[1-5]

种特征同属。生于草地、沟边及疏林中。分布于甘肃、四川、云南；河北、江西、广西、贵州；不丹、印度、日本、新几内亚、菲律宾。

Characters of species are the same as those of the genus. Grassland, along streams, sparse forests. Distr. Gansu, Sichuan, Yunnan; Hebei, Jiangxi, Guangxi, Guizhou; Bhutan, India, Japan, New Guinea, Philippines.

车前科 Plantaginaceae | 小米草属 *Euphrasia* L.

半寄生草本。叶向上逐渐增大，过渡为苞叶；苞叶比营养叶大而宽，叶和苞叶均对生，掌状叶脉，具齿。穗状花序顶生；花萼管状或钟状，4 裂；花冠筒管状，上部稍扩大，2 唇形；上唇直而盔状，顶端 2 裂，裂片多少翻卷；下唇开展，3 裂，裂片顶端常凹缺；雄蕊 4 枚，2 强。蒴果矩圆状。约 200 种；中国 11 种；横断山 2 种。

Hemiparasitic herb. Leaves increasing in size upward and transiting to bracts gradually; bracts larger than leaves, opposite, palmately veined, margin dentate. Inflorescences terminal spikes; calyx tubular to campanulate, 4-lobed; corolla tube tubular, apically inflated, limb 2-lipped; upper lip 2-lobed, straight, galeate, lobes revolute; lower lip 3-lobed, lobe apices often emarginate; stamens 4, didynamous. Capsule loculicidal. About 200 species; 11 in China; two in HDM.

2 短腺小米草

1 2 3 4 **5 6 7 8 9** 10 11 12 1200-4000 m

Euphrasia regelii Wettst.[1-5]

一年生草本，3~35 厘米高。茎直立，茎上部、叶、苞叶及花萼被刚毛、柔毛及短头状腺毛，腺毛的柄仅有 1~2 个细胞。花冠白色，常带紫色，长 5~10 毫米。生于亚高山及高山草甸、林下。分布于甘肃，青海、西藏、四川、云南；河北、陕西、新疆等省区；西北邻国。

Annuals, 3-35 cm tall. Stems erect, upper stem, leaves, bracts and calyx hispid with mixed eglandular and short capitate-glandular hairs, stalks of glandular hairs 1- or rarely 2-loculed. Corolla white, galea often purplish, 5-10 mm. Subalpine and alpine meadows, forests. Distr. Gansu, Qinghai, Xizang, Sichuan, Yunnan; Hebei, Shaanxi, Xinjiang, etc.; NW neighbouring countries.

车前科 Plantaginaceae | 鞭打绣球属 *Hemiphragma* Wall.

铺散状匍匐草本。叶 2 型：主茎叶对生，圆形至卵圆形或肾形，边缘具圆锯齿；分枝的叶簇生，稠密，针状。花单生于叶腋，无梗或有短梗。果实卵圆形至圆球形，红色，浆果状。1 种。

Herbs, diffusely creeping. Leaves dimorphic: stem leaves opposite, orbicular, cordate, or reniform, margin serrate; branch leaves crowded, needlelike. Flowers axillary, solitary, sessile or pedicel short. Capsule red, berrylike. One species.

3 鞭打绣球

1 2 3 **4 5 6** 7 8 9 10 11 12 2600-4100 m

Hemiphragma heterophyllum Wall.[1-5]

种特征同属。生于高山草地、石缝中或灌丛中。分布于甘肃、西藏、四川、云南；贵州、陕西等省区；南亚、东南亚。

Characters of species are the same as those of the genus. Alpine grassland, rock crevices, among herbs. Distr. Gansu, Xizang, Sichuan, Yunnan; Guizhou, Shaanxi, etc.; S and SE China.

车前科 Plantaginaceae | 兔耳草属 *Lagotis* Gaertn.

多年生矮小草本。花序长穗状或头状，花稠密；苞片覆瓦状排列，无小苞片；花萼佛焰苞状，膜质；花冠 2 唇形；雄蕊 2 枚；花丝短于唇近等长子房 2 室。果实为核果状。约 30 种；中国 17 种；横断山区 10 种。

Herbs. Inflorescences narrowly spicate or capitate, densely flowered; bracts imbricate, bracteoles absent; calyx spathelike, membranous; corolla 2-lipped; stamens 2; filaments as long as lip or shorter. Fruit drupaceous. About 30 species; 17 in China; ten in HDM.

1 革叶兔耳草

1 2 3 4 5 6 7 8 9 10 11 12 3400-5000 m

Lagotis alutacea W.W.Sm. var. *alutacea*[1-4]

多年生矮小草本，高约 6~15 厘米。侧根多数，具很少须根。基生叶 3~6 枚，叶片近圆形至宽卵状矩圆形，质地较厚。花冠筒伸直；下唇 2 裂，少 3 裂，裂片狭披针形；上唇披针形至矩圆形，全缘。生于高山草甸、沙质和石质山坡。分布于四川西南部至西部、云南西北部。

Herbs, 6-15 cm tall. Lateral roots numerous, with few fibrous roots. Basal leaves 3-6, leaf blade suborbicular, or broadly ovate-oblong, thick. Corolla tube straight; lower lip lobes 2(or 3), narrowly lanceolate; upper lip lanceolate to oblong, margin entire. Alpine grasslands, sandy and stony slopes. Distr. SW to W Sichuan, NW Yunnan.

2 裂唇革叶兔耳草

1 2 3 4 5 6 7 8 9 10 11 12 3400-5000 m

Lagotis alutacea var. *rockii* (H.L.Li) P.C.Tsoong ex H.P.Yang[1-4]

这一变种与原变种之别在于：花冠长约 1.2~1.5 厘米；上唇显著凹缺或 2（3）裂。生于高山草甸、流石滩。分布于四川西部、云南西北部。

Similar to *L. alutacea*, but corolla 1.2-1.5 cm; upper lip notched or shallowly 2(or 3)-lobed. Alpine grasslands, stony slopes. Distr. W Sichuan, NW Yunnan.

3 狭苞兔耳草

1 2 3 4 5 6 7 8 9 10 11 12 4600-4700 m

Lagotis angustibracteata Tsoong & H.P.Yang[1-2]

多年生草本，高约 5-14 厘米。基生叶 4~6 枚，叶片宽卵形到圆形。短穗状花序近头状；苞片条状倒披针形或匙形，长约 8~10 毫米；花萼较苞片短，约与花管等长，端微缺或几不裂。生于具流水的高山砾石区。分布于青海。

Herbs, 5-14 cm tall. Basal leaves 4-6, leaf blade broadly ovate to orbicular. Inflorescences subcapitate; bracts linear-oblanceolate to spatulate, 8-10 mm; calyx shorter than bracts, nearly as long as corolla tube, emarginate to subentire. Alpine gravelly areas with running water. Distr. Qinghai.

4 短穗兔耳草

1 2 3 4 5 6 7 8 9 10 11 12 3200-4500 m

Lagotis brachystachya Maxim.[1-3, 5]

多年生矮小草本，高约 4~8 厘米。匍匐走茎紫红色。莲座状基生叶，叶片宽条形至披针形，顶端渐尖，基部渐窄成柄，边缘全缘。穗状花序花密集，长 1~1.5 厘米。果实红色，卵形。生于高山草甸、河滩、湖边沙质草地。分布于甘肃、青海、西藏、四川。

Herbs, 4-8 cm tall. Stolons purplish red. Leaves basal, rosulate, leaf blade broadly linear to lanceolate, base tapering, margin entire, apex acuminate. Spikes dense, 1-1.5 cm. Fruit red, ovate. Alpine grasslands, sandy grasslands on riverbanks and lake shores. Distr. Gansu, Qinghai, Xizang, Sichuan.

5 短筒兔耳草

1 2 3 4 5 6 7 8 9 10 11 12 3000-4500 m

Lagotis brevituba Maxim.[1-2, 5]

多年生草本，高约 5~15 厘米。根颈外常有残留的鳞鞘状老叶柄。基生叶卵形至卵状矩圆形，质地较厚，边缘有深浅多变的圆齿。穗状花序头状至矩圆形，花稠密；苞片常较花冠筒长，近圆形。生于高山草甸、沙砾石坡。分布于甘肃西南部、青海东部、西藏。

Herbs, 5-15 cm tall. Root crown often with remnants of old petioles. Basal leaf blade ovate to ovate-oblong, thick, margin irregularly crenate or rarely subentire. Spikes capitate to oblong, dense; bracts often longer than corolla tube, suborbicular. Alpine grasslands, sandy slopes. Distr. SW Gansu, E Qinghai, Xizang.

1 全缘兔耳草

1 2 3 4 5 **6 7 8** 9 10 11 12 3200-4800 m

Lagotis integra W.W.Sm.[1-5]

多年生草本，高 7~50 厘米。基生叶卵形至卵状披针形，边缘全缘或有疏而细不规则的锯齿。苞片卵形至卵状披针形，全缘，向上渐小，较萼短；花萼大，超过花冠筒，后方顶端短的 2 裂，裂片钝三角形，被细缘毛；花柱内藏。核果黑色，圆锥状。生于高山草甸、高山针叶林下。分布于青海南部、西藏东部、四川西部、云南西北部。

Herbs, 7-50 cm tall. Basal leaves blade ovate to ovate-lanceolate, margin entire or sparsely and irregularly serrulate. Bracts ovate to ovate-lanceolate, gradually decreasing in size upward, shorter than calyx, margin entire; calyx large, longer than corolla tube, apex of upper side 2-lobed, lobes obtuse-triangular, ciliolate; style included. Fruit black, conical. Alpine grasslands, conifer forests. Distr. S Qinghai, E Xizang, W Sichuan, NW Yunnan.

2 裂叶兔耳草

1 2 3 4 **5 6** 7 8 9 10 11 12 4000-4500 m

Lagotis pharica Prain[1-2, 5]

多年生矮小草本，高 4~15 厘米。匍匐茎长 7 厘米以上，纤细。叶 2~6 枚，全部基生；叶片卵形至矩圆形，羽状深裂，裂片 3~5 枚，条形，具钝锯齿。生于高山草甸。分布于西藏东南部、四川西部。

Herbs, 4-15 cm tall. Stolons more than 7 cm, slender. Leaves 2-6, basal; leaf blade ovate to oblong, pinnately parted, segments 3-5, linear, margin obtuse-serrate. Alpine grassland. Distr. SE Xizang, W Sichuan.

3 紫叶兔耳草

1 2 3 4 5 **6 7 8** 9 10 11 12 4500-5200 m

Lagotis praecox W.W.Sm.[1-4]

多年生草本，高 5~18 厘米。叶基生，近革质，叶柄及叶下面均为紫红色。苞片倒卵形或近圆形，密覆瓦状排列；花萼下方 2 裂，裂片披针形至长圆形，边缘具缘毛。生于高山草甸、沙砾石坡。分布于四川西部、云南西北部。

Herbs, 5-18 cm tall. Leaves basal, subleathery, petiole abaxially purple-red. Bracts densely imbricate, obovate to suborbicular; calyx lower side 2-lobed, lobes lanceolate-oblong, margin finely fimbriate. Alpine grasslands, sandy and gravelly areas. Distr. W Sichuan, NW Yunnan.

4 圆穗兔耳草

1 2 3 4 **5 6 7** 8 9 10 11 12 4000-5300 m

Lagotis ramalana Batalin[1-3, 5]

多年生矮小草本，高约 5~8 厘米。叶基生，叶片卵形。穗状花序卵球状，长约 1.5~2 厘米；苞片倒卵形至匙形，纸质；萼裂片 2 枚，边缘具缘毛。生于高山草甸、流石滩。分布于甘肃、青海、西藏、四川西北部。

Herbs, 5-8 cm tall. Leaves basal, blade ovate. Spikes ovoid, 1.5-2 cm; bracts obovate to spatulate, papery; calyx 2-lobed, margin ciliolate. Alpine grasslands. Distr. Gansu, Qinghai, Xizang, NW Sichuan.

5 云南兔耳草

1 2 3 4 5 **6 7 8** 9 10 11 12 3300-4700 m

Lagotis yunnanensis W.W.Sm.[1-5]

多年生草本，高约 15~35 厘米。茎单条或 2 条，直立，较叶长。基生叶 4~6 枚，卵形至矩圆形，纸质。苞片卵形至卵状披针形，先端尖；花萼浅黄绿色，在花期时稍超过苞片；花冠筒伸直；花药有近于箭形的锐尖头。生于高山草甸。分布于西藏、四川西北部、云南西北部。

Herbs, 15-35 cm tall. Stems 1 or 2, erect, longer than leaves. Basal leaves 4-6, leaf blade ovate to oblong, papery. Bracts ovate to ovate-lanceolate, apex sharp; calyx pale yellow-green, at anthesis slightly longer than bracts; corolla tube straight; anthers subsagittate. Alpine grasslands. Distr. Xizang, NW Sichuan, NW Yunnan.

1
1
2
2
3
3
4
5

车前科 Plantaginaceae | 柳穿鱼属 *Linaria* Mill.

一年生或多年生草本。花序穗状、总状，稀为头状；花萼5裂几乎达到基部；花冠筒管状，基部有长距；檐部两唇形：下唇中央向上唇隆起并扩大，几乎封住喉部，使花冠呈假面状，顶端3裂；上唇直立，2裂；雄蕊4枚。蒴果卵状或球状。约100种；中国10种；横断山区1种。

Herbs, annual or perennial. Inflorescences spicate, racemose, or rarely capitate; calyx 5-lobed almost to base; corolla tube tubular, base spurred; limb 2-lipped: lower lip convex, dilated toward center of upper lip, almost closed at throat, and making corolla personate, 3-lobed, densely glandular hairy; upper lip erect, 2-lobed; stamens 4. Capsule ovoid or globose. About 100 species; ten in China; one in HDM.

1 宽叶柳穿鱼

1 2 3 4 5 6 **7 8 9** 10 11 12 **2500-3800 m**

Linaria thibetica Franch.[1-5]

多年生草本，高达1米。茎常数枝丛生。叶互生，无柄，长椭圆形至卵状椭圆形，长2~5厘米，宽0.6~1.3厘米。穗状花序顶生，花多，密集；花萼裂片条状披针形；花冠淡紫色或黄色。生于山坡草地、林缘、疏灌丛中。分布于西藏东南部、四川西部、云南西北部。

Perennials, to 1 m tall. Stems often several, cespitose. Leaves alternate, sessile, narrowly elliptic to ovate-elliptic, 2-5 cm × 0.6-1.3 cm. Inflorescences spicate, terminal, with numerous crowded flowers; calyx lobes linear-lanceolate; corolla pale purple or yellow. Meadow slopes, forest margins, sparse thickets. Distr. SE Xizang, W Sichuan, NW Yunnan.

车前科 Plantaginaceae | 胡黄连属 *Neopicrorhiza* D.Y.Hong

多年生矮小草本，具粗壮，伸长的根状茎。叶均基生成莲座状，叶片匙形至卵形，边缘有锯齿。花序穗状，顶生；花萼深裂几达基部；花冠深紫色，二唇形：上唇微凹；下唇3裂，长度约为上唇一半；雄蕊4枚：后方2枚稍短于上唇；前方2枚伸出于下唇。仅1种。

Dwarf herbs, perennial. Rhizomes stout, elongated. Leaves all basal, rosulate, leaf blade spatulate to ovate, margin serrate. Spikes terminal; calyx lobed to near base; corolla dark purple, 2-lipped: upper lip emarginated; lower lip 3-lobed, about 1/2 as long as upper; stamens 4: posterior 2 slightly shorter than upper lip; anterior 2 exceeding lower lip. One species.

2 胡黄连

1 2 3 4 5 6 **7 8** 9 10 11 12 **3600-4400 m**

Neopicrorhiza scrophulariiflora (Pennell) D.Y.Hong[1, 4]

种特征同属。生于高山草地及砾石坡。分布于西藏南部、四川西部、云南西北部；不丹、尼泊尔、印度（锡金邦）。

Characters of species are the same as those of the genus. Alpine meadows, gravelly areas. Distr. S Xizang, W Sichuan, NW Yunnan; Bhutan, Nepal, India (Sikkim).

车前科 Plantaginaceae | 细穗玄参属 *Scrofella* Maxim.

多年生草本，根无毛。茎直立。叶互生。花序穗状，顶生；花萼5深裂，后方一枚较小；花冠白色，不等4裂，筒先时伸直，后来成瓮状；檐部2唇形：上唇3浅裂，中裂片较宽，侧2裂片向侧后翻卷；下唇窄舌状，强烈反折；雄蕊2枚，不伸出花冠；柱头稍扩大，短棒状。蒴果卵状锥形，稍稍侧扁。仅1种。

Herbs, perennial. Roots glabrous. Stems erect. Leaves alternate. Inflorescences terminal, spicate; calyx deeply 5-lobed, upper lobe much smaller than other lobes; corolla white, unequally 4-lobed, tube at first straight, becoming jar-shaped; limb 2-lipped: upper lip shallowly 3-lobed, middle lobe wider than lateral 2, lateral lobes revolute toward lateral-posterior position; lower lip narrowly ligulate, conspicuously reflexed; stamens 2, included; stigma slightly dilated, short clavate. Capsule ovoid-conical, slightly compressed. One species.

3 细穗玄参

1 2 3 4 5 6 **7 8** 9 10 11 12 **2800-3900 m**

Scrofella chinensis Maxim.[1-3]

种特征同属。生于草甸。分布于甘肃东南部、青海东部、四川。

Characters of species are the same as those of the genus. Meadows. Distr. SE Gansu, E Qinghai, Sichuan.

1
1
1
2
3
3

车前科 Plantaginaceae | 婆婆纳属 *Veronica* L.

多年生草本具根状茎，或一年生草本。叶多数为对生，少轮生和互生。总状花序顶生或侧生叶腋；在有些种中，花密集成穗状，有的很短而呈头状；花萼深裂，裂片 4 或 5 枚，如是 5 枚则后方那一枚小得多；花冠 4 裂，稀稍稍呈二唇形；花冠管极短，稀明显；花冠裂片常开展，不等宽，后方一枚最宽，前方一枚最窄；雄蕊 2 枚；花柱宿存；柱头头状。蒴果形状各式，稍稍侧扁至明显侧扁。约 250 种；中国 53 种；横断山区 19 种。

Herbs, perennial with rhizomes or annuals. Leaves mostly opposite, rarely whorled or upper ones alternate. Inflorescences terminal or axillary racemes, sometimes spicate, long or short and capitate; calyx 4-lobed, if 5-lobed upper lobe much smaller than other lobes; corolla 4-lobed, rarely slightly 2-lipped; tube short, rarely tube conspicuous; lobes usually patent, unequal in width, upper lobe widest, lower lobe narrowest; stamens 2; style persistent; stigma capitate. Capsule diverse in shape, slightly to strongly compressed laterally. About 250 species; 53 in China; 19 in HDM.

1 两裂婆婆纳

1 2 3 **4 5 6 7 8** 9 10 11 12 800-3600 m

Veronica biloba L.[1-3, 5]

植株高 5~20 厘米。茎直立。叶全部对生。花序各部分疏生白色腺毛；花冠白色、蓝色或紫色，旋转状排列，直径 3~4 毫米；后方裂片圆形，其余 3 枚卵圆形。蒴果强烈压扁，成 2 个分果。生于荒地、草原、山坡。分布于甘肃、青海、西藏、四川西部；西北地区；亚洲西南部。

Annuals 5-20 cm tall. Stems erect. Leaves opposite. Racemes puberulent with hairs, sparsely glandular hairy; corolla white, blue, or purple, rotate, 3-4 mm in diam; upper lobe orbicular and other 3 lobes ovate-orbicular. Capsule strongly compressed, forming 2 almost free lobes. Waste fields, steppes, slopes. Distr. Gansu, Qinghai, Xizang, W Sichuan; NW China; SW Asia.

2 鹿蹄草婆婆纳

1 2 3 4 5 **6 7** 8 9 10 11 12 2600-4000 m

Veronica piroliformis Franch.[1-4]

茎短，长仅 1~5 厘米。叶密集，常呈莲座状，少疏生；叶片多为匙形，边缘具锯齿。总状花序侧生于叶腋，挺直向上。蒴果折扇状菱形，强烈压扁。生于山坡草地、林下及石灰岩岩隙中。分布于四川西南部、云南西北部。

Stems short, 1-5 cm, ascending or erect. Leaves crowded, often rosulate, rarely evenly distributed; leaf blade mostly spatulate, margin dentate. Racemes axillary, erect. Capsule pliciform-rhomboid, strongly compressed. Slope meadows, forests, limestone crevices. Distr. SW Sichuan, NW Yunnan.

3 小婆婆纳

1 2 3 **4 5 6** 7 8 9 10 11 12 400-3700 m

Veronica serpyllifolia L.[1-5]

茎多支丛生，高 10~30 厘米。总状花序顶生，有时腋生，10~40 朵花，果期长达 20 厘米；花冠长 4 毫米。蒴果肾形。生于高山草甸。分布于甘肃、西藏、四川、云南；辽宁、陕西等省区；北温带、亚热带高山地区。

Perennials. Stems cespitose, creeping, 10-30 cm tall. Racemes terminal, sometimes also axillary, 10-40-flowered, to 20 cm in fruit; corolla 4 mm. Capsule subreniform. Mountain meadows. Distr. Gansu, Xizang, Sichuan, Yunnan; Liaoning, Shaanxi, etc.; widely distributed in north temperate zones and subtropical alpine mountains.

4 唐古拉婆婆纳

1 2 3 4 5 **6 7 8** 9 10 11 12 2000-4400 m

Veronica vandellioides Maxim.[1-3, 5]

植株高 5~25 厘米。茎多支丛生，上升或多少蔓生。叶片每边具 2~5 个圆齿。总状花序 4~10 支，腋生，只具单花或 2 朵花；花梗纤细，长 3~10 毫米；单花时花序轴纤细，长 6~20 毫米；花冠浅蓝色、粉红色或白色。蒴果近于倒心状肾形。生于林下、草甸。分布于甘肃、青海、西藏中部到北部、四川西部；陕西。

Perennials, 5-25 cm tall. Stems slender, ascending to diffuse. Leaf blade 2-5-crenate on each side. Racemes 4-10, axillary, 1- or 2-flowered; pedicel slender, 3-10 mm; 1-flowered inflorescences with peduncle slender, 6-20 mm; corolla pale blue, pink, or white. Capsule subobcordate-reniform. Forests, meadows. Distr. Gansu, Qinghai, C to N Xizang, W Sichuan; Shaanxi.

1
1
3
2
3
4

车前科 Plantaginaceae | 腹水草属 *Veronicastrum* Heist. ex Fabr.

多年生草本。茎直立或弓曲而顶端着地生根。穗状花序顶生或腋生，花通常极为密集；花萼深裂，裂片5枚，后方1枚稍小；花冠筒管状，檐部裂片4枚，辐射对称或多少2唇形，裂片不等宽；雄蕊2枚，伸出花冠。蒴果卵圆状至卵状，4爿裂。约20种；中国13种；横断山区1种。

Herbs, perennial. Stems erect or arching and rooting at apex. Inflorescences terminal or axillary, spicate; flowers usually crowded; calyx 5-lobed, upper lobe slightly smaller than others; corolla 4-lobed, tube tubular, limb actinomorphic or 2-lipped, lobes unequal; stamens 2, exsert. Capsule ovoid to ovoid-globose, 4-valved. About 20 species; 13 in China; one in HDM.

1 美穗草

1 2 3 4 5 6 **7 8 9** 10 11 12 **1500-3000 m**

Veronicastrum brunonianum (Benth.) D.Y.Hong[1-5]

茎直立，高30~150厘米，圆柱形。叶互生，无柄，长椭圆形，边缘具钝或尖的细齿。花序顶生，常单生，长尾状；花冠白色、黄白色、灰黄色至橙黄色，向前作30度角的弓曲；上唇3个裂片，中央裂片伸直或多少呈罩状，两侧裂片直立或向侧后翻卷；下唇条状披针形，反折；雄蕊多少伸出。生于山谷、阴坡草地及林下。分布于西藏、四川、云南；湖北西部、贵州；不丹、尼泊尔、印度（锡金邦）。

Stems erect, 30-150 cm tall, terete. Leaves alternate, sessile, narrowly elliptic, margin dentate to serrate. Inflorescences terminal, often one, long caudate; corolla white, yellow-white, grayish yellow, or orange-yellow, arching 30-angle forward; upper lip 3-lobed, middle lobe ovate-orbicular and straight or galeate, lateral lobes erect or reversed toward lateral-posterior position; lower lip linear-lanceolate, reflexed; stamens exserted. Ravines, shaded slopes with grasses, under forests. Distr. Xizang, Sichuan, Yunnan; W Hubei, Guizhou; Bhutan, Nepal, India (Sikkim).

玄参科 Scrophulariaceae | 醉鱼草属 *Buddleja* L.

叶常对生；托叶叶状或退化为横向线状。花序顶生或腋生；苞片多叶状；花4基数；花冠钟状、杯状、高脚碟状或漏斗状，裂片多覆瓦状；雄蕊着生于花冠筒，常内藏；子房2~4室；柱头常较大，棍棒状、头状。蒴果或浆果。种子小，通常具翅。约100种；中国约20种；横断山区约17种。

Leaves mostly opposite. Stipules usually leafy or reduced to a transverse line. Inflorescences terminal and/or axillary; bracts mostly leafy; flowers 4-merous; corolla campanulate, cup-shaped, salverform or funnel-shaped, lobes mostly imbricate; stamens inserted on corolla tube, usually included; ovary 2-4-locular; stigma often large, clavate, capitate. Capsules or berry. Seeds small, often winged. About 100 species; 20 in China; about 17 in HDM.

2 皱叶醉鱼草

1 **2 3 4 5 6 7 8** 9 10 11 12 **1400-4300 m**

Buddleja crispa Benth.[1-3, 5]

叶对生，边缘具齿或浅裂。圆锥状或穗状聚伞花序顶生；花冠高脚碟状，淡紫色，近喉部橙色，花管内被星状毛；雄蕊着生于花管中部或稍上；子房及花柱基部被星状毛；柱头棍棒状。种子近无翅。生于干旱沟谷、砾石坡、崖壁、灌丛。分布于甘肃、西藏、四川、云南；西南邻国。

Shrubs. Leaves opposite, margin crenate, serrate, dentate, or shallowly lobed. Inflorescences terminal, paniculate or spicate cymes; corolla salverform, lilac, violet, or purple, with an orange throat, tubes inside with a pilose belt; stamens inserted slightly above or at middle of corolla tube; ovary and style base stellate tomentose; stigma clavate. Seeds unwinged. Dry river bottoms, exposed cliffs, thickets. Distr. Gansu, Xizang, Sichuan, Yunnan; SW neighboring countries.

3 腺叶醉鱼草

1 2 3 4 5 6 7 8 9 10 11 12 **2000-3000 m**

Buddleja delavayi Gagn.[1-4]

枝近圆柱状。叶对生，常全缘，两面具有小腺点。花萼外面被星状疏柔毛；花冠粉色至紫蓝色；雄蕊生于花冠管中部略上，内藏；花柱短；柱头棒状。生于林缘、山谷灌丛。分布于西藏、云南。

Branches subterete. Leaves opposite, margin usually entire, both surfaces with small glandules. Calyx outside sparsely stellate tomentose; corolla rose pink to lavender; stamens inserted slightly above middle of corolla tube, included; style short; stigma clavate. Forest edges, thickets in valleys. Distr. Xizang, Yunnan.

1

1

2

2

3

3

1 滇川醉鱼草

1 2 3 4 5 6 7 8 9 10 11 12 1800-4000 m

Buddleja forrestii Diels[1-4]

灌木。枝四棱，棱上有翅。叶对生，具细锯齿。圆锥聚伞花序顶生兼腋生；花萼外疏被星状毛和腺毛，内面被疏柔毛；花冠橙色、粉色、紫色，花冠管内中上部被柔毛；雄蕊着生于花冠管喉部；子房无毛；柱头棍棒状。种子周围具翅。生于开阔林地、林缘、靠近河岸。分布于西藏东南部、四川、云南；不丹、印度、缅甸北部。

Shrubs. Branchlets 4-angled, often winged. Leaf opposite, margin crenate-serrate. Inflorescences terminal and often also axillary, thyrsoid; calyx outside glabrous or stellate tomentose and with some minute glandular hairs, inside sparsely hairs; corolla orange, pinkish, purple, tube inside pilose above middle; stamens inserted above or below middle of corolla tube; ovary glabrous; stigma clavate. Seeds winged all around. Open woodlands, forest edges, mostly near riverbanks in mountains. Distr. SE Xizang, Sichuan, Yunnan; Bhutan, India, N Myanmar.

2 大序醉鱼草

1 2 3 4 5 6 7 8 9 10 11 12 900-3200 m

Buddleja macrostachya Wall. ex Benth.[1-4]

小枝四棱形，常具窄翅。叶对生，具锯齿。穗状花序长 5~20 厘米，直径 2.5~4 厘米；花萼外被星状短绒毛和腺毛；花冠淡紫色至紫红色，喉部橙黄色至红色，花冠管外被柔毛；雄蕊着生于花冠管的喉部；子房及花柱基部被毛；柱头棍棒状。生于山坡灌丛、河岸。分布于西藏、四川、云南；贵州；亚洲西南部。

Branchlets 4-angled to 4-winged. Leaves opposite, margin crenate-serrate. Inflorescences terminal, spicate, 5-20 cm length, 2.5-4 cm diam; calyx outside stellate tomentose and with glandular hairs; corolla mauve to purple-red, with an orange to red throat, tube outside stellate tomentose; stamens inserted slightly below corolla mouth; ovary and style base stellate tomentose and with glandular hairs; stigma clavate. Scrubs on mountain slopes, river banks in forests. Distr. Xizang, Sichuan, Yunnan; Guizhou; SW Asia.

3 无柄醉鱼草

1 2 3 4 5 6 7 8 9 10 11 12 1600-4200 m

Buddleja sessilifolia B.S.Sun ex S.Y.Bao[2, 4]

亚灌木，高约 1 米；枝条四棱形，具窄翅，光滑无毛。叶对生，边缘具细齿，叶无柄。花萼钟形，裂片极短，两面光滑无毛；花冠白色至粉色或粉紫色，花冠管内部黄色，外部光滑无毛，里面中部以上被散生绒毛；柱头棒状。种子长圆形，两端具短翅。生于开阔林地、灌丛。分布于云南西北部，缅甸北部。

Subshrubs, about 1 m tall. Branchlets quadrangular, with narrow wings, smooth glabrous. Leaf opposite, smooth and glabrous on both sides, margin with slender teeth. Calyx campanulate, lobes very short, smooth and glabrous on both sides; Corolla white or pink to pink-purple, yellow inside, glabrous outside, pilose inside above the middle; stigma rod-shaped. Capsules oblong, Seeds oblong, short-winged. Open forests, thickets. Distr. NW Yunnan, N Myanmar.

玄参科 Scrophulariaceae | 藏玄参属 *Oreosolen* Hook.f.

多年生矮小草本。叶对生，贴地生长；叶片心形至卵形，长 2~8 厘米，边缘具不规则钝齿，基出掌状叶脉 5~9 条。花数朵簇生叶腋，聚合为头状；花梗极短；有 1 对小苞片；花萼 5 裂几乎达到基部，裂片披针形；花冠黄色，具长筒，檐部 2 唇形：上唇 2 裂，长于下唇；下唇 3 裂；雄蕊 4 枚，内藏或微伸出；退化雄蕊 1 枚。蒴果卵球状。仅 1 种。

Herbs, perennial, small. Leaves opposite, appressed to ground; leaves blade cordate to ovate, 2-8 cm, margin irregularly dentate, palmately 5-9-veined. Flowers several, axillary, clustered into a dense head; pedicel short; bracteoles 2; calyx 5-lobed almost to base, lobes linear-lanceolate; corolla yellow, narrowly tubular, limb conspicuously 2-lipped: lower lip 3-lobed; upper lip 2-lobed and longer than lower lip; stamens 4, included or slightly exserted; staminode 1. Capsule ovoid. One species.

4 藏玄参

1 2 3 4 5 6 7 8 9 10 11 12 3000-5100 m

Oreosolen wattii Hook.f.[1-2, 5]

种特征同属。生于高山草甸。分布于青海南部、西藏；不丹、尼泊尔、印度（锡金邦）。

See description for the genus. Alpine meadows. Distr. S Qinghai, Xizang; Bhutan, Nepal, India (Sikkim).

玄参科 Scrophulariaceae | 玄参属 *Scrophularia* L.

多年生草本或半灌木状草本，少一年生草本。叶对生，稀上部叶互生。花萼 5 裂；花冠通常 2 唇形：上唇常较长而具 2 裂片，下唇具 3 裂片；发育雄蕊 4 枚，多少呈 2 强；花盘存在。蒴果室间开裂。种子多数。约 200 种；中国 36 种；横断山区 12 种。

Herbs, perennial or suffrutescent, rarely annual. Leaves opposite or rarely upper ones alternate. Calyx 5-lobed; corolla usually 2-lipped: lower lip shorter than upper lip, 3-lobed; upper lip 2-lobed; stamens 4, somewhat didynamous; disc present. Capsule septicidal. Seeds numerous. About 200 species; 36 in China; 12 in HDM.

1 岩隙玄参

1 2 3 4 5 6 **7** 8 9 10 11 12 4000-5000 m

Scrophularia chasmophila W.W.Sm.[1-4]

矮小草本，高达 10 厘米。茎柔软弯曲。叶小，菱状卵形，长 13~27 毫米，边缘有不显著的疏齿。花常 4 朵，两两对生于茎顶的苞片腋中成短花序；花冠绿黄色，花冠筒几等粗。生于高山流石滩。分布于西藏、四川西部、云南西北部。

Herbs, to 10 cm tall. Stems soft and bent. Leaf blade subrhomboid-ovate, 13-27 mm long, margin serrate or coarsely serrate. Thyrses terminal, cymose, always 4 in 2 pairs, in the axis of the bracts, short; corolla greenish yellow, tube nearly the equal thickness. Alpine screes. Distr. Xizang, W Sichuan, NW Yunnan.

2 大花玄参

1 2 3 4 **5** **6** **7** 8 9 10 11 12 3100-3800 m

Scrophularia delavayi Franch.[1-4]

多年生草本，高达 45 厘米。叶片卵形至卵状菱形，长 2.5~7 厘米，边缘有缺刻状重锯齿。花序近头状或多少伸长为穗状，长 3~10 厘米，具 1~3 轮，有腺毛；聚伞花序具花 1~3 朵；花萼歪斜，多少 2 唇形；花冠黄色，长 9~15 毫米。生于山坡草地或灌木丛中湿润岩隙。分布于四川西南部、云南北部。

Perennials, to 45 cm tall. Leaf blade ovate to ovate-rhomboid, 2.5-7 cm, margin incised and double serrate. Thyrses subcapitate or subspicate, 3-10 cm, 1-3-whorled, glandular hairy; cymes 1-3-flowered; calyx oblique, somewhat 2-lipped; corolla yellow, 9-15 mm. Moist areas in scrub, rocky crevices. Distr. SW Sichuan, N Yunnan.

3 穗花玄参

1 2 3 4 5 6 **7** **8** 9 10 11 12 2800-3300 m

Scrophularia spicata Franch.[1-4]

多年生草本，高 0.5~1.5 米。茎多少四棱形。花序顶生，狭长穗状，长达 50 厘米；聚伞花序复出，对生或近对生，多至 20 对，含花多而密，稀疏排列；花冠绿色或黄绿色，长 8~10 毫米。生于高山草地、灌丛和山谷中。分布于云南西北部。

Perennials, 0.5-1.5 m tall. Stems quadrangular. Thyrses terminal, narrowly spicate, to 50 cm; cymes opposite or subopposite, to 20 pairs, widely spaced, compound, many flowered; corolla green to yellow green, 8-10 mm. Alpine grasslands, scrubs, valleys. Distr. NW Yunnan.

玄参科 Scrophulariaceae | 毛蕊花属 *Verbascum* L.

草本，一年生、二年生或多年生。常为单叶互生，基生叶常呈莲座状。花集成顶生穗状、总状或圆锥状花序；花萼 5 裂；花冠通常黄色，稀紫色或白色，具短花冠筒；5 裂，裂片几相等，呈辐状；雄蕊 4 枚或 5 枚；花丝通常具绵毛。蒴果室间开裂。种子多数，细小。约 300 种；中国 6 种；横断山区 2 种。

Herbs, annual, biennial, or perennial. Leaves usually simple, alternate, basally rosulate. Inflorescences terminal, spicate, racemose, or paniculate; calyx 5-lobed; corolla usually yellow, rarely purple or white, tube short; lobes 5, subequal, radiate; stamens 4 or 5; filaments usually woolly. Capsule septicidal. Seeds numerous, tiny. About 300 species; six in China; two in HDM.

4 毛蕊花

1 2 3 4 5 **6** **7** **8** 9 10 11 12 1400-3300 m

Verbascum thapsus L.[1-2, 4-5]

二年生草本，高达 1.5 米，全株被密而厚的浅灰黄色星状毛。穗状花序圆柱状，长达 30 厘米；花密集，数朵簇生在一起；花梗很短；花冠黄色，直径 1~2 厘米。生于山坡草地、河岸草地。分布于西藏、四川，云南；江苏、浙江、新疆；亚洲和欧洲广布。

Biennials to 1.5 m tall, densely with grayish yellow stellate hairs. Spicate panicle cylindric, to 30 cm; flowers usually few fascicled, dense; pedicel short; corolla yellow, 1-2 cm in diam. Grassy areas on mountain slopes, along rivers. Distr. Xizang, Sichuan, Yunnan; Jiangsu, Zhejiang, Xinjiang; Asia and Europe.

1
2
2
3
4
4

爵床科 Acanthaceae | 枪刀药属 *Hypoestes* Sol. ex R.Br.

灌木或多年生草本。叶对生，有柄。穗状花序腋生或顶生；小苞片 4 或 2 枚，有 1 至数朵花；花萼小，藏于总苞内，5 裂；花冠管细长，冠檐 2 唇形；雄蕊 2 枚，伸出花冠喉部。约 150 种；中国 3 种；横断山区 1 种。

Shrubs or perennial herbs. Leaves opposite. Inflorescences of axillary or terminal; bracteoles 4 or 2, enclosing 1 or sometimes more flowers; calyx small, usually obscured by bracteoles, 5-lobed; corolla tube subcylindric, limb 2-lipped; stamens 2, exserted from mouth of corolla. About 150 species; three in China; one in HDM.

1 三花枪刀药

1 2 3 4 5 **6 7 8** 9 10 11 12 300-2400 m

Hypoestes triflora (Forssk.) Roem. & Schult.[1-5]

叶卵形至矩圆形，边缘具极浅的钝齿，长 3~10 厘米，宽 2~4 厘米。花序 1~5 朵花；外侧 1 对总苞倒披针状至椭圆形；内侧 1 对总苞基部相联，较小。生于路边或林下。分布于云南；西南邻国及非洲。

Leaf blade ovate, or oblong, 3-10 cm × 2-4 cm, margin minutely crenate to denticulate. Inflorescences 1-5-flowered; outer pair of bracteoles elliptic to obovate to oblanceolate; inner pair of smaller, basally connate. Trailsides, forests. Distr. Yunnan; SW neigbouring countries and Africa.

爵床科 Acanthaceae | 马蓝属 *Strobilanthes* Blume

多年生草本或灌木。苞片形状和宿存与否变异极大，小苞片有或无；花萼多 5 等裂；冠檐 5 裂，裂片近相等；子房 2 室。约 400 种；我国 128 种；横断山区 4 种。

Herbs, shrubs. Floral bracts usually different from leaves, persistent or caducous as flowers open, very variable in size and shape; calyx usually 5-lobed to base, lobes equal; corolla limb 5-lobed, equal or subequal; ovary 2-locular. About 400 species; 128 in China; four in HDM.

2 翅柄马蓝

1 2 3 4 5 **6 7 8 9 10** 11 12 700-2900 m

Strobilanthes atropurpurea Nees[1]

多年生草本，高 30~50 厘米。茎纤细，四棱形。叶柄长约 1.5 厘米，具翅。穗状花序腋生，长 2~7 厘米，“之”字形曲折，偏向一侧；苞片叶状；花冠淡紫色或蓝紫色，近于直伸，长 2.5~3.5 厘米，冠管圆柱形。生于山坡及林下潮湿地或河边。分布于西藏、四川、云南；长江以南诸省；西南邻国。

Herbs 30-50 cm tall, perennial. Stems slender, 4-angled. Leaves basally petiolate, petiole about 1.5 cm, winged. Inflorescences axillary, spikes, 2-7 cm, zigzag, secund; bracts leaflike; corolla pale purple, bluish purple, 2.5-3.5 cm, tube basally cylindric. Moist places on mountain slopes, forests, by rivers. Distr. Xizang, Sichuan, Yunnan; provs. S of Yangtze River; SW neigbhouring countries.

3 腺毛马蓝

1 2 3 4 5 6 **7 8** 9 10 11 12 ≈ 3000 m

Strobilanthes forrestii Diels[1-2]

— *Pteracanthus forrestii* (Diels) H.P.Tsui

草本，高 30~75 厘米，植株遍生柔毛和腺毛。花冠蓝色至紫色，管基部圆柱形，弯曲约成直角，口处加宽至约 1.5 厘米。生于林下或草坡。分布于云南。

Herbs to 30-75 cm tall. Stems thinly pilose with gland-tipped trichomes. Corolla blue to purple, tube basally cylindric then bent to about 90 degree and widened to about 1.5 cm at mouth. Forests, grass slopes. Distr. Yunnan.

4 南一笼鸡

1 2 3 4 5 6 **7 8 9 10** 11 12 1000-2800 m

Strobilanthes henryi Hemsl.[1-2]

— *Paragutzlaffia henryi* (Hemsl.) H.P.Tsui

半灌木，高可达 70 厘米。叶柄 0.5~3 厘米，叶片基部宽楔形，常下延，边缘具圆锯齿。花对生；花冠淡紫色或白色，花冠管筒状，管基狭，向上弯曲，逐渐加宽，口部直接约 1 厘米；能育雄蕊 2 枚，外露；不育雄蕊 2 枚。生于山坡。分布于西藏东南部、四川、云南；湖北、湖南、贵州。

Subshrubs to 70 cm tall. Petiole 0.5-3 cm. Leaf blade base broadly cuneate, and usually decurrent onto petiole, margin crenulate. Flowers paired; corolla light purple, blue, or white, tube basally cylindric and narrow then bent and gradually widened to about 1 cm at mouth; fertile stamens 2, exseted; staminodes 2. Mountain slopes. Distr. SE Xizang, Sichuan, Yunnan; Hubei, Hunan, Guizhou.

1

1

2

3

3

4

4

紫葳科 Bignoniaceae | 角蒿属 *Incarvillea* Juss.

草本，植株具茎或无茎。总状花序顶生；花萼钟状，萼齿5枚，三角形，稀基部膨大成腺体；花冠红色或黄色，漏斗状，多少二唇形，裂片5枚，圆形，开展；雄蕊4枚，2强，内藏；柱头扁平，2裂。蒴果长圆柱形，直或弯曲，有时具4~6条棱。种子细小，两端或四周有白色透明膜质翅或丝状毛。约16种；中国12种；横断山区8种。

Herbs, with stems or stemless. Inflorescences racemose, terminal; calyx campanulate, teeth 5, triangular, rarely enlarged into glands at base; corolla red or yellow, funnelform, more or less 2-lipped, lobes 5, rounded, spreading; stamens 4, didynamous, included; stigma flabellate, 2-lobed. Capsule long terete, erect or curved, sometimes 4-6-angular. Seeds minute, laterally with or surrounded by transparent and membranous wings or filiform hairs. About 16 species; 12 in China; eight in HDM.

1 两头毛

1 2 3 4 **5 6 7** 8 9 10 11 12 **1400-3400 m**

Incarvillea arguta (Royle) Royle[1-2, 4-5]

多年生具茎草本，分枝，高达1.5米。叶为一回羽状复叶。顶生总状花序，有花6~20朵；花冠淡红色或紫红色。生于干热河谷、山坡灌丛中。分布于甘肃、西藏、四川西南部、云南北部；贵州西部及西北部；印度、尼泊尔。

Herbs perennial with branched stem, to 1.5 m tall. Leaves 1-pinnately compound. Inflorescences racemose, 6-20-flowered; corolla pale red or purple-red. Slopes, thickets. Distr. Gansu, Xizang, SW Sichuan, N Yunnan; W and NW Guizhou; India, Nepal.

2 密生波罗花

1 2 3 4 **5 6 7** 8 9 10 11 12 **2600-4100 m**

Incarvillea compacta Maxim.[1-4]

多年生草本，高20~30厘米。叶为一回羽状复叶，聚生于茎基部；侧生小叶2~6对，卵形，长2~3.5厘米，宽1~2厘米；顶端小叶近卵圆形，比侧生小叶较大，全缘。总状花序短，密集，聚生于茎顶端，1至多花丛叶腋中抽出；花梗长1~4厘米，线形；花萼钟状，绿色或紫红色，具深紫色斑点；花冠红色或紫红色。蒴果长披针形，具明显的4棱。生于空旷石砾山坡及草灌丛中。分布于甘肃南部、青海、西藏、四川西南部、云南西北部。

Herbs perennial, 20-30 cm tall. Leaves 1-pinnately compound, clustered at stem base; lateral leaflets 2-6 pairs, ovate, 2-3.5 cm × 1-2 cm; terminal leaflets ovate-rounded, bigger than lateral leaflet, entire. Inflorescences short, densely racemose, clustered at stem apex; pedicel 1-4 cm, linear; calyx green or purple-red, with dark purple spots, campanulate; corolla red or purple-red. Capsule narrowly lanceolate, distinctly 4-angled. Slopes, thickets, grasslands. Distr. S Gansu, Qinghai, Xizang, SW Sichuan, NW Yunnan.

3 红波罗花

1 2 3 4 5 6 **7 8** 9 10 11 12 **2400-3900 m**

Incarvillea delavayi Bureau & Franch.[1-2, 4]

多年生草本，无茎，高达30厘米。叶基生，一回羽状分裂，长8~25厘米；叶轴长约20厘米；侧生小叶4~11对，小叶长椭圆状披针形，长4~7厘米，宽1~3厘米，顶端渐尖，边缘具粗锯齿或钝齿；顶生小叶与顶部的1对侧生小叶汇合。总状花序有2~6朵花，着生于花莛顶端；花冠钟状，红色，长约6.5厘米。生于高山草坡。分布于四川西部、云南西北部。

Herbs perennial, stemless, about 30 cm tall. Leaves basal, 1-pinnately divided, 8-25 cm; leaf rachis about 20 cm; lateral leaflets 4-11 pairs, elliptic-lanceolate, 4-7 cm × 1-3 cm, margin serrate, apex acuminate; terminal leaflets combined together with the nearest pair of lateral leaves. Inflorescences racemose, 2-6-flowered, terminal; corolla red, campanulate, about 6.5 cm long. Grasslands, slopes. Distr. W Sichuan, NW Yunnan.

4 黄波罗花

1 2 3 4 **5 6 7 8** 9 10 11 12 **2000-3400 m**

Incarvillea lutea Bureau & Franch.[1-5]

多年生草本，具茎，高达1米。叶一回羽状分裂。花序有花5~12朵；花冠黄色，具紫色斑点及褐色条纹。生于高山草坡或混交林下。分布于西藏中部、四川西部、云南西北部。

Herbs perennial with stem, about 1 m tall. Leaves 1-pinnately divided. 5-12-flowered; corolla yellow, purple spotted and striate at base. Forests, slopes, grasslands. Distr. C Xizang, W Sichuan, NW Yunnan.

1 鸡肉参 1 2 3 4 5 6 7 8 9 10 11 12 2400-4500 m

Incarvillea mairei (H.Lév.) Grierson var. *mairei*[1-2, 4]

多年生草本，无茎，高 30~40 厘米。叶基生，为一回羽状复叶，侧生小叶 2~3 对；有时侧生小叶退化，叶呈单叶。花冠紫红色或粉红色，具黄色斑点。生于高山石砾堆、山坡路旁向阳处、草地及林下。分布于青海、西藏东南部及东部、四川、云南西北部及西南部；不丹、尼泊尔。

Herbs perennial, stemless, 30-40 cm. Leaves basal, 1-pinnately compound, lateral leaflets 2-3 pairs; sometimes lateral leaflets reduced and leaves simple. Corolla purple-red or pale red, with yellow spot. Slopes, roadsides, grasslands, forests. Distr. Qinghai, SE and E Xizang, Sichuan, NW and SW Yunnan; Bhutan, Nepal.

2 多小叶鸡肉参 1 2 3 4 5 6 7 8 9 10 11 12 3200-4200 m

Incarvillea mairei var. *multifoliolata* (C.Y. Wu & W.C.Yin) C.Y.Wu & W.C.Yin[1-2]

与鸡肉参原变种相似，不同之处在于：侧生小叶 4~8 对，卵状披针形，边缘具细锯齿至近全缘，顶端渐尖。生于林下、山坡草地。分布于四川西北部、云南西北部。

Similar to *I. mairei* var. *mairei*, but differing in: lateral leaflets 4-8 pairs, ovate-lanceolate, margin serrulate to subentire, apex acuminate. Forests, slopes, grasslands. Distr. NW Sichuan, NW Yunnan.

狸藻科 Lentibulariaceae | 捕虫堇属 *Pinguicula* L.

多年生陆生草本。无捕虫囊。叶基生呈莲座状，单叶，柔软多汁；叶片边缘全缘并多少内卷，上面密被分泌粘液的腺毛。花单生，稀为 2~3 朵花；花冠多少二唇形，有距；雄蕊 2 枚。蒴果卵球形。约 55 种；中国 2 种。横断山区 1 种。

Herbs, perennial, terrestrial. Leaves in a basal rosette, simple, soft and fleshy; leaf blade adaxially usually with numerous viscid glands for trapping insects, margin entire and usually involute. Flower solitary, rarely a 2- or 3-flowered raceme; corolla more or less 2-lipped, spur; stamens 2. Capsule ovoid. About 55 species; two in China; one in HDM.

3 高山捕虫堇 1 2 3 4 5 6 7 8 9 10 11 12 1800-4500 m

Pinguicula alpina L.[1-5]

根较粗，粗 0.4~1 毫米。叶长 1~4 厘米。花梗和花萼无毛；花冠长 9~20 毫米，白色，距淡黄色。生于阴湿岩壁间或高山湿地。分布于甘肃、青海、西藏、四川、云南；湖北、重庆、贵州、陕西；不丹、印度北部、尼泊尔、欧洲。

Roots 0.4-1 mm thick. Leaf blade 1-4 cm. Pedicel and calyx glabrous; corolla 9-20 mm, white, but spur yellowish. Bogs and wet places on mountains. Distr. Gansu, Qinghai, Xizang, Sichuan, Yunnan; Hubei, Chongqing, Guizhou, Shaanxi; Bhutan, N India, Kashmir, Nepal, Europe.

狸藻科 Lentibulariaceae | 狸藻属 *Utricularia* L.

水生、沼生或附生，无真正的根。茎枝变态成匍匐枝、假根。具捕虫囊，膀胱状。花序总状或单花，具苞片；花萼 2 深裂，宿存；花冠二唇形，有距。蒴果球形或卵圆形。约 220 种；中国 25 种；横断山区 9 种。

Herbs, terrestrial, epiphytic, or aquatic, without true roots. Stems modified into rhizoids and stolons, rarely developed. Traps small, bladderlike. Inflorescences racemose or flowers solitary; calyx parted from base into 2, persistent; corolla 2-lipped, spurred. Capsule globose or ovoid. About 220 species; 25 in China; nine in HDM.

4 圆叶挖耳草 1 2 3 4 5 6 7 8 9 10 11 12 400-3600 m

Utricularia striatula Sm.[1-5]

多年生草本，附生或石生。叶多数，散生于花梗基部和匍匐枝上；叶片倒卵形、圆形或肾形。花冠白色或淡紫色，喉部具黄斑，长 3~10 毫米；下唇圆形或横椭圆形，顶端 5 浅裂；距钻形。生于潮湿的岩石或树干上。分布于西藏、四川、云南；长江以南诸省；南亚、东南亚、热带非洲、印度洋岛屿。

Perennials, epiphytic or lithophytic. Leaves numerous, from peduncle base and stolons; leaf blade obovate, orbicular, or transversely elliptic. Corolla white or violet, with a yellow spot at base of lower lip, 3-10 mm; lower lip elliptic to suborbicular, apex 5-lobed; spur subulate. Damp rocks, tree trunks. Distr. Xizang, Sichuan, Yunnan; provs. S of Yangtze River; S and SE Asia, tropical Africa, Indian Ocean islands.

1

2

2

3

3

4

4

唇形科 Lamiaceae | 筋骨草属 *Ajuga* L.

草本。叶通常纸质。由 2 至多朵花的轮伞花序形成顶生假穗状花序；花鲜艳，花冠假单唇，上唇极短，2 深裂或浅裂，花冠宿存，基部增大包住果实。约 40~50 种；中国 18 种；横断山区 12 种。

Herbs. Leaf blade paper. Inflorescence dense, terminal, basically thyrsoid but varying to a tight raceme or capitulum; flowers showy, upper lip of corolla flat, usually 2-lobed, corolla persistent, its expanded base sheathing the fruit. About 40-50 species; 18 in China; 12 in HDM.

1 康定筋骨草

1 2 3 4 5 6 **7** **8** **9** 10 11 12 2200-2800 m

Ajuga campylanthoides C.Y.Wu & C.Chen[1-2, 4-5]

多年生草本，直立或具匍匐茎。轮伞花序在茎上部排列成长 1~3 厘米的穗状轮伞花序；花萼外面在萼齿上被白色长柔毛；花冠白色。生于山坡草地、溪边。分布于甘肃、西藏、四川、云南。

Herbs perennial. Stems erect or stoloniferous. Verticillasters in terminal spikes 1-3 cm; calyx white villous on teeth; corolla white. Grassy slopes, streamsides. Distr. Gansu, Xizang, Sichuan, Yunnan.

2 痢止蒿

1 2 3 **4** **5** **6** **7** **8** 9 10 11 12 1700-4000 m

Ajuga forrestii Diels[1-5]

多年生草本，直立或具匍匐茎。穗状轮伞花序长 6 厘米左右；花冠淡紫色、紫蓝色或蓝色。生于开阔的路旁、溪边等潮湿的草地或矮草丛中。分布于西藏、四川、云南。

Herbs perennial. Stems erect or stoloniferous. Inflorescences terminal, about 6 cm; corolla purplish, purplish blue or blue, tubular. Patches in moist grasslands, grassy streamsides, open roadsides. Ditr. Xizang, Sichuan, Yunnan.

3 白苞筋骨草

1 2 3 4 5 6 **7** **8** **9** 10 11 12 1900-4200 m

Ajuga lupulina Maxim. var. *lupulina*[1-5]

多年生草本，具地下走茎。轮伞花序通常由 6 朵或更多的花组成，紧密；苞叶大，黄白、白或绿紫色；花冠白、绿白或黄白色，具紫色斑纹。生于河滩沙地、高山草地或陡坡石缝中。分布于西南、西北地区。

Herbs perennial, rhizomatous. Verticillasters 6- or more flowered, close together; floral leaves white-yellow, white or greenish purple; corolla white, whitish green, or whitish yellow with purple lines. Sandy areas along riverbanks, alpine grasslands, grassy slopes near villages, crevices of steep rocky slopes. Distr. SW and NW China.

4 齿苞白苞筋骨草

1 2 3 4 5 6 **7** **8** **9** 10 11 12 2800-4200 m

Ajuga lupulina var. *major* Diels[1-4]

与白苞筋骨草相似，但植株高大，高 25 厘米以上。苞叶宽约 2.5 厘米以上，边缘具齿。生于高山林缘草地或村边草坡处。分布于四川、云南。

Similar to *A. lupulina*, but plants more than 25 cm tall. Floral leaves wide, more than 2.5 cm, dentate. Grasslands near alpine forests, grassy slopes near villages. Distr. Sichuan, Yunnan.

5 美花圆叶筋骨草

1 2 3 4 5 **6** **7** **8** 9 10 11 12 3000-4300 m

Ajuga ovalifolia var. *calantha* (Diels) C.Y.Wu & C.Chen[1-3, 5]

一年生草本。植株具短茎。轮伞花序通常由 6 朵或更多的花组成；花冠长 1.5~2（3）厘米。生于沙质草坡或瘠薄的山坡上。分布于甘肃、四川。

Annual herb. Stems is short. Verticillasters 6- or more flowered; corolla 1.5-2(3) cm. Sandy, grassy, barren slopes. Distr. Gansu, Sichuan.

1
2
2
3
3
4
5
5

唇形科 Lamiaceae | 莸属 *Caryopteris* Bunge

草本、灌木、亚灌木，直立或攀援。单叶对生，全缘或具齿，通常具黄色腺点。聚伞花序腋生或顶生，常再排列成伞房状或圆锥状，很少单花腋生；花萼宿存，通常 5 裂，偶有 4 裂或 6 裂；花冠通常 5 裂，二唇形，下唇中间 1 裂片较大，全缘至流苏状；雄蕊 4 枚，强烈外伸；柱头 2 裂。蒴果干燥，成熟后分裂成 4 枚小坚果。16 种；中国 14 种；横断山区 5 种。

Herbs, subshrubs, or shrubs, erect or climbing. Leaves opposite, simple, entire or dentate, usually with glistening glands. Flowers in lax or dense cymes often aggregate into thyrses, rarely solitary; calyx (4-)5(-6)-dentate or -lobed, persistent; corolla slightly 2-lipped, lobes 5, lower lobe larger, concave, fringed; stamens 4, often strongly exserted; stigma 2-cleft. Fruit dry, usually dividing into 4 nutlets. Sixteen species; 14 in China; five in HDM.

1 灰毛莸

1 2 3 4 5 6 **7 8 9** 10 11 12 1700-4000 m

Caryopteris forrestii Diels[1-5]

亚灌木，芳香。小枝圆柱状，幼时被灰色棕色绒毛，后脱落。叶片狭椭圆形到卵状披针形，长 0.5~6 厘米，宽 0.2~2.5 厘米，厚纸质，背面密被灰色绒毛。花冠绿白色到黄绿色，约 5 毫米，筒部约 2 毫米，下裂片边缘具齿或呈流苏状。小坚果边缘有翅。生于阳坡灌丛、路旁及荒地上。分布于西藏、四川、云南；贵州。

Subshrubs, aromatic. Branchlets terete, grayish brown tomentose when young, glabrescent. Leaf blade narrowly elliptic to ovate-lanceolate, 0.5-6 cm × 0.2-2.5 cm, thickly papery, abaxially densely gray tomentose. Corolla greenish white to greenish yellow, about 5 mm, tube about 2 mm, lower lobe dentate to nearly fringed. Nutlets winged. Thickets on sunny slopes, roadsides, wastelands. Distr. Xizang, Sichuan, Yunnan; Guizhou.

2 毛球莸

1 2 3 4 5 6 **7 8 9** 10 11 12 2700-3300 m

Caryopteris trichosphaera W.W.Sm.[1-5]

芳香灌木，高 50~100 厘米。嫩枝密生白色茸毛和腺点。叶片宽卵形至卵状长圆形，长 1~3 厘米，宽 1.5~3 厘米，纸质，两面均有绒毛和腺点，但以背面为密。花冠长约 6 毫米，淡蓝色或蓝紫色，二唇形，下唇中裂片较大，边缘流苏状。小坚果边缘有翅。生于山坡灌丛中或河谷干旱草地。分布于西藏东部、四川西部、云南西北部。

Shrubs 50-100 cm tall, aromatic. Branchlets pubescent and glandular when young. Leaf blade ovate-oblong to broadly ovate, 1-3 cm × 1.5-3 cm, papery, pubescent, glandular especially abaxially. Corolla bluish to purplish, about 6 mm, 2-lipped, lower lobe fringed. Nutlets with winged edges. Thickets on mountain slopes, dry grassy places in valleys. Distr. E Xizang, W Sichuan, NW Yunnan.

唇形科 Lamiaceae | 铃子香属 *Chelonopsis* Miq.

草本或半灌木至灌木。叶具锯齿、圆齿或犬齿乃至重锯齿。轮伞花序腋生；花萼钟状，花后膨大；花冠筒近基部向前方膨大，长伸出。小坚果背腹扁平，顶端具斜向伸长的翅。约 16 种；中国 13 种；横断山区有 9 种。

Herbs or shrubs. Leaves crenate to serrate. Verticillasters in axils; calyx campanulate, dilated after anthesis; corolla tube dilated in front near base, long exserted. Nutlets flattened dorsiventrally, obliquely long winged at apex. About 16 species; 13 in China; nine in HDM.

3 白花铃子香

1 2 3 4 5 6 7 **8** 9 10 11 12 3400-3700 m

Chelonopsis albiflora Pax & K.Hoffm.[1-3, 5]

灌木。叶常 3 枚轮生，披针形。聚伞花序腋生，1~3 朵花，通常单花；花冠白色，1.5~2 厘米，外面有毛。生于灌丛潮湿处。分布于西藏、四川。

Shrubs. Leaves often in whorls of 3, lanceolate. Cymes 1-3-flowered, axillary; corolla white, 1.5-2 cm, puberulent outside. Wet thickets. Distr. Xizang, Sichuan.

1
2
2
3
3

唇形科 Lamiaceae | 风轮菜属 *Clinopodium* L.

多年生草本。小苞片长，刺毛状，有疏长柔毛；花萼喉部略收缩，内面疏生长柔毛或无毛，萼筒管形，基部一边肿胀。约 20 种；中国 11 种；横断山区 4 种。

Herbs perennial. Bracteoles setiform, pilose; calyx throat slightly constricted, sparsely villous or glabrous inside, tube tubular and ventricose in front at base. About 20 species; 11 in China; four in HDM.

1 灯笼草

1 2 3 4 5 6 **7** **8** 9 10 11 12 ≈ 3400 m

Clinopodium polycephalum (Vaniot) C.Y.Wu & S.J.Hsuan[1-5]

多年生草本。叶被粗硬毛。轮伞花序圆球形，沿茎及分枝形成宽而多头的圆锥花序；花萼外面脉上被具节长柔毛及腺微柔毛；花冠紫红色，长约 8 毫米。生于山坡、林下、灌丛中。分布于西南地区；华中、华东、华南、西北地区。

Herbs perennial. Leaves strigose. Verticillasters globose, in capitate, ample panicles on stems and branches; calyx villous, glandular puberulent along veins outside; corolla purple-red, about 8 mm. Hillsides, forests, thickets. Distr. SW China; C, E, S and NW China.

2 匍匐风轮菜

1 2 3 4 5 **6** **7** **8** **9** 10 11 12 ≈ 3300 m

Clinopodium repens (Buch.-Ham. ex D.Don) Benth.[1-5]

多年生草本。植株多茎，铺散式或自基部多分枝，茎多柔弱上升。轮伞花序密集多花，花在 9 朵以上，呈球形；苞片多数；花冠小，长约 7 毫米，粉红色。生于山坡、草地、沟边、林下等处。分布于西南地区；华中、华东、华南、西北地区；东亚、东南亚。

Herbs perennial. Plants with numerous, diffuse or much-branched, mostly slender, ascending basal stems. Verticillasters more than 9-flowered, globose; bracts numerous; corolla rose, about 7 mm. Hillsides, grasslands, streamsides, forests. Distr. SW China; C, E, S and NW China; E and SE Asia.

唇形科 Lamiaceae | 火把花属 *Colquhounia* Wall.

直立或攀援灌木。轮伞花序通常少花；花冠黄色到紫色，有时具斑点。小坚果长圆形或倒披针形，先端具膜质的翅。约 6 种；中国 5 种；横断山区 2 种。

Shrubs erect or ascending. Verticillasters few flowered; corolla yellow to purple, sometimes spotted. Nutlets oblong to oblanceolate, apex membranous winged. About six species; five in China; two in HDM.

3 火把花

1 2 3 4 5 6 7 **8** **9** **10** **11** **12** 1450-3000 m

Colquhounia coccinea var. *mollis* (Schlecht.) Prain[1-5]

灌木。枝条密被锈色星状毛。轮伞花序 6~20 朵花，常在侧枝上多数组成侧生簇状、头状至总状花序；花冠橙红色至朱红色。生于多石草坡及灌丛中，在密林中少见。分布于西藏、云南；不丹、印度、缅甸、尼泊尔、泰国。

Shrubs. Branches rust colored tomentose. Verticillasters 6-20-flowered, in fascicled, capitate, or elongated inflorescences on lateral branches; corolla orange-red to scarlet. Stony, grassy slopes, thickets, rarely forests. Distr. Xizang, Yunnan; Bhutan, India, Myanmar, Nepal, Thailand.

4 金江火把花

1 2 3 4 5 6 7 8 **9** 10 11 12 1800-2100 m

Colquhounia compta W.W.Sm.[1-4]

灌木，高 1~2 米。聚伞花序腋生，少花，具梗，常常在短枝上组成簇状或头状花序；花冠暗灰红色，被柔毛；子房略具翅。生于河谷开旷地干旱灌丛中。分布于四川南部、云南西北部。

Shrubs 1-2 m tall. Cymes few flowered, pedunculate, in fascicled or capitate inflorescences on short branches; corolla dark gray-red to dark red, puberulent; ovary slightly winged. Dry thickets in open valleys. Distr. S Sichuan, NW Yunnan.

1 秀丽火把花

1 2 3 4 5 6 7 8 9 10 11 12 1100-2000 m

Colquhounia elegans Wall. ex Benth.[1-2, 4]

灌木，多少外倾，全株被单毛。枝圆柱状。叶椭圆形，边缘为具小突尖的小圆齿。轮伞花序少花，在茎枝上呈密集的头状花序；苞片长 2~3 毫米；花冠黄色或红色，花筒细长，约 2.3 厘米；上唇直伸；下唇 3 裂，卵圆形，近等大。生于阳性灌丛或林中。分布于云南；东南亚。

Shrubs somewhat decumbent, simple hairs all through. Branches cylindrical. Leaf blade elliptic, margin mucronate-crenulate. Verticillasters few flowered, densely rust colored hirsute, in dense capitate inflorescences on branches; bracts 2-3 mm; corolla yellow or red, tube slender, about 2.3 cm; upper lip erect; 3 lobes of lower lip, ovate, subequal. Sunny thickets, forests. Distr. Yunnan; SE Asia.

唇形科 Lamiaceae | 青兰属 *Dracocephalum* L.

多年生草本，稀一年生。轮伞花序密集成头状或穗状或稀疏排列；花萼管形或钟状管形，花萼 5 齿近相等至 3/2 式或 1/4 式二唇。约 70 种；中国 35 种；横断山区 13 种。

Herbs perennial, rarely annual. Verticillasters in dense capitula or spikes, or widely spaced; calyx tubular or campanulate-tubular, teeth subequal to upper lip 3-toothed and lower lip 2-toothed or upper lip entire and lower lip 4-toothed. About 70 species; 35 in China; 13 in HDM.

2 皱叶毛建草

1 2 3 4 5 6 7 8 9 10 11 12 3000-4000 m

Dracocephalum bullatum Forrest ex Diels[1-5]

多年生草本。叶卵形或椭圆状卵形，下面带紫色，脉上疏被短柔毛或无毛，边缘具圆锯齿。花冠蓝紫色。生于石灰质流石滩中。分布于云南西北部（丽江、香格里拉）。

Herbs perennial. Leaf blade ovate to elliptic-ovate, abaxially purplish, sparsely pubescent along veins or glabrous, margin crenate. Corolla blue-purple. Stony alluvial fans in limestone mountains. Distr. NW Yunnan (Lijiang, Shangri-La).

3 美叶青兰

1 2 3 4 5 6 7 8 9 10 11 12 3100-3200 m

Dracocephalum calophyllum Hand.-Mazz.[1-4]

多年生草本。茎直立，节间长 2~2.5 厘米。叶羽状全裂，裂片 2~4 对。最上部的苞叶比萼长或与之相等；花冠蓝紫色。混生于蒿类草坡中。分布于四川西南部、云南西北部。

Herbs perennial. Stems erect, internodes 2-2.5 cm. Leaves pinnatisect, segments in 2-4 pairs. Upper floral leaves as long as to longer than calyx; corolla blue-purple. Grassy hillsides with *Artemisia*. Distr. SW Sichuan, NW Yunnan.

4 松叶青兰

1 2 3 4 5 6 7 8 9 10 11 12 2300-3500 m

Dracocephalum *forrestii* W.W.Sm.[1-4]

多年生草本。轮伞花序通常具 2 朵花，密集；花冠蓝紫色，长 2.5~2.8 厘米。生于亚高山多石的灌丛草甸中。分布于云南西北部。

Herbs perennial. Verticillasters 2-flowered, crowded; corolla blue-purple, 2.5-2.8 cm. Rocky, subalpine thickets, grasslands. Distr. NW Yunnan.

5 白花枝子花

1 2 3 4 5 6 7 8 9 10 11 12 1100-5000 m

Dracocephalum heterophyllum Benth.[1-3, 5]

多年生草本。轮伞花序具 4~8 朵花；苞片每侧具 3~8 枚长刺齿；花白色。生于山地草原及半荒漠的多石干燥地区。分布于西南地区；西北地区；俄罗斯。

Herbs perennial. Verticillasters 4-8-flowered; bracts 3-8-spinescent-serrate; corolla white. Mountain meadows, dry rocky places. Distr. SW China; NW China; Russia.

1

1

2

3

4

5

1 甘青青兰 1 2 3 4 5 6 7 8 9 10 11 12 1900-4000 m

Dracocephalum tanguticum Maxim.[1-3, 5]

多年生草本，有臭味。轮伞花序通常具4~6朵花；最上部的苞叶比萼短许多；花冠紫蓝色至暗紫色，长2~2.7厘米。生于干燥河谷的河岸、田野、向阳的山腰、松树林缘等。分布于甘肃、青海、西藏、四川。

Herbs perennial, fetid. Verticillasters 4-6-flowered; upper floral leaves much shorter than calyx; corolla purple-blue to dark purple, 2-2.7 cm. Riverbanks, fields, sunny hillsides, pine forest margins. Distr. Gansu, Qinghai, Xizang, Sichuan.

2 美花毛建草 1 2 3 4 5 6 7 8 9 10 11 12 ≈ 4700 m

Dracocephalum wallichii Sealy var. *wallichii*[1-3]

多年生草本。叶片卵形至宽卵形，下面在脉网上密被短柔毛。花冠深紫色，长为萼的1.5倍。生于高山灌丛边或草甸多石处。分布于西藏、四川西部。

Herbs perennial. Leaf blade ovate to broadly ovate, abaxially densely pubescent. Corolla dark purple, 1.5 × as long as calyx. Alpine shrubland margins, meadows, thicket margins. Distr. Xizang, W Sichuan.

唇形科 Lamiaceae | 香薷属 *Elsholtzia* Willd.

草本，半灌木或灌木。花序顶生，但不纤长下垂；花萼5齿，近等长；花冠上裂片顶端微凹，喉部及花丝基部有或无毛环。小坚果顶端钝。约40种；中国33种；横断山区19种。

Herbs, subshrubs, or shrubs. Inflorescences terminal, not slender and pendulous; calyx equally or subqually 5-toothed; upper corolla lip emarginate, corolla tube hairy annulate or not inside. Nutlets obtuse at apex. About 40 species; 33 in China; 19 in HDM.

3 头花香薷 1 2 3 4 5 6 7 8 9 10 11 12 2000-3000 m

Elsholtzia capituligera C.Y.Wu[1-5]

小灌木。茎粗壮，常扭曲，极多分枝，整个植株密被卷曲短柔毛。叶小。花冠绿色、白色至淡紫色。生于干燥向阳的风化石砾中。分布于西藏、四川西南部、云南西北部。

Shrubs. Stems robust, twisted, much branched, the whole plant with white floccose-pubescent. Corolla green or white to purplish. Dry, sunny, weathered gravelly areas. Distr. Xizang, SW Sichuan, NW Yunnan.

4 密花香薷 1 2 3 4 5 6 7 8 9 10 11 12 1800-4100 m

Elsholtzia densa Benth.[1-2, 4-5]

草本。茎直立。叶披针形至长圆状披针形，两面被短柔毛。穗状花序长圆形或近圆形，密被紫色串珠状长柔毛；花冠淡紫色。生于林缘、高山草甸、河边及山坡荒地。分布于西南地区；华中、华东、华南、西北地区；西亚、俄罗斯。

Herbs erect. Leaf blade lanceolate to oblong-lanceolate, pubescent. Spikes cylindric to subglobose, densely purple moniliform villous; corolla purplish. Forest margins, alpine meadows, waste areas, riverbanks. Distr. SW China; C, E, S and NW China; W Asia, Russia.

5 毛穗香薷 1 2 3 4 5 6 7 8 9 10 11 12 3500-4100 m

Elsholtzia eriostachya (Benth.) Benth.[1-4]

一年生草本。茎常带紫红色，整株密被柔毛。叶长圆形至卵状长圆形，边缘具细锯齿或锯齿状圆齿。穗状花序圆柱状；花冠黄色。生于山坡草地。分布于甘肃、西藏、四川、云南；尼泊尔、印度北部。

Herbs annual. Stems purple-red, the whole plant with pubescence. Leaf blade oblong to ovate-oblong, margin serrulate to serrate-crenate. Spikes cylindric; corolla yellow. Hilly grasslands. Distr. Gansu, Xizang, Sichuan, Yunnan; Nepal, N India.

1

2

3

4

5

1 鸡骨柴

1 2 3 4 5 6 7 8 9 10 11 12 1200-3200 m

Elsholtzia fruticosa (D.Don) Rehder[1-5]

直立灌木。穗状花序圆柱状；花冠白色至淡黄色。生于山谷、开阔山坡及草地中。分布于甘肃、西藏、四川、云南；湖北、广西、贵州；尼泊尔、不丹、印度北部。

Shrubs erect. Spikes cylindric; corolla white to yellowish. Grasslands, hills, mountains, valleys. Distr. Gansu, Xizang, Sichuan, Yunnan; Hubei, Guangxi, Guizhou; Nepal, Bhutan, N India.

2 长毛香薷

1 2 3 4 5 6 7 8 9 10 11 12 1100-3200 m

Elsholtzia pilosa (Benth.) Benth.[1-5]

平铺草本，整个植株被疏柔毛状刚毛。穗状花序在茎及枝上顶生；花冠粉红色。生于松林下、山坡草地、河边路旁、沼泽草地边缘。分布于四川、云南；贵州；尼泊尔、印度东北部、缅甸、越南北部。

Herbs procumbent, plant whole pilose-hispid. Spikes terminal; corolla reddish. Pine forests, hilly grasslands, riverbanks, marshy meadow margins. Distr. Sichuan, Yunnan; Guizhou; Nepal, NE India, Myanmar, N Vietnam.

3 川滇香薷

1 2 3 4 5 6 7 8 9 10 11 12 2800-3300 m

Elsholtzia souliei H.Lév.[1-5]

纤细草本，高 10~50 厘米。茎直立，自基部尖塔形分枝，小枝成 45 度角张开。叶披针形，一般长 3~20 毫米，宽 2~4 毫米，先端渐尖，基部渐狭。穗状花序顶生，长 1.2~4 厘米；苞片近圆形；花萼管状，萼齿 5 枚，不相等，前 2 齿较长；花冠紫色。生于山坡草丛。分布于四川西部、云南。

Herbs erect, 10-50 cm tall. Stems erect, pyramidally branched from base, branches at 45 degree. Leaf blade lanceolate, 3-20 mm × 2-4 mm, base attenuate, apex acuminate. Spikes terminal, 1.2-4 cm; bracts subcircular; calyx tubular, 5-toothed, unequal, anterior teeth longer; corolla purple. Hills, grassy areas. Distr. W Sichuan, Yunnan.

唇形科 Lamiaceae | 绵参属 *Eriophyton* Benth.

高山风化流石滩上的矮草本植物。全体出土部分被有绵毛。叶片交互重叠，全部或部分覆盖花朵。中国 2 种；横断山区均有。

Dwarf herbs of strongly weathered alpine scree, with woolly trichomes. Flowers concealed by overlapping leaves. Two species in China; both found in HDM.

4 绵参

1 2 3 4 5 6 7 8 9 10 11 12 2700-5000 m

Eriophyton wallichii Benth.[1-4]

多年生草本，全株被绵毛。根肥厚。叶菱形或圆形。花萼钟状；花冠淡紫至粉红色或白色。生于高山强度风化坍积形成的乱石堆中。分布于青海、西藏、四川西部、云南西北部；印度、尼泊尔。

Herbs perennial, whole plant with densely lanate. Roots thick. Leaves rhombic to circular. Calyx campanulate; corolla purplish to reddish or white. Alpine, stony alluvial fans. Distr. Qinghai, Xizang, W Sichuan, NW Yunnan; India, Nepal.

唇形科 Lamiaceae | 鼬瓣花属 *Galeopsis* L.

一年生直立草本。花冠筒上唇直伸，外面被毛；下唇开张，3 裂，中裂片倒心形，先端微凹或近圆形，在与侧裂片弯缺处有向上的齿状突起（盾片）。约 10 种；中国 1 种；横断山区有分布。

Herbs annual. Upper corolla lip erect, hairy outside; lower lip spreading, 3-lobed, middle lobe obcordate, emarginate, or subrounded, dentate at junction with lateral lobes. About ten species; one in China; found in HDM.

5 鼬瓣花

1 2 3 4 5 6 7 8 9 10 11 12 <4000 m

Galeopsis bifida Boenn.[1-5]

一年生草本。茎直立，茎叶具刚毛或微柔毛。轮伞花序 6 至多朵花；花冠白、黄或粉紫红色。小坚果倒卵状三棱形，褐色，有秕鳞。生于林缘、路旁、田边、灌丛、草地等空旷处。分布于西南地区；东北、西北、华中等地；日本、蒙古、俄罗斯、中欧各国、北美等地。

Herbs annual. Stems erect, stem leaf blades appressed bristly or puberulent. Verticillasters 6- to many flowered; corolla white and/or yellow, rarely purplish red. Nutlets brown, obovoid, triquetrous, scaly. Forest margins, roadsides, field margins, grasslands, open thickets. Distr. SW China; NE, C and NW China; Japan, Mongolia, Russia, C Europe, North America, etc.

1
2
3
4
4
5

唇形科 Lamiaceae | 香茶菜属 *Isodon* (Schrad. ex Benth.) Spach

灌木、半灌木或多年生草本。花萼有时直立或下倾，萼齿 5 枚，近等大或呈 3/2 式二唇形；花冠上唇外反，先端具 4 圆裂；下唇全缘，通常较上唇长，内凹，常呈舟状；花丝离生，无齿。约 100 种；中国 77 种；横断山区有 48 种。

Shrubs, subshrubs, or perennial herbs. Calyx erect or declined, equally 5-toothed or 2-lipped (upper lip 3-toothed, lower 2-toothed); upper corolla lip recurved or reflexed, equally or subequally 4-lobed at apex; lower lip entire, concave, navicular; filaments free, edentate. About 100 species; 77 in China; 48 in HDM.

1 细锥香茶菜

1 2 3 4 5 6 7 8 9 10 11 12 600-2800 m

Isodon coetsa (Buch.-Ham. ex D.Don) Kudô[1-3]

多年生草本或半灌木。叶卵圆形。花冠紫、蓝紫色，下唇大，远长于冠筒；雄蕊内藏。生于草坡、溪边、林缘、灌丛。分布于西南地区；华南地区；尼泊尔、印度、缅甸、老挝、越南。

Plants perennial herbs or subshrubs. Leaves ovoid. Corolla purple to purple-blue, lower corolla lip usually longer than corolla tube; stamens included. Slopes, streamsides, forest margins, thickets. Distr. SW China; S China; Nepal, India, Myanmar, Laos, Vietnam.

2 紫萼香茶菜

1 2 3 4 5 6 7 8 9 10 11 12 2600-3500 m

Isodon forrestii (Diels) Kudô[1-3]

多年生草本。聚伞花序 7~11 朵花，有花序梗，密被腺状柔毛；花萼深紫红色，萼齿 5 枚，多少呈二唇形；花冠深蓝、淡蓝或红色，外面基部具柔毛，筒部约 1 厘米；雄蕊 4 枚，内藏。生于石质山坡草地、开阔林缘。分布于四川、云南。

Plants perennial herbs. Cymes 7-11-flowered, pedunculate, densely glandular pubescent; calyx dark purple-red, 5-toothed, slightly 2-lipped; corolla dark blue, bluish, or reddish, pilose outside especially basally, tube about 1 cm; stamens 4, included. Stony grasslands, forest margins, grassy openings in pine forests. Distr. Sichuan, Yunnan.

3 叶穗香茶菜

1 2 3 4 5 6 7 8 9 10 11 12 1000-3000 m

Isodon phyllostachys (Diels) Kudô[1-3]

多灌木或半灌木，高 0.9~3 米。花冠淡黄色或白色，具紫斑，约 6 毫米，外被疏柔毛，筒部约 3 毫米。生于山坡灌丛。分布于四川、云南。

Shrubs or subshrubs, 0.9-3 m. Corolla yellowish or white with purple spots, about 6 mm, pilose outside, tube about 3 mm. Thickets, grassy hills. Distr. Sichuan, Yunnan.

4 黄花香茶菜

1 2 3 4 5 6 7 8 9 10 11 12 500-2800 m

Isodon sculponeatus (Vaniot) Kudô[1-3]

直立多年生草本。聚伞花序通常在主茎及分枝顶端组成圆锥花序；果时花萼管状钟形，下部囊状增大，稍弯曲；花冠黄色，上唇内面具紫斑。生于空旷草地、灌丛中、疏林下。分布于西藏、四川、云南；广西、贵州、陕西；印度、尼泊尔。

Herbs erect, perennial. Cymes in spreading panicles; fruiting calyx tubular-campanulate, base saccate-dilated, ± curved; corolla yellow, purple spotted on upper lip, rarely reddish. Open grasslands, thickets, sparse forests. Distr. Xizang, Sichuan, Yunnan; Guangxi, Guizhou, Shaanxi; India, Nepal.

5 四川香茶菜

1 2 3 4 5 6 7 8 9 10 11 12 2100-3500 m

Isodon setschwanensis (Hand.-Mazz.) H.Hara[1, 3]

小灌木，高 1~1.5 米。叶狭菱状卵形或披针形，边缘具锯齿或近圆齿状牙齿。花萼外面疏被腺点及贴生疏柔毛；花冠白色，具紫斑。生于林下。分布于四川西南部、云南西北部。

Shrubs, 1-1.5 m tall. Leaves rhombic-ovate, lanceolate, or ovate, margin serrate or subcrenate-dentate. Calyx campanulate, sparsely glandular, appressed pilose; corolla white with purple spots. Forests, hills. Distr. Sichuan, Yunnan.

1
2
2
3
3
4
4
5

唇形科 Lamiaceae | 野芝麻属 *Lamium* L.

一年生或多年生草本。叶圆形或肾形至卵圆形或卵圆状披针形。花冠下唇侧裂片不发达，边缘常有 1 枚小而尖锐的齿；花药平叉开，有毛。约 40 种；中国 4 种；横断山区 1 种。

Herbs annual or perennial. Stem leaf blades circular or reniform to ovate-lanceolate. Lateral lobes of lower corolla lip not developed, with a small, acute tooth on margin; anther cells divaricate, hairy. About 40 species; four in China; one in HDM.

1 宝盖草

1 2 **3 4 5** 6 7 8 9 10 11 12 | <4000 m

Lamium amplexicaule L.[1-2, 4-5]

一年生或二年生植物。叶片均圆形或肾形，两面均疏生小糙伏毛。花冠紫红或粉红色，花冠筒直，圆筒形，内面无毛环。生于路旁、林缘、沼泽草地，或为田间杂草。分布于西南地区；华中、华南、西北；欧洲、亚洲广泛分布。

Herbs annual or biennial. Leaf blade circular to reniform, sparsely strigose. Corolla purple-red or reddish, corolla tube straight, cylindric, without hairy annulus inside. Roadsides, forest margins, marshes, sometimes weed in fields. Distr. SW China; C, S and NW China; Europe, Asia.

唇形科 Lamiaceae | 益母草属 *Leonurus* L.

一年生、二年生或多年生直立草本。叶 3~7 枚裂，近掌状分裂。轮伞花序多花密集；花冠白、粉红至淡紫色。小坚果锐三棱形。约 20 种；中国 12 种；横断山区 1 种。

Herbs annual, biennial, or perennial. Leaves 3-7-lobed, basal ± palmately lobed. Verticillasters many flowered; corolla white, reddish, to purplish. Nutlets acutely triquetrous. About 20 species; 12 in China; one in HDM.

2 益母草

1 2 3 4 5 **6 7 8 9** 10 11 12 | <3400 m

Leonurus japonicus Houtt.[1-3, 5]

— *Leonurus artemisia* (Lour.) S.Y.Hu

一年生或二年生草本。叶掌状 3 裂，叶分裂成的小裂片通常宽在 3 毫米以上。花序上的苞叶全缘或具稀少牙齿；花冠较小，长 1~1.2 厘米，粉红至淡紫红色，外被柔毛。杂草，生长于向阳处为多。分布于全国各地；日本、柬埔寨，以及非洲、美洲各地等均有分布。

Herbs annual or biennial. Leaves 3-lobed, lobes pinnately divided, lobules of leaves more than 3 mm wide. Floral leaves entire or rarely few dentate; corolla 1-1.2 cm, white or reddish to purplish red, villous. Weed, grow at sunny areas. Distr. Japan, Cambodia, Africa, America, etc.

唇形科 Lamiaceae | 绣球防风属 *Leucas* R.Br.

草本或半灌木。花萼管状至倒圆锥状，具 8~10 枚齿；花冠通常白色，稀黄、紫、浅棕或红色。小坚果卵珠形，三棱状。约 100 种；中国 8 种；横断山区 3 种。

Herbs or subshrubs. Calyx tubular to obconical, teeth 8-10; corolla usually white, rarely yellow, purple, brownish, or scarlet. Nutlets ovoid, triquetrous. About 100 species; eight in China; three in HDM.

3 绣球防风

1 2 3 4 5 6 **7 8 9 10** 11 12 | 500-2800 m

Leucas ciliata Benth.[1-4]

草本，高 30~80 厘米，有时至 1 米。轮伞花序腋生，多花密集，球形；花萼管状，齿 10 枚，刺状，在果时呈星状开张；花冠白色或紫色。生于路旁、溪边、草地或灌丛。分布于四川、云南；广西、贵州；不丹、印度、老挝、缅甸、尼泊尔、越南。

Herbs, 30-80(-100) cm tall. Verticillasters axillary, many flowered, globose; calyx tubular, teeth 10, spinescent, spreading starlike in fruit; corolla white or purple. Roadsides, streamsides, grasslands, thickets. Distr. Sichuan, Yunnan; Guangxi, Guizhou; Bhutan, India, Laos, Myanmar, Nepal, Vietnam.

唇形科 Lamiaceae | 米团花属 *Leucosceptrum* Sm.

灌木或小乔木。枝和叶通常被浓密的绒毛。花冠白、粉红至紫红色，筒状。具紫褐色花蜜，为很好的蜜源植物。单型属。

Shrubs to small trees. Branches and leaves covered with thick hairs. Corolla white or reddish to purple-red, tubular. The flowers have dark-purple nectar, and the plants are nice honey plant. Monotypic.

1 米团花

1 2 3 4 5 6 7 8 9 10 **11 12** 1000-2600 m

Leucosceptrum canum Sm.[1-5]

描述同属。生于干燥的开阔荒地、林缘、谷地溪边、次生林、灌丛中。分布于西藏、四川、云南；不丹、印度、老挝、缅甸、尼泊尔、越南。

See description for the genus. Dry open waste areas, forest margins, valley streamsides, second growth forests, thickets. Distr. Xizang, Sichuan, Yunnan; Bhutan, India, Laos, Myanmar, Nepal, Vietnam.

唇形科 Lamiaceae | 扭连钱属 *Marmoritis* Benth.

多年生草本，通常全株被白柔毛。花冠管状，通常倒扭；上唇（倒扭后变下唇）2 裂，下唇（倒扭后变上唇）3 裂。约 5 种；中国均产；横断山区 2 种。

Herbs perennial, with white villous. Corolla tubular, usually resupinate; upper lip 2-lobed(apparent lower lip when corolla resupinate), lower lip 3-lobed(apparent upper lip when corolla resupinate). About five species; all found in China; two in HDM.

2 扭连钱

1 2 3 4 5 **6 7** 8 9 10 11 12 4130-5000 m

Marmoritis complanatum (Dunn) A.L.Budantzev[1]

— *Phyllophyton complanatum* Kudô

多年生草本。花萼齿卵形到三角状卵形，具缘毛；花冠上唇（倒扭后成下唇）裂片长圆形；花冠蓝紫色或淡红色。生于高山上强裂风化的乱石滩石隙间。分布于青海、西藏、四川、云南。

Herbs perennial. Calyx teeth ovate to ovate-triangular, apex pilose; corolla resupinate, lobes of lower lip of corolla oblong; purple blue or reddish. Crevices of weathered rocks, stony alluvial fans. Distr. Qinghai, Xizang, Sichuan, Yunnan.

唇形科 Lamiaceae | 龙头草属 *Meehania* Britton

一年生或多年生草本。植株具走茎或无。叶先端锐尖或短渐尖。花大，长一般超过 3 厘米；药室平行。约 7 种；中国 5 种；横断山区 1 种。

Herbs annual or perennial. Plants stoloniferous or not. Leaves acute or short acuminate at apex. Flowers generally more than 3 cm; anther cells parallel. About seven species; five in China; one in HDM.

3 华西龙头草

1 2 3 **4 5 6** 7 8 9 10 11 12 1900-3500 m

Meehania fargesii (H.Lév) C.Y.Wu[1-4]

多年生草本，具匍匐茎。叶心形至卵状心形，基部心形。花序顶生；萼筒管状，肋上疏被短柔毛，萼齿三角形至狭三角形；花冠淡红至紫红色。生于针阔叶混交林或针叶林下荫处。分布于西南地区；华东、华南地区。

Herbs perennial, stoloniferous. Leaf blade cordate to oblong-ovate, base cordate. Inflorescences terminal; calyx tubular, densely puberulent, teeth ovate-triangular to narrowly triangular; corolla reddish to purple-red. Shady areas in mixed evergreen forest, and coniferous forests. Distr. SW China; E and S China.

1
1
2
2
3

唇形科 Lamiaceae | 薄荷属 *Mentha* L.

多年生或稀为一年生草本，芳香。花冠漏斗形，大都近于整齐或稍不整齐，冠筒通常不超出花萼，喉部稍膨大或前方呈囊状膨大。约 30 种；中国原产 6 种；横断山区 2 种。

Herbs annual or perennial, aromatic. Corolla funnelform, regular or slightly irregular, tube generally included, throat slightly dilated or saccate in front. About 30 species; six native in China; two in HDM.

1 薄荷 1 2 3 4 5 6 7 8 9 10 11 12 ≈ 3500 m

Mentha canadensis L.[1]

— *Mentha haplocalyx* Briq.

多年生草本。茎直立，多分枝。叶片长圆状披针形、椭圆形或卵状披针形。轮伞花序腋生，轮廓球形；花冠淡紫色。生于水旁潮湿地。分布于全国各地；俄罗斯、日本、热带亚洲及北美洲。

Herbs perennial. Stems erect, much branched. Leaf blade ovate-lanceolate to oblong, Verticillasters axillary, globose; corolla purplish or white. Wet areas. Distr. all over Mainland China; Russia, Janpan, tropical Asia, North America.

唇形科 Lamiaceae | 姜味草属 *Micromeria* Benth.

半灌木或草本。轮伞花序腋生，少花至多花，常在茎、枝上部排列成穗状或圆锥花序；花冠白、粉红至紫色。小坚果卵珠状或长圆状三棱形，干燥，光滑。约 100 种；中国 5 种；横断山区 3 种。

Subshrubs or herbs. Verticillasters axillary, 1- to many flowered, in terminal spikes or panicles; corolla white, reddish, to purple. Nutlets ovoid or triquetrous oblong, dry, smooth. About 100 species; five in China; three in HDM.

2 姜味草 1 2 3 4 5 6 7 8 9 10 11 12 2000-2500 m

Micromeria biflora (Buch.-Ham. ex D.Don) Benth.[1-4]

半灌木，丛生，具香味。聚伞花序 1~2（~5）朵花；花冠粉红色；子房黄褐色，无毛。小坚果褐色，长圆形，无毛。生于石灰岩山地、开旷草地等处。分布于云南；贵州；阿富汗、不丹、印度、尼泊尔。

Subshrubs tufted, aromatic. Verticillasters 1- or 2(-5)-flowered; corolla rose; ovary yellow-brown, glabrous. Nutlets brown, oblong, glabrous. Hilly grasslands over limestone. Distr. Yunnan; Guizhou; Afghanistan, Bhutan, India, Nepal.

唇形科 Lamiaceae | 冠唇花属 *Microtoena* Prain

多年生或稀为一年生草本。芳香。花冠漏斗形，大都近于整齐或稍不整齐，冠筒通常不超出花萼，喉部稍膨大或前方呈囊状膨大。约 24 种；中国 20 种；横断山区 2 种。

Herbs annual or perennial, aromatic. Corolla funnelform, regular or slightly irregular, tube generally included, throat slightly dilated or saccate in front. About 24 species; 20 in China; two in HDM.

3 云南冠唇花 1 2 3 4 5 6 7 8 9 10 11 12 2000-2900 m

Microtoena delavayi Prain var. *delavayi*[1-4]

多年生草本。茎被短柔毛。叶心形至心状卵圆形，具小突尖的圆齿状粗锯齿。二歧聚伞花序多花，腋生或顶生；花萼钟形，5 枚齿，狭椭圆形至披针形，果时囊状增大；花冠约 1.5 厘米，黄色、盔红色或紫红色，下唇中裂片较大。小坚果三棱形。生于阴湿的林内、林缘、草坡、灌丛。分布于四川、云南。

Herbs perennial. Stems pubescent. Leaf blade cordate to oblong-ovate, margin mucronate crenate-serrate. Cymes dichotomous, axillary or in terminal panicles; calyx campanulate, 5 teeth narrowly oblong to lanceolate, fruiting calyx saccate-dilated; corolla, about 1.5 cm, yellow, galeate red or purple-red, middle lobe of lower lip largest. Nutlets triquetrous. Shady, wet areas in forests, forest margins, grassy slopes, thickets. Distr. Sichuan, Yunnan.

4 黄花云南冠唇花 1 2 3 4 5 6 7 8 9 10 11 12 ≈ 2000 m

Microtoena delavayi var. *lutea* C.Y.Wu et Hsuan[1-2, 4]

本变种花较大，可达 2.6 厘米。全花为黄色。生于常绿阔叶林下阴湿处。分布于云南中部和南部。

Flowers bigger than *M. delavayi*, to 2.6 cm, yellow. Shady, wet areas in laurisilva. Distr. C and S Yunnan.

1

2

2

3

3

4

唇形科 Lamiaceae | 荆芥属 *Nepeta* L.

大多为多年生，稀为一年生草本，更稀为半灌木。植株无地上走茎。小坚果有瘤或光滑。约 250 种；中国 42 种；横断山区 15 种。

Subshrubs or perennial or annual herbs. Plants without stolons. Nutlets warty or smooth. About 250 species; 42 in China; 15 in HDM.

1 穗花荆芥

1 2 3 4 5 6 **7 8** 9 10 11 12 2300-4100 m

Nepeta laevigata (D.Don) Hand.-Mazz.[1-5]

多年生草本。花冠蓝紫色，其长为萼的 1.5 倍。生于草甸、灌木草地或灌丛草坡上、针叶林或混交林的林缘。分布于西藏、四川、云南；阿富汗、印度、尼泊尔。

Herbs perennial. Corolla blue-purple, about 1.5 × as long as calyx. Grasslands, shrub-grasslands, grassy slopes, coniferous and mixed forest margins, forests. Distr. Xizang, Sichuan, Yunnan; Afghanistan, India, Nepal.

2 康藏荆芥

1 2 3 4 5 6 **7 8 9 10** 11 12 1900-4400 m

Nepeta prattii H.Lév.[1-3, 5]

多年生草本。茎被倒向短硬毛或变无毛，淡黄色腺点。叶卵状披针形至披针形，基部浅心形，边缘具密牙齿状锯齿，两面被毛；上部叶具极短柄或无。轮伞花序或成穗状；苞片较萼短，喉部极斜；花冠长 2.8~3.5 厘米，伸出于萼；下唇中裂片肾形，基部具白色髯毛，边缘嚼齿状，先端具弯缺。小坚果腹面具棱。生于湿润草坡。分布于甘肃、青海、 西藏、四川；河北、山西、陕西。

Herbs perennial. Stems retrorse hirtellous or glabrate, yellowish glandular. Leaf blade ovate-lanceolate to lanceolate, base shallowly cordate, both sides with hairs. Petiole very short to absent in upper leaves. Verticillasters or compact spikes; bracts shorter than calyx, throat very oblique; corolla purple or blue, 2.8-3.5 cm, exserted; middle lobe of lower lip reniform, base white barbate, margin erose, apex emarginate. Nutlets adaxially ribbed. Wet grassy slopes. Distr. Gansu, Qinghai, Xizang, Sichuan; Hebei, Shanxi, Shaanxi.

3 狭叶荆芥

1 2 3 4 5 6 **7 8 9 10** 11 12 2600-3350 m

Nepeta souliei H.Lév.[1-3, 5]

多年生草本。叶上面被短微柔毛，下面因密被短柔毛而呈灰白色，有时混生黄色小腺点。花冠紫色，下唇白色具紫色斑点，外疏被微柔毛，内面在下唇中裂片基部具黄色髯毛。生于山地草坡或疏林中。分布于西藏东部、四川西部（木里、康定、道孚）。

Herbs perennial. Leaves pubescent adaxially, densely gray pubescent abaxially, sometimes intermixed with yellow glands. Corolla purple, lower lip white with purple spots, middle lobe of lower lip inversely cordate, yellow barbate. Hillsides, forest margins, sparse forests. Distr. E Xizang, W Sichuan (Muli, Kangding, Daofu).

4 多花荆芥

1 2 3 4 5 6 7 **8 9 10** 11 12 2700-3300 m

Nepeta stewartiana Diels[1-5]

多年生植物。轮伞花序 5~10 朵花；花冠紫色或蓝色，长 20~25 毫米。生于山地草坡或林中。分布于西藏东部、四川西南部、云南西北部。

Herbs perennial. Verticillasters 5-10-flowered; corolla purple or blue, 20-25 mm. Grassy slopes, forests. Distr. E Xizang, SW Sichuan, NW Yunnan.

5 细花荆芥

1 2 3 4 5 6 7 **8 9** 10 11 12 2750-3600 m

Nepeta tenuiflora Diels[1-4]

多年生草本。花为雌花两性花同株；花小，花冠紫蓝色或浅蓝色。生于山坡草地、灌丛及松林边缘。分布于四川西南部、云南西北部。

Herbs perennial. Plants gynomonoecious; corolla purple-blue or bluish. Grassy hillsides, forest margins, thickets. Distr. SW Sichuan, NW Yunnan.

唇形科 Lamiaceae | 牛至属 *Origanum* L.

多年生草本或半灌木。常为雌花、两性花异株；苞片及小苞片绿色或紫红色。约 15~20 种；中国 1 种；横断山区 1 种。

Subshrubs or perennial herbs. Gynodioecious; bracts and bracteoles green and purple-red. About 15-20 species; one in China; found in HDM.

1 牛至

1 2 3 4 5 6 **7 8 9** 10 11 12 500-3600 m

Origanum vulgare L.[1-5]

多年生草本或半灌木，芳香。叶片卵圆形或长圆状卵圆形。花冠紫红至白色，管状钟形。生于山坡、草地、林下。分布于西南地区；华中、华东、华南、西北地区；非洲、欧洲、北美洲。

Subshrubs or perennial herbs, aromatic. Leaf blade ovate to oblong-ovate. Corolla purple-red to white, tubular-campanulate. Hills, grasslands, forests. Distr. SW China; C, E, S and NW China; Africa, Europe, North America.

唇形科 Lamiaceae | 鸡脚参属 *Orthosiphon* Benth.

多年生草本或半灌木。根通常粗厚，木质。叶具齿。轮伞花序具 4~6 朵花；苞片短于花梗；花萼二唇形，色艳，上唇边缘下延至萼筒；花冠白色、浅红至紫色，花筒伸出，下唇全缘，内凹；雄蕊 4 枚，前对较长，下倾；花柱先端球状；花盘前方指状膨大。小坚果光滑或微皱。约 45 种；中国 3 种；横断山 1 种。

Perennial herbs or subshrubs. Roots often thickened, woody. Leaves dentate. Verticillasters 4-6-flowered; bracts shorter than pedicels; calyx 2-lipped, with brilliant colors, upper lip decurrent into tube; corolla white or reddish to purple, 2-lipped, lower lip entire, concave; stamens 4, anterior 2 longer, declined; style globose; disc fingerlike in front. Nutlets minutely glabrous or tuberculate. About 45 species; three in China; one in HDM.

2 鸡脚参

1 2 **3 4 5 6 7 8 9 10** 11 12 800-2900 m

Orthosiphon wulfenioides (Diels) Hand.-Mazz.[1-4]

多年生草本。茎常丛生，茎枝带紫红色，密被长柔毛、腺柔毛。叶无柄，卵形、倒卵形或舌状，基本基生。轮伞花序顶生；花萼紫红色，宽管状，果时花萼明显反折；花冠浅红至紫色；雄蕊内藏。生于林下或山坡。分布于四川、云南；广西、贵州。

Herbs perennial. Stems tufted, branches and stems purplish red, densely villous, glandular pubescent. Leaves sessile, ovate to obovate or ligulate, mostly basal. Verticillasters terminal; calyx purple-red, broadly tubular, fruiting calyx conspicuously reflexed; corolla reddish to purple; stamens included. Forests, hills. Distr. Sichuan, Yunnan; Guangxi, Guizhou.

唇形科 Lamiaceae | 糙苏属 *Phlomoides* Moench

多年生草本。叶脉非扇形。花序多为腋生轮伞花序，疏离或密集；花冠上唇边缘常多毛或有流苏状缺刻；后对花丝基部多有附属器。超过 100 种；中国 43 种；横断山区 20 种。

Herbs perennial or subshrubs. Leaf venation not fan-shaped. Verticillasters axillary, lax or dense; upper corolla lip always hairy or fringed-incised; posterior stamens mostly appendiculate at base. More than 100 species; 43 in China; 20 in HDM.

3 深紫糙苏

1 2 3 4 5 **6 7 8** 9 10 11 12 2800-3900 m

Phlomoides atropurpurea (Dunn) Kamelin & Makhm[32]

— *Phlomis atropurpurea* Dunn

多年生草本。植株近无毛，基生叶和茎生叶卵形，很少卵状长圆形到长圆状披针形。花冠紫色，上唇带紫黑色，少有浅紫色至白色；雄蕊内藏；花丝基部无附属器。小坚果无毛。生于沼泽草甸上。分布于云南西北部。

Herbs perennial. Plant subglabrous, basal and stem leaf blades ovate, rarely ovate-oblong to oblong-lanceolate. Corolla purple, with purple-black upper lip, rarely purplish to white; stamens included; filaments without appendages at base. Nutlets glabrous. Marshy meadows. Distr. NW Yunnan.

1
1
2
2
3
3

1 长刺钩萼草

1 2 3 4 5 6 7 8 9 10 11 12 2000-2400 m

Phlomoides longiaristata (C.Y.Wu & H.W.Li) Salmaki[31]

— *Notochaete longiaristata* C.Y.Wu & H.W.Li

直立草本。茎具槽。叶柄长2~8厘米；叶基部微心形至心形，先端急尖。轮伞花序3~4个；苞片长1.3~1.5厘米；花萼管状长约7毫米；花冠白色。小坚果先端被星毛。生于密林下溪边。分布于西藏、云南。

Herbs erect. Stems grooved. Petiole 2-8 cm; leaf blade base shallowly cordate to cordate, apex acute. Verticillasters 3 or 4; bracts 1.3-1.5 cm; calyx tube about 7 mm; corolla white. Nutlets apex stellate. Streamsides in dense forests. Distr. Xizang, Yunnan.

2 长萼糙苏

1 2 3 4 5 6 7 8 9 10 11 12 ≈ 3700 m

Phlomoides longicalyx (C.Y.Wu) Kamelin & Makhm.[32]

— *Phlomis longicalyx* C.Y.Wu

多年生草本。茎多分枝。茎生叶卵形，具粗牙齿。轮伞花序4~16朵花；苞片针状，较萼短；花萼长约15毫米；花小，长约2.5厘米；上唇边缘具小齿，内面被髯毛；下唇中裂片较侧裂片大；花柱先端极不等的2裂。小坚果无毛。生于竹丛下。分布于云南。

Herbs perennial. Stems much branched. Stem leaf blades ovate, margin dentate. Verticillasters numerous, 4-16-flowered; bracts shorter than calyx; calyx about 15 mm; flowers small, about 2.5 cm; upper lip margin denticulate, bearded inside; lower lip middle lobe bigger than lateral ones; style apex 2-lobed, extremely unequally. Nutlets glabrous. Bamboo forests. Distr. Yunnan.

3 黑花糙苏

1 2 3 4 5 6 7 8 9 10 11 12 3000-3300 m

Phlomoides melanantha (Diels) Kamelin & Makhm.[32]

— *Phlomis melanantha* Diels

多年生草本。植株全为茎生叶，叶上面被糙伏毛，下面沿边缘被糙伏毛。花冠紫红色，但唇瓣带暗紫色；后对雄蕊花丝基部有直达毛环、纤细而向下的附属器。小坚果无毛。生于云杉、混交林下或草地。分布于四川、云南。

Herbs perennial. Plants without basal leaf rosette, only stem leaves present, adaxially strigose, abaxially with scattered elevated glands. Corolla purple-red, limb dark purple or reddish; posterior filaments each with a slender reflexed basal appendage. Nutlets glabrous. *Picea* forests, mixed forests, grasslands. Distr. Sichuan, Yunnan.

4 独一味

1 2 3 4 5 6 7 8 9 10 11 12 2700-4900 m

Phlomoides rotata (Benth. ex Hook.f.) Mathiesen[30]

— *Lamiophlomis rotata* (Benth.) Kudô

生于高原或高山上强度风化的碎石滩中或石质高山草甸、河滩地。分布于甘肃、青海、西藏、四川西部、云南西北部；尼泊尔、印度、不丹。

Weathered alpine alluvial fans, stony alpine meadows, floodplain. Distr. Gansu, Qinghai, Xizang, W Sichuan, NW Yunnan; Nepal, India, Bhutan.

1

1
2
2
3
3
4

唇形科 Lamiaceae | 夏枯草属 *Prunella* L.

多年生草本。花萼二唇形，上唇扁平，先端宽截形，具短的 3 齿；果期花萼下唇缢缩闭合；花冠上唇盔状。约 7 种；中国 4 种；横断山区 2 种。

Herbs perennial. Calyx with very dissimilar teeth, upper lip flat, truncate, shortly 3-toothed; throat closed in fruit by 2 obliquely upwardly directed teeth of lower lip; upper corolla lip galeate. About seven species; four in China; two in HDM.

1 硬毛夏枯草

1 2 3 4 5 6 7 8 9 10 11 12 1500-3800 m

Prunella hispida Benth.[1-5]

多年生草本。植株各部明显具刚毛。花冠蓝紫色，上唇背上明显具一硬毛带。生于林缘及山坡草地上。分布于西藏、四川、云南；印度。

Herbs perennial. Plants conspicuously hispid throughout. Corolla blue-purple, upper lip with a conspicuous hispid belt on back. Forest margins, grassy slopes. Distr. Xizang, Sichuan and Yunnan; India.

2 夏枯草

1 2 3 4 5 6 7 8 9 10 11 12 <3200 m

Prunella vulgaris L.[1-5]

多年生草本。植株细弱，各部具稀疏糙毛或近无毛。花冠紫或红紫色，长约 13 毫米，略超出于萼。生于荒坡、草地、溪边、林缘、灌丛。分布于全国各省区；北非、西亚、中亚、欧洲各地等。

Herbs perennial. Plants slender, sparsely strigose or subglabrous throughout. Corolla purple, red-purple, corolla slightly exserted, about 13 mm. Open slopes, grasslands, wet streamsides, forest margins, thickets. Distr. widespread in China; N Africa, W and C Asia, Europe, etc.

唇形科 Lamiaceae | 掌叶石蚕属 *Rubiteucris* Kudô

多年生草本。叶常掌状 3 裂几成 3 小叶的复叶。单种属，分布于中国和印度。

Herbs perennial. Leaves 3-palmatisect to palmately 3-foliolate. A monotypic genus. Distr. China and India.

3 掌叶石蚕

1 2 3 4 5 6 7 8 9 10 11 12 2000-3000 m

Rubiteucris palmata (Benth. ex J.D.Hook.) Kudô[1-5]

生于亚高山针叶林下、阴湿沃土上。分布于甘肃、西藏、四川、云南；湖北、贵州、陕西、台湾；印度。

Moist fertile soil in subalpine coniferous forests. Distr. Gansu, Xizang, Sichuan, Yunnan; Hubei, Guizhou, Shaanxi, Taiwan; India.

3

唇形科 Lamiaceae | 鼠尾草属 *Salvia* L.

草本或半灌木或灌木。轮伞花序 2 至多朵花，组成总状或总状圆锥或穗状花序，稀全部花为腋生；能育雄蕊 2 枚，药隔线形，横架于花丝顶端，以关节相联结，成“丁”字形与否。约 900~1100 种；中国 84 种；横断山区 37 种。

Herbs, subshrubs, or shrubs. Verticillasters 2- to many flowered, in racemes, panicles, or spikes, rarely solitary, axillary; stamens 2, anther connective linear, attached to filaments by dolabriform joints or not. About 900-1100 species; 84 in China; 37 in HDM.

1 戟叶鼠尾草

1 2 3 4 5 6 7 **8** 9 10 11 12 2100-3400 m

Salvia bulleyana Diels[1-4]

多年生草本。叶片卵圆形或卵圆状三角形。轮伞花序通常 4 朵花，疏松；花冠紫蓝色。生于山坡路旁。分布于云南。

Plants perennial. Leaf blade ovate to ovate-triangular. Verticillasters 4-flowered, in loose racemes or panicles; corolla purple-blue. Hillsides. Distr. Yunnan.

2 栗色鼠尾草

1 2 3 4 **5** **6** **7** **8** **9** 10 11 12 2500-2800 m

Salvia castanea Diels[1-5]

多年生草本。叶片椭圆状披针形或长圆状卵圆形，基部钝圆或近心形。轮伞花序 2~4 朵花，稀疏排列；花冠紫褐色、栗色或深紫色，冠筒下部“之”字形弯曲。生于疏林、山坡、林缘草地。分布于西藏、四川、云南；尼泊尔。

Herbs perennial. Leaf blade elliptic-lanceolate to oblong-ovate, base rounded to subcordate. Verticillasters 2-4-flowered, widely spaced; corolla purple-brown, chestnut brown, or dark purple, tube zigzag toward base. Forests, hillsides, grasslands. Distr. Xizang, Sichuan, Yunnan; Nepal.

3 光叶栗色鼠尾草

1 2 3 4 **5** **6** **7** **8** **9** 10 11 12 ≈ 3250 m

Salvia castanea f. *glabrescens* E.Peter

这一变型与原变型不同在于叶两面变无毛，上面多少具光泽。生于高山松林下。分布于云南西北部。

Simiar to *S. castanea*, but leaves with shiny, glabrous. Alpine pine forests. Distr. NW Yunnan.

4 犬形鼠尾草

1 2 3 4 5 6 **7** **8** 9 10 11 12 1500-3200 m

Salvia cynica Dunn[1-3]

多年生草本。叶片宽卵圆形至戟状宽卵圆形或近圆形。花萼筒形，常带紫色；花冠黄色，冠筒内面有毛环。生于沟边、林下等处。分布于四川东部及西部。

Herbs perennial. Leaf blade broadly ovate to broadly hastate-ovate or subcircular. Calyx tubular, always purplish; corolla yellow, corolla tube hairy annulate inside. Streamsides, forests. Distr. E and W Sichuan.

5 毛地黄鼠尾草

1 2 3 **4** **5** **6** 7 8 9 10 11 12 2500-3400 m

Salvia digitaloides Diels[1-3]

多年生直立草本。茎和叶被柔毛。叶长圆状椭圆形，先端钝或圆形，基部圆形至心形。花萼钟形，具紫脉；花冠黄色，有淡紫色的斑点。生于松林下荫燥地或旷坡草地上。分布于四川、云南西北部；贵州。

Herbs perennial. Stems and leaves with villous. Leaf blade oblong-elliptic, apex obtuse to rounded, base rounded to cordate. Calyx campanulate, purple veined; corolla yellow with purplish spots. Dry shady pine forests, grassy hillsides, valleys. Distr. Sichuan, NW Yunnan; Guizhou.

1

1

2

3

4

4

5

1 黄花鼠尾草

1 2 3 4 5 6 7 8 9 10 11 12 2500-4000 m

Salvia flava Forrest ex Diels var. *flava*[1-4]

多年生草本。叶片卵圆形或三角状卵圆形，密被柔毛。花萼钟形，长约 1 厘米；花冠黄褐色，下唇中裂片具紫色斑点。生于林下、林缘、山坡草地。分布于四川西南部、云南西北部。

Herbs perennial. Leaf blade with trichomes, ovate to triangular-ovate. Calyx campanulate, about 1 cm; corolla yellow or brown or purple spotted on middle lobe. Forests, forest margins, hillsides, grasslands. Distr. SW Sichuan, NW Yunnan.

2 大花黄花鼠尾草

1 2 3 4 5 6 7 8 9 10 11 12 2400-3900 m

Salvia flava var. *megalantha* Diels[1-4]

与原变种不同在于花萼长 1.3~1.5 厘米；花冠下唇中裂片宽 1.8 厘米，明显具褐色或紫色斑点。生于开旷山坡、草地及林缘潮湿处。分布于云南西北部。

Differ from *S. f.* var. *falava* at: calyx 1.3-1.5 cm; middle lobe of lower corolla lip to 1.8 cm wide, yellow, conspicuously brown or purple spotted. Open hillsides, grasslands, wet forest margins. Distr. NW Yunnan.

3 康定鼠尾草

1 2 3 4 5 6 7 8 9 10 11 12 3750-4800 m

Salvia prattii Hemsl.[1-3, 5]

多年生直立草本。叶片长圆状戟形或卵状心形，两面被微硬伏毛，下面更多，密被深紫色腺点。花冠红色或青紫色。生于山坡草地上。分布于青海南部、四川西部及西北部。

Herbs perennial. Leaf blade oblong-hastate to ovate-cordate, adaxially finely strigose, abaxially densely strigose, dark purple glandular. Corolla red or violet. Grassy slopes. Distr. S Qinghai, W and NW Sichuan.

4 甘西鼠尾草

1 2 3 4 5 6 7 8 9 10 11 12 2100-4050 m

Salvia przewalskii Maxim.[1-4]

多年生草本。叶片三角状或椭圆状戟形，稀心状卵圆形，基部心形或戟形。花冠紫红色，外被疏柔毛，在上唇散布红褐色腺点。生于林缘、沟边、灌丛下。分布于甘肃、西藏、四川、云南。

Herbs perennial. Leaf blade triangular-hastate to oblong-lanceolate, rarely cordate-ovate, adaxially minutely hirsute, base cordate to hastate. Corolla purple-red and red-brown or white. Forest margins, streamsides, thickets. Distr. Gansu, Xizang, Sichuan, Yunnan.

5 粘毛鼠尾草

1 2 3 4 5 6 7 8 9 10 11 12 2500-3700 m

Salvia roborowskii Maxim.[1-5]

一年生或二年生草本。茎直立，密被有黏腺的长硬毛。叶片戟形或戟状三角形，两面被粗伏毛，下面尚被有浅黄色腺点。花冠黄色，外被疏柔毛或近无毛。生于山坡草地、沟边阴处、山腰山脚处。分布于甘肃、青海、西藏、四川、云南。

Herbs annual or biennial. Stems erect, densely viscid-hirsute. Leaf blade hastate to hastate-triangular, strigose, abaxially yellowish glandular. Corolla yellow, pilose or subglabrous. Grasslands, hillsides, foothills, wet streamsides. Distr. Gansu, Qinghai, Xizang, Sichuan, Yunnan.

4

1
1
2
3
3
4
4
5
5

1 三叶鼠尾草 1 2 3 4 5 6 7 8 9 10 11 12 1900-3900 m

Salvia trijuga Diels[1-5]

多年生草本。叶通常为三出叶。花冠蓝紫色，带有黄色斑点。生于山坡、沟边、草地、灌丛、林下。分布于西藏、四川、云南。

Herbs perennial. Leaves ternate compound. Corolla blue-purple with yellow spots. Hillsides, streamsides, grasslands, thickets, forests. Distr. Xizang, Sichuan, Yunnan.

2 西藏鼠尾草 1 2 3 4 5 6 7 8 9 10 11 12 3600-4500 m

Salvia wardii E.Peter[1-3, 5]

直立高大草本。基出叶多数，卵圆形或近戟形，基部深心形。花萼长 12~15 毫米；花冠蓝色而下唇白色，长 3.5~4 厘米。生于高山石砾草地灌木丛中。分布于西藏东部。

Herbs perennial. Basal leaves numerous, leaf blades ovate to subhastate, base strongly cordate. Calyx broadly campanulate, 12-15 mm; corolla 3.5-4 cm, blue with white on lower lip. Alpine gravelly grasslands, thickets. Distr. E Xizang.

唇形科 Lamiaceae | 黄芩属 *Scutellaria* L.

多年生或一年生草本、半灌木，稀至灌木，无香味。花萼于果期 2 裂到基部；子房有柄；小坚果扁球形或卵圆形。约 350 种；中国 98 种；横断山区约 14 种。

Herbs or subshrubs, rarely shrubs, not aromatic. Fruiting calyx 2-lipped to base; ovary stipitate. Nutlets oblate, globose, to ovoid. About 350 species; 98 in China; about 14 in HDM.

3 滇黄芩 1 2 3 4 5 6 7 8 9 10 11 12 1300-3000 m

Scutellaria amoena C.H.Wright var. *amoena*[1-4]

多年生草本。叶长圆形，常对折。总状花序顶生；花冠 2.4~3 厘米，紫色或蓝紫色。生于云南松林下草地中。分布于四川、云南；贵州。

Herbs perennial. Leaf blade oblong, folded. Racemes terminal; corolla 2.4-3 cm, purple or blue-purple. Grasslands, pine forests. Distr. Sichuan, Yunnan; Guizhou.

4 灰毛滇黄芩 1 2 3 4 5 6 7 8 9 10 11 12 1300-2700 m

Scutellaria amoena var. *cinerea* Hand.-Mazz.[1-4]

与原变种相似，但植株除花冠外全部极密被灰白至灰黄色长硬毛。生于云南松林下或草坡向阳处。分布于四川西南部、云南。

Similar to *S. amoena* var. *amoena*, but plants, except corolla, very densely gray or grayish yellow hirsute. Pine forests, sunny grassy slopes. Distr. SW Sichuan, Yunnan.

5 囊距黄芩 1 2 3 4 5 6 7 8 9 10 11 12 ≈ 2700 m

Scutellaria calcarata C.Y.Wu & H.W.Li[1-2, 4]

一年生草本。茎密被白色柔毛。叶柄长 1.5~2.5 厘米；叶片心形，长 2.3~4 厘米，宽 1.8~3.5 厘米，具 4~7 对胼胝体圆齿。花对生，于枝顶排列成总状花序，5~14 厘米；苞片无柄，长约 3 毫米，基部者叶状；花萼具盾片；花紫红色，长约 2 厘米，外密被腺白色微柔毛，冠筒基部成距；子房柄极短。生于常绿林缘、溪旁。分布于云南。

Herbs annual. Stems densely white puberulent. Petiole 1.5-2.5 cm; leaf blade cordate, 2.3-4 cm × 1.8-3.5 cm, margin 4-7-callose-crenate. Flowers opposite, racemes terminal, 5-14 cm; bracts sessile, about 3 mm, leaflike basally; calyx with scutellum; corolla purple-red, about 2 cm, densely white glandular puberulent outside, tube base with a spur; gynophore very short. Streamsides, evergreen forest margins. Distr. Yunnan.

1 灰岩黄芩 1 2 3 4 5 6 7 8 9 10 11 12 2100-3400 m

Scutellaria forrestii Diels[1-4]

多年生草本。茎直立，密被白色具节疏柔毛。叶草质，下部者近圆形；上部者较大，宽卵圆形，长 1.6~2.5(3.5) 厘米，宽 (1.1)1.5~2.5 厘米，边缘有圆锯齿。花对生，于枝顶成总状花序，4.5~8 厘米；花萼具盾片；花冠深蓝色，长 (2)3~3.5(3.7) 厘米，外密被具腺柔毛，冠筒基部成距；子房柄极短。生于栎林、松林及落叶松林中。分布于四川、云南。

Herbs perennial. Stems erect densely spreading white pilose. Lower leaf blade herbaceous, abaxially subcircular; upper leaf blades bigger, broadly ovate, 1.6-2.5(3.5) cm × (1.1)1.5-2.5 cm, margin crenate-serrate. Flowers opposite, racemes terminal, 4.5-8 cm; calyx with scutellum; corolla dark blue, (2)3-3.5(3.7) cm, densely fine glandular pilose outside, tube base with a spur; gynophore very short. Oak, pine, and larch forests. Distr. Sichuan, Yunnan.

2 连翘叶黄芩 1 2 3 4 5 6 7 8 9 10 11 12 2600-4000 m

Scutellaria hypericifolia H.Lév. var. *hypericifolia*[1-3, 5]

多年生草本。叶草质。花序总状；花冠白、绿白色至紫、紫蓝色。生于山地草坡、林缘。分布于四川西部。

Herbs perennial. Leaf blade herbaceous. Racemes terminal; corolla white, greenish white to purple or purple-blue. Grassy slopes, forest margins. Distr. W Sichuan.

3 多毛连翘叶黄芩 1 2 3 4 5 6 7 8 9 10 11 12 2600-4000 m

Scutellaria hypericifolia var. *pilosa* C.Y.Wu[1-3]

这一变种与原变种不同在于：茎及叶均密被平展疏柔毛。生于山坡草地上。分布于四川。

Similar to *S. hypericifolia*, but stems and leaves densely white pilose. Grassy slopes. Distr. Sichuan.

4 丽江黄芩 1 2 3 4 5 6 7 8 9 10 11 12 2500-3100 m

Scutellaria likiangensis Diels[1-4]

多年生草本。叶坚纸质。总状花序 6.5~12 厘米；花冠黄白色、黄色至绿黄色，常染粉紫斑或条纹，长 2.6~3 厘米。生于山地干燥灌丛或草坡上。分布于云南西北部。

Herbs perennial. Leaf blade papery. Racemes terminal, 6.5-12 cm; corolla yellow-white, or yellow to green-yellow, with purplish spots or lines, 2.6-3 cm. Grassy slopes, dry hillside thickets. Distr. NW Yunnan.

唇形科 Lamiaceae | 水苏属 *Stachys* L.

直立多年生或披散一年生草本，稀为亚灌木或灌木。轮伞花序常多数组成着生于茎及分枝顶端的穗状花序；花冠筒圆柱形，内面近基部有水平向或斜向的柔毛环。小坚果卵珠形或长圆形，先端钝或圆，光滑或具瘤。约 300 种；中国 18 种；横断山区 2 种。

Herbs erect perennials or diffuse annuals, rarely subshrubs or shrubs. Verticillasters 2- to many flowered, in terminal spikes; corolla tube cylindric, nearly always villous annulate inside. Nutlets ovoid to oblong, apex obtuse to rounded, smooth or tuberculate. About 300 species; 18 in China; two in HDM.

5 西南水苏 1 2 3 4 5 6 7 8 9 10 11 12 900-3800 m

Stachys kouyangensis (Vaniot) Dunn[1-4]

多年生草本。茎叶三角状心形。轮伞花序 5~6 朵花，稀疏排列；花冠浅红至紫红色。小坚果卵珠形，无瘤，棕色，无毛。生于灌丛、杂木林、山坡草地、旷地及潮湿沟边。分布于四川、云南；湖北、贵州。

Herbs perennial. Leaf blade triangular-cordate.Verticillasters 5- or 6-flowered, widely spaced; corolla reddish to purple red. Nutlets ovoid to obovoid, brownish, smooth. Thickets, mixed forests, grassy slopes, open areas, field margins, moist streamsides. Distr. Sichuan, Yunnan; Hubei, Guizhou.

1  1  2

2  3  4

4  5  5

通泉草科 Mazaceae | 肉果草属 *Lancea* Hook.f. & Thomson

多年生矮小草本，近于无毛。叶少，近于基出或对生于短茎上，倒卵状矩圆形或匙形，全缘或有浅圆齿，羽状脉。总状花序顶生，短而少花；花冠二唇形。果实球形，浆果状，近肉质而不裂。2 种；横断山均有分布。

Short herbs, perennial, subglabrous. Leaves few, opposite, lower ones scalelike; leaf blade obovate, obovate-oblong, margin entire or obscurely and sparsely toothed, pinnately veined. Inflorescences terminal, short, few flowered. Corolla 2-lipped. Fruit globose, berrylike, nearly fleshy, indehiscent. Two species; both found in HDM.

1 肉果草

1 2 3 4 **5 6 7** 8 9 10 11 12 2000-4500 m

Lancea tibetica Hook.f. & Thomson[1-4]

植株除叶柄有毛外其余无毛。花萼革质；花冠筒长 0.8~1.3 厘米，下唇中裂全缘；雄蕊着生近花冠筒中部，花丝无毛。生于草地、疏林中或沟谷旁。分布于甘肃、青海、西藏、四川、云南；不丹、印度、蒙古。

Stems and leaves glabrous. Calyx leathery. Corolla tube 0.8-1.3 cm, middle lobe of lower lip entire. Stamens inserted near middle of corolla tube, filaments glabrous. Grassland, sparse forests, along streams. Distr. Gansu, Qinghai, Sichuan, Xizang, Yunnan; Bhutan, India, Mongolia.

透骨草科 Phrymaceae | 沟酸浆属 *Mimulus* L.

茎圆柱形或四方形而具窄翅。叶对生，全缘或具齿。花单生于叶腋内或为顶生的总状花序；花萼筒状或钟状，果期有时膨大成囊泡状，具 5 条肋，肋翅状，5 裂；花冠二唇形。蒴果。约 150 种；中国 5 种；横断山均有分布。

Stems terete or quadrangular and winged. Leaves opposite, margin entire to toothed. Flowers axillary and solitary or in terminal racemes. Calyx tubular to campanulate, often inflated in fruit, 5-ribbed, with veins sometimes narrowly winged, 5-lobed. Corolla 2-lipped. Capsule. About 150 species; five in China; all found in HDM.

2 四川沟酸浆

1 2 3 4 5 **6 7 8** 9 10 11 12 1300-2800 m

Mimulus szechuanensis Pai[1-2, 4]

与沟酸浆类似，但茎直立，较粗壮，可达 60 厘米。叶基楔形。花萼较长，1~1.5 厘米，萼齿最上一枚最大。生于林下阴湿处、水沟边、溪旁。分布于甘肃、四川、云南；湖北、湖南、陕西。

Similar to *M. tenellus*, differing in: Stem erect, to 60 cm tall, rather robust. Leaf blade base cuneate. Calyx rather long, 1-1.5 cm, upper lobe largest. Moist places in forests, along streams. Distr. Gansu, Sichuan, Yunnan; Hubei, Hunan, Shaanxi.

透骨草科 Phrymaceae | 透骨草属 *Phryma* L.

多年生直立草本。茎四棱形。叶为单叶，对生，具齿。穗状花序生茎顶或叶腋，纤细；花冠檐部 2 唇形。果为瘦果，包藏于宿存萼筒内，含种子 1 枚。仅 1 种。

Herbs, perennial, erect. Stems 4-angular. Leaves simple, opposite, margin serrate. Inflorescences a terminal or axillary spike. Corolla limb 2-lipped. Fruit an achene, enveloped in persistent calyx, 1-seeded. One species.

3 透骨草

1 2 3 4 5 **6 7 8 9 10** 11 12 300-2800 m

Phryma leptostachya subsp. *asiatica* (H.Hara) Kitamura[1-2]

— *Phryma leptostachya* L.

下方萼齿 2 枚，三角形；上方萼齿 3 枚，钻形；花期时上萼齿长仅为萼筒的一半至 7/10。花冠漏斗状筒形；花冠上唇先端 2 浅裂；宿存萼筒于果期长达 4.5~6 毫米。生于阴湿山谷或林下。分布于甘肃、青海、四川、西藏、云南；中国大部分地区；东亚其他地区及远东。

Abaxial teeth 2, triangular; adaxial teeth 3, subulate; adaxial calyx teeth ca. 1/2-7/10 of the calyx tube. Corolla tubular-funnel form, adaxial lip apex 2-lobed. Persistent calyx tube 4.5-6 mm. Moist ravines, forests. Distr. Gansu, Qinghai, Sichuan, Xizang, Yunnan; most areas in China; E Asia, Far East.

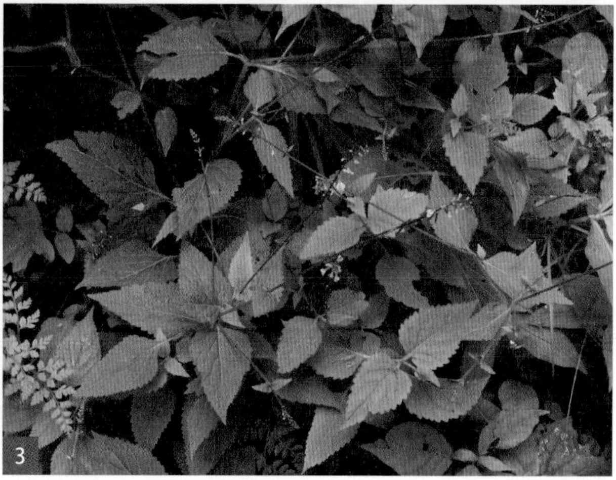

列当科 Orobanchaceae | 草苁蓉属 *Boschniakia* C.A.Mey. ex Bongard

寄生肉质草本。叶鳞片状，螺旋状排列于茎上。花序总状或穗状；花萼杯状或浅杯状，顶端不规则的 2~5 齿裂；花冠二唇形，筒部直立，膨大；雄蕊 4 枚，伸出于花冠之外；侧膜胎座 2 或 3 组。2 种；中国均有；横断山 1 种。

Herbs fleshy, parastic. Leaves spirally arranged. Inflorescences racemose or spicate. Calyx cupular or short cupular, apex irregularly 2-5-toothed. Corolla bilabiate, tube erect, enlarged. Stamens 4, exserted, inserted near base of corolla tube; parietal placentas 2 or 3. Two species; both found in China; one in HDM.

1 丁座草

1 2 3 **4 5 6** 7 8 9 10 11 12 2500-4400 m

Boschniakia himalaica Hook.f. & Thomson[1-5]

根状茎球形或近球形，通常仅有 1 条直立的茎。花序总状，花梗长 0.6~1 厘米，果时长 0.8~1.7 厘米；花冠黄褐色或淡紫色，长 1.5~2.5 厘米，筒部稍膨大。生于山坡林下或灌丛中，常寄生于杜鹃花属植物根上。分布于甘肃、青海、西藏、四川、云南；湖北、陕西、台湾；不丹、印度北部及锡金邦，尼泊尔。

Rootstock globose or subglobose. Stems usually 1, erect. Inflorescences racemose; pedicel 0.6-1 cm, 0.8-1.7 cm in fruit; corolla yellow-brown or pale purple, 1.5-2.5 cm; tube slightly enlarged. Slopes, forests, thickets. Distr. Gansu, Qinghai, Xizang, Sichuan, Yunnan; Hubei, Shaanxi, Taiwan; Bhutan, N India and Sikkim, Nepal.

列当科 Orobanchaceae | 来江藤属 *Brandisia* Hook.f. et Thoms.

直立、攀援或藤状灌木，偶有寄生，常有星状绒毛。叶对生。萼钟状，外面有星状毛，具整齐的 5 齿或多少二唇状；花冠具管，多少内弯，瓣片二唇状，上唇较长大，2 裂，凹陷，下唇较短而 3 裂，伸展；雄蕊 4 枚，2 强，多少伸出或包于花冠之内；花柱伸长。蒴果质厚，卵圆形。10 种；中国均有；横断山区 3 种。

Shrubs, erect or scandent, occasionally parasitic, usually stellate tomentose. Leaves opposite. Calyx campanulate, outside stellate hairy, regular 5 teeth or somewhat 2-lipped. Corolla tube somewhat incurved; limb 2-lipped; lower lip as long as or shorter than upper lip, 3-lobed, patent; upper lip 2-lobed, concave; stamens 4, didynamous, somewhat exserted or included; style elongated. Capsule ovoid to ovoid-globose, loculicidal. Ten species; all found in China; three in HDM.

2 来江藤

1 2 3 4 5 6 7 8 9 10 11 **12** 2500-4400 m

Brandisia hancei Hook.f.[1-2, 4]

灌木，全体密被锈黄色星状绒毛。叶片卵状披针形，长 3~10 厘米，宽 2~3.5 厘米，顶端锐尖头，基部近心脏形，全缘。花萼齿 5 枚，宽短，宽过于长或几相等；花瓣橘红色。生林中及林缘。分布于四川、云南；湖北、广东、广西、贵州、陕西。

Shrubs, dull yellow stellate tomentose. Leaf blade ovate-lanceolate, 3-10 cm × 2-3.5 cm, base subcordate, margin entire or rarely serrate, apex acute and apiculate. Calyx lobes 5, width longer or equal to the length. Corolla orange-red. Forests or forest edges. Distr. Sichuan, Yunnan; Hubei, Guangdong, Guangxi, Guizhou, Shaanxi.

3 总花来江藤

1 2 3 4 5 6 7 **8 9 10 11** 12 <2800 m

Brandisia racemosa Hemsl.[1-2, 4]

藤状灌木。总状花序顶生，稀侧生，长达 20 厘米或更长；花冠深红色，上唇远较下唇长，顶端微凹。蒴果卵球形，无毛。生于开阔灌丛。分布于云南；贵州。

Shrubs, scandent. Racemes terminal, rarely lateral, to 20 cm or longer. Corolla scarle, upper lip longer than lower lip, apex slightly concave and retuse. Capsule ovoid, glabrous. Open thickets. Distr. Yunnan; Guizhou.

4 黄花红花来江藤

1 2 3 4 5 6 7 **8 9 10 11** 12 <2800 m

Brandisia rosea var. *flava* C.E.C.Fischer[1, 4-5]

灌木。花常单个腋生或在小枝顶端几成总状。花冠黄色，狭长管状，长达 2 厘米或更长；下唇裂片卵形圆形；上唇深裂。生于山坡林中或灌丛中。分布于西藏、四川西南部、云南西北部；不丹、印度。

Shrubs. Flowers solitary or subracemose at apex of branchlets. Corolla yellow; tube cylindric, to 2 cm or more; lower lip lobes ovate-orbicular; upper lip deeply lobed. Forests on mountain slopes, thickets. Distr. Xizang, SW Sichuan, NW Yunnan; Bhutan, India.

1

1

1

2

2

3

3

4

4

列当科 Orobanchaceae | 钟萼草属 *Lindenbergia* Lehm.

一年生或多年生草本，直立或倾卧，多分枝。叶对生或上部的互生，有锯齿，具短柄。花腋生或排成顶生的穗状或总状花序；花萼钟形，5裂；花冠2唇形，花冠筒圆筒形，上唇在外方，短而阔，稍凹入或2裂，下唇较大，3裂；雄蕊4枚，2强，内藏，着生于花冠筒的中下部。蒴果常被包于宿萼之内，具宿存的花柱，室裂。12种；中国3种；横断山2种。

Herbs, annual or perennial, erect or decumbent, much branched. Leaves opposite or upper alternate, margin serrate, with short petiole. Flowers solitary or in terminal spikes or racemes; calyx campanulate, 5-lobed; corolla 2-lipped; tube tubular; lower lip large, 3-lobed, upper lip short, wide, subemarginate, or 2-lobed; stamens 4, didynamous, included, inserted below middle of corolla tube. Capsule generally enclosed by persistent calyx, 2-grooved, style persistent. Twelve species; three in China; two in HDM.

1 野地钟萼草

1 2 3 4 5 6 **7 8 9** 10 11 12 800-2500 m

Lindenbergia muraria (Roxburgh ex D.Don) Brühl[1, 4]

— *Lindenbergia indica* (L.) Vatke

一年生草本，植株柔弱，高10~40厘米。花冠黄色，长约8~9毫米。生路旁、河边或山坡。分布于西藏、四川、云南；湖北、广东、广西、贵州；阿富汗、克什米尔地区、缅甸、巴基斯坦及西南邻国。

Annuals, weak herb, 10-40 cm tall. Corolla yellow, 8-9 mm. Trailsides, along rivers, dry mountain slopes. Distr. Xizang, Sichuan, Yunnan; Hubei, Guangdong, Guangxi, Guizhou; Afghanistan, Kashmir, Pakistan and SW neighbouring countries.

2 钟萼草

1 2 **3 4 5 6 7 8 9 10 11** 12 1200-2600 m

Lindenbergia philippensis (Cham. & Schltdl.) Benth.[1-4]

多年生粗壮、坚挺、直立、灌木状草本，高可达1米，全株被腺毛。茎圆柱形，下部木质化。顶生稠密的穗状总状花序，长6~20厘米，花近于无梗。生于干山坡、岩缝及墙缝中。分布于云南；湖北、湖南、广东、广西、贵州；中南半岛。

Perennials, to 1 m tall, stout, erect, straight, much branched, glandular hairy. Stems terete, woody basally. Inflorescences terminal, spicate-racemose, dense, 6-20 cm; flowers subsessile. Dry mountain sides, rocky crevices. Distr. Yunnan; Hubei, Hunan, Guangdong, Guangxi, Guizhou; Indo-China Peninsula.

列当科 Orobanchaceae | 山罗花属 *Melampyrum* L.

一年生半寄生草本。叶对生，全缘。花单生苞腋，集成总状花序或穗状花序；无小苞片；花萼钟状，萼齿4枚，后面2枚较大；花冠管状，上唇盔状，侧扁；雄蕊4枚，2强；药室等大；子房每室2胚珠。蒴果，有种子1~4颗。约20种；中国3种；横断山区1种。

Herbs, annual, hemiparasitic. Leaves opposite, entire. Flowers solitary in axils of bracts or congregated into racemes or spikes; bractlets absent; calyx campanulate; lobes 4, upper 2 larger than lower; corolla tube tubular; upper lip galeate, compressed; stamens 4, didynamous; anthers locules equal; ovules 2 per locule. Capsule. Seeds 1-4. About 20 species; three in China; One in HDM.

3 滇川山罗花

1 2 3 4 5 **6 7 8** 9 10 11 12 1200-3400 m

Melampyrum klebelsbergianum Soó[1-4]

直立草本。茎四棱形，生2列柔毛。叶片多披针形，少卵状披针形及条状披针形，宽不超过1.5厘米。苞叶长，狭披针形，常全缘，有时基部有1~2个短齿，极少为长齿；萼齿渐尖；花冠紫红色或红色，喉部2侧白色，筒部长为檐部的2倍。蒴果，被糙毛。生于山坡草地及林中。分布于四川南部、云南西北部；贵州。

Herbs annuals. Stems quadrangular, pubescent along 2 lines. Leaf blade lanceolate, rarely ovate-lanceolate or linear-lanceolate, width less than 1.5 cm. Bracts linear-lanceolate, margin often entire but basally sometimes with 1 or 2 short to rarely long teeth; calyx lobes acuminate; corolla purple-red to red, with white sides; tube twice as long as limb. Capsule scabrous. Grassy slopes, forests. Distr. S Sichuan, NW Yunnan; Guizhou.

1

2

2

3

3

列当科 Orobanchaceae | 列当属 *Orobanche* L.

肉质寄生草本。叶鳞片状，螺旋状排列。花多数，排列成穗状或总状花序；花萼杯状或钟状，顶端 4 浅裂或近 4~5 深裂；花冠弯曲，二唇形，上唇全缘，或顶端微凹或 2 浅裂，下唇顶端 3 裂，短或长于上唇。雄蕊 4 枚，2 强，内藏。雌蕊由 2 枚合生心皮组成。蒴果卵球形或椭圆形，2 瓣开裂。约 100 种；中国 25 种；横断山 6 种。

Herbs, fleshy and parasitic. Leaves spirally or imbricately arranged. Flowers many, in spicate or racemose inflorescences; calyx cupular or campanulate, apex 4-lobed or nearly 4- or 5-parted; corolla bilabiate, curved; upper lip entire, emarginate, or 2-lobed; lower lip 3-lobed, shorter to longer than upper lip; stamens 4, didynamous, included. Capsule ovoid-globose or ellipsoid, dehiscing by 2 valves. About 100 species; 25 in China; six in HDM.

1 弯管列当

1 2 3 4 **5 6 7 8** 9 10 11 12 500-3000 m

Orobanche cernua Loefl.[1-2, 5]

全株密被腺毛。花萼裂片顶端常 2 浅裂；花冠长 1~2.2 厘米，花管淡黄色或深蓝紫色，明显膨大，向上缢缩；花药常无毛。生于针茅草原、山坡、林下、路边及沙丘上。分布于青海、西藏、四川；中国北方；亚洲中部和西南部、欧洲。

Herbs, densely glandular pubescent. Calyx campanulate, segments 2-lobed; corolla 1-2.2 cm; tube pale yellow or dark blue-purple, distinctly enlarged, turned into a rounded curve, constricted upward; anthers glabrous. Grasslands, slopes, forests, roadsides, dunes. Distr. Qinghai, Xizang, Sichuan; N China; C and SW Asia, Europe.

2 列当

1 2 3 **4 5 6 7** 8 9 10 11 12 900-4000 m

Orobanche coerulescens Stephan ex Willd.[1-5]

全株密被蛛丝状长绵毛。花冠深蓝色、蓝紫色、淡紫色或黄色，长 2~2.5 厘米，上唇 2 浅裂，极少顶端微凹，下唇 3 裂；花丝常被长柔毛；花药卵形，无毛。生于草坡及草地。分布于甘肃、青海、西藏、四川、云南；中国北方；北部邻国和欧洲。

Herbs biennial, densely villous. Corolla dark blue, blue-purple, pale purple, or yellow, 2-2.5 cm; upper lip 2-lobed, rarely emarginated; lower lip 3-lobed; filaments usually villous; anthers ovoid, glabrous. Slopes, grasslands. Distr. Gansu, Qinghai, Xizang, Sichuan, Yunnan; N China; N neighbouring countries and Europe.

列当科 Orobanchaceae | 马先蒿属 *Pedicularis* L.

多年生或一年生草本，稀二年生，半寄生。叶互生、对生或轮生，常羽状深裂至一或二回羽状全裂，稀全缘或具齿缘；下部叶常具长柄，上部叶常无柄。花序顶生或花腋生，苞片常叶状；花萼管状至钟状，常二唇形；花冠紫色、红色、黄色或白色，明显二唇形，上唇盔状，包围花药，下唇 3 裂；雄蕊 4 枚，2 强；柱头头状。蒴果，种子多数。约 600 种；中国 352 种；横断山 200 余种。

Herbs perennial or annual, rarely biennial, hemiparasitic. Leaves alternate, opposite, or whorled, usually pinnatifid to 1- or 2-pinnatisect, rarely entire or dentate; lower leaves usually long petiolate; upper leaves often sessile. Inflorescences terminal or flowers axillary; bracts usually leaflike; calyx tubular to campanulate, often bilabiate; corolla purple, red, yellow, or white, strongly bilabiate; upper lip (galea) hooded, enclosing anthers; lower lip 3-lobed; stamens 4, didynamous; stigma capitate. Capsule, seeds numerous. About 600 species; 352 in China; 200+ in HDM.

• 叶对生或轮生者 | Leaves opposite or whorled

3 阿拉善马先蒿

1 2 3 4 5 **6 7 8** 9 10 11 12 3900-5100 m

Pedicularis alaschanica Maxim.[1-2]

多年生草本。根短而粗壮。基生叶早落，茎上部叶 3 或 4 枚轮生。花序穗状；花萼具绒毛，萼裂片不明显锯齿状至全缘；花冠黄色。生于谷床、开阔山坡、灌丛间、河谷干燥岩石坡。分布于甘肃、青海、西藏；内蒙古、宁夏。

Herbs perennial. Roots short, stout. Basal leaves withering early; leaves of upper stem in whorls of 3 or 4. Inflorescences spicate; calyx villous; lobes obscurely serrate to entire; corolla yellow, beak of galea long. Dry rocky slopes in river valleys, among stones of valley beds, open hillsides, thickets. Distr. Gansu, Qinghai, Xizang; Nei Mongol, Ningxia.

1 短唇马先蒿

1 2 3 4 5 6 7 8 9 10 11 12 2700-3500 m

Pedicularis brevilabris Franch.[1-3]

一年生草本，高 25~45 厘米。叶下部者对生，上部之叶 4 枚轮生。花序头状或穗状；萼钟形，齿 5 枚，不等大，三角形至卵状长圆形，全缘或有齿；花冠浅红色，在萼管内弓曲，盔多少镰形弓曲，额圆形，先端略略凸出作截形的小喙状，下唇亦显短于盔，有细缘毛；2 对花丝均无毛。生于高山草甸、灌丛。分布于甘肃西南部、四川西部和西北部。

Herbs annual, 25-45 cm tall. Proximal leaves opposite, distal ones in whorls of 4. Inflorescences capitate or spicate; calyx campanulate, lobes 5, unequal, triangular to ovate-oblong, entire to dentate; corolla pale red, tube bent within calyx tube ; galea ± falcate, apex with a short truncate beaklike tip; lower lip shorter than galea, finely ciliate; filaments glabrous. Alpine meadows, thickets. Distr. SW Gansu, NW and W Sichuan.

2 聚花马先蒿

1 2 3 4 5 6 7 8 9 10 11 12 2700-4900 m

Pedicularis confertiflora Prain[1-5]

一年生草本，高 1~18（25）厘米。根木质化。茎单出或成丛发出。基生叶丛生，早落；茎生叶对生，叶片卵状椭圆形。花对生或顶端 4 枚轮生；萼膜质；花冠玫红色至紫红色，盔上部直角弯曲。蒴果斜卵形。生于空旷多石草地、草坡。分布于西藏南部、四川西南部、云南。

Herbs annual, 1-18(25) cm tall. Roots woody. Stems single or numerous. Basal leaves clustered, withering early. Stem leaves opposite, leaf blade ovate-oblong; flowers opposite or in whorls of 4 apically; calyx membranous; corolla rose to purplish red; galea bent at a right angle apically. Capsule obliquely ovoid. Open stony pastures, grassy slopes. Distr. S Xizang, SW Sichuan, Yunnan.

3 弯管马先蒿

1 2 3 4 5 6 7 8 9 10 11 12 4000-4700 m

Pedicularis curvituba Maxim.[1-2]

一年生草本，30(~50) 厘米高。茎数条，短分枝。间断的总状花序；花萼长约 1.1 厘米，1/3 开裂；花冠黄色或白色，约 2 厘米；花冠管在萼处强烈弯曲，顶部膨大；盔先端稍弯曲顶；喙向下略微弯曲；下唇约宽 8 毫米，长 1.3 厘米；花丝短柔毛。生于开阔山坡。分布于甘肃、青海东部；河北北部、内蒙古东部、陕西北部。

Herbs annual, 30(-50) cm tall. Stems several, short branched throughout. Flowers in interrupted racemes. Calyx ca. 1.1 cm, barely 1/3 cleft anteriorly. Corolla yellow or white, ca. 2 cm; tube strongly bent in calyx, expanded apically; galea slightly bent apically; beak slightly bent downward; lower lip ca. 8 mm X 1.3 cm. Filaments pubescent. Open slopes. Distr. Gansu, E Qinghai; N Hebei, E Nei Mongol, N Shaanxi.

4 舟形马先蒿

1 2 3 4 5 6 7 8 9 10 11 12 3400-4000 m

Pedicularis cymbalaria Bonati[1-4]

一年生或二年生草本，高 4~15 厘米。叶对生，叶片肾形至卵心形。花散生于叶腋；花冠黄白色至玫瑰色；盔顶端镰状弓曲，边缘具 2 枚齿，顶端舟形。生于高山草甸、石质土、河流阴面。分布于四川西南部、云南西北部。

Herbs annual or biennial, 4-15 cm tall. Leaves opposite, leaf blade reniform to cordate-ovate. Flowers axillary, opposite, widely spaced; corolla yellowish white to rose, galea falcate apically, margin 2-toothed, apex navicular. Alpine meadows, rocky soils, shaded banks. Distr. SW Sichuan, NW Yunnan.

5 弱小马先蒿

1 2 3 4 5 6 7 8 9 10 11 12 ≈ 4000 m

Pedicularis debilis Franch. ex Maxim.[1-4]

一年生草本，高 20 厘米，干后变黑。根丝状成束。茎单一，不分枝。叶对生，叶片圆形或卵圆形至椭圆形，羽状半裂至深裂。花序近头状；花萼紫红色膜质；花冠红色；盔深紫红色，盔顶端直角弯曲；花丝光滑无毛。生于林缘。分布于云南西北。

Herbs annual, to 20 cm, drying black. Roots fascicled, fibrous. Stems single, unbranched. Leaves opposite, leaf blade orbicular or ovate to oblong, pinnatifid to pinnatipartite. Inflorescences subcapitate; calyx usually tinged with purplish red, membranous; corolla red, with dark purplish red galea; galea bent at a right angle apically; filaments glabrous throughout. Forest margins. Distr. NW Yunnan.

1
2
3
4
5

1 许氏密穗马先蒿

1 2 3 4 5 6 7 8 9 10 11 12 2700-4300 m

Pedicularis densispica subsp. *schneideri* (Bonati) Tsoong[1-2, 4-5]

植株高 60 厘米，多少被短毛。苞片长于花 2~3 倍；花冠 1.3~1.6 厘米；盔部玫红色至紫色；下唇微长于盔。生于高山草甸。分布于西藏南部及西南部、四川西部、云南西北部。

Plants to 60 cm tall, ± pubescent. Bracts 2-3 × as long as flowers; corolla 1.3-1.6 cm; galea rose to purple; lower lip slightly longer than galea. Alpine meadows. Distr. S and SE Xizang, W Sichuan, NW Yunnan.

2 二歧马先蒿

1 2 3 4 5 6 7 8 9 10 11 12 2700-4300 m

Pedicularis dichotoma Bonati[1-4]

多年生草本。根非肉质。叶对生，叶片卵状长圆形至长圆状披针形。花对生；花萼长卵形，膜质；花冠粉色；花丝被毛。生于开阔高山草地、开阔森林。分布于西藏东部、四川西南部、云南西北部。

Herbs perennial. Roots not fleshy. Leaves opposite, leaf blade ovate-oblong to oblong-lanceolate. Flowers opposite; calyx long ovate, membranous; corolla pink; filaments pubescent. Open alpine pastures, open forests. Distr. E Xizang, SW Sichuan, NW Yunnan.

3 铺散马先蒿

1 2 3 4 5 6 7 8 9 10 11 12 ≈3800 m

Pedicularis diffusa Prain[1-2, 5]

草本，高 40~60 厘米。4 枚叶轮生，叶片卵状长圆形。花序头状或 15~18 厘米；花萼钟状；花冠玫瑰色。生于河边、岩石表面。分布于西藏南部和东南部。

Herbs to 40-60 cm tall. Leaves in whorls of 4, leaf blade ovate-oblong. Inflorescences capitate or to 15-18 cm; calyx campanulate; corolla rose. Riversides, stony surfaces. Distr. S and SE Xizang.

4 杜氏马先蒿

1 2 3 4 5 6 7 8 9 10 11 12 3400-4300 m

Pedicularis duclouxii Bonati[1-3]

一年生草本，高 30~50（70）厘米，干后不变黑。茎生叶对生或 3~4 枚轮生，叶片长圆状披针形。花序穗状；花冠黄色。生于林下、高山草甸、草坡。分布于四川西南部、云南西北部。

Herbs annual, 30-50(70) cm tall, not drying black. Stem leaves opposite or in whorls of 3 or 4, leaf blade oblong-lanceolate. Inflorescences spicate; corolla yellow. Forests, alpine meadows, grassy slopes. Distr. SW Sichuan, NW Yunnan.

5 全缘全叶马先蒿

1 2 3 4 5 6 7 8 9 10 11 12 2700-4200 m

Pedicularis integrifolia subsp. *integerrima* (Pennell & Li) Tsoong[1-2, 4-5]

多年生草本，7 厘米高，干后变黑。根纺锤状肉质。叶片线状披针形，具细锯齿至全缘。花序穗状；花冠深紫色；盔端直角状弯曲。生于云杉林、高山草甸。分布于西藏东南部、四川西部和西南部、云南西北部。

Herbs perennial, 7 cm tall, drying black. Roots fusiform, fleshy. Leaf blade linear-lanceolate, serrulate to ± entire. Inflorescences spicate; corolla dark purple, galea bent at a right angle apically. *Picea* forests, alpine meadows. Distr. SE Xizang, SW and W Sichuan, NW Yunnan.

6 甘肃马先蒿

1 2 3 4 5 6 7 8 9 10 11 12 1800-4600 m

Pedicularis kansuensis Maxim.[1-2, 4-5]

一或二年生草本，高 20~40（45）厘米，干后不变黑。基生叶宿存；茎生叶 4 枚轮生，叶片长圆形，有时卵形。花萼卵形，膜质；花冠粉紫色至紫红色、有时白色。生于亚高山碎石地或草坡、牧场边缘湿润草地、潮湿山坡和山谷。分布于甘肃南部和西南部、青海、西藏东部和北部、四川西部、云南。

Herbs annual or biennial, 20-40(45) cm tall, not drying black. Basal leaves persistent. Stem leaves in whorls of 4, leaf blade oblong, sometimes ovate. Calyx ovoid, membranous; corolla purple-pink to purple-red, sometimes white. Gravelly ground and grassy slopes in subalpine zone, damp grassy areas along field margins, damp slopes, valleys. Distr. S and SW Gansu, Qinghai, E and N Xizang, W Sichuan, Yunnan.

1
2
3
4
5
6

1 纤细马先蒿

1 2 3 4 5 6 7 8 9 10 11 12 2000-4000 m

Pedicularis gracilis Wall. ex Benth.[1-5]

一年生草本，高可超过 1 米。茎多分枝。基生叶早枯；茎生叶 3 或 4 枚轮生；无柄；叶片卵状长圆形，长 2.5~3.5 厘米，宽 1~1.5 厘米。花序总状，有间断，苞片叶状；花冠粉紫色；管长 7~8 毫米；盔在顶部完成直角，无冠；喙 4~5.5 毫米。生于高山草甸、草坡。分布于四川西部，西藏南部，云南西北部；阿富汗，不丹，印度，尼泊尔，巴基斯坦，锡金。

Herbs annual, more than 1 m tall. Stems many branched. Basal leaves withering early; stem leaves in whorls of 3 or 4; sessile; leaf blade ovate-oblong, 2.5-3.5 × 1-1.5 cm; segments 6-9 pairs. Inflorescences racemose, interrupted; bracts leaflike; corolla purplish pink; tube straight, 7-8 mm; galea bent at a right angle apically, not crested; beak 4-5.5 mm. Alpine meadows on mountain slopes, grassy slopes. Distr. W Sichuan, S Xizang, NW Yunnan; Afghanistan, Bhutan, India, Nepal, Pakistan, Sikkim.

2 短叶浅黄马先蒿

1 2 3 4 5 6 7 8 9 10 11 12 3000-4000 m

Pedicularis lutescens subsp. *brevifolia* (Bonati) Tsoong[1-4]

多年生草本，植株高 10~20（30）厘米。茎基部较少分枝或不分枝。茎生叶多为 4 枚轮生，叶无柄或柄 1~2 毫米，叶片约 2 厘米。总状花序紧密，长 3-6 厘米；花冠浅黄；盔每边具 4~6 齿。分布于云南西北部。

Herbs perennial, plants 10-20(30) cm. Stems few branched basally or unbranched. Stem leaves usually in whorls of 4; leaves ± sessile or petiole to 1-2 mm; leaf blade ca. 2 cm. Inflorescences racemose, 3-6 cm, compact; corolla pale yellow; galea with 4-6 marginal teeth on each side. Distr. NW Yunnan.

3 多枝浅黄马先蒿

1 2 3 4 5 6 7 8 9 10 11 12 3000-4000 m

Pedicularis lutescens subsp. *ramosa* (Bonati) Tsoong[1-5]

多年生草本，植株低矮，高 10~20（30）厘米。茎基多分枝。茎生叶多为 4 枚轮生，叶多少无柄或叶柄长约 5 毫米，叶片约 2 厘米。总状花序紧密，长 3~6 厘米。花冠浅黄，盔每边具 4~6 枚齿。分布于四川西南部、云南西北部。

Herbs perennial,plants low, 10-20(30) cm. Stems many branched basally. Stem leaves usually in whorls of 4; leaves ± sessile or petiole to ca. 5 mm; leaf blade ca. 2 cm. Inflorescences racemose, 3-6 cm, compact; corolla pale yellow; galea with 4-6 marginal teeth on each side. Distr. SW Sichuan, NW Yunnan.

4 奥氏马先蒿

1 2 3 4 5 6 7 8 9 10 11 12 3400-4000 m

Pedicularis oliveriana Prain[1-2, 5]

多年生草本，高 50 厘米。基生叶早落。茎生叶对生或 3~4 枚轮生，叶片长圆状披针形。花冠深紫红色。生于干旱岩石、河畔沙丘、开阔草地。分布于西藏东部、南部和东南部。

Herbs perennial, to 50 cm tall. Basal leaves withering early. Stem leaves opposite or in whorls of 3 or 4; leaf blade oblong-lanceolate. Corolla dark reddish purple. Dry rocky places, sand dunes along rivers, open grassy meadows. Distr. E, S and SE Xizang.

5 多齿马先蒿

1 2 3 4 5 6 7 8 9 10 11 12 2700-4200 m

Pedicularis polyodonta H.L.Li[1-3]

一年生草本，高 10~20 厘米，干后不变黑。茎直立。叶对生，上部叶有时为 3 枚轮生，茎生叶多少无柄或叶柄长 5 毫米，叶片卵形至卵状披针形。花冠黄色。生于高山草甸、开阔森林。分布于四川西北部和西部。

Herbs annual, 10-20 cm tall, not drying black. Stems erect. Leaves opposite, distal ones sometimes in whorls of 3. Stem leaves ± sessile or petiole ca. 5 mm; leaf blade ovate to ovate-lanceolate. Corolla yellow. Alpine meadows, open forests. Distr. NW and W Sichuan.

1
2
3
4
4
5

1 大王马先蒿 1 2 3 4 5 6 7 8 9 10 11 12 2500-4300 m

Pedicularis rex C.B.Clarke ex Maxim.[1-2, 4]

多年生草本，植株常超过 20 厘米。萼裂片 2 枚；花冠黄色，1.5~3 厘米；盔边缘有时无齿。生于开阔草场、斜坡、针叶林。分布于四川西南部、云南中部与北部。

Herbs perennial, plants often more than 20 cm tall. Calyx 2-lobed. Corolla yellow, 1.5-3 cm; galea sometimes lacking marginal teeth. Open pastures, slopes, coniferous forests. Distr. SW Sichuan, C and N Yunnan.

2 喙毛马先蒿 1 2 3 4 5 6 7 8 9 10 11 12 2700-3700 m

Pedicularis rhynchotricha Tsoong[1-3, 5]

植株不分支，高达 60 厘米。茎生叶 4~5 枚轮生，叶轮约 7~9 轮；叶羽状分裂，裂片 6~10 对，线形。花序伸长，排列为 8~12 轮不连续的花轮；花冠紫红色，喙长达 1 厘米，"S"形弯曲。生于湿地、云杉林下、火烧林缘或林间开阔地。分布于西藏东南部。

Herbs perennial to 60 cm tall, unbranched. Stem leaves in 7-9 whorls of 4 or 5 leaves; leaf blade pinnatifid; segments 6-10 pairs, linea. Inflorescences elongated, with 8-12 fascicles; corolla purple-red; beak S-shaped, to 1 cm. Moist ground, *Picea* woodlands, margins of burned forests, forest clearings. Distr. SE Xizang.

3 罗氏马先蒿 1 2 3 4 5 6 7 8 9 10 11 12 3400-5500 m

Pedicularis roylei Maxim.[1-5]

多年生草本，高 7~15 厘米。叶 3~4 枚轮生；基生叶丛生宿存；茎生叶片长圆状披针形至卵状长圆形。花序总状；花萼钟状；冠紫红色。生于湿润高山草甸、小杜鹃灌丛。分布于西藏东部和东南部、四川西南部、云南西北部。

Herbs perennial, 7-15 cm tall. Leaves in whorls of 3 or 4. Basal leaves cespitose and persistent. Stem leaves blade lanceolate-oblong to ovate-oblong. Inflorescences racemose; calyx campanulate; corolla purple-red. Moist alpine meadows, among small *Rhododendron* shrubs. Distr. E and SE Xizang, SW Sichuan, NW Yunnan.

4 岩居马先蒿 1 2 3 4 5 6 7 8 9 10 11 12 2700-4800 m

Pedicularis rupicola Franch. ex Maxim.[1-5]

多年生草本，7~17 厘米高，干后常变黑。叶 4 枚轮生；基生叶常宿存；茎生叶卵状长圆形或长圆状披针形。花序穗状；花萼斜卵形；花冠紫红色；盔微镰状弓曲。生于高山草甸、岩石坡。分布于西藏东南部、四川西南部、云南西北部。

Herbs perennial, 7-17 cm tall, usually drying black. Leaves in whorls of 4. Basal leaves usually persistent. Stem leaf blade ovate-oblong or oblong-lanceolate. Inflorescences spicate; calyx obliquely ovate; corolla purple-red, galea slightly falcate. Alpine meadows, rocky slopes. Distr. SE Xizang, SW Sichuan, NW Yunnan.

5 丹参花马先蒿 1 2 3 4 5 6 7 8 9 10 11 12 2000-3900 m

Pedicularis salviiflora Franch.[1-2]

多年生草本，高可达 1.3 米，干后不变黑。茎直立，基部常木质化。叶片卵形至长圆状披针形。花冠玫瑰色至红色。蒴果卵形。生于草坡、森林。分布于四川、云南西北部。

Herbs perennial, to 1.3 m tall, not drying black. Stems erect, often woody basally. Leaf blade ovate to oblong-lanceolate. Corolla rose to red. Capsule ovoid. Grassy slopes, forests. Distr. Sichuan, NW Yunnan.

6 团花马先蒿 1 2 3 4 5 6 7 8 9 10 11 12 3900-4800 m

Pedicularis sphaerantha Tsoong[1-3, 5]

多年生草本，高 4~10 厘米。根纤维状。基生叶柄长，叶片椭圆形至长圆形；茎生叶 3~4 枚轮生。花序紧密球状；花萼膜质；花冠红色；盔深红色。生于湿润草地、草坡。分布于西藏东部。

Herbs perennial, 4-10 cm. Roots fibrous. Basal leaf petiole long, leaf blade elliptic to oblong. Stem leaves in whorls of 3 or 4. Inflorescences compact, globose; calyx membranous; corolla red, with dark red galea. Swampy meadows, grassy slopes. Distr. E Xizang.

1
1
2
3
4
5
6

1 华丽马先蒿

1 2 3 4 5 6 7 8 9 10 11 12 2800-4000 m

Pedicularis superba Franch. ex Maxim.[1-4]

多年生草本，高 30~90 厘米。叶 3~4 枚轮生。花序穗状；花冠紫红色至红色。生于高山草甸、开阔多石牧场、林缘荫蔽处。分布于四川西南部、云南西北部。

Herbs perennial, 30-90 cm tall. Leaves in whorls of 3 or 4. Inflorescences spicate. Corolla purplish red to red. Alpine meadows, open stony pastures, shaded places near forest margins. Distr. SW Sichuan, NW Yunnan.

2 四川马先蒿

1 2 3 4 5 6 7 8 9 10 11 12 3400-4600 m

Pedicularis szetschuanica Maxim.[1-3, 5]

一年生草本，高 10~30 厘米（常高 20 厘米），干后不变黑。叶 4 枚轮生，叶片卵形至长圆状披针形。花序穗状；花冠紫红色。生于高山草甸、草坡、峡谷。分布于甘肃西南部、青海东南部、西藏东部、四川北部和西部。

Herbs annual, 10-30 cm tall, often 20, not drying black. Leaves in whorls of 4, leaf blade ovate to oblong-lanceolate. Inflorescences spicate; corolla purple-red. Alpine meadows, grassy slopes, ravines. Distr. SW Gansu, SE Qinghai, E Xizang, N and W Sichuan.

3 三叶马先蒿

1 2 3 4 5 6 7 8 9 10 11 12 4700-5100 m

Pedicularis ternata Maxim.[1-2]

多年生草本，高 30~50 厘米。根茎肉质。茎生叶仅 2 轮，下部叶对生，上部叶 3 枚轮生。花成轮，每轮 1~3 枚，轮间距大；花冠小，深堇色；花丝无毛。生于灌木丛中。分布于甘肃西部、青海；内蒙古。

Herbs perennial, 30-50 cm tall. Rootstock fleshy. Stem leaves in only 2 whorls, proximal ones opposite, distal ones in whorls of 3. Flowers laxly arranged in spikes, only 1-3 whorls; corolla violet, small; filaments glabrous. Thickets. Distr. W Gansu, Qinghai; Nei Mongol.

4 轮叶马先蒿

1 2 3 4 5 6 7 8 9 10 11 12 2100-4000 m

Pedicularis verticillata L.[1-3, 5]

多年生草本，高 15~35 厘米，干后不变黑。叶常 4 枚轮生；基生叶多数，宿存，叶片长圆形至线状披针形；茎生叶类似于基生叶，但叶柄较短或无柄且更小。花序总状；花萼常红色，卵形；花冠紫色。生于苔藓或地衣覆盖的苔原、高山牧场、湿润处。分布于甘肃、青海、西藏东部、四川；河北、山西、内蒙古、辽宁、吉林、黑龙江、陕西。

Herbs perennial, 15-35 cm tall, not drying black. Leaves usually in whorls of 4. Basal leaves numerous, persistent, leaf blade oblong to linear-lanceolate. Stem leaves similar to basal leaves but shorter petiolate or ± sessile and leaf blade smaller. Inflorescences racemose; calyx usually red, ovoid; corolla purple. Mossy and lichenous tundra, alpine pastures, damp places. Distr. Gansu, Qinghai, E Xizang, Sichuan; Hebei, Shanxi, Nei Mongol, Liaoning, Jilin, Heilongjiang, Shaanxi.

5 腋花马先蒿

1 2 3 4 5 6 7 8 9 10 11 12 2700-4000 m

Pedicularis axillaris Franch. ex Maxim.[1-5]

多年生草本。叶多对生，叶片椭圆状披针形，羽状全裂。花萼陀螺状圆筒形，具缺刻状齿；花冠紫色或青白色，花冠管直立，为萼 2 倍长，光滑无毛；盔直角状弯曲，喙稍向下；花丝无毛。生于潮湿开放的牧场、森林和灌丛中阴暗潮湿处、开放岩石缝隙间。分布于西藏东南部、四川西南部、云南西北。

Herbs perennial. Leaves mostly opposite; leaf blade elliptic-lanceolate, pinnatisect. Calyx turbinate-cylindric, incised-dentate; corolla purple or greenish white; tube erect, ca. 2 × as long as calyx, glabrous; galea bent at a right angle; beak bent slightly downward; filaments glabrous. Moist and open pastures, shaded damp places in forests and thickets, open rock crevices. Distr. SE Xizang, SW Sichuan, NW Yunnan.

1

2

3

4

5

· 叶互生或多为基生者 | Leaves alternate or mostly basal

1 美丽马先蒿

1 2 3 4 5 6 **7** **8** **9** 10 11 12 3600-4900 m

Pedicularis bella Hook.f.[1-2, 5]

一年生草本，高约 8 厘米，干后不变黑。叶多基生，卵形至披针形，羽状半裂至全缘。花腋生；花冠深紫色，管部或为浅黄色。生于草甸和悬崖表面。分布于西藏南部与东南部；不丹、印度（锡金邦）。

Herbs annual, barely 8 cm tall, not drying black. Leaves mostly basal; leaf blade ovate-lanceolate, pinnatifid or entire. Flowers axillary; corolla dark purple throughout or some with pale yellow tube. Meadows and cliff faces. Distr. S and SE Xizang; Bhutan, India (Sikkim).

2 二齿马先蒿

1 2 3 4 **5** **6** **7** **8** 9 10 11 12 3000-4200 m

Pedicularis bidentata Maxim.[1-3]

草本，高 6~8 厘米，全身有短灰毛。根细而纺锤形。叶基生，叶片线状长圆形。花腋生；花冠黄色，盔下弯成马蹄形。生于高山草坡。分布于四川北部。

Herbs 6-8 cm tall, gray pubescent throughout. Roots fusiform, slender. Leaves basal; leaf blade linear-oblong. Flowers axillary; corolla yellow, galea curving downward into a horseshoe-shape. Alpine slope. Distr. N Sichuan.

3 头花马先蒿

1 2 3 4 5 **6** 7 8 9 10 11 12 2800-4900 m

Pedicularis cephalantha Franch. ex Maxim.[1-5]

多年生草本，高 12~20 厘米。叶大多基生，叶片长椭圆形至长圆状披针形；茎生叶少，形似基生叶但小。花冠深红色，紫色或紫红色，盔顶端镰状弓曲。生于高山草甸、云杉林。分布于四川南部、云南西北部。

Herbs perennial, 12-20 cm tall. Leaves mostly basal; leaf blade elliptic-oblong to lanceolate-oblong. Stem leaves few, similar to basal leaves but smaller. Corolla deep red, purple, or purplish red, galea falcate apically. Alpine meadows, *Picea* forests. Distr. S Sichuan, NW Yunnan.

4 凸额马先蒿

1 2 3 4 5 **6** **7** 8 9 10 11 12 2600-4200 m

Pedicularis cranolopha Maxim.[1-5]

多年生草本，高 5~23 厘米，干后不变黑。基生叶有时早落，叶片长圆状披针形到线状披针形；茎生叶互生或有时下部叶假对生。花序总状；花冠黄色；盔顶端镰状弓曲。生于高山草甸。分布于甘肃西南部、青海东北部、四川、云南西北部。

Herbs perennial, 5-23 cm tall, not drying black. Basal leaves sometimes withering early; leaf blade oblong-lanceolate to lanceolate-linear. Stem leaves alternate or sometimes proximal ones pseudo-opposite. Inflorescences racemose; corolla yellow, galea falcate apically. Alpine meadows. Distr. SW Gansu, NE Qinghai, Sichuan, NW Yunnan.

5 环喙马先蒿

1 2 3 4 5 **6** **7** 8 9 10 11 12 ≈ 3900 m

Pedicularis cyclorhyncha H.L.Li[1-2, 4]

草本，高 40 厘米，干后变黑。叶互生，叶片线状披针形。花序总状；花冠深红色。生于湿润草地。分布于云南西北部。

Herbs to 40 cm tall, drying black. Leaves alternate; leaf blade linear-lanceolate. Inflorescences racemose; corolla crimson. Moist meadows. Distr. NW Yunnan.

6 哀氏马先蒿

1 2 3 4 5 **6** **7** **8** 9 10 11 12 3200-4600 m

Pedicularis elwesii Hooker.f.[1-5]

多年生草本，高 1.5~32 厘米。基生叶稀疏丛生，叶片卵状长圆形至长圆状披针形。花冠紫色至紫红色；盔强烈弯曲。生于高山草甸。分布于西藏东部和南部、云南西北部。

Herbs perennial, 1.5-32 cm tall. Basal leaves sparsely cespitose, leaf blade ovate-oblong to lanceolate-oblong. Corolla purple to purplish red, galea strongly curved. Alpine meadows. Distr. E and S Xizang, NW Yunnan.

1

2

3

4

5

6

6

1 阜莱氏马先蒿

1 2 3 4 5 6 7 8 9 10 11 12 3500-4200 m

Pedicularis fletcheri Tsoong[2, 5]

一年生草本，高40厘米，干后不变黑。基生叶少，常早落；茎生叶长远状披针形。花序总状；花冠白色。生于高山草甸。分布于西藏东南部。

Herbs annual, to 40 cm tall, not drying black. Basal leaves few, usually withering early. Stem leaves blade oblong-lanceolate. Inflorescences racemose; corolla white. Alpine meadows. Distr. SE Xizang.

2 刺毛细管马先蒿

1 2 3 4 5 6 7 8 9 10 11 12 ≈ 3300 m

Pedicularis gracilituba subsp. *setosa* (Li) Tsoong[1-4]

多年生草本。茎较少。叶柄和花梗明显被毛。叶腹面密被刚毛。花冠紫色。生于林下。分布于云南西北部。

Herbs perennial. Stems few. Petiole and pedicel conspicuously pubescent. Leaves densely bristly adaxially. Corolla purple. Forests. Distr. NW Yunnan.

3 勒公氏马先蒿

1 2 3 4 5 6 7 8 9 10 11 12 ≈ 3500 m

Pedicularis lecomtei Bonati[1-4]

多年生草本，高5~12厘米，干后变黑。根束生，纺锤形。叶几全部为基生，叶片长圆状披针形至线状披针形。花序总状；花冠黄色，具紫色喙；盔先端多少镰状弓曲。生于岩石坡。分布于云南西北部。

Herbs perennial, 5-12 cm tall, drying black. Roots fascicled, fusiform. Leaves barely all basal; leaf blade oblong-lanceolate to linear-lanceolate. Inflorescences racemose; corolla yellow, with purple beak, galea ± falcate apically. Rocky slopes. Distr. NW Yunnan.

4 管状长花马先蒿

1 2 3 4 5 6 7 8 9 10 11 12 2700-5300 m

Pedicularis longiflora var. *tubiformis* (Klotzsch) Tsoong[1-2, 4-5]

叶互生。萼片2枚；花冠小，下唇前外侧两边各具1个窄褐红色条纹。生于高山草甸、泉水边、溪流边。分布于西藏东南部、四川西部、云南西北部。

Leaves alternate. Calyx lobes 2; corolla small; lower lip with a narrow maroon stripe on each antero-lateral ridge of palate. Alpine meadows, springs, streams, along streams. Distr. SE Xizang, W Sichuan, NW Yunnan.

5 滇西北马先蒿

1 2 3 4 5 6 7 8 9 10 11 12 3000-4600 m

Pedicularis milliana W.B.Yu, D.Z.Li & H.Wang[33]

多年生草本。叶兼具基生和茎生，披针状长圆形至线状长圆形，羽状全裂，裂片6~15对。花腋生，密集；花萼被短柔毛，萼齿3枚；花冠玫瑰红色；冠筒长4~8厘米；盔瓣顶部强烈扭曲，喙半圆形或稍“S”形；下唇裂片3枚，侧裂片较大，中部裂片稍小并2浅裂。生于潮湿的草甸、溪流边以及矮灌丛的边缘。分布于云南西北部。

Perennial herbs. Leaves basal and cauline; leaf blade lanceolate-oblong to linear-oblong, pinnatisect, segments 6-15 pairs. Flowers axillary, dense; calyx pubescent, lobes 3; corolla rose-red; tube 4-8 cm; galea strongly twisted apically; beak semicircular or slightly S-shaped; lower lip lobes 3, lateral lobes larger, middle lobe slightly smaller and 2-lobed. Humid meadows, along streams, and the margin of low shrubs. Distr. NW Yunnan.

6 藓状马先蒿

1 2 3 4 5 6 7 8 9 10 11 12 3900-5300 m

Pedicularis muscoides H.L.Li[1-4]

低矮草本，低于4厘米，干后变黑。基生叶长圆状披针形。花萼长圆状卵形；花冠奶油色或浅玫瑰色。生于湿润高山草甸。分布于西藏东南部、四川西部、云南西北部。

Herbs low, less than 4 cm tall, drying black. Basal leaf blade oblong-lanceolate. Calyx oblong-ovate; corolla cream colored or bright rose. Moist alpine meadows. Distr. SE Xizang, W Sichuan, NW Yunnan.

1

1

2

3

4

4

5

6

1 欧氏马先蒿

1 2 3 4 5 6 7 8 9 10 11 12 2600-5400 m

Pedicularis oederi Vahl[1-4]

多年生草本，高 5~10（20）厘米，干后变黑。茎常花葶状，木质化。叶多数基生，叶片线状披针形至线形。花冠黄色，盔紫色。蒴果长卵形至卵状披针形。生于高山草甸、牧场、潮湿石灰岩、苔原、草坡。分布于甘肃、青海、西藏、四川、云南；河北、山西、陕西、新疆。

Herbs perennial, 5-10(20) cm tall, drying black. Stems usually scapelike, woolly. Leaves mostly basal; leaf blade linear-lanceolate to linear. Corolla yellow, with purple galea. Capsule long ovoid to ovoid-lanceolate. Alpine meadows, pastures, damp limestone rocks, tundra, grassy slopes. Distr. Gansu, Qinghai, Xizang, Sichuan, Yunnan; Hebei, Shanxi, Shaanxi, Xinjiang.

2 尖果马先蒿

1 2 3 4 5 6 7 8 9 10 11 12 2500-4200 m

Pedicularis oxycarpa Franch. ex Maxim.[1-4]

多年生草本，高 20~40 厘米，干后变黑。根肉质。叶互生，线状长圆形至披针状长圆形，羽状全裂，裂片 7~15 对。花序总状，长可达 13.5 厘米，疏松；花冠白色，具紫色喙；喙镰状弓曲，可达 7 毫米，纤细；下唇具长缘毛。生于高山草甸。分布于四川西南部、云南西北部。

Herbs perennial, 20-40 cm tall, drying black. Roots fleshy. Leaves alternate; leaf blade linear-oblong or lanceolate-oblong, pinnatisect, segments 7-15 pairs. Inflorescences racemose, to 13.5 cm, lax; corolla white, with purplish beak; beak falcate, to 7 mm, slender; lower lip long ciliate. Alpine meadows. Distr. SW Sichuan, NW Yunnan.

3 南方普氏马先蒿

1 2 3 4 5 6 7 8 9 10 11 12 4300-5300 m

Pedicularis przewalskii subsp. *australis* (H.L.Li) Tsoong[1-2, 4-5]

多年生草本，高 6~12 厘米。叶披针状线形，长约 1.5 厘米，宽约 0.5 厘米，密被毛，无腺体，羽状半裂，裂片圆齿状。萼裂片 5 枚；花冠紫红色，花冠管被长毛。生于高山草甸。分布于西藏东南部、云南西北部。

Herbs perennial, 6-12 cm tall. Leaf blade lanceolate-linear, ca. 1.5 cm × 0.5 cm, densely pubescent, not glandular, pinnatifid, crenate-dentate. Calyx lobes 5; corolla purple-red throughout; tube long pubescent. Alpine meadows. Distr. SE Xizang, NW Yunnan.

4 大唇拟鼻马先蒿

1 2 3 4 5 6 7 8 9 10 11 12 3000-4500 m

Pedicularis rhinanthoides subsp. *labellata* (Jacq.) Tsoong[1-2, 4-5]

多年生草本。苞片及上部叶柄无毛至微具毛。花冠喙常“S”形，0.8~1 厘米，下唇 2.5~2.8 厘米宽，无纤毛。生于高山湿润草甸、溪流间沼泽、杜鹃灌丛及其他开阔山坡湿润地带灌丛中。分布于甘肃、青海、西藏、四川、云南；河北、山西、陕西。

Herbs perennial. Bracts and upper petioles glabrous to slightly villous. Corolla beak usually S-shaped, to 0.8-1 cm; lower lip 2.5-2.8 cm wide, not ciliate. Alpine moist meadows and boggy places along streams, among small *Rhododendron* and other shrubs in moist locations on open hillsides. Distr. Gansu, Qinghai, Xizang, Sichuan, Yunnan; Hebei, Shanxi, Shaanxi.

5 红毛马先蒿

1 2 3 4 5 6 7 8 9 10 11 12 2600-4000 m

Pedicularis rhodotricha Maxim.[1-4]

多年生草本，8~35 厘米高。叶片柄短或多少抱茎，叶片线状披针形。花序头状至总状；花冠紫红色；盔半月形，密被淡红色长毛。生于多石高山草甸、流石滩。分布于四川西部、云南西北部。

Herbs perennial, 8-35 cm tall. Leaves short petiolate or ± clasping, leaf blade linear-lanceolate. Inflorescences capitate to racemose; corolla purple red, galea 1/2 moon-shaped, densely long pubescent apically, with pale red hairs. Stony alpine meadows, screes. Distr. W Sichuan, NW Yunnan.

1 狭管马先蒿

1 2 3 4 5 6 **7** **8** 9 10 11 12 3000-3200 m

Pedicularis tenuituba H.L.Li[1-2, 4]

多年生草本，高达 30 厘米。茎多数，不分枝。叶基出与茎生，叶片长圆形或线形，长达 9 厘米，宽 1.6 厘米，羽状全裂，裂片 10~15 对，有锯齿。花腋生；花冠紫色，管细长，达 8~11 厘米，直立；盔显著扭旋，额有不明显的长鸡冠状凸起，前方伸长为长喙，显作"S"形，端微 2 裂。生于高山草甸。分布于四川西南部、云南。

Herbs perennial, to 30 cm tall. Stems numerous, unbranched. Leaves basal and on stem; leaf blade oblong or linear, ca. 9 × 1.6 cm, pinnatisect; segments 10-15 pairs, dentate. Flowers axillary; corolla purple; tube slender, erect, 8-11 cm; galea strongly twisted, inconspicuously crested; beak S-shaped, slightly 2-lobed. Alpine meadows. Distr. SW Sichuan, Yunnan.

2 毛盔马先蒿

1 2 3 4 5 6 **7** **8** 9 10 11 12 3500-5000 m

Pedicularis trichoglossa Hook.f.[1-5]

多年生草本，高 13~60 厘米。叶片抱茎无柄，线状披针形。花序总状；花冠黑紫色；盔顶端密被紫红色长毛。生于林下开阔多石草地、流石滩。分布于青海、西藏南部和东南部、四川西部、云南西北部。

Herbs perennial, 13-60 cm tall. Leaves sessile, linear-lanceolate. Inflorescences racemose; corolla blackish purple, galea densely long pubescent apically, with purple-red hairs. Open stony meadows in forests, amidst boulder screes. Distr. Qinghai, S and SE Xizang, W Sichuan, NW Yunnan.

3 三色马先蒿

1 2 3 4 5 6 7 **8** **9** 10 11 12 3500-3600 m

Pedicularis tricolor Hand.-Mazz.[1-4]

一年生草本，低于 5 厘米。基生叶多数，叶片披针形；茎生叶常 2 枚，对生。花序总状；花冠黄色，盔红色，下唇边缘具白边。生于高山草甸。分布于云南西北部。

Herbs annual, less than 5 cm tall. Basal leaves numerous, leaf blade lanceolate. Stem leaves usually 2, opposite. Inflorescences racemose; corolla yellow, with red galea, and white margin on lower lip. Alpine meadows. Distr. NW Yunnan.

4 地黄叶马先蒿

1 2 3 4 5 6 7 **8** **9** **10** 11 12 1000-2600 m

Pedicularis veronicifolia Franch.[1-4]

多年生草本。根茎肉质。叶有柄，叶片倒卵形至菱状披针形。总状花序；花萼密被短硬毛，脉上被长毛；花冠浅玫红色，盔镰状弓曲；花丝被毛。蒴果斜披针状倒卵形。生于草坡、森林。分布于四川西北部和西南部、云南西部和南部。

Herbs perennial. Rootstock fleshy. Leaves petiolate; leaf blade obovate to rhomboid-lanceolate. Inflorescences racemose; calyx densely hispidulous, long pubescent along veins; corolla pale rose, galea falcate; filaments villous. Capsule obliquely lanceolate-ovoid. Grassy slopes, forests. Distr. NW and SW Sichuan, W and S Yunnan.

5 维氏马先蒿

1 2 3 4 **5** **6** **7** **8** 9 10 11 12 2700-4300 m

Pedicularis vialii Franch.[1-5]

茎 80 厘米长，上升，近无毛。叶片长圆状披针形。花序总状，果期伸长；花冠白色，具玫瑰色至紫色的盔。生于草坡、针叶林下。分布于四川西部、西藏东南部、云南西北部。

Stems to 80 cm tall, ascending, subglabrous. Leaf blade lanceolate-oblong. Inflorescences racemose, elongating in fruit; corolla whitish, with rose to purple galea. Grassy slopes, coniferous forests. Distr. W Sichuan, SE Xizang, NW Yunnan.

1
1
2
3
4
5

列当科 Orobanchaeae | 松蒿属 *Phtheirospermum* Bunge

一年生或多年生草本，全体密被黏质腺毛。叶对生，叶片一至三回羽状开裂。花具短梗，生于上部叶腋，成疏总状花序；萼钟状，5 裂；萼齿全缘至羽状深裂；花冠黄色至红色，花冠筒状，裂片成二唇形，上唇较短，直立，2 裂，反卷，下唇较长而平展，3 裂；雄蕊 4 枚，2 强，前方 1 对较长，内藏或伸出。蒴果卵圆形，具喙。约 3 种；中国 2 种；横断山均有。

Herbs, annual or perennial, viscid glandular villous. Leaves opposite, leaf blade 1-3 pinnately parted to pinnatisect. Flowers axillary from upper leaves, in lax racemes, short pedicellate; calyx campanulate, 5-lobed; lobes entire to pinnately parted; corolla yellow to red, tubular, with 2 folds; lower lip spreading flat, 3-lobed; upper lip shorter than lower, erect, 2-lobed, revolute; stamens 4, didynamous; anterior stamens longer than posterior, included or exserted. Capsule ovoid, beaked. About three species; two in China; both found in HDM.

1 松蒿

1 2 3 4 **5 6 7 8 9 10** 11 12 **1900-4100 m**

Phtheirospermum japonicum (Thunb.) Kanitz[1-2, 4]

一年生草本，高（5）60~100 厘米。茎直立或斜升，多分枝。叶对生；叶柄具狭翅；叶狭三角状卵形，部分羽状裂至羽状全裂。花生于上部叶腋；花萼长 0.4~1 厘米，裂片披针形，羽状裂；花冠浅红色至紫红色，长 0.8~2.5 厘米，外被长柔毛，下裂片钝，上裂片三角状卵形。生于山坡灌木丛中的阴处。分布于中国除新疆外的各区域；日本、朝鲜半岛及俄罗斯（远东）。

Annuals, (5)60-100 cm tall. Stems erect or curved and ascending, usually much branched. Leaves opposite; petiole narrowly winged; leaf blade narrowly triangular-ovate, pinnately parted to pinnatisect. Flowers axillary from upper leaves; calyx 0.4-1 cm; lobes lanceolate, pinnately parted; corolla pale red to purple-red, 0.8-2.5 cm, outside villous; lower lobes obtuse; upper lobes triangular-ovate. Shady places in thickets on mountain slopes. Distr. throughout China except Xinjiang; Japan, Korea, Russia (Far East).

2 细裂叶松蒿

1 2 3 4 **5 6 7 8 9 10** 11 12 **1900-4100 m**

Phtheirospermum tenuisectum Bureau & Franch.[1-5]

多年生草本。叶二至三回羽状全裂，小裂片条形。花冠黄色至橘黄色。生于草坡、灌丛和林下。分布于青海、西藏、四川、云南；贵州；不丹也有分布。

Perennials. Leaf blade 2-3 pinnatisect, pinnae linear. Corolla yellow to orange-yellow. Grassy slopes, under woods, in thickets. Distr. Qinghai, Xizang, Sichuan, Yunnan; Guizhou; Bhutan.

列当科 Orobanchaeae | 阴行草属 *Siphonostegia* Benth.

一年生高大草本，密被毛，直立。叶对生，叶片羽状或掌状深裂，裂片细长，全缘。总状花序顶生，花对生，稀疏；萼管筒状钟形而长，长为宽的 4~8 倍，具 10 条脉；花冠二唇形，花管细而直，略长于或与萼筒等长，下唇约与上唇等长，3 裂；雄蕊 2 强。蒴果黑色或黑褐色，被包于宿存的萼管内。约 4 种；中国 2 种；横断山区 1 种。

Herbs, annual, tall, densely hairy, erect. Leaves opposite, leaf blade pinnately or palmately parted, lobes linear, entire. Racemes terminal, flowers opposite, sparse; calyx tube campanulate, 4-8 times longer than wide, 10-veined; corolla tube slender, straight, as long as or slightly longer than calyx tube; limb 2-lipped; lower lip as long as upper, 3-lobed; stamens didynamous. Capsule black to black-brown, enclosed by persistent calyx. About four species; two in China; one in HDM.

3 阴行草

1 2 3 4 5 **6 7 8** 9 10 11 12 **800-3400 m**

Siphonostegia chinensis Benth.[1-5]

全体密被无腺短毛。叶片广卵形，二回羽状全裂，裂片极少。萼管的主脉粗凸，萼齿长 2.2~2.5 毫米；花丝基部具纤毛。生于干山坡与草地中。分布于甘肃、四川、云南；广泛分布于东北、华北、华东、华中、华南、西南各省区；日本、朝鲜半岛、俄罗斯。

Plants densely eglandular hairy. Leaves broadly ovate, 2-pinnatisect, pinnules few. Main veins in calyx tube convex; calyx lobes 2.2-2.5 mm; filaments basally ciliate. Dry mountain slopes and grassland. Distr. Gansu, Sichuan, Yunnan; widely distributed in NE, N, E, C, S, SW China; Japan, Korea, Russia.

1
1
2
3
3

冬青科 Aquifoliaceae | 冬青属 *Ilex* L.

常绿或落叶乔木或灌木。单叶互生，稀对生；叶片革质、纸质或膜质，长圆形、椭圆形、卵形或披针形，全缘或具锯齿或具刺。雌雄异株；花序为聚伞花序或伞形花序，稀单花腋生；花小，白色，稀绿色、黄色、粉红色或红色。雄花：花萼盘状，4~8裂，覆瓦状排列；花瓣4~8枚；雄蕊通常与花瓣同数，花丝短，花药长圆状卵形，纵裂。雌花：花萼4~8裂；花瓣4~8枚；子房上位，卵球形，常4~10室，花柱稀发育，柱头头状、盘状或柱状。果为浆果状核果，常球形，成熟时红色，稀黑色。500~600种；中国204种；横断山区44种。

Trees or shrubs, evergreen or deciduous. Leaves alternate, rarely opposite; leaf blade leathery, papery, or membranous, margin entire, serrate, or spinose. Inflorescence cyme or umbel. Plants dioecious. Flowers small, unisexual; corolla often white or cream, rarely green, yellow, pink, or red; petals imbricate, mostly connate at base up to half of their length; male flowers: calyx 4-8-lobed; petals 4-8; stamens isomerous, alternating with petals, epipetalous; anthers oblong-ovoid, longitudinally dehiscent; female flowers: calyx 4-8-lobed; petals 4-8; ovary superior, ovoid, 4-10-loculed, style rarely developed; stigma capitate, discoid, or columnar. Fruit a drupe, red, brown, or black (or green in Ilex chapaensis), usually globose. About 500-600 species; 204 in China; 44 in HDM.

1 长叶枸骨

1 2 3 4 5 6 7 8 9 10 11 12 1600-3700 m

Ilex georgei H.F.Comber[1-4]

常绿灌木。小枝圆柱形，具浅纵棱槽。叶片厚革质，披针形或卵状披针形，稀卵形，边缘增厚，稍反卷，近全缘或具2~3对刺齿，先端渐尖。聚伞花序簇生于二年生枝叶腋。果2~3枚簇生，倒卵状椭圆形，分核1~2粒，倒卵状长圆形，背面具掌状条纹和浅沟槽，内果皮木质。生于疏林和路旁灌丛中。分布于西藏、四川西部、云南；印度东北部、缅甸北部。

Shrubs evergreen. Branchlets terete, longitudinally shallowly striate-sulcate. Leaf thickly leathery, lanceolate or ovate-lanceolate, rarely ovate, margin thickened, recurved, subentire or with 2-3 pairs of spines, apex acuminate. Inflorescences: cymes, fasciculate, axillary on second year's branchlets. Fascicles 2-3-fruited. Fruit obovoid-ellipsoidal, pyrenes 1 or 2, obovoid-oblong, abaxially palmately striate and sulcate, endocarp woody. Sparse forests, shrub forests, roadsides. Distr. Xizang, W Sichuan, Yunnan; NE India, N Myanmar.

2 三花冬青

1 2 3 4 5 6 7 8 9 10 11 12 200-1800 m

Ilex triflora Blume[1-4]

常绿灌木或乔木。幼枝"之"字形，皮孔无。叶近革质，椭圆形、长圆形或卵状椭圆形，具近波状线齿，背面具腺点，疏被柔毛。聚伞花序簇生，生于一年、二年或三年生小枝腋；雄花1~3朵成聚伞花序，退化子房金字塔形；雌花为一回聚伞花序，子房卵球形。果分核4粒，背平滑，背部具3纹，无沟。生于山地阔叶林、杂木林或灌木丛中。分布于四川、云南；华东、华南；孟加拉国、印度、印度尼西亚、马来西亚、缅甸、泰国、越南。

Shrubs or trees, evergreen. Branchlets zigzag, lenticels absent. Leaf elliptic, oblong, ovate-elliptic; abaxially sparsely puberulent, punctate; margin undulate. Inflorescences: cymes, fasciculate, axillary on current, second, or third year's branchlets; male inflorescences: cymes 1-3-flowered; rudimentary ovary pyramidal; female inflorescences: 1-flowered cymes; ovary ovoid. Pyrenes 4, abaxially smooth, 3-striate, not sulcate. Montane broad-leaved forest, mixed forests, or thickets. Distr. Sichuan, Yunnan; E and S China; Bangladesh, India, Indonesia, Malaysia, Myanmar, Thailand, Vietnam.

3 蒋英冬青

1 2 3 4 5 6 7 8 9 10 11 12 3000-4000 m

Ilex tsiangiana C.J.Tseng[1-2]

常绿乔木。小枝具纵棱沟，二年生小枝具疏皮孔。叶革质，具细圆齿，先端短渐尖。果序为一回聚伞形，单或几束簇生；果球形，直径3~4毫米；果柄长4~5毫米；分核5粒，椭圆状长圆形，背部具1纵条纹，无沟，内果皮革质。生于杂木林。分布于云南西部。

Trees evergreen. Branchlets longitudinally angular and sulcate; Second year's branchlets with sparse lenticels. Leaf, leathery, margin serrulate, apex shortly acuminate. Infructescences: 1-fruited cymes, solitary or few fascicled. Fruit 3-4 mm in diam.; pedicel 4-5 mm; pyrenes 5, ellipsoidal-oblong, abaxially longitudinally 1-striate, not sulcate, endocarp leathery. Mixed forests. Distr. W Yunnan.

1
1
2
2
3

桔梗科 Campanulaceae | 沙参属 *Adenophora* Fisch.

与风铃草属接近，但本属植物在雄蕊与花柱间有一个筒状或环状的花盘；蒴果全为 3 室，而且均在基部孔裂。约 62 种；中国 38 种；横断山约 12 种。

Similar to *Campanula*, but have a disk between stamens and style, usually tubular, rarely annular; capsule 3-poricidal below persistent calyx lobes. About 62 species; 38 in China; about 12 in HDM.

1 细萼沙参

1 2 3 4 5 6 7 **8** **9** 10 11 12 2000-3600 m

Adenophora capillaris subsp. *leptosepala* (Diels) D.Y.Hong[1-4]

茎单生，多少被毛。茎生叶常为卵形，卵状披针形，少为条形，顶端渐尖。常形成大而疏散的圆锥花序，花序梗和花梗常纤细如丝；花萼筒部球状，裂片毛发状，多数有小齿；花冠细，近于筒状或筒状钟形，白色至淡紫色；花盘细筒状；花柱伸出花冠。生于林缘、灌丛。分布于四川西南部（木里）、云南西部及西北部。

Stems single hirsute. Cauline leaves blade ovate-lanceolate, elliptic-lanceolate, or sometimes linear, apex acuminate. Inflorescence a large and lax panicle; main axis and branches filiform; hypanthium ellipsoid or sometimes ovoid; calyx lobes filiform, margin usually toothed; corolla pale blue, pale purple, or white, subtubular, tubular-funnelform, or urceolate; disk narrowly tubular; Style strongly exserted. Forests margins, grasslands. Distr. SW Sichuan (Muli), W and NW Yunnan.

2 天蓝沙参

1 2 3 4 5 6 7 **8** **9** **10** 11 12 1200-4000 m

Adenophora coelestis Diels[1-4]

植株常有横走的茎基分枝。花萼无毛，裂片狭三角状钻形，边缘有 1 至多对小齿；花冠钟状，蓝色或蓝紫色，长 1.5~4 厘米；花盘长（1.2）2~3（3.5）毫米，无毛或偶被毛；花柱比花冠短。生于林下、林缘、林间空地或草地中。分布于四川西南部、云南。

Caudexes sometimes with horizontal branches. Calyx lobes narrowly triangular, margin with 1 to several pairs of denticles; corolla blue or blue-purple, campanulate, 1.5-4 cm; disk (1.2)2-3(3.5) mm, glabrous or sometimes hairy; style shorter than corolla. Forests, forest margins, glades. Distr. SW Sichuan, Yunnan.

3 甘孜沙参

1 2 3 4 5 6 **7** **8** 9 10 11 12 3000-4700 m

Adenophora jasionifolia Franch.[1-3, 5]

茎 2 至多支发自一条根上，极少单生的。茎生叶卵圆形至条状披针形。花单朵顶生，或集成假总状花序；花萼裂片狭三角状钻形，边缘有多对瘤状小齿；花冠漏斗状，蓝色或紫蓝色；花盘环状，高 0.5~1 毫米；花柱比花冠短，少近等长的。生于草地或林缘草丛中。分布于西藏东部、四川西南部、云南西北部。

Stems (1 or)2 to several. Cauline leaves blade ovate-orbicularto linear-lanceolate. Flowers terminal and solitary, or several in a pseudoraceme; calyx lobes narrowly triangular, margin with several verrucose denticles; corolla blue or purple-blue, bowl-shaped; disk annular, 0.5-1 mm high; style shorter or sometimes longer than corolla. Meadows, grassy places at forest margins. Distr. E Xizang, SW Sichuan, NW Yunnan.

4 云南沙参

1 2 3 4 5 6 7 **8** **9** **10** 11 12 1000-2800 m

Adenophora khasiana (Hook.f. & Thomson) Collett & Hemsl.[1-5]

茎常单支，偶 2 支，被白色硬毛，少近无毛。茎生叶卵圆形至倒卵形，顶端常急尖，边缘具重锯齿或单锯齿。花序狭圆锥状或假总状；花萼裂片钻形，边缘有 1~4 对小齿；花冠狭漏斗状钟形，淡紫色或蓝色；花盘短筒状，长不超过 1 毫米；花柱比花冠稍长。生于杂木林、灌丛或草丛中。分布于西藏东南部、四川西南部、云南；不丹、印度东北部、缅甸北部。

Stems often single or sometimes 2; usually hirsute. Cauline leaves blade ovate-orbicular to elliptic, margin serrate or irregularly biserrate, apex acute or acuminate. Inflorescence a narrow panicle; calyx lobes narrowly triangular, margin with 1-4 pairs of denticles; corolla blue or pale blue, funnelform-campanulate; disk shortly tubular, less than 1 mm; style slightly longer than corolla to obviously exserted. Forests, scrub, grassy places. Distr. SE Xizang, SW Sichuan, Yunnan; Bhutan, NE India, N Myanmar.

1
1
2
2
3
3
3
4
4

1 川藏沙参

1 2 3 4 5 6 7 8 9 10 11 12 2400-4600 m

Adenophora liliifolioides Pax & K.Hoffm.[1-3, 5]

茎常单生，不分枝，常被长硬毛，少无毛。茎生叶卵形至条形，具疏齿或全缘。狭圆锥花序，有时花少；花萼裂片钻形，全缘，极少具瘤状齿；花冠细小，近于筒状或筒状钟形，紫蓝色，极少白色；花盘细筒状，长 3~6.5 毫米；花柱伸出花冠。生于草地、灌丛和乱石中。分布于甘肃东南部、西藏东北部、四川西北部；陕西。

Stems often single, usually hirsute, less often glabrous. Cauline leaves blade ovate to linear, margin entire or sparsely serrate. Inflorescence a narrow panicle with short branches, sometimes only several flowers; calyx lobes narrowly triangular, margin entire or very rarely with verrucose denticles; corolla blue, purple-blue, or pale purple, rarely white, subtubular or tubular-campanulate; disk narrowly tubular, 3-6.5 mm; style remarkably exserted. Meadows, scrub, among debris. Distr. SE Gansu, NE Xizang, NW Sichuan; Shaanxi.

2 川西沙参

1 2 3 4 5 6 7 8 9 10 11 12 2400-4600 m

Adenophora stricta subsp. *aurita* (Franch.) D.Y.Hong & S.Ge[1]

— *Adenophora aurita* Franch.

茎单生，通常具短硬毛或长柔毛，少无毛。基生叶卵形，基部心形；茎生叶通常无梗，椭圆形或狭卵形，基部楔形，先端锐尖或短渐尖。花通常组成假圆锥花序；萼筒倒卵形或倒圆锥形；花萼裂片常钻形，有时线状披针形，宽 1~1.8 毫米，全缘；花冠蓝色或紫色，宽钟状，长 2~2.5 厘米；花冠裂片三角状卵形，长约为冠管的 1/2；花盘长 1.8~2.5 毫米，无毛；花柱通常稍长于花冠。蒴果椭圆形至球形。生于草甸、林缘或灌丛中。分布于四川西北部。

Stems simple, often hispidulous or villous, rarely glabrous. Basal leaves ovate, base cordate; cauline leaves usually sessile; blade elliptic or narrowly ovate, base cuneate, apex acute or shortly acuminate. Flowers often in a pseudoraceme; hypanthium obovoid or obconic; calyx lobes typically subulate, less often linear-lanceolate, 1-1.8 mm wide, margin entire; corolla blue or purple, broadly campanulate, 2-2.5 cm; lobes deltoid-ovate, ca. 1/2 as long as tube; disk 1.8-2.5 mm, glabrous. Style usually slightly longer than corolla. Capsule ellipsoid-globose. Meadows, forest margins, scrub. Distr. NW Sichuan.

桔梗科 Campanulaceae | 牧根草属 *Asyneuma* Griseb. & Schenk

多年生草本。花萼贴生于子房至子房顶端，5 裂，裂片条形；花冠 5 裂至基部，呈离瓣花状；雄蕊 5 枚，花丝基部扩大，边缘密生绒毛；子房下位，3 室，花柱上部被毛，柱头 3 裂，裂片条形，反卷。蒴果在中偏上处 3 孔裂。约 33 种；中国 3 种；横断山 1 种。

Herbs, perennial. Calyx 5-lobed; lobes linear. Corolla 5-divided to base; lobes almost free, linear. Stamens 5; filaments dilated at base, margin densely ciliate. Ovary inferior, 3-locular; style hairy above; stigma 3-fid, segments linear, recurved. Capsule 3-poricidal above middle. About 33 species; three in China; one in HDM.

3 球果牧根草

1 2 3 4 5 6 7 8 9 10 11 12 <3000 m

Asyneuma chinense D.Y.Hong[1-3]

茎单生，直立。穗状花序少花，每个总苞片腋间有花 1~4 朵；花萼筒部球状，裂片稍长于花冠，开花以后常反卷；花冠紫色或鲜蓝色；花柱稍短于花冠。蒴果球状，基部平截形，下部最宽。生于山坡草地、林缘、林中。分布于四川西南部、云南；湖北西部、广西、贵州。

Stems single, erect. Spikes with bract subtending 1-4 flowers; calyx usually glabrous; lobes slightly longer than corolla, recurved after anthesis; corolla purple or blue; style slightly shorter than corolla. Capsule globose, base truncate or concave. Grassy slopes, forest margins, forests. Distr. SW Sichuan, Yunnan; W Hubei, Guangxi, Guizhou.

1

1

1

2

3

3

桔梗科 Campanulaceae | 风铃草属 *Campanula* L.

多年生，偶一年生草本。叶全互生，基生叶有的成莲座状。花单朵顶生，聚伞花序，或聚伞花序集成圆锥状；花萼与子房贴生，裂片5枚，有时裂片间有附属物；花冠钟状，漏斗状或管状钟形，5裂；雄蕊离生，极少花药不同程度地相互粘合，花丝基部扩大成片状；无花盘；子房下位。蒴果3~5室，带有宿存的花萼裂片，在侧面的顶端或在基部孔裂。约420种；中国22种；横断山10余种。

Herbs, perennial, less often annual. Basal leaves sometimes rosulate; cauline leaves all alternate. Flowers solitary and terminal, or in cymes; cymes paniculate or capitellate; calyx adnate to ovary; lobes 5, sometimes with an appendage between lobes; corolla campanulate, tubular-campanulate, or funnelform, 5-lobed; filaments dilated; anthers coherent or rarely connate; disk absent; ovary inferior, 3-5-locular. Capsules dehiscent by lateral, upper or lower pores. About 420 species; 22 in China; 10+ in HDM.

• 蒴果基部开裂 | Dehiscence at the base of the capsular

1 灰毛风铃草

1 2 3 4 **5 6 7 8 9** 10 11 12 1000-3300 m

Campanula cana Wall.[1-5]

多年生草本，除花冠外全株被白色毡毛。茎丛生，常铺散。叶互生；卵形、椭圆形、倒披针形或线状披针形，长0.4~2.5厘米。花萼裂片钻形或狭三角形；花冠蓝色到紫色，管状钟形。生于石灰岩石上。分布于西藏南部、四川西部、云南北部；贵州西北部；不丹、印度北部、缅甸北部、尼泊尔。

Plants perennial, densely white villous on all parts except corolla. Stems caespitose, usually diffuse. Leaves alternate; blade ovate, elliptic, oblanceolate, or linear-lanceolate, 0.4-2.5 cm long. Calyx lobes subulate or narrowly triangular; corolla blue, blue-purple, or violet, tubular-campanulate. Open rocky slopes. Distr. S Xizang, SW Sichuan, N Yunnan; NW Guizhou; Bhutan, N India, N Myanmar, Nepal.

2 西南风铃草

1 2 3 4 **5 6 7 8 9** 10 11 12 1000-4000 m

Campanula pallida Wall.[1, 4]

— *Campanula colorata* Wall.

茎常单生，偶分枝，被开展的硬毛。叶片椭圆形，菱状椭圆形或矩圆形，长1~4厘米，两面被毛。花下垂；花萼裂片三角形至三角状钻形；花冠紫色或蓝紫色或蓝色，管状钟形，分裂达1/3~1/2。生于山坡草地和疏林下。分布于西藏南部、四川、云南；贵州西部；青藏高原南部从阿富汗至老挝的各国。

Stems single, sometimes 2 or rarely several, hirsute. Leaf blade elliptic, rhombic-elliptic, or oblong, 1-4 cm long, both surfaces densely hirsute. Flowers pendent; calyx lobes deltoid, narrowly triangular, margin entire or rarely serrulate; corolla purple, blue-purple, or blue, tubular-campanulate. Grassy slopes, open woods. Distr. S Xizang, Sichuan, Yunnan; W Guizhou; S Qinghai-Tibetan plateau, from Afghanistan to Laos.

• 蒴果顶孔开裂 | Dehiscence at the top of the capsular

3 钻裂风铃草

1 2 3 4 5 **6 7 8** 9 10 11 12 3500-5000 m

Campanula aristata Wall.[1-4]

根胡萝卜状。茎直立，高10~50厘米。基生叶卵圆形至卵状椭圆形；茎生叶具长柄，披针形、椭圆形或条形，无毛。花萼筒部狭长，裂片丝状，通常比花冠长。蒴果圆柱状。生于草丛、灌丛和石滩。分布于甘肃南部、青海东部和南部、西藏（除西北部）、四川西部和西北部、云南西北部；陕西；阿富汗、不丹、印度、尼泊尔、巴基斯坦。

Roots thickened, carrot-shaped. Stems usually caespitose, erect, 10-50 cm tall. Basal leaves blade ovate or broadly elliptic; cauline leaves long petiolate, lanceolate, elliptic, or linear, glabrous; hypanthium very narrowly oblong; calyx lobes filiform, usually longer than corolla. Capsule clavate. Alpine meadows or thickets. Distr. S Gansu, E and S Qinghai, Xizang (except NW), NW and W Sichuan, NW Yunnan; Shaanxi; Afghanistan, Bhutan, India, Nepal, Pakistan.

1 灰岩风铃草 | 1 2 3 4 5 6 7 **8 9 10** 11 12 | 2300-3900 m

Campanula calcicola W.W.Sm.[1-4]

根胡萝卜状。茎数支丛生。基生叶肾形，具长柄；茎生肾形至披针形或宽条形。花顶生，常上举；花萼裂片宽条形至钻状三角形，边缘有1~3对瘤状小齿；花冠紫色或蓝紫色，宽钟状，分裂达1/2。生于湿润岩石上。分布于四川西南部和云南西北部。

Roots thickened, carrot-shaped. Stems several, caespitose. Basal leaves blade ovate or orbicular; cauline leaves long petiolate to narrowly oblong. Flowers terminal, often upright; calyx lobes narrowly oblong to subulate-triangular, margin with 1-3 pairs of teeth; corolla purple or blue-purple, broadly campanulate; lobes ca. 1/2 as long as tube. Moist rocks. Distr. SW Sichuan, NW Yunnan.

2 流石风铃草 | 1 2 3 4 5 6 **7 8 9** 10 11 12 | 2600-4200 m

Campanula crenulata Franch.[1-3]

根胡萝卜状。茎2~7支丛生，高6~33厘米。基生叶多枚，常排成莲座状；茎生叶匙形、卵形至宽条形。花单朵顶生，下垂；花萼裂片钻状三角形，边缘有2~3对瘤状小齿；花冠蓝色、蓝紫色或深紫红色，钟状。生于高山草地及石缝。分布于四川西南部（木里）及云南西北部。

Roots thickened, often carrotlike. Stems 2-7, caespitose, 6-33 cm tall. Basal leaves several, often rosulate. Cauline leaves blade spatulate, elliptic to linear. Flowers solitary, terminal, pendent or horizontal; calyx lobes subulate or narrowly triangular, margin 2-3 callose-denticulate; corolla blue, blue-purple, or dark purple-red, campanulate. Rocks, grassy slopes. Distr. SW Sichuan (Muli), NW Yunnan.

桔梗科 Campanulaceae | 金钱豹属 *Campanumoea* Blume

缠绕草本。叶对生或互生。花萼裂片卵状三角形至卵状披针形，全缘。浆果。2种；中国均产；横断山有分布。

Herbs twining. Leaves opposite or alternate. Calyx lobes ovate-deltoid or ovate-lanceolate, margin entire. Fruit a berry. Two species; both found in China and in HDM.

3 金钱豹 | 1 2 3 4 5 6 7 **8 9** 10 11 12 | ≈ 2400 m

Campanumoea javanica Blume[1-4]

根胡萝卜状。花单朵生叶腋；花冠长1.5~3厘米；上位，白色或黄绿色，内面紫色，钟状。浆果黑紫色、紫红色，球状。生于灌丛中及疏林中。分布于甘肃东南部、四川、云南；中国南部各省；东南亚各国以及不丹、印度东北部、日本。

Roots thickened. Flowers axillary. Corolla epigynous, 1.5-3 cm, white or yellow-green, purple or reddish inside, campanulate. Berry violet or greenish white suffused with red. Thickets and open forests. Distr. SE Gansu, Sichuan, Yunnan; southern China; Bhutan, NE India, Japan and Southeast Asian countries.

桔梗科 Campanulaceae | 轮钟花属 *Cyclocodon* Griffith ex J.D.Hooker & Thomson

直立或蔓生草本。叶对生，稀轮生。花萼裂片线形至线状披针形，边缘具锯齿，稀全缘。浆果。3种；中国均有；分布于横断山。

Herbs erect or ascending. Leaves opposite, rarely whorled. Calyx lobes linear or linear-lanceolate, margin dentate, rarely entire. Fruit a berry. Three species; all found in HDM.

4 轮钟花 | 1 2 3 4 5 6 **7 8 9 10** 11 12 | < 1500 m

Cyclocodon lancifolius (Roxburgh) Kurz[2, 4]

花通常单朵顶生兼腋生；花冠白色或淡红色，管状钟形，5~6裂。浆果球状，熟时紫黑色。生于林中、灌丛和草地。分布于四川、云南；中国南部各省；东南亚各国以及孟加拉国、印度东北部、日本。

Flowers both terminal and axillary; corolla white or pale red, tubular-campanulate, 5- or 6-cleft to middle. Berry purple-black when mature, globose. Forests, thickets, grasslands. Distr. Sichuan, Yunnan; southern China; Bangladesh, NE India, Japan and Southeast Asian countries.

1

1

2

2

3

3

4

桔梗科 Campanulaceae | 党参属 *Codonopsis* Wall.

多年生草本，有乳汁，常具特殊气味。根肥厚。茎直立，攀援，平卧，或缠绕。叶互生，对生，簇生或假轮生。花多为单生；花萼 5 裂，筒部与子房贴生；花丝基部常扩大；柱头通常 3 裂，较宽阔。果为卵形至倒圆锥形的蒴果，具宿存花萼。约 43 种；中国 41 种；横断山 26 种。

Herbs, perennial, with latex, often fetid. Roots thickened. Stems erect, climbing, procumbent, or twining. Leaves alternate, opposite, or fascicled (pseudoverticillate). Flowers solitary; calyx tube variously adnate to ovary, lobes 5; filaments often dilated at base; stigma usually 3-fid, lobes broad. Fruit with persistent calyx, an ovoid or obconic loculicidal capsule. About 43 species; 41 in China; 26 in HDM.

1 管钟党参

1 2 3 4 5 6 **7 8 9 10** 11 12 **3300-4200 m**

Codonopsis bulleyana Forrest ex Diels[1-5]

主茎直立或上升，被稀疏白色柔毛。花单生；花冠长 2.2~3 厘米，浅碧蓝色，下部管状，中部以上突然扩大。生于高山草坡及灌丛中。分布于西藏东南部、四川西南部、云南西北部。

Main stems erect or ascending, sparsely white villous. Flowers solitary; corolla pale blue but tube purplish, tubular-campanulate, 2.2-3 cm, shallowly lobed. Grassy slopes, scrub. Distr. SE Xizang, SW Sichuan, NW Yunnan.

2 灰毛党参

1 2 3 4 5 **6 7 8 9** 10 11 12 **3000-4200 m**

Codonopsis canescens Nannf.[1-3, 5]

主茎直立或上升。叶片灰绿色，两面密被白色柔毛。花萼筒部半球状，密被白色短柔毛，裂片间湾缺宽钝；花冠阔钟状，长 1.5~1.8 厘米，直径 2~3 厘米，淡蓝色或蓝白色。生于山地草坡、河滩多石和向阳干旱地方。分布于青海南部、西藏东部、四川西部。

Main stems erect or ascending. Leaf blade both surfaces densely white hispidulous. Calyx tube adnate to ovary up to middle, hemispherical, densely white hispidulous; sinus between lobes broad and obtuse; corolla pale blue or blue-white, broadly campanulate, 1.5-1.8 cm × 2-3 cm. Grassy slopes, sunny or stony river terraces. Distr. S Qinghai, E Xizang, NW Sichuan.

3 鸡蛋参

1 2 3 4 5 6 **7 8 9 10** 11 12 **1200-3100 m**

Codonopsis convolvulacea Kurz.[1-5]

根块状，近于卵球状或卵状。茎缠绕或近于直立，长可超过 1 米。叶片条形至宽大而为卵圆形。花萼筒贴生于子房至顶部；花冠辐状而近于 5 全裂，淡蓝色或蓝紫色。蒴果上位部分短圆锥状，下位部分倒圆锥状。生于疏林下、林缘、灌丛及草坡、草甸。分布于西藏南部及东南部、四川西南、云南；贵州西部；不丹、缅甸北部、尼泊尔。

Roots tuberous, ovoid-globose or ovoid. Stems twining, up to more than 1 m. Leaf blade linear-lanceolate to ovate or deltoid. Calyx tube adnate to ovary up to top; corolla pale blue or blue-purple, rotate, 5-fid to near base; superior part of capsule broadly conical, inferior part obconical. Open woods, forest margins, thickets, grassy slopes, meadows. Distr. S and SE Xizang, SW Sichuan, Yunnan; W Guizhou; Bhutan, N Myanmar, Nepal.

4 松叶鸡蛋参

1 2 3 4 5 6 **7 8 9** 10 11 12 **1500-3300 m**

Codonopsis graminifolia H.Lév.[2, 4]

— *Codonopsis convolvulacea* var. *pinifolia* (Hand.-Mazz.) Nannf.

根块状，卵球形或长圆形。茎下部斜升，只在上部缠绕，偶近直立，长可达 1 米，单生或分枝。茎生叶互生，常集中于茎下部，无梗，线形至线形披针形，长 2~10.5 厘米，宽 0.1~1 厘米。花单生于茎终端；花萼筒贴生于子房至顶部；花冠蓝色或紫色，裂至近基部。生于松林、灌丛和开阔草坡。分布于四川西南部、云南北部；贵州西部（威宁）。

Roots tuberous, ovoid or oblong. Stems decumbent below, twining only at upper part, sometimes suberect, up to 1 m, simple or branched; cauline leaves alternate, usually aggregated at lower part, sessile, linear to linear-lanceolate, 2-10.5 cm × 0.1-1 cm; flowers solitary, terminal; calyx tube adnate to ovary up to top of ovary; corolla blue or purple, divided to near base. *Pinus* forests, thickets, open grassy slopes. Distr. SW Sichuan, N Yunnan; W Guizhou (Weining).

1  1  2

2  3

3  4  4

1 毛细钟花

1 2 3 4 5 6 7 8 9 10 11 12 2000-2700 m

Codonopsis hongii Lammers[34]

— *Leptocodon hirsutus* D.Y.Hong

草质藤本，奇臭。叶互生，偶尔对生，边缘波状圆齿，叶柄细长。花梗长 1~5 厘米；花萼裂片边缘有长硬毛；花冠紫蓝色，长 3~3.5 厘米。生于混交林下或灌丛。分布于西藏东南部、云南西北部。

Plants malodorous. Leaves on main stems alternate, those on branchlets almost opposite; all leaves long petiolate; blade abaxially villous. Pedicel slender, 1-5 cm; calyx lobes hirsute on abaxial side and margin; corolla blue to violet-blue, 3-3.5 cm. Mixed forests, thickets. Distr. SE Xizang, NW Yunnan.

2 脉花党参

1 2 3 4 5 6 7 8 9 10 11 12 3300-4600 m

Codonopsis foetens subsp. *nervosa* (Chipp) D.Y.Hong[1]

— *Codonopsis nervosa* (Chipp) Nannf.

主茎直立或上升，疏生白色柔毛。叶片阔心状卵形、心形或卵形，长约 0.5~3 厘米。花单于茎顶；花萼裂片长约 0.7~2 厘米；花冠球状钟形，淡蓝白色，内面基部常有红紫色斑。生于草坡、灌丛及林缘。分布于甘肃东南部、青海南部、西藏东部及南部、四川西部、云南西北部；不丹、印度北部。

Main stems erect or ascending, villous. Leaves blade cordate or ovate, 0.5-3 cm. Flowers solitary; calyx lobes 0.7-2 cm; corolla pale blue or pale purple with interior markings, campanulate or subglobose-campanulate. Grassy slopes, alpine scrub. Distr. SE Gansu, S Qinghai, E and S Xizang, W Sichuan, NW Yunnan; Bhutan, N India.

3 党参

1 2 3 4 5 6 7 8 9 10 11 12 900-3900 m

Codonopsis pilosula (Franch.) Nannf. var. *pilosula*[1, 3]

茎缠绕。叶片卵形或狭卵形，长 1~7.3 厘米，宽 0.8~5 厘米。花单生于枝端；花萼裂片宽披针形或狭矩圆形，长 1~2 厘米；花冠上位，阔钟状，长 2~2.3 厘米，黄绿色，内有紫斑。生于山地林边及灌丛中。分布于西藏东南部、四川西部、云南西北部；我国中部、东部及北方各省；蒙古和俄罗斯 (远东)。

Stems twining. Leaf blade ovate or narrowly ovate, 1-7.3 cm × 0.8-5 cm. Flowers solitary and terminal on branches; calyx lobes broadly lanceolate or narrowly oblong, 1-2 cm in length; corolla yellow-green, with purple spots inside, broadly campanulate. Thickets or scrub at forest margins. Distr. SE Xizang, W Sichuan, NW Yunnan; C E and N China; Mongolia, Russia (Far East).

4 闪毛党参

1 2 3 4 5 6 7 8 9 10 11 12 2300-3900 m

Codonopsis pilosula var. *handeliana* (Nannf.) L.T.Shen[1, 3]

本变种叶片较小，长 1~3 厘米，宽 0.8~2.5 厘米；上面常有闪亮的长硬毛。花萼裂片大，长 1.5~2 厘米；花冠长 2~2.6 厘米。生于山地草坡及灌丛中。分布于四川西南部和云南西北部。

Leaves 1-3 cm × 0.8-2.5 cm, both surfaces usually hirsute. Calyx lobes 1.5-2 cm. Corolla 2-2.6 cm. Forests, thickets, meadows at forest margins. Distr. SW Sichuan, NW Yunnan.

5 抽葶党参

1 2 3 4 5 6 7 8 9 10 11 12 2500-4200 m

Codonopsis subscaposa Kom.[1-4]

茎直立，长 40~100 厘米。花顶生或腋生，常 1~4 朵着生于茎顶端，呈花葶状；花冠阔钟状，5 裂几近中部，直径 2~4 厘米，黄色而有网状红紫色脉或红紫色而有黄色斑点。生于山地草坡、湿润草甸或疏林中。分布于四川西部、云南西北部（香格里拉）。

Stems erect, 40-100 cm. Flowers terminal or axillary, often 1-4 at tops of stems and branches; corolla yellowish or greenish white with red-purple veins, or red-purple with yellowish spots, broadly campanulate, 2-4 cm in diam. Grassy slopes, wet meadows, open woods. Distr. W Sichuan, NW Yunnan (Shangri-La).

6 管花党参

1 2 3 4 5 6 7 8 9 10 11 12 1900-3000 m

Codonopsis tubulosa Kom.[1-4]

花顶生；花冠管状，长 2~3.7 厘米，直径 0.5~1.6 厘米，黄绿色。生于山地灌木林下及草丛中。分布于四川西南部、云南中西部；贵州西部；缅甸北部。

Flowers terminal. Corolla yellow-green, tubular, 2-3.7 cm × 0.5-1.6 cm. Mountain scrub, grasslands. Distr. WS Sichuan, C and W Yunnan; W Guizhou; N Myanmar.

桔梗科 Campanulaceae | 蓝钟花属 *Cyananthus* Wall. ex Benth.

多年生或一年生草本。常单花顶生；花萼筒状或筒状钟形；花冠筒状钟形，蓝色、紫蓝色或黄色乃至白色，裂片 5 或 4，近圆形至长矩圆形；某些种雌花两性花异株：两性花雄蕊 5 枚常聚药于子房顶部，雌花雄蕊败育；子房上位，圆锥状。果为蒴果，顶端瓣裂。约 18 种；中国 17 种；横断山区 12 种。

Herbs, annual or perennial. Flowers solitary. Calyx tubular or tubular-campanulate. Corolla tubular-campanulate, 5- or 4-lobed; some species gynodioecious; stamens 5, often aggregated and surrounding ovary at upper part in hermaphroditic flowers, aborted in female flowers; ovary superior, conical. Fruit a capsule, loculicidal. About 18 species; 17 in China; 12 in HDM.

• 花萼密被深色刚毛 | Calyx densely brown-black hispid

1 裂叶蓝钟花

1 2 3 4 5 6 7 **8** **9** 10 11 12 2800-4500 m

Cyananthus lobatus Wall. ex Benth.[1-5]

多年生草本，有粗的木质根。茎基粗壮。叶互生，形状多变，大叶上部有大而钝的粗齿 3~9 枚，基部长楔形或楔形。花萼密生棕红色至棕黑色的刚毛；花冠紫蓝色至淡蓝色，长 3~5.5 厘米。生于高山草坡。分布于西藏东南部、云南西北部；不丹、印度北部、缅甸北部、尼泊尔。

Caudexes robust, branched. Leaves alternate; blade obovate to rhombic, margin slightly revolute, 3-9-parted or -lobed toward apex. Calyx tube densely brown-red to brown-black hispid; corolla pale blue to blue-purple, 3-5.5 cm. Grassy slopes, forests. Distr. SE Xizang, NW Yunnan; Bhutan, N India, N Myanmar, Nepal.

• 花萼不被深色刚毛者 | Calyx not densely brown-black hispid

2 细叶蓝钟花

1 2 3 4 5 6 7 **8** **9** 10 11 12 1900-4000 m

Cyananthus delavayi Franch.[1-4]

多年生草本。茎基多分枝。叶片近圆形或宽卵状三角形，长 2~5 毫米，宽 1~7 毫米，先端圆钝，全缘或微波状，叶柄长 1~3 毫米。花冠深蓝色，裂片矩圆状条形。生于石灰质山坡草地或疏林下。分布于四川西南部、云南中部及西北部。

Herbs perennial. Caudexes branched. Stems branched. Leaves blade suborbicular to deltoid, 2-5 mm × 1-7 mm, margin slightly recurved, entire, sinuous, or crenulate, apex rounded or obtuse; petiole 1-3 mm. Corolla blue, lobes linear-oblong. Grassy calcareous slopes, forests, forest margins. Distr. SW Sichuan, C and NW Yunnan.

3 美丽蓝钟花

1 2 3 4 5 6 7 **8** **9** 10 11 12 4000-4600 m

Cyananthus formosus Diels[1-4]

多年生草本，常分支。茎平卧或匍匐上升。叶片菱状扇形，长 3~9 毫米，宽 2~6 毫米，被毛。花大；花萼筒外面密生淡褐色柔毛；花冠深蓝色或紫蓝色，长约 2.5~4.8 厘米。生于高山流石滩。分布于四川西南部和云南西北部。

Herbs perennial. Caudexes robust, often branched. Stems caespitose, prostrate to ascending. Leaves blade ovate or rhombic, 3-9 mm × 2-6 mm, densely white hirsute. Flowers large; calyx densely hirsute with long pale brown stiff hairs; corolla dark blue or purple-blue, 2.5-4.8 cm. Grassy slopes, forest glades, forest margins, scree. Distr. SW Sichuan, NW Yunnan.

4 蓝钟花

1 2 3 4 5 6 7 **8** **9** 10 11 12 2700-4700 m

Cyananthus hookeri C.B.Clarke[1-5]

一年生草本。茎铺散。花小，常 4 基数，偶 3~5。生于山坡草地、路旁或沟边。分布于甘肃南部、青海南部、西藏东部和南部、四川西部、云南西北部；不丹、印度东北部（锡金邦）、尼泊尔。

Herbs annual. Stems usually caespitose, suberect or ascending. Flowers small, lobes 4, rarely 3-5. Thickets, grasslands. Distr. S Gansu, S Qinghai, E and S Xizang, W Sichuan, NW Yunnan; Bhutan, NE India (Sikkim), Nepal.

1

1

2

3

2

4

1 灰毛蓝钟花

1 2 3 4 5 6 7 8 9 10 11 12 2700-5300 m

Cyananthus incanus Hook.f. & Thomson[1-5]

多年生草本。茎基粗壮，多分枝。叶片卵状椭圆形，被短柔毛，有波状浅齿或近全缘，有短柄。花冠蓝紫色或深蓝色，为花萼长的2.5~3倍，花冠裂片倒卵状长矩圆形，约为管长的2/3。生于高山草地。分布于青海南部、西藏南部和东部、四川西南部、云南西北部；不丹、印度东北部（锡金邦）、尼泊尔。

Herbs perennial. Caudexes robust, branched. Stems caespitose. Leaves shortly petiolate; blade elliptic, narrowly elliptic, or oblanceolate, both surfaces white hirsute, margin revolute, subentire, or sinuous. Corolla dark blue or blue-purple, 2.5-3 times as long as calyx; lobes narrowly obovate or oblong, ca. 2/3 as long as tube. Grassy slopes. Distr. S Qinghai, E and S Xizang, SW Sichuan, NW Yunnan; Bhutan, NE India (Sikkim), Nepal.

2 胀萼蓝钟花

1 2 3 4 5 6 7 8 9 10 11 12 1900-4900 m

Cyananthus inflatus Hook.f. & Thomson[1-5]

一年生草本。茎直立或斜升。花萼花期坛状，花后下部显著膨大，外面密生锈色柔毛；花冠淡蓝色，筒状钟形。生于山坡灌丛、草坡和草甸。分布于西藏南部、四川西部、云南北部；贵州西部；不丹、印度北部、缅甸、尼泊尔。

Herbs annual. Stems erect or ascending. Calyx densely brown hirsute outside; becoming conspicuously inflated after flowering; corolla pale blue, cylindrical-campanulate. Alpine meadows, grassy and shrubby slopes. Distr. S Xizang, W Sichuan, N Yunnan; W Guizhou; Bhutan, N India, Myanmar, Nepal.

3 丽江蓝钟花

1 2 3 4 5 6 7 8 9 10 11 12 3000-4200 m

Cyananthus lichiangensis W.W.Sm.[1-5]

一年生草本。茎丛生。花萼筒状，外面被红棕色刚毛，毛基部膨大；花冠淡黄色。生于山坡草地或林缘草丛中。分布于西藏东南部、四川西南部、云南西北部。

Herbs annual. Stems caespitose. Calyx tubular, with red-brown setae outside, base of setae swollen, often black verrucose; corolla pale yellow. Grassy slopes, grassy places at forest margins. Distr. SE Xizang, SW Sichuan, NW Yunnan.

4 长花蓝钟花

1 2 3 4 5 6 7 8 9 10 11 12 2800-4300 m

Cyananthus longiflorus Franch.[1-4]

多年生草本。茎基粗壮而木质化。茎密生灰白色茸毛。叶片长5~15毫米，宽2~8毫米，边缘强烈反卷，下面密被银灰色绢状毛。花冠长筒状钟形，紫蓝色或蓝紫色，长3.5~5厘米。生于松林下沙地或石灰质山坡。分布于云南西北部。

Herbs perennial. Caudexes robust, basal woody. Stems densely gray-white lanate. Leaves blade elliptic or ovate, 5-15 mm × 2-8 mm, margin revolute, entire, abaxially densely silvery sericeous. Corolla blue-purple, tubular-campanulate, 3.5-5 cm. *Pinus* forests, dry slopes, sand dunes. Distr. NW Yunnan.

5 大萼蓝钟花

1 2 3 4 5 6 7 8 9 10 11 12 2500-5300 m

Cyananthus macrocalyx Franch.[1-5]

多年生草本。茎基粗壮。叶片菱形、近圆形或匙形，两面生伏毛，全缘或有波状齿，柄长1~4毫米。花萼在花后显著膨大，脉络凸起显明；花冠黄色。生于山地林间、草甸或草坡中。分布于甘肃东南部、青海南部、西藏东南部、四川西部、云南西北部；不丹、印度东北部（阿萨姆邦、锡金邦）、缅甸、尼泊尔东部。

Herbs perennial. Caudexes robust. Leaves blade suborbicular, rhombic, or spatulate, both surfaces white hirsute, margin revolute, entire, or sinuous-serrate; petiole 1-4 mm. Calyx becoming conspicuously inflated after flowering, conspicuously veined; corolla yellow. Alpine meadows, grassy slopes. Distr. SE Gansu, S Qinghai, SE Xizang, W Sichuan, NW Yunnan; Bhutan, NE India (Assam, Sikkim), Myanmar, E Nepal.

桔梗科 Campanulaceae | 半边莲属 *Lobelia* L.

叶互生。花单生于叶腋或组成顶生总状花序或圆锥花序；花冠两侧对称，通常二唇形，上唇 2 裂，下唇 3 裂；雄蕊合生成筒，包围花柱。果为浆果或顶端 2 裂的蒴果。约 414 种；中国 23 种；横断山 7 种。

Leaves alternate. Flowers solitary and axillary or in terminal racemes or panicles; corolla zygomorphic, commonly bilabiate, dorsal lip 2-lobed, ventral lip 3-lobed; stamens connate, enveloping style. Fruit an apically 2-valved capsule or a berry. About 414 species; 23 in China; seven species in HDM.

1 铜锤玉带草

1 2 3 4 5 6 **7** **8** 9 10 11 12 **2500-5300 m**

Lobelia nummularia Lam.[1-2]

— *Pratia nummularia* A.Braun & Asch.

茎平卧，节上生根。花单生叶腋。果为浆果，紫红色，椭圆状球形。生于田边、草坡。分布于西藏、云南；湖北、湖南、广西、台湾；南亚及东南亚。

Stems prostrate, nodes rooted. Flowers solitary and axillary. Fruit a berry, purple-red, ellipsoid or globose. By fields, roadsides, wet places on hills. Distr. Xizang, Yunnan; Hubei, Hunan, Guangxi, Taiwan; S and SE Asia.

2 毛萼山梗菜

1 2 3 4 5 6 7 **8** **9** **10** 11 12 **2000-3600 m**

Lobelia pleotricha Diels[1-4]

茎直立。总状花序顶生。果为蒴果，短柱状。生于草坡、灌木丛与竹林边缘。分布于西藏东南部（墨脱）、云南西部；缅甸北部。

Stems erect. Racemes terminal. Capsule shortly columnar. Grassy slopes, thickets, margins of bamboo forests. Distr. SE Xizang (M ê dog), W Yunnan; N Myanmar.

桔梗科 Campanulaceae | 袋果草属 *Peracarpa* Hook.f. & Thomson

多年生草本。叶互生。花常单生；子房下位。果为 2~3 室不规则开裂的蒴果，果皮薄，膜质。种子相对较少，椭圆形，大而光滑。仅 1 种。

Plants perennial. Leaves alternate. Flowers usually solitary; ovary inferior. Fruit a 2- or 3-locular irregularly dehiscent capsule; pericarp thin, membranous. Seeds relatively few, ellipsoid, large, smooth. Only 1 species.

3 袋果草

1 2 **3** **4** **5** 6 7 8 9 10 11 12 **1300-3800 m**

Peracarpa carnosa Hook.f. & Thomson[1-5]

描述同属。生于林下及沟边潮湿岩石上。分布于西藏南部、四川、云南西部；长江流域各省以及台湾；东亚至中南半岛。

Describe the same as genus. Forests or moist rocks by streams. Distr. S Xizang, Sichuan, W Yunnan; E Asia to Indo-China Peninsula.

桔梗科 Campanulaceae | 蓝花参属 *Wahlenbergia* Schrad. ex Roth

叶互生。花萼常 5 裂；花冠钟状或漏斗状，3~5 裂；雄蕊常 5 枚，与花冠分离，花丝基部扩大呈三角形，扩大部分具缘毛；子房下位。果为浆果或顶部 2 裂的蒴果。约 260 种；中国 2 种；横断山 1 种。

Leaves alternate. Calyx lobes typically 5; corolla campanulate or funnelform, 3-5 lobed; stamens typically 5; filaments free and distinct, dilated into a triangular base, dilated part ciliate; ovary inferior. Fruit an apically 2-valved capsule or a berry. About 260 species; two in China; one in HDM.

4 蓝花参

1 **2** **3** **4** **5** 6 7 8 9 10 11 12 **<2800 m**

Wahlenbergia marginata (Thunb.) A.DC.[1-4]

多年生草本，有白色乳汁。叶互生，多数集中于茎下部、匙形、倒披针形、椭圆形或线形。花梗长可达 20 厘米；花冠宽钟状，蓝色，分裂达 1/3~2/3。生于路边和荒地、山坡或沟边。分布于四川、云南；长江流域以南各省区；亚洲热带、亚热带地区广布。

Herbs, perennial, with white latex. Leaves alternate, mostly on lower part of stem, blade spatulate, oblanceolate, elliptic, or linear. Pedicels erect up to 20 cm; corolla blue, broadly campanulate, cleft for 1/3-2/3 its length. Wastelands, fields, slopes, streams. Distr. Sichuan, Yunnan; South part of China; tropical and sub-tropical Asia.

睡菜科 Menyanthaceae | 睡菜属 *Menyanthes* L.

多年生沼生草本。具长的匍匐状根状茎，节上有膜质鳞片形叶。叶除生于根状茎节点者外全部基生，三出复叶，挺出水面。总状花序；花 5 基数；花冠筒形，上部内面具长流苏状毛，其余光滑，裂至中部以下。蒴果球形，成熟 2 瓣裂；种子膨胀，表面光滑。单种属。

Perennials, aquatic or nearly so. Rhizomes long, prostrate, nodes with rootlets and scalelike leaves. Leaves basal except for those at rhizome nodes, emergent from water; leaf blade 3-foliolate. Inflorescences scapose; flowers 5-merous; corolla tubular, outside glabrous, inside long fimbriate pilose; corolla lobed to just below middle. Capsules globose, 2-valved. Seeds smooth. Monotypic genus.

1 睡菜

1 2 3 4 **5 6 7** 8 9 10 11 12 | 450-3600 m

Menyanthes trifoliata L.[1-4]

描述同属。生于沼泽中，成群落生长。分布于西南、华北、华东及东北地区；广布于北半球温带地区。

Description the same as genus. Swamps, growing in mud and in open water. Distr. SW, N, E and NE China; widely distr. in temperate zone in the northern hemisphere.

睡菜科 Menyanthaceae | 荇菜属 *Nymphoides* Seg.

多年生水生草本，具根茎。叶片浮于水面。花簇生节上，5 基数；花冠常深裂近基部呈辐状，稀浅裂呈钟形，喉部具 5 束长柔毛；花柱线性，腺体 5 枚，着生于子房基部。蒴果成熟时不开裂。约 40 种；中国 6 种；横断山 2 种。

Perennials, aquatic, with short basal rhizomes. Leaf blade floating. Flowers clustered at nodes, 5-merous; corolla rotate, lobed to near base, rarely less deeply lobed and campanulate; corolla throat with 5 bundles of long fimbriae. Style linear, nectaries 5, attached at ovary base. Capsules indehiscent. About 40 species; six in China; two in HDM.

2 荇菜

1 2 3 **4 5 6 7 8 9 10** 11 12 | 60-1800 m

Nymphoides peltata (S.G.Gmelin) Kuntze[1]

节下生根。上部叶对生，下部叶互生。花冠金黄色。生于池塘或不甚流动的河溪中。分布于全国除海南、青海、西藏外绝大多数省区；在亚欧大陆温带地区广布。

Rhizomes horizontal. Leaves alternate at stem base but opposite at apex. Corolla golden yellow. Standing water. Distr. Essentially throughout China except Hainan, Qinghai and Xizang; widespread in temperate regions of Eurasia.

菊科 Asteraceae | 蓍属 *Achillea* L.

多年生草本。叶互生，多羽状浅裂至全裂。头状花序小，花异型，辐射状，排成伞房状花序；总苞片边缘膜质，棕色或黄白色；花托具托片；边花雌性，通常 1 层，舌状；盘花两性，花冠管状。花药基部钝。瘦果小，光滑，无冠毛。约 200 种；中国 11 种；横断山 1 种。

Herbs, perennial. Leaves alternate, mostly pinnatilobed to pinnatisect. Capitula small, heterogamous, radiate; synflorescences cymose; phyllaries with scarious margins brown- or yellowish white; receptacle paleate; marginal florets in 1 row, female, ligulate; disk florets bisexual, corolla tubular; anther bases obtuse. Achenes small, glabrous. Pappus absent. About 200 species; 11 in China; one in HDM.

3 云南蓍

1 2 3 4 5 6 **7 8 9** 10 11 12 | 400-3700 m

Achillea wilsoniana Heimerl ex Hand.-Mazz.[1-4]

多年生草本。叶二回羽状全裂。头状花序集成复伞房花序；边花 6~8 枚，偶有更多；舌片白色，偶淡粉红色边缘；管状花淡黄色或白色。瘦果矩圆状楔形。生于草地、山坡或灌丛中。分布于甘肃、四川、云南；山西、湖北、湖南、贵州、陕西。

Herbs, perennial. Leaves 2-pinnatisect. Capitula many, in an apical compound corymb; ray florets usually 6-8, lamina white, occasionally with pinkish margin; disk florets yellowish or white, tubular. Achenes oblong-cuneate. Grasslands on mountain slopes, under thickets. Distr. Gansu, Sichuan, Yunnan; Shanxi, Hubei, Hunan, Guizhou, Shaanxi.

1

2

2

3

3

菊科 Asteraceae | 和尚菜属 *Adenocaulon* Hook.

多年生草本，上部常有腺毛。叶互生，全缘或有锯齿，下面被白色茸毛。头状花序盘状，茎/枝顶排列成圆锥花序；边花雌性；盘花为功能性雄花；花冠白色或淡赭色；花柱分枝具乳突；花药基部全缘，顶端附片窄三角形。瘦果被红色具柄腺毛。无冠毛。约5种；中国1种；横断山有分布。

Herbs perennial, usually distally stipitate glandular. Leaves alternate, blades abaxially tomentose, margins coarsely dentate or entire. Synflorescences of lax panicles; capitula disciform; corollas white or ochroleucous; marginal florets female; disk florets functionally male; anther basal appendages entire, apical appendages narrowly triangular; style branches papillate. Achenes covered with red stipitate glands; pappus absent. About five species; one in China; found in HDM.

1 和尚菜

1 2 3 4 5 **6 7 8** 9 10 11 12 <3400 m

Adenocaulon himalaicum Edgew.[1-5]

茎直立，上部具柄腺毛。总苞卵形，果期反曲。瘦果棍棒状倒卵形，被具柄腺毛。生于林下、灌丛、溪旁。分布于甘肃、西藏、四川、云南；东北、华中、华北；印度、日本、韩国、尼泊尔、俄罗斯。

Stems erect, with stipitate glands on upper portion. Phyllaries ovate, reflexed when fruiting. Achenes clavate-obovate, stipitate glandular. Forests, thickets, streamsides. Distr. Gansu, Xizang, Sichuan, Yunnan; NE, C and N China; India, Japan, S Korea, Nepal, Russia.

菊科 Asteraceae | 亚菊属 *Ajania* Poljakov

多年生草本、小半灌木。头状花序异形，盘状；总苞片顶端及边缘膜质；边缘雌花1层；盘花两性；花柱分枝线形，顶端截形；花药基部钝。瘦果无冠毛，有4~6条脉肋。34~35种；中国均产；横断山12种。

Herbs perennial, or small subshrubs. Capitula heterogamous, disciform; phyllaries scarious margin white or brown; marginal florets in 1 row, female; disk florets bisexual; anthers obtuse at base; style branches linear, apex truncate. Achenes obovoid, 4-6-ribbed/striate; pappus absent. 34-35 species; all found in China; 12 in HDM.

2 铺散亚菊

1 2 3 4 5 6 **7 8 9** 10 11 12 2500-5300 m

Ajania khartensis (Dunn) C.Shih[1-5]

多年生草本。叶全形圆形、半圆形、扇形或宽楔形，二回掌状或几掌状3~5全裂，正面密被灰白或白色软毛。生于山坡。分布于甘肃、青海、西藏、四川、云南；内蒙古、宁夏；印度北部。

Herbs perennial. Leaf blade orbicular, suborbicular, flabelliform, or broadly cuneate, bipalmatisect or 3-5-palmatisect, adaxially densely gray-white or white pubescent. Mountain slopes. Distr. Gansu, Qinghai, Xizang, Sichuan, Yunnan; Nei Mongol, Ningxia; N India.

3 川甘亚菊

1 2 3 4 5 6 7 **8 9 10 11** 12 2000-2300 m

Ajania potaninii (Krasch.) Poljakov[1-3]

小灌木。叶下面白色或灰白色，密被厚柔毛，上面绿色或灰绿，无毛或有极稀疏柔毛，边缘不规则三角形锯齿或3~5不明显浅裂。生于山坡林下及河谷和丘陵地。分布于甘肃、四川；陕西。

Subshrubs. Leaf blade abaxially white or gray-white, densely and thickly appressed pubescent, adaxially green or gray-green, glabrous or very sparsely pubescent, margin serrate or occasionally inconspicuously 3-5-lobed. Mountain slopes, forests, river valleys, hills. Distr. Gansu, Sichuan; Shaanxi.

4 分枝亚菊

1 2 3 4 5 6 7 **8 9** 10 11 12 2900-4600 m

Ajania ramosa (Chang) C.Shih[1-3, 5]

灌木。花枝中部叶羽状深；裂片3~4对，长椭圆形、披针形、镰刀形；下面白色或灰白色，被密厚绢毛；上面绿色，无毛。头状花序枝端成复伞房花序；苞片边缘黄褐色，顶端圆，外面被稀疏短绢毛；小花黄色；边缘雌花狭管状；盘花管状。生于山坡、河谷。分布于四川、西藏；湖北、陕西。

Shrubs. Middle leaves of flowering branches pinnatipartite; lobes 3-4-paired, narrowly elliptic, lanceolate, or falcate; abaxially white or gray-white, densely and thickly sericeous, adaxially green, glabrous. Capitula compound-corymbose at apices of branches; phyllaries scarious, margin yellow-brown, apex rounded; florets corolla yellow; marginal female florets corolla narrowly tubular; disk florets corolla tubular. Mountain slopes, river valleys. Distr. Sichuan, Xizang; Hubei, Shaanxi.

1  1  1

2  3

3  4

1 西藏亚菊

1 2 3 4 5 6 7 8 9 10 11 12 3900-4700 m

Ajania tibetica (Hook.f. & Thomson) Tzvelev[1-3, 5]

半灌木。幼枝密被绢毛。叶全形椭圆形、倒披针形，二回羽状分裂；叶两面均灰白色，密被绒毛。头状花序枝端成圆锥状；总苞钟状，直径4~6毫米；苞片边缘膜质，深棕色；小花黄色；边缘雌花狭管状；盘花管状。生于山坡。分布于西藏、四川；印度、哈萨克斯坦、巴基斯坦。

Subshrubs. Young branches densely sericeous. Leaves blade elliptic or oblanceolate, 2-pinnatisect; both surfaces gray-white, densely tomentose. Synflorescence a terminal flat-topped panicle; involucres campanulate, 4-6 mm in diam.; phyllaries scarious, deep brown; florets yellow; marginal female florets corolla narrowly tubular; disk florets corolla tubular. Mountain slopes. Distr. Xizang, Sichuan; India, Kazakhstan, Pakistan.

菊科 Asteraceae | 香青属 *Anaphalis* DC.

多年稀一或二年生草本，或亚灌木。雌雄异株或同株。总苞片膜质，下部褐色，有1脉，上部白色、淡黄白色、稀粉红色；雄花管状，花药基部箭头形，有细长尾；雌花花冠细丝状，花柱分枝长，顶端近圆形；冠毛1层，白色，约与花冠等长，在雄花中羽状增厚，有锯齿。约110种；中国54种；横断山40余种。

Herbs perennial, rarely annual or biennial, or subshrubs. Plants dioecious or heterogamous. Involucre phyllaries scarious, lower parts brown, 1-veined, upper parts white or yellowish white or rarely pinkish; male florets: corolla tubular; stamens basally arrow-shaped with acerose tail; female florets: corolla filiform; style branches long, apex subrounded. Pappus 1 row of free deciduous white hairs, almost equal to corolla, pinnate-incrassate at tip of apex in male florets. About 110 species; 54 in China; 40+ in HDM.

2 灰毛香青

1 2 3 4 5 6 7 8 9 10 11 12 4300-4400 m

Anaphalis cinerascens Y.Ling & W.Wang[1-3]

根状茎常粗壮，木质，多分枝。叶质薄，两面被银灰色棉毛；茎下部叶倒披针状长圆形，基部下延成短翅。头状花序5~10个密集成伞房状，或单生于茎端；总苞宽钟状，白色，稀黄白色，基部深褐色；花托有縫状短毛；雄花冠毛上端有锯齿。生于高山草坡、岩石上。分布于四川南部、云南西北部。

Rhizome usually thickish, woody, much branched. Leaves thin, both surfaces argenteous tomentose; lower leaves oblanceolate-oblong, decurrent on stem into short wing. Capitula 5-10, densely corymbiform, or solitary; involucre broadly campanulate; phyllaries white, rarely yellowish white, puce at base; receptacle with fimbrillate hairs. Pappus serrulate at tip of apex in male florets. Alpine slopes and rocks. Distr. S Sichuan, NW Yunnan.

3 淡黄香青

1 2 3 4 5 6 7 8 9 10 11 12 2800-4700 m

Anaphalis flavescens Hand.-Mazz.[1-3, 5]

叶被灰白色或黄白色棉毛；下部及中部叶长圆状披针形或披针形，基部沿茎下延成狭翅。头状花序6~16个，成伞房或复伞房状；总苞宽钟状；总苞片黄褐色、淡黄色；花托有縫状短毛；雄花冠毛上部有锯齿。生于山坡草地及林下。分布于甘肃、青海、西藏东部和南部、四川西部；陕西。

Leaves canescent or yellowish white tomentose; lower and middle leaves oblong-lanceolate or lanceolate, base decurrent on stem into narrow wing. Capitula 6-16, densely corymbiform or compoundly so; involucre broadly campanulate; phyllaries fulvous, faint yellow; receptacle with fimbrillate hairs. Pappus incrassate at tip of apex in male florets. Slope, grassland or forest. Distr. Gansu, Qinghai, E and S Xizang, W Sichuan; Shaanxi.

4 珠光香青

1 2 3 4 5 6 7 8 9 10 11 12 300-3400 m

Anaphalis margaritacea (L.) Benth. & Hook.f.[1-5]

多年生草本，被灰白色棉毛。叶稍革质，上面被蛛丝状毛，下面被厚棉毛；中部叶线形或线状披针形，长5~10厘米，宽0.3~1.2厘米，不下延，边缘平。头状花序多数；总苞宽钟状或半球状；花托蜂窝状。瘦果有小腺点。生于山坡草地、灌丛、山沟石砾地及路旁。分布于甘肃、青海、西藏、四川、云南；中国西南部、西部、中部；东北至西南各邻国。

Herbs perennial, ash-gray cottony tomentose. Leaves slightly leathery, abaxially densely ash-gray to reddish brown lanuginous, adaxially arachnoid or later glabrous; 5-10 cm × 0.3-1.2 cm, not decurrent, margin flat. Capitula numerous; involucre broadly campanulate or semispherical; phyllaries upper parts white; receptacle alveolate. Achene oblong with glandular dots. Slopes, grasslands or shrublands, rocky valleys and roadsides. Distr. Gansu, Qinghai, Xizang, Sichuan, Yunnan; SW, W and C China; NE to WS neighbouring countries.

1
1
2
2
3
4
4

1 尼泊尔香青 1 2 3 4 5 6 7 8 9 10 11 12 2400-4500 m

Anaphalis nepalensis (Spreng.) Hand.-Mazz. var. *nepalensis*[1-4]

叶两面或下面被白色棉毛且杂有具柄腺毛，1或3脉；下部叶在花期生存。头状花序1或少数，稀较多，成疏散伞房状。生于林缘、灌丛。分布于甘肃、西藏、四川、云南；陕西；不丹、印度、缅甸、尼泊尔。

Leaves white tomentose or cauliferous glandular pilose on both surfaces or abaxially, 1 or 3-veined. Capitula solitary or few, rarely numerous, sparsely corymbiform. Forest margins, scrub. Distr. Gansu, Xizang, Sichuan, Yunnan; Shaanxi; Bhutan, India, Myanmar, Nepal.

2 单头尼泊尔香青 1 2 3 4 5 6 7 8 9 10 11 12 4100-4500 m

Anaphalis nepalensis var. *monocephala* (DC.) Hand.-Mazz.[1-2, 4-5]

无茎或高达6厘米。头状花序单生于茎端，稀2~3个生于莲座状叶丛上。生于高山阴湿坡地、岩石缝隙、沟旁溪岸的苔藓中。分布于西藏南部、四川西部、云南西北部；不丹、印度、尼泊尔。

Plants acaulescent, or up to 6 cm tall, congested with rosette leaves. Capitulum solitary, terminal, rarely 2-3 capitula among rosette leaves. Among lichens on alpine dank slopes, rock crevices, riverbanks. Distr. S Xizang, W Sichuan, NW Yunnan; Bhutan, India, Nepal.

3 红指香青 1 2 3 4 5 6 7 8 9 10 11 12 4800-4200 m

Anaphalis rhododactyla W.W.Sm.[1-5]

根状茎粗壮，多数直立分枝或不育茎集成垫状。叶被灰色棉毛，三脉。头状花序5~10个，密集成伞房状；总苞片外层的上部紫红色，下部褐色，被棉毛；内层长圆状披针形，紫红色或白色，干后常黄白色，顶端尖；最内层的有长约全长3/5的爪部。花托有繸状突起。瘦果被密腺体。生于高山草地，开阔坡地或岩缝。分布于西藏东部、四川西南部、云南北部。

Rhizome thickish, numerous erect branches or sterile stems congested to pulvinate. Leaves pallid arachnoid tomentose, 3-veined. Capitula 5-10, densely corymbiform; outer phyllaries upper parts mauve, lower parts brown, tomentose; middle ones mauve or white, yellowish white when dry, acute at apex; innermost ones linear-oblanceolate, with a ca. 3/5 of full length claw; receptacle with fimbrillate appendage. Achenes densely glandular. Alpine grasslands, open slopes, rock fissures. Distr. E Xizang, SW Sichuan, N Yunnan.

菊科 Asteraceae | 蒿属 *Artemisia* L.

一、二年生或多年生草本，半灌木或小灌木，常有浓烈的挥发性香气。头状花序小，具短梗或无，花异型，盘状；总苞片全膜质或为草质而边缘多少膜质。瘦果，倒卵球形、卵球形或长圆形，有细条纹。冠毛无或微小。约380种；中国186种；横断山约75种。

Herbs annual or perennial, subshrubs, or shrubs, usually strongly and pleasantly aromatic. Capitula small, shortly pedunculate to sessile, heterogamous, disciform; phyllaries completely scarious or herbaceous with broad to narrow scarious margin. Achenes obovoid, ovoid, or oblong, faintly striate. Pappus absent or minute. About 380 species; 186 in China; about 75 in HDM.

4 美叶蒿 1 2 3 4 5 6 7 8 9 10 11 12 1600-3000 m

Artemisia calophylla Pamp.[1-5]

半灌木，高50~200厘米，被黄色软毛。中部叶宽卵形，6~11厘米 × 3~9厘米，羽状深裂；每侧裂片2（或1），披针形或线状披针形，30~60毫米 × 3~6(10)毫米，背面密被灰黄色密绒毛，上面疏被柔毛及腺点。头状花序卵形，直径2~2.5毫米，排成开展的圆锥状；总苞片疏被软毛；边花雌性，5~6枚，狭圆锥状或狭管状，檐部2齿；盘花两性，10~13枚，管状。瘦果倒卵形。生于林缘、河边、弃耕地、坡地。分布于青海南部、西藏东部、四川、云南；广西西部、贵州。

Subshrubs, 50-200 cm tall, yellowish pubescent. Middle stem leaves blade broadly ovate, 6-11 cm × 3-9 cm, pinnatipartite; segments (1 or)2 pairs, lanceolate or linear-lanceolate, 30-60 mm × 3-6(10) mm, abaxially densely gray tomentose, adaxially gland-dotted and sparsely puberulent. Capitula ovoid, 2-2.5 mm in diam.; synflorescence a broad panicle; phyllaries sparsely pubescent; marginal female florets 5 or 6, narrowly conical or narrowly tubular, 2-toothed; disk florets 10-13, bisexual. Achenes obovoid. Forest margins, riversides, waste areas, slopes. Distr. S Qinghai, E Xizang, Sichuan, Yunnan; W Guangxi, Guizhou.

1 臭蒿

1 2 3 4 5 6 7 8 9 10 11 12 3500-4600 m

Artemisia hedinii Ostenf. & Pauls.[1-5]

多年生草本，高 10~15 厘米。根茎粗大，木质。中部叶叶柄长 1~3 厘米，一至二回羽状深裂。头状花序直径 1.5~2 毫米，多数，排成总状式圆锥花序；总苞直径 1.5~3 毫米，苞片边白色，膜质；边花雌性，4~8 枚；盘花两性，5~12 枚。生于高山、亚高山草甸、草坡、岩质坡地。分布于甘肃西南部、西藏、四川西部。

Herbs perennial, 10-15 cm. Rhizome thick, woody. Middle stem leaves: petiole 1-3 cm; leaf blade 1- or 2-pinnatipartite. Capitula many, 1.5-2 mm in diam.; synflorescence a racemelike panicle; involucre 1.5-3 mm in diam., phyllaries margin narrowly hyaline membranous; marginal female florets 4-8; disk florets 5-12. Alpine or subalpine steppes, meadows, rocky slopes. Distr. SW Gansu, Xizang, W Sichuan.

2 黄花蒿

1 2 3 4 5 6 7 8 9 10 11 12 2000-3700 m

Artemisia annua L.[1-5]

一年生草本，高 70~200 厘米；浓烈挥发性香气。中部叶二或三回栉齿状全羽裂，小裂片栉齿状三角形，叶轴具狭翅，正面中脉突出。花深黄色。生于丘陵、路边、盐碱地。分布于我国大部分地区；北半球广布。

Herbs annual, 70-200 cm tall, strongly aromatic. Middle stem leaves 2(or 3)-pinnatisect or pectinatisect; lobules deeply serrate to pectinate; teeth triangular. Corolla dark yellow or yellow. Hills, waysides, saline soils. Distr. Widely distributed in China and other areas in the northern hemisphere.

3 昆仑蒿

1 2 3 4 5 6 7 8 9 10 11 12 2100-5300 m

Artemisia nanschanica Krasch.[1-2, 5]

多年生草本，高 10~20 (30) 厘米，有臭味。根状茎匍匐。中部叶匙形或倒卵状楔形，斜向深裂，稀全裂，裂片椭圆形或线形。头状花序无梗或有短梗，排成狭圆锥状；总苞直径 3~3.5 (4) 毫米；边缘雌花 10~15 枚；盘花雄性，12~20 枚。生于干山坡、草原、砾质坡地。分布于甘肃南部、青海、西藏；新疆南部。

Herbs perennial, 10-20(30) cm tall, with horizontal rhizomes, fetid. Middle stem leaf blade spatulate or obovate-spatulate, obliquely partite, rarely -sect; lobes elliptic or linear. Capitula shortly pedunculate or sessile; synflorescence a narrow panicle; involucre 3-3.5(4) mm in diam.; marginal female florets 10-15, disk florets 12-20, male. Dry slopes, steppes, rocky terraces or slopes. Distr. S Gansu, Qinghai, Xizang; S Xinjiang.

菊科 Asteraceae | 紫菀属 *Aster* L.

多年生（稀一年生或二年生）草本，亚灌木或灌木。头状花序单生，或作伞房状或圆锥伞房状排列，放射状，稀盘状；总苞半球状，钟状或倒锥状；总苞片草质或革质，边缘常干膜质。瘦果长圆形或倒卵圆形，2（~6）边肋；冠毛多宿存，糙毛。约 152 种；中国 123 种；横断山 50 余种。

Herbs perennial, rarely annual or biennial, subshrubs or shrubs. Capitula solitary or in corymbiform or sometimes paniculiform synflorescences; involucres hemispheric, campanulate, or obconic; phyllaries herbaceous or membranous, margin scarious (at least inner). Achenes oblong or obovoid, margin 2(-6)-ribbed; pappus persistent or rarely caducous, sometimes absent, bristles. About 152 species; 123 in China; 50+ in HDM.

4 巴塘紫菀

1 2 3 4 5 6 7 8 9 10 11 12 2500-4600 m

Aster batangensis Bureau & Franch.[1-5]

多年生草本，高 3~15 厘米，丛生。具基生和茎生叶，两面被毛，全缘，有缘毛。头状花序单生，直径 3~4.5 厘米；总苞片 3 层，近等长；舌状花 12~26 枚，紫色至蓝紫色；盘花黄色至黄橙色。瘦果长圆形，3 边肋，被粗毛；冠毛 4 层，白色或稍红色。生于林缘、草甸。分布于西藏东部、四川西南和西部、云南西北部。

Herbs perennial, 3-15 cm tall, caespitose. Leaves basal and cauline, both surfaces sparsely strigillose or glabrous. Capitula terminal, solitary, 3-4.5 cm in diam.; phyllaries 3-seriate, subequal; ray florets 12-26, purple to lavender; disk florets yellow to yellow-orange. Achenes narrowly obovoid, margin 3-ribbed, strigillose; pappus 4-seriate, white or reddish. Forest and thicket margins, open grasslands. Distr. E Xizang, SW and W Sichuan, NW Yunnan.

1
2
2
3
4
4

1 重冠紫菀

1 2 3 4 5 6 7 8 9 10 11 12 2700-4600 m

Aster diplostephioides (DC.) C.B.Clarke.[1-5]

头状花序单生，径 6~9 厘米；总苞片 2~3 层，线状披针形，背面被黑色腺毛，边缘狭膜质；舌状花常 2 层，45~93 枚。瘦果狭倒卵圆形，被腺点及疏贴毛，4~6 边肋。生于潮湿草甸及溪岸。分布于甘肃、青海、西藏、四川、云南；不丹、印度、克什米尔地区、尼泊尔、巴基斯坦北部。

Capitula terminal, solitary, 6-9 cm in diam. Phyllaries 2- or 3-seriate, linear-lanceolate, abaxially villous, dark colored, margin narrowly scarious; ray florets 2-seriate, 45-93, mauve to purple or lilac-blue, lamina linear. Achenes narrowly obovoid, sparsely strigillose, minutely stipitate glandular, 4-6-ribbed. Wet alpine meadows, stream banks. Distr. Gansu, Qinghai, Xizang, Sichuan, Yunnan; Bhutan, India, Kashmir, Nepal, N Pakistan.

2 萎软紫菀

1 2 3 4 5 6 7 8 9 10 11 12 1800-5100 m

Aster flaccidus Bunge[1-5]

茎直立，不分枝。茎生叶质薄，常无柄，3 脉细。头状花序茎端单生，直径 3.5~7 厘米；总苞半球形；总苞片 2 层，近等长，背面被毛，边缘膜质；舌状花 31~67 枚。生于潮湿草甸、灌丛。分布于甘肃南部、青海东部、西藏、四川西部、云南西北部；河北北部、山西、陕西南部、新疆；亚洲西南部。

Stems erect, simple. Cauline leaves thin, usually sessile, finely 3-veined. Capitula terminal, solitary, 3.5-7 cm in diam.; involucres hemispheric; phyllaries 2-seriate, subequal, abaxially basally densely white lanate to sparsely white villous, margin scarious; ray florets 31-67. Damp grasslands, thickets. Distr. S Gansu, E Qinghai, Xizang, W Sichuan, NW Yunnan; N Hebei, Shanxi, S Shaanxi, Xinjiang; SW Asia.

3 丽江紫菀

1 2 3 4 5 6 7 8 9 10 11 12 3500-4500 m

Aster likiangensis Franch.[1-5]

茎单生，常紫色，被开展的长毛和紫色腺毛。头状花序茎端单生；总苞半球状；总苞片 2~3 层，近等长，披针形，背面及边缘有紫褐色绒毛及腺毛；舌状花约 12~55 枚，淡蓝到蓝紫色。瘦果长圆形，被疏短糙毛，具 2 条边肋。生于开阔的潮湿坡地、灌丛。分布于西藏东南部、四川西南部、云南西北部；不丹。

Stems simple, usually purplish, minutely purplish stipitate glandular. Capitula terminal, solitary; involucres hemispheric; phyllaries 2- or 3-seriate, subequal, lanceolate, abaxially and marginally densely purple villous, minutely purplish stipitate glandular, membranous, margin narrowly scarious; ray florets 12-55, lavender-purple. Achenes sparsely strigillose, 2-ribbed. Wet open slopes, mixed shrubs. Distr. SE Xizang, SW Sichuan, NW Yunnan; Bhutan.

4 棉毛紫菀

1 2 3 4 5 6 7 8 9 10 11 12 ≈ 5000 m

Aster neolanuginosus Brouillet, Semple & Y.L.Chen[1]

— *Aster lanuginosus* Kuntze

多年生草本，近葶状。茎单生或 2。基生叶密集，茎生叶少数。头状花序单生；总苞宽钟状；总苞片 3 层，不等长，长约 10 毫米，密被绵毛；舌状花 20~30 枚，紫色；盘花多数，黄色，无长毛。瘦果扁，被毛，有 2 肋；冠毛多数，浅褐色，稍不等长，有微糙毛。生于高山流石滩。分布于四川西南部（木里）。

Herbs perennial, subscapiform. Stems solitary or 2. Basal leaves crowded; cauline leaves few. Capitula terminal, solitary; involucres broadly campanulate; phyllaries 3-seriate, unequal, ca. 10 mm, densely lanate; ray florets 20-30, purple; disk florets yellow, without long hairs. Achenes compressed, hairy, 2-ribbed; pappus brownish, numerous, unequal, of barbellate bristles. Alpine screes. Distr. SW Sichuan (Muli).

5 缘毛紫菀

1 2 3 4 5 6 7 8 9 10 11 12 2700-4600 m

Aster souliei Franch.[1-5]

茎单生，不分枝。头状花序茎端单生，直径 3~6 厘米；总苞片 3 层，近等长，紧贴或有时苞片尖外展，背面被柔毛或无毛，边缘膜质，顶端钝或稍尖；舌状花 25~55 枚，蓝紫色。瘦果卵圆形，被密粗毛。生于针林外缘、灌丛及山坡草地。分布于甘肃南部、青海、西藏、四川西部、云南西北部；不丹、缅甸北部。

Stems solitary, simple. Capitula terminal, solitary, 3-6 cm in diam.; phyllaries 3-seriate, subequal, appressed or sometimes squarrose, abaxially pilosulose or glabrous, margin scarious, apex obtuse to slightly acute; ray florets 25-55, blue-purple to violet. Achenes obovoid, densely strigillose. Open alpine coniferous forests, thickets and grasslands on slopes. Distr. S Gansu, Qinghai, Xizang, W Sichuan, NW Yunnan; Bhutan, N Myanmar.

1
1
2
3
3
4
5
5

1 察瓦龙紫菀

1 2 3 4 5 6 7 8 9 10 11 12 2700-4600 m

Aster tsarungensis (Grierson) Y.Ling[1-5]

茎单生。茎生叶两面被粗毛和腺毛，轻微锯齿，具长缘毛，3 脉明显。头状花序茎端单生；总苞宽半球形，径 2~3 厘米；总苞片 2 层，近等长，披针形，6~10 毫米 × 1.5~2.5 毫米，具绒毛和腺毛，膜质，边缘干膜质；舌状花 2 层，60~85 枚；舌片蓝紫色，线状披针形，微毛。生于山谷坡地、杜鹃灌丛、石灰岩坡地。分布于西藏东南部、四川西部、云南西北部。

Stems simple. Cauline leaves villous, sparsely stipitate glandular, margin remotely serrulate, villous-ciliate, prominently 3-veined. Capitula terminal, solitary. Involucres broadly hemispheric, 2-3 cm in diam; phyllaries 2-seriate, subequal, lanceolate, 6-10 mm × 1.5-2.5 mm, densely villous, distally minutely stipitate glandular, membranous, margin scarious, ray florets 2-seriate, 60-85, bluish purple, lamina linear-lanceolate, sparsely hairy. Valley slopes, *Rhododendron* thickets, limestone scree slopes. Distr. SE Xizang, W Sichuan, NW Yunnan.

2 密毛紫菀

1 2 3 4 5 6 7 8 9 10 11 12 2200-3200 m

Aster vestitus Franch.[1-5]

多年生草本，高 50~130 厘米。茎单生。头状花序 6~35 个或更多，排列成复伞房状；总苞片约 3 层，不等形；边花舌状，18~30 枚，白色或浅紫红色。瘦果倒卵形，2 边肋。生于高山及亚高山林缘、草坡、溪岸及沙地。分布于西藏南部、四川西南部、云南北部和西北部；不丹、印度（锡金邦）、缅甸北部。

Herbs perennial, 50-130 cm tall. Stems simple. Capitula 6-35 or more, in terminal corymbiform synflorescences; phyllaries 3-seriate, unequal; ray florets 18-30, white or pale purple. Achenes obovoid, 2-ribbed. Alpine and subalpine forest margins, grasses, slopes, riverbanks, sandy places. Distr. S Xizang, SW Sichuan, N and NW Yunnan; Bhutan, India (Sikkim), N Myanmar.

3 云南紫菀

1 2 3 4 5 6 7 8 9 10 11 12 2300-4500 m

Aster yunnanensis Franch.[1-5]

多年生草本，高 30~75 厘米，常丛生。茎单生或分枝，被短柔毛、腺毛。头状花序，径 4~8.5 厘米，于茎和枝端单生或 2~9 个成伞房状；舌状花 65~125 枚，淡紫到紫蓝色。生于草地、林缘。分布于甘肃、青海、西藏东部和南部、四川、云南。

Herbs perennial, 30-75 cm tall, often caespitose. Stems simple or branched, villous and minutely stipitate glandular; capitula terminal, 4-8.5 cm in diam, solitary or 2-9 in lax corymbiform synflorescences; ray florets 65-125, pale purple to purple-blue. Meadows, forest margins. Distr. Gansu, Qinghai, E and S Xizang, Sichuan, Yunnan.

菊科 Asteraceae | 鬼针草属 *Bidens* L.

一年生或多年生草本。总苞片通常 2 层，纸质至膜质或干膜质，具托片；舌状花通常 1 层，通常中性，有时雌性；盘花筒状，两性，可育，黄色至橙色，有时白色或紫色，3~5 裂；花柱被细硬毛。瘦果扁平或具四棱，具髯毛或纤毛，无喙；冠毛被短硬毛或纤毛。约 150~250 种；中国 10 种；横断山约 6 种。

Herbs, annuals or perennials. Phyllaries mostly 2-seriate, papery to membranous or scarious; receptacles paleate; ray florets usually 1-seriate, usually neuter, sometimes female and sterile; risk tubular, florets bisexual, fertile; lobes 3-5; staminal filaments glabrous; style with bristle. Achenes usually obcompressed to flat, unequally 3- or 4-angled, barbed or ciliate, not beaked; pappus barbellate or ciliate. About 150-250 species; ten in China; about six in HDM.

4 柳叶鬼针草

1 2 3 4 5 6 7 8 9 10 11 12 <2300 m

Bidens cernua L.[1-5]

一年生草本，10~100 厘米。叶对生，极少轮生。头状花序单生或稍聚伞状；舌状花 6~8 枚，有时缺失，舌片橙黄色；盘花两性，花冠 5 齿裂。瘦果通常扁阔，有时具 2~4 棱，顶端短缩至突起；冠毛带下弯的刺芒。生于沼泽、洪泛平原。分布于西藏、四川、云南；东北；北半球温带地区。

Herbs annuals, 10-100 cm tall. Leaves opposite, rarely whorled. Capitula solitary or in lax corymbs; ray florets usually 6-8, sometimes absent; lamina orange-yellow; disk florets bisexual; 5-dentate. Achenes usually flattened, sometimes 4-angled, apices truncate to convex; pappus of 2-4 retrorsely barbed awns. Swamps, marshes, peat and sedge bogs, flood plains. Distr. Xizang, Sichuan, Yunnan; NE China; temperate areas of N hemisphere.

菊科 Asteraceae | 天名精属 *Carpesium* L.

多年生稀一年生草本。叶互生，全缘或具牙齿。头状花序盘状；苞片 3~4 层，外层草质或具叶状尖头，内层干膜质，钝头；花托光滑；边花雌性，管状至微辐射状，2 至多列，结实，3~5 齿裂；盘花两性，可育，4~5 齿裂；柱头分枝先端钝。瘦果椭圆，无毛，有纵条纹，先端具短喙，顶端具软骨质环状物，具晶体，冠毛无。约 20 种；中国 16 种；横断山约 14 种。

Herbs, perennials or rarely annuals. Leaves alternate, entire or toothed. Phyllaries 3- or 4-seriate, outer ones herbaceous or with leaflike tips, inner ones dry, obtuse; receptacle glabrous; marginal florets female, tubular to miniradiate, in 2 to several series, fertile, corollas 3-5-toothed; disk florets bisexual, fertile, corolla limb 4- or 5-toothed. style branch apex broad, rounded. Achenes ellipsoid, glabrous, ribbed, with a short glandular beak, crowned by a cartilaginous ring, with elongated crystals; pappus absent. About 20 species; 16 in China; 14 in HDM.

1 天名精

1 2 3 4 5 6 7 **8 9 10** 11 12 <3400 m

Carpesium abrotanoides L.[1-2, 4-5]

茎高 50~100 厘米，多分枝。头状花序多数，6~8 毫米宽，无梗，成穗状；总苞钟球形；苞片 3 层，外层最短，膜质或先端草质；小花 130~300 枚，花冠光滑无毛。生于路边、草坡、灌丛、林缘、溪边。分布于西藏、四川、云南；华中、华东、华南；亚洲东部及西南部、欧洲。

Herbs perennial. Stems 50-100 cm tall, much branched. Capitula many, 6-8 mm wide, sessile, spicately arranged; involucre campanulate-globose; phyllaries 3-seriate, outer ones shortest, scarious-leathery at base, herbaceous toward apex; florets 130-300, corolla glabrous. Roadsides, grassy slopes, thickets, forest margins, streamsides. Distr. Xizang, Sichuan, Yunnan; C, E and S China; E and SW Asia, Europe.

2 烟管头草

1 2 3 4 5 **6 7 8** 9 10 11 12 <3400 m

Carpesium cernuum L.[1-4]

茎高 50~100 厘米，多分枝。头状花序单生，15~18 毫米宽；外层苞片叶状，背面白柔毛，先端钝；雌花筒状，长约 1.5 毫米；盘花筒状，长约 2.5 毫米。瘦果线状。生于荒地、山坡。分布于西藏、四川、云南；我国中东部；澳洲、亚洲西南部、欧洲。

Stems 50-100 cm tall, much branched. Capitula solitary, 15-18 mm wide; outer phyllaries leaflike, abaxially white pilose, obtuse; marginal florets tubular, ca. 1.5 mm; disk florets tubular, ca. 2.5 mm. Achenes linear. Waste fields, montane slopes. Distr. Xizang, Sichuan, Yunnan; C and E China; Australia, SW Asia, Europe.

3 矮天名精

1 2 3 4 5 6 **7 8 9** 10 11 12 2000-3700 m

Carpesium humile C.Winkl.[1-3, 5]

茎高 12~35 厘米，被污黄色绒毛。基叶匙状长圆形，无柄，基部楔形。头状花序单生茎、枝端及上部叶腋，具短梗；苞叶披针形，先端渐尖；苞片 4 层，外层披针形，上部草质，基部干膜质，背面被长柔毛，先端渐尖；小花被柔毛。生于草坡、河岸、林缘。分布于甘肃、青海、西藏、四川、云南。

Stems 12-35 cm tall, grayish yellow pilose. Capitula solitary on stems, branches, or axils, shortly pedunculate; bracteal lanceolate, apex acuminate; phyllaries 4-seriate, outer ones lanceolate, herbaceous above, dry membranous below, abaxially pilose, apex acuminate; florets pubescent. Grassy slopes, river beaches, forest margins. Distr. Gansu, Qinghai, Xizang, Sichuan, Yunnan.

4 葶茎天名精

1 2 3 4 5 6 **7 8 9** 10 11 12 3000-4100 m

Carpesium scapiforme F.H.Chen & C.M.Hu[1-5]

高 25~50 厘米。茎直立，花不分枝，被疏长柔毛，稀绒毛。基叶椭圆形，基部渐狭，下延成翅，被柔毛；茎中、上部叶渐变小，叶柄短或几无，基部渐狭，顶钝。头状花序 1 或 3 个，直径 8~20 毫米；苞叶先端钝，多毛；苞片 4 层，干膜质，先端尖或钝，密被柔毛；小花被柔毛。生于高山草甸、林缘、溪边。分布于西藏、四川、云南；不丹、印度、尼泊尔。

Herbs, 25-50 cm tall. Stems simple, sparsely pilose, rarely villous. Basal leaves elliptic, base attenuate and attenuate into winged petiole, pubescent; cauline middle and upper leaves much reduced, (±) sessile, base attenuate, obtuse. Capitula 1 or 3, 8-20 mm in diam., bracts obtuse, pilose; phyllaries 4-seriate, scarious, acute or obtuse, pilose; florets hairy. Alpine meadows, forest margins, streamsides. Distr. Xizang, Sichuan, Yunnan; Bhutan, India, Nepal.

1
2
3
4
4

菊科 Asteraceae | 葶菊属 *Cavea* W.W.Sm. & J.Small

多年生草本。茎直立，单生，有时 2 茎成簇。叶互生，倒披针形。头状花序单生，雌雄同株或异株；总苞数层，草质；外围小花雌性多数，管状，浅 4 齿。瘦果椭圆形或扁卵形；冠毛 2 层，具糙毛。单种属。

Herbs perennial. Stems erect, solitary or clustered. Leaves alternate, oblanceolate. Involucres in several series, herbaceous; capitula solitary, plants monoecious or dioecious; marginal female florets numerous, corolla tubular, shallowly 4-toothed. Achenes oblong or narrowly obovoid; pappus 2- seriate, barbellate bristles. Monotypic genus.

1 葶菊

1 2 3 4 5 6 **7 8** 9 10 11 12 **4000-5100 m**

Cavea tanguensis (J.R.Drumm.) W.W.Sm. & J.Small[1-3, 5]

头状花序单生于茎端，径 2~3.5 厘米；总苞片约 4~5 层，叶状；小花 100~200 枚，细长，紫色；冠毛 2 层，亮紫色，被微糙毛。生于溪流或冰川附近的砾石地。分布于西藏、四川西南部；不丹、印度。

Capitula solitary, terminal, 2-3.5 cm in diam. Phyllaries in 4 or 5 series, leaflike; florets 100-200, very slender, purple; pappus 2- seriate, nitid purple, scabrid bristles. Gravelly ground near streams and glaciers. Distr. Xizang, SW Sichuan; Bhutan, India.

菊科 Asteraceae | 菊苣属 *Cichorium* L.

多年生（二年生或一年生）草本。茎生叶无柄，基部抱茎。头状花序同型；小花舌状，淡蓝色。瘦果圆柱形至倒卵形，具 3~5 条棱，顶端截形。冠毛极短，膜片状。约 7 种；中国 1 种；横断山有分布。

Herbs perennial (biennial or annual). Cauline leaves sessile, base amplexicaul. Capitula homogamous, all florets ligulate; florets bright blue. Achene subcylindric to obovoid, about 3-5-angular, apex truncate; pappus white, a tiny crown of fimbriate scales. About 7 species; one in China; found in HDM.

2 菊苣

1 2 3 4 **5 6 7 8 9 10** 11 12 **<2000 m**

Cichorium intybus L.[1-2]

高 40~110 厘米。茎直立，几无毛。头状花序 15~20 枚小花；总苞圆柱状，长 0.9~1.4 厘米；总苞片背面疏被腺毛或毛；小花蓝色。瘦果，具纹，顶端截形；冠毛极短，2~3 层，膜片状，长 0.1~0.3 毫米。生于河边、滨海荒地、水沟边。分布于我国温带地区；非洲北部、亚洲中部和西南部、欧洲。

Herbs, 40-110 cm tall. Stem erect subglabrous. Capitula, 15-20 florets; involucre cylindric, 0.9-1.4 cm; phyllaries abaxially sparsely with glandular or simple hairs; florets blue or exceptionally pink or bluish white. Achene rugulose, apex truncate; pappus 0.1-0.3 mm. By rivers, wastelands along seashores, slopes, by ditches. Distr. temperate area in China; N Africa, C and SW Asia, Europe.

菊科 Asteraceae | 蓟属 *Cirsium* Mill.

雌雄同株，极少异株。叶近全缘或二回羽裂，边缘有针刺。头状花序单生或多个聚集，同型；小花通常两性，若单性则雌雄异株，5 裂；瘦果光滑，压扁，通常有纵条纹，顶缘形成平滑的竖直果缘，具油质体；冠毛 3 或 4 层羽状糙毛，基部连合成环，整体脱落。250~300 种；中国 46 种；横断山 17 种。

Bisexual or dioecious. Leaves subentire to bipinnately divided, margin spinulose or spiny. Capitula solitary to clustered, homogamous; florets normally all bisexual, or if unisexual then plants dioecious, lobes 5. Achene smooth, laterally compressed, often with 4 or more slender spaced longitudinal ribs or striae; apical rim forming a smooth-margined upright crown; with elaiosome; pappus of 3 or 4 rows of plumose bristles, basally connate into a ring and falling off together. About 250-300 species; 46 in China; 17 in HDM.

3 贡山蓟

1 2 3 4 5 6 **7 8 9 10** 11 12 **2000-4100 m**

Cirsium eriophoroides (Hook.f.) Petrak[1-5]

多年生草本，高 1~3 米。头状花序少数，成伞房状；总苞密被膨松棉毛；总苞片近等长，翅状或干膜质附属物缺；小花两性，紫色。生于山坡、灌丛中或丛缘、草地、草甸、河滩地或水边。分布于西藏东南部、四川西南部、云南；不丹、印度。

Herbs perennial, 1-3 m tall. Capitula few, corymbose; involucre densely and fluffily lanate; phyllaries all of similar length, lacking wings and scarious appendage; florets bisexual; corolla purple. Slopes, thickets, meadows, flooded lands, by water. Distr. SE Xizang, SW Sichuan, Yunnan; Bhutan, India.

1
1
2
2
3
3

1 覆瓦蓟 1 2 3 4 5 6 7 8 9 10 11 12 500-1500 m

Cirsium leducli (Franch.) H.Lév.[1]

高 30~150 厘米。叶两面异色：背面灰白色，被密厚绒毛；正面绿色，粗糙，被针刺。头状花序少数或多数；总苞片背面具黑色树脂腺，外层和中层的顶端渐尖成针刺，内层的顶端膜质扩大成白色或粉色附属物；小花两性，紫红色。生于林缘、草地、山坡。分布于四川、云南；广东、广西、贵州；越南。

Herbs 30-150 cm tall. Leaves discolorous, abaxially grayish white and densely felted, adaxially green, rough, and spinulose. Capitula few to many; phyllaries abaxially with a dark resinous gland; outer and middle phyllaries apex narrowed into spinule; inner phyllaries apically expanded into a scarious white or pink appendage; florets bisexual; corolla purplish red. Forests margins, grasslands on mountain slopes. Distr. Sichuan, Yunnan; Guangdong, Guangxi, Guizhou; Vietnam.

2 牛口刺 1 2 3 4 5 6 7 8 9 10 11 12 1300-3400 m

Cirsium shansiense Petr.[1-4]

高 30~150 厘米。茎具多细胞毛和厚绒毛。头状花序少数或多数，成圆锥状伞房形；总苞无毛；总苞片背面具黑色树脂腺，外层的顶端具微刺，内层的顶端膜质扩大，白色至粉色；小花两性，粉红色至紫色。生于林下、灌丛、溪边。分布于甘肃南部、青海东部、西藏东北部、四川、云南；华中、华南；不丹、印度、缅甸、越南。

Herbs 30-150 cm tall. Stems with long multicellular hairs and felted. Capitula few to many, terminal, paniculate-corymbose. Involucre glabrous; phyllaries abaxially with a dark resinous gland; outer phyllaries tipped with spinule; inner phyllaries apically expanded into a scarious, pale to pink; florets bisexual; corolla pink to purple. Forests, thickets, streamsides. Distr. S Gansu, E Qinghai, NE Xizang, Sichuan, Yunnan; C and S China; Bhutan, India, Myanmar, Vietnam.

3 葵花大蓟 1 2 3 4 5 6 7 8 9 10 11 12 1900-4800 m

Cirsium souliei (Franch.) Mattf.[1-3, 5]

无茎。全部叶基生，莲座状，羽状浅裂至深裂。头状花序少数或多数集生于莲座状叶丛中；总苞宽钟状，无毛；总苞片缺乏翅状或膜质附属物，近等长，中外层长三角状，边缘具微刺，顶端具细长针刺；小花两性，紫红色。生于林缘、水旁潮湿地。分布于甘肃、青海、西藏、四川；宁夏南部；印度。

Herbs stemless. All leaves basal, rosulate; leaf blade pinnately lobed to pinnatipartite. Capitula few to many, clustered in center of rosette; involucre campanulate, glabrous; phyllaries lacking wings and scarious appendage, all of similar length; outer and middle phyllaries narrowly triangular, pectinately fringed with spinules, tipped with a slender spine; florets bisexual; corolla purplish red. Forest margins, moist places by water. Distr. Gansu, Qinghai, Xizang, Sichuan; S Ningxia; India.

菊科 Asteraceae | 秋英属 *Cosmos* Cav.

一年或多年生草本，或半灌木。总苞片膜质或草质，边缘多少干膜质；花托具托片；舌状花为无性花；盘花两性，可育，花冠管 5 裂；花柱分枝细，具短毛或短尖附属物。瘦果狭长，具长喙；冠毛为 2~4（8）个具倒刺毛的芒刺。约 26 种；中国栽培 2 种；横断山栽培 1 种。

Annuals, perennials, or subshrubs. Phyllaries membranous or herbaceous, margin ± scarious; receptacle paleate; ray florets neuter; disk florets bisexual, fertile; corollas tubes 5-lobed; style branches slender, with short hairs or minute acute appendage. Achenes relatively slender, attenuate-beaked; pappus of 2-4(8) retrorsely barbed awns. About 26 species; two cultivated in China; one in HDM.

4 秋英 1 2 3 4 5 6 7 8 9 10 11 12 <4000 m

Cosmos bipinnatus Cav.[1-2]

一年或多年生草本。舌状花白色、粉色或紫色，舌片有 3~5 钝齿；盘花黄色。瘦果长 7~16 毫米，无毛，具乳突，具长喙；冠毛无，或为 2~3 芒刺。国内广泛引种。原产于墨西哥、美国西南部。

Herbs annuals or perennials. Ray corollas white, pink, or purplish, 3-5-dentate; disk yellow. Achenes 7-16 mm, glabrous, papillose, beaked; pappus absent, or of 2 or 3 awns. Distr. widely introduced in China. Native to Mexico and SW United States.

1
1
2
2
3
4
4

菊科 Asteraceae | 垂头菊属 *Cremanthodium* Benth.

多年生草本。根茎极短，顶端具莲座状丛叶，叶柄基部膨大成鞘状。头状花序辐射状或盘状，下垂，通常单生，或多数呈总状；总苞片 2 层，常具膜质边缘；边花雌性结实，舌状或管状，舌片发达；中央花两性，管状，多数。瘦果光滑，有肋。约 70 种；中国 69 种；横断山 46 种。

Herbs, perennial. Rhizomes short, with rosette leaves. Stem arising from outer axil of rosette leaves, usually scapelike. Capitula solitary or many in raceme, nodding; leaflike bracts linear. Involucre hemispheric, rarely broadly campanulate; inner phyllaries broad, often margin membranous; outer florets female; lamina well developed, diverse; central florets tubular, bisexual. Achenes glabrous, ribbed. About 70 species; 69 in China; 46 in HDM.

• 叶肾形或圆肾形，具掌状脉 | Leaf blade reniform or round reniform, with palmate veins

1 钟花垂头菊

1 2 3 4 **5 6 7 8 9** 10 11 12 3200-4800 m

Cremanthodium campanulatum (Franch.) Diels[1-5]

叶片肾形，边缘具浅圆齿。头状花序单生，盘状，下垂；总苞钟形，淡黑紫色，花瓣状，倒卵状长圆形或宽椭圆形；小花多数，全部管状，花冠紫红色。生于林中、林缘、灌丛中、草坡、高山草甸及高山流石滩。分布于西藏东南部、四川西部、云南西北部。

Leaf blade reniform, margin purple pilose. Capitulum solitary, nodding; involucre campanulate, outside blackish purple pilose or glabrous; rlorets numerous, all tubular, purplish red. Forest understories, forest margins, scrub, grassy slopes, alpine meadows, gravelly areas on mountains. Distr. SE Xizang, W Sichuan, NW Yunnan.

2 方叶垂头菊

1 2 3 4 5 **6 7** 8 9 10 11 12 3600-4600 m

Cremanthodium principis (Franch.) R.D.Good[1-2, 4]

茎直立，单生，高 10~30 厘米，上部被白色柔毛，下部光滑，被厚密的枯叶柄纤维包围。头状花序单生，下垂，辐射状；总苞片约 12 枚，2 层；舌状花黄花，舌片长圆形。瘦果圆柱形，光滑，长约 5 毫米。生于高山灌丛、高山草地和砾石地。分布于四川西南部、云南西北部。

Stem solitary, erect, 10-30 cm tall. Basal leaves petiolate. Capitulum solitary, nodding; phyllaries ca. 12, in 2 rows; ray florets yellow; tubular florets numerous, yellow. Achenes dark brown, cylindric, ca. 5 mm; pappus brown, as long as tubular corolla. Alpine scrub, alpine meadows, rocky places. Distr. SW Sichuan, NW Yunnan.

3 长柱垂头菊

1 2 3 4 5 **6 7 8 9** 10 11 12 3000-4800 m

Cremanthodium rhodocephalum Diels[1-2, 4-5]

茎常直立，单生，高 8~33 厘米，被密的紫红色有节柔毛。叶片圆肾形至线形，边缘具齿或全缘。总苞片 10~16 枚，2 层，背部被密的紫红色有节长柔毛；舌状花紫红色，舌片倒披针形，花柱紫红色，细长。生于林缘、山坡草地、高山草甸、高山流石滩。分布于西藏东南部、四川西南部、云南西北部。

Stem solitary, erect, 8-33 cm tall, densely purplish red pilose. Stem leaves crowded in middle to proximal part of stem, petiolate. Capitula solitary or few, on apex of stem or branches, nodding; phyllaries 10~16, in 2 rows, apex acute or acuminate; ray florets purplish red; lamina oblanceolate; styles purplish red, slender. Alpine meadows, grassy slopes, forest margins, gravelly areas on mountains. Distr. SE Xizang, SW Sichuan, NW Yunnan.

4 紫茎垂头菊

1 2 3 4 5 6 **7 8 9** 10 11 12 3000-5200 m

Cremanthodium smithianum (Hand.-Mazz.) Hand.-Mazz.[1-5]

茎直立，单生，高 10~25 厘米，常紫红色，上部被白色和褐色短柔毛，下部光滑。头状花序单生，辐射状，下垂或近直立；总苞半球形，全部总苞片幼时背部被短柔毛，老时光滑；舌状花黄色；管状花多数，黄色。瘦果倒披针形，光滑。生于山坡草地、水边、高山草甸、高山流石滩。分布于西藏东南部、四川西南部、云南西北部。

Stem solitary, erect, 10-25 cm tall, usually purple, proximally glabrous, distally shortly white and brown pilose. Capitulum solitary, nodding or suberect; involucre hemispheric; ray florets yellow; tubular florets numerous, yellow. Achenes oblanceolate. Grassy slopes, stream banks, gravelly areas on mountains, alpine meadow. Distr. SE Xizang, SW Sichuan, NW Yunnan.

1

2

3

3

4

4

• 叶不为肾形；具羽状脉或平行脉 | Leaf blade not reniform; pinnately or parallel veined

1 褐毛垂头菊

1 2 3 4 5 6 7 8 9 10 11 12 3000-4300 m

Cremanthodium brunneo-piloesum S.W.Liu[1]

全株灰绿色或蓝绿色。茎单生，直立，高达 1 米，最上部被白色或上半部白色，下半部被褐色有节长柔毛，下部光滑。叶片长椭圆形至披针形，叶脉羽状平行或平行。舌状花黄色，舌片线状披针形。生于高山沼泽草甸、水边。分布于甘肃西南部、青海南部、西藏东北部、四川西北部。

Plants grayish green or bluish green. Stem solitary, erect, to 1 m tall, at base, proximally glabrous, distally white and brown pilose. Basal leaves numerous, abaxially shortly pilose along veins. Ray florets yellow; lamina linear-lanceolate. Alpine swamp meadows, waterside. Distr. SW Gansu, S Qinghai, NE Xizang, NW Sichuan.

2 盘花垂头菊

1 2 3 4 5 6 7 8 9 10 11 12 3000-5000 m

Cremanthodium discoideum Maxim.[1-3, 5]

茎单生，直立，高 15~30 厘米，上部被白色和紫褐色有节长柔毛，下部光滑。基生叶背面灰绿色，正面绿色或绿白色。头状花序单生，下垂，盘状，被密的黑褐色有节长柔毛；小花多数，紫黑色，全部管状。生于林中、草坡、高山流石滩、沼泽地。分布于甘肃、青海、西藏、四川。

Stem solitary, erect, 15-30 cm tall, proximally glabrous, distally long white and purplish brown pilose. Basal leaf blade abaxially grayish green, adaxially green or greenish white. Capitulum solitary, nodding, outside densely long dark brown pilose; florets numerous, blackish purple, all tubular. Grassy slopes, canopy gaps in forests, gravelly areas on mountains, swamp meadows. Distr. Gansu, Qinghai, Xizang, Sichuan.

3 车前状垂头菊

1 2 3 4 5 6 7 8 9 10 11 12 3400-5600 m

Cremanthodium ellisii (Hook.f.) Kitam.[1-5]

茎高 6~60 厘米，上部被密的铁灰色长柔毛，下部光滑，紫红色，条棱明显。丛生叶具宽柄，基部有筒状鞘，常紫红色，叶脉羽状；茎生叶卵形、卵状长圆形至线形。舌状花黄色或紫红色，舌片长圆形；管状花深黄色。生于高山流石滩、河滩。分布于甘肃西部及西南部、青海、西藏、四川、云南西北部。

Stem 6-60 cm tall, branched only in synflorescence, proximally glabrous, distally densely blackish gray pilose, purplish red. Basal leaves petiolate; petiole often purplish red, winged, tubular-sheathed; leaf blade ovate or broadly elliptic to oblong, pinnately veined. Ray florets sometimes absent, yellow or purplish red; tubular florets dark yellow. Alpine screes and riverbanks. Distr. W and SW Gansu, Qinghai, Xizang, Sichuan, NW Yunnan.

4 向日垂头菊

1 2 3 4 5 6 7 8 9 10 11 12 2800-4500 m

Cremanthodium helianthus (Franch.) W.W.Sm.[1-2, 4]

全株灰绿色，被白粉。茎高 7~56 厘米，光滑。丛生叶与茎基部叶具柄，叶片卵状椭圆形至宽椭圆形，先端钝，全缘，基部楔形，两面光滑，叶脉羽状；茎生叶 6~8 枚，无柄，长圆形，互相覆盖，直立，贴生，筒状抱茎。舌状花舌片长披针形。生于林下、灌丛中、草坡、高山草甸。分布于四川西南部、云南西北部。

Plants grayish green, mealy. Stem 7-56 cm tall. Basal leaves petiolate, slender, glabrous, base long sheathed; leaf blade ovate-elliptic to broadly elliptic. Stem leaves 6-8, sessile, erect, adnate, tubular-amplexicaul. Ray florets lamina narrowly lanceolate. Forest understories, scrub, grassy slopes, alpine meadows. Distr. SW Sichuan, NW Yunnan.

5 矮垂头菊

1 2 3 4 5 6 7 8 9 10 11 12 3500-5300 m

Cremanthodium humile Maxim.[1-5]

茎高 5~20 厘米。无丛生叶丛；茎下部叶具柄，有明显的羽状叶脉；茎中上部叶无柄或有短柄。头状花序单生，下垂，辐射状；总苞半球形；舌状花黄色，舌状椭圆形；管状花黄色，多数。生于高山流石滩。分布于甘肃、青海、西藏东部、四川西南部和西部、云南西北部。

Stem 5-20 cm tall. Rosette of leaves absent. Stem leaves numerous. Proximal stem leaves petiolate; pinnately veined. Middle to distal stem leaves sessile or shortly petiolate. Capitulum solitary; involucre hemispheric; ray florets yellow; lamina extending from involucre, elliptic; tubular florets numerous, yellow. Gravelly areas on mountains. Distr. Gansu, Qinghai, E Xizang, SW and W Sichuan, NW Yunnan.

1
1
2
2
3
4
5
5

1 小舌垂头菊

1 2 3 4 5 6 7 8 9 10 11 12 4000-5400 m

Cremanthodium microglossum S.W.Liu[1]

茎单生，直立，深紫色，高 4~15 厘米，近光滑。丛生叶与茎基部叶具柄，柄略带紫色、棕色，无毛，叶片卵状椭圆形至宽椭圆形，有 3~5 条羽状叶脉；茎生叶 3 枚，半抱茎，先端钝。头状花序单生，直立；中央管状花多数，橘黄色。生于流石滩、高山草甸、沼泽草甸。分布于甘肃西南部、青海、四川西部、云南西北部。

Stem solitary, erect, dark purple, 4-15 cm tall, proximally glabrous. Basal leaves petiolate; petiole purplish brown, glabrous; leaf blade ovate or broadly ovate, with 3-5 pinnate veins. Stem leaves 3, base semi-amplexicaul, apex obtuse. Capitulum solitary, erect; central florets numerous, orange, tubular. Alpine screes, alpine meadows, swamp meadows. Distr. SW Gansu, Qinghai, W Sichuan, NW Yunnan.

2 毛叶垂头菊

1 2 3 4 5 6 7 8 9 10 11 12 4800-5000 m

Cremanthodium puberulum S.W.Liu[1-2, 5]

全株被白色短柔毛。茎单生，直立，高 20~35 厘米，被白色短柔毛，有明显的条棱。丛生叶与茎基部叶具柄，叶脉羽状，中脉较粗；茎生叶 3~5 枚，苞叶状，无柄，长圆形至线形。头状花序单生，下垂，辐射状；总苞半球形，黑色，被密的白色柔毛；舌状花黄色，舌片线状带形。生于山坡、高山草地、高山流石滩。分布于青海西南部、西藏东北部。

Stem solitary, erect, 20-35 cm tall, at base, shortly white pilose. Basal leaves petiolate. Stem leaves 3-5, sessile, bracteal, oblong to linear. Capitulum solitary, nodding; involucre black, hemispheric, outside densely white puberulent and dark brown pilose; ray florets yellow; lamina linear-oblong. Grassy slopes, alpine meadows, gravelly areas on mountains. Distr. SW Qinghai, NE Xizang.

3 狭舌垂头菊

1 2 3 4 5 6 7 8 9 10 11 12 3700-5000 m

Cremanthodium stenoglossum Ling & S.W.Liu[1-3]

茎花葶状，单生，直立，高 10~32 厘米。丛生叶和茎基部叶具柄，光滑，基部膨大，叶片圆肾形或肾形。头状花序单生，辐射状，下垂；总苞半球形，紫红色，2 层，外层狭披针形，宽 1.5-2 毫米，内层长圆形；舌状花黄色，舌片线状披针形；管状花多数，黄色。生于灌丛、水边、沼泽地、高山草甸、岩石隙中、高山流石滩。分布于青海南部、四川西北部。

Stem solitary, erect, scapelike, 10-32 cm tall. Basal leaves petiolate; petiole glabrous; leaf blade orbicular-reniform or reniform. Capitulum solitary, nodding; involucre hemispheric, in 2 rows, purple; outer phyllaries narrowly lanceolate, 1.5-2 mm in width; inner phyllaries oblong; ray florets yellow; lamina linear-lanceolate; tubular florets numerous, yellow. Swamps, stream banks, scrub, alpine meadows, alpine crevices, gravelly areas on mountains. Distr. S Qinghai, NW Sichuan.

2

1

2

3

3

菊科 Asteraceae | 川木香属 *Dolomiaea* DC.

多年生草本，无茎或极少有茎，叶为莲座状。头状花序同型，集生茎基顶端莲座状叶丛中或茎顶苞叶丛中；小花均两性，管状，结实；花冠紫或红色，外面有腺点。瘦果 3~4 棱形或几圆柱状；冠毛 2 至多层，等长，黄褐色，基部连合成环。约 13 种；中国 12 种；横断山约 9 种。

Herbs, perennial, rosulate and stemless or shortly stemmed. Capitula solitary or several, clustered in center of leaf rosette or terminal on stem and subtended by bracts, large; corolla gland-dotted. Achene trigonous or tetragonous, sometimes cylindric, with an apical rim; pappus bristles in 2 to several rows, scabrid to shortly plumose, basally connate into a ring, caducous as a whole. About 13 species; 12 in China; about nine in HDM.

1 平苞川木香

1 2 3 4 5 6 7 8 **9** **10** 11 12 3100-3400 m

Dolomiaea platylepis (Hand.-Mazz.) C.Shih[1-3]

叶倒卵形、卵形或椭圆形，羽状浅裂或半裂，基部楔形或平截，两面异色，下面灰白色，被密厚绒毛。小花紫红色，花冠长 3 厘米。瘦果长倒圆锥状。生于灌木林中或山坡草地。分布于四川西南部。

Leaf blade obovate, ovate, or elliptic, pinnately lobed or pinnatifid, abaxially grayish white and densely tomentose. Corolla purplish red, ca. 3 cm. Achene obconic. Thickets on mountain slopes. Distr. SW Sichuan.

2 灰毛川木香

1 2 3 4 5 6 **7** **8** **9** **10** 11 12 3500-4200 m

Dolomiaea souliei var. *cinerea* (Y.Ling) Q.Yuan[1]

叶椭圆形、长椭圆形、狭卵形或狭倒卵形，羽状半裂，下面灰白色，被薄蛛丝状毛或棉毛。小花深红色，花冠长 3~4 厘米。瘦果圆柱状。生于高山草地及灌丛。分布西藏东部、四川西部及云南西北部。

Leaf blade elliptic, narrowly elliptic, narrowly ovate, or narrowly obovate, pinnately lobed, pinnatisect, leaf blade abaxially grayish white, sparsely arachnoid to arachnoid tomentose. Corolla dark red, 3-4 cm. Achene cylindric. Grasslands on mountain slopes. Distr. E Xizang, W Sichuan, NW Yunnan.

菊科 Asteraceae | 多榔菊属 *Doronicum* L.

叶互生；基生叶具长柄；茎生叶无柄，半抱茎。头状花序大，通常单生或有时 2~8 排成伞房状；总苞片 2 或 3 层，草质，近等长；小花全部可育，异形；舌状花 1 层，雌性；盘花多层，两性，管状，黄色，5 齿裂。瘦果具纵肋；冠毛微糙毛状，在舌状花中常缺失。约 40 种；中国 7 种；横断山约 4 种。

Leaves alternate; basal leaves long petiolate; stem leaves sessile and semiamplexicaul. Capitula large, usually solitary or 2-8 laxly corymbose; phyllaries 2 or 3-seriate, herbaceous, subequal, laxly pubescent or glandula. All florets fertile, heterogamous; ray florets uniseriate, female; disk florets many seriate, bisexual, tubular, yellow; 5-lobed. Achenes ribbed; pappus of many fine bristles, usually absent in ray florets. About 40 species; seven in China; about four in HDM.

3 西藏多郎菊

1 2 3 4 5 6 **7** **8** **9** 10 11 12 3400-4200 m

Doronicum calotum (Diels) Q.Yuan[1]

— *Doronicum thibetanum* Cavill.

茎单生，直立，密被长柔毛，黄褐色。头状花序单生茎端；总苞片 2~3 层，外面被密柔毛及短腺毛；舌状花黄色，长 2.2~2.8 厘米。瘦果圆柱形，沿肋有疏短毛；冠毛黄褐色，全部瘦果均有。生于灌丛或多砾石山坡。分布于青海、西藏、四川西南和西部、云南西北部；陕西南部。

Stem solitary, erect, densely villous, yellow-brown. Capitula solitary, terminal; phyllaries 2- or 3-seriate, equal, densely pubescent and shortly glandular hairy, apically narrowly lanceolate; ray florets yellow, 2.2-2.8 cm. Achenes cylindric, sparsely puberulent on ribs; pappus present in all achenes, yellow-brown. Alpine thickets, stony slopes. Distr. Qinghai, Xizang, SW and W Sichuan, NW Yunnan; S Shaanxi.

4 狭舌多榔菊

1 2 3 4 5 6 **7** **8** **9** 10 11 12 2100-3900 m

Doronicum stenoglossum Maxim.[1-5]

舌状花淡黄色，短于总苞或与总苞等长；舌片线形，长 7~10 毫米，宽 0.2~0.3 毫米。生于林缘或次生灌丛中、云杉林下。分布于甘肃、青海、西藏、四川西北部和西部、云南西北部。

Ray florets pallid yellow, shorter than involucres or equal to them, lamina linear, 7-10 mm × 0.2-0.3 mm. *Picea* forest margins, secondary thickets. Distr. Gansu, Qinghai, Xizang, NW and W Sichuan, NW Yunnan.

1
1
2
2
3
3
4
4

菊科 Asteraceae | 厚喙菊属 *Dubyaea* DC.

多年生草本。茎通常具腺毛，稀无毛。头状花序单生或多个成伞房状，稀伞形；总苞圆柱形，宽钟形，或近半球形；总苞片多层；小花黄色或稍带紫色，或蓝色。瘦果近纺锤形，稍扁；冠毛黄色至棕褐色，锯齿状。全属约 15 种；中国 12 种；横断山约 10 种。

Herbs perennial. Stems usually with glandular hairs, rarely glabrous. Synflorescence of a solitary capitulum or corymbiform, rarely umbelliform; involucre cylindric, broadly campanulate, or almost hemispheric; phyllaries in several series; florets yellow or of some shade of purple, or blue. Achene ± fusiform, weakly ± compressed; pappus yellowish to brown, bristles scabrid. About 15 species; 12 in China; about ten in HDM.

1 厚喙菊

1 2 3 4 5 6 7 **8** **9** 10 11 12 2700-4500 m

Dubyaea hispida DC.[1-2, 4-5]

基生叶和茎下部叶具锯齿或浅羽状裂，基部窄或宽，多少抱茎，无柄或基部渐狭成长叶柄状；茎中上部叶基部抱茎。头状花序下垂，小花 40~50 枚；舌状花黄色。冠毛黄色，长 0.8~1.2 厘米。生于高山草甸、混交林下及灌丛中。分布于西藏、四川、云南；不丹、印度（锡金邦）、缅甸北部、尼泊尔。

Basal and lower stem leaves sinuate-dentate to shallowly lyrately pinnatifid, base narrow to widened and ± clasping, sessile or base attenuate into a long petiole-like portion. Middle and upper stem leaves base auriculately clasping. Capitula nodding, with 40-50 florets; florets yellow. Pappus yellowish, 0.8-1.2 cm. Alpine meadows, mixed forest, thickets. Distr. Xizang, Sichuan, Yunnan; Bhutan, India (Sikkim), N Myanmar, Nepal.

2 长柄厚喙菊

1 2 3 4 5 6 7 **8** **9** 10 11 12 3200-4500 m

Dubyaea rubra Stebbins[1-2]

— *Dubyaea muliensis* C.Shih

基生叶与茎下部叶边缘具波状齿，基部心形、截形或短楔形，并收缩成长达 4~10 厘米的无翅或顶端有翅的叶柄状的轴；茎中上部叶无柄或具有短翅的叶柄状轴。头状花序下垂，小花 50~60 枚；舌状花淡紫色。冠毛黄色，长约 0.8 厘米。生于林缘。分布于四川西南部（稻城、木里）。

Basal and lower stem leaves margin mucronulately sinuate-dentate, basally cordate, truncate, or shortly cuneate and contracted into an unwinged or apically winged petiole-like rachis of 4-10 cm. Middle and upper stem leaves without or with a short winged petiole-like rachis. Capitula nodding, with 50-60 florets; florets pale purple. Pappus yellowish, ca. 0.8 cm. Forest margins. Distr. SW Sichuan (Daocheng, Muli).

菊科 Asteraceae | 飞蓬属 *Erigeron* L.

多年生，稀一年生或二年生草本，或半灌木。总苞半球形至钟形或陀螺状至筒状；舌状花可育，紫色、蓝色、粉色或白色，少有黄色或橙色；盘花两性，黄色、有时白色，管状至漏斗状。瘦果长圆状披针形，扁压，2 或 4 边脉；冠毛宿存或脱落。约 400 种；中国 39 种；横断山约 18 种。

Herbs perennial, sometimes annual or biennial, or sometimes subshrubs. Involucre hemispheric to campanulate or turbinate to cylindric. Ray florets fertile, lamina purple, blue, or white, rarely yellow or orange; disk florets bisexual, yellow, sometimes white, limb cylindric to narrowly funnelform. Achenes oblong-lanceoloid, compressed, 2 or 4-veined; pappus persistent or caducous. About 400 species; 39 in China; about 18 in HDM.

3 一年蓬

1 2 3 4 5 **6** **7** **8** **9** 10 11 12 <1100 m

Erigeron annuus (L.) Pers.[1-2, 4-5]

一年生草本，高 30~100 厘米。茎疏被刚毛，上部被硬毛。头状花序 5~50 余个，排列成疏圆锥状或伞房状；总苞片草质，披针形，背面疏被长节毛和小腺毛；舌状花 80~125 枚，2 层，舌片线形，平展，白色或有时淡天蓝色。冠毛 2 层，外层鳞片状或刚毛状，内层在舌状花中缺失，在盘花中为糙毛状。生于荒地、路边。原产于北美东部；世界各地引入。

Herbs annual, 30-100 cm tall. Stems sparsely hispid, strigose above. Capitula 5-50+, in loose paniculiform or corymbiform synflorescences; phyllaries herbaceous, lanceolate, abaxially sparsely hirsute, minutely glandular; ray florets 80-125, 2-seriate; lamina linear, flat, white or sometimes bluish. Pappus 2-seriate, outer of scales or setae, inner absent in ray florets, in disk florets of bristles. Wastelands, roadsides. Distr. native to E North America; widely introduced worldwide.

1
1
2
2
3

1 短葶飞蓬

1 2 3 4 5 6 7 8 9 10 11 12 1200-3600 m

Erigeron breviscapus (Vaniot) Hand.-Mazz.[1-5]

多年生草本。头状花序单生枝顶，径 1.8~3.5 厘米；总苞片 3 层，长于花盘或与其等长，膜质；舌状花 3 层，蓝至紫色或白色，舌片开展。瘦果狭长圆形至倒披针形，背面常具 1 肋，被密短毛；冠毛 2 层，刚毛状。生于林缘、路边。分布于西藏东部和南部、四川、云南；湖南、广西、贵州。

Herbs perennial. Capitula solitary at ends of stems or branches, 1.8-3.5 cm in diam.; phyllaries 3-seriate, slightly exceeding or equaling disk florets, membranous; ray florets 3-seriate, blue to purple or white, lamina spreading. Achenes narrowly oblong to oblanceolate, often 1-ribbed abaxially; pappus 2-seriate, outer bristles. Forest margins, roadsides. Distr. E and S Xizang, Sichuan, Yunnan; Hunan, Guangxi, Guizhou.

2 多舌飞蓬

1 2 3 4 5 6 7 8 9 10 11 12 2300-4600 m

Erigeron multiradiatus (Lindl.) Benth.[1-5]

多年生草本。头状花序径 3~4 厘米或更大，通常 2 至多个或单生；总苞片 3 层，明显超出花盘；舌状花淡紫色到紫色。瘦果长圆形，背面具 1 肋；冠毛 2 层，刚毛状，外层极短，内层长 4 毫米。生于亚高山和高山草地、开阔山地。分布于西藏、四川、云南；阿富汗、不丹、印度、伊朗、克什米尔地区、尼泊尔。

Herbs perennial. Capitula 3-4 cm in diam. or more, usually 2 to several in corymbiform synflorescences, or solitary; phyllaries 3-seriate, distinctly exceeding disk florets; ray florets lilac or lavender to purple. Achenes oblong to lanceolate, 1-veined abaxially; pappus 2-seriate, outer bristles short, inner ca. 4 mm. Alpine or subalpine meadows, open hillsides. Distr. Xizang, Sichuan, Yunnan; Afghanistan, Bhutan, India, Iran, Kashmir, Nepal.

菊科 Asteraceae | 花佩菊属 *Faberia* Hemsl. ex F.B.Forbes & Hemsl.

多年生草本，莲座状。叶大头羽裂或不裂，革质。头状花序 5~30 花；总苞狭圆柱或狭钟状；总苞片几无毛；花托无托片；小花稍红至蓝紫色，两性。瘦果近圆柱或长椭圆形，极轻微扁压，具纵肋，无喙；冠毛褐色，糙毛状。7 种；中国均产；横断山 4 种。

Herbs perennial, rosulate. Leaves lyrately pinnate or undivided, leathery. Capitula with 5-30 florets; involucre ± narrowly cylindric to ± narrowly campanulate; phyllaries mostly glabrous; receptacle naked; florets reddish to bluish purple, bisexual. Achene subcylindric to narrowly ellipsoid, rather weakly compressed, with ribs, not beaked; pappus brownish, of strong scabrid bristles. Seven species; all found in China; four in HDM.

3 狭锥花佩菊

1 2 3 4 5 6 7 8 9 10 11 12 1800-3000 m

Faberia faberi (Hemsl.) N.Kilian, Z.H.Wang & J.W.Zhang[1]

多年生草本，高 1.2~2.5 米。茎生叶叶柄 2~6 厘米，叶片三角状卵形至五边形，长 8~15 厘米，无毛或极疏硬毛，叶缘浅波状具短尖的齿或细齿。少至多朵头状花序成紧凑圆锥状；内层总苞片 5；头状花序聚集，约 5 枚小花；小花淡紫色。生于山坡、林缘。分布于四川、云南；重庆、贵州。

Herbs perennial, 1.2-2.5 m tall. Stem leaves with petiole 2-6 cm; leaf blade triangular-ovate to pentagonal, 8-15 cm in long, glabrous or very sparsely with stiff hairs, margin shallowly sinuately mucronately dentate and mucronulately denticulate. Synflorescences contracted paniculiform, with some to many capitula; capitula rather clustered, each with ca. 5 florets; inner phyllaries 5; florets pale purple. Mountain slopes, forest margins. Distr. Sichuan, Yunnan; Chongqing, Guizhou.

4 光滑花佩菊

1 2 3 4 5 6 7 8 9 10 11 12 ≈ 2700 m

Faberia thibetica (Franch.) Beauverd[35]

多年生草本，莲座状，高 15~35 厘米。基生叶三角状卵形，长 2~4 cm，大头羽状深裂，边缘浅至粗波状齿，或不规则粗齿，两面光滑无毛，叶柄 4~11 cm。总苞片背面无毛，内层 10~12 个；复合花序分枝稀少，头状花序 1~4 个，垂头；小花 15~25 枚，紫红色。生于山坡草地。分布于四川（康定）。

Herbs perennial, rosulate, 15-35 cm tall. Basal leaves triangular-ovate, 2-4 cm in long, lyrately pinnatipartite, margin shallowly to coarsely sinuate-dentate, or irregularly coarsely dentate, surfaces glabrous, petiole 4-11 cm. Phyllaries abaxially glabrous, inner 10-12; synflorescence sparsely branched, with 1-4 capitula; capitula nodding at anthesis, with usually 15-25 florets; florets purplish. Grasslands on mountain slopes. Distr. Sichuan (Kangding).

菊科 Asteraceae | 复芒菊属 *Formania* W.W.Sm. & J.Small

小灌木。叶互生，羽状锐裂。头状花序顶生，多个组成伞房花序状；花托平，边缘细裂；边缘花雌性，或无性，舌状，花柱分枝宽，顶端圆形或近截形；盘花两性；花药基部箭头形，具短尖耳，顶端有长急尖的附片；盘花花柱不分裂，截形。瘦果有微柔毛；冠毛刚毛状，基部扁平扩大，不等长。单种属。

Small shrubs. Leaves alternate, petiolate, leathery, pinnatilobed. Capitula terminal, in corymbiform synflorescences; receptacles flat, fimbrillate; ray florets female, 1-seriate, lamina pale yellow; disk florets bisexual, yellow, limb funnelform, 5-lobed; anther base sagittate with short, acute auricles at base, apical appendage long acute; style branch tip lanceolate. Achenes obovoid, strigillose, sparsely stipitate glandular. Monotypic genus.

1 复芒菊

1 2 3 4 5 6 **7 8** 9 10 11 12 ≈ 3000 m

Formania mekongensis W.W.Sm.[1-4]

描述同属。生于干暖河谷山坡、崖壁。分布于四川西部（巴塘）及云南西北部。

See the description of the genus. Dry rocky slopes, rock walls. Distr. W Sichuan (Batang), NW Yunnan.

菊科 Asteraceae | 山柳菊属 *Hieracium* L.

茎单生或少数茎簇生。总苞钟状；小花同型，舌状，黄色，稀白色。瘦果圆柱形、椭圆形或倒锥形，8~14 条等粗的纵肋顶端汇聚；冠毛微糙毛状。约 800 种，中国 6 种；横断山 1 种。

Herbs perennial. Involucre campanulate; florets homogamous, ligulate, yellow or rarely white. Achene cylindric, ellipsoid, or narrowly obconic, with 8-14 equal ribs apically confluent in an obscure ring; pappus of scabrid bristles. About 800 species; six in China; one in HDM.

2 山柳菊

1 2 3 4 5 6 **7 8 9** 10 11 12 1000-3000 m

Hieracium umbellatum L.[1-2, 4]

叶上面被稀疏的蛛丝状柔毛，下面无毛或沿脉被短硬毛。总苞黑绿色，钟状。瘦果黑紫色，圆柱形，10条细肋；冠毛淡黄色。生于林缘、河滩沙地。分布于我国大部分地区；亚洲东部和西南部、欧洲、北美洲。

Leaf adaxially with sparse arachnoid hairs and glabrous or abaxially hispidulous on veins. Involucre dark green, campanulate. Achene dark purple, cylindric, with 10 ribs; pappus pale yellow. Forest margins, sandy soils on floodplains. Distr. most areas of China; E and SW Asia, Europe, North America.

菊科 Asteraceae | 女蒿属 *Hippolytia* Poljakov

多年生草本，稀无茎半灌木或垫状植物。叶互生，羽状分裂或 3 裂。头状花序排成聚伞状，紧密或疏松圆锥状、束状或团伞状；总苞钟状或圆锥状；总苞片 3~4 层，草质、硬草质；花托稍突起或平，无托片；小花同型，全部两性，管状，5 齿裂；花药基部钝，顶端有卵状披针形的附片。瘦果几圆柱形，有 4~7 条边肋；无冠毛。共 19 种；中国 11 种；横断山区约 2 种。

Herbs perennial, sometimes stemless, small subshrubs, or cushion plants. Leaves alternate, pinnatifid or 3-lobed. Synflorescences cymose, forming panicles, clusters, or heads. Involucre campanulate or conical; phyllaries in 3 or 4 rows, herbaceous or rigidly herbaceous; receptacle flat to convex, epaleate; capitula homogamous; florets all bisexual; corolla tubular, 5-lobed; anther bases obtuse, apical appendage ovate-lanceolate; style branches linear, apex truncate. Achenes subterete, 4-7-ribbed; pappus absent. Nineteen species; 11 in China; two in HDM.

3 川滇女蒿

1 2 3 4 5 6 7 **8 9 10** 11 12 3300-4000 m

Hippolytia delavayi (W.W.Sm.) C.Shih[1-4]

多年生草本，高 7~25 厘米。基生叶椭圆形、长椭圆形，二回羽状全裂；叶下面被密或疏的长柔毛，上面无毛或几无毛。头状花序 6~11 个在茎顶排成平顶的束状；总苞钟状；总苞片硬草质，有光泽，黄白色，边缘淡褐色或白色膜质。瘦果果缘有环边。生于高山草甸。分布于四川、云南。

Herbs perennial, 7-25 cm tall. Basal leaves blade elliptic or narrowly elliptic, 2-pinnatisect. Leaf blade abaxially densely or sparsely villous, adaxially glabrous or nearly so. Synflorescence a terminal flat-topped cluster, capitula 6-11; involucres campanulate; phyllaries rigidly herbaceous, glossy, yellow-white, scarious margin pale brown or white. Achenes with a ± distinct apical rim. Alpine meadows. Distr. Sichuan, Yunnan.

1
1
1
2
2
3
3

菊科 Asteraceae | 火绒草属 *Leontopodium* R.Br.

多年生草本，稀亚灌木，被白色、灰色或黄褐色棉毛或绒毛。叶互生，无柄；苞叶数个，围绕花序，开展，形成星状苞叶群。头状花序多数，异型；总苞片小数层，同型，纸质，透明。约 58 种；中国 37 种；横断山区约 25 种。

Herbs, rarely subshrubs, perennial. Leaves alternate, sessile, tomentose to villous. Capitula heterogamous, disciform, in flat-topped terminal corymbs, surrounded by a whorl of prominent, white lanate leaves; phyllaries papery, monomorphic, monochromous, brownish, transparent. About 58 species; 37 in China; about 25 in HDM.

1 松毛火绒草

1 2 3 4 5 6 7 **8 9 10 11** 12 1000-2500 m

Leontopodium andersonii C.B.Clarke[1-2, 4]

— *Leontopodium subulatum* (Franch.) Beauverd

花茎直立，通常不分枝。叶稍直立或开展，狭线形，上面有蛛丝状毛或近无毛，下面被白色茸毛；苞叶多数，与上部叶等长或较长。头状花序常 10~40 个，密集。生于干燥草坡、开旷草地、针叶林下、撂荒地。分布于四川、云南；贵州西部及中部；老挝北部、缅甸北部和东部。

Stems usually not branched. Leaves linear to subulate-linear, abaxially densely white tomentose, adaxially green and sparsely arachnoid or subglabrous; bracteal leaves numerous, equal to or longer than cauline leaves. Capitula 10-40. Dry grasslands, sparse forests, gravelly slopes, waste fields. Distr. Sichuan, Yunnan; W and C Guizhou; N Laos, N and E Myanmar.

2 美头火绒草

1 2 3 4 5 6 **7 8 9** 10 11 12 2800-4500 m

Leontopodium calocephalum (Franch.) Beauverd[1-4]

茎直立，不分枝。叶披针形或线状披针形；苞叶 10~18 枚，与茎上部叶等长或较长，两面密被白色或淡黄色绒毛。头状花序 5~20 个，密集；总苞长 4~6 毫米，被白色柔毛。生于高山和亚高山草甸、石砾坡地、湖岸、沼泽地、灌丛、冷杉和其他针叶林下或林缘。分布于甘肃、青海、四川和云南。

Stems erect, not branched. Leaves lanceolate or linear-lanceolate; bracteal leaves 10-18, linear, both surfaces densely white or yellowish tomentose, base broader, apex acuminate. Capitula 5-20, closely aggregated. Involucre 4-6 mm, white tomentose. Alpine meadows, grasslands, thickets, marshes, conifer forests, gravelly slopes, lake banks. Distr. Gansu, Qinghai, Sichuan, Yunnan.

3 戟叶火绒草

1 2 3 4 5 **6 7** 8 9 10 11 12 1400-4100 m

Leontopodium dedekensii (Bur. & Franch.) Beauverd[1-5]

叶宽或狭线形，基部较宽，心形或箭形，抱茎；苞叶 14~20 枚，披针形或线形，与茎上部叶多少等长，开展成径约 2~5 厘米的星状苞叶群。生于高山和亚高山的针叶林、干燥灌丛、干燥草地和草地。分布于甘肃、青海、西藏、四川和云南；缅甸北部。

Leaf blade linear-lanceolate, base cordate, sagittate, or truncate, apex obtuse; bracteal leaves 14-20, lanceolate or linear, forming a star of 2-5 cm in diam. Grasslands, thickets, conifer forests. Distr. Gansu, Qinghai, Xizang, Sichuan, Yunnan; N Myanmar.

4 云岭火绒草

1 2 3 4 5 6 **7 8** 9 10 11 12 3800-4000 m

Leontopodium delavayanum Hand.-Mazz.[1-2, 4]

多年生草本，为枯叶的鞘部和内卷残片所包围，成疏松垫状，上端有数个花茎和不育茎；茎不分枝。叶披针形或披针状长圆形；苞叶 11~16 枚，披针形至椭圆形，较上部叶稍大。生于高山山顶石砾草地或岩石上。产云南西北部；缅甸北部也有分布。

Herbs, pulvinate, densely covered with brown relicts of leaves. Stems numerous, erect, not branched, equally leafy. Leaves lanceolate or oblong-lanceolate; bracteal leaves 11-16, linear-oblong, slightly larger than the upper leaves. Alpine gravelly slopes, rocky places. Distr. NW Yunnan; N Myanmar.

1
2
3
3
4

1 矮火绒草

1 2 3 4 5 6 7 8 9 10 11 12 2200-4400 m

Leontopodium nanum (Hook.f. & Thomson ex C.B.Clarke) Hand.-Mazz.[1-3, 5]

多年生垫状草本。根状茎 2 厘米，被鳞片状枯叶鞘。叶片匙形或线状匙形，两面被灰白色绒毛。头状花序（1）3~5 个。苞叶与茎上部叶同形，直立，但短小，不开展成星状苞叶群。生于高山草地、灌丛及湿润沼泽。分布于甘肃、西藏、四川；新疆、陕西；阿富汗、印度、克什米尔地区、哈萨克斯坦、尼泊尔、巴基斯坦。

Herbs, perennial, pulvinate, forming small clusters. Rhizome short, to 2 cm, densely covered with brown decayed leaves. Leaves long spatulate to spatulate-oblong, equally pubescent with light gray lax tomentum on both sides. Capitula (1)3-5. Bracteal leaves not different from cauline ones, erect, but more often shorter, not forming a star. Alpine meadows, thickets, marshes. Distr. Gansu, Xizang, Sichuan; Xinjiang, Shaanxi; Afghanistan, India, Kashmir, Kazakhstan, Nepal, Pakistan.

2 黄白火绒草

1 2 3 4 5 6 7 8 9 10 11 12 2300-4500 m

Leontopodium ochroleucum Beauverd[1-2, 5]

茎极短或高 5~15 厘米。叶上下同色，均被灰白色棉毛；苞叶较少数，长圆状椭圆形或披针形，较茎上部叶短，开展成径约 1.5-2.5 厘米的整齐密集的苞叶群。生于高山和亚高山草地、沙地、石砾地或岩石上。分布于青海、西藏；新疆；印度、哈萨克斯坦、蒙古、俄罗斯。

Stems 5-15 cm tall, or extremely short. Leaves concolorous, ash-colored lanate on both surfaces. Bracteal leaves distinct, oblong-elliptic or lanceolate, forming rather regular multiradiate star of 1.5-2.5 cm in diam. Mountain tundra, humid or dry meadows, stony fields of slopes. Distr. Qinghai, Xizang; Xinjiang; India, Kazakhstan, Mongolia, Russia.

3 弱小火绒草

1 2 3 4 5 6 7 8 9 10 11 12 3500-5600 m

Leontopodium pusillum (Beauverd) Hand.-Mazz.[1-2, 5]

矮小多年生草本。花茎极短，高 2~7 厘米，全部有较密的叶。叶匙形至长圆状匙形，两面被浓密的白色绒毛；苞叶多数，密集，与茎上部叶多少同形。生于高山雪线附近的草滩地、盐湖岸和石砾地。分布于青海北部、西藏、四川西部；新疆南部；印度（锡金邦）、克什米尔地区。

Herbs, perennial, subpulvinate. Flowering stems very short, 2-7 cm tall, densely leafy. Leaves spatulate to oblong-spatulate, both surfaces densely white tomentose. Bracteal leaves numerous, similar to cauline leaves. Alpine grasslands, rocky screes, gravelly slopes, salt lake banks and shores. Distr. N Qinghai, Xizang, W Sichuan; S Xinjiang; India (Sikkim), Kashmir.

4 银叶火绒草

1 2 3 4 5 6 7 8 9 10 11 12 2700-4500 m

Leontopodium souliei Beauverd[1-5]

有 1 个或少数簇生的花茎和少数不育的莲座状叶丛。茎高 6~25 厘米。叶背面被银白色绢状茸毛；苞叶 9~14 枚，两面被银白色长柔毛或白色茸毛。生于草地、灌丛及疏林下。分布于西藏、四川和云南西北部。

Herbs with 1 to several flowering stems and several sterile rosette suckers. Flowering stems 6-25 cm tall. Leaves abaxially white arachnoid pubescent; bracteal leaves 9-14, both surfaces densely white arachnoid tomentose. Grasslands, thickets, sparse forests. Distr. Xizang, Sichuan, NW Yunnan.

5 川西火绒草

1 2 3 4 5 6 7 8 9 10 11 12 2000-3000 m

Leontopodium wilsonii Beauverd[1-3]

花茎细长，长达 12~42 厘米，稍木质，无分枝，稍被灰色毛。叶开展，线状披针形；苞叶 15~20 枚，上面被白色厚密的茸毛，下面稍灰绿色，被薄茸毛，密集，开展成径 4~5.5 厘米的苞叶群。生于草地、灌丛、岩石上。分布于甘肃南部和四川。

Stems woody, erect, not branched, 12-42 cm tall, entire plant light gray tomentose. Leaves linear-lanceolate; bracteal leaves 15-20, densely arranged, oblong, larger than upper leaves, forming a star of 4-5.5 cm in diam. Grasslands, thickets, rocks. Distr. S Gansu, Sichuan.

1

2

3

4

5

菊科 Asteraceae | 橐吾属 *Ligularia* Cass.

多年生草本。茎直立，常单生。不育茎的叶丛生，基部膨大成鞘；茎生叶少数，常具膨大的鞘，叶片多与丛生叶同形。头状花序排列成总状或伞房状花序或单生；边花雌性，舌状或管状，花冠有时缺。瘦果光滑，有肋。约 140 种；中国 123 种；横断山约 70 种。

Herbs, perennial. Stem erect, usually solitary. Basal leaves well developed, base broadly sheathed. Stem leaves fewer, similar to basal leaves but smaller, base with or without broad sheath. Capitula numerous in corymb, compound corymbs, racemes, paniculate racemes, or solitary; outer florets female, sometimes ray florets absent. Achenes ribbed, glabrous. About 140 species; 123 in China; about 70 in HDM.

1 芥形橐吾

1 2 3 4 5 6 **7** 8 9 10 11 12 **2600-3200 m**

Ligularia brassicoides Hand.-Mazz.[1-3]

叶片卵形或长圆形，基部楔形，下延，网脉突起，白色，在两面均明显；茎中上部叶基部半抱茎或耳状抱茎。头状花序多数，排列成总状花序；舌状花 5~6 枚，黄色。生于草坡。分布于四川西南部和西部。

Leaf blade oblong or ovate, with white prominent reticulate veins on both surfaces, base cuneate, narrowed into a petiole. Middle to distal stem leaves sessile, reticulate veins conspicuous, base semiamplexicaul or tubular-amplexicaul. Synflorescence racemose; ray florets 5 or 6, yellow. Grassy slopes. Distr. SW and W Sichuan.

2 浅苞橐吾

1 2 3 4 5 6 **7** **8** 9 10 11 12 **3000-4000 m**

Ligularia cyathiceps Hand.-Mazz.[1-4]

茎直立，高 57~90 厘米。叶片宽卵状心形或肾形，边缘具粗齿。总状花序，长 10~40 厘米，疏散；总苞浅杯状，基部宽，近平截；舌状花黄色。生于河边、谷地及草坡。分布于云南西北部。

Stem erect, 57-90 cm tall. Leaf blade broadly ovate or reniform, margin coarsely dentate, apex rounded. Synflorescence racemose, 10-40 cm, lax, spreading; involucre shallowly cupular, base truncate, outside sparsely shortly pilose; ray florets yellow. Stream banks, valleys, grassy slopes. Distr. NW Yunnan.

3 舟叶橐吾

1 2 3 4 5 6 **7** **8** **9** 10 11 12 **3000-4800 m**

Ligularia cymbulifera (W.W.Sm.) Hand.-Mazz.[1-4]

丛生叶和茎下部叶具柄，有翅，翅全缘，叶片椭圆形或卵状长圆形；茎中部叶无柄，舟形，鞘状抱茎。头状花序排列成大型复伞房状花序，具多数分枝，长达 40 厘米；管状花深黄色。生于林缘、草坡、灌丛、草甸和河边。分布于西藏、四川、云南。

Basal leaves petiolate, winged, entire; leaf blade elliptic or ovate-oblong; middle stem leaves sessile, cymbiform, sheath amplexicaul. Compound corymb much branched, to 40 cm; tubular florets deep yellow. Forest margins, grassy slopes, alpine scrub, alpine meadows, stream banks. Distr. Xizang, Sichuan, Yunnan.

4 大黄橐吾

1 2 3 4 5 6 **7** **8** **9** 10 11 12 **1900-4100 m**

Ligularia duciformis (C.Winkl.) Hand.-Mazz.[1-4]

茎直立，高达 170 厘米。丛生叶与茎下部叶具柄，叶片肾形或心形，边缘有不整齐的齿；茎中部叶叶柄基部具极为膨大的鞘。头状花序排列成复伞房状聚伞花序，长达 20 厘米。生于河边、林下、草地及高山草地。分布于甘肃南部、四川西南部至北部、云南西北部；湖北西部、陕西、宁夏。

Stem erect, to 170 cm tall. Basal leaves petiolate, base enlarged sheathed; leaf blade reniform or cordate, margin irregularly dentate; middle stem leaves petiolate; sheath much enlarged. Compound corymbs to 20 cm. Stream banks, forest understories, grasslands, alpine meadows. Distr. S Gansu, SW to N Sichuan, NW Yunnan; W Hubei, Shaanxi, Ningxia.

1
1
2
3
4
4

1 狭苞橐吾

1 2 3 4 5 6 7 8 9 10 11 12 100-3400 m

Ligularia intermedia Nakai[1-2, 4]

茎直立，高达 100 厘米。茎基部叶具柄，肾形或心形；茎中上部叶类似但稍小，鞘略膨大。头状花序排列成总状花序，长 22~25 厘米；舌状花 4~6 枚；管状花 7~12 枚，伸出总苞。生于水边、山坡、林缘、林下及高山草原。分布于东北、华北、华中和西南地区；朝鲜半岛。

Stem erect, to 100 cm tall. Basal leaves petiolate; leaf blade cordate or reniform; middle to distal stem leaves similar but smaller, sheath slightly enlarged. Synflorescence racemose, 22-25 cm; ray florets 4-6; tubular florets 7-12. Stream banks, grassy slopes, forest margins, forest understories, alpine meadows. Distr. NE, N, C and SW China; Korea.

2 沼生橐吾

1 2 3 4 5 6 7 8 9 10 11 12 3300-4400 m

Ligularia lamarum (Diels) Chang[1-4]

茎直立，高 37~52 厘米。丛生叶与茎基部叶具柄，叶片三角状箭形或卵状心形，先端急尖；茎中上部叶具短柄，鞘膨大抱茎。头状花序排列成总状花序，长 10~16 厘米，密集近穗状或疏离；总苞钟状陀螺形。生于沼泽地、潮湿草地、灌丛及林下。分布于甘肃西南部、西藏东南部、四川西部、云南西北部；缅甸东北部。

Stem erect, 37-52 cm tall. Basal leaves petiolate; leaf blade triangular-sagittate or ovate-cordate, apex acute; middle to distal stem leaves shortly petiolate; sheath enlarged. Synflorescence racemose, 10-16 cm, clustered, spicate or lax; involucre campanulate gyro-shaped. Swamps, wet grasslands, scrub, forest understories. Distr. SW Gansu, SE Xizang, W Sichuan, NW Yunnan; NE Myanmar.

3 侧茎橐吾

1 2 3 4 5 6 7 8 9 10 11 12 3000-4700 m

Ligularia pleurocaulis (Franch.) Hand.-Mazz.[1-4]

茎直立，高 25~100 厘米。丛生叶与茎基部叶近无柄，叶片线状长圆形至宽椭圆形，全缘，先端急尖。头状花序多数，排列成总状花序，常偏向花序轴的一侧。生于山坡、溪边、灌丛及草甸。分布于西藏、四川西南部至西北部、云南西北部。

Stem erect, 25-100 cm tall. Basal leaves subsessile; leaf blade linear-oblong or broadly elliptic, margin entire, apex acute. Synflorescence racemose; capitula numerous, inclined to one side of racemose axis. Slopes, stream banks, scrub, alpine meadows. Distr. Xizang, SW to NW Sichuan, NW Yunnan.

4 褐毛橐吾

1 2 3 4 5 6 7 8 9 10 11 12 3650-4100 m

Ligularia purdomii (Turrill) Chitt.[1-2]

茎直立，高达 150 厘米，被褐色有节短柔毛。丛生叶及茎基部叶片肾形或圆肾形；茎中部叶具极度膨大的叶鞘，鞘长 7~10 厘米。头状花序排列成大型复伞房状聚伞花序；小花全部管状。生于河边、沼泽浅水处。分布于甘肃西南部、青海东南部、四川西北部。

Stem erect, to 150 cm tall, shortly brown pilose. Basal leaf blade reniform or orbicular-reniform. Middle stem leaves shortly petiolate; sheath enlarged, 7-10 cm. Corymbs compound; florets all tubular. Stream banks, swamps. Distr. SW Gansu, SE Qinghai, NW Sichuan.

5 箭叶橐吾

1 2 3 4 5 6 7 8 9 10 11 12 1270-4000 m

Ligularia sagitta (Maxim.) Maettf.[1-3, 5]

茎直立，高 25~70 厘米。叶片箭形、戟形或长圆状箭形，基部弯缺宽，长为叶片的 1/4~1/3；最上部叶披针形至狭披针形，苞叶状。头状花序排列成总状花序，长 6.5~40 厘米；舌状花 5~9 枚，黄色。生于水边、草坡、林缘、林下及灌丛。分布于华北、西北、西南各省区；蒙古和喜马拉雅山东部各国。

Stem erect, 25-70 cm tall. Basal leaf blade sagittate, hastate, or ovate-oblong to oblong-sagittate; sinus 1/4-1/3 as long as leaf blade; distalmost stem leaves bracteal, lanceolate to narrowly lanceolate. Synflorescence racemose, 6.5-40 cm; ray florets 5-9, yellow. Stream banks, grassy slopes, forest margins, forest understories, scrub. Distr. N, NW and SW China; E Himalaya countries and Mongolia.

1

1

2

3

4

4

5

5

1 窄头橐吾

1 2 3 4 5 6 7 8 9 10 11 12 850-3100 m

Ligularia stenocephala (Maxim.) Matsum. & Koidz.[1-4]

茎高 40~170 厘米。丛生叶与茎下部叶片心状戟形、肾状戟形或罕为箭形，先端急尖，三角形或短尖头。头状花序排列成总状花序，长达 90 厘米；总苞狭筒形至宽筒形；舌状花 1~4（5）枚。生于山坡、水边、林中及岩石下。分布于我国东部、中部和西南地区；日本。

Stem 40-170 cm tall. Basal leaves petiolate; leaf blade cordate-hastate or reniform-hastate, rarely sagittate, apex triangular, acute or shortly mucronate. Synflorescence racemose, to 90 cm; involucre narrowly or broadly cylindric; ray florets 1-4(5). Stream banks, grassy slopes, forest understories, at base of rocks, on trees. Distr. E, C and SW China; Japan.

2 东俄洛橐吾

1 2 3 4 5 6 7 8 9 10 11 12 2100-4000 m

Ligularia tongolensis (Franch.) Hand.-Mazz.[1-4]

茎直立，高 20~100 厘米，被枯叶柄纤维包围。丛生叶与茎下部叶片卵状心形或卵状长圆形；茎中上部叶鞘长达 10 厘米。头状花序 1~20 个，稀单生；舌状花 5~6 枚。生于山谷湿地、林缘、林下、灌丛及高山草甸。分布于西藏东南部、四川西南部至西北部、云南西北部。

Stem erect, 20-100 cm tall. Basal leaves blade ovate-cordate or ovate-oblong; middle leaves sheath enlarged, to 10 cm, shortly pilose. Capitula 1-20, in corymb or solitary; involucre campanulate; ray florets 5 or 6. Forest margins, forest understories, wet valleys, scrub, alpine meadows. Distr. SE Xizang, SW and W Sichuan, NW Yunnan.

3 苍山橐吾

1 2 3 4 5 6 7 8 9 10 11 12 2800-4100 m

Ligularia tsangchanensis (Franch.) Hand.-Mazz.[1-5]

茎直立，高 15~120 厘米。丛生叶和茎下部叶具柄，有翅，翅全缘或有齿，叶片长圆状卵形或卵形，稀为圆形；茎中上部叶基部半抱茎。头状花序排列成总状花序，长 7~25 厘米；总苞钟形。生于草坡、林下、灌丛及高山草地。分布于西藏东南部、四川西南部、云南西北部至东北部。

Stem erect, 15-120 cm tall. Basal leaves petiolate; wing margin entire or denticulate; leaf blade ovate-oblong or ovate, rarely orbicular; middle to distal stem leaves sessile, base semiamplexicaul. Synflorescence racemose, 7-25 cm; involucre campanulate. Grassy slopes, forest understories, scrub, alpine meadows. Distr. SE Xizang, SW Sichuan, NW to NE Yunnan.

4 黄帚橐吾

1 2 3 4 5 6 7 8 9 10 11 12 2600-4700 m

Ligularia virgaurea (Maxim.) Mattf.[1-5]

茎直立，高 15~80 厘米。丛生叶和茎基部叶具柄，柄全部或上半部具翅；叶片卵形、椭圆形或长圆状披针形。头状花序排列成总状花序，长 4.5~22 厘米；舌状花 5~14 枚。生于河滩、沼泽草甸、阴坡湿地及灌丛中。分布于甘肃、青海、西藏东部与东北部、四川、云南西北部；不丹、印度（锡金邦）、尼泊尔。

Stem erect, 15-80 cm tall. Basal leaves petiolate, winged or only upper winged; wings entire or dentate; leaf blade ovate, elliptic, or oblong-lanceolate. Synflorescence racemose, 4.5-22 cm; ray florets 5-14. Slopes, stream banks, scrub, swamp meadows, alpine meadows. Distr. Gansu, Qinghai, E and NE Xizang, Sichuan, NW Yunnan; Bhutan, India (Sikkim), Nepal.

4

1
1
2
2
4
3

菊科 Asteraceae | 毛鳞菊属 *Melanoseris* Decne.

多年生草本。叶片羽状、匙状分裂或不分裂。总苞狭圆柱状至宽钟状；头状花序常下垂，含小花 3~40 枚；花托平，无托毛；小花蓝色、暗紫色，有时黄色或白色。瘦果暗棕色，多为椭圆形，极度压扁；冠毛 2 层，白色，稀黄色，外层短小或退化，内层粗糙毛状。约 60~80 种；中国 25 种；横断山约 17 种。

Herbs, perennial. Leaves pinnate, lyrately pinnate, or undivided. Involucre narrowly cylindric to broadly campanulate; capitula often nodding, with 3-40 florets; receptacle naked; florets bluish, purplish, sometimes yellow, or rarely white. Achene some shade of brown, mostly ellipsoid and strongly compressed; pappus white or rarely yellowish, single of slender scabrid bristles or more frequently double and with an additional outer row of minute hairs. About 60-80 species; 25 in China; ca.17 in HDM.

1 单头毛鳞菊

1 2 3 4 5 6 7 8 **9** 10 11 12 ≈ 3200 m

Melanoseris monocephala (C.C.Chang) Z.H.Wang[36]

茎葶状，不分枝，光滑无毛。基生叶全形椭圆形或倒披针形， 全部叶两面光滑无毛。 头状花序单生茎端；小花淡蓝色，约 15 枚；冠毛白色。

Stem scape, unbranched and glabrous. Basal leaves elliptic or oblanceolate, entire leaves glabrous on both sides; capitulum solitary. Florets bluish, ca. 15. Pappus white.

2 云南毛鳞菊

1 2 3 4 5 6 7 8 **9** **10** 11 12 700-3400 m

Melanoseris yunnanensis (C.Shih) N.Kilian & Z.H.Wang[1]

多年生草本，高达 1 米。茎直立，单生，向上分支，被腺毛。花序组成总状至狭圆锥状，具数个头状花序；头状花序常下垂，含小花 15~20 枚；总苞紫绿色；小花黄色或白色。瘦果约长 7 毫米，暗红棕色，椭圆形，压扁。生于山坡草地、河谷地及森林。分布于四川、云南。

Herbs about 1 m tall or more, perennial. Stem solitary, erect, apically branched and glandular hairy. Synflorescence racemiform to narrowly paniculiform, with few to many capitula; capitula nodding, with usually 15-20 florets; involucre purplish green; florets yellow to whitish. Achene about 7 mm, body dark reddish brown, ellipsoid, compressed. Grasslands on mountain slopes, river valleys, forests. Distr. Sichuan, Yunnan.

菊科 Asteraceae | 紫菊属 *Notoseris* C.Shih

多年生草本。茎直立，向上分枝，光滑或有腺毛。叶多羽状分裂。头状花序下垂，含小花 3~12 枚。总苞狭圆柱状。总苞片淡紫色。花托平，无托毛。舌状小花紫红色。瘦果常紫色至红褐色，圆柱形至近纺锤形，压扁。冠毛 1 层，白色，纤细，微糙毛状。约 11 种；中国 10 种；横断山 1 种。

Herbs, perennial. Stem erect, branched apically, glabrous or glandular hairy. Leaves pinnately lobed, more rarely undivided. Capitula pendent at anthesis, with 3-12 florets. Involucre narrowly cylindric. Phyllaries often tinged purple. Receptacle naked. Florets some shade of purple. Achene usually purplish to brownish red, cylindric to subfusiform, compressed. Pappus white, single, of slender scabrid bristles. About 11 species; ten in China; one in HDM.

3 藤本紫菊

1 2 3 4 5 6 7 8 9 **10** **11** **12** 900-2000 m

Notoseris scandens (Hook.f. ex Benth. and Hook.f.) N.Kilian[1]

多年生草质藤本。茎攀援，上部分枝，被腺毛。叶卵形、三角状卵形或披针形，长 4~15 厘米，宽 2~7 厘米，顶端渐尖，边缘有小尖头，有长 1~4 厘米的叶柄，叶柄及叶两面被腺毛。头状花序含 5~8 枚舌状小花；总苞片淡紫红色；舌状小花蓝色或暗紫红色。瘦果紫色，圆柱状至近纺锤状。生于林下、林缘。分布于西藏、云南；印度东北部。

Vines, herbaceous, perennial. Stem scandent, apically branched and glandular hairy. Stem leaf blade ovate, triangular-ovate, or lanceolate, 4-15 cm × 2-7 cm, margin mucronately dentate, apex acuminate, with petiole 1-4 cm, both surfaces ± glandular hairy. Capitula with usually 5-8 florets; phyllaries tinged purplish red; florets blue or dull violet to reddish purple. Achene pale to dark purple, cylindric to subfusiform. Forests, forest margins. Distr. Xizang, Yunnan; NE India.

1
1
2
2
2
3
3

菊科 Asteraceae | 栌菊木属 *Nouelia* Franch.

灌木至小乔木。叶互生，全缘或有微小的钙质细锯齿。头状花序大，多花，单生于枝顶，具同性不同形的小花；总苞钟形；总苞片多层，革质；外围两性花花冠二唇形，外唇舌状，外卷；中央两性花花冠管状或呈不明显的二唇形。单种属。

Large shrubs to small trees. Leaves alternate; leaf blade entire or minutely callosely serrulate. Capitula large, solitary, terminal, heterogamous; involucre campanulate. phyllaries multiseriate, leathery. Florets all bisexual, fertile; marginal florets bilabiate, lobes linear, revolute; central florets many, tubular or slightly bilabiate. Monotypic genus.

1 栌菊木

1 2 **3** **4** 5 6 7 8 9 10 11 12 1000-2500 m

Nouelia insignis Franch.[1-4]

特征同属特征。生于灌丛及河谷陡坡上。分布于四川西南部、云南。

See the description of the genus. Scrub, steep slopes in ravines. Distr. SW Sichuan, Yunnan.

菊科 Asteraceae | 蟹甲草属 *Parasenecio* W.W.Sm. & J.Small

多年生草本。茎单生，直立。叶互生，不分裂或掌状或羽状分裂，具锯齿。头状花序小或中等大小，盘状，有同形的两性花，在茎端或上部叶腋排列成总状或圆锥状花序；总苞片圆筒状或狭钟状，稀钟状。60 余种；中国 52 种；主产横断山。

Herbs, perennial. Stem solitary, erect. Leaves alternate, simple or palmately or pinnately lobed, serrate. Capitula small or medium-sized, discoid, homogamous, all bisexual, terminal or axillary, racemose or paniculate; involucres cylindric or narrowly campanulate, rarely campanulate. About 60+ species; 52 in China; mainly in HDM.

2 阔柄蟹甲草

1 2 3 4 5 6 **7** **8** 9 10 11 12 3200-4100 m

Parasenecio latipes (Franch.) Y.L.Chen[1-2, 4]

中部叶片基部截形或楔状下延成宽或较窄的翅；叶柄基部扩大成抱茎的叶耳。花序偏一侧着生；小花 5~6 枚，花冠黄色。生于冷杉林下或灌丛中。分布于四川西部至西南部、云南西北部。

Middle leaves few; base truncate or cuneate-decurrent into a broad or narrow wing. Capitula lateral; florets 5 or 6; corolla yellow. Understories of *Abies* forests, thickets. Distr. W to SW Sichuan, NW Yunnan.

3 掌裂蟹甲草

1 2 3 4 5 6 **7** **8** 9 10 11 12 2400-3800 m

Parasenecio palmatisectus (Jefrey) Y.L.Chen[1-2, 4]

叶具长柄，中部叶片全形宽卵圆形或五角状心形，羽状掌状 5~7 深裂。头状花序较多数，开展或花后下垂；小花 4~5 枚，花冠黄色。生于林中、林缘或山坡灌丛中。分布于西藏东部、四川西部与西南部、云南西北部；不丹。

Leaves long petiolate; median leaf blade broadly ovate-orbicular or pentagonal-cordate, pinnate-palmately 5-7-divided. Capitula many, spreading or pendulous after anthesis; florets usually 4 or 5, corolla yellow. Forest understories, forest margins, thickets on slopes. Distr. E Xizang, W and SW Sichuan, W and NW Yunnan; Bhutan.

菊科 Asteraceae | 假合头菊属 *Parasyncalathium* J.W. Zhang, Boufford & H.Sun

多年生莲座状草本。茎中空。头状花序多数聚成团伞花序，具 4~6 枚舌状小花；小花紫红色或蓝色，甚至白色。瘦果长倒卵形，压扁，具极短喙，侧肋翼状，两面各具一细肋；冠毛早落时具冠毛盘。单种属。

Herbs, perennial, rosulate. Rosette shoot terminally hollow. Secondary capitulum; capitula with 4-6 florets; florets purplish red or blue, even white. Achene obovoid, compressed, with winglike lateral ribs and 1 slender rib on either side, apex constricted into a fragile thin beak; pappus caducous with pappus disk. Monotypic genus.

4 假合头菊

1 2 3 4 5 6 **7** **8** **9** 10 11 12 3700-4800 m

Parasyncalathium souliei (Franch.) J.W.Zhang, Boufford & H.Sun[37]

描述同属。主要生于高山沙石地、碎石坡，偶见于高山草甸。分布于西藏、四川、云南；不丹，缅甸。

Description the same to the genus. Alpine meadows, scree slopes, stony areas. Distr. Xizang, Sichuan, Yunnan; Bhutan, Myanmar.

1

1

2

3

4

4

菊科 Asteraceae | 帚菊属 *Pertya* Sch.Bip.

灌木、亚灌木或多年生草本。叶在长枝上的互生，在短枝上的数片簇生。头状花序腋生、顶生或生于簇生叶丛中，盘状，全为两性能育的小花；总苞钟形、狭钟形或圆筒状；总苞片草质或近革质，外层极短，向内各层渐次较长；花冠管状，5深裂。约25种；中国17种；横断山7种。

Shrubs, subshrubs, or perennial herbs, rarely scandent shrubs. Leaves alternate, or tufted on brachyblasts. Capitula in glomerulate, corymbose, or paniculate synflorescences, or solitary, homogamous; involucre campanulate or cylindric; phyllaries many, imbricate, unequal, herbaceous or leathery; florets few, bisexual, rarely unisexual, tubular, corollas deeply 5-lobed. About 25 species; 17 in China; seven in HDM.

1 单头帚菊

1 2 3 4 5 6 7 8 9 10 11 12 1900-3000 m

Pertya monocephala W.W.Sm.[1-2, 4]

灌木，高30~80厘米。长枝上的叶早落，仅残存膨大的叶基；短枝上的叶4~6枚，线状披针形。头状花序极少，单生于小枝之顶，小花7~11枚。生于干热河谷。分布于西藏东南部、云南西部与西北部。

Shrubs, 30-80 cm tall. Leaves on long shoots alternate, deciduous in flowering seasons; leaves on branchlets tufted, 4-6, leaf blade linear-lanceolate. Capitula few, solitary, terminal on branches, 7-11-flowered. Dry valleys. Distr. SE Xizang, W and NW Yunnan.

菊科 Asteraceae | *Petasites* Mill. 蜂斗菜属

多年生草本。基生叶具长柄，宽心形或肾状心形，边切缺或基部裂片；茎生叶苞叶状，无柄，半抱茎。头状花序全为同性花或具异性花；雌性头状花序的小花结实，花冠丝状；功能性雄花花冠管状，顶端5裂。瘦果圆柱状，无毛具肋；冠毛白色糙毛状。19种；中国6种；横断山2种。

Herbs, perennial. Basal leaves long petiolate; blade broadly cordate or reniform-cordate, margin incised or basally lobed. Stem leaves bract-shaped, sessile, subamplexicaul. Capitula hetero- or homogamous; florets in female capitula fertile, corolla filiform; functionally male florets corolla tubular, 5-toothed. Achenes cylindric, glabrous, ribbed; pappus of many bristles, white. Nineteen species; six in China; two in HDM.

2 毛裂蜂斗菜

1 2 3 4 5 6 7 8 9 10 11 12 700-4300 m

Petasites tricholobus Franch.[1-5]

近雌雄异株。花葶于早春从根状茎中抽出。基生叶宽肾状心形，边缘具细齿。头状花序多数排列成圆锥花序或聚伞状圆锥花序。生于路旁或溪边。分布于中国中部与西南部；不丹、印度、尼泊尔、越南。

Plants subdioecious. Scapes emerging from rhizomes in early spring. Basal leaves broadly reniform-cordate, margin finely toothed. Capitula many, arranged in panicles or cymose panicles. Roadsides, by streams in valleys. Distr. C and SW China; Bhutan, India, Nepal, Vietnam.

菊科 Asteraceae | 拟鼠麹草属 *Pseudognaphalium* Kirp.

草本。叶互生，全缘而平坦，两面被绒毛。头状花序多数排列成伞房花序；总苞片纸质；外部小花花冠丝状，黄色；中心小花为两性花，花冠管状，黄色；花柱顶端具毛。瘦果长圆形，具短棒状毛；冠毛基部分离。约90种；中国6种；横断山5种。

Herbs. Leaves alternate, flat with entire margins, tomentose on both surfaces. Capitula many in corymbs; phyllaries papery; outer florets yellow, filiform; central florets bisexual, tubular, yellow; style with hairs apically. Achenes oblong, with short clavate twin hairs. Pappus free. About 90 species; six in China; five in HDM.

3 秋拟鼠麹草

1 2 3 4 5 6 7 8 9 10 11 12 200-3000 m

Pseudognaphalium hypoleucum (DC.) Hilliard & B.L.Burtt[1]

— *Gnaphalium hypoleucum* DC.

茎直立，高可达70厘米。叶线形。总苞球形，径约4毫米；总苞片金黄色或黄色。生于路旁、沙土地和山坡上。分布于我国除东北外大部分地区；东亚、南亚和东南亚各国。

Stem erect, up to 70 cm. Leaves linear. Involucre globose, ca. 4 mm in diam; involucral bracts golden yellow or yellow. Roadsides, sandy soil, hillsides. Distr. most parts of China except NE China; E, S, and SE Asia.

1
1
2
3
3

菊科 Asteraceae | 风毛菊属 *Saussurea* DC.

草本，有时为小半灌木。茎高至矮小，有时退化至无茎。头状花序多数或少数在茎与枝端排成伞房花序、圆锥花序或总状花序，或集生于茎端，极少单生；总苞片多层，覆瓦状排列，紧贴，有时顶端具附属物；全部小花两性，管状，花冠紫红色或淡紫色，极少白色。400 余种；中国近 300 种；横断山 100 余种。

Herbs, sometimes subshrubs, cauliferous or stemless. Capitulum solitary or to very numerous and in a corymbiform, hemispheric, paniculiform, or racemiform synflorescence; phyllaries imbricate, sometimes with an apical appendage; florets bisexual, tubular; corolla usually purple, often bluish or reddish, sometimes brownish, blackish, or pink, rarely white. More than 400 species; about 300 in China; 100+ in HDM.

1 巴郎山雪莲

1 2 3 4 5 6 7 **8** **9** 10 11 12 4500-4700 m

Saussurea balangshanensis Y.Z.Zhang & H.Sun[38]

高 8~17 厘米，丛生，成团状。茎单一，紫红色。叶缘具波状齿，齿具短尖；苞叶条裂，紫红色。总苞圆柱形至倒锥形；花紫色。生于流石滩。分布于四川西部。

Herbs 8-17 cm tall, caespitose, forming clumps. Stems simple, purple. Leaves with sinuate-denticulate margin and mucronate teeth. Bracts laciniate, purplish red; involucre cylindrical to obconic; corolla purple. Alpine screes. Distr. W Sichuan.

2 宝璐雪莲

1 2 3 4 5 6 7 **8** **9** **10** 11 12 4000-5000 m

Saussurea luae Raab-Straube[1]

高 30~70 厘米，基部被褐色的叶柄残迹。基生叶窄椭圆形至线性；苞叶膜质。头状花序（1）2~6（8）个；总苞宽钟状，直径 1.5~2.5 厘米。生于高山草甸、高山矮灌丛或石质山坡。分布于西藏、四川。

Herbs, 30-70 cm tall, basally densely covered with dark brown, persistent remains of old leaf sheaths. Rosette leaves narrowly elliptic to linear. Bracts membranaceous; capitula (1)2-6(8); involucre broadly campanulate, 1.5-2.5 cm in diameter. Alpine meadows, open dwarf shrubs, open gravelly and rocky slopes. Distr. Xizang, Sichuan.

3 苞叶雪莲

1 2 3 4 5 6 **7** **8** **9** 10 11 12 3200-4700 m

Saussurea obvallata (DC.) Sch.Bip.[1-5]

高 15~80 厘米。叶片长椭圆形或长圆形、卵形；最上部茎叶苞片状，膜质，长 5~16 厘米，宽 1.5~9 厘米，包围总花序，呈灯笼状。头状花序 2~16 个。生于高山草地、山坡多石处、溪边石隙处、流石滩。分布于青海东部、西藏东南部、四川西部、云南西北部；沿喜马拉雅山各国均有分布。

Herbs 15-80 cm. Basal and lower stem leaf blade ovate, elliptic-oblong, or obovate. Uppermost stem leaves boat-shaped, 5-16 cm × 1.5-9 cm, membranous, enclosing synflorescence and forming a lanternlike head. Capitula 2-16. Grasslands, rocky places on mountain slopes, by streams, scree slopes. Distr. E Qinghai, SE Xizang, W Sichuan, NW Yunnan; countries along the Himalayas.

4 褐花雪莲

1 2 3 4 5 **6** **7** **8** **9** 10 11 12 3800-4500 m

Saussurea phaeantha Maxim.[1-5]

高 4~40 厘米。基生叶披针形，上面被白色柔毛，下面被棉毛或蛛丝毛；茎中部叶基部半抱茎；最上部叶苞叶状，包围头状花序，膜质，紫色。头状花序 5~15 个，在茎顶密集成伞房状总花序；小花褐紫色。生于草甸、沼泽地及高山草地。分布于甘肃、青海、西藏东南部、四川西部、云南西北部。

Herbs 4-40 cm tall. Rosette and basal stem leaf blade narrowly elliptic to linear, abaxially densely sericeous-villous, adaxially pilose but glabrescent; middle and upper stem leaves base semiamplexicaul; uppermost stem leaves membranous, both surfaces purple. Capitula 5-15, in a densely corymose synflorescence; corolla dark brownish purple. Alpine meadows, grasslands, mountain steppes. Distr. Gansu, Qinghai, SE Xizang, W Sichuan, NW Yunnan.

1
2
2
3
3
4

1 多鞘雪莲

1 2 3 4 5 6 7 8 9 10 11 12 3200-4460 m

Saussurea polycolea Hand.-Mazz.[1-4]

多年生草本，高 10~26 厘米。叶片长椭圆形、长圆状披针形或卵形，长 3.5~6 厘米，宽 0.8~2.5 厘米；茎叶渐小，无柄，基部半抱茎，最上部茎叶小，苞叶状，紫红色。头状花序单生茎顶，总苞狭钟状，直径 1~1.3 厘米；小花蓝紫色。瘦果长圆形，长 3 毫米。 生于高山草地、砾石及沙质湿地。分布于四川西南部、云南西北部。

Perennial, 10-26 cm tall. Leaf long elliptic, oblong lanceolate or ovate, 3.5-6 cm long, 0.8-2.5 cm wide; cauline leaves gradually small, sessile, and half embracing at the base; the uppermost cauline leaves small, bracteolate; involucre narrowly campanulate, 1-1.3 cm in diam.; floret blue purple. Achene oblong, 3 mm long. Alpine grassland, gravel and sandy wetland. Distr. SW Sichuan, NW Yunnan.

2 孙氏雪莲

1 2 3 4 5 6 7 8 9 10 11 12 4200-4500 m

Saussurea sunhangii Raab-Straube[39]

多年生草本，(5)10~23 厘米高，松散丛生，具 1 或 2（~4）花茎和一到少数不育莲座叶。花茎单生，密被反折紧贴的柔毛，或全体具柔毛。生于岩石和高山流石滩。分布于云南西北部（德钦）。

Herbs, perennial, (5)10-23 cm tall, laxly caespitose, with 1 or 2 (-4) flowering stems and one to few sterile leaf rosettes. Flowering stems simple, densely reflexed appressed or patent pilose throughout. On rocks and alpine screes. Distr. NW Yunnan (Dêqên).

3 唐古特雪莲

1 2 3 4 5 6 7 8 9 10 11 12 3800-5000 m

Saussurea tangutica Maxim.[1-3, 5]

高 6~20 (30) 厘米。莲座叶及下部叶有柄；叶片狭卵形；最上部茎叶苞叶状，膜质，紫红色，宽卵形，长 3~4.5 厘米，包围头状花序或总花序。头状花序 1~5 个，无小花梗；小花蓝紫色。生于高山流石滩、高山草甸。分布甘肃、青海、西藏、四川西北部。

Herbs 6-20(30) cm tall. Rosette and lower stem leaves petiolate; leaf blade narrowly elliptic; uppermost stem leaves ovate and boat-shaped, 3-4.5 cm long, membranous, enclosing synflorescence. Capitula 1-5; corolla purple. Alpine scree slopes, alpine meadows. Distr. Gansu, Qinghai, Xizang, NW Sichuan.

4 毡毛雪莲

1 2 3 4 5 6 7 8 9 10 11 12 4100-5500 m

Saussurea velutina W.W.Sm.[1-5]

高 17~40 厘米。下部茎叶片线状披针形或披针形；最上部茎叶苞叶状，倒卵形，紫红色，膜质，半包围头状花序。头状花序单生茎顶；总苞片 4~5 层，黑紫色或边缘黑紫色；小花紫红色。生于高山草地、灌丛及流石滩。分布于西藏东南部、四川西南部、云南西北部。

Herbs 17-40 cm tall. Rosette and lower stem leaf blade narrowly elliptic to linear; uppermost stem leaves ovate or narrowly ovate and boat-shaped, membranous, enclosing involucre, both surfaces purplish red and sparsely villous. Capitulum solitary; phyllaries in 4 or 5 rows, black or blackish purple; corolla purple. Alpine scree slopes, mats, and pastures. Distr. SE Xizang, SW Sichuan, NW Yunnan.

5 云状雪兔子

1 2 3 4 5 6 7 8 9 10 11 12 4500-5400 m

Saussurea aster Hemsl.[1-2, 5]

叶莲座状排列，线状匙形、椭圆形或线形。头状花序 5~25 个，在莲座状叶丛中密集成半球形的总花序；总苞片 3~4 层，外层卵形至狭椭圆形；小花紫红色。生于高山流石滩。分布于青海、西藏、四川西部；印度西北部与克什米尔地区。

Rosette leaves petiolate; leaf blade narrowly elliptic, spatulate, or linear. Capitula 5-25, in center of leaf rosette; phyllaries in 3 or 4 rows; outer phyllaries narrowly oblong to obovate; corolla rose-purple. Alpine scree slopes. Distr. Qinghai, Xizang, W Sichuan; NW India, Kashmir.

1
3
2
4
4
5

1 柱茎风毛菊
1 2 3 4 5 6 7 **8** **9** **10** 11 12 **3200-4700 m**

Saussurea columnaris Hand.-Mazz.[1-4]

茎短，高 4~10 厘米或几不发育。叶密集簇生成莲座状，线形。头状花序单生茎顶或根状茎顶端；总苞钟状，直径 2~3 厘米；小花紫红色。生于高山草甸、多石山坡。分布于西藏东南部、四川西南部、云南西北部；不丹。

Herbs 4-10 cm tall, stemless or shortly stemmed. Rosette leaves sessile, linear. Capitulum solitary, in center of leaf rosette or terminal on stem, sessile; involucre campanulate, 2-3 cm in diam. Corolla purplish red. Alpine meadows, rocky mountain slopes. Distr. SE Xizang, SW Sichuan, NW Yunnan; Bhutan.

2 革苞风毛菊
1 2 3 4 5 6 **7** **8** 9 10 11 12 **3600-4400 m**

Saussurea coriacea Y.L.Chen & S.Yun Liang[1-2, 5]

高 15~20 厘米。茎紫红色。叶狭椭圆形，羽状深裂。头状花序单生于茎端，直径 1.2~2 厘米；花紫色。生于河边、流石滩。分布于西藏、四川西部。

Herbs 15-20 cm tall. Stem purplish red. Leaf blade narrowly oblong, pinnatisect or pinnately lobed. Capitulum solitary, terminal on stem, 1.2-2 cm in diam.; corolla purple. Scree slopes, river terraces. Distr. Xizang, W Sichuan.

3 川西风毛菊
1 2 3 4 5 6 7 8 **9** **10** 11 12 **3500-4000 m**

Saussurea dzeurensis Franch.[1-3]

高 20~90 厘米。茎有翼，翼有锯齿，上部有伞房花序状分枝；茎中上部叶基部下延成茎翼，全部叶倒向羽状分裂。头状花序通常 7~10 个，排列成伞房花序。生于山坡草地。分布于甘肃、青海、四川西部。

Herbs 20-90 cm tall. Stem solitary, erect, apically branched, winged, wing sinuate-dentate. Middle and upper stem leave base decurrent, margin inverted pinnatifid. Capitula usually 7-10, in corymbiform synflorescence. Alpine steppes and grasslands. Distr. Gansu, Qinghai, W Sichuan.

4 鼠麯雪兔子
1 2 3 4 5 6 **7** **8** 9 10 11 12 **2700-5700 m**

Saussurea gnaphalodes (Royle ex DC.) Sch.Bip.[1-3, 5]

根状茎通常有数个莲座状叶丛。最上部叶苞叶状；叶质地厚，灰白色，被稠密的灰白色或黄褐色绒毛。头状花序 5~20 个，在茎端密集成半球形的总花序。冠毛鼠灰色。生于山坡流石滩。分布我国西部和西南地区；印度西北部、尼泊尔、哈萨克斯坦。

Caudex usually with many leaf rosettes and flowering shoots. Rosette and stem leaves whitish, with white, gray or brownish arachnoid lanate. Capitula 5-20, in dense hemispherical synflorescence at stem terminals. Pappus slate grey. Alpine scree slopes. Distr. W China and SW China; NW India, Nepal, Kazakhstan.

5 禾叶风毛菊
1 2 3 4 5 6 **7** **8** 9 10 11 12 **3400-5350 m**

Saussurea graminea Dunn[1-5]

多年生草本。茎密被白色绢状柔毛。基生叶及茎生叶窄线形，长 3~15 厘米，宽 1~3 毫米。头状花序单生顶端；小花紫色。瘦果圆柱状，长 3~4 毫米，顶端有小冠。生于山坡草地、草甸、河滩草地、杜鹃灌丛。分布于甘肃、青海、西藏、四川西部及西南部、云南西北部。

Perennial. Stems densely white silky pilose. Basal and cauline leaves narrow linear, 3-15 cm long and 1-3 mm wide. Capitulum solitary apical. Floret purple. Achenes terete, 3-4 mm long, apex crowned. Alpine meadow, scree and *Rhododendron* bush. Distr. Gansu, Qinghai, Xizang, W and SW Sichuan, NW Yunnan.

1 长毛风毛菊

1 2 3 4 5 6 7 8 9 10 11 12 4450-5200 m

Saussurea hieracioides Hook.f.[1-5]

高 5~35 厘米。茎密被白色长柔毛。基生叶莲座状，基部渐狭成具翼的短叶柄。头状花序单生茎顶；总苞片 4~5 层，全部或边缘黑紫色，顶端长渐尖扩密被长柔毛。生于高山碎石土坡、高山草坡。分布于西藏、四川西部、云南西北部；不丹、印度（锡金邦）、尼泊尔也有分布。

Herbs 5-35 cm tall. Stem densely white villous. Basal leaves distinctly petiolate. Capitulum solitary, terminal on stem; phyllaries in 4 or 5 rows, blackish purple, densely villous. Alpine scree slopes, grasslands, rocky slopes. Distr. Xizang, W Sichuan, NW Yunnan; Bhutan, India (Sikkim), Nepal.

2 全缘叶风毛菊

1 2 3 4 5 6 7 8 9 10 11 12 2000-3200 m

Saussurea integrifolia Hand.-Mazz.[1-4]

高 30~100 厘米。中部茎叶线形或线状披针形，下面白色，被稠密白色的绒毛。头状花序多数，在茎顶或枝顶排成开展的伞房花序或伞房圆锥花序，具短梗。生于山谷灌丛边、山坡草地、山坡路边。分布于四川西北部、云南西北部。

Herbs 30-100 cm tall. Middle stem leaf blade narrowly ovate-elliptic to linear, abaxially white and densely tomentose. Capitula numerous, in a corymbose-paniculate synflorescence, shortly pedunculate. Thickets in mountain valleys, grasslands, by trails on mountain slopes. Distr. NW Sichuan, NW Yunnan.

3 绵头雪兔子

1 2 3 4 5 6 7 8 9 10 11 12 3200-5300 m

Saussurea laniceps Hand.-Mazz.[1-5]

高 15~45 厘米。基生叶与茎生叶具叶柄，叶倒披针形、狭匙形或长椭圆形，下面被褐色至白色的棉毛，上面基部被蛛丝状棉毛而先端无毛。头状花序在茎端密集成圆锥状穗状花序，具短梗。生于高山流石滩。分布于西藏东南部、四川西南部、云南西北部；印度（锡金邦）、缅甸北部。

Herbs 15-45 cm tall. Rosette and stem leaves petiolate, oblanceolate, narrowly spatulate, or oblong, abaxially brownish white tomentose, adaxially arachnoid in basal part but glabrous in apical part. Capitula numerous, hidden in lanate indumentum, pedunculate. Alpine scree slopes. Distr. SE Xizang, SW Sichuan, NW Yunnan; India (Sikkim), N Myanmar.

4 狮牙草状风毛菊

1 2 3 4 5 6 7 8 9 10 11 12 3200-5500 m

Saussurea leontodontoides (DC.) Sch.Bip.[1-5]

高 3~15 厘米。茎极短，灰白色，被稠密的蛛丝状棉毛至无毛。基生叶具叶柄，羽状全裂，侧裂片 8~12 对，上面绿色，被稀疏糙毛，下面灰白色，被稠密的绒毛。头状花序单生。生于山坡砾石地、林间砾石地、草地、林缘、灌丛边缘。分布于青海、西藏、四川西部、云南西北部；印度东北部与西北部、克什米尔地区、尼泊尔。

Herbs 3-15 cm tall. Stem if present simple, grayish white, arachnoid lanate to glabrous. Rosette leaves petiolate; leaf blade pinnatisect, lobes 8-12, abaxially grayish white and densely tomentose, adaxially green. Capitulum solitary. Scree slopes, forests, forest margins, thickets. Distr. Qinghai, W Sichuan, Xizang, NW Yunnan; NE and NW India, Kashmir, Nepal.

5 羽裂雪兔子

1 2 3 4 5 6 7 8 9 10 11 12 3200-4700 m

Saussurea leucoma Diels[1-4]

高 10~18 厘米。叶片长椭圆形，羽状半裂或深裂，侧裂片 5~10 对；正面浅灰白色，被蛛丝状棉毛，背面绿色，被蛛丝状毛或无毛。头状花序多数，排列成半球形，为白色或淡褐色的长棉毛所覆盖。生于高山流石滩。分布于西南地区。

Herbs 10-18 cm tall. Lower and middle stem leaf blade narrowly elliptic, pinnatisect, lobes 5-10; abaxially grayish white, arachnoid tomentose to lanate; adaxially green and arachnoid to glabrescent. Capitula numerous, in a hemispheric synflorescence, lanate. Alpine scree slopes. Distr. SW China.

1

2

3

4

4

5

1 带叶风毛菊

1 2 3 4 5 6 7 8 9 10 11 12 4100-4800 m

Saussurea loriformis W.W.Sm.[1-4]

高 10~15 厘米。茎单生，灰白色，被灰白色棉毛。基生叶质地薄，与茎生叶同为线形，密集，全缘。头状花序单生茎端；总苞钟状，直径 2~3 厘米；总苞片外面被白色长直毛。生于高山荒漠、草坡、灌丛草地。分布于西藏、四川西部、云南西北部。

Herbs 10-15 cm tall. Stem simple, grayish white, lanate. Basal and stem leaves sessile, linear. Capitulum solitary, terminal on stem; involucre campanulate, 2-3 cm in diam.; phyllaries densely villous. Alpine scree slopes, grassy slopes, thickets. Distr. Xizang, W Sichuan, NW Yunnan.

2 水母雪兔子

1 2 3 4 5 6 7 8 9 10 11 12 3000-5600 m

Saussurea medusa Maxim.[1-5]

茎不分枝，为下弯的叶所掩盖。下部叶全部叶两面被稠密或稀疏的白色长棉毛；苞叶线状披针形，两面被白色长棉毛。头状花序多数；小花蓝紫色。生于多砾石山坡、高山流石滩。分布甘肃、青海、西藏、四川西部、云南西北部；新疆南部；克什米尔地区。

Stem solitary, hidden by reflexed leaves. Rosette and lower stem leaves both surfaces grayish green and white or yellowish arachnoid lanate. Capitula numerous; phyllaries apically white or brown lanate; corolla bluish purple. Rocky slopes, alpine scree slopes. Distr. Gansu, Qinghai, Xizang, W Sichuan, NW Yunnan; S Xinjiang; Kashmir.

3 黑苞风毛菊

1 2 3 4 5 6 7 8 9 10 11 12 3750-4650 m

Saussurea melanotricha Hand.-Mazz.[1-2, 4]

多年生无茎或几无茎莲座状草本。叶莲座状，椭圆形或匙状椭圆形，上面灰色，被较稠密的贴伏白色长柔毛，下面灰白色，被稠密贴伏的白色绒毛。头状花序单生于莲座状叶丛中；总苞片紫褐色，外面被贴伏的黑色长柔毛。生于流石滩、开阔石质山坡。分布于四川西南部、云南西北部。

Herbs stemless or substemless, laxly caespitose. Leaf blade elliptic to spatulate-elliptic, abaxially white, densely tomentose, and with a conspicuous midvein, adaxially grayish green and densely villous. Capitulum solitary; phyllaries purplish brown and dark brown to blackish villous in distal part. Alpine scree slopes, open rocky mountain slopes. Distr. SW Sichuan, NW Yunnan.

4 山地风毛菊

1 2 3 4 5 6 7 8 9 10 11 12 3600-4600 m

Saussurea montana J.Anthony[1-2, 4]

多年生无茎簇生草本，高 3~5 厘米。叶莲座状，椭圆形，基部渐狭成红色的鞘状叶柄，边缘全缘；正面灰绿色背稀疏绒毛，背面绿色被绒毛。头状花序单生于莲座状叶丛中，无柄；总苞钟状，直径约 1 厘米。生于高山牧场。分布于四川西南部、云南西北部。

Herbs 3-5 cm tall, stemless, caespitose. Leaves petiolate; petiole purple; leaf blade narrowly obovate or narrowly elliptic, abaxially glaucous and sparsely villous but glabrescent, adaxially green and villous, base cuneate-attenuate, margin entire. Capitulum solitary, in center of leaf rosette, sessile; involucre campanulate, ca. 1 cm in diam. Alpine pastures. Distr. SW Sichuan, NW Yunnan.

5 东俄洛风毛菊

1 2 3 4 5 6 7 8 9 10 11 12 3000-4700 m

Saussurea pachyneura Franch.[1-4]

高 5~30 厘米。基生叶叶柄长 2~9 厘米，紫红色，叶片羽状全裂，上面绿色，下面灰白色，被稠密的白色绒毛，侧裂片 6~12 对；茎生叶 1~3 枚。头状花序单生茎端；总苞直径 2~3.5 厘米；总苞片 5~6 层，质地坚硬，边缘紫色。生于山坡、杜鹃灌丛、草甸、流白滩。分布于西藏东南部、四川西部、云南西北部；贵州；不丹、印度（锡金邦）、缅甸北部、尼泊尔东部。

Herbs 5-30 cm tall. Basal leaves petiolate; petiole purplish red, 2-9 cm, arachnoid; leaf blade elliptic to narrowly obovate, pinnatisect, abaxially grayish white and densely tomentose, adaxially green and glandular hairy; lateral segments 6-12 pairs. Stem leaves 1-3. Capitulum solitary, terminal on stem; involucre 2-3.5 cm in diam.; phyllaries in 5 or 6 rows, rigid, margin purple. Slopes, *Rhododendron* thickets, alpine meadows, scree slopes. Distr. SE Xizang, W Sichuan, NW Yunnan; Guizhou; Bhutan, India (Sikkim), N Myanmar, E Nepal.

1
1
2
3
4
5

1 红叶雪兔子

1 2 3 4 5 6 7 8 9 10 11 12 4350-4800 m

Saussurea paxiana Diels[1-3, 5]

高 5~15 厘米。基生叶与下部茎叶椭圆形、长椭圆形、匙形、椭圆状披针形，上面绿色，无毛，下面紫红色，被稀疏的白色蛛丝状毛，后脱落。头状花序（1）2~5（13）个，排列成密集半球形；小花粉色至深红色。生于高山流石滩和草甸。分布于甘肃、青海、西藏东部、四川西部、云南西北部。

Herbs 5-15 cm tall. Rosette and lower stem leaves distinctly petiolate; leaf blade obovate, elliptic, ovate, or orbicular, abaxially usually reddish and glabrous, adaxially sparsely white arachnoid but glabrescent. Capitula (1)2-5(13), in a densely hemispheric synflorescence; corolla dark red or pink. Alpine scree slopes and meadows. Distr. Gansu, Qinghai, E Xizang, W Sichuan, NW Yunnan.

2 弯齿风毛菊

1 2 3 4 5 6 7 8 9 10 11 12 3800-4800 m

Saussurea przewalskii Maxim.[1-4]

高 (6) 10~80 厘米。茎粗壮，黑紫色。基生叶基部渐狭成长翼柄，柄基鞘状扩大，叶片羽状浅裂或半裂；茎生叶 2~5 枚，上面绿色，下面灰白色。头状花序 3~20 个集聚于茎端，排成球形的总花序。生于山坡灌丛草地、流石滩、云杉林缘。分布于甘肃、青海、西藏东南部、四川西部、云南西北部；陕西；不丹。

Herbs (6)10-80 cm tall. Stem solitary, blackish purple. Basal leaves petiolate; winged; leaf blade narrowly elliptic, pinnately lobed. Stem leaves 2-5, abaxially pale white, adaxially green. Capitula 3-20, clustered in a corymbiform or globose synflorescence. Alpine grasslands, scree slopes, thickets, *Picea* forest margins. Distr. Gansu, Qinghai, SE Xizang, W Sichuan, NW Yunnan; Shaanxi; Bhutan.

3 槲叶雪兔子

1 2 3 4 5 6 7 8 9 10 11 12 3300-4800 m

Saussurea quercifolia W.W.Sm.[1-4]

高 4~15 (22) 厘米，被白色绒毛。基生叶椭圆形或长椭圆形，基部楔形渐狭成柄或扁柄，边缘有粗齿，下面被稠密的白色绒毛；上部叶反折，下面灰白色，被密厚棉毛。头状花序 10~20 个，在茎端集成径 2.5~5 厘米的半球形总花序。生于高山流石滩。分布于青海、西藏东部、四川西部、云南西北部。

Herbs 4-15(22) cm tall, whitish lanate. Rosette and lower stem leaves petiolate; leaf blade elliptic to narrowly elliptic, base cuneate-attenuate, margin obtusely dentate to pinnately divided. Upper stem leaves oblong to linear, abaxially and basally densely lanate, margin pinnately divided or entire. Capitula 10-20, in a hemispheric synflorescence 2.5-5 cm in diam. Alpine scree slopes. Distr. Qinghai, E Xizang, W Sichuan, NW Yunnan.

4 鸢尾叶风毛菊

1 2 3 4 5 6 7 8 9 10 11 12 2200-3380 m

Saussurea romuleifolia Franch.[1-4]

多年生草本，高 10~35 厘米。基生叶多数，茎生叶少数，全部叶狭线形，长 3~45 厘米，宽 1~2 毫米。头状花序单生茎端；小花紫色，长 1.8 厘米。瘦果长 4-5 毫米，顶端有小冠。生于山坡草地、林下及林缘。分布于西藏东南部、四川西部、云南西北部。

Perennial, 10-35 cm tall. Most basal leaves, few stem leaves, all leaves narrow linear, 3-45 cm long, 1-2 mm wide. Inflorescence simple stemmed; floret purple, 1.8 cm long. Achene 4-5 mm long, apex crowned. Alpine grassland, shrubs and forest edge. Distr. SE Xiang, W Sichuan and NW Yunnan.

5 怒江风毛菊

1 2 3 4 5 6 7 8 9 10 11 12 3500-4450 m

Saussurea salwinensis J.Anthony[1-2, 4]

多年生垫状簇生草本，高 1~5 厘米。基生叶莲座状，基部渐狭成长可达 2.5 厘米的叶柄，柄基鞘状扩大，红紫色，叶形长椭圆形或宽线形；茎生叶少数，狭卵形至线形。头状花序 3~10 个，在茎端集聚成半球形的总花序。生于山坡灌丛、草甸、流石坡。分布西藏东南部、云南西北部。

Herbs 1-5 cm tall, caespitose, stemless or shortly stemmed. Rosette leaves petiolate; petiole to 2.5 cm; leaf blade narrowly obovate, narrowly elliptic, or broadly linear. Stem leaves if present few, narrowly elliptic to linear. Capitula 3-10, clustered in a corymbiform or hemispheric synflorescence. Thickets, alpine meadows, scree slopes. Distr. SE Xizang, NW Yunnan.

1
2
3
4
5

1 维西风毛菊

1 2 3 4 5 6 7 8 9 10 11 12 3000-4600 m

Saussurea spatulifolia Franch.[1]

多年生无茎莲座状草本，高 2~4 厘米。叶匙形或长圆状匙形，上面灰绿色，下面白色，被密厚的白色绒毛，边缘全缘。头状花序单生于莲座状叶丛中；总苞钟状，直径 1~1.5 厘米。生于山地草坡、石坡、冲积地、流石滩。分布于四川西南部、云南西北部。

Herbs 2-4 cm tall, stemless, sometimes laxly caespitose. Leaf blade spatulate to oblong-spatulate, abaxially white and densely tomentose, adaxially grayish green and tomentose, margin entire. Capitulum solitary, in center of leaf rosette; involucre campanulate, 1-1.5 cm in diam. Alpine meadows and pastures, scree slopes. Distr. SW Sichuan, NW Yunnan.

2 星状雪兔子

1 2 3 4 5 6 7 8 9 10 11 12 2000-5400 m

Saussurea stella Maxim.[1-5]

无茎莲座状草本，高 2~5 厘米，全株光滑无毛。叶星状排列，线状披针形，边缘全缘，紫红色或近基部紫红色，或绿色。头状花序 2~25 个，生于莲座状叶丛中，无小花梗。生于高山草地、山坡灌丛草地、沼泽草地、河滩地。分布于甘肃、青海、西藏、四川西部、云南西北部；不丹、印度（锡金邦）。

Herbs 2-5 cm tall, stemless, glabrous. Rosette leaves sessile; leaf blade very narrowly triangular-ovate to linear but basally ovately widened, adaxially purplish red in basal part but green in apical part, margin entire. Capitula 2-25, in center of leaf rosette, impedicellate. Alpine grasslands, marshlands near rivers and lakes, wet meadows, bogs. Distr. Gansu, Qinghai, Xizang, W Sichuan, NW Yunnan; Bhutan, India (Sikkim).

3 川滇风毛菊

1 2 3 4 5 6 7 8 9 10 11 12 3500-4000 m

Saussurea wardii J.Anthony[1-4]

高 18~40 厘米。茎单生，紫色。基生叶基部楔形渐狭成叶柄；叶片长椭圆形至倒披针形，羽状半裂或倒向羽状半裂，侧裂片 3~6 对，上面绿色无毛，下面灰白色。头状花序单生茎端；总苞半球形，径 2.5~3 厘米；总苞片被稠密的长柔毛。生于山坡草地。分布于青海、西藏东南部、四川西部、云南西北部。

Herbs 18-40 cm tall. Stem solitary, purple. Basal and lower stem leaves petiolate; leaf blade narrowly elliptic to narrowly obovate, runcinate-pinnately lobed or pinnately dentate, abaxially grayish green and densely arachnoid tomentose, adaxially green and glabrous; lateral lobes 3-6 pairs. Capitulum solitary, terminal on stem; involucre hemispheric, 2.5-3.5 cm in diam, phyllaries densely villous. Alpine meadows. Distr. Qinghai, SE Xizang, W Sichuan, NW Yunnan.

4 羌塘雪兔子

1 2 3 4 5 6 7 8 9 10 11 12 4800-5500 m

Saussurea wellbyi Hemsl.[1-3, 5]

莲座状无茎草本，高 2~7 厘米。叶无叶柄，叶片线状披针形，顶端长渐尖，基部扩大，卵形，中部以下被白色绒毛，下面密被白色绒毛，全缘。头状花序 8~30 个，在莲座状叶丛中密集成径 2.5~4 厘米的半球形总花序。生于高山流石滩、山坡沙地或山坡草地。分布于青海、西藏、四川西部；新疆南部。

Herbs 2-7 cm tall, stemless or shortly stemmed. Rosette leaves sessile, narrowly ovate-linear but base ovately widened, adaxially sericeous-villous to densely lanate in basal part and glabrous in apical part, margin entire. Capitula 8-30, in center of leaf rosette, in a hemispheric synflorescence 2.5-4 cm in diam. Alpine scree slopes, alpine meadows. Distr. Qinghai, Xizang, W Sichuan; S Xinjiang.

5 云南风毛菊

1 2 3 4 5 6 7 8 9 10 11 12 2300-4350 m

Saussurea yunnanensis Franch.[1-4]

多年生草本，高 10~40 厘米。茎直立。叶片椭圆形至狭线形，叶下面灰白色，被薄蛛丝毛或密厚绒毛。头状花序单生茎顶。总苞长卵形，直径 2 厘米；总苞片 5 层，外层钻状长三角形，顶端长渐尖。生于砾石山坡、林下。分布于四川西南部、云南中部及西北部。

Herbs 10-40 cm tall, perennial. Stem solitary, erect. Leaf blade elliptic to linear, abaxially grayish white and arachnoid tomentose. Capitulum solitary, terminal on stem. Involucre campanulate, ca. 2 cm in diam.; phyllaries in ca. 5 rows, apex long acuminate; outer phyllaries triangular-subulate. Gravelly mountain slopes, forests. Distr. SW Sichuan (Muli), NW Yunnan (Dêqên, Lijiang).

1
2
2
3
3
4
5

菊科 Asteraceae | 千里光属 *Senecio* L.

草本。头状花序通常少数至多数，具舌状花，或同形、无舌状花；总苞具外层苞片，半球形、钟状或圆柱形；花托平；总苞片 5~22 枚；无舌状花或舌状花 1~17（24）枚，舌片黄色；管状花 3 枚至多数，花冠黄色。瘦果圆柱形，具肋；冠毛毛状，同形或有时异形。1200 余种；中国 65 种；横断山区 28 种。

Herbs. Capitula usually few to numerous, heterogamous and radiate or homogamous and discoid; involucres calyculate, hemispheric, campanulate, or cylindric; receptacle flat; phyllaries 5-22; ray florets absent or 1-17(24); lamina yellow, usually conspicuous, sometimes minute; disk florets 3 to many; corolla yellow. Achenes cylindric, ribbed; pappus capillary-like, uniform or sometimes dimorphic. More than 1200 species; 65 in China; 28 in HDM.

1 菊状千里光

1 2 3 4 5 6 7 8 9 10 11 12 1100-3750 m

Senecio analogus DC.[2]

— *Senecio laetus* Edgew.

茎单生，高 40~80 厘米。中部茎叶大头羽状浅裂或羽状浅裂，裂片多变异，侧裂片 5-8 对。头状花序有舌状花，多数，排列成顶生伞房花序或复伞房花序；总苞钟状，具外层苞片；外苞片 8~10 枚，线状钻形；总苞片 10~13 枚，长圆状披针形；舌状花 10~13 枚。生于林下、林缘、开阔草坡、田边和路边。分布于西藏、四川、云南；湖北、贵州；不丹、印度东北部与西北部、尼泊尔、巴基斯坦西北部。

Stem solitary, 40-80 cm tall. Median stem leaves lyrate-pinnatifid or pinnatifid, lobes 5-8 pairs, very variable in dissection. Capitula radiate, numerous, arranged in terminal corymbs or compound corymbs; involucre campanulate; bracts of calyculus 8-10, linear-subulate; phyllaries 10-13, oblong-lanceolate, herbaceous; ray florets 10-13. Forests, forest and thicket margins, open grassy places, field margins, roadsides. Distr. Xizang, Sichuan, Yunnan; Hubei, Guizhou; Bhutan, NE and NW India, Nepal, NW Pakistan.

2 多裂千里光

1 2 3 4 5 6 7 8 9 10 11 12 2700-3000 m

Senecio multilobus Chang[1-2, 4]

茎单生，高达 150 厘米。中部茎叶具柄，羽状分裂；侧生裂片 10~13 对。头状花序极多数，排成顶生和上部腋生复伞房花序，花序梗细；总苞圆柱形，具外层苞片；外苞片 5~6 枚，丝状；总苞片 8~9 枚，线形；舌状花 5 枚，橙黄色；管状花 10 枚，花冠橙黄色。生于林缘。分布于云南。

Stem solitary, to 150 cm tall. Basal and lower stem leaves pinnatipartite, lobes 10-13 pairs. Capitula numerous, arranged in terminal and upper axillary compound corymbs; involucres cylindric, bracts of calyculus 5 or 6, filiform; phyllaries 8 or 9, linear; ray florets 5; lamina orange-yellow; disk florets 10; corolla orange-yellow. Forest and thicket margins. Distr. Yunnan.

3 蕨叶千里光

1 2 3 4 5 6 7 8 9 10 11 12 3000-3800 m

Senecio pteridophyllus Franch.[1-4]

茎单生，高 70~90 厘米，不分枝。基生叶和下部茎叶大头羽状分裂；中部茎叶无柄，基部常具耳，羽状分裂，侧生裂片 15~20 对。头状花序有舌状花，多数，排列成顶生复伞房花序；舌状花 5 枚；管状花 11~13 枚。生于高山牧场和草甸。产云南西北部。

Stem solitary, erect, 70-90 cm tall, simple. Basal and lower stem leaves lyrate-pinnately. Median stem leaves sessile, pinnately lobed, 15-20 pairs, with small terminal lobe. Capitula radiate, numerous, arranged in terminal compound corymbs; ray florets 5; disk florets 11-13. Alpine pastures, meadows. Distr. NW Yunnan.

4 天山千里光

1 2 3 4 5 6 7 8 9 10 11 12 2450-5000 m

Senecio thianschanicus Regel & Schmalh.[1-2]

茎单生或数个簇生，高 5~20 厘米。基生叶和下部茎叶片倒卵形或匙形，边缘近全缘，具浅齿或浅裂。头状花序 2~10 个，顶生，排列成疏伞房花序，稀单生；舌状花约 10 枚；管状花 26~27 枚。生于草坡、开阔湿处或溪边。分布于甘肃、青海、西藏、四川；内蒙古、新疆；中亚地区及缅甸北部。

Stems solitary or several fasciculate, 5-20 cm tall. Basal and lower stem leaves obovate or spatulate, margin subentire, shallowly dentate, or pinnatifid. Capitula radiate, 2-10 in lax terminal corymbs, rarely solitary; ray florets ca. 10; disk florets ca. 26 or 27. Grassy slopes, open wet places, streamsides. Distr. Gansu, Qinghai, Xizang, Sichuan; Nei Mongol, Xinjiang; C Asia, N Myanmar.

菊科 Asteraceae | 绢毛苣属 *Soroseris* Stebbins

多年生莲座状草本，通常无茎或中空茎。叶莲座状或沿茎排列。头状花序多数或极多数，沿茎排列成圆柱花序或在茎基或根端的莲座状叶丛中排成半球状的团伞花序，含 4（5）枚或 15~30 枚淡黄色或黄色舌状小花，偶尔白色。瘦果长圆柱状或长倒圆锥形，微扁，顶端收窄或具短喙；冠毛白色至淡黄色或麦秆色。本属约 7 种；中国均产；横断山区 4 种。

Herbs, perennial, rosulate, often acaulescent or hollow. Rosette shoot inflated at apex to a convex, hollow receptacle or rarely elongated to a hollow cylindric axis, carrying usually numerous, densely crowded capitula. Synflorescence elongate and cylindric, or hemispheric. Capitula with 4(5) or 15-30 florets; florets yellow, more rarely white. Achene subcylindric, subfusiform, obcolumnar, or narrowly obconical, subcompressed, apex ± truncate or rarely shortly beaked; pappus straw-colored. About seven species; all found in China; four in HDM.

1 空桶参

1 2 3 4 5 6 **7 8 9** 10 11 12 2600-4600 m

Soroseris erysimoides (Hand.-Mazz.) C.Shih[1-2, 4]

茎直立，单生，高 5~30 厘米，中空。叶多数，沿茎螺旋状排列，中下部茎叶线舌形、椭圆形或线状长椭圆形，基部楔形渐狭成柄，边缘全缘，平或皱波状。头状花序多数，在茎端集成半球状的团伞状花序；总苞狭圆柱状；舌状小花黄色，4 枚。瘦果微压扁，近圆柱状，顶端截形，红棕色；冠毛鼠灰色或淡黄色，顶端灰白色。生于高山灌丛、草甸或碎石坡。分布于甘肃西南部、青海、西藏、四川西部、云南西北部；陕西南部；不丹、印度（锡金邦）、尼泊尔。

Stem solitary, 5-30 cm tall, erect, hollow, leafy. Leaves oblanceolate, lanceolate, elliptic, or linear, base long attenuate, margin entire and flat or undulate, apex obtuse to rounded. Synflorescence ± hemispheric, with numerous closely crowded capitula; capitula with 4 florets. Involucre narrowly cylindric; florets yellow. Achene brown, subfusiform to obcolumnar, apex truncate; pappus whitish to straw-colored and grayish apically. Alpine thickets, meadows, scree slopes. Distr. SW Gansu, Qinghai, Xizang, W Sichuan, NW Yunnan; S Shaanxi; Bhutan, India (Sikkim), Nepal.

2 绢毛苣

1 2 3 4 5 6 **7 8 9** 10 11 12 3200-5600 m

Soroseris glomerata (Decne.) Stebbins[1-2, 4-5]

地下根状茎被退化的鳞片状叶。地上莲座状叶匙形、宽椭圆形或倒卵形，不裂，具叶柄，全缘或有极稀疏的微齿。头状花序多数，在莲座状叶丛中集成半球状的团伞花序；舌状小花 4~5 枚，黄色，稀灰白色。冠毛鼠灰色或淡黄色，顶端灰白色。生于高山流石滩、碎石坡。分布于西藏、四川西部、云南西北部；印度北部、克什米尔地区、尼泊尔、巴基斯坦。

Scalelike leaves (cataphylls) in subterranean or basal portion below leaf rosette usually some to many; well-developed leaves usually rosulate; with ± winged petiole-like base; leaf margin entire to remotely dentate. Synflorescence flat to ± hemispheric, with numerous closely crowded capitula; capitula with 4 or 5 florets; florets yellow or rarely white. Pappus whitish or straw-colored and grayish apically. Alpine scree slopes. Distr. Xizang, W Sichuan, NW Yunnan; N India, Kashmir, Nepal, Pakistan.

3 皱叶绢毛苣

1 2 3 4 5 6 **7 8 9** 10 11 12 2800-5500 m

Soroseris hookeriana Stebbins[1-2]

叶披针形到倒披针形，浅羽状分裂到流苏状羽状分裂或很少多数叶不裂，基部渐狭成翼或无翼叶柄状部分，边缘平或波状，先端锐尖；上部叶在茎上逐渐变小，线形，边缘全缘。总苞狭圆柱状；舌状小花 4 枚，黄色。瘦果棕色，近纺锤形到非常狭倒锥状，基部渐狭，先端短或更长渐狭。生于高山草甸、流石滩、石质山坡、高山灌丛。分布于甘肃、青海、西藏、四川、云南；不丹、印度北部、尼泊尔。

Leaves lanceolate to oblanceolate, shallowly pinnatifid to runcinately pinnatisect or very rarely most leaves undivided, base attenuate into a winged or unwinged petiole-like portion, margin flat or undulate, apex acute; upper leaves on stem gradually smaller, linear, margin entire. Involucre narrowly cylindric. Capitula with 4 florets; florets yellow. Achene brown, subfusiform to very narrowly obconic, base attenuate, apex shorter or longer attenuate. Alpine meadows, scree slopes, rocky slopes, alpine thickets. Distr. Gansu, Qinghai, Xizang, Sichuan, Yunnan; Bhutan, N India, Nepal.

1

1

2

3

3

1 肉菊 | 1 2 3 4 5 6 **7 8 9** 10 11 12 | 2600-4600 m

Soroseris umbrella (Franch.) Stebbins[1-2, 5]

肉质植物。莲座叶圆形到卵形，基部急收缩成一无翼叶柄状，叶边缘有稀疏的小尖头或细尖齿，先端圆形。头状花序排列成伞形或伞房花序；舌状小花 15-30 枚，白色、淡黄色或黄色。瘦果微棕色，柱状，具有不明显细肋，先端截形；冠毛白色。生于高山流石滩、碎石坡等裸地。分布于西藏南部、四川西南部、云南西北部；不丹、印度（锡金邦）。

Succulents. Rosette leaves orbicular to ovate and abruptly contracted into an unwinged petiole-like basal portion; margin mucronulately dentate and sinuate-dentate, apex rounded. Synflorescence umbelliform to corymbiform, capitula with 15-30 florets; florets white, yellowish, even yellow. Achene some shade of brown, columnar to obcolumnar, weakly ribbed, apex truncate; pappus whitish. Alpine scree slopes. Distr. S Xizang, SW Sichuan, NW Yunnan; Bhutan, India(Sikkim).

菊科 Asteraceae | 合头菊属 *Syncalathium* Lipsch.

多年生莲座状草本。头状花序聚成团伞花序，具 3~5 枚舌状小花；小花黄色或淡紫色，甚至粉红色。瘦果压扁，具 5 肋，先端截形；冠毛灰白色，粗糙的刚毛，通常早落。约 5 种；中国均产；横断山区约 3 种。

Herbs, perennial, rosulate. Secondary capitulum. Capitula with 3-5 florets; florets yellow or pale to medium purplish. Achene compressed, with 5 ribs, apex truncate; pappus of grayish white, with scabrid bristles, usually caducous. About five species; all found in China; about three in HDM.

2 黄花合头菊 | 1 2 3 4 5 6 **7 8 9** 10 11 12 | 3950-4850 m

Syncalathium chrysocephalum (C.Shih) S.W.Liu[1-2]

莲座状叶圆形或卵圆形，绿色或略带紫红色，两面几无毛或多少有柔毛，基部截形或近截形，顶端钝、急尖或圆形，边缘有锯齿。头状花序具 5 枚黄色舌状小花。瘦果倒圆锥形，压扁，长倒卵形。生于高山流石坡。分布于青海东南部、西藏东南部、四川西北部。

Rosette leaves ovate to ovate-orbicular, green or tinged purplish red, glabrous or ± villous, base abruptly contracted into a basally widened winged or unwinged petiole-like portion with or without a few pairs of small lateral lobes, margin dentate, apex obtuse, acute, or rounded. Capitula with 5 florets; florets yellow. Achene obconical, compressed. Alpine scree slopes. Distr. SE Qinghai, SE Xizang, NW Sichuan.

3 盘状合头菊 | 1 2 3 4 5 6 7 **8 9 10** 11 12 | 3900-4800 m

Syncalathium disciforme (Mattf.) Y.Ling[1-2]

莲座状叶狭倒卵形到倒披针形，通常绿色或在轴上略带紫红色，具喙齿至羽状裂片或齿状裂片，多少被柔毛，基部渐狭成基部加宽的叶柄状。头状花序具 5 枚黄色舌状小花。生于高山流石坡。分布于甘肃西南部、青海东南部、四川西北部。

Rosette leaves narrowly obovate to oblanceolate, green or particularly on rachis tinged purplish red, sinuate-dentate to pinnately lobed with toothlike lobes, base attenuate into a basally widened petiole-like portion. Capitula with 5 florets; florets yellow. Scree slopes. Distr. SW Gansu, SE Qinghai, NW Sichuan.

4 合头菊 | 1 2 3 4 5 **6 7 8 9 10** 11 12 | 3900-4800 m

Syncalathium kawaguchii (Kitam.) Y.Ling[1-2, 5]

莲座叶具叶柄，翼具齿，通常暗紫色，卵形、倒披针形或椭圆形，不裂或基部羽状裂，无毛或具白色长柔毛，基部楔形，边缘浅裂或具粗齿，先端圆至钝。头状花序具 3~4 枚紫红色舌状小花。瘦果长倒卵形，压扁，顶端圆形，无喙状物，褐色。生于高山流石坡。分布于青海南部、西藏东北部至南部。

Rosette leaves petiolate, wings sometimes dentate; leaf blade often dark purple, ovate, oblanceolate, or elliptic, undivided to basally lyrately pinnate, glabrous, base cuneate, margin shallowly to coarsely dentate, apex rounded to obtuse. Capitula with 3-4 florets; florets purple-red. Achene brown, obconical, compressed, apex truncate, beakless, brown. Alpine scree slopes. Distr. S Qinghai, S and NE Xizang.

1

2

2

3

3

4

菊科 Asteraceae | 菊蒿属 *Tanacetum* L.

多年生草本，亚灌木或灌木。叶互生，羽状全裂或浅裂，稀全缘。总苞 3~5 层；边缘雌花一层，管状或舌状；中央两性花多数，管状，黄色。瘦果三棱状圆柱形或圆柱状，有 5~10（12）个纵肋。约 100 种；中国 19 种；横断山 1 种。

Herbs, perennial, subshrubs, or shrubs. Leaves alternate, pinnatifid to 3-pinnatisect, rarely entire. Phyllaries in 3-5 rows; marginal florets in 1 row, or absent, female; disk florets many, yellow, bisexual; corolla tubular. Achenes terete or obscurely 3-angled, 5-10(12)-ribbed. About 100 species; 19 in China; one in HDM.

1 川西小黄菊

1 2 3 4 5 6 7 8 9 10 11 12 3500-5200 m

Tanacetum tatsienense (Bureau & Franch.) K.Bremer & Humphries var. *tatsienense*[1]

— *Pyrethrum tatsienense* (Bureau & Franch.) Ling ex C.Shih

高 7~25 厘米。基生叶椭圆形或长椭圆形，二回羽状分裂，末回侧裂片线形。头状花序单生茎顶，径 1~2 厘米；舌状花橘黄色或微带橘红色。生于高山草甸、灌丛或杜鹃灌丛或山坡砾石地。分布于青海、西藏、四川、云南；不丹北部。

Herbs 7-25 cm tall. Basal leaves 2-pinnatisect, ultimate segments linear. Capitula solitary, terminal, 1-2 cm in diam.; ray florets present; lamina orange-red or orange abaxially. Alpine meadows, thickets, gravelly places on mountain slopes. Distr. Qinghai, Xizang, Sichuan, Yunnan; N Bhutan.

2 无舌川西小黄菊

1 2 3 4 5 6 7 8 9 10 11 12 3500-5000 m

Tanacetum tatsienense var. *tanacetopsis* (W.W.Sm.) Grierson[1]

头状花序无舌状花，管状花两性。生于草甸或草甸灌丛下。分布于西藏东南部、云南西北部。

Capitula homogamous. All florets tubular, bisexual. Alpine meadows, thickets. Distr. SE Xizang, NW Yunnan.

菊科 Asteraceae | 蒲公英属 *Taraxacum* F.H.Wigg.

多年生葶状草本，具白色乳状汁液。茎花葶状，无叶。叶基生，密集成莲座状。头状花序单生花葶顶端，总苞片数层；舌状花通常黄色，稀白色、红色或紫红色。冠毛多层，白色或有淡的颜色，毛状，易脱落。超过 2500 种；中国 116 种。

Herbs, rosulate, perennial. Stems 1 to sometimes several, leafless. Leaves entire or variously lobed, runcinate to pinnatisect. Florets yellow, white, whitish yellow, pale or deep pink, orange, brownish orange, or reddish brown. Pappus with numerous scabrid bristles, white, yellowish, or light reddish brown. Over 2500 species; 116 in China.

3 蒲公英

1 2 3 4 5 6 7 8 9 10 11 12 <5500 m

Taraxacum mongolicum Hand.-Mazz.[1-2, 4]

高 8~25 厘米。叶倒卵状披针形、倒披针形或长圆状披针形，边缘有时具波状齿或羽状深裂，有时倒向羽状深裂或大头羽状深裂。花葶 1 至数个，密被蛛丝状白色长柔毛。头状花序直径约 3~4 厘米；舌状花黄色。冠毛白色，长约 6 毫米。广泛生于中、低海拔地区的山坡草地、路边、田野、河滩。中国广布；朝鲜、蒙古、俄罗斯。

Herbs 8-25 cm. Leaf blade mid-green, oblanceolate, subglabrous to sparsely arachnoid, pinnatilobed, pinnatisect, or rarely undivided. Scapes single or rarely branched with an ascending side scape; capitulum 3-4 cm wide; ligules yellow. Pappus yellowish, ca. 6 mm. Abandoned fields, grasslands, along paths and roads. Distr. throughout China; N Korea, Mongolia, Russia.

4 锡金蒲公英

1 2 3 4 5 6 7 8 9 10 11 12 3800-5000 m

Taraxacum sikkimense Hand.-Mazz.[1-2, 4-5]

高（2.5）6~10（12）厘米。叶倒披针形，通常羽状半裂至深裂。花葶与叶近等长，多数无毛；头状花序直径 2~3 厘米；舌状花黄色、淡黄色或白色。冠毛白色至淡黄白色，长约 6 毫米。生于山坡草地或路旁。分布于西藏；印度（锡金邦）、尼泊尔。

Herbs (2.5)6-10(12) cm tall. Leaf blade narrowly oblong-lanceolate in outline, pinnatisect. Scapes brownish green, ± equaling leaves. Capitulum 2-3 cm wide; outer ligules whitish to whitish yellow, outside striped purplish. Pappus white to slightly yellowish white, ca. 6 mm. Alpine grasslands. Distr. Xizang; India (Sikkim), Nepal.

1

2

2

3

4

菊科 Asteraceae | 狗舌草属 *Tephroseris* (Rchb.) Rchb.

基生叶莲座状；茎生叶互生。头状花序小花异形；总苞片草质，(13) 18~25 枚，1 层。舌状花 7~15 枚，雌性，舌片黄色、橘黄色或紫红色；管状花花冠黄色、橘黄色或橘红色。冠毛细毛状。约 50 种；中国 14 种；横断山约 4 种。

Radical leaves rosulate. Stem leaves alternate. Capitula heterogamous, phyllaries (13)18-25, uniseriate; ray florets 7-15; lamina yellow, orange, or purplish red; disk florets yellow, orange, or orange-red. Pappus capillary-like. About 50 species; 14 in China; about four in HDM.

1 橙舌狗舌草

1 2 3 4 5 **6 7 8** 9 10 11 12 **2600-4000 m**

Tephroseris rufa (Hand.-Mazz.) B.Nord[1-3]

高 9~60 厘米。基生叶具短柄。头状花序 2~20 个排成密至疏的顶生近伞形伞房花序；舌状花约 15 枚，舌片橙黄色或橙红色。生于高山草甸。分布于甘肃、青海、西藏东北部、四川西北部；河北、山西、陕西。

Stem 9-60 cm tall. Radical leaves shortly petiolate. Capitula 2-20 arranged in dense to lax terminal subumbelliform corymbs; ray florets ca. 15, lamina yellow. Montane meadows. Distr. Gansu, Qinghai, NE Xizang, NW Sichuan; Hebei, Shanxi, Shaanxi.

菊科 Asteraceae | 黄缨菊属 *Xanthopappus* C.Winkl.

多年生无茎草本。叶全基生，莲座状，羽状裂，裂片具刺。头状花序多数，簇生于莲座状叶中心，具短梗；小花黄色。冠毛刚毛糙毛状，5 层，等长。单种属。

Herbs, perennial, stemless. Leaves all basal, rosulate, pinnatipartite, with spiny lobes. Capitula many, clustered in center of leaf rosette, shortly pedunculate; corolla yellow. Pappus of ca. 5 rows of scabrid bristles of almost equal length. Monotypic genus.

2 黄缨菊

1 2 3 4 5 6 **7 8 9 10** 11 12 **2400-4000 m**

Xanthopappus subacaulis C.Winkl.[1-4]

描述同属。生于草甸、草原及干燥山坡。分布于甘肃东南部、青海、四川西部、云南西北部。

Description the same to genus. Meadows, grasslands and dry slopes. Distr. SE Gansu, Qinghai, W Sichuan, NW Yunnan.

菊科 Asteraceae | 黄鹌菜属 *Youngia* Cass.

一年生或多年生草本。头状花序为伞房花序或圆锥状伞房花序，或侧向总状花序；总苞圆柱状、圆柱状钟形、钟状或宽圆柱状；苞片外侧光滑或被少许蛛网状腺毛；舌状小花 5~25 枚，黄色。瘦果纺锤形、圆柱状，或圆筒状；冠毛白色，少鼠灰色或淡黄色。约 35 种；中国 28 种；横断山约 23 种。

Herbs, perennial or annual. Synflorescence corymbiform or paniculiform-corymbiform, exceptionally secundly racemiform; involucre cylindric, cylindric-campanulate, campanulate, or broadly cylindric; phyllaries abaxially glabrous, rarely somewhat arachnoid hairy or glandular; receptacle naked; florets 5-25, yellow. Achene fusiform, columnar, or cylindric; pappus white, rarely pale brownish. About 35 species; 28 in China; about 23 in HDM.

3 甘肃黄鹌菜

1 2 3 4 5 6 **7 8** 9 10 11 12 **3800-4500 m**

Youngia conjunctiva Babc. & Stebbins[1]

多年生草本，高 4~20 厘米。茎直立，被白色的绒毛，自基部分枝。基生叶倒披针形，两面被绒毛到后脱落，基部渐狭成短的宽翼柄，边缘浅波锯齿至倒向羽状半裂。头状花序聚为松散伞房花序；花序梗纤细，密被绒毛；总苞圆柱状钟形；苞片深绿色至墨绿色，内层苞片外被贴伏有光泽的短柔毛；舌状小花 13~18 枚，黄色。冠毛白色。生于山地草坡。分布于甘肃西南部、四川北部。

Herbs 4-20 cm tall, perennial, rosulate. Stem solitary, erect, branched apically or from near base, densely tomentose. Rosette leaves oblanceolate, both faces tomentulose to glabrescent, base attenuate into a petiole-like portion and semi- amplexicaul, margin sinuately to runcinately dentate and/or runcinately pinnatifid. Synflorescence laxly corymbiform, peduncle slender, densely tomentose; involucre cylindric to campanulate; phyllaries dark to blackish green; inner phyllaries adaxially densely pubescent with appressed shiny hairs; florets 13-18, yellow. Pappus white. Grassy slopes. Distr. SW Gansu, N Sichuan.

1
1
1
2
3
3

1 细梗黄鹌菜

1 2 3 4 5 **6 7 8 9** 10 11 12 2700-4800 m

Youngia gracilipes (Hook.f.) Babc. & Stebbins[1-2, 5]

多年生丛生草本，高 3~10 厘米。茎短或无明显的主茎。叶多数，莲座状。头状花序 3~14 个簇生于莲座状叶丛中，含 12~20 枚黄色舌状小花；花序梗被稠密的短绒毛；总苞宽圆柱状，长 8~10 毫米；总苞片黑绿色，全部苞片两面无毛；瘦果黑色，纺锤形，向顶端收窄。冠毛白色，宿存。生于山坡、林缘、草甸及草原。分布于西藏、四川；不丹、印度北部、尼泊尔也有分布。

Herbs 3-10 cm tall, perennial, rosulate, subacaulescent or dwarf. Caudex short, not or weakly branched. Rosette leaves. Capitula 3-14, clustered, directly from axils of rosette leaves or on a stalk, with 12-20 florets; peduncle capillaceous; involucre broadly cylindric, 8-10 mm; phyllaries dark to blackish green, abaxially glabrous; style yellow upon drying. Achene dark, fusiform, apex truncate; pappus white, persistent. Slopes, forest margins, meadows, grasslands. Distr. Xizang, Sichuan; Bhutan, N India, Nepal.

2 总序黄鹌菜

1 2 3 4 5 6 7 **8 9** 10 11 12 2800-4200 m

Youngia racemifera (Hook.f.) Babc. & Stebbins[1-5]

茎直立，单生，全部茎枝无毛。头状花序较大，下垂，少数沿茎或沿分枝排成侧向总状花序，含 10~20 枚舌状小花；总苞狭钟状，全部总苞片外面通常无毛。 生于山坡草地、林中空地及林下。分布于西藏、四川、云南；不丹、印度、尼泊尔。

Stem solitary, erect, glabrous, usually leafy. Synflorescence of stem and branches secundly racemiform (occasionally of stem narrowly paniculiform), with few to many drooping capitula; capitula with 10-20 florets. Involucre narrowly campanulate; phyllaries abaxially usually glabrous. Grasslands on mountain slopes, forest margins, forests, forest openings, thickets. Distr, Xizang, Sichuan, Yunnan; Bhutan, India, Nepal.

3 无茎黄鹌菜

1 2 3 4 5 6 **7 8 9 10** 11 12 2700-5000 m

Youngia simulatrix (Babc.) Babc. & Stebbins[1-2]

多年生莲座状草本。茎短，基部具残留老叶。莲座叶倒披针形，不分裂，边缘全缘或有钝齿。头状花序聚集，含 13~20 枚黄色舌状小花，花序梗纤细。 生于高山草甸、河滩砾石地、河谷草滩地。分布于甘肃西南部、青海东南部、西藏南部、四川西部；印度（锡金邦）、尼泊尔。

Herbs, perennial, rosulate, subacaulescent. Caudex short, with residues of old leaf bases. Rosette leaves oblanceolate, margin entire to sinuate-dentate or more rarely pinnatifid. Peduncle slender; capitula clustered, each with 13-20 florets, florets yellow. Grasslands on mountain slopes, gravelly areas on floodplains, grassy beaches in river valleys. Distr. SW Gansu, SE Qinghai, S Xizang, W Sichuan; India (Sikkim), Nepal.

五福花科 Adoxaceae | 五福花属 *Adoxa* L.

矮小草本，具匍匐根茎。茎生叶 2 枚，对生，具柄，叶片 3 深裂。花茎单一、直立；聚伞性头状花序顶生；花 4~5 数；花萼浅杯状；花冠幅状，管极短，裂片上乳突约略可见；内轮雄蕊退化成腺状乳突，外轮雄蕊着生于花冠管檐部，花丝 2 裂几达基部。浆果状核果。3~4 种；中国 3 种；横断山均产。

Herbs, perennial. Rhizomes creeping. Cauline leaves 2, opposite, 3-cleft or compound. Inflorescences cymes, terminal, in headlike clusters; flowers yellowish green, sessile, 4- or 5-merous; calyx shallowly cup-shaped; corolla rotate; tube short; lobes papillate adaxially; fertile stamens 4 or 5, inserted on corolla tube; filaments 2-fid to middle or to base; inner stamens reduced to glandular papillae. Drup berrylike, fleshy. Three to four species; three in China; all found in HDM.

4 五福花

1 2 3 **4 5 6 7** 8 9 10 11 12 3000-4000 m

Adoxa moschatellina L.[1-4]

花（果）序轴直立，高于叶片上；5~9 朵花成顶生聚伞性头状花序；花冠绿色。核果。生于林下、林缘或草地。分布于东北、华北、西北、西南；印度、日本、韩国、尼泊尔、巴基斯坦及非洲西北部、欧洲、北美。

Peduncle erect in flowers and fruit, inflorescence held above leaves. Inflorescences compact headlike cymes of 5-9 flowers, yellowish green. Drup. Forests, forest margins, meadows. Distr. NE, N, NW and SW China; India, Japan, S Korea, Nepal, Pakistan, NW Africa, Europe, North America.

1

2

2

3

4

4

五福花科 Adoxaceae | 华福花属 *Sinadoxa* C.Y.Wu, Z.L.Wu & R.F.Huang

多年生多汁草本。根状茎直立，须根。基生叶约 10 枚，茎生叶 2 枚，均为一或二回羽状三出复叶。花小，由 3~5 朵花的团伞花序排列成间断的穗状花序，生于茎生叶的叶腋内；花冠辐状，3~4 裂，具短管。单种属。

Herbs, perennial. Rhizomes erect. Basal leaves ca. 10, cauline leaves 2, both basal and cauline leaves ternate or biternate. Cymes with 3-5 flowers in an interrupted spike; in axils of cauline leaves; corolla rotate, 3-4-lobed; tube short. Monotypic genus.

1 华福花

1 2 3 4 5 6 7 8 9 10 11 12 1600-3600 m

Sinadoxa corydalifolia C.Y.Wu, Z.L.Wu & R.F.Huang[1-2]

描述同属。生于砾石带、峡谷潮湿地。分布于青海南部。

Description the same to genus. Rock shelters, moist ravines, alpine debris slopes. Distr. S Qinghai.

五福花科 Adoxaceae | 接骨木属 *Sambucus* L.

落叶乔木或灌木，很少多年生高大草本。茎干常有皮孔，具发达的髓。单数羽状复叶，对生；托叶叶状或退化成腺体。花序由聚伞合成顶生的复伞式或圆锥式。浆果状核果红黄色或紫黑色，具 3~5 枚核。约 10 种；中国 4 种；横断山 3 种。

Shrubs, small trees, or perennial herbs. Branches warty, with stout pith. Leaves with or without stipules, imparipinnate, or incompletely bipinnate, rarely laciniate. Inflorescences terminal, flat or convex corymbs or panicles, pedunculate or sessile. Fruit berrylike, 3-5-seeded. About ten species; four in China; three in HDM.

2 血满草

1 2 3 4 5 6 7 8 9 10 11 12 1600-3600 m

Sambucus adnata Wall. ex DC.[1-5]

多年生高大草本或半灌木。根和根茎红色。羽状复叶具叶片状或条形的托叶；小叶 3~5 对，顶端 1 对小叶基部常沿柄相连，其他小叶在叶轴上互生；小叶的托叶退化成瓶状突起的腺体。聚伞花序顶生；花冠白色；花丝基部膨大；子房 3 室，柱头 3 裂。果实红色。生于林下、灌丛、沟边。分布于甘肃、青海、西藏、四川、云南；湖北、贵州、陕西；不丹、印度。

Herbs, suffrutescent. Pith of roots and rhizomes white or red. Leaves imparipinnate; stipules bladelike or linear; leaflets 3-5 pairs, terminal pair of leaflets often connate at base along rachis, remaining leaflets alternate or sometimes subopposite; stipules of leaflets reduced to urceolate glands. Inflorescences terminal; corolla white; filaments dilated at base; ovary locules 3; stigma 3-lobed. Fruit red. Forests, thickets, streamsides. Distr. Gansu, Qinghai, Xizang, Sichuan, Yunnan; Hubei, Guizhou, Shaanxi; Bhutan, India.

五福花科 Adoxaceae | 荚蒾属 *Viburnum* L.

灌木或小乔木，常被簇状毛。冬芽裸露或有鳞片。单叶，有时掌状分裂，有柄。花小，两性，整齐；花药内向。果实为核果，冠以宿存的萼齿和花柱；核扁平，骨质。约 200 种；中国 73 种；横断山 13 种。

Shrubs or small trees. Branchlets glabrous or pubescent with fascicled hairs; winter buds perulate or naked. Leaves usually simple, petiolate, or 3-5-lobed. Flowers small, actinomorphic. Anthers medifixed, introrse. Fruit a 1-seeded drupe with a compressed pyrene. About 200 species; 73 in China; 13 in HDM.

3 桦叶荚蒾

1 2 3 4 5 6 7 8 9 10 11 12 1300-3100 m

Viburnum betulifolium Batalin[1-4]

落叶灌木或小乔木。叶厚纸质或略带革质，脉腋集聚簇状毛，侧脉 4~7 对。复伞形式聚伞花序顶生或生于具 1 对叶的侧生短枝上；花冠白色，辐状，裂片比筒长；花药宽椭圆形。果实红色，近圆形，有 2 条深背沟。生于山谷林中或山坡灌丛中。分布于甘肃、西藏东南部、四川、云南；浙江、安徽、河南、湖北、广西、贵州、陕西南部、宁夏南部、台湾。

Shrubs or small trees, deciduous. Leaf blade thickly papery or slightly leathery, stellate-pubescent in vein axils, lateral veins 4-7-jugate, pinnate. Inflorescence a compound umbellike cyme, terminal or at apices of lateral short branchlets with 1 pair of leaves; corolla white, rotate, lobes exceeding tube; anthers broadly elliptic. Fruit maturing red, subglobose, with 2 deep dorsal grooves. Forests, scrub. Distr. Gansu, SE Xizang, Sichuan, Yunnan; Zhejiang, Anhui, Henan, Hubei, Guangxi, Guizhou, S Shaanxi, S Ningxia, Taiwan.

1
2
2
3
3

1 2 3 4 5 6 7 8 9 10 11 12 2000-3200 m

1 漾濞荚蒾
Viburnum chingii P.S.Hsu[1-2, 4]

常绿灌木或小乔木。叶亚革质，上面有光泽；侧脉约 6 对，沿叶缘弓弯而互相网结。圆锥花序顶生，花生于序轴的第 1 级或第 2 级分枝上，大部分无梗；花冠白色，漏斗状；雄蕊约与花冠筒等长，花药紫黑色；柱头头状。果实红色，核扁，有 1 条宽广的深腹沟。生于山谷密林中或草坡上。分布于云南。

Shrubs or small trees, evergreen. Leaves subleathery, adaxially lustrous, lateral veins ca. 6-jugate, pinnate, arched, anastomosing near margin. Inflorescence paniculate, terminal; flowers on rays of 1st order or 2nd order, mostly sessile; corolla white, funnelform-hypocrateriform; stamens nearly as long as corolla; anthers purple-blackish; stigmas capitate. Fruit maturing red, pyrenes compressed, with 1 broad and deep ventral groove. Dense forests, grassy slopes. Distr. Yunnan.

1 2 3 4 5 6 7 8 9 10 11 12 2400-3600 m

2 甘肃荚蒾
Viburnum kansuense Batalin[1-5]

落叶灌木。冬芽卵形，具 2 对分离的鳞片。叶中 3 裂至深 3 裂或左右 2 裂片再 2 裂，掌状 3~5 出脉，各裂片均具不规则粗牙齿。复伞形式聚伞花序；萼筒紫红色；花冠淡红色，辐状。果实红色，核扁，有 2 条浅背沟和 3 条浅腹沟。生于林中。分布于甘肃、西藏、四川、云南；陕西。

Shrubs, deciduous, Winter buds ovoid, with 2 pairs of separate scales. Leaf 3-5-lobed, base truncate to subcordate or broadly cuneate, middle lobe largest, margin irregularly dentate. Inflorescence a compound umbel-like cyme, terminal; calyx purple-red; corolla reddish, rotate. Fruit maturing red, pyrenes compressed, with 2 shallow dorsal grooves and 3 shallow ventral grooves. Forests. Distr. Gansu, Xizang, Sichuan, Yunnan; Shaanxi.

1 2 3 4 5 6 7 8 9 10 11 12 1000-2200 m

3 少花荚蒾
Viburnum oliganthum Batalin[1-2, 4]

常绿灌木或小乔木。叶亚革质至革质，侧脉 5~6 对，小脉不明显。圆锥花序顶生；花冠白色或淡红色，漏斗状，长 6~8 毫米。果实红色，后转黑色。生于丛林、灌丛。分布于华中和西南地区。

Shrubs or small trees, evergreen. Leaves subleathery to leathery, lateral veins 5- or 6-jugate, veinlets transverse, inconspicuous on both surface. Inflorescence paniculate; corolla white or reddish, funnelform, glabrous; tube 6-8 mm. Fruit initially turning red, maturing nigrescent. Forests, scrub. Distr. C and SW China.

忍冬科 Caprifoliaceae | 六道木属 *Zabelia* (Rehder) Makino

落叶灌木。老枝条上通常有 6 条长的凹槽。萼筒狭长，矩圆形，萼檐开展，宿存；花冠筒状漏斗形或钟形，基部两侧不等或一侧膨大成浅囊，4~5 裂；雄蕊 4 枚，等长或 2 强，花药黄色，内向；子房 3 室，花柱丝状，柱头头状。果实为革质瘦果，冠以宿存的萼裂片。约 30 种；横断山 5 种。

Shrubs, deciduous. Old branches often with 6 deep longitudinal grooves. Calyx persistent, spreading; corolla hypocrateriform and ± zygomorphic, 4- or 5-lobed; corolla tube usually without distinct swelling at base; stamens 4, didynamous; anthers yellow, introrse; ovary usually 3-locular; style filiform; stigmas capitate. Fruit a leathery achene, crowned with persistent calyx lobes. About 30 species; five species in HDM.

1 2 3 4 5 6 7 8 9 10 11 12 800-3700 m

4 南方六道木
Zabelia dielsii (Graebn.) Makino[2-5]

— *Abelia dielsii* (Graebn.) Rehd.

落叶灌木。叶基部楔形、宽楔形或钝，全缘或有 1~6 对齿牙，具缘毛；叶柄基部膨大，散生硬毛。花 2 朵生于侧枝顶部叶腋，具总梗；花冠白色，后变浅黄色，4 裂，裂片圆；雄蕊 4 枚，二强；花柱细长，柱头头状，不伸出花冠筒外。生于山坡灌丛、路边林下及草地。分布于甘肃东部、西藏、四川、云南；山西、宁夏南部、陕西与华东、华中、西南地区。

Shrubs deciduous. Leaf base cuneate to obtuse, margin entire or with 1-6 pairs of teeth, apex acute to long acuminate; petiole base swolle. Inflorescence terminal, of paired flowers, flowers sessile but long pedunculate; corolla white sometimes tinged red abaxially, 4-lobed; lobes orbicular; stamens 4, didynamous, included; styles long, equaling corolla, slender; stigmas capitate, not exserted from corolla tube. Scrub, forests, grasslands. Distr. E Gansu, Xizang, Sichuan, Yunnan; Shanxi, S Ningxia, Shaanxi, C, E and SW China.

忍冬科 Caprifoliaceae | 刺续断属 *Acanthocalyx* (DC.) Tiegh.

主根肉质，有分枝。花茎自叶丛下发出。花萼管状，口部倾斜，腹侧开裂。雄蕊 4 枚，近等长，着生于花冠筒膨大部分。共 2 种 1 变种；横断山均产。

Taproots fleshy, branching. Flowering stems emerging below rosettes. Calyx tubular, oblique at mouth; stamens 4, ± equal, inserted just below swollen part of corolla tube. Two species and one variety; all distributed in HDM.

1 白花刺续断

1 2 3 4 5 **6 7 8** 9 10 11 12 **2500-4100 m**

Acanthocalyx alba (Hand.-Mazz.) M.J.Cannon[1, 4]

— *Morina alba* Hand.-Mazz.

花萼全绿色，长 4~7 毫米；花冠白色或黄白色，径 7~9 毫米。生于亚高山或高山草甸、林地。分布于甘肃东南部、青海南部、四川西部、西藏东南部、云南西北部；印度北部。

Calyx entirely green, 4-7 mm; corolla white or yellowish white, 7-9 mm in diam. Subalpine or alpine meadows, forests. Distr. SE Gansu, S Qinghai, SE Xizang, W Sichuan, NW Yunnan; N India.

2 大花刺续断

1 2 3 4 5 **6 7 8** 9 10 11 12 **3000-4000 m**

Acanthocalyx nepalensis subsp. *delavayi* (Franch.) D.Y.Hong[1]

— *Morina nepalensis* var. *delavayi* (Franch.) C.H.Hsing

花萼上部边缘紫色，或全部紫色，长 7~9 毫米；花冠红色或紫色，径 12~15 毫米。生于高山草甸。分布于四川西南部和云南西北部。

Calyx upper margin purple, or entirely purple, 7-9 mm. Corolla red or purple, 12-15 mm in diam. Subalpine or alpine meadows. Distr. SW Sichuan, NW Yunnan.

3 刺续断

1 2 3 4 5 **6 7 8** 9 10 11 12 **2800-4200 m**

Acanthocalyx nepalensis (D.Don) M.J.Cannon subsp. *nepalensis*[1]

花萼上部边缘紫色，或全部紫色，长 7~9 毫米；花冠红色或紫色，径 7~9 毫米。生于草坡、高山草甸。分布于西藏南部及东南部、四川西部、云南北部；不丹、印度北部、尼泊尔。

Calyx upper margin purple, or entirely purple, 7-9 mm; corolla red or purple, 7-9 mm in diam. Grassy slopes, alpine meadows. Distr. S and SE Xizang, W Sichuan, N Yunnan; Bhutan, N India, Nepal.

忍冬科 Caprifoliaceae | 双盾木属 *Dipelta* Maxim.

落叶直立灌木。冬芽有数枚鳞片。叶对生，脉上和边缘微被柔毛，无托叶。花单生于叶腋或由 4~6 朵花组成带叶的伞房状聚伞花序生于侧枝顶端；小苞片 4 枚，不等大。果实为瘦果，不开裂，冠以宿存萼裂片，外有 2 宿存、增大的膜质翅状小苞片。共 3 种；中国均有；横断山 2 种。

Shrubs, erect, deciduous. Winter buds with several pairs of scales. Leaves opposite, estipulate, slightly pubescent on veins and margin. Inflorescences of single flowers, or cymes with 4-6 flowers; ovaries with 4 bracts at base; bracts unequal in size. Fruit an achene with 2 accrescent, membranous, winglike bracts at base, crowned with persistent calyx. Three species; all found in China; two in HDM.

4 云南双盾木

1 2 3 4 5 **6 7 8** 9 10 11 12 **500-3000 m**

Dipelta yunnanensis Franch.[1-4]

落叶灌木。花萼 5 裂，被柔毛，裂至 2/3 处；小苞片 4 枚，不等形；1 枚卵形，其余 3 枚小，狭椭圆形；花冠白色至粉红色，钟形，二唇形，喉部具柔毛及黄色块状斑纹。瘦果卵圆形，被柔毛，2 对宿存的小苞片明显增大，其中 1 对网脉明显。生于杂木林下或山坡灌丛中。分布于甘肃、四川、云南；湖北、贵州、陕西。

Shrubs, deciduous. Calyx 5-lobed, pubescent; lobes divided 2/3, spreading in fruit; ovaries with 4 bracts, unequal, one ovate, other smaller and narrowly elliptic; corolla white to dark pink, bilabiate, lower lip pubescent with yellow-orange reticulate markings. Achene crowned with persistent calyx, enclosed within 2 accrescent, membranous, winglike. Mixed forests, scrub. Distr. Gansu, Sichuan, Yunnan; Hubei, Guizhou, Shaanxi.

1
2
3
4
4

忍冬科 Caprifoliaceae | 川续断属 *Dipsacus* L.

二年生或多年生草本。头状花序长椭圆形、球形或卵圆形，顶生；总苞片叶状，1~2层；花萼整齐，4裂；花冠基部常紧缩成细管状，顶端4裂。瘦果藏于革质的囊状小总苞内。约20种；中国7种；横断山4种。

Herbs, biennial or perennial. Capitula terminal, oblong, globose, or ovoid-globose; involucral bracts leaflike, 1- or 2-layered. Calyx actinomorphic, 4-lobed. Corolla tubular, 4-lobed. Achenes enveloped by leathery involucel. About 20 species; seven in China; four in HDM.

1 川续断

1 2 3 4 5 6 **7 8 9** 10 11 12 **1500-3700 m**

Dipsacus asper Wall. ex DC.[1-4]

多年生草本，高达2米；茎直立，具4~8条棱，棱上疏生下弯粗短的硬刺。基生叶片琴状羽裂；茎生叶在茎之中下部为羽状深裂。头状花序球形，直径1.5~3.2厘米；花冠淡黄色或白色，漏斗形。生于草丛、林缘。分布于西藏南部、四川、云南；西南与华南北部；印度，缅甸。

Herbs, perennial, up to 2 m tall. Stems erect, 4-8-ridged, ridges sparsely covered with retrorse spines. Basal leaf blade pinnatisect; lower cauline leaves blade mostly pinnatifid; heads globose, 1.5-3.2 cm in diam.; corolla yellowish or white, funnelform. Margins of forests, among herbs. Distr. S Xizang, Sichuan, Yunnan; SW China and northern S China ; India, Myanmar.

2 大头续断

1 2 3 4 5 6 **7 8** 9 10 11 12 **2100-3900 m**

Dipsacus chinensis Bat.[1-2, 4]

— *Dipsacus mitis* D.Don

多年生草本，高1~2米。茎具8纵棱。茎生叶宽披针形，琴状羽裂。头状花序直径3.5~4.9厘米；总苞片线形。瘦果楔形。生于林下、沟边和草坡地。分布于西藏东南部、四川西部、云南西北部。

Herbs, perennial, up to 1-2 m tall. Stems 8-ridged. Cauline leaves broadly lanceolate, lyrate. Heads 3.5-4.9 cm in diam.; involucral bracts linear, setose. Achenes cuneate, 4-angular. Forests, grassy slopes, by streams. Distr. SE Xizang, W Sichuan, NW Yunnan.

忍冬科 Caprifoliaceae | 鬼吹箫属 *Leycesteria* Wall.

落叶灌木。小枝常中空。单叶，对生，很少浅裂。由具2~6朵花的轮伞花序合成的穗状花序顶生或腋生，有时紧缩成头状，常具显著的叶状苞片。浆果，萼宿存。共5种；中国4种；横断山区3种。

Shrubs, deciduous. Branches often hollow. Inflorescence a spike or flowers in sessile whorls of 2-6, terminal or axillary, often with conspicuous leaflike involucral bracts. Fruit a berry, with persistent calyx. Five species; four in China; three in HDM.

3 鬼吹箫

1 2 3 4 **5 6 7 8 9 10** 11 12 **1100-3300 m**

Leycesteria formosa Wall.[1-5]

叶上面被短糙毛，中脉毛较密，下面疏生弯伏短柔毛或近无毛。穗状花序顶生或腋生，每节具6朵花，苞片叶状；花冠白色或粉红色，漏斗状，外面被短柔毛。果实由红色变黑紫色，具宿存萼齿。生于林下、林缘或灌丛。分布于西藏、四川西部、云南；贵州西部；西南邻国。

Leaf blade both surfaces glabrescent to sparsely adpressed pubescent. Inflorescence terminal or axillary, with flowers in whorls of 6; flowered cymes subtended leaflike involucral bracts and bracts; corolla white to pink, funnelform, outside pubescent. Berry red, turning black-purple, with persistent calyx. Forests, forest margins, scrub. Distr. Xizang, W Sichuan, Yunnan; W Guizhou; SW neigbouring countries.

4 纤细鬼吹箫

1 2 3 4 5 6 **7 8 9** 10 11 12 **1500-3700 m**

Leycesteria gracilis (Kurz) Airy Shaw[1-4]

叶具疏腺齿和疏缘毛，上面中脉基部有短糙伏毛，下面沿中脉和侧脉疏生短糙伏毛；叶柄长被短糙伏毛。穗状花序顶生或腋生，每节有花2朵；花冠白色，漏斗状。果实由红色变蓝紫色，矩圆形或椭圆形。生于溪沟边的林下或灌丛中。分布于西藏、云南；不丹、印度、缅甸、尼泊尔。

Leaf blade sparsely pubescent on midvein and lateral veins, adaxially glabrous. Inflorescence a ± pendent axillary pedunculate spike of paired flowers; corolla white, funnelform, glabrous. Berry red, turning blue-purple, oblong or ellipsoid. Forests, thickets. Distr. Xizang, Yunnan; Bhutan, India, Myanmar, Nepal.

1
1
1
2
3
3
3
4
4

忍冬科 Caprifoliaceae | 忍冬属 *Lonicera* L.

直立灌木或矮灌木，稀小乔木，有时为缠绕藤本。枝有时中空，老枝树皮常作条状剥落。叶对生，很少轮生。花通常成对生于腋生的总花梗顶端，或花无柄而呈轮状排列于小枝顶；每双花有苞片 1 对和小苞片 2 对，小苞片有时连合成杯状或坛状壳斗而包被萼筒；相邻两萼筒分离或部分至全部连合，萼檐 5 裂；花冠筒基部常一侧肿大或具浅或深的囊。果实为浆果。约 180 种；中国 57 种；横断山约 26 种。

Shrubs erect or dwarf, rarely small trees, sometimes climbers. Branches hollow or solid with white or brown pith. Inflorescence thyrsoid, terminal or axillary; inflorescence occasionally pedunculate; cymes sessile, sometimes forming a capitulum, or cymes pedunculate with 1 pair of bracts and 2 pairs of bracteoles; bracteoles usually free, sometimes ± fused and cupular occasionally enclosing ovaries; calyx 5-lobed, sometimes truncate, base occasionally with a collarlike emergence. Fruit a berry. About 180 species; 57 in China; about 26 in HDM.

1 刚毛忍冬

1 2 3 4 **5** **6** 7 8 9 10 11 12 **1700-4800 m**

Lonicera hispida Pall. ex Roem. & Schult.[1-5]

落叶灌木。叶厚纸质，近无毛或下面脉上有少数刚伏毛或两面均有疏或密的刚伏毛和短糙毛，边缘有刚睫毛。花冠白色或淡黄色，漏斗状，近整齐，筒基部具囊，裂片直立，短于筒。浆果红色。生于山坡林中、林缘灌丛、高山草甸。分布于华北、西北、西南地区；西南各邻国。

Shrubs, deciduous. Leaf blade subglabrous, with short stiff hairs or adpressed villous, margin hirsute-ciliate. Corolla yellow-green or dark purple, funnelform, subregular; tube shallowly to deeply gibbous toward base, glabrous to puberulent outside and inside at upper part; lobes erect. Berries red. Forests, scrub, alpine grasslands. Distr. N, NW and SW China; SW neighbouring countries.

2 柳叶忍冬

1 2 3 4 5 **6** **7** 8 9 10 11 12 **2000-3900 m**

Lonicera lanceolata Wall.[2-5]

落叶灌木。叶片无毛，下面叶脉显著，毛较多。苞片小，有时条形，叶状；相邻两萼筒分离或下半部合生，无毛；花冠淡紫色或紫红色，唇形；花柱全有柔毛。浆果黑色。生于针、阔叶混交林或冷杉林中或林缘灌丛中。分布于西藏、四川、云南；尼泊尔至不丹。

Shrubs, deciduous. Leaf blade glabrous throughout but abaxially often white hairy on midvein. Bracts lanceolate-linear. Adjacent calyx tubes are separated or the lower part is concrescent; corolla bilabiate, purplish, purple-red, filaments glabrous or hairy at base; style hairy below middle part or throughout. Berries black. Mixed coniferous broad leaved forest, forest margins. Distr. Xizang, Sichuan, Yunnan; Nepal to Bhudan.

3 岩生忍冬

1 2 3 4 **5** **6** **7** **8** 9 10 11 12 **2100-4900 m**

Lonicera rupicola Hook.f. & Thomson var. *rupicola*[1-2]

灌木，在高海拔地区有时仅高 10~20 厘米。叶 3 枚轮生或对生，背面常具白色棉毛，常绿，很少对生。花生于幼枝基部叶腋，芳香，总花梗极短；花冠淡紫色或紫红色，筒状钟形，外面常被微柔毛和微腺毛；花药达花冠筒的上部；花柱高达花冠筒之半，无毛。浆果红色，椭圆形。生于高山灌丛草甸、流石滩边缘、林缘河滩草地或山坡灌丛中。分布于甘肃、青海东部、西藏、四川、云南西北部；宁夏南部；印度。

Shrubs, sometimes only 10-20 cm tall at high elevations. Leaves in whorls of 3 or opposite, evergreen, abaxially usually white lanate. Flowers fragrant; corolla white or pink to purple-red, tubular-funnelform; outside often puberulent and minutely glandular hairy, inside pubescent and glandular at base; stamens up to middle of corolla tube or slightly exceeding corolla tube, longer than style. Berry red, ellipsoid. Scrub, forest margins, alpine meadows, scree slopes. Distri. Gansu, E Qinghai, Xizang, Sichuan, NW Yunnan; S Ningxia; India.

4 红花岩生忍冬

1 2 3 4 **5** **6** **7** **8** 9 10 11 12 **2000-4600 m**

Lonicera rupicola var. *syringantha* (Maxim.) Zabel[1-2]

与原变种之差别在于叶下面无毛或疏生短柔毛，落叶。生于山坡灌丛中、林缘、高山草甸、流石滩或河滩。分布于甘肃、青海东部、西藏、四川、云南西北部；宁夏南部；印度。

Leaves abaxially glabrous or sparsely lanate, deciduous. Scrub, forest margins, alpine meadows, scree slopes or river bank. Distr. Gansu, E Qinghai, Xizang, Sichuan, NW Yunnan; S Ningxia; India.

1
1
2
2
3
3
4
4

1 唐古特忍冬

1 2 3 4 5 6 7 8 9 10 11 12 800-4500 m

Lonicera tangutica Maxim.[1-5]

落叶灌木，高 1~4 米。茎髓实心。总花梗纤细，无毛，稀被短柔毛；花冠筒状漏斗形，长 8~13 毫米。生于林下、溪边灌丛。分布于甘肃南部、青海东部、西藏东南部、四川、云南西北部；湖北西部、陕西、宁夏；不丹、印度（锡金邦）、尼泊尔。

Shrubs, deciduous, to 1-4 m tall. Branches with solid pith. Inflorescences peduncle usually nodding, slender, glabrous, rarely pubescent; corolla tubular-funnelform, 8-13 mm. Forests, scrub at streamsides. Distr. S Gansu, E Qinghai, SE Xizang, Sichuan, NW Yunnan; W Hubei, Shaanxi, Ningxia; Bhutan, India (Sikkim), Nepal.

2 毛花忍冬

1 2 3 4 5 6 7 8 9 10 11 12 2700-4100 m

Lonicera trichosantha Bureau & Franch.[1-5]

花冠黄色，常有浅囊，外面密被短糙伏毛和腺毛，内面喉部密生柔毛，唇瓣外面毛较稀或有时无毛，上唇裂片 4 浅裂，下唇矩圆形，反曲；花丝基部有柔毛；花柱稍弯曲，全被短柔毛。浆果由橙黄色转为红色。生于林下、林缘或灌丛中。分布于甘肃南部、西藏东部与南部、四川西部、云南西北部；陕西南部。

Corolla bilabiate, yellow, outside strigose and glandular hairy; tube often shallowly gibbous toward base, inside densely puberulent; upper corolla lip shallowly 4-lobed; lower lip recurved; puberulent at filaments base; style slightly curved, pubescent throughout; stigmas discoid, large. Berries turning from orange-yellow to yellow-red and red. Forests, forest margins, scrub. Distr. S Gansu, E and S Xizang, W Sichuan, NW Yunnan; S Shaanxi.

3 华西忍冬

1 2 3 4 5 6 7 8 9 10 11 12 1800-4000 m

Lonicera webbiana Wall.[1-5]

落叶灌木，高可达 4 米。叶卵状椭圆形至卵状披针形。花冠紫红色或绛红色，很少白色或由白变黄色；双花的子房分离。浆果先红色后转黑色，直径约 1 厘米。生于林下、灌丛中或草坡上。分布于我国中部、西部及西南部地区；阿富汗、不丹、克什米尔地区。

Shrubs, deciduous, to 4 m tall. Leaf blade ovate-elliptic to ovate-lanceolate. Corolla bilabiate, purple-red, very rarely white or turning from white to yellow; neighboring 2 ovaries free. Berries red or black, ca. 1 cm in diam. Forests, scrub, grassy slopes. Distr. C, W and SW China; Afghanistan, Bhutan, Kashmir.

忍冬科 Caprifoliaceae | 刺参属 *Morina* L.

多年生草本。茎生叶 3 或 4 枚轮生，线形到长圆披针形，全缘到羽裂，有刺。花序多轮，每轮均被叶状苞片包被；花萼管斜，钟状，二唇形。瘦果有皱纹。约 10 种；中国 8 种；横断山约 5 种。

Roots usually thickened. Leaves in whorls of 3 or 4, linear to oblong-lanceolate, entire to pinnatipartite, spinose. Inflorescence of several verticillasters, each subtended by a whorl of leaflike bracts; calyx tube oblique, campanulate; limb 2-lipped. Achenes rugose. About 10 species; eight in China; about five in HDM.

4 绿花刺参

1 2 3 4 5 6 7 8 9 10 11 12 2800-4000 m

Morina chlorantha Diels[1-3]

基生叶叶柄长 5~7 厘米，茎中部及上部叶具叶柄；叶长披针形，边缘有刺，稀裂而具微波状齿。总苞片在顶端渐尖，整个边缘均有刺。生于草坡、林缘。分布于四川西部、云南西北部。

Basal leaves petiole 5-7 cm, middle and upper cauline leaves petiolate. Leaf blade lanceolate to ovate-lanceolate, margin spinose, rarely lobed and sinuate-dentate. Involucral bracts acuminate at apex, spinose along whole margins. Grassy slopes, forest margins. Distr. W Sichuan, NW Yunnan.

5 青海刺参

1 2 3 4 5 6 7 8 9 10 11 12 3000-4500 m

Morina kokonorica K.S.Hao[1-3, 5]

茎生叶常 4 枚轮生，2~3 轮。轮伞花序顶生，6~8 节；萼杯状，长 8~15 毫米，2 深裂，每裂片再 2 或 3 裂，裂片披针形，先端常具刺尖。生于高山草坡或林缘。分布于甘肃南部、青海、西藏东部及南部、四川西部。

Leaves on fertile stems similar, in 2 or 3 whorls of 4. Inflorescence of 6 to 8 whorls; calyx cup-shaped, 8-15 mm, 2-segmented, each segment 2- or 3-lobed; lobes lanceolate, apex often spinose. Stony slopes, meadows, flood plains. Distr. S Gansu, Qinghai, E and S Xizang, W Sichuan.

1
1
2
2
3
3
4
5
5

忍冬科 Caprifoliaceae | 甘松属 *Nardostachys* DC.

多年生草本。根状茎粗短。基生叶长匙形或线状倒披针形，基部渐狭为柄，全缘，具3~5条平行主脉；茎生叶2~3对，披针形，向上渐小。顶生聚伞花序密集成头状，花序下有总苞2~3对；花萼5齿裂，果时常增大；花冠紫红色，钟状，5裂；雄蕊4枚。瘦果。共2种；中国1种；横断山有分布。

Herbs, perennial. Rhizomes short, stout. Rosulate leaves narrowly spatulate or linear-oblanceolate, veins 3-5, parallel, base attenuate into petiole, margin entire; cauline leaves usually 2- or 3-paired, lanceolate, smaller apically. Cymes aggregated into a terminal capitulum; involucral bracts 2- or 3-paired; calyx 5-dentate, enlarged in fruit; corolla purple, campanulate; limb 5-lobed; stamens 4. Achene. Two species; one in China; found in HDM.

1 匙叶甘松

1 2 3 4 5 **6 7 8** 9 10 11 12 2500-3300 m

Nardostachys jatamansi (D.Don) DC.[1-5]

种特征同属。生于高山灌丛或草甸。分布甘肃东南部、青海南部、西藏、四川西部、云南北部；不丹、印度、尼泊尔。

Characters of species are the same as those of the genus. Alpine thickets or meadows. Distr. SE Gansu, S Qinghai, Xizang, W Sichuan, N Yunnan; Bhutan, India, Nepal.

忍冬科 Caprifoliaceae | 败酱属 *Patrinia* Juss.

多年生直立草本。地下根茎有强烈腐臭。基生叶丛生，花果期常枯萎或脱落。花序为二歧聚伞花序组成的伞房花序或圆锥花序；萼齿5，宿存，稀果期增大；花冠钟形或漏斗状，黄色或淡黄色，稀白色，5裂；雄蕊（1~）4枚，常伸出花冠。果为瘦果，呈卵球形或扁椭圆形，内有种子1枚，果苞翅状，通常具2~3条主脉。约20种；中国11种；横断山约4种。

Herbs, perennial. Taprooted or rhizomatous, strongly stinking. Basal leaves rosulate, often wilted or caducous at anthesis. Inflorescence of corymbiform or paniculiform compound dichasia; calyx limb 5-lobed, persistent, rarely enlarged in fruit; corolla yellow, pale yellow, or white, campanulate or funnelform, limb 5-lobed; stamens (1-)4, inserted at base of corolla tube. Achene ovoid or obovoid-oblong, with 1 seed; bracteoles winglike, 2-3-veined. About 20 species; 11 in China; about four in HDM.

2 少蕊败酱

1 2 3 4 5 6 7 **8 9** 10 11 12 100-3200 m

Patrinia monandra C.B.Clarke[1-4]

叶长圆形，长4~14.5厘米，宽2~9.5厘米，不分裂或大头羽状深裂。花小，长1.3~2毫米；花冠黄色，淡黄色，稀为白色；雄蕊1~4枚，通常1枚较长并伸出花冠。果苞近圆形至阔卵形，具主脉2条。生于山坡草丛、灌丛中、林下及林缘、路边。分布于我国大部分省区；不丹、印度、尼泊尔。

Leaf blade oblong, 4-14.5 cm × 2-9.5 cm, margin entire or lyrate. Flower small, 1.3-2 mm long; corolla yellow or pale yellow, rarely white, funnelform; stamens 1-4, often one longer and exserted. Bracteoles broadly ovate to suborbicular, 2-veined. Grassy slopes, thickets, forests, forest margins, roadsides. Distr. throughout of China; Bhutan, India, Nepal.

3 秀苞败酱

1 2 3 4 5 6 **7 8 9** 10 11 12 3100-4100 m

Patrinia speciosa Hand.-Mazz.[1-5]

多年生草本，高8~30厘米。根状茎细长。叶片长圆状倒披针形或卵状椭圆形，长3~10厘米，宽2~3厘米，羽状深裂，侧生裂片3~5对。萼裂片果熟时常有1~2片明显增大；花冠黄色，钟状，长5.5~6毫米；雄蕊4枚，伸出。生于岩坡、沙质山坡上、多石草坡中及北坡灌丛中或高山荒坡上。分布于西藏东南部、云南西北部。

Herbs, perennial, 8-30 cm tall. Rhizomes slender. Leaf blade oblong-oblanceolate or ovate-elliptic, 3-10 cm × 2-3 cm, pinnatifid, segments 3-5-pairs. Calyx lobes usually 1 or 2 prominently enlarged in fruit; corolla yellow, campanulate, 5.5-6 mm; stamens 4, exserted. Stony, grassy, and/or sandy slopes, thickets. Distr. SE Xizang, NW Yunnan.

1
1
2
2
3
3

忍冬科 Caprifoliaceae | 翼首花属 *Pterocephalus* Vaill. ex Adans.

一年生或多年生草本，有时亚灌木状，植株无刺。叶全基生成莲座丛状，全缘或羽状分裂至全裂。头状花序单生花葶上，具多数花，外面围以二轮总苞，通常 4~6 片；萼裂成 8~24 条刚毛状或羽毛状；花冠 4~5 裂，中央花近辐射对称，边缘花近二唇形，上唇 1 片，全缘或 2 裂，下唇通常 3 裂；雄蕊 4 枚，稀 2~3 枚，通常着生于花冠管上部，伸出。瘦果平滑或具肋棱。约 25 种；中国 2 种；横断山区有分布。

Herbs, perennial or annual, or sometimes subshrubs, not spiny. Leaves basal, rosulate, entire, pinnatifid to pinnatisect. Capitula solitary, terminal; involucre of 2 whorls of 4-6 involucral bracts; calyx segmented and 8-24-setose or pinnate; corolla 4- or 5-lobed, that of central flowers nearly actinomorphic, that of marginal flowers nearly 2-lipped; upper lip with 1 lobe, entire or 2-lobed; lower lip usually 3-lobed; stamens 4, rarely 2 or 3, inserted at upper part of corolla, exserted. Achenes smooth or ribbed. About 25 species; two in China; both found in HDM.

1 匙叶翼首花

1 2 3 4 5 6 **7 8 9 10** 11 12 **1800-4800 m**

Pterocephalus hookeri (C.B.Clarke) Diels[1-5]

叶匙形或条状匙形，全缘或具少数狭裂片。花序果期球形；外层总苞苞片长卵形；宿萼裂为 20 条细软羽毛状毛；花冠 5 裂，倒卵形，长约 4~5 毫米。生于山野草地、高山草甸及耕地附近。分布于青海南部、西藏、四川西部、云南北部；不丹、印度、尼泊尔。

Leaves spatulate or linear-spatulate, entire or narrowly segmented. Inflorescences globose in fruit. Involucral bracts of outer layer narrowly ovate; persistent calyx segmented into 20 pinnate hairs; corolla 5-lobed, obovoid, 4-5 mm. Grassy slopes, meadows, by fields. Distr. S Qinghai, Xizang, W Sichuan, N Yunnan; Bhutan, India, Nepal.

忍冬科 Caprifoliaceae | 莛子藨属 *Triosteum* L.

多年生草本，茎直立。叶对生，基部常相连，倒卵形，全缘、波状或具缺刻至深裂。花序每轮生 6 朵花；苞片和小苞片披针形，短于花；萼檐 5 裂，宿存；花冠近白色、黄色或紫色，筒状钟形，基部一侧膨大成囊状。浆果状核果。约 6 种；中国 3 种；横断山区 2 种。

Herbs, perennial, stem erect. Leaves simple, opposite, obovate, entire, undulate to deeply pinnatifid. Inflorescence of sessile 6-flowered whorls; bracts and bracteoles lanceolate, shorter than flowers; calyx 5-lobed, persistent; corolla yellow-green, yellow, or purple; lobes 5, lower lip entire and recurved at anthesis. Nectary of compact glandular hairs, forming a bulge at base of corolla tube. Fruit a drupe, ± fleshy. About six species; three in China; two in HDM.

2 穿心莛子藨

1 2 3 4 **5 6 7** 8 9 10 11 12 **1800-4100 m**

Triosteum himalayanum Wall.[1-2, 4-5]

多年生草木。叶基部连合，倒卵状椭圆形至倒卵状矩圆形。生于山坡、暗针叶林边、林下、沟边或草地。分布于西藏、四川、云南；湖北、湖南、陕西；不丹、印度、尼泊尔。

Herbs, perennial. Leaves lower part narrowed to a broadly perfoliate base, obovate-elliptic to obovate-oblong. Mountain slopes, coniferous forests, streamsides, grasslands. Dist. Xizang, Sichuan, Yunnan; Hubei, Hunan, Shaanxi; Bhutan, India, Nepal.

3 莛子藨

1 2 3 4 **5 6** 7 8 9 10 11 12 **1800-3200 m**

Triosteum pinnatifidum Maxim.[1-3]

多年生草本。叶近无柄，羽状深裂，稀端部全缘，无锯齿，背面黄白色。聚伞花序对生，各具 3 朵花，无总花梗；花冠黄绿色，狭钟状，筒基部弯曲，一侧膨大成浅囊。果肉质，具 3 条槽，冠以宿存的萼齿；核 3 枚。生于山坡暗针叶林下和沟边向阳处。分布于甘肃、青海、四川；河北、山西、河南、湖北、陕西、宁夏；日本。

Herbs, perennial. Leaves subsessile. Leaf blade pinnatifid to occasionally entire toward apex, deeply lobed to more than half width of leaf blade. Inflorescence of 3-flowered whorls at apex of stem; corolla yellowgreen; lobes purple-brown with paler flecks; tube curved at base. Drupe white, subglobose, crowned with a persistent calyx. Pyrenes 3. Coniferous forests, sunny places on streamsides. Distr. Gansu, Qinghai, Sichuan; Hebei, Shanxi, Henan, Hubei, Shaanxi, Ningxia; Japan.

1
1
2
2
2
3
3

忍冬科 Caprifoliaceae | 双参属 *Triplostegia* Wall. ex DC.

多年生直立草本。基生叶成莲座状，叶片边缘具齿或羽状裂，茎生叶和基生叶同形。花成二歧疏松聚伞圆锥花序，密被白色平展毛和腺毛；小总苞两层，外层 4 裂，外面密生腺毛；花近辐射对称。瘦果具 1 种子。共 2 种；横断山均产。

Herbs, perennial, erect. Basal leaves dense, rosulate; leaf blade serrate or pinnatifid; cauline leaves similar. Inflorescence paniculiform, flowers in remote, terminal, simple or compound dichasia, all parts densely white villous and glandular hairy; involucels 2, outer involucel 4-lobed, glandular pubescent; flowers nearly actinomorphic. Achenes with one seed. 2 species, both distributed in HDM.

1 双参

1 2 3 4 5 6 **7 8 9 10** 11 12 **1500-4000 m**

Triplostegia glandulifera Wall. ex DC.[1-5]

叶倒卵状披针形，长 4~7 厘米，常明显具柄，叶两面被微柔毛或近光滑。花冠白色或粉红色，长 3~5 毫米小总苞顶端多具曲钩。生于林下、溪旁、山坡草地、草甸及林缘路旁。分布于甘肃、西藏、四川、云南；湖北、重庆、陕西、台湾；不丹、印度、马来西亚、缅甸、尼泊尔。

Leaf blade ovate-lanceolate, 4-7 cm long, petiolate, glabrous or sparsely puberulent. Corolla white or pink, 3-5 mm; involucels hooked at apex. Forests, grassy slopes, meadows, by streams. Distr. Gansu, Xizang, Sichuan, Yunnan; Hubei, Chongqing, Shaanxi, Taiwan; Bhutan, India, Malaysia, Myanmar, Nepal.

忍冬科 Caprifoliaceae | 缬草属 *Valeriana* L.

多年生草本。两性，雌全异株或雌雄异株。茎生叶对生，羽状复叶，羽状分裂或少为不裂。聚伞花序或圆锥状花序，花簇生与分枝末端或呈头状；花萼裂片在花时向内卷曲，不显著；花冠小，白或粉红色，漏斗状，花冠裂片 5 枚。果为 1 扁平瘦果，顶端有冠毛状宿存花萼。约 300 种；中国 21 种；横断山 17 种。

Herbs, perennial. Plants hermaphroditic, gynodioecious, or dioecious. Cauline leaves opposite, blade pinnate, pinnatifid, or rarely undivided. Inflorescence paniculiform or corymbiform, flowers in remote terminal clusters or in a densely capitate head; calyx a ring at anthesis, not obvious; corolla funnelform, white or pink, limb 5-lobed. Achene compressed dorsally, crowned by persistent, plumose calyx. About 300 species; 21 in China; 17 in HDM.

2 髯毛缬草

1 2 3 4 5 6 **7 8 9** 10 11 12 **3000-4600 m**

Valeriana barbulata Diels[1-5]

细小草本，高 5~25 厘米。茎生叶 5~8 对，3 裂或羽状 5 裂，顶裂片卵圆至宽椭圆形，长 0.8~2 厘米，宽 0.5~1.2 厘米，侧裂片极小。密集的头状聚伞花序顶生，直径 1~1.5 厘米；花玫瑰色、红紫色或粉红色；花冠长 2.5~4 毫米。生于高山草坡、石砾堆上和潮湿草甸。分布于西藏东南部、四川西南部、云南西北部；不丹、缅甸、尼泊尔。

Small herb, plants 5-25 cm tall. Cauline leaves 5-8 pairs; upper leaves 3(5)-segmented; terminal segment ovate-orbicular or broadly elliptic, 0.8-2 cm × 0.5-1.2 cm, lateral segments reduced. Inflorescence capitate at anthesis, 1-1.5 cm in diam.; corolla rose, reddish purple, or pink, 2.5-4 mm. Alpine meadows or stony sites. Distr. SE Xizang, SW Sichuan, NW Yunnan; Bhutan, Myanmar, Nepal.

3 毛果缬草

1 2 3 4 5 6 **7 8** 9 10 11 12 **4000-5000 m**

Valeriana hirticalyx L.C.Chiu[1-2, 5]

矮小草本，高 5~18 厘米。茎直立单生，茎生叶 2 或 3 对，倒卵形，长 1.5~3 厘米，宽 1~1.5 厘米，羽状分裂，裂度中等，不达中肋而形成宽约 1.5~2 毫米的叶轴；裂片 3~9 枚，长圆形至倒卵形，全缘。聚伞花序头状，直径约 1 厘米，顶生；花冠红色，筒状，全长约 5 毫米。生于灌丛草坡、河滩石砾地。分布于青海及西藏东北部。

Plants 5-18 cm tall. Stems solitary, erect. Cauline leaves in 2 or 3 pairs, blade obovate, 1.5-3 cm × 1-1.5 cm, pinnatisect, not lobed to the midrib as forming a 1.5-2 mm leaf rachis; segments 3-9, oblong to obovate, margin entire and ciliate. Inflorescence capitate at anthesis, ca. 1 cm in diam.; corolla red, tubular, ca. 5 mm. Grassy slopes with shrubs, stony places. Distr. Qinghai, NE Xizang.

1
1
2
2
3
3

1 蜘蛛香

1 2 3 4 5 6 7 8 9 10 11 12 <3100 m

Valeriana jatamansi Jones[1-5]

植株高 20~70 厘米。根茎粗厚，块柱状，节密。茎 1 至数株丛生，直立。基生叶发达，单叶心状圆形至卵状心形，长 2~14 厘米，宽 3~10 厘米，边缘具疏浅波齿；茎生叶不发达，2~3 对。花序为顶生的聚伞花序；花白色或微红色，杂性；雌花小，长 1.5 毫米；两性花较大，长 3~4 毫米。生于山顶草地、林中或溪边。分布于西南、西北、华中；不丹、印度东部与北部、尼泊尔、泰国北部、越南。

Plants 20-70 cm tall. Rhizomes short, robust, nodes crowded; roots fibrous. Stems 1 to several, erect. Basal leaves persistent, rosulate; blade simple, cordate to cordate-ovate, 2-14 cm × 3-10 cm, margin irregularly crenulate; cauline leaves not obvious, in 2 or 3 pairs. Inflorescence corymbiform, terminal; corolla white or pinkish, funnelform; flowers polygamous; bisexual flowers 3-4 mm, female flowers smaller, ca. 1.5 mm. Grassy slopes, forests, by streams. Distr. SW, NW, C China; Bhutan, E and N India, Nepal, N Thailand, Vietnam.

2 窄裂缬草

1 2 3 4 5 6 7 8 9 10 11 12 3000-4000 m

Valeriana stenoptera Diels[1-4]

纤细草本，高 10~50 厘米。近基部叶倒卵形至卵形，长 1~2 厘米，不裂或基部有 1 对小裂片，边缘具浅齿，叶柄长 3~4 厘米；茎中上部叶长方状披针形或长方形，作篦齿形羽状全裂，裂片 5~15 枚，线形至披针形。聚伞花序在花期常为密生的头状花序；花淡红色。生于草坡、林缘、水边等潮湿地。分布于西藏、四川西部、云南西北部。

Plants 10-50 cm tall. Lower cauline leaves long petiolate; petiole 3-4 cm; blade obovate to ovate, 1-2 cm, undivided or with 1 or 2 pairs of small segments at base, margin serrulate; middle and upper cauline leaves long petiolate to shortly petiolate or sessile; blade oblong or oblong-lanceolate, pinnatisect; segments 5-15, linear to linear-lanceolate. Inflorescence capitate; corolla rose. Grassy slopes, forest margins, by water. Distr. Xizang, W Sichuan, NW Yunnan.

3 小缬草

1 2 3 4 5 6 7 8 9 10 11 12 2000-3100 m

Valeriana tangutica Batalin[1-2]

细弱小草本，高 10~20 厘米，无毛。根细带状。基生叶及茎下部叶具长叶柄，阔卵形到长卵形，全缘，长 1~4 厘米，宽 1~1.5 厘米；茎上部叶羽状深裂，裂片 5~7 枚，线状披针形，全缘，顶生裂片较大。半球形的聚伞花序顶生，直径 1~2 厘米；花白色、蔷薇色、粉红色或有时紫红色；花冠筒状漏斗形，长 5~6 毫米。生于草甸或林下。分布于甘肃、青海北部及东北部、四川；内蒙古西南部、宁夏西北部。

Weak small herb, plants 10-20 cm tall, glabrous throughout. Roots fibrous. Basal and lower cauline leaves long petiolate, blade broadly ovate to oblong-ovate, 1-4 cm × 1-1.5 cm, margin entire; upper cauline leaves pinnatifid, segments 5-7, linear-lanceolate, entire; terminal one larger. Inflorescence semiglobose, 1-2 cm in diam; corolla white, rose, pink, or sometimes purplish, funnelform, 5-6 mm. Meadows, forests. Distr. Gansu, N and NE Qinghai, Sichuan; SW Nei Mongol, NW Ningxia.

4 毛口缬草

1 2 3 4 5 6 7 8 9 10 11 12 3600-4600 m

Valeriana trichostoma Hand.-Mazz.[1]

矮小草本，高不超过 12 厘米，具匍匐茎。叶片圆形至椭圆形，具糙毛，基部圆形，边缘全缘或上部叶具粗齿。花序头状；花冠玫瑰色或粉色；漏斗状，长约 7 毫米，花冠管长约 4 毫米，内部多毛。生于高山流石滩和草坡。分布于四川西南部、云南西北部。

Plants less than 12 cm tall, stoloniferous. Leaf blade orbicular to orbicular-elliptic, hispidulous, base rounded, margin entire or those of upper leaves coarsely crenulate. Inflorescence capitate; corolla rose or pink, funnelform, ca. 7 mm; tube ca. 4 mm, inside hirsute. Alpine screes, grassy slopes. Distr. SW Sichuan , NW Yunnan.

五加科 Araliaceae | 楤木属 *Aralia* L.

小乔木、灌木或多年生草本，通常有刺。叶大，一至三回羽状复叶；托叶和叶柄基部合生，先端离生，稀不明显或无托叶。花杂性，聚生为伞形花序，稀为头状花序，再组成圆锥花序；花梗有关节；萼筒边缘有 5 小齿；花瓣弓，在花芽中覆瓦状排列。浆果球形。约 70 种；中国 29 种；横断山约 4 种。

Trees, small, or shrubs, prickly, or unarmed, rhizomatous herbs, andromonoecious or hermaphroditic. Leaves 1-3-pinnately compound; stipules connate with petioles at base. Inflorescence paniculate, corymbose or umbellate, usually consisting of umbels, capitula, or racemes, occasionally umbels solitary; pedicels articulate below ovary; calyx rim 5-dentate; petals 5, imbricate. Fruit a berry. About 40 species; 29 in China; about four in HDM.

1 芹叶龙眼独活

1 2 3 4 5 **6** 7 8 9 10 11 12 3000-3600 m

Aralia apioides Hand.-Mazz.[1-2, 4]

小叶片宽卵形，长 1~3.5 厘米。具 5~12 花的伞形花序排列成伞房花序状，顶生或腋生。生于草地或丛林中。分布于四川中部、云南西北部。

Leaflets broadly ovate, 1-3.5 cm in long. Inflorescence a terminal or axillary corymb of 5-12-flowered umbels. Grasslands, forests. Distr. C Sichuan, NW Yunnan.

2 龙眼独活

1 2 3 4 5 6 7 **8** 9 10 11 12 1800-2700 m

Aralia fargesii Franch.[1-5]

小叶片宽卵形或长圆状卵形，长 8~15 厘米。具 10~20 花的伞形花序排列成伞房花序状，顶生或腋生。生于林中、溪边。分布于四川、云南；陕西。

Leaflets broadly ovate or oblong-ovate, 8-15 cm long. Inflorescence a few branched terminal or axillary corymb of 10-20-flowered umbels. Forests, stream banks. Distr. Sichuan, Yunnan; Shaanxi.

3 西藏土当归

1 2 3 4 5 6 7 **8** 9 10 11 12 3200-3500 m

Aralia tibetana G.Hoo[1-2]

多年生草本。小叶片二型，顶生者长圆状卵形，侧生者菱状长圆形或心形。圆锥花序上部分枝轮生，一级分枝有 1~3 个总状排列的伞形花序；总花梗长于 10 厘米，侧花梗长 2~6 厘米，细弱，被短柔毛；苞片圆锥形，密被短柔毛。生于森林下或灌丛。分布于西藏南部。

Herbs, perennial. Leaflets heteromorphic, terminal ones oblong-ovate, lateral ones rhombic-oblong or cordate. Inflorescence a terminal panicle of umbels, umbels 1-3 per secondary axis; primary axis longer than 10 cm; secondary axes 2-6 cm, slender, pubescent; bracts conic, densely pubescent. Forests, scrub fields. Distr. S Xizang.

五加科 Araliaceae | 罗伞属 *Brassaiopsis* Decne. & Planch.

灌木或乔木。枝有刺，稀无刺。单叶不裂、掌裂或掌状复叶；托叶与叶柄基部合生。花两性或杂性，聚生成伞形花序，再组成总状花序或圆锥花序；苞片小，宿存或脱落；萼筒边缘有 5 齿；花瓣 5 枚。果实阔球形或陀螺形。约 45 种；中国 24 种；横断山区约产 3 种。

Trees or shrubs, hermaphroditic or andromonoecious, armed or occasionally unarmed. Leaves simple and unlobed, palmately lobed, or palmately compound, margins entire or more often serrate; stipules united with petiole at base. Inflorescence a terminal panicle or raceme of umbels; bracts small or absent, often caducous; pedicels not articulate below ovary; calyx rim 5-toothed; petals 5, valvate. Fruit a drupe, globose to ellipsoid or obloid. About 45 species; 24 in China; about three in HDM.

4 浅裂罗伞

1 **2** **3** 4 5 6 7 8 9 10 11 12 1500-2100 m

Brassaiopsis hainla (Buchanan-Hamilton) Seem.[1-5]

叶片分裂较浅，不到全长的一半，裂片卵形或三角形，基部宽。花序顶生，直立或斜升，密被花后脱落的绒毛，疏生粗短刺。生于沟谷森林中。分布于云南西部和南部。

Lobes of leaves divided less than 1/2 way to base, broadly ovate-triangular to nearly rounded. Inflorescence terminal, apparently erect to ascending, densely tomentose, glabrescent after anthesis, with scattered prickles. Forests in valleys. Distr. W and S Yunnan.

1
1
2
2
3
3
4
4

五加科 Araliaceae | 人参属 *Panax* L.

多年生草本，具各式粗壮的根状茎。地上茎单生。叶为掌状复叶，3~5 枚轮生于茎顶。伞形花序单个顶生；子房 2 室，有时 3~5 室；花柱与心皮数目一致。核果扁球形，有时三角状球形或近球形。约 8 种；中国 7 种；横断山约 2 种 8 变种。

Herbs, perennial, with stout rootstock. Stem simple. Leaves palmately compound, in whorls of 3-5. Inflorescence a solitary, terminal umbel; ovary 2- or 3-5-carpellate; styles as many as carpels. Fruit a drupe, globose, sometimes slightly compressed or triangular. About eight species; seven in China; about two species and eight varieties in HDM.

1 珠子参

1 2 3 4 **5** **6** 7 8 9 10 11 12 1700-3600 m

Panax japonicus var. *major* (Burkill) C.Y.Wu & K.M.Feng[1, 3-5]

根状茎串珠状。掌状复叶，小叶倒卵状椭圆形至椭圆形，先端渐尖，稀为长渐尖。生于林下。分布于甘肃及华中、西南地区；缅甸北部、尼泊尔、越南北部。

Rootstock moniliform. Leaves palmately compound, obovate-elliptic to elliptic, apex acuminate, rarely long acuminate. Forests. Distr. Gansu, C China and SW China; N Myanmar, Nepal, N Vietnam.

伞形科 Apiaceae | 丝瓣芹属 *Acronema* Falc. ex Edgew.

二年或多年生草本。根块状，极少呈胡萝卜状和串珠状。茎直立。通常无总苞片和小总苞片；花瓣顶端丝状或尾尖状，少有短尖或钝；花柱短，基部压扁或稍隆起。果实卵形、阔卵形或卵状长圆形，两侧稍扁压，棱丝状，果皮薄。种子表面平。约 25 种；中国 20 种；横断山 15 种。

Herbs biennial or perennial. Rhizome tuberous, globose or conic, roots fibrous. Stem erect. Bracts and bracteoles often absent; petals apex long-linear or long-aristate, rarely acute or obtuse. Fruit ovoid, broad-ovoid, ovoid-oblong or oblong-elliptic, slightly flattened laterally, glabrous; ribs filiform. Seed face plane. About 25 species; 20 in China; 15 in HDM.

2 中甸丝瓣芹

1 2 3 4 5 **6** **7** **8** 9 10 11 12 3400-3500 m

Acronema handelii H.Wolff[1-4]

植株高 15~20 厘米。茎细弱。基生叶一回或近二回三出式分裂；上部茎生叶一回羽状分裂，亦有 3 深裂。伞辐 4~6 个；花瓣白色；顶端丝状，长 1~1.5 毫米。生于山坡林下阴湿处。分布于西藏、云南。

Plants 15-20 cm. Stem slender. Basal leaves 1-2-ternate-pinnate; upper leaves 1-pinnate or tripartite. Rays 4-6; petals white; apex linear, 1-1.5 mm. Damp forests. Distr. Xizang, Yunnan.

3 苔间丝瓣芹

1 2 3 4 5 6 7 **8** **9** **10** 11 12 3200-4100 m

Acronema muscicola (Hand.-Mazz.) Hand.-Mazz.[1-2]

高 5~20 厘米。根卵圆形。基生叶轮廓近圆心形，通常 3 裂至基部。伞辐 3~6 个；小伞形花序有花 3~7 枚；花瓣深紫色，顶端丝状。生于山坡林下湿处。产西藏、四川、云南。

Plants 5-20 cm. Root tuberous, short-cylindric. Basal leaves broad-cordate, 3-foliolate. Rays 3-6; umbellules 3-7-flowered; petals white or dark purple, apex linear. Damp forests. Distr. Xizang, Sichuan, Yunnan.

4 丝瓣芹

1 2 3 4 5 6 7 **8** 9 10 11 12 ≈ 3500 m

Acronema tenerum (Wall.) Edgew.[1-5]

高 5~30 厘米 。根窄圆锥形或长球形。茎单生，细弱。基生叶二至三回羽状分裂。伞辐 3~4 个；小总苞片 1~3 枚；花瓣紫色。生于岩石边或阴湿岩隙中。分布于西藏、云南。

Plants 5-30 cm. Rhizome narrowly conic, or elongate-globose. Stem slender. Basal leaves 2-3-ternate-pinnate. Rays 3-4; bracteoles 1-3; petals purple-red. Damp shady crevices. Distr. Xizang, Yunnan.

1  1  1

2  2  3

3  4  4

伞形科 Apiaceae | 柴胡属 *Bupleurum* L.

通常多年生。主根短，木质化。单叶全缘，叶脉多条近平行呈弧形。花序通常为疏松的复伞形花序；总苞片 1~5 枚；小总苞片 3~10 枚；花瓣 5 枚，黄色、黄绿色。分生果椭圆形或卵状长圆形，两侧略扁平，果棱 5 条，线形。约 180 种；中国约 50 种；横断山近 20 种。

Herbs usually perennial. Rootstock usually short, woody. Leaves simple and entire. Inflorescence loose, umbels compound; bracts 1-5; bracteoles 3-10; petals 5, yellow, greenish-yellow. Fruit oblong to ovoid-oblong or ellipsoid, slightly laterally compressed; ribs 5, filiform. About 180 species; about 50 in China; about 20 in HDM.

• 小总苞片大，明显超出小伞形花序 | Bracteoles large, greatly exceeding flowers

1 紫花鸭跖柴胡

1 2 3 4 5 6 7 **8** **9** 10 11 12 **3000-4320 m**

Bupleurum commelynoideum H.Boissieu[1-2, 4-5]

茎数条。基部叶无柄，线性至披针形，抱茎；茎中部叶卵状披针形，顶端渐尖，往往呈长尾状。小总苞片 7~9 枚，2 轮排列，超出花 1 倍以上，背面多带粉紫蓝色。生于高山草地、灌丛中。分布于西藏、四川西部、云南西北部。

Stems several. Basal leaves sessile; blade linear-lanceolate, base rounded, clasping; middle leaves ovate-lanceolate, apex long-acuminate or caudate. Bracteoles 7-9, purplish-blue, greatly exceeding flowers. Alpine meadows, shrubs. Distr. Xizang, W Sichuan, NW Yunnan.

2 有柄柴胡

1 2 3 4 5 6 **7** **8** 9 10 11 12 **2300-3400 m**

Bupleurum petiolulatum Franch.[1-5]

茎下部叶狭长披针形或长椭圆形，有细长突尖头，中部以下渐狭成长柄，基部略扩大抱茎；茎上部叶披针形或椭圆形，叶柄较短，有小尖头。总苞片 1~3 枚，椭圆形，先端钝，有小尖头；伞辐 8~11 个；小总苞片 5~7 枚，等于或略超出花。生于高山草坡、灌丛、林下。分布于甘肃、青海、西藏、四川、云南。

Basal leaves narrowly long-lanceolate or long-elliptic, base taperinginto long petioles, clasping; upper leaves short-petiolate; blade elliptic or lanceolate, apiculate. Bracts 1-3, elliptic, apiculate; rays 8-11; bracteoles 5-7, equaling or slightly exceeding the flowers. Mixed forests on mountain slopes, among shrubs, alpine grasslands. Distr. Gansu, Qinghai, Xizang, Sichuan, Yunnan.

3 小叶黑柴胡

1 2 3 4 5 6 **7** **8** 9 10 11 12 **2700-3700 m**

Bupleurum smithii var. *parvifolium* R.H.Shan & Yin Li[1-2]

茎丛生。叶片宽披针形或椭圆形，半抱茎。小总苞片 6~9 枚，长度超过花；花瓣黄色。果实卵形，褐色。生于山坡草地，偶见于林下。分布于甘肃、青海、四川；内蒙古、宁夏。

Stems several, tufted. Basal leaf blade broadly lanceolate or oblong, semi-embracing. Bracteoles 6-9, exceeding flowers; petals yellow. Fruit ovoid, brown. Grassy places on mountain slopes, occasionally in the forest. Distr. Gansu, Qinghai, Sichuan; Nei Mongol, Ningxia.

• 小总苞片小而狭窄 | Bracteoles small and narrow

4 竹叶柴胡

1 2 3 4 5 **6** **7** **8** **9** 10 11 12 **750-2300 m**

Bupleurum marginatum Wall. ex DC.[1-5]

根木质化。茎坚硬，基部木质化。下部叶与中部叶长披针形或线形，叶缘软骨质，顶端急尖或渐尖，有硬尖头。总苞片 2~5 枚，很小，不等大；小总苞片 5 枚，披针形，短于花柄。生于山坡草地或林下。分布于西藏、云南；印度、尼泊尔。

Taproot woody. Stem rigid, base woody. Leaves long-lanceolate to linear, margin conspicuously white-cartilaginous, apex acute or acuminate, apiculate. Bracts 2-5, small, unequal; bracteoles 5, lanceolate, shorter than pedicels. Forests, mountain slopes, grasslands. Distr. Xizang, Yunnan; India, Nepal.

伞形科 Apiaceae | 矮泽芹属 *Chamaesium* H.Wolff

叶片羽状分裂；羽叶对生。总苞片和小总苞片少数或无；花瓣白色、淡黄色或草绿色。果实卵形以至长圆形，基部略呈心形，主棱及次棱均隆起，胚乳腹面内凹。约 8 种；中国 7 种；横断山均产。

Leaf pinnate; pinnae opposite. Bracts and bracteoles absent or few; petals white, yellowish or greenish. Fruit ellipsoid-oblong, base slightly cordate; primary and secondary ribs all prominent to narrowly winged. Seed face concave. About eight species; seven in China; found in HDM.

1 粗棱矮泽芹

1 2 3 4 5 6 **7** **8** 9 10 11 12 3400-4700 m

Chamaesium novemjugum (C.B.Clarke) C.Norman[1, 3]

茎短缩，常无茎。苞片 4~5 枚，羽状分裂；伞辐 9~18 个；小总苞片 3~7 枚，线性至长倒卵形，全缘、3~5 浅裂至羽状全裂。果实椭圆形，棱显著。生于山坡草地、溪边。分布于西藏、四川、云南；不丹、印度（锡金邦）、尼泊尔。

Stem shortened, plants usually acaulous. Bracts 4-5, pinnate; rays 9-18; bracteoles 3-7, linear, oblanceolate or long-obovate, entire, 3-5-lobed to pinnatisect. Fruit oblong-ellipsoid, ribs prominent. Grassy slopes, riversides. Distr. Xizang, Sichuan, Yunnan; Bhutan, India(Sikkim), Nepal.

伞形科 Apiaceae | 马蹄芹属 *Dickinsia* Franch.

一年生或两年生草本。根状茎短，须根细长。叶片圆形或者肾形。单个伞形花序顶生；总苞片 2 枚，叶状；花瓣卵形，白色或草绿色。果实背腹扁压，分果近方形，边缘扩大呈翅状，背棱丝状，中棱稍隆起；无油管。单种属。

Herbs annual or biennial. Rootstock short and thick, roots fibrous, fasciculate. Leaves blade orbicular or reniform. Inflorescence terminal; umbels simple; bracts 2, foliaceous; petals ovate, white to greenish white flat. Fruit rectangular-cubic, flattened dorsally; dorsal rib filiform, prominent, intermediate ribs obscure, lateral ribs winged; vittae obscure. Monotypic genus.

2 马蹄芹

1 2 3 **4** **5** 6 7 8 9 10 11 12 1500-3200 m

Dickinsiahy drocotyloides Franch.[1-4]

描述同属。生于林下阴湿处、溪边。分布于四川、云南；湖北、湖南、贵州。

The description of this species is same as the generic description. Shady damp forests, stream banks. Distr. Sichuan, Yunnan; Hubei, Hunan, Guizhou.

伞形科 Apiaceae | 独活属 *Heracleum* L.

多年生草本，稀二年生。果实圆形、倒卵形或椭圆形，背腹压扁，背棱和中棱丝线状，侧棱通常有翅；油管大而明显，其长度通常仅及果实长度的一半或超过。约 91 种；中国 29 种；横断山 19 种。

Herbs, perennial, rarely biennial. Fruit obovoid, ovoid, broadly ovoid or suborbicular, strongly dorsally compressed; dorsal and intermediate ribs filiform, lateral ribs usually winged; vittae reaching to base of mericarp or clavate and much shorter than mericarp. About 91 species; 29 in China; 19 species in HDM.

3 白亮独活

1 2 3 4 **5** **6** **7** **8** **9** **10** 11 12 1800-4500 m

Heracleum candicans Wall. ex DC.[1-5]

植物体被有白色柔毛或绒毛。叶片羽状分裂，下表面密被灰白色软毛或绒毛。总苞片 1~3 枚，线形；伞辐 15~35 个；小总苞片 5~8 枚，线形。果实倒卵形，棱槽中各具 1 条油管，其长度为分生果长度的 2/3，合生面油管 2 条。生于疏林缘、灌丛、草甸、干旱草坡、溪边。分布于西藏东部和南部、四川西部、云南；不丹、印度、尼泊尔、巴基斯坦。

Plants pubescent or tomentose. Basal and lower leaves pinnate, densely white tomentose. Bracts 1-3, linear, rays 15-35; bracteoles 5-8, linear. Fruit obovoid; vittae solitary in each furrow, 2 on commissure, clavate, extending to 2/3 length of mericarp. Sparse forests, coniferous forest margins, scrub, alpine meadows, arid grassy slopes, streamsides. Distr. E and S Xizang, W Sichuan, Yunnan; Bhutan, India, Nepal, Pakistan.

1
1
2
2
3
3

伞形科 Apiaceae | 岩风属 *Libanotis* Haller ex Zinn

多年生植物，通常为大型草本，稀为细小草本。茎直立，极少数种类无茎。叶片一至四回羽状分裂或全裂。复伞形花序顶生和侧生；小总苞片通常多数；花瓣通常为白色，有毛或无毛。分生果卵形至长圆形，有时背腹略扁压，有毛或无毛。约 30 种；中国 18 种；横断山 2 种。

Herbs perennial, stout, sometimes small, rarely acaulescent. Stem often strongly angled and fluted. Basal leaves 1-4-pinnate or 1-4-pinnatisect. Umbels compound, terminal and lateral; bracteoles several; petals usually white, pubescent or glabrous. Fruit ovoid or oblong, slightly to moderately dorsally compressed, pubescent or glabrous. About 30 species; 18 in China; two species in HDM.

1 地岩风

1 2 3 4 5 6 7 8 9 10 11 12 3400-4100 m

Libanotis depressa R.H.Shan & M.L.Sheh[1-3]

小草本，贴近地面生长。叶片二回羽状全裂。复伞形花序从茎基部抽出；伞辐 6~10 个，密生短毛；花瓣光滑无毛。分生果长圆形或近圆形，密生略扁平的粗毛。生于山坡草地或河滩地。分布于青海南部、西藏东部、四川西北部。

Plants dwarf, acaulescent, rosette. Leaves 2-pinnatisect. Terminal umbel sessile, appearing as a group of simple umbels; rays 6-10, densely puberulent; petals glabrous. Fruit oblong or suborbicular, densely scaly-hispid. Grassy places, river banks. Distr. S Qinghai, E Xizang, NW Sichuan.

伞形科 Apiaceae | 藁本属 *Ligusticum* L.

多年生草本，主根圆柱形或者纺锤形。复伞形花序顶生或侧生；总苞片少数，早落或无；小总苞片线形至披针形，全缘、顶端 2~3 裂或一至三回羽状分裂；花瓣白色或紫色。分生果椭圆形至长圆形，横剖面近五角形至背腹扁压，主棱突起以至翅状；胚乳腹面平直或微凹。约 60 种；中国 40 种；横断山 24 种。

Herbs perennial. Root cylindrical or fusiform. Bracts few, usually caducous or absent; bracteoles lanceolate or linear, entire or apex 2-3-lobed or 1-3-pinnate. Petals white, purple. Fruit oblong or oblong-ovoid, dorsally compressed; ribs all prominent or lateral ribs narrowly winged. Seed face plane, rarely slightly concave. About 60 species; 40 in China; 24 in HDM.

2 归叶藁本

1 2 3 4 5 6 7 8 9 10 11 12 1800-3000 m

Ligusticum angelicifolium Franch.[1-4]

高 1~1.5 米或更高。茎下部叶片轮廓宽三角状卵形，三回三出式羽状全裂。复伞形花序顶生和侧生，伞辐（10）20~25 个；小总苞片线形；花紫色。分生果背腹扁压，背棱突起，侧棱扩大呈翅状。生于林缘、溪边灌丛或高山草地。分布于四川西部、云南西北部。

Plants 1-1.5 m or more. Lower leaves blade triangular-ovate, ternate-3-pinnate. Umbels terminal and lateral, rays (10)20-25; bracteoles linear; petals purple. Fruit oblong-ovoid; dorsal and intermediate ribs prominent, lateral ribs winged. Grassland at forest margins, scrub at streamsides, alpine meadows. Distr. W Sichuan and NW Yunnan.

3 羽苞藁本

1 2 3 4 5 6 7 8 9 10 11 12 2500-4000 m

Ligusticum daucoides (Franch.) Franch.[1-4]

多年生草本。根颈密被纤维状枯萎叶鞘。茎单生而具分枝。基生叶三至四回羽状全裂。复伞形花序，伞辐 14~23 个；花瓣内面白色，外面常呈紫色。分生果背腹扁压，背棱略突起，侧棱扩大为翅。生于针叶林缘、高山灌丛、草甸和潮湿的岩石缝中。分布于西藏东部、四川西部、云南北部；湖北西部。

Plants perennial. Stem single, 2-3-branched or unbranched, base clothed with fibrous remnant sheaths. Basal leaves 3-4-pinnate. Umbels compound; rays 14-23; petals white or purplish abaxially. Fruit oblong, dorsal and intermediate ribs raised, lateral ribs winged. Coniferous forest margins, alpine scrub and meadows, grassy slopes, moist rock crevices. Distr. E Xizang, W Sichuan, N Yunnan; W Hubei.

1
1
2
2
3
3

伞形科 Apiaceae | 棱子芹属 *Pleurospermum* Hoffm.

多年生稀二年生草本。茎直立或有短缩茎。复伞形花序顶生或生自叶腋；总苞片全缘或呈叶状分裂，通常有白色膜质边缘；小总苞片多少有白色膜质边缘。分生果卵形或长圆形；外果皮常疏松，果棱显著，锐尖，有时呈波状、鸡冠状或半翅状。种子胚乳腹面内凹。约 50 种；中国 39 种；横断山 25 种。

Herbs perennial, rarely biennial. Stems erect, sometimes shortened. Umbels terminal and lateral; bracts entire or pinnate, margin usually white scarious; bracteoles numerous, scarious, sometimes white margined. Fruit oblong to broad-ovoid; fruit wall usually swell when ripe; ribs prominent and acute, sometimes undulate, cristate or narrowly winged. Seed face concave. About 50 species; 39 in China; 25 in HDM.

• 叶的末回裂片非线形 | Ultimate segments of leaves not linear

1 归叶棱子芹

1 2 3 4 5 **6 7 8 9** 10 11 12 3300-3700 m

Pleurospermum angelicoides (Wall. ex DC.) Benth.ex C.B.Clarke[1-5]

植株粗壮。基生叶三出式三至四回羽状分裂，叶片轮廓长圆形，末回裂片长圆形；茎生叶逐渐简化。总苞片 5~8 枚；小总苞片 5~8 枚，狭披针形，膜质；花白色或微带紫色。果实长圆形，果棱有狭翅，侧棱较宽。生于林下沟旁湿处。分布于西藏东南部、四川西南部、云南西北部；喜马拉雅山沿线各国。

Plants robust. Basal leaf blades oblong, 3-4-ternate-pinnate; ultimate segments oblong or ovate-oblong. Stem leaves reduced upwards. Bracts 5-8; bracteoles 5-8, membranous; petals white or tinged purplish-red. Fruit oblong; dorsal ribs prominent, lateral ribs narrowly winged. Stream banks in forests. Distr. SE Xizang, SW Sichuan, NW Yunnan; countries along the Himalayas.

2 芳香棱子芹

1 2 3 4 5 6 **7 8 9** 10 11 12 3800-4100 m

Pleurospermum aromaticum W.W.Sm.[1-4]

植株粗壮。茎常带暗紫色或紫色。基生叶和下部叶片三至四回羽状分裂，往上叶逐渐简化。复伞形花序大型；总苞片 6~8 枚，形状各式；伞辐 20~40 个；小总苞片多数，线形至披针形。果实长圆形，5 条果棱突起呈翅状。生长于高山草甸岩石处或山沟内林下。产西藏、四川西南部、云南西北部。

Plants robust. Stem purple-tinged at base. Basal and lower leaves 3-4-pinnate; leaves reduced upwards. Umbels large; bracts 6-8, very variable, similar to uppermost leaves; rays 20-40; bracteoles numerous, linear-lanceolate. Fruit oblong, ribs all broadly thick-winged. Near ditches in forests, open dwarf scrub, alpine meadows. Distr. Xizang, SW Sichuan, NW Yunnan.

3 宝兴棱子芹

1 2 3 4 5 6 **7 8 9** 10 11 12 3200-4000 m

Pleurospermum benthamii (Wall. ex DC.) C.B.Clarke[1]

— *Pleurospermum davidii* Franch.

根粗壮。茎中空。基生叶轮廓宽三角状卵形，三出式三回羽状分裂。复伞形花序直径 10~15 厘米；总苞片 5~9 枚，小总苞片 6~9 枚，均有宽的白色膜质边缘；花瓣白色。果实卵形，果棱有宽的波状翅。生于开阔灌丛、溪边草丛。分布于西藏东南部、四川西部、云南西北部；东喜马拉雅山沿线各国。

Toproot thick. Stem hollow. Basal leaf blades broadly triangular-ovate. Umbels 10-15 cm across; bracts 5-9, bracteoles 6-9, both margins white-scarious; petals white. Fruit ovoid-ellipsoid, ribs all sinuolate-winged. Open scrub, alpine pastures, riversides. Distr. SE Xizang, W Sichuan, NW Yunnan; countries along the Eastern Himalayas.

4 二色棱子芹

1 2 3 4 5 6 7 **8 9** 10 11 12 ≈4000 m

Pleurospermum bicolor (Franch.) C.Norman ex Z.H.Pan & M.F.Watson[1]

— *Pleurospermum govanianum* var. *bicolor* Franch.

茎单生，常带紫色。基生叶和下部叶一回羽状分裂至二回羽状半裂。伞辐 2~4 个；总苞片 3~8 枚；小总苞片 6~8 枚，宽卵形，具黄白色膜质边缘；花瓣白色，背面紫色。果实倒卵形，果棱有明显的波状翅。生于林内草地或流石陡坡上。产西藏东南部、四川西部、云南西北部。

Stem purple-green, often simple. Basal and lower leaves 1-pinnate to 2-pinnatifid. Bracts 3-8; rays 2-4, unequal; bracteoles 6-8, margin broad yellowish-white-membranous. petals white, purple-red distally. Fruit narrowly obovoid, ribs sinuolate winged. Scrub, stony slopes. Distr. SE Xizang, W Sichuan, NW Yunnan.

1 翼叶棱子芹

1 2 3 4 5 6 **7 8 9** 10 11 12 3000-4000 m

Pleurospermum decurrens Franch.[1-4]

高 40~100 厘米。基生叶三出式二回羽状分裂；茎上部的叶简化，有较短的柄。总苞片 6~10 枚，多少有较宽的膜质边缘；伞辐 10~15 个；小总苞片 6~8 枚，与总苞片同形，近膜质；花瓣白色。果实心状卵形，果棱有明显的微波状褶皱。生于松林、高山草地。分布于云南西北部。

Plants 40-100 cm tall. Basal leaves 2-ternate/pinnate. Stem leaves gradually reduced upwards. Bracts 6-10, margin white membranous; rays 10-15; bracteoles 6-8, nearlymembranous; petals white. Fruit ovoid, ribs narrowly sinuolate-winged. Shady areas in Pinus and mixed forests, alpine grasslands. Distr. NW Yunnan.

2 丽江棱子芹

1 2 3 4 5 **6 7 8 9** 10 11 12 3600-4500 m

Pleurospermum foetens Franch.[1-4]

根粗壮。茎短缩。基生叶三至四回羽状分裂。顶生复伞形花序较大；总苞片 6~8 枚，基部有宽的膜质边缘，顶端有明显的叶状分裂；小总苞片与总苞片同形；花瓣白色或粉红色。果实卵圆形，果棱有翅，呈明显啮蚀状。生于开阔的高山草地、砾石山坡或流石滩上。分布于甘肃、西藏东南部、四川、云南西北部。

Rootstock stout. Stem reduced. Basal and lower leaves 3-4-ternate-pinnate. Primary umbels large; bracts 6-8, margin broad white-membranous, apex pinnate; bracteoles similar to the bracts; petals white or pinkish. Fruit ovoid; ribs all broadly-sinuate-winged. Open alpine meadows, rocky slopes, loose screes. Distr. Gansu, SE Xizang, Sichuan, NW Yunnan.

3 松潘棱子芹

1 2 3 4 5 6 **7 8** 9 10 11 12 2500-4300 m

Pleurospermum franchetianum Hemsl.[1-3]

基生叶和茎下部叶近三出式三回羽状分裂。顶生复伞形花序花能育；侧生复伞形花序花不育；总苞片顶端 3~5 裂，边缘白色；小总苞片 8~12 枚，全缘或顶端 3 浅裂，有宽的白色边缘。果实椭圆形，主棱波状，侧棱翅状。生于高山草地、溪边。分布于甘肃、青海、四川；湖北、陕西、宁夏。

Basal and lower leaves 3-ternate-pinnate. Terminal umbels fertile, overtopped by the sterile lateral umbels (when present); bracts 8-12, broadly white-margined to the first lobes, apex 3-5-lobed; bracteoles 8-10, apex entire or shortly 3-lobed. Fruit oblong-ovoid, dorsal ribs sinuolate-winged, lateral ribs plane-winged. Alpine grasslands, river banks. Distr. Gansu, Qinghai, Sichuan; Hubei, Shaanxi, Ningxia.

4 青藏棱子芹

1 2 3 4 5 6 **7** 8 9 10 11 12 3600-4600 m

Pleurospermum pulszkyi Kanitz[1-3]

植株常带紫红色。茎直立，常短缩。基生叶和下部叶片一至二回羽状分裂。总苞片 5~8 枚，圆形或披针形，边缘宽白色或紫红色膜质；伞辐通常 5~10 个；小总苞片边缘宽白色膜质；花白色。果实长圆形，果棱有狭翅。生长在的山坡草地或石隙中。分布于甘肃、青海、西藏、云南西北部。

Plants usually tinged purplish-red. Stem stout, often reduced. Basal and lower stem leaves 1-2-pinnate. Bracts 5-8, ovate or lanceolate, margin white or purplish-red; rays 5-10; bracteoles margin broad, white, membranous; petals white. Fruit oblong-ovoid; ribs narrowly sinuolate winged. Alpine meadows, stony slopes. Distr. Gansu, Qinghai, Xizang, NW Yunnan.

5 云南棱子芹

1 2 3 4 5 6 7 **8** 9 10 11 12 ≈ 4000m

Pleurospermum yunnanense Franch.[1-4]

茎中空。基生叶二至三回羽状分裂，末回裂片狭卵形或长圆形；茎上部的叶简化。总苞片 6~8 枚，长圆形至宽披针形；伞辐 15~25 个；小总苞片 6~10 枚，狭倒卵形，除中肋外均膜质；花瓣绿白色。果实卵形。生于林缘、矮杜鹃灌丛、砾石山坡上。分布于四川西部、云南西北部；缅甸东北部。

Stem hollow. Basal leaves 2-3 pinnate; ultimate segments ovate or oblong. Upper leaves reduced. Bracts 6-8, oblong to broadly lanceolate, divided at apex; rays 12-25; bracteoles 6-10, oblong-obovate, membranous except midribs; petals greenish-white. Fruit broad-ovoid. Woodland margins, dwarf *Rhododendron* scrub, rocky slopes. Distr. W Sichuan, NW Yunnan; NE Myanmar.

• 叶的末回裂片线形 | Ultimate segments of leaves linear

1 美丽棱子芹

1 2 3 4 5 6 7 8 9 10 11 12 3600-5100 m

Pleurospermum amabile Craib & W.W.Sm.[1-5]

基生叶三至四回羽状复叶；上部叶柄逐渐变短或近于无柄；叶鞘有美丽的紫色脉纹，边缘啮蚀状分裂。顶生伞形花序有总苞片 3~8 枚，与上部叶同形；小总苞白色膜质，有紫色脉纹；花白色至紫红色。果实狭卵形，果棱有明显的微波状齿。生于开阔灌丛、高山草甸、流石滩。分布于西藏东南部、云南西北部；不丹、印度（锡金邦）。

Basal leaves 3-4-ternate-pinnate. Stem leaves gradually reduced upwards, sheaths greatly expanded, nerves tinged purple, membranous, margins erose. Bracts 3-8, similar to upper leaves; bracteoles membranous, silvery white, main veins dark purple; petals white to dark purple. Fruit ovoid-oblong; ribs very narrowly sinuolate-winged. Open scrub, high-altitude alpine turf, semi-stable screes. Distr. SE Xizang, NW Yunnan; Bhutan, India(Sikkim).

2 粗茎棱子芹

1 2 3 4 5 6 7 8 9 10 11 12 3000-4500 m

Pleurospermum crassicaule H.Wolff[2-5]

基生叶通常近二回羽状分裂。顶生复伞形花序直径 4~6 厘米；伞辐 7~15 个；总苞片 5~8 枚，叶状，下部有宽的白色膜质边缘；小总苞片 5~8 枚，形状与总苞片类似。果实长圆形，果棱呈较宽的波状褶皱。生于高山草地。分布于甘肃南部、青海东南部、西藏东部、四川西部、云南西北部。

Basal leaves usually 2-pinnate. Umbels 4-6 cm across; bracts 5-8, leaf-like, margin broadly white-membranous; rays 7-15; bracteoles 5-8, similar to bracts. Fruit oblong-ovoid; ribs all broadly crisped-winged. High-altitude open grasslands. Distr. S Gansu, SE Qinghai, E Xizang, W Sichuan, NW Yunnan.

3 垫状棱子芹

1 2 3 4 5 6 7 8 9 10 11 12 4200-5000 m

Pleurospermum hedinii Diels[1-5]

多年生莲座状草本。叶片二回羽状分裂。总苞片多数，叶状；小总苞片有宽的白色膜质边缘。生于高山草地。分布于青海南部与西部、西藏东部、云南西北部。

Plants dwarf, rosette. Basal leaves 2-pinnate; bracts numerous, leaf-like; bracteoles pale green margin broad. Alpine grasslands. Distr. S and W Qinghai, E Xizang, NW Yunnan.

4 喜马拉雅棱子芹

1 2 3 4 5 6 7 8 9 10 11 12 3500-4500 m

Pleurospermum hookeri C.B.Clarke[1-5]

茎有条棱。基生叶或下部叶片三至四回羽状分裂，羽片 7~9 对；茎上部的叶简化。总苞片 5~7 枚，披针形或线状披针形，先端渐尖或羽状分裂；伞辐 6~12 个；小总苞片与总苞片同形；花白色。果实卵圆形，果棱有狭翅。生于山坡草地、河滩或流石滩上。分布于甘肃、青海南部、西藏、四川西部、云南西北部；不丹、尼泊尔、印度也产。

Stem ribbed. Basal and lower leaves 3-4-ternate-pinnate, pinnae 7-9 pairs. Leaves gradually reduced upwards. Bracts 5-7, obovate-lanceolate or linear-lanceolate, apex long-caudate or occasionally pinnatifid; rays 6-12; bracteoles similar to bracts; petals white. Fruit ovoid; ribs narrowly winged. Open pastures by streams, grassy slopes, screes. Distr. Gansu, S Qinghai, Xizang, W Sichuan, NW Yunnan; Bhutan, Nepal, India.

5 矮棱子芹

1 2 3 4 5 6 7 8 9 10 11 12 3000-4600 m

Pleurospermum nanum Franch.[1-2, 4-5]

多年生小草本。茎短缩。基生叶轮廓三角状披针形，三至四回羽状分裂，基部逐渐扩大呈白色膜质鞘状。总苞片 5~7 枚，与上部的叶相似；伞辐 5~15 个；小总苞片与总苞片同形，与花约等长；花瓣白色或稍带淡紫红色。果实有小瘤。生于高山矮杜鹃灌丛、湿润的草甸。分布于西藏东南部、云南西北部。

Small plants. Stem reduced. Basal leaves blades ovate-oblongpetiolate; sheaths broadly oblong-lanceolate, membranous-margined. Bracts 5-7, leaf-like; rays 5-15; bracteoles similar to bracts, about equal to flowers; petals white or purplish-red. Fruit sparsely pimpled. Dwarf *Rhododendron* scrub, marshy meadows.Distr. SE Xizang, NW Yunnan.

1
1
2
2
3
4
4
5

1 瘤果棱子芹

1 2 3 4 5 6 7 8 9 10 11 12 3600-4600 m

Pleurospermum wrightianum H.Boissieu[1-5]

茎带紫红色。基生叶叶片轮廓狭长圆形至狭卵形，二至三回羽状分裂。顶生的复伞形花序大；总苞片 7~9 枚，先端叶状分裂，有狭的膜质边缘；伞辐 10~20 个；小总苞片与总苞片同形。果实卵形，表面密生细水泡状微突起，果棱有明显的鸡冠状翅。生于高山草地、灌丛。分布于青海东南部、西藏东南部、四川西部、云南西北部。

Stem tinged purple-red. Basal leaves blades narrowly oblong-ovate, 2-3-ternate-pinnate. Terminal umbel large; bracts 7-9, apex pinnatifid, deciduous; rays 10-20; bracteoles similar to bracts; smaller. Fruit narrowly elliptic-ovoid, usually tuberculate; ribs all broadly cristate-winged. Alpine grasslands, among shrubs. Distr. SE Qinghai, SE Xizang, W Sichuan, NW Yunnan.

伞形科 Apiaceae | 囊瓣芹属 *Pternopetalum* Franch.

根纺锤形或圆锥形。茎直立。复伞形花序顶生和侧生，通常无总苞；伞辐花期上举，果期伸长并开展至水平；小总苞片 1~4 个，线状披针形；小伞形花序通常有花 2~3 朵，花柄极不等长；花瓣白色或带浅紫色，下端通常呈小袋状。果实圆卵形至长卵形，侧面扁平，果棱光滑，果棱丝状、粗糙或细齿状。约 25 种；中国 23 种；横断山约 18 种。

Taproots fusiform. Stem erect. Bracts usually absent; rays unequal, erect to ascending in flower, spreading widely and lengthening in fruit; bracteoles 1-4; umbellules 2-3-flowered; pedicels extremely unequal; petals white or purplish, base attenuate and thickening near attachment. Fruit oblong-ovoid or ovoid, slightly laterally compressed, glabrous, denticulate, finely scabrid or filiform. About 25 species; 23 in China; ca. 18 in HDM.

2 洱源囊瓣芹

1 2 3 4 5 6 7 8 9 10 11 12 1400-3500 m

Pternopetalum molle (Franch.) Hand.-Mazz.[1-4]

茎 1~3 枝。基生叶一至二回羽状分裂；茎生叶 1~2 枚，与基生叶同形。复伞形花序无总苞；小伞形花序通常有花 1~3 朵；花瓣白色。果实卵形或长卵形，果棱粗糙，或有丝状细齿。生于的高山针叶林下和高山草甸中、沟边或潮湿杂木林下。分布于四川北部与西部、云南北部与西部。

Stems 1-3, Basal leaves 1-2-ternate. Cauline leaves 1-2, similar to basal leaves. Bracts absent; umbellules 1-3-flowered; petals white. Fruit ovoid or oblong-ovoid; ribs finely scabrid or minutely denticulate. Forests, alpine meadows, streamsides. Distr. N and W Sichuan, N and W Yunnan.

3 五匹青

1 2 3 4 5 6 7 8 9 10 11 12 1300-3500 m

Pternopetalum vulgare (Dunn) Hand.-Mazz.[1-4]

茎单生或 2~3 枝，叶片通常一回三出分裂，或近于二回三出分裂。无总苞；伞辐 15~30 个。果棱微粗糙或有丝状细齿。生于林下、草地或溪边。分布于甘肃南部、四川、云南；湖北、湖南、贵州。

Stems solitary or 2-3. Leaves usually ternate, or nearly 2-ternate. Bracts absent; rays 15-30. Ribs denticulate. Forests, scrub, grasslands, streamsides. Distr. S Gansu, Sichuan, Yunnan; Hubei, Hunan, Guizhou.

伞形科 Apiaceae | 小芹属 *Sinocarum* H.Wolff ex R.H.Shan & F.T.Pu

多年生细小草本。根胡萝卜状。复伞形花序无总苞片，稀有 1~4 片；伞辐 5~15 个；通常有小总苞片（极少无），线形。果实两侧扁平，果棱线形，胚乳腹面平直。约 20 种；中国 8 种，产横断山区。

Herbs, perennial, slender. Rootstock fusiform or elongate. Umbels compound, bracts mostly absent, occasionally 1-4; rays usually 5-15; bracteoles present (rarely absent), usually linear. Fruit oblong-ovoid, slightly laterally compressed, smooth; ribs 5, filiform. Seed face plane. About 20 species; eight in China, found in HDM.

4 紫茎小芹

1 2 3 4 5 6 7 8 9 10 11 12 2900-4100 m

Sinocarum coloratum (Diels) H.Wolff ex Shan & F.T.Pu[1-5]

高 8~25 厘米。基生叶一至二回羽状分裂；上部茎生叶无柄，具宽阔叶鞘，紫色。伞辐 5~12 个；通常无小总苞片；花瓣白色。果实卵形。生于草坡或岩石上。分布于西藏南部、四川西部、云南西北部。

Plants 8-25 cm. Basal leaves 1-2-pinnate. Upper cauline leaves sessile, broadly sheathed, purple. Rays 5-12; bracteoles usually absent; petals white. Young fruit oblong-ovoid. Brushy alpine meadows, limestone rock crevices. Distr. S Xizang, W Sichuan, NW Yunnan.

1 蕨叶小芹

1 2 3 4 5 6 7 8 9 10 11 12 2500-4500 m

Sinocarum filicinum H.Wolff[1-5]

茎单生或2~3枝，微被柔毛。基生叶轮廓呈三角形，二回羽状分裂，叶轴及裂片背面有白色柔毛；茎中下部叶一回羽状分裂。复伞形花序有总苞片1~4枚，线状披针形；花白色。幼果卵形至长卵形。生于高山草甸或岩石上。分布于西藏东南部、四川西南部、云南西北部。

Stems 1-3, sparsely pubescent. Basal blade triangular in outline, 2-pinnate, abaxially sparsely pubescent along veins; upper leaves 1-pinnate. Bracts 1-4, linear-lanceolate; petals white. Young fruit oblong. Alpine meadows, among rocks. Distr. SE Xizang, SW Sichuan, NW Yunnan.

伞形科 Apiaceae | 舟瓣芹属 *Sinolimprichtia* H.Wolff.

茎粗壮。叶片(2) 3~4羽裂，裂片窄。复伞形花序顶生或腋生；无总苞片；伞辐近等长，排列较紧密；小总苞片多数，分裂或不分裂，边缘薄膜质；花密集，淡黄色或白色。果实略侧扁，背棱丝状，侧棱有狭翅；分生果横剖面近五角状半圆形，胚乳腹面有沟。1种1变种，横断山均产。

Stem stout. Leaves blade (2)3-4-ternate-pinnate, ultimate segments narrow. Bracts absent; rays subequal, thick, congested; bracteoles many, pinnate or entire, margin scarious; umbellules many-flowered, congested; petals yellowish or white. Fruit ellipsoid, slightly laterally compressed; dorsal ribs filiform; lateral ribs very narrowly winged. Seed face concave. One species and one variety, both found in HDM.

2 裂苞舟瓣芹

1 2 3 4 5 6 7 8 9 10 11 12 3500-4800 m

Sinolimprichtia alpina var. *dissecta* Shan & S.L.Liou[1-4]

小总苞片二至三回羽状全裂或多裂。生于高山草地、岩石缝隙或流石滩上。分布于西藏东南部、四川西南部、云南西北部。

Bracteoles 2-3-pinnate or more. Alpine grassy slopes, screes, rock crevices. Distr. SE Xizang, SW Sichuan, NW Yunnan.

伞形科 Apiaceae | 瘤果芹属 *Trachydium* Lindl.

茎单生，通常短缩。无总苞片，或具1~5枚；伞辐5~20个，长而粗壮，向上斜升或向地面铺散；小总苞片同总苞片相似或无小总苞。果实宽卵形或长椭圆形，两侧扁压，果皮上常有泡状小瘤，果棱隆起。约6种，中国均有；横断山5种。

Stem simple, usually very short and appearing acaulescent. Bracts absent, or 1-5; rays 5-20, those of primary terminal umbel stout, spreading-ascending or diffuse; bracteoles similar to bracts or absent. Fruit broadly ovoid, rarely oblong-ovoid, slightly laterally compressed, sometimes with small tubercles between ribs; ribs conspicuous. About six species, all found in China; five in HDM.

3 单叶瘤果芹

1 2 3 4 5 6 7 8 9 10 11 12 2700-4000 m

Trachydium simplicifolium W.W.Sm.[1-4]

茎被稀疏的短柔毛。单叶。总苞片1~2枚，或无；小总苞10枚左右。果实长椭圆形，果皮光滑或散生泡状小瘤。生于高山草甸中或砾石坡地上。分布于云南西北部。

Stem sparsely pubescent. Leaves simple. Bracts absent or 1-2; bracteoles ca. 10. Fruit oblong-ovoid, smooth or scattered-tuberculate. Alpine meadows, stony slopes. Distr. NW Yunnan.

4 西藏瘤果芹

1 2 3 4 5 6 7 8 9 10 11 12 3000-4000 m

Trachydium tibetanicum Wolff[1-4]

茎常缩短，呈莲座状。基生叶三出式二至三回羽状分裂；茎生叶与基生叶同形。复伞形花序无总苞；伞辐10~20个；无小总苞片，或有1枚。果实宽卵形，有泡状小瘤。生于高山草甸中。分布于西藏东南部、四川西北部、云南西北部。

Stems very short, plants almost rosette. Basal leaves ternate-2-3-pinnate; cauline leaves similar to basal leaves. Bracts absent; rays 10-20; bracteoles absent, or occasionally 1. Fruit broadly ovoid, scattered-tuberculate. Alpine meadows, moist rock crevices. Distr. SE Xizang, NW Sichuan, NW Yunnan.

1
2
2
3
4

中文名索引

Name Index

参考文献 References

[1] WU Z Y, RAVEN P H (eds.). Flora of China (all published relative volumes) [M]. St. Louis: Missouri Botanical Garden Press, Beijing: Science Press, 1994-2011.

[2] 中国植物志编委会 . 中国植物志 [M]. 北京 : 科学出版社，1959-2004.

[3] 王文采 . 横断山维管植物（上、下）[M]. 北京 : 科学出版社，1993-1994.

[4] 吴征镒 . 云南植物志 [M]. 北京 : 科学出版社，1977-2010.

[5] 吴征镒 . 西藏植物志：1-5 卷 [M]. 北京 : 科学出版社，1983-1987.

[6] ZHU X X, LIAO S, ZHANG L, et al. The taxonomic revision of Asian *Aristolochia* (Aristolochiaceae) I: Confirmation and illustration of *A. austroszechuanica*, *A. faucimaculata* and *A. yunnanensis* var. *meionantha* from China [J]. Phytotaxa, 2016, 261: 137-146.

[7] GAO Y D, ZHOU S D, et al. *Lilium yapingense* (Liliaceae), a new species from Yunnan, China, and its systematic significance relative to *Nomocharis* [J]. Annales Botanici Fennici, 2013, 50: 187-194.

[8] GAO Y D, HOHENEGGER M, HARRIS A, et al. A new species in the genus *Nomocharis* Franchet (Liliaceae): evidence that brings the genus *Nomocharis* into *Lilium* [J]. Plant Systematics and Evolution, 2012, 298: 69-85.

[9] YOSHIDA T, SUN H, BOUFFORD D. New species of *Meconopsis* (Papaveraceae) from Balang Shan, Western Sichuan, China [J]. Plant Diversity and Resources, 2011, 33: 409-413.

[10] HARBER J. The *Berberis* of China and Vietnam, a revision. Monographs in Systematic Botany from the Missouri Botanical Garden Volume 136 [M]. Missouri Botanical Garden Press, 2020.

[11] WANG W, LIU Y, YU S X, et al. *Gymnaconitum*, a new genus of Ranunculaceae endemic to the Qinghai–Tibetan Plateau [J]. Taxon, 2013, 62: 713-722.

[12] WANG W. *Thalictrum nepalense*, a new species of Ranunculaceae from Nepal [J]. Bulletin of Botanical Research, 2018, 38: 641-643.

[13] YUE X K, et al. Systematics of the genus *Salweenia* (Leguminosae) from Southwest China with discovery of a second species [J]. Taxon, 2011, 60: 1366-1374.

[14] WANG H C, WANG Y H, SUN H. Nomenclatural changes in *Rubus* (Rosaceae) mostly from China [J]. Phytotaxa, 2013, 114: 58-60.

[15] AL-SHEHBAZ I A, GERMAN D A. Three new genera in the tribe Euclidieae (Brassicaceae) [J]. Novon: A Journal for Botanical Nomenclature, 2016, 25: 12-17.

[16] AL-SHEHBAZ I A. Nomenclatural notes on Eurasian *Arabis* (Brassicaceae) [J]. Novon, 2005, 15: 519-524.

[17] GERMAN D, FRIESEN N. *Shehbazia* (Shehbazieae, Cruciferae), a new monotypic genus and tribe of hybrid origin from Tibet [J]. Turczaninowia, 2014, 17: 17-23.

[18] AL-SHEHBAZ I A, WARWICK S I. A synopsis of *Eutrema* (Brassicaceae) [J]. Harvard Papers in Botany, 2005, 10: 129-135.

[19] AL-SHEHBAZ I A. *Noccaea nepalensis*, a new species from Nepal, and four new combinations in *Noccaea* (Brassicaceae) [J]. Adansonia, 2002, 24: 89-92.

[20] HAO G, AL-SHEHBAZ I A, AHANI H, et al. An integrative study of evolutionary diversification of *Eutrema* (Eutremeae, Brassicaceae) [J]. Botanical Journal of the Linnean Society, 2017, 184: 204-223.

[21] YUE J P, SUN H, LI J H, et al. A synopsis of an expanded *Solms-laubachia* (Brassicaceae), and the description of four new species from Western China [J]. Annals of the Missouri Botanical Garden, 2008, 95: 520-538.

[22] CHEN H L, AL-SHEHBAZ I A, YUE J P, et al. *Solms-laubachia tianbaoshanensis* (Brassicaceae), a new species from NW Yunnan, China [J]. Phytotaxa, 2018, 379: 39-48.

[23] FRITSCH P W, LU L, WANG H, et al. New species, taxonomic renovations, and typifications in *Gaultheria* series Trichophyllae (Ericaceae) [J]. Phytotaxa, 2015, 201: 1-26.

[24] CONG Y Y, LIU K M, TIAN S Z. *Impatiens yaoshanensis* (Balsaminaceae), a new species from Yunnan, China [J]. Annales Botanici Fennici, 2008, 45: 148-150.

[25] CONG Y Y, XIANG Y L, L K M. *Impatiens quadriloba* sp. nov. (Balsaminaceae) from Sichuan, China [J]. Nordic Journal of Botany, 2010, 28: 309-312.

[26] CONG Y Y, LIU K M. *Impatiens oblongipetala* (Balsaminaceae), a new species from Yunnan, China [J]. Novon, 2010, 20: 392-395.

[27] YANG L E, MENG Y, PENG D L, et al. Molecular phylogeny of *Galium* L. of the tribe Rubieae (Rubiaceae)–Emphasis on Chinese species and recognition of a new genus *Pseudogalium* [J]. Molecular Phylogenetics and Evolution, 2018, 126: 221-232.

[28] HE T N, LIU S W. Two new species of Gentianaceae from northwestern Yunnan, China [J]. Novon: A Journal for Botanical Nomenclature, 2010, 20: 166-169.

[29] YU W T, CHEN S T, ZHOU Z K. *Microula pentagona* sp. nov. and *M. galactantha* sp. nov. (Boraginaceae) from the eastern Qinghai - Tibetan Plateau [J]. Nordic Journal of Botany, 2011, 29: 215-220.

[30] MATHIESEN C, SCHEEN A C, LINDQVIST C. Phylogeny and biogeography of the lamioid genus *Phlomis* (Lamiaceae) [J]. Kew Bulletin, 2011, 66: 83-99.

[31] SALMAKI Y, ZARRE S, RYDING O, et al. Phylogeny of the tribe Phlomideae (Lamioideae: Lamiaceae) with special focus on *Eremostachys* and *Phlomoides*: New insights from nuclear and chloroplast sequences[J]. Taxon, 2012, 61: 161-179.

[32] KAMELIN R V, MAKHMEDOV A M. The system of the *Phlomoides* (Lamiaceae) [J]. Botanicheskii Zhurnal, 1990, 75: 241-250.

[33] YU W B, WANG H, LIU M L, et al. Phylogenetic approaches resolve taxonomical confusion in *Pedicularis* (Orobanchaceae): Reinstatement of *Pedicularis delavayi* and discovering a new species *Pedicularis milliana* [J]. PloS ONE, 2018, 13: e0200372.

[34] LAMMERS T G. Further nomenclatural innovations in world Campanulaceae [J]. Novon, 2001, 11: 67-68.

[35] LIU Y, CHEN Y S, YANG Q E. Generic status, circumscription, and allopolyploid origin of *Faberia* (Asteraceae: Cichorieae) as revealed by ITS and chloroplast DNA sequence data [J]. Taxon, 2013, 62: 1235-1247.

[36] WANG Z H, PENG H, KILIAN N. Molecular phylogeny of the *Lactuca* alliance (Cichorieae Subtribe Lactucinae, Asteraceae) with focus on their Chinese centre of diversity detects potential events of reticulation and chloroplast capture [J]. PLoS ONE, 2013, 812: e82692.

[37] ZHANG J W, BOUFFORD D E, SUN H. *Parasyncalathium* JW Zhang, Boufford & H. Sun (Asteraceae, Cichorieae): a new genus endemic to the Himalaya-Hengduan Mountains [J]. Taxon, 2011, 60: 1678-1684.

[38] ZHANG Y, TANG R, HUANG X, et al. *Saussurea balangshanensis* sp. nov.(Asteraceae), from the Hengduan Mountains region, SW China [J]. Nordic Journal of Botany, 2019, 37: e02078.

[39] VON RAAB-STRAUBE E. Taxonomic revision of *Saussurea* subgenus *Amphilaena* (Compositae, Cardueae) [M]. Botanic Garden and Botanical Museum Berlin, 2017.

图片作者 Image contributors

以下摄影师为本书提供了图片。未标注的图片由牛洋和孙航拍摄。

The following photographers have provided images for this book. Other images were photographed by Yang Niu and Hang Sun.

蔡磊（Lei Cai）7-1.2, 9-2.1, 9-2.2, 9-2.3, 555-4.1

曹海峰（Hai-Feng Cao）621-3.1, 621-3.2

陈洪梁（Hong-Liang Chen）27-1.1, 27-1.2, 33-2.1, 203-1.1, 203-1.2, 203-1.3, 395-1.1, 395-1.2, 395-2.1, 395-2.2, 395-3.1, 395-3.2, 397-4.2, 399-1.2, 415-2.1, 415-2.2, 415-3.1, 419-1.1, 419-1.2, 419-2.2, 423-3.1, 425-1.1, 427-1.1, 427-5.1, 429-2.1, 429-2.2, 505-2.2, 507-1.1, 521-5.1, 521-5.2, 523-4.1, 523-5.1, 531-4.2, 533-5.1, 535-3.1, 541-1.1, 541-1.2, 541-3.1, 543-2.1, 715-3.1, 865-4.1, 865-4.2

陈建国（Jian-Guo Chen）115-3.3, 215-5.1, 507-2.1, 509-4.1, 511-1.1, 511-4.1, 511-4.2, 525-3.1, 549-4.1, 617-2.2, 651-1.2, 729-3.2, 771-2.2

陈俊通（Jun-Tong Chen）859-1.1

陈敏愉（Min-Yu Chen）633-2.1, 633-2.2

陈亚萍（Ya-Ping Chen）707-1.1, 711-1.1

陈永生（Yong-Sheng Chen）19-1.2, 47-1.1, 47-1.2, 121-2.1, 123-5.1, 131-2.1, 131-2.2, 131-3.1, 137-3.1, 329-3.1, 329-3.2, 485-1.1, 485-1.2, 523-3.1, 523-3.2, 525-1.1, 537-2.2, 545-1.2

陈哲（Zhe Chen）737-2.1, 737-2.2

丛义艳（Yi-Yan Cong）485-2.1, 485-2.2, 485-3.1, 487-2.1, 487-2.2, 487-3.1, 487-3.2, 487-4.1, 487-5.1, 487-5.2, 489-2.1, 489-2.2, 489-3.1, 489-4.1, 491-1.1, 491-1.2, 491-2.1, 491-3.1, 491-4.1, 491-5.1, 491-6.1, 493-1.1, 493-2.1, 493-2.2, 493-3.1, 493-3.2, 493-4.1, 493-5.1, 495-1.1, 495-1.2, 495-3.1, 495-3.2, 495-4.1, 495-4.2, 497-1.1, 497-1.2, 497-2.1, 497-2.2, 497-4.1, 497-5.1, 497-5.2, 499-2.1, 499-2.2, 499-3.1, 499-3.2, 499-4.1, 501-1.1, 501-1.2, 501-2.1, 503-2.1, 503-2.2

党万园（Wan-Yuan Dang）9-3.2

董磊（Lei Dong）11-2.1, 135-1.1, 53-3.1, 53-3.2, 55-4.1, 55-4.2, 59-1.1

高云东（Yun-Dong Gao）37-4.1, 37-4.2, 39-5.1, 41-6.1, 41-6.2, 45-2.1, 887-1.1, 887-1.2, 891-4.1, 891-5.1, 891-5.2, 895-2.1, 895-2.2, 897-1.1

葛佳（Jia Ge）45-2.1, 687-2.1, 687-2.2, 687-3.1, 687-3.2, 689-1.1, 689-1.2, 689-2.1, 689-2.2, 689-3.1, 689-3.2

计云（Yun Ji）589-1.1, 61-3.1, 627-5.1, 771-4.1

乐霁培（Ji-Pei Yue）391-2.1, 393-1.1, 393-1.2, 393-2.1, 393-2.2, 405-1.1, 405-2.1, 411-5.1, 411-5.2, 423-2.1, 423-3.2, 425-5.1, 427-2.1

李冰（Bing Li）57-2.1, 57-2.2

李国栋（Guo-Dong Li）681-1.1, 681-1.2, 681-2.1, 681-2.2

李新辉（Xin-Hui Li）117-3.1, 151-1.1, 349-2.1, 349-2.2

李彦波（Yan-Bo Li）533-5.2, 547-1.1

林若竹（Ruo-Zhu Lin）3-3.1, 431-2.1, 431-2.2, 431-3.1, 431-3.2

刘虹（Hong Liu）203-3.1, 203-3.2

刘长秋（Chang-Qiu Liu）37-2.1, 37-3.1, 37-3.2, 705-3.1

马祥光（Xiang-Guang Ma）11-1.2, 77-4.1, 85-1.1, 85-1.2, 85-2.1, 337-1.1, 337-1.2, 337-2.1, 337-2.2, 337-3.1, 337-3.2, 337-4.1, 337-4.2, 487-1.1, 487-1.2, 881-2.1, 881-3.1, 881-3.2, 883-1.1, 883-1.2, 885-2.1, 885-2.2, 887-2.1, 887-2.2, 889-1.1, 889-1.2, 889-2.1, 889-2.2, 889-3.1, 889-3.2, 893-2.1, 893-5.1, 895-4.1, 897-3.1, 897-4.1

牛洋（Yang Niu）601-1.1, 601-1.2

彭德力（De-Li Peng）115-2.1, 115-3.1, 117-2.1, 119-4.2, 133-5.1, 135-4.1, 139-1.1, 139-1.2, 365-3.1, 391-1.1, 391-1.2, 405-4.1, 407-5.1, 455-2.1, 475-1.1, 527-4.2, 529-1.1, 535-5.1, 543-1.1, 543-2.2, 543-4.2, 547-3.2, 567-2.1, 611-1.1, 611-1.2, 699-2.2, 699-3.2, 699-4.1, 703-2.1, 703-2.2, 705-2.1, 709-3.1, 711-2.1, 711-2.2, 711-3.1, 711-3.2, 713-2.1, 713-2.2, 715-2.1, 719-1.2, 719-5.1, 721-1.1, 721-2.1, 721-2.2, 723-2.1, 723-2.2, 723-3.2, 729-4.1, 731-1.1, 731-1.2, 733-1.1, 733-1.2, 733-2.2, 733-3.1, 733-4.1, 733-5.1, 733-5.2, 867-4.1, 867-4.2, 889-4.1, 889-4.2, 891-2.1, 893-1.1, 893-1.2, 893-4.2, 895-4.2, 897-2.1, 897-2.2

彭建生（Jian-Sheng Peng）33-2.2, 47-2.1, 51-1.1, 51-1.2, 57-4.2, 161-2.1, 175-5.1, 265-2.1, 289-2.1, 289-2.2, 309-4.1, 369-4.2, 443-3.1, 477-3.1, 483-1.1, 483-4.1, 515-4.1, 531-2.1, 533-1.1, 545-3.1, 565-4.1, 57-4.1, 665-3.1, 711-3.1, 719-3.1, 77-1.1, 799-3.2, 809-2.1, 809-2.2, 835-3.1

钱栎屾（Li-Shen Qian）429-1.2, 457-2.1, 467-4.2, 475-1.2, 477-3.2, 531-3.1, 535-1.2, 559-4.2, 569-1.1, 569-1.2, 617-1.1, 709-4.2, 711-4.2, 799-3.1, 851-2.2

上官法智（Fa-Zhi Shang-Guan）615-4.1

沈成（Cheng Shen）47-4.1, 133-3.1, 621-1.1, 621-1.2, 623-3.1

宋波（Bo Song）835-2.1

孙小美（Xiao-Mei Sun）55-3.1, 145-4.1, 177-3.1, 177-3.3,

唐荣（Rong Tang）249-3.1,249-3.2

1.2, 45-4.2, 139-3.1, 153-2.1, 241-2.3, 335-1.1, 335-2.1, 335-2.2, 335-4.1, 335-4.2, 421-2.1, 421-2.2, 483-1.2, 497-3.1, 545-5.1, 545-5.2, 559-4.1, 565-5.1, 565-5.2, 575-4.1, 615-2.1, 617-3.1, 619-1.1, 619-3.1, 623-2.1, 625-3.1, 643-5.1, 647-2.1, 647-2.2, 675-1.2, 683-3.1, 683-3.2, 715-2.2, 717-4.1, 729-3.1, 737-1.2, 737-1.3, 767-2.1, 773-3.1, 779-5.2, 811-2.1, 811-2.2, 813-4.1, 813-4.2, 851-2.1, 855-2.1, 857-1.1, 857-3.1, 865-2.1, 873-2.3, 893-3.1

张伟（Wei Zhang）75-2.1, 75-2.2, 75-4.1, 75-4.2

张亚洲（Ya-Zhou Zhang）25-3.2, 25-3.3, 57-3.1, 87-5.1, 89-4.1, 101-1.2, 113-1.1, 113-2.1, 171-1.1, 171-3.1, 191-1.1, 211-4.2, 213-3.1, 213-3.2, 219-2.1, 219-5.1, 225-2.2, 225-4.1, 225-4.2, 227-1.1, 241-2.1, 261-5.1, 267-2.1, 267-2.2, 301-2.1, 301-3.1, 301-3.2, 303-3.1, 303-6.1, 305-3.1, 305-3.2, 305-4.1, 317-3.1, 385-5.2, 391-3.1, 445-3.1, 445-3.2, 621-4.1, 663-3.1, 663-3.2, 701-1.1, 741-3.3, 743-5.1, 745-5.1, 747-1.1, 749-4.1, 755-6.1, 757-4.1, 807-3.1, 807-3.2, 821-1.1, 821-1.2, 833-1.1, 833-4.1, 837-2.1, 837-2.2, 837-3.1, 839-2.1, 839-4.1, 839-4.2, 839-5.1, 841-5.1, 843-5.1

张永增（Yong-Zeng Zhang）115-1.1, 115-1.2

周卓（Zhuo Zhou）5-3.1, 5-3.2, 25-1.2, 113-3.2, 113-3.3, 133-1.1, 133-1.2, 149-2.1, 149-2.2, 149-5.1, 149-5.2, 151-2.1, 151-2.1, 151-2.2, 155-4.1, 155-4.2, 157-3.1, 161-3.1, 165-1.2, 165-3.1, 165-3.2, 167-1.1, 167-1.2, 167-2.1, 167-2.2, 167-2.3, 169-3.1, 169-4.2, 171-2.2, 17-2.2, 173-3.1, 173-4.1, 175-3.1, 175-3.2, 175-5.2, 179-2.2, 181-3.1, 183-3.1, 183-4.1, 183-4.2, 185-3.1, 185-3.2, 187-1.1, 187-1.2, 191-2.1, 191-2.2, 205-4.1, 205-4.2, 209-1.2, 211-5.1, 215-2.1, 217-4.1, 233-1.1, 233-1.2, 233-2.1, 233-2.2, 233-4.1, 233-4.2, 235-3.1, 235-4.1, 235-5.1, 237-1.1, 237-1.2, 239-5.1, 239-5.2, 241-3.1, 241-3.2, 241-3.3, 243-1.1, 243-1.2, 243-2.1, 243-3.1, 243-3.2, 245-5.1, 249-1.1, 249-1.2, 249-2.1, 249-2.2, 249-3.1, 249-3.2, 251-1.1, 251-1.2, 251-2.1, 251-4.1, 251-4.2, 253-1.1, 253-1.2, 253-2.1, 253-2.2, 253-3.1, 253-3.2, 255-1.1, 255-1.2, 255-2.2, 257-1.1, 257-1.2, 257-2.1, 257-3.1, 257-3.2, 265-4.1, 265-4.2, 265-4.3, 265-4.4, 268-3.1, 269-1.1, 269-1.2, 269-1.3, 269-3.1, 269-3.2, 271-1.1, 271-1.2, 271-1.3, 271-2.1, 271-2.2, 271-3.1, 271-4.1, 271-4.2, 273-1.1, 273-1.3, 273-2.2, 273-3.1, 273-3.2, 273-3.3, 275-1.1, 275-1.1, 275-2.1, 275-2.2, 277-1.1, 277-1.2, 277-1.3, 277-3.1, 277-3.2, 283-2.1, 283-2.2, 339-3.1, 339-3.2, 339-4.1, 339-4.2, 339-4.3, 341-1.1, 341-1.2, 341-4.1, 341-4.2, 343-1.1, 343-2.1, 343-2.2, 345-3.1, 347-3.1, 349-3.3, 381-1.1, 413-3.1, 413-3.2, 429-3.2, 479-1.1, 481-1.1, 503-4.1, 509-3.2, 515-1.1, 515-1.2, 531-1.2, 535-2.1, 535-2.2, 551-1.1, 551-1.2, 559-1.2, 605-3.1, 607-3.1, 609-2.1, 609-2.2, 611-3.1, 611-3.2, 611-3.3, 613-2.1, 613-2.2, 649-1.1, 655-1.2, 657-2.1, 657-2.2, 659-3.2, 659-4.1, 659-4.2, 673-2.1, 673-2.2, 673-3.1, 673-3.2, 675-2.1, 675-2.2, 675-3.1, 675-3.2, 677-1.1, 677-1.2, 677-2.1, 677-3.1, 679-5.1, 687-1.1, 687-1.2, 693-1.1, 693-1.2, 693-3.1, 693-3.2, 693-4.1, 693-4.2, 697-1.1, 697-3.1, 697-4.1, 719-5.2, 725-3.1, 725-3.2, 725-4.1, 729-1.1, 731-3.1, 735-1.1, 735-1.2, 735-1.3, 735-2.1, 735-2.2, 735-3.1, 735-3.2, 739-1.1, 739-2.1, 739-2.2, 749-2.1, 753-1.1, 753-6.2, 759-1.2, 761-2.1, 761-3.1, 761-3.2, 765-2.1, 765-2.2, 773-4.1, 773-4.2, 775-5.2, 779-1.2, 785-1.1, 785-1.2, 785-1.3, 813-3.1, 813-3.2, 829-3.1, 861-2.2, 863-4.1, 865-1.1, 865-1.2, 871-2.1, 871-2.2, 871-3.1, 871-3.2, 875-1.1, 877-1.1, 877-1.2, 883-2.1, 883-2.2, 891-2.2

朱海（Hai Zhu）629-3.1

朱仁斌（Ren-Bin Zhu）265-2.1

朱鑫鑫（Xin-Xin Zhu）5-4.1, 5-4.2, 5-4.3, 7-2.1, 7-2.2, 7-2.3, 7-3.1, 7-3.2, 9-1.1, 9-1.2, 9-3.1, 9-4.1, 13-1.1, 13-4.1, 13-4.2, 15-4.1, 15-4.2, 17-4.1, 17-4.2, 19-2.2, 21-2.2, 23-3.1, 23-3.2, 23-3.3, 25-2.1, 25-2.2, 25-4.1, 25-4.2, 29-3.1, 29-3.2, 53-4.1, 67-3.1, 67-3.2, 85-3.1, 85-3.2, 85-5.1, 85-5.2, 89-3.1, 89-3.2, 95-2.1, 95-2.2, 95-2.3, 97-1.1, 101-2.1, 101-3.1, 105-1.1, 105-1.2, 105-2.1, 105-2.2, 105-3.1, 105-3.2, 105-4.1, 105-4.2, 107-1.1, 107-1.2, 107-2.1, 107-2.2, 107-3.1, 107-3.2, 107-4.1, 107-4.2, 107-5.1, 109-1.1, 109-1.1, 111-1.1, 111-1.2, 111-2.1, 111-3.1, 111-3.2, 127-4.1, 127-4.2, 141-2.1, 141-2.2, 141-3.1, 145-1.1, 145-1.2, 145-2.1, 145-2.2, 193-1.1, 193-1.2, 193-2.1, 193-2.2, 193-3.1, 193-3.2, 193-4.1, 193-4.2, 193-4.3, 197-1.1, 197-2.1, 197-2.2, 199-2.1, 199-3.1, 199-3.2, 199-4.1, 199-4.2, 205-1.1, 205-1.2, 207-2.1, 207-2.2, 209-4.1, 209-4.2, 217-1.1, 217-1.2, 219-1.1, 219-1.2, 219-1.3, 225-3.1, 225-3.2, 229-3.1, 229-4.1, 239-4.1, 243-1.1, 243-1.2, 265-1.1, 265-3.1, 265-3.2, 291-2.1, 291-2.2, 293-2.1, 293-2.2, 293-3.1, 293-3.2, 295-1.1, 295-2.1, 295-2.2, 295-3.1, 295-4.2, 295-5.1, 295-5.2, 295-6.1, 305-1.1, 307-1.1, 307-1.2, 307-2.1, 307-2.2, 3-1.2, 313-2.1, 313-2.2, 313-3.1, 313-4.1, 313-4.2, 313-5.1, 313-5.2, 3-2.1, 3-2.2, 321-1.1, 321-1.2, 321-2.1, 321-2.2, 321-3.1, 321-3.2, 321-4.1, 321-4.2, 323-1.1, 323-1.2, 323-4.1, 325-1.1, 325-1.2, 325-3.1, 325-3.2, 325-4.1, 327-1.1, 327-1.2, 327-2.1, 327-2.2, 327-3.1, 327-3.2, 327-4.1, 327-4.2, 327-4.3, 329-4.2, 329-4.3, 3-3.2, 33-1.1, 33-1.2, 331-1.1, 331-2.1, 331-2.2, 331-3.1, 331-3.2, 331-4.1, 331-4.2, 33-3.1, 333-1.1, 333-2.1, 333-2.2, 333-3.1, 333-3.2, 333-4.2, 333-4.3, 3-4.1, 3-4.2, 341-2.1, 341-2.2,

致谢

本书部分类群经以下专家审阅：Ihsan A. Al-Shehbaz 博士（十字花科）、曹海峰先生（龙胆属）、葛佳博士（醉鱼草属）、高云东博士（百合属）、龚洵研究员（橐吾属）、Julian Harber 博士（小檗属）、李攀博士（菝葜属）、Magnus 博士（紫堇属）、刘虹博士（金腰属）、刘培亮博士（豆科）、陆露博士（白珠属）、马政旭先生（天南星科）、舒渝民博士（梅花草属）、王焕冲博士（悬钩子属）、胡国雄博士、陈亚萍博士、向春雷博士（唇形科）、谢磊博士（毛茛科）、徐波博士（石竹科）、许子龙先生（凤仙花属）、游旨价博士（小檗属）、余天一先生（象牙参属）、曹海峰先生、郁文彬博士（马先蒿属）、张挺博士（胡颓子属）、张伟博士（兰科）、张卓欣博士（虎耳草属）、朱鑫鑫博士（马兜铃属、万寿竹属），特此表示感谢。

本书图片除主要由参与编写人员拍摄外,还获得以下摄影师的帮助: 朱鑫鑫博士、王辰先生、徐波博士、彭建生先生、高云东博士、乐霁培博士、葛佳博士、董磊先生、计云先生、林若竹博士、李新辉博士、岳亮亮博士、张伟博士、李冰女士、游旨价博士、沈成先生、孙小美女士、杨涛先生、吴之坤博士、徐建先生、张永增博士、陈俊通先生、上官法智先生、宋波博士、蔡磊博士、余天一先生、曹海峰先生、唐志远先生、王斌先生、王焕冲博士、徐晔春先生、杨宪伟先生、陈敏愉女士、向春雷博士、陈亚萍博士、谢磊博士、刘虹博士、于文涛博士、朱海博士、党万园女士。在此一并表示感谢！

感谢国家重点研发计划（2017YFC0505200）、中国科学院先导 A（XDA20050203）、国家自然科学基金重大项目（31590823）、青藏高原第二次综合考察研究（2019QZKK0502）等项目的支持。

此外，我们要感谢为出版这本书辛劳付出的云南科技出版社责任编辑叶佳林先生、马莹女士、杨志芳女士。

Acknowledgement

We thank the following experts for reviewing some taxa in this book: Dr. Ihsan A. Al-Shehbaz (Brassicaceae), Mr. Hai-Feng Cao (*Gentiana*), Dr. Jia Ge (*Buddleia*), Dr. Yun-Dong Gao (*Lilium*), Prof. Xun Gong (*Ligularia*), Dr. Julian Harber (*Berberis*), Dr. Pan Li (*Smilax*), Dr. Magnus Lidén (*Corydalis*), Dr. Hong Liu (*Chrysosplenium*), Dr. Pei-Liang Liu (Fabaceae), Dr. Lu Lu (*Gaultheria*), Mr. Zheng-Xu Ma (Araceae), Dr. Yu-Min Shu (*Parnassia*), Dr. Huan-Chong Wang (*Rubus*), Dr. Guo-Xiong Hu, Dr. Ya-Ping Chen, Dr. Chun-Lei Xiang (Lamiaceae), Dr. Lei Xie (Ranunculaceae), Dr. Bo Xu (Caryophyllaceae), Mr. Zi-Long Xu (*Impatiens*), Dr. Chih-Chieh Yu (*Berberis*), Mr. Tian-Yi Yu (*Roscoea*), Mr. Hai-Feng Cao, Dr. Wen-Bin Yu (*Pedicularis*), Dr. Ting Zhang (*Elaeagnus*), Dr. Wei Zhang (Orchidaceae), Dr. Zhuo-Xin Zhang (*Saxifraga*) and Dr. Xin-Xin Zhu (*Aristolochia, Disporum*).

We'd like to thank the following photographers for providing nice photos for this book: Dr. Xin-Xin Zhu, Mr. Chen Wang, Dr. Bo Xu, Mr. Jian-Sheng Peng, Dr. Yun-Dong Gao, Dr. Ji-Pei Yue, Dr. Jia Ge, Mr. Lei Dong, Mr. Yun Ji, Dr. Ruo-Zhu Lin, Dr. Xin-Hui Li, Dr. Liang-Liang Yue, Dr. Wei Zhang, Ms. Bing Li, Dr. Chih-Chieh Yu, Mr. Cheng Shen, Ms. Xiao-Mei Sun, Mr. Tao Yang, Dr. Zhi-Kun Wu, Mr. Jian Xu, Dr. Yong-Zeng Zhang, Mr. Jun-Tong Chen, Mr. Fa-Zhi Shang-Guan, Dr. Bo Song, Dr. Lei Cai, Mr. Tian-Yi Yu, Mr. Hai-Feng Cao, Mr. Zhi-Yuan Tang, Mr. Bin Wang, Dr. Huan-Chong Wang, Mr. Ye-Chun Xu, Mr. Xian-Wei Yang, Ms. Min-Yu Chen, Dr. Chun-Lei Xiang, Dr. Ya-Ping Chen, Dr. Lei Xie, Dr. Hong Liu, Dr. Wen-Tao Yu, Dr. Hai Zhu and Ms. Wan-Yuan Dang.

This work was supported by National Key R & D Program of China (2017YFC0505200), Strategic Priority Research Program of the Chinese Academy of Sciences (XDA20050203), the Major Program of the National Natural Science Foundation of China (31590823), and Second Tibetan Plateau Scientific Expedition and Research (STEP) program (2019QZKK0502).

In addition, we would like to thank the editors of Yunnan Science and Technology Press, Mr. Jia-Lin Ye, Ms. Ying Ma and Ms. Zhi-Fang Yang, for their hard work in publishing this book.